RAPPORT

DU JURY CENTRAL

SUR LES PRODUITS

DE L'AGRICULTURE ET DE L'INDUSTRIE

EXPOSÉS EN 1849

RAPPORT
DU JURY CENTRAL
SUR LES PRODUITS
DE L'AGRICULTURE ET DE L'INDUSTRIE
EXPOSÉS EN 1849

TOME II

PARIS
IMPRIMERIE NATIONALE

M DCCC L

RAPPORT
DU JURY CENTRAL
SUR LES PRODUITS
DE L'INDUSTRIE FRANÇAISE
EXPOSÉS EN 1849.

TROISIÈME COMMISSION.
MACHINES.

MEMBRES DU JURY COMPOSANT LA COMMISSION :

MM. Combes, président ; — Michel Chevalier, Ch. Dupin, Amédée Durand, A. Jullien, Le Chatelier, Mary, Moll, Morin, Pouillet, A. Séguier, E. Dolfus, M. Gassen, Arnoux, Pecqueur.

SECTION PREMIÈRE.

§ 1er. MOTEURS ET MACHINES HYDRAULIQUES.

M. Morin, rapporteur.

M. Louis-Auguste FROMONT, mécanicien à Chartres (Eure-et-Loir). Médaille d'or.

Il est le successeur de M. Fontaine-Baron qui, à l'exposition de 1844, a obtenu du jury une médaille d'argent.

A cette époque, la turbine simple de M. Fontaine-Baron n'avait encore été soumise qu'à un petit nombre d'expériences authentiques, et sa turbine double n'avait pas été étudiée.

Depuis, des expériences nombreuses et précises ont été exécutées à la poudrerie du Bouchet, sur une turbine simple, et à la mounfacture d'armes de Châtellerault, sur une turbine double du même système.

Ces expériences ont prouvé que la turbine simple, bien proportionnée, rend un effet utile, qui s'élève à 0,70 ou 0,72 du travail absolu du moteur, et que la turbine double jouit de la propriété de fonctionner à volonté, soit avec sa couronne et ses vannes extérieures, dans les temps de basses eaux et de grandes chutes, soit avec ses deux couronnes et ses deux systèmes de vannes, lors des crues où les eaux sont abondantes et les chutes réduites, tout en conservant, dans ce dernier cas, la vitesse normale fixée pour les eaux moyennes.

Dans l'un comme dans l'autre cas, les turbines de ce système, bien proportionnées, rendent un effet utile, compris entre 0,60 et 0,70 du travail absolu du moteur, même quand elles sont noyées dans les eaux d'aval.

Leur mouvement peut être régularisé au moyen d'un régulateur à boules; elles réunissent donc toutes les conditions d'un bon moteur hydraulique.

Le jury accorde une médaille d'or aux constructeurs qui ont succédé aux droits de M. Fontaine-Baron.

Médailles d'argent.

MM. LAURENT et DECKER, au Châtelet (Vosges).

MM. Laurent et Decker exposent une turbine à vannes tournantes, qui a été l'objet d'expériences faites avec soin, d'où on a conclu que ce nouveau récepteur hydraulique rendrait un effet utile disponible compris entre 0,76 et 0,85 du travail absolu, dépensé par le cours d'eau, ce qui le mettrait au rang des meilleurs moteurs de ce genre.

D'autres expériences, exécutées au bassin de la rue Racine, sur la turbine même qui était exposée, ont conduit à un résultat analogue quand elle avait tous ses orifices ouverts.

Nous essayerons, en peu de mots, de donner une idée du dispositif adopté par MM. Laurent et Decker.

La turbine elle-même est semblable à celle de M. Fontaine-Baron, et elle est placée au-dessous d'une couronne en fonte, portant les directrices qui doivent faire prendre à l'eau l'inclinaison convenable à son introduction. Ces directrices, qui toutes aboutissent par le bas à la partie inférieure de la turbine, débouchent à la partie supérieure, sur deux demi-circonférences concentriques, mais différentes.

Un disque en fonte, de quelques centimètres d'épaisseur, tourne sur la couronne qui porte les directrices et, par deux ouvertures annulaires qui leur correspondent, permet à l'eau de s'y introduire. Selon la position que l'on donne à ce disque, il démasque la totalité ou seulement une partie des orifices et règle ainsi la dépense.

Les contours des orifices, au travers de la plaque tournante et de la couronne qui porte les directrices, sont convenablement disposés pour éviter ou atténuer les effets de la contraction.

Cette plaque tournante reçoit le mouvement au moyen d'un engrenage qui est mû du dehors, et peut être mis en rapport de mouvement avec un régulateur.

Les expériences faites au bassin de la rue Racine ont montré que, selon que les orifices seront ouverts dans les proportions indiquées ci-après, la totalité, les deux tiers ou le tiers, le rendement de la turbine varie dans la proportion des nombres 0,76 à 0,79, 0,60 à 065, 0,54 à 0,58 environ.

Ce qui montre que le rendement diminue avec la dépense d'eau, ainsi qu'on l'observe aussi avec la plupart des autres turbines.

Quelles que soient d'ailleurs les légères différences que le mode de jaugeage adopté dans les expériences puisse apporter dans l'appréciation du rendement de cette nouvelle turbine, il n'en reste pas moins bien établi qu'elle produit un effet utile peu différent de celui qu'on obtient avec les meilleurs moteurs de ce genre. Elle est d'ailleurs facile à installer, elle marche noyée comme toutes les turbines, et elle nous paraît appelée à rendre des services notables à l'industrie. En attendant qu'elle réalise complétement ces espérances, le jury accorde à MM. Laurent et Decker une médaille d'argent.

M. Louis-Joseph ÉLON, rue d'Enghien, n° 40, à Paris (Seine).

Il a exposé plusieurs modèles, fonctionnant, de l'ingénieuse machine hydraulique inventée par M. Girard, qui lui en a confié la construction. Ces modèles, qui sont de dimensions suffisantes pour être employées sur de petits cours d'eau, permettent d'apprécier le jeu de cet appareil que l'on peut employer comme moteur, mais surtout comme machine à élever les eaux.

Sans entrer dans le détail d'une description que l'absence de figures rendrait difficile à comprendre, on se bornera à dire que cette machine qui, par son genre, mais non par sa disposition, présente de l'analogie avec celles qu'on nomme à colonnes d'eau, satisfait à la condition fondamentale de marcher lentement, que les contractions et surtout les chocs provenant des changements de direction du mouvement du liquide y soit aussi atténués que possible, et que sa simplicité, jointe à la facilité de son installation, permet d'espérer qu'elle rendra des services notables à l'agriculture.

Des expériences récentes, exécutées par MM. les ingénieurs chargés du service des eaux de Paris, ont constaté que l'effet utile de ce nouvel appareil hydraulique s'élève à 0,65 du travail moteur dépensé. Si, par une plus longue pratique, de semblables résultats sont toujours obtenus, ainsi qu'on peut l'espérer, le nouveau récepteur hydraulique du sieur Girard prendra rang parmi les machines les plus utiles.

Le jury accorde une médaille d'argent à M. Élon.

Médailles de bronze.

M. BLOCH (Némis), à Duttlenheim (Bas-Rhin).

Il a exposé un appareil fort simple qui produit un écoulement intermittent d'un récipient dans un vase, où il sert à maintenir un niveau constant.

Cet appareil n'est, à vrai dire, qu'un siphon double, mais ingénieusement disposé. Sous la forme la plus simple, il se compose d'un vase, formant le réservoir, hermétiquement fermé par un bouchon que traverse un gros siphon en verre, dans l'intérieur duquel il y en a un plus petit.

Ce dernier plonge dans le liquide du réservoir et dans le vase récipient, et sert à l'écoulement.

Le plus gros débouche au sommet du réservoir, et se termine à la hauteur du niveau constant que l'on veut établir dans le récipient inférieur.

Si l'on conçoit que le niveau ne s'élève pas jusqu'à l'extrémité du tube extérieur, l'air du réservoir sera en communication avec celui du récipient, la pression sera la même au dedans qu'au dehors, et l'écoulement aura lieu par le petit siphon, par l'effet de la différence de hauteur des niveaux des deux vases. Mais, si le niveau monte dans le récipient de façon à noyer l'extrémité du gros tuyau, l'air extérieur ne passera plus par celui-ci, et ne communiquera plus avec celui du réservoir.

Ce dernier vase se vidant, l'air qu'il contient se dilatera, sa pression diminuera et alors le liquide remontera dans l'intervalle qui sépare le petit tube du gros, jusqu'à une hauteur qui ne dépassera pas le niveau dans le réservoir; à cet instant l'écoulement cessera pour ne recommencer que quand le niveau, dans le récipient, s'abaissera de nouveau au-dessous de l'extrémité du gros tube.

Cet appareil ingénieux fournit donc un moyen très-simple d'alimenter, par des siphons, un réservoir dont le niveau doit être constant, au moyen d'un autre réservoir. Il peut être d'un grand secours aux chimistes pour leur épargner la surveillance des filtres, aux hydrauliciens pour des appareils d'expérience, ou pour des écoulements à débit constant.

Mais l'une de ses applications les plus importantes n'a pas échappé à M. Bloch; c'est celle de l'alimentation continue des chaudières à vapeur, qu'il a réalisée, depuis trois mois, dans la fabrique de glucose de Duttlenheim, arrondissement de Molsheim (Bas-Rhin).

On conçoit, en effet, que si, au lieu de supposer les deux tubes l'un dans l'autre, on les sépare; que le siphon proprement dit établisse la communication d'un réservoir d'eau avec le fond de la chaudière, et que l'autre tuyau parte du niveau constant à établir dans la chaudière, pour déboucher au sommet du réservoir alimentaire, l'appareil fonctionnera exactement comme il a été dit plus haut.

Quand le niveau dans la chaudière sera au-dessus de la hauteur normale, la vapeur, qui communiquera par le gros tuyau avec le dessous du réservoir, exercera des pressions égales pour produire et empêcher l'écoulement par le tube alimentaire, qui, n'étant plus soumis qu'à la pression de la colonne d'eau du réservoir au-dessus du niveau de la chaudière, produira l'alimentation. Mais, dès que le niveau de la chaudière aura atteint l'extrémité du gros tuyau, la vapeur, ne passant plus dans le réservoir supérieur, qui se vide, s'y détendra, et le liquide de la chaudière s'élèvera graduellement jusqu'à une hauteur égale à celle de l'eau dans le réservoir: à cet instant l'alimentation cessera.

On voit de suite tout le parti que l'on peut tirer de l'idée simple et ingénieuse de M. Bloch, pour alimenter d'une manière permanente et régulière les chaudières à vapeur, au moyen d'un récipient à eau chaude ou à eau froide, d'une capacité suffisante pour mettre à l'abri de toutes les négligences.

L'application faite à l'établissement de Duttlenheim a confirmé les prévisions du jeune inventeur.

Cette idée est simple, mais féconde en résultats, et le jury, heureux d'encourager des idées ingénieuses modestement présentées par un jeune homme, accorde à M. Bloch une médaille de bronze.

M. Étienne DE CANSON, de Vidalon-lès-Annonay (Ardèche).

Il a envoyé deux roues à aubes courbes sur lesquelles, au moyen d'une canette en tôle terminée par une petite vanne, il fait arriver l'eau à l'intérieur de la couronne formée par les aubes, et la verse à l'extérieur.

Ces roues, selon l'auteur, peuvent s'employer, soit dans la position horizontale avec leur axe vertical, soit dans la position verticale avec l'axe horizontal.

Dans le premier cas, elles rentrent dans la classe des turbines recevant l'eau à l'intérieur, et la versant à l'extérieur. On peut leur donner deux, trois, ou peut-être même quatre canettes conductrices de l'eau; mais, quoi qu'on fasse, pour une même dépense d'eau, elles auront toujours des dimensions supérieures aux turbines de M. Fourneyron, qui reçoivent l'eau par tout leur contour intérieur.
Malgré ce défaut, pour des dépenses d'eau limitées et des chutes assez fortes, leur diamètre étant même assez petit, leur construction simple et économique, elles pourront rendre et elles rendent déjà des services. Pour la suspension de l'arbre vertical, dans la vue d'éviter l'emploi des pivots difficiles à graisser et à entretenir, M. de Canson fait supporter l'arbre vertical par un disque à axe horizontal sur la circonférence duquel roule un épaulement ménagé à l'arbre. Cette disposition, qui met l'arbre vertical en porte-à-faux et charge de même l'arbre horizontal, ne nous paraît pas heureuse.

Quant aux roues à axe horizontal, qui reçoivent l'eau par leur circonférence intérieure, elles peuvent, sous des dimensions assez faibles et au moyen d'un tracé convenable de leurs aubes courbes et d'une vitesse de rotation appropriée à la chute dont on dispose, marcher dans des conditions favorables à un bon effet, en faisant un assez grand nombre de tours. Nous devons dire que ce mode d'introduction de l'eau a beaucoup d'analogie avec celui qui a été proposé, il y a déjà long temps, par M. de Thiville, et dont il existe un modèle au Conservatoire des arts et métiers.

L'auteur a fourni un tableau d'expériences exécutées sur un modèle de 0m,32c de diamètre, avec une chute qui a varié de

0m,65 à 1m,76. Le rendement ou le rapport de l'effet utile, mesuré par le frein au travail absolu du moteur, s'est élevé à 0,5[illegible] et 0,55; si ce résultat, très-satisfaisant pour un moteur aussi simple, était obtenu et même surpassé avec les turbines à grandes dimensions, que l'auteur a établies dans plusieurs usines, il n'est pas douteux qu'un récepteur hydraulique d'un prix si peu élevé ne pût rendre, dans beaucoup de cas, de grands services à l'industrie, surtout dans les pays où les chutes sont nombreuses et les eaux abondantes. Il est à désirer que des expériences plus complètes, exécutées sur de grandes roues, viennent confirmer ces espérances; mais, tel qu'il est, ce moteur pourrait déjà être utile dans beaucoup de cas.

Le jury accorde à M. de Canson une médaille de bronze.

M. DUPLUVINAGE, rue de Charenton, n° 58, à Paris (Seine).

A exposé une presse hydraulique entièrement en fonte et en fer, destinée à la compression des étoffes. Elle est de la force nominale de 300,000 kilogrammes; son piston a 250 millimètres de diamètre, et les colonnes en fer 75 millimètres. Il en résulte que, au moment où l'on atteint la pression maximum de 300,000 kilogrammes, elles sont soumises à une tension de 17 kilogrammes environ par millimètre carré de section, ce qui dépasse les limites de l'élasticité du fer.

Les deux pompes de compression sont manœuvrées par le même étrier, dont l'action sur l'une d'elles peut être à volonté interrompue, et l'appareil est muni d'un robinet de sûreté qui facilite le maintien de la pression pendant le temps nécessaire.

Sauf l'observation précédente, relative à la dimension des colonnes, la presse hydraulique de M. Dupluvinage nous a paru construite avec soin; son prix de 3,200 francs, comparé à son poids de 3,250 kilogrammes, nous a paru modéré, et nous pensons qu'il y a lieu d'accorder à ce constructeur une médaille de bronze.

MM. CHEVALIER et BOURLIER, rue de Vaugirard, n° 17, à Paris (Seine).

Mention honorable.

Ont exposé une presse hydraulique destinée à la fabrication de la bougie stéarique, de la force nominale de 700,000 kilogrammes.

Le plateau a une course de 1 mètre dans une bâche de 2m,65. L'ensemble et les détails de cet appareil sont bien exécutés; sous le rapport de la résistance des matériaux, les proportions sont convenables. Sans présenter des dispositions nouvelles, cet appareil est bien établi.

Mais, si nous sommes bien informés, d'autres appareils analogues présentent l'avantage de chauffer les plaques de pression elles-mêmes par l'introduction de la vapeur, ce qui facilite l'extraction, et, sous ce rapport, la presse de MM. Chevalier et Bourlier laisserait pour la fabrication quelque chose à désirer, à moins qu'elle ne leur ait été commandée telle qu'elle est.

Le jury accorde à MM. Chevalier et Bourlier une mention honorable.

Citation favorable.

M. Benoît FAUCHERY, de Clermont-Ferrand (Puy-de-Dôme),

Expose une turbine qui offre la plus grande analogie avec la pompe rotative dite *pompe américaine*.

Cette machine consiste, en effet, en une enveloppe annulaire à section rectangulaire, dans laquelle circulent des palettes qu'un excentrique force alternativement à rentrer vers l'axe ou à s'en éloigner. Il y a quatre palettes, diamétralement opposées et montées deux à deux sur un même cadre en fer qui les guide; entre ces palettes tourne un excentrique à diamètres constants, qui détermine par sa révolution leur mouvement d'entrée et de sortie.

L'enveloppe de l'espèce de roue que forment ces palettes est en fonte et présente deux tubulures qui s'assemblent, l'une avec le tuyau d'arrivée, l'autre avec le tuyau d'évacuation du liquide; elles sont de même diamètre, de sorte que la vitesse de sortie de l'eau est la même que la vitesse d'arrivée, ce qui devrait conduire à faire marcher cette roue lentement, tandis que, sa destination principale étant de servir de moteur à des moulins, elle doit faire un assez grand nombre de tours à la minute. La condition d'économie dans la construction, l'obligation de limiter les dimensions des aubes mobiles, ainsi que le chemin parcouru par les parties flottantes, obligent aussi à donner à cette roue une vitesse trop grande pour qu'on puisse en obtenir un rendement considérable.

Cependant, si ce récepteur hydraulique, simple, facile à établir et à entretenir, n'est pas susceptible d'utiliser un cours d'eau de la manière la plus avantageuse, il peut, dans certains cas où l'eau est abondante et la chute assez forte, rendre des services à l'industrie, particulièrement pour la mouture des blés. Un certificat du maire de Saint-Amant-Roche-Savine, arrondissement d'Amboise, département du Puy-de-Dôme, atteste que, depuis le 11 novembre 1868, un moulin à farine à une meule est mis en mouvement à 120 tours par minute et fournit 120 litres de belle farine de seigle à l'heure, avec une dépense d'eau de 20 litres en une seconde, sous une chute de 12 mètres environ. L'exactitude de ces renseignements aurait besoin d'être vérifiée par des mesures précises; mais, tels qu'ils sont, ils prouvent que le moteur de M. Fauchery a été appliqué.

En attendant une plus longue expérience et des expériences authentiques, le jury accorde à M. Fauchery une citation favorable.

---

§ 2. MOULINS ET PIÈCES DÉTACHÉES.

M. Morin, rapporteur.

M. TOUAILLON jeune, rue Coquillière, n° 12, à Paris (Seine). Médaille d'argent.

M. Touaillon a présenté, de nouveau, son appareil à rhabiller les meules de moulin, pour lequel le jury de 1844 lui a délivré la médaille de bronze.

De grands perfectionnements ont été apportés depuis à cet appareil par son auteur. Par exemple, le chariot qui, dans le principe, glissait difficilement sur une règle cannelée, glisse actuellement avec la plus grande aisance sur une colonne et un galet. L'ancien appareil exigeait des marteaux d'égale longueur et bien dégauchis; le nouveau peut employer des marteaux longs ou courts, droits ou gauches, de sorte qu'il ne laisse plus rien à désirer.

Avec cet appareil, les meules sont plus vite et mieux rhabillées; il est bien accueilli des meuniers, puisque déjà M. Touaillon en a placé un grand nombre tant en France qu'à l'étranger.

Si, par son utilité et la modicité de son prix, cette machine devenait d'une application générale, l'auteur mériterait la première récompense. En attendant le jury lui décerne une médaille d'argent.

Médailles de bronze.

M. BIZOT, à Godoncourt (Vosges).

Le moulin que M. Bizot a exposé se distingue des moulins ordinaires en ce que c'est la meule de dessous qui est volante. A cet effet, elle est fixée à l'arbre vertical et tourne avec lui; la meule de dessus ne tourne pas, mais elle est supportée par un genou de gardan qui lui permet de toujours se placer à plat sur la meule volante. Au moyen de cette suspension, dont l'application dans les moulins à farine paraît nouvelle, la mouture se fait indépendamment du poids des meules, d'où il s'ensuit que ce genre de moulin peut être construit dans de petites dimensions et utiliser de faibles chutes d'eau.

Le jury décerne à M. Bizot une médaille de bronze.

M. BERTON, à La Chapelle (Seine).

Le modèle de moulin à vent que M. Berton a exposé présente un caractère à peu près analogue à celui de M. Bizot : il est parfaitement traité, et il doit offrir à la meunerie des avantages tels, que son emploi en sera bientôt généralisé : seulement, nous n'avons pu nous rendre compte du prix de revient de son établissement. Le jury, toutefois, n'en peut méconnaître l'utilité; aussi décerne-t-il à M. Berton une médaille de bronze.

M. CALLAUD, à Nantes (Loire-Inférieure).

La machine de M. Callaud, pour écraser les graines oléagineuses, est composée de deux cylindres cannelés parallèlement à leurs bases, et qui tournent avec la même vitesse.

L'un de ces cylindres, outre son mouvement de rotation, reçoit, au moyen d'un excentrique, un mouvement horizontal de va-et-vient qui doit rendre l'appareil très-énergique. Lorsque les matières sont triturées, elles tombent sur un tamis mobile; les parties suffisamment écrasées passent au travers des mailles : celles qui sont trop fortes remontent entre les deux cylindres au moyen d'une chaîne à godets. L'idée paraissant nouvelle et ayant déjà donné des résultats, le jury accorde une médaille de bronze à M. Callaud.

M. BRUNETTE, rue du Cherche-Midi, n° 26, à Paris.

Citations favorables.

Il a exposé une noria d'une construction simple, dont les augets en tôle zinguée sont sans clapets, peuvent élever chacun 56 litres d'eau, et sont disposés de manière que l'air s'en dégage facilement quand ils se chargent. Le versement se fait sur le côté, ce qui atténue la perte d'élévation qu'offrent souvent ces machines.

Cette noria est disposée pour être mue par un manége, mais elle pourrait facilement être conduite par tout autre moteur convenablement proportionné.

L'appareil ne présente rien de nouveau, mais sa disposition simple et sa bonne construction méritent à son auteur une citation de la part du jury.

M. FRANCHOT, rue du Banquet, n° 30, à Paris.

Il a exposé un modèle de moulin à vent destiné à remplacer la construction ordinaire, habituellement exécutée exclusivement en bois, par des organes en fer et en fonte susceptibles de plus de précision.

L'arbre est en fer et porte, à son extrémité antérieure, un croisillon en fonte destiné à mouvoir six bras qui y sont solidement boulonnés.

Les palmes de l'arbre sont portées sur un cercle denté que le meunier peut faire tourner, pour l'orientation, au moyen d'un pignon dont l'axe, prolongé vers le bas du moulin, peut être manœuvré facilement. Cette plate-forme tournante glisse à simple frottement sur une gorge qui lui est réservée.

Toute la charpente du moulin est disposée de manière à se démonter et à se remonter facilement.

L'ensemble de cette construction est bien entendu, et, sans rien présenter de neuf, elle indique, dans son auteur, l'habitude des bonnes constructions.

Le jury accorde à M. Franchot une citation favorable.

MM. ROUBAUX et Cie, à Marseille (Bouches-du-Rhône).

Ils ont exposé un moulin à vent dont les ailes s'inclinent et présentent d'autant moins de surface au vent, qu'il acquiert plus d'intensité, et qui s'oriente de lui-même. Ce système de moulin a été proposé par M. Champonnet, et ce n'est que comme exploitants que se présentent MM. Roubaux et compagnie.

Dans les moulins ordinaires, l'axe de rotation du volant est placé dans la direction du vent; dans celui de MM. Roubaux et compagnie, le vent agit sous un angle aigu avec le plan du volant, et les ailes s'inclinent sur ce plan pour échapper ou se présenter au vent. Il en résulte qu'une petite partie seulement des ailes reçoit l'action motrice, et que les autres non-seulement lui échappent, mais encore éprouvent de la part de l'air une résistance qui n'est probablement pas sans influence notable sur le mouvement.

L'inclinaison des ailes sur leur plan moyen est produite par un contre-poids, comme dans le moulin imaginé et construit, depuis plusieurs années, par M. A. Durand.

Si le vent vient à changer de direction par rapport au plan milieu des ailes, celles-ci s'inclinent de plus en plus pour se soumettre à son action, et si enfin le vent passe par-derrière ce plan, il oblige alors le volant à tourner en sens contraire. En même temps un fil de vis, qui est dans le prolongement de l'axe, dégage un verrou d'arrêt qui empêchait le volant et son axe d'exécuter un mouvement de rotation autour d'un axe vertical; ce mouvement s'effectue, et le moulin, remis au vent, tourne dans le sens primitif; la vis replace le verrou d'arrêt, et le moulin, de nouveau orienté, règle l'inclinaison de ses ailes selon la force du vent.

S'il s'agit de faire marcher un moulin à farine, les meules, dans ces mouvements divers, ne pourraient obéir; il en résulte une difficulté que l'auteur ne paraît pas avoir sentie.

Plusieurs des dispositions que nous venons d'indiquer sont ingénieuses, mais il nous semble peu probable qu'elles résistent à l'action des vents violents et des bourrasques qui se produisent sur les côtes.

L'inventeur est de Marseille et les occasions ne lui manqueront pas de soumettre son moulin à des expériences décisives. En attendant qu'elles aient prononcé, le jury ne peut que se borner à citer les efforts de MM. Roubaux et compagnie pour améliorer le moulin à vent.

M. ROUSSEL, horloger-mécanicien, à Versailles (Seine-et-Oise).

Il a exposé un modèle de moulin à vent dont les ailes s'effacent par l'action même de l'air, quand elle dépasse une certaine intensité.

Sans entrer dans le détail du mécanisme adopté par l'exposant, nous nous contenterons de dire qu'un disque concave placé près de l'axe, et perpendiculairement à sa direction, recule par l'action du vent quand elle atteint une certaine limite et qu'une tige, fixée à ce disque, vient rencontrer les bras de levier d'un petit treuil emporté par le volant dans son mouvement. Ce treuil, en tournant, agit sur des chaînes articulées qui forcent les ailes à s'effacer. A l'inverse, lorsque le vent baisse, un ressort en spirale que le disque avait comprimé sous l'action du grand vent, se détend et fait marcher un autre tige qui, rencontrant les bras du treuil d'un autre côté, le fait tourner en sens en inverse, et, par suite, présente les ailes au vent.

Le moulin jouit d'ailleurs de la propriété de s'orienter de lui-même, parce que ses ailes sont placées sous le vent du moulin.

La disposition ingénieuse et assez simple proposée par M. Roussel a été appliquée à Cour-Cheverny, près Blois, dans une propriété particulière, pour imprimer le mouvement à une noria qui élève, par une bonne brise, 17 litres d'eau à 17 mètres de hauteur. Mais il n'y a pas assez longtemps que ce moulin marche pour qu'on puisse se former une opinion sur la manière dont il se comportera dans les bourrasques.

L'auteur s'engage à livrer, pour 700 francs, un moulin et une noria pouvant élever 75 litres à 10 mètres de hauteur, en une seconde.

M. Roussel expose aussi le modèle d'une roue plongeante analogue à celle qu'il a fait établir sur un bateau broyeur de la Seine, à Paris, et dont les aubes se reploient quand elles ont reçu l'action impulsive du courant, pour échapper à son impulsion résistante.

En attendant que l'expérience ait définitivement prononcé sur la valeur industrielle du moulin à vent de M. Roussel, le jury, reconnaissant l'utilité de ses efforts, lui accorde une citation favorable.

§ 3. POMPES D'ÉPUISEMENT, POMPES A INCENDIE, POMPES DOMESTIQUES.

M. Morin, rapporteur.

CONSIDÉRATIONS GÉNÉRALES.

Les pompes présentées cette année à l'examen du jury sont particulièrement des pompes destinées aux travaux d'épuisement pour les constructions, des pompes à incendie, et des pompes domestiques.

Il est difficile d'apprécier avec certitude les qualités et les défauts des pompes d'épuisement dans des expériences de peu de durée. Le moyen le plus sûr est de consulter les résultats obtenus dans les grands travaux, et, sous ce rapport, des renseignements nombreux et authentiques n'ont pas manqué au jury.

Nous n'aurons donc que peu de choses à dire des conditions auxquelles doit satisfaire une bonne pompe d'épuisement destinée aux constructions, car il n'est pas question ici des pompes d'épuisement des mines qui doivent élever l'eau à de grandes hauteurs. Il s'agit simplement de machines à l'aide desquelles on veut extraire des fondations, des bassins, etc., des eaux presque toujours troubles et souvent chargées de terre délayée, du sable et même du gravier pour les déverser à quelques mètres de hauteur.

Ces pompes doivent être mobiles, facilement transportables d'un lieu à un autre des travaux; presque toujours destinées à être mues à bras, mais cependant susceptibles de recevoir l'action d'un moteur. La condition d'élever des eaux troubles ou chargées de sables a presque toujours été un obstacle à la marche régulière des pompes, et c'est par ce motif qu'on leur a substitué des machines plus compliquées, plus volumineuses, plus embarrassantes, mais moins susceptibles de se déranger, telles que les chapelets verticaux ou inclinés, la vis d'Archimède, etc.

Construire une pompe qui, aux conditions de mobilité, de

légèreté, de solidité indispensables, joignît la propriété d'élever, sans en être endommagée, des eaux troubles et chargées de gravier, de supporter longtemps un semblable travail sans exiger d'autres réparations que le remplacement de garnitures assez simples pour être mises en place et même préparées par des ouvriers ordinaires, et qui cependant produisît un effet utile comparable ou supérieur à celui des meilleures machines hydrauliques connues, était un problème dont la solution devait être un service important rendu à l'art des constructions. Plusieurs fabricants de pompes s'en sont occupés, mais aucun ne l'a résolu avec autant de succès que M. Letestu, ainsi qu'on le verra plus loin.

Quant aux pompes à incendie, leur construction est soumise à des conditions plus complexes sur lesquelles il ne sera pas inutile de poser quelques bases propres à guider les constructeurs.

Par la nature du service habituel auquel elles sont destinées, les pompes à incendie doivent être généralement foulantes, conduites presque toujours le plus près possible du lieu de l'incendie; elles sont alimentées avec des seaux au moyen de chaînes formées par les habitants accourus sur le lieu du sinistre. Si, par circonstance, elles se trouvent à proximité d'un cours d'eau, d'une source ou d'un puits abondant, il est presque toujours plus facile, plus prompt et plus sûr, de leur apporter et de verser de l'eau dans leurs bâches que de la faire aspirer par des tuyaux exposés à des avaries et qui, conservés dans des magasins où ils se dessèchent plus ou moins, peuvent donner lieu à des rentrées d'air qui annulent ou diminuent considérablement le produit de la pompe.

Il est cependant des circonstances particulières où la facilité d'alimenter la pompe par l'aspiration a une grande importance : c'est à bord des navires, dont l'équipage est souvent composé d'un nombre d'hommes assez limité et où l'on a l'eau à une faible distance. Quelques établissements industriels placés sur des cours d'eau, et dont la population ouvrière est absente la nuit, peuvent aussi tirer un grand secours d'une pompe aspirante.

On peut donc admettre en général que, pour les villes et surtout pour les campagnes, les pompes à incendie doivent être simplement foulantes, et que les pompes aspirantes et foulantes doivent être réservées pour la marine, pour les établissements hydrauliques, et pour quelques autres circonstances exceptionnelles. Quant aux grandes villes, il ne peut qu'y avoir avantage à ce que, dans leur matériel d'incendie, on comprenne une certaine proportion de pompes aspirantes et foulantes.

La rapidité avec laquelle les secours peuvent être transportés ayant une très-grande importance, il est nécessaire que les pompes soient aussi légères et aussi mobiles que le permettent les conditions de solidité. Dans les villes où le service des pompiers est organisé régulièrement, où les pompes, toujours prêtes, sont à la disposition immédiate des hommes chargés de les servir, et où les distances à parcourir ne sont pas très-grandes, le transport des pompes se fait plus rapidement par de petites charrettes à bras qu'avec des chevaux qu'on ne peut avoir aussi promptement prêts à partir : mais, pour les campagnes, où les pompes des villages voisins accourent souvent d'une grande distance, il est nécessaire d'employer des voitures attelées de chevaux, et susceptibles de transporter en même temps le matériel et le personnel.

Ces voitures doivent être à la fois assez légères pour être mues, au besoin, à bras dans le village même et assez solides pour pouvoir être transportées rapidement.

Quelques constructeurs rendent la pompe solidaire avec son chariot, mais il semble préférable de l'en laisser indépendante. En général, le train gêne la circulation autour de la pompe, et il est si aisé de disposer des anneaux et des moyens assurés de brelage de la pompe sur le chariot, qu'on n'a pas à craindre de difficulté sous ce rapport. Il convient, d'ailleurs, de limiter le volume de la pompe pour faciliter son transport par des passages étroits.

Une condition capitale, que les constructeurs perdent trop souvent de vue, c'est la facilité de la visite des soupapes, du démontage et du remplacement des pièces susceptibles de s'altérer. Le service des pompes à incendie est presque toujours accompagné d'un trouble, d'une précipitation, d'accidents imprévus, de circonstances difficiles qui peuvent exposer les meilleurs appareils à se déranger. Il faut donc prévoir ce cas et être en mesure d'y remédier le plus rapidement possible. Outre ce qui concerne les détails, il faut que l'ensemble de la construction soit assez simple pour que des ouvriers ordinaires puissent réparer des avaries.

La simplicité, la solidité, la légèreté, sont donc des conditions fondamentales de la construction des pompes : tout luxe inutile doit en être banni, et c'est fort à tort que les autorités municipales mettent de l'amour-propre à avoir *de belles pompes.*

La quantité d'eau qu'une pompe à incendie doit fournir en une minute est limitée par le nombre d'hommes qu'on peut y appliquer à la fois et le degré de fatigue qu'il convient de leur imposer. Il est facile de reconnaître que, si l'on admet que la lance convenablement construite ait $0^{m},015$ de diamètre, le volume d'eau à débiter en une minute, à raison de 100 coups à la minute, ne doit guère excéder 200 litres.

En effet, en admettant que le coefficient de la dépense par cette lance soit 0,95, la vitesse d'écoulement serait de $198^{m},52$, et l'effet utile, mesuré par la moitié de la force vive imprimée, serait de

$$\frac{200^{kil}}{60} \times \frac{\overline{198,52}^{2}}{2 \times 9,8088} = 67 \text{ kil. élevés à } 1^{m}$$

Or, on ne doit guère compter, en général, sur un effet utile supérieur à 0,35 du travail moteur dépensé ; celui-ci serait donc de

$$\frac{67^{kilm}}{0,35} = 191 \text{ kil. mèt.}$$

et, si l'on ne mettait que dix hommes à la manœuvre, chacun d'eux devrait fournir par seconde un travail moteur de 19 à 20 kil. élevés à un mètre en une seconde, ce qui est beaucoup, oblige à des relais trop fréquents, et doit être regardé comme le maximum.

On voit donc que le produit d'une pompe à incendie par minute devrait être en général limité à 200 litres, et que les constructeurs qui cherchent à obtenir davantage s'exposent à faire des pompes trop lourdes à manœuvrer. On ne pourrait dépasser ce volume qu'à la condition que, la construction étant très-bien proportionnée, le rapport de l'effet utile au travail moteur fût plus grand; si, par exemple, il était de 0,40 ou de 0,45, la pompe, avec le même travail moteur, pourrait fournir de 230 à 250 litres en une minute, ce qui serait un grand avantage. Il est donc aussi convenable, pour ces petites machines que pour les constructions d'une grande importance, de chercher par de bonnes dispositions le moyen d'accroître l'effet utile des pompes ou de diminuer les pertes du travail moteur.

Pour les pompes destinées à la navigation, la facilité de les alimenter par l'aspiration rendant tout l'équipage disponible pour la manœuvre, on peut, avec moins d'inconvénients, augmenter le volume d'eau à produire en accroissant dans la même proportion le nombre d'hommes employés.

Cette base étant posée, examinons les divers systèmes de construction en usage.

Presque toutes les pompes à incendie se composent de deux corps de pompe cylindriques, placés verticalement et qui agissent à simple effet, de sorte que l'un des pistons refoule quand l'autre aspire; un récipient, placé entre les deux corps, reçoit l'eau et, par l'action de l'air qui y est comprimé, donne, quand il est bien proportionné, la régularité convenable au jet.

Les pistons sont mus à l'aide d'un balancier, auquel ils sont articulés, à peu près généralement vers le tiers de sa longueur; des barres ou leviers de manœuvre traversent les extrémités bifurquées de ce balancier, et reçoivent l'action des hommes : le chemin parcouru par ces barres est en général égal à trois fois la course des pistons.

Dans la plupart des pompes, la course des pistons étant de 0m,25 à 0m,28, il en résulte que celle des barres est de 0m,75 à 0m,84, et quelquefois même plus considérable encore, ce qui fatigue beaucoup les hommes qui sont obligés, à chaque oscillation, d'élever les bras dans une position gênante et de ployer les reins. Il résulte de cette gêne qu'en réalité, dans le service des incendies, quand les pompes sont manœuvrées par des hommes peu exercés, la course réelle des barres est réduite à 0m,60 environ, celle des pistons en proportion, et que par conséquent le produit de la pompe n'est pas ce que l'on attendait. Il vaut donc mieux limiter à l'avance la course des barres à 0m,60 environ, et accroître, pour obtenir le même produit, le diamètre des pistons en diminuant leur course, ou rapprocher leur tige de l'extrémité des barres.

Les soupapes qui ouvrent et ferment les passages par lesquels l'eau circule dans les pompes, sont une des parties les plus essentielles de ces appareils.

On en distingue de quatre genres :

1° Les soupapes à clapet, que dans la plupart des pompes à incendie l'on fait ordinairement en bronze sans aucune garniture, et dont le siége est plan ;

2° Les soupapes tronconiques à siége de même forme, faites aussi en bronze, et qui sont guidées par une tige cylindrique ;

3° Les soupapes à boulet en bronze, dont le siége est formé par une zone annulaire et sphérique ;

4° Les soupapes en cuir, sans garniture ni plaque métallique.

Les soupapes à clapet en métal et sans garniture, quand elles sont bien faites et bien dressées, ont l'avantage d'être solides et peu sujettes à se dégrader ; mais elles donnent lieu, dans la marche de l'appareil, à des chocs d'autant plus intenses qu'elles sont plus grandes et que le mouvement est plus rapide; de ces chocs résultent des pertes du travail moteur, des ébranlements nuisibles à la solidité de la pompe et même à sa marche, car ils produisent souvent le desserrement des boulons et des écrous, et des fuites d'eau ou des prises d'air : il est arrivé dans les expériences que, par suite de ces vibrations, les boulons d'assemblage s'étant desserrés, les garnitures en cuir des joints d'assemblage ont été aspirées dans les corps de pompe ou dans les tuyaux et ont entravé le jeu de la pompe; d'autres fois, pour des pompes aspirantes, la même cause produit des rentrées d'air.

Les clapets métalliques ont, en outre, le défaut très-grave de s'obstruer par le passage des corps étrangers et d'être arrêtés par la présence du moindre grain de sable qui gêne leur mouvement. En arrière de la charnière, du côté opposé à l'écoulement, le sable emporté par l'eau se dépose dans ces parties où il n'y a pas de courant, et presque toujours il finit par arrêter le jeu régulier de la pompe.

Les défauts que nous venons de signaler se sont manifestés dans les expériences à divers degrés, selon les proportions des pompes.

Les clapets métalliques garnis de cuir donnent lieu à des chocs moins intenses par l'effet de l'interposition d'un corps compressible, mais, dans les manœuvres avec des eaux mêlées de sable, le cuir se charge successivement de grains de sable qui bientôt le détruisent. Enfin, les clapets métalliques sont sujets, par un long repos, et si la pompe a été graissée, à contracter avec leur siége une adhérence considérable et difficile à vaincre, dont on ne se doute pas au moment où l'on a besoin de la pompe, et qui en empêche le jeu.

Les soupapes à siége conique, par la pente même de leur siége, sont moins sujettes à retenir les corps étrangers et les grains de sable que les clapets; mais, en outre, l'écoulement ayant lieu sur tout leur contour, il n'y a pas de côté où il se forme de remous ou de dépôt de sable. Elles sont, par suite, bien moins sujettes à s'obstruer que les clapets : cependant, si les eaux sont très-chargées de sable, comme cela peut arriver dans les incendies, un seul grain engagé dans la soupape en arrête le jeu, ainsi que cela a été remarqué dans les expériences; il faut alors recourir à quelque dispositif spécial pour la dégager.

Ces soupapes produisent aussi des chocs et des ébranlements, mais ils sont moindres qu'avec les clapets.

Enfin, les soupapes coniques peuvent aussi contracter par le choc, mais surtout par le repos et par l'interposition d'un corps gras, de l'adhérence avec leur siége, et alors la pompe ne fonctionne pas.

Quant aux soupapes à boulets, ce sont de toutes les soupapes métalliques les moins sujettes à se déranger et à s'obstruer; mais elles se dégradent plus facilement, leur forme s'altère, et elles sont moins étanches; elles donnent aussi lieu à des chocs moins prononcés. Généralement on les préfère aujourd'hui, pour les pompes alimentaires des locomotives, comme moins sujettes que les autres à des interruptions de service.

Les soupapes en cuir, sans plaques d'appui, sont plus légères et par conséquent plus faciles à mouvoir que les précédentes; elles ne donnent lieu à aucun choc et ne produisent aucun ébranlement de la machine. Quand elles sont bien disposées, elles permettent l'écoulement sur tout leur contour, de manière à ne pas laisser former de remous où le sable puisse se déposer; si, par accident, quelques grains se trouvent interposés entre elles et leur siége ou appui, la flexibilité du cuir lui permet d'envelopper ces grains et de s'appliquer de même plus loin sur ce siége, de sorte que le jeu de la soupape n'est pas interrompu. Ces soupapes ont, en outre, l'avantage de pouvoir être faites et remplacées par le premier venu sans autre outil qu'un couteau.

Tous ces avantages expliquent pourquoi cette garniture ancienne est encore en usage dans les pompes les plus simples, et comment elle est l'organe indispensable des pompes les plus parfaites, destinées à l'élévation des eaux et des presses hydrauliques.

C'est donc avec raison qu'un constructeur habile, M. Letestu, a repris ce genre de soupape employé autrefois dans les anciennes pompes, et a perfectionnant les proportions, a évité le défaut des anciennes dispositions qui présentaient des orifices trop petits.

Après le choix des soupapes, l'objet le plus important, pour le bon effet d'une pompe, c'est la proportion et la disposition convenables des orifices de passage. Le même volume d'eau traversant tous les passages et le corps de pompe, la vitesse des filets fluides est d'autant plus grande que la section ou l'orifice a une plus petite superficie, et, si après le passage la section augmente, la vitesse diminue. Il faut donc à chaque rétrécissement des passages dépenser du travail moteur pour communiquer à l'eau la vitesse nécessaire, et, cette vitesse étant ensuite éteinte ou diminuée après le passage, ce travail est consommé en pure perte. Ces effets ne peuvent être évités complétement dans les pompes, mais les constructeurs doivent chercher à les atténuer, et, par conséquent, il faut augmenter autant que possible la grandeur des passages d'aspiration, de refoulement et de communication, et, dans le même but, atténuer les effets de la contraction à tous ces passages, en arrondissant leurs abords de façon que les filets fluides, dirigés par leurs contours, arrivent autant que possible parallèlement entre eux et perpendiculairement à la section de l'orifice. Nous ajouterons que, pour pouvoir donner aux orifices des grandeurs convenables, il ne faudrait pas, comme la plupart des constructeurs, placer les orifices d'aspiration et de refoulement l'un à côté de l'autre au fond du corps de pompe, et que pour des pompes foulantes, où il y a peu d'inconvénients graves à augmenter l'espace nuisible, on peut fort bien faire déboucher le conduit du corps de pompe au récipient au-dessus du fond supérieur.

Presque tous les constructeurs de pompes adoptent des orifices et des passages beaucoup trop petits, et négligent d'atténuer, comme nous venons de le dire, les effets de la contraction.

Dans la plupart des pompes à incendie les corps sont faits ou fondus à part et assemblés sur une platine ou culasse en bronze avec des boulons. Les surfaces des joints sont dressées, et on y interpose des rondelles de cuir. Ce mode de garniture est sujet à se lâcher par l'effet des vibrations produites par les clapets, ainsi que nous l'avons déjà dit; mais il est commandé, dans presque tous les cas, par la présence, au fond des corps, du récipient et des clapets métalliques qu'on ne peut enlever ni démonter facilement.

L'emploi bien entendu des soupapes en cuir, dont le démontage et le remplacement sont faciles, permet de fixer les corps et le récipient sur la platine par la soudure, ce qui met à l'abri de toute chance de séparation de ces parties.

Tuyaux. — Le diamètre des tuyaux de refoulement employé dans la plupart des cas n'est guère que de 45 millimètres ; il est vrai que la légèreté est une condition importante pour la facilité de la manœuvre, mais peut-être serait-il bon d'augmenter un peu cette dimension. On a généralement, et avec raison, remplacé aujourd'hui les tuyaux cousus par des tuyaux cloués; mais cependant ceux-ci sont loin d'être parfaits, et il serait à désirer que les nouvelles matières, telles que la gutta-perca, le caoutchouc, pussent être appropriées à cet usage, car elles offriraient l'avantage de présenter beaucoup moins de joints.

Quant aux tuyaux d'aspiration, leur usage offre presque toujours des difficultés, et la fabrication ordinaire des tuyaux cousus donne lieu à des rentrées d'air qui compromettent tout à fait le service des pompes. L'emploi des anneaux d'une certaine largeur, sur lesquels les tuyaux sont cloués, employés par M. Letestu, est préférable à celui des spirales en fer rond dont on se sert habituellement. Nous engageons les constructeurs à s'attacher à perfectionner le plus possible cet auxiliaire indispensable des pompes aspirantes.

Telles sont les considérations qui nous ont guidés dans l'examen que nous avons été appelé à faire des pompes d'épuisement et des pompes à incendie; elles sont en partie la conséquence des faits observés dans les expériences auxquelles nous nous sommes livrés.

Quant aux expériences elles-mêmes, elles ont eu pour but de constater la marche et l'effet utile des pompes à incendie dans différentes circonstances, plus ou moins difficiles, de service auxquelles elles doivent satisfaire, et, afin de se mettre autant que possible à l'abri de l'incertitude qu'entraîne toujours l'emploi des hommes comme moteur, dans les essais que l'on fait habituellement, l'on a fait marcher ces pompes à l'aide du moteur des ateliers de MM. Derosne et Cail, qui ont bien voulu mettre à la disposition de la Commission un local particulier.

Le mouvement d'un arbre de couche de cet atelier était transmis à la pompe par une manivelle et une bielle, avec l'intermédiaire de l'un des dynamomètres de rotation du Conservatoire des arts et métiers.

Le premier de ces dynamomètres que l'on employa était à compteur, et donnait directement la quantité de travail développé pour faire marcher la pompe; mais cet instrument, qui avait été principalement fait pour servir à des expériences sur des machines douées d'un mouvement de rotation et légères à conduire, avait des lames de ressort trop faibles, dont l'élasticité fut altérée après ces premières expériences. L'on fut donc obligé de les recommencer, et l'on se servit à cet effet du dynamomètre de rotation à styles. Dans le cours des expériences, les variations considérables d'effort qui résultèrent de l'action même des pompes ont amené la rupture de quelques lames que l'on a remplacées, mais toutes ces lames ont été tarées directement.

On sait que ces dynamomètres fournissent, sur une longue bande de papier, une trace des efforts exercés marquée à l'encre de chine, ce qui rend le résultat tout à fait indépendant de la plus ou moins grande habileté et des préventions de l'observateur, une fois que l'instrument a été bien réglé.

Pour constater si le travail moteur employé à faire mouvoir la pompe était convenablement utilisé, on a fait fonctionner les pompes à incendie en les employant d'abord à refouler, par un tuyau en cuir de 45 millimètres de diamètre, l'eau élevée dans un réservoir situé à 10 mètres de hauteur au-dessus de la bâche, qui était alimentée par un autre réservoir d'une capacité jaugée à l'avance et muni d'une échelle de jauge. Le nombre de coups de piston et le temps correspondant étaient donnés par un compteur à horloge de M. Garnier, instrument dont l'exactitude de marche avait été vérifiée directement.

On avait donc à chaque expérience le volume d'eau élevé, la hauteur de l'élévation, et par suite l'effet utile, le temps et le travail dépensé.

L'on a aussi mesuré le travail moteur nécessaire pour faire marcher les pompes avec la lance placée à l'extrémité d'un tuyau en cuir de 45 millimètres de diamètre et d'environ 50 mètres de long, qui a été le même pour toutes les pompes analogues.

On observait le volume d'eau lancé dans un temps donné, le nombre de coups de piston en une minute, la hauteur et la portée du jet.

Le diamètre de la lance a été habituellement de 15 millimètres, mais il a varié quelquefois.

Connaissant le volume d'eau débité, le diamètre de l'orifice de la lance, la forme de celle-ci, et par suite le multiplicateur de la dépense qui lui convenait, on pouvait en déduire la vitesse de sortie de l'eau, et enfin la force vive qui lui était communiquée, quantité dont la moitié représentait l'effet utile produit.

Mais, dans ce genre d'appréciation, la plus légère incertitude sur le diamètre de l'orifice et sur le coefficient convenable de la contraction entraînant une erreur dans la vitesse dont la valeur entre au carré dans l'expression de la force vive, on est exposé à des erreurs très-notables sur l'effet utile, et l'on a renoncé à ce mode d'appréciation.

L'on s'est contenté de mesurer le travail moteur indiqué par le dynamomètre, pour faire débiter par la lance à la pompe un volume d'eau connu.

Quant à la portée et à la hauteur du jet, on les a observées et notées; mais, ces résultats étant influencés d'une manière variable par le vent et par les dimensions des orifices, leur constatation n'a pu avoir beaucoup d'importance pour l'opinion qu'on devait se former des pompes elles-mêmes.

Une expérience importante, surtout pour les pompes destinées au service des campagnes, consistait à faire fonctionner celles que l'on éprouvait avec des eaux chargées de sable en quantité assez considérable. Dans les villes où le service des pompes est alimenté à l'aide de bornes-fontaines et de tuyaux de secours qui fournissent des eaux claires ou simplement chargées de troubles légers, l'on n'attache pas beaucoup d'attention à cette condition : mais, pour les campagnes et les villes dépourvues de conduites d'eau, il est de rigueur qu'une pompe à incendie puisse fonctionner sans interruption avec des eaux chargées de sable ou de corps étrangers, ou qu'au moins, si elle est arrêtée, il soit facile de la visiter et de la remettre rapidement en activité.

Tel a été le motif et le but des expériences spéciales qui ont été exécutées avec des eaux très-chargées de sable, expériences que la rivalité de quelques-uns des constructeurs a poussées peut-être un peu au delà de ce qui était nécessaire sans que cela ait été exigé. On a d'ailleurs laissé à chaque exposant la faculté de soumettre ses produits à cette expérience ou de s'y refuser, et aucun d'eux n'a été en quoi que ce soit obligé de l'accepter; on a seulement tenu note du refus.

Quant aux pompes rotatives, on a constaté leur rendement en les faisant mouvoir à l'aide d'une manivelle dynamométrique qui faisait connaître l'effort, et par suite le travail moteur dépensé : ces pompes n'étant d'ailleurs susceptibles d'être employées qu'avec des eaux claires, on ne les a pas essayées dans d'autres conditions.

La résolution prise par le jury de ne pas décerner de récompenses aux exposants que la difficulté des circonstances a forcés de signer des concordats non encore exécutés, a atteint celui des constructeurs de pompes que la commission des machines avait placé au premier rang : mais le jury a décidé que, dans l'intérêt de la justice comme dans celui du public, le rapport qui lui a été fait et les expériences qui ont été exécutées sur ces produits, seraient insérés dans les considérations générales sur les pompes ; et c'est pour se conformer à cette décision qu'il sera question ici des pompes de M. Letestu, qui, tant par les services qu'elles ont rendus que par les résultats mêmes des expériences, ont été trouvées supérieures à toutes les autres.

Pompes de M. Letestu. — On sait que le principe général de la construction des pompes de M. Letestu consiste dans le remplacement des soupapes métalliques par des soupapes en cuir ; celles d'appel ou de refoulement sont formées d'une simple rondelle en cuir flexible posée sur le siége, qui est une plaque métallique percée d'un grand nombre de trous dont les bords sont arrondis pour atténuer, au passage, les effets de la contraction et les pertes de force vive qui en sont les suites. La superficie totale de ces passages peut être, dans ce dispositif, supérieure à celles que l'on obtient avec les autres soupapes.

Quant au piston, il est formé par un cône en tôle ou en bronze, également percé de trous sur toute sa surface, et qui reçoit à l'intérieur un cornet en cuir, sans coutures, dont les bords se recouvrent dans le sens des génératrices et débordent la base du cône. Cette garniture, simple et facile à réparer, suffit pour rendre le piston parfaitement étanche : elle donne peut-être lieu à un frottement un peu plus grand que les garnitures de cuir embouti, quand celles-ci sont très-bien faites, parce que la surface de contact doit y être un peu plus large ; mais ce léger défaut est plus que compensé par l'avantage qu'elle présente, ainsi que les soupapes, de ne donner lieu à aucun choc, d'être légère et très-mobile. Nous croyons devoir engager M. Letestu à modifier un peu la forme et la disposition des trous de ses pistons pour augmenter l'aire totale des passages, ce qui lui sera très-facile.

L'expérience a démontré que, dans les grandes pompes,

manœuvrées à la vitesse convenable, le volume d'eau fourni par la pompe est habituellement égal et même quelquefois un peu supérieur au volume engendré par le piston [1].

Si le système de soupapes et de pistons adopté par M. Letestu n'est pas complétement neuf et offre quelque analogie avec ce que l'on trouve décrit dans d'anciens ouvrages, il en diffère cependant notablement, et particulièrement en ce qui concerne le piston. C'est aux perfectionnements importants et bien conçus que cet ingénieur a introduits dans la construction de ces organes essentiels qu'il doit en grande partie le succès qu'il obtient aujourd'hui, d'un dispositif abandonné depuis longtemps. Ce constructeur a d'ailleurs apporté, dans la disposition générale de ses appareils, une simplicité qui rend la visite, le montage et le démontage, la réparation et l'entretien très-faciles, et tous les détails en sont disposés avec beaucoup d'intelligence.

Après avoir indiqué sommairement en quoi la construction de M. Letestu diffère principalement de celle des autres fabricants de pompes, nous examinerons en particulier les divers systèmes qu'il expose.

Les pompes d'épuisement ou simplement élévatoires de ce constructeur sont connues; les succès obtenus par le service du génie militaire, dans les fortifications de Paris, sont consignés dans le Mémorial de l'officier du génie et attestés par les chefs de service et entre autres par M. le général Vaillant. Le même témoignage leur est rendu par les ingénieurs des ponts et chaussées chargés du service des ports à Toulon et à Cherbourg; par le génie militaire à Toulon, où elles ont procuré une économie estimée à 50 p. o/o sur les frais de creusement des fondations de l'enceinte du nouvel arsenal (*Rapport de M. Corrèze*); au chemin de fer d'Orléans (*M. Clarke*), où l'une d'elles, disposée pour l'aspiration, a pu aspirer, à 9^{m},50 de pro-

[1] Expériences faites à Toulon. — Expériences rapportées au Mémorial de l'officier du génie. — Expériences faites au canal du Nivernais par M. Boucher de la Rupelle, ingénieur en chef.

fondeur, des eaux et des terres délayées, sans diminution de produit. On avait craint que la résistance du cuir ne permît pas d'élever les eaux à plus de 8 à 10 mètres; l'expérience a levé cette incertitude : deux pompes à incendie du même constructeur ont été employées comme pompes élévatoires aux travaux du chemin de fer de Lyon et ont refoulé l'eau : l'une à 25 mètres de hauteur, pendant plus de 5 mois de travail à 10 heures par jour, et l'autre a élevé l'eau à 27 mètres de hauteur par une conduite de 1,200 mètres de longueur (*M. Sauvage*). Un témoignage analogue est rendu par les ingénieurs du chemin de fer du Nord (*M. Maniel*).

L'usage de ces pompes offre, pour l'emploi des hommes aux épuisements, un avantage considérable sur toutes les autres machines d'épuisement.

Ainsi, il résulte, par exemple, des expériences de M. Corrèze, officier du génie à Toulon, qu'en les faisant marcher à la simple vitesse de 12 coups pour chaque piston en une minute, on obtient, en service régulier d'un homme, fournissant 8 heures de travail effectif sur la pompe, un effet journalier de 180,950 kilogrammes élevé à un mètre, et qu'à la vitesse de 20 coups de piston en une minute, on obtient pour le travail journalier d'un homme 113,090 kilomètres.

M. Reibell, ingénieur des ponts et chaussées, a trouvé à Cherbourg, à la vitesse de 28 à 29 coups de piston en une minute, un effet journalier de............... 113,000^{km}
tandis qu'avec les pompes ordinaires on n'obtient
que.................................... 90,000
avec les chapelets........................ 80,000
et avec la vis d'Archimède................. 100,000

En un mot, tous les ingénieurs qui ont employé les pompes à épuisement de M. Letestu se sont plu à lui délivrer les certificats les plus honorables de leur satisfaction, tant sous le rapport des résultats que sous celui des soins qu'il donne à sa fabrication. La grande importance des bons appareils d'épuisement dans les travaux hydrauliques et dans l'exploitation des mines indique celle du service rendu, par M. Letestu, à l'art des constructions par les améliorations qu'il a introduites dans ce genre de pompes.

Quant aux pompes à incendie du même constructeur, elles sont de deux modèles :

L'une, *aspirante et foulante*, employée par la marine, dont les pistons ont 142 mill. 5 de diamètre, et 182 millimètres de course maximum.

Les conditions particulières dans lesquelles se trouvent les pompes embarquées sur les bâtiments ont conduit le constructeur à adopter le système des pompes aspirantes et foulantes : ses pistons aspirent et refoulent en remontant. A cet effet, le cône du piston a le sommet en bas, et le corps de pompe est fermé à la partie supérieure; la tige du piston, articulée près du sommet du cône, est renfermée dans un tuyau, formant douille, qui traverse le couvercle du corps de pompe au moyen d'une boîte à étoupes; ce tuyau sert à amorcer la pompe au moyen d'un peu d'eau pour couvrir le piston : une petite soupape en cuir y est adaptée à cet effet.

La nécessité de réduire au moindre volume possible celui que la pompe occupe dans le bâtiment, et de la transporter à travers d'étroits passages, était une difficulté que M. Letestu a surmontée de la manière la plus heureuse : le balancier, formé de trois pièces, se démonte avec facilité, et présente cependant, quand il est assemblé, une grande rigidité; le socle en madriers est aussi en trois parties, dont les deux extrêmes se replient verticalement, de sorte que la pompe n'occupe qu'une espace de 1^{m},07 en longueur, 0^{m},44 en largeur et 1^{m},08 en hauteur. Il était difficile de grouper aussi simplement un semblable appareil dans moins d'espace.

Le poids de cette pompe, qui présente toute la solidité convenable, n'est que de *cent quatre-vingts kilogrammes*, ce qui la rend d'un transport facile.

La somme des aires des passages par la soupape plane d'aspiration est de 57^{c},52 carrés, et son rapport à la surface du corps de pompe est égal à 0,368, ce qui est déjà convenable; mais il serait sans doute facile de l'augmenter encore. Quant aux passages à travers le piston, la somme des aires est de 74c,25 carrés, et son rapport à la section du corps de pompe est de 0,46. Le tuyau qui établit la communication du corps de pompe au récipient a 80 millimètres de diamètre; le rapport de sa section à celle du corps de pompe est de 0,32. Ces proportions sont bien supérieures à celles qu'adoptent la plupart des constructeurs, mais nous engageons néanmoins M. Letestu à les augmenter encore puisque la forme même de son piston le lui permet.

Cette pompe a été essayée d'abord avec le plus grand succès par la marine à Smyrne[1], mais surtout à l'incendie du Mourillon où, « *alors que toutes les pompes étaient plus ou moins* « *avariées par la nécessité de les tenir constamment en action, la* « *seule pompe Letestu ne s'est jamais dérangée, et a, pendant* « *48 heures, dont 12 sans interruption, fonctionné devant l'im-* « *mense volcan, etc.* » (Rapport de M. Rigandy, directeur du port de Toulon.)

Au chemin de fer de Lyon, une pompe de ce système *a été, par méprise, employée pendant plusieurs jours pour faire des épuisements dans des eaux chargées de sable, et en telle abondance qu'il y avait lieu de craindre qu'elle ne fût gravement endommagée* (M. Sauvage, ingénieur en chef) ; il n'en est cependant résulté aucune avarie.

Dans les études auxquelles nous nous sommes livré pour comparer entre elles les diverses pompes présentées au jury, l'une de ces pompes a été soumise aux expériences. D'abord, en aspirant l'eau claire dans un puits de 6 mètres de profondeur par une traînée horizontale de 10 mètres de longueur, au moyen de tuyaux en cuir, et en la refoulant dans un réservoir placé à 10 mètres au-dessus de la bâche, à la vitesse moyenne de 55 coups de chaque piston en une minute, elle a

[1] Les pompes aspirantes et foulantes de nos bâtiments ont produit peu d'effet et fonctionnaient mal, tandis que la pompe dite *Letestu* a rendu d'immenses services et obtenu de grands succès. (Amiral Turpin ; — Incendie de Smyrne ; — Lettre du 20 juillet 1845.)

fourni 248 lit. 5 en une minute; sa marche a été régulière et d'une douceur remarquable; les chocs et les ébranlements qui se produisent dans les autres pompes ne se manifestèrent nullement dans celle-ci. Le rapport de l'effet utile, mesuré par le produit de l'eau élevée et de la hauteur d'élévation au travail moteur, fourni par le dynamomètre, ou ce qu'on est convenu d'appeler *le rendement*, a été de 45 p. o/o, résultat très-satisfaisant pour une pompe de ce genre, et double de celui que l'on obtient généralement avec les pompes, dites *du modèle de la ville de Paris*, de 125 millimètres de diamètre. Le rapport entre le volume d'eau débité et le volume engendré par le piston a été, en moyenne, égal à 0,843, à la faible course de $0^m,167$, marchant à la vitesse de $0^m,152$ en une seconde.

Essayée de la même manière à la lance de 16 millimètres de diamètre, avec une longueur de tuyaux de 50 mètres et de 45 millimètres de diamètre, cette pompe a fourni, par un vent très-violent et très-défavorable, une portée horizontale de 30 mètres et un jet de 17 mètres de haut; avec une lance de 15 millimètres de diamètre, elle a donné une portée horizontale de $34^m,40$ et un jet de $21^m,11$ de hauteur.

Elle était manœuvrée à la vitesse de 55 coups de balancier en une minute, et fournissait 248 litres d'eau par minute; la course de ses pistons avait été, pour l'expérience, réduite à $0^m,167$; par conséquent, à leur course totale de $0^m,182$, elle pourrait débiter au moins 272 litres en une minute.

Le rapport de l'effet utile, mesuré par la moitié de la force vive imprimée à l'eau, au travail moteur dépensé dans les expériences à la lance, a été trouvé, en moyenne, de 45 p. o/o.

Dans l'expérience, elle a exigé un travail moteur de 201 kil. élevés à $1^m,00$ en une seconde, ce qui, en employant 10 hommes, obligerait chacun d'eux à développer en une seconde un travail moteur de $20^{km},1$; et à la course totale des pistons et à la même vitesse, en produisant 272 litres en une minute, elle exigerait un travail moteur de 220^{km} ou $22^{km},0$ par homme.

en employant toujours 10 hommes, ou $18^{hl}.3$ en y employant 12 hommes, ce qui est facile à bord des navires, attendu que la pompe s'alimente d'elle-même par l'aspiration.

Manœuvrée comme pompe aspirante sur le quai de la Concorde, elle a aspiré l'eau à $9^{m},78$; le jet, parfaitement continu, offrait beaucoup de régularité.

Manœuvrée comme pompe aspirante, mise en mouvement avec le moteur, en plaçant la crépine d'aspiration dans une bâche où l'on avait mêlé 50 litres de sable et 50 litres de terre à l'eau qu'elle contenait, elle a fonctionné, pendant 10 minutes sans interruption, en aspirant et rejetant le sable en grande abondance, sans éprouver d'avarie et sans que son mouvement cessât de présenter la douceur habituelle de sa marche; on entendait seulement le bruit du sable qui circulait dans les corps de pompe.

Pendant cette expérience, il a suffi de remuer de temps en temps la crépine dans la masse de sable où elle était plongée pour l'empêcher de s'obstruer, et alors le jet de la pompe était très-régulier.

Le démontage de cette pompe, pour la visite et le remplacement des garnitures, s'il était nécessaire, se fait avec la plus grande facilité.

On a observé les temps suivants :

Démontage du balancier	17"
——— des deux pistons	20"
——— des soupapes et des boîtes de visite	21"
——— d'un cuir de piston	12"
Ensemble	80" = 1',20"
Remontage d'un cuir de piston	28"
——— des soupapes et des boîtes de visite	55"
——— des pistons	47"
——— du balancier	1', 1"
	3',11"

Quoique les cuirs, qui forment la garniture des pistons dans cette pompe, soient disposés de manière à durer fort longtemps, il était bon de constater la facilité de leur remplacement.

Pour cette opération, il suffit d'enlever le cuir existant, de le développer sur un morceau de cuir de vache ou de cheval, de faire à la pointe le tracé de ce développement et de le découper.

Ces opérations, qui n'exigent aucun préparatif et peuvent être exécutées par le premier venu avec un simple couteau, ont employé devant nous le temps suivant :

Garniture de piston :

Démontage du piston et du cuir........	60"
Tracé et découpage du nouveau cuir.....	65"
Replacement du cuir et des pistons......	75"
Ensemble.......	200" = 3',20"

Remplacement de la soupape de refoulement :

Enlèvement de la soupape.............	21"
Tracé et découpage du nouveau cuir.....	120"
Replacement de la soupape...........	29"
Ensemble.......	170" = 2',50"

Tous les détails d'exécution de cette pompe sont soignés et disposés avec beaucoup d'intelligence. Les chapeaux des corps de pompe sont maintenus en place par des boulons articulés qui basculent quand ils sont desserrés, et ne se séparent pas du corps, car les extrémités de ces boulons sont rivées, de sorte que ni les écrous ni les boulons ne peuvent se perdre dans un démontage et un transport précipité; chaque objet se retrouve toujours à sa place, ce qui est un avantage toujours important dans les incendies, mais surtout à bord des bâtiments.

Tuyaux.— Les tuyaux d'aspiration de M. Letestu méritent aussi de fixer l'attention par leur construction particulière.

Au lieu de placer à l'intérieur, comme la plupart des autres constructeurs, un ressort spiral, en fer galvanisé ou étamé, pour permettre au cuir de résister à la pression atmosphérique, lorsqu'on fait le vide, M. Letestu emploie des anneaux en laiton ou en fer étamé soudés, de 4 à 5 centimètres de longueur, selon le diamètre des tuyaux, et placés à un intervalle de 1 à 2 centimètres au plus, puis recouverts d'une seconde enveloppe de cuir cousue à la manière ordinaire; sur l'intervalle de deux anneaux on fait une forte ligature en fil de cuivre étamé, qui maintient les anneaux en place et les applique fortement contre les cuirs. Cet intervalle forme une sorte d'articulation analogue aux anneaux des serpents, et ces tuyaux ont une grande flexibilité, sans que leur solidité soit compromise. Dans les expériences d'aspiration, ces tuyaux ont parfaitement fonctionné, et leur supériorité sur les tuyaux à ressorts en spirale a été bien constatée et reconnue par plusieurs des concurrents.

Les raccords de ces tuyaux se font par des bagues à oreilles qui s'assemblent par des boulons articulés à bouts rivés, de sorte que ni les boulons ni les écrous ne peuvent se séparer. Ce mode de raccord est bien préférable à celui qu'emploient les autres constructeurs, et qui consiste simplement en des bagues filetées qui, dans les mouvements sur le sol, se chargent de sable, sont ensuite difficiles à manœuvrer, et donnent lieu à des rentrées d'air.

Pompes foulantes à incendie. — Le second modèle de pompe à incendie, que construit M. Letestu, est celui d'une pompe *simplement foulante.*

Le diamètre du corps de pompe est de 142 millimètres, et la course maximum du piston de 145 millimètres. La course maximum des leviers de manœuvre n'est que de $0^m,62$, proportion plus commode pour les hommes que celle qui est adoptée par la plupart des constructeurs, qui donnent $0^m,75$ à $0^m,80$, et même $1^m,00$ de course à ces leviers. Le piston a son sommet en dessus, sa garniture en dedans, et, quand il s'élève, l'eau pénètre dans le corps de pompe en écartant le cuir de son enveloppe métallique. Dans cette disposition, l'alimentation du piston se fait à une certaine hauteur du fond de la bâche, ce qui facilite la séparation et la précipitation des corps étrangers et préserve la pompe de leur introduction, tandis que, dans la plupart des autres pompes qui prennent l'eau presque tout à fait au fond de la bâche, les corps étrangers peuvent s'y introduire dès que leur volume ne s'y oppose pas. Il y a, il est vrai, une portion de la capacité de la bâche, qui est perdue comme réservoir d'eau ; mais, dans les autres pompes, la hauteur du socle et son volume produisent aussi une perte analogue sans qu'il en résulte le même avantage.

Le refoulement de l'eau se fait par une soupape en cuir fixée au milieu du fond du récipient, qui est à cet effet percé d'un grand nombre de trous disposés concentriquement. Un tuyau réunit les corps de pompe au récipient, et un diaphragme vertical établit la séparation des deux corps, qui sont, ainsi que le récipient, soudés à la culasse. Une tubulure, fermée par un tampon à vis qui s'ouvre très-facilement, permet de visiter, d'enlever et de remplacer la rondelle de cuir formant soupape, qui n'est fixée que par un simple écrou à oreilles. Le tuyau de refoulement se fixe sur cette tubulure.

Les corps de pompe sont enveloppés d'une trémie conique mobile qui s'oppose à l'introduction des corps étrangers d'un trop gros volume.

Cette pompe ne pèse que 159 kilogrammes, tandis que les pompes analogues, les plus légères, pèsent environ 200 kilogrammes.

La somme des aires des passages de refoulement pour chaque corps de pompe est, comme dans la pompe aspirante, de $57^{q},52$, et son rapport à la section du corps de pompe est de 0,36.

La section du conduit de jonction des corps au récipient est de 47^{q}; son rapport à la section du corps de pompe est de 0,30.

Enfin, la somme des aires des passages à travers le piston est de 736^{cq}, ou 0,45 de la section du corps. Ce dernier rapport pourrait encore être augmenté, comme nous l'avons déjà dit, et il en résulterait une diminution des pertes de force vive après les passages.

Le mouvement de cette pompe est aussi doux que celui de la pompe marine, et ne donne lieu à aucun choc.

Le démontage et le remontage s'exécutent avec la plus grande facilité, ainsi que la visite de toutes les parties. Il a fallu pour

	le démontage :	le remontage :
Des pistons...............	14"	38"
Du balancier..............	10"	44"
Des soupapes....	18"	25"
Du corps de pompe, du patin et du récipient..........	1',10"	2',10"
	1',52"	3',57"

Pour ôter un cuir de piston, 15 secondes, et, pour le remettre, 30 secondes.

Dans aucune autre pompe la facilité de visiter les soupapes n'est à beaucoup près aussi grande; dans presque toutes les pompes à soupapes métalliques, le remplacement sur place est impossible.

Dans l'élévation de l'eau à 10 mètres de hauteur, à la vitesse de 110 coups de piston à la minute, ce qui est une vitesse trop grande et défavorable, le rapport de l'effet utile au travail moteur a été trouvé égal à 0,35.

Dans une expérience à la lance de 15 millimètres de diamètre, par un vent très-violent, la portée horizontale a été trouvée de 32^{m},50, et la hauteur du jet de 17^{m},46.

A la vitesse de 113 coups en une minute, à la course totale de 145 millimètres, la pompe fournit 194 litres d'eau, et elle exige alors un travail moteur de 163 kil. élevés à 1 mètre, ou 16^{km},3 par homme en une seconde, si l'on en emploie 10 à la manœuvre, ce qui ne dépasse pas, comme dans les autres pompes, le travail que l'on peut momentanément exiger.

Cette pompe, essayée avec des eaux chargées de sable de rivière, en remplissant sa bâche jusqu'à la partie supérieure des trémies qui enveloppent le corps de pompe, ce qui ne pourrait jamais arriver dans le service courant, a parfaitement fonctionné, d'abord pendant une demi-heure en reversant toujours l'eau dans la bâche, puis avec la lance. Il a suffi de remuer le sable à la main ou avec un bâton, pour que l'alimentation se fît régulièrement.

Enfin, pour reconnaître si le dessèchement des cuirs des pistons et des soupapes pouvait nuire d'une manière notable à la marche de ces pompes, on a desséché au feu, très-fortement, un cuir de piston, et l'on a suspendu à l'air et au soleil pendant plusieurs semaines une soupape de refoulement d'une garniture de piston.

Ces cuirs ayant été ensuite remis en place, la pompe a immédiatement fonctionné sans difficulté.

Feux de caves.— Le service des pompiers attache dans les grandes villes de l'importance à pouvoir envoyer de l'air dans l'appareil dû au colonel Paulin, et dans lequel est enveloppé le pompier qui pénètre dans les caves. Mais, dans toutes les dispositions proposées jusqu'ici, on s'est borné à faire agir les pompes à eau comme pompes à air, de sorte que, si l'on n'a qu'une pompe, il faut interrompre le service de l'eau pour faire celui de l'air, *et vice versâ*; ou, si l'on a deux pompes, l'une doit être consacrée à l'air, ce qui prive les pompiers d'une partie de leurs moyens d'action.

M. Letestu a très-heureusement et très-simplement levé cette difficulté, en adaptant à ses pompes, pour le cas des feux de caves, un petit corps de pompe destiné à fournir l'air et qui est placé à articulation sur le patin de la pompe et en dehors de la bâche. La tige du piston reçoit le mouvement du balancier en même temps que les pistons à eau, de sorte que la pompe fournit à volonté l'eau et l'air ensemble ou alternativement. Un robinet de retour permet de suspendre le jet de l'eau sans interrompre celui de l'air. La pompe à air peut d'ailleurs être réduite à de très-petites dimensions, et se séparer de la pompe à eau lorsque son service est inutile.

Cette disposition, bien préférable à ce qui avait été fait jusqu'ici, nous paraît un perfectionnement ingénieux des pompes destinées au service des villes et des grands magasins voûtés.

Manége. — M. Letestu expose, en outre, un manége d'une construction simple et d'une installation tellement facile, qu'il peut être transporté d'un lieu à un autre pour servir à des travaux d'épuisement ou même à des irrigations.

La tige de la pompe est placée dans la direction même de l'axe vertical du manége, et le mouvement de rotation de celui-ci est transformé au moyen d'une roue qui circule sur un cercle percé de trous, dans lesquels viennent s'engager des chevilles que porte la roue, montée sur le bras de levier même du manége.

La forme donnée à cet engrenage ne serait pas à l'abri de la critique, s'il s'agissait d'une machine d'un autre genre; mais ici, où la simplicité et la facilité du remplacement étaient des conditions principales, il peut être admis comme suffisamment précis.

Le prix de ce manége, avec la pompe, n'est que de 1,200 francs, non compris les tuyaux d'aspiration, dont la longueur dépend de la profondeur où l'on va chercher les eaux[1].

En résumé, l'on voit que M. Letestu a beaucoup amélioré la construction des pompes d'épuisement et les a rendues supérieures, quant aux effets, à toutes les autres machines d'épuisement connues jusqu'à ce jour, et que celles qu'il

[1] Vers la fin de l'exposition, M. Letestu a présenté un modèle de manége plus simple encore et d'un entretien plus facile.

fournit ont partout satisfait les ingénieurs qui les ont employées;

Que ses pompes à incendie sont d'un prix peu élevé, d'une construction plus simple, de proportions plus rationnelles, d'un entretien plus facile, d'un service plus sûr; qu'elles exigent moins de force que toutes les autres, pour le même effet; qu'elles répondent à toutes les exigences du service des incendies, soit quand il s'agit de pompes simplement foulantes, comme cela suffit dans la plupart des cas, soit lorsque les conditions de leur service ou les localités font penser qu'une pompe aspirante serait préférable;

Que, dans ce dernier cas, ses pompes aspirantes peuvent aspirer à une profondeur de 9^{m},78, ce que l'on doit surtout à la bonne confection des tuyaux de ce constructeur;

Que les mêmes pompes peuvent servir comme pompes à incendie et comme pompes d'épuisement ou d'alimentation, en refoulant l'eau à des hauteurs de 25 ou 27 mètres à des distances considérables, qui ont atteint 1,200 mètres au chemin de fer de Lyon;

Qu'enfin, par l'addition d'un appareil fort simple elles peuvent servir à la fois de pompes à eau et à air pour les feux de caves, et que tous les accessoires du service des pompes qu'il fabrique sont établis avec une grande intelligence des résultats à obtenir et des conditions à satisfaire.

Par la variété de ses travaux, par sa persévérance dans ses tentatives pour améliorer les pompes malgré les obstacles de plus d'un genre qu'il a eu à surmonter, M. Letestu s'est placé au premier rang des constructeurs de pompes.

Rappel de médaille d'argent. **MM. GUÉRIN et Cie, marché d'Aguesseau, n° 12, à Paris.**

Ils ont exposé des pompes à incendie, ainsi que leurs accessoires.

Les pompes construites par la maison Guérin et compagnie sont à clapets, et du modèle adopté par le corps des pompiers de Paris, dont M. Guérin père était l'ingénieur. Dans les considérations générales, nous avons signalé les inconvénients des pompes à clapets pour les pompes à incendie en particulier; il est donc inutile d'y revenir.

Les proportions adoptées par M. Guérin pour les passages d'aspiration sont convenables; mais ceux de refoulement sont trop petits, et la contraction n'est pas évitée avec assez d'attention aux abords des orifices. Il en résulte une trop grande consommation de force motrice par rapport à l'effet utile obtenu, qui n'est que de 0,21 du travail moteur dépensé. Une partie de ces défauts peut être corrigée par de meilleures dispositions, mais l'inconvénient des clapets subsistera toujours.

M. Guérin a cherché à atténuer l'influence fâcheuse des chocs des clapets contre leurs siéges, en les garnissant de cuir sur tout leur contour, et il est en effet parvenu à diminuer l'intensité de ces chocs; mais il en est résulté un autre inconvénient pour le cas où la pompe fonctionne avec des eaux chargées de gravier : c'est que les grains de sable qui s'arrêtent sur le siége, étant fortement choqués par le clapet, s'impriment et s'enfoncent dans le cuir et y restent à demeure. La présence de ces cuirs a, dans les épreuves, permis à la pompe de fonctionner fort bien, avec des eaux chargées de sable, pendant une demi-heure; mais on conçoit qu'à la longue le cuir, à force de se charger de grains de sable, serait ou détruit ou devenu tellement dur, qu'il n'en admettrait plus d'autres, et qu'alors l'inconvénient ordinaire des clapets métalliques reparaîtrait.

La présence du sable dans les garnitures de cuir a privé cette pompe de la propriété qu'elle avait de pouvoir refouler de l'air dans les caves, parce qu'alors les soupapes ne fermaient plus assez hermétiquement.

Par un travail continu, à la vitesse de 100 coups en une minute, la pompe de M. Guérin fournirait environ 265 litres d'eau en une minute; mais elle exigerait des 10 hommes employés à la manœuvre un travail moteur de 253^{kilm} environ, ou $25^{\text{kilm}},3$ par homme, ce qui est trop considérable. Quelques perfectionnements pourraient diminuer ce travail moteur; mais il nous paraîtrait aussi nécessaire de réduire un peu le diamètre du piston, et par conséquent le volume d'eau lancé.

Il est juste de reconnaître que le modèle des pompes de la maison Guérin est d'une construction solide, et qu'il a servi de type à tous les autres constructeurs de pompes dites du modèle *de Paris*, qui l'ont copié sans l'améliorer, et quelquefois en augmentant ses imperfections.

M. Guérin expose aussi des tuyaux à incendie et des tuyaux d'aspiration, garnis de ressorts en spirale en fer étamé. Dans les expériences d'aspiration faites avec ces tuyaux, il s'est manifesté des rentrées d'air qui se sont opposées à ce que la pompe fournît tout le volume d'eau qu'elle aurait dû produire.

Nous engageons M. Guérin à perfectionner cette partie importante des accessoires.

Malgré les critiques qui précèdent, et dans l'espoir que MM. Guérin et Cie feront de nouveaux et heureux efforts pour améliorer leurs pompes à incendie, le jury leur accorde le rappel de la médaille d'argent, obtenue, en 1839, par M. Guérin père.

Médaille d'argent.

M. AUGER, à Louviers (Eure).

Il a exposé une pompe à incendie dans laquelle on remarque plusieurs dispositions ingénieuses qui méritent l'attention des constructeurs.

Pour éviter l'inconvénient des clapets métalliques, il leur a préféré pour l'aspiration les soupapes à siége tronc conique, et, pour le refoulement, les soupapes à boulets. Mais, les soupapes coniques étant encore, malgré l'inclinaison de la surface de leurs siéges, sujettes à être accidentellement gênées dans leur fermeture par l'interposition de corps étrangers, M. Auger y a porté remède en disposant, au-dessous de la tige qui guide ses soupapes, un levier horizontal articulé avec une tige verticale, dont l'extrémité supérieure est à la portée du chef de manœuvre. Lors donc que la cessation du bruit causé par les soupapes avertit que son jeu est interrompu, le chef de manœuvre peut, en soulevant la soupape à l'aide du levier, dégager les corps étrangers que l'eau entraîne, et rétablir le jeu régulier de l'appareil.

L'utilité de cette disposition a été très-bien constatée dans les expériences faites sur la pompe de M. Auger, en jetant du sable dans la bâche, et il a été reconnu que les interruptions du mouvement des soupapes cessaient dès qu'on manœuvrait le levier de dégagement.

Les soupapes de refoulement sont des boulets en bronze, et peuvent être facilement visitées et remplacées au moyen d'une plaque à écrou.

Pour augmenter, dans les cas ordinaires la régularité du jet et, en même temps, pour éviter qu'un accident, survenu à l'un des corps de pompe, ne force à interrompre le jeu de l'appareil, M. Auger a eu l'idée d'envelopper chaque corps de pompe d'un récipient particulier, outre le récipient commun. Lorsque le service de l'un des corps de pompe se trouve interrompu, sa soupape de refoulement intercepte la communication avec le récipient commun, et celui de l'autre peut ainsi continuer. Cette disposition n'est pas sans utilité; mais elle nous semble compliquer la construction des pompes à incendie, qu'il nous paraît important de simplifier autant que possible.

Une autre addition faite aux pompes à incendie par M. Auger, et qui nous paraît utile, c'est celle d'un sifflet de manœuvre adapté au récipient d'air, à l'aide duquel le chef de manœuvre peut donner, aux pompiers qui dirigent la lance, avis de certaines circonstances.

L'aire des passages libres nous paraît un peu petite pour l'aspiration, et celle des passages de refoulement l'est beaucoup trop, et la contraction n'est pas assez atténuée dans les passages des corps de pompes au récipient. Ces circonstances expliquent comment cette pompe, bien exécutée d'ailleurs, exige, à proportion de l'effet utile qu'elle produit, un travail moteur trop considérable. Il sera facile à M. Auger de remédier à ces défauts.

Le temps employé au démontage complet a été trouvé de 8 minutes 31 secondes, et celui du remontage, de 13 minutes.

Cette pompe a, d'ailleurs, très-bien fonctionné dans les épreuves à l'eau trouble, dans celles au sable fin mêlé d'herbes fines, et dans celles au sable ordinaire, à l'aide du soulèvement des clapets.

Pour marcher à 100 coups par minute, si elle était manœuvrée par 10 hommes, elle exigerait un travail moteur d'environ 289^{kilm} en une minute, et par conséquent $28^{\text{kilm}}.9$ par homme, ce qui est trop considérable.

M. Auger expose aussi une échelle d'incendie, composée d'une perche garnie d'échelons, et au moyen de laquelle un seul homme, sans aucun aide, peut s'élever avec facilité à tous les étages et y porter secours.

Cette échelle, très-simple, n'a qu'un seul montant, garni à son extrémité d'une équerre en acier, qui s'adapte facilement aux tablettes des fenêtres de diverses largeurs.

L'homme, parvenu au point qu'il veut atteindre, accroche sa ceinture à l'échelle, et il peut alors diriger le jet d'une pompe.

Dans un essai qui a été fait devant nous, un homme est monté à un cinquième étage en 2 minutes 40 secondes, et en est redescendu en 2 minutes 10 secondes. A des fenêtres grillées placées au troisième étage, il est arrivé en 2 minutes, et est redescendu en une minute 45 secondes. Ce dispositif d'échelle nous paraît préférable à celui qui est en usage à Paris.

Le même système s'applique à l'établissement d'échafauds mobiles pour les maçons et les peintres. L'essai en a été fait devant les commissaires, et a montré que la manœuvre est simple et sûre, en même temps que les précautions sont prises pour préserver les façades de toute détérioration.

Enfin, M. Auger a exposé un chariot à plate-forme ascendante pour le sauvetage des personnes retenues aux étages supérieurs dans les incendies, et dont la manœuvre nous a paru simple, quoique le chariot soit un peu lourd.

M. Auger, dans les produits qu'il a exposés, a fait preuve d'habileté, d'un bon esprit d'invention, et a montré qu'il entend et raisonne bien la construction.

Pour l'ensemble de ses travaux, le jury lui accorde une médaille d'argent.

Rappels de médaille de bronze.

Mme GAILARD, allée des Veuves, n° 17, à Paris,

A présenté deux pompes à l'examen du jury; l'une est une pompe ordinaire à clapet, d'un modèle analogue à celui de la ville de Paris, et qu'elle appelle modèle de l'artillerie, parce que c'est celui qu'elle a fourni jusqu'à ce jour à ce service.

Le diamètre du corps de pompe est de 120 millimètres, la course maximum est de 285 millimètres. Dans cette pompe, le rapport des passages par les orifices d'aspiration, et surtout par ceux de refoulement, à l'aire du piston, est trop petit et devrait être augmenté de beaucoup. Cette circonstance et les effets, trop négligés, des contractions aux différents passages influent notablement sur le rapport de l'effet utile qu'elle produit au travail dépensé, car ce rapport ne s'élève qu'à 0,267.

A la vitesse de 100 coups de piston par minute, cette pompe fournirait environ 262 litres en 1 seconde, et exigerait un travail moteur de 218 kil. élevés à 1^{m},00 par seconde et pour 10 hommes, ou un travail de 21k 8m par homme et par seconde, ce qui est trop considérable.

Dans les expériences à la lance, la portée horizontale a été trouvée de 33m,60 et de 35 mètres environ, et la hauteur du jet 16m,85, et 17 mètres avec des lances dont l'orifice avait 17 et 16 millimètres.

Le démontage et le remontage de cette pompe ont exigé, le 1er, 12 minutes 12 secondes; le 2e, 19 minutes 32 secondes.

Mme Gailard n'a pas voulu soumettre sa pompe à l'expérience de la manœuvre avec des eaux chargées de sable; ce qui porte à croire qu'elle a reconnu l'inconvénient grave que présentent dans ce cas les clapets métalliques qu'elle emploie.

La seconde pompe présentée par Mme Gailard est une pompe à double effet dont les corps de pompe ont 111 millimètres de diamètre, avec 250 millimètres de course. Le rapport des orifices d'aspiration et de refoulement à la surface du piston est plus grand et plus convenable que dans la pompe à simple effet.

Le but principal du constructeur a été de rendre le jet plus continu par l'action simultanée de ses pistons dans les deux sens; mais il n'a pas fait attention que les deux pistons qui refoulent en même temps ont tous deux une vitesse nulle au même instant, de sorte que l'irrégularité est à peu près la même que dans une pompe à simple effet dont les pistons auraient une surface double, et qui offrirait moins de complication dans la construction. Les clapets étant en nombre double dans cette pompe que dans les autres, les chocs sont plus nombreux et les ébranlements généraux de l'appareil plus violents.

Dans un travail continu, à la vitesse de 100 coups de piston en 1 minute, cette pompe fournirait environ 278 litres, et exigerait un travail moteur d'à peu près 217 kil. élevés à 1m,00 en 1 minute, ou 21k, 7m par chacun des 10 hommes qu'on y emploierait; ce qui est trop fort.

On voit que le produit et le travail moteur sont à peu près les mêmes que dans la pompe à simple effet dont il a été parlé plus haut, et l'on ne voit pas alors quel avantage peut ici présenter l'emploi de la pompe à double effet.

Le démontage et le remontage de cette pompe sont plus longs que pour l'autre, et ont exigé, pour le démontage 19 minutes, 53 secondes, et pour le remontage 42 minutes, 38 secondes.

Nous engageons Mme Gailard à assurer davantage l'uniformité des dimensions des boulons et écrous, afin qu'ils puissent sans difficulté être changés de place.

Avec une lance de 18 millimètres de diamètre, la portée horizontale du jet a été trouvée de 28 mètres et la hauteur de 17^m^.

On sait que les clapets, ordinairement articulés sur des rivets, ne peuvent se changer facilement dans les pompes ordinaires. Mme Gailard les a rendus mobiles en assemblant le siége à vis sur la platine, ce qui, au moyen de pièces de rechange, permet de remplacer sur place un clapet dégradé. Elle a de plus le soin de disposer le plan des siéges sous une assez grande inclinaison, pour que les corps étrangers et le sable ne puissent s'y arrêter aussi facilement. Malgré cette amélioration, Mme Gailard n'a pas pensé sans doute que sa pompe pût fonctionner avec des eaux chargées de sable, puisqu'elle s'est refusée à la soumettre à cette épreuve.

En résumé, la construction de Mme Gailard est solide, et ses pompes fonctionnent régulièrement; mais elles ont tous les défauts des pompes à clapets, et ne présentent pas tout le fini d'exécution que l'on trouve dans celles des deux concurrents précédents.

Le jury accorde à Mme Gailard le rappel de la médaille de bronze qu'elle a obtenue en 1844.

M. Romain THIRION, allée des Veuves, n° 93, à Paris,

A exposé une pompe foulante à incendie du modèle de la ville de Paris, avec ses accessoires.

Dans cette pompe, dont le corps a 125 millimètres de diamètre avec une course de 280 millimètres, les dispositions générales sont analogues à celles des pompes du même genre.

Les orifices d'aspiration et de refoulement sont trop petits, et les raccordements à vive arête rendent les effets de contraction trop considérables; le volume du récipient n'est que de 6,9 fois le volume engendré par le piston, ce qui ne paraît pas suffisant pour assurer convenablement la régularité du jet.

M. Thirion a adapté au fond du récipient une soupape qu'on lève à la main pour s'assurer si les clapets ne sont pas engagés, et pour les débarrasser des corps étrangers qui pourraient les obstruer. C'est une amélioration propre à diminuer les inconvénients des clapets, dans le cas où la pompe fonctionne avec des eaux chargées de sable.

Le démontage de cette pompe a exigé 6 minutes, 27 secondes, et le démontage 9 minutes, 12 secondes.

Dans les expériences, la portée du jet a été trouvée de 33 mètres, et la hauteur de 19 mètres.

La construction de cette pompe est solide, mais elle participe aux défauts reprochés aux pompes du même genre.

Le jury accorde à M. Thirion le rappel de la médaille de bronze qui lui a été décernée en 1844.

M. DEBAUSSEAUX, à Amiens (Somme).

A exposé une pompe à incendie, à soupapes coniques, analogue, pour le reste de la disposition, à celle du modèle de Paris.

Les cylindres ont 122 millimètres de diamètre, et les pistons 265 millimètres de course. La construction diffère aussi des autres pompes du même modèle par la disposition du balancier, qui peut recevoir quatre barres ou leviers de manœuvre, ce qui semble annoncer que M. Debausseaux aurait reconnu que ces pompes exigent plus de 10 hommes pour les manœuvrer, ainsi que les expériences tendent à le faire voir.

Les orifices des passages d'aspiration et de refoulement sont trop petits et donnent lieu à des pertes de force vive. La capacité du récipient est égale à 9,50 fois le volume engendré par le piston dans une course, ce qui est une proportion assez convenable.

Dans l'expérience relative à l'élévation de l'eau à 10 mètres de hauteur, le rapport de l'effet utile de cette pompe au travail moteur dépensé a été trouvé égal à 0,25, résultat plus favorable que celui qu'ont fourni la plupart des autres pompes à clapets.

Manœuvrée à la lance, cette pompe, avec un orifice de 14 millimètres de diamètre, a fourni une portée horizontale de 33m,20 et une hauteur de jet de 18m,53; mais avec cet orifice, à 100 coups en 1 minute, elle fournirait environ 295 litres et exigerait un travail moteur de 338 kil. élevés à 1m,00, quantité trop considérable qui explique comment le constructeur a été obligé de doubler le nombre des leviers pour y placer plus d'hommes. En supposant même qu'il en mît 16, le travail à fournir par chacun d'eux serait encore de 21 kil. élevés à 1m,00 en 1 seconde, ce qui est trop considérable.

Il serait donc convenable d'augmenter l'aire de tous les passages, de diminuer, par des arrondissements, les entrées de ces passages et des conduits, et d'augmenter le diamètre de l'orifice de la lance.

Le jury accorde à M. Debausseaux le rappel de la médaille de bronze qui lui a été décernée en 1844.

MM. HARMOIS frères, rue de Marivaux-des-Lombards, n° 14, à Paris,

Fabricants de matériel d'incendie et d'arrosage, ont exposé des modèles de tuyaux en cuir et en toile, et des seaux à incendie, bien exécutés.

Cette maison, anciennement connue par la qualité de ses produits, mérite le rappel de la médaille de bronze qu'elle reçut en 1844.

Médailles de bronze.

M. VASSELLE, rue Saint-Pierre-Popincort, n° 18, à Paris.

Le système de pompes construit par M. Vasselle se compose d'un cylindre horizontal alésé, dans lequel oscillent deux diaphragmes solidaires, munis chacun d'une soupape à clapet. Ce cylindre porte inférieurement deux autres diaphragmes inclinés et fixes, ayant chacun une semblable soupape, qui sert à établir ou à interrompre alternativement la communication du tuyau d'aspiration avec le corps de pompe. La partie supérieure du cylindre correspond au tuyau de refoulement ou à l'évacuation.

Ce dispositif peut s'appliquer également aux pompes d'épuisement, aux pompes à incendie et aux simples pompes de jardin. Il permet d'élever des eaux troubles; mais, avec des eaux mêlées de sable, les clapets et le corps de pompe, surtout, sont sujets à s'engorger.

Les proportions des orifices de passage à la surface totale des diaphragmes sont assez convenables, mais le tuyau d'aspiration est un peu trop petit; et, dans l'élévation de l'eau à une hauteur de 10 mètres, le rapport de l'effet utile au travail dépensé a été trouvé de 0,33, résultat supérieur à celui que l'on a obtenu avec la plupart des pompes à clapets.

La pompe à incendie de M. Vasselle fournirait, à la vitesse de 100 coups par minute, un volume de 182 litres, au moyen d'un travail moteur d'environ 168 kil. élevés à 1m,00, ou de 16km,8 par seconde et par homme, en en employant 10, ce qui indique sa supériorité sur les autres pompes à clapets.

M. Vasselle ne met à ses diaphragmes oscillants d'autre garniture qu'un anneau de métal fusible, coulé dans la pompe même et qui peut se remplacer; mais cela pourrait, avec le temps, occasionner du jeu et des fuites.

Le montage et le démontage de cette pompe sont assez faciles et sa construction est simple, mais elle a quelques-uns des inconvénients des pompes à clapets, et nous paraît peu propre à être employée dans le cas où les eaux seraient chargées de sable, malgré l'avantage que lui donne la disposition du corps de pompe au-dessus du fond de la bâche, ce qui permet au sable de s'y déposer.

Cette pompe est en général préférable aux pompes à clapets ordinaires.

Le jury accorde à M. Vasselle une médaille de bronze.

MM. FLAUD et Cie, rue Jean-Goujon, n° 27, à Paris,

Ont exposé deux modèles de pompes, des tuyaux de refoulement et d'aspiration, ainsi que d'autres accessoires du service des pompes.

L'un des modèles de pompes à incendie a des cylindres de 110 millimètres de diamètre, et est particulièrement destiné au service des campagnes.

L'autre modèle est celui qui a été adopté récemment par le service des pompiers de Paris, et a des corps de 125 millimètres de diamètre.

Tous deux sont à clapets métalliques, et présentent sous ce rapport les inconvénients que nous avons signalés dans les considérations générales.

Ce modèle diffère d'ailleurs très-peu de celui qui avait été introduit dans le service des pompiers de Paris, par M. Guérin père, dans l'établissement de qui M. Flaud a été employé.

La pompe de 110 millimètres de diamètre, qui a été présentée aux expériences, n'est pas précisément celle que MM. Flaud et compagnie livrent au public; on y a adapté la platine de la pompe de 125 millimètres de diamètre, de sorte que les orifices et les passages se sont à proportion trouvés plus grands que dans les pompes de la fabrication ordinaire. Pour cette substitution, il a été nécessaire d'évaser un peu les corps de pompe vers la partie inférieure, afin de laisser assez de jeu au clapet et de passage à l'eau sur son contour. Nous pensons que cette modification sera aussi à l'avenir introduite dans toutes les pompes de ce modèle, qui seront construites, et nous engageons aussi ce constructeur à atténuer, autant que possible, les contractions aux différents passages, et, en particulier, à ceux des corps de pompe au récipient où les contours sont trop brusques.

Malgré ce changement de platine, les passages d'aspiration et surtout ceux de refoulement sont encore trop petits dans cette pompe, et inférieurs à ceux de la pompe Guérin qui lui a servi de modèle.

M. Flaud a eu soin de donner à ses pistons un diamètre assez inférieur à celui du corps de pompe pour que le cuir embouti ne frottât que par son contour extrême : par cette précaution, trop souvent négligée, il est parvenu à réduire notablement le frottement, ce qui corrigeait en partie le défaut signalé plus haut, et qui explique comment cette pompe, employée à élever de l'eau à 10 mètres de hauteur, a pu donner un effet utile égal à 0,33 du travail moteur.

Dans les expériences au sable, les inconvénients des clapets se sont fait sentir, et à plusieurs reprises le jeu de la pompe a été interrompu.

Il a été constaté que cette pompe peut être employée à refouler de l'air, et produit une pression plus que suffisante pour alimenter l'appareil dont est muni le sapeur-pompier dans les feux de cave.

Dans les expériences à la lance, la portée du jet a été de 33^{m},80, et sa hauteur de 25^{m},35 environ; mais alors la vitesse était de 104 coups à la minute, et le travail moteur dépensé de 242 kil. élevés à 1^{m} en une seconde. A la vitesse de 100 coups de piston à la minute, et avec un produit d'environ 225 litres en une minute, la force motrice dépensée aurait par conséquent été de 233 kil. élevés à 1^{m} en une seconde, de sorte que, en employant dix hommes à la manœuvre, chacun d'eux aurait dû fournir un travail de 23^{km},3 par seconde, ce qui est trop considérable.

Le temps nécessaire pour le démontage de cette pompe a été trouvé de 2 minutes 11 secondes, et celui du remontage de 4 minutes 52 secondes.

La pompe construite par M. Flaud pour le service de Paris a 125 millimètres de diamètre et 255 à 260 millimètres de course.

Le rapport des orifices d'aspiration et surtout celui des orifices et des passages de refoulement à la surface des pistons y sont beaucoup trop petits, ce qui occasionne des pertes de force vive considérables et par conséquent une perte de travail moteur. Les ébranlements causés par les chocs des clapets et l'intensité des efforts nécessaires pour faire marcher cette pompe n'ont pas permis de mesurer le travail moteur qu'elle exige avec l'appareil dynamométrique dont on disposait, quoique, dans d'autres circonstances et notamment pour les pompes de M. Auger, on ait pu mesurer jusqu'à un travail de 289 kil. élevés à 1^{m} par seconde. Cette difficulté montre que cette pompe, construite pour être manœuvrée par dix hommes, exigerait d'eux un travail d'environ 30 kil. élevés à 1^{m} par homme et par seconde, à la vitesse de 100 coups de piston en une seconde, ce qui est trop considérable. C'est d'ailleurs ce qui a été vérifié directement dans une autre expérience, et ce qui se trouve d'accord avec l'usage où l'on est de relever les hommes à 5 minutes d'intervalle. Le temps du démontage de cette pompe a été trouvé de 4 minutes 21 secondes, et celui du remontage de 8 minutes 20 secondes.

La pompe de même modèle, disposée pour être employée comme pompe aspirante et foulante, a les mêmes proportions et par conséquent les mêmes défauts.

Les expériences sur l'aspiration avec cette pompe ont été exécutées d'abord en la faisant marcher avec le moteur des ateliers de MM. Derosne et Cail, et en aspirant l'eau d'un puits à une profondeur moyenne de 6 mètres et à une distance horizontale de 14^{m},50, ce qui donnait en tout 20^{m},50 de tuyaux, dont la seconde partie de 14^{m},50 seulement, était en tuyaux de cuir neufs de la fabrication de M. Flaud.

Dans une première expérience, faite à la vitesse de 113,4 coups de piston en 1 minute, on a obtenu 180 litres d'eau en 1', ou 1 lit. 59 par coup. Le volume engendré par le piston à chaque coup étant alors de 3 lit. 08, le produit n'était donc que 0,52 du volume engendré.

A la vitesse de 109 coups en 1 minute, le produit a été de 185,8 en 1', ou de 1 lit. 7 par coup; le rapport des volumes produit et engendré était donc de 0,553.

Une troisième expérience, à la vitesse de 81, 2 coups en 1', a donné 130 lit. 5 en 1 minute, ou 1 lit. 61 par coup. Le volume engendré par coup étant alors de 3 lit. 13, le rapport de ces volumes a été de 0,514.

Une quatrième expérience, à la vitesse de 81,6 coups en 1', a donné 168 lit. 8 en 1', ou 2 lit. 07 par coup. Le rapport des volumes a été de 0,66.

Une cinquième expérience, à la même vitesse, a donné 171 lit. en 1' et 2 lit. 10 par coup. Le rapport des volumes s'est élevé à 0,67.

4.

Cette faiblesse du produit de la pompe employée à l'aspiration ne peut être attribuée à son piston ni à ses soupapes, mais bien aux tuyaux d'aspiration qui prenaient de l'air; ces tuyaux sont faits à la manière ordinaire et composés de deux enveloppes de cuir cousus sur une spirale en fer étamé qui a pour objet de soutenir le cuir et de l'empêcher de s'aplatir lors de l'aspiration par l'effet de l'excès de la pression atmosphérique sur la pression intérieure; les points nombreux de couture offrent trop de passages à l'air pour que le plus souvent il n'en rentre pas assez pour diminuer notablement le produit de la pompe et limiter beaucoup la hauteur à laquelle elle peut aspirer.

Dans une autre expérience faite à bras, en plaçant la pompe sur le quai de la rive gauche, près et en aval du pont de la Concorde, les résultats ont été beaucoup plus favorables et l'aspiration a pu être effectuée jusqu'à une hauteur de $9^m,58$, mesure prise au sommet de la course des pistons, et avec $17^m,73$ de longueur de tuyaux, dont $14^m,93$ en cuir. Mais l'on doit ajouter que, prévenu par le résultat des premières expériences, M. Flaud avait pris des précautions pour rendre ses tuyaux moins perméables à l'air, et entre autres celle de les faire à l'avance tremper dans l'eau, ce qui ne serait pas praticable en cas d'incendie, faute de temps; on a d'ailleurs remarqué qu'après cinq à six minutes de travail le jet, qui jusque-là avait été très-régulier, a commencé à le devenir moins et laissait échapper des bouffées d'air.

De ces expériences, on doit donc conclure que la pompe aspirante de M. Flaud est susceptible d'aspirer l'eau jusqu'à $9^m,58$ au-dessous du sommet de la course des pistons, mais que ses tuyaux n'offrent pas de garanties suffisantes, contre la rentrée de l'air, pour que l'on puisse compter sur un service régulier.

Dans la dernière expérience dont on vient de parler, la pompe était manœuvrée par 13 hommes, et, après 5 minutes de travail, ils étaient déjà très-fatigués; ce qui confirme ce qui a été dit plus haut relativement aux proportions de ces pompes, qui exigent de la part des hommes une dépense trop grande de travail moteur.

Tout en signalant les défauts du système des pompes à incendie de la ville de Paris, nous devons reconnaître que M. Flaud apporte dans sa fabrication tous les soins désirables; il fait lui-même ses bronzes, les dresse, les tourne et les alèse; il forge les parties en fer, confectionne le charronnage, les tuyaux et les équipements de sapeurs-pompiers; les matériaux qu'il emploie sont de premier choix, et son atelier est mû par une machine à vapeur de 6 chevaux.

Le jury, reconnaissant les efforts faits par M. Flaud, lui accorde une médaille de bronze.

M. STOLZ père, rue Lamartine, n° 22, à Paris.

Il a exposé une pompe rotative propre à élever les eaux claires, et qui, dans les expériences, a donné des résultats satisfaisants.

Manœuvrée comme pompe aspirante par un seul homme, elle n'exige qu'un effort moyen de 7 kil. 33 à la manivelle à 65 tours en une minute, ce qui est une vitesse trop grande pour le service ordinaire, puisqu'elle correspond à 2^{m},06 en une seconde, et à un travail moteur de 15^{km},30 en une seconde; elle a fourni par seconde un volume de 0 lit. 935, élevés à une hauteur de 7^{m},06, ou un effet utile de 6^{km},50 ou 0,418 du travail moteur. Ce rapport eût été plus grand si la vitesse n'eût pas dépassé 30 ou 40 tours en une minute.

Ce résultat montre que, sans les chances de détériorations produites par l'usage et l'introduction de corps étrangers, cette pompe pourrait rendre de bons services, quand elle serait employée avec des eaux claires.

Les travaux de M. Stolz père ne se bornent pas à la pompe qu'il a exposée; il a aussi construit plusieurs grandes machines hydrauliques et des machines à vapeur, et le jury lui accorde une médaille de bronze pour l'ensemble de ses travaux.

M. LECLERC, quai de Valmy, n° 59, à Paris.

Il a exposé une pompe à incendie, une pompe rotative et des jets d'eau de diverses formes.

La pompe à incendie se compose d'un seul corps de pompe dont le piston est double; la tige à crémaillère, conduite par un pignon, est évidée et dentée en crémaillère double, et, entre ses branches, se meut un pignon denté sur une portion seulement de sa circonférence.

Ce mode, anciennement connu, de faire communiquer à des tiges un mouvement rectiligne alternatif, est sujet à se dégrader par suite des chocs des dents à chaque reprise des tiges, et exige que ce mouvement soit toujours conduit avec douceur. Dans la pompe de M. Leclerc, la manivelle étant montée sur un volant, il est à craindre que, si le mouvement était entravé accidentellement par quelque obstacle, il n'en résultât un choc capable de rompre les dents. La mise en mouvement des pistons, qui sont au repos à la fin de chaque course, par un pignon qui a une vitesse finie, donne d'ailleurs toujours lieu à un choc, et ce système de transmission de mouvement a été justement abandonné; l'on ne peut donc en approuver la reproduction.

M. Leclerc paraît avoir senti les défauts que nous venons de signaler, puisqu'il a pensé à remplacer le pignon par un excentrique circulaire ou simplement par un bouton de manivelle. Ces moyens seraient préférables au précédent, mais ils donneraient lieu à des frottements considérables.

Cette pompe est à double effet; mais la condition de placer les deux passages d'aspiration et de refoulement au fond du cylindre a conduit le constructeur à des dimensions d'orifice et de passage beaucoup trop petits.

Il résulte de ces dispositions des pertes de force vive et de travail considérables; aussi cette pompe n'a-t-elle donné qu'un effet utile égal à 0,188 du travail moteur dépensé, ce qui tient à la fois au mode de transmission du mouvement, à la petitesse des passages que le liquide doit traverser et aux changements trop brusques de direction qu'il éprouve.

A la lance, la portée horizontale du jet a été trouvée de 22^{m}, et sa hauteur de 11,^{m}18.

Quant à la pompe rotative de M. Leclerc, à laquelle il a donné le nom de *pompe française*, pour la distinguer sans doute de la pompe rotative ordinaire, à glissoire, qu'on nomme *pompe américaine;* elle se compose de deux pignons qui, par leur engrenage, produisent l'aspiration et le refoulement de l'eau.

Ce système, qui ne peut être évidemment employé qu'avec des eaux claires, est exposé à s'altérer ou à s'arrêter par l'interposition du moindre corps étranger.

Dans une expérience faite avec une vitesse de 50 tours en une minute, le travail moteur dépensé étant de 18 kil. élevés à 1^{m},67, ce qui est beaucoup trop considérable pour un seul homme, l'effet utile a été de 5 kil. élevés à 1^{m},85, le volume d'eau élevé en une seconde à 7^{m},06 de hauteur étant de 0 lit. 83; le rapport de l'effet utile au travail moteur a donc été, dans cette expérience, égal à 0,315, et il eût été plus considérable si le constructeur, pour obtenir un plus grand produit, n'eût voulu, à tort, faire marcher sa pompe aussi vite.

Les travaux de M. Leclerc ne se bornent pas aux deux pompes que nous venons d'examiner : il construit des pompes de tous les systèmes connus pour les grandes machines à élever les eaux ; il entreprend les travaux de sondage et de mécanique.

Son exposition de jeux hydrauliques est aussi variée que remarquable, et prouve que M. Leclerc a beaucoup étudié cette partie de son art.

Le jury accorde à M. Leclerc une médaille de bronze pour l'ensemble de ses travaux.

MM. LÉVESQUE père et fils, mécaniciens, Petite-Rue-Saint-Pierre, n° 8, à Paris.

Ils ont exposé un petit tour parallèle, à fileter ; une petite machine à raboter à la main ; une pompe à deux corps, à engrenage ; une pompe à colonne, nouveau système.

Les deux premières machines nous ont paru bien exécutées, et disposées de manière à rendre des services dans les ateliers de construction de petites machines.

Dans la pompe à deux corps, MM. Lévesque transmettent le mouvement du balancier aux tiges des pistons qui forment crémaillères, au moyen d'un engrenage, et guident les tiges par un coulant. Cette disposition est déjà connue.

Dans la pompe à colonne, le mouvement oscillatoire du balancier est transmis à la tige du piston au moyen de deux chaînes articulées fixées par l'une de leurs extrémités à l'un des côtés de la tige, et par l'autre à un secteur circulaire qui fait corps avec le balancier. L'une de ces chaînes conduit le piston dans sa descente, l'autre dans sa montée.

Ce système, imité de ce qui se pratiquait dans les anciennes pompes d'épuisement mues par des machines à vapeur, ne dispense pas de l'emploi d'un guide placé dans le chapeau qui recouvre la colonne, et il donne lieu à des frottements aussi considérables que ceux que produirait un simple guide.

Les pistons de ces pompes sont en bois, et garnis de clapets ordinaires.

Pour l'ensemble de leurs produits, le jury accorde à MM. Lévesque une médaille de bronze.

M. MOYSE, rue de la Bienfaisance, n° 51, à Paris.

Il a exposé des tuyaux en cuir et en toile, des seaux à incendie d'une bonne exécution, parmi lesquels on a remarqué des tuyaux garnis à l'intérieur d'une spirale plate, étamée, qui remplace avec avantage les spirales rondes. L'on a eu occasion de signaler, pour les tuyaux d'aspiration, l'inconvénient du mode de fabrication généralement suivi, et dans lequel il est très-difficile d'éviter les rentrées d'air.

Aux ressorts en fer rond, M. Moyse substitue une spirale en fer étamé de 12 à 15 millimètres de large, qui, dans l'intérieur, offre une surface plus continue et plus de passage à l'eau, mais qui a surtout l'avantage de présenter à l'extérieur une plus grande surface d'appui au cuir et à la couture.

Un fil de fer étamé entoure, à l'extérieur, la seconde enveloppe de cuir, et s'enroule au-dessus des joints des spirales intérieures. Ce mode de construction donne des tuyaux plus simples que ceux à spirales ronds, et qui doivent être aussi plus imperméables à l'air.

M. Moyse, qui fabrique lui-même avec sa famille et quelques ouvriers, livre ses tuyaux à des prix très-modérés, généralement inférieurs à ceux de ses concurrents.

Le jury lui accorde une médaille de bronze.

Mentions honorables.

M. HUSSENET, fabricant de pompes, rue du Faubourg-Saint-Denis, n° 109, à Paris.

Il a exposé trois pompes dites à vannes, et deux pompes rotatives.

La pompe à vannes de M. Hussenet est principalement destinée aux épuisements. Sa bâche, de forme prismatique rectangulaire, reçoit deux clapets qui forment les pistons, et tournent autour d'un axe parallèle aux petits côtés de sa bâche; les pistons rectangulaires se meuvent donc d'un mouvement circulaire, et ils sont, sur leurs trois côtés mobiles, garnis d'un cuir qui appuie contre les parois latérales de la bâche et contre une surface cylindre, dont l'axe est celui de la rotation.

Sur ces pistons sont placés des clapets dont l'axe est parallèle au leur, mais qui sont disposés en sens inverse, c'est-à-dire que leur ouverture se trouve du côté le plus bas du plan incliné formé par le piston.

Le mouvement alternatif du balancier transmis aux pistons produit l'aspiration et l'élévation de l'eau; ces pompes sont donc aspirantes et élévatoires.

Elles sont simples, faciles à visiter et peuvent fonctionner avec des eaux troubles; mais, dans des eaux sablonneuses et pour des épuisements où il y a beaucoup de débris, de sable ou de terre à entraîner, elles ne tardent pas à s'obstruer, l'intervalle entre le fond de la bâche et le piston se remplit, et dès lors le jeu du piston et celui du clapet sont gênés.

L'accumulation des matières a lieu parce qu'elles sont reçues pendant l'aspiration, et peuvent se déposer sous le piston, dans des parties où l'eau ne circule pas avec une vitesse suffisante pour les entraîner.

Nous ne croyons donc pas que ce système de pompes soit convenable pour les épuisements très-chargés de matières pulvérulentes ou sablonneuses, mais il peut être employé pour des eaux claires, ou qui ne contiennent que des matières légères en suspension.

Quant aux pompes rotatives de M. Hussenet, elles sont du système américain avec glissoires et ressorts, bien exécutées et d'un prix modéré.

Le jury accorde une mention honorable à M. Hussenet.

M. ROHÉE (Andoche), boulevard Saint-Martin, n° 6, à Paris.

Il a exposé des pompes du modèle dit de la ville de Paris, à clapets, et dont les cylindres ont 125 millimètres de diamètre, et les pistons 280 millimètres de course.

Les proportions des orifices d'aspiration et de refoulement sont trop petites ainsi que celle du récipient, et les contours des orifices ne sont pas suffisamment arrondis pour éviter les contractions.

Dans les expériences sur l'élévation de l'eau à 10 mètres de hauteur, le rapport de l'effet utile au travail moteur dépensé n'a été que de 0,181, ce qui tient aux défauts signalés plus haut.

Par un temps très-favorable la portée du jet a été trouvée de 31^{m},00 et sa hauteur de 28 mètres.

Le démontage de cette pompe a exigé 7 minutes 14 secondes, et le remontage 14 minutes 20 secondes.

A la vitesse de 100 coups de pistons en une minute cette pompe fournit 227 litres par minute, et exige un travail moteur de 267 kil. élevés à 1^{m}, de sorte qu'en y employant dix hommes, chacun d'eux devrait développer un travail de $26^{m}.7$ en une minute, ce qui est trop considérable.

La construction de M. Rohée est d'ailleurs soignée, les accessoires sont bien exécutés, et le jury lui accorde une mention honorable.

M. CHAMARD, avenue de Neuilly, n° 20 (Seine).

Il a exposé une pompe aspirante et foulante, dans laquelle il a cherché à régulariser le jet en augmentant le nombre des soupapes. Le corps de pompe est un cylindre à axe horizontal partagé, dans le sens vertical, par un diaphragme dirigé suivant un plan méridien vertical et dans lequel se meut, d'un mouvement alternatif, un autre diaphragme en cuivre, analogue au papillon des tuyaux de poêle, mais exactement ajusté à sa partie inférieure et vers l'une de ses extrémités. Ce cylindre a deux ouvertures qui communiquent chacune avec un conduit et qui établissent, au moyen de soupapes à clapet, la communication du tuyau d'aspiration au tuyau de refoulement. A l'autre extrémité du cylindre, mais vers le haut, sont deux autres ouvertures communiquant également avec deux conduits semblables et parallèles aux premiers.

Chacun de ces quatre conduits, indépendants l'un de l'autre, a une soupape d'aspiration et une soupape de refoulement; de sorte qu'il y a en tout quatre soupapes de chaque de espèce.

Le mouvement oscillatoire du balancier est transmis au diaphragme mobile qui, dans chacune de ses oscillations, aspire et refoule à la fois par chacune de ses moitiés.

Le jeu de la pompe est très-continu et elle peut se passer de réservoir d'air; mais la multiplicité des passages, les changements brusques de direction qu'éprouve le liquide occasionnent des pertes de travail qui ne permettent pas d'espérer que cette pompe soit d'un usage avantageux au point de vue de la dépense de travail moteur pour un effet donné.

Cette pompe s'engorge facilement quand les eaux sont troubles et chargées de corps étrangers, mais elle est assez facile à démonter et le remplacement des garnitures n'offre pas de difficultés. Elle peut rendre de bons services pour l'élévation des eaux claires.

Le jury accorde à M. Chamard une mention honorable.

Citations favorables.

M. MICHAUD-DURANTON, à Troyes (Aube).

Il a exposé une pompe à incendie du modèle de la ville de Paris, à clapets, bien exécutée, mais qui présente les inconvénients reprochés à ce système de pompes. Les proportions des passages, les contours des orifices ne sont pas déterminés de manière à diminuer assez les pertes de force vive et les contractions.

Cependant l'ensemble de la construction est bon et solide.

Le jury accorde une citation à M. Michaud-Duranton.

M. Simon JACQUET, rue des Amandiers-Popincourt, n° 4, à Paris.

Il expose des robinets avec soupapes à siége conique et à tige qui sont mus par un excentrique dont il varie la forme. Le but principal que M. Jacquet s'est proposé a été de placer la pièce mobile du robinet, celle qui offre un joint par lequel il peut se faire une fuite, dans la partie où l'eau ayant une plus grande vitesse: la pression se trouve par conséquent moindre ainsi que les chances de fuite.

Cette idée qu'il a réalisée sous diverses formes est juste et devait le conduire à de bons résultats. Sa réalisation entraîne, il est vrai, quelques sujétions de chances d'obstruction dans les passages et un prix plus élevé des robinets, mais elle peut dans certains cas offrir de l'utilité, et le jury accorde une citation à M. Jacquet.

M. Simon PLASSE, rue Saint-Honoré, n° 67, à Paris.

Il a exposé plusieurs objets en cuivre pour jets d'eau bien exécutés, pour lesquels le jury lui accorde une citation.

SECTION DEUXIÈME.

§ 1er. MACHINES A VAPEUR ET PIÈCES ACCESSOIRES.

M. Pouillet, rapporteur.

M. FARCOT, à Saint-Ouen (Seine).

Nouvelle médaille d'or.

M. Farcot a pris rang, depuis longtemps, parmi nos plus habiles mécaniciens constructeurs: la médaille d'or qu'il reçut à l'exposition de 1844 a été pour lui un encouragement à perfectionner encore tout ce qui se rapporte à la construction des machines à vapeur les plus puissantes et à la construction des plus grands mécanismes destinés, soit aux épuisements ou à l'élévation des eaux, soit à la fabrication du fer et aux travaux métallurgiques, soit au matériel des chemins de fer. Toutes les inventions originales et les perfectionnements importants dont M. Farcot a enrichi l'art si difficile des constructions mécaniques se font, surtout, remarquer par une extrême simplicité dans l'exécution ; on reconnaît là un esprit fécond, actif, plein d'idées neuves et, en même temps, un esprit essentiellement pratique qui ne se laisse jamais entraîner à ces complications quelquefois séduisantes qui sont bientôt répudiées par l'expérience.

Par la disposition de ses générateurs, par sa distribution à détente variable, par ses soupapes à pressions équilibrées, par ses enveloppes, et par l'excellente disposition de tout son mécanisme, M. Farcot est parvenu à construire des machines à vapeur, tantôt à un seul cylindre, tantôt à deux cylindres, qui réalisent une économie de combustible considérable. Ces machines ont été éprouvées d'abord par la société d'encouragement, qui les a couronnées, et ensuite elles ont été éprouvées par l'usage habituel et par comparaison avec les meilleures machines, soit en Égypte, soit en France.

M. Farcot a donné au marteau-pilon une nouvelle disposition, au moyen de laquelle il fonctionne d'une manière plus simple, plus rapide, plus appropriée aux services qu'il peut rendre dans les grands ateliers de construction.

Obligé de quitter les ateliers qu'il avait formés dans la rue Moreau, pour céder la place à l'embarcadère du chemin de Lyon, M. Farcot a transporté son matériel au port de Saint-Ouen ; là, sur un terrain des mieux disposés pour cet objet, il a pu élever de nouveaux ateliers plus vastes et mieux ordonnés. Nous ne pouvons pas signaler ici toutes les innovations importantes qu'il a introduites dans ses moyens de fabrication ; nous dirons seulement qu'il est impossible de voir sans le plus vif intérêt cette magnifique collection de machines-outils, presque toutes perfectionnées par M. Farcot lui-même, avec la coopération desquelles quelques centaines d'ouvriers intelligents pourraient exécuter rapidement tout ce que l'on peut aujourd'hui demander de plus grand et de plus difficile à à la mécanique.

Le jury accorde à M. Farcot une nouvelle médaille d'or.

Médaille d'or.

M. BOURDON (Eugène), rue du Faubourg-du-Temple, n° 74, à Paris.

M. Bourdon a fait de grands progrès depuis l'exposition de

1844, où une nouvelle médaille d'argent lui fut accordée; dans cet intervalle de cinq ans, il a livré à diverses industries un nombre considérable de machines à vapeur à haute ou à basse pression, toutes construites avec les soins les plus consciencieux. La plupart de ces machines, tantôt à cylindre vertical, tantôt à cylindre horizontal, les unes à balancier, les autres sans balancier, appartiennent aux dimensions les plus réduites, de 2, 4 ou 6 chevaux; mais les autres appartiennent aux forces ordinaires de 10, 15 ou 20 chevaux; quelques-unes même s'élèvent à la force de 50 chevaux. Grandes ou petites, les machines de M. Bourdon portent un cachet de bonne fabrication; tout y est bien étudié, bien compris et bien exécuté.

On sait que M. Bourdon s'est appliqué avec succès à perfectionner tous les moyens de sûreté qu'il faut donner aux chaudières et aux machines elles-mêmes pour en régler la marche. Son flotteur à sifflet, pour marquer le niveau, a été accepté par l'industrie, qui en fait un grand usage; mais il est à présumer qu'il rendra encore de nouveaux services, par le dernier perfectionnement qu'il y a introduit, en substituant au flotteur ancien une lentille métallique d'une forme très-inaltérable.

Le nouveau manomètre métallique de M. Bourdon paraît avoir une grande supériorité sur tous les indicateurs de pression, et, si le temps confirme les résultats que l'on a déjà obtenus de cet appareil, on ne peut pas douter qu'il ne soit bientôt préféré aux manomètres à air libre ou à air comprimé, même pour les machines fixes.

L'ingénieux mécanisme que M. Bourdon adapte aux divers systèmes de détente variable, pour en régler la marche par le modérateur de Watt, nous semble aussi appelé à rendre de grands services. Rien n'est plus important que d'astreindre la machine elle-même à modérer inévitablement sa consommation de vapeur, en raison de l'effort qu'elle doit transmettre.

Le jury, prenant en considération l'ensemble des travaux exécutés par M. Bourdon et les divers perfectionnements qu'il a imaginés pour mieux régler la marche des machines et pour rendre plus efficaces les moyens de sûreté, lui accorde une médaille d'or.

M. TRÉSEL, à Saint-Quentin (Aisne).

Nouvelles médailles d'argent.

M. Trésel avait obtenu la médaille d'argent, à l'exposition de

1844, pour l'ensemble de ses travaux mécaniques, et aussi pour une détente variable, bien conçue et bien exécutée. Ce système de détente laissait toutefois quelque chose à désirer : il fallait arrêter la machine pour la faire varier. Si, par exemple, elle avait été réglée au quart, il fallait un instant d'arrêt pour changer la disposition des pièces, afin d'obtenir la détente au cinquième ou au dixième. Le jury avait espéré que M. Trésel résoudrait promptement la seconde partie du problème, c'est-à-dire qu'il parviendrait à rendre sa détente variable à volonté, pendant la marche de la machine. Cet espoir n'a pas été déçu : M. Trésel nous présente aujourd'hui la solution de cette difficulté, et cette solution est simple et des plus satisfaisantes.

M. Trésel a aussi appliqué son esprit ingénieux au perfectionnement des râpes destinées aux féculeries et aux fabriques de sucre indigène, et au perfectionnement des presses hydrauliques fonctionnant par un moteur continu. Son système de pompes indépendantes pour faire agir ces presses paraît offrir des avantages qui ne sont pas sans importance, soit pour faciliter la dépression, soit pour renouveler la pression, à mesure que le jus s'écoule, soit pour remédier aux accidents sans perdre de temps, lorsqu'une des pompes se dérange.

Ces diverses innovations ont déjà subi les épreuves du temps et de la pratique.

Le jury accorde à M. Trésel une nouvelle médaille d'argent.

M. TAMIZIER, rue du Faubourg-Saint-Denis, n° 223, à Paris.

M. Tamizier est, parmi nos mécaniciens, l'un de ceux qui ont autrefois contribué avec le plus de zèle et de dévouement à perfectionner la construction des chaudières et des machines à vapeur. Il a eu d'excellentes idées, pour lesquelles il aurait pu prendre des brevets, mais il a mieux aimé généreusement les mettre en circulation, et le public en a largement profité. Depuis la dernière exposition, dans laquelle il fut récompensé d'une médaille d'argent, M. Tamizier n'a pas cessé de poursuivre ses inventions et ses travaux ; rien ne lui coûte, ni temps ni peine, pour livrer des ouvrages consciencieusement achevés ; la machine à haute pression, perfectionnée par lui, qu'il présente à l'exposition, en est la preuve, bien qu'il soit à notre parfaite connaissance qu'il se serait fait un scrupule de lui donner un coup de lime de plus qu'à celles qu'il livre au public. Personne ne songe moins à se faire remarquer, et personne ne songe plus à bien faire.

Le jury accorde à M. Tamizier une nouvelle médaille d'argent.

MM. GIVORD et Cie, à Lyon (Rhône).

Médailles d'argent.

MM. Givord et compagnie présentent à l'exposition une machine à vapeur de douze chevaux, dite *machine à vapeurs combinées*, parce qu'en effet il y a dans ce système deux vapeurs qui agissent comme moteurs ; mais ces deux vapeurs sont *distinctes et séparées*. C'est à M. du Trembley que l'on doit cette invention tout à fait digne d'intérêt ; l'idée en est simple et ingénieuse. Théoriquement, elle promet des avantages incontestables, car elle double au moins la force d'une machine ordinaire sans augmenter la dépense de combustible. Nous en donnerons une idée en prenant pour exemple une machine à haute pression sans condenseur, comme une locomotive d'où la vapeur s'échappe à plus de 100° ; cette vapeur, au lieu de se perdre inutilement, fait, à l'égard d'une chaudière pleine d'éther, le même office que fait la flamme à l'égard d'une chaudière pleine d'eau ; c'est-à-dire qu'elle échauffe l'éther, qu'elle le fait bouillir, ou plutôt qu'elle donne à sa vapeur une force élastique de 4, 5 ou 6 atmosphères, suivant les circonstances. La vapeur d'éther, avec sa tension, passe dans un cylindre spécial pour y faire mouvoir un piston, par une combinaison mécanique facile à concevoir. La force de ce piston s'ajoute à celle du piston qui est mû par la vapeur d'eau ; il est vrai que, quand la vapeur d'éther a produit son effet, on ne peut pas la perdre : il faut la condenser à 25 ou 30°, et ramener ce liquide dans la chaudière d'éther, pour s'alimenter comme il convient. Ainsi la vapeur d'eau, devenue inutile parce qu'elle n'a plus que 100° de température et une atmosphère de pression, se trouve remplacée par la vapeur d'éther qui, à la vérité, n'a pas 100°, mais qui, à raison de la volatilité du liquide, se trouve avoir 5 ou 6 atmosphères de pression, ce qui en fait une force utile et efficace. Pour apprécier la valeur théorique du bénéfice, il reste à tenir compte des densités et des chaleurs latentes.

Tel est le principe de l'invention de M. du Trembley : on voit qu'il ne s'applique pas exclusivement à la vapeur d'éther, mais à celle de tous les liquides volatils, comme le chloroforme, le chlorure de carbone, etc., et qu'il peut s'appliquer aussi aux machines à condenseur, comme aux machines à haute pression qui perdent leur vapeur d'eau à 100° ou à 110°.

La seule difficulté pratique est de contenir la vapeur du liquide volatil pour qu'elle ne se perde pas, et de donner, à la chaudière qui contient le liquide lui-même, une forme telle, qu'elle puisse, assez vite, prendre à la vapeur d'eau toute la chaleur qu'elle doit en recevoir. Il paraît certain que M. du Trembley a levé tous les doutes à cet égard; nous sommes disposés à le croire par les expériences dont nous avons été témoins il y a quelques années, et bien plus encore par les documents que le jury départemental du Rhône transmet au jury central, puisque une machine de 25 chevaux, établie d'après ce système, fonctionne, d'une manière satisfaisante, depuis plus d'un an, dans la cristallerie de la Guillotière, à Lyon.

Nous regrettons cependant de n'avoir pas reçu à ce sujet, de M. du Trembley ou de M. Givord, des détails circonstanciés sur la température de la vapeur perdue, qui échauffe le liquide volatil, sur la tension et le volume de la vapeur volatile elle-même, comparés au volume et à la tension de la vapeur d'eau qui sert à la produire.

Le jury accorde à M. Givord et compagnie une médaille d'argent.

M. FREY, à Belleville (Seine).

M. Frey est, parmi nos jeunes mécaniciens, celui qui a le plus contribué à répandre l'usage des machines à clous, soit pour les pointes de Paris, soit pour les becquets; il en a construit en grand nombre avec des perfectionnements qui lui appartiennent et qui ont été fort appréciés. En même temps, M. Frey s'est livré d'une manière spéciale à la construction des machines à vapeur de petites dimensions. Ses petites machines oscillantes, très-simples et très-économiques, lui avaient valu, à l'exposition de 1844, une nouvelle médaille de bronze. Aujourd'hui il présente à l'exposition une machine fixe de force moyenne, où l'on remarque deux dispositions qui ont été réalisées aussi avec intelligence par d'autres exposants. L'une consiste à chauffer le cylindre en faisant circuler autour de lui les produits de la combustion avant qu'ils pénètrent dans la cheminée; l'autre consiste à emprunter au modérateur la force nécessaire pour régler à la fois l'arrivée de la vapeur et la détente.

Toutes les machines de M. Frey se recommandent par une très bonne exécution.

Le jury lui accorde une médaille d'argent.

MM. LEGAVRIAN ET FARINEU, à Lille (Nord).

MM. Legavrian et Farineu se présentent à l'exposition pour la première fois, comme constructeurs de machines, mais ils se présentent avec une bonne renommée acquise par de véritables succès. L'établissement qu'ils ont fondé à Lille n'a guère que dix années d'existence, et il n'y a pas plus de six ou sept ans qu'ils se livren principalement à la construction des machines à vapeur; cependant ils comptent déjà, depuis deux ou trois ans, parmi les plus habiles en ce genre, du moins pour ce qui regarde l'économie du combustible qui est un point si important. Cette économie a été constatée de la manière la plus authentique par la société d'encouragement, qui leur a accordé la moitié du prix qu'elle avait proposé à ce sujet.

MM. Legravian et Farineu doivent cet avantage à un système qui leur appartient et auquel ils sont parvenus en perfectionnant considérablement l'ancien système de Wolf: ils séparent les deux cylindres, et, surtout, ils rendent indépendants les mouvements de leurs tiroirs, de telle sorte qu'il y ait une avance à l'échappement dans le petit cylindre, et que la vapeur arrive sans retard et largement dans le grand cylindre; il en résulte un partage du point mort qui permet de supprimer quelquefois le volant.

Il est vrai que ces conditions ne s'obtiennent pas toujours avec des formes mécaniques élégantes et ramassées; mais, après avoir si bien réussi pour l'économie du combustible, il est présumable que MM. Legavrian et Farineu ne tarderont pas à réussir aussi complétement sous tous les autres rapports.

Le jury leur accorde une médaille d'argent.

M. ROUFFET fils aîné, rue Delorme, n° 12, à Paris.

M. Rouffet fils, qui a déjà obtenu deux médailles de bronze, aux expositions de 1839 et de 1844, se montre de plus en plus soigneux et de plus en plus habile dans les divers travaux qu'il exécute. Ses petites machines à vapeur portatives et à haute pression, de deux ou trois chevaux de force, sont arrivées à un point où elles semblent laisser peu à désirer. Il ne paraît guère possible d'en réduire la masse, non plus que le volume; quant à l'arrangement des pièces, à leur forme, à leur groupement symétrique, tout cela est étudié avec une grande habileté: c'était un problème très-complexe, car il ne s'agissait pas seulement de donner de bonnes positions relatives au foyer, à la chaudière et au cylindre, mais il fallait choisir ces positions pour trouver aisément, sans pièces additionnelles, l'ensemble des points d'appui qui sont nécessaires aux pièces mobiles. M. Rouffet a résolu le problème avec la plus grande économie d'espace et de matières, sans rien sacrifier de ce qui pouvait assurer la parfaite solidité de sa machine.

Nous pouvons ajouter que ses machines fixes, de quatre ou cinq chevaux de force, se ressentent heureusement des études qu'il a dû faire pour arriver à une excellente composition dans les machines portatives.

Le jury accorde à M. Rouffet une médaille d'argent.

M. LELOUP, rue des Fossés-Saint-Marcel, n° 39, à Paris.

M. Leloup avait obtenu une médaille de bronze à l'exposition de 1844 pour l'ensemble de ses travaux de mécanique et pour ses machines à vapeur usuelles, de quelques chevaux de force. Depuis cette époque, les affaires et les ateliers de M. Leloup ont pris une plus grande extension, son système de petites machines à vapeur a été modifié et perfectionné, et le nombre de celles qu'il a livrées à l'industrie française et étrangère s'est considérablement accru.

Le jury, pour encourager ses progrès, accorde à M. Leloup une médaille d'argent.

Nouvelles médailles de bronze.

M. STOLTZ fils, rue de Bréda, nos 21, 23 et 24, à Paris.

M. Stoltz continue à construire, avec de nouveaux soins, la série des machines diverses pour lesquelles il avait reçu des médailles de bronze aux expositions de 1839 et de 1844, savoir : machines à vapeur de trois à quatre chevaux, machines à clous, pointes, rivets et becquets, appareils de féculerie, et pompes destinées à divers usages. Ces machines sont toutes d'une bonne exécution, plusieurs d'entre elles ont reçu des perfectionnements intéressants.

Le jury accorde à M. Stoltz une nouvelle médaille de bronze.

M. DESBORDES, rue Saint-Pierre-Popincourt, n° 20, à Paris.

M. Desbordes, récompensé à l'exposition de 1844 par une médaille de bronze, s'est appliqué avec beaucoup de zèle à introduire de nouveaux perfectionnements dans les diverses fabrications auxquelles il se livre, savoir : boîtes de mathématiques, instruments de physique, modèles de machines à vapeur, et surtout appareils de sûreté de toute espèce pour les chaudières à vapeur de divers systèmes. Pour ce dernier objet, M. Desbordes n'exécute pas seulement, avec beaucoup de soin, tout ce qui est conforme aux prescriptions légales, mais il a imaginé lui-même quelques dispositions qui ne sont pas sans avantage.

Le jury accorde à M. Desbordes une nouvelle médaille de bronze.

M. DUVAL, rue du Corbeau, n° 20, à Paris.

A son début comme constructeur, en 1844, il fut encouragé par une médaille de bronze, à cause de la très-bonne exécution des machines qu'il avait exposées. Il nous présente aujourd'hui une machine à vapeur de la force de cinq chevaux, des modèles sur échelle réduite de machines à vapeur, de métier à tisser et de quelques autres machines. Tout cela est conçu avec intelligence et exécuté d'une manière irréprochable. Si, comme nous l'espérons, M. Duval peut livrer ses modèles, aussi bien faits, à des prix qui lui attirent de nombreuses commandes, il rendra un véritable service à la mécanique.

Le jury accorde à M. Duval une nouvelle médaille de bronze.

M. GIRAUDON, rue de la Roquette, n° 92, à Paris.

Rappels de médailles de bronze.

Le jury fait rappel, en faveur de M. Giraudon, de la médaille de bronze, qui lui a été accordée en 1844. M. Giraudon présente aujourd'hui deux machines à vapeur de haute pression, l'une de six chevaux et l'autre de trois chevaux, avec cylindres à enveloppes, et pourvues toutes deux d'un système de distribution à détente variable; ces machines sont d'une bonne exécution, et prouvent que M. Giraudon continue à soutenir la réputation qu'il s'est acquise comme constructeur.

M. KIENTZY, rue Lafayette, n° 55, à Paris (Seine).

Le jury fait rappel, en faveur de M. Kientzy, de la médaille de bronze qui lui a été accordée à l'exposition de 1844. M. Kientzy présente aujourd'hui une machine à vapeur qu'il destine aux défrichements, et qui est construite avec beaucoup de soins; il présente en outre un cylindre en papier, de deux mètres de longueur, destiné à l'apprêt des étoffes; c'est un travail de précision qui ne laisse rien à désirer et dans lequel M. Kientzy se distingue depuis longtemps.

Médailles de bronze.

M. LARIVIÈRE, rue Montholon, n° 25, à Paris.

Il présente à l'examen du jury une invention nouvelle d'un très-grand intérêt; c'est un appareil qu'il appelle *Régulateur à détente*, qui s'adapte à toutes les machines à vapeur, pour les maintenir à leur vitesse de régime, lorsqu'on les décharge subitement du tiers, de la moitié ou même de la totalité du travail qu'elles doivent accomplir. Ce régulateur de M. Larivière est un régulateur à air, mais d'une disposition nouvelle et des plus ingénieuses. En l'examinant théoriquement, on ne peut pas douter qu'il ne remplisse réellement les conditions annoncées par M. Larivière; mais, dans un pareil sujet, les confirmations pratiques sont toujours bonnes, même quand elles ne sont pas absolument nécessaires, et nous avons vérifié avec une grande satisfaction que le régulateur de M. Larivière, soumis à des épreuves usuelles et prolongées pendant plusieurs années, avait tenu toutes ses promesses, soit qu'il ait été adapté à des machines conduisant des ateliers de construction, des filatures, des machines à imprimer, ou des laminoirs à métaux.

Nous devons ajouter de plus qu'il est très-facile à régler, et qu'il n'exige presque ni soins, ni attentions.

Le jury accorde à M. Larivière une médaille de bronze.

M. MOLINIÉ-SAINT-CLAIR, rue des Trois-Bornes, n° 10, à Paris.

Il présente à l'exposition deux régulateurs destinés à régler la marche des moteurs en général, soit machines à vapeur, soit roues hydrauliques; il fait aussi des régulateurs à air d'un système particulier, imaginé par M. Molinié, et breveté en 1837. Ces régulateurs ont reçu divers perfectionnements successifs, et, dans leur état actuel, ils sont destinés à rendre plus de services encore que dans leur état primitif.

Le jury accorde à M. Molinié-Saint-Clair une médaille de bronze.

M. TAILFER, rue St-Étienne, n° 9, à Batignolles (Seine).

Il présente à l'examen du jury une grille de son invention, destinée à tous les grands foyers où l'on brûle de la houille, et qu'il appelle *grille mobile fumivore*. Dans ce nouveau système les barres de la grille, articulées à charnières, forment une nappe sans fin, portée par deux tambours qui la font mouvoir avec une vitesse convenable, qui est d'environ 3 centimètres par minute. Ces deux tambours reposent eux-mêmes sur un chariot à quatre roues, qui se meut sur deux rails ajustés sur le sol du cendrier; ainsi tout l'appareil s'engage à la profondeur convenable et se retire au besoin pour les réparations. A l'entrée du foyer la grille forme le fond d'une trémie remplie de charbon, et, au moyen d'un registre, dont la hauteur se règle à volonté, elle se charge elle-même très-uniformément d'une couche de houille menue, d'une épaisseur déterminée. A l'autre extrémité l'autel fait en quelque sorte l'office de racle, pour arrêter le coke et laisser passer les escarbilles et le mâchefer, qui tombent bientôt dans le cendrier, par le mouvement de bascule des barres sur le second tambour. Les essais encore très-récents auquel cet appareil a été soumis, soit dans des foyers de chaudières fixes, soit à bord du Prométhée, fort de 200 chevaux, ont donné les résultats les plus satisfaisants. Cette grille est en effet fumivore et paraît donner une économie de combustible considérable.

Le jury regrette que l'invention de M. Tailfer n'ait pas reçu la sanction d'expériences plus prolongées, il attache une haute importance à son succès, et, en attendant, il accorde à M. Tailfer une médaille de bronze.

Le jury accorde des mentions honorables à

M. CHARPIN, à Villersexel (Haute-Saône). Mentions honorables.

Pour sa machine à vapeur de deux chevaux de force et d'un nouveau système;

M. DUCLOS, au Gros-Caillou, rue de l'Église, n° 4, à Paris,

Pour sa machine à vapeur;

M. GUEURY, à Orléans (Loiret),

Pour son modèle très-bien fait de machine à vapeur;

M. HALLET, rue des Amandiers-Popincourt, n° 12, à Paris,

Pour sa machine à vapeur à haute pression, de la force de trois chevaux et à détente;

M. BERNARD, à Rouen (Seine-Inférieure),

Pour son régulateur à mouvement différentiel;

M. LECLERC, quai Valmy, n° 59, à Paris,

Pour sa machine à vapeur de la force de deux chevaux et d'un nouveau système;

M. BEZAUT, rue des Vinaigriers, n° 18, à Paris,

Pour ses manomètres et sifflets d'alarme;

M. DANGUY, rue Labruyère, n° 13, à Paris,

Pour sa machine à vapeur de la force de huit chevaux;

MM. CANNET et CORNOZIÈRE, rue Molay, n° 6, à Paris,

Pour leur petite machine à vapeur de la force d'un tiers de cheval;

M. DENNIÉE, rue de Thorigny, n° 8, à Paris,

Pour sa petite machine à vapeur de la force d'un cheval, et pour ses modèles de locomotive;

M. LECOINTE, à Saint-Quentin (Aisne).

Pour sa machine à vapeur, de huit chevaux, dans laquelle il a essayé de suppléer au parallélogramme par une disposition particulière.

---

§ 2. CONSTRUCTION DE MACHINES LOCOMOTIVES, WAGGON-FREINS, PIÈCES ET APPAREILS DIVERS SERVANT A L'EXPLOITATION OU A L'ÉTABLISSEMENT DES CHEMINS DE FER.

M. Combes, rapporteur.

MM. Ch. DEROSNE et CAIL, à Paris.

Rappel de médaille d'or.

Les ateliers de chaudronnerie de Chaillot, fondés en 1818 par Charles Derosne, qui s'associa plus tard M. Cail, ont reçu d'année en année des développements et des transformations dont l'histoire est écrite dans les rapports sur les expositions de 1819, 1827, 1834, 1839 et 1844. M. Derosne reçut, en 1819, une médaille d'argent, en 1827 une médaille d'or, renouvelée depuis à toutes les expositions suivantes. En 1834, Charles Derosne reçut la croix d'honneur, dont M. Cail fut décoré à son tour en 1844. Pendant chacun des intervalles écoulés entre deux expositions successives, de nouveaux ateliers étaient fondés à Paris, à Grenelle, à Denain, à Bruxelles, qui se plaçaient au premier rang parmi les établissements du même genre. Dans la dernière période quinquennale, de nouvelles créations se sont élevées, plus importantes encore que les précédentes. A la fabrication de la grande chaudronnerie, des machines à vapeur, de tous les appareils nécessaires aux sucreries indigènes et exotiques, est venue se joindre la construction, sur la plus vaste échelle, des machines locomotives et des machines outils. La maison a perdu, en 1846, son fondateur, Charles Derosne, dont le nom, cité avec honneur dans les annales de l'industrie française, est impérissable. Le jury, en rendant un dernier hommage à cet homme si distingué par la vivacité de son intelligence, doué d'une activité que la vieillesse et les infirmités n'avaient pas affaiblie, est heureux de reconnaître qu'il laisse de dignes successeurs dans son ancien associé, M. Cail, et dans le jeune directeur des ateliers de construction, M. Houel.

La maison Derosne et Cail expose, cette année, une locomotive, système *Crampton* et son tender, qui font partie d'un lot de 12 machines semblables commandées par le chemin de fer du Nord; un tour à roues de locomotives destiné au chemin de fer de Paris à Strasbourg; une machine à mortaiser pour le même chemin; un moulin pour écraser et presser les cannes à sucre.

La succursale de Denain expose une roue motrice de locomotive *Crampton*, de 2 mètres de diamètre, entièrement en fer forgé et d'une seule pièce; plusieurs échantillons de tôle façonnés au marteau, pour éviter l'emploi des fers d'angle ou cornières dans la construction des chaudières.

Ce n'est point ici le lieu de discuter les avantages et les inconvénients des locomotives du système Crampton, combinées dans l'intention d'imprimer à des trains composés de 8 à 10 voitures de voyageurs une vitesse s'élevant en moyenne, arrêts compris, à 60 kilomètres à l'heure, ce qui exige que la vitesse en marche soit fréquemment de 80 ou même 90 kilomètres. Pour atteindre ce but, il fallait que les machines fussent très-stables sur la voie, que les dimensions du foyer et de la surface totale de chauffe fussent augmentées, le diamètre des roues motrices agrandi, toutes les pièces mobiles de la machine renforcées. Il était bon, en outre, que ces pièces fussent facilement accessibles, que les surfaces de frottement fussent très-grandes pour prévenir l'usure et l'échauffement. Toutes ces conditions sont remplies dans la machine exposée par MM. Derosne et Cail, auxquels appartiennent presque toutes les dispositions de détail. Grâce à ces dispositions et à une construction très-soignée, les machines de ce système, livrées au chemin de fer du Nord, ont fait jusqu'ici un excellent service; on ne s'est pas aperçu que la voie ait souffert du poids considérable des machines (27 tonnes) et du grand écartement des essieux extrêmes (4^m^,85). Les fusées des essieux ne s'échauffent pas, non plus qu'aucune des parties frottantes, malgré la grande vitesse. On a eu seulement quelques ruptures de bandages des roues; elles peuvent être des défauts accidentels de soudure qui seront évités à l'avenir. Cependant on a dit, et peut-être n'est-ce pas sans fondement, que, dans la machine exposée, on avait poussé la distance des essieux extrêmes et la plupart des dimensions principales jusqu'à l'exagération. Ce reproche n'atteint pas MM. Derosne et Cail, auxquels ces dimensions avaient été prescrites, et qui se proposent, dans les constructions nouvelles, de les diminuer un peu, tout en conservant les avantages certains que procure le grand diamètre des roues motrices et la longueur des bielles qui leur transmettent le mouvement. Le tender, dont la caisse peut contenir jusqu'à 7 mètres cubes d'eau, est d'une construction irréprochable.

Le tour à roues de locomotives se distingue des machines du même genre par une judicieuse disposition de la matière dans le banc et les poupées, par la manière de fixer les pointes mobiles, qui peuvent saillir plus ou moins sur la surface des plateaux, dont elles occupent le centre. La fixité est obtenue au moyen d'une bague en 3 morceaux, conique à l'extérieur, qui, en s'enfonçant dans une cavité également conique, ménagée autour de la tige de la pointe, serre très-fortement celle-ci, sur tout son contour, et la rend tout à fait solidaire avec le plateau. Les transmissions de mouvement sont combinées de manière que chaque plateau puisse recevoir 24 vitesses différentes, et que la machine offre la réunion de deux tours en l'air marchant séparément. On pourrait aléser sur l'un un bandage de roue dont le diamètre pourrait aller jusqu'à 2^m,40, et sur l'autre un moyeu de roue.

Dans la machine à mortaiser, la lyre qui relie les guides supérieur et inférieur du porte-outil est venue de fonte avec le bâti; la rigidité du bâti, dans le bas transversal, est assurée par de larges nervures perpendiculaires à ses faces; les dimensions du volant sont proportionnées à la force du bâti. Ajoutons que l'outillage très-complet des ateliers de construction de MM. Derosne et Cail a été exécuté par eux et se distingue par les mêmes qualités que le petit nombre de machines-outils qu'ils ont construites jusqu'ici pour le commerce.

Tout le monde a admiré les tôles façonnées par lesquelles MM. Derosne et Cail remplacent les cornières laminées, dont on fait un trop fréquent usage dans la chaudronnerie. Nous devons ajouter que ces formes si remarquables ne peuvent être obtenues qu'avec des tôles d'une excellente qualité. Celles-ci sortent des ateliers de MM. Serret, Lelièvre et compagnie, à Denain.

Le jury est heureux de constater les immenses progrès réalisés depuis la dernière exposition par la maison Derosne et Cail, dans la construction des machines, et rappelle à cette maison la médaille d'or qui lui fut décernée en 1844.

MM. Ernest GOUIN et Cie, à Batignolles. Médailles d'or.

La locomotive exposée par MM. Ernest Gouin et compagnie est la première d'un lot de 20 machines semblables destinées au chemin de fer de Paris à Lyon. C'est une machine mixte, pouvant être employée, soit au service des voyageurs à grande vitesse, soit au service des marchandises, système qui nous paraît de nature à devenir d'un usage très-fréquent sur ces chemins de fer. Elle se distingue par une exécution très-soignée, par un choix bien entendu des proportions essentielles et par une heureuse combinaison de détails. MM. Gouin et compagnie sont revenus au système des cylindres intérieurs et de l'essieu coudé, éminemment favorable à la stabilité sur la voie, condition qui doit primer toutes les autres, parce qu'elle est à la fois la plus convenable pour prévenir les accidents, et la plus favorable à la conservation du matériel roulant et de la voie. Les roues du milieu sont accouplées avec celles de l'avant; l'essieu postérieur est en arrière du foyer; la machine s'appuie sur lui par l'intermédiaire d'un ressort disposé transversalement à la longueur de la chaudière, et qui porte par ses deux extrémités sur les boîtes à graisse. La machine, y compris la charge d'eau et de coke, pèse environ 25 tonnes, dont 20 sont portées par l'essieu coudé du milieu et l'essieu d'avant, par parties à peu près égales, et 5 par l'essieu d'arrière. Chaque longeron est forgé d'une seule pièce avec les plaques de garde; les cylindres sont invariablement fixés aux longerons; la chaudière, simplement posée ou liée à eux par des boulons qui traversent des trous allongés, peut se dilater librement et ne supporte pas l'action des forces qui agissent sur les longerons et les plaques de garde, par l'intermédiaire des essieux et des fonds des cylindres. La boîte à feu occupe la totalité de l'espace compris à l'arrière entre les longerons; la section et la surface de chauffe du foyer sont très-grandes, ainsi que la somme des sections des 155 tubes par lesquels passent la flamme et la fumée. Ces conditions sont excellentes : elles permettent d'obtenir une abondante production de vapeur, sans augmenter le tirage par le rétrécissement de l'orifice de la tuyère. Les bielles d'accouplement sont disposées de manière à équilibrer en très-grande partie les masses des pistons et de leurs tiges et les parties extrêmes de l'essieu moteur. Des contre-poids fixés aux roues, et calculés suivant les règles données par M. Le Chatelier, complètent l'équilibre mutuel de toutes les pièces mobiles du mécanisme. La commission du jury, qui s'est transportée dans les ateliers de l'avenue de Clichy, ne peut donner que des éloges au bon choix des machines-outils qui s'y trouvent. Ces machines, sorties des meilleurs ateliers de l'Angleterre, où MM. Gouin et Lavallée avaient appris à les connaître, sont parfaitement appropriées à la construction des machines locomotives. La perfection des mécanismes s'y trouve réunie à toute la solidité nécessaire et à une apparence de simplicité qui constitue l'élégance des appareils mécaniques. La chaudronnerie et toutes les pièces de forge sont exécutées dans ces ateliers, dont l'existence date de 3 ans, et qui sont en état de fabriquer aujourd'hui de 40 à 50 machines locomotives par an. La commission a vu avec intérêt un marteau-pilon auquel MM. Gouin et compagnie ont ajouté un mécanisme qui permet de faire varier à volonté et de régler la levée du marteau. Il consiste essentiellement en une petite machine à vapeur, dont le piston est fixé sur la tige même du tiroir de la machine principale. Le marteau, arrivé au point le plus élevé de sa course agit, par une sorte de came ou de heurtoir, et par l'intermédiaire d'une règle, sur le tiroir distributeur de la petite machine à vapeur, dont le piston met en mouvement le tiroir de la machine principale. Par l'effet de la chute du marteau, un levier, fixé au mouton, vient frapper horizontalement la règle qui porte la came et la remet dans sa première position. Le tiroir de la petite machine est ainsi déplacé et celui de la machine principale le suit. une chaine sans fin permet, en élevant ou en abaissant le centre du levier fixé à la règle mobile, de faire varier la levée du marteau.

MM. Ernest Gouin et compagnie méritent, par la bonne exécution des machines sorties de leurs ateliers et l'intelligence avec laquelle ils en ont combiné toutes les parties, la médaille d'or que le jury leur décerne.

M. Eugène FLACHAT, ingénieur civil, à Paris.

Tout le monde se rappelle l'attention qu'excita, il y a quelques années, l'établissement du chemin de fer atmosphérique de Dalkey, et les controverses soulevées à ce sujet en Angleterre et en France. Les ingénieurs les plus expérimentés étaient divisés d'opinion : les uns regardaient le système atmosphérique comme destiné à remplacer dans tous les cas celui des locomotives; d'autres le considéraient comme offrant un moyen très-avantageux d'éviter les énormes dépenses des longs souterrains, que nécessite le tracé des chemins de fer ordinaires, pour la traversée des montagnes ou des villes populeuses; quelques-uns ne lui reconnaissaient pas, même dans ces circonstances, la supériorité sur le système des plans inclinés desservis par des câbles et des machines fixes. La question était de la plus haute importance. Tandis qu'en Angleterre les chemins de fer atmosphériques de Croydon et du South-Devon étaient exécutés à l'aide de capitaux fournis par des particuliers, le Gouvernement français jugea qu'il était utile de consacrer une somme importante à une expérience décisive, qui ne paraissait pas de nature à être convenablement exécutée par l'industrie privée, laissée à ses propres ressources. Une loi autorisa le ministre à accorder une subvention de 1,790,000 francs pour l'exécution d'un chemin de fer atmosphérique entre Nanterre et le plateau de Saint-Germain, que l'on supposait devoir coûter environ 3,600,000 francs. Les projets furent rédigés par M. Eugène Flachat et exécutés sous sa direction. Le viaduc sur la Seine et le grand remblai qui le suit sont des travaux d'art difficiles, qui témoignent de l'habileté de leur auteur. Deux machines pneumatiques, mises en mouvement chacune par deux machines à vapeur accouplées, furent établies sur le plateau de Saint-Germain; des appareils semblables, mais d'une puissance moindre, furent placés à Chatou et à Nanterre. Un tube de 63 centimètres de diamètre fut posé, sur une longueur de 2,200 mètres, entre le bois du Vésinet et le plateau de Saint-Germain. La différence de niveau entre les deux extrémités est de 51 mètres. L'inclinaison moyenne est donc de 23 millimètres par mètre; mais elle n'est pas uniformément répartie sur cette longueur : elle augmente graduellement, depuis 0 jusqu'à 35 millimètres, dans les 1,200 premiers mètres; dans le dernier kilomètre, elle est uniformément de 35 millimètres. Cette partie du chemin est en exploitation régulière depuis le 14 avril 1847; c'est la seule qui ait été terminée. Dans la partie de niveau qui la précède, à partir de Nanterre, on n'a point posé le tube qui, dans le projet arrêté, devait avoir un diamètre de 38 centimètres.

L'expérience, continuée sans interruption, depuis deux ans et demi, sur la rampe de Saint-Germain, est aujourd'hui décisive. Tandis qu'en Angleterre les tentatives faites sur les chemins de Croydon et du South-Devon ont été abandonnées, le chemin atmosphérique de Saint-Germain continue à fonctionner. Guidé par les enseignements de la pratique journalière, M. Flachat est parvenu à simplifier les appareils mécaniques, à rendre les manœuvres plus sûres, plus faciles et plus promptes, à réduire enfin dans une proportion considérable les dépenses d'exploitation. Quelques détails concernant ces améliorations successives ne seront point déplacés ici. Dans l'origine, le piston voyageur, construit dans le système de M. Samuda, était fixé sous un waggon spécial dit *waggon directeur*, qui pesait 12,000 kilogrammes. Après l'ascension du train, ce piston devait être démonté et suspendu derrière le waggon. Aujourd'hui le waggon directeur a été supprimé et le piston de M. Samuda remplacé par un autre beaucoup moins lourd, formé d'un simple disque garni d'un cuir embouti, placé sous le waggon à bagage, qui est en tête de chacun des trains partant de Paris. Le piston et sa tige sont disposés de façon que, par le jeu d'un mécanisme solide et d'une manœuvre facile, le disque peut être couché dans le plan de sa tige et tout le système relevé au-dessus du niveau des rails, et même au-dessus de la partie supérieure du tube atmosphérique. Cette disposition a permis de supprimer le poids mort du waggon directeur à la montée, et de simplifier beaucoup la manœuvre nécessaire pour la descente des trains.

Le tube atmosphérique se terminait d'abord, à son extrémité supérieure, sur le plan incliné de 35 millimètres, à une petite distance du plateau supérieur, où le train parvenait, en vertu de sa vitesse acquise ; il était muni, à son extrémité inférieure, d'une soupape qui le fermait et permettait de faire le vide dans son intérieur, un peu avant que le piston voyageur y fût engagé. Aujourd'hui, le tube est prolongé jusque sur le plateau supérieur de Saint-Germain ; la soupape inférieure n'a plus d'usage, parce qu'on a reconnu qu'il était inutile de préparer le vide à l'avance. Les machines aspirantes ne commencent à fonctionner, à Saint-Germain, que lorsqu'un signal transmis par le télégraphe électrique annonce que le piston voyageur est engagé dans le tube au Vésinet. Le train se met presque aussitôt en mouvement sur la partie horizontale, et prend une vitesse accélérée, pendant que l'air est de plus en plus raréfié dans le tube. Afin que les machines soient prêtes à fonctionner au moment opportun, le mécanicien de Saint-Germain est prévenu par le télégraphe électrique du passage du train à la station de Rueil (5 kilomètres de Saint-Germain), et de son arrivée au Vésinet. Pendant que les manœuvres nécessaires s'exécutent dans cette dernière gare, il prépare, au moyen de machines spéciales, le vide dans les condenseurs des machines à vapeur principales, qui sont ainsi toutes prêtes à fonctionner, à l'instant où le télégraphe annonce l'introduction du piston voyageur dans le tube. Ces améliorations successives ont produit, ainsi que nous l'avons dit, des réductions dans les quantités de houille consommée par les machines fixes.

Dans les derniers mois de 1847, la quantité de houille consommée par chaque voiture du poids moyen de 5,000 kilogrammes, y compris son chargement, qui a parcouru, dans le double trajet, en montant et en descendant sur la rampe inclinée en moyenne de 22 millimètres par mètre, comprise entre le bois du Vésinet et Saint-Germain, une distance totale de 4,800 mètres, s'est élevée à 53k,424.

Dans l'année 1848, après l'établissement complet des lignes télégraphiques, cette dépense n'a plus été en moyenne que de 42k.72.

Enfin, en 1849, après la suppression du waggon directeur, la consommation de houille a été réduite à 34k,488 par voiture du poids de 5 tonnes, parcourant 4,800 mètres, c'est-à-dire à 1k,437 par tonne et par kilomètre parcouru, tant en montant qu'en descendant.

Dans le mois de juillet dernier, la houille revenant à 27 francs les 1,000 kilogrammes, la dépense totale, pour le double trajet d'une voiture du poids de 5 tonnes, entre le Vésinet et Saint-Germain, s'est élevée, pour la main-d'œuvre, la consommation de houille et les fournitures d'huile et de suif nécessaires au graissage des machines et de la soupape, à 1 fr. 60 cent.

La composition des trains est de 4 à 6 voitures.

L'exploitation continue du chemin atmosphérique de Saint-Germain justifie parfaitement M. Flachat des critiques qui lui ont été adressées, en raison de l'excès prétendu de puissance qu'il aurait donné aux machines de Saint-Germain. Elle justifie aussi la dépense consacrée par le Gouvernement à une grande expérience, dont les résultats permettent aujourd'hui d'établir une juste comparaison entre les frais d'établissement et d'exploitation d'un chemin de fer atmosphérique, et ceux d'un chemin de fer à peu près de niveau, établi souterrainement, au passage de montagnes ou de villes populeuses, comme ceux de la Nerthe, entre Avignon et Marseille, de Rouen entre le Havre et Paris. Espérons qu'on ne négligera pas d'établir cette comparaison, avant de se jeter dans les énormes dépenses que pourrait exiger la traversée de Lyon, sur la grande ligne de fer qui reliera entre elles les extrémités du territoire français.

Deux machines locomotives, l'*Hercule* et l'*Antée*, ont été exécutées sur les plans de M. Flachat, pour remonter les convois de charbon et même les trains de voyageurs, en cas d'insuffisance du système atmosphérique, sur la rampe de Saint-Germain. Dans une expérience récente, nous avons vu l'*Antée*, machine à six roues couplées de 1^m,20 de diamètre, portant deux cylindres de 0^m,45 de diamètre et 0^m,70 de longueur de course des pistons, pousser devant elle un poids brut de 93,000 kilogrammes, sur la rampe de 35 millimètres par mètre. La machine, du poids de 26,000 kilogrammes, était suivie de son tender pesant 9,000 kilogrammes. Ainsi, un poids brut total de 128 tonnes de 1,000 kilogrammes a gravi la rampe de 35 millimètres par mètre; c'est à peu près la limite de puissance de l'*Antée*. La vitesse était très-faible; les roues de la locomotive patinaient, et il fallut jeter du sable sur les rails humides, pour augmenter l'adhérence.

La machine l'*Antée* est employée avec avantage à remorquer les convois très-lourds dirigés sur Versailles, les jours de fête. Elle est devenue susceptible de prendre une vitesse de 32 à 40 kilomètres par heure, depuis qu'on y a appliqué des contre-poids considérables, pour équilibrer les parties excentrées des manivelles, les pistons, leurs tiges et les bielles d'accouplement, conformément aux principes exposés dans le mémoire de M. Le Chatelier.

En définive, le jury est heureux de proclamer que les projets et l'établissement de la voie, des machines, et l'exploitation continue du chemin atmosphérique de Saint-Germain font le plus grand honneur à M. Eugène Flachat, et de lui décerner la plus haute récompense dont il puisse disposer, la médaille d'or.

M. BOURDALOUE, ingénieur civil, à Bourges (Cher),

A exposé, 1°, les dessins des plans inclinés automoteurs qu'il a établis entre les mines de houille de Champlauzon et le chemin de fer du Gard, à la Levade; 2° des instruments de nivellement, auxquels il a joint deux notices imprimées relatives, la première aux améliorations qu'il a apportées dans les instruments de nivellement, la disposition des carnets et la conduite des opérations de ce genre; la seconde, aux nivellements exécutés en 1847 sous sa direction, dans la basse Égypte et l'isthme de Suez; 3° les dessins d'une pompe élévatoire qu'il a établie chez lui, à Bourges, et où les soupapes ordinaires sont remplacées par une simple couche de crins ou autres substances filiformes, qui se soulèvent pour laisser passer l'eau et déterminent une fermeture suffisante, lorsqu'elles sont rabattues et appliquées sur leur siége par la pression du liquide.

Le jury ne peut apprécier le mérite de la pompe, qu'il n'a pas vu fonctionner. Il a tous les éléments nécessaires pour juger du mérite des plans automoteurs de la Levade et des améliorations apportées par M. Bourdaloue aux instruments et à la pratique des nivellements.

L'orifice des mines de houille de Champlauzon se trouve sur un plateau élevé de 203 mètres au-dessus du niveau du chemin de fer du Gard, à la Levade. La distance horizontale du chemin à la mine est de plus de 2 kilomètres. M. Bourdaloue a eu l'heureuse idée d'exécuter sur le plateau deux voies de fer partant l'une et l'autre de la mine, et allant aboutir à deux paliers situés sur les flancs de la montagne qui domine la vallée du Gardon, à 66 mètres de distance verticale l'un de l'autre. Les waggons chargés de houille suivent l'une de ces voies, dont l'inclinaison est suffisante pour qu'ils arrivent, par le seul effet de la gravité, sur le palier inférieur, tandis que les waggons vides, amenés sur le palier supérieur, retournent vers la mine, en suivant la seconde voie inclinée en sens inverse de la première, en obéissant également à l'action de la gravité. Les deux paliers sont réunis par un plan incliné de 292 mètres de longueur, avec pente moyenne de $0^m,27$ par mètre. Le grand plan incliné qui descend du palier inférieur à la Levade a une longueur de 568 mètres, avec une pente moyenne de $0^m,282$ par mètre. Un seul cabestan, à axe horizontal, est établi au niveau du palier supérieur. Il porte deux paires de tambours ou de bobines de diamètres différents : la première paire reçoit les câbles qui desservent le grand plan incliné inférieur; la seconde paire reçoit les câbles qui desservent le plan incliné joignant les deux paliers. Les diamètres sont entre eux dans le rapport des longueurs des plans inclinés. Il résulte de cette disposition ingénieuse, qui appartient entièrement à M. Bourdaloue, que la chute d'un convoi de waggons pleins descendant sur le grand plan incliné détermine simultanément l'ascension d'un convoi de waggons vides sur le même plan, et d'un autre convoi de waggons vides sur le plan incliné qui réunit les deux paliers; en définitive, les waggons vides sont remontés à un niveau supérieur à celui d'où sont partis les waggons pleins, et de là ils redescendent seuls à la mine.

Ce système de chemins de fer à pente inverse et de plans inclinés automoteurs fonctionne depuis plusieurs années : il donne de beaux bénéfices à son auteur, qui l'a exécuté à ses risques et périls, en vertu d'un traité fait avec la compagnie propriétaire des mines, en même temps qu'il procure à celle-ci une économie de moitié sur les frais de transport qu'elle payait antérieurement.

Les améliorations apportées par M. Bourdaloue aux mires qui servent dans les nivellements, aux lunettes et à leurs supports, à la disposition des carnets, à tous les détails pratiques de l'opération, sont telles, que la durée des nivellements est considérablement abrégée ; de plus, l'opérateur a constamment des moyens de contrôle et de vérification qui lui feraient bientôt découvrir les erreurs de lecture qu'il aurait commises, et qui donnent au résultat final un degré de certitude que l'on était loin d'avoir par les méthodes ordinaires.

Le jury a vu avec le plus vif intérêt la notice de M. Bourdaloue relative aux nivellements opérés en 1847, sous sa direction et suivant ses méthodes, dans la basse Égypte et l'isthme de Suez, sur les lignes de Suez au Caire, du Caire au grand barrage du Nil, et de Suez à Tineh, dans le golfe de Peluse.

Tout le monde sait que les nivellements rapides exécutés en 1799 par les savants attachés à l'expédition d'Égypte indiquaient une différence de niveau de 9 mètres environ entre les eaux moyennes de la mer Rouge à Suez et les eaux moyennes de la Méditerranée dans le golfe de Peluse. Aujourd'hui, nous savons, par les nivellements de 1847, que cette différence n'existe pas, ou du moins qu'elle est de $0^m,80^c$ tout au plus.

Le jury récompense le talent et les travaux de M. Bourdaloue en lui décernant la médaille d'or.

MM. WARRAL, MIDDLETON et ELWELL, avenue de Trudaine, n° 1, à Paris,

Nouvelles médailles d'argent.

Ont exposé un croisement de voie triple, un système de machines pour l'impression et la distribution des billets de chemins de fer, une machine à vapeur, et une machine à mouler la houille menue, en l'agglutinant au moyen du goudron.

Le croisement de voie triple est exécuté avec une grande perfection. Les rails extérieurs ne sont pas entaillés, et les aiguilles mobiles ont, dans la partie voisine de leurs extrémités, une hauteur moindre que ces rails, de sorte qu'au passage du croisement, les roues portent sur les rails extérieurs et jamais sur les extrémités des aiguilles, dont la forme serait facilement altérée par une charge un peu considérable, en raison de leur faible épaisseur.

Des 3 machines, dont l'ensemble constitue l'ingénieux système d'Edmonstone pour l'impression et l'émission des cachets de voyageurs sur les chemins de fer, la première est une petite presse qui imprime et numérote les billets : une pile de cartons blancs découpés, suivant des rectangles égaux, est placée dans un tube vertical; à chaque coup de levier, le carton inférieur de la pile est poussé d'abord sous une petite presse qui imprime le lieu du départ et de l'arrivée, passe de là sous la jante d'un disque, ou plutôt de deux disques accolés qui impriment le numéro d'ordre, et vient tomber, imprimé et numéroté, dans un tube vertical. Le carton mis en mouvement par le coup de levier suivant reçoit la même impression, avec le numéro qui suit dans l'ordre de la numération, et se range au-dessus du premier dans le tube récepteur. On peut ainsi imprimer une série de billets numérotés de 1 à 10,000.

La seconde est un vérificateur. On y place dans un tube vertical la pile de cachets imprimés et numérotés, qui viennent successivement se présenter sur une tablette avec leur numéro en avant; en même temps le numéro gravé sur les jantes de deux disques juxtaposés, semblables à ceux qui ont imprimé les numéros dans la machine précédente, se présente à une fenêtre rectangulaire. La non-concordance des 2 numéros mettrait en évidence l'absence d'un ou plusieurs billets.

Enfin, la troisième, appelée dateur, est un timbre enfermé dans une boîte, au moyen duquel l'employé chargé de délivrer les billets au public leur imprime, au moment même, la date du jour.

On aperçoit combien le système de ces 3 appareils simplifie la comptabilité des bulletins délivrés aux voyageurs et en facilite la vérification.

Les machines exposées par MM. Warral, Middleton et Elwel sont très-bien exécutées.

Dans une autre partie des salles de l'exposition est une machine également importée d'Angleterre, et destinée au moulage de briques de houille menue agglutinée par du goudron. L'agglutination a lieu à froid, en même temps que le moulage, sous l'action d'une très-forte pression. La houille menue et le goudron sont placés dans un vase cylindrique, où ils sont mélangés à l'aide de bras en fer fixés à un arbre vertical qui reçoit un mouvement de rotation.

Le cylindre, sans fond, repose sur un plateau circulaire en fonte, où les moules sont placés en rangée circulaire. Ils viennent successivement passer sous le cylindre, où ils reçoivent le mélange; en même temps la compression a lieu sur la matière contenue dans un moule déjà rempli, et le démoulage est opéré sur un moule précédent. Cet appareil n'a pas été appliqué, que nous sachions, en France, où la préparation du *gros charbon avec du menu* est opérée sous une pression beaucoup moindre, avec le secours d'une température élevée.

La machine à vapeur exposée par M. Elwel est digne de la réputation, déjà bien établie, de la maison dont il est associé.

MM. Warral, Middleton et Elwell se montrent de plus en plus dignes des récompenses du jury, qui décerne à ces honorables industriels une nouvelle médaille d'argent.

M. Jean-Baptiste LAIGNEL, rue de la Harpe, n° 13, à Paris,

A exposé des modèles de waggons munis de freins agissant sur les rails, dont l'utilité, aujourd'hui démontrée par l'expérience, est généralement reconnue, et des waggons-parachocs à bosses cassantes. Nous exprimons le regret que les waggons-freins de M. Laignel ne soient pas encore en usage sur nos chemins de fer; nous pensons que leur emploi rationnel préviendrait quelques accidents, et pourrait aussi contribuer à rendre moins prompte la détérioration des roues et des essieux de waggons, de sorte que l'économie des frais d'entretien s'ajouterait à l'accroissement de sûreté pour les voyageurs et le matériel. Les waggons-parachocs n'ont été expérimentés sur aucune ligne de fer, à notre connaissance, et nous ne craignons pas de manifester une opinion peu favorable aux résultats des essais qui pourraient en être faits.

Les ingénieuses et utiles inventions de M. Laignel lui ont mérité une médaille d'argent à l'exposition de 1839, une nouvelle médaille d'argent en 1844, un prix de la fondation Montyon, décerné, en 1847, par l'Académie des sciences de l'Institut. Son âge avancé n'a rien ôté à l'activité avec laquelle il s'est livré à des recherches toujours ingénieuses, souvent utiles, qui toutes ont eu pour but la sûreté publique, et dont il n'a pu ou n'a pas su tirer parti dans l'intérêt de sa propre fortune.

Le jury est heureux de récompenser une longue carrière, si

dignement accomplie, en décernant à M. Laignel une nouvelle médaille d'argent.

Médailles d'argent.

M. SERVEILLE aîné, à Paris.

M. Serveille aîné a exposé le système de chemins de fer et de waggons approprié aux travaux des mines, des carrières et des terrassements, qui lui mérita, à l'exposition de 1844, une médaille de bronze. Tous ceux qui ont vu le chemin de fer et les waggons de M. Serveille aîné, placés en dehors des salles de l'exposition, ont été certainement frappés de l'irrégularité de la voie : elle est établie sans soins; sa largeur n'est point uniforme, les rails ne sont pas de niveau dans le sens transversal. Cependant les waggons, portés sur des roues à larges jantes coniques, se maintiennent sur ces voies irrégulières, qui peuvent ainsi être établies sur un sol mobile ou grossement nivelé, comme celui qui est formé par des remblais récents ou qui se rencontre dans beaucoup de mines et de carrières.

M. Serveille a fait, depuis 1844, de nombreuses et utiles applications de son système. Il a enlevé avec économie, et en très-peu de temps, 15,000 mètres cubes de déblai, d'un terrain qui menaçait de s'ébouler, dans la tranchée des fours à chaux, sur le chemin de fer de Versailes (rive gauche). Il a établi, dans les vastes carrières de plâtre de MM. Schmidt et Vallery, à Vaux, près Triel, un chemin de fer, qui se ramifie dans toutes les galeries, où il est prolongé jusqu'aux tailles; une série de plans inclinés pour la descente des waggons au niveau des berges de la Seine, et un ingénieux embarcadère mobile, pour aller décharger les waggons dans les bateaux, à diverses distances du rivage, selon le niveau variable de la rivière.

Dans une grande carrière d'ardoises du département de Maine-et-Loire, 100 à 120 ouvriers rouleurs, avec 30 ou 40 chevaux employés au transport et à l'extraction de l'ardoise, ont été remplacés par un nombre d'hommes moitié moindre et une machine à vapeur de quatre chevaux de puissance. De grands travaux de terrassement sont exécutés, avec grande économie, dans le département de la Loire-Inférieure.

Le jury de 1844 récompensa M. Serveille par une médaille de bronze. L'expérience ayant aujourd'hui pleinement confirmé les avantages que l'on attendait de son ingénieux système, qui a été fréquemment et est encore journellement appliqué, le jury lui décerne une médaille d'argent.

M. Charles DE BERGUE, rue Notre-Dame-des-Victoires, n° 32, à Paris,

Expose des rondelles de caoutchouc vulcanisé, des tampons de choc et des ressorts de traction pour voitures de chemins de fer, formés de plusieurs rondelles semblables, enfilées sur une tige centrale, avec interposition de rondelles en tôle.

La préparation à laquelle on a donné le nom de caoutchouc vulcanisé est connue depuis cinq ou six ans en Europe, où elle a été introduite par M. *Goodgears*, Américain; elle a été utilement appliquée à une foule d'usages divers, dans l'industrie et dans les laboratoires. Des tampons et ressorts de traction en caoutchouc vulcanisé ont été adaptés depuis assez longtemps à un grand nombre de voitures de nos chemins de fer; ils ont sur les anciens ressorts de choc et de traction des avantages marqués, sous le rapport des frais de premier établissement, de la durée et de l'inaltérabilité.

Le jury décerne à M. Charles de Bergue une médaille d'argent.

M. HÉDIARD, rue Taitbout, n° 25, à Paris.

M. Hédiard a fait construire à la gare de Saint-Ouen, en 1844, un spécimen de chemin de fer atmosphérique de 1,800 mètres de développement, afin d'expérimenter un système de soupape longitudinale, qui consiste essentiellement en lames d'acier faisant ressort, disposées sur deux lignes, de part et d'autre de la fente ménagée à la partie supérieure du tube, de manière à procurer l'occlusion en se pressant mutuellement. Un double rang de lames avec cuir interposé est fixé de chaque côté. Ces lames opposées sont écartées par le passage de la tige verticale, à section horizontale lenticulaire, qui traverse la fente, et à laquelle est attachée la première voiture du train.

La soupape de M. Hédiard, avec les derniers perfectionnements que l'auteur y a apportés, s'oppose très-efficacement à la rentrée de l'air. Le tronçon de tube qui figure à l'exposition est un fragment qui a servi aux expériences faites en 1847; les lames sont en parfait état et n'ont rien perdu de leur élasticité. Le jury espère que la soupape de M. Hédiard, qui procure une fermeture beaucoup plus parfaite que celle de M. Samuda, pourra être utilisée dans l'exploitation des chemins de fer atmosphériques, et décerne à l'auteur, dont les travaux attestent un esprit ingénieux et une persévérance digne d'éloge, une médaille d'argent.

Médaille de bronze.

M. CHEMAILLÉ aîné, à Tours (Indre-et-Loire).

M. Chemaillé aîné, à Tours, fabrique par des procédés mécaniques des chevilles en bois de chêne pour fixer les supports (chairs) sur les traverses, et des coins destinés à serrer les rails dans les supports.

Les chevilles et coins sont ébauchés, en débitant à la hachette des billes sciées à la longueur convenable; ils sont ensuite grossièrement équarris à la hache, puis les chevilles reçoivent sur le tour la forme voulue. Elles sont alors portées dans une étuve chauffée par la chaleur perdue du foyer de la machine à vapeur qui sert à mouvoir les divers mécanismes de l'atelier; elles restent huit jours dans cette étuve, avant d'être placées dans l'appareil, où elles doivent être pénétrées d'un liquide conservateur. Cet appareil est un cylindre dans lequel on fait le vide et où l'on foule ensuite le liquide, qui est une dissolution de tanin, ou de l'huile de lin tenant de la résine en dissolution. La pression du liquide qui baigne les chevilles est poussée, au moyen des pompes foulantes, jusqu'à 5 ou 6 atmosphères.

Les chevilles ou coins, ainsi préparés, sont ensuite comprimés dans des moules en fonte, de manière à les réduire aux 80/100es de volume primitif pour les chevilles, et aux 90/100es pour les coins. Les pièces renfermées dans le moule sont soumises pendant une demi-heure à l'action de la vapeur, puis elles sont chassées hors des moules par des poussoirs agissant en sens inverse de ceux qui les y ont introduites.

M. Chemaillé a livré une grande quantité de chevilles et de coins pour les chemins de fer de Tours à Nantes, de Paris à Chartres et de Paris à Strasbourg.

La machine à vapeur qui donne le mouvement aux scies circulaires et autres mécanismes de ses ateliers a une puissance de 8 chevaux. Il occupe 35 ouvriers et produit annuellement 1 million de chevilles de bois, dont la confection ne laisse rien à désirer.

Le jury a vu avec intérêt la série remarquable d'échantillons exposés par M. Chemaillé, et décerne à ce fabricant une médaille de bronze.

Mentions honorables.

M. ANDRAUD, à Paris.

Le jury décerne une mention honorable à M. Andraud, pour les essais qu'il a poursuivis avec persévérance sur la construction d'un système de chemins de fer où la locomotion est obtenue par le moyen de l'air comprimé, et pour plusieurs applications ingénieuses de l'air comprimé.

MM. GUÉRIN et LEMONNIER, à Caen (Calvados),

Ont exposé un modèle de tube fendu, pour chemin de fer atmosphérique, avec une soupape longitudinale de leur invention. La fente du tube présente, dans une section faite perpendiculairement à la longueur, la forme d'un trapèze. La soupape est formée de pièces en fonte, réunies entre elles par un cuir flexible, et dont la section correspond à celle de la fente. Deux cordes noyées en partie dans des sillons ménagés sur les deux faces latérales de la soupape, s'appliquent contre les bords inclinés de la fente, et déterminent l'occlusion, d'autant mieux, que la pression extérieure de l'atmosphère tend à enfoncer la soupape dans la fente, à la manière d'un coin.

La soupape longitudinale n'étant point attachée au tube, est soulevée par des rouleaux fixés à la tige, qui suit le piston. Aux plaques qui portent les axes de ces rouleaux se rattachent deux tiges horizontales qui passent, de chaque côté, entre le tube et la soupape soulevée, et se lient au premier waggon du train. Il est remarquable qu'à chaque passage du piston, la soupape longitudinale de MM. Guérin et Lemonnier s'avance dans le même sens que le train, d'une petite quantité égale à la différence entre la longueur développée de la partie de la soupape soulevée, et la projection de cette longueur sur l'axe. Ce déplacement deviendrait sensible après plusieurs passages du piston dans le même sens.

Le jury juge que la soupape de MM. Guérin et Lemonnier mérite l'attention des ingénieurs, et leur décerne une mention honorable.

MM. HENRY et BESSAS-LAMÉGIE, rue du Bac, n° 33, à Paris,

Ont voulu substituer aux traverses en bois, sur lesquelles sont fixés les chairs ou supports des rails des chemins de fer, des supports fondus d'une seule pièce avec un socle à large base, réunis par une tige en fer rond, qui les maintient à une distance invariable. L'importance de substituer, aux traverses actuellement usitées, le fer et la fonte augmentent journellement avec la rareté des bois; Ce but doit être atteint, sans qu'il en résulte une augmentation notable du prix d'établissement des voies de fer portées sur traverses en bois, et surtout sans compromettre la stabilité de la voie et la facilité de la remettre en bon état, quand elle est dégradée. Le système de coussinets reliés par des tiges en fer, de MM. Bessas-Lamégie et Henry, satisfait à la première des deux conditions précédentes; la seconde paraît être également remplie, si l'on s'en rapporte à l'expérience commencée depuis quatre ans, et qui se poursuit encore sur le chemin de fer de Versailles (rive gauche), où 80 mètres courants de la voie, à une petite distance du viaduc de Meudon, sont posés sur des coussinets du nouveau système. 2 kilomètres de la voie de Chartres ont été également posés sur des supports de MM. Bessas-Lamégie et Henry. La circulation est encore trop récente sur ce dernier chemin, et les nouvelles traverses n'ont été établies sur le chemin de Versailles (rive gauche) que sur une longueur trop restreinte, et dans une localité trop spéciale (le voisinage d'une station), pour que ces expériences soient concluantes; toutefois, les résultats paraissent favorables au nouveau système, sous le double rapport de la solidité de la voie et de l'économie.

Le jury décerne à MM. Henry et Bessas-Lamégie, une mention honorable.

Citations favorables.

M. AUBINEAU, rue de Tracy, n° 7, à Paris.

Le jury décerne à M. Aubineau une citation favorable, pour le moyen de mettre en communication le mécanicien et le garde-frein de l'arrière, et *vice versa*, dont il a exposé un modèle. La rareté croissante des bois rend de plus en plus désirable le remplacement des traverses actuellement usitées, par des pièces composées de fer et de fonte; cette innovation doit être faite.

M. BIZET, rue Grange-aux-Belles, n° 4, à Paris,

A exposé un modèle de waggon à freins agissant sur les rails, suivant le système de M. Laignel. Les 4 freins sont fixés à un châssis rectangulaire placé sous le cadre du waggon, entre les roues, et lié à ce cadre par 4 tiges courtes, dont les extrémités tournent autour de boulons fixés au châssis et au cadre. Un léger mouvement de translation en avant, imprimé au châssis, fait porter les 4 freins ou patins sur les rails. Le mode de construction indiqué paraît présenter beaucoup de solidité. La transmission du mouvement est simple et facile. Le jury accorde à M. Bizet une citation favorable.

M. CUILLIER, mécanicien, boulevard Montmartre, n° 5, à Paris,

A exposé un modèle de chemin de fer, qui pourrait servir à élever ou à descendre des waggons de marchandises sur des voies inclinées de 10 à 12 centimètres par mètre et d'une petite longueur.

Des axes horizontaux, portant chacun une paire de roues, sont établis, de distance en distance, sur le trajet à parcourir. Tous les axes sont commandés par un même moteur, qui leur imprime, par l'intermédiaire de chaînes flexibles articulées, un même mouvement de rotation. Un plateau ou un assemblage de plateaux articulés, posés sur les jantes des roues, et sur lesquels sont placés les waggons, reçoit par le frottement un mouvement de progression avec une vitesse égale à celle de la circonférence des roues.

Le jury accorde une citation au système de M. Cuillier, qui paraît susceptible de recevoir quelques applications dans l'intérieur des entrepôts, sur le carreau des mines, et dans les cas analogues où des waggons, déjà chargés de marchandises, doivent être transportés à de petites distances, sur de fortes pentes.

SECTION TROISIÈME.

NAVIGATION MARITIME A VAPEUR, A VOILE, ET SOUS-MARINE.

M. Charles Dupin, rapporteur.

CONSIDÉRATIONS GÉNÉRALES.

Les constructions navales peuvent être considérées sous deux points de vue. Comme l'architecture civile, elles ont pour objet d'édifier, de meubler l'habitation des hommes. Tous les progrès, tous les perfectionnements des édifices et des ameublements à terre peuvent être appliqués, sous des modifications intelligentes, à l'existence des hommes à la mer. De même aussi les perfectionnements dans l'art de mettre en œuvre le bois, le fer, le cuivre, le zinc, les filaments, les tissus, concourent à la fois au progrès de l'architecture civile et de l'architecture navale.

Ce qui reste de spécial à la marine, c'est la nature même de la construction des navires, soit à voiles, soit à vapeur. Pour les premiers bâtiments, on ne peut espérer que des progrès partiels et de peu d'étendue, parce qu'il s'agit d'un art étudié, approfondi de longue main et déjà très-avancé.

Au contraire, tout est nouveau dans la construction et la structure des navires à vapeur. Aussi, depuis un tiers de siècle que cette architecture a pris naissance, chaque période quinquennale a-t-elle présenté des progrès considérables, et pour les innovations, et pour l'étendue des applications.

Dans la période de cinq ans écoulés de 1844 à 1849, c'est surtout la transmission de la force motrice qui présente le progrès le plus remarquable.

On a multiplié dans la marine commerçante, et surtout dans la marine militaire, l'emploi de l'hélice au lieu des roues à aube. L'hélice est cachée sous les eaux; elle n'est pas, dans les mauvais temps, alternativement immergée et soulevée au-dessus de l'eau par les mouvements du roulis : sa force agit avec constance et régularité. Pour les bâtiments de guerre, les flancs du navire ne sont plus encombrés par les énormes tambours qui renferment les roues motrices; l'artillerie peut se développer sur les flancs, et surtout dans la partie intermédiaire, où la plus grande largeur du navire rend son emploi plus facile et plus avantageux. Enfin le mécanisme de l'hélice et de l'axe qui lui transmet le mouvement, étant au-dessous de la flottaison, se trouve ainsi dérobé aux coups de l'artillerie ennemie, tandis que l'appareil si volumineux des roues à aube présente une énorme surface, et, si l'on peut ainsi parler, un énorme but en blanc circulaire, où les coups qui portent peuvent désemparer le navire.

On conçoit qu'il a fallu vaincre de grandes difficultés pour les plus gros bâtiments, afin d'installer avec solidité des hélices, qui pèsent jusqu'à 3,000 kilogrammes, entre le gouvernail et la poupe, avec cette condition de pouvoir être au besoin soulevées et retirées de leur emplacement. Tels sont les problèmes qu'ont résolu nos officiers du génie maritime dans les constructions qu'ils ont dirigées pour le compte de l'État.

Disons maintenant un mot du développement comparé de l'ancienne et de la nouvelle navigation.

Si l'on compare les deux navigations à voiles et par la vapeur, du 1er janvier 1844 au 1er janvier 1849, on trouve les résultats suivants :

PROGRÈS DE LA MARINE À VOILES.

Accroissement du tonnage total, 14 p. 0/0.

PROGRÈS DE LA MARINE À VAPEUR.

Accroissement du tonnage total, 60 1/3 p. 0/0.

La marine militaire présente un progrès non moins remarquable dans le matériel de sa marine à vapeur, qui compte aujourd'hui plus de vingt frégates ou grandes corvettes, depuis la force de 400 chevaux jusqu'à celle de 650 chevaux.

Les commandes qu'a dû faire le département de la marine pour remplir le programme tracé par la loi de 1845, qui consacre 90 millions à compléter le matériel naval, ces commandes ont donné l'impulsion la plus heureuse et la plus puissante à la construction des navires à vapeur. On a perfectionné les appareils de chauffage, auparavant trop pesants et trop encombrants; on a produit les changements les plus avantageux dans les appareils d'application de la force motrice par le système des hélices. Des expériences remarquables ont déjà conduit à des résultats importants sur l'application de ces hélices. On a transmis directement la force de la vapeur, à bord des navires, sans encombrement intermédiaire dont l'inertie diminuait la force efficiente. Pour produire une quantité donnée de chaleur, on consomme moins de combustible; on utilise les débris, le poussier de la houille, qu'on réduit en parallélipipèdes plus denses que la houille même et moins encombrants à bord des navires, et qui encombraient en pure perte un espace précieux.

On a remplacé beaucoup de pièces de fonte par d'autres en cuivre, plus appropriées à leur destination. On a mieux fait et à meilleur marché, malgré la substitution fréquente d'un métal plus dispendieux. Les grands moyens d'exécution ont permis d'obtenir une précision nouvelle dans les objets fabriqués.

On peut dire que l'ajustage des pièces, en ce qui concerne le planissage rigoureux et le contact parfait des surfaces, ne laisse aujourd'hui plus rien à désirer.

En même temps, le travail plan ou circulaire des surfaces qui doivent glisser ou tourner les unes contre les autres atteint aujourd'hui la rigueur géométrique indispensable pour réduire les frottements au minimum de résistance, et, pour réduire également au minimum l'intervalle inévitable entre des surfaces qui glissent l'une dans l'autre, on peut comparer cet intervalle à celui qui se trouve entre l'âme et le boulet d'une bouche à feu, pour qu'il y ait le moins possible de perte de vapeur motrice.

Tels sont les progrès considérables de cette partie des constructions navales depuis 1844.

NAVIGATION À LA VAPEUR.

Mention pour mémoire.

M. ARMAND SÉGUIER, à Paris.

M. Armand Séguier, comme membre du jury central, ne peut être admis à concourir.

Mais il nous appartient de rendre une éclatante justice à son amour infatigable des arts mécaniques, ainsi qu'à son esprit ingénieux, qui le porte sans cesse à les perfectionner.

Il a présenté une balance monétaire et des poulies métalliques d'un système particulier, propres au service de la marine; il est l'inventeur d'un bateau à vapeur avec double appareil à système oscillant, entrepris dans le désir de perfectionner ce genre de navigation. Il n'a pas craint de dépenser une somme considérable pour cette expérience. Citer de tels sacrifices consommés pour l'amour de la science et de l'art, c'est faire l'éloge le plus mérité de leur auteur, que l'Académie s'honore de compter parmi ses membres.

M. SCHNEIDER, au Creusot (Saône-et-Loire).

Nouvelle médaille d'or.

MM. Schneider et compagnie ont pris une honorable part à l'entreprise des grands navires à vapeur de la marine militaire.

Ils ont continué leurs travaux si remarquables pour la navigation du Rhône par des bateaux à vapeur, qu'ils ont portés jusqu'à la force de 300 chevaux.

On a remarqué pour leur admirable confection les grandes pièces d'un navire à vapeur de 1re classe, exposées par M. Schneider, et qui présentaient à vaincre d'extrêmes difficultés.

Afin de fabriquer les arbres moteurs, les tiges de piston et les autres pièces principales des navires à vapeur, ils ont dû créer des ateliers entièrement nouveaux. Ils les ont munis d'outils-machines dont la puissance égale la précision; ils ont construit de nouveaux marteaux-pilons dont ils ont porté le poids jusqu'à 5,000 kilogr. et dont la course est de 3 à 4 mètres. Avec de pareils marteaux, l'on bat et l'on réduit en un seul corps de métal des paquets de fer présentant à la base un mètre d'équarrissage avant la chauffe.

L'ensemble de leurs travaux est digne des plus grands éloges, et mérite à l'établissement du Creusot une nouvelle médaille d'or.

M. NILLUS, au Havre (Seine-Inférieure).

Médaille d'or.

M. Nillus construit à la fois des navires à vapeur pour la marine de l'État et la marine du commerce, ainsi que de grands mécanismes pour les sucreries coloniales. Pour ces dernières fabrications, il soutient avantageusement la lutte contre les manufactures si renommées de la Grande-Bretagne.

Dans les années antérieures à 1848, il a considérablement agrandi ses établissements; il les a munis des outils-machines perfectionnés et du marteau-pilon, nécessaire pour travailler avec puissance et précision.

Depuis la dernière exposition, M. Nillus a construit, dix navires en fer pour diverses destinations des travaux hydrauliques et de la navigation.

M. Nillus a construit, en outre, pour les colonies, des machines à vapeur et des appareils de trois, de cinq cylindres; il est inventeur de ces derniers appareils, dont la fabrication dans ses ateliers présente une valeur totale d'environ 5 millions.

Il y a deux ans, M. Nillus employait jusqu'à 340 ouvriers. Nous espérons que le retour du commerce vers sa première prospérité fera reprendre à son établissement cette grande activité qu'ont perdue depuis vingt mois tous les constructeurs du Havre, et qui commence à revivre.

C'est chez M. Nillus qu'on a, pour la première fois, construit géométriquement les modèles pour le moulage immédiat et parfait des hélices motrices.

Le jury central de 1844 avait accordé la médaille d'argent à M. Nillus; nous lui décernons aujourd'hui la médaille d'or.

BATEAU SOUS-MARIN.

Médaille d'argent.

M. le docteur PAYERNE, rue des Petites-Écuries, n° 51, à Paris.

On a pu remarquer à l'exposition un bateau sous-marin en fer, dont le poids lége est de 8,000 kilogrammes, et qui, chargé pour plonger, doit peser 37,000 kilogrammes.

C'est le bateau dont on s'est servi pour extraire un roche dure de 58 mètres cubes, en descendant jusqu'à 12 mètres cubes sous l'eau, pour déblayer le chenal du port de Brest, en avant de la cale où se trouvait en construction le vaisseau de premier rang *le Valmy*.

Pour entretenir un air constamment respirable dans le bateau sous-marin, on le fait passer de la chambre où se trouve l'équipage dans une solution alcaline, laquelle absorbe le gaz acide carbonique dégagé, soit par la respiration, soit par la transpiration des marins; en même temps, on remplace l'oxygène absorbé par la respiration.

Au moyen de pompes foulantes, on accumule en des compartiments spéciaux une masse d'air suffisante pour varier la pesanteur spécifique du navire, par un dégagement convenable de cet air comprimé.

On peut de la sorte mettre le navire en équilibre avec l'eau environnante, à tel point que ce soit où l'on veuille agir sous l'eau. Cet équilibre établi, l'on ouvre alors les parties inférieures du bateau pour travailler sur l'endroit du fond de la mer où l'on est descendu.

Le docteur Payerne conçoit une machine à vapeur enfermée dans son bateau sous-marin, et fonctionnant sous l'eau, pour parcourir de grandes distances : elle sera mue par la vapeur produite à l'aide d'un combustible pour lequel les azotates remplaceront les courants d'air.

Le jury central voulant récompenser le succès obtenu déjà par le docteur Payerne, mais considérant qu'il n'a pas atteint le but final que lui-même assigne à ses travaux, lui décerne maintenant une médaille d'argent, en formant des vœux pour que l'accomplissement de ses recherches et de ses inventions lui méritent à l'exposition prochaine une récompense plus élevée.

M. GUÉRIN (Pierre-René), au Havre (Seine-Inférieure). Médaille de bronze.

Cet exposant est inventeur d'un appareil mécanique simple, ingénieux, efficace, pour la manœuvre du gouvernail des navires; il a exposé aussi des guindeaux pour navires.

L'expérience a démontré la solidité, l'avantage de ce système.

On nous assure que l'amirauté d'Angleterre en a commandé plusieurs à M. Guérin pour les introduire dans la marine britannique.

Imaginons le gouvernail immobile et droit dans le sens de la quille; plantons deux axes verticaux métalliques à droite et à gauche de la tête de la mèche du gouvernail; sur chacun de ces deux axes s'enfile la douille d'un levier coudé horizontal. Au coude se trouve la mortaise pour tourner sur un des axes verticaux; l'extrémité des bras de leviers se termine par une autre douille, prise en écrou, qui fonctionne sur une vis en relief de la barre horizontale, à l'extrémité de laquelle est la roue du gouvernail, roue verticale et à poupées comme à l'ordinaire.

Si l'on tourne la roue dans un sens, les premiers bras de leviers qui portent les écrous se rapprochent l'un de l'autre, et poussent en sens opposé les deux autres seconds bras; ceux-ci, par l'action des douilles qui les terminent, concourent à faire tourner le gouvernail de manière qu'il se porte à bâbord; quand on veut le porter à tribord, on manœuvre la roue en sens contraire, et les deux écrous, s'éloignant au lieu de se rapprocher, produisent ce nouvel effet.

En résumé, les deux seconds bras parallèles entre eux, et qui, tantôt poussent ensemble, et tantôt tirent ensemble, agissent comme un couple de bras parallèles, pour transformer leur action rectiligne en mouvement circulaire.

Les résultats obtenus par ce mécanisme sont constatés par plusieurs certificats des capitaines qui s'en sont servis, et tous ont déclaré que la force employée pour la manœuvre du gouvernail était considérablement diminuée par l'appareil de M. Guérin, et que la solidité de son mécanisme n'avait souffert en rien pendant l'emploi qu'ils en avaient fait.

Le jury central décerne une médaille de bronze à M. Guérin.

SECTION QUATRIÈME.

INDUSTRIE DU SONDAGE.

M. Michel Chevalier, rapporteur.

Rappel de médaille d'or.

MM. MULOT père et fils, rue Rochechouart, n° 69, à Paris.

MM. Mulot maintiennent la réputation que leur a faite le sondage du puits de Grenelle, qui a couronné pour eux une longue suite de beaux et ingénieux travaux Ils déploient toujours dans leurs entreprises cet esprit de sagacité, de persévérance intelligente auquel ils sont redevables de leurs succès.

Ils exposent un certain nombre d'outils neufs parmi lesquels on remarque un mécanisme qui donne la *chute libre* de la sonde, à partir de telle profondeur qu'on veut. Ce mécanisme permet aussi d'imprimer à la sonde un mouvement de rotation dont l'utilité est aisée à apprécier; il permet pareillement de roder en relevant la sonde. MM. Mulot s'en sont servi avec avantage dans des sondages qu'ils ont faits récemment dans le Pas-de-Calais, auprès de Calais même et à Oignies, pour la recherche de la houille. On l'a fait fonctionner à la profondeur de 250 mètres; la portion de la sonde qu'on dégageait ainsi avait 30 mètres.

MM. Mulot exposent des tiges creuses imperméables dont l'emploi par les sondeurs aurait une incontestable utilité. Ils en ont de 15 centimètres de diamètre et de 6 mètres de longueur. Chaque tige ne pèse que 100 kilogrammes; l'eau déplacée en pèse 60. Le poids à manœuvrer est donc réduit à 40. Pour 600 mètres, ce serait 4,000 kilogrammes. A 550 mètres environ, la sonde du puits de Grenelle pesait 14,000 kilogrammes, soit 10,000 kilogrammes de plus.

MM. Mulot exposent quelques pièces gigantesques qu'ils avaient forgées d'avance pour un sondage par eux projeté au Jardin des Plantes, qui aurait eu 900 mètres de profondeur. Dans leur opinion, on aurait trouvé, à ce niveau, une nappe jaillissante dont la température eût été de 38 à 40 degrés, et qui se fût prêtée à des usages d'une utilité peu commune, non-seulement pour le Jardin des Plantes, mais pour le quartier où est situé cet établissement. Ce projet, auquel l'autorité était disposée à souscrire avant les événements de 1848, est ajourné en ce moment.

Les sondes que vendent MM. Mulot à l'usage de l'agriculture sont à bas prix. Pour aller à 3^m,50, elles coûtent 65 francs; pour 8 mètres, 130 francs; pour 10 mètres, 200 francs, avec l'ensemble des outils nécessaires.

Le jury constate avec beaucoup de satisfaction que MM. Mulot se montrent toujours dignes, au plus haut degré, de la faveur publique. Il se plaît à rappeler la médaille d'or qui leur fut décernée en 1844.

MM. DEGOUSÉE et LAURENT, rue de Chabrol, n° 35, à Paris. Médaille d'or.

MM. Degousée et Laurent exposent quelques-uns de leurs nombreux outils, ceux qui ont quelque nouveauté, avec l'appareil qui a servi à conduire et à faire battre la sonde à Donchery (Ardennes). Ce dernier sondage a traversé un terrain très-dur, et il a été poussé à 380 mètres; on a dû s'arrêter là, parce que, à cette profondeur, on était entré dans un terrain de transition parfaitement caractérisé, qu'on savait ne pas recéler de combustible. Or, c'est pour rechercher le terrain houiller qu'on faisait le sondage. Dans cette entreprise, M. Degousée a fait usage régulièrement de la vapeur. La machine à vapeur qu'il a employée, avec toutes les communications de mouvement, figure à l'exposition.

Les innovations que présentent MM. Degousée et Laurent consistent principalement à avoir détaché des outils la partie active, de sorte que, lorsque cette partie est dégradée par l'usage, il n'y a qu'à enlever quelques boulons pour la retirer : on est dispensé ainsi

d'avoir sans cesse à porter à l'atelier des pièces massives et pesantes, et c'est un avantage précieux, en ce qu'il simplifie et accélère les opérations.

Ils exposent un ingénieux appareil pour river les boulons dans l'intérieur des tuyaux, une fois posés dans le trou de sonde, et une lime pour les scier à telle profondeur qu'on voudra.

La machine à vapeur qui a servi à Donchery est très-portative. On est libre, en multipliant ou en diminuant le nombre des galets placés tout autour d'un petit volant, de faire varier la hauteur de chute de la sonde. Ce système a eu un succès complet.

M. Degousée, par le progrès même de l'art, est parvenu à diminuer, dans une forte proportion, les prix qu'il demandait auparavant. En ce moment, il fait des trous de sonde de plus de 60 mètres pour moins de 3,000 francs. A Laon, il a soumissionné un forage de 300 mètres pour 15,000 francs. L'importance de cet abaissement de prix est facile à apprécier. Le sondage est mis ainsi à la portée de tout le monde.

M. Degousée est un des plus anciens et des plus renommés praticiens de l'art du sondeur que compte l'Europe. Il a conduit de grandes et laborieuses entreprises. Le nombre des améliorations qui lui sont dues est très-considérable.

M. Degousée ne se borne pas à travailler en France; il a fait, par ses agents, des sondages au loin. C'est lui qui a procuré, il y a quelques années déjà, de l'eau potable en abondance à la ville de Venise. Récemment il est allé jusques aux confins les plus reculés de l'Égypte, du côté de la Nubie, pour y rechercher de la houille pour le vice-roi d'Égypte Méhémet-Ali. D'après les dernières nouvelles qu'il a reçues, on aurait trouvé plusieurs couches de ce précieux combustible.

MM. Degousée et Laurent fabriquent et vendent, en quantité toujours croissante, de petites sondes pour l'agriculture.

M. Degousée a contribué, sous une autre forme, à l'avancement de l'art du sondeur : il a publié un *Manuel du sondeur* où il a dévoilé tout ce que l'expérience lui avait enseigné. A lui seul, cet ouvrage, accompagné de planches nombreuses et d'une bonne exécution, constituerait, pour M. Degousée, un très-beau titre à l'estime de ses concitoyens et aux distinctions dont le jury dispose.

En 1844, M. Degousée avait obtenu la médaille d'argent; cette fois le jury lui décerne la médaille d'or.

MACHINES SERVANT A L'EXPLOITATION DES MINES.

M. Combes, rapporteur.

M. MÉHU, ingénieur des travaux du jour de la compagnie de mines d'Anzin, à Anzin (Nord). Médaille d'argent.

On a établi, depuis quelques années, en Allemagne, en Angleterre et en Belgique, des appareils destinés à éviter aux ouvriers mineurs la fatigue excessive qui résulte, pour eux, de la circulation par le moyen d'échelles presque verticales placées dans les puits d'une grande profondeur, ou les dangers de la descente et de l'ascension par les tonnes et câbles d'extraction des minerais. Ces appareils consistent en un système de deux tirants en bois, placés dans le même puits en regard l'un de l'autre, s'équilibrant mutuellement, et auxquels une machine imprime un mouvement rectiligne alternatif. A chacun d'eux sont fixés de petits planchers horizontaux, distants entre eux d'une longueur égale à deux fois l'amplitude d'une excursion; lorsque les tirants arrivent, l'un à la limite supérieure, l'autre à la limite inférieure de son excursion, les planchers fixés à l'un et à l'autre se trouvent en regard, l'ouvrier, qui s'est placé sur le plancher ascendant pour arriver au jour, passe, pendant la durée très-courte de l'arrêt qui a lieu *au point mort*, sur le plancher opposé, qui se trouve alors à son niveau, et sur lequel il est élevé à une hauteur égale à l'amplitude de l'excursion des tirants; là, il repasse sur le plancher fixé au premier tirant, pour être élevé encore d'un étage et ainsi de suite. Une des plus belles machines de ce genre est celle que M. Abel Waroqué a établie sur un puits des mines de houille de Marimont, situées entre Mons et Charleroy.

Chacun comprend les avantages que procurent, dans l'exploitation des mines d'une grande profondeur, les appareils dont nous venons d'indiquer le but et le mode de construction. Mais on est en même temps frappé d'un inconvénient grave qui consiste dans l'impossibilité d'opérer l'extraction des minerais par le puits où est établi un appareil de ce genre, qui en occupe la section presque entière, de sorte que c'est à peine si l'on peut encore y placer le tuyau élévatoire d'une pompe d'épuisement.

M. Méhu s'est proposé de construire une machine analogue, qui servît à la fois à l'extraction des minerais, et à la circulation des ouvriers. A cet effet, il a remplacé chacun des deux tirants en bois par un couple de tirants jumeaux pourvus de taquets à loqueteaux, sur lesquels reposent les vases d'extraction montants ou descendants. Un de ces couples de tirants sert à élever les vases pleins, tandis que l'autre couple sert à descendre les vases vides. Sur l'une et l'autre lignes, les vases sont élevés ou descendus par relais successifs, séparés par des intervalles de repos, pendant lesquels ils restent déposés sur des taquets ou loqueteaux, fixés aux parois du puits et disposés par étages, à des intervalles un peu moindres que l'amplitude d'une excursion des tirants. Une machine semblable a été établie, par M. Méhu, dans la fosse Davy des mines d'Anzin, profonde de 200 mètres, où elle fonctionne avec succès, depuis plusieurs mois, pour extraire la houille de deux niveaux différents, situés, l'un à 135 et l'autre à 166 mètres au-dessous de l'orifice du puits. Les tirants mettent aussi en mouvement un jeu de pompes, qui épuisent l'eau du fonds, pendant que la houille est élevée au jour.

Les tirants parcourent, à chaque excursion, 15^{m},408. Les étages de taquets fixes sont séparés par des intervalles de 14^{m}, 124. Les tirants opposés, montant et descendant, sont réunis l'un à l'autre par une chaîne articulée, qui se plie sur un disque, dont le contour est un décagone régulier de 0^{m},428 de côté. Ce disque doit faire 3 tours 6/10es à chaque excursion; puis le sens de la rotation change, pour produire l'excursion en sens inverse. Ce mouvement circulaire alternatif est imprimé par un appareil à vapeur composé de deux machines agissant par des manivelles placées à angle droit sur un même arbre, dont le mouvement est transmis à l'arbre de la poulie par une chaîne sans fin articulée. Des tasseaux, placés sur cette chaîne, renversent, au moment convenable, le sens de la rotation imprimée par les machines. Un mécanisme ingénieux, et qui ne peut être décrit ici, fait varier la course des tiroirs de distribution, de manière à obtenir une vitesse décroissante par degrés, lorsque les tirants approchent des limites de leur course.

La machine de M. Méhu nous paraît devoir être d'une grande utilité dans l'exploitation des mines profondes, c'est une machine d'extraction économique et sûre; quelques-unes des dispositions du mécanisme moteur, le mode de liaison des tirants opposés, qui doivent s'équilibrer mutuellement, sont susceptibles de perfectionnements que l'inventeur ne manquera pas d'y apporter. Telle qu'elle est aujourd'hui, la machine est d'un bon usage; cela est démontré par l'expérience qui en a été faite au puits Davy, et qui se continue depuis plusieurs mois.

Le jury, rendant justice au talent distingué de M. Mehu et aux services qu'il a rendus à l'exploitation des mines, lui décerne la médaille d'argent.

M. CLÉMENT, rue du Faubourg-Saint-Martin, n° 255, à Paris.

A exposé une machine à percer les trous de mines, dans les roches dures que l'on veut faire sauter à la poudre.

La barre, armée de l'outil qui attaque la roche par percussion, doit, à chaque coup, tourner d'une petite quantité sur son axe; elle doit couler, à mesure que le trou s'approfondit, dans l'appareil qui la saisit et qui remplace la main de l'ouvrier. Cet appareil est composé d'un collier de $0^{m},20$ environ de longueur, formé de 4 lames faisant ressort, soudées, par leurs extrémités inférieures, à un anneau ou douille dans laquelle la tige peut glisser longitudinalement.

Sur le collier est enfilé un manchon légèrement conique à l'intérieur, de manière à procurer, en s'enfonçant, le serrage du collier refendu, et empêcher ainsi le glissement longitudinal de la barre; le manchon porte extérieurement un pignon engrenant avec un long cylindre cannelé, qui transmet à l'ensemble un mouvement de rotation; un fort ressort en spirale appuie sur le manchon. Tout cet appareil est monté dans un châssis rectangulaire en fer porté sur 2 pieds, qui peuvent être allongés à volonté, et arc-boutés par un troisième pied tournant autour d'un boulon, de manière que l'on peut placer le châssis dans un plan incliné comme on veut.

L'ouvrier tourne une manivelle dont l'arbre porte une vis sans fin, pour imprimer au cylindre cannelé le mouvement de rotation qui doit faire tourner l'outil, et les cames qui soulèvent l'outil, en agissant sur l'embase saillante du collier refendu. Le ressort en spirale, bandé, pendant que l'outil est soulevé, lance celui-ci contre la roche, au moment où la came le laisse échapper.

Si l'on a bien saisi la disposition du collier refendu et du manchon qui l'enveloppe, on verra que l'action de la came et du ressort, dans l'opération du battage, tend à augmenter le serrage du collier. Mais, à mesure que le trou s'approfondit, l'outil descend et il est nécessaire de le faire couler dans la douille du collier, qui doit rester sensiblement à la même hauteur, pour être saisi par les cames. M. Clément a pourvu à cela, par une disposition fort ingénieuse, qui est le principal mérite de sa machine. Deux cames, placées sur l'arbre de la manivelle, dans un autre plan que celles qui agissent sur l'embase du collier fendu, soulèvent alternativement un tasseau en bois qui, lorsque le trou est suffisamment approfondi, vient appuyer sur la face inférieure du pignon extérieur solidaire avec le manchon qui produit le serrage; l'action de ce tasseau tend à faire couler le manchon et à desserrer le collier. Si, néanmoins, l'action prépondérante du frottement a fait suivre l'outil, il arrivera un moment où le pignon viendra, quand l'outil sera lancé par la force du ressort, retomber sur le tasseau en bois soulevé par la came, et ce choc fera nécessairement couler le manchon et produira le desserrage; la came de soulèvement fera alors glisser le collier refendu, qui viendra de nouveau s'engager dans le manchon. C'est ainsi que M. Clément obtient le relevage de la main mécanique, qui saisit son outil.

M. Clément perce très-rapidement des trous dans les roches les plus dures. Sa machine est fort ingénieuse; elle sera très-utile dans l'exploitation des carrières, l'exécution de tranchées ou de souterrains à grande section dans des roches dures, l'exploration du sol à de petites profondeur. Le jury récompense M. Clément par une médaille d'argent.

SECTION CINQUIÈME.

CONSTRUCTIONS CIVILES ET APPAREILS POUR TRAVAUX PUBLICS.

M. Mary, rapporteur.

Médaille d'or. **M. Louis TRAVERS fils, rue du Faubourg-Poissonnière, n° 146, à Paris.**

Il a présenté à l'exposition : 1° le comble en fer de la halle de la Douane à Paris, rue Samson; 2° la coupole mobile de l'Observatoire de Paris; 3° différentes serres.

Le comble de la Douane a été exécuté à une époque où les établissements métallurgiques n'exécutaient pas encore les fers laminés à double T pour les constructions civiles: M. Travers a dû employer des artifices d'assemblage pour empêcher la flexion transversale des fermes, et a réussi à donner une parfaite solidité à un comble de 36 mètres de portée.

La coupole de l'Observatoire, moins remarquable sous le rapport de l'étendue, l'est davantage par les nombreuses difficultés que le constructeur avait à vaincre pour résoudre ce problème, d'établir, au-dessus d'une voûte trop faible pour servir de point d'appui, un plancher parfaitement stable, autour duquel doit se mouvoir un plancher tournant et une coupole disposée de manière que l'on puisse découvrir à volonté un point quelconque du ciel. La disposition des deux armatures en fer et fonte qui portent les planchers fixes et mobiles; le mécanisme au moyen duquel on met la coupole en mouvement pour suivre un astre dans sa marche; celui, non moins important, qui permet d'ouvrir, au point voulu pour une observation, la fermeture mobile de la fenêtre méridienne de la coupole, ont exigé à la fois, de la part de M. Travers, une très-grande intelligence, beaucoup de ressource dans l'esprit et une exécution très-soignée. Le jury a jugé que M. Travers avait complétement satisfait à toutes ces conditions, et lui accorde une médaille d'or.

COMPAGNIE DE LA FONDERIE DE NIORT (à Niort).

Rappel de Médaille d'argent.

La grue exposée par la compagnie de la fonderie de Niort est placée sur un plateau porté par des roues au moyen desquelles on peut la déplacer à volonté. La particularité qui la distingue consiste en ce que le poids soulevé par la machine, en agissant sur un système de leviers convenablement disposés, écarte ou rapproche de l'axe de la machine un contre-poids cylindrique reposant sur une portion de cylindre d'un rayon beaucoup plus grand.

Cette disposition est ingénieuse; mais, si l'on se reporte à la description insérée dans le rapport du jury central sur l'exposition de 1844, au sujet d'une grue exposée par la même maison, on voit que la machine de 1849 est une nouvelle application du principe sur lequel était construite celle qui a obtenu la médaille d'argent.

Le même établissement fait valoir divers travaux de fonderie qu'il a exécutés pour le chemin de fer de Bordeaux, sur les dessins des ingénieurs. Ces fournitures, quoique assez importantes, n'offrent rien qui sorte des travaux ordinaires: le jury se borne à proposer le rappel de la médaille d'argent.

BÉLIER D'ÉPUISEMENT.

Médailles d'argent.

M. Charles LE BLANC, à la Flèche (Sarthe).

Le bélier d'épuisement présenté par M. Le Blanc est fondé sur le même principe que le bélier hydraulique de Montgolfier. Dans l'un et dans l'autre on utilise la force vive d'une masse d'eau en mouvement dans un tuyau; mais, comme le bélier d'épuisement n'élève l'eau qu'à de faibles hauteurs, il n'est pas exposé à se déranger par l'effet du choc des soupapes, et celui qui a été employé aux travaux de la navigation de la Mayenne a parfaitement fonctionné. Comme ce mode d'épuisement, ingénieux et économique, peut recevoir de nombreuses applications, le jury décerne à M. Le Blanc une médaille d'argent.

COMBLE EN FER, PONT EN FONTE.

M. JOLY, à Argenteuil (Seine-et-Oise).

Parmi les travaux de serrurerie exécutés depuis quelques années à Paris et aux environs, les plus importants sont les combles des gares de Strasbourg, Saint-Germain, Amiens, le pont de Besons, le barrage d'Andresis, etc. Ces ouvrages ont tous été exécutés par M. Joly, d'Argenteuil, qui, par son intelligence et son activité, a transformé sa forge en un atelier de serrurerie occupant 300 ouvriers.

Le plus remarquable de ces ouvrages est sans contredit le comble de la gare de Strasbourg, de 29^m,30 de portée, surmonté d'une lanterne à jour. Cette charpente en fer, à la fois élégante et solide, fait le plus grand honneur au serrurier habile qui en a combiné les différentes parties de manière à proportionner la force du fer aux efforts qu'elles ont à supporter.

M. Joly a également exposé le modèle d'un pont en fonte dont l'idée est due à M. le docteur Guyot. Les arcs sont formés de dés creux en fonte, dont on n'a conservé que les arêtes; plusieurs de ces dés sont fondus ensemble pour diminuer le nombre des joints; ils sont réunis entre eux par des boulons au moyen de brides intérieures. L'expérience seule pourra prononcer sur la résistance des arêtes horizontales et verticales, sous l'influence des vibrations.

Le jury croit devoir proposer en faveur de M. Joly une médaille d'argent.

M. CHAMPION aîné, à Jouars-Pontchartrain (Seine-et-Oise). Médailles de bronze.

Il expose :

1° Une machine à épurer la terre argileuse des corps durs en la pétrissant ;

2° Une machine à rebattre les tuiles, briques et carreaux ;

3° Une machine à mouler les briques ;

4° Un modèle de four économique à cuire les briques, carreaux, etc.

Les trois premiers objets exposés sont des machines simples, solides, d'une manœuvre très-facile, et par conséquent d'un emploi économique.

Le four est également disposé d'une manière très-convenable pour la cuisson des briques, etc.

Le jury accorde à M. Champion une médaille de bronze.

M. GANNERON, rue Papillon, n° 8, à Paris.

La scie à receper, présentée à l'exposition par M. Ganneron, a servi à l'exécution des fondations du pont du chemin de fer de Boulogne sur la Canche. Elle se compose d'un fort châssis reposant sur une enceinte de pièces horizontales et portant deux chariots superposés. L'un, celui inférieur, est mobile au moyen d'un chemin de fer sur le châssis, mais ne se déplace que pour porter la scie d'un pieu à l'autre ; le second, auquel la scie est suspendue par deux fortes tiges, se meut sur un chemin de fer légèrement courbe établi sur le chariot inférieur ; deux leviers servent à faire mouvoir le chariot supérieur, de maniere à imprimer à la scie le mouvement de va-et-vient, en même temps que la courbure du chemin décrit, par suite de la forme courbe des rails, facilite le dégagement de la sciure. Un ouvrier fait avancer la scie sur le pieu au moyen d'une vis agissant sur le chariot inférieur dans le sens du châssis inférieur qui sert de point d'attache à la vis.

Cette disposition est simple, la construction solide, la manœuvre facile. Le jury accorde à M. Ganneron une médaille de bronze.

M. KAULEK, rue de Thorigny, n° 10, à Paris.

La substitution du fer au bois, dans la construction des édifices, mérite d'être encouragée par des récompenses accordées non-seulement aux maîtres de forges qui fabriquent des fers appropriés à cette destination, mais aussi aux serruriers qui font de ces pièces l'emploi le plus judicieux. Sous ce dernier rapport, M. Kaulek mérite d'être distingué. Les armatures au moyen desquelles il relie les poutrelles sont d'une exécution et d'une pose facile, et permettent d'établir un lattis en fer solide, sans l'emploi d'aucune pièce de bois.

Le jury accorde à M. Kaulek une médaille de bronze.

Mme veuve CONTENOT, rue de la Pépinière, n° 10, à Paris.

Depuis que le bassin de Paris a été mis en communication facile avec toutes les contrées environnantes, soit par les rivières améliorées et par les canaux, soit par des chemins de fer, l'exploitation du plâtre a pris un grand développement à Paris et dans son voisinage, parce que son usage est devenu général non-seulement dans les constructions, mais surtout en agriculture. Dans ces nouvelles conditions l'écrasement avec des battes n'était plus possible, et on a imaginé d'y employer le moulin à noix exécuté sur de grandes dimensions. L'exposition de 1849 en présente plusieurs.

Le moulin de Mme veuve Contenot est disposé avec simple ou double noix, et peut ainsi être mis en mouvement par un ou deux chevaux, cette dernière disposition paraît très-appréciée par les plâtriers parce qu'elle permet d'économiser l'espace et la surveillance.

Le jury décerne à Mme veuve Contenot une médaille de bronze.

M. BÉCHU, rue Saint-Antoine-Popincourt, n° 10, à Paris.

Il a exposé plusieurs moulins combinés de manière à obtenir du plâtre très-fin. Ses appareils sont bien exécutés et ingénieusement disposés.

Le jury lui accorde une médaille de bronze.

Mentions honorables.

M. JOMEAU, rue Cloche-Perche, n° 12, à Paris.

Les ustensiles en fer et en fonte, les bouches de four et les monte-sacs de M. Jomeau sont très-bien exécutés.

Le jury lui accorde une mention honorable.

M. JEANNETTE, rue de Boulogne, n° 12, à Paris.

Il a exposé, 1° des lucarnes en fonte, 2° des planchers et des combles en fer.

Les lucarnes sont formées d'une seule pièce de fonte, disposée de manière à se placer facilement sur une traverse horizontale reliant deux formes du comble, auquel elles sont rattachées par des crochets en fer, destinés eux-mêmes à servir d'appui aux fils de fer auxquels se fixe le plâtre des joues et du plafond de sa traverse.

Les planchers sont soutenus, par des fermes en fer forgé, composées d'un tirant inférieur et de deux arbalétriers reliés par des étriers à une pièce supérieure, qui est plate et sur laquelle sont fixées les étriers. Du fer feuillard, tourné sur les tirants soutient le plafond, tandis que du fer carillon fixé sur les fermes, reçoit l'aire du plancher supérieur. Il n'entre dans cette construction que du fer et du plâtre, ce qui la rend tout à fait incombustible.

Le jury accorde à M. Jeannette une mention honorable.

M. HENNEQUIN, rue Neuve-Chabrol, n° 9, à Paris.

Il a présenté à l'exposition une machine avec laquelle il prépare les feuilles de zinc, de manière qu'elles s'assemblent à joints recouverts latéralement et à agrafes verticalement. Ce travail se fait à froid et donne des feuilles parfaitement régulières.

Le jury accorde à M. Hennequin un mention honorable.

M. Henry POULAIN, place Lafayette, n° 3, à Paris.

Il a exposé une couverture dans laquelle les ardoises sont fixées au moyen de pattes en zinc, disposées comme celles dont on fait usage dans les couvertures métalliques. Les ardoises, ainsi séparées, doivent rester plus sèches; leur remplacement est très-facile; mais l'expérience seule pourra éclairer sur les avantages de ce changement, qui coûte 80 centimes de plus que le mode de couverture actuel.

Le jury accorde à M. Poulain une mention honorable.

M. GASCOIN, rue Neuve-Chabrol, n° 5, à Paris.

Il a présenté à l'exposition un châssis de croisée gothique dont les panneaux sont formés par des fers étirés auxquels il a pu donner ainsi, à peu de frais, les profils qui lui ont paru les plus élégants.

Le jury accorde à M. Gascoin une mention honorable.

M. DAMOUR, place Dauphine, n° 22, à Paris.

La cuvette hydraulique exposée par M. Damour a donné le moyen aux habitans de Paris de jeter leurs eaux ménagères directement dans les égouts de la ville, sans être incommodés ni par les exhalaisons insalubres ni par les rats. Cet appareil est peu dispendieux, d'une pose facile, et son auteur mérite une mention honorable.

M. GALLOIS-FOUCAULT, à Saint-Martin (île de Ré).

Les phares et d'autres ouvrages de maçonnerie doivent souvent, pour remplir leur destination, être exécutés à la mer sur des rochers qui ne sont jamais découverts. Les fondations à faire dans de telles conditions sont souvent impossibles, et on doit accueillir avec empressement les idées qui peuvent conduire à en diminuer les difficultés. M. Gallois-Foucault a présenté à l'exposition le modèle d'un appareil en fer forgé, au moyen duquel il pense que l'on pourrait établir avec solidité une fondation en maçonnerie sur un rocher recouvert de 1m,5 à 3 mètres d'eau de basse mer.

Cet appareil consiste en une carcasse en fer forgé de forme cylindrique ou polygonale, embrassant toute la fondation, et divisé en compartiments par des armatures qui servent en même temps à en consolider toutes les parties. Aux angles sont placés des barres à mine qui permettent de sceller l'appareil au rocher, et la ceinture, comme les divisions intérieures, sont disposées pour recevoir des palplanches, soit en fer, soit en bois, les premières pour briser la lame, les autres pour donner la facilité d'établir par case la maçonnerie en béton de la fondation.

Jusqu'à ce que l'expérience ait prononcé sur les bons effets de ce mode de fondation, le jury ne croit devoir accorder à M. Gallois-Foucault qu'une mention honorable.

M. DAVENNE, impasse Saint-Sébastien, nos 8 et 10, à Paris.

Les moulins à plâtre de M. Davenne ne présentent pas de dispositions particulières, mais les bagues sont fondues en coquille et combinées de manière à être facilement remplacées lorsqu'elles sont usées.

Le jury accorde à M. Davenne une mention honorable.

MM. GILLET et DUSAIGNE, à Saintes (Charente-Inférieure). Citation favorable.

La sonnette à déclic de MM. Gillet et Dusaigne donne lieu à un frottement qui n'existe pas dans les sonnettes ordinaires, et elle ne permet pas de faire varier, comme dans celles-ci, la hauteur de de chute du mouton; mais, d'un autre côté, elle n'oblige pas à élever un poids inutile, elle peut marcher d'une manière continue, l'accrochage se fait seul, et elle ne donne lieu à aucune usure de câble. Cependant, comme l'expérience peut seule éclairer sur l'emploi de cette nouvelle machine, le jury ne propose en faveur de MM. Gillet et Dusaigne qu'une citation favorable.

SECTION SIXIÈME.

§ 1er. MACHINES, OUTILS ET GRANDE CHAUDRONNERIE.

M. Louis LEMAITRE, à la Chapelle-Saint-Denis (Seine). Nouvelle médaille d'or.

A exposé :

Un sifflet d'alarme pour les locomotives, destiné à donner des sons variés; un carillon d'alarme pour l'alimentation des chaudières de machines fixes;

Une grue en tôle, construite pour soulever 22,000 kilogrammes, avec une portée de 5 mètres;

Un pont en tôle;

Des viroles pour fixer les tubes des chaudières tubulaires.

M. Lemaître s'était déjà fait remarquer, à l'exposition de 1844, par d'heureuses conceptions; son esprit inventif n'est pas resté inactif depuis cette époque, ainsi que le démontre l'ensemble des travaux qu'il soumet cette année au jury. M. Lemaître s'est appliqué à multiplier les applications de la tôle de fer; il a construit en tôle des plaques tournantes pour locomotives et tenders, des grues d'une grande puissance, et il propose aux ingénieurs qui dirigent les grands travaux de chemins de fer des ponts en tôle, dont il a fait ressortir tous les avantages par la construction d'un spécimen d'une bonne disposition.

L'attention doit s'arrêter surtout sur les viroles ou bagues en fer ou en acier, sans soudure, qu'il fabrique par des procédés mécaniques très-simples, et qui ont été accueillies immédiatement avec faveur dans les ateliers de réparation et de construction de chemins de fer, en France et en Angleterre. Ces bagues présentent une réduction de prix très-importante sur celles qu'on a employées jusqu'ici, et sont d'un meilleur usage.

Le jury, prenant en considération les travaux variés et utiles de M. Lemaître, lui décerne une nouvelle médaille d'or.

Rappels de médailles d'or.

M. CALLA, rue du Faubourg-Poissonnière, n° 100, à Paris.

Il a exposé plusieurs machines-outils, une grande plaque tournante pour chemin de fer, plusieurs pièces d'ornement moulées en fonte.

Depuis la dernière exposition, M. Calla a continué à se livrer à la construction des machines-outils sur une grande échelle, et n'a pas cessé de tendre vers la perfection dans l'agencement des pièces, des outils, et dans l'exécution de toutes les parties. Les machines, sous des formes multipliées, composent l'outillage de plusieurs de nos grandes lignes de chemins de fer. Tout en imitant les meilleurs modèles anglais, il n'a pas cessé d'y introduire toutes les améliorations nécessaires pour les approprier à leur destination. C'est ainsi qu'il a modifié la machine radiale, employée d'une manière générale pour percer les foyers de locomotives, et qu'il a combiné une machine à planer latérale, à côté de laquelle on peut disposer des pièces de toute dimension, qui ne pourraient pas trouver place sur le bât ou sur le chariot des plus grandes machines à planer.

Depuis la dernière exposition, M. Calla a transporté sa fonderie à La Chapelle, pour consacrer son établissement de Paris tout entier à la construction des machines-outils. Il a organisé, sur une grande échelle, la fabrication des plaques tournantes de toutes dimensions. Celle qu'il expose, et qui est formée de deux parties juxta-posées avec la plus grande précision, est d'une exécution remarquable.

M. Calla n'a pas cessé, pour entreprendre ces nouveaux travaux, de fondre les objets d'art et d'ornement que l'on était habitué à voir sortir de son établissement. Les pièces qu'il expose montrent que cette partie importante de sa fabrication a été, de sa part, l'objet des mêmes soins que par le passé.

M. Calla se montre toujours très-digne de la médaille d'or qu'il obtenue en 1844, et que le jury lui rappelle.

M. Pierre-André DECOSTER, rue Stanislas, n° 9 *bis*, à Paris.

Le bel et important établissement de M. Decoster se trouve dignement représenté à l'exposition, autant par le nombre que par la parfaite exécution des machines exposées. Celles ayant rapport à l'industrie de la filature, dont nous avons plus particulièrement à nous occuper ici, se composent d'un métier à filer le lin à sec, d'après le système ordinaire; d'un second métier à filer, système breveté à M. Decoster; d'un banc à broches à régulateur pour étoupes; enfin, d'une machine à préparer le fil de caret pour cordages.

Le rapport du jury de 1844, en signalant tout ce qu'il y a de génie inventif chez M. Decoster, et en mettant en lumière les persévérants efforts de ce constructeur, pour doter nos industries de conquêtes nouvelles, a singulièrement facilité la tâche du jury de 1849, en ce sens que celui-ci, après avoir examiné les machines mises sous ses yeux, ne trouvant qu'à confirmer le jugement rendu par ses prédécesseurs, aura peu de chose à y ajouter pour faire connaître son opinion.

Toutes les machines exposées par M. Decoster présentent des perfectionnements. Le métier à filer, établi dans le système ordinaire, réunit les dispositions les plus récemment introduites et reconnues les meilleures par la pratique; le métier à système nouveau, breveté à M. Decoster, destiné surtout à la filature des fils forts à l'usage des selliers, bourreliers, toiles à voiles, etc., est parfaitement raisonné. Le travail s'y fait à sec et permet d'employer les chanvres et les lins les plus longs. A cet effet, le métier est garni de peignes mobiles, dits *serw-gills*, qui, en opérant graduellement l'étirage des filaments, et imitant, en quelque sorte, l'action des doigts de l'ouvrière dans le filage à la main, conservent aux filaments toute leur longueur et leur nerf. Le jury a vu des produits remarquables obtenus par ce procédé. Lorsque ce nouveau métier sera mieux connu, son emploi ne tardera pas sans doute à se répandre, car il paraît incontestable que, pour les fils de l'espèce citée, il permet d'arriver à des résultats auxquels les métiers ordinaires ne sauraient atteindre.

Le banc à broches à régulateur pour ét upes est une excellente machine, digne en tout point de la réputation des ateliers d'où elle sort.

Le métier à préparer le fil de caret est dû à l'invention de M. Decoster. Cette machine, parfaitement exécutée, et qui paraît fort bien combinée, pourrait être appelée étaleur ou étireur banc à broches. Après avoir subi un étirage au passage des peignes de cet appareil, la tresse de chanvre, formée en fil, reçoit sa torsion par le moyen d'ailettes de grandes dimensions, placées horizontalement et passe sur des bobines proportionnées en longueur et en diamètre, disposées de manière à ce que le fil puisse en être retiré et dévidé sans peine, pour être livré ensuite à l'opération du goudronnage, qui se trouve ainsi singulièrement abrégée et facilitée.

L'on reconnaît, à la manière dont tous les mouvements et toutes les pièces sont combinées dans ces diverses machines, comme, en général, à tout ce qui sort des ateliers de M. Decoster, la main habile dirigée par cet esprit intelligent, pénétré de toutes les conditions à remplir pour arriver à un bon résultat, et qui sait vaincre toutes les difficultés pour atteindre le but.

Le jury, jugeant M. Decoster toujours digne de la récompense obtenue par lui en 1844, lui vote le rappel de la médaille d'or qui lui fut décernée alors.

MM DURENNE père et fils, rue des Amandiers-Popincourt, à Paris.

Ils exposent une chaudière de forme tubulaire, qu'ils ont construite pour un fabricant de chaudronnerie, exposant lui-même, et des tubes de locomotive. Ces objets ne sont qu'un spécimen des importants travaux exécutés par ces constructeurs, et qui forment, depuis la dernière exposition, un total d'environ 3 millions de kilogrammes.

M. Durenne s'est associé son fils, qui continue à mettre en pratique les principes de simplicité dans le travail, de soins minutieux dans le choix des matières et dans l'exécution qui ont toujours caractérisé ce grand établissement, et qui lui ont valu la réputation incontestée dont il jouit à si juste titre. L'atelier de M. Durenne n'a pas cessé d'être une pépinière d'excellents contre-maîtres et ouvriers chaudronniers; et, après avoir contribué, pour une large part, au progrès de la grande chaudronnerie en France, il reste toujours en première ligne pour la perfection du travail.

MM. Durenne ont combiné, depuis quelque temps, une machine d'une disposition très-simple pour la fabrication des tubes en laiton pour locomotives; elle diffère essentiellement des machines imaginées jusqu'ici, et qui constituent un système d'étirage au banc. Elle a pour objet de replier mécaniquement les feuilles de laiton, et d'en rapprocher les bords avec assez de précision pour que la soudure puisse être faite sans autre préparatif. Le tube, soumis à la pression de 50 atmosphères, sous l'action de la presse hydraulique, commence à prendre sa forme cylindrique, qu'il reçoit définitivement en passant sur le banc à tirer, où il est en même temps recroui. MM. Durenne ont remarqué que les défauts qui se manifestent dans l'épreuve ne sont pas dans la soudure, qui résiste mieux que le corps de la feuille enroulée, et, par ce motif, ils préfèrent cette méthode à celle du tirage au banc, qui doit altérer la solidité d'un métal médiocrement ductible comme le laiton. L'application de ce procédé, qui date de quelques mois, a permis à ces habiles fabricants de réduire, d'une manière très-notable, le prix des tubes qui entrent, pour une part importante, dans les frais de construction et d'entretien des machines locomotives.

Le jury décerne à MM. Durenne père et fils une des plus hautes distinctions dont il puisse disposer, en rappelant la médaille d'or qu'ils ont obtenue en 1844.

MM. STEHELIN frères, à Bitschwiller (Haut-Rhin).

Ils ont continué, depuis la dernière exposition, à se livrer sur une très-grande échelle à la fabrication du matériel des chemins de fer, et spécialement des roues de waggons et de machines; ils ont également fabriqué des machines diverses.

Ils exposent cette année: 1° deux paires de roues de waggons dont les bandages, calés sur les faux cercles au moyen de cales en bois et en fer, peuvent être fabriqués en fer trempé ou acéré, cette disposition permettant d'achever complétement le bandage avant de le mettre en place;

2° Un grand tour pour roues de locomotives qui se distingue par plusieurs innovations, et spécialement pour l'assiette donnée aux porte-outils;

3° Une presse à caler et à décaler les roues de locomotives et de waggons, portée sur un fort bâti en fonte qui relie la presse hydraulique à la butée de l'essieu.

Cette dernière machine est destinée à rendre d'utiles services dans un atelier où le travail des roues est organisé d'une manière régulière et sur une grande échelle.

L'établissement de MM. Stehelin frères, qui a conservé la même raison sociale depuis la mort de M. Charles Stehelin, l'un des associés, a suivi le progrès général que l'exposition de 1849 permet de constater dans toutes les parties de l'art des constructions mécaniques; le jury rappelle la médaille d'or que MM. Stehelin frères ont déjà obtenue en 1844.

Médaille d'or.

MM. HUGUENIN, DUCOMMUN et DUBIED, à Mulhouse (Haut-Rhin).

Ils ont exposé plusieurs machines-outils à l'usage des ateliers de construction mécanique et de grands ateliers de réparation de chemins de fer, savoir :

Un tour à chariot;

Deux tours à fileter;

Deux machines à mortaiser;

Trois machines à raboter.

MM. Huguenin et Ducommun avaient obtenu en 1839 une médaille de bronze et en 1844 une médaille d'argent pour divers appareils employés à l'impression des étoffes; depuis cette époque, en 1846, ils se sont adjoints M. Dubied, ancien élève de l'école centrale, et se sont livrés sur une échelle importante à la construction des machines-outils, sans négliger la fabrication des appareils que réclame l'industrie des tissus.

Leur établissement comprenait en 1847 plus de 200 ouvriers.

Les machines-outils exposées cette année ne laissent rien à désirer pour la précision de leur exécution; elles présentent plusieurs dispositions ingénieuses, notamment dans les machines à mortaiser, un mouvement de bascule du support de la pièce soumise au travail, qui empêche l'outil de s'égrener contre le métal pendant sa course ascendante.

Cet établissement est venu augmenter les ressources que nous possédons aujourd'hui pour la fabrication des instruments de travail les plus perfectionnés, et il s'est placé parmi les constructeurs de machines-outils au rang qu'il occupait déjà dans la fabrication des machines à préparer et à confectionner les tissus.

Le jury décerne à MM. Huguenin, Ducommun et Dubied, une médaille d'or.

USINE DE GRAFFENSTADEN (Bas-Rhin).

Nouvelle médaille d'argent.

Parmi les divers objets de cette usine, admis à l'exposition, et qui feront l'objet de rapports spéciaux, nous avons à signaler :

1° Un tour à filter et tourner les sphères ;

2° Une machine à mortaiser ;

3° Une machine à percer et une machine limeuse.

Nous ne pouvons trop donner de louanges à l'habile construction de ces outils, au fini de leur confection et aux bons soins qui leur ont été prodigués.

Déjà remarquée d'une manière avantageuse, à l'exposition de 1844, l'usine de Graffenstaden a étendu le cercle de ses productions : elle a fait pénétrer ses produits dans presque toutes les branches de l'industrie.

Aux compagnies de chemins de fer, elle livre les roues et les ressorts pour locomotives et waggons.

Aux établissements de construction, elle livre le grand outillage, les appareils à vapeur, les transmissions de mouvement. A l'industrie, elle livre des presses, des crics, des verrins, des pompes à incendie ; au commerce, des bascules, des romaines.

Et, à tous, elle fournit des produits d'un merveilleux fini ; la variété de ses productions ne lui fait rien négliger des soins qu'elle doit donner à tout ce qui sort de Graffenstaden.

Le mérite de cette usine est d'autant plus grand, qu'il lui a fallu former la plupart de ses ouvriers parmi les populations agricoles des environs[1]. Ainsi a été obtenue l'heureuse alliance du travail industriel à l'occupation agricole, heureuse combinaison qu'il serait désirable de voir s'implanter dans notre pays.

Le jury accorde à l'usine de Graffenstaden une nouvelle médaille d'argent.

[1] Au mois d'août 1847, le nombre des ouvriers avait dépassé 700, et l'usine produisait annuellement pour une valeur de 2,000,000 à 2,500,000 francs.

Médailles d'argent.

M. Louis-Félix BOUTEVILLAIN, rue des Poissonniers, n° 50, à La Chapelle-Saint-Denis (Seine).

Il expose un petit tour à roue et à pédale, une machine à vapeur oscillante, et des tubes en fer pour chaudières tubulaires.

Sa machine à vapeur se distingue par sa bonne exécution; les tubes méritent une attention toute spéciale par la perfection de la soudure.

Cette dernière fabrication qui forme une entreprise distincte dans l'ancien établissement Pauwels, dont M. Boutevillain s'est rendu acquéreur, a commencé en 1846; elle a eu pour objet à peu près exclusif la fourniture des tubes de la marine, qui en a reçu jusqu'à ce jour près de 15,000.

Les feuilles de tôles, coupées de largeur, sont tirées sur un banc où elles sont soumises à l'action d'un double couteau en acier qui forme simultanément un chanfrein sur chaque bord; elles sont ensuite chauffées et enroulées sur un mandrin; les tubes ainsi préparés sont soudés à l'un des bouts pour former une amorce et faciliter l'entrée sous le laminoir; ils sont ensuite chauffées au blanc soudant sur la tôle d'un four à réverbère à chauffe latérale. A la sortie du four ils s'engagent sur un mandrin en forme de pomme de pin et placé dans le vide du laminoir, lequel se compose de quatre poulies à gorge, animées d'un mouvement commun et dont l'ensemble présente un orifice exactement circulaire; le tube, pressé entre les poulies, et le mandrin se soude exactement.

Cette fabrication se fait remarquer par sa simplicité et par la perfection du résultat qui ne laisse rien à désirer; il est à regretter seulement que le prix de ces tubes ait été maintenu jusqu'ici à un taux élevé qui en interdit l'usage dans beaucoup de cas.

Le jury décerne à M. Boutevillain, qui se présente pour la première fois à l'exposition, la médaille d'argent.

M. Julien DERCELLES, à Nantes (Loire-Inférieure).

La machine exposée par M. Julien Dercelles résout avec exactitude la question de la taille des dents des roues d'engrenages coniques, par des moyens dont la simplicité ne laisse rien à désirer. Le contour de la dent des roues d'angle est une surface conique ayant pour directrice une épicycloïde sphérique. Le burin qui taille la dent doit parcourir successivement les génératrices de cette surface, il faut donc qu'après chaque passe le burin et le chariot qui le porte se déplacent en tournant autour du sommet du cône, afin que, dans la passe suivante, le burin décrive une autre génératrice. Voici comment cela est réalisé dans la machine de M. Dercelles :

Le bâti qui porte le chariot repose, par son extrémité supérieure, sur un support horizontal posé sur une plate-forme, et mobile autour d'une ligne verticale qui rencontre l'axe de la roue à tailler au sommet où vont concourir toutes les génératrices des surfaces des dents. Le chevet du bâti s'appuie sur le support par une surface cylindrique à base circulaire et à génératrices horizontales, dont l'axe, perpendiculaire à celui de la vis qui conduit le chariot, et par conséquent à la ligne que décrit la pointe du burin, va rencontrer aussi l'axe de la roue à tailler au point de concours des génératrices des dents. Il résulte de là que le système du chariot est mobile autour de deux droites qui vont concourir au sommet commun des surfaces coniques formées par le contour des dents. Si donc le burin a été primitivement disposé de manière que sa pointe décrive une ligne droite passant par ce sommet, cette pointe décrira, dans toutes les positions du système, des droites qui passeront encore par le même point, et par conséquent il sera possible de lui faire parcourir successivement toutes les génératrices d'une surface conique quelconque ayant ce point pour sommet. Le mouvement de rotation du système autour de la verticale, passant par le sommet, permet de faire varier à volonté l'angle compris entre le plan vertical de l'axe du cône ou de la roue et le vertical de la génératrice décrite par la pointe du burin; le mouvement de rotation autour de l'axe de la surface cylindrique perpendiculaire à l'axe de la vis du chariot permet de faire varier l'inclinaison de la génératrice sur le plan horizontal. Le bâti du chariot porte, à son extrémité inférieure, un bouton saillant qui suit le contour d'un calibre fixé par des vis sur la face verticale inférieure d'une pièce venue de fonte avec la plate-forme sur laquelle repose tout le système du chariot et de l'axe en fer sur lequel on a fixé la roue à tailler. Un contre-poids que l'on fixe d'une manière différente, suivant que l'on veut raboter le contour supérieur d'une dent ou le contour inférieur de la dent suivante, équilibre en partie, dans le premier cas, le pied du bâti, et le tient soulevé dans le second cas, afin que le bouton reste appliqué sur le contour du calibre.

Il résulte de ces dispositions que la pointe du burin, pourvu qu'on ait la précaution de lui conserver toujours la même saillie sur la face du porte-outil, décrira les génératrices successives de la surface qui forme le contour de la dent, de sorte que l'on rabote, sans changer d'outil, la saillie, les flancs et le fond du creux. Tels sont les principes sur lesquels est fondée la nouvelle machine de M. Dercelles, dont nous ne pourrions décrire ici les détails sans le secours d'une figure. Ajoutons que cette œuvre remarquable est celle d'un homme dont l'éducation s'est faite tout entière dans les ateliers. M. Dercelles est le fils de pauvres pêcheurs de la Basse-Indre; à l'âge de onze ans, il commença à travailler dans l'usine à fer de cette localité, où il fut bientôt horriblement blessé. Devenu boiteux, il revint à la profession de son père, qu'il exerça jusqu'à dix-sept ans; il entra alors, comme apprenti chaudronnier, dans l'usine d'Indret, où il resta trois ans. Après avoir travaillé ensuite comme ajusteur dans divers ateliers, il entra, en 1840, dans les ateliers de M. Voruz aîné, où il put donner l'essor à son esprit inventif.

« Déjà, » est-il dit dans le rapport fait par une commission spéciale au jury de la Loire-Inférieure, « M. Dercelles avait construit « une machine à tailler et raboter les roues d'angle, qui était bien « loin du degré de perfection de celle qu'il présente aujourd'hui « Cependant, avec cet outil incomplet, il prenait à façon des engre « nages, et recevait, par décimètre de surface, le même prix qu'on « donne aux ajusteurs, et, à l'aide de la machine, il triplait le prix « de la journée. Enfin il découvrit sa machine actuelle; mais le temps « s'écoulait sans qu'il pût mettre à exécution sa nouvelle invention. « Il se trouvait dans ces conditions peu de temps avant que l'expo- « sition de 1849 fût officiellement annoncée.

« Construire à la hâte une nouvelle machine, sans étude préalable « des détails; édifier pièce à pièce les divers organes qui la com- « posent, raboter un pignon dans les conditions exigées, tel fut l'em- « ploi de son temps jusqu'à la dernière séance que la commission « put lui accorder. Aussi ne doit-on pas chercher dans cette machine « le fini, le poli, moins encore peut-être la forme la plus propre aux « différentes pièces du mouvement : ce qu'il a voulu exprimer, c'est « le principe de l'appareil, et il a parfaitement atteint le but.

« En conséquence, la commission conclut à l'adoption de la ma- « chine de M. Dercelles, et la recommande d'une manière spéciale à « l'attention du jury. »

Le jury central reconnait dans la machine de M. Dercelles une véritable invention, qui annonce dans son auteur des notions géométriques exactes réunies à une connaissance parfaite des organes mécaniques des machines. Cette machine sera vraisemblablement celle que l'on emploiera désormais pour tailler les roues d'engrenage coniques. Le jury récompense M. Dercelles par une médaille d'argent.

M. Jacques PIAT, rue Saint-Maur-Popincourt, n° 38, à Paris.

Rappel de médaille de bronze.

Il a exposé une machine à fendre les engrenages et divers modèles d'engrenages. Ce constructeur s'est adonné exclusivement à la fabrication des engrenages de toutes formes et de toute nature; il divise et taille mécaniquement, au moyen de machines qu'il construit et dont l'appareil exposé représente le type, les modèles qui doivent être mis entre les mains des fondeurs et les engrenages qui doivent être exécutés avec une grande précision.

Ses travaux ont pris une extension croissante et son établissement rend chaque jour de plus grands services.

Le jury, appréciant l'utilité et la bonne exécution des travaux de M. Piat, lui décerne le rappel de la médaille de bronze.

M. Félix TUSSAUD, rue Neuve de Lappe, n° 4, à Paris.

Médaille de bronze.

Il expose : 1° une machine à hacher les viandes; 2° Une machine à emballer les viandes; 3° deux machines à cintrer les cercles des roues.

La machine à hacher les viandes, de M. Tussaud, se distingue surtout des autres machines destinées au même but, en ce qu'il a remplacé la sébile par une coupe ou bassin double circulaire, qui lui a permis de faire les lames des couteaux plus petites, et en a facilité le repassage et l'entretien ; elle a l'avantage, aussi, de ramener les viandes plus souvent sous les hachoires et d'augmenter la rapidité du travail.

Cette petite machine est très-bien entendue et bien exécutée.

M. Tussaud présente en même temps une machine à emballer ou presser les viandes, pour une modification qu'il y a apportée en brisant en deux parties l'écrou qui reçoit la vis de pression, et permet de rappeler la vis sans être obligé de la desserrer à la main.

Les machines à cintrer les cercles de roues que M. Tussaud expose, présentent de grandes modifications dans leur ensemble, et le bâti, qui au lieu d'être en bois est en fonte d'une seule pièce, offre beaucoup plus de solidité que les bâtis en bois dont on a fait usage jusqu'à ce jour. L'auteur a beaucoup simplifié le travail pour retirer le cercle lorsqu'il est cintré, en rendant facile le déplacement du cylindre supérieur de la machine.

Le jury, reconnaissant le mérite des différentes machines que M. Tussaud expose, lui décerne une médaille de bronze.

M. Jean SCHMERBER, à Mulhouse (Haut-Rhin).

Il a exposé un marteau-pilon à ressorts en caoutchouc vulcanisé. M. Schmerber espère remplacer le marteau à manche et le marteau-pilon à vapeur, dont l'emploi n'est pas toujours facile, eu égard à la disposition des ateliers et par la sujétion d'avoir des chaudières à vapeur à proximité de ses marteaux.

La principale disposition de cet outil consiste dans une sorte de cylindre à la partie supérieure du bâti de ce marteau, lequel cylindre renferme un assemblage de rondelles en caoutchouc vulcanisé, et qui remplace ce ressort à boudin. Le marteau se levant au moyen d'une came, comprime le caoutchouc qui, par son élasticité, précipite les coups du marteau en activant sa puissance.

Cette ingénieuse combinaison n'a pas encore pour elle la sanction de l'expérience, et, si elle parvient à vaincre les obstacles préventifs de détérioration, elle est appelée à rendre un grand service à toute l'industrie métallurgique.

Le jury accorde à M. Schmerber une médaille de bronze.

M. KLEMM, à Belleville (Seine).

Une des plus ingénieuses machines à raboter les métaux est celle exposée par M. Klemm, qui a apporté les plus heureuses modifications dans les outils de ce genre.

Les principaux avantages de sa machine consistent dans la facilité de fixer sur le plateau d'une manière invariable les pièces à raboter, à l'aide de poupées parfaitement disposées et bien conçues et de brides bien combinées; on remarque surtout la facilité de transmission des mouvements, qui sont plus rapides dans cette machine que dans celles à la main.

Contre-maître dans la même maison depuis fort longtemps, cet intéressant ouvrier occupe ses loisirs à produire d'ingénieuses machines capables de rendre de grands services.

Dans le but de récompenser cette aptitude et cet esprit de recherche, le jury accorde à M. Klemm une médaille de bronze.

M. GENESTE, rue Amelot, n° 53, à Paris.

Il expose cette année :

1° Une machine à estamper et découper les branches des ciseaux à main, dit de coutellerie : les combinaisons de cet outil nous paraissent devoir rendre de bons services à cette industrie ;

2° Une machine en fonte pour lisser le papier ; la composition de cette machine nous semble très-simple et applicable à d'autres industries, qui pourront en retirer profit ;

3° Un mouton en fonte à estamper, dont le bâti est d'une seule pièce ; cet outil, sous l'apparence d'une plus grande dépense, offre réellement des économies sur les bâtis en bois, qui, dans ce genre d'outil, s'échauffent avec une grande facilité.

Ces divers outils paraissent bien conçus et bien exécutés.

Le jury accorde à M. Geneste une médaille de bronze

M. CHALAYER, rue du Roi-de-Sicile, n° 24, à Paris.

Il expose un balancier propre à frapper les médailles, et un découpoir. Ces deux outils, qui ne présentent aucunes modifications quant au système, se font remarquer par leur excellente construction, le fini de leurs pièces et la bonne disposition des brides pour fixer la matière solidement et avec facilité.

Le jury, voulant témoigner tout l'intérêt qu'il prend à la bonne construction de ces balanciers, si utiles à toutes sortes d'industrie, décerne à M. Chalayer une médaille de bronze.

---

§ 2. TOURS.

M. Amédée Durand, rapporteur.

M. BRITZ, rue Ménilmontant, n° 60, à Belleville (Seine).

Rappels de médailles de bronze.

Les tours au pied qu'a exposés ce fabricant, honoré d'une médaille de bronze à la dernière exposition, sont en tout dignes de la réputation méritée dont il jouit. C'est toujours une exécution précise, un emploi judicieux des matériaux. Quelques modifications heureuses s'y font remarquer, notamment dans le mode de suspension de la roue, qui permet de régler avec une grande facilité la tension de la corde qui en transmet le mouvement.

Le jury décerne à M. Britz le rappel de la médaille de bronze, dont il se montre de plus en plus digne.

MM. MARGOZ père et fils, rue Ménilmontant, n° 21, à Paris.

Le tour à guillocher qu'expose M. Margoz père rappelle honorablement les anciens travaux de cet habile mécanicien, dont le nom s'est trouvé attaché comme exécutant à des appareils d'une haute importance scientifique et industrielle.

Le jury se plaît à rappeler en sa faveur la médaille de bronze, dont il n'a cessé de se rendre digne.

Médaille de bronze.

M. PAPEIL, à Passy (Seine).

Le tour qu'a exposé M. Papeil a été remarqué à raison de plusieurs dispositions nouvelles et ingénieuses qu'il renferme. L'engrenage, qui a pour objet de faire varier la vitesse, s'éloigne ou s'approche de l'arbre du tour par un mouvement excentrique de la plus grande simplicité et tout à fait original. La poupée de la contre-pointe a reçu une disposition inusitée, qui mérite d'être distinguée dans la série des outils à destination multiple, qui rendent de si grands services dans les ateliers d'importance secondaire. Cette poupée a pour base une glissière qui lui permet de se mouvoir perpendiculairement à l'axe du tour; dans ce cas un outil se substitue à la pointe, et, par un mouvement simple indiqué, la poupée devient un chariot, au moyen duquel on peut dresser un plateau sur le nez du tour. Comme l'outil coupant n'a fait que se substituer à la pointe postiche, et que le cylindre qui le porte a conservé la propriété de glisser suivant son axe, il résulte que la même disposition peut servir à aléser un trou cylindrique. De plus, et en dehors de ces mouvements, la même poupée jouit de la possibilité de pivoter sur elle-même, ce qui lui donne la propriété de produire des surfaces sphériques, et, comme première conséquence, la rend propre à engendrer des surfaces coniques.

Le tour que M. Papeil a exposé renferme encore d'autres dispositions de détail qui font honneur à son intelligence.

Le jury lui décerne avec une grande satisfaction la médaille de bronze.

M. HAVARD, rue Bailly, n° 1 (cour Saint-Martin), à Paris. Mentions honorables.

Le tour exposé par M. Havard se recommande par une bonne exécution. La meule à pédale, montée sur auge et pied en fonte, est un outil qui trouvera sa place plutôt chez un amateur que dans un atelier. Toutefois, les soins avec lesquels sont construits ces deux objets méritent d'être signalés, et le jury se plaît à décerner à M. Havard une mention honorable.

M. TAILLEFER, boulevard Beaumarchais, n° 108, à Paris.

Le tour et accessoires, exposés par M. Taillefer, avaient une destination spéciale; il s'agissait de l'exécution d'un instrument de chirurgie assez compliqué. Le but a été parfaitement atteint.

Le tour en soi-même et toutes les pièces qu'il est destiné à mettre en jeu sont d'une exécution qui fait honneur à M. Taillefer. Le jury lui accorde une mention honorable.

---

§ 3. PRESSES ET CRICS.

M. Pecqueur, rapporteur.

MM. le colonel PUTHEAUX et PARPETTE, à Sedan (Ardennes). Médaille d'argent.

Ils ont exposé une collection de crics dits *géométriques*, d'une nouvelle invention, dont les uns sont établis pour soulever et pousser les fardeaux et les autres pour les attirer à soi. Ces crics varient de forme ou de force selon leur destination; mais le principe du mécanisme est le même dans tous.

Ce mécanisme se compose d'une manivelle dont l'arbre est armé d'une vis sans fin à un seul filet. Cette vis sans fin s'engrène dans une roue dont l'arbre porte deux pignons de trois dents qui font corps avec lui; les dents de l'un de ces pignons correspondent avec les entre-deux de l'autre pignon. Ils s'engrènent avec une roue double dont l'arbre porte le pignon qui, dans les crics pour pousser le fardeau, s'engrène avec la barre du cric, et, dans ceux pour attirer, s'engrènent avec une chaîne à la Vaucanson.

Les dispositions que nous venons de décrire sont des plus heureuses et forment un système de crics qui promet des avantages sur les crics ordinaires.

MM. Putheaux et Parpette, en mettant deux pignons de trois dents l'un à côté de l'autre, ont doublé la puissance du cric sans diminuer la force de ses dents, et conservent aussi dans les frottements la douceur d'un pignon double.

Ces crics, comme tous ceux qui marchent par écrou ou vis sans fin, sont plus commodes à manœuvrer, parce qu'ils sont débarrassés du cliquet. Puis il n'y a qu'une goupille à retirer pour désengrener la vis sans fin et rendre la barre du cric obéissante à la pression de la main, soit pour faire descendre cette barre, soit pour la faire monter. En général, ces crics sont d'une exécution remarquable et d'une grande précision dans les engrenages, de la théorie desquels M. Putheaux s'est beaucoup occupé.

Le jury leur accorde une médaille d'argent.

Médaille de bronze.

MM. MEURANT frères, à Charleville (Ardennes).

Ils ont envoyé à l'exposition quatre crics, dont trois ordinaires, mais construits dans les meilleures conditions de solidité.

Le quatrième est un cric à vis fort simple, pour lequel ils se sont fait breveter.

Ce cric est en fer et fonte; le dehors est un cylindre formé de deux parties presque d'égale hauteur, qui se rassemblent avec des boulons. Le fond de ce cylindre porte intérieurement une crapaudine.

La vis du cric rentre dans un cylindre taraudé; ce cylindre, que nous appellerons l'écrou, porte en bas un tourillon, qui se place dans la crapaudine, et porte en haut une roue, qui s'engrène dans une vis sans fin.

La vis sans fin a sa tige qui sort en dehors où est adapté la manivelle. Il est entendu que dans la jonction des deux cylindres extérieurs on a ménagé la place de la roue et de la vis sans fin.

Quand on fait tourner la manivelle, la vis sans fin fait tourner l'écrou, et comme la vis ne tourne pas, parce que le fardeau l'en empêche, elle s'allonge et soulève le fardeau. Ce système peut donner un cric fort et léger; il n'a pas besoin d'encliquetage, ce qui le simplifie encore : mais il est aussi long à descendre qu'à monter, et n'est pas susceptible jusqu'à présent de recevoir une patte.

MM. Meurant font application du même principe aux presses.

L'étau qu'ils ont aussi exposé est bien conditionné. Ils fabriquent annuellement de 5 à 600 crics et de 4 à 500 étaux.

Le jury leur accorde une médaille de bronze.

M. Georges-Frédéric HOSCH, rue d'Enfer, n° 89, à Paris. Citation favorable.

Il a exposé une presse dite *l'hercule*, une autre plus petite, un fort cric, et un de moyenne force. Ce dernier est accompagné d'un chariot à vis sur lequel il se monte. Ce chariot offre le moyen de faire marcher le fardeau à droite ou à gauche lorsqu'il est soulevé, ainsi que cela est nécessaire et se pratique sur les chemins de fer, pour remettre sur les rails les véhicules qui en seraient sortis.

M. Hosch a aussi exposé un modèle de fardier, où il a adapté un cric pour soulever les arbres ou charpentes à transporter.

Dans les presses comme dans les crics de M. Hosch c'est une vis à filet carré qui transmet la force, et c'est l'écrou qui tourne.

L'écrou porte une roue à rochet, et c'est un levier à encliquetage qui, dans son mouvement de va-et-vient, fait tourner l'écrou. Le levier porte deux cliquets, l'un sert à serrer la presse et l'autre à la desserrer.

L'auteur, en composant le mécanisme de manière que la vis ne tourne pas pendant l'opération, a voulu éviter la torsion de la vis, mais il est tombé dans un plus grand défaut, dans celui d'avoir augmenté les frottements.

Le jury, en raison de la disposition du chariot, accorde une citation favorable à M. Hosch.

SECTION SEPTIÈME.

§ 1er. MACHINES DE FILATURE.

M. Émile Dolfus, rapporteur.

MACHINES DE FILATURE. (LAINE CARDÉE.)

MM. A. MERCIER et Cie, à Louviers (Eure). Médaille d'or.

Ils exposent un assortiment de machines pour la filature de la laine cardée, qui se compose :

D'une batterie à laine,
D'une carde briseuse,
D'une carde boudineuse;
Enfin d'un métier à filer.

Disons tout d'abord que ces machines, sans exception, sont exécutées avec le plus grand soin. C'est là de la belle et bonne construction, telle qu'on la veut, telle surtout qu'il la faut aujourd'hui. L'on ne devait d'ailleurs pas en attendre moins de la part d'un constructeur aussi habile que M. Mercier, qui avait, à cet égard, fait ses preuves depuis longtemps. Cependant ces diverses machines ont plus encore fixé l'attention du jury à un autre point de vue : nous voulons parler de leur système ou disposition d'ensemble. Là M. Mercier est franchement entré dans une voie de progrès qui lui fait le plus grand honneur, et dont le jury ne saurait trop le féliciter. Son système de cardes résume, non-seulement toutes les améliorations apportées dans les dernières années à la disposition de ces machines, tant en France qu'en Angleterre, mais M. Mercier y a ajouté encore une foule d'additions utiles, en propre, que l'expérience lui avait suggérées, car M. Mercier est filateur en même temps que constructeur, de sorte qu'on peut avancer sans crainte que l'industrie de la laine cardée se trouve désormais, sous ce rapport, en possession de machines qui lui permettront de faire disparaître complétement tous les inconvénients qu'on a pu reprocher aux anciennes cardes, en ce qui touche la régularité et l'égalité du fil qu'elles préparent.

La batterie à laine que présente encore M. Mercier, et qui est toute de son invention, ne lui fait pas moins honneur comme conception et comme exécution. Cette machine est d'une grande solidité, simple, parfaitement soignée dans tous ses détails, et paraît incontestablement, et comme système et comme rendement, de beaucoup supérieur à tout ce qui s'était fait jusqu'ici pour le nettoyage de la laine.

Reste le métier à filer, qui accuse de même de notables perfectionnements. Ainsi, outre la combinaison qui donne au chariot un mouvement graduellement ralenti, selon les exigences du fil, disposition qu'il a encore améliorée depuis la dernière exposition, il a ajouté à son métier un compteur gradué, qui facilite singulièrement le moyen d'obtenir toujours le numéro de fil désiré; enfin, plusieurs autres modifications qu'il serait trop long d'énumérer ici.

Tel est l'ensemble des travaux vraiment remarquables que M. Mercier a mis sous les yeux du jury, tels sont aussi les titres qu'il peut revendiquer à ses récompenses. Perfection de produit, économie sur le prix de revient, amélioration dans la salubrité des ateliers, c'est en quoi se résument les avantages qu'offrent les machines de ce constructeur. Dans de pareilles conditions, le jury n'hésite pas à décerner la médaille d'or à M. Mercier, déjà honoré de la médaille d'argent en 1844.

MACHINES DE FILATURE. (COTON.)

Nouvelles médailles d'argent.

M. GRUN, à Guebwiller (Haut-Rhin).

M. Grün a fondé, en 1834, à Guebwiller (Haut-Rhin), un établissement de construction qui a pris un rapide développement, et qui a occupé en dernier lieu jusqu'à 350 ouvriers. Depuis 1848, M. Grün y a joint une filature de laine peignée. Cette dernière compte au moins 1,500 broches.

Les machines exposées par ce constructeur consistent en un banc à broches en fin, à compression, de 120 broches, et une grande carde à coton, à hérissons et travailleurs, pour le cardage simple. Ces deux spécimens font l'éloge des constructions de cet établissement. M. Grün n'en est d'ailleurs plus à devoir faire ses preuves; il y a longtemps que sa réputation est établie.

Son banc à broches résume tous les perfectionnements introduits successivement dans ce genre de machines. Nous avons dit qu'il était à compression. Ce système prévaut généralement aujourd'hui dans les machines neuves. Le mode de compression adopté par M. Grün permet de s'appliquer facilement, et sans changer les ailettes, aux anciens bancs à broches que l'on veut transformer au système nouveau.

La carde est d'une exécution non moins soignée que la machine précédente. Tout y est bien entendu, et il est facile de reconnaître qu'elle sort des mains d'un homme qui est aussi habile filateur qu'il est bon constructeur.

M. Grün a incontestablement rendu des services à l'une et à l'autre de ces industries. Sa longue et laborieuse carrière a fourni des traits nombreux de ce qu'il y a de mérite chez lui et comme ingénieur et comme industriel. L'importance de son établissement, les soins parfaits qui président à toutes ses constructions, l'entente réellement pratique dont elles portent le cachet, placent M. Grün, déjà honoré de la médaille d'argent en 1844, sur une ligne qui justifie pleinement la récompense que le jury lui attribue, en lui décernant une nouvelle médaille d'argent.

MACHINES DE FILATURE. (LAINE PEIGNÉE.)

MM. BRUNEAUX aîné et BRUNEAUX fils, à Réthel (Ardennes).

Ils exposent une machine à réunir, pour laigne peignée, d'une construction qui ne laisse rien à désirer ni pour le fini des pièces, ni pour l'ensemble de ses dispositions. MM. Bruneaux aîné et fils, connus depuis longtemps comme d'habiles constructeurs, ont joint à leur ancien établissement, exploité jusqu'en 1846, par M. Bruneaux aîné, une filature de laine peignée, dont les produits, qui seront jugés au chapitre des fils de laine, paraissent aujourd'hui pour la première fois à l'exposition. Nous ne parlerons donc ici de ces industriels que comme constructeurs. Notre tâche sera facile. La transformation qui s'est opérée dans leur maison de commerce n'a en rien altéré, on a pu le voir déjà, la réputation qui leur était acquise dans cette branche d'industrie. L'habileté d'exécution continue de marcher de front, chez eux, avec l'intelligent agencement de toutes les parties de leurs machines. C'est là un précieux élément de succès pour le fabricant, en même temps qu'une garantie de perfection pour l'acquéreur. Si le jury aime à signaler cette marche constante dans la voie du véritable progrès, il se plaît aussi à en récompenser ceux qui la suivent depuis si longtemps. M. Bruneaux aîné avait obtenu une médaille d'argent en 1844. Le jury décerne aujourd'hui la même récompense à ses successeurs, MM Bruneaux aîné et Bruneaux fils, et leur accorde une nouvelle médaille d'argent.

PIÈCES DÉTACHÉES POUR FILATURES.

MM. Constant PEUGEOT et Cie, à Valentigny (Doubs).

Le remarquable établissement de MM. Peugeot et compagnie, déjà signalé aux expositions précédentes, autant par la diversité que par la perfection de ses produits, n'est pas demeuré en retard depuis lors; il présente derechef, aujourd'hui, une quantité d'articles dignes de fixer l'attention du public et du jury. La nomenclature en serait trop longue à faire ; cependant il faut citer les broches à filer trempées au collet par un procédé qui, bornant la trempe à la surface, permet le redressement facile des broches. C'est là un perfectionnement que la filature réclame depuis longtemps, et qu'elle se hâtera sans doute de mettre à profit.

Le jury a remarqué avec non moins d'intérêt une application ingénieuse de la roue *hélicoïde* au mouvement des broches *mull-jennys*, fonctionnant fort bien, et réalisant ainsi une idée dont s'occupent depuis longtemps les mécaniciens filateurs. Hâtons-nous cependant de le dire, il y a peut-être loin encore du modèle exposé par MM. Peugeot à la consécration par la pratique de ce nouveau mouvement; mais il est permis néanmoins d'en attendre de bons résultats, en présence des avantages incontestables retirés de la même application aux broches de bancs à broches et à une foule d'autres machines.

Parmi les autres produits de MM. Peugeot, une mention particulière est encore due à leurs plates-bandes perfectionnées pour broches de *mull-jennys*, leurs cylindres cannelés, enfin leurs broches pour *continus*, offrant une disposition particulière pour la fixation de l'ailette, et permettant de les employer alternativement au retordage et au filage.

En résumé, MM. Peugeot et compagnie, après avoir obtenu deux fois la médaille d'argent, en 1839 et 1844, soutiennent dignement la réputation qu'ils se sont acquise dans leur intéressante industrie, et le jury se plaît à le reconnaître, en leur décernant aujourd'hui une nouvelle médaille d'argent.

PEIGNES À TISSER.

MM. DE BERGUE, DESFRIÈCHES et GILLOTIN, à Lisieux (Calvados).

Rappel de médaille d'argent.

Ces fabricants, honorablement cités à toutes les expositions précédentes, se font de nouveau remarquer aujourd'hui par des produits aussi variés que distingués. Ils exposent des peignes pour draperie, pour coton, lin et soie, pour tissus métalliques, etc., d'une exécution extrêmement régulière et soignée. Le jury a examiné ces divers produits avec beaucoup d'intérêt, et ne peut que féliciter

MM. de Bergue, Desfrièches et Gillotin de la supériorité qu'ils ont su conserver à leur fabrication.

Il faut citer encore les maillons pour tissage, en cuivre et en acier, que confectionne le même établissement avec une grande perfection et à des prix extrêmement bas, puisqu'il en est qui peuvent être livrés à 1 fr. 60 cent. le mille.

MM. de Bergue, Desfrièches et Gillotin présentent aussi des harnais pour le tissage, en fil vernis, qui offrent une grande solidité, et paraissent d'un emploi avantageux.

L'établissement de MM. de Bergue, Desfrièches et Gillotin livre annuellement à la fabrique pour environ 140,000 francs de produits, dont un cinquième, à peu près, à l'étranger. La main-d'œuvre forme l'élément principal dans le prix de revient de leurs articles, circonstance qui ne peut qu'ajouter à l'intérêt que présente leur industrie.

Le jury, voulant récompenser le mérite de ces honorables fabricants, leur vote un nouveau rappel de la médaille d'argent obtenue par eux en 1839, et déjà rappelée en 1844.

PIÈCES DÉTACHÉES POUR FILATURES, QUINCAILLERIE, ARMES.

Médailles d'argent.

MM. DANDOY-MAILLIARD, LUCQ et Cie, à Maubeuge (Nord).

C'est la première fois que cet important établissement se présente au concours. Ses produits offrent une variété infinie, et se distinguent tous par le fini du travail, ainsi que par la bonne qualité des matières employées à leur confection. Nous n'essayerons pas d'entrer ici dans des détails sur les objets exposés, disons seulement qu'ils consistent en pièces détachées pour filatures, telles que broches, cylindres cannelés, crapaudines, bandes à collets pour broches, et objets divers de quincaillerie fine et grosse, enfin en armes de guerre.

MM Dandoy-Mailliard, Lucq et compagnie ont le mérite d'avoir fait revivre l'ancienne réputation de Maubeuge dans la fabrication de ces derniers articles (les armes). Placés au centre d'importants établissements métallurgiques et d'une population ouvrière exercée de longue date à l'emploi du fer, ces habiles industriels ont su, par l'économie autant que par la perfection apportées à leur fabrication, procurer à leurs produits un écoulement considérable, même à l'étranger. C'est une ressource de plus assurée au travail national, et, sous ce rapport, MM. Dandoy-Mailliard, Lucq et compagnie ont rendu un service signalé à nos industries métallurgiques. Ils occupent habituellement 600 ouvriers, et souvent ce nombre est dépassé. Leur mise en œuvre en fer, acier, cuivre dépasse annuellement 300,000 kilogrammes, et représente, non compris les armes de guerre, un chiffre d'affaires de 5 à 600,000 francs.

En résumé, MM. Dandoy-Mailliard, Lucq et compagnie sont en première ligne dans leur genre de fabrication; ils ont su lui donner un développement considérable. Leur intelligence, leur industrieuse activité les signale à l'attention spéciale du jury, qui leur décerne, à titre de récompense, une médaille d'argent.

MACHINES À EXTRAIRE L'EAU DES ÉTOFFES, ETC.

M. Pierre-Joseph CARON, rue du Faubourg Saint-Martin, n° 168, à Paris.

Il expose deux machines dites *hydro-extracteurs*, pour extraire l'eau des étoffes: l'une, de dimension moyenne, pouvant être mue à bras d'homme; l'autre, de grande dimension, propre aux fabriques d'indiennes et autres établissements.

Ces deux machines sont parfaitement construites; leur exécution fait honneur à M. Caron, qui a introduit plusieurs nouveaux perfectionnements dans ces appareils, dont un nombre considérable a été livré par lui à l'industrie. On sait que la machine dont il s'agit est employée à retirer l'eau des étoffes, et basée sur le principe de la force centrifuge. De grandes difficultés pratiques étaient à vaincre dans la construction de ces machines, à cause de la vitesse considérable (1,500 tours par minute) à laquelle on est souvent obligé de les faire marcher, et de la peine infinie que l'on rencontrait à éviter le fâcheux et dangereux effet des vibrations de l'axe du tambour sécheur, chargé d'un poids considérable. Aussi, l'ingénieuse invention de Penzoldt, que M. Caron s'était chargé de faire passer dans le domaine industriel, est-elle, pour cette cause, longtemps demeurée inapplicable, du moins dans de grandes dimensions, telles que les réclamaient les opérations auxquelles elle est employée si couramment aujourd'hui. Les efforts persévérants de M. Caron ont triomphé de tous ces obstacles, et il est parvenu ainsi à doter plusieurs industries importantes d'une machine dont il leur serait difficile de se passer désormais. Ce mérite est grand assurément; aussi le jury, se plaisant à le reconnaître, n'hésite pas à accorder à M. Caron la juste récompense à laquelle il a droit, en lui décernant une médaille d'argent.

MACHINES DE FILATURE. (COTON.)

MM. GALLET et DUBUS, à Rouen (Seine-Inférieure).

Ces constructeurs exposent pour la première fois. Ils présentent un batteur-étaleur à deux volants ou battes, avec son aspirateur. Cette machine est construite avec beaucoup de soin et parfaitement raisonnée. Elle offre plusieurs dispositions nouvelles, ou du moins peu connues jusqu'ici. Mais ce qui en fait surtout le mérite, c'est de réunir les divers perfectionnements introduits pendant les dernières années dans ces machines, mais qui, le plus souvent, n'avaient pas ce caractère d'ensemble par lequel se distingue, sous ce rapport, celle de MM. Gallet et Dubus. L'exécution en est soignée jusque dans ses moindres détails; rien n'y est négligé. Elle est en même temps fort solidement établie, et toutes les pièces en sont disposées avec une grande intelligence pratique des besoins auxquels elles doivent répondre. Aussi a-t-on droit de dire que le batteur-étaleur de MM. Gallet et Dubus peut être considéré comme une belle et bonne machine. Ces industriels ont prouvé, par cette construction, que, chez eux, l'esprit d'observation s'associait au talent de la bonne exécution.

Le jury, appréciant ce mérite, décerne à MM. Gallet et Dubus la médaille d'argent.

PEIGNES À TISSER.

MM. DURAND et BAL, à Lyon (Rhône).

Rien ne saurait égaler l'extrême finesse et la perfection des peignes présentés par ces fabricants. MM. Durand et Bal, succédant à la maison Chatelard et Perrin, bien connus par les beaux produits remarqués aux expositions précédentes, et qui leur avaient valu la médaille de bronze en 1844, ont encore renchéri de perfection sur leurs prédécesseurs. Ils exposent aujourd'hui des peignes comptant jusqu'à 230 dents par 27 millimètres. On n'était pas allé jusqu'ici au delà de 210. Ces peignes servent à la fabrication des gazes à bluter et autres tissus très-légers. Autrefois ces gazes étaient tirées de la Suisse, aujourd'hui c'est notre industrie qui en fournit à nos voisins.

Le jury, reconnaissant ce qu'il y a de vraiment remarquable dans les produits fabriqués par MM. Durand et Bal, leur décerne une médaille d'argent.

PEIGNES POUR LE LIN ET LA LAINE.

M. Thomas HARDING-COKER, à Lille (Nord).

Ce fabricant apporte une grande perfection dans la confection des divers genres de peignes employés dans la filature de la laine, du lin, du chanvre et des étoupes. Les produits qu'il expose constatent la supériorité à laquelle il a su arriver, et les nouveaux progrès introduits dans la fabrication de ces articles, qui présentent une grande variété et un fini remarquable. Dans cette situation, il nous reste peu de choses à envier à l'Angleterre, si même M. Harding-Coker n'est supérieur aux fabricants de ce pays pour certains produits.

M. Harding-Coker, mentionné honorablement en 1839, a obtenu la médaille de bronze en 1844. Le jury, voulant récompenser les progrès faits par ce fabricant, lui décerne aujourd'hui la médaille d'argent.

MACHINE À MÉTRER ET PLIER LES ÉTOFFES.

M. François RUFF, rue Fontaine-Saint-Georges, n° 35, à Paris.

M. Ruff est l'inventeur et à la fois le constructeur d'une machine fort ingénieuse destinée à métrer et à plier les étoffes. Cette machine, qui prend rang aujourd'hui à l'exposition parmi les nouveautés qui attirent vivement l'attention des visiteurs, est sans contredit l'appareil le mieux combiné, et fonctionnant avec le plus de facilité et de régularité, de tous ceux imaginés jusque-là pour remplir le même but. Elle est simple, paraît peu sujette à se déranger, et procède avec une exactitude parfaite. Un ouvrier peut facilement mesurer et mettre en plis, par heure, au moyen de ce petit appareil, 30 pièces de calicot ou d'étoffe analogue, de 100 mètres de longueur chacune. La machine se prête d'ailleurs, moyennant de légers changements, au métrage et au pliage des étoffes plus fortes et moins souples. M. Ruff, modeste ouvrier, a résolu de cette manière, nous ne dirons pas complétement, l'expérience en grand n'ayant point prononcé encore, mais du moins autant qu'il soit possible d'en juger par les expériences auxquelles s'est livrée la commission du jury, un problème qui avait fixé l'attention des mécaniciens les plus éminents, et qui n'avait jusqu'ici produit que des solutions très-imparfaites, malgré les vives sollicitations de plusieurs industries importantes intéressées à l'invention dont il s'agit.

M. Ruff a incontestablement droit à une récompense; aussi le jury n'hésite-t-il pas à la lui accorder, en lui donnant une médaille d'argent.

MACHINES EMPLOYÉES DANS LA FILATURE DE LA LAINE PEIGNÉE.

Nouvelle médaille de bronze.

M. Auguste ROTTÉE, rue et impasse Popincourt, n° 30, à Paris.

M. Rottée est un constructeur modeste, mais non dénué de mérite. Il expose un défeutreur réunisseur pour la laine peignée, parfaitement entendu comme système et d'une bonne exécution. C'est là une bonne machine.

M. Rottée présente encore divers petits appareils, tels que tambours de métiers à filer en tôle galvanisée, supports fixes pour les tours, etc. Le tout est fort bien établi, et d'un prix néanmoins peu élevé.

M. Rottée avait obtenu une médaille de bronze à l'exposition de 1834; depuis lors, il n'a plus exposé. Le jury le juge digne d'une nouvelle récompense aujourd'hui, et lui décerne, en conséquence, une nouvelle médaille de bronze.

MACHINES À BOUTER LES CARDES.

Rappel de médaille de bronze.

M. MICHEL, à Rouen (Seine-Inférieure).

Il expose une machine à bouter les rubans de cardes d'une bonne exécution, et qui permet de confectionner deux rubans à la fois. Le rapport du jury départemental de la Seine-Inférieure constate qu'un grand nombre de ces machines fonctionnent dans les ateliers de l'exposant, et donnent des produits qui justifient la bonne opinion que peut faire concevoir l'exécution de celle mise sous les yeux du jury central.

M. Michel a obtenu une médaille de bronze à l'exposition de

1844. Le jury, le jugeant toujours digne de cette distinction, lui en vote le rappel aujourd'hui.

MACHINES À CANNELER ET CALIBRER LES CYLINDRES DE FILATURE.

M. PINEL, à Sotteville-lès-Rouen (Seine-Inférieure).

Médailles de bronze.

M. Pinel présente une machine de son invention, pour canneler et calibrer à la fois les cylindres de filature. Ce double résultat est obtenu au moyen de bagues ou viroles cannelées intérieurement, et remplaçant les burins ordinaires employés jusque-là à cette opération. L'on soumet les cylindres à l'action successive de plusieurs viroles produisant des entailles de plus en plus profondes. Une bague non cannelée précède l'outil; il sert ainsi à la fois de calibre et de lunette. La production simultanée de toutes les cannelures, au moyen de la disposition imaginée par M. Pinel, abrégeant le travail, paraît devoir donner lieu à économie. Il présente, en outre, cet avantage, d'obtenir, par la même opération, des cylindres parfaitement cylindriques.

Le jury aime à croire que la pratique viendra confirmer les avantages qu'il est permis d'entrevoir à l'emploi de cette nouvelle machine, déja appliquée, d'ailleurs, dans les ateliers de M. Lethuiller, fabricant de cylindres cannelés à Rouen. Il décerne, en conséquence, une médaille de bronze à M. Pinel, auquels sont dus plusieurs autres perfectionnements dans la construction des machines à confectionner les cylindres de filature.

MACHINE À SÉCHER ET ÉTIRER LES ÉTOFFES.

M. GIROUD-ARGOUD, à Villeurbanne (Isère).

L'emploi du tambour sécheur, dans les opérations de l'apprêt des tissus, a marqué un grand progrès dans cette industrie. Cet appareil est employé aujourd'hui avec succès et économie dans les grands établissements qui s'occupent de l'apprêt des tissus légers, tels qu'indiennes, calicots, mousselines, etc. L'opération du séchage n'est pas la seule à laquelle soit employée le tambour, il doit en même temps servir à étendre l'étoffe uniformément en tous sens, pour en faire ressortir le grain dans toute sa pureté et sa régularité. A cet effet, des dispositions particulières y sont adaptées, qui en forment le complément indispensable. M. Giroud-Argoud expose un tambour sécheur qui présente un mécanisme fort ingénieux pour remplir ce dernier but, et plus particulièrement pour opérer la tension en largeur ou l'élargissement du tissu. C'est une suite de petits crochets, réunis entre eux par des plaques de métal, à articulation, formant bague ou anneau autour du tambour, qu'ils suivent dans son mouvement de rotation, en même temps qu'ils peuvent être rapprochés ou écartés l'un de l'autre, pour produire le degré de tension voulu. La machine de M. Giroud-Argoud est plus spécialement destinée à l'apprêt de certaines étoffes de soie et des mousselines, et remplace avec avantage l'ancien appareil connu sous le nom de *rame*. Plusieurs de ces machines fonctionnent à Tarare et à Lyon.

Le jury a examiné avec intérêt l'appareil présenté par M. Giroud-Argoud, et lui décerne, à titre de récompense, une médaille de bronze.

RÉGULATEUR POUR MÉTIERS À TISSER MÉCANIQUES.

M. Victor LAURENT, à Belfort (Haut-Rhin).

M. Laurent, inventeur d'un nouveau régulateur pour métiers à tisser mécaniques, expose un de ces mécanismes appliqué à un métier. On sait qu'ordinairement, dans ces machines, l'enroulement de la toile s'opère au moyen d'un cliquetage agissant sur une roue à rochet, et mis en mouvement par le battant ou chasse du métier. Ce mode de procéder n'offre pas une grande précision, et exige une surveillance suivie de la part de l'ouvrier et du contre-maître, pour donner à la toile une régularité suffisante. Aussi, depuis longtemps, a-t-on cherché les moyens de remédier à cet inconvénient par des dispositions diverses dites *régulateurs*, qui permettent de donner au tissu une uniformité constante et assurée, dans l'espacement des duites ou fils de la trame. C'est là aussi le but que s'est proposé M. Laurent en imaginant le régulateur qu'il présente aujourd'hui à l'exposition. La base d'action de ce mécanisme est le diamètre décroissant de l'ensouple de la chaîne. A cet effet, il fait reposer un levier sur celle-ci, au point où le déroulement s'opère. Ce levier s'abaisse selon que le diamètre diminue et entraîne avec lui une courbe hyperbolique qui, par l'intermédiaire de plusieurs agents secondaires, règle l'amplitude du mouvement de la roue à rochet opérant l'enroulement du tissu.

Le régulateur de M. Laurent nous a paru bien combiné ; peut-être pourrait-on lui reprocher un peu de complication, et par suite un prix de revient un peu élevé (ce prix est de 50 fr.) ; mais, à part cet inconvénient, que sans doute l'habile inventeur parviendra encore à amoindrir, son régulateur semble devoir bien fonctionner et donner de bons résultats.

L'invention dont il s'agit, bien qu'appliquée déjà à un certain nombre de métiers, est cependant trop récente encore pour que la pratique ait déjà pu prononcer à son égard, en parfaite connaissance de cause. Cette circonstance impose au jury une réserve dont il voudrait être affranchi en présence de l'ingénieuse combinaison de M. Laurent ; aussi, en récompensant celui-ci de ses utiles recherches aujourd'hui, n'entend-il point proportionner cette récompense à la mesure vraie du mérite que peut offrir son invention. Elle représente plutôt l'expression d'une appréciation théorique, attendant que l'élément pratique, qui forme le complément indispensable de la base des jugements du jury, ait pu corroborer ou infirmer l'opinion favorable, d'ailleurs, que celui-ci a conçu de l'appareil dont il s'agit. Le jury décerne, en conséquence, à M. Laurent une médaille de bronze.

PIÈCES DÉTACHÉES POUR MACHINES DE FILATURE, ETC.

Mme veuve ORY et LEFEBVRE, rue Saint-Antoine, n° 143, à Paris,

Exposent un grand assortissement de pièces détachées pour machines de filature, telles que broches, engrenages, cylindres cannelés, etc. Ces pièces sont généralement bien exécutées. Le jury a encore remarqué une machine à gaufrer, une partie de métier circulaire pour bonneterie, et autres petits appareils, témoignant à la fois de la variété et de la bonne exécution des pièces sortant des ateliers de Mme veuve Ory et Lefebvre. Il décerne à ces industriels, qui se présentent pour la première fois au concours, une médaille de bronze.

MACHINES DE FILATURE.

MM. PAGEZY, VASSAS et Cie, à Montpellier (Hérault).

Ils exposent une machine à ouvrir et nettoyer la laine, de leur invention, à laquelle ils donnent le nom de *détamponneuse*. Elle consiste en un tambour armé de pointes de fer, qui reçoit la laine de deux cylindres cannelés, et la livre à un autre tambour garni de lames de peigne, d'où elle est enlevée et rejetée au dehors par un troisième tambour garni de brosses. Des échantillons de laine brute et nettoyée accompagnent la machine. A en juger par ces types, la *débourrpoudeuse* remplirait parfaitement ce but; ce fait est confirmé d'ailleurs par la déclaration de plusieurs filateurs qui emploient la machine de MM. Pagezy, Vassas et compagnie, laquelle paraît surtout rendre de bons services dans le traitement des laines d'Espagne et celles de qualités analogues.

Le jury, reconnaissant que MM. Pagezy, Vassas et compagnie ont rendu service à l'industrie lainière au moyen de l'invention de leur machine, décerne à ces messieurs une médaille de bronze.

MACHINE À TONDRE LES DRAPS.

M. Georges PAUILHAC, à Montauban (Tarn-et-Garonne).

M. Pauilhac reproduit aujourd'hui, perfectionnée, sa machine à tondre les draps exposée en 1844. Plusieurs dispositions nouvelles, ajoutées à sa table mobile, en rendent le service plus facile, en même temps que le travail en est amélioré. Cette machine paraît surtout pouvoir être employée avec avantage aux dernières opérations, soit pour donner ce que l'on appelle la tonte d'apprêt.

Le jury, voulant récompenser M. Pauilhac, mentionné honorablement en 1844, des nouveaux perfectionnements apportés à sa machine, lui décerne une médaille de bronze.

TAMBOURS À ÉMERI POUR L'AIGUISAGE DES CARDES; TAMBOURS EN SCIURE DE BOIS.

M. DUBUS, à Louviers (Eure).

M. Dubus a imaginé un moyen facile et fort ingénieux d'appliquer l'émeri aux tambours servant à l'aiguisage des cardes. Il emploie pour cela, au lieu de colle forte ordinaire, un mélange de colle et d'autres substances, qui permet de tourner les tambours après l'application de l'émeri, et de leur conserver ainsi une rondeur ou cylindricité parfaite, tout en arrivant à leur donner un mordant supérieur à celui obtenu par le procédé ordinaire. L'expérience a pleinement constaté la bonté du procédé de M. Dubus. Il est employé dans un grand nombre de filatures, qui s'en montrent entièrement satisfaites. Le jury a eu à examiner deux tambours ainsi préparés, présentés par M. Dubus.

Ce mécanicien expose encore un tambour pour cardes, dont la circonférence est formée en sciure de bois, amalgamée et rendue solide par les mêmes moyens que ceux employés dans la confection de ses tambours à émeri. Ce nouveau genre de construction offre l'avantage d'être léger, fort peu coûteux, très-expéditif, et de recevoir les clous à l'instar du bois, ce que ne permet ni le stuc ni la fonte, matières les plus généralement employées aujourd'hui dans la construction de ce genre de tambour. D'un autre côté, la sciure de bois ainsi préparée n'étant pas sujette à se voiler par l'effet de la chaleur et de la dessiccation, et pouvant se tourner facilement, l'emploi de cette substance paraît devoir être adopté avec succès à la confection des tambours de cardes.

Le jury estime que M. Dubus a rendu un véritable service aux filatures de coton et de laine, par l'ingénieux procédé qu'il a inventé pour la confection des tambours à émeri et autres employés par ces industries; il lui décerne en conséquence, à titre de récompense, une médaille de bronze.

MACHINES A FAIRE LES TISSUS, ROUETS, ETC.

M. Benjamin-Joseph GAUTRON, rue Grenétat, n° 16, à Paris.

Il expose diverses petites machines, employées dans la fabrication de la passementerie, à la confection des tissus, etc. Elles se composent d'une machine à tresses à 37 fuseaux; d'un rouet perfectionné à retordre et à assembler, pour passementiers; d'une peloteuse perfectionnée, enfin d'un rouet à compteur par numéro.

Ces diverses machines sont exécutées avec beaucoup de soin. Le jury a surtout remarqué le rouet à tordre et à assembler qui ne laisse rien à désirer sous ce rapport, et est parfaitement combiné. La peloteuse mérite également une mention particulière.

M. Gautron est un industriel intelligent, étudiant parfaitement toutes ses constructions, et apportant des soins consciencieux à leur exécution. Le jury le juge digne de récompense et lui décerne en conséquence une médaille de bronze.

MACHINE A ROULER OU PLIER LES ÉTOFFES.

MM. HARANGER et BELLIER, rue de Chaillot, n° 14, à Paris.

Ils exposent une machine à rouler ou plier les étoffes, particulièrement employée dans le commerce des mérinos et tissus de laine légers. La machine dont les exposants sont les inventeurs est ingénieuse, simple, bien établie et fonctionne avec facilité et régularité. L'étoffe passe entre deux cylindres garnis de pannes, où elle arrive guidée par deux parois en métal pouvant s'approcher ou s'écarter à volonté. Un petit levier à ressort, formant pêne, sert à donner la tension voulue à l'étoffe. Enfin celle-ci est enroulée à plat ou sous toute autre forme, sur un mandrin approprié à cette dernière, placé sur le devant de la machine et mis en mouvement avec les autres pièces par la manivelle de la machine. Un grand nombre de ces petits appareils fonctionnent déjà chez plusieurs négociants de Paris et des départements; la quantité d'ouvrage fourni par jour peut être estimée à 80 pièces environ de 200 mètres chacune.

Le jury ne peut que féliciter MM. Haranger et Bellier de leur ingénieuse invention, et leur décerne une médaille de bronze.

MACHINES DE FILATURE. (LAINES PEIGNÉES.)

M. Casimir LEBLANC, rue du Chemin-Vert, n° 12, à Paris.

M. Leblanc est filateur de laines peignées, et ingénieur-mécanicien. Il expose pour la première fois, et présente une machine dite défeutreur réunisseur pour la préparation de la laine peignée. Cette machine est bien établie, et a été examinée avec intérêt par le jury. Elle est à double étirage et paraît devoir livrer de bons produits. Une médaille de bronze est décernée à M. Leblanc.

MÉTIER A FAIRE DES CHAUSSONS.

M. Nicolas-Henri FOUCHER, rue Saint-Martin, n° 10, à Paris.

Il expose deux métiers à faire les chaussons en tresses, offrant l'avantage de faire bien, promptement, et avec facilité, d'où, perfection de travail, économie et placement d'autant plus assuré des produits.

Le jury a examiné avec intérêt la fabrication de M. Foucher qui est fort belle, et peut être néanmoins livrée au commerce à un prix extrêmement bas. Grâce aux efforts intelligents de M. Foucher, cette fabrication, qui déjà a pris une grande extension, va en augmentant encore chaque jour. Il a su donner une véritable élégance à ses produits, et les varie avec un art si infini qu'il en trouve un écoulement facile. La confection des chaussons est exclusivement confiée aux femmes, et devient une grande ressource pour la population ouvrière de Paris, le travail se faisant à domicile et pouvant l'être à moments perdus, tout en produisant un salaire assez élevé.

Le jury voulant récompenser M. Foucher du service rendu par son ingénieuse industrie, lui décerne une médaille de bronze.

MACHINE A FABRIQUER LES PEIGNES A TISSER.

M. Prosper VARLET, à Inchy (Nord).

Il expose une machine à fabriquer les peignes à tisser. Cette machine, extrêmement simple, paraît bien combinée, et donne de bons produits. Le jury a pu voir un peigne confectionné par elle, parfaitement régulier, et réunissant toutes les autres conditions d'une bonne fabrication.

M. Varlet est digne de récompense, le jury lui accorde en conséquence une médaille de bronze.

LAMINOIRS POUR FABRIQUER LES DENTS DE PEIGNES POUR TISSAGE.

M. Clément AUDE, rue Saint-Bernard, n° 19, à Paris.

Mentions honorables.

M. Aude est fabricant de dents pour peignes de tissage. Il expose un laminoir de sa construction, servant à cette fabrication. Cette machine est fort bien exécutée, donne un produit parfaitement régulier, varié selon les diverses formes ou épaisseurs exigées pour la confection des peignes ou autres emplois analogues.

Le jury reconnaît en M. Aude un mécanicien habile, et digne de récompense. Il lui accorde, en conséquence, une mention honorable.

APPAREIL REMPLAÇANT LES BAGUES DANS L'ENCOLLAGE DES CHAÎNES.

M. Henri-Joseph BONJEAN, à Reims (Marne).

Il a eu l'heureuse idée de remplacer par un petit appareil, à deux paires de cylindres, agissant dans deux plans perpendiculaires, les bagues ordinairement employées dans l'opération de l'encollage des chaînes de laine ou coton. Cette disposition présente des avantages sur l'ancien procédé; elle ménage davantage le fil et donne plus de régularité à l'opération.

Le jury juge M. Bonjean digne de récompense et lui accorde en conséquence une mention honorable.

MACHINES À PEIGNER LA LAINE.

M. Pierre-François CHAPPLAIN, à Vandeuvre (Aube).

M. Chapplain expose une petite machine à peigner la laine, destinée à simplifier l'opération du peignage à la main, ou à le remplacer même jusqu'à un certain point. Le travail n'y a pas lieu d'une manière continue; il consiste à obtenir seulement des rubans d'une certaine longueur, et paraît devoir se faire avec facilité et économie.

Le jury accorde à M. Chapplain une mention honorable.

MACHINE DOUBLEUSE ET BOBINEUSE.

MM. DAUTRY et Cie, rue de Charonne, n° 74, à Paris.

Ils exposent une machine à doubler et à bobiner bien raisonnée, construite en bois, et exécutée avec soin. Cette machine fonctionne facilement et avec régularité. Le jury, voulant récompenser MM. Dautry et compagnie d'un travail consciencieux et intelligent, leur accorde une mention honorable.

MACHINE À COUPER LES EFFILÉS.

M. Edmond DUCOR, rue des Deux-Portes-Saint-Sauveur, à Paris.

Il expose une machine à couper les effilés, à l'usage des passementiers : c'est un petit appareil fort ingénieux, garni de ciseaux mécaniques mis en mouvement par une manivelle, et coupant les effilés à mesure que ceux-ci, amenés par 2 roues armées de petites pointes, sont présentés à leur action. Ces roues offrent une jolie application. La machine présente encore cet avantage de pouvoir varier, à volonté, la ligne de coupure, de manière à obtenir des effilés de diverses longueurs.

Le jury accorde à M. Ducor une mention honorable.

MACHINES DE FILATURE; CYLINDRES OU TAMBOURS EN TÔLE ÉTAMÉE.

Mme FRÉMINET, rue Grange-aux-Belles, n° 63, à Paris.

Elle expose des cylindres ou tambours en tôle étamée, pour métiers à filer continus et autres. Les tambours sont bien exécutés, et paraissent devoir faire un bon usage.

Le jury accorde à Mme Fréminet une mention honorable.

MACHINE À CARDER LE CRIN.

M. Jean GARDISSAL, rue Racine, n° 9, à Paris.

Il présente une machine à ouvrir et carder le crin, la laine, l'étoupe et le coton. Cet appareil est simple, fonctionne facilement, et paraît pouvoir être employé avantageusement dans un grand nombre de cas.

Le jury, jugeant M. Gardissal digne de récompense, lui accorde une mention honorable.

CHARDONS MÉTALLIQUES.

M. PERRIN LECOCQ, à Sedan (Ardennes).

M. Perrin Lecocq expose un produit fort artistement fabriqué : ce sont des chardons métalliques, fabriqués avec de petites feuilles de laiton minces, ingénieusement découpées, recourbées en forme de crochets, et destinées à remplacer les chardons ordinaires employés au lainage des draps. De nombreux essais ont été tentés déjà pour arriver à une substitution de ce genre; mais ces essais n'ont généralement pas réussi jusqu'ici. L'on n'a pas pu trouver encore le moyen de donner au métal, quels que fussent, d'ailleurs, sa nature et les formes employées, les qualités particulières et si précieuses du chardon végétal. Il serait sans doute difficile de dire si la nouvelle expérience que semble vouloir tenter en ce moment M. Perrin Lecocq sera couronnée de plus de succès; mais, en tout cas, faut-il reconnaître qu'il est arrivé à un degré d'imitation qui doit au moins laisser, sous ce rapport, beaucoup d'espoir. Quoi qu'il en soit, le jury ne peut, dans un tel état de la question, que se renfermer dans une grande réserve; car l'expérience seule pourra dire si, oui ou non, M. Perrin Lecocq a résolu le problème qu'il paraît s'être proposé. Tout en reconnaissant donc ce qu'il y a de véritablement ingénieux dans l'invention dont il s'agit, le jury se voit contraint à se borner momentanément à la mentionner dans son rapport, en émettant le désir que l'inventeur se mette en mesure, dans une occasion prochaine, de pouvoir lui accorder une récompense plus élevée.

PEIGNES À TISSER.

M. Pierre-Adrien POUCHET, à Rouen (Seine-Inférieure).

Il expose des peignes à tisser, confectionnés au moyen d'une machine dont il présente le dessin.

Ces peignes, de diverses finesses, sont bien fabriqués, et offrent l'avantage de présenter une régularité plus grande que ceux faits à la main.

M. Pouchet occupe dans ses ateliers 6 hommes et environ 20 enfants, et fournit annuellement pour 30 à 36,000 francs de produits aux établissements de tissage de la localité.

Le jury accorde à M. Pouchet une mention honorable.

MACHINE À RETORDRE LA LAINE POUR PASSEMENTERIE.

M. Isaac REYMONDON, rue du Faubourg-Saint-Martin, n° 84, à Paris.

La machine présentée par M. Reymondon, et destinée au retordage en même temps qu'au *roulage* de la laine pour passementerie, est bien combinée et construite avec soin ; les diverses opérations auxquelles elle doit servir s'y font avec précision et efficacité. Les produits obtenus, que le jury a eu à examiner, sont incontestablement supérieurs à ce qui se fait à la main par les procédés habituels.

M. Reymondon mérite une récompense pour sa machine. Le jury lui accorde une mention honorable.

MACHINE À SÉCHER, MACHINE À FILTRER.

M. Jean ROHLFS, cour Batave, n° 12, à Paris.

Chacun connaît l'ingénieuse application faite de l'effet produit par la force centrifuge, au séchage des étoffes. M. Rohlfs présente une machine de ce genre connue, sous le nom *d'hydro-extracteur*, de dimension moyenne, pouvant être mise en mouvement à bras d'homme, et étant applicable ainsi aux usages domestiques. Cette machine est bien exécutée et bien raisonnée dans ses mouvements.

M. Rohlfs a eu l'idée d'appliquer le même principe de la force centrifuge au filtrage de l'eau, et il la présente réalisée dans son filtre mécanique à rotation, qu'il expose à côté de la machine précédente. Ce second appareil est ingénieusement combiné et d'une bonne exécution. M. Rohlfs estime que sa mise en mouvement, à la vitesse de 1,400 tours par minute, exige la force d'un demi-cheval, et que la machine peut distiller ou filtrer à cette vitesse deux mètres cubes d'eau par heure.

Le jury n'entrera pas ici dans l'appréciation du mérite de ce nouveau procédé de filtrage, mais il n'en juge pas moins M. Rohlfs digne de récompense; il lui décerne, en conséquence, une mention honorable.

MACHINE À FAIRE LES GANSES.

M. Jean-François BLANCHIN aîné, quai de Valmy, n° 125, à Paris. Citations favorables.

Le jury accorde à M. Blanchin une citation favorable pour sa machine à fabriquer les ganses, qu'il a examinée avec intérêt.

MACHINE À TISSER LES CHAUSSONS DE TRESSE.

M. DEGUZON, rue Pascal, n° 15, à Paris.

M. Deguzon expose deux formes à fabriquer les chaussons de tresses, qui présentent une disposition ingénieuse pour faciliter le travail de l'ouvrier, en se prêtant aux positions diverses qu'il est besoin de leur faire prendre, tout en conservant leur point d'attache, nécessaire pour la tension des lacets et les autres opérations du tressage.

Le jury accorde à M. Deguzon une citation favorable.

ÉLARGISSOIR DE TOILE, TEMPLET POUR TISSAGE.

M. Jean-Baptiste GONDEZENNE, à Armentières (Nord).

Il expose les modèles d'une machine à étendre ou élargir la toile, qui paraît devoir fonctionner convenablement, ainsi qu'un templet pour tissage, à ressort et pince, qui doit présenter des avantages pour la fabrication de certains tissus.

Le jury accorde à M. Gondezenne une citation favorable.

TAQUETS ET NAVETTES POUR TISSAGE MÉCANIQUE.

M. HUBERT, à Rouen (Seine-Inférieure).

Le jury a examiné avec intérêt les navettes et taquets pour tissage mécanique, présentés par M. Hubert, auquel il accorde une citation favorable.

NAVETTE POUR LA FABRICATION DES COUVERTURES.

M. Jean-Constant LEROUX, à Orléans (Loiret).

Une citation favorable est accordée à M. Leroux, pour sa navette perfectionnée, employée dans la fabrication des couvertures.

MACHINE DITE *SPOULOIR*, POUR LA CONFECTION DES BOBINES.

M. Narcisse RONNET, de Trélonne (Ardennes).

La machine exposée par M. Ronnet, et dont il est l'inventeur, porte le nom de *spouloir*, et est destinée à la confection des bobines pour le tissage de la laine. Ce petit appareil, assez ingénieux, permet de confectionner un certain nombre de bobines à la fois, et peut remplacer, avec avantage et économie, le dévidoir ordinaire, assez généralement employé au même usage.

Le jury accorde à M. Ronnet une citation favorable.

TOURNURIÈRE POUR CHAPEAUX.

M. Eugène RUBANS, rue Amelot, n° 46, à Paris.

Le jury accorde une citation favorable à M. Rubans, pour sa mécanique à donner la tournure aux chapeaux.

---

§ 2. CARDES.

M. Émile Dolfus, rapporteur.

Nouveaux rappels de médailles d'or.

M. HACHE-BOURGOIS, à Louviers (Eure).

M. Hache-Bourgois est le vétéran, et l'on pourrait dire le fondateur, en France, de l'industrie de la fabrication des cardes. Dès 1786, il s'y était fait remarquer, et avait obtenu une récompense du Gouvernement. Depuis lors, il n'a pas cessé de progresser, et à mesure que sa réputation grandissait, que sa supériorité était mieux reconnue, l'on a vu son établissement s'étendre jusqu'à mettre 120 machines en activité, et faire marcher de front ainsi l'importance et la perfection de ses produits. Les articles qu'expose aujourd'hui M. Hache-Bourgois méritent tous les éloges auxquels ce fabricant est habitué depuis si longtemps : soins parfaits, régularité irréprochable, tout enfin annonce dans les types de sa fabrication le savoir faire de l'homme d'expérience, la direction intelligente du manufacturier habile et consciencieux.

Parvenu au degré où s'est placé M. Hache-Bourgois, les récompenses du jury peuvent ne plus avoir pour lui le même prix qu'autrefois, mais celui-ci n'en a pas moins le droit d'exprimer son jugement. Il le fait, en déclarant que M. Hache-Bourgois est toujours en première ligne dans la fabrication des cardes, et en votant, à cet honorable et digne industriel, un nouveau rappel de la médaille d'or obtenue en 1834, et déjà rappelée deux fois depuis lors.

MM. SCRIVE frères, à Lille (Nord).

La belle manufacture de cardes de MM. Scrive frères est aujourd'hui l'établissement le plus considérable en ce genre, en France. Il ne compte pas moins de 125 machines à bouter, tant pour coton, que pour laines et étoupes. Mais ce qui le rend plus digne d'intérêt encore, c'est l'excellente qualité de ses produits, à laquelle il est arrivé, et qu'il a su maintenir, par des efforts aussi constants qu'habiles, dans la voie du progrès et des perfectionnements.

A côté de leurs cardes ordinaires, un produit nouveau est exposé par MM. Scrive frères. Ce sont des cardes en *drap-feutre* destiné à remplacer le cuir. Cette nouvelle matière dont le procédé de fabrication est importé d'Angleterre, parait devoir convenir parfaitement à l'emploi auquel on la destine, comme susceptible par son homogénéité, son uniformité d'élasticité et de résistance, d'être substituée avantageusement au cuir, qui n'offre pas, au même degré, ou du moins pas d'une manière suffisamment suivie, ces conditions premières de bon usage et de durée. On sait que de nombreux essais avaient été tentés jusqu'ici pour remédier à ces imperfections, et pour remplacer le cuir. Ainsi, dans les derniers temps surtout, on avait, entre autres, fabriqué beaucoup de cardes boutées sur tissus en caoutchouc; mais cette matière, trop impressionable par les variations de la température, n'a généralement pas donné les résultats que l'on en attendait. Aussi paraît-elle devoir être décidément abandonnée. Restera à l'expérience à démontrer jusqu'à quel point se réaliseront les espérances qu'on fonde aujourd'hui sur le drap feutre, mis à l'épreuve déjà par un grand nombre de filatures.

En attendant, et quoiqu'il en soit, l'on doit savoir gré à MM. Scrive frères d'avoir, des premiers, mis la filature française à même de juger du mérite de cette application nouvelle.

MM. Scrive frères, après avoir été distingués comme exposants, dès 1806, sont successivement arrivés, depuis lors, dans les expositions suivantes, aux premières récompenses. Le jury, rendant hommage au mérite de ces fabricants, et reconnaissant qu'ils ont, à tous égards, su se maintenir au premier rang de leur industrie, leur vote un nouveau rappel de la médaille d'or qui leur avait été décernée en 1834, et déjà rappelée en 1844.

Rappel de médaille d'or.

MM. A. et L. MIROUDE à Rouen (Seine-Inférieure).

Le rapport du jury de 1844 avait constaté les nombreux perfectionnements apportés par ces fabricants à la confection des cardes. Aujourd'hui il y a de nouveaux progrès à signaler. MM. A. et L. Miroude exposent à côté de leurs produits courants pour laine, coton et lin, des plaques et rubans pour le cardage de la soie, d'une exécution parfaitement soignée. Leurs cardes à lin sont toujours remarquables, tant par l'excellente préparation donnée au cuir, que par la solidité du boutage et la bonne exécution des pointes. Les plaques et rubans pour coton et laine ne laissent rien à désirer, et marchent de pair avec ce qui se fait de mieux dans ces articles.

MM. Miroude ont ajouté à leur fabrique un atelier de corroirie, pour la préparation des cuirs forts destinés aux cardes à lin principalement.

Le jury a distingué la solidité vraiment remarquable de ces produits.

Cette succursale leur permet d'autant mieux de garantir l'excellente qualité de leurs articles.

Ils exposent également des plaques en *drap-feutre*, application nouvelle qui paraît avoir des chances de succès.

MM. Miroude ont, en ce moment, 90 machines en activité. Le tiers de leur produit est livré à l'exportation. Cette conquête sur l'étranger n'est pas le moindre mérite qu'il faille applaudir chez ces fabricants.

Le jury, aimant à reconnaître les nombreux services rendus par MM. A. et L. Miroude à leur intéressante industrie, leur vote le rappel de la médaille d'or obtenue en 1844.

MM. Victor FUMIÈRE et FORTIN, à Rouen (Seine-Inférieure). Rappel de médaille d'argent.

Exposent des plaques et rubans pour laine et coton. Ce sont de beaux produits, bien fabriqués, et qui prouvent que MM. Fumière et Fortin ne sont pas restés stationnaires dans la branche d'industrie qu'ils exploitent. Leurs cardes sont estimées, et ce qui le prouve, c'est que 88 machines à bouter sont en activité dans leur fabrique. MM. Fumière et Fortin présentent un article qu'ils annoncent être entièrement nouveau, ce sont des rubans à pointes en fil triangulaire, pour des cardes à coton. La fabrication de ces rubans remonte à trop peu de temps pour que l'expérience ait déjà pu en constater les qualités. MM. Fumière et Fortin ont obtenu la médaille d'argent en 1844. Cette récompense leur est due à tout aussi juste titre aujourd'hui. Le jury leur en vote le rappel.

M. DUCHAUFFOUR-ACHEZ, à Reims (Marne). Médaille de bronze.

M. Duchauffour est le premier industriel qui ait établi, à Reims, une fabrique de cardes. Cette création a été un service rendu à l'industrie de cette ville. L'établissement de M. Duchauffour a pris une rapide extension, grâce à la parfaite qualité de ses produits, justement appréciés par la filature, et qui se placent facilement, même à l'étranger. Les types exposés viennent confirmer le jugement des consommateurs, le jury aime à le reconnaître et, voulant récompenser les utiles travaux de ce fabricant, décerne à M. Duchauffour-Achez une médaille de bronze.

M. Charles PETIT-LECLERC à Rouen (Seine-Inférieure). Mentions honorables.

A fondé depuis deux ans un établissement pour la fabrication des cardes, dont les produits paraissent aujourd'hui pour la première fois à l'exposition. Ces produits sont établis avec des cuirs bien choisis, moelleux, et réguliers en épaisseur. Le boutage ainsi que la coupe des dents ne laissent également rien à désirer. Avec de tels éléments, M. Petit-Leclerc ne peut manquer de se faire une bonne et nombreuse clientèle. Le jury lui accorde une mention honorable.

M. MATIGNON, rue de Charonne, n° 41, à Paris.

M. Matignon est un fabricant consciencieux dont les produits ne sont pas sans mérite, et que le jury a examinés avec un véritable intérêt. Il est aujourd'hui le seul qui exploite encore cette industrie à Paris. M. Matignon a introduit récemment de grands perfectionnements dans son établissement. Cette circonstance le mettra à même de concourir avec moins de désavantage avec des localités qui semblent plus ou moins avoir cherché à attirer, depuis quelque temps, le monopole de ce genre de fabrication. Une récompense est due à M. Matignon : le jury lui accorde une mention honorable.

---

§ 3. MÉCANIQUES POUR TISSUS BROCHÉS.

M. Gaussen, rapporteur.

CONSIDÉRATIONS SUR L'ÉTAT ACTUEL DES PERFECTIONNEMENTS APPORTÉS À LA MÉCANIQUE JACQUART.

Jamais les perfectionnements apportés à la mécanique Jacquart n'ont été aussi nombreux, aussi intéressants que cette année. L'immortel auteur de cette découverte aurait sans doute de la peine à reconnaître l'œuvre qui lui a coûté tant de veilles, et dont l'immense utilité a été universellement reconnue. Un problème, presque aussi difficile que celui que Jacquart a résolu, était posé depuis longtemps sans qu'il eût été possible, jusqu'à présent, de prévoir sa solution. Les esprits les plus ingénieux avaient échoué dans leurs tentatives, et beaucoup de praticiens pensaient qu'il y avait là une impossibilité. Il s'agissait de substituer le papier au carton qui représente le dessin de l'étoffe dans le système Jacquart. Tous les hommes du métier savent que les frais de lecture, autrement dit du lisage et du piquage, entrent pour une part très-forte dans le prix revenant des châles en particulier, et que, si l'on sépare l'opération dont nous venons de parler en deux parties, le coût du piquage seul, eu égard aux prix des cartons, s'élève, dans certaines fabriques de châles riches, à une vingtaine de mille francs par année. La substitution du papier au carton doit diminuer les frais des trois quarts, et la mécanique Jacquart actuelle ne permet pas l'emploi du papier. Elle nécessite un carton épais et solide qui puisse résister à la pression violente qu'exerce le cylindre sur les aiguilles et à la secousse générale qu'éprouve la mécanique dans son jeu. Pour remplacer le carton par le papier, il fallait trouver un mécanisme particulier qui fonctionnât avec une grande douceur, et dans lequel la pression qu'exerce les aiguilles fût en grande partie annulée. Nous ne craignons pas de le dire; aujourd'hui, la difficulté nous paraît à peu près résolue, et, malgré les insuccès passés, nous croyons devoir affirmer que, si les moyens proposés laissent encore quelque chose à désirer, la solution complète du problème ne peut se faire attendre.

Plusieurs inventeurs, marchant au même but, se présentent avec des moyens différents, tous très-ingénieux, et qui méritent d'être encouragés; leurs différents systèmes nous ont paru très-satisfaisants au premier coup d'œil, mais un seul a déjà subi la sanction de la pratique; ce dernier, qui ne fonctionne à Paris que depuis peu de jours, mais qui est employé à Lyon depuis plusieurs années par son auteur, appartient à M. Blanchet, chef d'atelier, délégué par la chambre de commerce de cette ville. M. Blanchet nous apporte avec lui des titres qui ne laissent aucun doute sur la portée pratique de son invention. Nous avons entre nos mains plusieurs attestations des principaux fabricants de Lyon, qui sont unanimes pour constater que la mécanique Blanchet travaille aussi facilement que la Jacquart ordinaire. Un de ces certificats est signé de M. Grillet aîné, dont les hautes lumières sont reconnues par toute la fabrique lyonnaise.

PIERRE MICHEL, chef d'atelier, à Nîmes (Gard). Médaille d'argent.

Cet inventeur se recommande depuis longtemps à la bienveillance du jury; en 1834 et en 1843, il a abandonné au domaine public deux procédés très-ingénieux relatifs à la mécanique Jacquart.

En 1845, il prenait un brevet pour une mécanique à corps et à lisses. Aujourd'hui il expose une mécanique Jacquart perfectionnée. Le battant de la mécanique de M. Michel permet aux crochets de reposer sur la planche à collet, avant que le cylindre vienne toucher les aiguilles, ce qui laisse aux crochets la faculté de conserver leur parfait équilibre. Ce résultat tient à ce que le coude sur lequel roule la poulie est indépendant de la presse proprement dite; ce coude est retenu contre le battant par un boudin au milieu duquel il s'engage et forme piston; son extrémité inférieure, pressée par la poulie, s'enfonce dans un vide pratiqué dans la tête de la presse jusqu'à ce que la griffe ait déposé les crochets sur la planche à collets; la poulie, atteignant la presse, opère spontanément, en glissant, la fonction du cylindre contre la planchette, et les aiguilles n'agissent sur les crochets qu'après que les becs de ces derniers ont abandonné les lames de la griffe. Avec ce système, ces mêmes crochets exécutent leur mouvement sans risquer d'osciller dans un sens ou dans un autre. Le mouvement de renvoi du cylindre de M. Pierre Michel se fait, comme à l'ordinaire, mais par le moyen d'une seconde presse indépendante de celle que nous venons de décrire.

L'invention de M. Pierre Michel est ingénieuse et constitue un perfectionnement réel dans la Jacquart. Le jury croit devoir décerner à ce modeste et intelligent inventeur une médaille d'argent.

Médailles de bronze.

MM. VILLARD et COUTURIER fils, à Lyon (Rhône).

Ces mécaniciens exposent un métier qui fonctionne avec une mécanique nouvelle; l'emploi de cette mécanique atteindrait ce résultat tant cherché de la substitution du papier au carton dans la mécanique Jacquart.

Leur mécanique diffère de la Jacquart en ce que la pression exercée dans cette dernière par le cylindre est changée. Dans la mécanique Villard ce sont les aiguilles qui viennent chercher le dessin, autrement dit, le papier. Ces aiguilles se retirent au moyen d'une griffe placée entre les crochets; l'évolution du cylindre se fait pendant la retraite des aiguilles. Le cylindre est rond au lieu d'être carré comme celui de la Jacquart.

Nous avons vu fonctionner cette mécanique qui, grâce à la chambre de commerce de Lyon, est aujourd'hui dans le domaine public; elle paraît travailler avec une grande facilité. En raison de l'importance qu'elle peut avoir et des recherches qu'elle a dû causer à ses auteurs, le jury décerne à MM. Villard et Couturier une médaille de bronze.

M. Jean-Baptiste ACKLIN, rue d'Aboukir, n° 36, à Paris.

Substitution du papier au carton dans la mécanique Jacquart.

La mécanique de M. Acklin est excessivement ingénieuse et simple; elle aurait d'autant plus de mérite, si elle remplit le but de son auteur, qu'elle paraît s'appliquer facilement à la mécanique Jacquart ordinaire, sans rien changer à la disposition de cette dernière, ni au montage du métier. L'économie que son emploi procurerait serait environ de 80 p. o/o sur le prix du carton.

La mécanique de M. Acklin a la forme du cylindre de la mécanique Jacquart et occupe la même place. Elle se compose d'un jeu de palettes faisant face aux aiguilles de la Jacquart ordinaire, qui, soulevées par d'autres aiguilles mises en contact avec le papier, viennent buter contre celles de la Jacquart et remplissent ainsi l'office du carton. Le poids des palettes n'étant que d'un gramme, le jeu des aiguilles de l'appareil qui les met en mouvement ne peut fatiguer le papier.

Pour éviter, et là est la grande difficulté, que le papier ne subisse trop fortement l'influence atmosphérique, M. Acklin le fait passer entre deux plaques métalliques, ce qui l'oblige à présenter régulièrement ses trous en face des aiguilles.

Le papier de M. Acklin, en passant entre les plaques, se trouve arrêté de chaque côté par des rebords; il est garni d'un ruban de fil dans les parties conduites par les roues de repère.

La mécanique de M. Acklin n'a fonctionné, jusqu'à présent, que pour faire une étoffe à gilets. Il est donc impossible d'asseoir une opinion définitive sur la portée de son invention. On peut craindre que les trous du papier étant d'une très-petite dimension, et les aiguilles conséquemment très-fines, l'influence que la température exerce, quoi qu'on puisse faire, sur les cartons ordinaires de la Jacquart, ne rende l'emploi de son papier difficile. M. Acklin se propose de construire un piquage en harmonie avec les exigences de son papier. Lorsque nous nous sommes transportés chez lui, il nous a montré un projet très-ingénieux d'appareil, qui s'appliquerait au piquage ordinaire, comme sa mécanique s'applique à la Jacquart, et dispenserait de faire les frais de nouvelles machines à piquer.

Le jury, reconnaissant tout le mérite inventif de M. Acklin, lui décerne la médaille de bronze.

MM. MARTINET frères, rue Saint-Maur-Popincourt, n° 12, à Paris.

Exposent un magnifique métier à la barre à trois navettes qui fonctionne admirablement. Il est difficile de voir un métier plus fini, mieux conditionné que celui de MM. Martinet frères; on peut dire qu'ils sont les dignes successeurs de la maison Dieudonnat, honorée plusieurs fois de la médaille d'argent par le jury central. Le métier qu'ils soumettent au jury est particulièrement destiné à la fabrication des rubans et de toute espèce de galons; le battant se baisse et se lève pour le passage de la navette. La mécanique Jacquart commande son mouvement; il est suspendu sous les chapeaux du métier; l'ouvrier peut le régler sans être obligé de monter dessus. La masse de ce battant est rendue plus légère par le rapprochement des navettes; des touches à ressort, fixées au montant, remplacent avec avantage les bricotteaux, cordages, etc. La commande qui fait fonctionner la mécanique Jacquart est une bascule à pivot, adaptée au volant, ce qui empêche la griffe de la mécanique de produire une secousse dans son double mouvement de descente et d'ascension.

MM. Martinet frères exposent aussi un lisage et une presse très-soignés; ils soumettent également au jury une cisaille d'origine viennoise, qui peut couper jusqu'à 12 bandes de carton à la fois.

Tous ces instruments sont construits avec beaucoup de soin. Le jury, considérant que la maison Martinet frères soutient dignement la réputation de ses prédécesseurs, lui décerne une médaille de bronze.

M. SALLIER, à Lyon (Rhône).

La machine à faire des canettes de M. Sallier est très-ingénieuse, mais très-compliquée. Nous ne pouvons ici en faire la description, mais nous devons dire qu'elle a été vue avec attention par le jury.

Le grand mérite de l'invention de M. Sallier est d'avoir déjà rendu des services à l'industrie lyonnaise. L'auteur prétend avoir livré plus de 700 machines aux fabricants de soieries. L'appareil de

M. Sallier fait 8 canettes à la fois; le fil peut être composé de 6 à 10 brins, et l'on fixe facilement la longueur et la grosseur de chaque canette. Lorsqu'un brin de soie casse, la canette correspondante s'arrête sans que les autres soient troublées dans leur fonction.

Les canettes se finissent en milieu, comme par le travail à la main, au moyen d'un décroissement particulier affecté à chacune d'elles.

La machine de M. Sallier offre d'assez grands avantages, tant sous le point de vue de l'économie du temps que par le peu de déchet qu'elle fait. Elle peut être mise en mouvement et dirigée par un enfant.

L'appareil de M. Sallier n'a pas l'inconvénient de ternir la soie, il conserve aux couleurs les plus tendres toute leur fraîcheur.

Le jury décerne à son auteur une médaille de bronze.

Mentions honorables.

M. Armand-Samson BOSQUILLON, rue du Banquier-Saint-Marcel, n° 5, à Paris.

M. Bosquillon expose un métier travaillant avec une mécanique Jacquart perfectionnée; il expose aussi plusieurs mécaniques dans le même système.

Cet honorable industriel s'était proposé depuis longtemps le problème d'économiser les frais de lecture en ce qui concerne les dépenses relatives aux cartons. Il a pensé résoudre la question en diminuant le diamètre des trous ordinaires du carton et en les disposant en quinconce au lieu de les contre-sempler. On comprend de suite que cette manière de procéder économise une grande partie de la surface du carton, la moitié environ.

M. Bosquillon a plusieurs métiers qui travaillent depuis longtemps avec sa nouvelle mécanique. A première vue, la mécanique de l'exposant paraît irréprochable et marche comme une mécanique ordinaire; on peut même dire qu'elle satisfait davantage, car il a remplacé le bois par le fer et le cuivre, ce qui la rend plus légère à l'œil et permet d'en suivre beaucoup plus facilement les mouvements. Cependant il est difficile de se prononcer, pour le présent, d'une manière définitive sur la portée pratique de l'invention de M. Bosquillon. Tous les hommes du métier savent que la plus grande difficulté que rencontre la mécanique Jacquart tient aux influences de température que subit le carton, lequel, s'allongeant ou se rétrécissant, selon l'état de l'atmosphère, contrarie singulièrement le jeu des aiguilles. Il est facile de comprendre que plus le carton est petit, plus les trous sont rapprochés, plus cet inconvénient peut se produire; aussi M. Bosquillon a-t-il employé un carton moins impressionnable que le carton ordinaire. Quoi qu'il en soit, la mécanique de cet honorable industriel est très-ingénieuse et paraît fonctionner régulièrement. On peut espérer que, dans un temps donné, elle sera généralement adoptée.

M. Bosquillon a épuisé depuis longtemps la série des récompenses industrielles; mais le jury, pour le récompenser de ses efforts persévérants dans l'intérêt d'une industrie au développement de laquelle il a coopéré d'une manière si active, le mentionne honorablement.

M. DANTIN, rue du Petit-Pont, n° 25, à Paris.

Cet exposant soumet au jury un ourdissoir très-ingénieux, combiné de manière à faire toutes les divisions que nécessite le chinage, quand il faut suivre toutes les ondulations du dessin, et mettre les longueurs exactes des fils en rapport avec la grandeur des châles.

M. Dantin nous a soumis une attestation des principaux fabricants de châles, qui prouve qu'une machine nouvelle de son invention, et propre à faire des ligatures dans les chaînes que l'on soumet à l'opération du chinage, est excellente et épargne beaucoup de temps à l'ouvrier.

Le jury accorde à M. Dantin une mention honorable.

M. Mathieu LANÉRY, rue de Ménilmontant, n° 61, à Paris,

Ancien ouvrier de M. Dieudonnat, expose une mécanique Jacquart perfectionnée. Il a obtenu une citation favorable en 1844.

La mécanique exposée par M. Lanéry est parfaite d'exécution. Les deux côtés de la griffe sont supprimés et remplacés par une tringle en fer placée au milieu du cadre, ce qui donne la facilité de voir très-aisément si tous les crochets sont en place et fonctionnent bien. Dans la mécanique de M. Lanéry, on peut reculer, avancer, monter et descendre les loquets, sans toucher au corps de la mécanique. On peut aussi régler la tringle qui porte le battant, au moyen de deux écrous.

Les améliorations apportées à la mécanique Jacquart par M. Lanery sont ingénieuses, et méritent la bienveillance du jury qui accorde à l'auteur une mention honorable.

M. FROMAGE, à Darnetal (Seine-Inférieure).

M. Fromage a soumis au jury une machine (système Jacquart) où il a cherché à remplacer le carton par un canevas dit tisseur. Nous ne pensons pas que cette invention, telle qu'elle est, puisse tenir toutes les promesses de son auteur. Il nous paraît impossible de l'appliquer aux étoffes brochées un peu compliquées sous le rapport du dessin; mais il est possible qu'avec quelques nouveaux perfectionnements, elle puisse servir utilement à la confection de certains tissus, pourvu que le dessin en soit simple et de petite dimension.

Plusieurs inventions ingénieuses recommandent M. Fromage au jury, qui lui accorde une mention honorable.

M. Jean MARY, rue Saint-Maur, n° 17, à Paris.

Expose une mécanique Jacquart d'une bonne exécution. Le jury lui accorde une mention honorable.

---

§ 4. MACHINES A BONNETERIE.

M. Émile Dolfus, rapporteur.

M. JACQUIN, à Troyes (Aube),

Rappel de médaille d'argent.

Expose trois métiers circulaires à faire la bonneterie en laine et coton, ainsi qu'un assortiment d'articles fabriqués sur ses machines. Il a beaucoup contribué au perfectionnement des métiers circulaires. Le rapport du jury de 1844 constate tout le mérite qui revient à ce fabricant dans le développement qu'a trouvé ainsi l'emploi de ses machines, dont il est l'introducteur dans la fabrique de Troyes. Depuis lors M. Jacquin ne s'est point arrêté : il a ajouté des perfectionnements nouveaux à ceux déjà réalisés, notamment dans la disposition de la roue *mailleuse*, chargée de distribuer le coton aux aiguilles, et obtient par là une régularité et une élasticité plus grandes du tricot. Mais d'autres fabricants ont marché d'un pas non moins rapide dans la voie, en quelque sorte nouvelle, qu'ouvrait à leur industrie l'état auquel était arrivé le métier circulaire, et

M. Jacquin s'est trouvé sinon distancé, du moins serré de très-près par quelques-uns de ses concurrents, qui sont arrivés, par des dispositions non moins ingénieuses, à des résultats également remarquables. Quoi qu'il en soit, M. Jacquin conserve le mérite d'avoir pris une large part à cette série de progrès; aussi le jury, le jugeant toujours digne de la récompense obtenue en 1844, lui vote le rappel de la médaille d'argent qui lui fut décernée alors.

Médailles de bronze.

M. Nicolas BERTHELOT, à Troyes (Aube).

M. Berthelot est à la fois fabricant de bonneterie et constructeur de machines pour cette industrie. Il expose deux métiers à tricot circulaires, d'une exécution parfaitement soignée et très-bien entendus. Ces métiers se prêtent à la fabrication de toutes les matières textiles, coton, laine, soie et lin. Le jury a eu à examiner des produits provenant des machines de M. Berthelot; ces produits lui ont paru remarquables. L'une des machines exposées, montée d'un tricot de coton d'une grande finesse, a fonctionné sous les yeux des membres délégués du jury; l'autre présente un produit analogue en fil de lin. M. Berthelot est le premier qui ait confectionné des produits en lin sur des métiers circulaires. Un autre perfectionnement est encore dû à ce fabricant, c'est l'application à ses métiers d'un compteur à timbre, mécanisme qui simplifie beaucoup le travail de l'ouvrier dans tous les cas de changement de grosseur ou d'épaisseur du tissu. Grâce aux améliorations diverses introduites successivement depuis deux ou trois années dans la construction des métiers circulaires, améliorations dont M. Berthelot peut à juste titre revendiquer une large part, l'industrie française n'aura plus rien à envier sous ce rapport aux meilleurs produits des fabriques de la Saxe, que jusque-là nos fabricants n'avaient pas su égaler.

Le jury, voulant offrir à M. Berthelot une juste récompense de ses efforts, lui décerne une médaille de bronze.

M. Étienne ROUSSELOT, quai de Valmy, n° 109, à Paris.

M. Rousselot est un jeune mécanicien fort habile, qui a su parfaitement saisir tous les points essentiels à étudier dans le mécanisme compliqué des métiers circulaires. La construction de ces machines lui doit des perfectionnements assez importants. Celle qu'il expose est parfaitement exécutée et mérite tout éloge. Elle est disposée pour la fabrication des tricots en laine, pour bonneterie ou étoffes auxquelles, au moyen des opérations accessoires du foulage et du tirage à poil, on peut donner l'apparence et, jusqu'à un certain point, le caractère du drap. Le jury a eu à examiner des produits de ce dernier genre, qui sont au moins remarquables sous le rapport de la solidité et du bon marché.

M. Rousselot, établi depuis deux ans seulement, a déjà placé un grand nombre de ses machines, qui ont pour elles le mérite d'un prix relativement peu élevé, et, ainsi qu'il a été dit déjà, celui d'une construction parfaitement soignée.

Le jury juge M. Rousselot digne de récompense et lui décerne, en conséquence, une médaille de bronze.

M. PRUDHOMME, à Saint-Just (Marne),

Expose un métier à fabriquer les gants, présentant cet avantage de pouvoir rétrécir le tissu ou tricot sur la machine. Cette disposition n'est pas entièrement nouvelle; cependant il faut reconnaître que M. Prudhomme a sensiblement perfectionné les procédés en usage jusqu'ici. Sa machine permet aussi de fabriquer un plus grand nombre de gants à la fois que cela ne se pratique habituellement. En somme, le métier de M. Prudhomme constitue un progrès réel dans cette industrie. Le jury, jugeant ce fabricant digne de récompense, lui décerne une médaille de bronze.

Mentions honorables.

M. Armand MAUDUIT, impasse Sanson, n° 10, à Belleville (Seine),

Expose un métier circulaire à faire la bonneterie et les articles de nouveauté en laine, à deux systèmes, de 38 centimètres de diamètre. Cette machine, que le jury a vu fonctionner, est bien établie et livre de bons produits. Elle peut confectionner jusqu'à 5 mètres de tricot par heure.

Le jury accorde à M. Mauduit, cité favorablement en 1844 pour d'autres produits, une mention honorable.

M. VERCASSON, à Chartres (Eure-et-Loir),

Est exposant d'un métier circulaire à tisser les gants de castor. Ce métier est bien établi et paraît, selon l'indication du constructeur, destiné à la confection de la grosse bonneterie. Le jury a, du reste, retrouvé dans la machine de M. Vercasson une grande partie des dispositions perfectionnées, qui ont permis de faire travailler avec facilité sur ses métiers des matières autres que le coton. Il accorde à M. Vercasson une mention honorable.

---

§ 5. MACHINES A IMPRIMER SUR ÉTOFFES.

MM. Émile Dolfus et Persoz, rapporteurs.

Médaille d'argent.

M. CHAPPEZ, à Rouen.

M. Chappez expose une machine à imprimer les étoffes à quatre couleurs, qui est établie dans de fort bonnes conditions, et présente plusieurs perfectionnements importants. Ces perfectionnements consistent principalement dans la simplification de la transmission de mouvement des rouleaux, ainsi que dans les moyens très-ingénieux de régler le raccordement ou rapport de ceux-ci; dans la disposition des branches ou leviers de pression, qui rend le service de sa machine plus facile; le mode particulier de soulever les poids de pression, le mouvement des rouleaux fournisseurs, enfin la manière dont sont appliqués et peuvent se régler les racles et contre-racles. Plusieurs de ces dispositions sont dues à M. Chappez; d'autres sont des applications déjà connues, il est vrai : cette circonstance ne fait qu'ajouter au mérite de M. Chappez, car le vrai talent du constructeur consiste autant, pour le moins, à savoir faire un choix judicieux des applications reconnues bonnes par l'expérience, qu'à inventer lui-même; aussi le jury ne peut-il que témoigner à M. Chappez son approbation entière de la machine qu'il expose. M. Chappez, partant de ce principe qu'en toutes choses, et en mécanique surtout, on ne fait bien et avec supériorité que ce qu'on fait souvent, toujours, s'est créé une spécialité de la construction des machines employées dans la fabrication des indiennes, et tout particulièrement de celles destinées à l'impression au rouleau et à la gravure. Le succès a couronné ses efforts; il jouit aujourd'hui d'une réputation bien établie, et parfaitement méritée dans cette partie. Un grand nombre de ses machines s'est déjà placé à l'étranger, notamment en Angleterre et en Espagne; et, en ce moment encore, il a des demandes importantes à exécuter pour ces pays : c'est un résultat que le jury signale avec satisfaction. Que peut-il, en effet, y avoir de plus honorable pour nos industries que cette circonstance de rendre ainsi tributaires les industries du dehors.

La position qu'a su acquérir M. Chappez est due tout entière à lui-même, à son ordre, son activité, son esprit d'observation et sa ferme volonté de s'instruire, car M. Chappez (nous le disons, parce que rien ne saurait mieux faire son éloge) a commencé par être simple ouvrier; aujourd'hui il se trouve à la tête d'un établissement important qui prospère et qui a déjà rendu, comme il est appelé à rendre encore, des services incontestables à la grande industrie au sort de laquelle il s'est lié.

M. Chappez paraît pour la première fois au concours; il le fait d'une manière si honorable, que le jury n'hésite pas à lui décerner la médaille d'argent.

M. GODEFROY, imprimeur sur étoffes, à St-Denis (Seine).

Mentions honorables.

Cet habile industriel expose 2 machines de son invention, pour lesquelles il est breveté, et qu'il a utilisées avec succès dans son établissement de Saint-Denis.

L'une de ces machines, dont le principe n'est pas nouveau, a principalement pour objet de remplacer le manœuvre qu'on appelle *tireur*, et de procurer une économie de temps. Quelques mots feront comprendre son application à ce double point de vue. La couleur est directement déposée dans un baquet, et y est recouverte d'un châssis sur lequel est tendu un tissu à mailles régulièrement espacées, et qu'on peut à volonté élever ou abaisser à l'aide de quatre vis en bois fixées aux quatre angles. Pour prendre de la couleur, l'imprimeur applique sa planche sur l'étamine, et lui imprime une légère pression qui fait arriver la couleur jusqu'à la gravure. Au lieu de fixer le baquet à couleur à l'une des extrémités de la table à imprimer, comme cela se fait d'habitude, on le place sur un petit chariot qu'on fait marcher sur deux rails fixés aux deux côtés de cette table. Il suffit donc à l'imprimeur du plus léger mouvement de main pour faire passer son châssis de droite à gauche, et *vice versa*. La table à imprimer peut alors, sans inconvénient, être quatre, cinq et six fois plus longue que celles dont on se sert ordinairement.

L'autre machine de M. Godefroy est conçue d'après le principe des ombrés (fondus), découvert par MM. Spoerlin et Zuber. Elle permet d'imprimer simultanément plusieurs couleurs à la fois. Ce fabricant a remplacé dans cette machine les baquets dits à compartiments par une série de tubes placés les uns à côté des autres, et semblables à des tuyaux d'orgues; chacun d'eux est terminé, à sa partie inférieure, par une ouverture destinée à l'écoulement des couleurs; mais, pour que cet écoulement puisse être réglé à volonté, M. Godefroy a ajouté à la partie supérieure de ces tuyaux un piston mobile qui sert à accélérer ou à retarder le passage de la couleur. Celle-ci tombe sur un drap, où on l'étend régulièrement avec une brosse ou un cylindre, sans qu'il y ait confusion de nuance. C'est sur ce drap que l'imprimeur prend les couleurs pour les transporter sur l'étoffe.

En résumé, la première de ces machines a surtout ceci d'avantageux, qu'elle soustrait à des travaux nuisibles à la santé de pauvres enfants de 9 à 10 ans; la seconde paraît devoir favoriser beaucoup l'impression des ombrés.

Le jury attend, pour récompenser les ingénieux efforts de M. Godefroy, que l'expérience ait prononcé sur le mérite que semblent avoir les deux machines de cet industriel, auquel il vote avec éloges une mention honorable.

M. TROUBLÉ, cour des Petites-Écuries, n° 20, à Paris.

M. Troublé soumet au concours une ingénieuse machine composée de cylindres en plâtre portant des sujets gravés en relief, et au moyen de laquelle il imprime, d'une manière continue, des étoffes et du papier peint. Le jury étant dans l'impossibilité d'apprécier tous les avantages de cette machine, se borne à voter à son inventeur une mention honorable.

---

§ 6. MACHINES A FOULER.

FOULAGE DES DRAPS.

M. Émile Dolfus, rapporteur.

CONSIDÉRATIONS GÉNÉRALES.

Jusqu'en 1833, le foulage des draps s'opérait en quelque sorte exclusivement par le moyen de foulons à maillets libres. C'est vers cette époque que Dyer inventa et construisit en Angleterre les premières machines à fouler *à rouleaux tournants et pressants*, système qui, bientôt connu en France, y fut rapidement perfectionné, au point même de rendre en quelque sorte nos voisins tributaires, à leur tour, de ce nouveau système de construction. Ainsi qu'en 1844, l'exposition présente plusieurs spécimens de machines de l'espèce. On y reconnaît, en général, de nouveaux perfectionnements, consistant principalement dans les soins plus attentifs apportés par les constructeurs dans le système des conduits pourvoyeurs et absorbateurs, si l'on peut s'exprimer ainsi, dont on cherche à rendre les parois mobiles pour agir d'une façon plus élastique, et en même temps pour mieux régler ou gouverner la marche entière de l'opération du foulage, laquelle, on le sait, a une si grande importance dans la fabrication des draps. En effet, la bonne qualité de ces étoffes dépend essentiellement des soins apportés au foulage, et, d'un autre côté, tant de causes peuvent modifier en sens divers les phénomènes qui accompagnent ou déterminent l'action du foulage, qu'on ne saurait trop s'entourer de précautions pour n'y point porter de trouble ou de perturbation. Tout ce qui peut produire des chocs ou des tensions violentes de l'étoffe, l'échauffer outre mesure ou ne point provoquer suffisamment, au contraire, par une élévation convenable de la température, le mariage des filaments, sont autant d'inconvénients que nos constructeurs ont de plus en plus cherché à éviter, et qu'ils sont parvenus à vaincre sinon complétement encore, du moins dans une mesure suffisante pour assurer dans bien des cas la préférence au système nouveau. Est-ce à dire que le mode de foulage ordinaire, par les maillets à percussion, ait été ou devra être abandonné? Non assurément, car certaines qualités de drap se prêteront peut-être toujours difficilement à l'action des machines rotatives; mais, sans vouloir rien préjuger à cet égard, il importe, en tout cas, de constater ce fait, que le foulage continu a été un pas immense fait dans la fabrication du drap, et doit, dès lors, appeler l'intérêt des hommes de science, comme des industriels, sur ceux qui s'appliquent à répandre, en la perfectionnant, une découverte d'une portée aussi grande.

Rappel de médaille d'argent.

M. BENOIT, rue de Grenelle-St-Germain, n° 34, à Paris.

Ce qui distingue principalement la machine à fouler de M. Benoît, ce sont les conduits à parois mobiles par lesquels le drap doit passer à l'entrée et à la sortie des rouleaux presseurs. Cette disposition offre l'avantage de pouvoir modérer ou activer à volonté l'ensemble de l'opération du foulage, des vis buttant contre le revers des parois mobiles, permettant de resserrer ou d'écarter celles-ci plus ou moins. La pression rendue ainsi modérable est chose importante, et peut contribuer beaucoup à obtenir un bon foulage, lequel, on le sait, exige des soins si nombreux, car il constitue, en définitive, l'une des opérations les plus essentielles de la fabrication des draps.

L'ensemble de la machine de M. Benoît est du reste bien conçu, et répond à ce que l'on était en droit d'attendre de cet ingénieur, honoré de la médaille d'argent en 1844.

Le jury lui confirme cette distinction aujourd'hui en lui votant le rappel de ladite médaille.

Nouvelle médaille de bronze.

M. MALTEAU, à Elbeuf (Seine-Inférieure).

La machine à fouler rotative, exposée par M. Malteau, est à double paire de cylindres, dont la première est mue par le drap même, appelé par la seconde paire, qui reçoit son mouvement du moteur. M. Malteau se sert de leviers et contre-poids pour donner la pression. Pour le foulage en long, le drap est obligé de passer par un canal formé de planches à rainures verticales inclinées; lesquelles forment obstacle au passage de l'étoffe, livrée par les rouleaux presseurs, oblige celle-ci à se contracter sur elle-même dans le sens de la longueur. Un mécanisme particulier est appliqué par la machine pour la débrayer du moteur et la mettre au repos, lorsqu'il se présente des nœuds ou boucles au passage de la lunette placée au devant des premiers cylindres presseurs. Cette disposition a amené une grande amélioration dans la machine de M. Malteau, et se trouve constatée, en effet, par de nombreux certificats délivrés par des fabricants de drap qui font usage de cette machine. Le jury a reconnu que la machine à fouler de M. Malteau était bien construite, bien entendue, et devait donner de bons résultats. Il décerne à cet industriel, qui avait obtenu une médaille de bronze en 1844, une nouvelle médaille de bronze.

M. Henri DESPLAS, à Elbeuf (Seine-Inférieure). Médaille de bronze.

M. Desplas expose deux machines rotatives à fouler les draps : l'une pour les étoffes fortes, l'autre pour étoffes légères et peu feutrées. Les machines ne diffèrent entre elles que par la grandeur et la disposition des cylindres. M. Desplas a introduit plusieurs innovations dans ses machines à fouler. Il a remplacé, entre autres, les leviers et contre-poids donnant la pression aux rouleaux fouleurs, par des ressorts en acier, semblables aux ressorts de voitures. Cette disposition présente l'avantage d'arriver graduellement et sans secousse à une augmentation de pression à mesure que l'opération du foulage avance et que l'étoffe augmente d'épaisseur, et, par conséquent, de résistance. M. Desplas ajoute une grande importance à ce perfectionnement. Le jury départemental de la Seine-Inférieure constate qu'il a déjà placé, depuis cinq ans, époque de la prise de son brevet, cent dix-huit machines de ce genre, tant en France qu'à l'étranger, ce qui semblerait impliquer, en effet, la bonté de ce système. Une autre modification apportée encore par ce fabricant à la construction de ses machines consiste à éviter les nœuds ou boucles dans l'étoffe, à mesure que celle-ci, se déroulant, arrive sous les rouleaux presseurs. Ce point est important, parce qu'il fait éviter les trous ou défauts, qui sont le résultat de la formation des boucles et de l'obstruction qu'elles produisent à l'entrée des rouleaux.

En somme, les machines de M. Desplas paraissent bien raisonnées et devoir donner de bons résultats; elles sont simples, bien construites, et occupent un espace relativement peu considérable. Le jury décerne à ce constructeur, qui expose pour la première fois, une médaille de bronze.

---

§ 7. MACHINES A CONDITIONNER, FILER ET TORDRE LA SOIE.

M. Justin Dumas, rapporteur.

M. Mathieu MICHEL, de Saint-Hippolyte (Gard). Médaille d'argent.

Expose la machine à filer la soie, déjà présentée au jury de 1844, qui lui a valu la médaille de bronze.

Quelques améliorations, dans la construction de l'asple ou dévidoir, le rendant plus solide et moins coûteux, dans le moyen de faire l'abatage des flottes de soie, dans les filières mobilisées pour faciliter le battage des cocons; enfin, dans un croiseur mécanique aussi prompt que la pensée (mais non à tours complés) : tels sont les nouveaux titres de ce mécanicien aux préférences marquées que beaucoup de nos bons filateurs de soie donnent à ses machines. M. Michel a livré plus de 3,000 bassines, tant en France qu'en Syrie, dans l'Inde, etc. Ce métier à filer est accompagné d'une petite machine horizontale à vapeur de 1 cheval 3/4, destinée à faire mouvoir les asples et à chauffer l'eau des bassines : cette machine, d'une grande simplicité, d'un entretien facile et peu coûteux, est économique : les filateurs en sont satisfaits.

Les nombreux certificats authentiques que nous remet cet exposant dénotent des services rendus à l'industrie de la soie par M. Michel. Le jury lui décerne une médaille d'argent.

Médailles de bronze.

M. Jean-Louis MUZARD, rue de Buffault, n° 22, à Paris.

Soumet à l'examen du jury central un appareil pour le conditionnement des soies, et pouvant être appliqué à celui des laines, des cotons, etc.

Cet ingénieux appareil, conçu depuis longtemps par M. Léon Talabot, sous l'habile direction duquel M. Muzard l'a exécuté, rend des services considérables à l'industrie de la soie sur les places de Lyon, Nîmes, Saint-Étienne, Crefeld, Elberfeldt, Turin, Milan, Zurich, etc. Appliqué aux fils de laine et de coton, il rendrait à Paris et dans le nord de la France les mêmes services, en assurant l'honnêteté de transactions qui donnent trop souvent lieu à de graves difficultés.

L'appareil L. Talabot, construit et exposé par M. Muzard, se compose :

1° D'une cloche double en cuivre rouge, au centre de laquelle circule la vapeur d'eau à 0,50 de pression de mercure;

2° D'une double enveloppe également en cuivre recouvrant la cloche et formant matelas d'air;

3° D'un thermomètre indiquant la chaleur intérieure de l'appareil.

4° D'une balance de précision tenant la soie dans l'appareil avec un plateau à l'extérieur pour les poids;

5° Et enfin d'un casier en *métal* avec tiroirs pour renfermer les matières à essayer.

La balle à conditionner est ouverte, après avoir été pesée; on en retire une fraction ou matteau du dessous, une du milieu, et enfin une troisième du fond : ces trois parties (du poids de 300 à 500 gr. chaque environ), sont pesées aussitôt et indiquent l'état d'humidité de la balle entière; deux de ces parties sont placées simultanément et chacune dans un appareil dont l'un contrôle l'autre. On retire les poids du plateau extérieur de la balance, à mesure que l'humidité se perd. Un quart d'heure d'immobilité de la balance indique la fin de l'opération qui dure 2 heures et demie environ.

En cas de différence entre les deux essais, le troisième matteau subit à son tour l'opération et lève les doutes; mais il est fort rare qu'on soit obligé d'y avoir recours, tant M. Muzard a jusqu'à présent mis d'exactitude dans la construction de ses appareils.

M. Muzard occupe à cette fabrication de 40 à 50 ouvriers, et livre annuellement pour 150 à 200,000 francs de ses appareils. La condition de Lyon en possède 60, celle de Saint-Étienne 30, etc.

M. Léon Talabot n'ayant pas exposé pour sa découverte, le jury central n'a à s'occuper que de la fabrication de ces appareils : il décerne à M. Muzard un médaille de bronze.

M. François PAYRE, à Saint-Étienne (Loire),

Expose, 1° Une machine à flotter la soie au nombre de tours voulus, par fractions de 150 tours, depuis ce nombre jusqu'à 2,400, au moyen d'une crémaillère et de deux roues à rochets très-ingénieusement et solidement disposées. Chaque guindre, recevant 6 flottes, muni d'un appareil compteur, est tout à fait indépendant des autres guindres; en sorte que, l'un s'arrêtant par quelque cause que ce soit, les autres continuent leur marche.

Lorsqu'un fil casse, un valet dans lequel il est passé tombe sur une bascule qui se soulève et arrête le guindre auquel ce fil appartient avant qu'il ait fait plus d'un quart de tour : le fil rattaché, le guindre reprend sa marche.

Un taquet particulier à chaque guindre, c'est-à-dire à chaque appareil compteur arrête le guindre lorsque le nombre de tours demandé est obtenu.

Cette opération, aussi *sûre* que simple, n'augmente le prix du flottage d'un kilogramme de soie que de 15 centimes sur le système ancien. Elle a en outre l'avantage de permettre l'emploi de soies médiocres ou irrégulières par la facilité de tirer chaque flotte; ce que M. Payre fait avec une machine de son invention, mais qu'il n'a pas soumise au jury, moyennant 15 centimes au kilogramme.

2° Une machine circulaire à mouliner la soie, ayant trois étages ou rangées de 40 fuseaux chaque, et qui, recevant le même mouvement, peuvent néanmoins faire trois genres de torsions différents en changeant une seule roue d'engrenage. Cette machine peut mouliner depuis la trame à très-faible tors jusqu'au crêpe, au marabout et à la grenadine.

D'un petit volume, comparativement aux anciens moulins ronds, d'un service aussi simple que facile, cet appareil, qui tourne devant l'ouvrière et lui permet de rattacher ses fils sans changer de place, fait beaucoup plus d'ouvrage que les anciennes mécaniques et assure une torsion extrêmement régulière. Tenant beaucoup moins de place que toutes les machines usitées jusqu'alors, celle-ci est économique. Les certificats que nous avons sous les yeux confirment les avantages que nous avons reconnus aux deux mécaniques de M. Payre, et ajoutent que ce moulinier mécanicien a fait d'autres bonnes choses qu'il n'a pas soumises au jury.

M. Payre occupe de 70 à 80 ouvriers et ouvrières. Le jury central lui décerne une médaille de bronze.

SECTION HUITIÈME.

§ 1er. MACHINES A COMPOSER ET DISTRIBUER.

M. A. Jullien, rapporteur.

Rappel de médaille d'argent.

M. DELCAMBRE, rue Blanche, n° 69, à Paris.

M. Delcambre expose cette année un clavier typographique qui a déjà figuré à l'exposition de 1844. Le mécanisme en est toujours le même, sauf quelques modifications. Cette machine, sur laquelle l'auteur fonde les plus grandes espérances, a été examinée avec le plus grand soin par le jury; des épreuves réitérées ont eu lieu afin de vérifier si les inconvénients signalés à la dernière exposition existaient encore, et le jury a vu avec satisfaction que toutes les épreuves qu'elle a subies sous ses yeux ont été en sa faveur, sous le rapport du travail mécanique appliqué à la partie de la composition, qui consiste à lever la lettre. Nous ne décrirons pas cette machine, le rapport de 1844 ne laisse rien à désirer, et le jury ne pourrait mieux faire que de le reproduire.

Cependant, malgré tout ce que le jury a reconnu d'ingénieux dans le clavier mécanique de M. Delcambre et la facilité avec laquelle chaque lettre vient se ranger sur le composteur du clavier, le jury a remarqué que la justification qui reste à faire manuellement diminue l'avantage de la vitesse de cette machine; c'est ce que l'auteur reconnaît lui-même; il convient qu'il serait obligé de mettre une partie de la composition en réserve pour être justifiée plus tard.

Il est une autre objection qui a paru plus grave au jury, c'est la lecture. Pour la composition telle qu'elle existe aujourd'hui, un des obstacles qui retarde la rapidité de l'assemblage des lettres dans le composteur ordinaire, est la difficulté qu'éprouve l'ouvrier compositeur à lire et classer assez rapidement pour faire concorder les mouvements manuels avec la pensée. Cette difficulté se reproduit d'un manière bien plus sensible pour le clavier mécanique, surtout dans l'impression du manuscrit.

L'addition d'une petite presse mécanique pour faire les épreuves, que M. Delcambre a faite à son clavier typographique, a paru au jury une heureuse innovation.

M. Delcambre expose, en outre, une machine à distribuer le caractère d'imprimerie. Cette machine se compose d'une galée mécanique portant le caractère à distribuer; à l'aide d'une petite pédale qu'on touche, les lettres viennent s'engager successivement dans une tringle creuse mobile; en conduisant cette tringle à l'aide d'un guide, le long d'une case composée de rainures mobiles propres à recevoir les lettres, elle les dispose de suite pour être appliquées au clavier compositeur. Cette machine n'a pas non plus pour elle la sanction de l'expérience.

Malgré les difficultés pratiques que nous avons signalées dans l'emploi de la machine de M. Delcambre, nous admettons très-volontiers que, dans un temps plus ou moins rapproché, elle pourra réaliser complétement les grandes espérances de son inventeur, et nous n'hésitons pas à dire que le jour où cet appareil rendra d'une manière incontestable les immenses services qu'il promet, il sera digne de la plus haute récompense. Pour le moment, le jury croit pouvoir appeler toute la sollicitude du Gouvernement sur cette ingénieuse machine, et rappelle à son auteur la médaille d'argent qu'il a obtenue en 1844.

§ 2. PRESSES TYPOGRAPHIQUES.

M. A. Julien, rapporteur.

CONSIDÉRATIONS GÉNÉRALES.

Il n'est pas donné à l'exposition de 1849 d'enregistrer de brillantes découvertes ou d'heureux perfectionnements dans la mécanique typographique; mais disons-le promptement, cette apparente stérilité n'accuse point les habiles mécaniciens qui s'occupent de cette industrie; elle révèle seulement le haut degré de perfection auquel sont parvenues ces belles machines destinées à donner l'expansion aux connaissances humaines.

Au sortir de ses langes, l'art mécanique typographique fit des progrès rapides, et dès les premiers essais il s'éleva à cette hauteur que n'ont pas encore pu nous disputer l'Angleterre et l'Allemagne.

Aujourd'hui, au point où est arrivé l'impression mécanique, les constructeurs sont timides, comme s'ils craignaient de ne pas pouvoir remplacer le bien par le mieux, et n'osant pas s'attaquer aux dispositions générales, à la précision des mouvements, au fini de l'exécution, ils portent leurs tentatives sur l'extension que peut recevoir la presse comme puissance de reproduction sous le rapport de la quantité et de la grandeur du format. Nous croyons que c'est le motif principal qui explique le petit nombre d'exposants cette année.

C'est dans ces vues que de louables efforts ont été tentés et couronnés de succès, tandis que d'autres n'ont pas encore la sanction de l'expérience nécessaire pour apprécier la hardiesse de leur conception.

Il serait cependant à désirer, dans l'intérêt de la typographie, que MM. les constructeurs de presses mécaniques fixent leur attention à simplifier la mise en train qui, encore aujourd'hui, pour un grand nombre de ces presses, leur fait perdre une partie de leurs avantages sur les presses typographiques à bras. Espérons que les justes observations du jury seront entendues et que la prochaine exposition aura à constater plus de progrès en ce genre que nous n'en avons à signaler aujourd'hui.

M. DUTARTRE, avenue de Saxe, n° 24, à Paris.

Médaille d'or.

M. Dutartre expose cette année une presse mécanique dite en blanc et à pointures. Cette machine a été inspirée à son auteur par le rejet qu'avait fait notre industrie typographique des machines anglaises et allemandes de ce système, par le peu de travail produit par ces machines, les mauvais résultats obtenus et leur prix très-élevé; il a été régénéré par cet habile mécanicien de la manière la plus satisfaisante.

Cette machine, qui est déjà dans toutes les imprimeries tirant des ouvrages de luxe, y occupe le premier rang.

Les résultats obtenus par cette machine, principalement pour les textes entremêlés de gravures sur bois, mises entre les mains de bons ouvriers conducteurs, égalent au moins, s'ils ne dépassent pas, tout ce que l'art typographique avait produit jusqu'à ce jour même avec les presses à bras.

La précision, la parfaite exécution, jointes à la simplicité des pièces de cette machine, ont amené une grande économie de temps dans la mise en train, si désavantageuse aux presses mécaniques par les longs chômages qu'elles occasionnent.

Malgré tous ces perfectionnements, M. Dutartre est arrivé à réduire le prix de ses machines, au point qu'il les livre au commerce avec une réduction de moitié sur les prix anglais et allemands.

C'est donc avec la plus grande satisfaction que le jury voit M. Dutartre persévérer dans cette voie de franchise et de pureté d'exécution, d'entente des dispositions générales qui lui ont mérité la réputation dont il jouit à si juste titre, et qui lui ont valu une médaille d'argent en 1839, une nouvelle médaille d'argent en 1844. Le jury, par toutes ces considérations, accorde à M. Dutartre la médaille d'or.

M. NORMAND, rue de Sèvres, n° 97, à Paris.

Rappel de médaille d'argent.

M. Normand a déclaré et a été admis à exposer une machine pour tirer les journaux. Nous regrettons beaucoup que M. Normand n'ait pas eu le temps nécessaire pour produire à l'exposition cette machine, d'une combinaison toute nouvelle et destinée à multiplier le tirage d'une feuille périodique du plus grand format.

Cette machine a fonctionné dans les ateliers de cet habile constructeur, où nous nous sommes transportés pour l'examiner; là nous avons pu nous convaincre de toutes les combinaisons mécaniques qu'il a fallu pour arriver au résultat obtenu par cette machine.

Le jury regrette que le public ait été privé d'examiner l'œuvre de M. Normand, qui n'aurait pu que gagner à cette appréciation.

Le jury rappelle à M. Normand la médaille d'argent qu'il a obtenue en 1844.

Médaille de bronze.

MM. CLITON et COISNE, rue de la Harpe, n° 90, à Paris.

MM. Cliton et Coisne ont produit à l'exposition une presse typographique à bras, avec des modifications appelées à détruire les inconvénients que présentait le contre-poids qui servait à faire relever la platine dans les autres presses. Ce contre-poids est remplacé par quatre ressorts à boudin en bronze et traversé par deux guides taraudés, qui permettent à l'ouvrier de régler facilement la pression du foulage, et qui, en même temps, font descendre la platine perpendiculairement et évitent ainsi le défaut connu sous le nom de papillotage, reproché si souvent aux autres presses.

Quoique cette idée ne soit pas nouvelle, puisque les Américains avaient déjà cherché le moyen d'éviter cet inconvénient par un ressort à boudin renfermé dans un cylindre, à la partie supérieure du bâti, nous reconnaissons que le moyen employé par MM. Cliton et Coisne ne laisse rien à désirer et est supérieur à tout ce qui a été tenté jusqu'à ce jour pour perfectionner la presse à bras; en conséquence, le jury décerne à MM. Cliton et Coisne une médaille de bronze.

M. GIROUDOT fils, rue du Val-de-Grâce, n° 8, à Paris.

M. Giroudot fils a exposé une machine typographique à pression continue et papier sans fin, au moyen de clichés circulaires. L'idée de cette machine, qui est peut-être destinée à faire subir de grandes modifications à la typographie pour la publication des feuilles quotidiennes, est encore trop nouvelle dans son application pour lui assigner le véritable rang qu'elle mérite.

Des essais en ce genre ont été tentés depuis longtemps en Angleterre; ils n'ont pas pris l'extension que prend ordinairement toute idée grande dans sa conception, heureuse dans son application et facile dans son usage.

Peut-être l'esprit de recherche, si facile dans notre pays, n'a-t-il pas dit son dernier mot sur l'introduction du cliché circulaire dans les machines à imprimer. Sans dire que M. Giroudot ait vaincu toutes les difficultés, sa machine nous paraît simple et bien entendue; nous avons remarqué surtout la lame spirale qui sépare chaque feuille après son impression, fonctionnant avec une grande régularité.

Nous laisserons au temps de justifier et d'apprécier le service qu'elle pourra rendre à l'art typographique.

Le jury, appréciant tout ce qu'il y a de mérite dans la disposition adoptée dans la machine de M. Giroudot, le récompense par une médaille de bronze.

MM. GILLIMANN et ALAUZET, boulevard Mont-Parnasse, n° 35, à Paris. Mention honorable.

MM. Gillimann et Alauzet exposent une machine typographique qu'ils annoncent d'un nouveau système; nous avons été très-surpris de retrouver dans la machine Gillimann et Alauzet la reproduction complète de la machine de M. Dutartre, ou plutôt de deux machines de M. Dutartre accouplées.

Le résultat de cet accouplement, qui fait tout le mérite de cette presse, ne peut pas encore être apprécié, et, jusqu'à ce qu'il soit justifié par de véritables services rendus, il nous semble devoir être envisagé seulement comme une application d'un système connu.

Le jury, prenant en considération la bonne exécution de leur machine, décerne à MM. Gillimann et Alauzet une mention honorable, ainsi qu'à M. Montillier, autre exposant, pour la bonne confection de ses machines typographiques.

---

§ 3. PRESSES LITHOGRAPHIQUES ET AUTOGRAPHIQUES.

MACHINES LITHOGRAPHIQUES DISTRIBUANT L'ENCRE.

M. A. Julien, rapporteur.

CONSIDÉRATIONS GÉNÉRALES.

Ce genre de machines, dont les produits sont destinés à

un immense écoulement, n'a eu, cette année, qu'un seul exposant sérieux, tandis que la dernière exposition en présentait deux. Il est d'autant plus convenable de fixer l'attention sur ce sujet que l'espèce de désertion dont il est l'objet pourrait faire naître des doutes sur la réalité de son importance. L'impression lithographique avec application mécanique de l'encre est un annexe indispensable de la typographie, si même elle ne doit la suppléer d'une manière absolue dans certains travaux. Ceux de ce genre qui se présentent en première ligne sont non-seulement l'imitation de l'écriture manuelle, mais surtout la confection de tous les tableaux divisés en colonnes par des filets et réglés transversalement. La finesse et la rapidité d'exécution que la gravure sur pierre ou le tracé rendent si faciles pour les vignettes que le commerce et l'industrie emploient dans leurs imprimés, sont des qualités spéciales à la lithographie. Quand on considère l'immense quantité d'états, de registres, de bulletins que réclament chaque jour l'introduction de la méthode et de l'ordre dans une foule d'opérations industrielles, ou bien encore la consommation qu'en fait une publicité dont on ne peut prévoir les limites, on n'aperçoit que du succès pour une entreprise dont la place avait été laissée vacante par la typographie. La possession de cette place est d'autant plus assurée que les produits de la lithographie sortent de la presse à l'état de papier satiné, prêts à être reliés ou à recevoir l'écriture manuelle, et que la composition et la mise en train sont plus rapides que dans l'impression en caractères; à cela, il faut ajouter que cette dernière, elle-même, subit des emprunts auxquels il lui est impossible de se soustraire, puisqu'il suffit (à la lithographie) d'une simple épreuve de lettre ou de vignette pour faire, par sa méthode si simple, des reports, une nouvelle composition. Ainsi, on ne saurait refuser une portée considérable à ce progrès, qui consiste à faire appliquer l'encre lithographique par la machine même qui opère le tirage, et à supprimer ainsi des frais qui entraient pour plus de moitié dans l'impression lithographique manuelle. Ce problème a été résolu de différentes manières, et la dernière exposition en offrait déjà deux distinctes, avec cette circonstance très-remarquable, que l'un des deux systèmes, conservant la disposition plane des pierres ordinaires, avait pleinement réussi dans l'impression du dessin au crayon, pour les produits dits commerciaux. Par une fatalité qu'on ne saurait trop regretter, ni trop s'empresser de réparer, le nom de son auteur, M. Perrot, n'a point été énoncé dans le rapport de 1844, au sujet de cette belle machine qui constitue dans les arts graphiques une grande date industrielle. On sait ce que peut avoir d'influence sur la solution d'un problème la certitude qu'elle n'est pas impossible. C'est cette part qui revient légitimement à M. Perrot, dans les travaux subséquents que son exemple et ses succès n'ont pas peu contribué à développer.

L'exposition de 1849 a déjà prouvé toute la fécondité de cet exemple, car elle présentait deux nouvelles machines à lithographier, distribuant l'encre. La production de l'une des deux est restée incomplète sous l'entrave des circonstances malheureuses qui pesaient sur ses auteurs. Le public, non plus que le jury, n'ont donc pu la voir fonctionner, ni même en apprécier l'organisation. L'autre est une machine au mérite de laquelle nous avait préparé la réputation élevée et justement acquise de son auteur.

MM. LACROIX père et fils, à Rouen.

Nouvelle médaille d'argent.

La machine à imprimer la lithographie qu'ont exposée ces habiles constructeurs distribue l'encre avec cette circonstance particulière, que les rouleaux toucheurs, dans le but d'imiter entièrement l'opération manuelle, sont animés, à leur second passage sur la pierre, d'une vitesse plus considérable que celle qu'ils avaient en y arrivant. Le papier se marge à la main, d'une façon assez semblable à celle qui est usitée dans la typographie; des cordons s'emparent de la feuille et la ramènent sur une table placée au-dessous de celle d'où elle est partie. La distribution de l'encre n'a pas pour point de départ un encrier, comme dans la typographie; et cela se motive fort bien par cette raison, que la quantité d'encre que réclame la lithographie est si petite et a besoin d'une telle surveillance, que la main de l'homme, opérant à d'assez longs intervalles, se trouve être un moyen parfaitement convenable. Les travaux que MM. Lacroix ont eu en vue sont les écritures du commerce, et les produits présentés au jury sont de nature à satisfaire pleinement à ses exigences. Quant à la conception et à l'exécution de la machine, elle a paru digne de la réputation d'intelligence mécanique dont jouissent ces habiles constructeurs.

MM. Lacroix ont en outre exposé une machine à fouler les draps et une à peigner le lin, qui sont l'objet de rapports présentés par une autre section.

Le jury décerne à MM. Lacroix, une nouvelle médaille d'argent.

Médaille d'argent.

M. GUILLAUME, rue des Vieux-Augustins, n° 58, à Paris,

Honoré d'une médaille de bronze à la dernière exposition, où il figurait comme successeur de M. Beugé, M. Guillaume a, depuis cette époque, étendu et élevé le genre de ses travaux. Ainsi, indépendamment de ses presses autographiques, lithographiques, à copier et à timbre sec, qui reçoivent dans son établissement une exécution toujours très-soignée, il a donné un plus grand développement à ses constructions ordinaires de pressoirs Révillon, et de grosses vis détachées qui offrent de si grandes ressources aux petits ateliers qui commencent avec un outillage très-limité.

Puis en dehors et au-dessus de ces travaux, M. Guillaume s'est livré à la construction de deux machines, dont l'une, destinée à la gravure, ne peut figurer ici que pour mémoire, sa nature la rendant l'objet d'un rapport de la commission des arts de précision. Quant à l'autre, qui constitue l'un des principaux titres de M. Guillaume, elle a pour objet de timbrer, en encre grasse, un papier quelconque. L'appareil est d'une simplicité et d'une légèreté tout à fait en rapport avec sa destination; la rapidité de sa manœuvre ne laisse rien à désirer; ainsi le temps nécessaire à la substitution d'une feuille à une autre mesure exactement celui pendant lequel le timbre a pu s'encrer, frapper et se relever. Cette machine, déjà employée par la banque de France, est appelée à rendre de nombreux services. Son emploi n'est pas restreint à de simples timbres, elle peut facilement exécuter des têtes de lettres et autres impressions limitées que le commerce emploie en si grande quantité.

Le jury, appréciant les efforts faits par Guillaume, lui décerne la médaille d'argent.

M. POIRIER, rue du Faubourg-St-Martin, n° 35, à Paris.

Nouvelle médaille de bronze.

L'excellente réputation que s'est faite cette maison par la précision et la solidité, non moins que par l'élégance de ses presses, est certainement confirmée par son exposition de cette année. On y remarque des presses à copier dans tous les prix, dont une est disposée de manière à faciliter l'obtention, sur les registres, de la reproduction simultanée de plusieurs lettres différentes. Des presses à timbre sec, des presses autographiques et enfin des nécessaires de voyage contenant ces instruments, accompagnés de tous les accessoires indispensables pour leur emploi.

La maison Poirier, qui compte de nombreuses années d'existence, non-seulement s'est constamment élevée par le nombre et le perfectionnement de ses produits, mais aussi par l'extension qu'elle a donnée à la nature de ses travaux; ainsi arrive-t-elle maintenant à la construction de presses pour laboratoire et magasin de papeterie, et se montre-t-elle aussi avantageusement dans ce genre que dans celui qu'elle avait exploité originairement.

M. Poirier, honoré en 1844 d'une médaille de bronze, est jugé très-digne d'une nouvelle récompense du même ordre.

M. THUVIEN, place de l'Odéon, n° 4, à Paris.

Rappels de médaille de bronze.

Quelques changements utiles ont été faits à la presse que M. Thuvien avait présentée à la dernière exposition; le plus important est d'avoir soulevé le rouleau presseur, pendant le retour de la pierre, de manière à ce que l'impression n'ait lieu qu'une fois. Le résultat le plus saillant de cette modification est la possibilité d'imprimer les cartes de visites à surface lisse, dites porcelaines.

M. Thuvien, honoré d'une médaille de bronze en 1844, mérite que cette récompense soit rappelée en sa faveur.

M. BRISSET père, rue Saint-Jacques, n° 169, à Paris,

A exposé des cisailles pour diviser la carte lissée et particulièrement une machine à rogner le papier, à grande lame; dans cette dernière machine, M. Brisset a adopté, pour la marche du couteau, une disposition qui ménage évidemment l'espace dans lequel l'action oblique de cet agent se produit ordinairement, mais qui, lui imprimant un mouvement ondulé, les prive par instants des avantages attachés à la direction uniformément oblique.

M. Brisset, déjà honoré d'une médaille de bronze, se montre toujours digne de cette récompense.

Médailles de bronze.

M. BRISSET fils, rue des Martyrs, n° 13, à Paris.

Constructeur habile et précis, M. Brisset fils continue de rendre à la lithographie les services qui lui ont valu à la dernière exposition la mention. Le jury, appréciant ses travaux, juge qu'il s'est rendu de plus en plus digne de cette récompense et lui décerne aujourd'hui la médaille de bronze.

M. RAGUENEAU, rue Saint-Jacques, n° 7 *bis*, à Paris.

Sous le titre de presses autographiques, M. Ragueneau a présenté à l'exposition deux choses nouvelles : l'une est un alliage substitué au zinc, employé ordinairement au lieu de pierre, particularité qui, étant du ressort de la commission des arts chimiques, ne peut être citée ici que pour mémoire. L'autre est un mode nouveau, quant à l'impression autographique, d'exercer la pression indispensable pour obtenir les épreuves. M. Ragueneau supprime toute presse, et, armant sa main d'une racle en bois ayant à peine 10 centimètres de longueur, il la pousse devant lui en appuyant fortement et suivant des lignes tracées sur son tympan qui n'est qu'un simple morceau de cuir sans châssis. Cette opération se renouvelle autant de fois, dans des directions parallèles, qu'il est nécessaire pour obtenir la totalité de l'épreuve. Ce procédé, le plus simple de tous, donne des épreuves très-satisfaisantes.

Le jury accorde avec satisfaction une médaille de bronze à M. Ragueneau.

MM. BARBARANT et DUMOULIN, rue de Grenelle-St-Honoré, n° 55, à Paris.

La presse autographique de ces exposants se fait remarquer par une grande simplicité, une grande solidité. Une cage en fonte de fer, portant les rouleaux presseurs, glisse sur un bâti, également en fonte, dans lequel elle s'accroche par un tenon à T. Entre ce bâti qui porte la pierre ou la feuille de zinc, et la cage qui conduit le rouleau, est exercée la pression qui produit l'épreuve. La translation de la cage et du rouleau a lieu par l'action d'une seule main. Le rouleau dont il vient d'être parlé est enveloppé du blanchet nécessaire à l'impression, en l'absence du tympan. Quand celui-ci est employé, une racle en bois est substituée au rouleau.

Pour s'accommoder aux différentes épaisseurs, soit des pierres, soit des feuilles de métal, cette presse porte un plan incliné mobile placé dans le fond du châssis.

MM. Barbarant et Dumoulin enferment cette presse dans une boîte qui contient en même temps ce qui est nécessaire à l'impression autographique. Le tout compose un appareil qui a déjà rendu et qui est appelé à rendre bien des services dans les administrations et le commerce.

Le jury accorde à MM. Barbarant et Dumoulin une médaille de bronze.

M. MOSSON, rue des Ursins, n° 3, à Paris.

Citation favorable.

La petite presse lithographique, à bâti en fonte, se posant sur une table, qu'a exposée M. Mosson est d'une bonne et franche exécution. Il est regrettable que ce constructeur, que recommandent des travaux nombreux et très-variés, ait limité son exposition à ce seul objet.

Le jury lui accorde une citation favorable.

---

§ 4. MACHINES A CHOCOLAT ET A BROYER.

M. Pecqueur, rapporteur.

M. George HERMANN, rue de Charenton, n° 102, à Paris.

Nouvelle médaille d'argent.

M. Hermann a exposé un grand nombre de machines, toutes d'une exécution remarquable.

Ses machines, à trois cylindres, destinées à broyer le chocolat et les couleurs, sont connues depuis longtemps.

M. Hermann a appelé l'attention du jury sur trois machines nouvellement inventées par lui, et qui, malgré leur date récente, ont déjà reçu la sanction de l'expérience.

C'est d'abord un appareil auquel il donne le nom de mélangeur. Cet appareil se compose de deux meules en granit, arrondies à leur circonférence et tournant verticalement dans une auge circulaire, aussi en granit, et convexe à son centre; les matières qui s'attachent à ces meules en sont détachées par des raclettes rasant le pourtour; deux râteaux, en forme d'hélice, mis en mouvement par le même arbre qui conduit les meules, retournent sans cesse, en sens inverse, les pâtes soumises à l'action des meules. Cet appareil, déjà très-répandu dans les fabriques de chocolat, a rendu un double service à cette industrie, tant à cause de la perfection du travail qu'il produit que parce qu'il remplace définitivement les mortiers à pilons, si incommodes dans les villes par leur bruit.

Vient ensuite une autre machine d'une élégance remarquable, et renfermant entre ses quatre colonnes quatre machines identiques, dont chacune consiste dans une molette tournant verticalement autour de la circonférence intérieure d'une auge circulaire en biscuit de porcelaine, et décrivant, en même temps, sur elle-même, un mouvement de rotation, sous la pression élastique d'un ressort à boudin. Cette machine, destinée principalement à la pulvérisation des poudres pharmaceutiques, est déjà employée à la confection des médicaments homéopathiques; aussi M. Hermann en a-t-il construit une à une seule auge, disposée fort ingénieusement pour mettre, ceux qui en font usage, à l'abri des inconvénients attachés au travail des substances vénéneuses.

La troisième, enfin, remarquable par son originalité, destinée au broyage des poudres fines, mais principalement des couleurs à l'eau et à l'huile, paraît avoir résolu le problème longtemps cherché du moyen mécanique substitué à la molette, mue par la main de l'homme, pour la confection des couleurs impalpables. Elle se compose d'un pilon hémisphérique à sa partie inférieure, parfaitement ajusté dans le fond d'un mortier en porcelaine, et mû, à son extrémité supérieure, d'un mouvement circulaire excentrique, de telle sorte que son grand axe, dans sa révolution, engendre un cône renversé. Cette simple et ingénieuse combinaison a pour résultat de faire subir aux matières placées dans le mortier une série de frottements croisés en tous sens, qui les amènent promptement à une finesse extrême.

Le jury a accordé à M. Hermann une nouvelle médaille d'argent.

Médaille d'argent.

M. François-Jules DEVINCK, rue Saint-Honoré, n° 85, à Paris.

M. Devinck a exposé un torréfacteur à cacao, et une machine à peser et à mouler le chocolat; cette dernière est restée chez lui où le jury a été l'examiner.

M. Devinck a déclaré que ces deux appareils ont été inventés dans sa fabrique: que ses ouvriers, Armand Duplex, Graux et

Claire, ont apporté leur concours à l'invention, mais particulièrement Armand Duplex, qui a trouvé le mécanisme de l'une des pièces principales.

Cet acte de justice de M. Devinck envers ses ouvriers est un bel exemple à suivre et bien digne d'éloges.

Le torréfacteur diffère de ceux en usage en ce qu'il est posé sur un chariot à quatre roulettes, qui marchent sur deux rails, lorsqu'on le fait entrer ou sortir du fourneau. Ces rails pénètrent jusqu'au fond du fourneau, et dépassent en avant de la quantité nécessaire pour que le brûloir puisse sortir et verser le cacao brûlé en dehors du fourneau; cette disposition en rend la manœuvre très-facile.

Le tourillon du cylindre brûleur qui reste en dehors du fourneau est creux; au moyen de ce trou, sans rien déranger, on peut prendre, avec une sonde, du cacao dans l'intérieur du cylindre, et s'assurer du moment qu'il est assez brûlé.

La machine à peser et à mouler le chocolat est d'un autre ordre que la précédente. C'est une machine de précision fort compliquée à cause de la multiplicité des effets qu'elle est appelée à produire; elle est ingénieusement conçue et fonctionne bien. Elle produit quinze à dix-huit tablettes de chocolat bien moulé par minute.

Elle se compose :

1° D'une trémie où l'on verse le chocolat en pâte qu'on veut mouler en tablettes; cette trémie est munie au fond d'une vis sans fin, qui pousse le chocolat dans le mesureur;

2° D'un cylindre appelé mesureur, portant les mesures autour de sa circonférence;

3° D'une poulie ramasseur, qui s'empare du morceau de pâte mesuré, le roule en boudin et le fait tomber dans le moule;

4° D'une table tournante, autour de laquelle se trouve le mécanisme, qui imprime à ces moules les mouvements rapides nécessaires pour unir le dessus des tablettes;

5° D'un mécanisme qui place les moules vides sur une table;

6° Enfin, d'un autre mécanisme qui ramasse les tablettes à mesure qu'elles sont achevées, et les descend dans la cuve.

Tous les organes de la machine sont heureusement conçus en eux-mêmes et dans leurs rapports entre eux. Le plus remarquable est le mesureur : c'est une couronne en fonte, ou cylindre creux, percé de dix trous sur sa circonférence, tous dirigés sur son axe.

Chaque deux trous opposés contiennent un cylindre faisant la fonction d'un double piston; ces pistons sont évidés au milieu de leur longueur, de manière à ne point se gêner les uns les autres dans leurs mouvements.

Leur longueur est moindre que le diamètre de la couronne d'une certaine quantité pour laisser un vide égal au volume que doit avoir le morceau de chocolat du poids voulu. Quand un des dix trous se trouve vis-à-vis de la vis de la trémie qui y pousse la pâte, le piston obéit, et fait sortir à son bout opposé le morceau de chocolat qui avait été mesuré au demi-tour précédent. Quand le piston est ainsi poussé au bout de sa course, c'est lui-même qui touche la détente, et aussitôt le mécanisme avance; un autre piston se présente à la vis, celui-ci est poussé à son tour, le vide qu'il laisse se remplit, et le piston, en roulant, produit les mêmes effets que le précédent, et ainsi de suite.

Le mécanisme de ce mesureur est tel, que ses mesures peuvent être agrandies ou rapetissées à volonté pour les régler, de manière à donner le même poids, malgré les différences spécifiques des diverses sortes de chocolat.

Non-seulement cette machine diminue sensiblement les frais de fabrication du chocolat, mais encore elle évite toute manipulation, tout contact des mains dans la préparation de cet aliment.

En résumé, M. Devinck et ses ouvriers ont inventé une belle et utile machine. Le jury accorde à M. Devinck une médaille d'argent.

NOTA. Voyez pour la récompense de M. Duplex le rapport spécial qui le concerne, page 255.

Médailles de bronze.

M. Jean-Claude MÉLINAND, à Lyon (Rhône).

M. Mélinand a exposé deux machines à broyer le chocolat : l'une mue par la vapeur, et l'autre à bras.

Ces machines se composent d'une paire de cylindres, comme M. Hermann en construit depuis longtemps, et d'une table tournante qui ramène constamment le chocolat aux cylindres, et qui, par cela même, rend le travail continu; d'où il résulte que cette machine peut recevoir le cacao et le sucre brut, et les réduire en chocolat fini par une seule opération.

Les cylindres sont placés horizontalement l'un sur l'autre, entre le centre et la circonférence de la table tournante; le cylindre de dessous marche plus vite que la table qu'il touche; le cylindre de dessus marche aussi plus vite que celui de dessous qu'il touche.

Pour donner plus ou moins de serrage, la table se soulève par une trempure, et le cylindre de dessus se descend comme dans un laminoir.

Les cylindres et la table sont en granit.

Des expériences ont été faites à Lyon et à Paris, d'où il résulterait que la machine remplirait bien le but que son auteur s'est proposé; mais, seulement, on observe qu'elle ne présente pas toutes les conditions de propreté voulue. Cet inconvénient étant facile à faire disparaître, le jury accorde à M. Mélinand une médaille de bronze.

M. PELLETIER, rue St-Denis, n° 71, à Paris.

M. Pelletier a exposé un moulin à broyer le cacao, et une machine à peser les tablettes de chocolat.

Le moulin de M. Pelletier est déjà employé par lui depuis longtemps. C'est la première fois, cependant, qu'il paraît à l'exposition des produits de l'industrie.

Dans le même but que M. Devinck, M. Pelletier a aussi inventé une machine à mesurer les portions de pâte de chocolat destinées à former les tablettes, afin d'éviter le contact des mains des ouvriers et d'aller plus vite.

Cette machine, faite longtemps après celle de M. Devinck, est beaucoup moins complète et, par conséquent, peut être exécutée à un prix beaucoup inférieur.

Les capacités qui mesurent le chocolat ont l'inconvénient d'être invariables, tandis que les diverses sortes de chocolat varient de pesanteur spécifique.

M. Pelletier estime que, malgré ce défaut, sa machine donne des morceaux de pâte dont le poids varie moins que dans les morceaux pesés à la balance.

Le jury lui accorde une médaille de bronze.

M. Aimé RUFFIER, passage de l'Industrie, n° 9, à Paris.

Mentions honorables.

M. Ruffier a réuni, dans le même appareil, tous les instruments et agents nécessaires pour la confection du chocolat.

Sa machine se compose de deux cônes tournant sur un plateau en fonte, qui est divisé par des rayons. A l'une des extrémités, il a disposé un moulin à pulvériser et à tamiser le sucre, se composant d'une noix conique, munie en haut de dents en fer et se terminant en bas par du granit.

A la partie opposée, l'auteur a pratiqué une ouverture pour l'alimentation de deux cylindres broyeurs, placés dans le coffre qui supporte toute la machine. L'assemblage de toutes ces pièces est bien calculé.

M. Ruffier a exposé, en outre, un moulin à sucre, qui ne diffère de celui disposé sur la machine que par la force seulement; mais, du reste, c'est le même instrument. Le jury lui accorde une mention honorable.

M. Étienne DUMAIGE, rue du Fouarre, n° 5, à Paris.

M. Dumaige a exposé une machine pour broyer les poudres pharmaceutiques. C'est une auge circulaire en porphyre, pouvant s'élever facilement par le moyen d'une trempure; une molette, également en porphyre et reposant sur le fond de l'auge, reçoit son mouvement de rotation par le contact avec cette dernière. La molette est disposée de telle sorte, qu'elle peut écraser dans ses parties horizontales et verticales. Un ramasseur fixe détache les matières qui tiennent aux parois intérieures de l'auge. Il faudrait voir fonctionner cette machine pour l'apprécier convenablement; toutefois elle est parfaitement exécutée.

Le jury décerne une mention honorable à M. Dumaige.

M. Pierre DEBATISTE, rue d'Angoulême, n° 25, à Paris.

M. Debatiste a exposé les cinq objets suivants :

1° Une machine à broyer le chocolat, composée de deux cylindres horizontaux en fonte;

2° Une machine à quatre cylindres horizontaux en fonte destinée à broyer les couleurs;

Une machine pour broyer le savon; ce petit appareil, disposé comme la machine à chocolat, en diffère par les cylindres qui sont en pierre blanche de Tonnerre; à cette machine est joint un rabat à couper le savon; ce rabat marche horizontalement, et coupe trois briques à la fois; un homme les fait marcher;

4° Une machine à vapeur de la force d'un cheval, à haute pression, qui ne présente rien de remarquable;

5° Une presse à vis portant un piston qui presse dans un seau sans fond. Ce seau est criblé de trous, et s'ouvre pour faciliter la sortie du résidu.

Ces objets, en général bien exécutés, méritent d'être mentionnés honorablement.

SECTION NEUVIÈME.

§ 1er. APPAREILS DESTINÉS A OBTENIR LA SÉPARATION DES MATIÈRES SOLIDES ET LIQUIDES DANS LES FOSSES D'AISANCES.

M. Mary, rapporteur.

CONSIDÉRATIONS GÉNÉRALES.

La séparation des matières solides et liquides et leur désinfection au moment de leur production, ont un double but : assainir les habitations et accroître la valeur des engrais tout en leur enlevant l'odeur qui en rend l'emploi incommode dans l'état naturel. L'administration doit donc encourager toutes les tentatives faites par les industriels dans cette voie, et c'est par ce motif que le jury central a cru devoir mentionner tous les appareils qui lui ont été présentés pour opérer la séparation et la désinfection.

MM. BÉLICARD et CHESNEAU, à Montmartre (Seine), Médaille de bronze.

Ont, les premiers, imaginé d'obtenir la séparation des liquides et des solides en profitant de la propriété qu'ont les liquides d'adhérer aux surfaces qu'elles mouillent lorsque les solides, au contraire, en sont détachés par la gravité. Ce principe a été appliqué par d'autres avec plus ou moins de succès; mais considérant que le mérite de l'idée revient à MM. Bélicard et Chesneau, qui n'ont eu, en 1844, qu'une mention honorable, le jury leur accorde une médaille de bronze.

M. CHANSAY, rue du Faubourg-St-Denis, n° 65, à Paris, Mentions honorables.

A construit un appareil analogue à celui de MM. Bélicard et Chesneau, mais dans lequel le tuyau de chute est légèrement contourné à sa partie inférieure afin de forcer les matières à toucher les parois. Les liquides se séparent en suivant la paroi recourbée en dehors et tombent dans une première gouttière. Les solides retombent ensuite sur un cône qui le rejette une seconde fois sur des surfaces convenablement inclinées pour enlever les liquides qui ont été entraînés la première fois avec le solide. A cet appareil séparateur en est joint un autre, destiné à désinfecter les matières solides au moment où elles tombent dans le récipient destiné à la recevoir. Ce second appareil est disposé de manière que, mû par une corde attachée à la porte d'entrée des latrines, il verse à chaque oscillation une quantité de poudre suffisante pour désinfecter les matières tombées. Le jury accorde à M. Chansay une mention honorable.

M. DEBACQ, passage des Petites-Écuries, n° 19, à Paris.

Présente un appareil fondé sur le même principe que MM. Bélicard et Chesneau. Afin de faciliter la séparation des liquides et des solides, il lance les matières tangentiellement à un vase conique sur les parois duquel les liquides, répandus en nappe mince, adhèrent et coulent ensuite dans une rigole annulaire. Le jury accorde à M. Debacq une mention honorable.

M. GALLET, au Havre (Seine-Inférieure),

A exposé un appareil destiné à opérer, dans les lieux d'aisance, la séparation des liquides et des solides et à désinfecter les solides. La disposition en est simple, le prix peu élevé, l'établissement facile.

Le jury accorde à M. Gallet une mention honorable.

MM. RAPHANEL, LE DOYEN et ROUGET DE LISLE, rue Neuve-St-Merry, n° 9, à Paris.

Les appareils désinfectants présentés par MM. Raphanel, Le Doyen et Rouget de Lisle consistent en une cuvette ordinaire, sur l'orifice intérieur de laquelle ils placent un tampon à soupape, portant à sa face inférieure une éponge imprégnée de nitrate de plomb. Le couvercle du siége, clos par une fermeture hydraulique, est également garni d'éponges, en même temps qu'il renferme du nitrate de plomb dans un récipient d'où l'on peut en faire écouler un volume déterminé dans la fosse.

Des gaz sont décomposés par le sel de plomb et les matières sont désinfectées, de sorte que la fosse n'exhale pas d'odeur; mais les bons effets des matières désinfectées comme engrais, n'ont pas encore été suffisamment constatés.

Le jury accorde à MM. Raphanel, le Doyen et Rouget de Lisle, une mention honorable.

§ 2. GARDE-ROBES HYDRAULIQUES; APPAREILS DE TOILETTE; CUVETTE HYDRAULIQUE.

M. Mary, rapporteur.

CONSIDÉRATIONS GÉNÉRALES.

Un grand nombre de garde-robes ont été exposées; la plupart sont la reproduction des appareils analogues qui ont figuré à la dernière exposition, avec de très-légères modifications. Cependant on doit citer quelques mécanismes nouveaux.

Rappels de médailles de bronze.

M. BOURG, boulevard Beaumarchais, n° 19, à Paris,

Reproduit ses siéges à bascule, dont les cuvettes sont fermées successivement par deux soupapes, disposées de manière que l'une se ferme quand l'autre s'ouvre. Il présente, en outre, un appareil nouveau pour séparer les solides des liquides, sur la plaque même qui reçoit les matières au moment de leur chute. A cet effet, le fond de la cuvette est percé de trous.

Le jury rappelle à M. Bourg la médaille de bronze.

M. FEUILLÂTRE, rue Croix-des-Petits-Champs, n° 39, à Paris.

M. Feuillâtre, qui avait obtenu une médaille de bronze pour la bonne confection de ses garde-robes, a disposé des robinets de manière à permettre l'enlèvement de la clef sans démonter aucune partie du mécanisme.

Il y a lieu de rappeler à M. Feuillâtre la médaille de bronze.

M. LEROY, rue Notre-Dame-de-Nazareth, n° 13, à Paris.

Outre des garde-robes très-convenablement disposées, M. Leroy a exposé des appareils de toilette contenant des cuvettes qui reçoivent l'eau par le fond et la laissent échapper par le même orifice. Ces appareils, à la fois élégants et commodes, conviennent aux personnes riches, qui renouvellent ainsi l'eau de ces cuvettes sans avoir à y toucher.

Le jury rappelle à M. Leroy la médaille de bronze qu'il a reçue en 1844.

Médaille de bronze.

M. HAVARD-LOYER, rue Ste-Anne, n° 50, à Paris.

M. Havard-Loyer présente des siéges à bascule à double capsule. L'une s'ouvre quand l'autre se ferme; l'eau arrive sur la capsule supérieure et tombe sur la seconde, de manière que les gaz de la fosse ne puissent pas se dégager.

Il présente également un appareil très-rustique pour les casernes et autres établissements très-populeux, et disposé de manière que le trou de la fosse s'ouvre quand on a les pieds convenablement placés, et se ferme quand on les retire du tablier mobile.

Le jury accorde à M. Havard-Loyer la médaille de bronze.

Citations favorables.

M. HAVARD (Michel), place du Louvre, n° 12, à Paris.

Les garde-robes exposées par M. Havard (Michel) sont bien exécutées, mais n'offrent aucun perfectionnement nouveau.

Le jury accorde à M. Havard une citation favorable.

M. TIRMARCHE, rue St-Honoré, n° 368, à Paris.

Capsule équilibrée avec un contre-poids, de manière qu'elle se renverse dès quelle est chargée.

On lave avec une pompe que l'on manœuvre à part.

Le jury accorde à M. Tirmarche une citation favorable.

SECTION DIXIÈME.

PUBLICATIONS ET DESSINS INDUSTRIELS.

M. Morin, rapporteur.

CONSIDÉRATIONS GÉNÉRALES.

Porter à la connaissance des industriels, par des ouvrages, par des dessins, la connaissance des procédés et des progrès des arts, est un des moyens les plus féconds de leur faciliter la solution des questions qui se présentent incessamment dans le développement de l'industrie. Envisagées sous ce rapport, toutes les publications dans lesquelles on décrit les appareils de fabrication, les machines motrices, les constructions, où l'on donne les résultats des expériences, les règles pour l'établissement, la théorie de tous les organes mécaniques employés par l'industrie, sont un service rendu qui doit être classé au nombre de ceux que le jury est appelé à récompenser. C'est sous ce point de vue que l'on a examiné les produits présentés par quelques exposants qui se sont plus spécialement occupés des machines.

M. Jacques-Eugène ARMENGAUD aîné, rue St-Sébastien, n° 19, à Paris. Médailles d'argent.

Outre les dessins originaux qu'il a exposés, comme ingénieur, il est auteur d'une publication industrielle dans laquelle il reproduit les dessins, les proportions et les résultats des machines les plus remarquables. Le texte de cet ouvrage contient, outre la description des appareils, une discussion étendue des proportions et reproduit à l'occasion les règles à suivre pour la construction. Les planches, très-bien exécutées, sont cotées pour les parties principales, ce qui est d'une grande utilité pour la reproduction des machines.

Le succès que cette publication obtient depuis plusieurs années est la preuve du service rendu par M. Armengaud à l'industrie, et le jury lui accorde une médaille d'argent.

M. CLAIR, mécanicien, rue du Cherche-Midi, n° 93, à Paris.

M. Clair s'est particulièrement livré avec succès à la construction des modèles de machines nécessaires à l'enseignement de la mécanique. Il expose cette année un modèle au cinquantième de locomotive et son tender du système de Stephenson, exécutés avec une précision extrêmement remarquable, et qui pourrait fonctionner si, pour en faciliter l'intelligence, il n'avait cru devoir ouvrir la chaudière et le cylindre. Rien ne manque dans ce joli modèle où toutes les pièces sont dans les proportions exactes de la construction réelle.

Une machine à fabriquer des câbles plats pour l'extraction des minerais, un modèle de grue, prouvent que M. Clair ne travaille pas moins habilement le bois que le fer.

Une collection complète de dynamomètres de toutes sortes, pour mesurer l'effort et le travail développé par les moteurs animés ou inanimés ou par les résistances à vaincre, et destinés à l'instruction pratique des élèves des écoles des arts et métiers, est aussi présentée par cet habile artiste.

Un nouvel indicateur à styles de la pression de la vapeur, et un indicateur totalisateur du travail développé par la vapeur dans les cylindres des machines, font partie de l'exposition de M. Clair. Ces deux instruments dus à feu M. Lapointe, ingénieur civil, mort en juin 1848 dans les rangs de la garde nationale, sont aussi exécutés avec une grande précision.

Outre les pièces qu'il a exposées, M. Clair a construit un grand nombre d'autres modèles, tels que turbines, machines d'extraction, modèles de tous genres, fourneaux, machines de fabrication, qui font partie des collections publiques et principalement de celle du Conservatoire des arts et métiers et de celle de l'École polytechnique.

M. Clair, artiste aussi habile que modeste, rend par ses travaux d'utiles services à l'enseignement des sciences appliquées. Le jury lui accorde une médaille d'argent.

M. Adolphe LEBLANC, au Conservatoire des Arts-et-Métiers, à Paris,

A exposé de beaux dessins de machines, parmi lesquels on remarque surtout des tableaux coloriés pour l'enseignement de la mécanique et des arts techniques. Une partie de ces tableaux orne les galeries du Conservatoire des arts et métiers.

Au mérite et au talent personnel qu'il possède, M. Ad. Leblanc joint celui de former des élèves habiles qui propageront son art.

Sous ce double point de vue, M. Ad. Leblanc mérite la médaille d'argent que le jury lui accorde.

M. Augustin MATHIAS, libraire (Bibliothèques scientifiques industrielles), quai Malaquai, n° 15, à Paris.

M. Mathias s'est depuis quinze ans spécialement livré à une branche du commerce de la librairie qui a pour objet les ouvrages et les publications utiles à l'industrie. Les chemins de fer, les grands travaux publics, les machines, les outils, les procédés techniques, l'instruction élémentaire et scientifique des sciences appliquées, ont été successivement l'objet des publications qu'il a éditées. Par le choix des ouvrages et par le dévouement avec lequel il a marché dans la voie qu'il s'est créée, M. Mathias a rendu de nombreux services à tous les ingénieurs.

Mais, de tous ses titres, celui qui a pour les progrès de l'industrie et pour la diffusion de l'enseignement pratique et industriel la plus grande valeur, c'est l'idée féconde qu'il poursuit avec persévérance de la création de bibliothèques scientifiques industrielles, composées d'un choix d'ouvrages spécialement utiles à l'agriculture et à l'industrie, et dont le nombre serait proportionné aux ressources des diverses localités. A une époque où le besoin de s'instruire, stimulé par l'ambition si légitime d'améliorer leur sort, préoccupe à un si haut degré les ouvriers et les travailleurs de toutes les classes, donner à leurs recherches une direction utile et sûre, c'est les enlever aux dangereuses erreurs qu'on cherche à propager parmi eux, et servir à la fois la société et l'industrie.

Le jury, appréciant les efforts de M. Mathias, lui accorde une médaille d'argent.

M. Charles-François ARMENGAUD jeune, rue des Filles-du-Calvaire, n° 6, à Paris. — Médaille de bronze.

A exposé une belle série de dessins pour fabriques et usines, et, par les soins donnés à leur exécution, il a mérité une médaille de bronze que le jury lui accorde.

M. Jules AMOUROUX, rue Charlot, n° 47, à Paris. — Mentions honorables.

Cet ingénieur, qui se livre à l'enseignement de la mécanique pratique, a exposé des dessins bien exécutés de plusieurs machines, levés sur les appareils eux-mêmes et assez complets pour servir à la construction.

Pratiquer et enseigner à la fois l'art utile du dessin, est un service que le jury se plaît à récompenser par une mention honorable.

M. Joseph FOUCHÉ, rue de Navarin, n° 10, à Paris,

A exposé de très-beaux dessins des machines établies au chemin de fer atmosphérique de Saint-Germain. Le jury lui accorde une mention honorable.

M. MANOURY D'ECTOT, place Royale, n° 6, à Paris,

A exposé une collection de dessins de machines bien exécutés, pour lesquels le jury lui accorde une mention honorable.

M. Ernest PAROD, aux Prés-St-Gervais (Seine).

A exposé des dessins de machines bien exécutés, pour lesquels le jury lui accorde une mention honorable.

SECTION ONZIÈME.

§ 1er CARROSSERIE.

M. Arnoux, rapporteur.

CONSIDÉRATIONS GÉNÉRALES.

Il y a quarante ans à peine, la carrosserie française n'existait en quelque sorte pas; on ne citait pas de voiture solide qui ne vînt de Bruxelles, de voiture légère de voyage qui ne vînt d'Allemagne, de voiture de luxe élégante et confortable qui ne vînt de Londres.

Plusieurs villes importantes du Nord et de l'Est ont commencé à nous affranchir de ce tribut que nous portions à l'étranger, mais c'est surtout à Paris que cette industrie s'est fixée et a fait les plus grands progrès.

Quoique pourvus de fers et de bois de charronnage de qualité supérieure, les aciers nous manquaient; l'Allemagne avait ses aciers naturels et ses étoffes; l'Angleterre, ses aciers cémentés; la préparation de nos cuirs laissait à désirer, et nous ne pouvions construire qu'en tirant ces objets importants de l'étranger. Tels ont été les premiers obstacles à l'établissement de la carrosserie en France. Aujourd'hui, grâce aux progrès de toutes les branches qui concourent à la construction d'une voiture, rien ne s'oppose plus à ce que le goût, qui distingue aussi éminemment tous les produits de notre capitale, ne se reporte sur ce genre de construction, qui occupe tant d'ouvriers divers.

Il suffirait d'énumérer tous les produits variés qu'utilise la carrosserie pour prouver l'intérêt immense qu'il y a pour nous à développer ce genre d'industrie, dans lequel le goût et la perfection du travail jouent un aussi grand rôle.

Déjà nous n'avons plus rien à envier à la solidité, autrefois proverbiale, de la carrosserie de Bruxelles; nos voitures de voyage sont aussi solides, aussi légères, aussi roulantes et presque aussi bon marché que celles d'Allemagne, malgré la supériorité du travail qui les fait préférer; l'Angleterre seule nous guide encore pour l'élégance des voitures de luxe, leur bonne exécution et le soin minutieux de leurs détails. Quant à la carrosserie ordinaire de ce pays, nous pouvons soutenir la comparaison, et nous sommes certains que le bon goût de nos constructeurs les préservera de l'imitation des excentricités dans lesquelles elle se jette aujourd'hui.

Ce n'est que depuis dix ans que notre exportation, de négative qu'elle était, s'est progressivement élevée au chiffre de 1,000,000 de francs qu'elle a atteint dans ces dernières années; mais ce que nous constatons avec plaisir, c'est que nos carrosseries commencent à vendre aux pays mêmes qui avaient le privilége de nous fournir autrefois.

Dès l'année 1844, le jury avait témoigné le regret de voir la carrosserie prendre une part aussi peu importante à l'exposition: s'il en eût été autrement, les comptes rendus eussent rappelé honorablement les noms des constructeurs qui ont le plus contribué à atteindre le résultat que nous venons de signaler, et nous trouverions au premier rang ceux de MM. Thomas Batiste, Alexis Robert, Getting, Herler, Daldring, etc. L'exposition de cette année, malgré cet appel, n'est malheureusement pas plus riche que les précédentes, sous ce rapport.

Nous ne pouvons attribuer à l'indifférence un résultat aussi regrettable; désireux d'en rechercher la cause, nous ne la trouvons que dans un motif d'amour-propre et d'intérêt privé que nous n'osons blâmer, mais qui cependant réagit d'une manière fâcheuse sur cette industrie en général. Chaque carrossier important a des magasins qu'il met un grand amour-propre à bien garnir; de plus, il est dans l'habitude de faire son voyage à Londres; il en rapporte des formes nouvelles, inconnues ou peu répandues, et, dans son intérêt, craint de donner à ses confrères l'exemple de ces dispositions, soit qu'il les doive à ses observations, soit que, inspiré par ce qu'il a vu, elles lui appartiennent en propre. De là, nous le pensons, l'usage regrettable de rester étranger aux expositions.

L'époque où nos constructeurs se sentiront la force de créer aussi et de dicter la mode dans ce genre n'est peut-être pas éloignée; le bon goût de la nation se fera jour dans cette partie, nous n'en doutons pas, et nous en avons pour garants les progrès accomplis en si peu de temps.

Médailles d'argent.

M. Jacques-Adolphe DUMAINE, carrossier, rue Lepelletier, n° 16.

M. Dumaine a exposé un coupé de ville garni, mais non peint, afin de mieux faire apprécier le mérite de la construction.

Ce coupé, de petites dimensions et tout mignon, offre cependant pour deux personnes une place suffisante.

La menuiserie, le charronnage, la serrurerie, sans luxe déplacé, sont consciencieusement et très-proprement exécutés; la garniture est confortable, sans exagération; l'avant-train, ferré avec rivets affleurés, au lieu d'écrous, semble fait d'une pièce.

Le marchepied, auquel il donne le nom de « aphantos, » et qu'il serait plus juste d'appeler « marchepied Blaize, » du nom de son inventeur, n'est pas de M. Dumaine, mais il a eu le bon esprit de l'appliquer à sa voiture et il en augmente le mérite.

M. Dumaine est établi depuis 1836; il occupe quinze ouvriers: en persévérant dans ce genre de construction consciencieuse, il ne peut manquer d'étendre sa clientèle.

Le jury décerne à ce constructeur une médaille d'argent.

M. André MOUSSARD, carrossier, allée des Veuves, n° 56, à Paris.

M. Moussard a exposé une calèche de luxe, vendue pour l'exportation. Cette calèche, sans flèche et sans cou de cygne, est bien entendue dans toutes ses parties; faite avec une extrême rapidité, elle n'en est pas moins soignée dans ses détails et offre la réunion des formes les plus rationnelles et les plus nouvellement adoptées.

M. Moussard, qui joint au titre de carrossier celui de dessinateur, a eu le bon esprit de rechercher et d'imiter les meilleurs modèles, et a évité avec discernement les défauts de construction que l'on rencontre trop communément dans les voitures de prix.

Cette exposition est la première à laquelle M. Moussard ait pris part. Le jury, qui a distingué son travail, lui décerne la médaille d'argent.

M. HAYOT-HEUDIARD, sellier-carrossier et fabricant de voitures, place Fontette, à Caen (Calvados).

M. Hayot expose une voiture qui devient, à volonté, voiture à deux ou quatre roues.

La caisse est celle d'un char-à-banc à deux banquettes et à un cheval, d'une forme légère et élégante, qui reçoit à volonté une capote qui la recouvre entièrement ou seulement une capote à soufflet sur le siége de derrière.

Les deux brancards sur lesquels s'établit ordinairement la caisse, et qui lui servent de base, sont chacun composés de deux parties réunies bout à bout derrière le siége de devant par deux ferrures qui forment double charnière; de telle sorte, qu'en enlevant quatre boulons le siége de devant se sépare entièrement de celui de derrière; le garde-crotte qui se trouvait en avant vient prendre sa place dans la double charnière dont nous avons parlé; les bras de limonière qui étaient fixés à l'avant-train s'adaptant à deux faux brancards d'attente, terminés chacun par une douille en fer, s'y fixent par une vis, et l'on a un tilbury couvert ou découvert à volonté.

Ainsi aucune pièce ne peut se perdre, toutes servent et tiennent leur place, la voiture n'a besoin d'aucun secours étranger pour être transformée.

Ce qui est rare dans ces sortes de voitures, outre la simplicité vraiment remarquable de celle-ci, c'est sa grande solidité et sa forme irréprochable, quelle que soit sa transformation.

Le jury a distingué tout particulièrement cette voiture et, bien que ce ne soit pas une idée entièrement nouvelle, elle offre des détails de construction si simples et si neufs, qu'il décerne à son auteur une médaille d'argent.

M. Louis DAMERON, carrossier, rue du Dragon, n° 25, à Paris.

Nouvelle médaille de bronze.

M. Louis Dameron, à qui le jury de 1844 a décerné une médaille en bronze pour la bonne exécution d'une voiture d'apparat, expose cette année un petit coupé de luxe, un dessin échelle d'exécution et des tableaux statistiques sur les différentes parties de son art, qui utilise tant de produits divers.

Le coupé de M. Dameron laisse à désirer sous le double rapport de la disposition de ses ressorts et la pureté du dessin de la caisse. Peut-être aussi peut-on critiquer le genre d'ornement qu'il introduit, tant dans le dessin général que dans la garniture; mais c'est une affaire de goût, et ce que l'on ne peut lui refuser, c'est le mérite d'un exécution parfaite, consciencieuse, qui doit lui attacher sa clientèle.

Le dessin de M. Dameron n'est pas sans mérite et quelques conseils en eussent fait une œuvre remarquable et nouvelle.

Mais ce que l'on peut louer sans restriction chez ce jeune constructeur, c'est un esprit de recherche et d'étude de tout ce qui concerne la construction des voitures, recherche dont il a mis les preuves à la connaissance du jury, et qui, avec de la persévérance et une surveillance soutenue de son atelier, le placeront certainement au premier rang de ses confrères.

Le jury lui décerne une nouvelle médaille de bronze et espère voir à la prochaine exposition des preuves de sa constance dans la voie du progrès.

Rappel de médaille de bronze.

M. Théodore WAIDÈLE, carrossier, rue Jeoffroy Saint-Hilaire, nos 3 et 7, à Paris.

M. Waidèle, décédé depuis l'ouverture de l'exposition, y avait envoyé une voiture à quatre roues, dont on peut à volonté allonger le train pour en faire un char-à-banc et voiture de voyage avec coffre en arrière, ou bien une voiture de famille.

Cette voiture a déjà paru à l'exposition de 1844 et a été à cette époque l'objet d'un rapport favorable à la suite duquel M. Waidèle a reçu une médaille de bronze.

On ne peut suivre sans intérêt les différentes opérations par lesquelles s'opèrent ces transformations; le jury de cette exposition a rendu toute justice aux moyens ingénieux par lesquels on y arrive, mais on ne peut non plus se défendre de la crainte qu'inspirent ces complications [1].

[1] On doit croire que c'est à cette circonstance qu'est dû le peu de succès pratique de ce procédé.

On pourrait reprocher à cette voiture des formes un peu lourdes si on ne se rappelait qu'elle n'est pas nouvelle.

Le jury rappelle la médaille de bronze.

M. Charles Joachim ZÉRÉGA, carrossier, rue de Grenelle-Saint-Germain, n° 96, à Paris. Médaille de bronze.

Tout le monde sait que les voitures à quatre roues, quelque légeres qu'elles soient, fatiguent davantage les chevaux que celles à deux roues et que, si leur emploi ne présente pas trop d'inconvénients pour la voiture bourgeoise, qui généralement ne fait que quelques courses, il n'en est pas de même pour les voitures de place.

D'un autre côté, outre les dangers qu'offrent les cabriolets avec les chevaux les plus solides sur leurs jambes (et ce n'est pas le cas des cabriolets de louage), ceux-ci vous obligent à vous placer à côté d'un cocher inconnu, ce qui, joint à la difficulté de monter, en éloigne tout le monde et rend leur usage impossible pour les femmes.

Ces motifs ont porté des carrossiers de Londres à essayer quelques combinaisons de voitures fermées et à deux roues, assez basses pour rendre l'accès facile et annuler les dangers d'une chute de cheval [1].

M. Zéréga, frappé des avantages qu'offrirait l'adoption de ce genre de voitures qui pourraient être à la fois courtes, roulantes, basses, et économiques, expose un coupé sur deux roues d'une disposition qui lui est propre. Trois difficultés principales étaient à surmonter : une bonne suspension, un moyen d'attelage solide et une entrée facile de la voiture. Il faut reconnaître qu'il les a résolues avec habileté.

La combinaison de ses six ressorts est heureuse; car, sans élever la voiture et en pratiquant une joue de caisse double, les deux ressorts de train on pu être de presque toute la longueur de la caisse et cela sans que cette disposition gêne en rien à l'intérieur, ou que la solidité soit altérée; aussi la voiture est-elle douce, sans éprouver la réaction des mouvements du cheval.

L'attelage se fait au moyen d'une limonière formée d'une pièce de fer importante, en forme de fer à cheval, portant une forte queue qui vient se fixer sur le devant du coupé. La forme de cette limo-

[1] Dans la plupart de ces nouvelles voitures le cocher se place derrière et conduit par-dessus la voiture.

nière a permis de placer les portières sur le devant, de telle sorte, qu'elles se trouvent entre les roues et la limonière et forment deux pans coupés.

On pourra reprocher à cette disposition le danger de monter et de descendre entre le cheval et la roue.

Peut-être trouvera-t-on aussi que la caisse est un peu plus exposée à être accrochée dans les embarras de voitures, puisqu'elle n'est pas défendue par la roue de devant; enfin on pourra craindre encore que la limonière n'offre pas toute la solidité désirable sans devenir par trop lourde.

Telles sont les questions sur lesquelles l'expérience prononcera; mais ce qui est certain, c'est que cette idée nouvelle encore mérite d'être éprouvée et que M. Zéréga a fait preuve, comme constructeur, d'une habileté que le jury reconnaît, en lui décernant la médaille de bronze.

Mention honorable.

M. Joseph BASTIEN, menuisier en voiture, rue du Rocher, n° 23, à Paris.

Cette voiture, à un cheval et à deux roues, est basse, l'entrée est sur le derrière; le cocher, assis sur l'impérial, ouvre à volonté la portière. Afin d'éviter le passage de l'essieu dans la voiture, deux demi-essieux sont recourbés le long de la caisse et glissent à coulisse pour obéir aux mouvements des ressorts.

Outre que cette disposition, déjà essayée, présenterait de graves inconvénients en cas d'accrocs, il est difficile de croire, et cela pour plusieurs motifs, que l'entrée sur le derrière plaise au public. Cette entrée est d'ailleurs difficile, car il faut lever une partie de la banquette, gêner son voisin, etc.

Le même exposant a présenté une petite voiture à trois roues pour malade, dans laquelle on peut à volonté se conduire et se diriger soi-même ou le faire faire par une autre personne.

On ne saurait voir avec indifférence les efforts des constructeurs pour arriver à une disposition simple, commode et facile de ce genre de voiture. Le jury, tout en reconnaissant que celle de M. Bastien laisse à désirer, voulant appeler l'attention des carrossiers sur ce genre de véhicules qui peut rendre de si grands services aux malades, aux personnes âgées ou estropiées et peut-être à d'autres titres, mentionne honorablement son auteur.

M. Nicolas-François D'HÉRISSARD, ouvrier forgeron, rue de Ponthieu, n° 23, à Paris. Citation favorable.

Voiture à deux corps séparés, l'un porté sur l'avant-train, l'autre sur l'arrière-train, réunis par une longue charnière verticale.

Cette idée n'est pas nouvelle; elle a été exécutée en grand par M. Alexis Robert, il y a environ 16 ans, avec toute la perfection que cet habile constructeur savait mettre dans tout ce qu'il faisait. Son peu de succès dans les épreuves l'a fait abandonner. Le modèle exposé ne présente aucune disposition de nature à faire supposer que les mêmes inconvénients ne se représenteraient pas.

L'idée est loin d'être irrationnelle, elle dénote dans son auteur, qui ignorait complétement les essais que l'on rappelle, une imagination qui cherche à perfectionner, et, à raison de la position de son auteur, le jury le cite favorablement.

---

§ 2. TRAINS DE VOITURES.

M. Arnoux, rapporteur.

M. Claude-François LODS, carrossier, à Besançon (Doubs). Médaille de bronze.

Aujourd'hui que les trains des voitures légères sont entièrement suspendus, c'est-à-dire que les ressorts sont immédiatement fixés sur les essieux, c'est une heureuse idée que de faire les avant-trains tout en fer, à cause de la multiplicité des boulons, et du rôle que jouent dans l'assemblage les très-petites pièces de bois qui ne sont destinées en quelque sorte qu'à la réunion des pièces de fer. Quelques constructeurs, voulant éviter cette grande quantité d'écrous et de têtes de boulons, les remplacent par des rivets; il est à craindre qu'à la longue ces rivets ne cessent de serrer lorsque le bois séchera. M. Lods, plus hardi, enlève le bois et fait des avant-trains tout d'une pièce, parfaitement propres, légers et solides.

Sans doute, on peut objecter que le travail est délicat et d'une exécution difficile, qu'il sera impossible de trouver partout des ouvriers capables de faire les réparations; mais quelle est donc la pièce d'une voiture soignée qui n'a pas donné lieu à cette objection? C'est l'obligation de faire des pièces difficiles, qui rend les ouvriers habiles.

Ce que l'on peut dire en faveur de ces avant-trains, c'est que les voitures seront plus légères à l'œil, en acquérant plus de solidité, et que le prix, au dire de l'inventeur, se trouvera diminué. Qu'il soit le même, et le succès de cet avant-train paraît assez certain pour que le jury accorde à M. Lods une médaille de bronze.

Mentions honorables.

M. Pierre FUSZ, rue des Deux-Portes-Saint-André-des-Arts, n° 4, à Paris.

Le nom de cet exposant est connu de toutes les personnes qui suivent les idées nouvelles : c'est l'un de ces inventeurs persévérants qui, sans ressources et sans se décourager, poursuivent l'exécution de leur découverte.

C'est bien moins sur la voiture exposée sous le n° 4,409 que sur ses dessins qu'il faut juger les idées que veut appliquer M. Fusz.

Ces idées sont :

1° L'emploi de grandes roues semblables à celles dont on se sert pour les fardiers.

Il est clair que ces roues facilitent la traction; mais elles nécessitent une construction de voitures plus délicate, d'un entretien plus coûteux, et en général moins appropriée au genre de chargement auquel elles semblent destinées.

2° L'emploi de ressorts à pincettes étagés. On se représente assez bien cette disposition en supposant plusieurs ressorts les uns dans les autres, portant successivement deux à deux, en commençant par les plus grands, à mesure que la charge est plus forte.

M. Fusz a depuis longtemps émis cette idée; ses ressorts ont été essayés; leur emploi ne présente pas d'inconvénients : cependant, soit qu'ils n'aient pas offert tous les avantages annoncés, soit tout autre motif, leur usage n'a pu encore se généraliser.

3° L'abaissement de la charge, et, par suite, de son centre de gravité, circonstance favorable à plusieurs titres, mais incommodes par le passage de l'essieu dans le milieu du chargement, sous peine d'avoir un essieu démesurément coudé.

4° L'application de cette disposition à une voiture dans laquelle les veaux pourraient être transportés debout, au lieu de leur faire subir le supplice du transport, tel qu'il a lieu aujourd'hui.

Nous le répétons, le modèle de voiture exposé n'a pu donner une idée des avantages que M. Fusz attend de l'application de ses procédés. Le jury, reconnaissant les efforts et la persévérance de M. Fusz, le mentionne honorablement.

M. Jean-Baptiste LAISIS fils aîné, carrossier, rue des Fossés, à Laval.

Les deux procédés présentés, l'un pour diviser les moyeux avec précision et tracer les mortaises, l'autre pour entailler la rondelle d'essieu dans le moyeu, sont assez simples, surtout le premier, et ne sont pas sans intérêt pour l'économie de la main-d'œuvre, et une bonne confection.

Le jury, reconnaissant les services que peuvent rendre ces outils et les dispositions intelligentes de l'auteur, le mentionne honorablement.

M. Jacques-Aimé-Nicolas SERRE, serrurier en voitures, à Pont-à-Mousson (Meurthe).

M. Serre a continué la fabrication des objets qui lui ont valu une citation favorable à l'exposition de 1844.

En diversifiant les formes de ses crics, M. Serre a étendu sa fabrication et affermi sa réputation.

Le jury le mentionne honorablement.

M. Antoine-Emmanuel ROBIQUET, carrossier, rue Montmartre, n° 146, à Paris. Citation favorable.

M. Robiquet a présenté une disposition de galerie pour l'impériale des voitures, afin de maintenir les malles ou paquets des voyageurs. Cette galerie se compose d'un cadre en tringle de fer, soutenu, à diverses hauteurs, par quatre montans à coulisses rentrant dans l'intérieur, le long des pieds d'angle, et pouvant rendre ainsi la galerie invisible.

Ce système paraît très-convenable pour les voitures de place qui transportent les effets des voyageurs : c'est une idée simple, facile d'exécution, et remplissant parfaitement le but que l'on s'est proposé.

Les entrepreneurs de voitures publiques, en se l'appropriant, permettront aux voyageurs qu'elles conduisent aux chemins de fer de se placer, sans être gênés ou blessés par leurs bagages, et en même temps elles ménageront les garnitures de leurs voitures. Quelques légers perfectionnements rendront tout à fait convenable et pratique cette disposition, qui est déjà appliquée en Belgique.

Le jury recommande cette disposition, en la citant favorablement.

§ 3. ESSIEUX ET BOITES DE ROUES.

M. Arnoux, rapporteur.

Médailles de bronze.

M. Jean-Baptiste GÉRARDIN, mécanicien, rue du Colysée, n° 32, à Paris.

M. Gérardin, frappé des inconvénients que lui avaient présentés quelques boîtes d'essieux *Patent*, dans lesquelles l'huile n'avait pas pénétré dans le fond de la boîte, ce qui arrive parfois, a eu la pensée d'augmenter considérablement le réservoir, et, à cet effet, de faire une boîte dans l'épaisseur de laquelle il pratique un réservoir qui communique à la partie intérieure de la boîte par plusieurs larges fentes en hélice; la boîte étant parfaitement fermée, ce réservoir, rempli d'huile, offre un aliment qui éloigne toute chance de danger. Pour éviter le double écrou qui retient la roue, M. Gérardin a imaginé de pratiquer sur la tête de son écrou, assez épais et disposé pour cela, huit ou dix encoches destinées à recevoir la clavette, de telle sorte, qu'il peut serrer son écrou d'un huitième de tour, et empêcher le jeu de la roue.

Pour arriver dans la fabrication à couler la boîte avec son réservoir, M. Gérardin a dû faire un modèle de noyau en cuivre en deux parties qui est des plus ingénieux.

La boîte est naturellement un peu plus forte, ce qui est un léger inconvénient pour ces très-petits moyeux; des certificats très-positifs de particuliers et d'établissements, qui se servent de ces boîtes, en attestent le mérite, malgré une augmentation, d'ailleurs peu importante, dans le prix.

M. Gérardin, habile ouvrier, a encore imaginé un moyen de graissage pour les arbres verticaux.

Le jury, appréciant les perfectionnements apportés par M. Gérardin, et voulant récompenser ses efforts, lui accorde la médaille de bronze.

M. Vincent RASTOUIN, mécanicien, à Blois (Loir-et-Cher).

Les considérations qui ont motivé les recherches de l'exposant que nous venons de citer ont porté M. Rastouin à apporter des changements à l'essieu ou plutôt à la boîte des essieux Patent.

Sur le devant, cette boîte porte les oreilles qui l'empêchent de tourner dans le moyeu et un boisseau du diamètre extérieur de la saillie de ces oreilles. Ce boisseau est ouvert sur le devant pour introduire la pièce destinée à fixer la roue. La boîte, qui naturellement se place en l'enfonçant par devant le moyeu, porte sur le derrière un taraudage extérieur sur lequel se visse un boisseau, de telle sorte, que le serrage de ce boisseau fixe la boîte dans le moyeu; une rondelle, soudée à l'essieu, reçoit la butée, et par sa force rejette dans l'intérieur du boisseau, qui forme réservoir, toute l'huile qui voudrait s'en échapper.

Sur le devant, l'essieu est retenu par une bague traversée par une goupille qui ne peut se retirer que dans une seule position de la roue. Enfin, la boîte est fermée par un chapeau vissé sur une partie saillante de la boîte taraudée.

Ce chapeau est creux et forme réservoir; une goupille, poussée par un petit ressort, l'empêche de se dévisser.

Cette boîte est ingénieusement disposée, simple d'exécution et parfaitement établie. On peut lui reprocher que, n'étant retenue que par une bague épaisse et une clavette, il n'y a pas de serrage possible autrement que par des rondelles; l'auteur a reconnu cet inconvénient, et s'occupe d'y parer.

Le procédé date déjà de quelques années; M. Rastouin est carrossier à Blois, et ne cesse de l'appliquer, depuis plusieurs années, avec succès et à des prix inférieurs, aux boîtes Patent. Le Jury décerne à M. Rastouin une médaille de bronze.

M. Frédéric GRAETER, fabricant d'essieux, à Forbach (Moselle).

M. Graeter a établi en 1828, à Paris, une fabrication d'essieux qu'il a transportée à Forbach en 1846.

Les essieux et boîtes que fait établir M. Graeter n'ont rien qui les distinguent, quant à la forme, des boîtes et essieux Patent ordinaires.

Les seules modifications consistent dans la substitution du fer à la fonte, pour les boîtes, que l'on durcit également par la trempe en paquet, et par la substitution du fer au cuivre ou au bronze, pour les écrous et la bague.

On sait que, dans les essieux Patent, la roue est retenue sur l'essieu au moyen d'une bague qui s'applique contre le bord de la boîte, et qu'une partie plate, pratiquée sur la fusée, empêche de tourner; cette bague est retenue par deux écrous à pans contrariés; le second d'un diamètre plus petit, est fixé par une goupille.

La pensée de faire ces pièces en bronze et de conserver la boîte en fonte a eu un but, c'est de ne pas faire rouler fer sur fer; la ténacité de la fonte douce ayant été jugée suffisante pour les voitures légères, dans lesquelles ce mode d'essieux est employé, les voitures plus lourdes et les diligences continuent à faire leurs boîtes en bronze pour éviter leur rupture.

La qualité de la trempe que M. Graeter fait subir à ses pièces, peut et doit en effet faire disparaître l'inconvénient que l'on a voulu éviter, et l'on doit reconnaître que les pièces qui ont été exposées sont d'un ajustage aussi parfait que possible. Cette précision, avec des pièces cémentées toujours susceptibles de travailler à la trempe, est due à un alésage que M. Graeter fait subir après la trempe.

En faisant exposer des pièces prises à son dépôt, ce fabricant a prouvé par là que l'on avait sous les yeux ses produits tels qu'il les livre à la vente.

L'importance de l'établissement de M. Graeter, la perfection si essentielle de ses produits, le prix auquel il les établit, ont fixé l'attention du jury qui lui décerne la médaille de bronze.

Mention honorable.

M. Casimir CAILLY, rue Constantine, n° 60, à la Chapelle-Saint-Denis (Seine).

M. Cailly, tourneur mécanicien, expose un système nouveau de boîte de roue d'une assez grande simplicité.

La boîte, comme celle dite demi-Patent, est complétement fermée à son extrémité; elle est retenue sur l'essieu par une emboîture qui se visse sur la partie postérieure de la boîte; cette emboîture, qu'une rondelle, soudée à l'essieu, empêche de reculer, est retenue par devant par un écrou à chapeau, se vissant sur une partie de la fusée taraudée à cet effet contre la rondelle; cet écrou se trouve ainsi logé dans l'intérieur et au fond de la boîte.

Deux objections peuvent être faites à ce système : la première, c'est que la portée de l'essieu sur la boîte se trouve un peu éloignée par la présence de cet écrou; la seconde, c'est que rien ne s'oppose à ce que l'écrou intérieur qui retient l'emboîture, et par suite la roue, ne se desserre.

Le jury ne pense pas que ces objections, qui doivent conduire M. Cailly à de légères modifications, puissent faire oublier ce qu'il y a de bon dans ce système et de mérite dans l'exécution; aussi mentionne-t-il favorablement cet habile ouvrier.

M. Jules LABOUYSSE, à Toulouse (Haute-Garonne). Citation favorable.

Le procédé présenté par M. Labouysse consiste, pour les essieux, dans l'application d'une couche de fonte dure, de 0,004 à 0,005^{m}, sans altérer la qualité du fer de l'essieu; pour les boîtes en fonte, à donner à la partie qui frotte, et sur une certaine épaisseur, une dureté semblable à celle des fusées, sans changer la douceur de la fonte extérieure.

La précision que M. Labouysse donne à ce travail le dispense, dit-il, de tourner les fusées ou d'aléser les boîtes, ce que la dureté de la fonte rendrait d'ailleurs impossible, et les pièces cassées, qui ont été exposées, attestent réellement que les boîtes comprennent deux qualités de fonte distinctes, l'une parfaitement blanche, et l'autre plus douce, et que le fer de la fusée de l'essieu conserve une apparence de nerf très-évidente, tandis que la couche de fonte qui la recouvre est aussi blanche et aussi dure que celle de la boîte.

M. Labouysse n'avait donné aucune explication; personne n'était chargé de le représenter; ce n'est que sur les instances du jury que le ministre a obtenu une lettre explicative qui signale l'envoi de certificats qui n'ont pas été trouvés.

La vue seule des objets, sans explications sur le procédé, ne permettant pas au jury d'asseoir une opinion sur le mérite de cette disposition, il eût été indispensable d'avoir les certificats annoncés par M. Labouysse : on doit ajouter que l'impossibilité de donner à ces pièces la précision du tour et l'alésage, qui en font le plus grand mérite, puisqu'elles sont soumises à des frottements continuels d'où dépend la facilité du tirage, a dû laisser quelque inquiétude sur la résistance qu'elles peuvent engendrer; dans cette position, sans oser se prononcer d'après les simples données de la lettre tardive de M. Labouysse, le jury regrette de devoir se borner à citer favorablement la découverte de M. Labouysse. Il a dû s'abstenir de formuler un jugement définitif, en le regrettant profondément, à raison de l'importance de la question.

---

§ 4. RESSORTS DE VOITURES.

M. Arnoux, rapporteur.

Médaille d'argent.

MM. FIMBEL, BERGÈS et Cie, fabricants de ressorts de voitures, à Paris.

M. Fimbel, ancien carrossier, à qui le jury a décerné une médaille de bronze en 1839 pour une voiture en blanc d'un grand mérite d'exécution, a établi une fabrique de ressorts qui date de 1840. Ses produits ont été immédiatement remarqués de tous les constructeurs, et lui ont valu une médaille de bronze à l'exposition de 1844.

Ce genre d'établissement était nouveau à Paris; ses succès et ceux de la fabrique que dirigeait M. Bergès les ont amenés à une association à laquelle ont pris part MM. Jakson frères, fabricants d'acier à Rive-de-Gier.

La réputation constamment progressive des produits de MM. Jackson ne pouvait qu'assurer les succès de cette société, et c'est déjà les constater que de dire qu'elle emploie à cette seule fabrication 220 ouvriers et une puissance de plus de 50 chevaux.

Le jury n'a soumis les ressorts de MM. Fimbel, Bergès et Cie, à aucune épreuve; mais, tous les jours, leur qualité est constatée par les entreprises de chemins de fer, et les autres consommateurs auxquels ils livrent leurs produits. Quant à la perfection du travail, l'examen des ressorts envoyés à l'exposition a pu en convaincre tout le monde.

Le jury, considérant que ce genre d'établissements spéciaux est le plus propre à développer l'industrie de la carrosserie en perfectionnant et en abaissant les prix de chaque partie; que, sous ce double rapport, l'établissement de MM. Fimbel et Bergès a déjà rendu des services réels, décerne à cette compagnie la médaille d'argent.

Mention honorable.

M. Nicolas-Ferdinand BARTHÉLEMY, fabricant de ressorts et chaînes élastiques, rue du Faubourg-Saint-Martin, n° 238, à Paris.

M. Barthélemy, qui a obtenu à la dernière exposition une mention honorable pour un pivot hydraulique, a exposé cette année un ressort dont l'idée toute nouvelle mérite de fixer l'attention, à cause des applications qu'il peut recevoir.

Ce ressort, qui agit à la manière des ressorts à Bondin, se compose d'une ou plusieurs rondelles superposées, qui peuvent être, à volonté, traversées par un axe qui leur sert de guide, ou placées dans des guides extérieurs.

Chaque élément ou rondelle présente l'aspect d'une double rosace ayant les deux faces bombées et parfaitement symétriques; chacune d'elles est composée d'un fil d'acier régulièrement contourné, formant 6 à 8 feuilles, laissant entre elles quelques millimètres de jeu. Ces deux rosaces, placées l'une contre l'autre, les faces bombées en dehors, sont maintenues dans un cercle de fer, ou mieux d'acier, légèrement creusé en dedans pour les empêcher d'échapper.

Le bombement de chaque rosace étant égal à la hauteur du cercle qui les contient, en soumettant la rondelle à une pression suffisante les rosaces s'aplatissent et la rondelle se trouve réduite à l'épaisseur du cercle, de telle sorte, que l'on a obtenu une course égale aux deux tiers de l'épaisseur primitive de la rondelle.

On conçoit que l'on peut superposer ainsi un nombre plus ou moins grand de rondelles, et, en variant la force de l'acier, obtenir les effets que l'on désire.

L'acier est ici soumis aux deux effets de flexion et de torsion, et c'est ainsi que l'on peut s'expliquer le parti étonnant que l'on tire d'un aussi petit poids.

Placé sous un marteau pilon, l'une de ces couronnes a pu, sans rompre ni sans perdre de son épaisseur, résister à un grand nombre de coups.

Cette épreuve prouve incontestablement l'usage que l'on peut faire de ces rondelles pour remplacer les ressorts de traction et de chocs dans les voitures de chemin de fer : le poids, le prix et la facilité de leur emploi ne laissent pas de doute sur le succès.

Le jury, conformément aux règles qu'il s'est imposées, regrette qu'une application préalable ne lui permette pas de témoigner son approbation autrement qu'en mentionnant honorablement la découverte de M. Barthélemy.

M. Jean-Baptiste-Auguste CHEVILLOT, carrossier, rond-point des Champs-Élysées, n° 14, à Paris.

Citation favorable.

Les ressorts en volutes présentés par M. Chevillot sont d'une forme élégante et parfaitement élastiques. Peut-être faudrait-il un peu moins d'acier pour obtenir le même résultat qu'avec les ressorts ordinaires; mais ces ressorts, tels qu'ils sont, exigeraient des matières sans le plus léger défaut, présenteraient plus de dangers de rupture, et coûteraient sans doute plus cher.

Rien ne prouve cependant que cette manière toute nouvelle d'employer l'acier dans la carrosserie, étudiée de nouveau, ne soit de nature à offrir des avantages, ne fût-ce que sous le rapport de l'élégance des formes : aussi le jury cite-t-il favorablement les premiers efforts de M. Chevillot.

---

§ 5. APPAREILS POUR FACILITER LE ROULAGE, ENRAYAGE; MOYENS DE SURETÉ.

M. Arnoux, rapporteur.

CONSIDÉRATIONS GÉNÉRALES.

Les procédés dont nous allons rendre compte ont pour objet de parer à plusieurs causes d'accidents trop fréquents; ils consistent à substituer un moyen mécanique à l'habitude des conducteurs de voitures à deux roues, pesamment chargées, de caler successivement l'une et l'autre roue avec des pierres dans les montées, afin de faire pivoter leur voiture sur la roue calée, et de soulager ainsi leurs chevaux; à prévenir les suites des chutes du limonier, si fréquentes dans Paris, où l'on a la malheureuse habitude de surcharger les chevaux; à se prémunir contre les dangers que font courir les chevaux qui s'emportent; enfin, à substituer l'action du cheval à celle de l'homme pour l'enrayure des roues.

Chaque système présente des avantages et des inconvénients que la nature et l'utilité du but que l'on se propose nous imposent l'obligation de signaler avec quelque soin.

Médailles de bronze.

MM. MIGNARD, Grande-Rue, n° 131, à Vaugirard (Seine).

M. Mignard, dans le but de faciliter les montées ou d'arrêter dans les descentes, adapte au gros bout du moyeu de chaque roue un disque en fer dont le centre est placé dans le prolongement de l'axe de la roue. Ce disque, épais de 0,012 à 0,015^{m}, a un diamètre un peu plus grand que celui du moyeu, et est taillé comme un engrenage; en avant de ce disque se trouve un pied-de-biche double, lequel, au lieu d'être terminé comme d'usage par une dent aiguë, porte, à chaque extrémité, un segment de 3 à 4 dents destiné à engrener avec autant de dents du rochet. Ce pied-de-biche, qui pivote sur le centre de ses deux branches, autour d'un boulon fixé au brancard, peut, en basculant, engrener, tantôt par sa branche supérieure, tantôt par sa branche inférieure; dans le premier cas, il empêche d'avancer; dans le second, il empêche de reculer.

Au moyen d'un petit verrou qu'il arrête à volonté dans trois encoches, M. Mignard donne à son pied-de-biche la position qu'il désire pour opérer dans l'un et l'autre cas ou pour suspendre son action.

Ce moyen est ingénieux, et cependant, quoique assez simple par lui-même, il paraît encore compliqué et délicat pour un usage aussi brutal; l'action, en effet, perd de son énergie en s'appliquant au centre ou près du centre de la roue. On peut aussi lui reprocher d'exiger que la roue n'ait aucun battement sur l'essieu, ce que les voituriers regardent comme utile, surtout dans les chemins difficiles.

M. Mignart a joint à cela une chambrière, dont le but est de s'opposer à la chute complète des brancards, en cas de chute du limonier, et de prévenir ainsi les accidents qui en sont trop souvent les conséquences. Cette chambrière est bien entendue, elle se relève à volonté, en partie ou entièrement; peut-être pourrait-elle être un peu plus simple; telle qu'elle est, d'ailleurs, elle paraît remplir le but que l'on se propose. Il est facile de voir que l'exécution de ces deux pièces a été confiée à un constructeur habile et entendu, M. Reguard, de Vaugirard, sous le nom duquel la voiture est exposée.

Le jury décerne à M. Mignard une médaille de bronze.

M. BOUHON, lampiste, place Dauphine, n° 7, à Paris.

M. Bouhon est l'auteur d'un procédé aussi simple qu'économique pour faciliter les montées difficiles. Sous les brancards de sa voiture, il place perpendiculairement à ces brancards, en arrière des roues et un peu en dedans des jantes, une traverse dont chaque extrémité se trouve à 0,07 ou 0,08^{c} du plan de la roue, de chaque côté, et, sur l'extrémité de cette traverse, il fixe deux morceaux de tôle doublement coudés d'équerre, qui embrassent la traverse et qui forment ainsi deux joues destinées à recevoir un boulon; ce boulon traverse un morceau de bois, sorte de taquet de 0,20 à 0,25c de longueur et de même largeur que la traverse; ce taquet, en tombant, forme le prolongement de la traverse et s'engage dans les rais; lorsque la roue tourne en avançant, chaque rais relève ce taquet qui retombe ensuite par son propre poids, tandis que, si la roue tend à reculer, ce taquet, qui ne peut tomber au-dessous de l'horizontale, reçoit le rais et l'oppose au mouvement rétrograde de la roue.

Comme on le voit, il y a du temps perdu; mais le procédé est si simple, si peu coûteux et si facile à adapter, que le jury, qui a la preuve d'applications déjà nombreuses et très-appréciées, décerne à son auteur une médaille de bronze.

Mentions honorables.

M. Henry BLATIN, rue Saint-Germain-des-Prés, n° 2, à Paris.

M. Blatin est le troisième exposant qui se soit occupé de la même question: son appareil, s'il est permis de donner ce nom à quelque chose d'aussi simple, est fondé sur un principe de géométrie qui mérite d'être décrit.

Que l'on suppose un boulon fixé horizontalement et extérieurement au brancard d'une voiture à deux roues, à la hauteur et en arrière de l'essieu de la voiture, à une distance égale au tiers du rayon de la roue, que ce boulon traverse l'une des extrémités d'un levier, tandis qu'à l'autre est fixé un patin d'enrayure; que ce patin soit disposé de manière que le levier étant horizontal, il se trouve à quelques centimètres du cercle de la roue :

Dans cette position, la roue est libre et le patin inutile; si, au contraire, on le laisse tomber, la roue, en avançant, tendra à le relever, tandis qu'en cherchant à reculer elle serre le patin et a son mouvement paralysé.

De là la possibilité de faire avancer successivement l'une ou l'autre roue, en se servant de sa voisine pour point d'appui.

La même disposition sert à enrayer, et, pour cela, il suffit que chaque patin puisse être serré avec effort contre le cercle au moyen d'une vis, d'un cric ou d'un levier suivant le genre de voiture.

Nous ne chercherons pas à décrire le reste de l'appareil dont les modèles, présentés par M. Blatin, n'ont offert qu'une idée imparfaite; nous pensons qu'appliqué d'une manière et dans des proportions convenables et pratiques, rien ne fait prévoir l'insuccès de ce procédé.

Dans le cas d'une voiture à bras, qui n'a pas besoin d'enrayure, mais pour laquelle il est parfois et très-souvent utile de s'opposer à volonté au mouvement de l'une ou l'autre roue, le levier peut être placé immédiatement au-dessus de l'essieu et être ainsi rejeté en avant ou en arrière, suivant l'effet que l'on doit obtenir.

Le jury regrette qu'une application préalable ne lui ait pas permis d'apprécier pratiquement les services que ce procédé peut rendre à l'industrie, peut-être même à l'humanité, en prévenant beaucoup d'accidents; privé par ces motifs de faire plus, il mentionne très-honorablement le nom de M. le docteur Blatin à qui l'on doit déjà plusieurs découvertes précieuses, et l'engage à suivre l'application de son idée.

M. Marie-Vincent-Léopold DUPUY DE PODIO, sous-lieutenant de chasseurs, rue de Grenelle-Saint-Germain, n° 58, à Paris.

M. Dupuy de Podio, sous-lieutenant de chasseurs, présente un modèle d'enrayure par les chevaux, applicable à l'artillerie, et dont l'emploi lui paraît devoir se généraliser.

On sait qu'aujourd'hui la plupart des voitures de l'artillerie se composent d'un avant-train et d'un arrière-train qui se rattache au premier au moyen d'un fort crochet, les deux trains ayant des roues égales. L'enrayure de M. Dupuy de Podio n'agit que sur les roues d'avant-train; elle se compose d'une barre armée de deux patins de fer frottant sur le derrière des roues comme les enrayures ordinaires, le mouvement est communiqué à cette barre par l'action des chevaux lorsqu'ils retiennent. A cet effet, M. de Podio adopte un timon dont le têtard peut glisser entre les deux pièces de bois parallèles qui, dans les voitures d'artillerie, remplacent les armons: le mouvement étant limité dans les deux sens, d'une part, pour opérer la traction, de l'autre pour que, l'enrayure venant à manquer, la voiture ne tombe pas sur les jarrets des chevaux.

Sur l'un des points des armons, correspondant à la portion du timon engagée, M. de Podio place une chape saillante en contre-bas de 0,10 à 0,12 ᵐ; cette chape reçoit un boulon qui traverse, vers son milieu, un petit levier de 0,30ᶜ environ; sa branche supérieure est entraînée par le mouvement du timon, tandis que la branche inférieure, attachée à une tige de fer qui est fixée à la barre d'enrayure, commande celle-ci dans son mouvement.

L'idée est simple et simplement rendue, mais elle ne peut être exempte de l'inconvénient général qui s'attache à toutes les enrayures que commande l'action des chevaux; nous voulons dire une marche irrégulière et saccadée.

Une autre objection peut être faite au procédé de M. de Podio, c'est que son enrayure agit sur l'avant-train, qu'il convient de laisser le plus libre possible afin de faciliter la direction.

Ce procédé n'a été ni appliqué, ni même expérimenté; cependant le jury, reconnaissant qu'il y a dans le mémoire fourni à l'appui un esprit d'observation et de recherche louable, le mentionne honorablement.

Citation favorable.

M. Napoléon REBOURS, mécanicien, rue de la Paix, n° 14 *ter*, à Batignolles (Seine).

On s'est souvent demandé s'il n'était pas plus dangereux d'adopter un moyen de dételage instantané que de s'exposer à subir les conséquences de l'emportement des chevaux.

Chaque fois qu'il survient un accident grave de ce genre, on revient aux procédés depuis longtemps proposés à cet effet; et, il faut bien le reconnaître, ils ont été nombreux et tous à peu près également efficaces. Mais, lorsqu'arrive l'application, on ne tarde pas à voir que la peur, l'extrême prudence, si l'on veut, provoquent des accidents peut-être moins terribles, mais infiniment plus multipliés; et l'on a vu, dans des expériences mêmes, des accidents arrivés par un dételage instantané qui avait, d'ailleurs, parfaitement fonctionné.

L'enrayure par les chevaux n'est pas non plus une idée nouvelle, elle a été plusieurs fois essayée et abandonnée. Le principe est rationnel : une très-petite partie de l'effort opéré par les chevaux pour arrêter une voiture privée d'enrayure doit en effet suffire, soit pour retarder son mouvement, soit pour l'arrêter lorsqu'il agit sur une enrayure.

On doit ajouter que, dans des expériences, on a obtenu des résultats assez satisfaisants; mais, à l'usage, beaucoup de causes ont fait préférer l'enrayure par la main de l'homme. Les chevaux paresseux ou mal dressés, ceux qui tirent au renard, en termes de cochers, c'est-à-dire s'écartent du timon en tirant sur le chainette, sont autant de causes qui, indépendamment de l'inégalité de la route, font éprouver à l'action de l'enrayure des saccades au lieu d'un effet continu, indispensable, si l'on veut conserver une allure accélérée.

En dehors de ces inconvénients, communs à la généralité des procédés de ce genre, on doit reconnaître que, de tous ceux employés jusqu'à ce jour, celui de M. Rebours est le plus perfectionné; s'il ne peut s'appliquer d'une manière générale, il est assez probable qu'il serait utilement employé pour faciliter les temps d'arrêts multipliés des voitures, et que, sous ce rapport, il pourrait convenir aux entreprises d'omnibus qui, par des arrêts nombreux, usent tant les chevaux; il en résulterait un autre avantage, celui d'arrêter plus promptement et plus complétement les voitures, ce que cherchent à éviter les meilleurs cochers dans l'intention de ménager leurs chevaux.

Aucune application continue n'ayant été faite, le jury, encore incertain du mérite du procédé, sous le rapport qu'il vient dindiquer, ne peut que citer favorablement le nom de M. Rebours.

SECTION DOUZIÈME.

SERRURERIE DE PRÉCISION.

M. Pecqueur, rapporteur.

MM. BRICARD et GAUTHIER, à Paris, rue Pavée-Saint-Sauveur, et à Woincourt (Somme).

Nouvelle médaille d'argent.

Déjà distingués par plusieurs médailles qu'ils ont obtenues aux dernières expositions, MM. Bricard et Gauthier ont présenté cette année une collection de serrures de diverses sortes, des articles de quincaillerie et ferrures de bâtiments, une collection de fermetures de croisées de divers modèles et des cylindres de filature pour coton et pour laine, dont une partie est trempée.

Les améliorations de détail que ces habiles fabricants continuent d'apporter dans leurs nombreux produits ne sauraient être énumérées ici.

Nous ne citerons que l'ajustement des carrés d'assemblage des cylindres cannelés, ainsi que les carrés des foliots de toutes les sortes de serrures, où l'on voit une perfection qui ne laisse rien à désirer, obtenue par un mandrinage mécanique. Il n'est pas jusqu'aux ressorts des serrures qui ne soient exécutés d'après des principes raisonnés.

La perfection des produits de ces industriels leur mérite une nouvelle médaille d'argent que le jury leur décerne.

Rappels de médailles d'argent.

M. Camille-Romain LEPAUL, rue de la Paix, n° 2, à Paris.

M. Lepaul a mis à l'exposition une nombreuse collection de produits de sa fabrication. On y compte 41 articles.

Un grand coffre poli au moiré, dont la serrure, à double pompe perfectionnée et à combinaison de cinq rondelles sans point d'appui, fait mouvoir quatre grands pênes accompagnés chacun de deux pênes circulaires qui s'agrafent à ces grands pênes pour les rendre inforçables;

Une caisse simple avec serrure aussi à double pompe, à quatre grands pênes et à combinaison de quatre rondelles;

Un support de tour à trois effets de chariots;

Un chariot à sept scies circulaires pour couper le jonc et la baleine;

Une vingtaine de serrures de systèmes variés pour différents usages.

Par un outillage bien conçu et approprié à sa fabrication, M. Lepaul, qui avait déjà réduit ses prix de moitié en 1844, est parvenu à les réduire encore notablement depuis cette époque. Il fait pour 150 à 200,000 francs d'affaires.

Cet habile serrurier-mécanicien a encore exposé des verrous de sûreté, des cache-entrée, des culots en fer forgé, percés, tournés, pour double pompe; des crics à leviers, une contre-barricade portative, etc.

Tous ces objets, parfaitement exécutés, dont une partie a été nouvellement inventée ou perfectionnée par M. Lepaul, lui méritent un rappel de médaille d'argent que le jury lui décerne.

M. HURET, boulevard des Italiens, n° 2, à Paris.

M. Huret a exposé un coffre-fort dont la fermeture est une serrure à combinaison, système Bramah, qu'il avait déjà perfectionné de nouveau, en empêchant les mouvements du va-et-vient de se faire sentir sur les boutons et en cannelant la clef au lieu de la fendre. (Il se rencontre avec M. Lemaître pour cette dernière idée.)

On remarque que la serrure et le mécanisme de la combinaison, fixé à dessein à l'intérieur de la porte, ne laissent aucune trace ni indice à l'extérieur qui puisse en favoriser l'effraction. L'absence de tout ornement en saillie sur la porte en offre la preuve.

Le jury rappelle la médaille d'argent que M. Huret a obtenue en 1839.

M. Jean-Marie-François-Louis GRANGOIR, rue de Cléry, n° 80, à Paris. Médailles d'argent.

Cet habile et ingénieux serrurier-mécanicien, qui a déjà obtenu deux médailles de bronze et un rappel aux expositions précédentes, a exposé cette année plusieurs serrures d'appartements et de coffres-forts, inventées ou perfectionnées par lui. On remarquera principalement dans son exposition des serrures sans clef, à combinaison d'une grande perfection, comme tout ce qu'il exécute. Ses travaux sont généralement appréciés depuis longtemps dans l'art de la serrurerie de précision, à la perfection duquel il a beaucoup participé; c'est lui qui a réhabilité les serrures à combinaison complétement discréditées. (Voir le rapport inséré au Bulletin de la société d'encouragement, 35e année, page 221, par M. Séguier, et les rapports subséquents des expositions des produits de l'industrie.)

Le jury lui décerne une médaille d'argent.

M. Jean PAUBLAN, rue Saint-Honoré, n° 366, à Paris.

Dans l'exposition de M. Paublan on remarque les produits nouveaux suivants :

1° Un coffre-fort dont les crémaillères sont en fer, et placées de manière à isoler les tablettes et les tiroirs du corps du coffre en cas d'incendie;

2° Une serrure dont la clef produit un double jeu de garnitures mobiles, à combinaison de quatre alphabets, et pouvant composer un mot de huit lettres;

3° Une autre serrure sans clef, composée de quatre alphabets seulement, et pouvant composer un mot de seize lettres;

4° Deux systèmes de cadenas pouvant s'adapter sans piton sur les portes, et rendre les serrures ordinaires incrochetables;

5° Un mouvement de serrure à pompe perfectionnée.

Ces inventions, jointes à la précision d'exécution des articles exposés, mérite à M. Paublan la médaille d'argent que le jury lui accorde

Nouvelle médaille de bronze.

M. Louis-Henri DORVAL rue Feydeau, n° 24, à Paris.

Auteur d'un système de serrure à double pompe, qui a figuré à la dernière exposition, et lui a mérité une médaille de bronze, M. Dorval expose cette année cinq caisses dites coffres-forts, de différents modèles, avec des fermetures à combinaison de dimensions différentes, ainsi que des serrures d'appartements et de meubles.

Parmi ces serrures on en remarque une dont la clef est à double panneton, l'un fixe, et l'autre mobile; ce n'est que quand la clef est entrée dans la serrure que le panneton mobile s'arrête à l'opposé du panneton fixe; par ce moyen, M. Dorval a pu placer dans la serrure des gorges de chaque côté du pêne que la clef double fait jouer en même temps, ces gorges ont un mouvement rectiligne.

On remarque encore une serrure à six gorges et à broche dont les entrées du dehors et du dedans ne se rencontrent pas.

Le jury lui accorde une nouvelle médaille de bronze.

M. Alexandre FICHET, rue Richelieu, n° 71, à Paris.

M. Fichet a exposé cette année : 1° Coffre-fort fermé par une combinaison invisible; 2° une serrure sans clef; 3° une serrure à trois clefs différentes et qu'on ne peut ouvrir sans le concours des trois clefs; 4° plusieurs autres pièces de fine serrurerie.

M. Fichet a aussi exposé une machine à voter, au moyen de laquelle les représentants d'une assemblée législative pourraient voter de leur place en peu d'instants, ce qui leur économiserait un temps précieux. Le jury n'ayant pas vu la partie du mécanisme qui, selon M. Fichet produit l'addition de tous les votants sur un cadran, ne peut le récompenser pour sa machine à voter. Ce n'est donc que pour sa belle serrurerie que le jury lui décerne une nouvelle médaille de bronze.

Rappel de médaille de bronze.

M. JACQUEMART, rue du Chemin-de-Pantin, n° 2, à Paris.

M. Jacquemart a exposé un nouveau genre de serrures et de gâches pour lesquelles il est breveté, et qu'il destine aux portes intérieures des appartements. Il les désigne sous le nom de serrures à encliquetage, demi-tour à foliot, avec gâches mobiles. Ces serrures sont simples et d'un prix modéré. Elles se distinguent par leur forme symétrique et par la petitesse des clefs.

M. Jacquemart a obtenu en 1844 une médaille de bronze pour

ses combles en fer et en tôle fort légers. Le jury lui décerne, cette année, le rappel de cette médaille pour ses serrures.

Médailles de bronze.

M. Édouard SCHMERBER, à Rougemont (Haut-Rhin).

M. Schmerber a monté sur une grande échelle sa fabrication de serrures de toute espèce pour appartement et pour meubles, ainsi que des articles très-variés de quincaillerie.

Au moyen d'un outillage combiné pour abréger la main-d'œuvre, il est parvenu à livrer au commerce de très-bons produits à un prix relatif fort minime.

Le jury lui accorde une médaille de bronze.

M. Claude-Joseph-Napoléon REBOUR, aux Batignolles (Seine).

M. Rebour a exposé un assortiment de serrures, de becs-de-cane et des cadenas, le tout d'une bonne exécution ordinaire.

Les becs-de-cane se distinguent par leur peu d'épaisseur (7 millimètres) et par leur bon marché.

Les clefs des serrures sont à pompe et ne peuvent sortir de la serrure sans que celle-ci soit fermée. Les pênes sont faits de deux pièces, de manière à pouvoir être retournés, lorsqu'il s'agit de poser la serrure à la droite ou à la gauche de la porte.

Il occupe plusieurs centaines d'ouvriers. Le jury lui décerne une médaille de bronze.

M. Jean-Jacques DIGARD, rue de la Ferronnerie, n° 12, à Paris.

M. Digard est un ouvrier intelligent, qui a travaillé longtemps dans la serrurie de précision pour les meilleures maisons de cette spécialité.

Il a exposé cinq serrures exécutées d'après un système de son invention, qu'il nomme serrure à pompe horizontale.

Ce système est simple, d'un prix peu élevé relativement à la sécurité qu'il donne, et peut s'appliquer facilement aux anciennes serrures pour leur donner une très-grande sécurité.

Le jury lui décerne une médaille de bronze.

M. MOTHEAU, rue de la Concorde, n° 20, à Paris.

M. Motheau a exposé plusieurs coffres-forts et un assortiment de serrures de sûreté, parmi lesquelles on en remarque une à combinaison, qu'il appelle serrure à rouet mobile, parce que c'est le rouet qui se meut parallèlement à la tige de la clef quand on l'introduit dans la serrure. Cette serrure est armée de cinq gorges, dont trois sont mobiles dans tous les sens, et deux qui ne se meuvent que sur une ligne et dans un plan fixe.

On remarque encore une autre serrure également à combinaison et d'une nouvelle disposition. Dans celle-ci c'est un croisillon qui agit sur quatre roulettes à la fois, ce qui simplifie la serrure, sans la rendre moins sûre. Les pièces exposées par M. Motheau sont d'une belle exécution.

Il a obtenu une mention honorable en 1839, le jury lui accorde cette année une médaille de bronze.

M. SOISSON, rue de Lille, n° 20, à Paris,

A exposé cette année des serrures de sûreté de deux systèmes: l'un à gorges perfectionnées, l'autre aussi à gorges, et dont le changement de position de deux pièces permet de poser la serrure pour ouvrir la porte à droite ou à gauche.

Les perfectionnements que M. Soisson apporte à ses produits à chaque nouvelle exposition, et l'exécution soignée qu'il leur donne, mérite une récompense : le jury lui décerne une médaille de bronze.

M. Louis-Auguste VALLET, rue du Faubourg-du-Temple, n° 44, à Paris.

M. Vallet a exposé des cadenas en cuivre pour malles, qui sont désignés dans le commerce sous les noms de petites et grosses braches.

Au moyen de la création d'un outillage convenable, il est parvenu à les exécuter à un prix tellement bas, que les Anglais, dont nous étions tributaires pour cet article, ne peuvent plus rivaliser avec lui.

M. Vallet avait obtenu une mention honorable en 1844, le jury lui décerne cette année une médaille de bronze.

M. VERSTAËN, rue Beaujolais, n° 6, à Paris.

M. Verstaën a exposé une collection de coffres-forts solidement construits, d'élégance, de grandeur, de prix différents et modérés. Il en expédie beaucoup pour l'étranger.

Ses serrures de coffres-forts, ainsi que ses autres serrures, sont d'un fini remarquable; surtout une serrure à trois clefs, où l'exécution ne laisse rien à désirer.

Le jury lui accorde une médaille de bronze.

M. Jules LELOUTRE, rue du Caire, n° 10, à Paris.

Nouvelles mentions honorables.

M. Leloutre a exposé une collection de serrures et trois coffres-forts, dont un grand, exécuté avec luxe, et deux plus petits, d'une bonne exécution courante et d'un prix modéré.

Les serrures à combinaison de ces coffres-forts, ainsi que les serrures pour appartements et pour meubles sont toutes bien établies.

Le jury lui accorde une nouvelle mention honorable.

M. LEMOITRE, rue du Luxembourg, n° 42, à Paris.

M. Lemoitre, qui a déjà obtenu une mention honorable en 1844, a exposé cette année plusieurs coffre-forts, des serrures de sûreté et à combinaison et des cadenas; tous ces ouvrages fonctionnent bien.

Les clefs à pompe de M. Lemoitre, au lieu d'être fendues, sont cannelées au dehors dans la forme d'un pignon. Les ailes de ce pignon sont coupées à différentes hauteurs pour produire l'effet des clefs à pompe ordinaires. M. Huret a eu la même idée.

Le jury accorde à M. Lemoître une nouvelle mention honorable.

MM. DURAND et GIRE, rue de la Corderie, n° 17, à Paris.

Mentions honorables.

Parmi les objets que MM. Durand et Gire ont exposés, on remarque un système de serrures de sûreté pour lequel ils sont brevetés, et qu'ils nomment serrures à échappement et à levier.

La clef est plate et dentelée au bout; lorsqu'on l'enfonce dans la serrure, son extrémité rencontre une série de leviers qui, en faisant l'office de gorge, se placent de manière à rendre le pène libre d'obéir au mouvement du bouton.

Le jury accorde à MM. Durand et Gire une mention honorable.

M. Pierre-Constantin FAYET-BARON rue Saint-Honoré, n° 269, à Paris.

M. Fayet-Baron a exposé des serrures d'un système nouveau.

Dans ce système, le panneton de la clef porte des encoches et des trous de différentes formes. Quand la clef est introduite dans la serrure, elle se présente dans une espèce de mâchoire qui doit se refermer sur le panneton lorsqu'on fait tourner la clef. Les deux faces intérieures de la mâchoire sont garnies de pièces saillantes placées de manière à rentrer dans les trous du panneton. Ainsi avec la véritable clef, la mâchoire peut se fermer, la clef peut tourner, tandis qu'avec une fausse clef la mâchoire ne pourrait pas se fermer, la clef ne pourrait point tourner, ni par conséquent ouvrir la serrure.

Le jury accorde une mention honorable à M. Fayot-Baron.

M. FALHON, à Versailles (Seine-et-Oise).

Cet exposant, qui, en 1838, avait présenté à la société d'encouragement des châssis à tabatières s'ouvrant aussi facilement à l'intérieur qu'à l'extérieur, a mis à l'exposition actuelle une serrure de sûreté remarquable par sa grande simplicité et son bas prix.

Le jury lui décerne une mention honorable.

Nouvelle Citation favorable.

M. Jean-Henri RENARD, rue du Temple, n° 71, à Paris.

M. Renard a exposé une collection de toute petite quincaillerie à l'usage de la gaînerie, de l'ébénisterie, du cartonnage et des relieurs.

Les petites serrures et petits cadenas, quoique faits en vue du bon marché, sont encore solides et fonctionnent bien. On y remarque des serrures à quinze centimes la pièce.

Le jury lui décerne une nouvelle citation favorable.

Citations favorables.

M. RAOULT, avenue de Clichy, n° 39, à Batignolles (Seine).

M. Raoult a exposé un coffre-fort dont la serrure a un caractère particulier : elle est armée de quatre boutons à alphabet.

Un de ces quatre boutons marche à coulisse et correspond avec un cache-entrée placé dans l'intérieur de la serrure.

Quand on veut fermer le coffre, après avoir retiré la clef, on fait glisser le bouton à coulisse, puis on brouille le mot des trois autres boutons; pour l'ouvrir, on rétablit le mot, on fait glisser le bouton du cache-entrée et la clef peut agir.

Il a encore exposé six serrures dont chaque clef particulière ne peut ouvrir qu'une serrure, tandis qu'une septième clef les ouvre toutes les six.

Le jury lui décerne une citation favorable.

M. Paul GRISON, à Orbec (Calvados).

Une serrure à demi-tour a été envoyée à l'exposition par M. Grison, ouvrier serrurier.

La clef de cette serrure est à deux pannetons dont l'un mobile, qui, pour entrer et sortir de la serrure, se loge dans la tige de la clef et se développe à la fin de son entrée. C'est ce panneton mobile qui fait lever la gorge et marcher le pêne, tandis que le panneton fixe fait mouvoir un levier qui dégage la gorge et lui permet de se lever.

Cette double sûreté, qui rend sa serrure incrochetable, et son bas prix méritent à M. Grison une citation favorable.

M. François TOULZA, à Saint-Étienne (Loire).

M. Toulza a envoyé à l'exposition une forte serrure de porte cochère à trois clefs, dite clanche à trois pênes.

On y remarque des entrées massives, percées selon le dessin de la clef dans toute leur longueur.

Ces entrées, comme les autres parties de la serrure, sont remarquablement bien exécutées et méritent d'être citées favorablement.

M. Armand RIMBAULT, à Vismes (Somme).

M. Rimbault a exposé 5 serrures, qu'il présente comme type.

N° 1, une serrure de sûreté incrochetable........	200f »
2, une serrure de sûreté à 6 gorges mobiles...	20 »
3, une serrure à deux ajustements, à garniture et à gorge mobile..................	14 »
4, un verrou de sûreté à gorges mobiles......	15 »
5, un pêne dormant, demi-tour ajustement et à gorges mobiles......................	5 50c

Ces serrures ont paru au jury d'une fort bonne exécution, ce qui le décide à accorder à M. Rimbault une citation favorable.

M. SAURON, à Châtel-Censoir (Yonne).

A exposé une serrure dont toute la sûreté réside dans une clef à double panneton. Un des pannetons tient à la tige de la clef, l'autre tient à une douille qui embrasse la tige. Le panneton qui tient à la douille est évidé, de manière que l'autre panneton se loge dedans. Quand on introduit la clef dans la serrure, les deux pannetons n'en forment plus qu'un; ils ne se développent que lorsqu'on a fait faire un quart de tour à la clef, parce qu'une seconde entrée est placée en travers de la première. Le reste de la serrure est ordinaire.

Le jury accorde à M. Sauron une citation favorable.

M. GUILLARD, à Versailles (Seine-et-Oise).

M. Guillard, ouvrier recommandé d'une manière toute particulière au jury central par la commission d'admission, a exposé une serrure de sûreté à six gorges doubles, à clef forée, à entrées qui ne se rencontrent pas, et à broche. Cette serrure est très-bien exécutée; elle est combinée de manière qu'en en retournant les pièces, on la transforme à volonté pour ouvrir à droite ou à gauche. (Plusieurs exposants ont aussi des serrures qui se retournent.)

Le jury lui décerne une citation favorable.

M. L. ANGIBAULT, ouvrier serrurier, à Versailles (Seine-et-Oise).

M. L. Angibault a exposé une serrure de sûreté dont le pêne est au milieu. Cette serrure est à six gorges, dont trois dessus et trois dessous le pêne, et présente l'avantage de pouvoir se poser pour ouvrir à droite ou à gauche, en retournant quelques-unes des pièces qui la composent.

Le jury lui accorde une citation favorable.

M, Charles DÉGARNE, rue des Amandiers-Popincourt, n° 30, à Paris.

M. Dégarne a exposé des serrures à timbre pour portes de magasins. Le timbre est placé dans la serrure: il sonne un coup chaque fois que le pêne du demi-tour agit. Le jury lui décerne une citation favorable pour cette idée, qui paraît nouvelle.

SECTION TREIZIÈME.

CORDERIE POUR LA NAVIGATION MARINE FLUVIALE.

M. Charles Dupin, rapporteur.

MM. MERLIÉ-LEFEBVRE et Cie, à Ingouville (Seine-Inférieure).

Médaille d'or.

Au nom de la compagnie, dite la *Corderie Havraise*, M. Merlié-Lefebvre présente à l'exposition un modèle de la mécanique remarquable avec laquelle il commet, suivant les meilleurs principes, les plus forts cordages qu'il livre à la marine. Ces cordages sont remarquables pour leur excellente confection; les fils ont une grande égalité. La compagnie fait hommage au musée naval du modèle de sa machine.

L'importance de cet établissement est considérable; il livre, année commune, à la navigation 600,000 kilogrammes de cordages.

La force motrice est donnée par une machine à vapeur ayant la force de 15 chevaux, la corderie emploie 160 ouvriers et 80 femmes.

On doit à M. Merlié-Lefebvre plusieurs perfectionnements pour le goudronnage des fils, pour leur enroulement économique et facile sur les bobinoirs et les tourets, etc.; il a permis libéralement qu'on prît connaissance de ses procédés et qu'on les imitât.

A partir de 1845, les succès de la corderie havraise ont été tels, que les cordages de Russie ont disparu de nos entrepôts; cette corderie ne fournit pas seulement au Havre ainsi qu'à d'autres ports français, elle reçoit des commandes des nations étrangères.

Le jury central décerne une médaille d'or à M. Merlié-Lefebvre.

M. JOLY aîné, à Saint-Malo (Ille-et-Vilaine).

Médaille d'argent.

M. Joly aîné a présenté des cordages pour la marine dont les fils et le commettage ne laissent rien à désirer. Il a, de plus, exposé des lignes propres à toutes les variétés de la grande pêche maritime, cette importante industrie qu'exploitent avec tant de courage et de succès les marins de Saint-Malo.

M. Joly n'occupe pas moins de 130 ouvriers. Les travaux méritent beaucoup d'éloges; c'est pour la quatrième fois qu'il offre ses produits à l'exposition. Il fut deux fois récompensé par la médaille de bronze en 1839 et en 1844. Aujourd'hui, le jury central lui décerne la médaille d'argent.

Nouvelle médaille de bronze.

M. Auguste-Benjamin LEBOEUF, rue des Lombards, n° 17, à Paris.

La corderie de M. Leboeuf est considérable; il emploie, suivant les besoins du commerce, 120 à 150 ouvriers, tant à Paris qu'en province, et fabrique environ 200 mille kilogrammes de cordages, qui sont très-recommandables pour leur bonne fabrication. L'importance de son commerce s'élève à 300,000 francs.

En 1844, M. Leboeuf a obtenu une médaille de bronze, le jury lui en décerne une nouvelle pour son exposition de 1849.

Médailles de bronze.

M. OUARNIER, à Compiègne (Oise).

M. Ouarnier donne à ses cordages, au moyen d'un système de torsion, la régularité la plus remarquable à la tension des fils après le commettage. Il fabrique annuellement de 100 à 120,000 kilogrammes de chanvre.

On a surtout distingué les cordes plates que M. Ouarnier confectionne pour l'exploitation des mines et des carrières.

Le jury central lui accorde une médaille de bronze.

M. Pierre-Eugène TAMPIER, rue Saint-Denis, n° 361, à Paris.

M. Tampier, qui met en œuvre environ 50,000 kilogrammes de chanvre, annuellement, se fait remarquer par la finesse et la régularité de ses fils qui sont aussi très-bien commis; il ne travaille pas seulement pour la navigation; il fabrique tous les cordages pour les jeux gymnastiques, pour les balançoires perfectionnées, etc. Cette partie, que nous pourrions appeler la corderie de luxe, est parfaitement traitée.

Le jury lui décerne la médaille de bronze.

Rappel de mentions honorables.

M. Pierre BOUCHARD, à Nevers (Nièvre).

M. Bouchard, dont l'établissement date de 1829, a exposé plusieurs échantillons de ses produits. Il emploie 25,000 kilogrammes de chanvre du pays, ce qui offre un encouragement à la culture de cette plante dans le département de la Nièvre. La force et la bonne confection de ses cordages est attestée par le jury de son département.

Le jury central lui confirme la mention honorable qu'il avait obtenue aux expositions de 1839 et de 1844.

M. L'HOMINY, quai de la Râpée, n° 23, à Paris. Mentions honorables

Il a exposé quatre cordages en chanvre et en fer; son établissement date de 1835; il emploie 100,000 kilogrammes de matières premières; l'étendue de son commerce s'élève à 150,000 francs; ses produits sont d'une bonne confection; le jury central lui décerne une mention honorable.

M. Étienne FLASHIER, à Condrieu (Rhône).

Il a exposé plusieurs modèles de cordes moitié chanvre et moitié fer.

Pour la bonne confection de ses produits le jury central vote en en sa faveur une mention honorable.

M. Louis LEBEL, à Soissons (Aisne).

Il expose deux cordages, l'un goudronné, l'autre tanné; plus, des ficelles tannées pour retenir les bouchons à vin de champagne. Son établissement date de 30 années; il emploie 33 ouvriers et 40 à 50,000 kilogrammes de chanvre, son commerce se fait tout à l'intérieur.

Pour la bonne confection de ses produits le jury central lui accorde une mention honorable.

M. BRIÈS-BRULÉ, à Arras (Pas-de-Calais). Citations favorables.

Il a exposé des étendelles pour la compression des huiles et des suifs employés à faire des bougies stéariques; des cordes tressées et tissées pour remplacer les câbles plats et les courroies de renvoi dans la transmission des mouvements des machines, le tout à des prix très-modérés. Sa consommation annuelle s'élève à environ 4,000 kilogrammes de matières et l'importance de son commerce à 10 ou 12,000 francs.

Le jury central lui décerne une citation favorable.

M. DUPUIS-PETIT, à Beauvais (Oise).

Il a exposé une corde à nœuds dont se servent les ouvriers en bâtiments pour les légères réparations et surtout les badigeonneurs; il a trouvé le moyen de confectionner les nœuds en même temps que le cordage, et de leur donner une forme cylindrique, ce qui rend l'arrêt du crochet de suspension plus solide; il est aussi l'inventeur d'une corde à barre de fer avec sa sauterelle pour la séparation des chevaux. Quoique la fabrication de M. Dupuis-Petit ne soit pas fort considérable, le jury central lui décerne une citation favorable pour ses inventions.

SECTION QUATORZIÈME.

APPAREILS DE SAUVETAGE.

M. Charles Dupin, rapporteur.

Mentions honorables.

M. TRIPIER, faubourg du Temple, n° 39, à Paris (Seine).

Il expose un canot de sauvetage insubmersible et inchavirable au moyen de tubes à air et de soupapes qu'il a installés dans l'intérieur de son embarcation; il peut donner de la stabilité à son canot au moyen d'un appareil qu'il fait descendre à droite et à gauche d la quille et qui consiste en tubes s'emboîtant les uns dans les autres, chose utile pour éviter que l'embarcation ne chavire lorsqu'elle est chargée par des personnes naufragées.

Le jury central accorde une mention honorable à M. Tripier.

M. CHABRE, dit LÉGLAIR, allée des Veuves, à Paris. (Seine).

Il a exposé un appareil de sauvetage assez ingénieux et fort simple, et qu'il appelle *berceau marin;* cet appareil, fait en tissus caoutchouc et tenu ouvert par des cercles de fer, permet à celui qui en est revêtu de rester sur l'eau et de pouvoir porter secours. Cet appareil est armé de petites roues semblables à celles des bateaux à vapeur et peut être facilement dirigé par celui qui en est revêtu. Le poids total de l'appareil de M. Chabre ne s'élève pas au delà de 7 kilogrammes, et comme il peut se replier sur lui-même on peut facilement le porter sous son bras.

Le jury central lui décerne une mention honorable.

SECTION QUINZIÈME.

MACHINES DIVERSES.

MM. Amédée Durand, Pecqueur, A. Séguier, rapporteurs.

Médaille d'or.

M. CARILLON, rue Neuve-Popincourt, n° 8, à Paris.

Les glaces, jadis produits de haut luxe, aujourd'hui, par la généralité de leur emploi comme miroirs, de leur substitution au verre comme vitrage, sont devenues d'une consommation chaque jour plus étendue. L'immense fabrique qui était en France en possession exclusive de leur confection, a vu, à plusieurs reprises, s'élever des concurrents, et, soit qu'elle les ait absorbés en elle-même, soit qu'elle ait pris des arrangements avec eux, le prix trop élevé d'un produit devenu indispensable a fini pourtant par s'abaisser.

Les consommateurs doivent reconnaissance à M. Carillon pour ce bienfait, car c'est à l'emploi de ses belles machines à dresser les glaces que le résultat d'une baisse de prix doit être principalement attribué.

Ce n'est pas le seul service rendu par lui à cette industrie; grâce à ses appareils, une qualité essentielle, qui n'était pourtant que la rare exception, est devenue une condition ordinaire. Nous voulons parler de la planemétrie, sans laquelle la glace employée comme miroir ne réfléchit que des images déformées, ne laisse apercevoir comme vitrage que des lignes brisées.

Les avantages d'économie de main-d'œuvre et de bonne fabrication ont été si bien appréciés, qu'un établissement pourvu d'un immense matériel venu d'Angleterre, n'a pas hésité à se fondre avec un autre travaillant avec les appareils de M. Carillon.

Les machines à dresser les glaces de notre compatriote sont si estimées, que l'étranger est devenu son tributaire, et la Belgique elle-même, où les machines s'établissent à si bon marché, est venue demander à M. Carillon des produits de ses ateliers parisiens. L'esprit d'invention de ce constructeur ne s'est pas exercé seulement sur la machine à dresser les glaces et à les tirer d'épaisseur; toutes les parties de la fabrication lui sont redevables d'importantes modifications. M. Carillon a exécuté une table à couler sur chariot, une grue appropriée au versement des cuvettes, des tordoirs pour préparer les matières qui entrent dans la composition des glaces, des machines à broyer la terre des cuvettes, d'autres pour l'émeri et le plâtre; enfin, il confectionne en ce moment des machines à doucir et à polir. Cette dernière opération, faite jusqu'ici à la main, présente de grandes difficultés pour être remplacée par le jeu d'une machine. M. Carillon fait preuve de beaucoup de prudence et de discernement en conservant les moyens ordinaires de poli et en ne remplaçant l'homme par la machine que dans l'emploi de la force brutale.

La juste réputation dont jouissent les produits de tous genres sortis des ateliers de M. Carillon lui ont valu doubles commandes étrangères, et, après avoir monté une manufacture de glaces en Belgique, il a installé une usine monétaire en Barbarie, fournissant au bey de Tunis les laminoirs, les balanciers, et la machine à vapeur qui les met en mouvement.

Au milieu des nombreuses machines que M. Carillon exécute avec tant de succès, nous voulons en distinguer une trop rarement employée en France, non pas à cause de son peu de mérite, mais probablement à cause des difficultés du calcul de ses effets, dont la théorie mathématique reste encore à faire. Nous voulons parler du bélier hydraulique de Montgolfier, si répandu en Allemagne, en Prusse surtout.

Les machines de ce genre, établies en France par M. Carillon depuis longues années, n'ont pas cessé de bien fonctionner.

Le jury, pour récompenser l'ensemble des travaux d'un constructeur aussi fécond, juge M. Carillon, déjà précédemment honoré d'une médaille d'argent, digne cette année d'une médaille d'or.

M. BIWER, quai de la Grève, n° 64, à Paris.

Depuis longues années en possession de l'estime du monde industriel, par l'importance du concours qu'il a prêté à différentes entreprises, M. Biwer est venu soumettre ses titres, bien reconnus ailleurs, à l'appréciation du public. Son exposition, qui constitue une revue rétrospective d'une partie de ses travaux, offre une nouveauté et une originalité de vues que le jury n'a que bien rarement l'occasion de signaler. Aussi le rapporteur ne s'arrêtera-t-il pas à décrire différents instruments de travail d'une sévérité d'étude et d'une pureté d'exécution que rien n'a dépassé.

Au milieu de cette exposition, d'aspect si modeste, mais si importante par le fonds d'idées qu'elle renferme, il choisira trois conceptions d'une réalisation éprouvée, ainsi que d'une portée incontestable.

La forge mécanique n'a encore, même aujourd'hui, été employée que comme le monnayage, c'est-à-dire à donner une forme à un morceau de fer incandescent, au moyen de matrices. M. Biwer, le premier, a prouvé que les pièces de rapport pouvaient être soudées au mouton aussi solidement que par les procédés manuels et, avec cette supériorité, que la même action contondante, qui mariait les deux parties du métal, donnait en même temps à son point de jonction tout le fini qu'on n'obtient qu'avec peine et lenteur par l'emploi des étampes; une pièce de cette nature, une baïonnette, faisant partie d'une grande fabrication, présentait en outre cette particularité que le forage de sa douille était exécuté dans des conditions de rapidité et d'économie dues aux combinaisons suivantes: la mèche, par une disposition sans précédent, immergée dans un liquide mucilagineux, ainsi que la pièce à évider, agissait de bas en haut, donnant ainsi au copeau la possibilité de sortir d'une manière continue et avec une telle efficacité, que six minutes suffisaient à l'accomplissement de ce forage. La lame de la baïonnette n'a pas moins que sa douille été soumise à une fabrication mécanique et c'est, il paraît, la première fois qu'on ait obtenu, de l'emploi du laminoir, un produit de cette forme. Comme il date de 1831, il est permis de voir en lui l'idée qui, plus tard, a été réalisée dans la fabrication des lames de ressorts pour voitures par le laminoir; procédé qui a rendu de si grands services, notamment dans la confection du matériel roulant des chemins de fer et de tous les autres modes de transports.

M. Biwer a de plus imaginé, exécuté avec une rare perfection, et mis en pratique un outil qui a cela de particulièrement remarquable que, quoique formé de matière sujette à l'usure, il doit à une conception mécanique la propriété de n'en point éprouver d'appréciable. Rappelons de suite que le reproche mérité qu'on fait à tous les outils de tour conduits mécaniquement, c'est d'être dans l'impossibilité de produire un cylindre exact, soit plein, soit creux, et de le transformer en cône d'une manière plus ou moins sensible. Voici la disposition imprévue qu'a adoptée M. Biwer : son outil a la forme d'un disque ou tronçon de cône très-court, à large base et renversé; c'est l'arête formée par la limite du plan de cette base qui devient le tranchant de l'outil, et, au moyen d'un mouvement de rotation continue, donné par une vis tangente, chacun des points de la circonférence de cet outil vient à son tour se mettre en prise avec la matière à couper. Il ne peut être oublié que la vitesse doit être telle que jamais, dans le travail qu'il exécute, il décrive plus d'une révolution. Telle est la disposition, si rationnelle dans sa conception et si originale, au milieu de l'outillage usité, que M. Biwer a réalisée avec un succès mis hors de doute par les produits qu'il en a exposés.

Nous parlerons encore, mais avec toute la brièveté que nous imposent les limites de ce rapport, d'un principe nouveau introduit dans le travail des métaux; nous voulons parler du laminage circulaire qu'a réalisé M. Biwer; voici dans quelles circonstances: il s'agissait d'obtenir d'un seul morceau les bobines à tulle, qu'au prix de bien des inconvénients et faute de pouvoir faire mieux on construisait en deux parties. C'étaient deux disques très-minces qui, ne pouvant jamais être rigoureusement plans, corrigeaient mutuellement le gauche de leurs surfaces; c'est ce gauche, que rien ne pouvait rectifier dans ces instruments alors qu'ils étaient faits d'une seule pièce, que M. Biwer attribua à la disposition moléculaire du métal, ayant subi le laminage rectiligne. De cette observation si juste, à la conception d'un laminage circulaire, la distance pouvait n'être pas grande; mais de la conception, à l'exécution, elle l'était incontestablement beaucoup, et M. Biwer l'a franchie de la manière la plus complète. Dans son exposition figurait un laminoir comme il ne s'en était jamais vu; deux cônes, disposés de la manière la plus simple et en même temps la plus résistante, saisissaient un disque de cuivre et imposaient à ses molécules une disposition circulaire et uniforme qui le préservaient de toute déformation pendant le travail ultérieur. Les produits exposés, résultants de ce mode de laminage, prouvaient, par leur exactitude irréprochable, la justesse des prévisions de l'auteur.

Tous les services que M. Biwer a rendus à l'industrie, pendant sa laborieuse et modeste carrière, ne sauraient être exposés ici sans excéder les limites d'un rapport; ils sont connus de tous les travailleurs sérieux, et la récompense qui sera décernée à cet éminent artiste deviendra l'expression de leur propre reconnaissance pour les enseignements et les exemples qu'ils en ont reçus.

Le jury décerne à M. Biwer la médaille d'or.

M. FOUCAULT, rue de Charenton, n° 18, à Paris.

Pour bien apprécier la valeur d'une invention, il faut, d'une part, considérer le temps qui s'est écoulé depuis que le besoin s'en est fait sentir; de l'autre, la quantité de tentatives restées infructueuses devant les difficultés qu'elle présentait. Envisagée à ce double point de vue, la machine à écrire disposée pour les aveugles, par M. Foucault, aveugle lui-même, est une des plus remarquables qui ait figuré à l'exposition. De tout temps n'y a-t-il pas eu des aveugles; et, de nos jours même, combien n'avons-nous pas vu de louables essais, tentés en vue de les mettre à même d'étendre leurs communications avec les clairvoyants, au delà des limites de la portée de leur voix?

Grâce à M. Foucault, la dépendance, quelquefois dangereuse, toujours gênante, d'une main étrangère a cessé pour eux, et aucun doute n'est possible sur la conservation d'un affranchissement consacré par une possession de plusieurs années.

De tous les moyens d'obtenir l'expression graphique de la pensée, l'auteur a choisi celui qui peut être considéré comme le plus simple et le plus parfait. Effectivement, l'aveugle qui emploie la machine de M. Foucault est placé dans des circonstances bien plus favorables que celles où se trouve un clairvoyant; il est mis en état d'écrire, sans avoir jamais appris à former une seule lettre. Il lui suffit de savoir lire par le tact, pour pouvoir exprimer sa pensée d'une manière éminemment lisible, puisque c'est en caractères typographiques qu'elle se trouve tracée. Voici par quels moyens ce curieux résultat est obtenu; toutes les lettres de l'alphabet, exécutées en relief et de grande dimension, sont chacune fixées à l'extrémité supérieure d'une tige métallique, ayant la faculté de glisser longitudinalement dans un canal approprié. Ces tiges sont placées dans un même plan et en éventail; chacune d'elles porte à sa partie inférieure la même lettre qu'à son sommet. Cette lettre, de petite dimension, est exactement un caractère d'imprimerie. Le mécanisme est disposé de telle façon que toutes les lettres convergent en un même point et que, appuyées successivement par les doigts, leurs empreintes viendraient se superposer, ne formant qu'une masse noire; mais, chaque fois qu'une lettre est touchée, le papier, par le même mouvement, se déplace d'une quantité convenable, et alors l'écriture est produite nette, bien alignée et bien espacée. La ligne terminée, le papier se déplace, dans un sens perpendiculaire au premier, et l'opération recommence.

Outre ces éléments, une série formée de chiffres, et de tous les signes complémentaires de l'écriture, est placée de la même manière et dans un plan convergeant avec le premier; cette machine ayant toujours pour principe général que tous les caractères viennent, quel que soit leur ordre primitif, déposer leur empreinte sur un même point. De tous les moyens connus pour obtenir un signe graphique, M. Foucault a préféré, avec raison, le papier à décalquer; ce qui pourrait, au besoin, permettre de faire plusieurs épreuves à la fois. L'ensemble de cette précieuse machine ne constitue qu'un petit meuble, parfaitement transportable, d'un emploi éminemment simple, d'une manœuvre rapide. Ce n'est pas dans les termes de ce rapport qu'il faut chercher la mesure des services que M. Foucault a rendus à ses compagnons d'infortune: c'est dans leurs expressions de profonde reconnaissance, c'est dans la respect avec lequel, au milieu de l'exposition, ils se faisaient conduire près de celui qu'avec exaltation, ils proclamaient leur bienfaiteur.

Le jury, sympathisant avec ces sentiments qui lui apparaissent, dans cette circonstance exceptionnelle, comme une base certaine d'appréciation, décerne à M. Foucault la médaille d'or.

Médailles d'argent.

M. HUE, rue du Faubourg-Saint-Martin, n° 28, à Paris.

M. Hue, dont les travaux en horlogerie sont l'objet d'un rapport particulier, a de plus exposé des agrafes d'un genre nouveau. Ces agrafes sont découpées dans de la planche de laiton, au lieu d'être faites de fil de la même matière. Il résulte évidemment de ce nouveau mode de fabrication une solidité plus grande par l'impossibilité où sont les anneaux de s'ouvrir, il en résulte encore la possibilité, et c'est ce qu'a réalisé M. Hue, de multiplier ces anneaux pour que l'agrafe ou sa porte ait plus de fixité. Un autre résultat à atteindre est que ces anneaux soient assez bien fraisés. Cette dernière condition, d'abord obtenue par le moyen connu de l'agitation dans un tonneau avec du sable ou toute autre substance analogue, l'est maintenant avec plus d'efficacité et de précision par l'emploi d'un laminoir. Voici le dispositif général adopté par M. Hue; des rouleaux alimentaires introduisent des rubans de laiton sous un découpoir, dans lequel est un levier mû par une manivelle qui remplace l'ancienne vis. L'agrafe, seulement découpée, et plane encore, est soumise à l'action d'un petit laminoir, qui non-seulement fait disparaître les arêtes des anneaux, mais encore imprime à l'agrafe un aspect qui imite jusqu'à un certain point celui des agrafes en fil de laiton : c'est à la sortie de ce laminoir que l'agrafe est ployée et que son crochet est formé.

Un autre genre d'agrafes ayant moins de saillie que les premières, et pouvant offrir plus de résistance, a aussi été exposé par M. Hue. Elles reproduisent cette disposition de boutonnière métallique, dont l'une des extrémités porte une ouverture donnant passage au bouton entier, tandis que l'autre bout ne forme qu'une fente qui retient le bouton par la queue.

M. Hue, mécanicien fort habile, a, en outre, exposé une serrure très-bien exécutée, d'un petit volume, d'une grande simplicité, et par conséquent d'un prix peu élevé. Voici en quoi elle consiste, et les principes connus qu'elle réunit, tout en conservant un caractère d'originalité incontestable : c'est à la fois la serrure de Schubs dans son état originaire, et cette même serrure modifiée suivant l'idée si originale de M. Robin.

Dans la serrure de M. Hue, on trouve les gorges et la clef de Schubs. Les différents crans que porte le panneton de celle-ci forment autant d'éléments qui peuvent se déplacer et entrer dans un ordre nouveau. Chacune des gorges correspondant à chacun de ces éléments reçoit un même numéro, de sorte que, toutes choses étant disposées pour que ce changement de dispositions relatives s'effectue facilement, on peut opérer aussi fréquemment qu'on le désire le changement de sa serrure. Par cette disposition ingénieuse est réalisée l'idée si féconde de M. Robin, mais cette idée est mise à l'abri des difficultés d'exécution qui avaient empêché son application de se répandre. C'est donc une serrure nouvelle qu'a produite M. Hue, malgré l'analogie fortuite qui la rattache à la conception de M. Robin.

Le jury décerne à M. Hue la médaille d'argent.

Mme veuve DECOUDUN, chaudronnière, rue Pierre-Levée, n° 8, à Paris.

Expose un appareil à lessive avec sa chaudière. Cet appareil, qui contient 200 litres de lessive, a l'avantage de faire des jetées froides au commencement de l'opération et s'échauffe graduellement en une demi-heure à 40 degrés de chaleur.

Le réservoir à lessive est garni à l'intérieur d'un serpentin conduisant la vapeur, qui dans son ancien système était perdue; elle sert maintenant, après avoir traversé la lessive pour la chauffer, à faire pression dessus pour obtenir les jetées, ce qui procure une grande économie de vapeur.

A l'aide d'un tuyau d'un assez fort diamètre, Mme veuve Decoudun est parvenue à faire jeter son appareil toutes les deux minutes.

La grande amélioration que Mme Decoudun a apportée en commun avec son contre-maître, M. Gay, aux appareils à lessive pour les lavoirs publics, que son mari construisait avec tant de succès, et qui fonctionnent dans les plus grands établissements de ce genre depuis leur fondation, est un tiroir à plusieurs lumières qui laissent arriver la vapeur pour presser sur le liquide dans la colonne de jetée; quand l'arrosement est terminé, une boule flotteur descend, ouvre la soupape d'air, ferme le tiroir, ce qui empêche la vapeur d'entrer et de faire pression; par ce moyen, la rentrée du liquide se fait dans l'appareil sans qu'on ait à s'occuper de ce travail. La chaudière de cet appareil a la forme d'une chaudière de locomotive, elle développe 2 mètres de long sur 60 centimètres de diamètre avec 8 tubes en fer à l'intérieur de 90 millimètres; la grille ne présente que 24 centimètres de surface. Mme veuve Decoudun est parvenue, avec de pareilles chaudières, à lessiver parfaitement 1,500 kilos de linge sec en trois heures, et 40 kilos de charbon de terre, en faisant passer 9,000 litres de lessive à 2 degrés par heure sur le linge encuvé. C'est le plus grand résultat obtenu jusqu'à ce jour dans cette industrie. Mme veuve Decoudun, malgré cette spécialité, continue de fournir au commerce tous les appareils de grosse chaudronnerie, et soutient dignement la réputation que son mari avait acquise à son établissement.

Le jury, par toutes ces considérations et reconnaissant les services que Mme veuve Decoudun a rendus aux classes laborieuses, à l'aide de son appareil pour les lavoirs publics, lui décerne une médaille d'argent.

M. LEQUESNE, rue de l'Orme, n° 5, à Paris.

La presse à vermicelle qu'a exposée ce constructeur s'est placée, par les dispositions nouvelles qu'elle renferme, par la franchise de son exécution non moins que par l'ensemble bien entendu et bien groupé de ses éléments, au nombre des machines qui ont été particulièrement remarquées. Cet appareil est disposé pour fonctionner, soit à bras d'homme, suivant les usages reçus, soit par un moteur inanimé. L'admission alternative de l'un et de l'autre moyen y est très-bien prévue et rendue très-facile. La substitution de ces presses aux anciennes dites à lanternes et mues au moyen de leviers, n'est pas chose à expérimenter. Le jury a été à même de recueillir sur leur service depuis plusieurs années dans un des principaux établissements de Paris, où elles fonctionnent au nombre de quatre, les témoignages les plus satisfaisants et les plus honorables sur la manière avec laquelle M. Lequesne traite les affaires.

Le jury lui accorde la médaille d'argent.

M. NUMA-LOUVET, rue Simon-Lefranc, n° 14, à Paris.

Le jury doit regretter d'avoir à restreindre son appréciation des objets exposés par M. Numa-Louvet, à leurs seuls rapports avec l'industrie; un talent aussi fin, aussi délicat, aussi intelligent, mis à sa disposition, lui rend des services d'une importance incontestable. Il produit des poinçons de fabrique de dimensions microscopiques et offrant des difficultés presque insurmontables à la contrefaçon. Ainsi, on a remarqué un mot de six lettres gravé avec une grande netteté dans un espace d'un millimètre. L'industrie de la gravure du commerce lui doit une multitude de poinçons de détail devenant des éléments de composition qui, avec ce secours, s'élèvent à un degré de mérite nouveau pour elles. Les poinçons et outils de M. Louvet s'exportent et vont, avec une foule d'autres produits qui nous sont particuliers, porter au loin et soutenir la réputation de la production française.

M. Numa-Louvet, déjà honoré d'une médaille de bronze à la dernière exposition, est jugé digne, par ses nouveaux progrès et le développement qu'il a donné à ses travaux, de recevoir une médaille d'argent.

M. SAUTREUIL, à Fécamp (Seine-Inférieure).

Le problème de la menuiserie mécanique, qui a provoqué, avec des succès fort divers, de si nombreuses tentatives, qui a dévoré tant de capitaux, se présente avec une solution pratique dans la machine qu'expose M. Sautreuil. Suivant ce système, qui est très-simple, des fers fort semblables, quoique plus larges à ceux des varlopes, sont fixés sur un cylindre animé d'une vitesse de mille tours à la minute. Le tranchant de ces fers est parallèle à l'axe du cylindre, et leur nombre varie suivant la largeur du bois à dresser.

Ce qui est surtout remarquable, c'est la manière dont ces fers agissent sur le bois, et qui seule paraît joindre l'économie à l'exactitude du travail. Elle consiste en ce que les fibres du bois sont coupées en rebroussant, c'est-à-dire par un mouvement qui tend à les soulever au lieu de les attaquer en appuyant. Il en résulte une conservation très-marquée de l'outil qui n'a plus à souffrir de la rencontre des graviers, qui souvent sont incrustés dans la surface des bois en grume. L'épaisseur du bois enlevé en une seule passe peut atteindre 3 centimètres, et la marche sous l'outil est de 2 mètres à la minute.

Les échantillons de produits exposés par M. Sautreuil consistent en madriers dressés, en moulures bien faites et en planches bouvetées; mais ce qui atteste mieux les heureuses propriétés de cette machine c'est l'étendue de l'emploi qui en est fait. Ainsi, les arsenaux de la marine en possèdent chacun plusieurs, et l'industrie privée l'a appliquée dans un nombre important d'établissements, sur beaucoup de points de la France, et notamment aux environs de Paris.

M. Sautreuil est, en outre, l'auteur de plusieurs scieries pour le bois, que le jury a regretté de ne pas voir figurer à l'exposition. Il accorde à M. Sautreuil la médaille d'argent.

M. SÉNÉCHAL (Louis-Joseph), rue des Solitaires, n° 43, à Paris.

M. Sénéchal a mis à l'exposition deux inventions intéressantes : l'une, qui consiste à couper des gants, six paires à la fois, et dans peu d'instants; et l'autre, qui coud des surgets avec une aiguille, comme le ferait une couturière, mais plus vite et plus régulièrement.

La première invention se compose de deux parties distinctes : l'une est un emporte-pièce composé de lames fixées par le dos sur une plaque de tôle, et qui, à leur tranchant, ont exactement la forme du produit qu'on veut obtenir; l'autre est un laminoir composé de deux cylindres placés l'un sur l'autre. Le cylindre d'en bas n'a d'autre mouvement que celui de tourner sur son axe; mais celui de dessus, au moyen d'une manivelle particulière, peut se lever et se baisser pour donner la facilité de placer l'emporte-pièce entre les deux cylindres.

L'emporte-pièce est incrusté dans une pièce de bois plate et d'égale épaisseur. On place sur ces tranchants les douze morceaux de peaux destinés à faire les six paires de gants, on les couvre d'un morceau de cuir fort, puis on engage le tout entre les cylindres, on établit la pression, puis on fait marcher le laminoir par une seconde manivelle, et aussitôt les six paires de gants sont coupées.

M. Sénéchal a fait passer sous son laminoir un autre emporte-pièce découpant, au quart de grandeur naturelle, tous les morceaux d'un habit. Cet habit en drap s'est trouvé taillé entièrement.

La machine à coudre de M. Sénéchal n'est pas moins ingénieuse que la précédente. Il a fallu un véritable talent de mécanicien pour l'amener à fonctionner, comme elle le fait, en tournant une simple manivelle. Ne pouvant ici en décrire le mécanisme parce que ce serait trop long, le jury se borne à dire que les organes de cette machine sont tout à fait analogues à ceux de la couturière. D'abord, l'aiguille est pareille, on y reconnait le dé, les doigts qui font manœuvrer l'aiguille, la main qui tient l'ouvrage, et le bras qui tire le point.

Les difficultés de résoudre les problèmes de cette dernière machine, et la sagacité avec laquelle elles ont été résolues, réunis au mérite de la machine à couper les gants, déjà très-employée dans l'industrie, détermine le jury à accorder à M. Sénéchal une médaille d'argent.

M. PRÉVOST, rue Villedot, n° 9, à Paris.

M. Prévost expose une machine dite *manotype* pour la fabrication des gants. Cette machine, d'une grande simplicité, est appelée à faire une véritable révolution dans la confection des gants. Aussi le jury central lui accorde-t-il pour son ingénieuse invention une médaille d'argent.

M. CHÉRET, rue Montmorency, n° 26 à Paris.

Nouvelles médailles de bronze.

La machine à imprimer les chiffres du calendrier sur les portes-crayons à mine, qu'a exposée M. Chéret, se compose de poinçons disposés concentriquement, de manière à opérer simultanément sur les sept faces du tube. Les mouvements de cette petite machine, d'une exécution fort soignée, sont parfaitement liés et d'une précision infaillible.

M. Chéret a également exposé un petit appareil au moyen duquel les mêmes effets sont obtenus par l'emploi déjà si usité de la molette placée dans des plans concentriques, un même plan passant par leurs axes. Il est regrettable que des machines d'une plus grande importance, annoncées par M. Chéret, n'aient pas figuré à l'exposition, et ne soient pas venues confirmer la réputation d'habileté attachée à son nom, depuis la dernière exposition, où une médaille de bronze lui fut décernée. Le jury lui accorde une nouvelle médaille de bronze.

M. COSNUAU, passage Bafour, n° 12, à Paris.

Depuis vingt-sept ans que M. Cosnuau a commencé à fabriquer des machines à agrafes, grand nombre de petites fabriques lui ont dû leur existence; beaucoup de familles ont soutenu, armées par lui, les rudes combats de la concurrence; enfin, est venu le moment où des instruments plus perfectionnés, des capitaux plus considérables, une administration peut-être mieux entendue, ont fait tomber toute cette industrie en un petit nombre de mains puissantes. A la dernière exposition, une médaille de bronze avait été décernée à M. Cosnuau. Le jury se plaît à lui en décerner une nouvelle au moment où ce vétéran du travail annonce qu'il termine sa carrière industrielle.

Rappels de médailles de bronze.

M. BAUDAT, rue de Charonne, n° 33, à Paris.

Les scieries que M. Baudat a exposées, soit pour le placage d'acajou, soit pour le débitage du bois ordinaire en grume, n'offrent rien de nouveau qu'une amélioration d'ensemble qui atteste la sollicitude de ce constructeur pour se tenir au niveau du progrès général.

En même temps que ces machines déjà connues, M. Baudat en expose une entièrement nouvelle et bien exécutée, qui, dans sa pensée, aurait pour résultat de dresser les frises du parquet en dessus, en dessous, sur les rives, puis de les bouveter, le tout en une seule opération, ou un seul passage des bois. Bien qu'un tel résultat n'ait pas encore été obtenu, on peut mentionner, comme réalisant une idée favorable à la perfection du travail la disposition en hélice des taillants des fers qui arment son cylindre raboteur. Restera toutefois à l'expérience à montrer si cet avantage ne sera pas chèrement acheté par les difficultés de l'affûtage.

Le jury se plaît à rappeler honorablement, en faveur de M. Baudat, la médaille de bronze qui lui a été précédemment accordée.

M. Pierre-Adolphe LEBEDEL, rue d'Arcole, n° 17, à Paris.

M. Lebel a exposé une machine pouvant faire cinq perles à la fois. Cette machine avait paru à l'exposition de 1839, et avait valu à son auteur une médaille de bronze. Depuis cette époque, M. Lebedel y a apporté plusieurs améliorations de détail.

M. Lebedel n'ayant pas propagé son invention depuis dix ans, le jury se borne à lui rappeler la médaille de bronze qu'il a obtenue en 1839.

M. LUTZ, rue Mauconseil, n 33, à Paris. Médailles de bronze.

La machine qu'a exposée M. Lutz a pour objet la fabrication et la réparation des marguerites et des paumelles, outils à l'usage des corroyeurs; et qui éprouvent une usure très-rapide quoique exécutés en bois dur tels que pommier, cornouiller, etc.

Cette machine, qui n'a pas encore reçu la sanction d'une longue expérience ni peut-être ses derniers perfectionnements, fonctionne dès ce moment de manière à rendre de très-utiles services. S'il est un produit dans lequel l'action mécanique dut être substituée à celle des bras, c'est bien à celui dont il s'agit; creuser des rainures équidistantes, sur une surface essentiellement régulière, et à double courbure, dans une matière à peu près homogène est une opération évidemment dévolue par sa nature aux agents purement mécaniques.

La machine qu'a exposée M. Lutz est bien conçue, opère régulièrement, et rendra certainement des services à une branche d'industrie fort importante.

Le jury, en récompense de ces mérites, lui accorde la médaille de bronze.

M. BOUHEY, rue Beaubourg, n° 59, à Paris,

M. Bouhey a exposé une machine à couper les peaux de lapin et de lièvre, et à conserver le poil intact pour la chapellerie.

L'exposant a perfectionné cette machine en rendant les hélices des couteaux plus allongées, et en imaginant un moyen plus sûr de faire tourner le cylindre sur son axe sans vibration, même lorsqu'elle fait 1,000 à 1,200 tours par minute. Il y est parvenu en adaptant des tourillons coniques en acier fondu, dont les coussinets, de la même matière, sont trempés et polis.

La grande perfection avec laquelle cette machine fonctionne porte le jury à décerner une médaille de bronze à M. Bouhey.

MM. ROUGET-DELISLE et L'EMPEREUR, passage des Petites-Écuries, n° 15, à Paris.

Après des travaux couronnés de succès dans les arts de la tapisserie et du dessin, M. Rouget-Delisle présente une solution ingénieuse et correcte d'un problème qui a déjà reçu des solutions multipliées.

Le mécanisme de chapeau pliant qu'il expose se recommande par sa précision, sa solidité, et surtout la facilité avec laquelle le principe qui lui sert de base peut se plier à toutes les modifications de son mode d'action; ainsi, avec d'imperceptibles changements de forme dans les petites pièces qui le composent, on peut obtenir un développement plus ou moins prompt, une fermeture plus ou moins fixe; là toutes les pièces bien assises fonctionnent normalement de manière à ne pouvoir altérer en rien les formes assignées au chapeau. Parmi ces pièces, il en est une qui doit être citée, c'est un ressort à boudin, qui se termine, à chacune de ses extrémités, par un anneau infailliblement placé dans un plan par lequel passe l'axe du ressort; cet anneau est simplement formé avec un morceau de fil de fer dont les deux extrémités rapprochées forment une queue qui se visse dans l'hélice du ressort, faisant ainsi fonction d'écrou.

Dans ce petit mécanisme, se rencontre tout à la fois originalité, bonne conception et solidité complète.

Le jury décerne à M. Rouget-Delisle la médaille de bronze.

M. MARESCHAL, faubourg Saint-Martin, n° 88, à Paris.

M. Mareschal a exposé des hachoirs mécaniques pour lesquels il a pris un brevet.

Les hachoirs qui remplacent avantageusement le travail à la main, et qui évitent en même temps les inconvénients pour le hachage des viandes de charcuterie et pâtisserie, ont, en outre, l'avantage de les couper plus régulièrement et beaucoup plus vite.

Cette petite machine se compose d'une sébile en fonte étamée, circulaire, mobile, et de couteaux circulaires verticaux; elle occupe une place qui ne dépasse pas plus de 65 centimètres. L'auteur annonce hacher 12 à 15 kilogrammes de viande en 12 minutes; de nombreux certificats viennent attester les services qu'elle rend à l'industrie à laquelle elle est appliquée.

Le jury décerne à M. Mareschal une médaille de bronze.

M. Laurent-Joseph LEFORT, à Rancourt (Ardennes).

M. Lefort, ouvrier travaillant chez lui, s'est créé des outils assez perfectionnés pour exécuter, dans de bonnes conditions et à un prix modéré, les produits qu'il a exposés. Ces produits sont des boucles de ceintures et de gilets, des mailles pour les lisses des tisserands, des boutons, des paillettes d'acier, et aussi un genre particulier de chaîne qu'il nomme *chaîne sans fin* ou *à doubles maillons*, susceptible d'être exécutée à tous les degrés de grandeur et de force. Cette chaîne peut s'engrener avec des roues ou pignons dentés, et remplacer la chaîne de Vaucanson dans certaines circonstances. M. Lefort ne l'a employée, jusqu'ici, que comme chaîne de sûreté en acier poli, et, comme chaîne d'horloge, en zinc.

Elle se compose de maillons découpés dans la forme d'un 8, c'est-à-dire que chaque maillon est rétréci au milieu et se termine à ses extrémités par deux ouvertures carrées, plus longues que larges. Pour former la chaîne, on ploie le premier maillon en deux, on fait passer la moitié du second maillon dans les ouvertures du premier, et on le ploie à son tour, puis on fait la même chose successivement pour chaque maillon.

M. Lefort a, en outre, exposé une petite machine dont l'idée est remarquable. C'est une cisaille circulaire avec laquelle des planches de métal sont réduites en fil. Il prend un disque de cuivre ou de zinc, le place dans la machine et tourne la manivelle; le disque, en tournant, s'approche de la cisaille à mesure qu'il se découpe, et bientôt il est réduit en un fil délié et continu. Ce fil sort carré de la machine; mais s'il fallait le rendre rond, il suffirait de lui donner une passe ou deux dans une filière.

Le jury a vu avec beaucoup d'intérêt l'exposition de M. Lefort, et lui accorde une médaille de bronze.

M. MASSIQUOT, rue Saint-Julien-le-Pauvre, n°s 10 et 12, à Paris.

Mentions honorables.

M. Massiquot père a exposé une machine à rogner le papier dans laquelle le couteau, mis en mouvement par un levier en fonte, se ment obliquement de haut en bas avec une grande rapidité. M Massiquot a dû prendre des précautions contre la chute du couteau, qui, dans cette disposition, pourrait offrir un danger sérieux.

Le jury accorde à M. Massiquot la mention honorable.

MM. MASSIQUOT et THIRAULT, rue Neuve-Ménilmontant, n° 6, à Paris.

La machine à rogner le papier de ces exposants est d'une bonne exécution et s'est fait remarquer par des dispositions particulières. Le couteau est fixe, et c'est le papier qui, maintenu sur un plateau, va s'offrir à son action. La section s'exécute obliquement, et un régulateur à vis détermine avec exactitude la largeur à donner au papier.

Le jury accorde à ces constructeurs, qui débutent sous d'heureux auspices, une mention honorable.

M. BOTTIER, rue Saint-Jean-de-Beauvais, n° 30, à Paris.

Deux machines à rogner le papier ont été exposées par M. Bottier. Dans toutes les deux, le couteau est conduit obliquement au moyen d'un très-fort bâti en fonte. La plus petite de ces machines fonctionne horizontalement, et aurait pour but de remplacer les anciennes presses à rogner, usitées encore à ce moment pour la reliure des livres.

Cette application réclame des conditions d'une grande délicatesse, et l'expérience n'est pas encore venue confirmer les prévisions de l'auteur.

Le jury lui décerne la mention honorable.

M. DUGLAND, rue Beauregard, n° 16, à Paris.

Un outil d'une simplicité, d'une commodité merveilleuses est exposé par M. Dugland; c'est un porte-foret qui reçoit son mouvement rotatoire alternatif d'une action de la main semblable à celle qui met en jeu l'instrument à percer nommé drille. Quant à la transformation du mouvement rectiligne de la main, elle a de l'analogie avec ce qui se passe dans les cordons du drille qui forment deux filets d'hélice autour de la tige qui porte le foret, lui imprimant, en se roulant et se déroulant sous la pression de la main, le mouvement de rotation. Dans l'outil exposé par M. Dugland, tout est plus simple, plus commode, plus efficace. La tige portant le foret est taillée en hélice à sillons creux et très-rampants. Une bague embrassant la tige porte à son intérieur une dent qui pénètre dans un de ces sillons, et il suffit de promener cette bague sur cette tige, en l'empêchant de tourner, pour que le foret reçoive le mouvement de rotation alternatif auquel son action est due. Cet outil, nouveau dans notre industrie, remplace de la manière la plus avantageuse et le drille et l'archet.

Le jury s'empresse d'accorder à M. Dugland la mention honorable.

M. NAUROY, à Pagny-sur-Moselle (Meurthe).

M. Nauroy a imaginé un moyen de tension pour les fils de fer employés comme soutiens horizontaux des vignes, en remplacement des échalas, ainsi que l'usage s'en répand dans les départements de la Moselle et de la Meurthe. Ce moyen, simple et efficace, consiste dans un cylindre en fer, évasé et d'un faible diamètre, que traverse perpendiculairement le fil à tendre ; ce cylindre étant tourné sur lui-même raccourcit le fil de fer en l'enroulant, et il est maintenu dans la position voulue par son accrochement avec la portion du fil de fer restée droite. C'est un accrochement de roue de rochet très-simple, parfaitement approprié, et très-recommandable par son extrême bon marché.

M. Nauroy a, en outre, le mérite d'avoir monté une fabrication perfectionnée de clefs de serrure dont les pannetons reçoivent une façon plus avancée que celle qu'on leur donnait autrefois, et offrent de plus l'avantage de pouvoir être exécutées à un prix très-peu élevé, suivant tous les profils fournis par l'acquéreur.

M, COTIGNY, rue de Bondy, n° 19, à Paris.

Ici se présente une grande simplification, une grande économie de temps et une grande réduction de dépense. M. Cotigny, modeste ouvrier serrurier, a imaginé de remplacer les vis qui, par le procédé ordinaire, assemblent tous les lits en bois par de simples clavettes entrant dans des ferrures appropriées. Ces ferrures, qui par leur simplicité non moins que par leurs formes ont de la ressemblance avec des charnières, joignent à une solidité qu'on peut rendre illimitée l'avantage de faire opérer instantanément le montage et le démontage d'un bois de lit, alors même qu'il est engagé dans un espace qu'il remplit entièrement, comme une alcôve.

Ce perfectionnement, si simple et si économique sous tous les rapports, mérite à son auteur une mention honorable, que le jury lui accorde avec une vive satisfaction.

M. Édouard GUÉRIN, rue des Marais, n° 66, à Paris.

M. Guérin a exposé des roulettes de meubles en tous genres, et des pèse-lettres.

Avant lui, ce genre de roulettes ne se fabriquait que par des ouvriers en chambre qui se faisaient mutuellement une fâcheuse concurrence. Il eut l'idée, en 1844, de se mettre à les fabriquer par des moyens mécaniques : il monta une fonderie de fonte et une de cuivre; il établit une machine à vapeur pour faire marcher des tours ordinaires et à chariot, des outils à percer et à roder, à tarauder, des meules (malbu) pour remplacer la lime; et parvint à livrer au commerce des roulettes supérieures à celles qui se faisaient, et à des prix inférieurs.

Le jury lui accorde une mention honorable.

M. Pierre LABBÉ, rue de Sèvres, n° 34, à Vaugirard (Seine).

M. Labbé a exposé huit mécaniques différentes; savoir :

N° 1, une machine soufflante qui se compose d'une caisse fermée hermétiquement, dans laquelle se trouve deux soufflets disposés de manière que l'un aspire quand l'autre souffle : ils aspirent du dehors et rendent l'air dans la caisse. Comme la caisse est grande et hermétique, elle forme un réservoir qui tend à égaliser la sortie de l'air, qui se fait par un tuyau ajusté à l'un des côtés de la caisse.

Chaque soufflet est principalement formé de six planches formant des carrés longs, dont les joints à charnière sont garnis de cuir, pour être imperméables à l'air.

N° 2 est encore une machine soufflante : l'idée principale de ce soufflet est une cloche garnie de deux soupapes aspirantes et foulantes ayant ses bords plongés dans l'eau, et à laquelle on imprime un mouvement de va et vient vertical.

Cette cloche et l'eau sont emprisonnées dans un cylindre fermé hermétiquement.

N° 3 est un moulin laminoir pour écraser les graines grasses, soit pour en extraire l'amande à l'état de farine au moyen d'un tamisage, soit pour en extraire l'huile au moyen d'un pressage.

N° 4 est un moulin à farine composé de trois petits cylindres armés de minces lames d'acier trempé.

N° 5, une machine à couper les gants. Incomplète.

N° 6, une balance dite *indicateur*.

N° 7, une cheminée.

N° 8, une pompe à soufflet.

Les deux premiers numéros ne paraissent pas au jury de nature à fixer beaucoup son attention. A tous les autres numéros, il manque la sanction de la pratique prolongée suffisamment.

Peut-être en ressortira-t-il quelque chose d'utile; c'est dans cet espoir que le jury mentionne honorablement M. Labbé.

M. le docteur LE MAUX, aux Batignolles (Seine).

M. Le Maux a mis à l'exposition deux modèles de machines à broyer la paille et à la réduire en pâte propre à sa conversion en papier. Ces modèles sont exécutés sur une échelle assez grande pour fonctionner : ce sont deux moulins analogues au moulin à café; ils en diffèrent en ce que leurs noix sont composées de lames métalliques.

La paille, après avoir été coupée par un hache-paille, passe par le premier moulin, qui la broye à sec, où un tamis, approprié à cet effet, sépare les nœuds de la paille broyée. Cette paille, après avoir passé par les lessives convenables pour la décomposition des résines gommeuses, passe par le second moulin, qui la réduit en pâte.

Plusieurs échantillons de papier fait avec cette pâte, exposés à côté des machines, présentent une grande solidité et sont assez unis.

Le jury décerne une mention honorable à M. Le Maux.

M. LÉVÊQUE, rue Rousselet-Saint-Germain, n° 33, à Paris.

M. Lévêque a exposé une machine à confectionner les treillages de toute nature. Cette machine, dont on ne peut encore apprécier tous les résultats, n'en a pas moins été remarquée par le jury central, qui décerne à M. Lévêque une mention honorable.

M. RABATTÉ, rue Folie-Méricourt, n° 20, à Paris.

A exposé une machine dont l'objet a une grande importance dans le travail des cuirs. Elle a pour but d'exécuter l'opération si fatigante du rebroussage.

L'expérience a encore à prononcer sur le mérite industriel de cette machine, dont le succès mériterait une récompense élevée.

Dans l'état actuel des choses, le jury ne peut que décerner à M. Rabatté une mention honorable.

MM. RIEDER et VINCENT, à Rixheim (Haut-Rhin).

Ont exposé deux objets de nature très-différente : pour mesurer l'épaisseur du papier pendant la fabrication, l'un est un instrument de précision; l'autre est un moyen de sauvetage. Ce dernier est représenté par deux dispositions sans analogie entre elles, mais ayant pour idée fondamentale qu'une corde étant fixée en un point élevé d'une habitation, on en peut descendre en s'y suspendant : dans un des cas, elle se déroule comme celle qui porte le poids d'une horloge, sa chute étant ralentie par un volant à ailettes; dans l'autre, la corde ne reçoit aucun mouvement, et l'action retardatrice est produite par le frottement de la corde, glissant dans un tube en cuivre qui est recourbé sur lui-même. C'est à cet appareil retardateur que se suspend la personne en danger, et pour peu qu'elle agisse avec la main sur la corde, elle règle à volonté la vitesse de sa descente.

L'autre objet est un instrument de précision auquel les auteurs ont donné le non de piknomètre. Voici ce dont il se compose : deux galets, dont un fixe, laissent entre eux un espace occupé par la feuille de papier se déroulant de la machine à mesure de sa fabrication; le galet mobile est placé sur le petit bras d'un levier dont l'autre extrémité met en mouvement une aiguille qui se promène sur un cadrau divisé. Cet instrument est d'une telle sensibilité que l'addition d'un morceau de papier pelure détermine une indication de plus de 10 degrés sur le cadran, par conséquent, les plus légères variations d'épaisseur du papier se manifestent avec évidence. Une autre propriété de l'appareil, est de donner au moyen des galets tournants fixes la mesure de longueur du papier fabriqué, qui, elle aussi, s'inscrit sur un cadran.

Le jury estime que l'appareil de MM. Rieder et Vincent, qui présente un caractère de haute utilité industrielle, mais qui manque encore de lasanction pratique, doit être, tout en réservant son avenir, mentionné très-honorablement.

M. ROBINOT, rue Vieille-du-Temple, n° 82, à Paris.

M. Robinot a exposé un instrument qu'il appelle mécanique à piquer les dessins de broderie.

Plusieurs de ces mécaniques figurent à l'exposition : elles consistent en une colone creuse fixée sur une table ; en haut de la colonne est montée, par son milieu, une balance qui peut jouer dans tous les sens. A l'extrémité d'un des bras de la balance pend un tube monté à charnière sur ce bras ; à l'extrémité de l'autre bras, est un contre-poids servant à mettre le système en équilibre, de sorte que la partie inférieure du tube pendant peut prendre toutes les positions. C'est dans cette partie inférieure que se trouve la pointe à piquer ; elle est animée d'un mouvement rapide de va et vient qui lui est donné par une combinaison de poulies et de cordes qu'une roue à pédale placée sous la table met en action ; il ne faut plus que conduire avec la main la pointe au-dessus du papier à piquer, pour y faire le dessin qu'on veut.

M. Robinot a conçu l'heureuse idée de transformer cette mécanique en une machine à graver : pour cela, il substitue à la pointe une fraise triangulaire, qui, au lieu du mouvement de va et vient, reçoit un mouvement de rotation très-rapide.

En promenant cette fraise sur une surface de bois, de corne, d'ivoire ou de métal, elle mord plus ou moins sur ces surfaces, selon la volonté de celui qui la conduit, et y produit des gravures.

Le jury décerne une mention honorable à M. Robinot.

M. SISCO, passage Chausson, n° 6, à Paris.

M. Sisco a exercé avec succès son esprit inventif sur plusieurs sujets : on voyait de lui, à l'exposition, des bouchons, des lavoirs à l'usage de la troupe, des chaussures en cuir, combinaisons très-heureuses et dont il sera rendu compte dans le rapport relatif à cet objet ; enfin des chaînes destinées à la marine. Dans ce produit, d'une importance de premier ordre, M. Sisco a eu particulièrement en vue d'obtenir la plus grande résistance avec le moindre poids. Particulièrement frappé de l'incertitude où le procédé actuel laisse toujours sur la bonne exécution de la soudure de chaque maillon, il a entrepris de supprimer cette opération. Sa chaîne se compose d'anneaux formés par l'enroulement soit de bandelettes, soit de fil de fer qu'il réunit au moyen de la brasure. Il est incontestable qu'employant ainsi le fer dans ses conditions de plus grande ténacité, et ne pouvant jamais faire un maillon moins solide que les autres, une pareille chaîne devrait, à poids égal, offrir plus de résistance que celles à maillons soudés; c'est ce que l'expérience est venu confirmer : reste à savoir quel effet produira sur elle l'érosion par l'eau salée compliquée d'une action galvanique. Quel que soit le résultat que donnera un long service à la mer, il n'en restera pas moins acquis dès aujourd'hui la possibilité de se procurer une chaîne qui, dans des applications bien choisies, présentera plus de résistance et moins de poids que celles qu'on emploie maintenant.

Ce produit vient à peine de naître, et de grands succès lui sont peut-être réservés. Le jury, se renfermant dans sa jurisprudence à l'égard des inventions qui n'ont pas encore reçu la sanction de l'expérience, mais pour lesquelles s'élève des présomptions favorables, réserve l'avenir et se contente d'accorder à M. Sisco la mention honorable.

Citations favorables.

MM. BAUDON et DEVALLOIS, à la Chapelle-Saint-Denis, rue des Couronnes, n° 2 (Seine).

MM. Baudon et Devallois ont exposé des mécaniques à ouvrir les huîtres, de plusieurs formes.

La variété roule sur le moyen de mettre le couteau en mouvement. Ce moyen est, à l'une, une vis sans fin à plusieurs filets; à l'autre, c'est une crémaillère et un pignon; à d'autres, ce sont des leviers différemment disposés, ce qui leur donne un prix de vente différent.

Cette machine mérite d'être mentionnée favorablement.

M. Jean-Guillaume BULT, rue du Buisson, n° 16, à Paris.

A exposé une forte machine à clous d'épingles, qui peut employer des fils de fer des numéros 21 à 26, et jusqu'à 0,190^{mm} de longueur.

M. Bult a apporté deux améliorations en simplifiant le nombre de cammes et en ajoutant un levier qui ouvre la pince au moment qu'elle recule, pour reprendre du fer et le faire avancer.

Au moyen de ce levier, la pince ne raye pas le fil de fer et dure plus longtemps.

Le jury accorde à M. Bult une citation favorable.

M. Jean-Baptiste LENEUVILLE, rue Chanoinesse, à Paris.

A exposé une machine à fabriquer des cordons. Le tissu de ces cordons est une espèce de tricot à doubles mailles, exactement le même que M. Pecqueur fabriquait, il y a 30 ans, avec des machines de son invention, pour faire ce qu'on appelait alors des bourses à mailles doubles. Toute la différence c'est que, pour faire des bourses, M. Pecqueur mettait 60 dents à son moule, tandis que, pour faire des cordons, M. Leneuville n'a besoin que de deux dents pour les petits cordons et de trois dents pour les gros. Quant au mécanisme, il est exactement le même : du reste, cette petite machine est très-bien exécutée. Le jury lui accorde une citation favorable.

M. Charles PICOT, à Châlons-sur-Marne.

M. Picot, qui a obtenu une médaille de bronze en 1839, pour des feuilles de placage très-minces qu'il avait exposées, a présenté cette année un appareil à articulation qui peut se développer à une très-grande hauteur, et se replier sur lui-même dans une caisse : tout l'appareil est monté sur quatre roues, pour être plus facilement transporté. L'auteur offre cet appareil comme un moyen de sauvetage dans les incendies, pour télégraphe locomobile, etc.

Les moyens mécaniques qui y sont employés sont bien combinés, solides et simples.

Le jury accorde cette année une citation favorable à M. Picot.

M. FERRY, rue Saint-Jacques, n° 29, à Paris.

A exposé une machine à rogner le papier, dans laquelle le couteau est fixé et le papier soulevé par un plateau mis en mouvement par deux genoux. Cette disposition, qui peut admettre les plus grands formats, réaliserait, d'après les vues de l'auteur, cet avantage d'éviter les temps perdus : cette machine, qui n'est pas entièrement terminée, renferme des vues neuves, que le jury récompense par une citation favorable.

M. RIVAIN, rue du Petit-Thouars, n° 25, à Paris.

Les objets de cuivrerie pour bâtiments qu'a présentés M. Rivain, qui pour la première fois figure dans les expositions, méritent d'être cités favorablement.

M. DEBRINAY, à Romorantin (Loir-et-Cher).

Le patron extensible dans deux sens et gradué que M. Debrinay a composé pour faciliter la coupe des bottines offre un bon exemple des recherches à faire pour introduire la précision dans ces sortes de travaux.

Le jury le juge digne de la citation favorable.

INGÉNIEURS, CONTRE-MAITRES, OUVRIERS NON EXPOSANTS.

Rappel de médaille d'or.

M. THONNELIER, rue des Trois-Bornes, n° 26, à Paris.

Les anciens balanciers à vis ont disparu de nos ateliers monétaires, et avec eux bien des inconvénients graves, longtemps considérés comme irrévocablement attachés à la fabrication des monnaies.

L'emploi des hommes, comme force motrice, offrait pour eux-mêmes des dangers sérieux : il exposait en outre les pièces frappées à ne porter que des empreintes irrégulières en intensité, alors que leur parfaite identité entre elles est une des garanties qu'elles doivent offrir de leur bon aloi.

Les anciens balanciers occupaient un espace considérable, et de plus ne se prêtaient que très-difficilement à l'emploi d'un moteur mécanique. La surveillance elle-même, si nécessaire en pareille matière, n'avait qu'à gagner à la substitution d'un moteur inanimé.

C'est dans ces circonstances que M. Thonnelier, qui précédemment avait attaché son nom à des presses typographiques très-favorablement accueillies par nos imprimeurs, entreprit d'introduire dans les ateliers de la monnaie nationale un instrument qui, de son mode d'action, a reçu le nom de presse monétaire.

Avec ces nouvelles presses, l'emploi d'un moteur mécanique est devenu chose simple et facile; les chocs propres au balancier ont disparu, l'identité des empreintes a été obtenue; l'espace a été considérablement restreint, et le personnel, jadis si nombreux, réduit à un ouvrier par machine.

Dans ce grand changement, s'il est une chose incontestable, c'est qu'on le doit à l'infatigable persévérance de M. Thonnelier. De lourdes circonstances ont pesé sur son entreprise; des temps de suspension se sont intercalés dans la suite des nombreuses années pendant lesquelles il a déployé une insistance dont on recueille aujourd'hui les fruits.

Un autre éloge est légitimement dû à M. Thonnelier pour le choix excellent qu'il a fait dans le concours de lumières qu'il a dû réclamer, et qui l'a mis à même de conduire à bonne fin une de ces entreprises dont la réussite est bien rarement due au génie d'un seul homme.

Le jury, appréciant les efforts couronnés de succès qu'a faits M. Thonnelier pour doter son pays de machines très-importantes et réalisant une économie considérable, rappelle en sa faveur la médaille d'or qui lui a été décernée en 1844.

M. FONTAINE-BARON, à Chartres (Eure-et-Loir).

Médaille d'or.

En 1844, M. Fontaine-Baron a obtenu une médaille d'argent pour sa turbine, dite Turbine Fontaine-Baron. Depuis lors l'expérience a démontré d'une manière incontestable l'utilité et l'importance de cette machine.

Dans le rapport fait à l'article Machines, moteurs hydrauliques pour M. Louis-Auguste Froment (successeur de M. Fontaine-Baron), qui a reçu la médaille d'or, cette importance est nettement déclarée; aussi le jury central, voulant reconnaître le mérite de cette invention, décerne-t-il également à M. Fontaine-Baron, premier inventeur, la medaille d'or.

M. BLANCHET, à Lyon (Rhône), délégué par la Chambre de commerce.

Médailles d'argent.

M. Blanchet nous a soumis une mécanique dont l'invention remonte à plusieurs années, et au moyen de laquelle il substitue le papier au carton qui représente le dessin dans la Jacquart ordinaire.

La mécanique de M. Blanchet, que des circonstances indépendantes de sa volonté ne lui ont pas permis d'exposer, mais que nous avons vu fonctionner avec beaucoup d'intérêt et d'attention, est très-ingénieuse, et doit avoir une grande portée. Cette mécanique diffère de la Jacquart en beaucoup de points : d'abord, le cylindre Blanchet est sphérique au lieu d'être carré, comme dans la Jacquart; son volume est très-considérable. Les crochets de cette nouvelle mécanique sont plats au lieu d'être arrondis, ce qui doit les empêcher de se déranger facilement. La pression, qui dans la Jacquart se fait au moment où la griffe descend, s'opère dans la mécanique Blanchet dans l'instant où elle s'enlève; par conséquent, le choc des aiguilles sur le papier est presque nul.

Pour éviter le poids de la tire, et la fatigue que le papier pourrait subir en faisant pression sur les aiguilles, M. Blanchet fait supporter à une planche de collet en fer, au moyen de petits anneaux dans lesquels les crochets sont passés, toute la charge du corps de la mécanique. L'étui Blanchet diffère de l'étui ordinaire, en ce que l'élastique se trouve guidé dans son intérieur par une broche en fer à tête, qui vient repousser l'aiguille. La mécanique de M. Blanchet est simple : il n'emploie pas la mécanique brisée; il remplace cette dernière par une planche d'arcade à coulisseaux qui se meut de manière à représenter le pair et l'impair. Le papier que cet inventeur substitue au carton se roule au moyen d'un régulateur mis en action par un rouleau compensateur, ce qui lui donne une tension toujours égale.

En examinant, même avec défiance, la mécanique de M. Blanchet, il est impossible de ne pas être convaincu qu'elle doit fonctionner avec facilité, et conséquemment que le problème de la substitution du papier au carton est résolu, surtout quand on sait que cette mécanique travaille à Lyon depuis plusieurs années. Nous devons ajouter que les principaux fabricants de châles de cette ville certifient que son emploi ne laisse rien à désirer.

M. Blanchet nous paraît avoir fait faire un grand pas à la belle invention de Jacquart, et son invention peut rendre de grands services à la fabrique de châles en particulier. Le jury lui décerne une médaille d'argent.

Le jury croit devoir, en outre, recommander particulièrement M. Blanchet à la sollicitude du Gouvernement.

M. BOUCHER, chef d'exploitation des mines (Pas-de-Calais).

M. Boucher a su dans ses travaux d'exploitation de mine réunir au savoir beaucoup d'intelligence, et le succès a répondu à ses louables efforts. Aussi le jury central, en reconnaissance de ses travaux, lui décerne-t-il une médaille d'argent.

M. Jacques CAIL, à Denain (Nord).

Comme directeur des ateliers de chaudronnerie de MM. Derosne et Cail, à Denain, M. Jacques Cail a su, par son zèle et son intelligence, mériter une haute distinction. Aussi le jury central lui accorde-t-il une médaille d'argent.

M. PAUL, ouvrier chez M. Mazeline, au Havre (Seine-Inférieure).

Recommandé par le jury départemental et par M. Mazeline lui-même, M. Paul, par sa conduite, ses longs et honorables travaux, a su se concilier l'estime de ses chefs et de ses camarades. Aussi le jury central, en reconnaissance de cette longue et utile carrière, décerne-t-il à M. Paul une médaille d'argent.

M. BEAU, n° 94, rue Ménilmontant, impasse Godelet.

Médailles de bronze.

M. Beau a soumis à notre appréciation une mécanique Jacquart perfectionnée.

La mécanique de M. Beau diffère de la mécanique actuelle, en ce que l'excentrique se trouve placée sur les deux côtés, et fait arriver le cylindre par un mouvement de tiroir. Les crochets de la mécanique Beau font ressort au moyen d'une courbure qui porte sur une planchette en tôle. Cette planchette supporte le crochet de l'élastique et l'empêche de se retourner. L'invention de M. Beau nous paraît très-ingénieuse et fonctionne avec facilité. M. Beau est en outre le constructeur d'un nouveau métier qui fait, mécaniquement, le point de la broderie à la main.

Le jury accorde au mécanicien ingénieux, au travailleur modeste et intelligent une médaille de bronze, et croit devoir le recommander à la sollicitude du Gouvernement.

M. BLAISE, forgeron, rue Notre-Dame-des-Champs, n° 27, à Paris.

Deux carrossiers ont exposé un marchepied dont l'invention est due à M. Blaise, ouvrier forgeron.

Par leur extrême commodité, les voitures basses montées sur grandes roues sont réellement un progrès; ce progrès, comme bien d'autres, devait être poussé à l'extrême, et alors il ne fallait plus de marchepied; mais le ridicule de cette exagération s'est fait bientôt sentir, et déjà on arrive à les établir à une hauteur qui, sans rien enlever à leur agrément et à leur commodité, évite ce qu'un excessif abaissement a de disgracieux.

La forme des marchepieds pour ces voitures, dont le principal avantage est d'éviter un domestique, est une question importante : s'ils sont fixes, leur saillie est insuffisante ou dangereuse pour les accrocs; s'ils se relèvent dans la voiture, c'est une gêne et un contre-sens; les replier perpendiculairement et par un mécanisme qui suit le mouvement de la portière serait presque impossible, à raison de la saillie nécessaire quand le marchepied est baissé et du peu de hauteur de la voiture.

C'était donc une heureuse idée que d'éviter tous ces inconvénients. M. Blaise a placé le long des brancards, en dedans de la voiture, un petit arbre en fer rond, parfaitement caché sous le tapis; cet arbre porte deux branches terminées par des charnières; à ces branches est fixée la table du marchepied. Le petit arbre en fer tourne dans deux tourillons au moyen d'un double mouvement d'équerre qui se lie à celui de la portière, de telle sorte que, celle-ci se fermant, les deux branches qui portent la table se replient, viennent se placer dans deux rainures pratiquées dans l'épaisseur du fond de cave, et la tôle qui forme la table s'applique exactement contre le fond de cette cave.

Ajoutons qu'une troisième branche, également à double charnière, placée au milieu des deux autres, sert d'arc-boutant au marchepied quand il est baissé, tandis que, glissant dans une coulisse et se cachant comme les deux branches principales quand le marchepied se referme, elle contribue à appliquer exactement le marchepied contre le fond et le rend totalement invisible.

Quelques soins dans l'exécution, et ce marchepied, très-peu connu jusqu'à ce jour, deviendra l'accessoire le plus indispensable des voitures auxquelles il est destiné.

Le jury décerne à M. Blaise la médaille de bronze.

M. CARON, à Montmartre (Seine).

M. Caron nous a soumis un dévidoir perfectionné. La construction de cet appareil est très-simple, et nous a paru remplir parfaitement le double but de son auteur, faire moins de déchet que par les moyens ordinaires et mieux conserver le brillant de la soie. Ce dernier résultat n'est pas sans importance pour plusieurs industries. Voilà la description sommaire du dévidoir Caron, dans sa partie nouvelle et intéressante :

Un guindage, nommé tavil par l'inventeur, reçoit l'écheveau à dévider; ce guindage se compose de rayons fixes partant d'un centre commun et recevant à leur extrémité des ralonges mobiles. Cet appareil repose sur un axe également fixe, assujetti au support vertical qui porte tout le mécanisme. L'axe est creux et reçoit dans toute sa longueur un autre axe portant par une extrémité le développeur, et par l'autre extrémité une roue à double gorge qui sert à recevoir le mouvement du moteur. Le développeur se compose d'un double cercle concentrique en bois, du même diamètre, ou de différents diamètres réunis par des barrettes. Un levier, articulé par un bout au bâtis et relevé par une ficelle à l'autre bout, reçoit un anneau brisé qui est placé de manière à être concentrique avec l'axe du développeur. Le brin de soie, une fois trouvé sur l'écheveau, est passé par-dessus le développeur, ramené dans l'anneau central et reporté dans un autre anneau placé supérieurement, d'où il est dirigé, à travers le purgeoir, sur les crochets. Le reste se comprend facilement et n'offre rien de très-nouveau.

Les crochets peuvent être portés sur l'ourdissoir en sortant du dévidoir de M. Caron.

Le jury décerne à l'ingénieux créateur de l'appareil une médaille de bronze.

M. PRÉVOST, à Lisieux (Calvados).

M. Prévost, simple ouvrier tourneur en bois à Lisieux, est venu, vers le milieu de l'exposition, avec une voiture dans laquelle il s'est transporté lui-même en deux jours et demi. L'exécution de cette voiture se ressent par trop de l'état de gêne de ce malheureux ouvrier. La construction pèche par quelques points importants; mais le principe qu'il a appliqué est de la plus grande simplicité, et c'est vraiment étonnant de voir les moyens chétifs d'exécution avec lesquels cet ouvrier est parvenu à rendre sa pensée.

Étranger à tout ce qui a pu se produire dans ce genre, il a été huit ans, dit-il, à combiner son œuvre, au moyen de laquelle il a fait jusqu'a trois lieues à l'heure en beau chemin sans une trop grande gêne, assurant qu'il eût pu prendre quelqu'un avec lui et conserver cette vitesse, seulement avec un peu plus de fatigue.

M. Prévost a témoigné le désir que sa machine ne soit point décrite, et nous nous y rendons. Le jury ne peut que reconnaître des efforts aussi persévérants dans un ouvrier qui n'a d'autre ressource qu'un très-modeste travail, et dans ce but il lui décerne une médaille de bronze.

M. G. A. RISLER, directeur de la filature de MM. Kisler fils et Cie, à Cernay (Haut-Rhin).

M. G. A. Kisler est un jeune ingénieur fort intelligent, qui a rendu des services à l'industrie de la filature et du tissage du coton. Il est inventeur d'un métier à tisser, dit anneur; d'un nouveau système de séchage aux machines à parer les chaînes de coton, enfin d'un nouvel appareil alimentaire pour les pompes à incendie. Ces diverses inventions ont toutes été appliquées et ont été l'objet de rapports favorables, les deux premières de la part de la Société industrielle de Mulhouse; la dernière, de la part d'une commission désignée par le préfet du Haut-Rhin.

Une autre invention est encore due à M. G. A. Risler, c'est celle d'une machine à préparer le coton et destinée à remplacer pour certains numéros l'opération du cardage. Des filés obtenus de cette manière ont été exposés par MM. Risler fils et Cie, de Cernay (Haut-Rhin), et ont paru au jury de qualité satisfaisante. La machine dont il s'agit, et à laquelle l'inventeur a donné le nom d'*épurateur*, va se trouver placée en voie d'expérimentation dans plusieurs établissements. Sous peu, l'industrie de la filature du coton sera donc mise à même de pouvoir juger du mérite de cette invention.

Le jury, voulant récompenser en M. G. A. Risler des travaux utiles à l'industrie de la filature et du tissage, décerne à cet ingénieur une médaille de bronze.

M. DOBLETZ, ouvrier mécanicien, à Paris.

Cet ouvrier mécanicien a donné des preuves de son intelligent savoir; aussi le jury central, voulant reconnaître l'importance de ses nombreux travaux, décerne-t-il à M. Dobletz une médaille de bronze.

M. DAUPLEX, ouvrier mécanicien, à Paris.

Constructeur de machine à chocolat, M. Duplex a su, par ses merveilleuses inventions, attirer l'attention des fabricants; aussi le jury central accorde-t-il à cet habile ouvrier une médaille de bronze.

QUATRIÈME COMMISSION.

MÉTAUX.

MEMBRES DU JURY COMPOSANT LA COMMISSION :

MM. Héricart de Thury, président; — Michel Chevalier, Combes, Durand (Amédée), Ebelmen, Goldenberg, Lechatellier, Mary, Péligot, Leplay, Peupin, Natalis Rondot.

SECTION PREMIÈRE.

MÉTAUX AUTRES QUE LE FER.

M. Leplay, rapporteur.

CONSIDÉRATIONS GÉNÉRALES.

La France n'est pas moins riche en dépôts métallifères que plusieurs autres États d'Europe renommés par la prospérité de leurs mines. Ces dépôts y forment cinq groupes de mines, dont la situation géographique est caractérisée par les noms de groupes *des Vosges, de Bretagne, des montagnes centrales, des Alpes et de la Corse, des Pyrénées;* ils s'étendent en tout ou en partie sur le sol de cinquante départements. Il s'en faut de beaucoup que l'on connaisse tous les gîtes métallifères qui pourraient motiver des travaux de recherche et d'exploitation; plusieurs milliers de ces gîtes ont été indiqués à diverses époques; s'attachant à ceux qui semblent offrir un intérêt plus particulier ou qui sont le mieux connus, l'Administration des mines en a récemment signalé plus de cinq cents à l'attention publique.

Les mines de France ont été exploitées, souvent sur une grande échelle, pendant la domination romaine, et plus tard par les seigneurs féodaux, par les communautés religieuses. Pour celles de ces mines dont l'histoire a été conservée par la tradition ou par des documents écrits, on constate généralement que, dans les derniers siècles, les exploitations se sont de plus en plus restreintes, et n'ont présenté que quelques rares périodes d'activité ou de succès. Presque toujours aussi, on constate que cette activité n'a pu être rétablie ou entretenue que par le concours d'ouvriers et d'hommes d'art tirés à grands frais des pays étrangers, et particulièrement des États allemands; aujourd'hui, il existe à peine en France une dizaine de mines en activité; il n'y en a guère que quatre qui aient acquis ou conservé une certaine importance.

Vers la fin du dernier siècle, le Gouvernement comprit enfin que cet état fâcheux de la richesse minérale et la stérilité des efforts tentés pour la remettre en valeur étaient surtout la conséquence des vices de la législation et du manque des hommes spéciaux; il s'appliqua à y remédier en 1781 et en 1783 en créant des inspecteurs des mines et l'École des mines de Paris. L'agence des mines, instituée en 1793, plus tard le corps des mines, continuèrent l'impulsion donnée à l'exploration des mines de France pendant l'époque qui avait immédiatement précédé la révolution de 1789. L'intervention des inspecteurs et des ingénieurs des mines a mis hors de doute l'existence des richesses minérales renfermées dans le sol français; elle a propagé en France les connaissances relatives à l'art des mines; elle a même puissamment contribué à mettre en valeur les mines de houille et de fer, c'est-à-dire les branches de la richesse minérale dont l'exploitation offre le moins de difficultés et implique en général une prompte réalisation des avantages propres à ce genre d'entreprise. Mais, en présence des événements qui, depuis un demi-siècle, sont venus périodiquement porter le trouble dans l'industrie, l'Administration des mines a été impuissante à provoquer efficacement par l'intervention de l'industrie privée ces grandes exploitations de gîtes métallifères, où les bénéfices ne peuvent se produire, en général, qu'après une longue succession d'efforts et de dépenses. Beaucoup d'autres obstacles joignant leur fâcheuse influence à celle des événements politiques, n'ont pas cessé d'entraver toutes les entreprises ayant pour objet les mines métalliques. En résumé, depuis un demi-siècle, cette branche fondamentale de l'activité de tous les grands États n'a cessé de déchoir en France, tandis que les mines de la Grande-Bretagne, du Hanovre, de la Saxe, de la Hongrie, des États prussiens, des États scandinaves, des monts Ourals et de l'Altaï, de l'Espagne, et d'une foule de contrées de l'ancien et du nouveau monde, conservaient leur ancienne importance ou prenaient un essor presque inouï.

Assise sur de solides institutions et sur des mœurs industrielles qui, dans les derniers siècles, ont toujours fait défaut à la France, l'industrie minérale a pu résister, dans les contrées qu'on vient de citer, aux crises engendrées par l'action directe ou par le contre-coup des révolutions politiques; elle s'est d'ailleurs assimilé tous les nouveaux moyens d'action créés par le progrès des sciences et des arts. Souvent même on a vu l'industrie minérale prendre l'initiative de ces progrès, ou exercer en quelques années sur la civilisation de certaines régions une profonde influence. C'est ainsi que, depuis quinze années, l'exploitation des mines, devançant tout autre mode d'activité humaine, conquiert à la civilisation d'immenses espaces de notre planète en Sibérie, dans l'Amérique du Nord et dans l'Asie australe. Au milieu de ce progrès général des sociétés humaines, la France attend encore les institutions et les mœurs qui doivent porter la seule branche d'activité que comporte la nature des choses dans la plupart des régions montagneuses et dans les solitudes des Vosges, de la Bretagne, de la région centrale, des Alpes, des Pyrénées, de l'Algérie, et de plusieurs autres colonies.

Au reste, les obstacles qui s'opposent, en France, à l'exploitation des mines métalliques sont aujourd'hui parfaitement appréciés par le Gouvernement[1]; cette importante question

[1] Voir la *notice sur l'exploitation des métaux autres que le fer, avec un tableau descriptif et une carte indiquant la nature, la situation et l'importance des principaux gîtes métallifères de la France.* (Extrait du Résumé des travaux statistiques de l'administration des mines en 1847, faisant partie

est envisagée au même point de vue par le petit nombre d'hommes habiles et persévérants qui luttent contre ces obstacles, et qui ont maintenu en France, jusqu'à ce jour, la tradition de cette branche fondamentale d'activité industrielle[1]. Il y a donc lieu d'espérer que les réformes demandées par les autorités les plus compétentes ne se feront pas longtemps attendre.

Les gîtes métallifères spécialement signalés par l'administration des mines, dans sa publication la plus récente, sont au nombre de 508 et se partagent, suivant la nature des métaux qu'ils contiennent ainsi qu'il est indiqué ci-après :

MÉTAUX PRÉCIEUX.		
Mines d'or	17	231
—— d'argent, tenant ce métal seul, ou associé au cuivre et au plomb	214	
MÉTAUX RARES.		
Mines de mercure	5	14
—— de nickel	2	
—— de cobalt	7	
MÉTAUX COMMUNS.		
Mines de cuivre (non compris celles de cuivre et argent)	88	214
—— d'étain	6	
—— de bismuth	2	
—— d'antimoine	44	
—— de plomb (non compris celles de plomb et argent)	60	
—— de zinc	14	
OXYDES MÉTALLIQUES.		
Manganèse (oxyde de)	36	38
Chrome (chromite de fer, etc.)	2	
A reporter		497

du compte rendu des travaux des ingénieurs des mines pendant la même année.) Paris, imprimerie Nationale, 1849.

[1] Voir l'excellente notice publiée par l'habile exploitant d'une des principales mines des montagnes centrales de la France : *Considérations sur l'exploitation des mines métalliques en général, et sur celles de Pontgibaud en particulier; présentées à MM. les membres du jury d'exposition de 1849, par A Pallu, gérant des mines de Pontgibaud, membre du conseil général du Puy-de-Dôme.*

Report............ 497

APPENDICE. — SUBSTANCES D'ASPECT MÉTALLIQUE.

Arsenic	10	11
Graphite	1	
TOTAL		508

Ainsi qu'on l'a fait remarquer précédemment, plusieurs de ces mines ont été, à diverses époques anciennes, l'objet de grandes exploitations : on peut citer entre autres les mines d'or des Pyrénées et des Cévennes; les mines d'argent de Giromagny, d'Urbeys, de Plancher-les-Mines, de la Croix-aux-Mines, de Sainte-Marie (groupe des Vosges); celles de Châtelaudren, Poullaouen et Huelgoat (groupe de Bretagne); celles de Melle, de Chitry, de Saint-Pierre-le-Palu, de Villefranche-d'Aveyron, de Pontgibaud, de Vialas, de l'Argentière (Ardèche), de Saint-Sauveur (groupe des montagnes centrales); de l'Argentière (Hautes-Alpes), des Chalanches, de Huez-en-Oysans (groupe des Alpes); du Castel-Minier (groupe des Pyrénées); les mines de cuivre de Baigorry, de Chessy, Sainbel et Valtors, de Giromagny, etc. Aujourd'hui il n'existe de travaux suivis que sur une dizaine de mines : les mines d'argent et de plomb de Pontgibaud, de Poullaouen et de Vialas, les mines de manganèse de Romanèche sont les seules où les travaux aient de l'importance et où la valeur annuelle des produits excède 100,000 francs.

Pendant l'année 1846, il a été extrait seulement des gîtes métallifères de France :

	Poids.	Valeur.	Valeur totale.
Mines d'argent et de plomb	"	"	1,050,206f
Argent	3,027k	659,911f	
Plomb et litharge	673,000	355,062	
Minerai exporté	244,000	35,233	
		1,050,206	

A reporter............ 1,050,206

	Poids.	Valeur.	Valeur totale.
Report			1,050,206f
Mines de cuivre			330,540
Cuivre de minerais indigènes	31,200k	71,760f	
—— de minerais étrangers (valeur créée)	610,800	113,300	
Produits divers (soufre, couperose)	681,600	145,480	
		330,540	
Mines de manganèse			236,720
Manganèse	2,394,400k	236,720f	
Mines d'antimoine			32,783
Antimoine métallique	12,900k	25,840	
Sulfure fondu	21,500	4,043	
Crocus	2,900	2,900	
		32,783	
Mines de plomb			1,440
Alquifoux (pour les poteries)	4,000k	1,440f	
TOTAL			1,651,689

Les produits attribués aux mines de cuivre ont été obtenus, sur les mines de Chessy et Sainbel, par le traitement de minerais et de matières pauvres accumulés anciennement comme résidus stériles aux époques de prospérité des exploitations. Quant à la valeur créée en France par le traitement de minerais des cuivre étrangers, elle est due aux usines de Romilly (Eure), d'Imphy (Nièvre), de la Villette, de Saint-Denis (Seine), qui élaborent en grand les cuivres étrangers, et qui importent, sous forme de minerai très-riche, une faible partie de leur matière première : c'est en quelque sorte le premier rudiment d'une branche de métallurgie qui fait la prospérité d'une partie du pays de Galles, et qui pourrait prendre en France un grand développement.

Les mines de France, si elles étaient exploitées dans des conditions convenables, auraient, sur les autres mines du continent européen et sur celles des autres parties du monde, un grand avantage : elles trouveraient dans le pays même un débouché fort considérable. Le tableau suivant, extrait de la publication officielle déjà citée, prouve même que la consommation annuelle de certains métaux est plus importante en France qu'elle ne l'est en Grande-Bretagne.

Balance du commerce et de la consommation en France des métaux, autres que le fer, pendant l'année 1846.

DÉSIGNATION DES MÉTAUX.	PRODUCTION INDIGÈNE.	BALANCE DE L'IMPORTATION ET DE L'EXPORTATION.				CONSOMMATION INTÉRIEURE.
		Importation.	Exportation	Excédant de l'importation.	Excédant de l'exportation.	
MÉTAUX PRÉCIEUX.	Quint. kil.	Quint. kil.	Quint. kil.	Quint. kil.	Q. kil.	Quint. kil.
Or (lingots, monnaies, minerais).	»	27. 00	50. 00	»	23. 00	»
Platine (métal et minerai).......	»	32. 14	»	32. 14	»	32. 14
Argent (lingots, monnaie, minerais)...........	30 27	4,849. 00	2,704. 00	2,145. 00	»	2,175. 27
MÉTAUX RARES.						
Mercure (métal, sulfure)...........	»	960. 26	27. 00	933. 15	»	933. 15
Nickel (speiss, alliage).........	»	23. 91	1. 00	22. 25	»	22. 25
Cobalt (minerai, safre, azur)....	»	109. 94	1. 46	108. 48	»	108. 48
MÉTAUX COMMUNS.						
Cuivre (lingots)..	6,420. 00	75,471. 00	685. 00	74,786. 00	»	81,206. 00
Étain (lingots)...	»	18,145. 00	407. 00	17,738. 00	»	17,738. 00
Bismuth (lingots).	»	32. 00	»	32. 00	»	32. 00
Antimoine (métal, sulfure)........	280. 00	1,594. 00	114. 00	1,480. 00	»	1,760. 00
Plomb (métal, alquifoux, litharge).	6,307. 00	217,263. 00	333. 00	216,930. 00	»	223,237. 00
Zinc (lingots)....	»	117,615. 00	193. 00	117,422. 00	»	117,422. 00
OXYDES MÉTALLIQUES.						
Manganèse (oxyde).	23,944. 00	24,114. 00	851. 00	23,263. 00	»	47,207. 00
Chrome (chromite de fer, chromates de potasse et de plomb)........	»	1,016. 00	82. 00	934. 00	»	934. 00
SUBSTANCES D'ASPECT MÉTALLIQUE.						
Arsenic (en nature, réalgar, orpiment)	»	350. 00	9. 00	341. 00	»	341. 00
Graphite.........	»	2,275. 00	20. 00	2,255. 00	»	2,225. 00

OBSERVATIONS.

Sauf le manganèse, qui est évalué à l'état d'oxyde, tous les métaux désignés dans ce tableau sont évalués à l'état de pureté, déduction faite des substances avec lesquelles le métal est combiné. On a admis que les diverses combinaisons contenaient, en moyenne, les quantités suivantes de métal : alliages et monnaies d'or et d'argent, 0,90 ; minerai de platine et métal, 0,80 ; mercure sulfuré, 0,85 ; speiss de nickel, 0,50 ; alliage de nickel, 0,20 ; azur, 0,10 ; minerai de cobalt, 0,15 ; safre, 0,30 ; alquifoux, 0,80 ; litharge, 0,90 ; minerai d'antimoine, 0,60 ; antimoine sulfuré, 0,70 ; chromite de fer, 0,20 ; chromate de potasse, 0,20 ; chromate de plomb, 0,17 ; réalgar, 0,70 ; orpiment, 0,60.

Les métaux importés en France, en quantités si considérables, y sont élaborés sous une multitude de formes et pour des destinations extrêmement variées, qui ne sont que partiellement représentées dans les expositions des produits de l'industrie française. Celles-ci, néanmoins, prouvent suffisamment que les arts, ayant pour objet l'élaboration des métaux, ont acquis en France un remarquable degré de perfection; c'est surtout pour la fabrication des ameublements et de cette multitude d'objets, qui se rattachent d'une manière plus ou moins immédiate à l'art et à l'ornement, que les fabricants français restent, jusqu'à ce jour, à peu près sans rivaux.

L'une des grandes sources de profits de l'industrie française consiste à réexporter sous ces formes les métaux qu'elle reçoit à l'état brut. Il ne sera question, dans cette section, que des élaborations purement mécaniques, ou du moins de celles dans lesquelles la question d'art n'a qu'une importance secondaire.

---

§ 1er. EXTRACTION DU CUIVRE BRUT, LAMINAGE ET MATELAGE DE CE MÉTAL.

M. Leplay, rapporteur.

Rappel de médaille d'or.

M. Pierre-Jean-Félix MOUCHEL, à l'Aigle (Orne).

Possède et exploite les usines de Tillières et de Boisthorel (communes de Tillières et de Ray-sur-l'Aigle). Ces usines ont pour moteurs 8 roues hydrauliques d'une force collective de 100 chevaux; elles comprennent entre autres appareils de fabrication, 1 four à réverbère pour la fonte des métaux, 3 fonderies, 3 marteaux, 6 fours à recuire; des laminoirs, des tréfileries contenant plusieurs centaines de bobines. Les travaux intérieurs y occupent 230 ouvriers.

Fabrique principalement le laiton et divers alliages en planches et en fils de toutes grosseurs; le cuivre laminé pour la fabrication du plaqué d'argent, et pour les arts du bijoutier, de l'horloger, de l'émailleur, du graveur; le cuivre en bâtons pour la fabrication du trait d'or et d'argent faux; le fil de fer à cardes, etc., etc. M. Mouchel expose en outre du maillechort ouvré sous diverses formes, des filières et des jauges de tréfilerie, des planches d'acier pour gravure, etc.

Ces objets se distinguent par l'excellente qualité des métaux et par la perfection de la mise en œuvre : le jury a eu souvent occasion de constater, par les déclarations des autres fabricants, que ces produits sont recherchés pour tous les usages qui exigent dans le laiton ou dans le séparer cuivre la malléabilité, l'homogénéité, l'éclat, le poli et, en général, les qualités physiques portées au degré le plus éminent. Le poids total des produits annuels monte à 620,000 kilogrammes ; leur valeur, à 1,500,000 francs.

Le jury se plaît à constater que M. Mouchel s'est maintenu au rang distingué qu'il occupe depuis longtemps et lui rappelle la médaille d'or qui lui a été décernée en 1819.

LA COMPAGNIE DES FONDERIES DE CUIVRE DE ROMILLY (Eure).

Les usines de Romilly ont pour moteur neuf chutes d'eau d'une force totale de 220 chevaux ; elles comprennent 3 laminoirs, 3 marteaux, une tréfilerie et tous les fourneaux nécessaires pour l'affinage, la fonte et le recuit des métaux : elle occupe de 250 à 300 ouvriers.

Elles extraient directement des minerais très-riches importés de l'Amérique méridionale, une partie du cuivre qu'elles consomment ; les principaux articles de fabrication sont le cuivre laminé, les fonds de chaudière, le cuivre martelé, les cuivres diversement ouvrés pour chaudronnerie, les clous pour le doublage des navires ; les principaux articles de laiton sont les tubes de locomotives, les planches et les fils, les feuilles destinées au doublage des navires, etc. On remarque, parmi les produits exposés, des cuivres de qualité supérieure obtenus avec les minerais ou les cuivres noirs de l'Amérique méridionale, un fond de chaudière en cuivre rouge, pesant 325 kilogrammes et ayant 2^{m},02 de diamètre ; des barres de laiton ayant jusqu'à 0^{m},10 de côté, etc.

Les succès obtenus par les usines de Romilly, le rang distingué qu'elles n'ont cessé d'occuper, sont dus au talent et au zèle de M. Lecouteulx, qui, depuis dix-sept ans, dirige, en qualité de gérant, toutes les opérations techniques et commerciales de la compagnie.

Le jury rappelle à la compagnie la médaille d'or qui lui a été décernée dans les précédentes expositions.

Médaille d'or.

MM. ESTIVANT frères, à Givet (Ardennes),

Possèdent et exploitent les usines de Fromelennes, Ripelle, Flohival, Flohimont, Fliment et Landrichamps (communes de Givet, Fromelennes et Landrichamps). Ces usines, mises en activité par 9 roues hydrauliques, d'une force totale de 130 chevaux, contiennent 2 fours pour fondre ou affiner le cuivre, 9 fours à creuset et 20 fours à recuire; elles occupent 170 ouvriers et 9 employés.

Fabriquent des objets de laiton sous des formes très-variées: planches et feuilles pour usages ordinaires; planches pour tubes de locomotives, fils, feuilles pour le doublage des navires, chaudronnerie, grosses planches et barreaux ou pièces de grosse dimension pour les constructions navales, etc. Fabriquent, en outre, des objets de tombac, c'est-à-dire d'un alliage de cuivre moins chargé de zinc que le laiton : les principaux produits sont les feuilles destinées à la fabrication des objets d'ornement par estampage et à celle des boutons et de diverses autres pièces de l'équipement des troupes.

Le jury, prenant en considération la bonne qualité et l'importance des produits dont le poids atteint annuellement 900,000 kilogrammes, et dont la valeur représente 2 millions de francs, appréciant en outre les vues intelligentes et les sentiments paternels qui président à l'administration de la population ouvrière, accorde à MM. Estivant frères une médaille d'or.

MM. OSWALD et WARNOD, à Niederbruck (Haut-Rhin).

L'usine de Niederbruck dispose d'un moteur hydraulique de 24 chevaux : elle comprend dix fours pour la fusion, l'affinage et le recuit des métaux, des laminoirs, des ateliers de tréfilerie, etc. Elle occupe 220 ouvriers, dont un quart environ travaille à domicile.

Elle livre au commerce 150,000 kilogrammes de cuivre rouge affiné; en fils; préparé sous diverses formes pour la chaudronnerie, le plaqué d'or et d'argent, l'horlogerie, etc.; 180,000 kilogrammes de laiton en planches, en feuilles clinquant, en tringles, dont le diamètre atteint $0^m,031$, en fils de toutes grosseurs et spécialement en fils fins pour toiles métalliques; 10,000 kilogrammes de fil de laiton doré ou argenté pour passementerie, dit trait d'or et d'argent faux : la valeur totale de ces produits monte à 620,000 francs.

La bonne qualité de ces produits a été signalée au jury par plusieurs fabricants qui les mettent en œuvre; cette qualité se révèle également par la nature même des produits exposés, notamment par une feuille de cuivre large de 0m22 et longue de 216 mètres, par une forte tringle de laiton, etc.

Le jury, appréciant les services que MM. Oswald et Warnod ont rendus à l'industrie française, en introduisant dans leurs usines des branches de fabrication qui n'existaient jusqu'alors qu'en pays étranger; considérant que, de l'aveu des consommateurs, ils se placent au premier rang pour la production de certains articles; qu'enfin l'excellente organisation donnée à la population ouvrière leur a permis d'assurer constamment à cette population des moyens d'existence, au milieu des circonstances difficiles que l'industrie vient de traverser, décerne à ces habiles fabricants une médaille d'or.

M. Auguste-Louis-Ernest GARNIER, à Dangu (Eure).

Médaille de bronze.

Depuis la précédente exposition, M. Garnier a considérablement augmenté l'importance de cette usine, créée en 1842. Les produits annuels sont: cuivre rouge laminé, 600,000 kilog.; laiton et alliages divers laminés, 250,000 kilog.; zinc laminé, 1,200,000 kilog.: leur valeur totale monte à 3,000,000 de francs. L'usine occupe 150 ouvriers.

Le jury récompense les efforts de M. Garnier en lui décernant une médaille de bronze.

M. Alexandre ROBERT, à la Villette (Seine), rue de la Marne, n° 26,

Prépare annuellement 650,000 kil. de cuivre, provenant soit de minerais riches importés de l'Amérique méridionale, soit de métaux plus ou moins affinés de diverses origines. Le cuivre rouge, l'étain, les divers alliages préparés dans cette usine, fournissent à l'industrie diverses matières premières qu'on tirait précédemment des pays étrangers. L'usine occupe 18 ouvriers ou employés, et livre au commerce un poids total de 900,000 kil. de métaux et d'alliages, dont la valeur atteint environ 2,000,000 de francs.

Le jury, prenant en considération la direction intelligente que M. Robert imprime à son industrie, lui décerne une médaille de bronze.

MM. OESCHGER-RAUCH et Cie, à Biache-Saint-Waast, près d'Arras (Pas-de-Calais).

L'usine reçoit le mouvement d'une roue hydraulique de 50 chevaux, comprend 3 fours pour l'affinage du cuivre et la fonte des métaux et 2 paires de cylindres pour le laminage du cuivre et du zinc ; elle a livré en une année au commerce 275,000 kil. de cuivre et 900,000 kil. de zinc laminés. Mise en activité pour la première fois en juin 1848, elle a pu déjà exposer, entre autres produits remarquables, une feuille de cuivre de bonne exécution, longue de $7^m,79$, large de $1^m,35$, épaisse de $0^m,0024$ et pesant 221 kil.

Le jury, pour encourager les résultats obtenus par MM. Oeschger-Rauch et Cie au milieu de circonstances difficiles, leur accorde une médaille de bronze.

M. Augustin-Baptiste CRÉPELLE, à Saint-Maur (Seine).

L'usine, établie sur le canal de Saint-Maur, qui lui fournit un moteur hydraulique de 30 chevaux, comprend 3 fourneaux à creusets pour la fonte des alliages de cuivre et de zinc et 4 paires de cylindres pour le laminage de ces produits. Elle livre au commerce 500,000 kil. d'alliages à tous les titres que le commerce réclame ; elle occupe environ 80 ouvriers. Sa position, très-rapprochée de Paris, lui permet de satisfaire immédiatement aux commandes des nombreux ateliers qui élaborent ces alliages.

Le jury accorde à M. Crépelle une médaille de bronze.

Citation favorable.

MM. RAMBAUD et Cie, représentants de la compagnie des mines de cuivre de Mouzaïa (Algérie). — Usine à Martigues, sur l'étang de Caronte (Bouches-du-Rhône).

L'usine des Martigues, qui peut être considérée comme une annexe de l'industrie minérale de l'Algérie, a été créée en 1847, pour traiter les minerais de cuivre gris provenant de la mine de Mouzaïa. Ce traitement, essayé jusqu'à ce jour, s'opère en partie par la voie sèche, et en partie par un procédé de voie humide, dont les réactifs proviennent des fabriques de produits chimiques, depuis longtemps établies dans cette région du département.

Le jury, tout en regrettant qu'on n'ait pas tiré jusqu'à ce jour un meilleur parti de l'heureuse conception qui avait fait établir aux Martigues le traitement métallurgique des minerais de cuivre de l'Algérie, accorde à MM. Rambaud et compagnie une citation honorable.

---

§ 2. FUSION ET MOULAGE DU CUIVRE ET DE SES ALLIAGES.

M. Leplay, rapporteur.

MM. THIÉBAULT et fils, rue du Faubourg-Saint-Denis, n° 144, à Paris. Rappel de médaille d'or.

Leur grande fonderie de cuivre et de bronze emploie 100 ouvriers, et tire, en outre, d'une machine à vapeur une force de 16 chevaux. Elle met en œuvre annuellement 225,000 kilogrammes de cuivre, d'étain et de divers autres métaux.

Les ateliers, comprenant trois subdivisions principales, livrent au commerce :

1° Des cuivres et des bronzes moulés pour les machines, les constructions et les arts ; entre autres produits de ce genre, présentés à l'exposition, on remarque deux énormes pièces de bronze d'une belle réussite, pesant 2,500 et 4,500 kilogrammes, destinées à former la cage de l'hélice du bâtiment à vapeur *l'Isly*, de 650 chevaux. MM. Thiébault se proposaient d'exposer l'hélice elle-même qui doit peser 5,000 kilogrammes, mais dont l'exécution a été momentanément suspendue. Quelques bronzes d'art présentés dans l'état même où ils sont sortis du moule, témoignent de la perfection donnée aux opérations de l'atelier de moulage.

2° Des rouleaux en cuivre pur, en laiton, et en cuivre allié d'une faible proportion d'étain, pour l'impression des étoffes : MM. Thiébault présentent ces derniers appareils comme plus résistants que les autres et dans l'espoir que leur supériorité réelle triomphera des habitudes qui maintiennent l'usage des rouleaux en cuivre rouge.

3° Une variété extrêmement remarquable d'articles de robinetterie, pour les liquides, les gaz et les vapeurs ; un nombre considérable de pièces détachées pour locomotives, tenders et autres parties du matériel des chemins de fer, des navires à vapeur, etc.

Le jury constate la supériorité que conservent MM. Thiébault et fils en leur rappelant la médaille d'or donnée aux précédentes expositions.

Médailles de bronze.

M. Ernest BOLLÉE, à Sainte-Croix, au Mans (Sarthe),

Fabrique annuellement 45,000 kilogrammes de cloches, dans un atelier comprenant 4 fourneaux de fusion, et où travaillent 8 ouvriers. M. Bollée se distingue par la bonne exécution de ses cloches, et en particulier par la précision avec laquelle il obtient les sons qui lui sont demandés. Ce résultat a été obtenu de la manière la plus satisfaisante dans la cloche bourdon de 7,400 kilogrammes, exposée par cet habile fondeur et destinée à accompagner le gros bourdon de la cathédrale de Reims.

Le jury accorde à M. Bollée une médaille de bronze.

M. Toussaint MAUREL, rue des Vignerons, n° 13, à Marseille,

Emploie 55 ouvriers dans sa fonderie de Marseille et dans une usine annexe établie à Toulon. Ces deux ateliers, contenant 10 fourneaux de fusion, livrent annuellement 40,000 kilogrammes de cloches. Il a introduit des modifications remarquables dans le procédé de moulage, et surtout dans le procédé employé pour fixer la cloche au mouton en bois qui en forme la monture et le contre-poids. Au lieu d'employer des anses incrustées dans le bois du mouton, M. Maurel donne à la partie supérieure de la cloche une forme plane, et presse celle-ci contre le mouton au moyen de forts boulons serrés par des écrous. Le système de M. Maurel se distingue encore par le battant articulé, qu'un ressort tient éloigné de la cloche, excepté pendant l'instant très-court où se produit la percussion

Le jury accorde à M. Maurel une médaille de bronze.

M. Louis PETITHOMME, à Laval (Mayenne),

Fabrique annuellement, dans un atelier composé d'un seul fourneau, des cloches dont le poids total monte à 15,000 kilogrammes. Il emploie, pour la suspension des cloches, un système ingénieux, qui permet à l'appareil d'embrasser sans inconvénient, dans ses oscillations alternatives, un espace beaucoup plus grand que le demi-cercle; il atteint ce résultat par un système de deux tourillons superposés qui portent successivement pendant la durée d'une oscillation complète sur trois points d'appui juxtaposés.

Le jury accorde à M. Petithomme une médaille de bronze.

M. Jean-Baptiste GALLOIS, rue du Faubourg-Saint-Martin, n° 126, à Paris,

Emploie des appareils simples et des procédés très-économiques pour établir les moules en terre où se coulent les cloches qui forment le principal objet de sa fabrication. Il produit annuellement 40,000 kilogrammes de cloches, sonnettes et grelots.

Le jury accorde à M. Gallois une médaille de bronze.

MM. MARCAILLE et fils aîné, rue Moreau, n° 50, à Paris,

Fabriquent sur une grande échelle, et avec une perfection appréciée des consommateurs, les cuivres jaunes fondus et tournés pour la serrurerie de bâtiment, pour l'ameublement et particulièrement pour les garnitures de cheminée.

Le jury décerne à MM. Marcaille et fils une médaille de bronze.

M. Louis ROBIN, rue Grenétat, n° 32, à Paris,

Mentions honorables.

Fabrique des timbres-sonnettes à un et deux coups qui se distinguent par la simplicité de leur mécanisme, et qui, sous ce rapport, offrent un perfectionnement remarquable sur celles qu'il fabriquait précédemment.

Le jury accorde à cet ingénieux fabricant une mention honorable.

M. Jacques-Hyacinthe FRINAULT, à Orléans,

Fabrique, au même prix que les appareils ordinaires, des robinets dans lesquels la fermeture, au lieu de s'opérer par le contact de deux surfaces exactement rodées, a lieu au moyen d'une plaque de caoutchouc pressée contre l'orifice d'écoulement au moyen d'une vis dont la tige traverse une petite boîte à étoupes. Ce robinet, appliqué avec succès à la pharmacie de l'hôtel-Dieu d'Orléans, se recommande par un entretien facile, et paraît devoir résister à l'influence des gelées et à l'action des eaux corrosives ou tenant des corps durs en suspension.

Le jury lui accorde une mention honorable.

M. BERTRAND, boulevard du Temple, n° 18, à Paris,

Livre à un prix modéré des robinets qui, au moyen d'un mécanisme simple, se referment spontanément après avoir été ouverts. Ceux-ci trouveront une utile application dans tous les cas où la négligence des personnes chargées de fermer les robinets pourrait amener des pertes ou des accidents.

Le jury lui accorde une mention honorable.

Citations favorables.

M. LANGLET, rue de Ménilmontant, n° 47, à Paris,

Expose une série intéressante de verroux de sûreté, dont la pièce principale est ordinairement composée d'un alliage de cuivre et façonné par moulage. Plusieurs de ces verroux se recommandent par une disposition à la fois simple et efficace.

Le jury lui accorde une citation favorable.

M. Louis-François DAVID, rue de Lappe, n° 45, à Paris,

Expose un chandelier de laiton destiné aux plus humbles ménages. La chandelle, soulevée en bas par un ressort à boudin, maintenu en haut par un tube de verre épais que traverse la mèche, se tient à un niveau constant. Les rayons de lumière, traversant la masse vitreuse, éclairent l'espace adjacent au pied de l'appareil.

Le jury lui accorde une citation favorable.

M. PELLETIER.

Le jury lui accorde une citation favorable pour sa fabrication de pièces de cuivre.

M. Jean-Marie GARLENC, rue Salle-au-Comte, n° 10, à Paris.

Le jury accorde une citation favorable à M. Garlenc pour ses robinets destinés à débiter l'eau et la vapeur.

---

§ 3. TRÉFILAGE, CHAUDRONNERIES, PLANAGE, BATTAGE, EMBOUTISSAGE DE CUIVRE ET DE SES ALLIAGES.

M. Leplay, rapporteur.

Nouvelles médailles d'argent.

M. MIGNARD-BILLINGE, boulevard de la Chopinette, n° 26, à Belleville (Seine),

N'a cessé de développer l'industrie établie en 1791 dans le même établissement, par son beau-père, M. Billinge. Aujourd'hui les principaux objets de sa fabrication sont les fils ronds d'acier, de fer et de cuivre; les fils cannelés, de toute sorte et spécialement ceux qui servent à fabriquer les pignons d'horlogerie; des tubes de cuivre sans soudure.

M. Mignard-Billinge s'est élevé à un rang distingué pour plusieurs spécialités de ces industries. Le jury s'est assuré que sa réputation s'est étendue hors de France, et que des fabricants étrangers viennent lui demander des produits.

Le jury lui accorde une nouvelle médaille d'argent.

M. BOUCHER et Cie, rue des Vinaigriers, n° 15, à Paris, et à l'Aigle (Orne).

M. Boucher fabrique à Paris les fils de fer ordinaires et cuivrés, les fils de zinc ordinaires ou enduits de laiton, les fils à cardes et les cardes, les poinçons pour la tréfilerie, les élastiques pour meubles en fil de fer cuivré, et les treillages pour clôture; il fabrique en outre à l'Aigle des boucles en fer et en laiton. Il met en œuvre annuellement, pour ces diverses fabrications, 500,000 kilog. de fer, 30,000 kilog. de zinc et 15,000 kilog. de cuivre, et occupe 180 ouvriers.

Il se distingue par l'esprit d'invention ou de perfectionnement qu'il a apporté dans ces diverses industries, particulièrement en ce qui concerne le cuivrage des fils de fer et le tréfilage du zinc.

Le jury lui accorde une nouvelle médaille d'argent.

M. Jean-Laurent PALMER, rue de Montmorency, n° 16, à Paris.

Médailles d'argent.

M. Palmer fabrique ses principaux produits par les nombreuses élaborations que l'on peut faire subir aux métaux en les soumettant à l'action du banc à tirer. Les objets de cuivre, de laiton, de maillechort, de fer et d'acier, livrés au commerce par cet ingénieux fabricant, peuvent soutenir la comparaison avec tout ce qui se produit ailleurs par les mêmes procédés.

Le jury a particulièrement porté son attention sur les procédés nouveaux découverts par M. Palmer pour fabriquer, avec une perfection et une précision qui ne laissent rien à désirer, des cylindres métalliques d'une grande longueur, fermés par l'une de leurs extrémités, et d'une épaisseur uniforme. Ces nouveaux produits, fabriqués successivement par repoussage, sous l'action du balancier et du banc à tirer, offrent aux arts de précision, à la mécanique et aux sciences des moyens d'action extrêmement précieux.

Le jury se plaît à récompenser le zèle ingénieux et les efforts persévérants de M. Palmer, en lui décernant une médaille d'argent.

MM. BISSON et GAUGAIN, rue des Amandiers-Popincourt, n° 12, à Paris,

Ces fabricants ont introduit dans l'art de la galvanoplastie un perfectionnement remarquable, en découvrant un procédé économique au moyen duquel ils appliquent, sur les métaux communs et oxydables, un enduit de laiton ou de bronze. Ils communiquent de cette manière, à des objets fabriqués à bas prix avec la fonte, le fer, le zinc, le plomb, l'inaltérabilité et les qualités utiles qui appartiennent au cuivre et à ses deux principaux alliages.

Parmi les nombreuses applications faites journellement par MM. Bisson et Gaugain, on peut citer les statuettes d'ornement, les pendules, les écritoires, les presse-papier, les flambeaux et candélabres, les appareils à gaz, les robes de lampe, les pièces de machines qu'il importe de préserver de l'oxydation, beaucoup d'objets de quincaillerie, et en particulier les pelles et pincettes, les serrures de bâtiment, les rampes d'escalier, les espagnolettes, les lettres pour inscriptions, etc.

Le jury se plaît à encourager le zèle ingénieux de MM. Bisson et Gaugain et à les récompenser pour le succès qu'ils ont déjà obtenu, en leur décernant une médaille d'argent.

Médailles de bronze.

M. Charles CURASSON, propriétaire des usines du Blanc-Murger (Vosges).

La tréfilerie du Blanc-Murger fabrique, avec les excellentes fontes de Comté, les fers qu'elle élabore. Elle comprend quatre feux d'affinerie et tout le matériel correspondant nécessaire à la fabrication du fer, en sus du martinet, du laminoir et des trente bobines consacrées au tréfilage du fer. Elle livre annuellement au commerce 180,000 kilog. de fers de divers échantillons, et 195,000 kilog. de fils de fer de tous échantillons, en partie enduits de cuivre, en partie ouvrés sous forme de ressorts élastiques.

Les fils de fer à enduit cuivreux exposés par M. Curasson sont d'une excellente fabrication. Le jury se plaît à récompenser les efforts qu'il a faits pour développer son établissement et pour le maintenir en activité dans les circonstances difficiles qui se sont récemment produites, en lui accordant une médaille de bronze.

M. DESPRATS, rue d'Enghien, n° 31, à Paris,

Fabrique tous les produits usuels de la chaudronnerie de cuivre; d'honorables attestations prouvent en outre qu'il s'est adonné avec succès à la fabrication d'objets d'art repoussés au marteau et ciselés sur des feuilles de cuivre d'un millimètre d'épaisseur. M. Desprats est en mesure d'exécuter de cette manière, par les procédés qui lui sont propres, les objets d'art de la plus grande dimension, avec des modèles établis au cinquième de la grandeur d'exécution : c'est ainsi qu'il a offert d'entreprendre l'éléphant de la Bastille, les ornements et les figures de l'arc de triomphe de l'Étoile. M. Desprats insiste sur la convenance de reprendre sur une grande échelle la fabrication des objets d'art au repoussé; il pense que ces objets peuvent acquérir le même fini que les objets moulés ou sculptés; qu'ils l'emportent sur ces derniers par la légèreté, par le bon marché de la matière première; qu'enfin ils se distinguent en ce qu'à toute époque de l'exécution, l'artiste peut apporter à son idée première telle modification qu'il juge convenable.

Le jury accorde à M. Desprats une médaille de bronze.

M. Jacques RÉGNIAUD, rue Sainte-Foy, n° 6, à Paris,

Fabrique des casseroles et des moules à pâtisserie en cuivre battu. Parmi les perfectionnements que M. Régniaud a introduits dans son art, le jury a surtout remarqué le poli et le brillant des étamages de moules : il est à espérer que M. Régniaud, en poursuivant la voie où il est entré, atteindra la perfection acquise par les produits analogues fabriqués en Angleterre. Il peut déjà, à raison du bon marché de ses produits, faire concurrence, en Angleterre même, aux produits anglais.

Le jury accorde à M. Régniaud une médaille de bronze.

M. Frédéric SCHINDLER, à Kœnigshoffen, près de Strasbourg (Bas-Rhin),

Fabrique de l'or faux battu, en feuilles extrêmement ténues, avec des alliages ayant pour base principale le cuivre, et qui imitent néanmoins d'une manière assez remarquable les principales nuances (rouge, jaune vif et jaune verdâtre) de l'or vrai. La malléabilité donnée à ces alliages est telle, que, pour un des produits exposés, l'épaisseur du métal a été réduite à 0m,000,003.

Le succès de l'industrie créée par M. Schindler aurait pour résultat de faire fabriquer en France un produit que l'industrie française a dû demander jusqu'à ce jour aux usines allemandes. Les beaux produits exposés par M. Schindler donnent lieu d'espérer que ce but pourra être atteint.

Le jury accorde à M. Schindler une médaille de bronze.

M. Pierre-François GOSSELIN, rue de Chaillot, n° 3, à Paris.

Son industrie consiste à recouvrir par les procédés galvanoplastiques les métaux usuels d'un enduit formé de métaux moins oxydables ou d'un aspect plus agréable. Il applique plus particulièrement le cuivre et le laiton sur les fils de zinc, les anneaux pour rideaux, les lettres de zinc pour enseignes, les zincs estampés pour ornements, etc. M. Gosselin expose, outre ces produits, des essais ayant pour objet de cuivrer à l'extérieur les ustensiles de cuisine en fer battu; d'étamer le cuivre; d'appliquer sur les métaux communs des alliages imitant l'or, etc.

Le jury accorde à M. Gosselin une médaille de bronze.

M. Pierre-Hilaire GODART, rue Saint-Jacques, n° 2, à Paris,

Fabrique, avec des cuivres laminés en France et des tôles d'acier importées de la Grande-Bretagne, des planches pour les graveurs. Les produits exposés sont remarquables par la finesse et l'homogénéité du grain, aussi bien que par la perfection du poli donné aux métaux; plusieurs plaques de cuivre, pur ou allié à d'autres métaux, témoignent des efforts que M. Godart a faits, concurremment avec les fabricants qui préparent les feuilles brutes, pour améliorer des produits si essentiels à l'art de la gravure.

Le jury accorde à M. Godart une médaille de bronze.

M. GROULT et Cie, rue Frépillon, n° 9, à Paris,

Fabrique des tubes en laiton de tous les diamètres compris

entre $0^m,001$ et $0^m,150$, avec des épaisseurs tellement graduées, que tous ces tubes peuvent s'emboîter avec précision les uns dans les autres; des tubes cylindres pour impressions d'étoffes, ayant, avec une épaisseur de métal de $0^m,008$, un diamètre total de $0^m,19$, et qui, s'ils étaient adoptés par l'industrie, seraient préférables aux cylindres massifs à raison de leur moindre prix et de la plus grande densité du métal; des tubes plats, carrés, ovales, octogones, etc.; des tubes pour lunettes télégraphiques; des tuyaux pour locomotives et autres machines à vapeur.

On remarque parmi les produits exposés par M. Groult des tubes tordus, que cet ingénieux fabricant obtient en combinant le travail ordinaire du tréfilage avec une rotation régulière imprimée à l'outil principal de cette opération. Ces produits, qui conviennent aux mêmes usages que les tubes unis, commencent à être appliqués, sous le nom de tubes-cordes, aux appareils d'éclairage, à l'ornement des meubles et des habitations, etc.

Le jury accorde à M. Groult une médaille de bronze.

M. Gabriel BOURBON-LEBLANC, rue de la Lune, n° 26, à Paris. Mentions honorables.

Les recherches de M. Bourbon-Leblanc ont eu pour but de communiquer, par un procédé particulier, au cuivre et à ses alliages des qualités plus parfaites que celles qui caractérisent ordinairement ces métaux; diverses attestations établissent que ses produits se distinguent par leur malléabilité, par leur inaltérabilité sous les influences atmosphériques.

Le jury, dans l'espoir que les métaux ainsi préparés pourront être employés avec succès par les nombreux ateliers où ces propriétés sont mises à profit, accorde à M. Bourbon-Leblanc une mention honorable.

M. Jean FAURIE, rue de la Chaussée-d'Antin, n° 56 *bis*, à Paris,

Expose des baignoires munies d'un appareil extérieur pour le chauffage de l'eau versée froide dans la baignoire et du linge placé sous la main du baigneur ; l'ensemble du système est exécuté en chaudronnerie de cuivre. Dans les conditions atmosphériques ordinaires, l'eau atteint en une demi-heure la température convenable.

Le jury accorde à M. Faurie une mention honorable.

Citation favorable.

M. Louis GUAY, rue Saint-Denis, n° 349, à Paris.

Le jury accorde une citation favorable à M. Guay, pour un moule à pâtisserie de grande dimension et d'une bonne exécution.

---

§ 4. PLOMB.

M. Leplay, rapporteur.

Médaille d'argent.

MM. DAVID aîné et Cie, à Paris, rue des Vieilles-Audriettes, n° 1. — Usine à Saint-Denis.

Les principaux produits de l'usine de Saint-Denis sont les plombs ouvrés sous forme de planches, de tuyaux et de feuilles fines pour l'emballage du tabac et des poudres. L'usine lamine, en outre, le cuivre et le zinc; enfin elle affine les cuivres noirs et traite les riches minerais de cuivre de l'Amérique méridionale. Le matériel consacré au travail du plomb comprend un grand laminoir ayant 3 mètres de table; 8 laminoirs pour les feuilles minces; 4 bancs à tirer et 2 belles machines à refouler pour la fabrication des tuyaux; le matériel destiné à l'élaboration du zinc se compose de 3 laminoirs et de 2 fours à réverbère. Enfin, le matériel servant au travail du cuivre comprend : 4 fours à réverbère pour la fusion du minerai et le raffinage du cuivre noir, 4 fours à réverbère pour le recuit des feuilles, 4 laminoirs, dont un a 2^m,30 de table. Ces ateliers sont mis en activité par une machine à vapeur de 80 chevaux et emploient 70 ouvriers. La valeur des produits livrés au commerce atteint 3 millions de francs.

Cette usine, surtout en ce qui concerne le travail du plomb, se place au premier rang parmi les ateliers français consacrés à l'élaboration des métaux. On remarque, parmi les produits exposés, un tuyau de plomb long de 1,000 mètres et pesant 853 kilogrammes, une planche de plomb large de 3 mètres, des cuivres d'Amérique portés par le traitement métallurgique à une haute qualité, etc.

Le jury, prenant en considération la perfection des procédés que M. David emploie dans ses diverses branches de fabrication, appréciant surtout le succès qu'il a obtenus dans la fabrication des tuyaux refoulés, et dans le traitement métallurgique des minerais de cuivre et des cuivres noirs importés des pays étrangers, décerne à cet habile fabricant une médaille d'argent.

MM. DUFOUR et DEMALLE, rue Neuve-Saint-Augustin, n° 38, à Paris, Médailles de bronze.

Leur industrie principale consiste à fabriquer des tables de plomb coulées, au lieu d'employer le laminoir, qui a été plus généralement employé jusqu'à ce jour : ils obtiennent ainsi des pièces dont la largeur atteint 4 mètres, tandis que le laminage n'en a point encore produit dont la largeur dépassât 3 mètres. On remarque, parmi les produits exposés, une table longue de 8^{m},20, épaisse de 0^{m},025 et large de 4 mètres, dont le prix, par 100 kilogrammes, excède seulement de 9 francs le prix du plomb brut.

Ils livrent annuellement au commerce 850,000 kilogrammes de plomb ouvré, sous forme de tables et de tuyaux.

La fabrication de tables en plomb d'une grande largeur a dans plusieurs arts une importance réelle, parce qu'elle permet de réduire le nombre des soudures qu'exige la couverture d'une certaine étendue superficielle. Plusieurs attestations prouvent que la supériorité de ce produit, pour certaines applications, est appréciée par les architectes, par les entrepreneurs de travaux de plomberie, par les fabricants de produits chimiques et par les affineurs de métaux.

Le jury, prenant en considération les progrès que MM. Dufour et Demalle ont fait faire à cette branche de la métallurgie du plomb, leur accorde une médaille de bronze.

M. POULET, rue Pierre-Levée, n° 12, à Paris,

Fabrique principalement des plombs filés qui se distinguent par leur ténuité et leur souplesse et trouvent dans l'art du jardinage un emploi très-avantageux. Leur inaltérabilité sous les influences atmosphériques conseille, en beaucoup de cas, de les préférer à tous les liens d'origine végétale. On remarque, parmi les produits exposés, des fils très-tenaces dont le diamètre est inférieur à 0^{m},0006.

Le jury accorde à M. Poulet une médaille de bronze.

M. Louis-Jacques DURAND, rue Saint-Nicolas-d'Antin, n° 29, à Paris,

A construit pour divers monuments publics des couvertures en plomb et en zinc dont la bonne exécution est appréciée des architectes qui ont dirigé les travaux. Il expose plusieurs produits relatifs à l'art du plombier mécanicien, et, notamment, un nouveau système d'assemblage des tuyaux de fonte qui témoigne de la sollicitude constante qu'il apporté au perfectionnement de cet art.

Le jury accorde à M. Durand une médaille de bronze.

Mention honorable.

M. Charles SÉBILLE, rue de Dudrézène, n° 4, à Nantes (Loire-Inférieure),

Vient d'établir une usine pour la fabrication et l'élaboration d'un alliage de plomb, d'étain et d'antimoine, auquel il donne le nom de *plomb résistant*. Les expériences de l'exposant lui ont indiqué que cet alliage résiste mieux que le plomb ordinaire aux influences de l'eau de mer, des eaux ordinaires et de l'air humide.

Le jury, pour reconnaître les efforts de M. Sébille, lui accorde une mention honorable.

Citations favorables.

M. Théodore LEPAN, rue du Ban-de-Wedde, n°s 20 et 22, à Lille (Nord),

Expose des tuyaux et surtout des planches de plomb d'une bonne fabrication obtenus dans une usine fondée en 1848.

Le jury accorde à M. Théodore Lepan une citation favorable.

M. Mabire, au Havre (Seine-Inférieure),

Expose des feuilles de plomb d'une bonne fabrication.

Le jury lui accorde une citation favorable.

M. Jean-Marie MALHERBE, à Saint-Denis (Seine),

Expose un modèle, au douzième de grandeur naturelle, d'une grande manufacture destinée à l'élaboration du plomb sous forme de planches et de tuyaux.

Le jury lui accorde pour ce travail une citation favorable.

---

§ 5. EXTRACTION DU ZINC BRUT.

M. Leplay, rapporteur.

Médaille de bronze.

MM. SERRES-MIRIAL et Cie, à l'usine de la Pise, commune de la Grand'Combe (Gard).

L'usine de la Pise traite les minerais de zinc (blende et calamine) fournis par la mine de la Croix de la Palière et par la mine de la Coste, commune de Durfort, l'une et l'autre situées à peu de distance de l'usine. Elle a été mise en feu pour la première fois en janvier 1848, et pendant cette année, nonobstant les événements, qui ont généralement ralenti le progrès de l'industrie, elle a tenu 2 fours en activité et livré au commerce 72,000 kilogrammes de zinc. Ce métal a été trouvé de bonne qualité : il a été employé avec succès pour le laminage et pour la fabrication de clous destinés au doublage des navires.

Placée à proximité des gîtes minéraux qui lui fournissent les matières premières, cette usine pourra prendre du développement si, dans la direction qui lui sera imprimée, on évite les inconvénients qui ont trop souvent empêché en France l'essor de l'industrie minérale.

Le jury, voulant récompenser les efforts de MM. Serres-Mirial et Cie, leur accorde une médaille de bronze.

MM. Ch. BIED et Cie, à la Poipe, près de Vienne (Isère). Mention honorable.

L'usine à zinc de la Poipe traite les minerais (blendes) fournis par les mines du même nom, commune de Reventin (Isère). Les exploitants de cette mine livrent en outre directement au commerce des minerais de plomb employés pour la fabrication des poteries sous le nom d'*alquifoux*. L'usine, composée de 8 fours de grillage et d'un pareil nombre de fours de réduction, a été mise en feu en septembre 1846; depuis lors elle a produit quelquefois jusqu'à 1,000 kilogrammes de zinc par jour. Elle a été mise en chômage en mai 1848.

Le jury, considérant que l'usine de la Poipe est la première qui ait produit le zinc en France, accorde à MM. Ch. Bied et Cie une mention honorable.

---

§ 6. FONTE, LAMINAGE ET EMPLOI DU ZINC.

M. Leplay, rapporteur.

LA SOCIÉTÉ DES MINES ET FONDERIES DE ZINC DE LA VIEILLE-MONTAGNE (Belgique). Gérant, M. Guynemer, rue Richer, n° 22, à Paris. Médaille d'or.

La Société possède en France les usines de Bray (Seine-et-Oise), du Houx, près de Barfleur (Manche), et du Hom, près de Louviers (Eure). Elle élabore annuellement dans ces usines 6,000,000 de kilogrammes de zinc, en donnant emploi à 300 ouvriers. Le zinc sort pour la plus grande partie de ces usines sous forme de feuilles, qui sont appliquées à la consommation immédiate, ou qui deviennent à leur tour, pour une foule d'industries, une importante matière première.

La société a exercé sur l'industrie des métaux la plus heureuse influence, en provoquant une multitude d'applications du zinc brut ou laminé, tantôt par son intervention directe, tantôt par l'appui qu'elle a donné à des fabricants ingénieux qui ont pu l'aider dans cette propagation des emplois de ce métal. Parmi les usages du zinc essayés, créés ou généralisés depuis l'époque de la dernière exposition, le jury a particulièrement remarqué : des feuilles très-flexibles et d'une grande ténuité, des formes à sucre, des zincs estampés pour une multitude d'usages, des moulures fabriquées au banc à tirer, des planches pour la gravure de la musique, des feuilles à glacer pour papeteries, des clous et pointes de toutes formes et de toutes grosseurs, des fils très-flexibles et de toutes grosseurs, des feuilles découpées pour cribles, vans et tamis, des boîtes à poudre pour les arsenaux, des moulures pour la décoration des maisons, des objets d'art moulés, etc.

Le jury, prenant en considération l'importance des établissements ci-dessus indiqués, appréciant en outre l'impulsion féconde imprimée à une foule d'industries par la propagation intelligente et ingénieuse des emplois du zinc, accorde à la société de la Vieille-Montagne une médaille d'or.

Médaille d'argent.

M. Charles-Louis D'ARLINCOURT fils, rue de Bréda, n° 2, à Paris,

Fabrique dans l'usine de Thierceville, près de Gisors (Eure et Oise), des feuilles de zinc pur ou revêtues d'un enduit de cuivre, de laiton, d'étain ou de plomb. Ces zincs laminés, enduits de métaux moins oxydables et fabriqués au moyen de procédés galvanoplastiques, tendent à devenir les principaux produits de l'usine de Thierceville, car ils présentent à l'industrie les avantages qui appartiennent à tous les métaux employés, en supprimant ou en atténuant les imperfections qui sont propres à chacun d'eux. Les produits exposés sont de belle qualité et donnent lieu de présumer qu'un emploi plus prolongé confirmera les espérances qui s'attachent à la fabrication de ces nouveaux produits.

L'usine de Thierceville, fondée en 1828 par M. le général d'Arlincourt, dispose d'un moteur hydraulique de 50 chevaux; elle occupe aujourd'hui 200 ouvriers, et soumet annuellement au laminage 2,500,000 kilog. de zinc.

Le jury accorde à M. d'Arlincourt fils une médaille d'argent.

M. Victor-Martin DEYDIER, boulevard Bonne-Nouvelle, n° 12, à Paris,

Médailles de bronze.

Expose plusieurs objets remarquables obtenus avec les zincs laminés de la société de la Vieille-Montagne. Il fabrique spécialement sur une grande échelle les couvertures de bâtiments et les zincs pour ornements produits par repoussage et estampage.

Le jury accorde à M. Deydier une médaille de bronze.

MM. BRAUX-D'ANGLURE et Cie, rue de Castiglione, n° 8, à Paris,

Exposent de beaux objets d'art en zinc moulé. Ces habiles fondeurs ont porté à un remarquable degré de perfection et par cela même créé cette nouvelle industrie, qui occupait, avant les événements de 1848, 50 à 60 ouvriers.

Le jury accorde à MM. Braux-d'Anglure et Ce une médaille de bronze.

M. Edmond-Gustave RABEAU, rue du Chemin-de-Pantin, n° 17, à Paris,

Expose, comme principal produit de son industrie, un assortiment de pointes fabriquées avec les fils de zinc, au moyen d'une machine qu'il a lui-même inventée et qui paraît réunir la plupart des avantages qu'on peut attendre de ce genre d'appareils. M. Rabeau a déjà donné une extension remarquable à la fabrication de ces produits, qui doivent, pour une foule d'usages, remplacer avec avantage les pointes fabriquées avec le fil de fer; il livre le kilogramme de chaque sorte de pointe de zinc au même prix que la sorte analogue fabriquée avec le fer. Le consommateur, à raison de la moindre densité du zinc, trouve donc une économie d'environ 14 o/o dans l'emploi des pointes fabriquées avec le fil de zinc.

Le jury accorde à M. Rabeau une médaille de bronze.

M. Pierre-Charles TOURNEUR, rue Phélippeaux, n° 28, à Paris.

Son industrie consiste à fabriquer, avec des feuilles de zinc brut, des feuilles jouissant d'un poli remarquable et qui se substituent avec grand avantage dans les papeteries aux feuilles de carton précédemment employées pour glacer le papier fin. Les produits exposés permettent d'apprécier les avantages qui doivent résulter de ce nouvel emploi du zinc.

Le jury accorde à M. Tourneur une médaille de bronze.

Mentions honorables

M. François-Scipion PERROT, rue du Faubourg-Poissonnière, n° 12, à Paris,

Fabrique des lettres en zinc pour enseignes et inscriptions : ses grandes lettres découpées, et ses petites lettres fondues, se distinguent par l'élégance de leurs formes.

Le jury accorde à M. Perrot une mention honorable.

M. Mathurin BAUDOUIN, rue du Faubourg-Saint-Denis, n° 58, à Paris,

Expose un système de couverture en feuilles de zinc qui semble offrir plusieurs avantages ; il s'est adonné à la fabrication d'objets en zinc battu d'une bonne réussite et qui permettent d'espérer la création d'un art nouveau, la chaudonnerie de zinc.

Le jury accorde à M. Baudouin une mention honorable.

M. Henry LAMY, boulevard Beaumarchais, n° 89, à Paris,

Expose une baignoire en zinc d'une forme élégante et d'un poli remarquable ; ce produit montre le parti qu'on peut tirer de ce métal pour les travaux fins de chaudronnerie.

Le jury accorde à M. Lamy une mention honorable.

M. Auguste CHAGOT, rue Richelieu, n° 73, à Paris.

Ses lettres et ses chiffres en zinc, fabriqués à très-bas prix, adaptés dans l'intérieur des lanternes, sont d'un excellent usage pour donner au public des indications visibles pendant la nuit. Il serait à désirer qu'à l'imitation de ce qui se fait en plusieurs pays étrangers, l'emploi en devînt plus fréquent en France.

Le jury accorde à M. Auguste Chagot une mention honorable.

M. Charles SIMONET, rue Montorgueil, n° 98, à Paris, *Citation favorable.*

Fabrique des lettres en zinc dont on remarque la bonne exécution.

Le jury accorde à M. Simonet une citation favorable.

---

§ 7. ÉTAIN ET SES ALLIAGES, ÉTAIN LAMINÉ, PLANCNES A MUSIQUE, POTERIE, ETC.

M. Leplay, rapporteur.

M. BUDY, rue Nationale, n° 9, à Puteaux (Seine), *Rappel de médaille d'argent.*

A découvert un procédé d'étamage qui offre le triple avantage d'être peu dispendieux, de s'appliquer sur la fonte brute prise dans l'état où elle sort des moules, et de résister à toutes les influences beaucoup plus que les étamages ordinaires appliqués jusqu'à ce jour sur les métaux polis.

Il est à regretter que diverses circonstances, et en particulier les événements de 1848, aient arrêté le développement de cette remarquable industrie.

Le jury se plaît à rappeler pour la deuxième fois à M. Budy la médaille d'argent qui lui a été décernée en 1839.

M. François-Benjamin-Adolphe LAISSEMENT, rue Jean-Jacques-Rousseau, n° 22, à Paris. *Médailles de bronze.*

M. Laissement continue à fabriquer avec succès les planches destinées à la gravure de la musique, dans l'établissement fondé par son père en 1786. Il est parvenu, dans les derniers temps, à introduire dans cette industrie divers perfectionnements, et en particulier à employer la même planche pour deux gravures successives.

Le jury accorde à M. Laissement une médaille de bronze.

M. Armand-Victor CORLIEU, quai du Marché-Neuf, n° 24, à Paris,

Fabrique des poteries d'étain d'une excellente exécution, dont la plus grande partie est destinée aux hôpitaux; parmi les produits exposés, on remarque des vases à infusion, des fontaines à tisane dont la capacité atteint trois cents litres. Il met en œuvre chaque année 25 à 30,000 kilogrammes d'étain.

Le jury accorde à M. Corlieu une médaille de bronze.

M. Michel CHAVENTRÉ, rue Saint-Denis, n° 254, à Paris,

Expose une série de produits remarquables appartenant à l'art du potier d'étain, et, en particulier, des théières qui peuvent être comparées à beaucoup de produits de Sheffield et de Birmingham. M. Chaventré a également exposé des couverts d'étain à très-bas prix, auxquels un noyau intérieur en tôle découpée donne une grande résistance. Enfin, on remarque encore parmi ses produits, une lampe mécanique, dans laquelle l'huile séjourne constamment au niveau de la mèche.

Le jury accorde à M. Chaventré, une médaille de bronze.

M. Ambroise JAUDIN, successeur de M. Cornillard, rue de la Croix, n° 15, marché Saint-Martin, à Paris,

Fabrique sur une grande échelle l'étain laminé; il prépare, entre autres produits, un papier d'étain pour tenture, employé sur les murs humides.

Le jury accorde à M. Jaudin une médaille de bronze.

Mentions honorables.

M. Nicolas-Barnabé PICARD, rue Michel-le-Comte, n° 31, à Paris,

A introduit un perfectionnement remarquable dans la fabrication des moules en fer-blanc, à l'aide desquels les pâtissiers façonnent les biscuits. Mettant à profit la malléabilité propre aux fers-blancs français de première qualité, il est parvenu à fabriquer d'une seule pièce des bandes de moules qu'il fallait précédemment réunir par voie de soudage.

Le jury accorde à M. Picard une mention honorable.

M. Pierre-Maximilien MARBACH, rue de la Contrescarpe, Saint-Antoine, n° 70, à Paris.

A exposé un comptoir et une glacière en étain, remarquables par leur exécution et surtout par le poli du métal.

Le jury accorde à M. Marbach une mention honorable.

M. René-Louis MOUSSIER, passage Jouffroy, n° 31, à Paris.

Expose divers objets de belle qualité en métal dit anglais, destinés au mobilier des églises et à l'économie domestique.

Le jury lui accorde une mention honorable.

M. Étienne GIROUX, rue des Cinq-Diamants, n° 23, à Paris, — Citation favorable.

Fabrique des alambics en cuivre étamé; on remarque parmi les produits exposés une allonge, un cou de cygne en étain pur d'une belle fabrication.

Le jury accorde à M. Giroux une citation favorable.

---

§ 8. ARGENT.

M. Leplay, rapporteur.

M. PALLU, représentant les concessionnaires de Pontgibaud (Puy-de-Dôme). — Rappel de médaille d'or.

Les mines de Pontgibaud, situées près du bourg de ce nom, dans la vallée de la Sioule, présentent des indices de vieux travaux qui portent le cachet d'une haute antiquité, et que la tradition fait remonter à la domination romaine. Les documents écrits les plus anciens qu'on ait conservés sur ces mines remontent à l'année 1551; à cette époque, on fit venir d'Allemagne de nombreux ouvriers qui travaillèrent à ces mines sous la protection d'une juridiction exceptionnelle. Abandonnés après une assez longue période d'activité, les travaux furent repris, vers la fin du dernier siècle, par une société, dite du Lyonnais, qui produisit 680,000 francs de métaux, avec un bénéfice assez considérable, mais dont les travaux furent suspendus par suite des événements de la révolution de 1789. En 1826, l'exploitation, reprise de nouveau par M. le comte de Pontgibaud, avec le concours de maîtres mineurs venus de Savoie et d'Allemagne, atteignit en dix années un développement remarquable: elle devint alors la propriété de la compagnie qui l'a exploitée jusqu'à ce moment sous la direction de M. Pallu.

Dans leur état actuel, les établissements de la compagnie se composent de cinq ateliers principaux, savoir : 1° la fonderie, comprenant deux fourneaux de grillage à double sole, dont le plus parfait est dû à M. Zeppenfeld, l'habile ingénieur de la compagnie; quatre fourneaux à manche, un fourneau de coupelle, une soufflerie mue par une roue hydraulique; un vaste appareil de condensation pour la vapeur plombeuse sortant des fourneaux; un appareil hydraulique, où les litharges sont réduites en poudre impalpable et se séparent des grenailles de plomb argentifère mécaniquement mélangées; un atelier où les plombs provenant de la réduction des litharges sont affinés pour la seconde fois par voie de cristallisation. 2° La mine de Pranal, avec un puits de 90 mètres, une machine d'épuisement pouvant élever 3,000 mètres cubes d'eau en vingt-quatre heures, et des ventilateurs à force centrifuge aspirant le gaz acide carbonique qui, dans cette région volcanique, tend à inonder tous les travaux souterrains. 3° La mine de Barbecot, avec un puits et des machines semblables à ceux de Pranal; elle contient, en outre, un atelier de préparation mécanique desservant les deux mines de Pranal et de Barbecot, réunies par un chemin de fer de 1,350 mètres. Les travaux de cet atelier et des deux mines sont suspendus depuis plusieurs années, par suite d'une inondation de la Sioule qui a envahi les travaux intérieurs. 4° La mine de Roziers, avec un puits et une machine à vapeur; une grande galerie de 612 mètres y a recoupé plusieurs filons aujourd'hui en pleine exploitation. 5° La mine de Roure, desservie par un puits et une machine à vapeur. Ces deux dernières mines, reliées par un chemin de fer de 800 mètres, envoient leurs minerais à un atelier commun de préparation mécanique. Tous ces établissements contiennent, outre la machine à vapeur de 28 chevaux, 17 roues hydrauliques d'une force totale de 200 chevaux.

La compagnie emploie ordinairement 450 à 500 ouvriers; une caisse de prévoyance assure des secours et une indemnité aux ouvriers atteints par les maladies; un fonds de réserve, qui s'accroît annuellement, étendra plus tard les secours aux infirmes, aux veuves et aux orphelins. Depuis 1838 jusqu'à ce jour, la valeur de l'argent et du plomb livrés au commerce s'est élevée à 2,200,000 francs.

Le jury du Puy-de-Dôme constate que les résultats importants obtenus par la compagnie des mines de Pontgibaud sont dus essentiellement à l'intelligence et à l'habile direction de M. Pallu. M. Pallu a d'ailleurs rendu un compte détaillé de ses travaux dans une brochure remarquable présentée au jury central; il y fait remarquer que les améliorations techniques introduites depuis cinq ans dans les ateliers de Pontgibaud sont dues particulièrement au concours de M. Zeppenfeld, ingénieur de la compagnie. M. Pallu a, en outre, consigné dans cette brochure des considérations pleines de justesse sur les causes qui ont entravé jusqu'à ce jour en France l'essor des exploitations de mines métalliques, et sur les moyens qu'il faudrait employer pour donner à cette branche d'industrie minérale une importance proportionnée à la richesse du territoire. Il serait à désirer que ces considérations, fruit d'une longue expérience, fussent plus généralement connues des personnes qui se livrent trop souvent à ces sortes d'entreprises sans en connaître ni les difficultés ni les conditions de succès.

Le jury se plaît à rappeler aux concessionnaires des mines de Pontgibaud, représentés par M. Pallu, la médaille d'or qui leur a été précédemment décernée.

M. Charles DE SÉRAINCOURT, aux mines de Villefranche et Najac (Aveyron), et rue Richelieu, n° 63, à Paris. Mentions honorables.

Les mines d'argent, de cuivre et de plomb du Rouergue sont connues depuis une époque fort reculée. Plusieurs des anciens travaux qu'on y distingue encore paraissent remonter à l'époque de la domination romaine. Les travaux les plus considérables ont été accomplis du xe au xvie siècle : ils furent interrompus de 1560 à 1597, par suite des guerres religieuses qui ont désolé cette province. Depuis 1840, des explorations, faites d'abord avec les fonds votés par le conseil général du département de l'Aveyron, puis par une compagnie, sous la direction de M. de Séraincourt, ont reporté l'attention sur ces gîtes et mis sur la voie de constater leur importance industrielle.

Les principaux groupes de gîtes se trouvent dans les vallées de l'Aveyron et du Tarn, aux environs de Villefranche et de Milhau.

La région métallifère de Villefranche, qui est la mieux connue, s'étend du sud au nord, sur 50 kilomètres environ, de la Guépie à Figeac, avec une largeur moyenne de 10 kilomètres. Les filons métallifères, encaissés pour la plupart dans un terrain ancien de schiste argileux, pénètrent aussi dans un granit qui sert de base à ce premier terrain. Les principaux minerais qu'on y rencontre, et qui ont été présentés au jury, se composent de galène argentifère, de cuivre pyriteux, de cuivre gris plombeux, de blende et de calamine. Les principaux districts de cette première région sont ceux de Najac et de Pichiguet, de Sauvensa, du ruisseau des Martinets, de l'Alzou, de Peyrusse et de Figeac. Le plomb d'œuvre extrait de plusieurs de ces minerais contient jusqu'à 6,200 grammes d'argent par tonne.

Les travaux, bien qu'ils aient révélé l'existence de gîtes métallifères fort importants, sont aujourd'hui suspendus : il est à désirer qu'ils soient repris prochainement avec les ressources financières et la direction intelligente indispensables au succès de ces sortes d'entreprises. Dans les conditions actuelles, le jury regrette de ne pouvoir récompenser que par une mention honorable les travaux que M. de Séraincourt a poursuivis avec une si louable persévérance.

M. PERNOLET, aux mines d'argent et de plomb de Huelgoat et de Poullaouen (Finistère).

Les mines de Huelgoat et de Poullaouen, les seules qui, avec Pontgibaud et Vialas, conservent aujourd'hui en France les traditions de l'industrie minérale appliquée à l'extraction des métaux précieux, ne sont point représentées à l'exposition par leurs produits principaux, l'argent, le plomb et la litharge.

M. Pernolet, directeur de ces mines, s'est borné à adresser la description d'un appareil nouveau qu'il appelle *caisse française*. Le but de cet appareil est de séparer la matière utile des minerais des matières inutiles ou nuisibles qui y sont ordinairement mélangées, par des moyens mécaniques plus parfaits et plus économiques que ceux qui sont employés jusqu'à ce jour sur les mines françaises et étrangères, et de préparer ainsi, à moindre prix que par le passé, le minerai propre à la fusion qui doit être passé aux fourneaux. L'invention dont il s'agit est toute récente; le jury départemental constate néanmoins qu'elle produit d'excellents résultats. Cette attestation, rapprochée de la description même de M. Pernolet, donne lieu d'espérer que la caisse française aura une heureuse influence sur le progrès de l'exploitation des mines métalliques.

Le jury accorde à M. Pernolet une mention honorable.

§ 9. BATTAGE DE L'OR.

M. Leplay, rapporteur.

M. Auguste-François-Joseph FAVREL, rue du Caire, n° 27, à Paris, Médaille d'or.

Possède la principale usine qui, en France, ait pour objet la fabrication de l'or en feuilles de toutes nuances, de l'argent en feuilles, de l'or et de l'argent en poudre. Cette usine, desservie par une machine à vapeur de la force de 4 chevaux, occupe 80 ouvriers: elle comprend un fourneau pour la fonte et le moulage des métaux précieux; 3 laminoirs donnant aux métaux un premier amincissement; plusieurs presses à vapeur pour l'entretien des outils servant au battage des métaux; un fourneau et un appareil d'amalgamation pour la préparation et le traitement des cendres aurifères, etc. M. Favrel soumet annuellement au battage ou à la pulvérisation une quantité de métaux fins qui varie, pour l'or, entre 280 et 350 kilogrammes; pour l'argent, entre 70 et 100 kilogrammes. La valeur de ces produits dépasse 1,500,000 fr. Le quart environ de ces produits est exporté dans les pays étrangers.

Le jury a constaté avec un vif intérêt l'excellente disposition et la tenue parfaite des ateliers de M. Favrel. Il a reconnu avec satisfaction que les ouvriers, se succédant de génération en génération dans l'établissement, sont unis à leur chef par des liens moraux que l'on regrette souvent de voir relâchés ou rompus dans les autres branches d'industrie; que sous ce rapport, aussi bien que par la perfection des travaux, l'usine de M. Favrel doit être considérée comme un type remarquable.

Le jury, prenant en considération le rang distingué que M. Favrel occupe dans l'industrie française, l'estime accordée à ses produits dans les pays étrangers et l'ensemble des faits qui viennent d'être succinctement indiqués, se plaît à récompenser la carrière honorable parcourue par M. Favrel, en lui accordant une médaille d'or.

---

§ 10. NICKEL, MAILLECHORT.

M. Leplay, rapporteur.

M. PÉCHINEY aîné, quai de Valmy, n° 45, à Paris, Nouvelle médaille d'argent.

Fabrique sur une grande échelle, et avec un remarquable degré de perfection, l'alliage blanc, presque inaltérable à l'air, composé de nickel, de cuivre et de zinc, qui fut d'abord fabriqué par les Chinois, et qui est maintenant appliqué en Europe à une foule d'usages, sous les noms de *packfong*, *maillechort* ou *argentan*. Il livre surtout cet alliage au commerce sous forme de fils et de plaques qui ont maintenant un débouché considérable pour la fabrication des lunettes, des objets d'optique, des porte-crayons, de la tabletterie, de la coutellerie, des armes à feu, des instruments de musique, de chirurgie et de mathématiques, des cordes de pianos, de divers objets d'horlogerie et de fourbisserie, des balances, des cannes, des boutons, des bijoux faux, etc. Le total des produits annuels est compris entre 6,000 et 8,000 kilogr.

M. Péchiney a conservé, dans cette industrie, le rang élevé qu'il y avait acquis dès 1839; il y a introduit un perfectionnement remarquable, en coulant en sable les plaques à laminer et les barreaux à tréfiler.

Le jury accorde à M. Péchiney une nouvelle médaille d'argent.

SECTION DEUXIÈME.

FERS, TÔLES,

FERS-BLANCS, FONTE BRUTES ET MOULÉES.

M. Michel Chevalier, rapporteur.

CONSIDÉRATIONS GÉNÉRALES.

L'industrie du fer, depuis l'exposition de 1844, a suivi le mouvement de progression auquel elle était livrée déjà. Voici la comparaison entre les données de 1842, dernière année dont on eut les relevés en 1844, et celle de 1846, qui est l'époque la plus récente dont nous ayons pu avoir les renseignements :

	1842.	1846.
Hauts fourneaux actifs au combustible végétal.	418	304
Hauts fourneaux actifs au coke seul ou mélangé de houille et de charbon de bois....	51	105
NOMBRE TOTAL des hauts fourneaux actifs.	469	469
Minerai employé, tonnes de 1,000 kilog.....	1,218,011	1,302,733
Fonte au combustible végétal, en tonnes....	297,174	282,083
Fonte au combustible minéral, *idem*........	102,282	239,702
TOTAL de la fonte............	399,456	522,385
Nombre des ouvriers des hauts fourneaux....	4,782	4,927
Fer affiné au charbon de bois, méthodes comtoise, wallonne et nivernaise............	99,830	96,014
Fer des forges catalanes, ou méthode directe..	9,965	9,851
Fer affiné à la houille, méthode anglaise et méthode champenoise, fer de riblons.....	175,029	254,325
PRODUIT TOTAL en fer forgé.....	284,824	360,190
Nombre total des ouvriers des forges....	11,040	12,065
Nombre total des ouvriers de l'industrie de la fonte et du fer...............	15,882	17,502

L'accroissement de production est plus considérable qu'à aucune autre des périodes antérieures. On en a l'explication, principalement, par les entreprises de chemins de fer, qui, en 1844 et 1845, prenaient un grand essor.

Si l'on choisit la production de la fonte pour terme de comparaison, on trouve que, depuis 1819, où elle était de 112,000 tonnes, elle s'est accrue dans le rapport de 100 à 465. Ce n'est cependant encore que le tiers de la fonte qui est produite dans la Grande-Bretagne; mais, sur le continent, nous avons le premier rang. Il résulte, de renseignements consignés dans le *rapport annuel* du corps des mines, que les trois contrées qui, sur le continent, produisent après nous le plus de fer, la Russie, la Suède et la Prusse, donnaient, la première, 189,000 tonnes de fonte, de 1835 à 1838; la seconde, 115,000 en 1839; la troisième, 112,000 en 1840 [1]. La production de l'Europe tout entière, en 1808, et de l'Amérique avec elle, n'était, d'après les recherches de M. Héron de Villefosse, que de 40 p. o/o en sus de ce qu'est aujourd'hui celle de la France. Le savant auteur de la *Richesse Minérale* accuse, en effet, pour cette époque, 734,000 tonnes : c'est, on peut le remarquer en passant, un témoignage éclatant du progrès qu'ont fait tous les arts utiles, à la faveur d'un tiers de siècle passé au sein de la paix.

Il est bon de dire que le chiffre de 522,000 tonnes n'indique pas entièrement la quantité de fonte brute qui est mise en œuvre par l'industrie des fers et des fontes. Il faut y joindre une importation de 85,955 tonnes de fonte étrangère, dont une moitié peut être affinée dans nos forges, et le reste sert au moulage.

Parlons rapidement des modifications survenues dans les procédés et des progrès qui y ont été introduits.

Le fait le plus saillant est que la houille prend une place de plus en plus large dans la fabrication du fer. Voici le relevé, année par année, depuis 1819, des deux qualités de fonte :

[1] Les chiffres correspondants pour la France sont, de 1835 à 1838, moyennement, 329,000 tonnes; en 1839, 350,000; en 1840, 348,000.

Production de la fonte, en France, année par année, de 1819 à 1846, en distinguant ce qui est produit avec le combustible végétal tout seul, de ce qui l'est avec l'assistance plus ou moins grande du combustible minéral.

ANNÉES.	FONTE au combustible minéral seul ou mélangé de charbon de bois.	FONTE au combustible végétal seul.	TOTAL.
	tonn.	tonn.	tonn.
1819	2,000	110,500	112,500
1822	3,000	107,781	110,781
1824	5,300	192,300	197,600
1825	4,400	194,167	198,567
1826	5,568	200,275	205,843
1827	7,367	209,054	216,421
1828	21,570	199,348	220,918
1829	27,147	189,978	217,125
1830	27,103	239,258	266,361
1831	27,585	197,220	224,805
1832	30,311	194,724	225,035
1833	39,280	196,820	236,100
1834	47,157	221,906	269,063
1835	48,315	246,485	294,800
1836	46,358	262,005	308,363
1837	62,741	268,937	331,678
1838	69,429	278,347	347,776
1839	66,451	283,721	350,172
1840	77,063	270,710	347,773
1841	85,262	291,880	377,142
1842	102,282	297,174	399,456
1843	130,903	297,119	422,622
1844	146,589	280,586	427,175
1845	174,096	264,873	438,969
1846	239,702	282,683	522,385

Ainsi, en 1819, la fonte au combustible minéral seul ou mélangé était d'un cinquante-sixième de la production totale. En 1829, elle en formait 13 p. 0/0. En 1837, elle reçoit une impulsion nouvelle, et monte à 19 p. 0/0; en 1842, elle était à 26. En 1845, elle s'élève à 40; en 1846, elle parvient à 46.

Un phénomène semblable a lieu pour l'affinage de la fonte brute. Citons le relevé de la production des fers des deux sortes depuis 1819 :

Production du fer forgé en France, année par année, de 1819 à 1846, en distinguant ce qui est affiné avec le combustible minéral seul de ce qui l'est avec l'assistance plus ou moins grande du charbon de bois.

ANNÉES.	FERS FABRIQUÉS exclusivement au moyen de la houille.	FERS FABRIQUÉS par l'emploi partiel ou exclusif du charbon de bois.	TOTAL.
	tonn.	tonn.	tonn.
1819	1,000	73,200	74,200
1822	15,000	71,154	86,154
1824	42,101	99,589	141,690
1825	41,070	102,479	143,549
1826	40,583	104,936	145,519
1827	44,370	104,483	148,853
1828	48,598	102,790	151,388
1829	45,667	107,956	153,623
1830	46,855	101,614	148,467
1831	39,767	101,290	141,057
1832	44,312	99,177	143,489
1833	53,058	99,208	152,266
1834	75,077	102,087	177,164
1835	101,380	108,159	209,539
1836	99,660	110,921	210,581
1837	114,617	109,996	224,613
1838	115,110	109,085	224,195
1839	129,998	101,763	231,761
1840	134,074	103,305	237,379
1841	153,360	110,387	263,747
1842	175,029	109,795	284,824
1843	193,715	114,731	308,445
1844	206,521	108,491	315,012
1845	233,783	108,479	342,262
1846	254,325	105,865	360,190

Ici, on le voit, l'envahissement de la houille est plus marqué encore. L'égalité s'établit entre les deux espèces de fer dans la période de 1835 à 1838. A partir de là, la production du fer affiné au bois est à peu près stationnaire et se balance autour de 110,000 tonnes. L'affinage à la houille grandit toujours, et, en 1846, il forme les 70 centièmes de la totalité.

L'introduction des fers forgés en France est à peu près nulle. En 1846, il est entré 7,050 tonnes de fer de Suède, destinées à la fabrication de l'acier.

Quant aux procédés, voici quelques observations faire :

L'extraction directe du fer forgé de ses minerais, ou méthode catalane, ne se développe pas; elle tend même à se restreindre. C'est un procédé qui semble devoir perdre beaucoup de terrain dans les Pyrénées, seule contrée de la France où l'on s'en serve aujourd'hui. Quand éclatèrent les événements de 1848, quelques-uns des maîtres de forges catalanes des Pyrénées étaient décidés à ériger des hauts fourneaux; toutes les mesures étaient prises pour en élever deux, savoir, l'un dans la vallée de l'Ariége, l'autre dans le département de l'Aude. A côté de quelques avantages incontestables, la méthode catalane a l'inconvénient, de plus en plus senti de nos jours, de donner des produits peu homogènes.

Le travail au bois vert, desséché ou torréfié, seul ou mélangé de charbon de bois, qui avait pris, de 1837 à 1839, beaucoup de développement, vers lequel même on s'était porté avec un entraînement extraordinaire, est grandement en baisse aujourd'hui. Il comptait 53 hauts fourneaux en 1839; il était réduit à 25 en 1846. Depuis cette époque, il a diminué encore. On peut considérer que c'est un procédé abandonné.

L'emploi de l'air chaud ne se maintient bien que pour les hauts fourneaux qu'alimente le combustible minéral, en totalité ou en partie. En 1846, sur 339 hauts fourneaux au charbon de bois, qui étaient en feu, 83 employaient l'air chaud; sur les 25 hauts fourneaux qui se servaient de bois vert, desséché ou torréfié, plus ou moins mélangé de charbon de bois, c'était de 13 sur 25. Dans l'industrie au charbon de bois et au charbon minéral mélangé, c'était de 27 sur 65. Dans les hauts fourneaux au combustible minéral sans mélange, de 43 sur 55. Depuis 1846, cet expédient a été de moins en moins usité, excepté pour les hauts fourneaux au coke. On a reconnu de plus en plus que, dans les hauts fourneaux au bois qui donnent de la fonte destinée à l'affinage, la qualité du produit définitif, le fer, s'en trouvait fâcheusement affectée. C'est dans les hauts fourneaux de ce genre, où l'on fait de la fonte de moulage, qu'on peut encore s'en servir avec quelque avantage : la fonte y gagne en douceur. Un certain nombre des usines qui sont notées comme faisant usage de l'air chaud se bornent à l'employer accidentellement, pour rétablir l'allure des hauts fourneaux quand elle a éprouvé des dérangements de certaine nature.

On peut avoir d'une autre manière la mesure des progrès que fait la méthode dite anglaise de préparer le fer, méthode fondée principalement, mais non uniquement, sur l'emploi du combustible minéral. Je me servirai encore pour cela des relevés publiés par l'administration des mines.

La transformation de la fonte en fer, par le moyen des fours à puddler, se faisait, avant 1840, dans 24 départements; en 1847, elle était usitée dans 33, neuf de plus.

Avant 1840, les fours de chaufferie dits *champenois* existaient dans 17 départements; en 1847, dans 22, cinq de plus.

Avant 1840, les fours à réchauffer le fer pour le corroyer étaient employés dans 10 départements; en 1847, dans 13, trois de plus.

Avant 1840, les laminoirs pour étirer le fer de divers échantillons existaient dans 29 départements; en 1847, dans 35, six de plus.

Le nombre des départements ayant des fours de fenderie à la houille était de 15 en 1847 comme avant 1840.

Le nombre des départements ayant des fours de tirerie à la houille s'est accru, dans le même intervalle, de 10 à 14.

Le nombre des départements ayant des fours de tôlerie alimentés à la houille est monté de 13 à 16.

Les efforts des maîtres de forges français sont dirigés vers l'économie du combustible. La cherté du combustible est le côté faible de notre industrie métallurgique. Nous possédons des minerais en quantité inépuisable, distribués dans un très-grand nombre de localités, d'une extraction facile, d'une belle richesse, d'une qualité bonne presque toujours, excellente dans un très-grand nombre de cas. Quelques-unes de nos forges, dans la Haute-Marne et la Meuse, ne dépensent, par 1,000 kilogrammes de fonte, que de 10 à 15 francs de minerai; mais, quand il faut payer le charbon de bois 80, 100 et même 120 francs la tonne, et la houille de 30 à 60 francs, l'avantage afférent au minerai est absorbé, sauf le cas de qualités de fer très-supérieures.

Rien n'est donc mieux justifié que l'application de nos chefs d'industrie à économiser le combustible. On tente d'y parvenir par une surveillance plus attentive et par une entente meilleure des opérations. Sous ce rapport, des résultats appréciables ont été obtenus. La carbonisation se fait mieux pour le bois et pour la houille. On estimait qu'en moyenne, pour toute la France avant 1840, le coke fait en meules ne s'obtenait que dans la proportion de 450 pour 1,000 kilogrammes de houille. Aujourd'hui c'est de 520. Il y a un peu d'amélioration aussi pour le coke cuit dans des fours. Les hauts fourneaux ont un peu diminué leur consommation de coke dans la dernière période décennale. Le même fait se retrouve dans toutes les opérations subséquentes. Ainsi, en moyenne, de 1840 à 1847, la diminution de consommation a été :

Pour la consommation de coke dans les fineries, par tonne de *fine métal*, dans le rapport de................ 605 à 495, ou de 1,000 à 818;

Par tonne de massiaux, dans les fours à puddler, dans le rapport de... 1,085 à 1,070, ou de 1,000 à 986;

Par tonne de fer étiré au moyen du marteau, dans les foyers de chaufferie dits *champenois*, dans le rapport de... 812 à 800, ou de 1,000 à 985;

Par tonne de fer corroyé au marteau, dans les fours à chauffer, dans le rapport de........................	922 à 842, ou de 1,000 à 913;
Par tonne de fer de diverses sortes, étiré au laminoir, dans les fours à réchauffer, dans le rapport de........	737 à 662, ou de 1,000 à 898;
Par tonne de fer fondu, dans les fours de fonderie, dans le rapport de.	500 à 454, ou de 1,000 à 908;
Par tonne de verge de tirerie, dans les fours de tirerie, dans le rapport de	586 à 562, ou de 1,000 à 959;
Par tonne de tôle, dans les fours de tôlerie, dans le rapport de..........	1,500 à 1,190, ou de 1,000 à 793.

Cette dernière diminution est la plus forte de toutes; elle montre que nos tôleries ont fait un grand pas. C'est, en effet, un des articles sur lesquels la réduction de prix a été le plus sensible.

La pensée d'économiser le combustible a donné lieu à d'autres genres de tentatives. Nous avons mentionné celle qui consiste à charger les hauts fourneaux avec du bois incomplétement carbonisé, ou même du bois vert. C'était très-séduisant, mais le succès n'a pas répondu à l'attente des expérimentateurs.

On n'a pas aussi mal réussi en chargeant dans les hauts fourneaux de la houille non carbonisée et de l'anthracite; mais ce qui a été fait en France dans ce genre a peu de portée. Toutes les houilles ni même tous les anthracites ne se prêtent pas à ce genre d'innovation. L'emploi de l'anthracite ayant été reconnu très-praticable dans d'autres pays, notamment aux États-Unis et dans le pays de Galles, il y a lieu d'espérer que quelques-uns des gîtes nombreux de combustible que la France recèle seront utilisés pour l'industrie du fer. On n'a pas oublié, cependant, la fâcheuse issue de l'expérience tentée, il y a une vingtaine d'années, à Vizille.

Une autre série d'essais pour diminuer la dépense en combustible a consisté à utiliser de diverses façons ce qu'on nomme la chaleur perdue, c'est-à-dire les gaz incomplétement consumés qui s'échappaient en pure perte des différents fourneaux. Ces essais ont été de deux sortes : les uns avaient pour objet d'appliquer ces gaz directement à des opérations métallurgiques, à l'affinage de la fonte, notamment; les autres ne tendaient qu'à s'en servir pour chauffer les chaudières génératrices de la vapeur, ou pour le simple réchauffage des fers.

Les essais de la première sorte, ceux où l'on se proposait d'affiner le fer au gaz sortant du haut fourneau, avaient fait concevoir beaucoup d'espérances. Des hommes ingénieux et savants, des propriétaires d'usines, animés du zèle le plus louable, y ont consacré leur activité ou leurs capitaux; mais, après plus de dix années d'efforts, après avoir pu un moment se flatter de la réussite, on a abandonné ce procédé.

Pour ce qui est du simple réchauffage par le moyen d'une deuxième sole venant après le fourneau où le combustible avait agi d'abord, et surtout pour ce qui est de la génération de la vapeur, le succès a été complet. C'est une conquête tombée désormais dans le domaine public et utilisée dans un très-grand nombre d'établissements.

On peut considérer comme une variété des essais de la première catégorie, où l'on se propose d'affiner le fer avec des gaz, la tentative d'utiliser des combustibles inférieurs ou plutôt des débris de combustibles, des poussières de coke, de charbon de bois ou de houille. On a tenté de produire ainsi des gaz, et nous aurons bientôt à en citer un exemple intéressant, l'appareil qui est en pleine activité à Audincourt, où l'on produit, avec du fraisil ou résidu de charbon de bois, de l'oxyde de carbone, qui sert ensuite à souder le fer. C'est une application curieuse d'une idée utile : mais il est clair que ce n'est pas une de ces innovations qui sauvent l'industrie d'un pays; la ressource additionnelle en combustible qu'on peut se procurer de la sorte, est d'une étendue extrêmement limitée.

Nous ne parlons pas ici d'une autre invention, qui consiste à agglutiner des débris de charbon pour en faire des morceaux d'une grosseur convenable, qu'on brûle ensuite dans les foyers. L'idée assurément a du mérite, du moment que le procédé est devenu entièrement manufacturier. Dans une ville comme

Paris, où le combustible est très-cher, elle offre des avantages incontestables; mais ce n'est point à l'usage de la métallurgie, qui seule nous occupe ici.

Les progrès de l'industrie du fer, en ce qui concerne le combustible, peuvent s'indiquer sous une autre forme : c'est la proportion de la dépense en combustible à la valeur totale créée par cette industrie. On peut la présenter sous la forme d'un tableau, et c'est ce que l'administration des mines a fait. Nous reproduisons ici ses indications, à partir de 1838 seulement. Auparavant, le bois était déprécié; après 1838, il a monté plus haut que cette année-là sensiblement. La dépense en combustible, exprimée en argent, va cependant toujours en diminuant, comme on peut le voir.

Rapport de la valeur totale des combustibles employés par l'industrie du fer à la valeur totale créée par cette industrie.

1838	0. 458	1841	0. 414	1844	0. 378
1839	0. 446	1842	0. 409	1845	0. 356
1840	0. 428	1843	0. 385	1846	0. 354

Un des aspects intéressants par lesquels se recommande l'industrie du fer, depuis l'exposition dernière, est l'agrandissement des moyens mécaniques dont on dispose pour travailler le fer malléable, en fabriquer des barres rondes ou autres de gros échantillons, ou des pièces d'une forme plus compliquée. La malléabilité qui distingue le fer au plus haut degré à chaud, et qui, avec la faculté de se souder, est une des causes pour lesquelles on a pu appliquer ce métal à tant d'usages divers, n'avait pas été suffisamment mise à profit pour les gros ouvrages. Le marteau-pilon a été l'instrument à l'aide duquel cette lacune a été comblée. On en est venu à employer des marteaux-pilons d'un poids énorme, de 3,000 à 4,000 kilogrammes, à les faire agir d'une grande hauteur, et à faire subir à des masses de métal, portées à une haute température, un véritable étampage. Ces masses supportent parfaitement l'opération qu'on ne faisait guère éprouver jusqu'ici qu'à des feuilles minces de métal. Cette innovation semble promettre, pour l'avenir des résultats brillants. Elle est représentée à l'exposition par un certain nombre d'essais très-remarquables, dont quelques-uns ont pour objet la fabrication de pièces de grosse artillerie en fer forgé, et par des organes de fortes machines à vapeur.

L'art de fabriquer et d'employer la fonte a fait aussi des progrès. D'un côté, on moule mieux, on a des surfaces beaucoup mieux venues, plus lisses. On est parvenu à avoir des fontes d'une douceur remarquable, et à en faire aussi de très-coulantes qui reçoivent facilement de délicates empreintes. La moulerie d'ornement à l'usage du bâtiment, est certainement en progrès depuis cinq ans. Nous laissons à part la question d'art proprement dite, au sujet de laquelle au surplus il nous semble qu'on n'ait qu'à se féliciter. Les fondeurs français, payant la fonte, qui est leur matière première, plus cher que les Anglais, ont été induits à économiser davantage les matières. Ils y sont parvenus d'une manière intelligente sans porter préjudice à la force de résistance des pièces. C'est ainsi qu'il y a plusieurs années déjà un de nos plus habiles fondeurs (M. Émile Martin), avait fourni des coussinets de chemin de fer, à Naples, de préférence aux Anglais. Le succès avec lequel on fait des ustensiles légers en fonte et surtout de la poterie, est une indication, à la portée de tout le monde, du fait que nous signalons ici.

Une autre preuve des progrès faits par nos fondeurs, c'est la facilité avec laquelle, aujourd'hui, ils fondent de grandes pièces : l'exposition en offre des exemples multipliés.

La fonte, par les soins de nos fondeurs, reçoit un usage de plus en plus fréquent, de mieux en mieux entendu, dans les constructions civiles sous la forme de ponts. Il en a été fait une application digne d'être citée sur le chemin de fer de Paris à Strasbourg, à Frouard, sur la Moselle. Nous citons ce pont de préférence, parce qu'il est essentiellement un pont en fonte, c'est-à-dire un pont où la fonte est employée à la place de la pierre, pour les qualités qui lui sont propres, en se rapprochant, autant que possible, de la forme même qu'on donne à la pierre, sauf les transformations que la nature même de la fonte indique. Ce sont des cas où la pierre serait hors de concours, à cause de la pression énorme qu'elle exercerait sur les piles, et où la fonte, convenablement évidée, donne lieu à une construction beaucoup plus légère, malgré la grandeur de sa pesanteur spécifique. Le pont actuellement en cours d'exécution sur le Rhône, à Beaucaire, pour le chemin de fer de Marseille, offrira un exemple plus manifeste de l'application du même système : il aura des arches de 66 mètres d'ouverture, avec une flèche de 6 mètres seulement.

Il est digne d'attention que, en même temps, le fer reçoit de nouveaux usages, qui ne sont pas sans analogie avec ce que nous indiquons ici pour la fonte, quoiqu'on y parte d'un tout autre principe. C'est sous la forme de tôle que le fer commence à jouer un rôle de plus dans les constructions. Le nerf qu'a la tôle, la difficulté qu'elle oppose à la rupture par traction, ou sous un ébranlement quelconque, viennent d'être appliqués avec une extrême hardiesse en Angleterre, au pont nouveau jeté par un ingénieur éprouvé, M. Stephenson, sur le détroit de Menai. Ce pont, n'est, à proprement parler, qu'un immense tube en tôle. Sur une échelle beaucoup plus modeste, intéressante cependant, le même principe est représenté à l'exposition par la forte grue, toute en tôle, de M. Lemaître.

On peut signaler aussi une application beaucoup moins remarquable, mais plus usuelle, de la fonte : la décarburation de la fonte en de petites dimensions, de manière que la fonte remplace le fer. Pour des pièces de serrurerie, de sellerie, le problème est résolu. Ce n'est pas tout ce que l'on pourrait espérer, mais c'est déjà quelque chose.

L'industrie des fondeurs éprouve chez nous, depuis un certain nombre d'années, un agrandissement qui est devenu plus évident depuis 1844. Nos fondeurs se sont mis, en grand nombre, à établir des pièces de précision. Ils ne se sont plus bornés à couler la fonte, ils l'ont ajustée, et, en ont fait des appareils assez compliqués : tels, par exemple, que des plates-formes tournantes de chemins de fer. Ce sont les chemins de fer qui ont provoqué cette extension de l'art du fondeur; elle s'est faite naturellement et avec un succès dont l'exposition fournit la preuve multiple.

---

§ 1. FABRICATION DU FER.

M. Michel Chevalier, rapporteur.

MM. DE DIETRICH, à Niederbronn (Bas-Rhin).

Rappels de médailles d'or.

Les usines de MM. de Dietrich se composent de 7 hauts fourneaux, 14 foyers d'affinerie, 6 feux de chaufferie pour le martinet, 3 trains de cylindres, un marteau-pilon de 2,000 kilogrammes, de grands ateliers de moulage, un atelier de construction. Tout le fer y est fait au charbon de bois intégralement: la houille ne sert que pour refondre la fonte.

L'exposition de MM. de Dietrich comprend une grande variété d'objets : -

1° Des fontes moulées ou coulées très-diverses:

2° Des fers d'une diversité presque aussi grande;

3° Des roues montées.

Les fontes moulées de Niederbronn sont depuis longtemps en réputation. La série des objets moulés témoigne de la finesse du grain et de la fluidité de la matière. On distingue, parmi les objets exposés, un Christ de 1m,50 de hauteur, en ronde-bosse, qui atteste les soins apportés au moulage chez MM. de Dietrich. La suite des projectiles creux est très-bien venue aussi.

Cette fois, MM. de Dietrich produisent une collection de clichés pour la lithographie qui donne lieu à une application toute nouvelle de la fonte dans l'art de graver sur la pierre avec la machine. De cette manière, on reproduit sur la fonte des moulures très-fines; sous ce rapport spécial, les fontes justement célèbres dites *de Berlin* sont égalées par MM. de Dietrich.

Par la machine à graver on obtient, avec ces clichés, des vignettes délicates dont la contrefaçon semble devoir être difficile; on en tire parti déjà pour des fonds de mandats et de lettres de change.

On est parvenu, à Niederbronn, à donner à la fonte beaucoup de douceur, de ténacité et de flexibilité. Deux tiges de 1 centimètre carré ont supporté, sans rompre, une traction, l'une de 2,700 kilogrammes, l'autre de 2,800; on en voit, à l'exposition, des rubans d'une longueur remarquable, qui se roulent plusieurs fois sur eux-mêmes. De là, MM. de Dietrich sont venus à penser que des plaques de leur fonte pourraient, dans quelques cas au moins, se substituer à la tôle. Ils présentent de ces plaques.

La poterie de Niederbronn est d'une grande légèreté; celle qui est émaillée est très-remarquable. Sous ce rapport, MM. de Dietrich ont donné un grand développement à leur fabrication.

Pendant fort longtemps, les fers de Niederbronn étaient classés parmi les fers communs dits *métis;* la cause en était bien connue : la présence du phosphore dans les minerais de Zinswiller et autres du même genre. Pour la fonte destinée à l'affinage, on corrige ces effets par l'addition de minerais du grand-duché de Nassau; on obtient, de cette manière, des fers nerveux et forts. On avait déjà eu, en ce genre, de bons résultats en 1844; depuis lors on a fait mieux encore, et c'est ce qui a permis à MM. de Dietrich de se consacrer avec succès à la fabrication de fers spéciaux pour le matériel des chemins de fer.

On a la preuve de la qualité des fers actuels de Niederbronn par les expériences qu'ont supportées plusieurs des pièces qui figurent à l'exposition; c'est ainsi que des essieux de waggons ont été soumis à toutes sortes d'épreuves, à chaud et à froid, et s'y sont comportés de la manière la plus satisfaisante. Les compagnies de chemins de fer se fournissent à Niederbronn d'un bon nombre d'articles, particulièrement de roues de waggons et de locomotives, essieux et bandages compris.

Les informations que nous avons prises sont extrêmement favorables. D'après les témoignages qui nous ont été transmis, les bandages de Niederbronn paraissent égaler les bandages justement célèbres de Low-Moor en Angleterre, et ils sont d'un prix modique. MM. de Dietrich exposent un bandage qui mesure 5 mètres 40 cent. et qui pèse 431 kilogrammes; cet article est livré par eux à 75 fr. les 100 kilogrammes. Ils ont fabriqué depuis, pour les machines Crampton, en usage sur le chemin de fer du Nord, des bandages de 6 mètres 44 cent.

Les propriétaires de Niederbronn se sont toujours signalés par leur amour des perfectionnements. Ils ont constamment fait des sacrifices pour essayer les méthodes nouvelles. Leurs nombreux ouvriers sont, de leur part, l'objet d'une bienveillance toute particulière. C'est un établissement qu'on peut, à bon droit, signaler comme un modèle sous tous les rapports.

A la dernière exposition, MM. de Dietrich ont obtenu une médaille d'or: le jury se plaît à leur en accorder le rappel.

MM. SERRET, LELIÈVRE et Cie, à Denain (Nord).

Cet établissement s'est fait distinguer à l'exposition de 1844 par l'excellente façon de ses produits; depuis lors, il a maintenu son rang. C'est ainsi qu'il présente, cette fois, une pièce annulaire, emboutie, qui est justement remarquée. Il faut une qualité bien supérieure pour que la tôle se prête à être travaillée ainsi avec cette épaisseur. Cette pièce n'est pas un tour de force produit pour l'exposition; elle est destinée à une chaudière de locomotive, et y sera utile, en dispensant de l'emploi de cornières. La variété des échantillons des petits fers marchands qu'expose la compagnie de Denain est aussi fort satisfaisante. Enfin, ses tôles ordinaires sont fort belles.

L'établissement s'est agrandi depuis 1844; il s'est annexé les forges d'Anzin. Il possède ainsi une soixantaine de fours à puddler. La production pourrait être portée à 20 millions de kilogrammes, si l'état des affaires s'y prêtait.

C'est l'établissement métallurgique le plus complet du nord de la France.

En 1844, le jury accorda aux forges de Denain une médaille d'or. Il rappelle cette médaille.

COMPAGNIE DES HOUILLÈRES ET FONDERIES DE L'AVEYRON.

Cet établissement, fondé en 1826 dans un lieu inhabité, qui depuis lors est devenu une ville, celle de Decazeville, est un des plus vastes de l'Europe. Il est placé au centre d'un immense dépôt de houille, et entouré de gisements variés de minerai. Il comprend 10 hauts fourneaux et 2 grandes forges munies de tous les appareils nécessaires à la fabrication la plus importante en rails, en fer marchand de tout échantillon, et en tôle. La production, avant les événements de 1848, excédait 15 millions de kilogrammes. Elle consistait principalement en rails. Pour les fers marchands et les tôles, on a réussi à corriger les défauts qui, jusqu'à ce jour, ont paru inhérents aux minerais principaux de la localité, par le mélange de fontes du Périgord, à diverses doses, selon les destinations diverses. A cet effet, la compagnie exploite elle-même plusieurs hauts fourneaux au charbon de bois dans les départements voisins.

Le mérite de la compagnie des houillères et fonderies de l'Aveyron n'est pas seulement d'être parvenue à fabriquer des produits satisfaisants avec des matières qui, primitivement, y semblaient rebelles; elle a rendu un autre service. Par son succès même, elle a appelé l'attention de la métallurgie française sur un gisement très-abondant tant en combustible qu'en minerai, qui est appelé à un grand avenir par le bon marché de ces deux articles. Déjà un autre établissement s'est élevé, dans de grandes proportions, auprès de celui de Decazeville, à Aubin. Plusieurs autres allaient sortir de terre quand les événements de l'année dernière sont venus retarder les projets sérieux qui avaient été formés. Les sacrifices faits par le Gouvernement pour améliorer la navigation du Lot, qui est le débouché naturel de ce bassin houiller, et qui sont près d'obtenir un résultat complet, exerceront, sous ce rapport, et exercent déjà une heureuse influence.

En 1839 et en 1844, les fonderies de l'Aveyron ont eu une médaille d'or. Le jury leur en accorde le rappel.

SOCIÉTÉ DE MONTATAIRE (Oise).

Les forges de Montataire sont anciennes et ont une réputation méritée. On y met en œuvre communément près de 10 millions de kilogrammes de fonte et de ferrailles, d'où l'on tire environ 6 millions de kilogrammes de fer et de mouleries. On y fabrique du fer de toute espèce, des tôles, des fers-blancs. On y travaille avec succès d'autres métaux que le fer.

Montataire s'est toujours tenu au niveau des perfectionnements de l'industrie. Son matériel est conforme aux progrès de l'art.

Montataire a obtenu, lors d'une exposition antérieure à 1844, la médaille d'or, et la décoration de la Légion d'honneur a été décernée à son directeur, pour la beauté de ses produits.

Le jury rappelle la médaille d'or à ce grand et bel établissement.

M. Jean-Eugène FESTUGIÈRE et Cie, aux Eyzies, commune de Tarac (Dordogne).

L'établissement des Eyzies se compose de 4 hauts fourneaux, 4 feux d'affinerie, 5 fours à puddler, 3 fours à réchauffer, avec les accessoires, une tréfilerie, une pointerie, un atelier d'ajustage. Il expose une roue de locomotive, une roue de waggon, des fils de fer. Le chef de l'établissement a inventé un appareil pour faire les bandages des roues de waggon. Cette machine se recommande, non-seulement en ce qu'elle opère avec rapidité et précision, mais aussi en ce que les lames qui sont corroyées pour former l'anneau se soudent d'une manière successive sur toute la périphérie. En plaçant à la partie extérieure un fer plus dur que les fers ordinaires du Périgord, qui sont ductiles et doux, on peut donner aux roues beaucoup de durée.

Les inventions de ce genre ont toujours besoin d'être sanctionnées par l'expérience, et, dans le cas dont il s'agit, l'expérience ne prononce qu'avec lenteur. Le procédé de M. Festugière n'en mérite pas moins, dès à présent, d'être signalé.

M. Festugière est connu pour un maître de forges très-éclairé. Il a obtenu une médaille d'or en 1839, et le rappel de cette médaille en 1844. Le jury la lui rappelle de nouveau.

MM. FRÈREJEAN, à Vienne (Isère).

MM. Frèrejean sont d'habiles métallurgistes qui possèdent un vaste établissement, et qui le maintiennent fidèlement au niveau du progrès.

Leurs tôles et leurs fers sont réputés depuis longtemps. Ils ont eu, en 1827, une médaille d'or, qui a été rappelée à toutes les expositions successives. Le Gouvernement leur a accordé les distinctions qu'il décerne aux fabricants les plus distingués.

Le jury rappelle à MM. Frèrejean la médaille d'or qui leur a été précédemment accordée.

M. DE BUYER, à La Chaudeau, près d'Aillevilliers (Haute-Saône).

M. de Buyer fabrique 12,000 caisses de fer-blanc et 150,000 kilogrammes de fer noir et de tôles. Ce sont des produits de première qualité, dont la valeur va à 2 millions de francs.

L'établissement se compose de 8 feux d'affinerie au charbon de bois, de 7 paires de cylindres lamineurs, et de 14 fours accessoires. Il consomme 1 million de kilogrammes de fonte.

M. de Buyer a obtenu, en 1827, une médaille d'or, qui fut rappelée en 1834, 1839 et 1844.

Le jury, dont l'excellence, toujours soutenue, des produits de M. de Buyer excite toute la satisfaction, lui accorde le rappel de la médaille d'or obtenue antérieurement.

MM. FALATIEU et CHAVANNES, à Bains (Vosges).

L'établissement de Bains est principalement une fabrique de fers-blancs préparés avec beaucoup de soins. C'est la fonte de Franche-Comté qui y sert. On l'affine dans l'établissement. On en emploie 900,000 kilogrammes. La quantité de fer-blanc fabriqué va à près de 600,000 kilogrammes; on y joint 150,000 kilogrammes de fer fin. L'établissement de Bains, qui demeure depuis une longue suite d'années dans les mains de la même famille, est un de ceux qui ont le plus contribué à améliorer, en France, la fabrication du fer-blanc.

On fait aussi, à Bains, de la moulerie de seconde fusion; mais c'est principalement pour l'usage de l'établissement.

La forge du Moulin-du-Bois, sise dans la même commune, est une dépendance de Bains.

De même la tréfilerie de la Pipée, commune de Fontenay-le-Château (Vosges), qui fait 200,000 kilogrammes de fil de fer : on commence à y faire du fil d'acier.

L'usine de Bains a eu la médaille d'or en 1827; le jury, reconnaissant la bonne direction que Bains continuait de recevoir, lui en a accordé le rappel à toutes les expositions successives.

La tréfilerie de la Pipée a été distinguée aussi.

Le jury accorde à l'établissement de Bains le rappel de la médaille d'or.

ailles d'or.

MM. MOREL frères, à Charleville (Ardennes).

MM. Morel ont quatre hauts fourneaux, trois fours à la Wilkinson, huit feux d'affinerie, deux fours à puddler, quatre fours à réchauffer, plusieurs équipages de marteaux et de laminoirs, une fonderie et un atelier d'ajustage. Ils produisaient, avant les événements de 1848, 9 millions de kilogrammes, à peu près par égales parties en fonte et en fer, en comprenant dans les fers les tôles, les clous, les pièces de précision pour waggons. C'était une valeur de près de 4 millions de francs.

L'exposition de MM. Morel offre un bel assemblage de produits : tuyaux de tout genre, ustensiles de ménage noirs ou émaillés, tôle de toute épaisseur et de toute grandeur, clous, fonte d'ornements, projectiles creux et pleins, boîtes à graisser, roues de waggons. Le tout est d'un bon aspect et de bonne qualité.

La maison Morel est ancienne dans l'industrie métallurgique. Elle a une réputation justement acquise. Elle a successivement étendu ses opérations. C'est depuis 1844 que MM. Morel ont joint à leurs ateliers l'industrie de la fonte émaillée; des machines pour la fabrication des clous à froid, des équerres, des fiches, et élevé l'atelier d'ajustage où se fabriquent des pièces de précision destinées aux waggons de chemins de fer. Il y ont ajouté aussi une fabrique de fusils pour l'exportation : c'est ainsi devenu un établissement de premier ordre par la grandeur de sa fabrication; il était déjà signalé par la qualité.

La maison Morel est une de celles qui se sont mises le plus en avant, dans les temps difficiles, pour donner du travail aux populations.

En 1844, le jury décerna une médaille d'argent à MM. Morel frères. Il leur décerne cette année la médaille d'or.

SOCIÉTÉ D'AUDINCOURT, à Audincourt (Doubs).

L'établissement d'Audincourt emploie principalement du bois. Il y a huit hauts fourneaux, non agglomérés, qui ne brûlent que du combustible végétal, et dix-huit feux d'affinerie à la Comtoise. Les fours à souder sont alimentés indistinctement à la houille ou au gaz. Une fonderie est jointe à la forge. On y compte plusieurs équipages de cylindres et de laminoirs proprement dits pour les fers et les tôles de toute espèce. Un atelier de construction est annexé à l'établissement. Audincourt achète des fontes en outre des siennes. La production de fonte est de 4 millions de kilogrammes. On y a obtenu, en 1847, près de 1,500 tonnes de fer et un peu plus de 2,000 de tôle, et puis du fer-blanc, de la moulerie, des machines. La vente est de 2 millions et demi de francs.

La qualité des fers et des tôles d'Audincourt est notoirement excellente. C'est une des plus anciennes renommées et des mieux établies, de celles qui sont demeurées les plus intactes. Aucun fer n'est plus recherché pour les fabriques d'armes.

Voici par quels autres titres spéciaux Audincourt se recommande :

Une carbonisation plus soignée, qui produit une notable augmentation dans la quantité du charbon de bois obtenu. On y approche de 25 p. o/o net. On recueille ensuite de cette manière une certaine quantité d'acide acétique. Cet acide rectifié ne s'est pas élevé à moins de 250 hectolitres en 1847.

Pour souder le fer et le préparer à l'étirage, on se sert d'un appareil dont l'idée première avait été donnée, il y a plusieurs années, par M. Ebelmen. Elle consiste à fabriquer du gaz avec du fraisil qui serait sans valeur, et que le canal du Rhône au Rhin permet d'amener à vil prix des ports de carbonisation situés au milieu des forêts. Le générateur du gaz est un fourneau à courant d'air forcé, de la forme d'un haut fourneau, où le fraisil est chargé avec des scories de forge destinées à former un laitier reconnu nécessaire à l'opération : c'est de l'air chaud qu'on lance dans le générateur. Il y a plusieurs années que l'appareil est en activité. On estime qu'il produit jusqu'à 350,000 kilogrammes de fer, indépendamment de l'utilité qu'il a de réchauffer la tôle dans un dernier compartiment.

L'appareil est en triple; il consomme 36 hectolitres de fraisil par 1,000 kilogrammes de fer soudé.

Audincourt expose deux canons en fer forgé, l'un de 4, rayé, l'autre de 8, tous deux forés et pourvus d'anses qui font corps avec la pièce même. Nous ne pouvons prononcer sur le mérite de ces canons; il faudrait qu'ils eussent été soumis à des essais qui n'ont pas eu lieu. Nous dirons cependant qu'ils auraient plus d'intérêt s'ils étaient du même calibre que ceux qu'ont fabriqué le Creuzot et MM. Petin et Gaudet, qui sont des calibres de 16 et de 24.

L'administration d'Audincourt se distingue d'une manière particulière par son caractère paternel envers les nombreux ouvriers qu'elle emploie. Dans les temps calamiteux, elle a fait de très-grands sacrifices pour les occuper utilement et les garantir du dénûment.

Le jury a remarqué avec satisfaction la bonne direction donnée aux travaux par M. Paul Boulart, ancien capitaine d'artillerie, directeur de la compagnie.

Audincourt n'avait pas exposé depuis 1827. Le jury récompense les efforts soutenus et intelligents de cette société, la fermeté avec laquelle elle a maintenu, avant tout, la qualité supérieure des produits, et les améliorations qu'elle a apportées à ses procédés, en lui décernant une médaille d'or.

M. CHARRIÈRE, à Allevard (Isère).

Nouvelle médaille d'argent.

L'établissement d'Allevard se compose de 2 hauts fourneaux et d'un feu d'affinerie. Il fabrique des fontes à acier, des fontes pour les fonderies de l'artillerie, et des fontes à affinage; on convertit ces dernières en fer qui est destiné à la cémentation et à la taillanderie.

En 1839, l'établissement, que dirigeait déjà M. Charrière pour la société qui portait le nom de M. Giroud père, faisait 1,200 tonnes de fonte, qu'on vendait soit à l'artillerie, soit aux fabricants d'acier naturel du département. A cette époque, un foyer d'affinerie fut érigé, et il n'a cessé de travailler depuis lors. En 1847, les deux hauts fourneaux rendaient 1,900 tonnes de fonte, sur quoi l'on employait, dans l'établissement même, ce qu'il fallait pour fabriquer 244 tonnes de fer fin en barres, pour la taillanderie et pour la cémentation. Le fer à cémenter est vendu à MM. Jackson, de Rive-de-Gier, dont la fabrication soignée est connue.

M. Charrière avait, dès 1839, fait des essais en grand pour employer les fontes d'Allevard à fabriquer de l'acier naturel par la méthode tyrolienne. On assure que le succès avait été complet. Cependant M. Charrière, par ménagement pour sa clientèle accoutumée des producteurs de l'acier dans l'Isère, dut y renoncer entièrement.

C'est depuis peu d'années que M. Charrière fabrique des fers à cémenter. La réussite de ses produits l'avait déterminé à construire un autre foyer d'affinerie qui y eût été consacré; mais les événements politiques l'ont empêché jusqu'ici de donner suite à ce projet.

En 1834, l'établissement d'Allevard, que dirigeait déjà M. Charrière, obtint une médaille d'argent, qui fut successivement rappelée en 1839 et 1844.

Le jury, reconnaissant les efforts nouveaux de M. Charrière, lui accorde une nouvelle médaille d'argent.

Rappels de médailles d'argent.

M. André HILDEBRAND à la Sémouse (commune de Xertigny) et Plombières (Vosges).

M. Hildebrand avait déjà, en 1839, beaucoup agrandi l'ancien établissement de la Sémouse, et l'avait porté à 4 feux d'affinerie, accompagnés de 3 équipages de laminoirs employant 1,200,000 kilogrammes de fonte de Franche-Comté, dont on faisait :

12,000 caisses de fer-blanc brillant et terne,
145,000 kilogrammes de tôle fine,
200,000 kilogrammes de fer forgé pour taillanderie et fabrique d'armes.

Les produits de M. Hildebrand sont connus pour être de bonne qualité.

En 1846, M. Hildebrand a élevé, à Plombières, un autre établissement composé d'un martinet avec 3 marteaux à platine, d'une aiguiserie avec 12 paires de meules, d'une étamerie, de 20 forges maréchales. C'est une usine où l'on fait de la taillanderie, et spécialement des couverts. (Voir *Taillanderie.*)

En 1844, le jury, frappé des efforts faits par M. Hildebrand pour améliorer son usine, et du succès qu'il avait eu, lui avait décerné une médaille d'argent.

Le jury signale la persévérance de M. Hildebrand à étendre le travail dans son département, et la manière intelligente dont il s'y applique. C'est avec une grande satisfaction qu'il lui accorde le rappel de la médaille d'argent de 1844.

SOCIÉTÉ MÉTALLURGIQUE DE VIERZON (Cher).

Les forges de Vierzon sont fort anciennes. Elles se composent aujourd'hui de 9 hauts fourneaux placés à Vierzon ou dans les environs, 11 fours à puddler, 14 à réchauffer; 30 feux d'affinerie sont épars dans les diverses usines.

La spécialité de Vierzon est plutôt la production des fers aux bois préparés dans les feux d'affinerie que celle des fers à la houille; c'est ce qui explique le grand nombre des feux d'affinerie par rapport aux fours à puddler.

Les fers au bois de Vierzon sont célèbres depuis longtemps. Dans ces derniers temps, l'outillage y a été perfectionné.

Vierzon s'est, comme beaucoup d'établissements, essayé aux

bandages de locomotives. C'est à l'expérience maintenant à prononcer ; les produits ont très-bonne apparence.

Les essieux de Vierzon sont d'une qualité éprouvée, et ils sont de plus parfaitement parés. Vierzon en expose une grande diversité, tant pour chemins de fer que pour charrois ordinaires.

Les feuillards de Vierzon sont très-difficiles à rompre. Nous avons remarqué les paniers à charger les hauts fourneaux que Vierzon a eu l'idée de fabriquer avec son feuillard ; ils ne se déforment point et gardent ainsi toujours la même contenance. Les verges à clous sont excellentes.

Une direction intelligente préside à l'établissement de Vierzon.

Il a obtenu une médaille d'argent à la dernière exposition. Le jury lui accorde le rappel de la précédente récompense.

MM. PETIN et GAUDET, à Rive-de-Gier (Loire). Médailles d'argent.

MM. Petin et Gaudet, dont l'établissement a 10 années d'existence, ont exposé :

Des pièces de fer rondes et plates, de fort calibre ; des bandages de locomotives, façon acier, pour grande vitesse ;

Un arbre d'environ 20 centimètres de diamètre, garni d'acier sur tout son pourtour, sur une épaisseur de 3 centimètres ;

Un arbre creux destiné à remplacer les arbres pleins sur les bateaux à vapeur ;

Un creuset sans soudures, pour la fusion de l'argent dans les hôtels des monnaies ;

Un essieu coudé pour locomotives ;

Un mortier en fer forgé, du calibre de 27 centimètres.

La fabrication de MM. Petin et Gaudet se distingue par la puissance des mécanismes qu'ils emploient et par l'intelligence avec laquelle ce grand déploiement de force est utilisé. C'est de cette manière qu'ils sont parvenus à obtenir des résultats extrêmement remarquables, à des prix qui, autant que nous avons pu le constater, sont modérés.

L'arbre garni d'acier est une pièce dont l'exécution a frappé les connaisseurs. Des pièces acérées de cette force se prêtent à plusieurs usages importants dans les constructions mécaniques.

L'arbre creux, d'une exécution qui jusqu'ici semblait plus difficile encore, est pareillement une pièce de beaucoup de distinction et dont il sera fait plus d'une application.

Le creuset sans soudure est, dans son genre, aussi un beau produit.

Le mortier en fer forgé fait partie d'essais pour la fabrication de l'artillerie de tout calibre en fer, essais qui se poursuivent avec intelligence, depuis quelque temps, sous les auspices de l'administration de la guerre, et qui sont dignes d'une vive sollicitude.

L'utilité spéciale et la bonne qualité des produits de MM. Petin et Gaudet, les difficultés toutes particulières qu'en présente la fabrication, le caractère de nouveauté qui en distingue plusieurs, la faveur dont ils jouissent auprès des grands établissements de construction ou de locomotion, les recommandaient à l'attention du jury et à ses encouragements : aussi, quoique le chiffre de leur fabrication ne soit pas très-considérable, relativement à ce que font nos grandes forges (on l'estime à 600,000 kilogrammes), le jury leur accorde une médaille d'argent.

MM. BOUGUERET, MARTENOT et Cie, à Commentry (Allier).

L'établissement de Commentry, dirigé par M. Lebrun-Virlay, ne date que de 1845. Il se compose de 4 hauts fourneaux, 20 fours, tant à puddler qu'à réchauffer, avec 6 équipages de cylindres. Il se livre à la fabrication des fers de tout échantillon, surtout à celle des rails.

Parmi tous les établissements qui se sont élevés dans ces dernières années, les forges de Commentry se distinguent par l'échelle de leur production, par les proportions qu'elles doivent acquérir dès que la situation des affaires le permettra. Elles doivent susciter par leur propre succès des créations semblables dans le voisinage, du moment que les travaux auront repris leur activité en France. Elles se sont assises sur un des terrains houillers où le charbon est au plus bas prix, au centre de la France, à portée de voies de communication multipliées, et en rapport facile, par le retour des bateaux et des waggons qui exportent la houille de Commentry, avec les gisements d'excellents minerais que le Berry recèle.

La fabrication est complète dans cet établissement. La fonte, obtenue en grande quantité, est affinée sur les lieux. Les produits sont satisfaisants. Jusqu'à présent, c'est à peu près uniquement des rails qu'on y a produits. En 1847, la réduction avait été de 6,000 tonnes de fer, dont 5,700 de rails. En 1848, elle monta à 9,200 tonnes, dont 8,500 de rails : elle eût été probablement de 15,000 tonnes sans les événements politiques.

La société commerciale, qui porte le nom de MM. Bougueret, Martenot et Cie, fabrique, en outre, à Tronçais, dans le Berry, des fers fins et des fontes fines au bois, et à Châtillon-sur-Seine (Côte-d'Or), des rails, des fers laminés, des verges de toute espèce. MM. Bourgueret, Martenot et Cie ont obtenu déjà une médaille d'or pour le grand établissement de Châtillon.

Quant aux forges de Commentry, les considérations qui précèdent appelaient sur elles l'attention toute spéciale du jury; malgré la nouveauté de l'établissement et la nature jusqu'ici restreinte de la fabrication, le jury décerne à MM. Bougueret, Martenot et compagnie, pour leur établissement de Commentry, une médaille d'argent.

SOCIÉTÉ DE LA PROVIDENCE, à Haut-Mont (Nord).

Cet établissement, ouvert en 1847, produit la fonte et achète aussi de la fonte belge pour la convertir en fer. Il fut destiné à fabriquer des rails, de la tôle, des fers marchands, des fers ouvragés, tels que des cornières. L'établissement se compose de 1 haut fourneau au coke à Haut-Mont, 2 à Marchiennes, 1 au charbon de bois à Couillet (Belgique), 34 fours à puddler à Haut-Mont, 14 à réchauffer.

La société de la Providence s'applique en ce moment à fabriquer des fers spéciaux destinés aux constructions, particulièrement pour remplacer le bois dans les planchers. Elle a exposé des planchers tout établis dans ce système, qui paraissent fort économiques sans rien laisser à désirer en solidité.

Elle fabrique avec succès des tôles pour la marine.

La feuille de tôle qu'elle a exposée n'a pas moins de 6m,20 sur 1m,10, avec 10 millimètres d'épaisseur.

Le jury, frappé de l'intelligence avec laquelle les forges de la Providence cherchent et découvrent des débouchés nouveaux pour l'industrie métallurgique, leur décerne une médaille d'argent.

MM. DOË frères, à Saint-Maur (Seine).

L'établissement de Saint-Maur, placé sur le canal du même nom, existe depuis 1836. Il fabrique 3 millions de kilogrammes de fer.

Il consomme les fontes qui proviennent de 2 hauts fourneaux exploités dans la Haute-Marne par MM. Doë, ceux de Brousseval et de Chamouilley; on y ajoute d'autres fontes.

En 1844, l'usine de Saint-Maur ne fabriquait pas au laminoir de fers plats de plus de 11 1/2 centimètres; depuis lors, elle fait tout au moyen des cylindres. Elle en expose de 19 centimètres de large sur 11 à 12 mètres de long. Elle en fait de 13 1/2, 16 1/2 et 19 centimètres. Elle fait toute espèce de fer à vitrages, les fers à T, les cornières, ainsi que les fers fendus de tout échantillon.

Pour être à même de fabriquer de gros fer en tout temps, même pendant les chômages du canal, MM. Doë, depuis la dernière exposition, ont ajouté à leur moteur hydraulique une machine à vapeur de quarante chevaux.

MM. Doë se rendent utiles à la chose publique par l'empressement avec lequel ils mettent leur établissement à la disposition du professeur de métallurgie de l'école nationale des mines de Paris, pour l'instruction pratique des élèves ingénieurs du corps national des mines et des autres élèves de cette institution. Aucun renseignement n'est refusé; les livres de la comptabilité sont communiqués, des expériences sont faites sous les yeux de cette savante jeunesse. En contribuant de cette manière à l'éducation des ingénieurs des mines, MM. Doë coopèrent indirectement à l'avancement des arts métallurgiques.

En 1844, le jury avait décerné une médaille de bronze à MM. Doë.

Le jury, appréciant l'activité et les efforts intelligents de MM. Doë, et leur zèle pour le progrès des connaissances métallurgiques, leur décerne une médaille d'argent.

MM. JACQUOT frères et neveux, à Rachecourt-sur-Marne (Haute-Marne).

MM. Jacquot exposent, 1° des barres plates et rondes de divers échantillons : les plates ont jusqu'à 135 millimètres sur 33, avec une longueur de 7 mètres; les rondes n'excèdent pas 95 millimètres de diamètre: 2° des fers corroyés, qui ont été soumis à des essais multipliés; 3° du feuillard de 2 millimètres d'épaisseur sur 16 à 17 mètres de longueur, très-régulier, et d'autre de 23 à 27 mètres de longueur sur 3/4 de millimètre d'épaisseur. Tous ces échantillons ont la meilleure façon. Le prix est de 250 francs par 100 kilogrammes, en supposant la fonte à 100 francs.

MM. Jacquot sont d'anciens maîtres de forges, qui exploitaient déjà divers hauts fourneaux au bois dans la Haute-Marne. En 1846, ils commencèrent, dans leur propriété de Rachecourt, une forge complète *à l'anglaise*, pour y traiter, avec le matériel le plus perfectionné, les fontes de leurs hauts fourneaux. Déjà l'exemple d'une forge *à l'anglaise* avait été donné dans la Haute-Marne, au milieu des nombreux établissements qui se servent du procédé mixte dit *champenois;* mais MM. Jacquot l'ont répété sur une grande échelle, et ils ont fait eux-mêmes leur matériel, qui, à en juger par les produits, doit être établi avec précision.

La forge de Rachecourt occupe, avec ses dépendances, 500 ouvriers. Le moteur est hydraulique; il consiste en deux turbines du système Fontaine. A Rachecourt, on fabrique 5 à 6 millions de kilogrammes de fers laminés et martelés, outre 1 million de kilogrammes de fontes diverses.

Le jury, appréciant la qualité des produits de MM. Jacquot et l'importance de leur fabrication, leur décerne une médaille d'argent.

M. POLI, à Grenelle (Seine).

Nouvelle médaille de bronze.

M. Poli a, depuis la dernière exposition, donné de l'extension à sa forge. Outre le fer de riblons auquel il se consacrait exclusivement, il affine directement de la fonte, au moyen de deux fours à puddler. Sa fabrication s'élevait, en 1847, à 1,700,000 kilogrammes de fer. En 1848, elle n'est pas tombée plus bas que 1,200,000.

M. Poli présente une barre ronde de 19 centimètres de diamètre, qui a très-bonne apparence. Il s'est procuré un marteau-pilon qu'il emploie avec succès pour toutes pièces de ce genre.

Il fait des bandes d'acier aujourd'hui en travaillant, comme du riblon, de vieux ressorts de voitures, de vieilles limes, de vieux burins; c'est un article qui paraît estimé.

En 1844, le jury reconnut les efforts de M. Poli en lui accordant une médaille de bronze. Il lui en décerne une nouvelle avec le témoignage d'une satisfaction particulière.

MM. MORISON et Cie, à Guines (Pas-de-Calais).

Médailles de bronze.

La forge de Guines est un de ces établissements que les chemins de fer firent naître en 1845 et 1846. Elle est due à M. Sherwood, auquel a succédé M. Morison. Elle fonctionna vers le milieu de

1846, et a fabriqué, depuis lors, beaucoup de rails. C'est une vaste usine : elle se compose de 19 fours à puddler, 6 à réchauffer, 2 équipages de laminoirs, 1 marteau-pilon. En 1847, elle a mis en œuvre environ 11 millions de kilogrammes de fonte, d'où elle tira 7,700,000 kilogrammes de fer, principalement en rails. Les fontes proviennent, en partie au moins, des hauts fourneaux de Marquise. De cette manière, on tire parti de certains minerais du pays, qui ne sont pas propres à donner de la fonte de moulage.

Malgré la nouveauté de l'établissement, le jury ne croit pouvoir se dispenser de donner à M. Morison une récompense que justifie l'importance de sa fabrication. Il lui décerne une médaille de bronze.

M. Jules-Mathieu LAGOUTTE, à la Villette (Seine).

Cet établissement n'a pas moins de 8 fours, tant pour puddler que pour souder. Il date de 1842. Il sert, comme plusieurs autres, aux besoins toujours pressés de l'industrie parisienne.

Le jury lui décerne une médaille de bronze.

M. Louis JACQUINOT, à Droiteval (Vosges).

Cet établissement travaille au bois. Il produit ainsi 800,000 kilogrammes de fer de tout échantillon. Il se consacre plus particulièrement à la fourniture des chemins de fer en essieux de tenders et de waggons et en bandages de locomotives. A cet effet, M. Jacquinot a perfectionné les moyens mécaniques dont il disposait auparavant.

Les pièces, essayées en présence du jury départemental et adressées ensuite à l'exposition, attestent une bonne qualité.

On les a éprouvées en les soumettant au choc d'un mouton tombant de diverses hauteurs. Le mouton pesait 960 kilogrammes. Deux des essieux de tender et de waggon sur trois ont résisté à une chute de 9 mètres, l'écartement des supports était de 1 mètre 50 centimètres.

En introduisant avec succès dans son département une fabrication qui y était peu connue, M. Jacquinot a donné un bon exemple ; le jury lui décerne une médaille de bronze.

M. Sabin LACOMBE, à Périgueux (Dordogne).

Cet établissement se compose :

1° De 2 fours à puddler et à souder, situés aux Soucis ;

2° De 3 fours d'affinerie et 1 four à souder, à la Cité.

On y fabrique environ 1,200,000 kilogrammes de fer marchand, de fer en verges et en fils, et de pointes.

L'établissement existe en partie depuis 1842, et en partie depuis 1843. M. Lacombe est un homme fort industrieux qui, en 1839, a obtenu, pour la fabrication du papier (maison Durandeau aîné, Lacombe et Cie), une médaille d'or.

Le jury lui décerne, pour ses forges de Périgueux, une médaille de bronze.

M. Jérôme-Auguste PATRET, à Varigney, commune de Dampierre-lès-Conflans (Haute-Saône).

L'établissement de Varigney comprend 2 hauts fourneaux, 2 ateliers de moulage, 3 feux d'affinerie.

Il livre à la consommation 1,800,000 kilogrammes de fonte, tant moulée que brute, et 700,000 kilogrammes de fer en barres ou ouvré.

Le produit le plus intéressant qu'expose M. Patret est un essieu de voiture ordinaire, qui est fait par un procédé qui a quelque chose de nouveau : il est obtenu au gros marteau, d'une seule pièce, sans soudure. L'essieu à rondelles et patins est fait habituellement par les carrossiers dans leurs foyers de maréchalerie, au moyen d'une barre de fer formant le corps et la fusée, et en rapportant et soudant à cette barre la rondelle et le patin ; opération qui exige l'emploi d'ouvriers spéciaux qu'on paye cher, et encore il n'est pas rare qu'ils n'altèrent le fer par le nombre des chaudes qu'ils y donnent. M. Patret lève toute difficulté à cet égard, puisqu'il n'y a pas de soudure et que la pièce entière est retirée du même bloc ; et il peut livrer ses essieux à meilleur marché.

Le jury décerne à M. Patret une médaille de bronze.

M. COUTANT, à la Gare-d'Ivry (Seine).

Mentions honorables.

Cet établissement existe depuis 1845. Il est desservi par une machine à vapeur et se compose de 2 fours.

Le jury accorde à M. Coutant une mention honorable.

MM. Robert BEAUCHAMP frères, à Verrières (Vienne).

Cet établissement est fort ancien. Il se compose d'un haut fourneau et de 2 feux d'affinerie; il fabrique des essieux, des barres rondes, carrées et méplates. C'est un fer nerveux qui résiste au choc, et qu'on a peine à rompre par la torsion quand il est en bandes plates.

Le jury accorde à MM. Robert Beauchamp une mention honorable.

Les héritiers RIBEYROL, à Jaumelières, commune de Jumilhac (Dordogne).

Cet établissement est très-ancien : il se compose de 2 hauts fourneaux et 2 feux d'affinerie. Il fabrique 300,000 kilogrammes de fonte pour moulage, 750,000 de fer en barres.

Le jury accorde aux héritiers Ribeyrol une mention honorable.

Citations favorables.

MM. GOUPIL et GUILLAIN, à Dampierre-sur-Blévy (Eure-et-Loir).

L'établissement se compose d'un haut fourneau travaillant au bois, situé à Boussard, dont la fonte sert à la moulerie, et d'une forge située à Dampierre, composée d'un four à puddler, 1 à réchauffer, 2 gros marteaux, 1 martinet, 1 laminoir pour étirer quelques petits fers.

Le jury cite favorablement MM. Goupil et Guillain.

M. DE MARCIEU, à Champlaurier, commune de Nieuil (Charente).

Cet établissement se compose d'un haut fourneau et d'une forge, et fabrique de la fonte et du fer avec les bons minerais du pays. Il fait de la poterie, des ustensiles, et environ 60,000 kilogrammes de fer forgé, notamment des essieux. Il occupe une trentaine de personnes intérieurement. Ses produits sont de bonne qualité.

Le jury cite favorablement M. de Marcieu.

---

§ 2. ÉLABORATIONS DIVERSES DES FERS.

M. Leplay, rapporteur.

Rappel de médaille d'or.

M. CARPENTIER, ayant pour conseil M. Sorel, rue d'Angoulême-du-Temple, n° 40, à Paris.

L'industrie qui a pour objet d'appliquer à la surface du fer un enduit de zinc, ou de préparer les fers dits galvanisés, fut créée en 1837 par M. Sorel; depuis ce temps elle n'a cessé de se propager en France et dans les pays étrangers. L'expérience confirme les prévisions émises par les précédents jurys touchant les heureux résultats qu'on peut attendre d'une découverte qui, sous beaucoup de rapports, équivaut à la création d'un métal nouveau, joignant la résistance du fer à l'inaltérabilité du zinc. En ce qui concerne les caractères fondamentaux de la nouvelle industrie, on ne peut donc que renvoyer aux considérations exposées dans les rapports de 1839 et de 1844.

La compagnie, gérée aujourd'hui par M. Carpentier, a établi d'importantes succursales dans les villes de Lyon, Marseille, Brest, Lorient, Dunkerque, Nantes et le Havre.

Depuis la dernière exposition, il a été apporté des perfectionnements essentiels à la fabrication. Les fils, au lieu d'être trempés en bottes dans le bain de zinc, s'y introduisent et en sortent en se déroulant lentement; ils y prennent une surface très-unie et sont employés avec succès comme fils de télégraphes électriques, pour la confection de toiles métalliques, etc.

La compagnie est également parvenue à donner à ses tôles une surface très-unie; celles-ci offrent, à prix égal, une grande supériorité sur les feuilles de zinc, dans tous les cas où la résistance du métal est mise en jeu. La compagnie peut d'ailleurs livrer aujourd'hui, au prix de 5 francs le mètre carré, des tôles pour couvertures, agrafées avec coulisseaux et prêtes à être mises en place. Parmi les produits exposés, on remarque des devantures de croisées avec moulures profilées à froid par repoussage après le zincage, et qui témoignent de la malléabilité de ces tôles.

La compagnie a introduit des perfectionnements nouveaux dans le zincage de la fonte; elle espère avoir résolu le problème de la conservation des projectiles exposés à l'air; elle pense même pouvoir ramener au calibre prescrit par les règlements tous les projectiles que la rouille a mis hors d'usage. Les projectiles enduits de zinc, exposés par M. Carpentier, semblent justifier ces espérances, et il est à désirer que les autorités compétentes touchent prochainement une question qui intéresse à un si haut degré la conservation du matériel des artilleries de terre et de mer.

Le jury donne à la compagnie Carpentier et à M. Sorel le rappel de la médaille d'or qui fut décernée à M. Sorel en 1839.

Médaille d'or.

M. BOUILLON jeune et fils et Cie, à Limoges (Haute-Vienne).

Les tréfileries de la Rivière forment l'établissement le plus remarquable du département de la Haute-Vienne ; on y voit réunies toutes les opérations de la métallurgie du fer, depuis la fonte du minerai jusqu'à la fabrication du fil de fer. L'usine comprend un haut fourneau et quatre feux d'affinerie couverts, dont les flammes, à la sortie de ces appareils, servent au recuit des fils de fer et à la production de la vapeur. Les loupes de fer spongieux sont cinglées entre deux cylindres à la sortie des feux d'affinerie. On réchauffe à la température du blanc soudant le fer cinglé, et on l'étire immédiatement au laminoir sous forme de verge de tirerie et de petits fers de formes diverses. Le travail mécanique du fer se fait ainsi avec une grande économie de force motrice, sans emploi de marteau. La verge de tirerie est ensuite convertie en fil de fer au moyen de 16 bobines, puis enfin, au moyen de 18 machines, en pointes de Paris, qui sont livrées au commerce. Les produits de cette usine et de la forge de Firbeix, exploitée également par M. Bouillon jeune, montent annuellement à 310,000 kilogrammes de fil de fer et à 220,000 kilogrammes de pointes. Le nombre des ouvriers attachés d'une manière plus ou moins directe à ces deux établissements est compris entre 500 et 600.

M. Bouillon jeune, fondateur des forges et tréfileries de la Rivière, a introduit dans cette partie de la France toutes les méthodes perfectionnées qu'on remarque dans ses usines, et qui se sont ensuite propagées dans d'autres établissements. C'est à lui qu'est due particulièrement l'introduction des nouveaux procédés de tréfilage, la diminution de la proportion de combustibles consommés pour la fabrication de la fonte et du fer ; c'est également ce maître de forge qui a pour la première fois employé dans le département le combustible minéral dans la fabrication du fer, et remplacé en partie, pour la fabrication de la fonte, les minerais de fer par les scories d'affinerie.

Enfin M. Bouillon jeune, en construisant dans ses usines métallurgiques les machines et les instruments en usage dans les districts agricoles les plus avancés, et en montrant dans son domaine de la Rivière les avantages qu'on en peut obtenir lorsqu'on les applique à une culture perfectionnée, a exercé sur l'agriculture de cette partie de la France une influence non moins heureuse que celle qui a été précédemment signalée relativement à l'industrie métallurgique.

Le jury, ayant égard à la longue et honorable carrière parcourue par M. Bouillon jeune; considérant que depuis le commencement de ce siècle il n'a cessé de contribuer au développement de l'agriculture et de l'industrie dans le département de la Haute-Vienne; prenant également en considération le bienveillant patronage qu'il exerce sur ses nombreux ouvriers, lui accorde une médaille d'or.

M. Napoléon-Jean TRONCHON, avenue de Saint-Cloud, n° 11, à Passy (Seine).

Médailles d'argent.

Cet ingénieux fabricant s'est créé une spécialité remarquable dans la confection d'une multitude d'objets en fer, destinés principalement à l'agriculture, au jardinage et aux parcs d'agrément. Parmi les principaux produits de ses ateliers, on doit citer les grillages de toutes grosseurs, fabriqués par des procédés mécaniques, et qui ont réduit dans une proportion considérable le prix courant de ces articles; les serres chaudes, bâches et châssis de couche; les poulaillers, chenils, faisanderies et volières; les constructions légères pour parcs et jardins, telles que passerelles, grilles, kiosques, berceaux; les articles de mobilier pour parcs et jardins, tables, chaises, fauteuils, bancs, corbeilles, jardinières, tuteurs, colonnes et palmiers pour plantes grimpantes; les clôtures fixes destinées à défendre de vastes espaces contre l'entrée ou la sortie des bestiaux; les parcs mobiles à bestiaux, etc. Tous ces produits l'emportent ordinairement sur les produits analogues qui étaient fabriqués jusqu'alors, ou par un moindre prix, ou par des qualités plus éminentes, et en cela il a rendu un service signalé aux consommateurs qui les recherchent. Il a exercé en même temps une heureuse influence sur le progrès de l'industrie métallurgique, en donnant au fer des débouchés tout nouveaux. La consommation annuelle des ateliers de M. Tronchon atteint déjà 140,000 kilogrammes. L'exemple de l'Angleterre prouve que ce genre de débouché peut prendre un accroissement très-considérable.

Le jury récompense les efforts de M. Tronchon en lui accordant une médaille d'argent.

M. Adrien CHENOT, rue du Landy, à Clichy-la-Garenne (Seine).

L'atelier fondé en 1846 par M. Chenot ne livre point de produits au commerce; mais il a déjà servi à fabriquer en grand des substances de natures très-diverses et qui se rattachent, pour la plupart, à la métallurgie.

Les produits qui ont spécialement attiré l'attention du jury sont des fers métalliques poreux, que M. Chenot désigne sous le nom d'*éponges* de fer. Il les obtient en désoxcydant le minerai du fer maintenu en vase clos, à une température rouge sombre, au contact de gaz réductifs. Ces fers poreux jouissent de propriétés remarquables et qui semblent devoir amener d'utiles applications. L'une de celles que le jury a le plus remarquée est la fabrication de ciments propres à une foule d'usages, et que M. Chenot nomme *ciments métalliques français*. Il prépare ces ciments en mélangeant le fer poreux désagrégé avec toutes sortes de substances terreuses pulvérulentes, et en amenant le tout, par l'addition d'une certaine quantité d'eau, à l'état de pâte épaisse. Cette pâte, par suite de l'oxydation rapide du fer et de l'évaporation de l'eau, acquiert en peu de temps une dureté considérable, et contracte avec tous les corps auxquels on l'applique ou qu'on y plonge une très-forte adhérence. Il y a lieu d'espérer que l'expérience fera trouver dans ce ciment une matière éminemment propre au dallage des édifices et des voies publiques.

Parmi les produits exposés par M. Chenot, le jury a encore remarqué une série d'échantillons, à l'aide desquels il établit qu'on peut fabriquer économiquement diverses sortes de fers et d'aciers, au moyen de fontes conservant l'état solide, et que l'on soumet à une succession d'influences oxydantes et réductives.

Le jury a pris connaissance avec un vif intérêt de ces ingénieuses découvertes, et il espère que l'industrie y trouvera la source de plusieurs applications utiles : il se plaît à récompenser les efforts persévérants de M. Chenot en lui décernant une médaille d'argent.

Médailles de bronze.

MM. GALLICHER et Cie, aux forges de Bigny, commune de Vallenoy (Cher).

L'usine de Bigny, l'une des plus importantes du département du Cher, a depuis longtemps introduit dans cette contrée la fabrication des fils de fer, et ouvert, par cette initiation, un débouché qui paraît fort bien approprié à l'excellente qualité de fers connue dans le commerce sous le nom de *fers du Berri*. Les fils de toute grosseur soumis à l'appréciation du jury, et en particulier les fils fins, n°s 1, 2 et 3, livrés au commerce au prix de 86 à 90 francs les 100 kilogrammes, prouvent que MM Gallicher et Cie ont déjà conquis dans cette industrie un rang distingué.

Le jury accorde à MM. Gallicher et Cie une médaille de bronze

MM. ANFRIE et Cie, à Laigle (Orne).

Ont entrepris d'introduire dans la fabrication des épingles une révolution importante, en remplaçant par le fer le laiton, qui jusqu'à ce jour a été employé comme matière première. Les nouvelles épingles se vendent à 6 ou 8 pour 100 au-dessous du prix courant des qualités correspondantes fabriquées en laiton. Bien que l'établissement date seulement de 1846, MM. Anfrie et Cie ont déjà donné à leur fabrication un assez grand développement. L'expérience peut seule indiquer jusqu'à quel point et pour quels usages le bon marché et la rigidité du fer peuvent compenser, pour cette spécialité, l'absence des qualités qui distinguent le laiton.

Le jury récompense les efforts intelligents de MM. Anfrie et Cie en leur accordant une médaille de bronze.

MM. Ad. LESCURE et Cie, aux forges de Bran, commune de Lugés (Gironde). Mentions honorables.

Les forges de Bran, fondées en 1803, comprennent aujourd'hui un haut fourneau, 4 feux d'affinerie, 2 fours à puddler, 2 trains de laminoirs et une fonderie, et livrent annuellement au commerce 600,000 kilogrammes de fers préparés sous des formes très-variées. Les produits exposés témoignent des soins apportés à la fabrication, et prouvent que l'on peut tirer un parti très-avantageux des minerais de médiocre qualité extraits dans le département.

Le jury accorde à MM. Lescure et Cie une mention honorable.

M. MOTTEAU, à Angoulême (Charente).

Expose des fers corroyés au moyen du marteau-pilon, qui témoignent des succès obtenus par ce fabricant dans l'élaboration des grosses pièces de fer destinées à la construction des machines.

Le jury accorde à M. Motteau une mention honorable.

Citation favorable.

M. BOUCHÉ, rue du Chemin-Vert, n° 20, à Paris.

Fabrique des tôles vernies d'une belle qualité et qui paraissent résister convenablement aux influences qui tendent à détériorer ce genre d'objets.

Le jury accorde à M. Bouché une citation favorable.

---

§ 3. FONTES BRUTES ET MOULÉES.

M. Michel Chevalier, rapporteur.

Rappel de médaille d'or.

M. Jean-Pierre-Victor ANDRÉ, au Val-d'Osne (Haute-Marne).

M. André est un des manufacturiers qui se livrent avec le plus de succès à la fabrication de la fonte moulée. Ses ateliers sont dans la Haute-Marne, où il exploite un haut fourneau auquel sont adjoints trois fourneaux à la Wilkinson. Outre sa propre fonte, il emploie celle du voisinage.

M. André se livre à la fabrication de toute espèce de fonte pour l'ornementation, le bâtiment, les conduites d'eau et de gaz, les ponts. Sa fabrication, avant les événements de 1848, s'élevait de 1,500,000 à 1,800,000 kilogrammes; elle est tombée, en 1848, à 850,000. C'était, avant 1848, d'une valeur de 600,000 à 700,000 francs.

La production de M. André s'est sensiblement améliorée depuis la dernière exposition; ses prix ont baissé, indépendamment de la baisse qu'a éprouvée la matière première. Il a fait plus de frais pour avoir de bons modèles; il a moulé d'une façon supérieure. La fontaine à jet d'eau qui est au milieu de la petite cour ménagée au milieu du bâtiment de l'exposition, et qui représente Amphitrite supportée par un groupe de tritons, est un objet très-bien fondu.

M. André a été au devant de la consommation en produisant des articles nouveaux et en faisant donner à ses produits une façon de plus, dans le but de les décorer : c'est ainsi qu'il produit des cheminées plus ou moins richement moulées, qui sont vendues de 100 à 250 francs. Il les fait revêtir d'un vernis de cuivre métallique produit par la galvanoplastie, au moyen du procédé particulier qui est dû à MM. Gaugain et Bisson, et qu'exploite un autre exposant,

M. Théophile Bernex; de cette manière, la fonte perd l'aspect triste qu'elle tire de sa couleur noire. Il en coûte 20 francs par cheminée et 20 francs pour gratter et ciseler préalablement, ainsi qu'il le faut lorsque les pièces sont moulées au sable d'étuve.

M. André a fondu les fermes d'un grand pont en fonte placé à Frouard, sur la Moselle, pour le chemin de fer de Paris à Strasbourg; ce sont, avons nous dit déjà, de véritables voussoirs. On en a exactement plané les joints à la mécanique.

Le jury, à la dernière exposition, décerna une médaille d'or à M. André; il lui en donne cette fois le rappel.

MM. MUEL et WAHL, à Tusey, près Vau couleurs (Meuse).

Nouvelles médailles d'argent.

L'établissement est important; il livre au commerce intérieur environ 1,500,000 kilogrammes de fonte. MM. Muel et Wahl exposent une plaque tournante de 6 mètres de diamètre, qui est d'une bonne exécution, et des pièces d'ornement telles que des balcons, des balustres et des statues.

Ces pièces attestent un progrès réel.

Jusqu'en 1847, Tusey n'avait produit que de la moulerie et en faisait dans de grandes proportions; c'est ainsi qu'à Reims M. Muel a établi, avant 1844, plusieurs fontaines ornées de statues, dont l'une a 2 mètres 75 cent. Auparavant, il avait fourni les colonnes rostrales de la place de la Concorde, à Paris. Depuis 1844, l'usine est en société, et, en 1847, la société, qui a pour gérants MM. Muel et Wahl, a ouvert des ateliers de construction pour toutes les pièces nécessaires aux chemins de fer, notamment des plaques tournantes, dont il a fabriqué une très-grande quantité. Quelques-unes des plaques fournies au chemin de fer de Strasbourg ont 11 mètres de diamètre; elles servent à tourner les locomotives avec leur tender. Ces articles se vendent, tout ajustés, sur le pied de 45 francs les 100 kilogrammes. On a fondu, à Tusey, pour le même chemin de fer, des ponts dont les pièces ont présenté, à l'essai, une très-remarquable résistance.

Dans ces mêmes ateliers, on confectionne toute espèce de pièces de forges; on établit des moulins.

Depuis 1844, les propriétaires de Tusey ont fait des frais pour améliorer leurs modèles.

En 1839, M Muel, alors seul propriétaire de Tusey, obtint une médaille d'argent, qui fut rappelée en 1844. Le jury, appréciant les efforts de la société nouvelle, lui décerne une nouvelle médaille d'argent.

M. François MARSAT fils, à Ruffec, Lamothe et Villemant (Charente).

Les établissements de M. Marsat font 2 millions et demi de kilogrammes, tant en fonte à moulage, destinée surtout à l'artillerie, qu'en fer forgé. Il emploie environ 900,000 kilogrammes de fonte achetée d'autres usines pour la fabrication du fer. Il fait aussi de la moulerie de première fusion.

M. Marsat ne fait de fer qu'au bois. Ses fers sont de première qualité; les expositions précédentes de 1839 et 1844 l'ont constaté.

M. Marsat utilise la chaleur perdue de ses hauts fourneaux, à Ruffec, pour cuire de la chaux; à Lamothe, pour engendrer de la vapeur.

Le grand mérite de M. Marsat est de produire des fontes que la marine de l'État apprécie d'une manière toute particulière. Nous avons eu sous les yeux un certificat délivré par le lieutenant-colonel d'artillerie directeur des fonderies nationales de Ruelle, à la date du 1er août 1849, d'où il résulte que les canons (de 8) fabriqués spécialement pour reconnaître les qualités des fontes, lorsqu'ils proviennent des fontes de Lamothe, résistent généralement, sans éclater, aux épreuves à outrance auxquelles ils sont soumis. « L'épreuve, dit le certificat, est réputée bonne, et les fontes présentées en recette sont définitivement admises lorsque le canon « n'éclate pas avant le 57e coup. Lorsqu'il résiste davantage aux « coups, à la charge maximum de 7 kilogrammes 832 grammes de « poudre et de 13 boulets, le tir n'est pas poussé au delà du 65e coup, « degré de l'épreuve très-souvent atteint par les fontes de Lamothe, « sans que les canons d'essai éclatent. »

Ces motifs déterminent le jury à décerner à M. Marsat fils une nouvelle médaille d'argent.

Rappels de médailles d'argent.

MM. PINART frères, à Marquise (Pas-de-Calais).

L'établissement de MM. Pinart, fondé en 1838, se compose de 3 hauts fourneaux et 3 cubilots. C'est le combustible minéral qui seul y sert; il est mû par la vapeur.

Il livre à la consommation, en temps ordinaire, 5,000 tonnes de fonte moulée de toute sorte et 2,600 de fonte brute; le tout d'une valeur de 1,500,000 francs.

MM. Pinart exécutent des ouvrages de toute dimension; ils ont eu à fondre un pont pour le chemin de fer de Calais et s'en sont très-bien acquittés. Ils exposent de beaux candelabres.

MM. Pinart ont le mérite d'avoir suscité l'industrie métallurgique dans le Boulonnais; elle y a fait des progrès qui ne peuvent que s'accroître.

En 1844, le jury décerna à MM. Pinart une médaille d'argent; c'est avec de nouveaux éloges qu'il leur en décerne le rappel aujourd'hui.

MM. VIVAUX frères, à Dammarie (Meuse).

MM. Vivaux s'étaient signalés, à l'exposition de 1844, par leur poterie, dont la confection et la qualité intrinsèque étaient fort remarquables. Cette fois ils produisent un cylindre de machine à vapeur, tel qu'il sort du moule. Cette pièce est d'une grande perfection. MM. Vivaux, par le soin extrême qu'ils apportent à leur choix de minerai et à la conduite du haut fourneau, font une fonte d'une très-grande fluidité, d'une parfaite homogénéité, et d'une extrême douceur. Leur moulerie a un fini qu'on rencontre bien rarement.

A la dernière exposition, le jury, après des épreuves dont une partie fut faite en sa présence, décerna une médaille d'argent à MM. Vivaux; il a une grande satisfaction de leur en accorder le rappel.

MM. HAMOIR, SERRET et Cie, à Valenciennes (Nord).

Médailles d'argent.

La société des hauts fourneaux du Nord fonda ses établissements en 1838, sur le territoire de Maubeuge. Elle les mit en activité en 1840, et les doubla en 1847.

Ils se composent de quatre hauts fourneaux employant le combustible minéral, et trois fourneaux à la Wilkinson, avec des ateliers d'ajustage. Ils livrent à la consommation 9,000 à 10,000 tonnes de fontes moulées en coussinets, pièces de ponts, tuyaux, cornues, plaques, boîtes de roues, marmites, et 2 à 3,000 tonnes de fonte brute. C'est une valeur d'environ trois millions de francs. Le nombre de personnes employées à l'intérieur est de 450 environ.

Les pièces principales de l'exposition de MM. Hamoir et Serret sont :

1° Un portique en fonte de 10 mètres d'ouverture et 8 mètres d'élévation, destiné à l'embarcadère du chemin de fer de Lyon : c'est la ferme même de la charpente de cette grande construction ;

2° Une plate-forme tournante de 5 mètres de diamètre, modèle du chemin de fer de Paris à Lyon.

La société du Nord expose pour la première fois. L'importance de l'établissement, et la beauté des produits, déterminent le jury à décerner à MM. Hamoir et Serret une médaille d'argent.

MM. GUÉRIN, DE KERSAINT et Cie, à Montluçon (Allier).

Cet établissement a été fondé par une société pour utiliser les mines de houille de Doyet (Allier) et augmenter l'utilité de celui de Commentry. En 1844, les hauts fourneaux de Montluçon n'étaient qu'au nombre de deux, dont l'un même n'était pas terminé. Il y en a quatre maintenant; deux seulement sont en feu par suite des événements. Ils peuvent produire huit millions de kilogrammes de fonte, dont quatre millions servent au moulage de deuxième fusion, et s'écoulent en grande partie dans le pays voisin au moyen des canaux. C'est ainsi que la grande fonderie de M. Emile Martin, à Fourchambault, emploie beaucoup de fonte de Montluçon.

Cependant l'établissement fabrique des coussinets et aussi des pièces de grande dimension : la table de coulée de la fabrique de glaces de Montluçon est ainsi sortie des ateliers de MM. Guérin, de Kersaint et Cie. Le reste est vendu pour la fabrication du fer. Les produits sont de bonne qualité; des fragments de gueuse qui nous ont été montrés sont de la meilleure apparence.

L'extraction de la houille, il y a peu d'années, s'élevait à 200,000 ou 300,000 hectolitres pour Commentry et Doyet. Elle est montée à plusieurs millions; les hauts fourneaux de Montluçon y ont contribué pour une forte part.

Le jury décerne à MM. Guérin, de Kersaint et Cie, pour leur établissement de Montluçon, une médaille d'argent.

M. Jean-Jacques DUCEL, à Pocé (Indre-et-Loire).

M. Ducel est un des fondeurs les plus occupés de ceux qui desservent Paris. Il employait, avant 1848, 1,500,000 kilogrammes de fonte.

Il a deux hauts fourneaux et un fourneau à la Wilkinson. Il produit de la fonte au charbon de bois, qu'il moule de première et de seconde fusion.

Il fabrique des objets d'ornementation ordinaire pour le bâtiment, des tuyaux, des vasques, des vases de jardins; il se livre depuis quelque temps à la production des statues. Il a exposé un beau Christ de deux mètres, d'après Bouchardon. Il fait des sacrifices pour se procurer de bons modèles; il économise habilement la matière, et de cette manière il arrive à produire bien et à bon marché.

A la dernière exposition, le jury décerna une médaille de bronze à M. Ducel; il lui accorde cette fois une médaille d'argent.

M. Jules BESQUENT, à Vannes (Morbihan).

Rappel de médaille de bronze.

M Besquent a un haut fourneau, un fourneau à la Wilkinson avec les accessoires.

Il expose des tuyaux, une marmite, un obus.

Depuis 1844, l'établissement a sensiblement augmenté d'importance.

Le jury décerna, en 1844, une médaille de bronze à M. Besquent; il lui en accorde cette fois le rappel.

MM. MARTIN et VIRY frères, quai de la Mégisserie, n° 74, à Paris.

Médailles de bronze.

MM. Martin et Viry frères ont un haut fourneau dans la Haute-Marne, à Sommevoire : c'est là qu'est le siége de leur fabrication. A ce haut fourneau sont joints deux fours à la Wilkinson. Ils font beaucoup d'articles courants à bas prix, des balcons de divers genres, des pilastres, palmettes, panneaux, rosaces; des pieds de bancs, des vasques, des croix. En temps ordinaire, ils emploient 1,400,000 kilogrammes de fonte.

C'est une bonne fabrication courante, économique, et répondant aux besoins du consommateur.

Le jury accorde à MM. Martin et Viry frères une médaille de bronze.

M. Louis-Alexandre COLAS, à Moutiers-sur-Saulx (Meuse).

C'est une ancienne forge qui, en 1829, fut convertie en fonderie. Elle se compose d'un haut fourneau et de deux cubilots.

A sa propre fonte, l'exposant joint de la fonte anglaise. Il parvient ainsi à produire 1 million à 1,200,000 kilogrammes de matières : c'est une valeur de 350,000 à 420,000 francs.

Un des objets qu'il a exposés est une lucarne en fonte pour le palais de justice de Paris, qui est remarquable.

Le jury accorde à M. Colas une médaille de bronze.

ASSOCIATION DES FORGES D'ARCACHON, commune de la Teste (Gironde).

L'établissement date de 1845. Il est maintenant entre les mains d'une des associations formées entre les maîtres et les ouvriers, que l'Assemblée nationale a encouragées en 1848. L'État a prêté à celle-ci une somme de 120,000 francs.

On y fabrique 800 tonnes de fonte moulée et 500 de fer forgé.

Le directeur, M. Léon Brothier, est un ancien maître de forges qui avait déjà fait ses preuves.

L'établissement expose des fourneaux à grille mobile, dont le prix moyen à l'usine est de 70 centimes; une couronne de roue hydraulique en fonte d'une seule pièce; des caisses pour oranger, en fer, fonte et bois, du prix de 6 francs.

C'est un établissement digne d'intérêt par sa constitution intime. Son existence, sous cette forme, a été trop courte encore pour qu'on puisse bien l'apprécier; mais la qualité des produits en fait bien augurer.

Le jury lui décerne une médaille de bronze.

M. Pierre BRISOU fils aîné, commune de la Bouexière, près de Rennes (Ille-et-Vilaine).

La fonderie de M. Brisou, composée d'un haut fourneau, et, depuis 1843, d'un four à la Wilkinson, travaille en première et en seconde fusion.

Les objets exposés sont de première fusion : ce sont des articles de poterie de différents calibres.

Ils sont bien confectionnés et à bas prix, parce que l'économie des matières permet à M. Brisou de les faire légers. L'établissement date de 1832.

La fabrication s'était agrandie d'un tiers depuis 1844 : de 450,000 kilogrammes, elle était passée à 600,000.

Le jury accorda, en 1844, à M. Brisou une mention honorable; il lui décerne, cette année, une médaille de bronze.

M. DURENNE, rue Planche-Mibray, nos 9 et 11, à Paris. Mentions honorables.

M. Durenne fait fondre sur ses modèles, dans la Haute-Marne, des objets en fonte moulée. Il a exposé, entre autres, une grande vasque, des frises, des bénitiers d'église. C'est une fabrication qui va de 50,000 à 75,000 francs.

Elle est satisfaisante.

Le jury le mentionne honorablement.

M. VILLEMAINE fils, à Limoges (Haute-Vienne).

M. Villemaine a établi, en 1845, à Limoges, une fonderie de deuxième fusion, où il faisait, avant 1848, pour 100,000 francs de marchandises.

Il fait le balcon, la poterie; il a exposé aussi une roue de waggon.

Cet établissement est utile dans une ville manufacturière. Les produits ont bonne apparence.

Le jury décerne à M. Villemaine une mention honorable.

M. Louis-Félix DELACOUR, rue Aux-Fers, n° 20, à Paris.

M. Delacour fait des objets en fonte de fer douce, tels que galeries de foyers, porte-pelles, candélabres; il fait aussi le petit bronze. Il occupe une douzaine d'ouvriers.

L'établissement est fondé depuis 1845.

Le jury lui accorde une mention honorable.

M. André BROCHON, rue d'Orléans, au Marais, n° 10, à Paris.

Il a une spécialité semblable à la précédente, mais une fabrication plus forte, et il ne travaille pas le cuivre.

Il exporte une partie de ses produits.

Le jury lui accorde une mention honorable.

M. Étienne-Louis GORJU, rue Saint-Maur-Popincourt, n° 16, à Paris.

M. Gorju a un fourneau à la Wilkinson et une petite forge.

Il expose un chambranle sculpté de bon goût.

Le jury le mentionne honorablement.

M. Henri-Charles-Alfred BOUILLIANT, fabricant de rouleaux compresseurs et de poteaux indicateurs, rue de Ménilmontant, n° 50, à Paris.

M. Bouilliant a une de ces fabrications restreintes qui sont si nombreuses dans l'industrie parisienne. Il estime cependant que sa fabrication représente une somme annuelle de 100,000 francs. Son rouleau compresseur répond à un besoin véritable de nos communications.

Le jury lui accorde une mention honorable.

M. DUMORA fils aîné, à Biganos (Gironde).

L'usine du Ponneau, composée d'un haut fourneau, livre annuellement au commerce 864,000 kilogrammes de fonte brute ou moulée en première fusion. Cet établissement rend service à la contrée, en y créant un mouvement industriel d'une certaine importance, et en y propageant l'emploi des objets moulés en fonte.

Le jury accorde à M. Dumora fils aîné une mention honorable.

MM. CHARON et Cie, rue du Temple, n° 59, à Paris.

M. Charon, fondeur en métaux, exploite spécialement la première subdivision d'une industrie qui paraît appelée à prendre du développement, la fabrication des petits objets d'art en fonte de fer.

Les objets moulés en sable d'étuve par M. Charon, avec un mélange de fonte anglaise et de fonte du Berry, ont déjà un fini remarquable à la sortie du moule et avant d'être livrés à d'autres ateliers, où ils reçoivent le recuit, le ciselé et le poli.

Le jury accorde à M. Charon et compagnie une mention honorable.

M. BAVOZET et fils, rue Saint-Étienne-Bonne-Nouvelle, n° 15, à Paris.

Citation favorable.

MM. Bavozet sont fondeurs en fer, cuivre et autres métaux. Ils occupent un petit nombre d'ouvriers.

Ce sont des fabricants dignes d'intérêt.

---

§ 4. FONTE MALLÉABLE.

M. Michel Chevalier, rapporteur.

MM. BOIS et Cie, rue Fontaine-au-Roi, n° 39, à Paris (Seine).

Médaille de bronze.

M. Bois rend la fonte suffisamment malléable pour divers usages par une contre-cémentation dont la base est le peroxyde de fer, à la condition de travailler exclusivement sur des pierres de petite dimension. La contre-cémentation ne pénètre qu'à un petit nombre de millimètres, mais elle y pénètre assez régulièrement pour que l'on puisse en faire la base d'une industrie, et, en se restreignant à des pièces de peu d'épaisseur, le succès est certain. On affine de cette manière des objets en fonte, tels que des clefs, des pênes de serrure, de la bouclerie, des objets de goût. C'est un art qu'on pratique aujourd'hui en France et au dehors.

L'établissement de M. Bois se compose de 2 fours, d'un cubilot, d'un fourneau à réverbère, de 2 fours à recuire.

La fabrication est en activité depuis 1842, mais elle n'a convenablement réussi que vers 1844; elle s'élève à une somme de 80,000 à 90,000 francs.

Le jury récompense M. Bois par une médaille de bronze.

MM. DALIFOL et BARRÉ, rue Pierre-Levée, n° 10.

Citation favorable.

MM. Dalifol et Barré sont tout nouvellement établis, du mois de mars de cette année seulement. Leur industrie est sur la même base que celle du précédent exposant. A cause de la nouveauté de leur établissement, le jury ne peut qu'engager MM. Dalifol et Barré à poursuivre leurs efforts.

§ 5. COUVERTS ET ÉTRILLES EN FER.

M. Pecqueur, rapporteur.

Médaille de bronze. **M. Benjamin POTTECHER, à Bussang (Vosges).**

Il a exposé des étrilles noires, étamées et peintes. Il a joint à ces étrilles six couverts et une cuiller à potage, en fer battu. Ces couverts sont d'une bonne forme et d'un étamage très-beau. Il vend ses couverts depuis 20 jusqu'à 30 francs la grosse, selon leur force. Il en fait aussi de très-forts à côtes qu'il vend 48 francs la grosse.

M. Pottecher est un ancien contre-maître qui a créé lui-même son établissement; il occupe maintenant 90 ouvriers à Bussang (Vosges), où il n'y avait aucune industrie, quand il s'y est fixé en 1841.

Le jury lui accorde une médaille de bronze.

Citation favorable. **M. LAISNÉ, rue Montorgueil, à Paris.**

Il a présenté des étrilles pour lesquelles il est breveté. En pensant que les étrilles, comme on les a faites jusqu'ici, étaient incommodes aux cavaliers par leur volume dans la musette pour le paquetage, M. Laisné a eu l'idée de composer une étrille nouvelle dont le manche se démonte à volonté, et dont le fer de ce manche puisse servir en même temps de cure-pied.

M. Laisné a réalisé cette idée d'une manière convenable.

Un rapport du capitaine commandant, Letellier, du 2e régiment de dragons, 3e escadron, dont la copie est sous les yeux du jury, approuve cette étrille nouvelle en la déclarant en tout préférable à l'ancienne.

Le jury décerne à M. Laisné une citation favorable.

---

§ 6. USTENSILES DE MÉNAGE.

M. Pecqueur, rapporteur.

Nouvelle citation favorable. **M. Noël BARBOU, rue Montmartre, n° 58, à Paris.**

Il a présenté, de nouveau, à l'exposition, les indicateurs qui lui ont valu une citation favorable en 1844.

Il présente de plus, cette année, des porte-bouteilles en fer, bien disposés, et deux modèles, grandeur naturelle, de portes se fermant d'elles-mêmes.

Le moyen qu'il a employé est des plus simples et des moins dispendieux.

Un de ses modèles est une porte qui s'ouvre d'un seul côté, pour celle-là deux pitons et un bout de fil de fer suffisent. L'autre modèle s'ouvre des deux côtés, pour celle-ci quatre pitons et deux bouts de fil de fer forment tout le mécanisme.

Ces moyens, aussi ingénieux que simples, méritent à M. Barbou une citation favorable nouvelle.

Citations favorables.

M. Louis-Joseph AGARD, rue de l'Arcade, n° 52, à Paris.

Il a mis à l'exposition :

1° Une grande jardinière, formée de trois couronnes en fonte et bronze fondus, propres à recevoir de la terre et des plantes vivantes. Ces couronnes, à commencer par celle d'en bas, sont séparées par des supports élégants, sont ornées de bas-reliefs et vont en diminuant pour former une pyramide qui se termine par un vase. Si bien que le tout, rempli de fleurs, forme un très-bel effet.

Les moyens ménagés pour l'arrosement des plantes et pour qu'il ne se répande pas d'eau, sont aussi bien calculés.

2° Une paire de jardinières de table.

3° Des arrosoirs de nouvelles formes, beaucoup mieux entendus pour la commodité que ceux en usage.

4° Des boîtes pour le scrutin des élections. Ces boîtes sont en tôle et disposées de manière que le couvercle peut être fermé pendant le vote par deux cadenas, qui, après le vote, servent aussi à fermer l'entrée et à donner ainsi toute sécurité contre la fraude.

Le jury accorde à M. Agard une citation favorable pour l'ensemble de son exposition.

M. Jean-Marie GINOT, rue Martel, n° 10, à Paris (Seine).

Il a exposé trois porte-pincettes qu'il nomme *comodo de foyer*.

Deux sont simples et moins ornés que le troisième, celui-ci est muni d'un tiroir dans le socle qui s'ouvre et se ferme avec le pied et présente un crachoir.

Le jury lui accorde une citation favorable.

SECTION TROISIÈME.

§ Ier. ACIERS.

M. Leplay, rapporteur.

CONSIDÉRATIONS GÉNÉRALES.

On a cru pendant longtemps, en dehors d'un petit nombre d'usines renommées par la qualité supérieure de leurs aciers, que le succès obtenu de temps immémorial dans ces lieux privilégiés, était le résultat de certains secrets mystérieusement transmis de génération en génération. C'est sur cette donnée fausse, c'est-à-dire pour exploiter de prétendus secrets, que se sont établies en France, jusque dans ces derniers temps, la plupart des usines qui se sont proposé de lutter contre les aciéries étrangères. Cette erreur est désormais écartée: on sait que le succès des aciéries les plus renommées est essentiellement dû à une qualité naturelle, propre aux minerais servant de base à leur industrie; et que cette qualité se transmet, par des causes que la science n'a pu encore complétement apprécier, aux fontes, aux fers et aux aciers qu'on en extrait; on sait également qu'aucun procédé de travail n'a pu suppléer, jusqu'à présent, à la propension aciéreuse qui distingue un très-petit nombre de minerais d'élite, et que tout le secret des aciéries les plus renomnées de l'Europe consiste, d'une part, à appliquer les méthodes ordinaires de travail à ces minerais et aux produits successifs qu'on en obtient; de l'autre, à n'appliquer leur marque que sur des produits de bonne origine et d'une fabrication irréprochable.

Les progrès extrêmement remarquables obtenus en France depuis quelques années dans la fabrication des aciers, sont exclusivement dus aux habiles fabricants qui ont opéré d'après cette nouvelle donnée. Ceux-ci, en continuant à l'appliquer avec loyauté et persévérance, placeront inévitablement les aciéries françaises au même rang que les plus célèbres aciéries de la Grande-Bretagne.

L'habile rapporteur du jury de 1844 a parfaitement caractérisé les propriétés des aciers *naturels, cémentés et fondus*, c'est-à-dire, des trois sortes d'aciers connues dans le commerce, et fabriquées par les usines françaises; il a également indiqué les conditions du perfectionnement de ces diverses fabrications, et fait pressentir les mesures gouvernementales qui peuvent seconder les efforts de l'industrie privée. Les faits accomplis depuis cinq ans n'ont rien changé aux éléments essentiels de la situation technique et économique des aciéries; il ont donc donné un plus grand relief, un nouveau degré d'opportunité, aux considérations générales présentées en 1844: on peut donc se borner à y renvoyer le lecteur.

Les efforts qu'a faits le jury pour classer, suivant l'ordre de mérite, les aciers bruts et ouvrés à l'état de limes, de faux, et sous diverses autres formes, ont également confirmé la justesse d'une observation déjà présentée en 1844: il y a convenance à la reproduire ici, avec de nouveaux développements, parce qu'elle se lie d'une manière très-intime à la mission même que le jury avait à remplir.

C'est une tâche extrêmement difficile que de classer, selon l'ordre de mérite, les aciers bruts et ouvrés provenant de diverses fabriques. Il n'en est pas de ces produits comme des matières textiles, des fils, des tissus, des machines, des instruments de précision, d'une multitude de produits chimiques, des objets d'art, des métaux précieux, dont la valeur exacte se révèle tantôt par l'examen sommaire qu'en fait un œil exercé, tantôt par un essai facile et dont la précision ne peut laisser aucun doute à l'observateur.

L'aspect extérieur des aciers et des objets d'acier permet facilement de constater la perfection des moyens mécaniques employés pour façonner les barres brutes et les objets ouvrés; mais cette qualité, qui, dans quelques cas, peut avoir de l'importance, est en général la moindre de celles que recherche le consommateur. Les propriétés fondamentales des aciers bruts et ouvrés, et en première ligne la dureté, le tranchant et l'élasticité, échappent à toute appréciation immédiate, et ne se peuvent mesurer que par l'usage.

Désirant arriver à une appréciation positive, le jury, en partant de cette conclusion, avait d'abord eu la pensée de soumettre comparativement à l'emploi qui leur est donné dans les arts, les divers produits soumis à son examen. Mais, en se rendant compte des moyens d'exécution, il a dû reconnaître que cette comparaison, pour être concluante, exigerait un temps beaucoup plus considérable que le délai assigné à ses travaux. Il faut, en effet, avant d'entreprendre un tel examen, avoir égard aux considérations suivantes.

Tous les fabricants n'apportent pas le même esprit au choix des produits qu'ils exposent; les uns prennent ces produits dans leur fabrication courante; les autres en font l'objet d'une fabrication spéciale, et montrent par là, plutôt ce qu'ils peuvent faire avec des soins particuliers, que ce qu'ils font réellement dans la pratique usuelle de leurs ateliers. Il serait donc inexact de soumettre à la comparaison les produits exposés; il faudrait que les matières d'essai fussent choisies avec toutes les garanties convenables d'exactitude et d'impartialité, parmi les produits ordinaires de chaque fabrique.

L'une des propriétés que le consommateur estime le plus dans les aciers bruts ou ouvrés est l'homogénéité et la constance des qualités qu'il s'agit de mettre en œuvre; certaines fabriques doivent leur mauvaise réputation, moins à l'infériorité moyenne de leurs produits, qu'à l'extrême inégalité qui se remarque dans des produits vendus comme identiques. On s'exposerait donc à de graves erreurs, si on se bornait à expérimenter sur un seul objet. Les objets essayés doivent être assez nombreux pour que la comparaison donne des résultats moyens et non des exceptions.

Enfin, une telle comparaison, pour être complète, doit porter, non-seulement sur les produits des usines françaises, mais encore sur les produits étrangers employés en France, et pour lesquels une réputation de supériorité s'est maintenue jusqu'à ce jour, dans l'opinion d'une partie des consommateurs. La supériorité des aciers étrangers a été, jusqu'à ces derniers temps, un fait incontestable; mais, depuis que les aciéries françaises sont enfin entrées dans la même voie qu'ont parcourue avec tant de succès les aciéries anglaises, l'opinion de la supériorité des aciers étrangers ne peut plus être conservée d'une manière absolue : dans beaucoup de cas, pour beaucoup d'objets d'une consommation usuelle, elle n'est plus qu'un préjugé. L'utilité de la comparaison, dont il s'agit ici, consisterait surtout à combattre ce préjugé qui porte un grave préjudice aux intérêts de l'industrie française.

Ces éclaircissements feront comprendre que le jury central n'a pu se livrer aux opérations de longue haleine qu'exigerait le choix d'échantillons nombreux et authentiques, provenant des aciéries indigènes et étrangères, et la surveillance des essais, ayant pour objet d'en constater, par un emploi prolongé, la valeur comparative. Ne pouvant faire intervenir une expérience qui lui fût propre, il a dû recourir, autant que les circonstances l'ont permis, à l'expérience des consommateurs qui emploient les aciers comme matières premières ou comme outils : son opinion s'est surtout formée par la discussion et le contrôle de leurs déclarations.

A ces indications de l'opinion publique, le jury a joint, autant qu'il dépendait de lui, celles que pouvaient fournir la consistance et le personnel des ateliers, la conversation des fabricants, etc.

Le jury espère que les résultats de cette enquête ne peuvent guère laisser de doute pour ce qui concerne les fabriques consacrées à la production des aciers en barres; mais il croit devoir déclarer qu'il n'a pu réunir les éléments d'une appréciation exacte pour ce qui concerne les outils d'acier et surtout les limes. Pour ce dernier article, il a dû se borner en conséquence a réunir par groupes les fabricants qui lui ont paru mériter les diverses sortes de récompenses, et il déclare expressément que l'ordre, suivant lequel ont été cités les exposants admis à la même récompense, ne garantit nullement le mérite relatif des concurrents.

Les efforts infructueux qu'a faits le jury central pour apprécier la valeur comparative des nombreuses fabriques de limes qui ont exposé leurs produits ont mis en évidence un fait qu'il importe de signaler : c'est que la fabrication et surtout le commerce des limes sont si mal organisés en France, que les consommateurs, qui ont intérêt à découvrir les meilleures fabriques, tombent nécessairement dans la perplexité où le jury s'est trouvé lui-même.

L'obstacle fondamental aux progrès de cette branche d'industrie résulte de l'habitude où sont presque tous les fabricants d'apposer de fausses marques sur leurs produits. Cette déplorable coutume est due en partie au désir qu'ont les fabricants peu consciencieux, ou convaincus de leur infériorité réelle, d'exploiter à leur profit la juste renommée que se sont acquise, par une longue tradition de talent et d'honnêteté, les meilleurs fabricants étrangers; elle est surtout provoquée et entretenue par les marchands en détail, qui veulent garder les fabricants dans leur dépendance, en empêchant ceux-ci de se faire connaître des consommateurs par une marque qui leur soit propre. Manquant de capitaux pour la plupart, obligés de rentrer promptement dans leurs avances, les fabricants subissent, à cet égard, la loi qui leur est imposée par les marchands, on voit souvent ces fabricants renoncer en quelque sorte à leur individualité, apposer sur leurs produits telle marque que le marchand juge convenable de prescrire, et même substituer le nom textuel du marchand à leur propre nom.

Un autre obstacle à la prospérité de l'industrie et du commerce des limes est l'inexactitude en quelque sorte normale des prix courants publiés par des fabricants. Ces prix, s'ils étaient exacts, et s'ils se rapportaient d'ailleurs à des produits caractérisés par des marques authentiques et invariables, seraient en effet une mesure infaillible de la qualité relative des produits, car il est évident que le consommateur ne consentirait à acheter les produits cotés aux prix les plus élevés que si la supériorité en était positivement reconnue. Dans un tel système commercial, le classement des fabriques par ordre de mérite résulterait forcément de la simple comparaison de leurs prix courants. Dans beaucoup de circonstances, d'ailleurs, la publication de prix courants authentiques rapprocherait le fabricant des consommateurs, et les soustrairait à l'intervention onéreuse des marchands.

La fausseté des marques et des prix courants ne profite en définitive qu'aux fabricants d'ordre inférieur et aux marchands : cette déloyale habitude commerciale est donc directement opposée aux intérêts des fabricants qui sont à la tête de leur art, c'est-à-dire de ceux qui sont la véritable source de l'activité industrielle et commerciale du pays. Déjà quelques fabricants éclairés et consciencieux, comptant sur les résultats que doit donner à la longue une industrie habile et loyale, ont entrepris de réagir contre cet état de choses, et ils ne livrent au commerce que des limes frappées de leur propre marque. Dans une telle voie, le succès est lent, parce qu'il faut s'attendre au mauvais vouloir des marchands, qui disposent encore de la plupart des consommateurs; mais il est assuré, si le fabricant est expérimenté et s'il a les ressources financières convenables. L'histoire des aciéries anglaises prouve qu'un fabricant habile, qui consacre sa vie à fonder la réputation d'une marque qui lui est propre, peut léguer, par la seule possession de cette marque, une grande fortune à ses descendants. Il est évident, au contraire, que le fabricant qui, pour s'épargner les difficultés inséparables de tout début, exploite par contrefaçon une marque étrangère, se prive à tout jamais des avantages que son habileté aurait pu lui assurer; par une juste punition des dommages qu'il a d'abord causés, des succès hors ligne, s'il lui était donné d'en obtenir, n'auraient d'autres résultat que d'augmenter la réputation de ses rivaux.

Le Gouvernement rendrait donc aux fabricants habiles et consciencieux, les seuls qu'il convienne d'encourager, un immense service en imposant à chaque producteur l'obligation d'apposer sur ses produits une marque qui lui soit propre.

Il serait également à désirer que le Gouvernement demandât à des commissions, offrant toutes les garanties convenables de savoir et d'impartialité, les essais comparatifs que le jury, à son grand regret, n'a pu exécuter lui-même. La comparaison ne devrait pas être limitée aux seuls produits présentés à l'exposition de 1849; elle devrait comprendre toutes les limes indigènes et étrangères consommées en France.

Enfin, il serait extrêmement utile que les arsenaux de l'État qui consomment des limes abandonnassent le système d'adjudication au rabais, dont le résultat est de placer les ouvriers de ces ateliers dans de mauvaises conditions de travail et d'encourager les mauvais fabricants aux dépens des fabricants habiles et consciencieux; à cet égard, il n'y aurait qu'à revenir aux règles qui ont été suivies pendant quelque temps par l'administration de la marine.

Ces considérations ne sont pas seulement applicables aux limes; elles conviennent également aux aciers en barres, aux faux et aux principales sortes d'aciers ouvrés. Si jamais une commission spéciale est chargée, par exemple, de faire une appréciation de la qualité des diverses faux employées en France, on s'étonnera que l'on ait pu tolérer si longtemps, pour cette spécialité, le régime des fausses marques. En mesurant, au moyen d'expériences directes, les pertes énormes de temps qu'imposent aux ouvriers chargés des récoltes, et à ceux qui travaillent les métaux et les corps durs, les mauvais outils achetés sous la garantie de marques fausses et par l'attrait du bon marché, on comprendra l'heureuse influence que le retour aux principes de la probité commerciale exercera sur toutes les branches de l'agriculture et de l'industrie.

Nouvelle médaille d'or.

MM. JACKSON frères, à Assailly, près de Rive-de-Gier, et à la Bérardière, près de Saint-Étienne (Loire).

Les fabriques d'acier de MM. Jackson sont les plus considérables qui existent en France; elles ont reçu depuis la dernière exposition de notables accroissements, et contiennent aujourd'hui : 12 fours de cémentation, 50 fours à deux creusets pour la fabrication de l'acier fondu, 47 fours à coke, et les fours nécessaires au réchauffage des pièces élaborées par 2 laminoirs et 3 marteaux; elles reçoivent le mouvement de 4 roues hydrauliques, d'une force totale de 60 chevaux, ou de deux machines à vapeur de pareille force. Elles emploient ordinairement 300 ouvriers. Elles fabriquaient annuellement, avant 1848, 3,000,000 de kilogrammes d'aciers de toutes sortes.

Les produits de fabrication courante, exposés par MM. Jackson, sont : 1° En aciers fondus étirés, des barres assorties du prix de 260 francs les 100 kilogrammes, fabriquées avec du fer suédois de Danemora (1er et 2e rangs), destinées à la fabrication des rasoirs, outils fins, burins, marteaux de moulins, gros crochets de tours, ronds pour matrices, étampes et outils divers; des barres assorties à 220 francs, fabriquées avec du fer suédois de 3e rang; des barres assorties à 180 francs, fabriquées avec des fers suédois de 4e rang, mélangés de fer des Pyrénées; des barres pour limes à 150 francs, fabriqués avec des fers de Suède et de France mélangés; une 2e qualité d'aciers pour limes, à 130 francs, fabriquée avec les fers des Pyrénées, etc.; 2° En aciers corroyés, des barres assorties à 220 fr., pour outils délicats et instruments de chirurgie, fabriquées avec des fers suédois de 1er et 2e rangs; des barres assorties, à 200 francs, dites *deux éperons*, fabriquées avec des fers suédois de 3e rang; une série de qualités destinées aux mêmes usages que les aciers allemands, et spécialement à la taillanderie et à la coutellerie; enfin, des aciers pour ressorts de voitures et de locomotives.

Indépendamment de ces objets de fabrication courante, MM. Jackson exposent, entre autres produits destinés à des usages spéciaux, une tige de piston en acier fondu, pesant 1,037 kilogrammes. Les moyens d'action considérables dont disposent MM. Jackson leur permettraient de fabriquer, au besoin, des pièces encore plus pesantes.

Depuis la dernière exposition, MM. Jackson ont introduit dans leurs usines la fabrication des tôles d'acier; les produits exposés témoignent du degré de perfection qu'ils ont déjà atteint.

Le jury a été souvent dans le cas de constater, par les déclarations des fabricants français qui recherchent pour leur industrie les qualités supérieures d'acier, que les aciers fondus, à 260 francs, de MM. Jackson remplacent pour une foule d'usages une partie des aciers fins que l'on était précédemment obligé de tirer d'Angleterre.

Le jury, considérant que MM. Jackson ont conservé le rang distingué qu'ils occupaient aux expositions précédentes, leur décerne une nouvelle médaille d'or.

Rappels de médailles d'or.

M. Alexandre-Théodore BAUDRY, à Athis-Mons (Seine-et-Oise) et rue du Petit-Carreau, n° 10, à Paris.

L'aciérie d'Athis-Mons fut construite en 1823, sous la direction de M. John Bunn, qui assura dès l'origine le succès du nouvel établissement, en fabriquant avec les mêmes fers suédois que recherchent les aciéries anglaises des ressorts de voitures que le commerce acceptait avec empressement au prix de 180 francs les 100 kilogrammes. Plus tard, les propriétaires de l'usine, ayant voulu accroître leurs bénéfices, en employant des matières premières de moindre valeur, virent peu à peu disparaître leur clientèle. M. Baudry, ayant acquis l'aciérie d'Athis-Mons en 1835, rétablit immédiatement la réputation de ses aciers à ressorts, en revenant à l'emploi exclusif des meilleurs fers suédois de 3ᵉ rang; dès l'année 1839, le jury le trouva digne de la médaille d'or, et celle-ci lui fut rappelée en 1844.

Depuis cette dernière époque, l'usine a reçu quelques développements. Elle comprend aujourd'hui : 2 fours de cémentation et tous les four et appareils nécessaires pour le réchauffage, le laminage et le corroyage des aciers; la production annuelle des aciers dépassait 200,000 kilogrammes avant les événements de 1848. Outre les aciers à ressorts qui forment la base de sa fabrication, M. Baudry commence à fabriquer les aciers pour coutellerie, avec les fers suédois de 1ᵉʳ et de 2ᵉ rang. M. Baudry continue d'ailleurs de tenir en activité la forge annexée à son aciérie, et dans laquelle, au moyen de 4 fours à puddler et des appareils qui en dépendent, il fabrique, avec la fonte au bois de Champagne, des fers assortis pour la consommation de la ville de Paris.

Le jury rappelle à cet habile et consciencieux fabricant la médaille d'or qui lui fut décernée en 1839.

MM. Léon TALABOT et Cⁱᵉ, à Saint-Juéry (Tarn) et à Toulouse (Haute-Garonne).

MM. Talabot et Cⁱᵉ ont exposé des échantillons des nombreuses sortes d'aciers en barres et ouvrés sous formes de limes et de faux qu'ils fabriquent dans ces deux établissements. Ces produits sont remarquables par leur belle fabrication et leur bonne qualité.

MM. Talabot et Cⁱᵉ se sont constamment maintenus à la hauteur où ils s'étaient placés en 1834, époque à laquelle il leur fut décerné une médaille d'or.

Ces fabricants n'ayant pas cessé de mériter cette honorable récompense, le jury la leur rappelle.

Rappels de médailles d'argent.

M. Joseph-Jules FALATIEU, et Mme Annette CHAVANE, à Pont-du-Bois (Haute-Saône).

M. Falatieu continue à produire dans ses belles forges de Pont-du-Bois des fers fort estimés dans le commerce; mais le jury n'a à signaler dans cette section que les améliorations apportées depuis la dernière exposition à l'élaboration des aciers naturels produits dans cet établissement, avec les fontes grises de Comté, ou des aciers cémentés provenant des fers de même origine. M. Falatieu livre maintenant au commerce des ressorts de voiture corroyés et des aciers pour limes à 120 francs; des aciers pour coutellerie, aux prix de 135 à 140 francs; des tôles d'acier cémenté, au prix de 120 francs; des tôles plus fines pour chirurgie et quincaillerie fine à 160 et 180 francs; des socs de charrue, dits américains, en acier laminé; des aciers pour faux; des fils d'acier de toutes grosseurs et particulièrement des fils n° 1 à 2 fr. 16 cent. le kilogramme.

Le jury accorde à M. Falatieu et à Mme Chavane le rappel de la médaille d'argent qui fut décernée à M. Falatieu jeune en 1844.

M. GOURJU, à Bonpertuis (Isère).

M. Gourju continue à fabriquer des aciers naturels avec les fontes produites dans la localité et avec celles qu'il importe de la Savoie et des États allemands.

Il emploie à la fois la méthode de travail suivie dans la localité depuis une époque fort reculée et la méthode westphalienne, qu'il a le premier introduite dans cette partie de la France, à l'imitation de ce qui s'était fait précédemment dans les forges de la Moselle et du Bas-Rhin.

Par cette variété de matières premières et de procédés de fabrication, cet habile maître de forges parvient à produire des sortes très-variées d'aciers en barres, destinées aux mêmes usages que les aciers allemands.

Le jury accorde à M. Gourju, le rappel de la médaille d'argent qui lui fut décernée en 1844.

Médailles d'argent.

M. Jacob HOLTZER, à Firminy commune d'Unieux (Loire).

L'usine de M. Holtzer reçoit la force motrice qui lui est nécessaire d'un cours d'eau de 20 à 30 chevaux et de deux machines à vapeur d'une force collective de 50 chevaux; elle comprend 4 fours de cémentation et 40 fours pour la fusion de l'acier. Elle emploie 80 ouvriers et produisait annuellement avant les événements de 1848, 700,000 kilogrammes d'aciers fondus ou corroyés.

M. Holtzer s'est surtout appliqué à employer les fers et aciers bruts français, pour sa fabrication : il n'y admet qu'environ 1/5 de fers suédois de 1ers, 2e et 3e rangs. M. Holtzer livre ses produits au commerce sous des formes et pour des usages très-variés. Le jury a souvent constaté que les fabricants consommateurs en apprécient les bonnes qualités.

Le jury, considérant que M. Holtzer est un des fabricants qui ont le plus contribué à développer la fabrication des bons aciers indigènes et à relever l'industrie française de son infériorité, récompense ses efforts en lui accordant une médaille d'argent.

MM. NEYRAND, THIOLLIÈRE, BERGERON, VERDIER et Cie, à Lorette (Loire).

L'établissement de Lorette a pour origine celui qui fut fondé à Lyon en 1842, par l'un des associés, M. Verdier; en 1843, M. Granjon vint s'y adjoindre et c'est à la maison Granjon et Cie que le jury de 1834 décerna une médaille d'argent. Depuis cette époque, la société, s'étant adjoint MM. Bergeron, Fontaine et Neyrand, a fondé sur une grande échelle un nouvel établissement à Lorette et s'est constituée enfin, en 1848, sous la raison sociale actuelle.

L'aciérie de Lorette, située à proximité des houillères de la Loire, entre le canal de Givors et le chemin de fer de Saint-Étienne à Lyon, a pour moteur 5 machines à vapeur d'une force totale de 120 chevaux. Elle comprend 2 grands fours de cémentation et 20 fours pour la fusion de l'acier, 2 laminoirs à cannelures pour gros et petits échantillons; un train de laminoirs pour tôles d'acier, un marteau de 1,800 kilogrammes, un marteau pilon de 2,000 kilogrammes, 4 martinets, 2 cisailles, 9 fours pour le réchauffage de l'acier. Ils employaient, avant 1848, 100 ouvriers et produisaient environ 1,000,000 de kilogrammes d'aciers. Ces habiles fabricants ont fait une étude particulière des qualités propres aux fers à aciers de la Suède et en emploient plus de moitié dans leur fabrication.

Outre les sortes courantes d'aciers fondus, corroyés et étirés en barres, MM. Neyrand et Cie ont exposé de très-belles tôles d'acier qu'ils fabriquent maintenant sur une grande échelle, une belle tige de piston en acier fondu pour une machine à vapeur de la force de 100 chevaux, etc.

Le jury, prenant en considération les services rendus à l'industrie des aciers par MM. Neyrand, Thiollière, Bergeron, Verdier et Cie, leur accorde une médaille d'argent.

M. Antoine DESPRET, à Milourd-sur-Anor (Nord).

L'usine de Milourd-sur-Anor, créée en 1843, a reçu depuis l'époque de la dernière exposition des améliorations remarquables; le jury départemental signale le service que M. Despret a rendu à la localité, en y introduisant la seule branche de la métallurgie du fer qui y fît jusqu'alors défaut.

Entravé dans ses premiers esssais de fabrication par l'imperfection des fers qu'il employa d'abord, M. Despret obtint d'excellents résultats dès qu'il fut parvenu à ouvrir avec la Suède des relations directes, et à se procurer, pour les convertir en acier, des fers de Danemora. Assuré de pouvoir fournir au commerce des aciers et des limes de qualité supérieure, M. Despret se décida, en 1847, à les marquer tous de son nom. L'insistance que met M. Despret à réclamer une loi qui impose à chaque fabricant l'emploi d'une marque authentique honore cet habile industriel et témoigne de la confiance qui l'anime.

L'aciérie de Milourd élabore déjà 120,000 kilogrammes de fer en barre.

Placé à proximité du bassin houiller du Nord, qui lui fournit le combustible, et du port de Dunkerque où s'importent les fers suédois, ayant déjà surmonté les premières difficultés qui s'attachent à la création d'une nouvelle marque, M. Despret paraît appelé à de nouveaux succès.

Le jury, appréciant le service que M. Despret a rendu à la fabrication des aciers indigènes, en introduisant le premier cette industrie dans une contrée qui en était dépourvue et qui offre pour cette spécialité de remarquables conditions de succès; appréciant surtout la loyauté dont il a fait preuve en s'imposant à lui-même l'obligation d'une marque authentique; considérant enfin que ses aciers et ses limes, nonobstant les obstacles que lui a suscités cette honorable conduite, sont déjà appréciés par les consommateurs, lui témoigne sa haute approbation et lui décerne une médaille d'argent.

Rappel de médaille de bronze.

M. Louis Auguste GRASSET, à Saint-Aubin-des-Forges (Nièvre).

M. Grasset fabrique au moyen de fontes grises du pays, un acier naturel qui, à raison de son bas prix, 50 francs par 100 kilogrammes, offre à l'agriculture de précieuses ressources.

Le jury accorde à M. Grasset le rappel de la médaille de bronze qui lui fut décernée en 1844.

Médailles de bronze.

LA COMPAGNIE DES FORGES D'AXAT (Aude).

La forge d'Axat existe depuis un siècle environ; la fabrique d'acier qui y a été annexée depuis 1835 élabore les fers que la forge extrait des minerais du pays par une méthode directe propre à cette contrée.

L'établissement a pour moteur un cours d'eau de la force de 200 chevaux: il comprend un feu de forge à la catalane, où le minerai est converti en fer forgé; 2 fours de cémentation, 4 fourneaux pour la fusion de l'acier, 6 feux de martinets et tous les appareils mécaniques nécessaires pour la préparation des diverses sortes d'aciers. On y fabrique annuellement 140,000 kilogrammes d'aciers.

Parmi les principales sortes d'aciers livrées au commerce, on distingue les aciers corroyés à 105 francs, pour armes et tranchants; les aciers corroyés à 120 francs, pour coutellerie fine; les aciers corroyés à 150 francs, pour taillanderie et outils de forage; les aciers fondus pour limes, au prix de 140 à 200 francs; les aciers fondus à 200 francs, pour rasoirs, instruments de chirurgie et couteaux à papier; les mêmes aciers, dits à double fusion, à 275 francs; les aciers fondus pour l'outillage des mécaniciens, à 190 francs; et les mêmes, dits à double fusion, à 245 francs.

Des attestations de divers consommateurs de ces aciers et quelques essais faits sous les yeux du jury, témoignent de la bonne qualité de plusieurs de ces sortes.

Le jury accorde à la compagnie des forges d'Axat une médaille de bronze.

M. Barthélemy DEBRYE, à Valbenoîte, près de Saint-Étienne (Loire).

L'établissement fondé à Saint-Étienne, en 1832, ut transporté, en 1835, dans son emplacement actuel : il comprend un four de cémentation et seize fours pour la fusion de l'acier. Il fabrique surtout des aciers fondus étirés pour limes et divers outils. Plusieurs fabricants d'outils ont déclaré au jury qu'ils se servaient avec succès des aciers fondus de cet établissement.

M. Debrye se loue beaucoup du concours dévoué et intelligent qu'il trouve dans l'un de ses ouvriers, M. Schneel, dit Tobias. Le jury a remarqué, avec intérêt, un modèle d'ordon à quatre martinets exécuté par M. Schneel, et dans lequel se remarquent plusieurs dispositions qui paraissent de nature à améliorer le montage de ces sortes d'appareils.

Le jury accorde à M. Debrye, une médaille de bronze, et, sur la recommandation de M. Debrye, il accorde également une médaille de bronze à M. Schneel, dit Tobias.

MM. RENODIER, BALLEFIN et Ce, à Rives, commune de Valbenoîte, près de Saint-Étienne (Loire),

Ont exposé deux qualités d'aciers fondus, étirés, fabriqués avec des fers d'origine française et qui se vendent au prix de 120 et de 150 francs les 100 kilogrammes ; le jury a constaté qu'ils sont recherchés sur le marché de Paris par divers fabricants, et particulièrement par des fabricants de limes. La fabrication annuelle monte à 100,000 kilogrammes.

Le jury accorde à MM. Renodier, Ballefin et Ce une médaille de bronze.

MM. ESTIENNE et IRROY fils, à la Hutte, près de Darney (Vosges).

MM. Estienne et Irroy fabriquent l'acier naturel au moyen des fontes grises de Comté. Ils livrent au commerce des aciers étirés pour ressorts, socs de charrue et outils de terre, et pour autres usages, au prix de 80 à 100 francs ; des aciers corroyés au prix de 100 à

140 francs; des aciers deux fois corroyés au prix de 130 à 150 francs; des aciers trois fois corroyés à 160 francs; enfin des ressorts de diverses qualités, qui ont attiré spécialement l'attention du jury départemental.

Le jury accorde à MM. Estienne et Irroy une médaille de bronze.

M. Jules Amédée BARBAZAN, à Userche (Corrèze).

Depuis la dernière exposition, M. Barbazan a annexé à ses forges d'Userche une aciérie comprenant un four de cémentation et un feu pour acier. Cette aciérie élabore les fers produits dans les usines de la Grenerie et d'Userche, avec les minerais de la localité. Cette nouvelle industrie livre annuellement au commerce 100,000 kilogrammes d'aciers; le jury départemental constate qu'elle doit exercer sur la prospérité du pays une heureuse influence.

Le jury accorde à M. Barbazan une médaille de bronze.

Mention honorable.

COMPAGNIE DES FORGES ET FONDERIES D'ARDON (Suisse).

Convertit en acier, dans une usine située à Saint-Étienne (Loire), les fers qu'elle produit dans les forges d'Ardon (Suisse). Ces aciers sont eux-mêmes convertis partiellement en limes, dans un second atelier que la compagnie possède à Oullins, près de Lyon (Rhône).

Le jury accorde à la compagnie des forges d'Ardon une mention honorable.

---

§ 2. LIMES.

M. Leplay, rapporteur.

Rappel de médaille d'argent.

M. Jean-Joseph GROB-SCHMIDT, chaussée de Ménilmontant, n° 28, à Belleville (Seine).

Les produits de cet habile fabricant se distinguent par une fabrication soignée. Le jury a été dans le cas de constater que plusieurs consommateurs les recherchent avec empressement.

Le jury rappelle à M. Grob-Schmidt la médaille d'argent qui lui fut décernée en 1827.

M. RAOUL aîné, rue de Popincourt, n° 12, à Paris.

Rappels de médailles de bronze.

M. Raoul continue à se montrer digne de la réputation acquise par son père ; tout en conservant la spécialité qui lui était acquise dans la fabrication des petites limes, il a donné plus d'extension à sa fabrication de grosses limes, et celles-ci sont également estimées dans le commerce.

Le jury accorde à M. Raoul le rappel de la médaille de bronze.

M. PUPIL, rue des Bourguignons, n° 23, à Paris.

M. Pupil a conservé à ses produits la bonne réputation qui leur est depuis longtemps acquise ; plusieurs essais faits sous les yeux du jury témoignent de la bonne qualité de ses produits.

Le jury accorde à M. Pupil le rappel de la médaille de bronze.

MM. DÉROLAND et Cie, rue de Ménilmontant, n° 47, à Paris.

M. Déroland est un des praticiens français qui ont le plus contribué à propager en France, les bonnes méthodes de travail des pays étrangers ; il a lui-même introduit d'heureuses innovations dans la trempe des limes.

Le jury accorde à M. Déroland le rappel de la médaille de bronze.

M. FROID, rue du Faubourg-Saint-Martin, n° 50, à Paris.

Continue à maintenir l'honorable réputation qu'il s'est créée pour la fabrication de la petite lime. Les exportations que cet habile fabricant fait dans les pays étrangers prouvent qu'il s'est élevé au premier rang pour certaines spécialités, et notamment pour les limes de dentistes.

Le jury accorde à M. Froid le rappel de la médaille de bronze.

M. François TABORIN, rue Amelot, n° 52, à Paris,

S'est particulièrement adonné à la fabrication des grosses limes destinées aux ateliers de construction ; le soin que ce consciencieux fabricant apporte à n'employer que des aciers de choix explique l'accroissement de sa clientèle, et justifie les attestations honorables qui lui sont accordées par plusieurs consommateurs.

Le jury accorde à M. Taborin le rappel de la médaille de bronze.

M. BOULLAND, rue du Delta, n° 15, à Paris.

Depuis la dernière exposition M. Boulland a apporté de nouveaux soins à perfectionner ses produits; des essais, faits sous les yeux du jury, attestent l'excellente qualité de plusieurs limes fabriquées avec des aciers de choix indigènes et étrangers.

Le jury accorde à M. Boulland le rappel de la médaille de bronze.

Médailles de bronze.

MM. WURSTHORN et Cie, rue Phélippeaux, n° 27, à Paris.

La compagnie que dirige M. Wursthorn se compose d'ouvriers associés qui ont reçu un prêt de l'État. Le principe qui sert de point de départ à leur industrie est de n'employer que des aciers de choix, provenant des meilleurs fabricants français, et de ne délivrer en conséquence au commerce que des limes de qualité supérieure. En suivant cette ligne de conduite avec persévérance, la compagnie s'assurera les meilleures conditions de succès.

Le jury récompense les efforts de la compagnie, en lui accordant une médaille de bronze.

MM. PROUTAT, MICHOT et THOMERET, à Arnay-le-Duc (Côte-d'Or),

Ont créé récemment dans cette contrée, dépourvue de toute autre industrie, un atelier destiné à la fabrication des petites limes et des principaux outils d'acier, employés dans l'art de l'horlogerie.

Les produits exposés témoignent des succès déjà obtenus par ces habiles fabricants, et donnent lieu d'espérer qu'ils pourront prochainement suppléer à ceux que la France tire encore des pays étrangers.

Le jury récompense les efforts de MM. Proutat, Michot et Thomeret, en leur décernant une médaille de bronze.

M. Jacques PICHOT, rue de Charonne, n°s 38 et 40, à Paris.

Depuis la dernière exposition, M. Pichot a fait de nouveaux progrès dans son art; des attestations de plusieurs grands constructeurs de Paris témoignent de la bonne qualité des grosses limes qu'il livre au commerce.

Le jury accorde à M. Pichot une médaille de bronze.

MM. TORDEUX et Cie, à La Fère (Aisne),

Fabriquent des limes en acier fondu et en acier ordinaire; des essais faits en 1846, sous les yeux du colonel d'artillerie directeur de l'arsenal de La Fère, ont permis de constater la bonne qualité de leurs produits.

Le jury, en conséquence, décerne à MM. Tordeux et Cie une médaille de bronze.

M. Louis-Érasme JACQUET-ROBILLARD, à Arras (Pas-de-Calais), Mentions honorables.

Fabrique, dans une usine créée en 1836, des limes qui sont appréciées par le commerce; le jury départemental constate qu'elles sont expédiées dans un grand nombre de départements.

Le jury accorde à M. Jacquet-Robillard une mention honorable.

MM. BÉRANGER frères, rue de la Folie, n° 1, à Orléans (Loiret),

S'appliquent particulièrement à fabriquer des limes à bon marché pour la consommation courante des petits ateliers de ferronnerie.

Le jury récompense le zèle de ces ouvriers-fabricants en leur accordant une mention honorable.

M. OZENNE-MONGINOT, à Breuvanne (Haute-Marne).

L'industrie que M. Ozenne-Monginot a déjà développée sur une échelle assez considérable consiste à retailler les limes hors de service.

Le jury accorde à M. Ozenne-Monginot une mention honorable.

M. Jacques SOYER, à Nevers (Nièvre),

Continue à fabriquer des limes avec des aciers cémentés qu'il fabrique lui-même; le jury départemental signale la bonne qualité de ces produits.

Le jury accorde à M. Soyer une mention honorable.

Citation favorable. **M. Jacques-Hippolyte LEPAGE, rue des Gravilliers, n° 28, à Paris.**

Sa principale industrie consiste à retailler des limes usées, pour les grands ateliers de construction de Paris; il commence également à fabriquer des limes neuves avec des aciers fondus de bon choix.

Le jury, pour récompenser les efforts de M. Lepage, lui accorde une citation favorable.

M. Antoine-Paul LEGARDEUR, à Belleville (Seine).

Fabrique lui-même avec quelques ouvriers, des limes neuves ou retaillées, qu'il livre au commerce à des prix très-modérés.

Le jury accorde à M. Legardeur une citation favorable.

---

§ 3. FAUX.

M. Leplay, rapporteur.

Rappel de médaille d'or. **MM. JACKSON frères, GÉRIN et MASSENET, à Saint-Etienne (Loire).**

Depuis l'exposition de 1844, où ces habiles fabricants ont été placés au 1er rang pour leur fabrication de faux en acier fondu, cette industrie a reçu de nouvelles améliorations et un nouveau degré de développement.

Ces faux continuent à être fabriquées avec les excellents aciers fondus que MM. Jackson frères produisent avec certaines marques de fers suédois, spécialement appropriées à ce genre de production. Les ventes n'ont cessé de s'accroître pendant les années 1846 et 1847, aux dépens des importations allemandes et se sont élevées à environ 300,000 pièces par année. Notamment réduite par suite des événements de 1848, la production a remonté déjà, pour 1849, au taux de 260,000 pièces.

Indépendamment de ces sortes, de qualité supérieure, qui se tiennent à un prix plus élevé que celles qui se fabriquent en d'autres parties de la France avec de l'acier ordinaire, MM. Jackson, Gérin et Massenet ont donné un nouveau développement à leur fabrication de faux ordinaires, pour lutter avec les autres fabriques devant les acheteurs, trop nombreux encore en France, qui recherchent le bon marché plutôt que la qualité de l'outil. Ils ont également introduit dans leur usine, sur une grande échelle, la fabrication de l'outil nommé *sape*, dont les ouvriers belges se servent pour moissonner. Enfin ils ont également entrepris la fabrication des faucilles, forme d'Allemagne; ils livrent aujourd'hui des faucilles en acier fondu, au même prix que le commerce accorde aux faucilles allemandes d'acier naturel, sur le marché français.

Ces faits prouvent que, depuis la dernière exposition, MM. Jackson frères, Gérin et Massenet, ont donné à leur fabrication un nouveau degré de perfection, une plus grande importance.

Le jury, en conséquence, leur rappelle la médaille d'or qui leur fut décernée à cette époque.

MM. DUMAINE, DORIAN et Cie, à Valbenoîte, près de Saint-Étienne (Loire). Médaille d'argent.

Ont porté à un remarquable degré de perfection la fabrique de faux en acier fondu qu'ils ont créée à Valbenoîte, en 1843. La production annuelle s'élève déjà à 100,000 pièces, dont 80,000 faux et 20,000 faucilles. Les efforts intelligents de ces fabricants ont contribué à propager l'emploi d'excellents instruments, qui, nonobstant leur prix plus élevé que celui des faux ordinaires, permettent de réduire considérablement les frais de main-d'œuvre dans l'une des branches les plus importantes du travail agricole.

Le jury récompense les efforts de ces habiles fabricants en leur décernant une médaille d'argent,

MM. CHALEYER et GRANJON, à Firminy, près de Saint-Étienne (Loire), Médaille de bronze.

Ont déjà porté à 50,000 pièces leur fabrication annuelle de faux et de faucilles en acier fondu.

Le jury récompense leurs efforts en leur décernant une médaille de bronze.

M. François-Constant NICOD, à Maison-du-Bois (Doubs). Mention honorable.

Fabrique des faux en fer et en acier qui trouvent leur écoulement en France et dans la région de la Suisse qui confine au Jura.

Le jury accorde à M. Nicod une mention honorable.

M. François-Joseph PERNEY, à Luxeuil (Haute-Saône), Citation favorable.

Expose un instrument à battre les faux et faucilles, au moyen duquel on peut, sans un apprentissage spécial, remettre ces instruments en état de service.

Le jury lui accorde une citation favorable.

§ 4. ÉLABORATIONS DIVERSES DE L'ACIER.

M. Leplay, rapporteur.

Médaille d'argent.

M. SANGUINÈDE, boulevard Poissonnière, n° 14, à Paris.

Cet ingénieux fabricant s'est spécialement appliqué à communiquer aux meilleurs fils d'acier anglais des qualités extrêmement remarquables, au moyen d'un système particulier de trempe et de recuit.

Le jury a été dans le cas d'apprécier l'importance des applications que l'on peut faire de ces produits, pour tous les usages qui réclament une matière offrant, sous la plus faible dimension, un haut degré de résistance et d'élasticité.

C'est ainsi que le jury a remarqué les ressorts à boudin employés dans la chapellerie mécanique et dans plusieurs autres industries, les montures de parapluie d'une grande légèreté, etc. Le jury s'est assuré auprès des fabricants qui emploient ces produits que la supériorité en est appréciée par les consommateurs.

Le jury récompense les services que M. Sanguinède a rendus aux arts qui consomment ses fils d'acier trempé, en lui décernant une médaille d'argent.

Rappel de médaille de bronze.

M. Louis ROUSSEAU, rue Beaubourg, n° 50, à Paris.

M. Rousseau fabrique des rouleaux et outils d'acier pour le laminage de divers métaux employés dans la bijouterie et l'ornement, et sur lesquels ce laminage même grave des dessins par impression. La gravure des rouleaux se fait avec grand succès au moyen de l'outillage considérable créé par M. Clicquot, fondateur de cette industrie et prédécesseur de M. Rousseau. Ces appareils remarquables permettent d'obtenir économiquement des dessins riches et variés, qu'il serait plus difficile et plus dispendieux d'obtenir par la fonte ou par l'estampage.

Le jury accorde à M. Rousseau le rappel de la médaille de bronze qui fut décernée en 1839 à son prédécesseur.

Médaille de bronze.

M. François-Félix CROUSTCH, rue Notre-Dame-de-Nazareth, n° 19, à Paris,

Fabrique, avec des aciers fournis par les meilleurs fabricants français, des filières de toute forme et de toute dimension, à l'aide desquelles divers fabricants et spécialement les bijoutiers et les orfèvres, façonnent les métaux par étirage. Des attestations favorables de plusieurs fabricants de Paris, quelques expéditions en pays étrangers, témoignent des succès obtenus par M. Croustch dans cette spécialité.

Le jury accorde à M. Croustch une médaille de bronze.

---

§ 5. GROSSE QUINCAILLERIE.

M. Leplay, rapporteur.

CONSIDÉRATIONS GÉNÉRALES.

Le fer, à raison de la supériorité de plusieurs de ses qualités physiques et de la multiplicité de ses usages, est la matière première d'un grand nombre d'industries, qui le livrent au commerce en quantité considérable et sous des formes très-variées.

Plusieurs de ces élaborations ont pour objet de pourvoir à des usages très-généraux et même de fournir à d'autres branches d'industrie de nouvelles matières premières ; elles emploient des procédés, et en particulier des moyens mécaniques plus ou moins analogues à ceux qui servent à produire le fer brut : à ce groupe d'industries appartiennent les fabrications de fers en barres de petit échantillon, des fer fendus, de tôles et de fers-blancs. Celles-ci peuvent s'établir sans inconvénient à distance des lieux de consommation ; et l'analogie des moyens de production a naturellement conduit à les annexer aux ateliers qui produisent la matière première brute. Les usines consacrées au moulage de la fonte en première fusion sont nécessairement dans la dépendance des hauts fourneaux qui produisent la fonte liquide; très-souvent il y a convenance aussi à en rapprocher les ateliers de deuxième fusion.

Ce groupement naturel des usines à fer a conduit à réunir dans la 3ᵉ section, aux hauts fourneaux et aux forges, les usines consacrées aux grandes élaborations dont il vient d'être question.

D'un autre côté, il existe une multitude d'élaborations du fer qui doivent être nécessairement appropriées aux convenances spéciales à chaque localité et pour ainsi dire à chaque consommateur. Les conditions de l'activité et de la prospérité de ces ateliers sont essentiellement distinctes de celles qui sont propres aux usines à fer proprement dites; leur distribution est à peu près indépendante de la situation des minerais, des moteurs et des combustibles, et ne dépend guère que de la répartition des populations ouvrières et des consommateurs. Les industries de cette nature ont, en général, été réunies dans la section suivante, sous la dénomination générique de serrurerie.

Les industries qui font l'objet de la présente section sont placées dans une situation en quelque sorte intermédiaire entre les grandes usines à fer et les ateliers de serrurerie. Les fabrications de fils de fer, de clous, de grosse quincaillerie, d'enclumes, d'étaux, de grillages, d'une multitude d'objets destinés à l'agriculture et au jardinage, à l'économie domestique, peuvent réussir également, selon les localités ou les habitudes commerciales à proximité des sources de la matière première, ou sur le débouché même des produits. On ne peut méconnaître toutefois que ces fabrications, d'abord disséminées au milieu des grands centres de consommation, ne tendent peu à peu, à mesure qu'elles prennent du développement, à se grouper, dans certaines conditions favorables, à distance des populations urbaines.

Cette tendance est éminemment favorable au bien-être et à la moralité des populations ouvrières, et il serait à désirer que les mœurs et les institutions vinssent, à cet égard, seconder les tendances naturelles de l'industrie.

Les observations générales, présentées dans le rapport du jury central en 1844, relativement aux industries comprises dans la 4e section, sont encore applicables, pour la plupart, à l'époque actuelle. La fabrication de la grosse quincaillerie.

des enclumes, des étaux, des clous, des fers diversement ouvrés, a suivi la voie de progrès, où elle était alors décidément entrée. Le résultat le plus saillant qui se déduise de la comparaison des deux époques est une diminution notable dans le prix marchand des objets manufacturés. Cette diminution de prix est elle-même une conséquence du perfectionnement des moyens mécaniques appliqués à la plupart des fabrications, et surtout d'une baisse prononcée dans le prix des fontes, des fers et des aciers employés comme matières premières.

M. Claude CHAUFFRIAT, rue de Lyon, n° 136, à Saint-Étienne (Loire), — Nouvelle médaille de bronze.

Fabrique, sur une grande échelle, les enclumes et les étaux; plus de 200 ouvriers s'appliquent dans ses ateliers à cette spécialité, pour laquelle il s'est créé une réputation méritée. Ses enclumes se vendent, suivant la qualité et la dimension, au prix de 80 à 160 francs les 100 kilogrammes; les étaux, de 100 à 200 francs.

Le jury accorde à M. Chauffriat une nouvelle médaille de bronze.

MM. Jean AUBRY et André CHATEAUNEUF, à Valbenoîte, près de Saint-Étienne (Loire), — Médailles de bronze.

Affinent dans cet établissement, fondé en 1846, les fontes au coke de la contrée ainsi que les fontes au bois de Champagne et de Bourgogne; les fers provenant de ce travail et ceux qu'ils tirent directement des forges voisines et de la Franche-Comté, enfin diverses sortes d'aciers indigènes, sont les bases de leur principale industrie, la fabrication des enclumes, des étaux, des ancres et de diverses grosses pièces de forge. Les enclumes, fabriquées au moyen du marteau pilon, se vendent avec garantie d'une année, 130 à 140 francs les 100 kilogrammes; les étaux se vendent 150 à 160 francs, les ancres, au sujet desquelles MM. Aubry et Châteauneuf se proposent surtout de combattre sur le marché français la concurrence anglaise, se vendent de 80 à 90 francs; enfin, ces fabricants ont également entrepris avec succès la fabrication des soufflets de forge.

Le jury récompense les efforts de MM. Aubry et Châteauneuf, en leur accordant une médaille de bronze.

MM. MAILLART et SCULFORT, à Maubeuge (Nord),

Ont introduit des perfectionnements dans la fabrication de la grosse quincaillerie, et spécialement dans celle des étaux et des clefs universelles, d'une disposition simple et nouvelle. La plupart des ouvriers employés travaillent à domicile, et l'on remarque que cette combinaison exerce une heureuse influence sur leur moralité.

Le jury récompense les efforts de MM. Maillart et Sculfort, en leur accordant une médaille de bronze.

M. Henri PERRE et Cie à Sainte-Olle, près Cambrai (Nord).

Leur établissement, créé en 1838 et augmenté en 1847, fabrique sur une grande échelle la grosse quincaillerie. Leurs produits, et particulièrement, les étaux, jouissent dans le commerce, d'une bonne réputation.

Le jury accorde à MM. Perre et Cie une médaille de bronze.

Mentions honorables.

MM. CAILLET frères, à Donchery (Ardennes).

S'adonnent spécialement à la fabrication des enclumes; ils produisent en outre des objets de grosse quincaillerie, tels qu'étaux, bigornes, vis de presses, marteaux, etc.; les trois pièces exposées sont d'une bonne fabrication.

Le jury accorde à MM. Caillet frères une mention honorable.

M. Louis-Alphonse PHILIPPE, rue de Lappe, n° 44, à Paris,

Fabrique les bigornes, les marteaux et les cisailles employés par les ouvriers qui élaborent sous diverses formes la tôle et le fer-blanc.

Les tas d'acier servant au planage de l'or, de l'argent, des plaques de daguerréotype, etc., se distinguent au milieu de ces produits par leur bonne fabrication.

Le jury accorde à M. Philippe une mention honorable.

Citations favorables.

M. Georges HALFTER-MEYER, rue de la Muette, n° 1 *bis*, à Paris.

Le jury lui accorde une citation favorable pour ses enclumes et ses étaux, fabriqués avec les bons fers de Champagne et les aciers naturels.

M. François-Xavier LAIGNIER, à Rethel (Ardennes).

Le jury accorde une citation favorable à M. Laignier, pour un étau offrant une disposition nouvelle.

M. Léonard DUBUT, à Cognac (Charente),

Expose une clef universelle offrant une nouvelle disposition.
Le jury accorde à M. Dubut une citation favorable.

---

§ 6. FABRICATION DES CLOUS.

M. Leplay, rapporteur.

M. Pierre-Antoine SIROT père, à Trith-Saint-Léger, près de Valenciennes (Nord).

Nouvelle médaille de bronze.

M. Sirot père a réussi à fonder une grande industrie sur la seule fabrication des chevilles en fer, en acier et en cuivre employées par les cordonniers. Il emploie annuellement comme matières premières 400,000 à 500,000 kilogrammes de fer, 2,000 kilogrammes d'acier et 10,000 kilogrammes de cuivre. Les succès obtenus par M. Sirot père sont dus principalement à la perfection des moyens mécaniques qu'il a su appliquer à cette spécialité.

Le jury décerne à M. Sirot père une nouvelle médaille de bronze.

MM. LEWILLE et Cie, à Valenciennes (Nord).

Médaille de bronze.

Ces fabricants, qui se distinguent par l'intelligence qu'ils apportent à la direction de leurs opérations industrielles, livrent annuellement au commerce 250,000 à 280,000 kilogrammes de fers façonnés pour la plupart à froid, au moyen de machines, sous forme de clous de toutes grosseurs, et destinés aux usages les plus variés. Ces produits, d'une fabrication irréprochable, tendent à faire baisser les prix courants des objets analogues fabriqués jusqu'à ce jour par des moyens moins économiques. MM. Lewille et Cie fabriquent eux-mêmes, avec des riblons recueillis dans le commerce, la plus grande partie du fer qu'ils élaborent.

Le jury se plaît à accorder à MM. Lewille et Cie une médaille de bronze.

Mentions honorables.

MM. PAREAU et Cie, à Montbéliard (Doubs),

Élaborent annuellement 200 à 250,000 kilogrammes de fils de fer, et les convertissent en pointes de Paris, en clous à souliers dits *béquets*, en rivets pour tôliers et ferblantiers, en chevilles pour les cordonniers. Tous ces objets sont maintenant fabriqués par des procédés mécaniques.

Le jury accorde à MM Pareau et Cie une mention honorable.

M. Étienne-Félix CADOU, à Chartres (Eure-et-Loir).

Élabore dans l'usine de la Mulotière (commune de Bérou, arrondissement de Dreux), qu'il a créée en 1845, les fers du Nord, de la Champagne et du Berry, sous forme de fils de fer. Il convertit, en outre, une grande partie de ces fils en pointes de toutes formes et de toutes grosseurs. Il joint, à ces industries, la fabrication des pointes de cuivre, qui trouvent emploi dans les constructions navales.

Le jury accorde à M. Cadou une mention honorable.

Citation favorable.

M. Eugène GOUFFÉ, rue du Faubourg-Saint-Honoré, n° 225, à Paris,

Fabrique avec les fers du Berri des clous à ferrer les chevaux, qui se distinguent par leur bonne fabrication et leur excellente qualité.

Le jury accorde à M. Gouffé une citation favorable.

---

§ 7. COUTELLERIE.

M. Goldenberg, rapporteur.

CONSIDÉRATIONS GÉNÉRALES.

Dans les rapports faits aux dernières expositions sur la coutellerie, on a complétement défini la situation de cette industrie en France. Depuis, rien de marquant n'en a changé les conditions. Nous nous bornerons donc à constater les améliorations qui y ont été introduites depuis, sans cependant entrer dans des détails sur la fabrication, qui ne seraient qu'une répétition de ce que nous avons dit il y a cinq ans.

Par cette raison, nous nous abstiendrons aussi de parler des rapports qui existent toujours entre la coutellerie de Nogent et celle de Paris, lesquelles, se prêtant mutuellement le secours de leurs connaissances et d'un goût exquis, qui préside surtout aux montures de luxe, sont parvenues à réaliser des progrès qui leur permettent de concourir de plus en plus avantageusement avec l'Angleterre et avec l'Allemagne, et même de voir leurs produits préférés, sur bien des marchés, à ceux de ces deux pays, quoique assurément la coutellerie soit placée en France dans des conditions moins favorables que dans plusieurs localités étrangères, notamment à Solingen et à Sheffield, où cette industrie jouit de nombreux avantages qui ont déjà souvent été constatés.

Cependant ces avantages sont, jusqu'à un certain point, contre-balancés chez nous par l'union du travail agricole et du travail industriel. Si, d'un côté, la perfection de certains produits manufacturés peut en souffrir, de l'autre, l'existence de l'ouvrier en est plus assurée, et cette double ressource lui permet de produire souvent à meilleur marché que l'ouvrier qui est absolument réduit au travail industriel.

Quant à Nogent, cette dernière considération, relative à la perfection du travail, ne peut lui être appliquée, ou se trouve au moins singulièrement amortie par suite de son alliance avec l'industrie coutelière de Paris, laquelle, par sa proximité et sa supériorité, lui permet de rivaliser avec les plus beaux produits étrangers et même de les surpasser très-souvent dans le travail de la coutellerie de luxe.

Quant à Thiers, sa situation est différente par suite de son grand éloignement de Paris. Thiers est réduit à ses propres ressources; aussi sa coutellerie de table et ses couteaux fermants sont loin d'atteindre le degré de perfection des objets analogues sortant des ateliers de Nogent. Mais ce que Thiers peut et doit faire, c'est d'améliorer sa coutellerie ordinaire, qui est celle de la grande consommation. Les fabricants doivent, non-seulement s'appliquer à produire des couteaux de table à bon marché, mais encore s'efforcer d'adopter les formes nouvelles, généralement reçues, et donner une meilleure qualité aux lames, en remplaçant, pour bien des articles, l'acier brut par l'acier fondu. En un mot, la coutellerie de Thiers ne peut manquer de se développer avantageusement, si, dans sa fabrication des couteaux de table, des couteaux fermants et des rasoirs, elle veille également aux formes, à la bonne qualité des lames et à une monture soignée.

Aussi le jury s'estime-t-il heureux de pouvoir constater dans les produits exposés par les fabricants de Thiers une amélioration sensible. Les conseils renfermés dans les considérations de 1844 ont porté leurs fruits; encore quelques nouveaux efforts, et il n'y a nul doute que Thiers, dans sa production de la coutellerie de grande consommation, ne parvienne à joindre le bon marché à la bonne qualité.

Nouvelle médaille d'argent.

M. Dominique LAPORTE, rue des Filles-Saint-Thomas, n° 12, à Paris.

La bonne réputation que M. Laporte s'est acquise dans la fabrication de la coutellerie de luxe pour la table, n'a pas été démentie par son exposition de cette année; aussi peut-on le regarder comme un des premiers fabricants en ce genre, tant en France qu'à l'étranger. Ses modèles sont très-variés et se distinguent généralement par l'élégance et la richesse de leurs montures et par l'excellente qualité de leurs lames.

M. Laporte, par les soins minutieux qu'il porte à sa fabrication, peut non-seulement concourir avantageusement avec l'Angleterre, mais ses produits, exportés en grande partie, commencent à être préférés à ceux de nos voisins d'outre-mer.

Aux précédentes expositions, M. Laporte a obtenu deux médailles de bronze et une médaille d'argent; le jury, pour reconnaître les efforts et les succès de cet habile fabricant, lui décerne une nouvelle médaille d'argent.

Rappels de médailles d'argent.

M. Charles-Joseph LAMORY, rue de Charenton, n°s 41 et 43, à Paris.

Il a succédé depuis quelques mois à M. Gillet, après avoir été son associé de travail et d'intérêt depuis quatre ans.

La fabrication des rasoirs forme la spécialité de cette maison, qui fut fondée en 1803; ses produits jouissent à juste titre d'une bonne réputation dans le commerce et unissent, à la qualité et à la perfection du travail, la modicité des prix.

M. Gillet a obtenu, aux précédentes expositions, une citation favorable, une mention honorable, une médaille de bronze et une médaille d'argent, accordée en 1834 et rappelée deux fois depuis. Le jury, pour engager M. Lamory à persévérer dans la bonne voie que son prédécesseur n'a jamais quittée, lui accorde de nouveau le rappel de la médaille d'argent.

M. LANGUEDOCQ, rue Saint-Honoré, n° 138, à Paris.

Le jury a accordé en 1844, à M. Languedocq, le rappel de la médaille d'argent que son prédécesseur, M. Gavel, avait obtenue en 1823 et en 1827. Les efforts que ce fabricant intelligent fait pour soutenir la réputation de sa maison lui ont valu encore, cette année, de la part du jury central, un second rappel de cette médaille.

M. GUERRE, à Langres (Haute-Marne).

Médaille d'argent.

Il a contribué puissamment au perfectionnement de la coutellerie de Langres et de Nogent, par la création de nouveaux modèles, qui se distinguent généralement par leur forme artistique et une combinaison ingénieuse. Les ciseaux et couteaux fermants envoyés à l'exposition en sont une nouvelle preuve. Il est un des premiers couteliers de France, et ses produits sont souvent exportés en Perse et dans l'Amérique du Sud.

Le jury, appréciant le mérite de M. Guerre dans la fabrication de la coutellerie, lui accorde la médaille d'argent.

MM. GRANGE et PRODON-POUZET, rue Grénetat, n° 39, à Paris.

Nouvelles médailles de bronze.

M. Grange, commerçant à Paris, s'est associé à M. Prodon-Pouzet, fabricant à Thiers, lequel s'occupe spécialement de la fabrication des couteaux fermants. Il a obtenu en 1844 une médaille de bronze, pour les beaux produits qu'il avait envoyés à l'exposition.

Le jury, en considération des efforts que MM. Grange et Prodon-Pouzet ont faits pour développer la fabrication de Thiers, en améliorant les qualités et en perfectionnant le travail, leur décerne une nouvelle médaille de bronze.

M. Jean-Baptiste VAUTHIER, rue Dauphine, n° 40, à Paris.

L'esprit inventif et l'exécution habile que M. Vauthier apporte à la fabrication des couteaux fermants a été constaté par le jury à chaque exposition. Cette année M. Vauthier a ajouté quelques nouveaux perfectionnements à ses couteaux pour manchots, s'ouvrant et se fermant d'une seule main. Il fabrique encore des sécateurs tout en acier, très-légers et néanmoins très-solides, car les branches en sont trempées au degré de ressort et par conséquent ne peuvent être forcées.

Le jury, pour récompenser cet industriel ingénieux, lui décerne une nouvelle médaille de bronze.

Rappels de médailles de bronze.

M. FRESTEL, à Saint-Lô (Manche).

Il est un des plus anciens couteliers de France. Ses couteaux fermants et ceux pour jardiniers, ainsi que ses rasoirs, se distinguent par une fabrication soignée et une qualité irréprochable.

Le jury, en considération de la persévérance qu'il a mise dans son travail lui donne un nouveau rappel de la médaille de bronze accordée en 1839.

M. Edme PARIZOT, rue Richelieu, n° 113, à Paris.

Le jury a pu se convaincre que, depuis la dernière exposition, M. Parizot a dignement soutenu le nom de sa maison. Ses couteaux de table de luxe, ses couteaux fermants, et ses nécessaires élégants, démontrent les soins minutieux et l'ingénieuse combinaison que ce fabricant apporte dans tous ses produits.

Le jury lui rappelle la médaille de bronze accordée en 1844.

M. BERGOUGNAN, Passage-des-Tanneurs, n° 55, à Paris.

Il a exposé de la coutellerie de table qui se distingue par sa belle confection et par une monture très-solide.

M. Bergougnan a reçu en 1839 la médaille de bronze; le jury aujourd'hui la lui rappelle.

M. NAVARON-DUMAS, au Besset près Thiers (Puy-de-Dôme).

Il s'occupe spécialement de la fabrication de rasoirs. Déjà avantageusement cité à la dernière exposition, il mérite encore des éloges cette fois-ci. Ses rasoirs se distinguent autant par leur bonne confection que par leurs prix modérés.

Le jury rappelle à M. Navaron-Dumas la médaille de bronze qu'il a reçue en 1844.

M. Bernard MAILLES, rue Saint-Honoré, n° 14, à Paris. Médailles de bronze.

Ce fabricant a exposé un grand assortiment de coutellerie, parmi lequel le jury a distingué des couteaux de cuisine d'une belle confection et d'une excellente qualité. Ils ont acquis à cette maison une réputation de supériorité marquée.

Le jury, appréciant la bonne fabrication de M. Bernard Mailles, lui décerne une médaille de bronze.

M. Claude-Théophile MARMUSE, rue du Bac, n° 28, à Paris.

M. Marmuse a exposé de la coutellerie de table, à montures riches et élégantes; ses produits se distinguent généralement par leurs belles formes et par une confection soignée.

Il a obtenu, en 1844, la mention honorable; aujourd'hui le jury, reconnaissant que ce fabricant fait des efforts continuels pour perfectionner ses produits, lui accorde la médaille de bronze.

M. Gustave-François PICAULT, rue Dauphine, n° 52, à Paris.

M. Picault a exposé un grand assortiment de coutellerie. Le jury central a remarqué parmi les objets qui le composent les couteaux serpette et les couteaux de table, tranchant de scie, et surtout l'*ouvre-huître*, instrument d'une exécution aussi simple qu'ingénieuse.

M. Picault a obtenu la mention honorable en 1844. Aujourd'hui, le jury lui décerne la médaille de bronze.

M. Étienne LANNE, rue du Temple, n° 42, à Paris.

M. Lanne compte 32 ans de travail dans l'industrie de la coutellerie, et la bonne réputation qu'il s'est acquise lui a permis de fonder un établissement d'une certaine importance, sans autre aide que ses bras et son intelligence.

M. Lanne a obtenu une citation favorable en 1834, une mention honorable en 1839 et en 1844. Aujourd'hui, le jury lui décerne la médaille de bronze.

M. DORDET, passage Choiseul, à Paris.

Le bel assortiment de coutellerie de luxe que M. Dordet a exposé se distingue autant par le goût et l'élégance de ses montures que par la bonne qualité de ses lames.

M. Dordet a déjà obtenu, aux précédentes expositions, la mention honorable; le jury, lui accorde aujourd'hui la médaille de bronze.

MM. TIXIER-GOYON, à Thiers (Puy-de-Dôme).

Ils ont exposé une belle collection de couteaux fermants et de ciseaux, qui se recommandent autant par leur bonne fabrication que par leurs prix modérés.

MM. Tixier-Goyon ont obtenu 3 mentions honorables aux précédentes expositions; le jury les engage à persévérer dans la bonne voie et leur accorde aujourd'hui la médaille de bronze.

Rappels de mentions honorables.

M. DELACROIX, passage Choiseul, n° 35, à Paris.

Il a exposé de la coutellerie riche pour table.

Ce fabricant a reçu deux mentions honorables aux précédentes expositions; le jury lui rappelle ces mentions.

M. CHEMELAT, rue du Houssaye, n° 5, à Paris.

Il s'applique principalement à la fabrication des rasoirs pour perruquiers. Il a obtenu deux mentions honorables aux précédentes expositions; le jury lui en accorde le rappel.

Mentions honorables.

MM. JEANNINGROS frères, à Ornans (Doubs).

Ils ont exposé des rasoirs à lame mobile, en acier fondu, d'une confection ingénieuse et d'un ajustage très-soigné. Ces rasoirs commencent à jouir d'une bonne réputation, et méritent, de la part du jury, à MM. Jeanningros, la mention honorable.

M. François-Pierre MARQUIS, rue Saint-Honoré, n° 338, à Paris.

Il a exposé de la coutellerie riche pour table et des armes blanches de fantaisie.

Le jury central récompense M. Marquis de la belle confection de ses produits par une mention honorable.

M. Joseph CHAPUT et GUÉRIN jeune, à Thiers (Puy-de-Dôme).

Ils ont exposé une belle collection de couteaux fermants, qui se recommandent par leur bonne confection et leurs prix modérés; ils ont été jugés dignes d'une mention honorable par le jury.

M. Pierre SAUVAGNAT, à Thiers (Puy-de-Dôme).

Le jury décerne une mention honorable à M. Sauvagnat, pour les couteaux fermants exposés par ce fabricant, qui se distinguent par leur belle confection et la bonne qualité de leurs lames.

M. LAGARDE, manœuvrier à Limoges (Haute-Vienne).

Il a exposé des rasoirs, des couteaux de table et de chasse d'une belle et bonne confection.

Il a obtenu une citation favorable en 1839 et 1844; aujourd'hui le jury lui décerne la mention honorable.

M. Pierre MAYET, place Maubert, n° 1, à Paris. Rappel de citation favorable.

M. Mayet, fabricant de rasoirs, obtient du jury le rappel de la citation favorable reçue en 1844.

M. Lefranc THUILLIER, à Nogent (Haute-Marne). Citations favorables.

Il a exposé des ciseaux d'un beau travail.

Ce fabricant expose pour la première fois; le jury lui accorde la citation favorable.

MM. PETIT-PAS et BORDET, à Brévannes (Haute-Marne).

Les couteaux fermants et les couteaux de chasse que MM. Petit-Pas et Bordet exposent, et qui sont fabriqués avec beaucoup de soin, leur valent une citation favorable de la part du jury.

M. Eugène-Nicolas MASSOUILLE, rue Sainte-Avoye, n° 64, à Paris.

Ce fabricant obtient une citation favorable pour les outils de chapellerie qu'il a exposés.

M. Louis-Célestin CARTON, rue Monsigny, n° 10, à Paris.

M. Carton a exposé des couteaux fermants dits *solaires*, c'est-à-dire portant dans le bout du manche une petite boussole marquant l'heure.

Le jury, appréciant l'idée ingénieuse de ce fabricant, lui accorde la citation favorable.

M. Antoine VERDIER, à Thiers (Puy-de-Dôme).

Le jury accorde à M. Verdier la citation favorable, pour ses couteaux de table et de cuisine, qui sont d'une confection soignée et de prix très-modérés.

M. Philippe ALLARD, rue des Deux-Portes-Janvier, n° 27, à Paris.

Le jury lui rappelle la citation favorable qui lui a été accordée en 1844, pour ses tranchets de cordonniers.

MM. PETIT frères, à Nontron (Dordogne).

Ils ont exposé des couteaux fermants à des prix très-modérés, ainsi que des couteaux nains, dont douze sont renfermés dans un noyau de cerise.

Le jury lui donne la citation favorable.

M. DELCROS, à Clermont-Ferrand (Puy-de-Dôme).

Le jury accorde à M. Delcros la citation favorable, pour les couteaux fermants d'une belle fabrication qu'il a exposés.

M. Justin CHARBONNÉ, à Nogent (Haute-Marne).

Il produit des ciseaux de tailleur, qui lui méritent de la part du jury une citation favorable.

M. Étienne NAVARRON-DUMAS, au Besset (Puy-de-Dôme).

Les rasoirs de ce fabricant lui valent une citation favorable de la part du jury.

M. Ambroise THIERRY, rue Thiroux, n° 8, à Paris.

Le jury lui accorde la citation favorable pour ses ciseaux de tailleur.

M. Émile COMBES, à Nogent (Haute-Marne).

Le jury accorde la citation favorable à M. Combes, pour les couteaux fermants qu'il a exposés.

M. MAZIN, rue Saint-Maur-du-Temple, n° 100, à Paris.

Le jury accorde la citation favorable à M. Mazin, pour ses couteaux de peintre.

M. Mathieu BORY, à Saint-Étienne (Loire).

Il reçoit de la part du jury une citation favorable, pour la coutellerie de table à bas prix qu'il a exposée.

---

§ 8. SOUFFLETS DE FORGE ET FORGES PORTATIVES.

M. Leplay, rapporteur.

Nouvelles médailles de bronze

M. DELAFORGE, rue de Pontoise, n° 12 et 14, à Paris.

M. Delaforge continue à se maintenir au rang distingué où il s'était élevé dans la précédente exposition, pour la fabrication des forges portatives et des soufflets de forge et de fonderie. On remarque parmi les produits exposés un soufflet articulé, d'un petit volume, très-convenable pour les bateaux à vapeur, pour les voyages, etc.

Ses produits sont toujours recherchés, par l'industrie privée, par les arsenaux militaires français, et même par les consommateurs étrangers.

Le jury décerne à M. Delaforge une nouvelle médaille de bronze.

M. Edme ENFER, rue de Malte, n° 32, à Paris,

A introduit des innovations remarquables dans la construction des soufflets portatifs pour le service des ateliers où s'élaborent les métaux et des laboratoires de chimie; on remarque particulièrement parmi les produits exposés par M. Enfer, une table d'émailleur, des ventilateurs à engrenage fixe ou mobile, destinés à divers usages, et surtout ses soufflets cylindriques en cuir, réunissant plusieurs avantages qui manquent ordinairement aux appareils de cette espèce: les cuirs, montés avec des cercles et des vis de rappel, sont d'une réparation facile; ils sont complétement préservés contre les causes extérieures de détérioration, par des enveloppes métalliques, qui font d'ailleurs partie intégrante du système soufflant et qui permettent d'accroître l'effet utile de l'appareil, de réduire le volume au-dessous des dimensions ordinaires, d'obtenir un débit très-régulier, etc. Une nombreuse correspondance, mise sous les yeux du jury, témoigne de l'estime accordée par l'industrie aux produits de M. Enfer.

Le jury se plaît à récompenser les efforts incessants faits par M. Enfer, pour le perfectionnement de son art, et lui accorde une nouvelle médaille de bronze.

Médailles de bronze.

M. Xavier MOUSSARD, faubourg du Temple, passage Joinville, n°s 7 et 9, à Paris.

Cet ingénieux mécanicien expose des forges fixes ou portatives, entièrement construites en métaux et qui se distinguent par la simplicité et la solidité du système soufflant, et surtout par la disposition qui permet de mettre à profit la chaleur perdue du foyer pour l'échauffement de l'air qui y est projeté. On remarque aussi, parmi les produits exposés, un soufflet de boucher d'une bonne disposition.

Le jury accorde à M. Moussard une médaille de bronze.

M. François POPINO-RABIER, à Rennes (Ille-et-Vilaine),

Expose un soufflet en cuir, à double mouvement angulaire, à quatre soupapes et à vent continu; cet appareil se distingue par l'énergie du vent obtenu d'un volume donné : il se recommande aussi par un prix très-modéré.

Des attestations honorables prouvent qu'on en fait usage avec succès dans les arsenaux de la marine militaire.

Le jury accorde à M. Popino-Rabier une médaille de bronze.

M. Joseph GIROD, rue de la Comédie, à Montauban (Tarn-et-Garonne), Mention honorable.

Expose un soufflet de forge d'une construction simple, peu sujet aux dégradations, et dont le montage et les réparations s'opèrent avec facilité.

Le jury accorde à M. Girod une mention honorable.

M. Adolphe-Pierre-Jean LERICHE, à Charleville (Ardennes), Citations favorables.

Expose un soufflet de forge d'une construction simple et d'un prix modéré.

Le jury accorde à M. Leriche une citation favorable.

M. Nicolas-Jacques MULLER, rue de Chabrol, n° 37, à Paris,

Expose une forge portative destinée aux ouvriers doreurs, et ayant pour but de les préserver contre l'influence délétère des vapeurs mercurielles; il est à désirer que le principe sur lequel est fondé cet appareil puisse s'introduire dans la pratique des ateliers.

Le jury accorde à M. Muller une citation favorable.

---

§ 9. OUTILS.

M. Pecqueur, rapporteur.

M. RENARD, rue des Gravilliers, n° 28, à Paris. Médaille d'or.

M. Renard avait obtenu la médaille de bronze en 1839, pour ses excellents outils, dont il était déjà en possession de fournir les graveurs en taille douce. En 1844, il obtint la médaille d'argent, pour la grande part qu'il avait prise à la création d'instruments variés remplissant les conditions posées par les artistes, ainsi que pour la méthode qu'il a su se former pour distinguer les outils propres à produire des nuances déterminées.

Cette année, M. Renard se présente avec de nouveaux titres. Il a exposé trois cadres, dans lesquels figurent environ 450 outils et instruments d'acier et de cuivre, classés avec leur destination et leur prix.

Parmi ces outils, plusieurs ont été notablement perfectionnés depuis la dernière exposition; par exemple, ses échappes à traits ont reçu une perfection telle, que partout où on les connaît, on les préfère. Ses burins pour la fine horlogerie, qui coupent l'acier trempé revenu jaune paille, sans être cassants comme les anciens, sont aussi très-recherchés; ses porte-burins et porte-pointes ont été adoptés des artistes aussitôt qu'ils ont été connus, à cause de leur justesse et de l'économie qu'ils procurent.

En 1846, M. Renard a commencé à faire employer aux graveurs en armes de Paris et de Saint-Étienne des petites roulettes pour ombres, et d'autres, plus fortes, pour faire les terrains et les arbres. Le succès a été complet, surtout pour les animaux et les petites figures des parties de chasse: on fait mieux et en moins de temps.

M. Renard a aussi perfectionné ses petits porte-fraises, dont il a presque réduit le prix de moitié. Il a également perfectionné ses règles mobiles dites *T* tournants, qu'emploient les graveurs en plans. C'est lui qui fournit les dépôts de la guerre et de la marine de France et d'Espagne.

Il a acquis une grande vogue à l'étranger, surtout en Espagne, où l'on ne veut plus, généralement, que des outils portant sa marque. Les 4/5es environ de sa fabrication passent nos frontières.

M. Renard a aussi exposé une épreuve d'un nouveau berceage sur acier, par un procédé mécanique de son invention. Cette épreuve, qui n'a reçu aucune retouche, représente la tête d'une jeune fille d'un fort bel effet. Pour cet essai, il avait construit une petite machine. Encouragé par ce premier succès, il entreprit la construction d'une grande machine, qu'il achève en ce moment, avec laquelle il pourra faire des gravures de 1^{m},50 de hauteur.

Un esprit aussi courageux, aussi méthodique et aussi persévérant que celui de M. Renard, qui perfectionne tout ce qu'il touche et invente ce qui est utile, mérite d'être placé au premier rang.

Le jury lui décerne la médaille d'or.

M. Achille JOLIOT, rue de la Barillerie, nos 13 et 15, à Paris.

Médailles de bronze.

M. Joliot a exposé un tour d'amateur, à guillocher et à torse d'une superbe exécution.

Ce tour a été exécuté sous sa direction, dans son atelier, où il occupe 3 à 4 ouvriers. Pour le rendre aussi parfait que possible, il y a apporté les modifications suivantes :

1° La pédale correspond par ses deux extrémités à deux vilebrequins de l'arbre placé sous le banc, qui porte les roues à corde.

2° Cet arbre est supporté de manière que, quand on le fait monter ou descendre, pour tendre les cordes, il marche également à ses deux extrémités.

3° Le mécanisme approprié pour l'exécution des pas de vis ou du torse est composé d'un plateau fixé sur l'arbre du tour, d'une vis à filets carrés placés parallèlement à cet arbre, d'engrenages variés, pour changer les vitesses relatives de l'arbre et de la vis. Le bord du plateau, étant engagé dans les filets de la vis, fait marcher l'arbre plus ou moins vite dans la direction de sa longueur, et fait des pas plus ou moins allongés.

4° Sur le nez du tour sont montés deux plateaux tournants, qui, en se déployant, doublent l'excentricité, et, en tournant l'un sur l'autre, donnent la facilité de faire des dessins d'une variété infinie.

5° Le mandrin universel et le support à chariot sont disposés de manière à s'incliner au besoin.

Le jury accorde une médaille de bronze à M. Joliot.

M. Léandre-François LESAGE, rue Lanzin, n° 16, à Batignolles (Seine).

M. Lesage a exposé une cisaille pour métaux d'un nouveau genre, et pour laquelle il est breveté.

Elle est d'une disposition commode. Avec cette cisaille, on peut couper avec précision des bandes de tôle, des fonds ronds, et même ouvrir des trous carrés ou carrés longs dans le milieu d'une planche ou d'un morceau de planche.

Le jury lui décerne une médaille de bronze.

Rappel de mention honorable.

M. PAROD, rue Plâtrière, n° 80, au Pré-Saint-Gervais (Seine).

Il a exposé des sécateurs, des onglets, des porte-forets à hélice, des filières, etc., et une collection d'outils à l'usage des graveurs et des tourneurs. Tous ces objets, exécutés dans les meilleures conditions, méritent à M. Parod le rappel de la mention honorable qu'il avait obtenue, en 1839, pour des outils semblables.

Mentions honorables.

M. Denis DELAHAYE, rue Chapon, n° 20, à Paris.

M. Delahaye a mis à l'exposition deux laminoirs à rouleaux d'acier fondu dits *débitants*, à l'usage des orfévres et des bijoutiers; un outil à couper des anneaux; un outil à modeler et un outil à tarauder le fil métallique, pour la fabrication du bijou filigrane. Il a aussi exposé des rouleaux gravés qui s'emploient dans l'orfévrerie.

M. Delahaye se livre spécialement à la confection des outils ci-dessus. Le soin qu'il met dans le choix des matières premières, dans la précision des ajustements et du fini, porte le jury central à lui accorder une mention honorable.

M. Denis-Robert YOUF, rue de la Barillerie, n° 1, à Paris.

M. Youf a exposé deux tours en fonte avec l'outillage nécessaire. Ils sont montés sur leur banc en fonte et en bois : l'un est un tour ordinaire, l'autre est un tour d'amateur, à guillocher et à torses, dont toutes les parties qui le composent sont d'un beau fini.

M. Youf a apporté à son tour à guillocher des modifications, 1° dans la manière de faire monter et descendre la roue, afin de tendre les cordes; 2° dans la manière d'arrêter l'arbre du tour, lorsqu'on veut s'en servir comme tour en l'air; 3° en renversant les chanfrins de la pièce à coulisse qui porte le nez; 4° enfin, en serrant, au moyen d'une bague et d'une vis, un cylindre fondu, dans lequel passe la colonne du support à l'anglaise de ce tour.

Toutes ces modifications sont compliquées.

Ce qui sert de clef pour arrêter l'arbre et le coulisseau du mandrin à ovale n'apparaît pas au jury comme un perfectionnement.

C'est en raison de la belle exécution de ses tours, construits dans ses propres ateliers, que le jury accorde une mention honorable à M. Youf.

M. Louis VERDUN, à Angers (Maine-et-Loire).

M. Verdun a exposé divers outils à l'usage des maréchaux-ferrants, savoir :

Citations favorables.

Deux tricoises, dont une polie et l'autre noire;
Deux brochoirs, l'un poli, l'autre noir;
Deux ferrotiers, l'un poli, l'autre noir;
Un buttoir.

Ces outils sont très-bien exécutés.

La bonne exécution de ces outils porte le jury à les citer favorablement.

M. BORDEAUX fils, à Beaulieu (Orne).

Il expose plusieurs filières d'un fini remarquable. Le jury le cite favorablement.

---

§ 10. AIGUILLES.

M. Amédée Durand, rapporteur.

CONSIDÉRATIONS GÉNÉRALES.

Cette industrie, objet constant de la sollicitude de l'administration publique et des jurys qui se sont succédé dans nos différentes expositions, semble vivre sous la pression continue de circonstances défavorables. Les efforts faits en sa faveur, ou ont trompé les espérances qui s'y attachaient, ou ont ajouté aux entraves qui pesaient sur elle. Ainsi elle avait sollicité et obtenu une récompense de premier ordre, comme recommandation indispensable pour conquérir la confiance des consommateurs, et l'écoulement de ses produits n'a reçu que peu de développements; ainsi encore elle avait réclamé une grande élévation de droits protecteurs, et cette grande élévation même s'est réalisée à son détriment, car elle a offert à la contrebande une prime telle qu'on évalue aux quatre cinquièmes des aiguilles consommées en France la quantité qui y entre par cette voie coupable.

D'autres circonstances désastreuses sont venues l'assaillir, et, parmi celles que la prudence humaine ne saurait prévoir, il faut placer un changement de mode qui d'abord a frappé l'Allemagne en servant momentanément les intérêts de l'Angleterre. La substitution d'un trou rond au trou carré a été un événement grave dans l'industrie des aiguilles. Le changement d'outillage qu'elle nécessitait n'a été opéré généralement qu'après une opposition fondée sur l'espoir d'un retour de la mode touchant un abandon, il faut le dire, assez peu justifié.

Les fabriques allemandes avaient pris parti pour la résistance; mais, se voyant abandonnées par la consommation, elles ont accompagné de tels progrès leurs efforts pour la reconquérir, que l'invasion rapide des produits anglais dans les qualités moyennes n'a eu qu'une courte durée. Aujourd'hui, elles sont maîtresses absolues sur leur propre sol.

Les fabriques allemandes inondent le nôtre de leurs produits, surtout dans les numéros pour lesquels le transport est presque nul et la surveillance de la douane à peu près impossible. En outre, ces fabriques travaillent dans des conditions de salaire bien plus favorables que les nôtres; elles puisent largement à même une population ouvrière nombreuse, bien groupée et traditionnellement habituée à ce genre de travaux. Enfin la matière première des aiguilles fines ne leur fait pas défaut, comme à nous, et leur est, au contraire, fournie à bas prix et de très-bonne qualité.

Pendant que l'Allemagne pèse sur nous par ses produits de dimension moyenne, l'Angleterre introduit, par les voies déloyales de la contrebande, des produits d'une telle finesse et d'une telle perfection, qu'ils se placent à des prix comparativement fabuleux.

C'est contre des adversaires aussi bien posés que notre industrie lutte avec un courage dont le pays doit se montrer reconnaissant. Le jury central, interprète de ses sentiments, a jugé dignes de ses récompenses les fabricants dont les noms suivent :

Médaille d'argent. **M. TAILLEFER, à L'Aigle (Orne).**

Continuateur intelligent d'une entreprise dont on avait trop présumé, M. Taillefer n'a point failli à la lourde tâche qui lui était échue.

Parmi les produits qu'il a exposés, on a remarqué une aiguille sans cannelure au-dessous du chas, et en portant une dans la tête, de manière à loger convenablement le fil. Celui-ci, protégé, dès lors, par le corps de l'aiguille qui le précède, sans intervalle, éprouve moins de résistance à son entrée dans l'étoffe.

Cette importation atteste la vigilance de M. Taillefer pour maintenir son établissement au niveau de tous les progrès; elle vient ajouter à ses titres, fondés sur les produits nombreux et variés qu'on a remarqués à son exposition.

Le jury lui décerne une médaille d'argent.

M. MASSUN et fils, à Metz (Moselle).

Nouvelles médailles de bronze.

La fabrique d'aiguilles de Metz fut fondée en 1842, et, à l'exposition de 1844, une médaille de bronze lui fut accordée. Depuis lors, des circonstances malheureuses ont pesé sur elle, et aujourd'hui c'est sous la direction provisoire de MM. Pappel et Gaspard qu'elle se présente à l'exposition. Le jury du département de la Moselle se plaît à reporter sur ces habiles directeurs le mérite des produits exposés, ainsi que celui de la bonne direction morale donnée depuis longtemps aux ouvriers que cette usine emploie.

C'est à ce double titre que le jury central décerne à MM. Pappel et Gaspard, exposant sous la raison Massun et fils une nouvelle médaille de bronze.

MM. NEUSS, à Vaise, Lyon (Rhône).

La fabrique de MM. Neuss se présente pour la première fois à l'exposition de 1844, elle occupait alors 150 ouvriers, nombre resté permanent depuis cette époque. Ses travaux comprennent aujourd'hui une tréfilerie, dans laquelle sont travaillés des aciers de la Loire, dont les qualités sont chaque jour en progrès.

Les produits de cet établissement ont figuré très-dignement à la présente exposition, et le jury lui accorde une nouvelle médaille de bronze.

MM. ROSSIGNOL frères, à L'Aigle (Orne).

Mention honorable.

MM. Rossignol frères, qui, depuis 1820, ont joint à leur ancienne fabrication d'épingles celle des aiguilles, qui leur ont valu, en 1834, la médaille de bronze, ont fait figurer à cette exposition un produit qu'ils ont nommé *aiguille-navette*. C'est la reproduction de l'instrument fondamental du métier à broder que M. André Kœchlin, de Mulhouse, avait exposé dans cette même année 1834.

Ce produit nouveau, quant à son emploi à la main, n'a pas encore eu le temps de subir l'épreuve de l'expérience.

Le jury mentionne honorablement cette tentative, dont le succès ne peut être que d'une importance bien secondaire pour une maison aussi recommandable que celle de MM. Rossignol.

SECTION QUATRIÈME.

§ 1er. QUINCAILLERIE.

M. Coldenberg, rapporteur.

CONSIDÉRATION GÉNÉRALES.

La quincaillerie est une des branches de l'industrie qui ont le plus souffert des commotions politiques qui ont agité et qui agitent encore plusieurs pays de l'Europe, et elle éprouve une peine infinie à remonter au degré de prospérité qu'elle avait atteint avant ces événements.

C'est dans les conditions de son existence même et dans ses éléments de production que nous devons rechercher les causes de cette souffrance, car la majeure partie de ses produits sont employés par les constructeurs de bâtiments, les fabricants de meubles, la carrosserie, la sellerie, etc., et il faut qu'il règne une paix et une sécurité profonde dans le pays, pour faire couler avec abondance ces sources de consommation.

Cependant nous sommes heureux de constater que, malgré la crise terrible occasionnée par la stagnation des affaires qu'elle vient de traverser, les ouvriers employés dans la fabrication de la quincaillerie sont de ceux qui ont eu le moins à souffrir de cette diminution extraordinaire de leur travail. Plusieurs causes y ont contribué :

1° La plupart des articles composant la fabrication de la

quincaillerie, sont le produit d'un travail manuel, qui exige un long apprentissage et une grande habileté d'exécution de la part de l'ouvrier; par ces motifs, l'ouvrier est généralement bien payé, et peut gagner de 3 à 6 francs par jour et même plus; par conséquent, ce salaire lui permet de faire quelques économies pour les mauvais jours.

En outre, par son adresse à manier le marteau, la lime et le burin, il parvient facilement à fabriquer quelques autres produits que ceux qui ressortent de sa profession; c'est ainsi que nous avons vu plusieurs établissements s'appliquer avec ardeur et succès à la fabrication d'armes blanches et d'armes à feu, et réussir, de cette manière, à occuper leurs ouvriers.

2° D'autres fabricants qui, à force de peines et de sacrifices, étaient parvenus à former une colonie de bons ouvriers, ont fait les plus grands efforts pour conserver une organisation de travail si précieuse. Ils ont consacré tous leurs capitaux à la continuation de leurs travaux industriels, convaincus qu'il vaut encore souvent mieux placer son argent dans de bons produits manufacturés, que de le conserver en écus. Les ouvriers, de leur côté, pour ne point quitter des chefs dont ils connaissaient la capacité et dont la sollicitude ne leur avait jamais fait défaut, se soumettaient à un travail et à un gain moindres, afin de pouvoir rester là où reposait leur confiance.

3° Un troisième fait, digne surtout d'être mentionné, pour avoir contribué efficacement à faire traverser d'une façon supportable aux ouvriers les plus malheureux cette rude épreuve, consiste dans les caisses de secours et de prévoyance, dont presque tous les établissements de quincaillerie sont dotés, depuis nombre d'années.

L'organisation de l'une de ces caisses, qui a pour elle huit années d'existence, mérite d'être citée de la part du jury; elle repose sur les bases suivantes :

1° Tout ouvrier gagnant au delà de 1 fr. 20 cent. par jour est soumis à une retenue de 1 franc par mois.

2° Tout ouvrier gagnant au delà de 3 francs par jour est tenu d'y verser 2 francs par mois.

3° Les employés de l'établissement y contribuent mensuellement pour une somme de 50 francs.

Avec ces faibles retenues, chaque ouvrier malade touche une indemnité selon ses besoins, et qui ne peut être moindre de 1 franc par jour; en cas de décès, la veuve reçoit, par mois, une pension de 15 à 35 francs, selon sa position et le nombre de ses enfants. Quand un ouvrier devient vieux et ne peut plus travailler de son métier, on lui cherche une occupation en rapport avec ses facultés, et la caisse contribue, par une subvention mensuelle, à lui assurer une existence convenable.

La gestion de cette caisse est exclusivement confiée aux ouvriers; à la fin de chaque mois, on tire d'une urne les noms de trois maîtres et de deux compagnons, lesquels se réunissent le lendemain, et forment le bureau auquel on soumet les certificats de médecins, constatant les cas de maladie, et qui décide ce qu'il faut accorder à chacun.

Après sa délibération, un tableau nominatif de tous les versements et de tous les payements est dressé, il est signé par les membres du bureau et reste affiché jusqu'au 1er de chaque mois, afin que chacun puisse en prendre connaissance.

Cette caisse, malgré de très-fortes dépenses, 5 à 6 veuves à pensionner, deux années de disette et une année de stagnation d'affaires, possède encore des fonds, montant à environ 8,000 francs.

C'est grâce à ces conditions de travail et à leurs institutions de prévoyance, que les fabriques de quincaillerie ont pu jusqu'à présent traverser, sans trop de souffrance, cette crise terrible, qui a pesé sur leur industrie, plus peut-être que sur toute autre; les mêmes motifs leur ont aussi permis de paraître à l'exposition dans une situation qui n'accuse en rien les sacrifices que, maîtres et ouvriers, ont été obligés de s'imposer, pour se maintenir au rang qu'ils avaient si dignement conquis. Aussi les uns et les autres aspirent-ils après l'ordre et le repos, qui peuvent seuls nous rendre la confiance, de laquelle découlent les mille et mille sources de travail et de production.

qui donnent la richesse aux uns, le bien-être à beaucoup et le pain à tous.

MM. JAPY frères, à Beaucourt (Haut-Rhin).

Rappels de médailles d'or.

L'immense variété de produits sortant des établissements de MM. Japy est aussi connue que la perfection de travail qui les caractérise généralement.

L'horlogerie, la serrurerie, la quincaillerie, les vis à bois et à métaux, les charnières, gonds, pitons, boulons, et les ustensiles de ménage en fer battu, sont les dénominations générales des catégories d'articles qui indiquent le détail infini des objets fabriqués par cette maison.

L'établissement de Beaucourt fut fondé, en 1780, par Frédéric Japy, fils d'un maréchal de village, lequel, après avoir travaillé pendant dix-huit mois chez un habile horloger de la Suisse, revint à Beaucourt, son endroit natal, où il forma quelques ouvriers et établit un petit atelier chez son père.

Telle est l'origine de l'établissement de MM. Japy, qui compte aujourd'hui quatre machines à vapeur de la force de 26 chevaux et quatre moteurs hydrauliques de la force de 224 chevaux.

Sa consommation annuelle est de :

570 quintaux de coke;
15,500 hectolitres de houille;
8,000 stères de bois;
280 quintaux d'huiles et suif;
10,150 quintaux de fer;
700 quintaux de fonte,
760 quintaux de cuivre et laiton;
110 quintaux d'acier;
175 quintaux d'étain.

Sa production est de :

270,000 mouvements de montres;
48,000 mouvements de pendules;
530,000 paquets de vis à bois, gonds et pitons;
500,000 charnières;
180,000 cadenas;
70,000 serrures;
550,000 kilogrammes de fer battu.

La valeur totale de ces produits, dont une forte partie est expédiée à l'étranger, est de 2 1/2 à 3 millions de francs.

L'établissement occupe environ 3,000 ouvriers de tout âge, hommes, femmes et enfants, et tous, sauf quelques exceptions, travaillent à la pièce, et gagnent, en moyenne, les hommes 2 francs et les femmes 1 franc par jour.

Quant aux améliorations et aux perfectionnements que ces fabricants ont introduits depuis la dernière exposition, nous n'avons à nous occuper que de ceux concernant la quincaillerie, les vis à bois et les fers battus, l'horlogerie et la serrurerie devant faire l'objet de rapports spéciaux.

MM. Japy se sont surtout appliqués, en ce qui concerne les articles de la division de la quincaillerie, tels que vis à bois, pitons, gonds, etc., à trouver des moyens plus prompts et plus économiques de fabrication, et les résultats obtenus depuis 1844 sont très-satisfaisants, puisque, tout en conservant les mêmes bénéfices et tout en payant la même main-d'œuvre, on a pu réduire les prix de 20 p. 0/0. Cette diminution a non-seulement provoqué une plus grande consommation de ces articles à l'intérieur, mais a encore augmenté leur vente à l'étranger, où nous luttons aujourd'hui à prix presque égaux et où nos qualités sont généralement préférées.

Pour les ustensiles en fer battu, nous avons à constater de nombreux et de notables perfectionnements dans la fabrication de ces articles; ceux appelés *bombés* ou *légers* se vendent à la pièce et presqu'à prix égaux à ceux de leurs similaires en fer-blanc, auxquels ils sont supérieurs pour l'usage et la durée; les objets plus forts, et qui se vendent au poids, sont établis dans de bonnes conditions pour l'emploi et jouissent toujours davantage de la faveur des consommateurs. Aussi la vente de ces articles a presque doublé depuis 1844.

Il est peut-être à regretter qu'on ait cherché à étendre l'application des fers battus à des ustensiles pour lesquels cette matière doit faire un mauvais usage, tels que seaux d'eau, arrosoirs, brocs et autres objets; mais, comme il y a en cela peut-être plus de la faute des consommateurs que des producteurs, il faut laisser à l'expérience le soin de faire connaître les produits qui présentent le plus d'avantages.

Nous avons encore remarqué, parmi les produits en fer battu, des marmites comtoises, des coquilles, des poêles à frire, etc., qui se fabriquent jusqu'à présent en fonte ou en fer. Ces articles sont d'une belle et bonne fabrication et présentent des chances de succès; ils sont couverts d'un vernis noir à l'extérieur, résistant au feu, et à l'intérieur ils sont polis ou étamés, selon la demande du marchand.

Nous citerons encore, plutôt comme difficulté de fabrication que comme amélioration, des ustensiles en fer battu couverts d'une légère feuille de cuivre, dont les prix, à la vérité, ne sont qu'un peu plus élevés que ceux des fers battus ordinaires, mais qui ne peuvent non plus offrir d'autre avantage que celui d'imiter le brillant de la batterie de cuisine en cuivre.

MM. Japy avaient obtenu, aux expositions précédentes, une médaille d'argent en 1806, une médaille d'or en 1819, rappelée quatre fois, en 1823, 1827, 1834 et 1839, et une seconde médaille d'or en 1844. M. Louis Japy a reçu, en outre, la décoration de la Légion d'honneur en 1834. Aujourd'hui le jury, reconnaissant que ces fabricants distingués savent dignement conserver la réputation qu'ils ont acquise, leur décerne le rappel de la médaille d'or.

MM. COULAUX aîné et Cie, à Molsheim (Bas-Rhin).

L'établissement de MM. Coulaux est un des plus importants en France; on y produit le fer et l'acier, et on y élabore ces matières premières sous mille formes diverses, soit pour la fabrication de la quincaillerie, tels que les outils de menuisiers, charpentiers, tourneurs, charrons, maçons et jardiniers, soit pour les scies et autres articles laminés, vis à bois, faux, limes, armes blanches, casques et cuirasses.

L'établissement est composé de 23 usines, dans lesquelles on consomme annuellement environ :

4,000 quintaux métriques de fontes à acier;
2,000 quintaux métriques de fontes de fer;
2,000 quintaux métriques d'acier raffiné naturel;
400 quintaux métriques d'acier fondu;
4,000 quintaux métriques de houille;
18,000 stères de bois.

Cette manufacture occupe plus de 800 ouvriers et employés, et les frais de main-d'œuvre montent à environ 40,000 francs par mois.

La vente annuelle dépasse 800,000 francs.

Parmi les produits exposés, qui se distinguent généralement par une belle et bonne fabrication, le jury a remarqué une feuille de tôle d'acier de 3 mètres de longueur sur 59 centimètres de largeur et 1/2 millimètre d'épaisseur, d'une exécution parfaite et une bande d'acier de 75 mètres de longueur, dont le poids n'excède pas 8 kilogrammes. Nous avons à constater ici un fait remarquable et qui établit la grande supériorité de nos laminoirs sur ceux de l'étranger : c'est que nos aciers laminés pour ressorts d'horlogerie se fabriquent d'acier fondu anglais et s'expédient en fortes quantités aux fabriques de Paris et à celles de Suisse, et une partie de ces aciers, convertis en ressorts de montre, retourne en Angleterre, malgré les droits d'entrée sur les aciers fondus (132 francs par 100 kilogrammes) et malgré les frais de transport de la matière première qui nous vient de ce dernier pays.

Les établissements de MM. Coulaux aîné et compagnie ne sont pas moins remarquables sous le rapport d'une bonne administration que sous celui d'une excellente méthode de fabrication : ils préfèrent livrer des produits de bonne qualité, plutôt que de viser au bon marché, lequel malheureusement ne s'obtient trop souvent qu'au détriment de la qualité.

Aux précédentes expositions, MM. Coulaux ont obtenu, tant pour la fabrication de la quincaillerie que pour celle des armes, trois médailles d'or et autant de rappels de cette médaille. Le jury, reconnaissant que les succès de cette maison sont principalement dus à l'intelligente direction de son chef, M. Baur, lui rappele la médaille d'or, dont il est de plus en plus digne.

Médaille d'or.

MM. MIGEON et VIELLARD, à Morvillars (Haut-Rhin).

M. Migeon, propriétaire des forges et des tréfileries de Morvillars, y ajouta en 1828 une fabrique de vis à bois, laquelle prit en peu de temps un tel développement, qu'elle consomma toute sa production en fer et en fil de fer. Aujourd'hui Morvillars est un de ces rares établissements qui, en payant trois ou quatre mains-d'œuvre différentes, produit pour ainsi dire tout lui-même, depuis la matière première jusqu'à la marchandise fabriquée et qui, par cette excellente position, peut soutenir avantageusement la concurrence d'adversaires redoutables, au grand profit de la consommation générale.

L'établissement de MM. Migeon et Viellard consiste en 4 usines, ayant une force théorique de 200 chevaux; il occupe environ 1,000 ouvriers, savoir :

300 hommes gagnant	de 1f 25c à 2f	par jour.
300 femmes	de 0f 75 à 1	
200 enfants adultes	de 0 75 à 1	
150 enfants de 12 à 16 ans	de 0 50 à 0 75c	
50 forgerons, fondeurs et tréfileurs gagnant	de 2f à 4f	

Il consomme 750,000 kilogrammes de fil de fer.
3,000 d'acier.
15,000 de laiton.
1,100 stères de bois.
200,000 kilogrammes de houille.

Le produit annuel est d'environ 600,000 francs.

MM. Migeon et Viellard se sont attachés à faire leur spécialité de la fabrication des vis à bois, et la belle réputation dont jouissent leurs produits prouve la surveillance active et les soins minutieux qu'ils mettent à la confection de ces articles. Ils ont encore introduit dans leur établissement des procédés de fabrication perfectionnés et beaucoup plus expéditifs que ceux en usage jusqu'alors et qui leur ont permis de livrer aujourd'hui à 1 fr. 40 cent. le kilogramme de vis à bois, qu'on payait 2 fr. 30 cent. en 1844.

Ces fabricants distingués portent encore le plus grand intérêt aux ouvriers qu'ils occupent, et le jury croit devoir citer à ce sujet les faits suivants :

Malgré le coup terrible porté aux affaires par la révolution de février, MM. Migeon et Vieillard ont continué leur fabrication sur son pied normal; ce ne fut qu'après les événements de juin 1848 qu'ils ont réduit les heures de travail de 12 heures à 9 heures; mais cette diminution ne dura que jusqu'en janvier 1849, époque à laquelle ils ont repris leurs travaux complets.

140 familles habitent l'établissement, qui leur fournit le logement et un petit jardin, moyennant 36 francs par an. Le chauffage est aussi à des prix modérés, 100 fagots sont donnés à 6 francs, somme minime qui ne représente guère que les frais de façonnage et de transport.

Pour assurer aux ouvriers l'achat de farine sans mélange et à prix réduit, ils ont construit un moulin sur l'un de leurs cours d'eau, et ils fournissent la farine à un prix qui ne laisse à la charge du consommateur que les frais de monture.

Pour épargner à leurs ouvriers les désastreuses conséquences de la cherté de 1846 et de 1847, ils achetèrent dans le grand-duché de Bade et en Bavière, pendant l'automne de 1846, pour 100,000 fr. de blé, ce qui leur permit de livrer à leurs ouvriers, jusqu'à la récolte de 1847, les 100 kilogrammes de farine à 45 francs, au lieu de 70 francs, qui était alors le prix de la meunerie. Ces blés, vendus au cours de l'époque, leur eussent donné un bénéfice de 60,000 francs.

Ils retiennent à leurs ouvriers 1 p. o/o sur leur salaire, ce qui représente par an environ 3,000 fr., et, au moyen d'une somme égale qu'ils y ajoutent annuellement, ils ont créé une caisse de secours qui leur a permis d'attacher un médecin à leur établissement et d'ériger une pharmacie qui fournit gratuitement à tous les membres des familles qu'ils emploient médicaments, bandages, etc. Cette caisse délivre en outre, pour les cas de maladie et de convalescence, 1 franc par journée aux hommes et 75 centimes par journée aux femmes. Toutefois, les indispositions au-dessous de 3 jours n'ont droit à aucune indemnité.

La maison Migeon a obtenu jusqu'à 3 médailles d'argent, la première en 1819, pour la fabrication des fils de fer, et les deux autres aux expositions de 1839 et de 1844 pour les vis à bois, boulons, etc.

Aujourd'hui le jury, appréciant les motifs qui précèdent, décerne à MM. Migeon et Viellard la médaille d'or.

Nouvelles médailles d'argent.

M. MONGIN, rue des Juifs, n° 11, à Paris.

M. Mongin, à force de travail, de persévérance et d'habileté, s'est acquis une réputation de supériorité dans la fabrication des scies pour scieurs de long et pour scieries mécaniques, ainsi que dans la fabrication des ressorts et des buscs, et, depuis 20 ans qu'il possède cette réputation, il a su constamment la maintenir.

M. Mongin fait pour environ 100,000 francs d'affaires par an, dont le quart pour l'exportation. Il occupe 14 ouvriers et a une usine mise en mouvement par une pompe à feu de 4 chevaux.

Parmi les produits exposés par cet habile fabricant, nous citerons sa belle scie circulaire, ses scies de long à placage, à ivoire et pour scieries, ainsi qu'un ressort de 23 mètres de long et pesant 45 kilogrammes.

Aux précédentes expositions, M. Mongin a obtenu 2 médailles de bronze et deux d'argent ; le jury lui décerne une nouvelle médaille d'argent.

M. GAUTHIER, rue Barre-du-Bec, n° 10, à Paris.

La fabrique de taillanderie de M. Gauthier est une des plus anciennes de Paris, et les produits qu'elle livre au commerce jouissent parmi les consommateurs d'une réputation méritée. Cette réputation, déjà acquise par ses prédécesseurs, a été dignement soutenue et augmentée par l'intelligente direction que M. Gauthier a su donner à son établissement.

Effectivement il serait impossible de présenter une collection d'outils d'un travail plus parfait que celle que ce fabricant a exposée; et, en considérant que ces produits n'ont point été confectionnés avec plus de soin que ceux de sa fabrication courante, le jury ne peut qu'applaudir aux efforts et aux succès de cet habile fabricant.

M. Gauthier produit non-seulement tous les outils de taillanderie en usage en France, mais il fabrique encore avec beaucoup d'avantage ceux destinés aux colonies, à l'Algérie et à la marine; ses caisses d'outils de menuiserie pour amateurs, dont chaque objet à sa place indiquée et se trouve fixé par un système de fermeture de son invention, se distinguent encore par leurs prix modérés et leur bonne confection.

En 1844, M. Gauthier a obtenu la médaille d'argent. Aujourd'hui le jury, appréciant le mérite réel de ce fabricant, lui décerne une nouvelle médaille d'argent.

M. SIMONIN dit BLANCHARD et C°, rue des Gravilliers, n° 37, à Paris.

La maison Simonin dit Blanchard et compagnie s'occupe de la fabrication des outils pour selliers, bourreliers, corroyeurs, relieurs, peintres et cordonniers.

A force de créer de nouveaux modèles, d'améliorer les anciens et de donner à tous les produits sortant de leur établissement ce cachet de perfection, qui distingue toujours une fabrication intelligente et soignée, ces fabricants ont donné à leurs affaires une très-grande extension et se sont élevés au premier rang parmi les producteurs de ces outils, non-seulement en France, mais encore à l'étranger, car les 2/5es de leurs articles sont exportés en Allemagne, en Italie, en Turquie, en Espagne, en Belgique, dans l'Amérique du Nord et dans celle du Sud, et sur tous le marchés: les produits de cette maison sont très-recherchés, même à des prix plus élevés que ceux offerts par leurs concurrents.

Cette maison avait obtenu la médaille de bronze en 1839, une médaille d'argent en 1844, et aujourd'hui, le jury reconnaissant les efforts et les succès de ces habiles fabricants, leur décerne une nouvelle médaille d'argent.

Rappel de médaille d'argent.

MM. PEUGEOT aîné et JACKSON frères.

L'établissement de ces fabricants, est situé à Hérimoncourt et au pont de Roide, il consiste en 12 laminoirs, 2 martinets, 6 feux de forge, 6 fours, 20 meules à aiguiser et 30 polissoirs, il occupe, tant dans les ateliers qu'en dehors, de 120 à 150 ouvriers, il consomme de 150,000 à 200,000 kilogrammes de matière première, et sa vente s'élève à environ 400,000 francs, dont le dixième pour l'exportation.

Les produits exposés par ces fabricants sont très-variés et consistent en 883 pièces, scies, outils de menuiserie et de charpentiers, acier de ressort, buscs et autres articles laminés, qui se font généralement remarquer par leur bonne confection et leurs prix modérés.

En 1844, MM. Peugeot aîné et Jackson ont obtenu la médaille d'argent, et aujourd'hui, le jury leur confirme cette médaille.

Médaille de bronze.

MM. KARCHER et WESTERMANN, à Metz (Moselle).

MM. Karcher et Westermann, possédant, à Metz et Ars, une fabrique importante de pointes et de chaînes ainsi qu'une tréfilerie, ont augmenté tout récemment leur fabrication par celle des ustensiles de cuisine et de ménage en fer battu et étamé, et, quoiqu'à leur début, nous devons reconnaître que les objets exposés par ces fabricants dénotent un outillage parfait et des procédés de travail très-perfectionnés.

Effectivement leurs ustensiles se distinguent autant par l'élégance des formes que par leurs bonnes montures et surtout par leur brillant étamage, qui ne laisse rien à désirer.

MM. Karcher et Westermann occupent dans leurs divers ateliers 205 ouvriers, dont 20 femmes; les hommes gagnent de 1 fr. 50 cent. à 3 francs à la journée, de 2 francs à 5 francs à la pièce par jour.

Ils produisent environ 700,000 kilogrammes de pointes et de fil de fer, et 50,000 kilogrammes de chaînes.

La casserie ou fer battu occupe déjà 82 ouvriers, mais on n'a pu encore livrer au commerce que peu de produits de cette fabrication.

C'est la première fois que MM. Karcher et Westermann apparaissent à l'exposition, et, quoique la fabrication des ustensiles soit récente chez eux, le jury, appréciant les efforts de ces habiles fabricants, leur décerne une médaille de bronze.

M. BERNIER, rue du Faubourg-Saint-Antoine, n° 91. Nouvelle médaille de bronze.

M. Bernier est un des premiers fabricants d'outils montés, pour menuisiers, ébénistes et facteurs d'instruments. Il a établi dans ses ateliers des machines très-ingénieuses, qui, non-seulement lui permettent de produire à meilleur marché, mais encore de donner à ses outils une perfection de travail qu'on n'avait pas atteinte jusque-là.

M. Bernier a exposé un assortiment d'outils montés, un outil-machine pour tirer les moulures, une scie circulaire mobile, une roue faite par un procédé mécanique, des bois fraisés et mortaisés qui dénotent la perfection de ses moyens de travail; tous ces produits sont d'une belle confection et à des prix modérés.

M. Bernier a obtenu la médaille de bronze en 1844, aujourd'hui le jury, appréciant les efforts et les succès de ce fabricant intelligent, lui décerne une nouvelle médaille de bronze.

M. Pierre-Barthélemy PRUDHOMME, rue Saint-Maur-du Temple, n° 132, à Paris. Rappel de médailles de bronze.

M. Prudhomme soutient dignement la réputation qu'il s'est acquise dans la fabrication des boulons pour la carrosserie, les machines, les bâtiments, les plomberie et la chaudronnerie; et les nombreux échantillons exposés ne peuvent que confirmer la bonne opinion que les consommateurs ont conçue de ces produits.

M. Prudhomme a obtenu la médaille de bonze en 1839, son rappel en 1844. Le jury lui accorde un nouveau rappel.

Mme Veuve GÉRARD et DUFETEL, rue Saint-Antoine, n° 66 à Paris.

Ils ont exposé deux établis à chariot dont un en cormier et l'autre en hêtre, et un assortiment d'outils montés pour la menuiserie, l'ébénisterie et les facteurs d'instruments. Tous ces objets sont très-bien établis et cotés à des prix très-avantageux.

Ces fabricant sont obtenu la médaille de bronze en 1844 ; aujourd'hui le jury leur en accorde le rappel.

Rappel de mention honorable.

M. Joseph BERGAIRE aîné, à Dorney (Vosges).

Il a exposé des couverts en fer battu, d'une bonne fabrication et à des prix modérés.

Le jury rappelle à M. Bergaire la mention honorable, obtenue aux précédentes expositions.

Mentions honorables.

M. François LE CERF, rue Fontaine-au-Roi, n° 33, à Paris.

Il a exposé un tableau de boulons et d'écrous d'un travail très-soigné, et qui dénotent des procédés de fabrication perfectionnés.

Quoique d'une création récente (1844), l'établissement de M. Le Cerf peut compter parmi les premiers, pour la fabrication des boulons de carrossiers, de chaudronniers et de mécaniciens. Aussi le jury récompense-t-il les premiers succès de cet habile fabricant, en lui accordant une mention honorable.

MM. HOUSSAY frères, place des Vosges, n° 26, à Paris.

Ils ont exposé des vis cylindriques pour métaux, en fer et en cuivre ; des boutons pour équipement militaire, ainsi que des poids en cuivre. Tous ces objets sont d'une fabrication irréprochable, et dénotent, par la modicité des prix, des moyens de travail très-perfectionnés.

Le jury accorde une mention honorable à MM. Houssay frères.

M. Adolphe LAPERCHE, rue des Gravilliers, n° 37 *bis*, à Paris.

Les vis cylindriques et les boutons d'équipement militaire, en fer et en cuivre, que M. Laperche a exposés sont d'une belle fabrication, et lui méritent de la part du jury une mention honorable.

M. Georges LARENONCULE, rue des Gravilliers, n° 29, à Paris.

Les outils de ferblantier, chaudronnier et bijoutier, tels que tas, bigorne, marteaux et cisailles, que M. Larenoncule a exposés, sont d'un travail soigné et d'une trempe parfaite.

M. Larenoncule avait reçu, en 1844, la citation favorable. Aujourd'hui, le jury lui décerne la mention honorable.

M. PHILIPPE, rue de Lappe, n° 24, à Paris.

M. Philippe fabrique les outils pour les ferblantiers, et ses produits jouissent d'une bonne réputation dans le commerce. Les tas, bigornes et cisailles exposés par ce fabricant sont d'une belle confection, et le jury lui donne la mention honorable.

M. LEBESGUE, port de Bercy, n° 20 (Seine).

M. Lebesgue a exposé un bel assortiment d'outils pour tonneliers, d'une fabrication irréprochable et d'une confection souvent très-ingénieuse. Sa machine à donner de l'air aux vins qui travaillent, et qui se trouvent dans des futailles difficiles à déranger, nous a paru bien remplir son but. Nous citerons encore ses bondonniers à deux fins, c'est-à-dire à forer et à râper, ainsi que ses forets ou perce-vins, à montures très-soignées.

Le jury accorde à M. Lebesgue une mention honorable.

M. Barthélemy CAMION-PIERRON, à Vrignes-aux-Bois (Ardennes).

Il a exposé des fiches, charnières, pivots, verroux, gâches, paumelles, pannetons de volets, rondelles et chausse-pieds, d'une bonne exécution et à des prix modérés.

M. Camion-Pierron a obtenu une mention honorable en 1844. Le jury lui accorde de nouveau la mention honorable.

M. DAILLY, à Marines (Seine-et-Oise).

Le jury accorde la mention honorable à M. Dailly, pour sa tarière à vis à double traçoir, laquelle présente un perfectionnement réel, en ce qu'elle facilite le forage du bois.

M. James HEAD, à Saint-Germain (Loiret).

Il a exposé un assortiment d'outils de terrassement et de taillanderie, tels que pelles, bêches, louchets, pioches, haches et couperets. Tous ces outils ont les formes voulues et sont bien fabriqués.

Le jury décerne une mention honorable à M. Head.

M. François-Joseph CHRIST, à Strasbourg (Bas-Rhin).

Les outils de taillanderie exposés par ce fabricant sont généralement d'une confection convenable, et, dans sa localité, ils jouissent d'une bonne réputation, principalement pour la qualité de leur tranchant. Ceux à l'usage des tourneurs y sont surtout très-recherchés.

Le jury accorde la mention honorable à M. Christ.

M. Jean-Baptiste THÉOT, rue Zacharie n° 10, à Paris.

Il a exposé un établi et quelques outils et scies montées d'un bon travail.

Le jury lui accorde la mention honorable.

M. AUBIN, rue Popincourt, n° 5, à Paris.

Il a exposé des outils pour l'ébénisterie bien confectionnés et qui lui valent, de la part du jury, la mention honorable.

M. Charles-Joseph GAUTIER, Batignolles (Seine).

Il a exposé un établi, une machine à percer et à fraiser, et une série d'outils montés pour menuisiers, carrossiers, ébénistes et facteurs de pianos, pour lesquels le jury lui accorde la mention honorable.

M. Adolphe MICHAULT, rue Thiroux, n° 9, à Paris.

Il a exposé des outils spécialement destinés à l'usage des carrossiers, d'une confection irréprochable et qui lui méritent, de la part du jury, la mention honorable.

Citations favorables

M. Jacques-Constant NICOLAS, à Molsheim (Bas-Rhin).

Il a exposé une série de rabots montés sur fonte, et dont les fers se fixent au moyen de vis. Quoique d'une confection simple, ces outils doivent être d'un maniement plus difficile que ceux en bois, ils n'ont point encore reçu la consécration de l'expérience, le jury leur accorde une citation favorable.

M. Antoine RECLUS aîné, à Bergerac (Dordogne).

Il a exposé une bondonnière d'une confection très-ingénieuse et très-soignée, pour laquelle le jury lui accorde la citation favorable.

M. Georges DARX, rue de la Roquette, n° 69, à Paris.

Il a exposé deux vis de pressoir et divers autres échantillons de vis d'une belle exécution et à des prix très-avantageux.

Le jury accorde à M. Darx la citation favorable.

M. Hippolyte RAVETIER, rue Folie-Méricourt, n° 6, à Paris.

Le jury accorde la citation favorable à ce fabricant, pour les vis et les filières qu'il a exposées, et qui sont d'une belle et bonne confection.

M. COHUE fils, à la Guérauldé (Eure).

Le jury accorde la citation favorable à M. Cohue, pour les tenailles et tricoises qu'il a exposées.

M. DUVAL, à Saint-Lorent-en-Royans (Drôme).

Il a envoyé à l'exposition des pelles, bêches, oreilles de charrue, d'une bonne exécution, qui lui méritent la citation favorable de la part du jury.

---

§ 2. FERMETURES DOMICILIAIRES RELATIVES AUX PORTES, FENÊTRES, DEVANTURES DE BOUTIQUES, ETC.

M. Amédée Durand, rapporteur.

CONSIDÉRATIONS GÉNÉRALES.

Les objets compris sous cette dénomination offrent un ensemble de perfectionnements fort remarquables. Les combinaisons mécaniques qu'ils renferment pourront paraître toutes simples et toutes naturelles à ceux qui ne se donneront pas la peine de remonter à l'état de choses qui a précédé et ne prendront pas le soin de se formuler les différents problèmes dont la solution se trouve produite dans cette exposition. Ainsi, après l'emploi des moyens gênants et dispendieux des ressorts à barillets pour fermer les portes, nous avons admiré l'application du principe de la torsion dans des lames métalliques, et nous avons pu croire que cette question, souvent importante, de la fermeture spontanée d'une porte, avait reçu sa solution finale, quoique nous regrettassions le danger que présentait la possibilité de rupture de cette lame et la projection de ses débris.

Cependant une disposition nouvelle, efficace, cachée au point de ne révéler son existence que par ses effets, est venue, pour une dépense presque insensible et sans préjudice pour la solidité des ferrures ordinaires qui la recèlent, produire le résultat demandé.

Le problème des portes s'ouvrant dans tous les sens a été l'objet de tentatives diverses, toutes louables par la simplicité des moyens employés; mais une d'elles s'est particulièrement distinguée par la précision de son effet. Elle appartient à l'auteur d'un nouveau système dans l'emploi des fermetures ordinaires, qui a cela de très-remarquable que le ressort qui était comprimé à la main, soit qu'on ouvrît, soit qu'on fermât une porte, ne l'est plus que quand on l'ouvre. Par suite, la fermeture ne réclame plus qu'un effort très-léger, ce qui, dans les cas de grande circulation intérieure, n'est pas sans importance réelle.

Nouvelles médailles de bronze.

M. MELZESSARD, rue Saint-Pierre-Popincourt, dans le passage de ce nom, n° 9, à Paris.

Inventeur infatigable, et assez bien inspiré pour concentrer ses efforts sur un même sujet, M. Melzessard, déjà honoré, à chacune des deux dernières expositions, d'une médaille de bronze, apporte de nouveaux titres aux récompenses que décerne le jury.

Les clôtures mobiles des devantures de boutique, sujet de prédilection de ses études, ont reçu de lui de nouveaux et curieux perfectionnements : ainsi il est parvenu à combiner, de manières diverses et toutes efficaces, les panneaux en tôle qui forment ces devantures, et à les loger pendant le jour, soit dans l'imposte, soit dans le soubassement, soit dans les pieds-droits des magasins. Ne pouvant décrire les moyens employés par cet habile constructeur, nous dirons seulement que c'est par un emploi judicieux de portions de crémaillère fixées sur chacun de ces panneaux, entièrement indépendants entre eux au moment de leur dépôt dans l'imposte, qu'il parvient, par l'intermédiaire de deux pignons solidaires sur un même arbre, à les loger verticalement les uns à côté des autres. Quand il s'agit de les descendre, le mouvement inverse se produit, et ces mêmes panneaux, indépendants l'instant d'avant, s'agrafent l'un l'autre en descendant, et forment, à la fin de l'opération, une fermeture complète, opérée par un simple mouvement de manivelle. Quand on songe aux facilités de service et à la solidité de pareilles fermetures, qui s'établissent et disparaissent sans le moindre empiétement sur la voie publique, on ne peut que s'étonner que leur emploi ne soit pas encore généralisé.

Le jury accorde à M. Melzessard une nouvelle médaille de bronze.

M. JACQUOT, rue des Jeûneurs, n° 14, à Paris.

Honoré d'une médaille de bronze, à la dernière exposition, pour un système de fermeture destiné à remplacer les espagnolettes et crémones, M. Jacquot offre aujourd'hui deux petits mécanismes nouveaux : l'un, qui a pour objet de fermer et d'ouvrir les persiennes d'un appartement, et sans ouvrir les fenêtres, remplira son but d'autant plus parfaitement, que les persiennes seront moins pesantes et offriront moins de surface au vent. La pose de ce petit appareil, qui se fait au moyen d'une entaille profonde dans l'un des chambranles de chaque fenêtre, présente en cela un inconvénient qui pourra restreindre l'emploi de cette disposition, qui a un caractère d'utilité réelle.

L'autre mécanisme exposé par M. Jacquot, et appliqué à faire mouvoir une tige d'espagnolette, sera insuffisant dans les cas d'une grande résistance; mais il aura du moins le mérite d'offrir une transformation de mouvement fort originale, et qui pourra trouver des applications dans la mécanique. C'est un nouveau moyen, peu régulier, mais utilisable, de transformer le mouvement circulaire continu en mouvement circulaire alternatif, et dans des plans perpendiculaires entre eux.

C'est surtout par cette considération que le jury se décide à accorder à M. Jacquot une nouvelle médaille de bronze.

M. HAVÉ, rue Neuve-Saint-Paul, n° 10, à Paris.

Parmi les objets qui fixèrent l'attention du public à la dernière exposition, est la disposition au moyen de laquelle, de l'intérieur d'un appartement et sans ouvrir la fenêtre, on faisait manœuvrer les persiennes, non-seulement pour les ouvrir et les fermer, mais encore pour les fixer par un arrêt solide. M. Havé, l'auteur de cette invention utile, l'a reproduite à la présente exposition, avec des perfectionnements qui ne peuvent que confirmer l'adoption qui en a été faite dans les constructions où rien n'est négligé pour les commodités de la vie.

Le jury avait accordé à M. Havé une médaille de bronze; il se plaît à récompenser la persistance de ses efforts en lui décernant une nouvelle médaille de même ordre.

Médailles de bronze.

M. PEUDENIER, rue Saint-Honoré, n° 365, à Paris.

Le public s'est arrêté avec un juste intérêt devant l'exposition nombreuse et variée de M. Peudenier.

Entre autres choses très-remarquées, on trouvait un mode de fermeture pour porte à deux battants, qui permet d'en ouvrir indistinctement l'un ou l'autre, sans que pour cela le joint, formé par leur fermeture, fût privé de la feuillure indispensable pour en parfaire la clôture. Mais ce qui doit surtout être cité est le mode de fermeture remplaçant les becs de canne, ou toute espèce de demi-tour. On sait que, quand on veut ouvrir cette espèce de serrure, on comprime le ressort qui pousse le pêne, et même opération doit être faite quand on veut la fermer, si on ne veut, en poussant la porte, opérer un choc assez violent. M. Peudenier a pensé que l'effort qui comprime ne devait être fait qu'une seule fois, et que si, au moment de l'ouverture, un arrêt retenait le pêne, le ressort resterait bandé comme celui d'une platine de fusil, et qu'il suffirait d'un effort aussi léger que celui qui s'applique sur une détente pour le faire pénétrer dans sa gâche; il n'y a donc plus qu'à pousser très-légèrement la porte pour que le contact de la feuillure fasse sortir le pêne avec la vivacité d'un chien de fusil. Ce mouvement est d'une facilité, on dirait presque d'une grâce extrême.

En possession de cette idée, M. Peudenier en a prouvé la portée par son application à une porte qui, poussée indistinctement d'un côté quelconque, non-seulement arrive sans oscillations aucunes à son point d'arrêt; mais encore vient y faire pénétrer son pêne de quelque petite quantité que cette porte ait été ouverte. Il est regrettable que l'espace manque pour rendre compte de la manière ingénieuse et certaine dont M. Peudenier s'y est pris pour se procurer, mécaniquement, un élément de temps indispensable à la production de cet effet éminemment remarquable. Il n'est pas douteux qu'une analyse exacte des fonctions accomplies par ce dispositif ne procure à la mécanique quelque nouvel élément susceptible d'application très-utile.

Le jury décerne la médaille de bronze à M. Peudenier.

M. GARNIER, rue d'Anjou-Dauphine, n°s 18-20, à Paris.

Les crémones qu'a exposées M. Garnier se recommandent, non-seulement par une solidité et une précision d'exécution qui ne laisse rien à désirer, mais encore par des dispositions qui méritent d'être indiquées et qui sont particulières à cet habile constructeur. Ses crémones sont de celles qui sont divisées en deux tiges suivant un même axe, se développant, haut et bas, par l'action du bouton que la main fait mouvoir.

Le jeu de ces deux pièces s'opère par l'intermédiaire d'un disque muni de deux goujons, dont chacun agit sur chacune des moitiés, haut et bas, de la crémone. Dans ce cas, le disque est porté sur un axe, mais il est d'autres cas, où M. Garnier, serrurier très-expert, place de ces disques sans axes, et portant deux goujons placés sur deux faces opposées, suivant deux diamètres perpendiculaires entre eux. Ces disques, encagés dans les pièces mêmes qu'ils font mouvoir, deviennent un élément mécanique nouveau et d'une extrême simplicité. Il peuvent remplacer très-avantageusement les varlets au moyen desquels on fait mouvoir des pênes qui ferment une porte par ses quatre angles. A cela, il faut ajouter qu'en cas d'usure, le remplacement de cette pièce peut se faire sans outil spécial et sans ajustage. En outre, les crémones de M. Garnier jouissent, ainsi que d'autres, de la propriété d'être fixées au moyen d'une clef, comme les pênes d'une serrure, et de développer, au besoin, une tige, qui établit et maintient la fenêtre dans un degré d'ouverture convenable, pour permettre la circulation de l'air.

Toutes ces dispositions, soigneusement étudiées et d'une exécution très-louable, valent à leur auteur la médaille de bronze.

M. CHARBONNIER, rue Saint-Gilles, n° 8, à Paris.

Depuis la dernière exposition, M. Charbonnier a fait d'heureux et nombreux efforts pour ajouter aux crémones qui lui avaient mérité une mention honorable toute une série d'autres objets ayant une destination analogue.

On a particulièrement remarqué deux systèmes de crémones ayant subi des perfectionnements, aussi bien exécutés qu'ingénieusement conçus ; une autre crémone, dans de fortes proportions, appliquée à la fermeture d'une porte cochère, portant à la partie supérieure un crochet de rappel d'un effet puissant. Enfin, un jet d'eau mobile en tôle qui, se plaçant entre ceux de bois qui existent, tant sur le bâti de la fenêtre que sur celui qui appartient à cette dernière, remplit le double but de s'opposer à l'introduction du vent et de l'eau. Cette pièce, fort simple, portée sur deux tourillons, évolue par la seule action qui ferme la fenêtre, et sans aucun soin particulier.

Une médaille de bronze est accordée à M. Charbonnier.

Mentions honorables.

M. PARVILLERS, rue Jarente, n° 10, à Paris.

Cet exposant a imaginé une combinaison de cordons et de tiges articulés, qui a pour résultat d'éloigner de la fenêtre le support quel qu'il soit, des rideaux, et de le faire rentrer dans la pièce à mesure que les venteaux de la fenêtre s'y développent eux-mêmes ; de cette manière, ces derniers ne peuvent jamais nuire aux rideaux, alors même qu'on les ouvre entièrement.

Ce petit mécanisme, qui trouvera fréquemment un emploi, surtout dans les appartements dont les fenêtres s'élèvent jusqu'au plafond, mérite d'être mentionné honorablement.

M. DELINOTTE, rue Chapon, n° 13, à Paris.

Il n'est personne qui ne connaisse la gêne et quelquefois le danger qu'on éprouve pour accrocher et décrocher les persiennes et à les ramener vers soi pour les fermer. Rendre cette opération simple et facile est ce qu'a exécuté avec un rare bonheur M. Delinotte. Il place un loqueteau dont la gâche est scellée dans le mur, à peu de distance des gonds de la persienne, produisant ainsi, contrairement à l'usage, l'accrochement en dessous. Cet accrochement est dû à l'emploi d'un contre-poids qui, après avoir agi, retombe le long de la persienne. Sa longueur étant de 0^{m},15 et sa forme semblable à celle d'un manche d'outil, il résulte que, sitôt qu'on le soulève pour décrocher le loqueteau, on a dans la main un bras de levier parfaitement disposé pour agir avec force sur la persienne et la ramener à soi.

M. Delinotte a également un moyen très-simple pour faire jouer deux loqueteaux fermant haut et bas une fenêtre.

Le jury lui accorde une mention honorable.

M. CUDRUE, faubourg du Temple, n° 56, à Paris.

Ce fabricant, qui avait mérité, à la dernière exposition, d'être compris dans le rapport du jury pour des crémones qui se recommandaient par leur simplicité et leur bas prix, a présenté cette année des modèles d'un luxe remarquable en même temps que d'une combinaison bien entendue.

Ce qu'il y a de plus digne d'attention parmi les objets exposés par M. Cudrue est ce qui y brille le moins : il s'agit de cette disposition de loqueteaux à ressorts à boudin placés haut et bas d'une persienne, et qui sont mis en jeu au moyen d'une pièce rigide placée à la hauteur de la main et constituant un troisième point de fermeture qui s'oppose au gauchissement des bois. Une poignée bien placée, qui peut servir de guide à cette pièce pour appeler la persienne et être un appui utile pour la main, est un des éléments remarquables de cette combinaison simple, efficace et peu coûteuse.

Le jury considère comme très-digne de la mention honorable l'ensemble des produits de M. Cudrue.

M. LEPREUX, serrurier, rue Saint-Antoine, n° 139, à Paris.

Cet exposant a su choisir avec beaucoup de discernement un

genre de meuble dans lequel le fer peut être substitué très-avantageusement au bois. Sous la dénomination de bureaux pour la boucherie, il a construit une de ces cages vitrées qui, dans beaucoup de boutiques ouvertes, servent d'abri à la personne chargée des recettes. Ce meuble, d'une excellente exécution, allie à l'élégance une grande légèreté et une parfaite solidité.

Le jury, pour récompenser un genre de construction si bien entendu, décerne une mention honorable à M. Lepreux.

Citations favorables.

M. DECHANY, rue Ménilmontant, n° 94, à Paris.

A exposé diverses crémones et de la cuivrerie pour serrurerie en bâtiments, qui le maintiennent au rang qu'il s'était acquis à la dernière exposition.

Le jury lui accorde la citation favorable.

M. LEBLANC, rue Ménilmontant, n° 49, à Paris.

Il a exposé des crémones qui se sont fait remarquer par un emploi judicieux de ressorts à boudin convenablement logés pour être complétement hors d'atteinte et produire avec certitude l'effet qui leur est demandé.

Le jury décide qu'une citation favorable sera accordée à M. Leblanc.

M. CHARBONNIER, à Craon (Mayenne).

L'espagnolette à pêne de cet exposant atteint un but d'utilité incontestable, et est évidemment de nature à rester au prix très-peu élevé qu'il annonce.

Le jury lui accorde une citation favorable.

M. COUPELON, à Clermont (Puy-de-Dôme).

Il a exposé un petit modèle de devanture de boutique, dont l'idée pourrait recevoir, dans des cas particuliers et assez rares où il n'y aurait pas d'étalage permanent, une utile application. Tout le vitrage se compose de vantaux accouplés par leurs charnières sur d'étroits montants, espacés suivant l'usage, et dont les deux extrêmes ont leurs battements sur les pieds-droits limitant la devanture.

Le jury accorde à M. Coupelon une citation favorable.

M. LORET, à Saint-André-d'Échauffour (Orne).

Indépendamment de plusieurs serrures, remarquables par leur bon marché, M. Loret a exposé un instrument dit *métier à gants*, dont la charnière, divisée en deux points articulés, offre une bien plus grande solidité et une plus grande précision dans la rencontre des encoches qui guident l'aiguille. Considérant que cela ne se rencontre pas dans les métiers ordinaires, M. Loret est jugé digne d'une citation favorable.

---

§ 3. MEUBLES EN FER.

M. Amédée Durand, rapporteur.

CONSIDÉRATIONS GÉNÉRALES.

La fabrication des meubles en fer semble s'être approchée beaucoup de la limite des progrès qu'il lui est donné d'accomplir. Quelques dispositions nouvelles, ayant surtout pour objet de procurer des moyens de couchage à la portée des plus faibles ressources, ont justement fixé l'attention publique. On peut même admettre que jamais on ne pourra établir de lits conservant un aspect convenable à meilleur marché que ceux qui ont paru à cette exposition. Cet élément fondamental de tout ameublement est donc constitué aujourd'hui à un état tel que l'ouvrier sédentaire serait sans excuse s'il ne recherchait pas avec empressement les avantages d'une habitation particulière et indépendante. Dans le perfectionnement du coucher, en vue de son bas prix, se rencontre donc un moyen de progrès pour les simples ouvriers, puisqu'il leur facilite les moyens de sortir des logements en commun et de les soustraire aux fâcheux entraînements qu'ils y rencontrent.

Un autre progrès à remarquer dans la fabrication des meubles en fer est la restriction qu'elle s'est imposée ou que le bon sens des acheteurs a dû lui rendre nécessaire. L'idée d'entrer en rivalité avec le bois pour la confection de certains meubles, tels que commodes, armoires, tables de toutes espèces, buffets, etc., était fort malheureuse, à moins qu'elle n'eût pour objet de satisfaire à des conditions particulières de climat, comme aux Antilles, où les meubles en bois n'ont qu'une très-courte durée. Le bois s'accommode si merveilleusement aux convenances du toucher, il reçoit si parfaitement la pureté des formes, il supporte si bien les chocs, se prête si facilement aux réparations, se maintient si facilement dans un état de propreté, qu'en dépit de toutes les tentatives, soit des tissus pour le recouvrir, soit des métaux pour le remplacer entièrement, il restera toujours l'élément fondamental de la fabrication des meubles. Vainement les métaux, au moyen de la peinture, arrivent-ils à prendre son apparence : ils ne peuvent éviter l'impression désagréable qu'ils produisent sur le toucher, les dégradations irréparables que le moindre choc fait éprouver à l'enduit qui les couvre, l'empâtement de leurs formes par ce même enduit, la difficulté des réparations, la flexibilité et l'irrégularité de toutes leurs surfaces un peu étendues, comme panneaux, tiroirs, etc., et enfin beaucoup d'autres inconvénients dont l'énumération aurait pour conclusion que les fabricants de meubles en fer méritent d'être loués pour la sage réserve dans laquelle ils se sont en général maintenus dans cette exposition.

Médaille d'argent. M. BAINÉE, rue des Boulangers-Saint-Victor, n° 22, à Paris.

Déjà honoré, aux expositions de 1839 et 1844, d'une médaille de bronze pour des meubles, et surtout des lits en fer étudiés jusques dans leur moindres détails avec une entente remarquable, cet exposant se présente cette année avec des produits de même nature qui ne peuvent que confirmer l'ancienne et excellente réputation dont jouissent ses ateliers.

Concurremment avec cette excellente fabrication, M. Bainée en suit une autre d'un ordre plus élevé. Il construit des cisailles pour couper la tôle suivant les besoins du commerce de la quincaillerie; et, dans ses mains, cet instrument a atteint des proportions, qu'il y a peu d'années encore on n'aurait pas osé espérer. Aujourd'hui des lames de 2 mètres 20 cent. de longueur permettent de trancher, d'un seul coup, des rubans de tôle sur toute la longueur des feuilles.

Ce résultat si remarquable et si utile fait beaucoup d'honneur à MM. Bainée, car aujourd'hui les travaux du fils viennent se confondre avec ceux du père.

Le jury décerne à M. Bainée la médaille d'argent.

M. GESLIN, impasse Cendrier, n° 3, à Paris.

Rappels de médailles de bronze.

La fabrication de cette ancienne maison se montre toujours digne du rang honorable qu'elle a occupé aux précédentes expositions. Un lit militaire se pliant, d'une disposition telle qu'un baldaquin en fait partie, a été justement remarqué.

Le jury rappelle la médaille de bronze décernée à ce fabricant en 1844.

M. LAUDE aîné, rue Vendôme, n° 12, à Paris.

Cet exposant a présenté des lits en fer d'une bonne exécution et qui s'ajoutent à l'industrie des sommiers élastiques, qu'il exerçait lors de l'exposition de 1844 et pour laquelle il avait obtenu une médaille de bronze sous la raison Laude frères.

L'ensemble de ses produits est jugé digne du rappel de la médaille de bronze qui lui fut accordée en 1844.

M. THOMAS, rue Saint-Martin, n° 63, à Paris.

Médaille de bronze.

Cet exposant a remarquablement développé son industrie depuis la dernière exposition. Par d'heureuses combinaisons, ses meubles en cuivre pour étalage sont devenus susceptibles de recevoir des dispositions très-variées. Par suite, l'aspect des magasins où on les emploie peut être renouvelé chaque jour. C'est un avantage que le commerce apprécie beaucoup, et M. Thomas a beaucoup fait pour le lui procurer.

Le jury lui accorde une médaille de bronze.

M. LÉONARD, boulevard Saint-Martin, n° 45, à Paris.

Mentions honorables.

Le jury ne pouvait manquer de signaler les meubles de ce fabricant, qui, par le choix de ses modèles et le fini de ses produits, révèle une volonté de bien faire qu'il serait désirable de voir se répandre davantage dans cette industrie. Le jury est heureux de pouvoir constater ce mérite chez M. Léonard et de le récompenser en lui décernant une mention honorable.

M. FAVEERS, rue Pétrelle, n° 23, à Paris.

Il expose un lit qui est assurément un des couchers les plus simples et les plus économiques qui puissent être imaginés. Un sommier élastique, supporté, vers ses extrémités, par des pieds en fer formant chevets, est accompagné, dans toute sa longueur, d'appendices en tôle, qui permettent de border la couverture du lit à peu près aussi bien que sous un matelas ; au moyen de ce dispositif, qui rejette les matelas en laine qui ne peuvent être donnés au plus bas prix que par l'emploi de vieilles matières, souvent imprégnées de miasmes dangereux, M. Faveers a pu mettre l'acquisition d'un coucher modeste à la disposition du plus petit capital.

Le jury lui décerne une mention honorable.

M. MOUSSET, rue du Faubourg-Saint-Denis, n° 126, à Paris.

Cet exposant ne semble travailler qu'en vue de répandre par le bon marché l'emploi si bon en lui-même des lits en fer.

La production quotidienne de son atelier s'élève moyennement à 60 lits, qui s'écoulent principalement par les grands magasins de Paris qui tiennent la literie à bas prix. D'ouvrier devenu patron, M. Mousset a su imprimer à ses travaux une activité qui mérite la récompense d'une mention honorable.

M. MORIN, rue Rambuteau, n° 24, à Paris.

Il expose pour la première fois. Ses lits en fer sont ornés de peintures et de passementeries qui, pour l'apparence, les harmonisent bien avec la décoration ordinaire des alcoves. Parmi les produits de ses ateliers, figure un lit-canapé d'une disposition telle, que son emploi est rendu très-facile.

Les produits de M. Morin sont jugés dignes de la mention honorable.

Citations favorables.

MM. BRAY frères, rue Rambuteau, n° 65, à Paris.

Ces exposants méritent d'être cités favorablement pour une bonne fabrication de lits en fer, et pour la combinaison d'un canapé, qui, après avoir formé un lit ordinaire, peut se réduire facilement au tiers de sa longueur pour en faciliter le transport.

M. MAIGNE, boulevard Bonne-Nouvelle, n° 12, à Paris.

Il a exposé un lit double, un fauteuil mécanique, ainsi qu'une chaise formant lit pour les camps, et qui, pliée, ne forme qu'un petit volume.

Cette fabrication mérite d'être citée favorablement.

---

§ 4. CHASSIS A TABATIÈRES.

M. Pecqueur, rapporteur.

M. Pierre-Joseph BISSON, rue du Faubourg-du-Temple, n° 29, à Paris. Médaille de bronze.

M. Bisson a exposé des châssis à tabatières en fer tout montés, sur des toits couverts en tuiles, en ardoises et en zinc. Sur chaque espèce de couverture, il montre trois manières de disposer ses châssis et de les placer.

Les dormants en tôle ont leurs bords extérieurs de différentes formes et grandeurs, selon l'espèce de couverture et selon la manière de les monter.

Ces ouvrages, exécutés avec intelligence, méritent à M. Bisson une médaille de bronze que le jury lui accorde.

Mlle Marie-Anne-Caroline LEFEBVRE, rue du Faubourg-du-Temple, n° 94, à Paris. Mention honorable.

Mlle Lefebvre a exposé une bâche double et une serre portative en fer, garnies de leurs châssis vitrés, à l'usage des jardiniers fleuristes, des maraîchers et des bourgeois.

Elle fait son unique spécialité de la fabrication de ces objets et de ceux analogues, où l'on voit qu'elle n'a rien négligé pour réunir légèreté, solidité et commodité.

Les bâches de Mlle Lefebvre sont non-seulement construites de manière à être montées et démontées au moyen de quelques clavettes, mais encore de manière à s'ajouter les unes au bout des autres, pour n'en former qu'une aussi longue qu'on le veut. Dans ce cas, les cloisons intérieures, qui seraient plus gênantes qu'utiles, sont remplacées par des traverses légères qui lient les cloisons de derrière avec celle de devant.

Le jury central lui décerne une mention honorable.

Citations favorables.

M. Louis DEJEAN, rue d'Angoulême, n° 15, à Paris.

M. Dejean a exposé un système de châssis à tabatière, pour établissements publics et maisons d'habitation, lesquels s'ouvrent en dedans et dehors; en dedans, pour la commodité de nettoyer les vitres, et en dehors, pour donner de l'air, comme on le fait ordinairement. Il a pris, en 1844, un brevet de perfectionnement pour ces châssis. L'idée première appartient à M. Falhon, qui, en 1838, a présenté des châssis semblables à la société d'encouragement, qui l'en a récompensé par une médaille de bronze.

Les perfectionnements de M. Dejean méritent d'être cités favorablement.

M. François-Charles LÉAUTÉ, rue Bellefond, n° 19, à Paris.

M. Léauté a exposé 2 châssis à tabatière en fer, 1 petit modèle de serre chaude et 35 modèles de moulures profilées en fer, pour croisées, portes, devantures de boutiques, etc.

Les moulures sont enlevées dans des barres de fer, au moyen de machines à raboter.

Les châssis ont cela de particulier, que le dormant porte une gouttière renversée, auquel le plomb s'accroche, et ne vient plus sur le châssis mobile, où il se dérangeait souvent. Le jury accorde la citation favorable à M. Léauté.

---

§ 5. TOILES ET TISSUS MÉTALLIQUES.

M. Ambroise-Firmin Didot, rapporteur.

Rappel de médaille d'or.

M. ROSWAG, rue Saint-Denis, n° 321, à Paris.

L'industrie doit de la reconnaissance à la famille Roswag qui a introduit en France la fabrication des toiles métalliques. Aussi M. Roswag père, après avoir reçu en 1806 la médaille d'argent, obtint, en 1823, la médaille d'or qui lui fut rappelée aux expositions suivantes, et, à la fin de sa carrière, il fut fait chevalier de la Légion d'honneur.

Son fils, longtemps associé à son père, expose pour la première fois en son nom et s'en montre le digne héritier.

Tous les objets qui se rattachent à l'industrie de l'établissement paternel sont présentés à cette exposition par M. Roswag, et sont parfaitement exécutés. Le jury a remarqué entre autres une toile de $2^{m},32$, d'une grande longueur et d'une parfaite égalité; il en est de même d'autres toiles en laiton reps, destinées aux châssis pour le lavage des pâtes de chiffon pour la fabrication du papier.

Une série de toiles métalliques offre la preuve du progrès qu'on doit à la famille Roswag pour la fabrication des toiles métalliques.

Ainsi :

La 1re exposée en 1823 a 21,025 mailles au pouce carré (0^{m},027).
La 2e ...... en 1827 à 25,900 *idem.*
La 3e ...... en 1834 a 28,900 *idem.*
La 4e ...... en 1839 a 44,108 *idem.*
La 5e ...... en 1844 a 55,225 *idem.*
La 6e ...... en 1849 a 60,025 *idem.*

On peut juger par là des progrès toujours croissants de cette fabrique où sont tréfilés les fils de laitons ainsi que les peignes qui tissent le n° extraordinaire de 60,025.

Ces toiles, d'une finesse surprenante, sont fort utiles aux chimistes et au tamisage de l'émeri.

Le jury, reconnaissant que M. Roswag fils soutient dignement l'honneur de l'établissement auquel il succède, lui rappelle la médaille d'or.

Madame veuve SAINT-PAUL et fils, boulevard des Filles-du-Calvaire, n° 11, à Paris.

Rappel de médaille d'argent.

C'est une des plus anciennes fabriques; dès 1802 les tissus métalliques s'y confectionnaient. En 1819, en 1823, elle a obtenu la médaille de bronze; elle obtint ensuite la médaille d'argent qui lui fut rappelée en 1844.

Elle expose des tourailles pour la brasserie, fabriquées en nos 6 et 8 afin de leur donner plus de solidité. Ces toiles métalliques durent de 12 à 15 ans et on peut marcher dessus. Les toiles pour l'amidon de 200 fils au pouce sont très-fortes, et si serrées, que l'eau ne peut les traverser.

Le jury rappelle à Madame veuve Saint-Paul la médaille d'argent.

Rappel de médailles de bronze.

M. TROUSSET, à Paris.

Il expose plusieurs toiles métalliques et rouleaux égoutteurs pour la papeterie. M. Trousset fournit des toiles aux papeteries d'Angoulême, c'est la meilleure preuve de la bonté de ses produits, qui lui ont mérité la médaille de bronze que le jury lui rappelle.

M. PORLIER, rue Montmorency, n° 32, à Paris.

Il est le seul fabricant de formes et filigranes qu'emploie encore le petit nombre de papeteries aux cuves, où le papier se fabrique à la main. C'est donc à lui seul qu'elles peuvent recourir dans leurs besoins, que restreint de plus en plus l'extension de la fabrication du papier à la mécanique, où on n'emploie que des toiles unies d'une longueur indéfinie.

Une forme portant un grand filigrane représentant Philibert de Savoie, percé à la scie dans une pièce d'argent, accompagné de lettres fort bien découpées, est d'une exécution remarquable.

Les travaux de M. Porlier méritent le rappel de la médaille de bronze qu'il a obtenue en 1823 et 1839.

Médailles de bronze.

M. Jean KONS, rue Saint-Maur-Popincourt, n° 94, à Paris.

Il expose pour la première fois, et ses produits sont remarquables sous tous les rapports. Le jury a remarqué entre autres des toiles vergées sans-fin pour la fabrication des cartons, et une toile de chaînettes pour le nettoyage des grains dont la trame est reliée par une double chaînette se contournant l'une sur l'autre, ce qui donne à ces chaînettes beaucoup plus de solidité, sans que le prix soit sensiblement augmenté.

Ce qui surtout a frappé l'attention du jury, ce sont des shakos en toile métallique, plus légers de cent grammes que ceux en cuir et n'étant pas sujets comme eux à être déformés par la pluie. Ils offrent aussi plus de solidité contre les coups de sabre; l'expérience en a été faite devant le jury; il en est de même pour les épaulettes.

M. Kons remplace par son tissu métallique le carton ou zinc qui forme la patte de l'épaulette et le bois qui en forme la partie bombée. On s'occupe en ce moment au ministère de la guerre de ces nouvelles applications pour lesquelles M. Kons a pris un brevet d'invention.

Dès 1824, M. Kons montait chez M. Vallier les premiers métiers pour fabriquer les toiles métalliques employées par les fabricants de papier. Il s'est continuellement appliqué à perfectionner ce genre de produits.

Le jury décerne à M. Kons, comme récompense de ses longs travaux, la médaille de bronze.

MM. RUSSIER, BREWER et TROUSSET, rue du Faubourg-Saint-Denis, n° 206, à Paris.

Quoique les produits de MM. Russier et Brewer paraissent pour la première fois à l'exposition, ils n'en sont pas moins connus avantageusement, depuis très-longtemps, des fabricants de papier. C'est à MM. Russier et Brewer que la France doit d'avoir déshabitué les fabricants de papier de l'usage où ils étaient de s'adresser à l'Angleterre pour les toiles métalliques. Pendant longtemps MM. Russier et Brewer faisaient usage de fils anglais, mais maintenant ils se servent aussi de fils français.

Le jury, voulant récompenser les anciens services rendus à nos fabriques de papiers, accorde à MM. Russier et Brewer la médaille de bronze.

M. TANGRE, rue Saint-Maur, n° 47, à Paris.

Les produits de M. Tangre ont été cités favorablement aux expositions de 1839 et 1844. Son établissement a pris de l'extension. Parmi les objets qu'il expose, le jury a remarqué une chaînette en fer étamé, formant toile pour cylindres à cribler les menues pailles. Depuis 7 ans, cet instrument utile à l'agriculture est adopté, et, depuis 3 ans, il devient d'un emploi presque général.

Une toile féculière en laiton remplace avantageusement les toiles de crin dites *amidonnières*.

M. Tangre expose diverses tourailles, à mailles en fer, destinées à la brasserie et au débroussage ou décortication des grains.

Il a exécuté 200 chemises en toiles métalliques, à lisières mixtes, propres au blutage du son et de la farine, demandées par le ministère de la guerre pour le service de la Manutention des vivres.

Les produits de M. Tangre méritent la médaille de bronze que le jury lui accorde.

Citations favorables.

MM. ALBIN et Cie, à Strasbourg (Bas-Rhin).

Ses toiles pour la fabrication du papier sont très-estimées et trouvent un débouché considérable à l'étranger. La fabrication de MM. Albin et compagnie est très-considérable, et s'élève à près de 100,000 francs dont, 40,000 seulement pour la France.

C'est la première fois que M. Albin, élève de M. Louis Lang, expose ses produits, auxquels le jury accorde une citation favorable.

M. MONTAGNAC, rue de Paradis-Poissonnière, n° 26, à Paris.

Autrefois associé de M. Louis Lang, il expose en son nom plusieurs toiles métalliques, qui paraissent parfaitement exécutées. Le jury a remarqué entre autres une toile d'une grande dimension exécutée en cuivre rouge, et qui est en ce moment en activité à la papeterie Villette. M. Montagnac espère que ce métal, étant plus souple que le laiton, sa flexibilité lui permettra un plus long usage. C'est le temps qui décidera de l'avantage que peut offrir cet essai, mais il est à craindre que le cuivre rouge ne s'oxyde plus que le laiton. Les fils de laiton de ses autres toiles sont fournis par la tréfilerie de M. Mouchel pour la trame. M. Montagnac tréfile lui-même les chaines, dont il tire la matière première d'Oswald-de-Niederbruch (Bas-Rhin).

Une toile écrue en trait d'Allemagne (argent faux), destinée à la bluterie, est aussi parfaitement exécutée.

M. Montagnac fournit depuis 6 ans le ministère de la guerre de toiles métalliques destinées à la fabrication des poudres et salpêtres.

Le jury accorde aux produits de M. Montagnac une citation favorable.

SECTION CINQUIÈME.

CONDUITES D'EAU ET DE GAZ EN MÉTAL.

M. Ébelmen, rapporteur.

MM. CHAMEROY et Cie, rue du Faubourg-Saint-Martin, n° 64, à Paris. Médaille d'or.

L'établissement fondé par MM. Chameroy et Cie, pour la fabrication des tuyaux en tôle enduits de bitume, a pris depuis la dernière exposition une nouvelle extension. En 1844, époque où les résultats déjà obtenus furent récompensés par une médaille d'argent, MM. Chameroy n'avaient guère placé que 40,000 mètres courants de leurs tuyaux pour conduits de gaz, et 20,000 mètres courants pour des conduites d'eau. Le chiffre de leurs affaires est aujourd'hui beaucoup plus considérable : du 8 avril 1838, date de la fondation de l'établissement, au 31 mars 1849, la société Chameroy a livré à la consommation 521,397 mètres courants de tuyaux, et dans les 4 mois suivants, c'est-à-dire du 31 mars au 31 juillet 1849, elle en a fourni 38,000 mètres. On voit dans quelle progression rapide s'est développé l'usage des tuyaux en tôle et en bitume, et ce fait témoigne suffisamment de la haute importance qu'a su acquérir l'industrie fondée par MM. Chameroy et Cie.

Notre commission s'est transportée à l'usine que MM. Chameroy et Cie ont établie à la Chapelle-Saint-Denis, et elle a suivi dans cette importante usine la série des opérations exécutées d'après les procédés des exposants, pour cintrer les tôles plombées et former les joints longitudinaux, rapporter aux extrémités des tuyaux des pas de vis en un alliage assez fusible; enfin, pour bitumer les tuyaux, soit à l'extérieur, soit à l'intérieur. Ces procédés sont généralement les mêmes que ceux dont il est fait mention dans le rapport de 1844. Nous devons citer, toutefois, comme un perfectionnement des plus importants, le procédé actuellement suivi pour former les joints longitudinaux, lequel remplace très-avantageusement les rivures et ne laisse aucun point saillant ni à l'intérieur ni à l'extérieur du tuyau. Voici en quoi il consiste : les deux bords de la tôle étant étirés de 2 centimètres, on les fait passer sous un emporte-pièce qui découpe et repousse du dedans au dehors deux agrafes superposées : en donnant au tuyau un léger mouvement de torsion, les deux agrafes se séparent, et celle qui a été découpée dans le bord inférieur va se superposer sur le bord supérieur, et établit ainsi la jonction des deux bords du tuyau. Ce procédé est des plus ingénieux, et, en même temps, des plus expéditifs : la ligne de jonction du tuyau est ensuite soudée à l'étain.

Une expérience de plusieurs années a fait reconnaître déjà l'excellent emploi des tuyaux en tôle plombée et bitumée pour les conduites de gaz et pour les conduites d'eau ; celles-ci doivent être enduites de bitume à l'intérieur, afin d'éviter l'oxidation, qui les percerait rapidement. D'un autre côté, leur prix est très-notablement au-dessous de celui des conduits en fonte : aussi toutes les compagnies de gaz de Paris emploient-elles maintenant les tuyaux de M. Chameroy.

L'Académie des sciences a consacré déjà le haut mérite de l'invention de M. Chameroy en lui accordant, dans la séance du 10 mars 1845, un des prix de la fondation Montyon.

Créateur de procédés nouveaux, et ingénieux fondateur d'une industrie dont l'importance s'accroît tous les jours, M. Chameroy doit être signalé parmi les fabricants qui honorent le plus l'industrie française, et le jury lui décerne la médaille d'or.

Médaille de bronze.

MM. Hector LEDRU, ROBIN et Cie, rue d'Angoulême-du-Temple, n° 42, à Paris.

Les tuyaux de tôle zinguée exposés par MM. Robin et Cie ont été obtenus par les procédés de M. Hector Ledru, à qui le jury de 1844 décerna une mention honorable dans les termes suivants :

« La fabrique, fondée en 1843, n'a encore livré au commerce « qu'une petite quantité de ses produits. Le jury se voit donc obligé « de se borner à mentionner de la manière la plus honorable le « procédé ingénieux d'étirage des tuyaux à froid de M. Hector Ledru, « laissant aux jurys qui lui succéderont le plaisir de décerner à cet « industriel la haute récompense qui est due à son esprit d'inven- « tion; cette récompense ne peut être accordée qu'après un succès « manufacturier, qui, selon toutes les probabilités, ne se fera pas « longtemps attendre. »

Nous ne reviendrons pas ici sur les descriptions données, dans le rapport du jury de 1844, de l'ingénieux procédé par lequel les tuyaux de tôle sont agrafés et étirés dans le procédé de M. Hector Ledru : près de 200,000 mètres courants de tuyaux ont été mis en place depuis cette époque; mais la fabrication paraît s'être singulièrement ralentie dans ces derniers temps, et nous avons même trouvé l'usine en chômage lors de la visite que nous en avons faite récemment.

Les tuyaux qui sont agrafés et étirés par le procédé Hector Ledru doivent être en tôle très-douce, fabriquée avec des fers au bois, autrement ils se déchirent pendant l'agrafage. Cette circonstance explique comment le prix de ces tuyaux est sensiblement plus élevé que celui des tuyaux du système Chameroy, qui sont tous faits avec de la tôle provenant des fers à la houille. Les tuyaux faits en tôle zinguée, et servant de conduite d'eau, résistent, d'ailleurs, à l'oxydation bien mieux que ceux faits avec de la tôle plombée, quand celle-ci n'est pas enduite de bitume à l'intérieur.

Le jury, tout en regrettant que les circonstances aient ralenti la fabrication des tuyaux du système Ledru et Robin, a pensé qu'il était juste de tenir compte des résultats obtenus antérieurement, et a décerné à MM. Hector Ledru, Robin et Cie une médaille de bronze.

SECTION SIXIÈME.

SUBSTANCES MINÉRALES COMBUSTIBLES.

M. Leplay, rapporteur.

CONSIDÉRATIONS GÉNÉRALES.

Les industries qui ont pour objet d'extraire les combustibles minéraux et végétaux, et de les approprier aux convenances de l'industrie et de l'économie domestique, ne sont représentées que par un petit nombre d'exposants. Toutefois, parmi ces derniers, le jury a remarqué avec intérêt les fabricants qui s'appliquent à élaborer les débris de combustibles et de diverses substances d'un emploi jusqu'alors peu avantageux, pour les transformer en produits aussi parfaits que les combustibles de choix, directement fournis par les mines et par les forêts.

L'industrie qui a pour objet l'élaboration de combustibles minéraux a son siége principal dans les départements de la Loire et du Rhône, sur le plus productif des bassins houillers du territoire français. Elle produit des houilles massives, de forme parallélépipédique, et quadruple ainsi la valeur des houilles menues qu'elle emploie : ces dernières, produites par toutes les mines en proportion considérable, offrent dans l'emploi immédiat des difficultés toutes spéciales, et pour ce motif ne se vendent qu'à bas prix. A une époque encore peu éloignée, certaines exploitations houillères ne pouvaient trouver pour les combustibles menus aucun débouché. Pour se débarrasser de ce produit, elles devaient le brûler en pure perte à la surface des ateliers d'exploitation. L'industrie créée sur le bassin de la Loire par M. Marsais paraît appelée à s'établir sur la plupart des autres bassins houillers : son influence, venant se joindre à celle des procédés métallurgiques spécialement appropriés à l'emploi immédiat des houilles menues, donnera partout un nouvel encouragement à l'exploitation des combustibles minéraux.

Une autre branche d'industrie, dont les produits se présentent pour la première fois à l'exposition, a pour objet de façonner sous une forme cylindrique, convenable pour l'usage, les matières pulvérulentes qui restent au fond des magasins où a été conservé le charbon de bois, et celles qu'on prépare directement, en vue de cette fabrication, en carbonisant sur place les plantes ligneuses et les débris de toute nature qui encombrent en pure perte les forêts. Cette intéressante industrie, créée à Paris par M. Popelin-Ducarre, paraît appelée à prospérer dans tous les lieux où abondent les mêmes matières premières et où le charbon de bois se vend à un prix élevé.

La fabrication des soufflets, au moyen desquels on soumet les combustibles à une combustion énergique pour produire des températures élevées, est représentée à l'exposition par des produits plus nombreux et plus parfaits que ceux qui avaient été exposés en 1844. Les divers fabricants sont parvenus à remplir avec un succès remarquable toutes les convenances spéciales que chaque art peut réclamer. La variété des moyens employés, l'efficacité des résultats obtenus, font honneur au génie inventif des personnes qui exploitent ce genre de fabrication. Les exportations faites en pays étrangers, par plusieurs fabricants, témoignent assez du rang distingué qu'ils occupent dans l'industrie européenne.

M. Émile MARSAIS, à Givors (Rhône) et à Bérard (Loire).

Rappel de médaille d'argent.

Depuis 1844, M. Marsais a donné un nouveau développement à l'importante industrie que le jury précédent a décrite en détail, et pour laquelle il a décerné à cet habile industriel une médaille d'argent.

Cette industrie a pour objet de fabriquer à chaud et par un procédé mécanique, avec les houilles menues mêlées à un produit extrait du goudron de houille, des combustibles en masses régulières, dits *agglomérés*. Douée d'un pouvoir calorifique un peu plus élevé que celui des houilles qui lui servent de base, pouvant, en raison de la régularité de forme des fragments, être accumulée, dans un espace donné, en poids plus considérable que la houille ordinaire, la houille agglomérée commence à être très-recherchée pour la navigation à vapeur, et peut trouver dans cette seule spécialité un débouché très-important.

Depuis 1844, M. Marsais a fondé à Givors une nouvelle fabrique; les produits de cette dernière, réunis à ceux de la fabrique précédemment établie à Bérard, montent à 26 millions de kilogrammes: ils forment donc un poids à peu près décuple des produits qu'on obtenait en 1844.

Le jury accorde à M. Marsais le rappel de la médaille d'argent qui lui fut décernée en 1844.

MM. POPELIN-DUCARRE et Cie, boulevard de l'Hôpital, n° 137, et rue Vivienne, n° 41, à Paris.

Médaille d'argent.

M. Popelin-Ducarre a créé depuis trois ans une nouvelle industrie, qui a pour objet de convertir en un charbon d'excellente qualité, propre aux arts et à l'économie domestique, diverses matières combustibles qui, jusqu'à ce jour, restaient inutiles ou n'avaient qu'une médiocre utilité. Il désigne ce nouveau produit sous le nom de *charbon de Paris*.

Après divers essais préliminaires, cet ingénieux fabricant a d'abord employé, comme matière première, les poussières de charbon de bois provenant des fonds de magasins, et les résidus des halles à charbon des hauts fourneaux placés à proximité des voies navigables aboutissant à Paris; enfin, du charbon pulvérulent fabriqué avec du tan, que fournissent en abondance plusieurs ateliers de Paris. Récemment il a trouvé une source abondante de matières premières combustibles dans les substances sous-ligneuses qui abondent sur certaines friches, et surtout dans les buissons et les arbrisseaux qui recouvrent souvent le sol des forêts, et qui sont connus sous le nom de *mort-bois;* dans certaines localités, les débris de l'abatage des bois peuvent également fournir d'importantes ressources. Toutes ces matières, achetées à bas prix, sont converties sur place, par un procédé très-économique, en un charbon pulvérulent, dont le poids et le volume sont beaucoup moindres que ceux du combustible primitif, et qui, après avoir été chargé dans des sacs, se transporte aisément à l'usine où le charbon de Paris est fabriqué.

Les charbons pulvérulents de toute origine sont mêlés avec la quantité de goudron de houille nécessaire pour former une pâte épaisse; celle-ci, sous l'action d'une machine, est moulée en petits cylindres qui sont ensuite soumis à la carbonisation, dans des appareils qui livrent des fragments de même forme, résistant bien aux chocs, et qui sont propres aux mêmes usages que le charbon de bois ordinaire.

Le charbon de Paris est déjà recherché pour l'économie domestique et par un grand nombre de fabricants, parmi lesquels nous citerons les chaudronniers en cuivre, les ferblantiers, les plombiers, les fabricants de ressorts, les doreurs sur métaux, etc. La propriété qu'a ce combustible de brûler au besoin d'une manière lente, et de se consumer jusqu'au dernier fragment quand il est employé par petites masses, en rend l'usage très-économique dans les cuisines, dans les laboratoires de chimie, et dans tous les cas où il faut développer une chaleur faible et longtemps soutenue.

M. Popelin-Ducarre fabrique déjà 5,000 kilogrammes de charbon par jour; dès à présent, son usine est montée pour en produire trois fois davantage. Il livre au commerce les 100 kilogrammes au prix de 15 francs, tandis que le prix du charbon de bois ordinaire atteint environ 20 francs.

Le jury, appréciant le talent et la persévérance dont cet habile fabricant a fait preuve en créant l'industrie du charbon de Paris, lui décerne une médaille d'argent.

MM. CHAGOT, PERRET, MORIN et Cie, à Chalons-sur-Saône (Saône-et-Loire). Médaille de bronze.

Fabriquent annuellement 6 millions de kilogrammes de houille artificielle moulée, dite *pirogène*, en soumettant à chaud à une forte pression, et au moyen d'une machine ingénieuse exerçant un effort continu, un mélange de houille menue de Blanzy et d'un résidu goudronneux provenant des matières de la fabrication du gaz d'éclairage. Ils ont rendu service, à la contrée en donnant un emploi fort utile à des matières qui n'avaient précédemment qu'une médiocre valeur.

Le jury se plaît à accorder à MM. Chagot, Perret, Morin et Cie une médaille de bronze.

MM. DE RUMIGNY et Cie, à la Baconnière (Mayenne).

La compagnie extrait annuellement de sa mine de la Baconnière 240,000 hectolitres d'anthracite, qui sont consommés exclusivement pour la fabrication de la chaux; celle-ci, employée comme engrais, a donné une heureuse impulsion à l'agriculture de cette contrée.

Le jury accorde à la compagnie une médaille de bronze.

MM. DE LA ROCHELAMBERT et Cie, à la Bazouge-de-Chemeré (Mayenne).

La compagnie exploite en cette localité des mines d'anthracite qui produisent annuellement 300,000 hectolitres. Ce combustible est employé pour la cuisson de la chaux destinée aux amendements agricoles, et a exercé une très-heureuse influence sur la prospérité du pays environnant.

Le jury accorde à la compagnie une médaille de bronze.

SECTION SEPTIÈME.

SUBSTANCES MINÉRALES.

M. Héricart de Thury, rapporteur.

CONSIDÉRATIONS GÉNÉRALES.

Encouragés par les médailles et récompenses que le jury

central leur a décernées aux dernières expositions, nos exploitants de carrières de marbre, si longtemps abandonnés à eux-mêmes, ont suivi les progrès des différentes branches de notre industrie; ils ont fait de nombreuses et importantes découvertes de marbre de première qualité, tant pour la statuaire que pour l'architecture monumentale et l'art de la marbrerie : aussi ne saurions-nous trop appeler sur leurs travaux l'attention du Gouvernement, pour les soutenir dans leurs louables efforts après les sacrifices et les frais extraordinaires qu'ont exigé d'abord leurs découvertes, et ensuite la mise en exploitation de leurs marbrières.

Après leur conquête des Gaules, les Romains y avaient élevé de nombreux monuments, temples, palais, thermes et édifices publics, la plupart décorés de marbres qu'ils avaient découverts dans le pays, et qu'ils exploitaient de manière à en extraire des colonnes de trois, quatre, cinq, dix mètres et plus de longueur: ainsi les belles colonnes de granite de onze mètres de Chessy et Larbresles en Lyonnais, du temple élevé à Auguste à Lyon par la province, colonnes malheureusement et barbarement sciées à moitié de leur longueur par un zèle religieux bien mal entendu, pour en faire dans l'église d'Énée, et sans les avoir aucunement retravaillées, quatre colonnes hors de toutes proportions; ainsi les beaux revêtements du palais des Césars à Vienne, et l'obélisque de granite de la porte du midi de cette ville; ainsi les marbres de toute espèce trouvés dans les ruines d'Aix, d'Arles, d'Avignon, d'Orange, de Fréjus ; ainsi les marbres des Pyrénées, du Corbière, du Languedoc que nous trouvons à Nîmes, à Narbonne, à Carcassonne, à Toulouse etc.; ainsi encore ceux des ruines de Saintes, d'Autun, de Soissons, de Reims, de Metz, etc., etc.

Quelle devait donc être l'activité de l'exploitation de ces carrières des Romains pour fournir des marbres à tous les monuments de ces villes, et de beaucoup d'autres carrières que nous pourrions également citer, mais abandonnées après les irruptions, les dévastations des barbares et la chute de l'empire romain.

La plupart de ces carrières abandonnées furent bientôt tellement oubliées, que les traditions rapportaient que tous ces temples, palais et édifices avaient été construits avec des marbres et granites amenés, par les Romains, des pays étrangers ou des carrières qu'ils avaient exploitées dans le pays, mais qu'ils avaient entièrement épuisées, et qu'en vain on en recherchait les vestiges, qu'on aurait cependant souvent pu retrouver aux portes de quelques-unes de ces villes.

Telles furent longtemps et généralement l'opinion et la tradition sur les anciennes carrières de marbres exploitées dans les Gaules par les Romains. Quelques-unes furent bien remises en exploitation sous Clovis, Dagobert et Charlemagne, à en juger par les églises élevées sous leurs règnes; mais ce ne fut réellement qu'à l'époque de la Renaissance, et lors du grand mouvement donné par François Ier à l'architecture et à la statuaire, que l'industrie marbrière, royalement encouragée, parvint à découvrir et à remettre en exploitation quelques-unes des anciennes carrières des Romains, qui fournirent alors les marbres employés dans les palais, églises et monuments de cette belle et mémorable époque pour les arts et l'industrie.

Henri IV, dont nous croyons devoir rappeler ici une lettre authographe trop peu connue et qui ne saurait être déplacée dans ces considérations, écrivait de Chambéry, le 3 octobre (l'année n'est pas indiquée, mais très-probablement c'est 1600), après la prise de cette ville et la conquête de la Savoie, Henri IV écrivait au gouverneur du Dauphiné, le fameux connétable Bonne de Lesdiguières, qui avait déjà fait ouvrir dans ses domaines de grandes exploitations de marbres pour décorer ses châteaux de Vizille et de Lesdiguières :

« Mon compere,

« Celui qui vous rendra la presente est un marbrier que « j'ai fait venir expressement de Paris, pour visiter les lieux « ou il y aurait des marbres beaux et faciles à transporter à « Paris, pour l'enrichissure de mes maisons des Tuileries, Saint-

« Germain-en-Laye et Fontainebleau, en mes provinces du « Languedoc, Provence et Dauphiné : et pour ce qu'il pourra « avoir besoin de votre assistance tant pour visiter les mar- « brières qui sont en votre gouvernement, que pour les faire « transporter, comme je le lui ai commandé, je vous prie de le « favoriser en ce qu'il aura besoin de vous. Vous savez comme « c'est chose que j'affectionne, qui me fait croire que vous « l'affectionnerez aussi, et qu'il y va de mon contentement.

« Sur ce, Dieu vous ait, mon compere, en sa sainte garde.

« Ce 3 octobre à Chambery.

« Henry. »

Combien cette lettre est touchante! quelle âme, jusque dans les choses les plus simples, quelle profonde pensée du bien public animait toutes les actions de ce grand, de cet excellent roi! Combien nous avons à regretter que ses vues n'aient pas toujours été suivies, et qu'ici, par exemple, ses intentions aient été sacrifiées au goût bizarre et capricieux de la mode, qui nous a fait abandonner nos plus beaux marbres français pour des ornementations passagères de bois, de plâtre et de peinture!

Ainsi que Henri IV, Louis XIV, voulant décorer les palais de Versailles, Saint-Germain, Meudon, Marly, Trianon, etc., appela toutes les provinces du royaume à lui fournir les marbres dont nous admirons la beauté dans ces divers palais, et dont les carrières, ouvertes par ses ordres, sont encore pour la plupart restées depuis abandonnées ou comblées, jusqu'à ces derniers temps que quelques exploitants, à force de sacrifices, sont parvenus à les découvrir et à en remettre les chemins en état de bonne viabilité pour pouvoir arriver aux carrières et en descendre des blocs aux ports d'embarquement.

D'après les états de l'intendant général des bâtiments de la couronne, le magasin des marbres avait reçu, de 1666 à 1705, plus de cent colonnes de toutes dimensions, dont plus de la moitié avait six mètres de longueur, dans les plus belles qualités de marbre du Dauphiné, de Provence, du Languedoc, des Pyrénées, de Flandre, etc., et de plus de quatre mille blocs de marbres de toutes couleurs et dimensions.

C'est dans ce riche magasin de Louis XIV, qui contenait encore cent ans après, en 1806, un bel assortiment de colonnes et de blocs, que l'Empereur Napoléon, qui avait ordonné de n'employer dans la construction du palais du roi de Rome que des marbres et du bois indigènes, trouva ces belles colonnes et ces marbres qui, par ses ordres, ont été employés à l'arc de triomphe du Carrousel, dans les salles du musée du Louvre, dans les palais du Sénat conservateur, au Luxembourg, dans la grande salle d'attente de la Chambre des Députés, dans le palais de Saint-Cloud, etc., etc ; mais tout en y puisant les marbres dont il ordonnait l'emploi, l'Empereur, ne voulant pas l'épuiser et lui enlever toutes les ressources qu'il présentait encore pour l'architecture monumentale, ordonna de faire dresser par les ingénieurs du corps des mines un état général de toutes les carrières de marbre, granites, porphyres de leurs départements, avec l'indication des monuments anciens et modernes dans lesquels ils avaient été ou étaient encore employés, et le devis des frais et dépenses à faire pour remettre ces carrières en exploitation. Cet état fut remis en 1812 à l'Empereur, qui en témoigna sa satisfaction au ministre de l'intérieur, en lui exprimant le désir de voir faire une collection générale de tous les marbres indiqués dans les états, pour en décorer une galerie du palais du Roi de Rome ; mais les événements se pressaient, et les désastres de 1813 et 1814 ne permirent point de donner suite aux intentions de l'Empereur, et l'industrie marbrière fut de nouveau abandonnée à elle-même jusqu'en 1824, que la direction des travaux publics, alors chargée de la conservation des marbres du Gouvernement, fut autorisée, après l'exposition de l'industrie, à faire à titre d'encouragement l'acquisition des plus beaux blocs de marbre que les exploitants pourraient lui présenter en blanc statuaire, blanc clair, blanc veiné et en marbre de couleur.

Le monument à élever à l'Empereur dans l'église des Invalides présentait une belle occasion pour encourager notre industrie marbrière, et la commission chargée du choix des marbres à y employer a pris pour ce monument les plus beaux marbres français que présentaient les marbrières en exploitation : ainsi les carrières de la magnifique brèche de marbre noir et blanc dit *le Grand Antique sépulcral* ou *Grand Deuil*, que l'on prétendait venir de l'Asie Mineure, et que les Romains, disait-on, avaient entièrement épuisées, carrières que nous avons eu le bonheur de retrouver à Aubert-Saint-Girons, dans l'Ariége; ainsi le vert de mer ou la grande brèche blanche et verte antique, que l'on pensait ne se trouver qu'en Italie, et dont nous possédons de riches et nombreuses carrières; ainsi le vert serpentin des Hautes-Alpes; ainsi encore le marbre Napoléon des marbrières de la colonne de la grande armée à Boulogne-sur-Mer, etc., etc.; mais le mauvais état des chemins et des ponts des vallées des Hautes-Pyrénées a empêché les entrepreneurs des carrières de marbre blanc de fournir les blocs qui leur étaient demandés, et les entrepreneurs ne pouvant prendre à leur charge les frais et dépenses de ces ponts et des routes, la commission s'est vue à regret obligée de faire prendre les marbres blancs du monument impérial à Carare, tout en reconnaissant que les marbrières françaises des Pyrénées auraient pu les fournir, si le Gouvernement les avait rendues accessibles aux voitures par la réparation des chemins, vivement demandée par la commission.

Telle est aujourd'hui la situation de notre industrie marbrière, encore une fois livrée, abandonnée à elle-même, le Gouvernement, par l'effet des circonstances, se trouvant dans l'impossibilité de faire aucune demande de fourniture et d'approvisionnement à nos exploitants, dont plusieurs, pour soutenir les nombreux ouvriers de leurs ateliers, ont cependant continué leurs travaux avec une admirable persévérance, sans se laisser arrêter par aucun sacrifice, s'estimant heureux d'avoir à la fois assuré la tranquillité de leur pays et soutenu leur belle et intéressante industrie.

Espérons que des temps plus prospères permettront bientôt au Gouvernement de venir au secours de cette belle industrie, de l'encourager comme elle le mérite, de dédommager nos exploitants de tous leurs sacrifices; enfin, que lorsque les pays étrangers viennent chercher dans nos montagnes nos plus beaux marbres français, nous ne verrons plus élever sur nos places publiques des monuments et colonnes de bois, de plâtre, de moellons ou de peinture, qu'il faut restaurer ou recommencer tous les ans.

Nous divisons l'industrie des marbres en trois sections: savoir :

1° Les exploitations de marbres, granites, porphyres, stalactites et alabastrites anhydrites;

2° Les marbres travaillés, ou l'emploi du marbre dans les arts et la marbrerie proprement dite;

3° Par appendice, les *Pseudo-marbres*, marbres artificiels ou imitation de marbre, avec les différentes espèces des tucs.

§ 1er. EXPLOITATIONS DE MARBRES, GRANITES, ETC.

M. Aimé GÉRUSET, à Bagnères-de-Bigorre (Hautes-Pyrénées).

Nouvelle médaille d'or.

Dans notre rapport sur l'exposition de 1844, nous avions fait connaître, 1° la haute importance de la belle usine marbrière établie par M. Géruset, sur une dérivation de l'Adour, débitant annuellement de 800 à 1,000 mètres cubes de marbre de toutes espèces;

Et 2° la belle collection d'échantillons formée par M. Géruset, de tous les marbres des Pyrénées, remarquables par les fossiles qui les caractérisent et par les faits géologiques qui leur sont particuliers.

Depuis cette exposition, M. Géruset a ouvert plusieurs carrières nouvelles, dont il extrait des marbres de la plus grande beauté, en blocs des plus grandes dimensions.

Parmi les nombreux objets envoyés à l'exposition par M. Géruset, la commission a particulièrement distingué, 1° une cheminée d'albâtre stalactite roncée couleur café au lait, à modillons sur les angles, avec frise et foyer, la tablette garnie d'une belle pendule, de deux coupes et d'une paire de flambeaux de même albâtre stalactite, le tout d'un goût et d'un fini parfaits;

2° Une étagère ronde sur trois balustres en marbre sarrancolin, de la plus belle pâte;

3° Une jardinière en marbre lumachelle;

4° Un baril, avec ses cercles rapportés, en marbre rouge, et remarquable par l'application de ces cercles;

5° Plusieurs coupes et pendules de marbres pyrénéens des plus belles variétés et du plus beau choix;

6° De nombreuses pièces de ménage, en marbre de toutes sortes, et du plus beau travail.

Enfin, parmi tous les objets envoyés par M. Géruset à l'exposition, la commission a plus particulièrement encore distingué une coupe et une pendule de la plus grande beauté, en *marbre albâtre blanc translucide, nacré et perlé,* recueilli sur le port de Bordeaux, et provenant du lest d'un navire arrivant du Brésil, que le consul de la république bolivienne a reconnu et dit à M. Géruset provenir de Bezoingeilh, dans le haut Pérou, d'où on l'extrait pour la construction d'une grande église monumentale au Brésil.

Cette belle matière, qui est d'une translucidité vraiment remarquable, avec ses reflets nacrés et perlés, est d'une grande dureté et d'un travail difficile, mais qui n'ont pas arrêté M. Géruset dans l'exécution de sa pendule et de sa belle coupe, dont la commission croit devoir demander au jury central, à raison de la rareté de la matière et de la beauté du travail, d'en proposer l'acquisition à M. le ministre, pour les placer dans la collection du musée d'histoire naturelle ou dans celle du Louvre.

Le marbre translucide, nacré et perlé (albâtre oriental), est d'autant plus précieux qu'il a la plus grande analogie avec le marbre transparent oriental, tant estimé des anciens, et dont on trouve des fragments dans les ruines du temple d'Ortée, près de Rome, mais dont on ignore les carrières, à moins qu'elles ne soient celles qui ont été indiquées par M. de Rosière, inspecteur des mines de l'expédition d'Égypte, dans la chaîne des montagnes du désert, entre la mer Rouge et la vallée du Nil, ou celles d'Aracena en Andalousie, qui ont dû être anciennement exploitées, mais à une époque pour nous inconnue.

Le jury central, considérant que M. Géruset, malgré les circonstances, a constamment soutenu ses usines en activité, qu'il a ouvert de nouvelles carrières de marbre dans les Pyrénées, et qu'il se maintient au premier rang de l'industrie marbrière, lui décerne une nouvelle médaille d'or.

MM. CAZAUX et FABRÈGE, à Laruns (Basses-Pyrénées).

Médaille d'or.

MM. Cazaux et Fabrège exploitent, à Gabaz, une grande carrière de marbre blanc saccharoïde qu'ils ont découvert dans le ravin de la Sagette du gave de Brousset, entre les schistes micacés, ardoisés et le granite. Deux grandes carrières sont ouvertes dans la masse de marbre, qui se montre à découvert sur plus d'un kilomètre de longueur, 500 mètres de hauteur, et plus de 300 de profondeur. Ces carrières fournissent deux variétés de marbre remarquables par leur éclat et l'homogénité de leur pâte : l'une est demi-opaque et d'une blancheur éblouissante; elle est éminemment propre à l'architecture; l'autre, légèrement translucide, est préférée pour la statuaire et la sculpture. Ces carrières peuvent fournir des blocs des plus grandes dimensions sans aucun accident ni défaut; ainsi on en a extrait les douze colonnes du palais de justice de la ville de Pau, qui ont sept mètres de fût, et on pourrait, suivant les demandes, en fournir de plus grandes dimensions, de qualité parfaitement homogène, la masse devenant de plus en plus pure à mesure qu'on s'enfonce dans les montagnes.

L'usine marbrière de MM. Cazaux et Fabrège est établie à Laruns au moyen d'un moteur hydraulique de la force de 8 à 10 chevaux pour 100 lames, mais dont le nombre est augmenté suivant les demandes ainsi que celui des ouvriers.

La belle qualité du marbre blanc statuaire de Gabaz n'est plus une question à examiner. Elle a été reconnue et constatée par les ingénieurs et inspecteurs généraux des mines, par le conseil des bâtiments civils et par plusieurs de nos premiers artistes, qui ont donné la préférence à ces marbres sur ceux d'Italie, pour les statues de *Talma*, le *tambour Barra*, la statue équestre du *général Gobert*, par David d'Angers; le *saint Augustin* et le *Caïn* d'Étex, le *Cincinnatus* de Foyatier, etc., etc.

La découverte des carrières de marbre de Gabaz a exigé, suivant le rapport de l'ingénieur du département, de très-grands travaux et des frais considérables, dans un pays désert et couvert de neiges pendant six mois, au fond de la haute chaîne des Pyrénées, dans des rochers coupés à pic, et sans aucun moyen, aucune ressource quelconque, éloigné de la commune de Laruns de plus de six myriamètres; mais MM. Cazaux et Fabrège ne se sont point laissés décourager par les difficultés qu'ils éprouvaient, et après plusieurs années de recherches et de travaux dispendieux, ils sont parvenus à établir l'exploitation de leurs carrières de manière à pouvoir fournir, à Paris, le mètre cube de marbre de première qualité au prix de 120 francs, et leur marbre statuaire et d'architecture, rendu à Paris, à 201 p. 0/0 au-dessous du prix courant du marbre d'Italie, soit 564 francs le mètre cube.

Enfin cette belle exploitation, ouverte et soutenue en activité depuis plusieurs années, malgré les circonstances critiques dont notre industrie a tant souffert, a fourni les matériaux du palais de justice de Pau, en même temps qu'elle a livré à nos premiers statuaires des blocs de marbre de première qualité pour des statues colossales; ces carrières, que nous avons visitées avec le plus vif intérêt, en s'enfonçant dans le cœur de la montagne de la Sagette de Broussel, produisent des blocs d'une qualité supérieure, parfaitement homogène et dans la plus grande dimension, et sont en état de répondre dès à présent à toutes les demandes que le Gouvernement pourrait faire à MM. Cazaux et Fabrège pour les monuments publics, reversant alors sur une industrie toute française, créée à si grands frais dans les pauvres montagnes des Pyrénées, les millions que la France paye annuellement à l'Italie pour des marbres bien souvent défectueux, et rebutés par nos artistes après plusieurs mois de travail.

Le jury central, sur le rapport de sa commission, décerne à l'unanimité à MM. Cazaux et Fabrège la médaille d'or, et prie M. le ministre de l'agriculture et du commerce de recommander leur importante exploitation au Gouvernement pour la fourniture à faire aux monuments publics et à la direction des beaux-arts.

Nouvelle médaille d'argent.

M. Remy-Joseph COLIN, à Épinal (Vosges).

M. Colin a repris en 1845 l'exploitation des marbres des Vosges, qui avait été commencée en 1828, reprise et abandonnée par diverses compagnies qui furent obligées d'y renoncer.

Les recherches, les études et les connaissances théoriques et pratiques de M. Colin l'ont heureusement mis à même de remonter et mettre en grande activité l'établissement d'Épinal, qui avait obtenu une médaille de bronze à l'exposition de 1834 et une médaille d'argent à celle de 1839.

M. Colin ne s'est pas borné à l'exploitation des carrières de marbre ouvertes par ses prédécesseurs. Il a entrepris celle des belles roches de granites, syénites, porphyres, ophiolites, mélaphyres, serpentines, etc., etc., de la chaîne des Vosges, exploitée avant la révolution de 1789, sous la protection de la reine Marie-Antoinette, et le bel assortiment qu'il en a présenté à l'exposition prouve qu'aucune difficulté ne peut l'arrêter dans le travail et même la sculpture des matières les plus dures, celles qui sont généralement abandonnées aujourd'hui par la plupart des exploitants, à raison de l'extrême dureté de leurs principes constituants et de leur cristallisation, qui en rend le travail très-difficile et très-onéreux.

L'usine d'Épinal de M. Colin se compose d'une roue hydraulique de la force de six chevaux-vapeur, qui met en jeu la scierie mécanique, les tours, les alesoirs, les polissoirs et tous les ateliers, dont l'ensemble et la division sont de véritables modèles, particulièrement dans leur outillage, remarquable par la bonne exécution de toutes ses parties.

Parmi les différentes pièces exposées par M. Colin, la commission a particulièrement distingué :

1° Un beau sarcophage de granite noir micacé;

2° Une belle vasque de granite des Vosges;

3° Une table de serpentine verte et brune;

4° Plusieurs tables de porphyre de différentes nuances;

5° Deux échantillons de syénites;

6° Des cheminées, tables et consoles de diverses espèces de marbre, dont plusieurs sont des découvertes faites récemment par M. Colin, et destinées à avoir un très-grand succès dans la haute marbrerie.

M. Colin a exécuté plusieurs grands monuments funèbres en granites et mélaphyres, et nous citerons entre autres ceux du maréchal Victor, à la Marche; ceux du cimetière de Nancy, ceux de Fayl-Billot, etc., etc. Il est en ce moment occupé de l'exécution du piédestal en granite de la statue de Mathieu de Dombasle.

M. E. Duton, membre de la société de géologie, dans un rapport qu'il a présenté à cette société dans la session qu'elle a tenue à Épinal en 1847, a décrit les principales carrières de granite, porphyres, serpentines et autres belles roches de ce genre exploitées par M. Colin, qui en avait offert une collection à cette société le premier jour de sa session.

Le jury départemental et le préfet des Vosges ont particulièrement recommandé M. Colin à l'attention du jury central.

Sur le rapport de sa commission des substances minérales et des métaux, le jury central, considérant que c'est aux connaissances, aux soins et à la sage administration qu'est dû le rétablissement de l'ancienne usine des marbres et granites des Vosges, dont les précieux travaux, encouragés par Marie-Antoinette, furent abandonnés par l'effet de la première révolution;

Que c'est aujourd'hui le seul établissement dans lequel on travaille en grand les roches dures de premier ordre pour les monuments publics,

Et qu'il n'est aucun sacrifice que n'ait fait M. Colin pour soutenir en activité ses exploitations et son usine, dans les moments les plus critiques et les plus désastreux, en maintenant l'ordre dans ses nombreux ateliers, qui n'ont jamais suspendu leurs travaux,

Décerne à M. Remy-Joseph Colin une nouvelle médaille d'argent.

Rappel de médaille d'argent.

M. Achille TARRIDE fils, à Toulouse (Haute-Garonne).

M. Tarride fils a obtenu en 1844 une médaille d'argent pour sa belle exploitation du *marbre grand deuil antique d'Aubert, près de Saint-Girons (Ariége),* dont il a fourni le maître-autel, les colonnes, les revêtements et toute l'ornementation du tombeau de l'Empereur Napoléon dans l'église des Invalides; fourniture admirable du plus grand, du plus magnifique mausolée que nous connaissions.

Outre sa belle carrière de grand antique que l'on croyait avoir été exploitée dans l'Asie-Mineure, et que l'on disait *épuisée,* M. Tarride en exploite plusieurs autres de marbres de couleur de très-belle qualité.

Le jury décerne à M. Tarride le rappel de sa médaille d'argent, dont il se montre de plus en plus digne pour sa grande exploitation, non moins que pour ses travaux de haute marbrerie en tous genres, qui sont généralement de la plus grande beauté.

Médaille d'argent.

M. Théodore GAUDY, à Boulogne-sur-Mer (Pas-de-Calais).

M. Gaudy est un de nos principaux exploitants de carrières de marbre. C'est à lui qu'est particulièrement due la grande extension, le grand développement des carrières de marbre du département du Pas-de-Calais.

L'usine de M. Gaudy se compose 1° de deux scieries hydrauliques de la force de trente chevaux chacune, armées de cent lames de scie, et 2° de tout l'outillage de tour et de polissage le plus complet.

M. Gaudy, appelé à fournir des marbres pour le tombeau de l'Empereur, s'est distingué par la belle qualité et les dimensions extraordinaires des blocs qu'il a fournis, comme il s'était déjà signalé pour ceux qu'il avait fournis pour la colonne de la grande armée du camp de Boulogne.

Le jury décerne à M. Gaudy une médaille d'argent.

Madame veuve HENRY, à Laval (Mayenne).

Nouvelle médaille de bronze.

Les marbres de Madame veuve Henry ont été distingués aux expositions de 1839 et 1844; le jury départemental avait signalé plusieurs carrières nouvellement découvertes et mises en grande exploitation.

L'usine marbrière de madame Henry a depuis cette époque reçu de nouveaux développements; elle fournit suivant les demandes des blocs et des colonnes dans toutes les dimensions, en marbre de première qualité, aujourd'hui très-recherchés pour la haute marbrerie, celle des monuments publics et des églises.

Le jury décerne à Madame veuve Henry une nouvelle médaille de bronze.

M. Jean PHILIPOT, à Perpignan (Pyrénées-Orientales).

Rappel de médaille de bronze.

M. Philipot avait obtenu en 1839 une citation favorable, et en 1844 une médaille de bronze, pour l'exploitation de la carrière de marbre qu'il avait entreprise dans le département des Pyrénées-Orientales.

Il a depuis découvert à Tautevel une nouvelle carrière de marbre, à l'exploitation de laquelle il se livre avec succès, et qui a eu pour résultat de faire livrer à Perpignan les marbres ouvrés à un rabais considérable, et que le jury départemental évalue à un tiers de l'ancien prix.

Le jury central rappelle la médaille de bronze qu'il avait décernée en 1844 à M. Philipot, qui se montre de plus en plus digne de cette distinction par ses travaux.

M. François VARELLE, à Servance (Haute-Saône).

Médaille de bronze.

M. Varelle, après avoir travaillé pendant plusieurs années pour la direction des travaux publics et s'y être fait remarquer par le fini de ses ouvrages en granites et porphyres, s'est livré à l'étude de ces belles roches dans l'arrondissement de Lure, département de la Haute-Saône.

M. Varelle a établi à Servance, en 1831, sur la rivière d'Ognon, une usine hydraulique de la force de trente chevaux, dans laquelle il débite et travaille avec le plus grand succès les marbres, granites et porphyres dont il a entrepris l'exploitation, et dont il a présenté à l'exposition une collection d'un beau choix et d'un poli parfait.

Le jury lui décerne une médaille de bronze.

Mentions honorables.

M. Prosper FOURNIER SAINT-AMAND, à Villeneuve-sur-Lot (Lot-et-Garonne).

M. Fournier Saint-Amand a présenté à l'exposition des cheminées et des tables de marbre d'une carrière de marbre nouvellement découverte dans les Pyrénées, d'une exploitation facile, fournissant des marbres d'un grain très-fin, d'un beau poli et de couleurs très-variées; enfin pouvant fournir des colonnes de trois à cinq mètres de largeur.

Le jury décerne à M. Fournier Saint-Amand une mention honorable pour les produits qu'il a présentés à l'exposition.

M. Louis BRUNO, à Brives (Corrèze).

M. le préfet et le jury du département de la Corrèze ont appelé l'attention du jury central sur une table de marbre présentée par M. Bruno, marbrier à Brives, qui, pour remplacer les cheminées et les tables, jusqu'à ce jour faites en bois dans le département, a essayé d'y employer le *calcaire lias*, dont on ne se servait que comme pierre à bâtir, et qui a parfaitement réussi dans ses essais, ainsi que le prouve la table exposée par M. Bruno, dont le jury fait une mention honorable, la carrière qu'il exploite promettant de fournir de très-grandes quantités de blocs de marbre de toutes dimensions pour tous les travaux de marbrerie.

---

§ 2. MARBRES TRAVAILLÉS.

M. Héricart de Thury, rapporteur.

CONSIDÉRATIONS GÉNÉRALES.

L'industrie du marbre a fait de très-grands progrès depuis

l'application de la puissance de la vapeur et des roues hydrauliques, divisée et répartie dans tous les ateliers des marbreries suivant chaque genre de travail; le même mécanisme, quel qu'il soit, mettant en mouvement les scies, les sciotes, les alesoirs, les tours, les trépans, les polissoirs, enfin et généralement tout l'outillage de la marbrerie, avec une admirable précision d'action, modérée cependant suivant la nature des matières à travailler, leur dureté et les détails des ouvrages. Ainsi, dans nos grandes marbreries, le travail ou plutôt tous les travaux se font simultanément, et avec le même succès, sur le marbre, sur le granite, sur le porphyre, comme sur le bois; mais les produits de cette belle industrie présentés à l'Exposition se divisent en deux parties bien distinctes; savoir :

1° Les marbres ouvragés exposés par des marbriers metteurs en œuvre : les marbres de la marbrerie commerciale proprement dite;

Et 2° les marbres gravés ou sculptés à la mécanique.

M. Antoine SEGUIN, rue d'Assas, n° 12, à Paris. Médaille d'or.

La marbrerie de M. Seguin, signalée dans le rapport du jury central de 1844 comme la première et l'usine la plus remarquable de Paris pour le travail des marbres, granites, porphyres, etc., a encore pris de nouveaux développements par suite des grands travaux dont il a été chargé, et qu'il a exécutés avec une habileté et une perfection qui ont étendu sa réputation dans les pays étrangers, avec lesquels il est aujourd'hui en relation pour les ouvrages de marbrerie les plus importants.

Sa marbrerie est divisée en deux usines distinctes, savoir : 1° celle des ateliers de mise en œuvre ou de marbrerie proprement dite, et 2° les ateliers de gravure et sculpture à la mécanique, dont il sera fait mention spéciale dans le second paragraphe de cette section.

Les produits présentés cette année par M. Seguin sont encore plus remarquables que ceux de l'Exposition de 1844; et ne pouvant les énumérer tous, la commission signalera particulièrement :

1° Ses grandes cheminées monumentales en marbre et en pierre, faites à la mécanique, suivant le style de la Renaissance, de Louis XIV, Louis XV, et autres modèles avec l'ornementation qui les distingue;

2° Ses médaillons et sculptures;

3° Ses inscriptions monumentales, gravées en beaux caractères, à la mécanique, et dignes d'être comparées aux plus beaux caractères de nos premières imprimeries;

Et 4° ses restaurations de divers monuments de famille, faites avec une perfection qu'on ne pouvait se lasser d'admirer.

Parmi ses principaux ouvrages qui ne pouvaient être exposés, la commission doit plus particulièrement signaler :

1° La magnifique marbrerie et les colonnes torses du grand deuil antique du tombeau de l'Empereur dans l'église des Invalides;

2° Celle du palais de la présidence de l'Assemblée législative;

3° Celle de l'hôtel des Affaires étrangères;

4° La belle cheminée de l'Hôtel de Ville;

5° Enfin, un ouvrage qui mettra le comble à la réputation dont jouit déjà M. Seguin est le grand sarcophage en quartzite rouge du lac Ladoga, du tombeau de l'Empereur; l'extrême dureté de cette superbe roche, égale à celle des plus beaux granites et porphyres de l'Égypte, présentant de très-grandes difficultés à raison de son *excessive fixité* ou résistance, en termes de glyptique, mais que M. Seguin parviendra à surmonter, ainsi que le prouvent les essais qu'il a faits de ses procédés et appareils.

Sur le rapport de la commission, le jury décerne la médaille d'or à M. Seguin.

Médaille d'argent.

M. Michel ROCLE, boulevard Beaumarchais, n° 55, à Paris.

M. Rocle avait obtenu en 1844 une médaille de bronze pour ses beaux ouvrages en marbrerie, remarquables par ses sculptures, le fini de son travail, et la beauté de son poli.

Cette année, il a exposé un assortiment de cheminées qui prouvent, de sa part, des études suivies avec soin sur la nature et la qualité des marbres français et étrangers.

Le jury lui décerne une médaille d'argent.

M. Joseph-Alexandre LE BRUN jeune, boulevard du Temple, n° 9, à Paris.

La marbrerie de M. le Brun a depuis longtemps pris rang parmi les premières de Paris, à raison de son bel approvisionnement de marbres de tous pays, de ses nombreux ateliers, et de tous les ouvrages de haute marbrerie qu'on est toujours assuré d'y trouver ou de pouvoir y faire exécuter immédiatement, en tel marbre que l'on demande.

Les ouvrages de M. Lebrun sont tous généralement du meilleur goût, du fini le plus parfait, et ne laissent rien à desirer.

Le jury central décerne la médaille d'argent à M. Lebrun.

M. BÉRARD et compagnie, rue Saint-Sébastien, n° 19, à Paris.

Rappel de médaille de bronze.

M. Bérard a monté sa marbrerie pour y travailler en grand la pierre et le marbre, au moyen d'une machine à vapeur de la force de six chevaux, et d'un très-bel outillage.

Les produits qu'il a exposés sont :

1° Une belle rosace d'un seul bloc de pierre de 2 mètres de diamètre sur 0,40 d'épaisseur;

2° Un prie-Dieu en marbre blanc;

Et 5° une belle cheminée en marbre.

Les ouvrages de M. Bérard sont remarquables par le fini du travail et la beauté du poli.

Le jury lui décerne un rappel de médaille de bronze.

M. Jean-Baptiste ROLLAND, rue de Ménil-Montant, n° 33, à Paris.

Médaille de bronze.

M. Rolland est un marbrier qui s'est attaché à la sculpture, et qui en fait l'ornement principal de tous les ouvrages qui sortent de ses ateliers.

Les cheminées de marbre exposées par M. Rolland sont d'un très-bon goût et d'un travail parfait.

Le jury décerne à M. Rolland une médaille de bronze.

M. Jules SIMON jeune, rue du Cadran, n° 16, à Paris.

Mention honorable.

M. Simon a exposé divers objets de marbrerie faits avec une belle variété de pierre lithographique susceptible de poli, dite la *mandragore du moulin Montdardier*, arrondissement du Vigan, département du Gard.

Cette pierre, ou plutôt ce marbre, est employé avec le plus

grand succès, dans la marbrerie, par M. Simon, pour en faire des cheminées, des tables, des pendules, des vases, etc.

Le jury accorde à M. Simon une mention honorable.

Citations favorables.

M. Jacques-Côme DUPUIS, petite rue Saint-Pierre-Amelot, n° 22, à Paris.

M. Dupuis, marbrier, a réuni dans ses ateliers à Consolve, département du Nord, et à Paris, toutes les applications qu'embrasse l'industrie de la marbrerie : les cheminées de tout genre, les tables, consoles, vases, mortiers, fontaines, carrelages, etc., etc.

Les cheminées style renaissance et de style moderne sont d'une belle exécution et méritent d'être citées favorablement.

M. René PEYNOT, rue Fontaine-Saint-Georges, n° 26, à Paris.

Ancien contre-maître dans une de nos premières marbreries, M. Peynot travaille aujourd'hui pour son compte, avec un talent vraiment remarquable, la marbrerie dans toutes ses branches et détails, et mérite une citation favorable.

M. Jean-Baptiste CRÉPATTE, rue Saint-Sébastien, n° 8-10, à Paris.

M. Crépatte, ancien ouvrier marbrier, a établi un très-bon atelier de marbrerie parfaitement outillé, dans lequel il travaille avec autant d'intelligence que de perfection les marbres français et étrangers.

Ses ouvrages sont dignes d'être cités favorablement.

SCULPTURE DU MARBRE A LA MÉCANIQUE.

M. Héricart de Thury, rapporteur.

CONSIDÉRATIONS GÉNÉRALES.

L'expérience confirme de plus en plus l'espoir que le jury central avait conçu, après l'exposition de 1844, sur les procédés et appareils du travail du marbre à la mécanique. Ces procédés ont été perfectionnés par nos premiers artistes, qui y ont apporté la lumière de la pratique, souvent plus certaine que celle de la science et de la théorie; et leurs moyens aujourd'hui ont acquis une telle supériorité qu'il n'y a plus de travail, quelque délicat, quelque minutieux, comme quelque considérable et difficultueux qu'il puisse être, que les appareils n'exécutent avec tout le fini, comme avec tous les défauts de l'original, si nos artistes n'avaient trouvé le moyen de maîtriser immédiatement, à la rencontre d'un défaut dans le modèle à reproduire, ou d'arrêter subitement à leur volonté, et cependant sans aucun inconvénient quelconque, la rapidité de la marche et du mouvement de leurs appareils.

M. SEGUIN, rue d'Assas, n° 11, à Paris.

Rappel pour ordre.

M. Seguin, déjà cité pour tous ses travaux de haute marbrerie monumentale, s'est attaché à perfectionner les appareils et moyens mécaniques présentés en 1839, à l'Exposition, par M. Thoreau, qui lui en avait cédé le brevet. Mais en l'appliquant à sa pratique, M. Seguin en a reconnu l'insuffisance, et il y a fait des modifications qui n'en ont conservé que la première idée, et qui est ainsi réellement devenu un appareil nouveau entre les mains de cet habile et ingénieux mécanicien, notre premier marbrier. M. Seguin reproduit aujourd'hui, avec autant de rapidité que de succès, tous les sujets qu'on lui présente, sur quelque matière que ce soit, granites, porphyres, marbres, albâtres, grès, etc., ainsi qu'on a pu en juger, par les divers produits qu'il a présentés à l'Exposition, en sculpture de tout genre, d'après l'antique et la renaissance. M. Seguin, cité aux marbres, est ici rappelé pour ordre.

M. CONTZEN (Michel-Alexandre), rue des Trois-Bornes, n° 11, à Paris.

Rappel de médaille d'argent.

M. Contzen avait obtenu en 1844 une médaille d'argent pour les statues faites par sa sculpture mécanique.

Il a depuis introduit dans ses appareils divers perfectionnements importants qui le rendent aujourd'hui entièrement maître de leur marche, dans ses divers ateliers, de manière à pouvoir y travailler simultanément les plus grands et les plus petits sujets, les mêmes motifs ou les objets les plus étrangers les uns aux autres, avec tous leurs détails les plus minutieux, ainsi qu'on a pu en juger par la statue de marbre de la reine Clotilde de Klagmann, placée dans le jardin du Luxembourg; 2° par le groupe des enfants de Maguada, par M. Clésinger; 3° sa collection de bustes des artistes vivants; 4° sa sculpture en ivoire, notamment son Christ de 0,70^m de hauteur, etc.

Le jury, reconnaissant que M. Contzen est de plus en plus digne de la récompense qu'il lui avait accordée, lui décerne le rappel de la médaille d'argent.

Médaille de bronze.

M. HÉRY (Pierre-Joseph), aux Affaires étrangères.

M. Héry, ancien militaire, et tailleur de pierre, privé d'un bras, puis gardien des ateliers du nouvel hôtel du ministère des affaires étrangères, après avoir suivi les travaux de marbrerie de M. Seguin, a voulu se livrer à cette industrie, et faire de la sculpture, n'ayant qu'une main pour y travailler.

A cet effet, il a imaginé un appareil très-simple, avec lequel il maintient à la fois ses outils, ses ciseaux, ses trépans, râpes, etc., et leur communique à sa volonté, par un échappement particulier, le mouvement qui convient à leur destination.

A l'aide de cet instrument, M. Héry a exécuté plusieurs ouvrages en marbre; mais le plus remarquable, celui qui a particulièrement fixé l'attention de la commission, est le portail en marbre blanc de la cathédrale de Toul, réduit dans de belles proportions, avec la plus sévère exactitude, destiné à servir de monture à une grande pendule.

L'appareil de M. Héry, qui paraît susceptible de plusieurs applications avantageuses, a été placé à l'Exposition au-dessus de son modèle du portail de la cathédrale de Toul, pour qu'on pût le juger et l'apprécier.

Le jury central félicite M. Héry sur son ingénieux appareil, sur la belle exécution de la réduction du portail de la cathédrale de Toul, et lui décerne une médaille de bronze.

§ 3. CARRIÈRES DE MARBRE ALABASTRITE.

Médaille d'argent.

M. SAPPEY (Charles), à Saint-Firmin-de-Vizille (Isère).

M. Sappey, qui avait obtenu, en 1844, une mention honorable

pour ses beaux produits de marbrerie et ouvrages divers de tour et de sculpture, faits avec le marbre alabastrite (chaux sulfatée anhydre) de sa carrière de Saint-Firmin-de-Vizille, département de l'Isère, a depuis développé et donné une très-grande extension à son exploitation, qui lui a fait découvrir des masses blanches, cristallines et saccaroïdes, semblables aux plus belles variétés des marbres grecs et d'Italie, mais dont elles diffèrent par leurs principes constituants, quoiqu'elles en présentent la dureté et qu'elles soient même quelquefois plus dures.

M. Sappey a fait construire une usine à roue hydraulique, qui débite ses masses d'alabastrite, suivant les demandes, en blocs, tranches et tables de toutes dimensions, pour la marbrerie d'ameublement, d'agrément et de fantaisie, ou pour la statuaire et la sculpture, qui s'emploient avec le plus grand succès comme marbre, à raison de sa blancheur et de sa dureté; pour les intérieurs des édifices, ses principes constituants exigeant que ces ouvrages soient placés à l'abri de l'humidité, quoique nous en ayons vu des tables, des colonnes et des statues très-anciennes exposées constamment à l'air et à ses intempéries sans en avoir éprouvé aucune altération.

Le jury central décerne à M. Sappey une médaille d'argent.

---

§ 4. STUCS ET MARBRES FACTICES.

M. Héricart de Thury, rapporteur.

CONSIDÉRATIONS GÉNÉRALES.

L'art de faire les marbres factices ou artificiels est très-ancien. Il a été pratiqué avec le plus grand succès pour les décors et l'ornementation des palais, des temples, des thermes et des principaux appartements, des plus somptueuses habitations, dans les pays où le marbre était rare ou trop cher. Les revêtements y étaient souvent faits en stucs, ainsi que les colonnes, dont le noyau était de briques ou de pierres et recouvert d'une pâte de marbre artificiel, dont on retrouve de beaux restes plus ou moins bien conservés dans quelques ruines des monuments et des palais; mais nous n'avons aucune donnée certaine sur les matières premières que les anciens employaient dans leur préparation, et nous ne pouvons nous en rapporter, à cet égard, aux procédés décrits par quelques auteurs, qui prétendent, les uns, que le marbre artificiel était fait avec de la chaux de marbre blanc, vieille, éteinte, mêlée et délayée avec des blancs d'œufs; d'autres, avec de la chaux, de l'albâtre, calcinés ensemble et délayés avec de la colle de sang de bœuf; d'autres, avec de la chaux et de l'huile de lin; d'autres, enfin, avec de la chaux, du plâtre et des colles animales auxquelles on ajoutait du pétrole, etc., etc.

Les anciens avaient également divers procédés pour donner à leurs stucs et marbres artificiels les plus brillantes couleurs, jaunes, rouges, vertes, bleues, avec des matières minérales, salines ou en dissolution, et de nombreux essais ont été faits à cet égard par les plus habiles stucateurs italiens et vénitiens, avec plus ou moins de succès, suivant Balgidiani, le père Kircher, Sansevero, Palladio, Réaumur, etc., etc. Mais la plupart des procédés suivis anciennement pour la coloration des pâtes ne pouvaient servir que pour les marbres artificiels employés dans les intérieurs des édifices; ils ne pouvaient l'être à l'extérieur, où ils se décomposaient promptement par l'action des intempéries sur les sels, les colles, les matières colorantes.

L'art de faire les marbres artificiels a fait d'immenses progrès depuis que la chimie et la mécanique sont venues à son secours. Déjà, dans le dernier siècle, il avait reçu de notables perfectionnements, et il suffit d'en citer un exemple admirable : celui des belles colonnes et de la marbrerie artificielle de la grande salle du Musée des médailles de l'hôtel des Monnaies de Paris, l'ancien cabinet de minéralogie du célèbre professeur M. Sage, qui, par ses essais et ses conseils, indiquait lui-même aux stucateurs étrangers, chargés de l'ornementation de cette belle salle, les améliorations à faire dans leurs procédés.

Aujourd'hui, nous n'avons plus besoin de recourir aux artistes étrangers. Cette belle industrie, devenue toute française, s'est tellement perfectionnée, elle a fait de tels progrès par le concours simultané prêté à la pratique par la chimie et la mécanique; enfin, l'art de faire les marbres artificiels est arrivé chez nous à un tel degré d'amélioration dans tous ses procédés de préparation, de combinaison et de coloration, notamment depuis l'addition du sulfate de chaux aluné et de la pression si puissante de la presse hydraulique, que nous avons vu à l'Exposition des marbres artificiels imitant tellement des marbres naturels, même des plus fins et de la plus grande beauté, qu'ils en présentaient la dureté, la compacité, le poids, les couleurs, le beau poli, enfin tous les caractères, ainsi que l'ont prouvé les divers essais auxquels ils ont été soumis.

MM. Philbert BAUDOT et Amédée BOUGRAND, à Charecy, par le Bourgneuf (Saône-et-Loire). Médaille d'argent.

Successeurs de MM. Bidremann, qui avaient obtenu en 1844 une médaille de bronze, MM. Baudot et Bougrand ont apporté de notables perfectionnements et améliorations dans la préparation des matières qu'ils emploient pour la fabrication de leurs marbres factices, auxquels ils sont parvenus à donner, au moyen d'une presse hydraulique, la compacité, la dureté et la ténacité des marbres naturels, caractères essentiels qui manquaient à ceux de leurs prédécesseurs. Les échantillons qu'ils ont soumis à l'examen de la commission ne laissent aucun doute à cet égard; et, sous le rapport des couleurs, de leurs nuances et des accidents, les marbres factices de MM. Baudot-Bougrand sont d'une telle vérité, que des marbriers ont douté que certains marbres fussent factices, trompés par leur compacité, leur dureté et leurs belles couleurs.

Le jury décerne à MM. Baudot et Bougrand une médaille d'argent.

M. Frédéric DUVAL, rue du Plâtre-Saint-Jacques, n° 9, à Paris. Rappel de médaille de bronze.

M. Duval continue à perfectionner ses dalles hydrofuges pour l'assainissement des appartements humides et salpêtrés, pour lesquels il a obtenu une médaille de bronze en 1844.

Celles qu'il a présentées à l'Exposition réunissent des conditions de sûreté et de garantie qui prouvent que M. Duval mérite de plus en plus la distinction qui lui avait été accordée, et dont le jury lui décerne le rappel.

MM. Philippe-Adrien LEMESLE et Fils, rue du Chemin-Vert, n° 21, à Paris.

MM. Lemesle avaient obtenu, en 1844, une médaille de bronze pour leur albâtre gypseux de Thorigny, près Lagny (Seine-et-Marne), employé pour la confection des marbres factices des stucs et des plâtres alunés. Leur établissement a pris de très-grands développements. Leurs relations s'étendent dans les pays étrangers, où leurs produits ont obtenu le même succès qu'en France.

Le jury leur accorde le rappel de la médaille de bronze en 1844.

Médaille de bronze.

MM. Louis ROMOLI et Pierre MOLINO, rue Fortin, n° 6, à Paris.

MM. Romoli et Molino, mosaïstes stucateurs, se livrent particulièrement à la confection des mosaïques, pour pavement et dallage, avec une plastique de leur invention, mais dont la base est le plâtre aluné, qu'ils préparent de manière à lui donner une très-grande dureté et les plus vives couleurs. Les travaux qu'ils ont faits dans divers monuments publics leur ont valu d'honorables certificats, qui attestent leur habileté et la satisfaction des administrateurs et des architectes.

Les beaux échantillons qu'ils ont exposés ont excité l'admiration générale; le jury leur décerne une médaille de bronze.

Mention honorable.

MM. Charles PRADIER et Édouard SARRAZIN, rue de la Roquette, n° 41 et 43, à Paris.

MM. Pradier et Sarrazin ont présenté à l'Exposition des cheminées de différents styles, des vases, des pendules, des fonds baptismaux, des colonnes, et une table de cinq mètres de longueur en marbre factice d'une grande beauté, pour lesquels le jury leur accorde une mention honorable.

Citations favorables.

M. Antoine JABERT, à Clermont-Ferrand (Puy-de-Dôme).

M. Jabert a établi à Clermont des ateliers dans lesquels il fabrique avec succès des marbres artificiels dont il a exposé divers échantillons : quelques-uns sont d'une bonne confection, et méritent à M. Jabert, de la part du jury, une citation favorable.

M. Jacques CHRÉTIEN, rue de la Félicité, n° 3, aux Batignolles.

M. Chrétien, marbrier-stucateur, a présenté à l'Exposition des marbres factices de diverses couleurs, des tables, un guéridon et des dalles en mosaïque d'une bonne exécution, pour laquelle le jury lui accorde une citation favorable.

TABLEAUX D'ÉTUDE DE MARBRE.

M. Héricart de Thury, rapporteur.

CONSIDÉRATIONS GÉNÉRALES.

La commission des substances minérales n'avait pas cru devoir comprendre dans ses rapports des tableaux de marbres peints, présentés à l'Exposition, qui étaient naturellement dans les attributions de la commission des beaux-arts et des produits chimiques; mais celle-ci ayant insisté sur le renvoi d'un tableau du beau marbre connu dans la marbrerie sous le nom de *la grande brèche de Messine ou de Sicile*, pour qu'il fût examiné plus particulièrement, et qu'il en fût fait un rapport spécial au jury, la commission des substances minérales a joint ce rapport, pour appendice, à ceux qu'elle a faits sur les marbres factices et les stucs, qui ne sont que des pâtes et des mastics coloriés.

M. LE TILLOIS (François), rue des Noyers, n° 47, à Paris. Mention pour ordre.

M. Le Tillois a présenté à l'Exposition un tableau d'étude du beau marbre brèche connu sous le nom de *la grande brèche de Messine ou de Sicile*.

Ce tableau, qui est très-bien peint, est de la plus grande vérité, de la plus rigoureuse exactitude. Il représente parfaitement, 1° tous les accidents des divers fragments de marbre jaune, rouge, brun, gris, verdâtre, etc., qui constituent cette belle et admirable brèche, un des plus beaux marbres connus, et un des plus remarquables témoins de la grande et terrible dislocation que les bancs de pierre et de marbre les plus durs ont éprouvée dans le soulèvement des montagnes, si bien décrit dans le verset du psalmiste :

« *Montes exultaverunt sicut arietes, et colles, sicut agni ovium ;* »

Et 2° un exemple non moins remarquable et non moins extraordinaire de la réagglutination que tous ces fragments ont ensuite et depuis éprouvée lors du surgissement d'une dissolution de ciment calcaire qui a formé de tous ces débris une masse solide et compacte, un agrégat bréchiforme de la plus belle qualité, généralement connu sous le nom de *marbre brèche de Messine ou de Sicile*, que, pour les causes et leurs effets, les géologues rapprochent des beaux marbres brèches analogues des Alpes et des Pyrénées.

Le jury voudra bien excuser les détails géologiques dans lesquels a cru devoir entrer ici le rapporteur de sa commission pour lui bien faire apprécier le talent et les connaissances de M. Le Tillois, qui n'est pas un peintre de décors, mais un peintre naturaliste, qui a fait des études spéciales pour parvenir à faire, à l'usage des élèves des écoles des arts et des travaux publics, une collection générale de tous les marbres, granites, porphyres, ophites, serpentines, etc. employés dans la haute marbrerie des monuments publics, et dont chacun est peint avec la même exactitude, la même vérité que nous avons trouvées dans son tableau de la belle brèche de Messine, pour lequel la commission centrale aurait demandé une récompense, qu'elle jugeait bien méritée, si déjà le jury ne l'avait accordée à M. Le Tillois, pour ses couleurs et vernis, sur le rapport de sa commission des produits des arts chimiques, récompense qui est ici mentionnée pour ordre.

---

§ 5. BITUME ET ASPHALTES.

M. Héricart de Thury, rapporteur.

CONSIDÉRATIONS GÉNÉRALES.

L'emploi du bitume se généralise et se développe de plus en plus, à raison des avantages qu'il présente dans les arts, les constructions, les travaux publics, etc., lorsque l'emploi en est fait avec discernement et sans altération ou sans mélange, comme l'avaient fait certaines industries, dont l'impartialité de l'expérience a promptement fait justice.

Le succès de l'emploi du bitume dans les travaux publics et son application en grand sur les contre-allées de nos boulevards, les quais, la place Louis XV et les Champs-Élysées, ont fait entreprendre de nouvelles extractions qui, bien et sagement administrées et exploitées, auront le même succès que la grande exploitation de Pyrimont et Seyssel.

MM. DESVARANNES et Cie, boulevard Poissonnière, n° 23, à Paris. — Médaille d'argent.

Ont donné le plus grand développement à l'exploitation des mines de bitume-asphalte et goudron minéral de Pyrimont et Seyssel, département de l'Ain, qui emploie, 1° de 350 à 400 ouvriers et plus, suivant les saisons et les circonstances plus ou moins favorables; et 2° plus de 1,000 ouvriers pour les applications du bitume dans les départements.

Deux grandes machines à vapeur et une forte roue hydraulique sont établies sur les travaux, outre 15 feux d'atelier de fabrication du goudron minéral, qui est annuellement de 4,500,000 kilogrammes et produit 200,000 mètres cubes de matière première.

Suivant les états fournis à l'Administration, le mouvement des fonds de la Cie Desvarannes s'élève à 1,260,000 francs.

Elle avait obtenu, en 1844, une nouvelle médaille de bronze; le jury lui décerne une médaille d'argent.

MM. DOURNAY et Cie, à Lobsann (Bas-Rhin). — Nouvelle médaille de bronze.

Continuent avec le plus grand succès leur exploitation du bitume-asphalte et de l'huile minérale de Lobsann, département du Bas-Rhin.

Cette exploitation occupe plus de 100 ouvriers et un plus grand nombre pour l'emploi de ses produits, dont l'huile minérale et l'huile essentielle provenant de la distillation du bitume sont d'une haute importance dans les arts, pour la fabrication du vernis, le travail du caoutchouc et ses applications, l'éclairage au gaz, etc.

Les produits fabriqués de divers genres sont de plus de 600,000 kilogrammes.

Cette compagnie, déjà ancienne, a introduit d'importantes amélio rations dans ses procédés; elle a beaucoup contribué au développement de l'exploitation des bitumes et de leur emploi divers dans les arts.

Elle avait obtenu un rappel de médaille de bronze en 1844; le jury lui décerne une nouvelle médaille de bronze.

Rappel de médaille de bronze.

MM. GREMILLY et Ce, rue du Faubourg-Saint-Denis, n° 93, à Paris.

Continuent avec le plus grand succès leur exploitation de différentes mines de bitume asphaltique de leur concession de Bastenes, Gaujacq et autres lieux, département des Landes. Ils emploient de 4 à 500 ouvriers.

Ils ont 10 fourneaux en activité pour la fabrication des bitumes et l'élaboration de leurs divers produits, dont la valeur s'élève à plus de 600,000 francs, et qui sont de première qualité.

M. Gremilly avait obtenu, en 1844, un médaille de bronze dont il se montre de plus en plus digne : le jury lui en décerne le rappel.

Mention honorable.

LA COMPAGNIE DE SERVAZ (Gard).

La Cie de Servaz a obtenu, en 1844, la concession des mines de bitume asphaltique qu'elle a découvertes dans l'arrondissement d'Alais.

Ses travaux, bien commencés, font espérer qu'elle obtiendra le même succès que les autres mines de bitume.

Elle produit 2,500 kilogrammes de mastic en pain par jour. Elle vient d'établir, pour le service de sa fabrication, une machine à vapeur.

Ses produits sont de bonne qualité.

Le jury lui accorde une mention honorable.

---

§ 6. EMPLOI DU BITUME DANS LES ARTS.

Médaille de bronze.

MM. NUTY et LIESCHING, quai Valmy, n° 13, à Paris.

MM. Nuty et Liesching ont fait une grande et importante application du bitume asphaltique pour les constructions en briques, les fortifications, les travaux hydrauliques, les trottoirs, les cours et les mosaïques des intérieurs d'habitations.

Par un procédé nouveau, dont il est inventeur, M. Nuty exécute, suivant les dessins qui lui sont remis, toute espèce de mosaïques en pierres dures, marbres, émaux, etc. Le grand spécimen qu'il a présenté à l'Exposition a eu l'assentiment général des architectes, des ingénieurs et dessinateurs.

Le prix de ses mosaïques varie de 4 fr. 50 à 6 fr. 50 par mètre carré, suivant les dessins et l'épaisseur.

Le jury décerne à MM. Nuty et Liesching, pour le nouvel emploi du bitume dans les constructions, et pour la confection des mosaïques d'ornementation, une médaille de bronze.

MM. BABONNAU et Cie, avenue de l'Hôpital Saint-Louis, n° 3, à Paris.

Mentions honorables.

Ont entrepris avec succès l'application du bitume asphaltique dans les travaux publics et la distillation de l'asphalte. Le siége de l'établissement est à Pontarlier (Doubs). Il emploie de 100 à 200 et 300 ouvriers, et une roue hydraulique de 12 chevaux, et trois fourneaux.

Il fabrique de 3 à 4 millions de kilogrammes de bitumes.

Les produits qu'il a présentés à l'Exposition sont de bonne qualité.

Le jury décerne à M. Babonnau une mention honorable.

M. DUFOUR, entrepreneur à Angers (Maine-et-Loire).

A présenté plusieurs modèles d'application de bitume pour les dallages, le pavage, le carrelage et divers produits de l'élaboration du bitume.

M. l'ingénieur des ponts et chaussées de l'arrondissement de la Flèche (Sarthe) a certifié que les essais faits avec les matières bitumineuses de M. Dufour avaient parfaitement réussi sur l'arche marinière du grand pont de Sablé, et qu'ils présentaient les conditions d'un ouvrage durable.

Les modèles de pavage de M. Dufour sont bien exécutés.

Le jury lui décerne une mention honorable.

---

§ 7. — MEULES DE MOULIN.

M. Héricart de Thury, rapporteur.

CONSIDÉRATIONS GÉNÉRALES.

Il est bien loin de nous le temps où les anciens, pour obtetenir la farine, broyaient le blé entre deux pierres, ensuite où ils le pilèrent dans des mortiers, puis où, au moyen d'une manivelle que tournaient les prisonniers et les esclaves, ils le réduisirent en poudre entre deux meules, dont la charge était répartie dans la marche des armées, savoir : la meule tournante ou supérieure pour un soldat, la meule dormante pour un second, tandis qu'un troisième portait la manivelle et les autres pièces de l'engin farinier.

Les plus grandes, les plus importantes améliorations dans l'art de la meunerie furent, 1° au temps d'Auguste, l'établissement des moulins à eau, décrits par Vitruve, son contemporain; 2° plus tard, au retour des croisades, celui des moulins à vent, apportés du Levant; et 3° enfin, dans les temps modernes, l'application de la machine à vapeur. Mais d'autres améliorations non moins importantes restaient à faire dans l'art de la meunerie, qui longtemps ne se servit que de mortiers, puis de meules faites avec des pierres dures, bien souvent de mauvaises nature et qualité, comme on n'en trouve que trop encore aujourd'hui dans beaucoup de pays. Parmi les pierres dures employées pour meules, on en cite quelques-unes trouvées dans des ruines de la Grèce et de l'Italie, que l'on prétend y avoir été tirées de tronçons de colonnes de granites et de porphyres; mais celles des Romains étaient généralement de laves scorifiées, ainsi que le prouvent toutes celles qui ont été trouvées dans les diverses contrées, même les plus reculées, dans lesquelles ils avaient étendu leurs conquêtes.

Ces meules ont été longtemps les plus estimées : on les préféraite à celles de granit, de porphyre, d'arkose, de graüwacke, de grès, de pouddingue, etc., etc., préférence qu'elles ont conservée dans beaucoup de pays jusqu'à la mise en exploitation du quartz molaire carié (la pierre de meulière) de la Ferté-sous-Jouarre (Seine-et-Marne), avec lequel on fit d'abord de grandes meules de moulin d'un seul morceau; puis, et pour avoir dans toutes les parties de la meule la même qualité, le même grain, la même dureté et la même porosité, on fit des meules de plusieurs morceaux ; enfin, et par suite de nouveaux perfectionnements, on en réduisit les dimensions.

On ignore à quelle époque remonte et a commencé l'exploitation des pierres meulières de la Ferté-sous-Jouarre ; elle date de plusieurs siècles. Elles ont promptement obtenu la préférence sur toutes les autres ; elles sont même devenues pour les pays d'outre-mer une branche d'exportation de la plus haute importance, qui a déterminé à faire des recherches dans divers départements, où se trouvaient des quartz cariés analogues de la Ferté, pour essayer d'en faire également des meules : aussi la commission des substances minérales et métaux a-t-elle vu avec un vif intérêt les meules provenant des nouveaux gîtes découverts, que les exploitants se sont empressés d'envoyer à l'Exposition, leurs meules présentant les mêmes caractères et les mêmes conditions que celles de la Ferté-sous-Jouarre, jusqu'alors réputées uniques dans leur genre.

MM. GUEUVIN-BOUCHON et Cie, rue de Richelieu, n° 47, à Paris.

Médaille d'or.

La compagnie Gueuvin-Bouchon a donné depuis quelques années les plus grands développements à ses exploitations de pierre de meulière aux environs de la Ferté-sous-Jouarre. Elle confectionne annuellement de 1,000 à 1,200 meules, et plus de 1,000 carreaux de trois qualités, savoir :

1° Les meules d'Épernon, avec un entourage de couleur bleue, du bois de la Barre, meules de 600 à 800 francs la paire, de 1^{m},30 de diamètre ;

2° Les meules de pierre du Tarteret, grisâtres, de 500 francs la paire, de 1^{m},30 de diamètre ;

Et 3° les meules de troisième qualité en pierre d'Épernon, de 400 francs la paire, de même dimension.

Les meules de MM. Gueuvin-Bouchon sont très-estimées ; elles occupent, suivant les demandes, de 4 à 5 et 600 ouvriers.

MM. Gueuvin-Bouchon avaient obtenu, en 1834, une mention honorable ; en 1839, une médaille de bronze ; en 1844, une médaille d'argent.

Le jury central leur décerne cette année une médaille d'or.

Rappel de médaille d'argent.

M. GAILLARD fils aîné, ancienne Compagnie du Bois-la-Barre, rue de Flandre, n° 34, à Paris.

M. Gaillard fils a repris et remis en activité l'exploitation de pierres de meulière du bois de la Barre, qui sont de très-belle et bonne qualité, et connues en France et à l'étranger sous le nom de meules anglaises de pierre d'Épernon, dont les produits sont, en première qualité, de 700 à 800 francs la paire de meules; en deuxième qualité, de 2 à 300 francs la paire de meules; et de 12 à 1,500 et 2,000 carreaux, dont un tiers environ pour l'exportation.

M. Gaillard ayant repris récemment l'exploitation de M. de Naiphies, qui avait obtenu une médaille d'argent en 1844, le jury la rappelle, en faveur de M. Gaillard, à raison de ses travaux et des perfectionnements qu'il a introduits dans les procédés de la meulerie.

Nouvelle médaille de bronze.

M. ROGER fils, à la Ferté-sous-Jouarre.

M. Roger se livre, comme MM. Gueuvin-Bouchon et Gaillard fils, à l'exploitation des pierres de meulière de la Ferté-sous-Jouarre. Ses ateliers sont bien organisés, bien montés, et peuvent faire annuellement 700 paires de meules pour la France et 200 environ pour l'exportation, au prix moyen de 800 francs la paire, en première qualité, de meulière du bois la Barre pour l'entourage, et le cœur en pierre d'Épernon. Les meules destinées à être appareillées avec celles du département d'Eure-et-Loir sont entièrement composées de pierre d'Épernon.

Le jury décerne à M. Roger fils une nouvelle médaille de bronze.

Médaille de bronze.

M. Pierre RIBY, à Angers (Maine-et-Loire).

L'exploitation du quartz molaire est une industrie toute nouvelle pour les départements de l'Ouest; elle ne saurait trop y être encouragée.

M. Riby, propriétaire d'une fonderie à Angers, a entrepris, en 1836, l'exploitation du quartz molaire avec succès. Il livre déjà au commerce, par année, 100 paires de meules de très-bonne qualité, au prix de 300 francs, de 1^{m},33 à 35^{c} de diamètre.

Le jury central lui décerne une médaille de bronze.

M. Pierre DANSAC, au Bois de Saint-Pierre-de-Maillé (Vienne). Mentions honorables.

M. Dansac a découvert, en 1843, au bois de Saint-Pierre-de-Maillé, des masses de quartz molaire dont il a entrepris l'exploitation pour en faire des meules de moulin, ses premiers essais ayant présenté des résultats satisfaisants sous le rapport de la bonne qualité, ainsi que la Commission a pu en juger par l'échantillon présenté à l'Exposition.

Le jury décerne à M. Dansac une mention honorable.

M. Étienne-Joseph HANON-VALCKE, rue du Faubourg-Saint-Denis, n° 36, à Paris.

M. Hanon-Valcke, ancien directeur d'un grand moulin à farine, a soumis à l'examen du jury un appareil qu'il appelle aérateur, fruit de sa longue expérience et de ses observations sur les altérations qu'éprouve la farine par l'effet des vapeurs alcooliques qui se dégagent de la mouture pendant le travail.

L'action de l'appareil de M. Hanon-Valcke est de déterminer et de forcer l'air pressé dans les entonnoirs par la rapidité de la rotation à remplir les sillons creusés dans les feuillures de la meule courante, à se répandre dans les rayons et dans la mouture. Cet air, qui est toujours frais et constamment renouvelé, rejette entre les meules la folle farine, la conserve dans un état de fraîcheur qui empêche sa détérioration, de manière à la produire parfaitement sèche, pure, blanche, sans empâtement quelconque ni rhabillure.

Les explications données à la commission par M. Hanon-Valcke ne peuvent laisser aucun doute sur les avantages que présente son appareil pour la qualité et la supériorité de la farine, comme pour l'augmentation de sa quantité, dont les sons doivent être entièrement dépouillés; et en attendant que son appareil soit adopté par nos grandes usines farinières, qu'elles en démontrent tous les avantages, et qu'il mérite une de ses premières récompenses, le jury central, en applaudissant aux travaux de M. Hanon-Valcke, qui annoncent un mécanicien et un praticien éclairé, lui décerne une mention honorable.

M. Joseph THEIL, maître carrier, à Saint-Lucien, canton de Nogent-le-Roi (Eure-et-Loir).

M. Theil, ayant découvert aux roches de Saint-Lucien des masses de quartz molaire, en a entrepris l'exploitation, et, d'après sa qualité analogue à celle de la Ferté-sous-Jouarre, il a essayé d'en faire des meules d'assemblage à l'instar de celles de MM. Gaillard et Roger. Son succès a été complet, et même d'autant plus remarquable, que, d'après sa manière de tailler et d'assembler les carreaux destinés à faire les meules, il est parvenu à supprimer les liens de fer qui y sont communément employés.

L'exploitation de M. Theil peut devenir très-importante pour le département d'Eure-et-Loir, et mérite à tous égards d'être mentionné honorablement.

---

§ 8. PIERRES ARTIFICIELLES, CHAUX HYDRAULIQUE.

Médailles de bronze. MM. MATHIEU et AGOMBARD, fabricants de chaux hydraulique, de Saint-Quentin, Grande-Villette, rue de Joinville (Seine).

Ces fabricants ont présenté à l'Exposition :

1° Des vases faits en chaux hydraulique, propres à contenir des liquides : on remarquait entre autres une terrine remplie d'eau, sans qu'aucune infiltration se manifestât, et un baril disposé pour recevoir toute espèce de liquides, les acides exceptés;

2° Des plaques en terre cuite recouvertes d'une couche de chaux de 2 centimètres, très-propices au dallage des trottoirs et des passages les plus fréquentés.

La chaux hydraulique de MM. Mathieu et Agombard, fabriquée à Saint-Quentin, est particulièrement propre à la construction des soubassements, des citernes, des réservoirs et lavoirs ; elle est généralement recherchée, pour tous les travaux hydrauliques, par les architectes et entrepreneurs, ainsi que le prouvent les nombreux certificats remis à la commission, qui a constaté elle-même l'excellente qualité et la supériorité de cette chaux dans divers travaux et monuments publics.

Le jury central décerne à MM. Mathieu et Agombard une médaille de bronze.

MM. REGNY (Léon) et Cie, fabricants de chaux hydraulique, de ciments et de pierres artificielles, à Marseille (Bouches-du-Rhône).

MM. Regny et Cie, de Marseille, ont présenté à l'Exposition trois sortes de produits de leur fabrication employés dans les constructions et travaux publics avec le plus grand succès. L'établissement de MM. Regny et Cie est d'une haute importance; leur fabrique occupe de 150 à 200 ouvriers et fait plus de 300,000 francs d'affaires; ils possèdent trois grands établissements à Roquefort, à la Nerthe et à Arles, tous trois dans le département des Bouches-du-Rhône; ils ont comme moteur trois machines à vapeur, et plusieurs manéges. Ils ont établi 15 fours à chaux de grande capacité; 6 de ces fours peuvent donner de 30 à 40 mille kilog. de chaux.

Les produits de la fabrique de M. Léon Regny sont:

1° *Le ciment de Roquefort*, qui fait prise en deux minutes, et d'une sûreté égale à celle des ciments de Poully et de Vassy;

2° *La chaux hydraulique blutée*, qui, à la dose de 300 kilog., peut recevoir un mètre cube de sable, et donne un mortier faisant prise en 24 heures dans l'eau;

3° Des pierres artificielles qui résistent très-bien à la gelée: elles peuvent recevoir toute espèce d'ornements, dans leur état de plasticité.

Ces établissements livrent leurs produits aux chemins de fer, aux travaux du génie, à Toulon et au port de la Joliette, à Marseille.

Le jury central décerne à MM. Regny et Cie une médaille de bronze.

M. ARMAND, à Grenoble (Isère).

Conduits de fontaines en ciment de chaux hydraulique, provenant des carrières calcaires de la porte de France, à Grenoble. Les ciments de chaux hydraulique de M. Armand sont très-recherchés pour la fabrication des tuyaux de dreissage et tous les travaux dans l'eau. Déjà présentée, en 1844, par M. Carrière, cette grande et importante fabrication a obtenu une citation favorable.

Le jury central lui accorde une médaille de bronze.

M. VIALLET, rue du Temple, n° 102, à Paris.

M. Viallet réunit dans ses ateliers diverses industries, qu'il exploite en grand avec succès, et qui occupent plus de 120 ouvriers. Parmi ses industries, le jury départemental de la Seine a distingué ses ardoises artificielles à l'usage des écoles élémentaires. Les commissions des objets divers et des métaux ont examiné avec attention les divers produits présentés par M. Viallet; elles en ont reconnu la bonne exécution à des prix modérés, et particulièrement celle de ses ardoises artificielles, à l'usage des écoles élémentaires.

Le jury central décerne à M. Viallet une médaille de bronze.

MM. MORTIER et COURTOIS, à Issy, avenue d'Issy (Seine).

La chaux et les ciments de MM. Mortier et Courtois ont été employés avec le plus grand succès pour les fortifications et les travaux publics.

Leur four à chaux est un bon modèle; le jury central leur décerne une médaille de bronze.

---

§ 9. MEULES DE GRÈS, PIERRES ARTIFICIELLES.

M. Héricart de Thury, rapporteur.

CONSIDÉRATIONS GÉNÉRALES.

Dans son rapport sur l'Exposition de 1844, la commission des métaux et substances minérales s'est attachée à faire sentir l'importance de la fabrication des meules à aiguiser, en pierre et grès artificiels; et le jury, en appréciant les avantages, décerna une médaille d'argent à MM. Perrot et Malbec, qui lui avaient présenté un nombreux assortiment de meules à aiguiser, à l'usage des aciéristes, des couteliers, des taillandiers, etc.

Rappel de médaille d'argent.

M. MALBEC et Cie, à Vaugirard (Seine).

M. Malbec a continué, avec le plus grand succès, sa fabrication de meules à aiguiser de différentes grandeurs, de qualités, de grain et de dureté, suivant les industries qui lui en font la demande. Ses meules sont très-recherchées, parfaitement fabriquées, homogènes dans toutes leurs parties, mérite essentiel qui les fait préférer aux meules de grès naturel, presque toujours inégales de dureté dans leur ensemble.

Le jury central accorde à M. Malbec le rappel de la médaille d'argent qu'il obtint en 1844.

M. FERRY (Martin-Maurice), rue de Beaune, n° 31, à Paris. — Mention honorable.

M. Ferry, fabricant de produits chimiques, expose à Paris des pierres judéennes, ou tablettes de pierres artificielles, destinées à remplacer le rasoir en voyage, par l'effet du frottement des aspérités de leur surface, sans qu'il en puisse résulter aucun inconvénient pour la peau.

Ces tablettes sont très-recherchées des voyageurs, et particulièrement des marins, qui peuvent se faire la barbe, quel que soit le mouvement de la voiture ou du vaisseau, sans être exposés aux accidents trop fréquents du rasoir.

Le jury décerne à M. Ferry, déjà cité aux arts chimiques pour son enduit préservateur de la rouille, une mention honorable.

---

§ 10. ARDOISIÈRES, COUVERTURES EN ARDOISES.

M. Héricart de Thury, rapporteur.

CONSIDÉRATIONS GÉNÉRALES.

On ignore à quelle époque les ardoises ont commencé à être employées pour les couvertures; les recherches faites à cet égard ne donnent aucun renseignement: l'usage doit en remonter à une époque très-reculée, et probablement dans le principe on se servait, comme on le voit encore aujourd'hui dans quelques vallées des Alpes, de grandes feuilles de schistes d'ardoises superposées par leurs bords. Des actes du XIIe au XIIIe siècle, relatifs à des propriétés voisines de carrières d'ardoise, sont les renseignements les plus positifs que l'on trouve dans d'anciennes archives; mais dans les ruines de vieux manoirs, châteaux et couvents on a trouvé, au milieu des vestiges d'incendie, des débris d'ardoises et d'ardoises scorifiées. Les premiers bancs de schistes exploités comme dalles ont amené la découverte des couches inférieures, fissiles ou feuilletées, généralement plus fines à mesure qu'on s'enfonce dans les masses, et cette disposition a dû déterminer l'emploi de ces feuillets, aussitôt que leur propriété de s'effeuilleter et de se tailler facilement a été connue.

La France possède un grand nombre d'ardoisières: on en trouve aux environs d'Angers, de Redon, de Saint-Lô, de Cherbourg, de Grenoble, de Brives, de Lunéville, de Charleville, de Rimogne, de Fumay, etc.; les plus renommées sont celles d'Angers et des Ardennes. Elles appartiennent à deux époques géologiques très-distinctes : ainsi celles d'Angers renferment des empreintes de corps organisés, tels que des poissons, des crustacés et des plantes, avec des sulfures de fer quelquefois trop abondants, et qui dans leur décomposition entraînent celle de l'ardoise; tandis que celles des Ardennes, qui appartiennent à la formation des micaschistes, des phyllades ou des terrains primordiaux et de transition, ne contiennent aucun vestige de ces corps organisés; leur effeuilletage se fait également, facilement et très-bien. Celles des Ardennes forment plus de déchet à la taille et au percement des clous; mais une fois placées elles se conservent mieux et ne sont point sujettes à se décomposer, comme celles d'Angers, à cause des sulfures de fer de celles-ci; enfin elles s'imbibent ou se pénètrent bien moins d'eau, et sont généralement plus légères. Les amateurs du gris-bleu des ardoises d'Angers repoussent celles des Ardennes, à cause de leur couleur grise, verte, violette ou rougeâtre, dont certains couvreurs Ardennais savent au reste très-bien tirer parti pour en faire de très-belles couvertures.

L'exploitation des ardoisières se fait suivant la disposition verticale, inclinée, et rarement horizontale, par puits, galeries souterraines, ou à ciel ouvert. Ne pouvant entrer ici dans les détails de l'exploitation, on se bornera à dire qu'elle descend à plus de 100 mètres de profondeur et qu'on en a même exploité jusqu'à 140 mètres.

Une bonne ardoise ne doit contenir aucun corps étranger; elle doit être dure, ne point s'imbiber pendant une immersion de vingt-quatre heures dans l'eau. Une fois en place, les bonnes ardoises d'Angers durent trente à quarante ans, et celles des Ardennes de quatre-vingt-dix à cent ans.

On ne saurait trop recommander aux ardoisiers de ne pas abuser de la propriété de l'effeuilletage des schistes ardoisés, qui produit des ardoises minces et légères, il est vrai, mais très-fragiles, et qui, lorsqu'elles sont trop minces, ne peuvent résister aux ouragans et à la grêle, et donnent un déchet considérable entre les mains des couvreurs.

ARDOISIÈRES D'ANGERS.

Rappel de médaille d'or.

Une grande association s'était formée il y a quelques années sous le nom de Société des ardoisières d'Angers, pour exploiter en commun et sous une même administration toutes les ardoisières des environs de cette ville. Cette société a obtenu la médaille d'or en 1844. Elle occupait de 2,500 à 3,000 ouvriers; elle avait 17 machines à vapeur, représentant 230 chevaux-vapeur, et en outre plus de 300 chevaux. En quatre ans, elle a livré à la consommation 675,000,000 d'ardoises.

Par suite des circonstances de 1848, cette association a cessé sa communauté; elle s'est divisée en deux compagnies rivales, mais non hostiles : l'une, malgré la division, a conservé le nom de Société des ardoisières d'Angers, et elle s'est présentée à l'Exposition sous le n° 2130 du catalogue; l'autre, sous le nom des Carrières d'ardoises de Monthibert et Trélazé, près Angers, sous le n° 951.

Ces deux compagnies exploitent les mêmes bancs d'ardoise. Elles produisent les mêmes qualités, elles se sont partagé les ouvriers, elles emploient l'une et l'autre les machines à vapeur pour l'extraction des produits, leurs travaux sont également éclairés au gaz, enfin elles présentent les mêmes conditions; aussi l'une et l'autre, dans leurs relations commerciales, font-elles valoir à l'égard de leur clientèle la médaille d'or décernée en 1844 à leur association primitive, dont elles soutiennent dignement la réputation par la supériorité de leurs différentes qualités d'ardoises.

Le jury avait pensé devoir les mettre sur le même rang, et leur décerner à l'une et à l'autre le rappel de la médaille d'or décernée à l'association mère; mais ayant depuis appris que la compagnie Monthibert-Trélazé s'était de nouveau réunie à l'association générale de toutes les compagnies d'ardoisiers, le jury a proposé à M. le ministre du commerce et de l'agriculture de modifier sa décision, et de décerner collectivement le rappel de la médaille d'or à l'association générale des diverses sociétés des ardoisières d'Angers, qui ont toutes les mêmes droits à ce rappel.

Nota. Quoique le jury central n'ait à prononcer que sur le mérite et la valeur des produits présentés à l'Exposition, il croit cependant de son devoir de consigner ici un fait qui lui a été signalé, et sur lequel il pense convenable d'appeler l'attention du Gouvernement.

L'immense extension et le développement extraordinaire que l'exploitation des ardoisières d'Angers a pris depuis quelques années, pendant lesquelles elle a employé plus de 3,000 ouvriers, a exigé de nombreuses machines à vapeur et l'emploi du gaz pour éclairer l'étendue de leurs vastes chambres souterraines, dont quelques-unes présentent des excavations de plus de 100 mètres de profondeur et autant de largeur, sous un ciel de carrières d'une immense portée, sans aucun pilier: ce ciel, d'un grand banc de schiste dur, pierreux et compacte, a jusqu'à ce jour résisté à toutes les répercussions des coups de mine; mais qui peut affirmer qu'il résistera, qu'il n'éprouvera pas quelque secousse, quelque porte à faux, et qu'alors l'administration n'aura pas à se reprocher un effroyable et inévitable malheur, dont tant de familles pourront être victimes? Le jury central ne croit pas outre-passer ses pouvoirs en appelant sur ce fait l'attention du Gouvernement.

Mention pour ordre.

M. François TAPIC, contre-maître des usines et exploitation de M. Aimé Géruset, à Bagnères-de-Bigorre.

Dans le rapport de l'exposition de 1844, la commission, d'après la déclaration de M. Aimé Géruset, avait signalé M. François Tapic au jury central comme un habile contre-maître, excellent mécanicien, qui, par ses sentiments, ses principes, sa bonne conduite et ses connaissances théoriques et pratiques, méritait une des médailles promises par l'ordonnance pour les contre-maîtres signalés par les jurys départementaux, sur la demande des exploitants et manufacturiers.

Sur le rapport de la commission, la déclaration de M. Géruset et l'avis du jury du département des Hautes-Pyrénées, le jury central a décerné à M François Tapic la médaille de contre-maître, ici rappelée pour ordre et à voir à l'article des médailles décernées aux contre-maîtres.

SOCIÉTÉ ANONYME DES ARDOISIÈRES DU MOULIN SAINTE-ANNE, de Fumay (Ardennes).

Médaille d'argent.

L'exploitation des ardoisières du moulin Sainte-Anne de Fumay, dans les Ardennes, est très-ancienne. On ignore à quelle époque remontent les premiers travaux. Les actes de constitution de la première compagnie sont de 1760, et ceux de la société anonyme du 23 juillet 1817.

Cette exploitation emploie de 900 à 1,000 ouvriers, dont près de 800 dans les travaux souterrains et les autres à l'extérieur.

On se sert de machines hydrauliques établies sur la rivière d'Alyse. Elles sont employées à l'extraction, à l'épuisement et à l'aérage des travaux souterrains, qui s'étendent sur plus de vingt hectares de terrain, dont on extrait annuellement de 40 à 45 millions d'ardoise de toutes qualités et dimensions, dont plus d'un quart passe en Belgique et en Prusse, où les ardoises de Sainte-Anne sont très-estimées et ont la préférence sur celles d'Allemagne, de Trèves et d'Angleterre, à raison de leur supériorité, constatée par les rapports des ingénieurs des mines, le conseil des bâtiments civils et la direction des travaux publics.

Le jury décerne à la Société anonyme des ardoisières du moulin Sainte-Anne, de Fumay, une médaille d'argent.

SOCIÉTÉ ANONYME DES ARDOISIÈRES DE REMOGNE ET SAINT-LOUIS-SUR-MEUSE (Ardennes).

Rappel de médaille de bronze.

Les premiers travaux entrepris pour l'exploitation des ardoisières de Rimogne sont très-anciens ; on ignore l'époque de leur commencement: les statuts de la compagnie sont du 14 octobre 1831.

L'exploitation occupe, 1° de 5 à 600 ouvriers et plus, suivant les demandes; 2° 2 machines à vapeur; 3° 2 machines hydrauliques; 4° 2 machines à molettes, etc.

Les travaux fournissent annuellement plus de 40 millions d'ardoises de toutes dimensions, de bonne qualité, qui se répandent dans tous les départements voisins des Ardennes, dans lesquels on voit un grand nombre d'anciennes constructions couvertes d'ardoises de Rimogne, qui ont parfaitement résisté aux injures du temps.

La compagnie a obtenu en 1844 une nouvelle médaille de bronze, et non une médaille d'argent, ainsi qu'elle l'a déclaré dans son bulletin de déclaration, et, pour ce motif, le jury se borne au rappel de cette nouvelle médaille de bronze.

Mentions honorables.

M. AUFRAY, ardoisières de Prénazé, commune de Saint-Aignan-le-No (Mayenne).

L'exploitation des ardoisières de Prénazé a été entreprise en 1843, par M. Michel Aufray; elle emploie 50 ouvriers et leurs familles. L'ardoise est de bonne qualité, s'effeuille bien; elle s'améliorera encore indubitablement dans l'approfondissement des travaux d'extraction.

Le jury accorde à M. Michel Aufray une mention honorable.

COMPAGNIE DES ARDOISIÈRES DE LA CORRÈZE, MM. LECLERC frères et compagnie, à Brives.

L'exploitation des ardoisières de Traversac, communes de Donzenac et du Saillant, ne date que de 1847. Elle emploie de 150 à 200 ouvriers, qui livrent environ 5 millions d'ardoises à la consommation du pays.

L'ardoise est de bonne qualité; elle appartient, comme celle des Ardennes, au terrain de transition de micaschiste dur, solide, s'effeuilletant bien, ne s'imbibant pas et résistant aux injures du temps. Elle est tenace et ne se brise pas sous les pas des couvreurs.

Les différents ateliers sont ouverts sur une étendue de plus d'un myriamètre de longueur.

La compagnie des ardoisières de la Corrèze mérite, et le jury lui décerne une mention honorable.

M. Charles-Louis DARROUX, à Auch (Gers).

A formé à Bagnères-de-Bigorre, en 1847, un établissement dans lequel il confectionne annuellement 1,800,000 ardoises environ, avec 70 ouvriers, au moyen d'un instrument qui coupe l'ardoise régulièrement sans la briser, de manière à éviter les déchets si nombreux de la manutention ordinaire dans l'effeuilletage et la taille des ardoises. Si le succès répond aux essais, l'ardosiotome de M. Darroux pourra être très-avantageux; mais il faut que la pratique et l'expérience aient prononcé; le jury décerne à M. Darroux une mention honorable.

M. POULAIN, architecte, rue Lafayette, à Paris.

M. Poulain, architecte, a été breveté pour un système de couverture en ardoises au moyen d'agrafes et de clous de zinc par lesquels il remédie aux inconvénients du mode usité jusqu'à ce jour, tels que, 1° le déchet énorme qui a lieu lors du percement de l'ardoise pour le placement des clous; 2° l'application des ardoises les unes sur les autres, application qui, par l'action de la capillarité et de l'humidité qui séjourne entre elles, en détermine la plus ou moins prompte décomposition et même la pourriture des voliges; 3° l'impossibilité de remplacer aujourd'hui quelques ardoises brisées ou altérées, sans être obligé d'en enlever plusieurs et souvent même plus d'un mètre, pour la plus simple réparation; 4° la quantité d'ardoises brisées par les couvreurs, lorsqu'ils arrachent les clous des voliges.

Le système de couverture de M. Poulain, soumis à M. le ministre des travaux publics a été examiné et approuvé par le conseil des monuments et bâtiments civils, qui a reconnu qu'en remédiant aux inconvénients ci-dessus, il présentait réellement les avantages, 1° d'éviter le percement des ardoises et le déchet inévitable qui en résulte trop fréquemment; 2° de pouvoir découvrir et réparer les toitures sans casser ni perdre une seule ardoise; 3° d'empêcher l'action de la capillarité; 4° de prolonger et d'assurer la durée des couvertures en ardoises.

Le modèle de couverture présenté à l'exposition par M. Poulain a été vu par un grand nombre de couvreurs et d'ardoisiers, qui, consultés par la commission, en ont tous reconnu et apprécié les avantages, sans aucune observation, ni objection autre que la crainte du préjudice que pourrait en éprouver leur profession.

Le jury central, sur le rapport de sa commission, félicite M. Poulain sur les avantages que paraît présenter son système de couverture, et, en attendant que la pratique et l'expérience les aient constatés généralement, lui décerne une mention honorable.

---

§ 10. PIERRES LITHOGRAPHIQUES.

M. Héricart de Thury, rapporteur.

CONSIDÉRATIONS GÉNÉRALES.

Les meilleures pierres lithographiques de Pappenheim, de Ratisbonne, les plus estimées, sont d'une pierre calcaire argilo-siliceuse qui laisse un résidu considérable dans leur dissolution par les acides, à cassure écailleuse, compacte, serrée, d'un grain fin, enfin susceptible du même poli que le marbre.

D'après ces caractères, on ne pouvait douter qu'on trouverait en France des pierres calcaires lithographiques de même qualité que celles de Pappenheim, et nous devons, en effet, aux concours ouverts par la Société d'encouragement et aux prix et médailles qu'elle a décernés la découverte de plusieurs carrières de pierres lithographiques de première qualité, dont les plus importantes sont celles de Châteauroux, département de l'Indre, des Vosges, du Gard, etc., etc.

Mention pour ordre.

M. PAUL DUPONT, à Paris et à Châteauroux.

L'exploitation des carrières de pierre lithographique de Châteauroux a pris, depuis quelques années, les plus grands développements et fournit aujourd'hui des pierres de toutes dimensions, d'excellente qualité.

Les caractères de ces pierres sont identiquement les mêmes que ceux des meilleures pierres de Pappenheim. On trouve dans les carrières de Châteauroux d'excellentes qualités de pierre, qui peuvent être employées à différents travaux, et avec lesquelles M. Dupont fait des cylindres sans défaut et homogènes dans toutes les parties. L'exploitation, poursuivie avec une grande activité, a déterminé l'établissement d'une forte machine à vapeur avec des dressoirs, polissoirs, pour la confection des cylindres et des grandes tables ou pierres lithographiques.

M. Dupont avait obtenu en 1844 le rappel de la médaille d'argent qui lui avait été décernée en 1839, sur le rapport des deux commissions des substances minérales et des beaux-arts.

Le jury a décerné à M. Paul Dupont la médaille d'or, qui est citée pour ordre.

Mme Vve GUY, au Vigan, département du Gard.

Médailles de bronze.

M. Guy a entrepris, il y a plusieurs années, une grande exploitation de pierres lithographiques, au moulin de Montdardier, commune de Pommiers, produisant de 10,000 à 12,000 pierres de toutes dimensions, d'excellente qualité, et pouvant, suivant les demandes, en produire le double et même davantage.

Le jury décerne à Mme Guy une médaille de bronze.

M. Jules SIMON, à Montdardier, près le Vigan (Gard).

M. Jules Simon a présenté à la commission des pierres lithographiques provenant des carrières de marbre mandragore, département du Gard.

Ces pierres sont de bonne qualité, et présentent les caractères des meilleures pierres lithographiques.

Le jury lui décerne une médaille de bronze.

M. PETIT, rue du Cherche-Midi, n° 4, à Paris.

Mention honorable.

M. Petit, exploitant dans les Vosges des carrières de marbre, y a découvert des bancs de pierre lithographique, dont la bonne qualité fait espérer que son exploitation pourra prendre des développements et fournir des pierres de toutes dimensions. Il a présenté à la commission un régulateur en pierre de sa carrière très-bien exécuté.

Le jury lui décerne une mention honorable.

M. SIMON, à Strasbourg (Bas-Rhin).

Citation favorable.

Les pierres lithographiques exposées par M. Simon de Strasbourg paraissent de bonne qualité, et leur exploitation devoir être encouragée.

Le jury décide qu'elles seront citées favorablement.

---

§ 11. BRUNISSOIRS ET PIERRES A POLIR.

M. Héricart de Thury, rapporteur.

CONSIDÉRATIONS GÉNÉRALES.

Dans son rapport de 1844, la commission des métaux et substances minérales avait fait connaître l'importance de l'industrie des molettes, brunissoirs et pierres à lisser, introduite en France depuis peu d'années, et combien il était essentiel d'encourager cette industrie, pour la mettre en état de répondre aux demandes et de satisfaire aux besoins des doreurs, bijoutiers, orfévres, horlogers, metteurs en œuvre, relieurs, cartonniers, papetiers, etc., autrefois obligés de prendre les pierres telles qu'elles étaient apportées de l'étranger, souvent défectueuses, et qui, bien souvent par leurs formes ou leurs dimensions, étaient peu propres à leurs travaux, tandis qu'aujourd'hui ils font leurs demandes dans telle espèce de pierre qu'ils désignent et dans les dimensions ou de telles formes que l'exigent les matières sur lesquelles s'exercent leurs diverses branches d'industrie.

Nouvelle médaille de bronze.

M. Pierre-Théodore CÉLIS, rue du Faubourg-du-Temple, n° 50, à Paris.

C'est particulièrement à M. Célis que nous devons l'introduction en France de la confection des brunissoirs, molettes et pierres à lisser, si nécessaires à une foule d'industries, qui occupent des milliers de bras dans les classes d'ouvriers les plus laborieuses et les moins rétribuées, autrefois obligées de recourir à l'étranger, et de payer à des prix souvent exorbitants leurs outils et instruments, et bien souvent encore peu conformes à leurs demandes et à leurs besoins.

Après bien des recherches et des essais, M. Célis est parvenu à trouver dans nos minerais de fer des hématites de première qualité avec lesquelles il confectionne, suivant les demandes de nos diverses industries, des molettes, des brunissoirs et des pierres à lisser en hématite, comme en agate, en jaspe, en silex, et dans toutes les matières dures qui lui sont remises.

Le jury central lui avait décerné, en 1839, une mention honorable et une médaille de bronze en 1844; il lui décerne aujourd'hui une nouvelle médaille de bronze pour le bel et nombreux assortiment de pièces, d'outils et d'instruments de tout genre qu'il a présentés à l'exposition et qui réunissent toutes les conditions et garanties exigées par les différentes industries qu'il est parvenu à affranchir du tribut qu'elles étaient forcées de payer à l'étranger.

M. Vincent-Augustin-Marie DÉGARDIN, rue du Temple, n° 62, à Paris. Médaille de bronze.

M. Dégardin, depuis 1839, se livre avec succès à la fabrication des pierres à brunir et au travail de matières dures et siliceuses employées pour les molettes et les lissoirs.

La montre d'instruments de ce genre qu'il a exposés réunissait toutes les variétés demandées par les doreurs, les bijoutiers, les metteurs en œuvre, qui en ont tous témoigné leur satisfaction.

Le jury décerne à M. Dégardin une médaille de bronze.

M. DUFOUR, quai Valmy, n° 30, à Paris. Mention honorable.

M. Dufour a exposé des produits qui annoncent beaucoup d'études de sa part, et qui font espérer qu'il obtiendra le plus grand succès dans l'industrie à laquelle il se livre.

Le jury lui décerne une mention honorable pour les pierres à brunir et les assiettes de doreur qu'il a présentées à l'exposition.

---

§ 12. MINERAIS D'ÉMERI, GRÈS, SABLE.

M. Héricart de Thury, rapporteur.

CONSIDÉRATIONS GÉNÉRALES.

La préparation des émeris a été longtemps d'une extrême difficulté, à raison de la nature et de la dureté de la matière première dont on l'extrayait (le sable adamantaire ou de télésie) pour la plupart des arts, pour lesquels il est d'un usage essentiel et indispensable pour scier, planir, percer, polir les substances les plus dures.

Divers chimistes ont cherché les moyens d'en fabriquer avec des matières naturelles ou artificielles et de produire des poudres émerisées, propres aux divers ouvrages auxquels était autrefois employé l'émeri, que l'on trouvait dans le commerce sous la dénomination des lieux de provenance, mais souvent altéré par des matières étrangères plus ou moins dures. La Société d'encouragement pour l'industrie nationale, par ses prix et ses médailles, a beaucoup contribué aux progrès de cette industrie, dans laquelle se distinguent plusieurs fabricants.

Médaille d'argent.

M. François FRÉMY, rue Beautreillis, n° 23, à Paris.

M. Frémy, qui avait obtenu en 1844 une médaille de bronze pour ses préparations de poudres émerisées, et qui a reçu de la Société d'encouragement une médaille de platine, sur le rapport fait par M. A. Chevalier au nom des comités des arts chimiques et des arts mécaniques, a établi une machine propre à fabriquer plus de quatre mille feuilles de papiers verrés et émerisés par heure, destinés à polir les bois, les marbres et les métaux : aussi la fabrication de M. Frémy, en papiers émerisés et verrés de différentes espèces, s'élève-t-elle aujourd'hui de 2,500,000 à 3,000,000 de feuilles qui ont le plus grand succès en France et à l'étranger.

Le jury décerne à M. Frémy une médaille d'argent.

Rappel de médaille de bronze.

M. Jean-Léopold ROJON, quai Valmy, n° 23, à Paris.

M. Rojon s'est particulièrement distingué pour sa bonne fabrication, 1° des poudres émerisées parfaitement pures, qui sont très-recherchées pour l'usage de l'optique, de la haute mécanique et des instruments de précision; et 2° des poudres de ponce et de tripoli à polir les plaques de daguerréotype.

Le jury rappelle pour ses produits la médaille de bronze qu'il lui avait décernée en 1844, et dont son excellente fabrication est de plus en plus digne.

M. Jean-Gabriel SÉMENT, rue d'Aval, n° 14, à Paris. Mention honorable.

M. Sément a établi en 1842 une fabrique de papiers à polir les bois et les métaux, à l'émeri, au silex et au verre. Sa fabrication s'élève déjà à plus de 400,000 feuilles, dont 20,000 pour l'exportation.

Ses produits sont parfaitement fabriqués et très-estimés. Le jury lui décerne une mention honorable.

---

§ 13. PLASTIQUE DE CONCRÉTIONS MINÉRALES NATURELLES.

M. Héricart de Thury, rapporteur.

CONSIDÉRATIONS GÉNÉRALES.

Les concrétions minérales des sources de Saint-Allyre et de Saint-Nectaire continuent à former une branche d'industrie exploitée avec avantage par quelques habitants de Clermont (Puy-de-Dôme), depuis qu'elles ont obtenu du jury central des mentions honorables; et cette industrie, favorisée par la nature, qui lui fournit abondamment la matière première, sans aucun frais, pourra obtenir le même succès que celle de Santo-Filippo en Toscane, lorsque ceux qui l'exploitent pourront exposer de bons moules au dépôt calcaire de ces fontaines. Les produits qu'ils ont présentés cette année prouvent déjà plus de soins et d'attention de leur part, et la commission croit devoir les recommander au jury central.

M. CLÉMENTEL, à Clermont-Ferrand (Puy-de-Dôme). Mentions honorables.

Le jury central accorde à M. Clémentel une mention honorable pour ses concrétions minérales de la fontaine Saint-Allyre de Clermont.

M. PERCEPIED-MAISONNEUVE, à Clermont-Ferrand (Puy-de-Dôme).

Le jury central accorde à M. Percepied-Maisonneuve une mention honorable pour ses concrétions minérales de la fontaine Saint-Allyre de Clermont.

M. MORANGES, à Clermont-Ferrand (Puy-de-Dôme).

Le jury central accorde également à M. Moranges une mention honorable pour ses concrétions minérales.

---

§ 14. CRAYONS.

M. Héricart de Thury, rapporteur.

CONSIDÉRATIONS GÉNÉRALES.

Les crayons de plombagine artificielles présenté, à la première exposition de l'industrie française, en l'an IX, produisirent un tel effet parmi les ingénieurs des travaux publics, les architectes, les dessinateurs et les élèves des écoles du service public et des beaux-arts, que le Gouvernement crut devoir décerner une médaille d'or à l'inventeur, le célèbre Conté, en considération du service immense qu'il rendait aux dessinateurs de toutes les classes, qui ne pouvaient, alors à raison de leur prohibition et du blocus continental, se procurer qu'à un très-haut prix les crayons anglais de plombagine naturelle.

Depuis, Humblot-Conté, son gendre, par ses travaux sur la plombagine artificielle de Conté, parvint à fabriquer des crayons de divers numéros, de degré de dureté qui répondaient, à peu de différence, aux divers numéros de crayons anglais, auxquels les ingénieurs et architectes, malgré leur prix élevé, étaient encore obligés de recourir.

Les travaux d'Humblot-Conté furent couronnés d'une nouvelle médaille d'or à l'exposition suivante, et cependant, tout en appréciant l'importante amélioration apportée dans cette fabrication, le jury reconnaissait avec les ingénieurs, les architectes et les dessinateurs qu'ils se plaignaient avec raison de ne pouvoir enlever entièrement les esquisses ou premiers tracés faits avec les crayons Humblot Conté, qui avaient, en outre le grave inconvénient de graisser le papier, et par conséquent de s'opposer au lavis, à cause de la matière savonneuse qui entrait dans la préparation de la plombagine artificielle, inconvénient majeur qui nuisait au développement de cette fabrication et contribuait à maintenir la préférence en faveur des crayons anglais dont la plombagine n'avait pas ce défaut.

Cette préférence a subsisté jusqu'à ce que, par de nouvelles recherches et des travaux réitérés, un de nos fabricants soit parvenu à supprimer le savon et la cire dans ses compositions, et à les remplacer par une substance minérale, naturellement douce, onctueuse, donnant à la plombagine artificielle tous les caractères et le moelleux de la plombagine d'Angleterre, dont les gîtes rares et peu abondants étaient exploités avec la plus sévère économie, et bornés seulement à la quantité nécessaire à la consommation annuelle. Aussi la supériorité obtenue aujourd'hui dans notre fabrication de plombagine artificielle, qui est parvenue à produire tous les numéros désirables pour la ligne et le dessin, est tellement reconnue, même en Angleterre, que ses crayons de première qualité ne peuvent lutter avec les nôtres, qui sont partout demandés de préférence et exportés pour tous les pays.

M. Léonard GILBERT, à Givet (Ardennes).

Nouvelle médaille d'argent.

La fabrique de crayons de plombagine artificielle de Givet fut fondée en 1823 pour les crayons ordinaires et communs d'Allemagne et pour les fournitures de bureau, cire à cacheter, plumes, etc.

En 1829, elle fut convertie spécialement en fabrique de crayons de plombagine artificielle, qualité anglaise.

Elle se compose aujourd'hui, 1° de vingt ateliers, 2° de trois scies mécaniques, 3° de douze machines à crayons, le tout mis en mouvement par une machine à vapeur de la force de huit chevaux.

M. Gilbert fabrique annuellement de 30 à 35,000 grosses de douze douzaines de crayons de toutes qualités et degrés de dureté, depuis le zéro qu'il a adopté pour le point de départ, et gradués au-dessus et au-dessous dudit zéro; avantage précieux qui les fait rechercher des artistes et des ingénieurs pour le dessin et pour la ligne, et leur assure la préférence sur ceux de plombagine naturelle, à raison de leur douceur, de leur moelleux et de la vigueur de leurs tons.

Indépendamment des crayons de plombagine artificielle, M. Gilbert fabrique aujourd'hui des crayons de couleur fine, genre pastel, montés en bois, dans toutes les nuances et couleurs, à l'usage des voyageurs, et, pour les écoles, des crayons d'ardoise de nouvelle composition, tendres à tailler, et s'effaçant plus facilement sur l'ardoise.

M. Gilbert a constamment soutenu ses ateliers en activité et maintenu ses nombreux ouvriers dans l'ordre et le devoir.

Sa fabrique livre plus d'un tiers de ses produits à l'exportation et particulièrement à l'Angleterre, qui apprécie, comme nous, cette amélioration importante introduite par M. Gilbert dans la graduation au-dessus et au-dessous du zéro, point de départ pour ses crayons de ligne et de dessin.

Ses crayons de couleur, genre pastel, ont le plus grand succès en France comme à l'étranger.

M. Gilbert avait obtenu la médaille d'argent en 1844; le jury lui décerne une nouvelle médaille d'argent pour les perfectionnements et améliorations qu'il a introduits dans la fabrication des crayons de plombagine artificielle, par laquelle il nous a affranchis du tribut que nous payions autrefois à l'Angleterre, qui devient au contraire aujourd'hui tributaire de cette invention toute française, due dans le principe à Conté, ensuite à son gendre Humblot-Conté, et aujourd'hui à M. Gilbert, qui par ses travaux est parvenu à donner à la plombagine artificielle toutes les qualités de la plombagine anglaise la plus pure.

Médailles de bronze.

MM. DE LA RUELLE et LE DANSEUR, rue Dupetit-Thouars, n° 21, à Paris.

La fabrique de MM. De la Ruelle et Le Danseur, déjà ancienne, confectionne des crayons de plombagine, de bonne qualité, de toute espèce, des crayons de couleur et des pastels. Elle a obtenu, en 1839, une mention honorable, et en 1844 une médaille de bronze. Elle est depuis entrée dans une bonne voie de perfectionnements et mérite d'être récompensée.

Le jury lui décerne une médaille de bronze.

M. Isidore HAYEM, rue d'Aboukir, n° 24, à Paris.

La fabrique de M. Hayem est celle de M. Guyot-Desprès qui était tombée, et qu'il a remontée; ses produits sont de bonne qualité et font espérer qu'en s'attachant, comme il a commencé, à soigner sa fabrication, il parviendra à rendre à sa maison la réputation dont elle a joui anciennement, et qui lui avait mérité, en 1844, la médaille d'argent.

Le jury décerne à M. Hayem une médaille de bronze pour les crayons qu'il a exposés et que la commission a jugés de bonne qualité.

M. Salomon FICHTEMBERG, rue Meslay, n° 53, à Paris. Mentions honorables.

La maison Fichtemberg est depuis longtemps connue pour sa fabrication de pastel et de crayons de dessin. Elle se présente pour la première fois aux expositions. C'est une fabrique qui mérite d'être encouragée et qui pourra se présenter plus avantageusement.

Le jury lui accorde une mention honorable.

MM. HARDMUTH et Cie, rue Meslay, n° 17, à Paris, aujourd'hui M. MARQUIS.

MM. Hardmuth, fabricants de crayons de plombagine à Vienne, (Autriche) avaient établi à Paris une maison qui fabriquait des crayons de bonne qualité, avec les matières qu'ils tiraient de Vienne, où ils avaient obtenu des médailles d'or et d'argent.

Ils se présentent pour la première fois aux expositions de France, et le jury, sur le rapport de la commission, a décidé qu'ils seraient mentionnés honorablement; mais cette fabrique est aujourd'hui à M. Marquis, qui en est devenu propriétaire, et dont l'intention est de lui donner de grands développements et de la faire classer, par la bonne qualité de ses produits, parmi nos premières fabriques de crayons.

INGÉNIEURS, CONTRE-MAITRES ET OUVRIERS NON EXPOSANTS.

MM. THOMAS et LAURENS, ingénieurs civils, à Paris, rue des Beaux-Arts, n° 2. Rappel de médaille d'or.

Ces habiles ingénieurs ont poursuivi, avec de nouveaux succès la plupart des travaux auxquels le jury de 1844 avait accordé une récompense élevée. Depuis cette époque, ils ont appliqué, avec le même succès, à de nouvelles branches d'activité, la spécialité qu'ils se sont créée.

Pendant les cinq dernières années ils ont dirigé la construction de cinq usines à fer et ont été chargés d'agrandir et d'améliorer un grand nombre d'usines anciennes. Pendant la même période, ils ont installé huit hauts fourneaux offrant tous les perfectionnements que l'industrie moderne a apportés à cette classe d'appareils. Ils ont appliqué à 22 usines, comprenant 26 machines à vapeur d'une force totale de 1,040 chevaux, les dispositions qu'ils ont eux-mêmes inventées pour mettre à profit la chaleur disponible des gaz des hauts fourneaux : ils ont ainsi transformé en forces productives des agents qui se produisaient autrefois en pure perte.

Ces importantes constructions ont fourni à MM. Thomas et Laurens l'occasion d'introduire dans la métallurgie du fer un nouvel appareil à air chaud que distinguent plusieurs ingénieuses dispositions ; de propager et de perfectionner les machines à vapeur à cylindre horizontal et à grande vitesse, appliquées directement à mettre les laminoirs en action ; de propager un nouveau modèle de soufflerie à vapeur et à volant, d'une disposition simple et économique, dans lequel le cylindre à vapeur et le cylindre soufflant reposent sur une seule plaque de fondation.

Depuis 1844 MM. Thomas et Laurens ont poursuivi leurs études et leurs travaux pratiques sur l'emploi de la vapeur surchauffée ; parmi les nouvelles applications qu'ils ont faites de ce nouvel agent, MM. Thomas et Laurens signalent particulièrement la fabrication du charbon pour les usages ordinaires et pour les poudreries, la distillation des corps gras servant à la fabrication des bougies.

L'un des principaux titres récemment acquis par MM. Thomas et Laurens à l'octroi d'une nouvelle distinction se trouve dans l'application qu'ils ont faite des moteurs hydrauliques aux irrigations agricoles. MM. Thomas et Laurens, dans les beaux travaux qu'ils ont exécutés dans le département de l'Aisne, ont prouvé, par expérience, qu'il y a lieu, dans beaucoup de cas, à préférer les machines aux dérivations naturelles pour opérer le mouvement des eaux réclamées par l'agriculture.

Par tous ces motifs, le jury se plaît à accorder à MM. Thomas et Laurens le rappel de la médaille d'or qui leur fut décernée en 1844.

Médaille d'argent.

M. Jacques RIVES, contre-maître dans une fabrique de limes, à Toulouse (Haute-Garonne).

M. Rives est contre-maître dans la fabrique de limes de Toulouse.

Cet habile ouvrier, simple ouvrier d'abord et contre-maître ensuite, est dans la fabrique depuis plus de vingt ans ; c'est sans contredit à son savoir que l'établissement doit toute sa réputation. Aussi a-t-il été recommandé d'une manière toute particulière au jury central qui lui décerne, pour ses bons travaux et sa conduite exemplaire, une médaille d'argent.

Médailles de bronze.

M. DONNAY, contre-maître forgeron chez M. Legravrian, à Lille (Nord).

M. Legravrian, à Lille, a recommandé d'une manière toute particulière son contre-maître forgeron, le sieur Donnay, qui, par ses bons travaux et sa bonne conduite, a, depuis de longues années, bien mérité de ses chefs; aussi le jury central, voulant reconnaître cette bonne condition, décerne-t-il au sieur Donnay une médaille de bronze.

M. Jean GONNER, chef des hauts fourneaux de Montluçon (Allier).

C'est à M. Gonner, qui a établi le roulement au coke dans les hauts fourneaux de Montluçon, que cet établissement doit une grande partie de ses succès. Aussi, sur la recommandation expresse des chefs de l'usine, le jury central décerne à M. Gonner une médaille de bronze.

M. William GRIFFITH. chef des machines soufflantes à Montluçon (Allier).

C'est encore un contre-maître habile, qui a apporté un si grand perfectionnement dans la pose et la direction des machines soufflante, qu'une partie du succès de l'entreprise lui revient de droit. Aussi le jury central, sur la recommandation des chefs de l'usine, décerne-t-il à M. William Griffith une médaille de bronze.

M. HERGOT, directeur d'un atelier de moulage, à Niederbronn (Bas-Rhin).

Directeur de l'atelier du moulage, M. Hergot a fait ses preuves depuis plusieurs années : son habileté et son savoir ont donné à l'établissement une importance remarquable. Aussi le jury central décerne-t-il à M. Hergot une médaille de bronze.

CINQUIÈME COMMISSION.

INSTRUMENTS DE PRÉCISION.

MEMBRES DU JURY COMPOSANT LA COMMISSION.

MM. A. Séguier, président; Pouillet, Mathieu, Froment, Peupin, Érard, Marloye.

PREMIÈRE SECTION.

HORLOGERIE.

M. Peupin, rapporteur.

CONSIDÉRATIONS GÉNÉRALES.

Depuis son introduction en France jusqu'à nos jours, l'horlogerie a fait d'immenses progrès; et, s'il y a loin de la grossière horloge que le roi Charles V fit placer dans son palais, aux belles horloges que nous devons au génie des Lepaute, et plus récemment à celui des Wagner, la distance est bien plus grande encore et toute comparaison devient impossible, quand on songe au petit volume de nos montres modernes, à la perfection de ces beaux régulateurs à seconde dont les variations sont à peine sensibles, et à l'excellence de ces admirables chronomètres dont la marche précise effraie l'imagination des savants et des mécaniciens les plus habiles. Que de temps, de travail, de génie il a fallu dépenser pour en arriver là! Aussi l'horlogerie, *une des gloires de la France*, comme on l'a dit avec tant de raison, est-elle parvenue à un degré remarquable de perfection.

C'est qu'en effet l'horlogerie a été l'objet d'études si profondes, elle a donné lieu à des expériences si nombreuses, si variées et si positives, qu'il est permis de croire que l'esprit humain est désormais fixé, ou à peu près, sur les principes qui doivent servir de bases à la construction des machines destinées à la mesure du temps.

Voilà pourquoi les inventions nouvelles sont peu nombreuses; voilà pourquoi, sans prétendre le moins du monde que tout progrès théorique soit maintenant impossible, on ne peut qu'applaudir à la réserve avec laquelle procèdent les véritables artistes, quand il s'agit d'apporter quelques changements dans la composition de machines si délicates.

Au lieu d'imiter cette réserve, et oubliant que les expositions n'ont été instituées que pour constater et encourager les progrès de l'art industriel, quelques horlogers se sont imaginé que les nouvelles inventions devaient seules prendre place au concours. Plusieurs ne sont parvenus qu'à reproduire d'anciens échappements déjà condamnés par l'expérience; d'autres se sont lancés dans ces complications malheureuses qui font d'une pendule un indicateur de toutes les révolutions, de tous les phénomènes astronomiques possibles, sans songer que cette multitude d'effets mécaniques ne peut s'accomplir qu'aux dépens de l'exactitude de sa marche. D'autres enfin, pénétrés du même esprit, ont cru pouvoir opérer la suppression de quelques organes d'une pendule, sans s'être préalablement rendu compte des fonctions mécaniques de chacun d'eux, ni des variations de marche qu'on pouvait raisonnablement leur attribuer.

Une telle manière de procéder prouve que le but de l'exposition n'a pas été compris, et elle a pour conséquence de conduire forcément à ces constructions bizarres et monstrueuses qui font quelquefois rétrograder l'art de plus d'un siècle.

Aussi, tout en rendant hommage au génie de quelques horlogers et à l'intelligence du plus grand nombre, le jury a-t-il pensé qu'il était de son devoir d'indiquer à certains d'entre eux qu'ils s'étaient complétement égarés.

Fort heureusement de pareilles aberrations deviennent de plus en plus rares; car, depuis longtemps, convaincus par l'expérience que le véritable progrès consiste surtout dans l'observation rigoureuse des principes mécaniques et physiques servant de règle invariable à la construction des diverses machines qui mesurent le temps; persuadés ensuite qu'un horloger ne doit avoir d'autre but que de donner l'heure exactement et au meilleure marché possible; abandonnant enfin les recherches purement théoriques, pour se livrer à une pratique sage et progressive, nos artistes les plus éminents ont compris que c'était de ce côté qu'ils devaient diriger leurs efforts. A force de courage, de patience et de véritable savoir, ils sont parvenus, à l'aide de moyens mécaniques nouveaux, dus presque tous à leur intelligence, à produire de l'horlogerie tout à la fois plus parfaite et moins chère; jusqu'au moment où, ne pouvant plus avoir lieu pour la qualité, la lutte s'est enfin établie sur les prix. Aussi notre horlogerie est-elle en progrès réel et considérable.

Nous allons le constater en nous livrant à un examen rapide et succinct de la situation dans laquelle se trouve aujourd'hui chacune des branches de cette belle industrie.

L'horlogerie nautique, à la tête de laquelle nous sommes heureux de retrouver notre excellent maître, M. Berthoud, compte à elle seule cinq nouveaux exposants, dont les travaux sont aussi remarquables par leur belle exécution, que par l'intelligence qui paraît avoir présidé à leur fabrication, entièrement dégagée aujourd'hui de ce luxe inutile dont les horlogers se montraient jadis si prodigues.

Le bon marché, qui en est la conséquence, nous fait espérer que non-seulement l'emploi des montres marines pourra se généraliser, mais que nos habiles constructeurs de chronomètres feront un jour à l'Angleterre une concurrence sérieuse. Nous comptons surtout, pour obtenir ce résultat, sur le parti que pourront tirer les horlogers des magnifiques ébauches dues au génie industrieux de MM. Huard, de Versailles.

Heureux de trouver en voie de prospérité cette branche importante de notre horlogerie de précision, nous pensons que c'est ici l'occasion d'exprimer hautement le regret que nous cause l'absence de M. Winnerl, dont le jury avait si fort encouragé la production.

On ne saurait trop blâmer l'abstention de ces artistes et fabricants qui, après avoir épuisé toutes les récompenses que peut décerner le jury, oublient que l'émulation est profitable à tous, et se dispensent de reparaître au concours.

Jamais l'horlogerie civile n'avait occupé une place aussi considérable aux précédentes expositions, et cependant la fabrication de cette branche d'horlogerie, dont la France possède exclusivement le monopole, est depuis longtemps l'objet d'un commerce étendu. Chaque année la fabrique parisienne fait environ 80,000 pendules, dont les deux tiers au moins sont destinées à l'exportation.

De pareils résultats sont dus au bon goût et au bon marché des bronzes, au bas prix et à la bonne qualité des mouvements roulants, dont nous parlerons bientôt, et surtout aux efforts que d'habiles et consciencieux horlogers ne cessent de faire pour conserver les débouchés, que des fraudes nombreuses tendent chaque jour à restreindre davantage. Jamais peut-être la marque obligatoire, que les horlogers réclament comme un besoin impérieux, ne fut plus nécessaire que pour cette industrie.

Nous trouvons au premier rang des fabricants, de jeunes hommes dont l'intelligence et l'activité naturelle ne peuvent se borner à la fabrication routinière des mouvements ordinaires.

L'un d'eux a présenté des pendules pourvues de quantièmes de son invention, dont la belle disposition et le gracieux arrangement sont tout à fait remarquables.

Un tout jeune homme, dès son entrée dans le monde industriel, s'est aussi posé comme un ouvrier très-habile dans ce genre d'horlogerie.

Bien d'autres enfin, qui viennent après eux, ont aussi mérité l'attention du jury.

Sans être des pièces de précision, toutes ces pendules, faites avec des mouvements roulants, sortant des meilleures fabriques, sont cependant finies de manière à donner l'heure avec une exactitude plus que suffisante pour les besoins de l'usage civil.

C'est avec une vive satisfaction que le jury signale à l'attention publique l'amélioration progressive de ce genre d'horlogerie, d'un usage ordinaire et à la portée de toutes les fortunes.

La fabrication des montres était la seule qui fût restée en arrière, en ce sens que, comme objets de commerce, nous ne pouvions en aucune façon rivaliser avec la Suisse, pour le bon marché de nos produits.

Il existait bien à Besançon, et dans les contrées voisines de la Suisse, quelques petites fabriques, mais elles n'avaient pas assez d'importance pour soutenir avec succès la concurrence étrangère.

En 1839, la fabrique de Versailles fut fondée en vue de combler cette lacune si regrettable pour notre industrie. Malheureusement les espérances qu'elle avait fait concevoir ne se sont pas réalisées. Il a donc fallu continuer à prendre, ailleurs que chez nous, les montres de qualité intermédiaire dont nous avions besoin.

Depuis 1844, quelques horlogers ont fait d'honorables tentatives pour ressusciter la fabrique de Paris. Leurs montres sont belles, mais le prix en est trop élevé pour qu'on les puisse considérer comme des objets de commerce. Frappé d'une telle situation, M. Louis Japy fils, dont le jury avait eu l'occasion de récompenser le talent, comme manufacturier, en 1844, s'est mis à faire les finissages de montres. Il y a si complétement réussi, qu'il livre chaque mois, aux principales maisons de la Suisse, 3 ou 4,000 de ces finissages, aux prix incroyables de 5 fr. et de 6 fr. 50 c. ! C'est là un fait heureux qui peut amener des conséquences de la plus haute gravité. En effet, M. Louis Japy a rendu possible en France la fabrication des montres, et il ne lui reste plus qu'un pas à faire pour achever son œuvre, c'est de prendre la résolution de finir entièrement les mouvements qu'il envoie en Suisse. Nous serions ainsi en possession d'une fabrication sérieuse et durable, que le jury ne manquerait pas d'encourager à ce double titre : nous disons *sérieuse* et *durable*, car on est désormais en défiance contre certaines entreprises dont l'existence tout éphémère semble calculée sur la durée des expositions.

La fabrication des mouvements roulants n'est pas non plus restée stationnaire, et la concurrence qui s'est établie entre les diverses manufactures qui les produisent a déjà porté ses fruits. Grâce à leur bon marché, les mouvements roulants sont la principale cause du commerce considérable que nous faisons en horlogerie et en bronze avec les pays étrangers.

En 1844, cette partie intéressante de notre industrie avait déjà reçu de nombreux témoignages de la satisfaction du jury, et c'était justice. Depuis ce temps, elle s'est notablement améliorée, et si les produits des rivaux de M. Pons laissent encore à désirer sous certains rapports, on est en droit d'espérer que, dans un temps qui ne saurait être long, ces fabricants, les seuls après lui qui fassent aussi bien et à si bon marché, parviendront à donner satisfaction complète à toutes les exigences de l'art et du commerce.

Les grosses horloges suivent toujours l'impulsion que leur ont imprimée les Lepaute d'abord, et les Wagner ensuite. Ces derniers seuls ne se sont pas arrêtés en chemin, et le jury les retrouve toujours aux expositions où ils occupent la première place.

M. Wagner neveu, mécanicien habile, prête à la science un concours qu'elle est heureuse de trouver; et il est incontestablement le premier dans ce genre d'horlogerie.

Quant aux horloges de petit volume dites *comtoises*, elles ont subi, depuis la dernière exposition, une baisse de prix remarquable, sans avoir perdu de leur qualité. Et si nous avons pu constater avec satisfaction que, grâce à l'emploi des moyens mécaniques et au bon marché qui en est la conséquence, le dernier de nos ouvriers peut avoir une pendule sur sa cheminée, nous éprouvons un pareil bonheur à dire que, par les mêmes raisons, ce genre de fabrication procure également aux habitants de nos campagnes des horloges simples et solides, à des prix si bas, que très-probablement les horloges d'Allemagne finiront un jour par disparaître entièrement.

La maison Reydor frères, qu'il est juste de citer ici, produit de ces horloges au prix courant de 25 francs.

Tout en donnant à cette fabrique les éloges qu'elle mérite, le jury exprime le regret qu'il éprouve de ne pas voir figurer à l'exposition d'autres fabricants d'horloges *comtoises*, dont les produits sont généralement estimés.

De cet ensemble satisfaisant d'observations, il résulte pour le jury la conviction que l'horlogerie, cette industrie toute nationale, a conservé le rang que deux siècles de travaux consciencieux lui ont fait prendre en Europe, et que nos artistes français méritent toujours cette réputation de bon goût et d'habileté due à leur intelligence et aux généreux efforts qu'ils n'ont cessé de faire pour arriver à la perfection.

Nous allons donc les passer successivement en revue, et, pour rendre notre tâche plus facile, nous diviserons l'horlogerie, suivant une classification précédemment admise, en trois genres ou catégories, savoir : l'horlogerie de haute précision ; — l'horlogerie civile ; — les horloges publiques ; — puis enfin la fabrication des mouvements blancs et roulants de montres et de pendules, et celle des objets qui s'y rattachent.

§ 1er. HORLOGERIE DE HAUTE PRÉCISION.

Rappels de médailles d'or.

M. Auguste BERTHOUD, à Argenteuil (Seine-et-Oise).

M. Berthoud présente cette année un seul chronomètre ; mais il résulte de documents authentiques, communiqués au jury, que depuis décembre 1845, jusqu'en juin 1847, les chronomètres portant les nos 248, 295, 297 et 298 ayant satisfait aux conditions de régularité nécessaires pour le service de la marine, ont été achetés par le Gouvernement. Ces mêmes documents constatent encore que son chronomètre n° 299, également soumis aux épreuves de l'Observatoire, a été retiré par M. Berthoud pour être livré à la marine marchande, dont cet artiste est l'un des fournisseurs les plus actifs et les plus distingués.

Le jury croit devoir faire cette remarque, que ce cinquième chronomètre, retiré de l'Observatoire par M. Berthoud, avant le temps déterminé pour les épreuves, aurait probablement continué de marcher avec la même exactitude que les autres.

Persévérant et habile, M. Berthoud est parvenu à la connaissance complète des propriétés isochrones du spirale, par suite d'expériences nombreuses, et c'est à l'application intelligente de la science acquise, autant qu'à l'exécution fidèle et consciencieuse de ses montres marines, qu'il doit principalement le succès dont ses œuvres sont toujours couronnées.

Déjà, en 1827, une médaille d'argent lui avait été décernée; en 1834, il obtint la médaille d'or, dont le rappel fut fait en 1844. A chacune de ces expositions, le jury avait eu l'occasion de signaler le talent de cet habile artiste, surtout au sujet des produits exhibés en 1844, par les élèves que le Gouvernement avait confiés à son savoir.

Le jury est heureux de voir figurer au concours, à côté du maître distingué, l'un de ses élèves, que les autres, sans doute, ne tarderont pas à imiter.

Prenant en considération les longs et utiles travaux de M. A. Berthoud, l'instruction professionnelle qu'il a répandue avec un plein succès, et l'excellence de ses produits, le jury, pour récompenser dignement cet honorable exposant, lui décerne un nouveau rappel de médaille d'or.

M. Henri ROBERT, rue du Coq, n° 4, à Paris.

M. Henri Robert est l'un de nos plus habiles constructeurs de chronomètres. En 1834, le jury lui accorda une médaille d'argent pour la bonne qualité de son horlogerie civile.

Une seconde médaille d'argent lui fut décernée en 1839 pour ses pièces de haute précision; et, en 1844, M. Robert exposait des chronomètres à barillet denté, dont la marche précise et la belle exécution ne pouvaient être contestées; il obtint alors une médaille d'or. Depuis ce temps, M. Robert a continué l'établissement de son horlogerie marine, sans pour cela cesser de rechercher tout ce qui pouvait contribuer à rendre plus parfaite et plus durable la marche de ses chronomètres.

Dans l'espoir de corriger les petites variations qu'il suppose déterminées par le mouvement du navire, malgré la suspension ordinaire, M. Robert a proposé deux moyens :

Le premier consiste à réunir quatre chronomètres sur la même suspension, et l'autre à fixer un chronomètre dans sa boîte par le verrou d'usage, puis à placer la boîte sur une suspension particulière.

Les expériences nécessaires pour justifier de l'utilité de ces innovations n'étant pas encore faites, le jury ne peut qu'engager M. Henri Robert à continuer ses essais, et il lui décerne un rappel de médaille d'or.

Rappels de médailles d'argent.

M. RIEUSSEC, à Saint-Mandé (Seine).

Récompensé en 1844 par une médaille d'argent pour l'invention de ses chronographes à aiguilles poseuses d'encre, M. Rieussec expose de nouveau son remarquable instrument, mais après l'avoir perfectionné et surtout rendu moins cher, sans que la précision des observations auxquelles il doit servir en soit diminuée.

M. Rieussec expose en outre de petits méridiens qui, une fois orientés, donnent l'heure moyenne et l'heure vraie, avec une approximation de quelques secondes.

Ces instruments, en laiton poli et verni, pourront être vendus 15 francs environ; ils sont principalement destinés aux personnes qui, habitant la campagne, n'ont aucun des moyens nécessaires pour connaître l'heure avec quelque exactitude.

Le jury, par ces motifs, décerne à M. Rieussec un rappel de médaille d'argent.

M. DELÉPINE, boulevard Bonne-Nouvelle, n° 11, à Paris.

Deux chronomètres sont présentés par M. Delépine; le jury, qui les a examinés avec attention, rend hommage à leur belle exécution, mais il regrette que ces pièces n'aient pas été déposées et leur marche suivie à l'Observatoire; cette épreuve décisive étant la seule qui pût déterminer leur mérite réel.

Un échappement Dupleix à force constante est également soumis par M. Delépine à l'appréciation du jury.

Cet échappement se compose d'une roue dite d'impulsion, sur l'axe de laquelle est placée la virole d'un ressort spiral suffisamment bandé. De deux en deux vibrations, cette roue se trouve dégagée de la même manière que la roue d'un échappement Dupleix ordinaire, et, lorsqu'elle quitte la levée après avoir donné l'impulsion au balancier, le rouage, rendu courant par la pression momentanée que la roue d'échappement exerce sur une détente, la fait revenir sur elle-même, et la remet à sa place en bandant à nouveau le ressort spiral.

Cet échappement, qui présente la plus grande analogie avec d'autres connus déjà depuis longtemps, pourrait peut-être donner de bons résultats pour l'usage civil, si l'on n'était pas dans l'obligation de rendre mobile sur une goupille ou pivot la dent de la roue d'échappement, qui vient reposer sur le petit cylindre en rubis que porte la tige du balancier.

On a tout lieu de craindre que, par son extrême délicatesse et la continuité de son action, ce pied-de-biche si fragile s'use promptement, et que, par suite de l'épaississement de l'huile, dont il n'est pas possible de le priver entièrement, il ne vienne bientôt à manquer son effet.

En attendant que l'expérience ait prouvé l'utilité de cette innovation, le jury, considérant la bonne exécution des chronomètres de M. Delépine, lui décerne le rappel de la médaille d'argent qu'il obtint en 1844.

M. VISSIÈRE, à Argenteuil (Seine-et-Oise).

Médailles d'argent.

M. Vissière expose pour la première fois.

Élève de M. Berthoud, pour lequel il a longtemps travaillé en qualité d'ouvrier, cet artiste présente des chronomètres nautiques et des chronomètres de poche entièrement faits par lui.

Ces chronomètres, parfaitement exécutés dans toutes leurs parties, constituent certainement d'excellentes montres marines.

Depuis plusieurs années, quoiqu'il soit jeune encore, M. Vissière a livré un certain nombre de ces pièces à la marine marchande française, et il s'est fait en ce genre d'horlogerie une réputation d'habileté justement méritée.

En conséquence, pour récompenser dignement cet artiste, l'un des plus habiles et des plus intelligents, le jury lui décerne, dès son début aux expositions, une médaille d'argent.

M. GANNERY, à Saint-Nicolas-d'Aliermont, près Dieppe (Seine-Inférieure).

M. Gannery concourt pour la première fois; il expose des chronomètres de bord et de poche, plus un régulateur à secondes.

Ancien élève du Gouvernement, cet artiste, après avoir travaillé successivement chez nos premiers maîtres, a eu l'heureuse idée de s'établir à Saint-Nicolas, près Dieppe, siége d'une fabrication d'horlogerie assez importante. Là, il s'est livré à des essais utiles, et depuis quelque temps il est en mesure de fournir à la marine marchande des chronomètres remarquables par une bonne exécution, sans luxe inutile et surtout fidèle et précise.

M. Gannery, dont le jury apprécie le mérite, a vu ses efforts couronnés de succès. Deux pièces déposées par lui à l'Observatoire ont été achetées par le Gouvernement, après avoir subi avec distinction les épreuves d'usage.

Le régulateur à seconde, que M. Gannery expose, est celui avec lequel il a fait pendant trois ans le réglage de ses chronomètres; il y a appliqué l'échappement de M. Vérité, de Beauvais, mais profondément modifié par M. Lauge, horloger de Dresde. Le pendule compensateur est composé d'une tringle en acier, portant à sa partie inférieure quatre cylindres en verre chargés de mercure. Ce pendule est une modification du pendule compensateur de Graham. La division du mercure en quatre tubes a pour but de rendre l'action de la température plus prompte et de faire ainsi que la compensation s'opère instantanément. Ce régulateur, fait par M. Gannery lui-même, paraît bien exécuté.

Le jury, voulant récompenser dignement M. Gannery, lui décerne, dès son début à l'exposition, une médaille d'argent.

M. DUMAS, rue du Foin-Saint-Louis, n° 4, à Paris.

M. Dumas, neveu du célèbre Motel, est élève du Gouvernement. Placé chez M. A. Berthoud en cette qualité, il est un de ceux qui se sont le plus distingués par leur aptitude à profiter des leçons du maître. En 1844, M. Berthoud exposait les chronomètres faits sous sa direction par les jeunes élèves qui lui étaient confiés, celui de M. Dumas se faisait remarquer par une belle exécution. Aujourd'hui M. Dumas expose pour son compte des chronomètres pour la marine et des chronomètres de poche exécutés avec un talent remarquable, ainsi qu'on était en droit de l'attendre d'un artiste aussi habile.

Le jury regrette que M. Dumas n'ait pas déposé ses chronomètres à l'Observatoire; mais, malgré cette circonstance, due à la modestie de cet artiste, le jury le juge digne d'être récompensé par une médaille d'argent.

MM. HUARD frères, à Versailles (Seine-et-Oise).

MM. Huard frères, horlogers à Versailles, présentent cette année des ébauches de chronomètres, blancs et roulants, et un chronomètre entièrement terminé.

Ces exposants ont eu principalement en vue de rendre plus facile la fabrication des chronomètres pour la marine.

Ils se sont mis à faire, sur une grande échelle et à l'aide de moyens mécaniques qui leur sont propres, des mouvements blancs et roulants, que tous les horlogers peuvent se procurer chez eux au prix réduit de cent francs le blanc, et deux cents francs le blanc roulant.

Le jury a examiné les ébauches avec la plus scrupuleuse attention, et il se hâte de dire, à la louange de MM. Huard frères, que toutes les pièces qui les composent lui ont paru exécutées avec la plus grande précision.

Les outils-machines dont ces artistes se servent pour fabriquer leurs remarquables produits, sont tous faits et inventés par eux; les dentures et les pignons, qui sont l'œuvre de ces machines, sont finis avec un soin et une précision qui ne laissent rien à désirer.

Il est vivement à désirer que MM. Huard frères, après s'être placés dans de semblables conditions, finissent eux-mêmes des chronomètres dont la bonne qualité et le bon marché sont assurés d'avance

Tout en concevant cet espoir, le jury, pour récompenser des travaux si remarquables, décerne à MM. Huard frères une médaille d'argent.

MM. DÉTOUCHE et HOUDIN, rue Saint-Martin, n° 160, à Paris.

Chef d'une maison de commerce d'horlogerie qui fait chaque année pour un million d'affaires, M. Détouche a voulu établir et vendre de l'horlogerie de précision. Dans cette intention, il s'est adjoint M. Houdin, horloger habile, que le jury de l'exposition de 1844 avait récompensé par une médaille d'argent.

Il est résulté de cet arrangement que plusieurs pièces d'horlogerie, remarquables sous bien des rapports, ont été faites dans la maison Détouche, dont l'exposition offre les produits suivants:

Un régulateur à équation indiquant simultanément, au moyen de plusieurs cadrans, l'heure de différents points du globe. Cette pièce, de grande dimension et d'une exécution soignée, est pourvue d'un pendule compensateur de l'invention de M. Houdin.

Un grand régulateur à secondes, parfaitement exécuté et placé dans une boîte de bronze doré, style Louis XV; deux autres régulateurs; une étuve contenant plusieurs pyromètres destinés à reconnaître exactement le degré de dilatation des métaux employés à la construction des pendules compensateurs à secondes, et servant à en faire l'épreuve, quand ils sont terminés.

Un chronomètre de poche, d'une exécution remarquable, figure parmi ces produits, dont nous ne terminerons pas l'examen sans signaler une belle collection de pignons dont la parfaite exécution nous a frappés.

En général, les produits de MM. Détouche et Houdin se distinguent autant par la modération du prix que par la belle exécution.

Le jury, pour récompenser ces exposants de la mise en œuvre d'un genre d'horlogerie trop rarement fabriqué de nos jours, leur décerne une médaille d'argent.

Nouvelle médaille de bronze.

M. REDIER, place du Châtelet, n° 1, à Paris.

Ancien élève du Gouvernement, M. Redier fut honoré d'une médaille de bronze en 1844. Cette année, l'exposition de M. Redier se compose :

1° D'un instrument qu'il appelle *horographe*, destiné au contrôle de la marche des convois sur les chemins de fer. Une feuille de papier, placée dans la boîte au départ du convoi, donne à l'arrivée les heures réelles d'arrivée et de départ à chaque station, imprimées en caractères typographiques.

2° D'un contrôleur à pointage.

3° D'une machine appelée *guide du chauffeur des machines à vapeur*. Cette machine, très-simple, fonctionne avec une régularité parfaite, et peut rendre à l'industrie manufacturière des services réels.

4° D'un chronomètre double destiné à la mesure du temps en mer. Cet instrument est composé de deux chronomètres sans balancier compensateur : le premier, A, porte un balancier et un spiral en acier; le second, O, porte un balancier et un spiral en or. Si ces deux chronomètres restent constamment à la même température, 0°, ils marqueront constamment la même heure, mais si la température baisse, à l'instant ils varieront, non-seulement sur le temps moyen, mais encore sur l'autre, en sorte que si A fait + 10", O fera + 15"; il suffit d'utiliser l'excédant de O sur A, pour trouver l'excédant de A sur le temps moyen.

S'il était prouvé par l'expérience que cette manière de procéder peut donner la mesure du temps en mer avec une certitude complète, M. Redier aurait trouvé la solution d'un problème considéré jusqu'ici comme difficile à résoudre par le moyen qu'il indique.

Après ce chronomètre, vient une machine à calculer le prix des bagages; puis enfin un réveil-matin, qui trouve sa simplification dans l'emploi d'un seul moteur et d'un seul rouage, pour les deux effets à produire. Ce réveil, à peine connu, a suscité à M. Redier de nombreux rivaux qui se sont empressés de le copier, quoiqu'il eût pris un brevet d'invention. Malgré cette concurrence, M. Redier en a fait depuis 18 mois plus de 7,000, qui ont été en grande partie expédiés pour l'Angleterre.

Pour prix de ces travaux, le jury lui décerne une nouvelle médaille de bronze.

M. PÉRUSSET, rue de la Monnaie, n° 11, à Paris.

Médailles de bronze.

M. Périsset, habile ouvrier, expose cette année pour la première fois.

Son exposition se compose de chronomètres nautiques et de chronomètres de poche : ces pièces, dont le travail paraît fidèle et consciencieusement fait, n'ont subi d'ailleurs aucune épreuve, et leurs échappements seuls sont l'œuvre de M. Périsset, les blancs roulants étant tirés de diverses fabriques.

En attendant que l'expérience ait justifié de la réussite complète de M. Périsset,

Le jury, pour le récompenser de la belle exécution de ses échappements, lui décerne une médaille de bronze.

M. LAUMAIN, rue de la Tixeranderie, n° 15, à Paris.

M. Laumain présente des chronomètres de poche au prix de 600f. Le jury a constaté avec plaisir que le bon marché de ces chronomètres était un véritable progrès, mais il aurait désiré que leur marche eût été rigoureusement observée et que les résultats de ces observations lui fussent communiqués: aucun renseignement positif n'ayant été donné à ce sujet, le jury, prenant en considération seulement le travail de M. Laumain, lui décerne une médaille de bronze.

M. BUSSARD, à Versailles (Seine-et-Oise).

Mentions honorables.

M. Bussard, d'abord attaché en qualité d'ouvrier à la fabrique de Versailles, travaille depuis longtemps à son compte pour d'autres horlogers. Les pièces détachées qu'il vient d'exposer sont faites avec une correction remarquable. Un petit chronomètre de poche fait entièrement de sa main, et des blancs de montre dont la qualité paraît bonne, complètent son exposition.

Le jury encourage cet horloger à continuer une fabrication à laquelle il paraît vouloir se consacrer et lui décerne une mention honorable.

M. DUMOUCHEL, rue Montgolfier, n° 4, à Paris.

Un régulateur à seconde, exécuté par M. Dumouchel, est soumis à l'appréciation du jury.

Ce régulateur, dont la tige du pendule en sapin est renfermée dans un tube de laiton, constitue une pièce excellente pour l'usage civil.

Pour récompenser M. Dumouchel de la bonne exécution de sa pendule, le jury lui accorde une mention honorable.

M. FATTON, rue Dauphine, n° 42, à Paris.

M. Fatton a soumis au concours une petite pendule de voyage à grande et petite sonnerie par un seul marteau; cette pièce sonne les demi-quarts; elle est à quantième et développement de ressorts, un thermomètre métallique y est appliqué, l'échappement est à vibrations libres.

Le jury, en considération de la bonne exécution de cette pièce, faite par M. Fatton lui-même, lui décerne une mention honorable.

---

§ 2. HORLOGERIE CIVILE.

Nouvelle médaille d'or.

M. Paul GARNIER, rue Taitbout, n° 6, à Paris.

Depuis longtemps M. Paul Garnier occupe un rang distingué dans l'horlogerie; il est le premier qui ait compris tout le parti qu'on peut tirer de la fabrication, sur une grande échelle, des pendules de voyage.

Si ce genre de pendules est devenu la cause d'un commerce qui tend tous les jours à s'accroître davantage, on peut dire avec justice que c'est à son esprit inventif et à son entente parfaite de la fabrication que nous devons ce résultat.

M. Paul Garnier, mécanicien habile, a figuré d'une façon remarquable dans toutes les expositions qui ont eu lieu depuis 1827, époque à laquelle il s'est présenté pour la première fois devant le jury.

Depuis ce temps, la science a pu réclamer son concours, qui jamais ne lui a fait défaut, et de savants professeurs ont, à diverses reprises, tiré de ses ateliers, de petits instruments, qui rendaient pour eux l'enseignement plus facile.

Voici de quoi se compose l'exposition de M. Paul Garnier :

Un régulateur à secondes, dont le pendule compensateur est de son invention ;

Plusieurs pendules portatives, à quarts et à répétition, enfin, deux petits régulateurs de cheminée.

Toute cette horlogerie, dont l'exécution est assurément belle et précise, fait le plus grand honneur à M. Garnier.

Plusieurs petites machines, dont l'utilité est maintenant reconnue, sont également présentées par lui :

C'est d'abord un indicateur à pointage pour indiquer le temps mis, par un train, à faire un trajet quelconque, et le temps passé aux stations ;

Puis un indicateur horaire, du temps qui s'est écoulé, entre le passage de deux trains sur la voie, pour éviter les rencontres des convois ;

Ensuite, un totalisateur dynamométrique du travail des machines mues par la vapeur, l'air ou un gaz quelconque, notablement perfectionné par cet artiste ;

Enfin des compteurs de divers genres, parmi lesquels on remarque un compteur dynamomètre, dont le premier fut présenté en 1844, complètent l'exposition de M. Paul Garnier, du moins en ce qui concerne l'horlogerie proprement dite et les petites machines de précision, qui sont les seuls objets dont nous ayons à nous occuper.

En conséquence, nous ne ferons que signaler en peu de mots le nouveau système d'horlogerie que cet habile artiste vient d'imaginer.

A l'aide d'une pile voltaïque et de fils conducteurs, une horloge type, placée dans un endroit voulu, peut donner l'heure simultanément sur un certain nombre de cadrans fort éloignés les uns des autres.

Déjà l'application en est faite sur plusieurs lignes de chemins de fer et particulièrement sur celle de l'Ouest, où elle vient d'avoir lieu par ordre de M. le ministre des travaux publics[1].

Après ce rapide exposé des travaux de M. Paul Garnier, nous n'avons plus autre chose à faire que de rappeler toutes les récompenses dont il a été successivement honoré.

En 1827, dès son début aux expositions, le jury lui décerna une médaille d'argent; en 1834 et en 1839, il fut jugé très-digne du rappel de cette honorable distinction. Enfin, en 1844, il obtint une médaille d'or pour prix de ses efforts et de sa persévérance à bien faire.

Aujourd'hui, après avoir constaté l'excellence de ses produits, le jury, prenant en sérieuse considération l'invention nouvelle de M. Paul Garnier,

Lui décerne une nouvelle médaille d'or.

Nouvelle médaille d'argent.

M. A. Léon VALLET, rue Neuve-Bourg-l'Abbé, n° 2, à Paris.

En 1844, M. Vallet exposa plusieurs outils ingénieux destinés, soit à déterminer la force des spiraux, soit à vérifier ensemble ou séparément l'exactitude des fonctions de toutes les pièces composant les échappements.

Soigneux et habile, M. Vallet se livre avec succès à l'enseignement pratique de l'horlogerie civile, et il présente cette année des montres faites par ses élèves. Elles sont remarquables sous tous les rapports. Deux montres, l'une à cylindre, l'autre à échappement Dupleix, du même apprenti, ont particulièrement fixé l'attention du jury : la première ayant été faite après dix mois d'apprentissage, et la seconde quatre mois plus tard.

Cette fois encore, M. Vallet a soumis à l'appréciation du jury quelques petits instruments évidemment destinés à faciliter le travail.

En présence de la difficulté qu'on éprouve à Paris pour la formation d'ouvriers capables, afin de récompenser M. Vallet des louables efforts qu'il a faits dans ce but, et pour l'encourager à persister dans

[1] Nous renvoyons pour plus de détails à la partie du rapport de M. Pouillet qui concerne la télégraphie électrique.

une voie où il s'est si heureusement engagé, le jury lui décerne une nouvelle médaille d'argent.

M. BIENAYMÉ, de Dieppe (Seine-Inférieure).

Rappel de médaille de bronze.

C'est pour la seconde fois que les produits de M. Bienaymé sont admis à l'exposition.

En 1844, une médaille de bronze lui fut décernée pour un quantième perpétuel séculaire de son invention[1].

Cette année, M. Bienaymé reproduit son quantième modifié de manière à ce que, sans rien perdre de la sûreté des effets, il est devenu *plus simple* et *moins cher*.

Une grosse montre d'habitacle, suspendue comme un chronomètre et pourvue d'une aiguille de secondes placée au centre du cadran, est présentée par M. Bienaymé comme destinée à faire apprécier le filage du lock. Elle est aussi, selon lui, propre à donner l'heure exacte sur tous les navires employés au cabotage et à la pêche de la morue.

Il est regrettable que M. Bienaymé n'ait pas mis le jury à même de constater avec exactitude le mérite de cette pièce, et qu'il n'ait pas indiqué le prix d'un objet dont le bon marché peut propager l'emploi.

Une petite pendule de cheminée, à phases de lune, et pourvue d'un quantième perpétuel, complète son exposition.

Le jury, pour récompenser cet industriel, auquel l'horlogerie est redevable de perfectionnements ingénieux et utiles, lui rappelle la médaille de bronze.

M. BOURDIN, rue de la Paix, n° 18, à Paris.

Nouvelle médaille de bronze.

M. Bourdin expose pour la troisième fois.

Honoré d'une médaille de bronze en 1844, cet horloger n'a pas cessé de s'occuper avec zèle et distinction de la fabrication de l'horlogerie de luxe.

Plusieurs pendules de voyage qu'il expose paraissent très-soi-

[1] Dans le rapport du jury de l'exposition de 1844, par suite d'une erreur de déclaration, le nom d'un ivoirier de Dieppe fut joint à celui de M. Bienaymé; de sorte qu'il fut possible de croire que la médaille dont il s'agit était décernée à deux personnes. Mais c'était à M. Bienaymé seul qu'elle était accordée.

gnées dans tous leurs détails, et, malgré les nombreuses fonctions mécaniques dont elles sont chargées, elles n'en sont pas moins (au dire de leur auteur) d'excellents chronomètres marchant avec la dernière exactitude; des montres, des chonomètres de poche, un régulateur à balancier circulaire, qui marche un an sans être remonté, et plusieurs autres pièces d'horlogerie seraient aussi dans le même cas.

Aucune d'elles n'ayant subi les épreuves de l'Observatoire, le jury se voit avec regret dans l'impossibilité de constater la régularité de leur marche; il ne peut donc prendre en sérieuse considération que la belle exécution de l'horlogerie exposée par M. Bourdin; à ce titre, il le juge digne d'une nouvelle médaille de bronze qu'il lui décerne.

Médailles de bronze.

M. Victor-René BRISBART, rue Saint-Honoré, n° 125, à Paris.

M. Brisbart présente au concours des montres à cylindre et à échappement Dupleix, de sa fabrication. Après un examen attentif, le jury est resté convaincu que ces montres sont exécutées avec un véritable talent, et qu'on ne peut raisonnablement leur adresser d'autre reproche, que celui d'être un peu chères, comparativement à celles de Genève.

Mais quand on songe au prix élevé de la main-d'œuvre à Paris, aux soins attentifs dont chacune de ces pièces doit être l'objet, pour éviter les imperfections de travail si communes dans les montres de fabrique étrangère, on conçoit facilement qu'elles ne puissent être livrées au commerce qu'à un prix supérieur à celui des montres de Genève; désavantage largement compensé par leur excellente qualité.

Dans l'espoir que cet habile horloger, comprenant les nécessités commerciales, parviendra un jour à faire des montres capables de lutter avec celles de Genève pour le prix, comme elles le peuvent faire maintenant pour la qualité, et désirant récompenser des essais de fabrication qui lui ont paru sérieux, le jury lui décerne une médaille de bronze.

M. RABY, boulevard des Italiens, n° 17, à Paris.

M. Raby, successeur de M. Benoit, présente, au concours, des montres, dont les ébauches proviennent de la fabrique de Versailles. Ces montres, bien exécutées, sont toutes remarquables par leur élégance. Plusieurs montres à ancre et à échappement Dupleix offrent l'aspect des chronomètres de poche les mieux faits, et les plus précis. Le haut prix des montres de Versailles et des circonstances malheureuses n'ont pas permis à cet établissement de réaliser toutes les espérances qu'il avait fait concevoir.

M. Raby, en reprenant cette fabrication, ne s'est pas dissimulé les nombreuses difficultés qu'il lui faudra vaincre; mais, actif, intelligent et habile ouvrier, il s'est mis à l'œuvre, et bientôt il espère livrer des montres qui rivaliseront sérieusement avec celles de Genève. En attendant ce moment, et pour le récompenser d'avoir continué la fabrication des pièces commencées, le jury décerne à M. Raby une médaille de bronze.

M. BOYER, à Dôle (Jura).

M. Boyer expose des montres de différentes grandeurs, marchant un mois et plus, sans être remontées. Cette longue marche est obtenue par une disposition nouvelle du calibre de la montre pour laquelle M. Boyer est breveté depuis 1844. Sous la platine, se trouve un barillet fixe, dont le diamètre est égal à celui de la montre. Au centre passe le pivot prolongé de l'arbre tournant qui porte une roue, laquelle engrène avec le pignon d'une roue de temps. Par cette disposition l'on obtient un ressort assez fort pour faire marcher la montre bien au delà des limites ordinaires.

Toutefois, sans rien préjuger sur la valeur de cette invention, dont l'exécution laisse quelque chose à désirer, le jury accorde à M. Boyer une médaille de bronze.

M. GONTARD et Cie, rue Sainte-Hyacinthe, n° 12, à Paris.

Les montres de M. Gontard marchent 15 jours sans être remontées. Comme M. Boyer, dont il a sous quelques rapports perfectionné l'invention, M. Gontard a obtenu ce résultat au moyen d'un barillet fixe du même diamètre que le mouvement, et placé sous la platine.

Cette disposition permet d'avoir un ressort de bonne dimension, sans rendre la montre très-épaisse.

Le pivot prolongé de l'arbre du barillet passe à travers la platine et porte une roue engrenant dans la roue de temps qu'il est forcé d'ajouter à sa montre.

Le jury, après avoir examiné ces montres, constate avec plaisir la bonne disposition du calibre, ainsi que la solidité et la fidélité de leur exécution; il applaudit surtout à la modération de leur prix.

Prenant en considération une fabrication naissante, et dans l'espoir que cet artiste continuera à perfectionner ses produits, le jury décerne à M. Gontard et Cie une médaille de bronze.

M. Achille BROCOT, rue Charlot, 18, à Paris.

M. Brocot fils, successeur de son père, expose des pendules de différents modèles, qui, sans être de l'horlogerie de précision, sont cependant capables de donner l'heure avec une exactitude qui dépasse les besoins de l'usage civil.

Ce résultat est dû à l'emploi constant d'un pendule long et pesant, suspendu par des lames d'acier, d'après le système inventé et pratiqué par M. Brocot père, ainsi qu'à l'usage de l'échappement pour lequel celui-ci fut aussi breveté. Sous ce rapport, l'exposition de M. Brocot fils n'offre donc rien de nouveau; il est tout simplement le continuateur habile de travaux que le jury a récompensés aux dernières expositions par une médaille d'argent et le rappel de cette même médaille.

Mais un quantième perpétuel des plus ingénieux, dont les effets, d'une grande simplicité, s'accomplissent avec toute l'exactitude nécessaire en pareil cas, et dont l'arrangement, variable au gré de l'artiste qui l'emploie, permet de faire de fort jolies pendules à la portée de toutes les fortunes par leur bon marché; de plus, une tentative de perfectionnement faite sur un remontoir d'égalité, dans le but de faire disparaître les causes d'anomalie qui résultent de l'appui du volant sur le repos du chariot, prouvent qu'en dehors de ses relations commerciales cet artiste, livré à lui-même, s'occupe de se qui peut apporter quelque amélioration dans l'état de l'horlogerie.

Voulant récompenser de pareilles tentatives et reconnaître les efforts que fait M. Brocot fils pour rester toujours l'un de nos meilleurs fabricants, le jury lui décerne une médaille de bronze.

M. ROSSE aîné, rue Saint-Quentin, n° 3, à Paris.

Une pendule astronomique, à sphère mouvante, marquant les

révolutions des corps célestes autour du soleil, est présentée par M. Rosse.

Cette pendule a quatre faces, dont chacune porte un cadran.

Le premier marque les heures, minutes et secondes; le deuxième marque les mouvements de la lune; le troisième indique les heures solaires et le cours d'une année tropique, les jours de la semaine, la date du mois, le mois de l'année et le millésime pour dix mille ans, le quatrième cadran est universel et présente la différence des méridiens pour le monde entier.

Le tout est couronné par vingt-six petits globes qui représentent notre système planétaire, et qui font leurs révolutions pendant un temps égal à celui que mettent les corps célestes à faire les leurs autour du zodiaque.

Cette pendule a été conçue et exécutée par M. Rosse.

Aujourd'hui, sachant bien que l'horlogerie a pour but unique l'exacte mesure du temps, et que toute complication dans une pendule nuit essentiellement à sa marche, il est probable que cet artiste n'entreprendrait plus la construction de semblables machines, et il aurait parfaitement raison d'agir ainsi; car elles sont, pour leur auteur, l'occasion de peines et de dépenses considérables, le plus souvent ruineuse.

Pénétré de ces idées, mais pour rendre hommage au savoir dont cette pendule offre la preuve, le jury décerne à M. Rosse une médaille de bronze.

M. FARRET, rue Chapon, n° 23, à Paris.

M. Farret fils, à peine âgé de 20 ans, expose pour la première fois des pendules dont l'exécution est tout à fait remarquable.

Une pièce à remontoir d'égalité, opérant à chaque seconde; un petit mouvement de pendule de voyage dont la cadrature est en acier; quelques pendules de cheminées à demi-secondes; enfin, un mouvement dont l'échappement est visible, ont particulièrement fixé l'attention du jury.

Toutes ces pièces, faites entièrement par M. Farret, indiquent une main sûre et une grande intelligence.

Le jury, pour récompenser dignement ce jeune exposant, lui décerne une médaille de bronze.

M. VALLET, rue Vieille du Temple, n° 94, à Paris.

M. Vallet s'est livré depuis quelque temps à la fabrication des montres de poche et de cou.

Il est un de ceux qui ont compris tout le parti qu'on peut tirer de l'emploi des ébauches et finissages qui se font chez M. Louis Japy fils. Aussi le voyons-nous exposer des montres de valeur moyenne, dont les échappements, cadrans, dorures, boîtes, etc., sont faits à Besançon dans des conditions de facture et de prix qui diffèrent si peu de celles où les mêmes objets sont confectionnés en Suisse, qu'il peut, jusqu'à un certain point, rivaliser avec l'horlogerie de ce pays.

Toutefois, nous ne pouvons nous dissimuler que la fabrication de M. Vallet ne fait que commencer, et que les produits qu'il a soumis à l'appréciation du jury peuvent être considérés plutôt comme des essais heureux qui doivent être encouragés que comme des produits résultant d'une fabrication constante et certaine.

C'est pourquoi le jury, désirant la continuation d'une fabrication qu'il croit avantageuse au pays, et rendant hommage à l'intelligence dont M. Valllet a fait preuve dans l'arrangement du calibre de ses montres, décerne à cet exposant une médaille de bronze.

Mentions honorables.

M. PIGUET, place de l'Oratoire, n° 6, à Paris.

Ancien ouvrier de Versailles, M. Piguet s'est fixé à Paris, où il travaille à façon pour les autres horlogers. Ses montres ont fixé l'attention du jury, qui lui décerne, à cause de leur bonne exécution, une mention honorable.

M. TERRIER, à Besançon (Doubs).

Une seule montre est présentée au jury. Cette montre, bien exécutée dans toutes ses parties, possède un échappement à force constante qui consiste en une roue armée par un ressort spiral, et remise en place, à chaque seconde, par le rouage qui s'échappe au moyen de la pression que la roue d'échappement exerce sur une détente, après l'impulsion donnée au balancier.

Pour récompenser le talent de M. Terrier, bien que d'ailleurs il n'ait donné au jury aucun renseignement sur l'importance de sa fabrication, il lui est accordé une mention honorable.

M. POMARD aîné, rue de la Verrerie, n° 11, à Paris.

Ouvrier à façon, M. Pomard expose pour la première fois. Une pendule à demi-seconde, avec sonnerie, pourvue d'un remontoir d'égalité de Robin, et quelques mouvements de pendules ordinaires bien confectionnés, composent sa modeste exposition. La pendule à demi-seconde, faite entièrement par lui, est d'une exécution plus fidèle que brillante.

Quant à ses mouvements ordinaires, il n'en serait pas parlé, s'ils ne révélaient au jury l'existence d'une société d'horlogers, dont les statuts obligent chaque membre à mettre sur ses produits une marque de fabrique ayant pour objet de donner à l'acheteur la garantie collective de tous les sociétaires. Reconnaissant le mérite de M. Pomard, le jury lui décerne un mention honorable.

M. COURT, rue des Blancs-Manteaux, n° 13, à Paris.

M. Court expose une pendule dite régulateur de cheminée, et quelques mouvements de pendules à grande sonnerie et à répétition. La quadrature de ces mouvements est d'un simplicité remarquable, et cependant les effets sont parfaitement sûrs. Le jury décerne à M. Court, pour sa cadrature, une mention honorable.

M. CROUTTE et Cie, à Saint-Aubin-le-Caux (Seine-Inférieure).

M. Croutte a soumis au concours une sonnerie à roue de compte de son invention, un quantième perpétuel, une pendule de cheminée, et un mouvement de lampe mécanique d'une extrême simplicité.

Pour récompenser M. Croutte, le jury lui décerne une mention honorable.

M. PIERRET, rue des Bons-Enfants, n° 21, à Paris.

Le jury a remarqué de petites pendules à réveil, fort simples et à très-bon marché, une pendule de cheminée qui porte une petite sphère mouvante et quelques autres pièces d'horlogerie qui figuraient à l'exposition de M. Pierret.

Le jury, pour reconnaître la bonne façon de ces divers ouvrages, accorde à M. Pierret une mention honorable.

M. BERNARDIN, à Fougerolles (Haute-Saône).

M. Bernardin est l'auteur d'une pendule très-compliquée qui représente sur un grand nombre de cadrans à peu près tout ce qu'une horloge peut indiquer de révolutions astronomiques.

Bien persuadé que les nombreuses fonctions mécaniques de cette pièce nuisent à l'exactitude sa marche, et sans vouloir le moins du monde encourager M. Bernardin à persévérer dans la voie où il s'est engagé, le jury, dans le but unique de rendre justice à l'esprit d'invention qui le distingue et à la sagacité dont il a fait preuve dans les effets mécaniques de son horloge, accorde à M. Bernardin une mention honorable.

Citations favorables.

M. LARZET, rue de la Concorde, n° 12, à Paris.

M. Larzet, fabrique lui même l'horlogerie qu'il vend au public. Les pendules qu'il expose, et dont les échappements sont visibles, paraissent bien exécutées; deux pendules à demi-seconde, un nouveau réveil sonnette, méritent à M. Larzet une citation favorable.

M. LEMAITRE, rue Saint-Antoine, n° 64, à Paris.

Ouvrier intelligent, M. Lemaître expose des mouvements de pendules avec échappements visibles qu'il a faits lui-même. Le jury lui décerne, pour la bonne façon de ses échappements, une citation favorable.

M.HOFFMANN, rue des Enfants-Rouges, n° 4, à Paris.

Un grand tableau horloge à sonnerie d'heures et de quarts, avec angélus lointain et musique, etc., est exposé par M. Hoffmann. Le jury lui accorde une citation favorable.

M. TERRIEN, rue Saint-Laurent, n° 49, à Belleville,

Le jury cite favorablement M. Terrien pour ses compteurs de billards.

M. LEROUX, à Cancale (Ille-et-Vilaine).

Une horloge faite par M. Leroux est soumise à l'appréciation du jury. Elle n'est remarquable que par ses effets de sonnerie, qui sonnent et répètent les quarts au moyen d'un seul corps de rouage.

Plusieurs quantièmes indiquant les jours, les mois, les phases de la lune, un indicateur de la hauteur des marées pour le port de Cancale, ornent cette horloge. Sans s'arrêter à l'exécution et ne considérant que les effets produits, le jury décerne à M. Leroux une citation favorable.

M. MABIRE, à Cherbourg (Manche).

M. Mabire expose une montre bien faite qui le fait juger digne d'une citation favorable.

M. RUDET, à Nanteuil-Hardouin (Oise).

Le jury cite favorablement M. Rudet, pour sa pendule astronomique.

M. LEFÈVRE, boulevard des Italiens, n° 17.

Le jury cite favorablement M. Lefèvre, pour sa pendule indicateur.

---

§ 3. GRANDS MÉCANISMES D'HORLOGERIE. — HORLOGES PUBLIQUES.

M. WAGNER, neveu, à Paris, rue Montmartre, n° 118.

Nouvelle Médaille d'or.

Cet habile mécanicien, dont le talent d'exécution et le génie inventif se manifestent chaque année par de nouveaux succès, a depuis longtemps conquis, au premier rang de l'horlogerie mécanique, une place glorieuse qu'il semble toujours disposé à ne céder à personne. La fabrication lui doit des découvertes nombreuses et des améliorations de la plus grande importance. Les sciences trouvent en lui un auxiliaire intelligent, qui aplanit avec bonheur les difficultés de l'étude. Son exposition de cette année le prouverait surabondamment, si les précédentes avaient laissé subsister le moindre doute à cet égard. Il suffira d'indiquer ici les pièces dont elle se compose, pour les signaler à l'admiration des savants et des artistes; car le nom seul de M. Wagner porte désormais avec lui tous les éloges.

On a remarqué :

1° Diverses horloges publiques, construites sur une base uniforme, mais de formes et de dimensions variées, pouvant satisfaire à toutes les conditions de prix et de destination. Plusieurs de ces pièces présentent des innovations importantes.

2° Un mécanisme dont le propre est de régler d'une manière exacte et continue tout mouvement de rotation, et d'interrompre et rétablir sans trouble tout courant électrique. Cet appareil, d'invention nouvelle, promet d'excellents résultats, qui en rendront l'application fréquente dans les diverses pièces de mécanique où le mouvement de rotation doit être d'une précision extrême, tels que lunettes astronomiques, instruments de physique, phares, etc.

3° Deux cadrans publics indiquant l'heure, les minutes et les secondes; l'un, par la transmission ordinaire, et l'autre par un courant électrique.

4° Un instrument nouveau, destiné à remplacer pour les cours de physique de nos écoles industrielles, la machine d'Atwood, et servant comme elle à démontrer la loi de la chute des corps.

5° Un instrument nommé *marégraphe*, qui doit enregistrer avec exactitude et continuité les variations des marées et tous les phénomènes ascensionnels des eaux. Cette machine, exécutée pour le port de Saint-Malo, est combinée de manière à fonctionner avec la plus rigoureuse exactitude. Des appareils semblables, placés sur divers points de nos côtes, donnent déjà des résulats très-sastifaisants. L'un d'eux avait figuré à l'exposition de 1844; mais celui que M. Wagner expose aujourd'hui, et qu'il avait d'abord exécuté d'après les indications de M. Chazallon, ingénieur-hydrographe de la marine, a reçu du mécanicien de nombreux perfectionnements, que le jury constate avec plaisir comme étant l'œuvre propre de M. Wagner.

6° Un autre instrument établi sur le même principe et nommé *Barographe*, devant enregistrer les variations des pressions atmosphériques.

7° Enfin une lampe de phare de 1er ordre, ayant subi avec la plus grande distinction toutes les épreuves, et que l'Administration des phares a reconnue comme la plus parfaite de toutes celles qu'on ait employées jusqu'à présent.

Un *dynamomètre* applicable à la charrue et servant à faire connaître la résistance du sol; un modèle de frein, d'une action énergique, complètent cette remarquable exposition.

Le jury, pour récompenser autant qu'il est en lui le génie persévérant et le talent fécond de M. Wagner neveu, lui décerne une nouvelle médaille d'or.

M. Bernard-Henri WAGNER, rue du Cadran, n° 39, à Paris. Nouvelle médaille d'argent

Le nom de Wagner est, en quelque sorte, un nom historique, et les perfectionnements apportés dans la fabrication des grosses horloges par M. Wagner sont trop connus, pour les rappeler ici. C'est lui qui, le premier, a fait usage du burin ou échoppe pour la fente des roues; par ce procédé, les roues toutes montées peuvent être fendues et arrondies du premier coup, et l'on gagne ainsi une exécution plus prompte et de beaucoup plus précise. M. Wagner expose des horloges publiques qui prouvent que sa fabrication s'est constamment soutenue et qu'elle occupe toujours une place honorable dans l'industrie. Ces horloges sont d'un prix modique, et cependant elles portent le cachet de l'habileté pratique qui a fait de M. Bernard-Henri Wagner l'un des premiers horlogers de son temps.

Aussi, le jury, pour récompenser dignement cet artiste, à qui la grosse horlogerie doit tant de progrès, lui décerne avec plaisir une nouvelle médaille d'argent.

M. D'ORLÉANS, faubourg du Temple, n° 110, à Paris. Nouvelle médaille de bronze.

Une petite horloge à quarts, très-bien exécutée; une horloge de clocher très-simple, des machines à piquer composent l'exposition de M. d'Orléans. Déjà, en 1844, cet horloger consciencieux avait obtenu, pour récompense de ses travaux, une médaille de bronze.

Le jury, prenant en considération les efforts qu'il ne cesse de faire pour améliorer sa fabrication, le juge digne de recevoir une nouvelle médaille de bronze.

M. BLIN, rue Mandar, n° 10, à Paris. Médailles de bronze.

Successeur de M. Niot, qui fut récompensé aux précédentes expositions par deux médailles de bronze et deux rappels, M. Blin expose pour la première fois.

Son exposition se compose de tournebroches, d'horloges de différentes grandeurs solidement établies.

L'attention du jury s'est fixée particulièrement sur une horloge de grande dimension à laquelle M. Blin a fait l'application d'une crémaillère en remplacement de la roue de compte, ordinairement employée pour la détermination du nombre de coups à sonner.

Cette construction, qui rend impossible le désaccord du mouvement avec la sonnerie, peut être considérée comme un progrès. Aussi le jury décerne-t-il à M. Blin une médaille de bronze.

M. HUDDE, à Villiers-le-Bel (Seine-et-Oise).

Ancien ouvrier de la fabrique de Tilley, M. Hudde s'est fixé à Villiers-le-Bel, où il exerce sa profession d'horloger-mécanicien.

En même temps qu'il fait d'autres machines, il fait aussi des horloges de clocher, dont deux sont soumises au jury : l'une est à remontoir d'égalité, assez bien exécutée; l'autre, de calibre ordinaire. Cette dernière est rigoureusement bonne, en ce sens, qu'elle est dépourvue de ce luxe inutile dans une semblable machine.

Pour le récompenser de ses efforts, le jury lui décerne une médaille de bronze.

MM. REYDOR frères et COLIN, rue Jean-Robert, n° 17, à Paris.

MM. Reydor exposèrent en 1844 des horloges *comtoises* solidement établies et d'un prix modique, puisqu'elles ne coûtaient que 28 francs. Depuis lors, ces industriels habiles ont trouvé moyen de réduire de 3 francs le prix de ces horloges, sans en diminuer la qualité.

Cette réduction, insignifiante en apparence, constitue cependant un progrès réel, puisqu'elle s'applique à un objet d'utilité générale à l'usage des habitants de la campagne. Elle est surtout un progrès en ce sens, que le prix des horloges *comtoises* se rapproche ainsi de celui des grossières horloges d'Allemagne, qu'elles remplaceront certainement avec avantage.

En raison du bon marché de ce genre de pendules qui, sous le rapport d'une bonne facture, ne laissent rien à désirer, le jury décerne à MM. Reydor et Colin une médaille de bronze.

---

§ 4. MOUVEMENTS ROULANTS DE PENDULES ET ÉBAUCHES DE MONTRES.

Nouveau rappel de médaille d'or.

MM. JAPY frères, à Beaucourt (Doubs).

A toutes les expositions, MM. Japy frères se sont fait remarquer par la variété, la bonne qualité et le bon marché de leurs produits.

Indépendamment de la quincaillerie, ils faisaient depuis longtemps les blancs de montres; ils sont les premiers qui se soient livrés à la fabrication des mouvements roulants de pendules.

Cette année, nous retrouvons la maison Japy figurant à l'exposition de la manière la plus honorable; ses blancs de montres sont toujours ce qu'il y a de meilleur marché en ce genre, et ses mouvements de pendules ont subi, depuis la dernière exposition, de notables améliorations.

MM. Japy frères ont été honorés de la médaille d'or; plusieurs fois déjà elle leur a été rappelée. Cette année, le jury, en considération des améliorations qu'ils ont apportées dans l'ensemble de leur fabrication, leur accorde un nouveau rappel de médaille d'or.

M. Louis JAPY, à Berne, commune de Sénoncourt (département du Doubs).

Nouvelle médaille d'argent.

Déjà récompensé en 1844 par une médaille d'argent, M. Louis Japy a exposé des mouvements de pendules de toutes sortes, des blancs et des finissages de montres Lépine, un assortiment complet d'ébauches de montres et de pendules et des mouvements de lampes.

L'établissement de M. Louis Japy est d'une réelle importance.

Depuis quelques années seulement on y fait les finissages; c'est-à-dire que les mouvements de montre, au lieu de sortir comme autrefois de cette maison à l'état de blanc pour être entièrement terminés dans les fabriques de Suisse, y subissent maintenant une façon de plus.

Les dentures, le pivotage, les engrenages, enfin tout ce qui constitue le mouvement roulant s'y fait de telle manière et à si bas prix, que les horlogers suisses n'hésitent pas à tirer de la maison Louis Japy un nombre considérable de ces finissages.

Malgré la crise commerciale qui a suivi les événements politiques qui se sont succédé depuis un an et demi, M. Louis Japy en a constamment livré de quatre à cinq mille par mois, et c'est principalement au travail que leur a procuré cette nouvelle fabrication, que ses ouvriers sont redevables de moins de chômage et de misère.

On ne saurait trop féliciter M. Louis Japy d'avoir entrepris une œuvre dont l'importance ne peut que s'accroître. Grâce à lui, la fabrication des montres est désormais possible en France, et l'on ne comprendrait pas comment, avec les éléments dont ils disposent d'ailleurs, nos horlogers, en payant les mouvements roulants 6 à

8 francs, ne parviendraient pas à faire avec avantage concurrence à la Suisse.

Le jury a aussi examiné avec la plus grande attention des mouvements de pendule à sonnerie, à chaperon et à râteau, qu'il a fait prendre au dépôt de la fabrique; il a été frappé des progrès que M. L. Japy a faits dans la fabrication de cette partie si intéressante de l'horlogerie française.

Pour ces motifs, et dans la persuasion que cet industriel ne s'arrêtera pas dans une si bonne voie, le jury lui décerne une nouvelle médaille d'argent.

Rappel de médaille d'argent.

M. ROUX, à Montbéliard (Doubs).

M. Roux, successeur de la maison Vincenti et compagnie, présente cette année des mouvements roulants de pendules, des mouvements de lampes et diverses pièces d'horlogerie de toutes grandeurs et de différents calibres.

Cette maison fut honorée en 1834 d'une médaille d'argent, qui lui fut rappelée en 1839. En 1844, M. Roux, qui déjà était devenu le chef de cet établissement, reçut une médaille d'argent. Depuis cette époque, M. Roux n'a cessé de donner tous ses soins à la fabrication des mouvements qu'il expose.

Pour le récompenser de ses efforts et en l'encourageant à perfectionner encore les mouvements qui sortent de sa fabrique, le jury lui décerne un rappel de médaille d'argent.

Médaille d'argent.

M. BOROMÉ-DELÉPINE et CANCHY, à Saint-Nicolas-d'Aliermont, près Dieppe.

Toujours au premier rang, l'ancienne fabrique dont M. Pons est le fondateur, figure à l'exposition de la façon la plus honorable.

Cette fabrique date de 1806; à cette époque, M. Pons, horloger, à Paris, quitta cette ville pour aller s'établir à Saint-Nicolas, village où l'on fabriquait assez mal de petites horloges.

Inventeur de moyens mécaniques nouveaux, habile à en faire l'application à l'horlogerie, M. Pons, le premier, fit des mouvements de pendules tout à la fois moins chers et meilleurs que ceux qui se faisaient alors.

C'est à lui que la France est en grande partie redevable du commerce important qu'elle fait en pendules avec les pays étrangers.

Depuis 1830, les mouvements roulants de cette fabrique ont été constamment améliorés : les pignons, les dentures étaient particulièrement remarquables par l'exactitude de leurs formes, et il est juste de dire que, pour l'usage civil, ces mouvements ont toujours été considérés comme étant supérieurs à tous les autres.

Honoré de toutes les récompenses que peut décerner le jury, M. Pons fut en dernier lieu décoré de la croix de la Légion d'honneur.

Aujourd'hui, son grand âge l'empêche de continuer la fabrication, et MM. Delépine et Canchy lui ont succédé.

Les produits de cette nouvelle maison ont été soigneusement examinés par le jury qui a pu se convaincre de la bonne façon des mouvements exposés; il a surtout remarqué des blancs roulants de pendules de voyage; un roulant de régulateur à secondes et un blanc de petit chronomètre nautique : ces divers objets lui ont paru d'une exécution irréprochable.

En 1844, M. Boromé Delépine était déjà l'un des principaux fabricants de Saint-Nicolas; il reçut alors une médaille d'argent que lui avait mérité la belle collection de mouvements qui composait son exposition.

Heureux de voir une fabrication comme celle de M. Pons remise en des mains si habiles, le jury, pour récompenser MM. Boromé Delépine et Canchy, leur décerne une médaille d'argent.

M. Samuel MARTI et compagnie, à Montbéliard (Doubs).

Rappel de médaille de bronze.

M. Marti expose pour la seconde fois des mouvements roulants de pendules de toutes grandeurs et de différents calibres qui lui ont mérité, en 1844, une médaille de bronze.

Depuis cette époque, les mouvements de M. Marti n'ont pas changé de prix, mais ils ont été sensiblement améliorés.

Dans l'espoir que M. Marti continuera à perfectionner un genre d'horlogerie auquel il reste encore beaucoup à faire, le jury lui décerne un rappel de médaille de bronze.

M. HOLINGUE fils, à Saint-Nicolas-d'Aliermont, près de Dieppe (Seine-Inférieure).

Médaille de bronze.

Les mouvements roulants exposés par M. Holingue sont beaux et bien faits.

Comme horlogerie de commerce, les blancs de la maison Holingue père ont joui pendant longtemps d'une réputation méritée.

Depuis que les finissages se font en fabrique, les mouvements qui sortent des ateliers de M. Holingue fils n'ont rien perdu de l'estime toute particulière qu'ils s'étaient d'abord acquise, et c'est à la fidélité de leur travail qu'ils doivent la préférence marquée dont ils sont toujours l'objet de la part des horlogers de Paris.

Le jury, pour récompenser M. Holingue fils, lui décerne une médaille de bronze.

M. BARIQUAND, rue Saint-Louis, n° 27, au Marais, à Paris.

Depuis plus de dix ans, M. Bariquand se livre à la fabrication des petites machines : il s'est particulièrement occupé de tout ce qui concerne l'emboutillage au découpoir, et il est l'un des premiers qui ait pratiqué ce genre de travail avec quelque succès.

Ancien horloger, M. Bariquand fait avec facilité les ouvrages les plus délicats; c'est ainsi que nous l'avons vu fabriquer, pour la maison Richer les tire-lignes à pointes mobiles; et pour M. Charles le nouvel enfile-aiguille. M. Bariquand fabrique également, au moyen d'outils et de machines faites et souvent inventées par lui, des vis en cuivre et en fer de toute sorte et mille autres petits objets dont le détail serait trop long.

Pour récompenser cet honorable industriel de sa persévérance à bien faire, le jury lui décerne une médaille de bronze.

M. BERGERON, rue des Marais-Saint-Martin, n° 31, à Paris.

Depuis dix ans environ, M. Bergeron est établi à Paris, où il se livre exclusivement à la fabrication des pignons de toutes grosseurs et de tout nombre, ainsi qu'à la fente des roues à l'usage des horlogers et mécaniciens en petit.

Les échantillons qu'il a soumis au jury sont taillés avec netteté, les formes des ailes de ses pignons et les courbes de ses dents de roues sont bonnes. La petite fabrique d'engrenages de M. Bergeron dispense nos fabricants d'horloges de clochers de la nécessité d'avoir chez eux une ou plusieurs machines à fendre les pignons.

Au point de vue de l'utilité générale, M. Bergeron mérite donc une récompense. Le jury lui décerne une médaille de bronze.

M. CHAVINEAU, rue des Gravilliers, n° 18, à Paris.

En 1844, M. Chavineau exposait pour la première fois des ancres de pendules garnis en agate et cornalines et des pierres préparées pour les échappements *Brocot;* ces pierres étaient déjà remarquables par leur bonne exécution et par la modicité de leur prix.

M. Chavineau, qui a exercé l'horlogerie pendant longtemps, sait mieux que personne quelles sont les exigences de cette partie de son travail. Aussi, au moyen d'outils qu'il a faits lui-même, est-il parvenu, depuis la dernière exposition, à faire mieux et moins cher, à ce point que, moyennant 5 ou 6 francs, il garnit en agathe les levées d'une ancre de pendule.

Lapidaire habile, cet industriel excelle dans la façon des petits cristaux de médaillons demandés par la bijouterie, et il fait toujours bien et en grande quantité les glaces biseautées pour pendules ordinaires et pendules de voyage.

En 1844, il fut mentionné honorablement. Cette fois, prenant en considération les progrès faits par M. Chavineau, le jury lui décerne une médaille de bronze.

M. LEFEBVRE, rue Jean-Jacques-Rousseau, n° *4 bis*, à Paris.

M. Lefebvre est l'un de nos plus habiles fabricants de ressorts de montres et de chronomètres; depuis quelques années il fournit des ressorts à l'Angleterre : ce succès est dû à l'adoption de moyens mécaniques qui lui permettent de baisser ses prix en même temps qu'ils assurent la bonne façon des ressorts.

M. Lefebvre fait des ressorts de chronomètres qui se développent sans frottement, les lames restant constamment séparées les unes des autres.

On constate ce résultat au moyen d'une petite machine de son invention qui se compose d'un barillet denté dont le couvercle découpé permet de voir le ressort dans son entier. Ce barillet fait tourner une roue d'échappement qui agit sur une ancre garnie d'un petit pendillon.

Par suite du mouvement oscillatoire de ce pendillon, le rouage tourne assez lentement pour qu'on voie sans peine comment le ressort se débande.

M. Lefebvre exécute avec une remarquable perfection les plus petits ressorts de montre et de répétition.

Le jury, pour le récompenser dignement, lui décerne une médaille de bronze.

M. MATHIEU, rue de Poitou, n° 9, à Paris.

Des préparations d'horlogerie, savoir : des canons d'aiguilles, des piliers, des yeux en cuivre pour les trous de remontoirs, des boutons d'avance-retard, des bouchons et généralement tous les objets faits au tour, telle est la spécialité de M. Mathieu, qui a construit lui-même les machines qui servent à la fabrication des objets exposés.

La bonne façon et le grand bon marché de ces divers produits, le service réel qu'ils rendent à l'horlogerie de commerce et à d'autres industries, font considérer M. Mathieu comme étant digne de recevoir un encouragement sérieux.

Le jury lui décerne une médaille de bronze.

---

§ 5. AIGUILLES, RESSORTS DE MONTRES ET DE PENDULES.

Nouvelle médaille d'argent.

M. BASELY, rue Constantine, n° 11, à Paris.

M. Basely, établi à Paris depuis 1841 seulement, concourt cependant pour la deuxième fois.

En 1844, le jury, prenant en sérieuse considération les efforts que cet industriel avait faits pour maintenir en France et introduire à Paris la fabrication des aiguilles de montres, l'avait récompensé par une médaille d'argent.

Depuis ce temps, l'importance de la fabrication de M. Basely n'a fait que s'accroître; il vend maintenant ses aiguilles à la Suisse et à l'Angleterre, et, au lieu de 700 grosses qu'il fabriquait chaque année, il en fait actuellement 1,800.

Cette industrie met en œuvre annuellement 200 kilogrammes d'acier, or et composition imitation d'or.

Le jury, après avoir examiné avec soin les aiguilles de M. Basely, a acquis la certitude qu'elles ne laissent rien à désirer sous le rapport de la délicatesse et de l'élégance du travail.

En conséquence, pour reconnaître dignement le service rendu à l'horlogerie française par cet industriel,

Le jury lui décerne, avec satisfaction, une nouvelle médaille d'argent.

MM. MONTANDON frères, rue des Lions-Saint-Paul, n° 16, à Paris.

Rappel de médaille d'argent.

MM. Montandon exposent des ressorts de pendules et de montres remarquables autant par leur fini que par leur bon marché. L'établissement de MM. Montandon est le plus considérable en ce genre d'industrie; ils mettent en œuvre annuellement de 10 à 12,000 kilogrammes d'acier de Styrie et environ 2,000 kilogrammes d'acier fondu. Grâce à leur activité et à la bonne qualité de leurs ressorts, ils sont devenus les fournisseurs de la Suisse et de l'Angleterre pour des quantités considérables; aussi le jury est-il heureux de leur décerner un rappel de médaille d'argent.

SECTION DEUXIÈME.

§ 1er. INSTRUMENTS DE PHYSIQUE ET D'OPTIQUE.

MM. Pouillet et A. Séguier, rapporteurs.

M. FROMENT, à Paris.

Mention pour ordre.

En acceptant l'honneur de faire partie du jury, M. Froment a renoncé à la récompense dont ses travaux le rendaient digne à tant de titres. Si le jury se trouve ainsi dans l'impossibilité de lui voter la médaille d'or qu'il a si bien méritée, il n'est pas défendu à votre rapporteur de vous entretenir un instant des admirables productions de cet habile et si ingénieux constructeur. Ses œuvres, trop nombreuses pour vous être décrites une à une, attestent toutes l'immense supériorité de la théorie alliée à la pratique.

Ancien élève de l'école polytechnique, notre collègue a le bonheur de joindre aux connaissances mathématiques, acquises par les plus sérieuses études, une adresse de main qui lui permet d'exécuter par lui-même les plus délicates constructions : aussi avons-nous admiré dans ses ateliers les appareils de haute précision, nous serions tenté de dire de précision absolue, qui lui servent à diviser la ligne droite, le cercle, à fractionner la plus petite de nos subdivisions métriques en millionièmes de mètre; et notre admiration s'est encore accrue quand nous avons vu tous ses appareils fonctionnant seuls, hors la présence de leur auteur, se mettant à l'œuvre par le seul fait d'un courant électrique établi ou supprimé à un moment réglé à l'avance par un mécanisme de réveil dépendant d'une pendule régulatrice, s'arrêtant enfin d'eux-mêmes après leur besogne opérée.

Dans l'établissement de M. Froment, la force motrice est fournie à toutes les machines-outils par des moteurs électro-magnétiques de formes très-variées, depuis l'impulsion nécessaire pour mouvoir une pointe de diamant qui inscrit sans erreur possible mille traits dans un millimètre, en prenant soin d'établir des différences de longueur dans les traits qui correspondent aux dizaines, vingtaines, etc., pour faciliter la lecture, jusqu'à l'effort suffisant pour mener des tours à chariot, des machines à raboter, à percer, etc. Des piles, composées d'un certain nombre de couples disposés en batterie, susceptibles de s'unir ou de se fractionner suivant les besoins, fournissent, pour tous les cas, la puissance électrique en rapport avec la machine-outil employée.

L'étude approfondie des appareils électro-magnétiques et la grande pratique de leur construction ont permis à notre collègue de s'occuper avec succès du perfectionnement de la télégraphie électrique. Parmi les appareils composant son exposition, on remarquait des télégraphes alphabétiques fonctionnant avec rapidité et sûreté, deux conditions bien difficiles à réunir; un télégraphe numérique inscrivant sur le papier les nombres plus vite qu'ils ne pourraient être prononcés. La manière dont fonctionnent ces appareils prouve la perfection que M. Froment sait assigner à toutes ses œuvres : il n'est pas de construction difficile ou délicate, de solution embarrassante, de problème mécanique, dont M. Froment ne se tire avec un rare bonheur. Nous citerons, pour preuve, son oculaire astronomique à réticule, éclairé par l'incandescence des fils mêmes qui le composent, passant du rouge vif au rouge sombre, au moyen d'un courant électrique que l'observateur règle à sa volonté, entre certaines limites qui préservent les fils de fusion; cet oculaire a été la satisfaction donnée aux désirs de M. Arago, exprimés dans un programme par lui offert à l'ingéniosité de M. Froment.

Comment parler d'instruments astronomiques de haute précision sans payer une dette de reconnaissance à la mémoire de Gambey, dans les ateliers duquel M. Froment s'honore d'avoir travaillé. Si le grand artiste qui a relevé la France de son état d'infériorité vis-à-vis de l'Allemagne et de l'Angleterre, pour la placer au premier rang dans l'art de la construction des instruments précis, vivait encore, il serait glorieux d'avoir un tel rival : cette appréciation désintéressée du mérite de M. Froment par M. Gambey serait l'éloge le plus complet des admirables produits de notre collègue.

MM. LEREBOURS et SECRETAN, place du Pont-Neuf, n° 13, à Paris.

Nouvelle médaille d'or.

M. Lerebours, associé aux affaires et aux travaux remarquables de son père, parut pour la première fois à l'exposition de 1839, où la société Lerebours père et fils obtint la médaille d'or; en 1844, M. Lerebours était seul : tout en continuant les travaux de haute optique, qui avaient valu à son père un rang si éminent parmi les premiers opticiens de l'Europe, il avait donné à sa fabrique une grande extension en construisant avec le même zèle tous les appareils de précision dont on se sert en physique et en astronomie : tous ces produits divers se distinguaient par l'élégance de la forme, par le fini du travail et par une grande exactitude; le jury lui accorda le rappel de la médaille d'or.

Depuis cette époque, M. Lerebours, de concert avec M. Secretan, son associé, a fait de nouveaux progrès dans la construction de tous les appareils de physique : il a pris rang parmi nos plus habiles fabricants en ce genre; mais en même temps il est parvenu, dans la haute optique, à égaler et peut-être à surpasser ce qui a été accompli de plus parfait en Europe dans les objectifs de grandes dimensions. Nos astronomes ont soumis à des épreuves répétées, pendant ces dernières années, l'objectif de 38 centimètres travaillé par M. Lerebours, et ils n'hésitent pas à reconnaître qu'il a enfin acquis des qualités supérieures; jusqu'à présent, il n'existe qu'un seul objectif de cette grandeur : c'est celui de Dorpat, et la comparaison entre ces deux grands appareils ne pourra être faite qu'à l'époque où les travaux de l'Observatoire de Paris seront achevés, et où l'objectif de M. Lerebours pourra être monté parallactiquement, d'une manière solide, dans la magnifique coupole qui couronne l'Observatoire. Alors on pourra l'éprouver avec les plus forts grossissements, et constater enfin entre ces deux lunettes, qui sont les plus puissantes que l'astronomie possède aujourd'hui, quelle est celle qui nous rapporte le plus fidèlement l'image des mondes qui remplissent les profondeurs de l'espace.

Le jury décerne à MM. Lerebours et Secretan une nouvelle médaille d'or.

Rappels de médaille d'or.

M. BURON, rue des Trois-Pavillons, n° 10, à Paris.

M. Buron obtint en 1844 la médaille d'or, et, à la recommandation du jury, le Gouvernement lui accorda à cette époque la décoration de la Légion d'honneur. C'est par des progrès successifs et continus que M. Buron est arrivé à ces hautes récompenses. Son père lui laissa, en 1819, un établissement qu'il avait fondé en 1788; M. Buron, bien jeune encore, s'appliqua avec autant de prudence que de sagacité à perfectionner et à simplifier tous les moyens de fabrication en y introduisant les procédés mécaniques, qui étaient alors une innovation importante; en même temps il soutenait avec persévérance la bonne renommée dont son établissement jouissait déjà. Dès 1834, ses longues-vues, ses lunettes marines et ses autres produits obtenaient à l'exposition la médaille d'argent, parce que la confection en était économique et d'une qualité remarquable; en 1839, une nouvelle médaille d'argent récompensait de nouveaux progrès; enfin, en 1844, la supériorité de M. Buron était constatée par l'étendue considérable de ses affaires et par l'excellente réputation qu'il s'était acquise en France et à l'étranger. Depuis cette époque, le zèle de M. Buron et sa persévérance intelligente ne se sont point ralentis; il n'a pas cessé de méditer, de travailler et de faire de nouveaux essais pour obtenir de nouveaux perfectionnements et pour les faire passer dans la pratique. Il y a lieu d'espérer que les efforts qu'il fait depuis quelques années, pour rendre plus régulier et plus sûr le travail des grands objectifs astronomiques, le conduiront à d'heureux résultats.

Le jury se plaît à faire, en faveur de M. Buron, le rappel de la haute récompense qu'il a reçue à l'exposition de 1844.

M. CHEVALIER (Charles), cour des Fontaines, n° 1 bis, à Paris.

M. Charles Chevalier obtint, à l'exposition de 1834, la médaille d'or pour ses microscopes, qui furent reconnus supérieurs à tout ce qui avait été fait jusqu'à cette époque en France et à l'étranger. Cette récompense lui fut maintenue et rappelée favorablement aux expositions de 1839 et de 1844, parce qu'il avait soutenu et amélioré sa bonne fabrication de microscopes, tandis que d'autres opticiens faisaient à cet égard des progrès considérables, et parce qu'il avait montré beaucoup d'habileté dans la construction de la plupart des instruments de physique et de chimie. Depuis la dernière exposition, M. Chevalier a fait de nouveaux efforts et tenté de nouveaux perfectionnements: ceux qui sont relatifs aux lunettes terrestres, aux machines pneumatiques, aux grandes boussoles, aux baromètres d'observation et à quelques autres appareils importants, n'ont pas encore obtenu de l'expérience une sanction suffisante; mais ceux qui se rapportent aux objectifs destinés à la photographie, aux appareils photographiques eux-mêmes, et à quelques instruments de physique, ne laissent aucun doute dans l'esprit du jury: ce sont des progrès véritables qui maintiennent M. Chevalier dans le rang qu'il s'était acquis parmi nos très-habiles constructeurs, et qui de plus lui assignent l'un des premiers rangs parmi ceux qui ont contribué à porter la photographie au point de perfection où elle est arrivée.

Le jury fait, en faveur de M. Chevalier, un nouveau rappel de la médaille d'or qu'il a obtenue aux expositions précédentes.

M. SOLEIL, rue de l'Odéon, n° 35, à Paris.

Médailles d'or.

M. Soleil a rendu d'éminents services à l'optique, et il s'est créé en quelque sorte une spécialité nouvelle dans laquelle il est enfin parvenu à une incontestable supériorité. Comme opticien, M. Soleil n'a jusqu'à présent rien tenté de considérable, ni pour perfectionner les microscopes, qui nous révèlent les secrets de la nature organique et des mondes infiniment petits, ni pour perfectionner les télescopes, qui nous révèlent les secrets de l'immensité des cieux et des mondes infiniment grands; mais il s'est appliqué avec une persévérance et une sagacité dignes d'éloges à perfectionner tous les appareils au moyen desquels nous pouvons reproduire les phénomènes de la lumière et déterminer les lois auxquelles ils sont soumis. C'est surtout dans la polarisation et dans la diffraction, dans cette optique moderne due au génie de Malus et au génie de Fresnel, qu'il y avait beaucoup à inventer et à perfectionner, sous le rapport des appareils, afin de rendre les expériences faciles à faire et les phénomènes faciles à observer. C'est là aussi que M. Soleil s'est particulièrement distingué. Nous n'entreprendrons pas d'énumérer ici tous les instruments qu'il a imaginés : nous nous bornerons à dire que, grâce à ses inventions, les professeurs peuvent aujourd'hui, dans leurs cours publics et devant les plus nombreux auditoires, rendre sensibles à tous les yeux une foule de phénomènes qu'il fallait autrefois observer individuellement; c'est un progrès considérable dont nous ferons mieux comprendre encore la portée en disant, par une sorte de comparaison, que les expériences de polarisation et de diffraction ne se montraient autrefois qu'au microscope ordinaire, et que M. Soleil les fait voir aujourd'hui au microscope solaire.

On ne s'étonnera donc pas que, de tous les points de l'Europe et de l'Amérique, on s'adresse à notre habile opticien pour tout ce qui tient aux appareils de recherches et aux appareils destinés à l'enseignement de l'optique.

M. Soleil avait obtenu la médaille d'argent à l'exposition de 1844, et le jury lui décerne aujourd'hui la médaille d'or.

M. DELEUIL, rue du Pont-de-Lodi, n° 8, à Paris.

M. Deleuil avait obtenu en 1827 une mention honorable, en 1834 une médaille de bronze, en 1839 une médaille d'argent, et le jury de 1844 lui décerna avec éloge une nouvelle médaille d'argent. Ces récompenses progressives et toujours de plus en plus élevées sont très-honorables pour M. Deleuil, et attestent, dans cet habile constructeur d'instruments de physique et de chimie, beaucoup de zèle et de persévérance; le mouvement de ses affaires a suivi la perfection croissante de ses produits, et sa fabrique est maintenant l'une de celles qui ont les relations les plus étendues en France et à l'étranger. Il ne s'est pas toujours borné à construire avec tous les soins convenables et à des prix modérés les appareils qui lui étaient demandés; il s'est appliqué aussi, avec non moins d'activité que d'intelligence, à perfectionner la construction de plusieurs instruments, et surtout celle des balances et des piles voltaïques. L'ensemble des travaux qu'il a exécutés depuis la dernière exposition témoigne de ses nouveaux efforts et de ses nouveaux progrès.

Le jury lui accorde une médaille d'or.

Nouvelle médaille d'argent.

M. RUHMKORFF, rue des Orfèvres, n° 6, à Paris.

Dès son début à l'exposition, en 1844, M. Ruhmkorff se plaça dans un rang élevé parmi nos habiles constructeurs d'instruments de physique; le jury, frappé de l'intelligence remarquable avec laquelle ses appareils étaient conçus et exécutés, lui décerna la médaille d'argent. Ceux de nos collègues qui, depuis cette époque, ont eu l'occasion de suivre l'ensemble des travaux de M. Ruhmkorff, se plaisent à reconnaître les progrès considérables qu'il a faits dans cette période de cinq années : il n'y a aucune branche de la physique qui ne lui doive des appareils mieux étudiés, plus élégants et plus précis; aux connaissances théoriques nécessaires pour bien comprendre les conditions que doit remplir un instrument, il joint la faculté rare de saisir de suite et avec une grande pureté de goût les dispositions d'ensemble qu'il convient de lui donner, et les procédés les plus simples et les plus sûrs pour en exécuter et en ajuster toutes les pièces. Si, parfois, il éprouve quelque doute sur la construction d'un instrument imaginé à l'étranger, dont il ne possède que de mauvaises figures, il n'hésite pas, aucun sacrifice ne lui coûte : il fait venir l'instrument à ses frais pour le copier fidèlement si on l'exige, et pour lui donner un autre aspect et quelques qualités de plus si on lui en laisse la liberté. Également habitué aux longues et persévérantes méditations et au travail qui exige la main la plus habile, il porte lui-même le jugement le plus éclairé et le plus sévère sur tout ce qui s'exécute dans ses ateliers: non-seulement il n'y souffre rien de médiocre, mais il n'admet que ce qui touche à la perfection. C'est avec cette vigilance de tous les instants, avec ce sentiment raisonné de ce qui constitue les bonnes proportions dans la forme et l'exactitude dans les résultats, qu'il est parvenu à donner à tous ses ouvrages deux qualités essentielles qui les font particulièrement rechercher : ils sont d'un prix modéré et d'une exécution supérieure.

Le jury décerne à M. Ruhmkorff une nouvelle médaille d'argent.

M. BUNTEN, quai Pelletier, n°s 30 et 32, à Paris.

Rappel de médaille d'argent.

M. Bunten fils avait présenté à l'exposition la plupart des instruments de physique et de météorologie qui avaient valu à son père une réputation si justement méritée, et pour lesquels le jury lui avait décerné des médailles d'argent aux expositions de 1839 et de 1844. Mme veuve Bunten continuant les affaires de son mari et de son fils, qu'elle a perdus à quelques mois d'intervalle, le jury fait rappel en sa faveur de la médaille d'argent que son mari, feu M. Bunten, avait obtenue à l'exposition de 1844.

Médailles d'argent.

M. OBERHAEUSER, rue Dauphine, n° 19, à Paris.

M. Oberhaeuser paraît pour la première fois à l'exposition; cependant son nom est connu depuis longtemps en optique : tous ceux qui s'occupent d'observations microscopiques savent qu'il travaille les lentilles avec une habileté rare, et qu'il a un coup d'œil presque infaillible pour les combiner et les grouper entre elles de telle sorte que leurs défauts individuels, corrigés l'un par l'autre, composent des jeux d'objectifs d'une grande perfection. Le travail des métaux, le dispositif de l'éclairage, des moyens de mesure et de tous les accessoires, n'ont pas moins de mérite que les verres eux-mêmes. Depuis quelques années, M. Oberhaeuser a fourni aux savants de tous les pays un nombre considérable d'excellents microscopes, et, par conséquent, il a contribué d'une manière efficace aux progrès des sciences d'observation.

Le jury décerne à M. Oberhaeuser une médaille d'argent.

MM. FORTIN-HERMANN (Adolphe et Émile), rue de Charonne, n° 90, à Paris.

MM. Fortin-Hermann, petits-fils du célèbre Fortin, l'un de nos premiers et de nos plus grands artistes en instruments de physique et d'astronomie, se présentent pour la première fois à l'exposition, et semblent appelés à soutenir dignement un nom dont les sciences ne peuvent pas perdre le souvenir. Ces deux jeunes fabricants n'exposent pas seulement les excellents appareils dont la fabrication toujours aussi parfaite s'est continuée dans leur famille, tels que baromètres de Fortin, balances, etc., mais ils exposent encore une machine de leur invention pour comprimer le gaz d'éclairage, et ils exposent en même temps des fallots à gaz comprimé pour éclairer les locomotives et pour signaler les trains sur les chemins de fer. Ces derniers appareils, déjà soumis à des épreuves répétées, promettent de très-heureux résultats.

Le jury accorde à MM. Fortin-Hermann une médaille d'argent.

M. RADIGUET et fils, rue des Filles-du-Calvaire, n° 26, à Paris.

M. Radiguet est un industriel modeste qui travaille tout seul, mais n'en rend pas moins tous les fabricants d'instruments de précision dans la composition desquels il entre un miroir plan à surface parallèle tributaires de son petit atelier. La perfection du travail de M. Radiguet est appréciée dans l'Europe entière ; aucun autre artiste n'est parvenu à faire aussi bien et à aussi bas prix.

Les miroirs plans de M. Radiguet sont indispensables pour la sûreté de la navigation. La moindre erreur dans la réflexion des images, dans les instruments nautiques, par suite de l'imperfection des miroirs, est de nature à faire courir les plus grands dangers aux navires, en laissant les capitaines qui les dirigent dans une croyance erronée sur le lieu où ils se trouvent.

Un savant rapport de M. Néel de Breauté fait bien ressortir la supériorité des miroirs de M. Radiguet, comparés à ceux de ses rivaux étrangers, qui, pourtant, vendent de tels produits dix fois plus cher que lui.

Récompensé par les sociétés savantes, honoré par le jury lui-même d'une médaille de bronze à la dernière exposition, le jury décerne à M. Radiguet, qui s'est surpassé cette année par la dimension et la perfection de ses produits, une médaille d'argent.

M. BOURGOGNE, rue d'Arcole, n° 2 bis, à Paris.

M. Bourgogne présente à l'exposition des préparations microscopiques qui sont faites avec tant d'art et d'adresse, qu'il paraît impossible d'arriver à une plus grande perfection. Déjà cité favorablement en 1839, et récompensé d'une médaille de bronze en 1844, cet habile microscopiste semble n'avoir vu dans ces encouragements que des motifs pour redoubler de zèle, pour étendre ses recherches et pour porter encore plus haut le talent, déjà si éminent, qu'il avait acquis ; ce sentiment, dans M. Bourgogne, n'est pas de l'émulation, c'est l'amour même de la science et de la vérité, car depuis longtemps il est sans concurrent en Europe dans ce genre de préparations. Il pourrait profiter de cet avantage, qui est assurément bien rare, pour élever ses prix et courir après la fortune, soit pour lui, soit pour sa nombreuse famille ; mais, sous ce rapport, l'amour de la science l'emporte encore : il veut que ses produits soient à la portée de tous les curieux, et surtout à la portée de tous les observateurs, qui, en général, ne peuvent pas faire de grands sacrifices pécuniaires. Or, il n'en est pas de ces objets comme de ceux qui se font à la mécanique et qui peuvent se multiplier indéfiniment : ici chaque objet, chaque préparation doit passer par la main de M. Bourgogne; nulle autre ne peut la suppléer, et cette condition forcée limite extrêmement le nombre des objets qu'il peut livrer dans le cours d'une année: car pour en faire 9,000 il en faut faire 30 chaque jour, et cependant 9,000 à 50 cent., en moyenne, ne font de recette brute que 4,500 francs. N'est-il pas infiniment regrettable qu'une telle industrie ne puisse pas s'exercer sur un capital qui soit mieux proportionné à l'étendue des services qu'elle rend à toutes les sciences d'observation?

Le jury décerne à M. Bourgogne une médaille d'argent.

M. DUPIN, rue de Grenelle-Saint-Honoré, n° 7, à Paris.

M. Dupin présente à l'exposition une machine électrique d'une disposition nouvelle, une collection de stéréométrie, une collection de stéréotomie, et une collection de dessins, de gravures et de peintures collées sur verre par des procédés particuliers, et si intimement unies à la surface vitreuse, qu'elles ont contracté avec elle une adhérence qui est en quelque sorte indestructible.

La machine électrique est ingénieusement disposée: elle peut offrir de l'avantage aux expérimentateurs qui n'ont pas besoin d'une grande puissance électrique, car ce système paraît peu favorable pour des machines de très-grandes dimensions.

Les collections de stéréométrie et de stéréotomie réalisent une heureuse idée; elles donnent un moyen des plus simples et des moins dispendieux pour habituer l'esprit à concevoir nettement les surfaces, les angles qu'elles font entre elles, les polyèdres, leurs développements, et en général toutes les formes géométriques, même les plus compliquées. Chacune des collections est renfermée dans une boîte de carton, ayant la forme et les dimensions d'un volume in-8°: la première comprend 36 polyèdres développés, et la seconde, 41 polyèdres en relief; les figures sont faites avec un carton mince, ferme, élastique et convenablement préparé. Si l'on conçoit, par exemple, que sur une feuille de ce carton l'on ait tracé à côté l'une de l'autre, et dans leur ordre respectif, toutes les figures triangulaires ou polygonales qui composent la surface d'un polyèdre, et que sur toutes leurs lignes de jonction, qui doivent devenir les arêtes du polyèdre, on ait tracé dans l'épaisseur du carton une espèce de sillon délié, qui permette aux surfaces contiguës de tourner, comme à charnière, autour de ces arêtes, on comprend qu'il suffira de plier cette feuille pour avoir le polyèdre en relief, et de la déplier pour en avoir le développement. Il est impossible, au moyen de ces figures, que l'esprit ne saisisse pas d'un coup d'œil et sans effort les propriétés des signes, les mouvements des plans et la génération des volumes. L'enseignement de la géométrie tirera sans doute un grand parti des collections dont il s'agit.

Quant au procédé que M. Dupin a imaginé pour fixer sur verre les gravures, les couleurs à l'huile ou à l'eau, il nous semble très-remarquable sous deux rapports : il assure la conservation, en quelque sorte indéfinie, des gravures ou lithographies coloriées ou non coloriées qui ont été soumises à cette préparation, et il donne ou au trait noir, ou aux couleurs, une fraîcheur et une pureté vraiment étonnantes, et dont on ne peut se rendre compte que par l'absence de toute réflexion à la surface de contact du verre et de la couleur. Le magnifique spectre solaire de 1 mètre 05 cent. de longueur sur 30 cent. de hauteur que M. Dupin a exposé, et dans lequel sont peintes à l'huile toutes les couleurs primitives de la lumière solaire, et en noir toutes les raies de Frauhenofer, est une preuve que son procédé s'applique aux sujets de grandes dimensions.

Le jury accorde à M. Dupin une médaille d'argent.

M. MARTENS, à Paris.

M. Martens, graveur distingué, s'est livré avec ardeur à la photographie dès l'origine de cette surprenante invention. Profitant de tous les avantages que des connaissances déjà acquises dans les arts graphiques lui donnaient pour cultiver cette branche nouvelle, il eut le bonheur d'obtenir, des premiers, de remarquables épreuves sur plaques métalliques ; ses vues panoramiques, grands dessins produits sans trop de déformation par de petits objectifs, méritent d'être signalées. Une tête de chambre noire, articulée de façon à promener successivement les rayons lumineux sur une plaque cintrée au travers d'un verre objectif masqué sous un écran percé d'une fente étroite verticale, est une conception aussi simple qu'ingénieuse de M. Martens pour recueillir sans déformation, dans le sens transversal du moins, des épreuves que des objectifs de grande dimension donneraient difficilement avec moins d'aberration de sphéricité.

Les épreuves sur papier exposées par M. Martens ont paru au

jury devoir être placées au premier rang. Mettant en pratique les précieuses inductions fournies par M. Niepce de Stiatow neveu, ce si infatigable continuateur des travaux photographiques de M. Niepce, son oncle, M. Martens nous a montré le charme indicible qui pouvait résulter, pour l'épreuve définitive sur papier, de la substitution d'une couche mince d'albumine étendue sur glace au papier, d'une transparence inégale, jusqu'ici employé à la perception des épreuves négatives.

L'importance des services que les arts et les sciences peuvent retirer d'une reproduction directe a été bien prouvée par l'admirable fidélité des dessins si heureusement obtenus par M. Martens, d'après les œuvres de plusieurs de nos plus habiles sculpteurs. Les succès de M. Martens, dans tous les genres de photographie, ont paru au jury bien dignes d'une médaille d'argent.

Nouvelles médailles de bronze.

MM. BRETON frères, rue Dauphine, n° 25, à Paris.

MM. Breton frères continuent à se distinguer par les soins qu'ils apportent à la construction des instruments de physique en général, et particulièrement à la construction des instruments d'optique et d'électro-magnétisme; ils ont fait preuve d'intelligence dans plusieurs perfectionnements ingénieux, qui sont de leur invention.

Le jury leur accorde une nouvelle médaille de bronze.

M. NACHET, rue des Grands-Augustins, n° 1, à Paris.

M. Nachet avait obtenu une médaille de bronze à l'exposition de 1844 pour ses succès dans la construction des microscopes ordinaires: cet encouragement a été profitable à la science: M. Nachet n'a cessé de travailler et de perfectionner; ses microscopes ont encore acquis des qualités nouvelles, sans augmenter de prix.

Le jury accorde à M. Nachet une nouvelle médaille de bronze.

M. BODEUR, rue et passage Dauphine, n° 36, à Paris.

M. Bodeur a fait de nouveaux progrès dans la construction des baromètres portatifs, des thermomètres, des aréomètres et des instruments de minéralogie; il prend rang parmi nos bons artistes, pour tout ce qui tient au travail du verre et aux graduations précises.

Le jury accorde à M. Bodeur une nouvelle médaille de bronze.

M. LEYDECKER, quai des Augustins, n° 55, à Paris.

Rappel de médaille de bronze.

Le jury fait rappel, en faveur de M. Leydecker, de la médaille de bronze qu'il lui avait accordée à l'exposition de 1844 pour ses baromètres et thermomètres; il se plaît à reconnaître que M. Leydecker a donné de nouvelles preuves des soins et de l'habileté remarquable qu'il apporte dans la construction de ses instruments et dans tout ce qui tient au travail du verre par la lampe d'émailleur.

M. BIANCHI, rue de la Sorbonne, n° 9, à Paris.

Médailles de bronze.

M. Bianchi figurait à l'exposition de 1844 en société avec M. Lecomte, et le jury leur accorda une médaille d'argent; depuis cette époque M. Bianchi travaille seul et présente à l'exposition un grand nombre d'instruments divers relatifs à la physique et à l'arpentage. Tous ces instruments sont d'une bonne exécution; nous avons particulièrement remarqué, sous ce rapport, l'appareil de polarisation destiné à observer le pouvoir rotatoire des liquides, appareil exécuté d'après les conseils de M. Biot, auteur de cette découverte. On peut espérer que sous cette dernière forme, à laquelle M. Biot s'est arrêté, l'appareil dont il s'agit se répandra de plus en plus dans les cabinets de physique, dans les fabriques de sucre et dans les hôpitaux.

Le jury décerne à M. Bianchi une médaille de bronze.

M. LECOMTE, rue Monsieur-le-Prince, n° 28, à Paris.

M. Lecomte figurait à l'exposition de 1844 en société avec M. Bianchi, et le jury leur accorda une médaille d'argent. Depuis cette époque, M. Lecomte travaille seul, et présente à l'exposition divers appareils de physique, particulièrement des balances de précision de forces différentes : les unes pesant 200 grammes à un demi-milligramme près, les autres 25 grammes seulement, mais sensibles à un quart de milligramme. M. Lecomte excelle dans la construction de ces appareils par les soins intelligents qu'il y apporte; ses balances, sous une petite masse, sont solidement établies : elles marchent avec une régularité remarquable, et conservent longtemps et sans altération leur sensibilité primitive; ses machines pneumatiques sont aussi d'une très-bonne construction, et il y a lieu d'espérer que sa machine à un seul corps de pompe obtiendra le succès qu'elle promet.

Le jury décerne à M. Lecomte la médaille de bronze.

M. PLAGNIOL, rue Pastourelle, n° 5, à Paris.

M. Plagniol avait obtenu une mention honorable, en 1844, pour ses appareils de photographie; il a fait, depuis cette époque, des progrès considérables, tant pour les instruments d'optique en général que pour les objectifs des plus grandes dimensions destinés au daguerréotype. M. Plagniol compte parmi ceux qui ont fait le plus d'efforts pour perfectionner ces objectifs, et il compte aussi parmi ceux qui ont obtenu les meilleurs résultats.

Le jury accorde à M. Plagniol une médaille de bronze.

M. LEBRUN (Alexandre), rue Chapon, n° 3, à Paris.

M. Lebrun présente pour la première fois à l'exposition les microscopes et les longues-vues qu'il fabrique en quantités considérables. Les procédés mécaniques entrent pour beaucoup dans cette fabrication importante, mais ils y entrent avec intelligence et précision, pour donner des produits qui supportent l'examen le plus minutieux. Parmi les divers modèles de longues-vues destinées à la marine, à l'arpentage, à la télégraphie, etc., que nous avons eu occasion de soumettre à l'épreuve, en les prenant au hasard dans ses magasins, où il y en a de grands assortiments, il ne s'en est pas trouvé un seul de médiocre qualité, et cependant leur prix est de beaucoup inférieur aux prix ordinaires: une fabrication courante, développée sur une grande échelle, qui livre aux sciences et au commerce des instruments d'aussi bonne qualité, est un véritable progrès.

Le jury accorde à M. Lebrun (Alexandre) une médaille de bronze.

M. LOISEAU, quai de l'Horloge, n° 35, à Paris.

M. Loiseau avait obtenu une mention honorable, en 1844, pour ses microscopes et pour ses appareils électro-magnétiques; nous avons remarqué avec plaisir les nouveaux instruments qu'il présente à l'exposition de 1849: sa machine pneumatique est d'une bonne construction, ses microscopes annoncent des progrès dignes d'éloges, et ses divers appareils de télégraphie électrique sont ingénieusement disposés.

Le jury accorde à M. Loiseau une médaille de bronze.

M. Jean-Baptiste LEBRUN, rue Grenétat, n° 4, à Paris.

M. Lebrun avait obtenu une mention honorable, en 1844, pour ses lorgnettes et pour ses instruments d'arpentage. Aujourd'hui il présente à l'exposition de très-bons objectifs pour le daguerréotype, des lorgnettes jumelles qu'il a perfectionnées, des longues-vues et des boîtes de mathématiques de son invention.

Le jury a vu avec plaisir les progrès de M. Lebrun, et lui accorde une médaille de bronze.

M. FASTRÉ, quai des Augustins, n° 63, à Paris.

M. Fastré se présente pour la première fois à l'exposition. Ses thermomètres très-précis divisés sur tige, ses baromètres, et d'autres appareils qui exigeaient pour leur construction beaucoup de soin et d'intelligence, prouvent que M. Fastré ne craint pas les difficultés, et qu'il sait trouver des moyens simples pour arriver à un grand degré d'exactitude.

Le jury accorde à M. Fastré une médaille de bronze.

M. CHUARD, rue Carnot, n° 6, à Paris.

M. Chuard s'est appliqué particulièrement à prévenir les accidents qui arrivent dans les mines par l'explosion du feu grisou ; il a eu, à cet égard, des idées ingénieuses, et il a lui-même construit des appareils pour les réaliser : son gazoscope est d'une sensibilité remarquable pour annoncer l'instant où le mélange des gaz de la mine devient dangereux ; il serait désirable que cet instrument pût passer dans la pratique ; les perfectionnements qu'il a apportés à la lampe de Davy sont aussi très-dignes d'attention ; enfin, sa boîte de secours pour les mineurs asphyxiés est très-ingénieusement disposée.

Le jury accorde à M. Chuard une médaille de bronze.

Rappels de mentions honorables

M. BERNARD, rue des Marmouzets, n° 30, à Paris.

Le jury lui rappelle la mention honorable, pour ses microscopes, ses chambres claires et ses niveaux.

M. Louis-Victor CHEVALIER, rue Montmartre, n° 176, à Paris.

Le jury lui rappelle la mention honorable, pour ses baromètres à cadran et ses instruments de verre.

M. GIROUX, rue Sainte-Avoye, n° 60, à Paris.

Le jury lui rappelle la mention honorable, pour ses lunettes paléidoscopiques et ses jumelles à ressort.

M. LEROY, rue des Fossés-Saint-Germain-l'Auxerrois, n° 29, à Paris.

Le jury lui rappelle la mention honorable, pour sa belle collection d'aréomètres, alcoomètres, etc.

MM. GROSSE frères, rue du Milieu-des-Ursins, n° 1, à Paris.

Le jury leur rappelle la mention honorable pour leurs aréomètres métalliques très-bien construits.

M. WALLET, quai de l'Horloge, n° 33, à Paris.

Le jury lui rappelle la mention honorable, pour ses loupes ou microscopes simples à forts grossissements et pour son modèle de spéculum.

Mentions honorables.

M. BERTHIOT, rue Saint-Martin, n° 155, à Paris.

Le jury lui accorde une mention honorable pour ses verres de besicles ou de conserves, diaphanes ou colorés, et ses boules à fantasmagorie.

M. RINGARD, rue Saint-Martin, n° 199, à Paris.

Le jury lui accorde une mention honorable, pour ses jumelles ovales très-bien établies et pour ses tubes cylindriques.

M. LEMOLT, passage Jouffroy, n° 42, à Paris.

Le jury lui accorde une mention honorable pour son appareil destiné à produire la lumière électrique.

MM. CHEVALIER et fils, quai de l'Horloge, n° 25, à Paris. Citations favorables.

Le jury leur accorde une citation favorable pour leurs lunettes antistrabismiques et leurs polyoramas.

M. FRÉCOT, rue des Maçons-Sorbonne, n° 16, à Paris.

Le jury lui accorde une citation favorable pour ses objets en verre, très-bien exécutés.

M. HENRI, passage Delorme, n° 21, à Paris.

Le jury lui accorde une citation favorable pour ses diverses lunettes.

M. POULLOT, rue du Temple, n° 19, à Paris.

Le jury lui accorde une citation favorable, pour ses lunettes et lorgnons très-bien établis.

M. LEMAIRE, passage du Saumon, n° 32, à Paris.

Le jury lui accorde une citation favorable pour sa bonne fabrication de verres à lunettes.

M. CROISSANT, à Laval (Mayenne).

Le jury lui accorde une citation favorable pour sa machine électrique à plateau de papier-poudre.

---

§ 2. PHARES.

M. Pouillet, rapporteur.

M. Henri LEPAUTE, rue Saint-Honoré, n° 247, à Paris. Rappel de médaille d'or.

M. Henri Lepaute obtint la médaille d'or à l'exposition de 1844, et, à la recommandation du jury, le Gouvernement lui accorda à cette époque la décoration de la Légion d'honneur. Cet habile fabricant a persévéré dans la voie qui l'a conduit à ces hautes récompenses : le grand phare qu'il présente cette année à l'Exposition est, sous tous les rapports, un travail très-remarquable; il serait difficile de porter plus loin la perfection de ces appareils merveilleux où tout doit être conforme aux lois les plus délicates et les plus précises de l'optique et de la mécanique.

Le jury se plaît à faire en faveur de M. Henri Lepaute le rappel de la haute récompense qu'il a reçue à l'exposition de 1844.

Médaille d'argent.

M. LETOURNEAU, allée des Veuves, cité Soleil, n° 37, à Paris.

M. Letourneau paraît à l'exposition pour la première fois; il a, depuis peu d'années, repris le bel établissement de M. François (jeune), dont le jury avait récompensé les brillants succès par la médaille d'argent en 1839, et par la médaille d'or en 1844. En prenant possession d'un matériel considérable, d'un ensemble d'outils très-parfaits et de procédés éprouvés, M. Letourneau n'avait en quelque sorte qu'à suivre la voie que son prédécesseur avait tracée, et dans laquelle il ne s'était pas moins distingué par son esprit d'invention que par sa persévérance; mais rien n'est stationnaire ni dans les sciences ni dans les arts mécaniques: là, on découvre chaque jour des phénomènes nouveaux; ici, chaque jour révèle pareillement des moyens plus prompts, plus sûrs et plus économiques pour obtenir les mêmes effets. La construction des phares, malgré le degré de perfection où elle a été portée dans ces dernières années, n'est donc pas arrivée à ses dernières limites. On sait que les phares se composent en général d'appareils réfringents et d'appareils réflecteurs; c'est surtout au perfectionnement de ces derniers que M. Letourneau s'est appliqué d'une manière spéciale. Il a construit, pour des phares qui lui ont été demandés par l'Angleterre, des réflecteurs sphériques et paraboliques qui sont remarquables par leurs dimensions, par la pureté de la matière et de l'étamage, et par l'exactitude avec laquelle les surfaces sont travaillées; l'un d'eux figure à l'exposition: il a 1^{m}400 de côté et 7 millimètres d'épaisseur.

Le jury a examiné avec un vif intérêt les produits de M. Letourneau, et il lui accorde la médaille d'argent.

§ 3. APPAREILS A PESER ET GRANDES BALANCES POUR LE COMMERCE.

M. Mathieu, rapporteur.

CONSIDÉRATIONS GÉNÉRALES.

L'uniformité des poids et des mesures, si nécessaire à la sécurité du commerce et des transactions sociales, si vivement réclamée, vers la fin du XVIIIe siècle, par les bons esprits, a été heureusement opérée en France par l'établissement définitif, et sans mélange, du système métrique décimal des poids et mesures.

Les sciences étaient depuis longtemps en possession de balances précises pour les recherches les plus délicates de la physique et de la chimie. Il n'en était pas de même des instruments usuels : aux embarras sans fin, d'une grande diversité, se joignaient les inconvénients d'une médiocre confection ; mais le bienfait de l'uniformité a amené sur-le-champ un grand changement et un progrès incessant dans la construction des instruments de pesage destinés au commerce. Les artistes les plus habiles de la capitale, chargés de confectionner les nouveaux étalons pour les départements, ont trouvé de nombreux imitateurs, et il s'est opéré, en peu d'années, une véritable révolution dans cette importante industrie. Nous avons vu la romaine, cette machine si commode, mais qui laissait tant à désirer sous le rapport de la précision, recevoir dans ces derniers temps les plus heureuses modifications. Sans changer la puissance de la romaine, on est parvenu, par des moyens ingénieux, à rendre le pesage plus facile, plus exact, et à tenir compte des fractions de poids, que l'on était obligé de négliger pour éviter l'emploi incommode des poids additionnels; mais, par la superposition de deux romaines, on peut rendre la puissance de la machine dix et vingt fois plus grande, et trouver, à l'aide de poids curseurs, des indications précises du poids. On rend ainsi la romaine plus sensible et plus puissante sans augmenter sa longueur et même en la diminuant, ce qui permet de l'appliquer à des opérations qui ne pouvaient se faire qu'avec des balances délicates. On a obtenu des effets analogues par la combinaison de deux leviers sans poids curseurs. Un système de balance, conçu par Roberval, et qui semblait devoir rester sans application, s'est cependant beaucoup répandu depuis quelques années, après avoir toutefois subi d'indispensables perfectionnements. Ces progrès sont dus principalement aux efforts qui ont été faits dans quelques grands établissements de balancerie que nous avons vu se former en différents points de la France. Espérons que les circonstances permettront bientôt à une si importante fabrication de reprendre le développement qu'elle avait déjà acquis et de faire encore de nouveaux progrès. C'est surtout par l'emploi intelligent d'un bon outillage que l'on confectionnera, avec économie et précision, des instruments dont l'usage se répandra encore plus sur les chemins de fer, dans les exploitations rurales et métallurgiques, et dans tous les genres de constructions.

Médaille d'or.

M. BÉRANGER et Cie, à Lyon (Rhône).

L'établissement fondé à Lyon, il y a plus de vingt ans, par M. Béranger, est arrivé en peu de temps à une fabrication très-perfectionnée et très-étendue. Il peut occuper jusqu'à 150 ouvriers et il est en possession, depuis bien des années, de fournir au commerce et à l'industrie des instruments de pesage pour des sommes considérables. Ce grand établissement a présenté à l'exposition divers appareils que nous allons passer en revue successivement.

Balance-pendule. — Le pesage avec la balance ordinaire est souvent gêné par les chaînes de suspension des bassins; il est entièrement libre avec la balance dite Roberval dont les bassins reposent sur les bras du fléau; aussi cet instrument commode et peu embarrassant s'est beaucoup répandu dans le commerce depuis quelques années. M. Béranger a cherché à modifier la balance Roberval de manière à la rendre plus précise et d'une application plus étendue. Dans la balance-pendule, chaque bassin est soutenu par une tige verticale qui repose sur une espèce de tablier horizontal. Ce tablier ou porte-tige est suspendu par des brides articulées, d'un côté à l'extrémité du fléau, de l'autre, à l'extrémité mobile d'un levier horizontal. Un point de ce levier est suspendu à son tour à un point du fléau voisin du milieu de sa longueur. Ces deux points, liés par une bride, étant déterminés convenablement, restent toujours dans la même verticale quand le fléau et le levier s'inclinent en sens contraires pendant les oscillations.

Si le porte-tige était suspendu directement au fléau, il s'inclinerait tantôt dans un sens, tantôt dans l'autre pendant les oscillations ; mais il résulte de cette disposition du levier intermédiaire de suspension, que le porte-tige, et, par suite, le bassin, restent toujours dans une position horizontale et que le pesage s'opère dans de bonnes conditions. On voit que le levier intermédiaire remplit un double office : il fournit un point de suspension pour le tablier et il transmet au fléau la charge qu'il supporte. L'appareil adopté par M. Béranger offre un mode ingénieux de suspension au fléau, et du bassin et de tout ce qu'il renferme.

Dans la grande balance-pendule, il y a deux fléaux parallèles; dans la petite on n'en met qu'un, mais il est terminé par une fourchette ou fer-à-cheval afin d'avoir aussi dans ce cas deux points de suspension directe du tablier au fléau, indépendamment du point de suspension par le levier intermédiaire.

Peso-compteur. — C'est une bascule romaine. Le poids curseur, qui porte un écrou dans sa partie inférieure, glisse au moyen d'une vis parallèle au fléau. Les divisions du fléau donnent les centaines de kilogrammes. Le pas de la vis est égal à l'intervalle de deux divisions, en sorte que le poids curseur avance sur le fléau d'une partie ou d'une division à la suivante, quand la vis fait un tour entier, et seulement d'un centième de partie quand la vis fait un centième de tour. La tête de la vis porte un cadran dont la circonférence est divisée en cent parties égales. On a ainsi sur le cadran des subdivisions bien distinctes qu'il serait impossible de marquer sur le fléau entre deux centaines consécutives.

Dans ce système de pesage, on amène facilement, à l'aide de la vis, le curseur écrou au point exact d'équilibre. Alors on lit les centaines de kilogrammes sur le fléau et on compte les kilogrammes sur le cadran. Au moyen de cette ingénieuse disposition, imitée de la vis micrométrique employée en astronomie pour la mesure des angles, on a le double avantage d'établir l'équilibre avec autant de précision que de promptitude et d'obtenir les petites fractions de poids.

Il serait bon d'ajouter au mécanisme le moyen bien simple de ramener l'index sur le point zéro du cadran s'il arrivait que la coïncidence n'eût plus lieu quand le poids curseur est exactement sur une division du fléau.

La *Bascule en l'air* offre une combinaison de deux leviers horizontaux avec un plateau pour recevoir les poids; ces deux leviers forment un appareil suspendu par deux crochets à une barre fixe; voilà ce qui a porté M. Béranger à l'appeler bascule en l'air.

Les leviers dirigés en sens contraires ont leurs bras dans le rapport de 1 à 10. A l'extrémité du grand bras du levier supérieur est suspendu le plateau des poids. Un corps, placé à l'extrémité du petit bras de ce levier, pèsera donc dix fois plus que le poids du plateau qui lui fait équilibre.

Quand les corps sont très-lourds, on les accroche au petit bras du levier inférieur. Alors les deux leviers sont mis en jeu et les poids en équilibre sont dans le rapport de 1 à 100. Ainsi, pour avoir le poids d'un corps, il faut multiplier le poids qui est sur le plateau par 10 ou par 100, suivant que l'on met en jeu un levier ou les deux leviers.

Cet appareil se prête bien au pesage des plus lourds fardeaux. Il peut d'ailleurs être ramené à de très-petites dimensions pour peser de 1 décigramme à 20 kilogrammes. Alors on suspend un petit bassin à l'extrémité du petit bras du levier supérieur, on place le corps léger dans le bassin à l'extrémité du grand bras et son poids est la dixième partie du poids qui lui fait équilibre dans le petit bassin. On a ainsi l'avantage de passer du grand au petit.

On ne peut pas confondre le système des deux leviers de la bascule en l'air avec la double romaine que M. Béranger employait, vers 1842, dans des ponts à bascule. Dans la bascule en l'air, on établit l'équilibre avec des poids placés sur un plateau, tandis que dans la double romaine on se sert de deux poids curseurs.

Ponts à bascule. — M. Béranger a fourni à l'administration des ponts et chaussées, en 1842 et 1843, des ponts à bascule, qui, au rapport des ingénieurs, se distinguaient des autres systèmes par des perfectionnements pour le pesage et l'embrayage. La balance démonstrative de la charge se composait tantôt d'un appareil à leviers combinés formant une double romaine avec deux fléaux gradués et deux poids curseurs, tantôt d'un levier simple avec plateau, pour recevoir les poids. Depuis cette époque, M. Béranger a encore apporté d'heureuses modifications à ces grands instruments.

Ponts à bascule brisés. — Jusqu'à présent on n'a pesé les locomotives que par train, au moyen de trois ponts à bascule indépendants sur lesquels on fait arriver chaque paire de roues. M. Béranger voulant, comme l'avait déjà fait M. Sagnier, obtenir le poids par roue, a présenté, vers la fin de l'exposition, un petit modèle de pont brisé. Il conserve les trois tabliers qui servaient pour les trains; mais, sous chaque rail d'un tablier, il place un levier triangulaire qui transmet à une balance la pression qu'il supporte. On obtient ainsi séparément les charges que supportent chacune des six roues, au moyen de six balances placées du même côté de la voie. Avec un seul tablier pour les deux roues d'un train, M. Béranger n'a besoin que de six leviers triangulaires. M. Sagnier en emploie douze dans son appareil à six tabliers; mais avec un tablier pour chaque roue, il a l'avantage de maintenir la plus grande indépendance possible entre les deux roues d'un même train.

M. Béranger ne s'est pas arrêté à la fabrication des instruments qu'il avait présentés en 1844 et qui lui ont valu la médaille d'argent. Les appareils de pesage qu'il a exposés cette année, toujours remarquables par une bonne construction, offrent encore de nouveaux et d'importants perfectionnements. Le jury lui décerne une médaille d'or.

M. Louis SAGNIER et Cie, à Montpellier (Hérault).

Nouvelle médaille d'argent.

L'établissement fondé par M. Sagnier, en 1833, a acquis une grande extension depuis cette époque. Il occupait 150 ouvriers dans le courant de l'année 1847, tant à Montpellier que dans ses succursales de Marseille et de Paris. La fourniture de ses produits peut s'élever à 250,000 fr. pour le commerce intérieur, et à 50,000 fr. pour l'exportation.

Depuis la dernière exposition, la maison Sagnier s'est principalement livrée à la construction des grands instruments de pesage. Elle a présenté deux ponts à bascule; un appareil qui s'adapte à la grue Arnoux, dite à chariot, pour peser les voitures, pendant qu'on les hisse sur un chemin de fer à l'aide de cette grue; trois bascules portatives.

Nous avons particulièrement remarqué une *bascule romaine* portative, avec un poids curseur à coulisse, surmontée d'une règle graduée parallèle au fléau et garnie de deux curseurs. Quand l'équilibre est établi au moyen des trois poids curseurs, on lit les centaines de kilogrammes sur le fléau de la romaine, les kilogrammes et les fractions sur la règle mobile. Par cette ingénieuse disposition, les subdivisions de la romaine, au delà des centaines de kilogrammes, sont transportées sur la règle à double curseur, où elles se lisent avec la plus grande facilité. Le plus souvent, on pourra se borner aux indications du plus grand poids curseur de la règle.

Appareil pour régler les ressorts des locomotives. — On pèse généralement les locomotives sur des ponts à bascule brisés. Trois balances romaines donnent séparément les poids des trains qui reposent sur trois tabliers indépendants. Cette opération fournit le poids total de la locomotive et sa distribution sur les essieux; mais elle n'indique pas comment la charge d'un train est répartie sur les deux roues. M. Sagnier s'est proposé de la compléter, non-seulement pour connaître le poids plus en détail, mais encore pour fournir à l'industrie un moyen simple de régler les ressorts des locomotives. Avec le nouvel appareil qu'il a imaginé et pour lequel il a pris un brevet d'invention, on obtient séparément les poids supportés par chacune des six roues d'une locomotive, et par conséquent le poids total et la position de la verticale qui passe par son centre de gravité.

La belle locomotive de MM. Gouin et Cie, a été placée à l'exposition sur un de ces appareils. Chaque roue repose sur un petit pont ou tablier rectangulaire, fort étroit, pressant deux leviers triangulaires en rapport avec une balance romaine qui indique la charge supportée par la roue.

Cet appareil fait donc connaître la répartition, sur les six roues, du poids total de la machine; il y a plus, et c'est là son grand avantage; il fournit le moyen de régler la tension des ressorts de la locomotive, de manière à obtenir une bonne répartition. Pour cela, il suffit de serrer ou de desserrer les ressorts jusqu'à ce que les six balances indiquent une distribution régulière de la charge totale de la locomotive.

S'il arrive qu'une roue, par suite d'un changement dans la tension de son ressort, reçoive un accroissement de charge, on pourra le constater et le faire disparaître en faisant usage de l'appareil de M. Sagnier, et on évitera ainsi les inconvénients d'une trop grande adhérance de cette roue sur le rail.

Cet appareil peut être employé avec avantage sur les chemins de fer. Il offre pour régler les ressorts des locomotives un procédé plus direct et plus sûr que ceux qui ont été employés jusqu'à présent. Il fournit un moyen très-simple de reconnaître en peu de temps, et aussi souvent qu'on le voudra, si une locomotive se trouve dans de bonnes conditions de traction et de roulement.

M. Louis Sagnier a obtenu une médaille de bronze à l'exposition de 1839, une médaille d'argent à l'exposition de 1844. Le jury, voulant récompenser les nouveaux efforts qu'il a faits pour perfectionner divers instruments de pesage, lui décerne une nouvelle médaille d'argent.

M. PARENT, rue des Arcis, n° 33, à Paris.

Rappel de médaille d'argent.

M. Parent continue à construire avec une habileté bien connue de bons appareils de balancerie pour le commerce. On avait remarqué en 1844 son *nécessaire* de vérificateur des poids et mesures; mais, depuis cette époque, il s'est attaché à en réduire le poids et le volume. Il est heureusement parvenu à renfermer dans une petite boîte, qui ne pèse plus que 18 kilogrammes, l'ensemble de tous les instruments nécessaires à la vérification et au poinçonnage des poids et des mesures de longueur et de capacité. Une petite balance suffit pour contrôler avec précision tous les poids jusqu'à 20 kilogrammes parce qu'elle peut servir à volonté, avec des bras égaux ou des bras inégaux, dans le rapport de 1 à 10. Ce travail, dans lequel on trouve à chaque instant d'ingénieuses combinaisons, a été apprécié par le jury, qui rappelle à M. Parent la médaille d'argent qu'il avait obtenue à l'exposition de 1844.

M. VALETTE, passage Jouffroy, n°s 38 et 40, à Paris.

Médailles de bronze.

M. Valette a présenté à l'exposition, sous différentes formes dans diverses dimensions, des appareils de pesage dans lesquels il emploie particulièrement la romaine simple ou double.

Balance romaine pour l'usage ordinaire du commerce. — Le pesage s'opère à l'aide de deux poids curseurs : l'un indique les kilogrammes sur le grand bras de la romaine, l'autre, les fractions sur le prolongement du petit bras au delà du point de suspension du bassin où se trouve le corps que l'on veut peser. On trouve des dispositions analogues dans une petite balance de précision et dans un pèse-lettres.

M. Valette a construit, pour les corps d'un grand poids, un appareil qu'il nomme *polygramme*, et dans lequel il met toujours en jeu deux romaines parallèles superposées.

Polygramme à crochet. — Concevons une romaine ordinaire et au dessous une autre romaine formant un levier de deuxième espèce dont l'extrémité mobile est suspendue par une bride au petit bras de la romaine supérieure; supposons, de plus, que les bras de la romaine inférieure soient dans le rapport de 1 à 20. Si l'on suspend un corps au crochet qui termine le petit bras de la romaine inférieure, son action, transmise par le grand bras, ne sera sur la romaine supérieure que la vingtième partie du poids du corps. La puissance de la romaine supérieure est ainsi rendue vingt fois plus grande, puisque les choses se passent comme si on lui appliquait directement un corps vingt fois moins lourd. Le pesage ou l'équilibre s'opère au moyen des poids curseurs des deux romaines : l'un donne les kilogrammes, l'autre les fractions.

Dans une autre espèce de polygramme, M. Valette a mis au lieu d'un simple crochet de suspension un plateau qui se prête mieux au pesage de certaines marchandises, et qui est suspendu d'un côté à la romaine inférieure, de l'autre à un levier de deuxième espèce. Ce levier a son extrémité fixe sur un châssis, et son extrémité libre liée par une bride vers le point milieu du fleau de la romaine inférieure. Les deux points d'attache s'élèvent et s'abaissent ensemble et avec le fléau inférieur et avec le levier. Au moyen de cette ingénieuse disposition, le plateau suspendu au fléau inférieur et au levier auxiliaire se maintient dans une position horizontale, et le pesage s'opère avec exactitude et facilité. Le levier auxiliaire, employé dans ce polygramme, remplit une double fonction : il fournit le second point de suspension pour le plateau, et il transmet à la romaine inférieure la charge qu'il supporte. La romaine inférieure agit alors sur la romaine supérieure et l'équilibre s'établit à l'aide des deux poids curseurs.

M. Valette paraît pour la première fois à l'exposition. Ses appareils de pesages construits avec soin et intelligence ont attiré l'attention du jury qui lui décerne une médaille de bronze.

M. THIER, passage Choiseul, n° 40, à Paris.

La balance romaine présentée à l'exposition par M. Thier a été généralement remarquée. Le petit bras du levier ou du fléau supporte un bassin rectangulaire, et le grand bras se compose de trois branches sur lesquelles glissent trois poids curseurs. L'équilibre s'établit promptement avec ces poids curseurs et la lecture se fait avec autant de facilité que de sûreté. Chaque curseur fait corps avec une gaine en cuivre qui cache les divisions de la branche sur laquelle il glisse et ne laisse voir, par une petite ouverture, que le chiffre qu'il faut prendre. Ce chiffre se montre des deux côtés de la balance sur les deux faces de chaque branche qui est taillée en prisme triangulaire.

L'instrument qui figure à l'exposition nous paraît ramené à des dimensions et à une portée qui le rendent d'une application très-commode. Il peut peser jusqu'à 25 kilogrammes avec toute la précision désirable dans les usages ordinaires. Le grand poids curseur donne les kilogrammes, le second les hectogrammes et les décagrammes, le troisième les grammes. Il a d'ailleurs l'avantage de dispenser des collections de poids dont on a besoin avec les balances ordinaires et qui sont parfois embarrassantes dans les usages domestiques.

On pourrait augmenter la puissance de cette balance, soit en suspendant à l'extrémité de la romaine un poids de 25 kilogrammes, soit en allongeant ses branches, mais on lui ferait perdre l'avantage de sa simplicité.

Le jury accorde à M. Thier une médaille de bronze.

M. FRÈCHE, quai Valmy, n° 145, à Paris.

M. Frèche a reproduit cette année six mesures de capacité : le litre et le décalitre, avec leur moitié et leur double, qu'il avait exposés en 1839 et qui lui avaient valu une citation. Ces mesures, construites avec soin en tôle de fer vernie, avec une enveloppe en noyer pour les garantir des chocs, pourraient, au besoin, servir d'étalon dans les communes.

La *voiture-balance* à deux roues, construite par M. Frèche, est destinée à peser et à transporter la houille. Une caisse, qui peut contenir deux mille kilogrammes de houille, est supportée, de chaque côté, par un système de deux leviers dont les bras sont dans le rapport de 1 à 10. Le plateau étant suspendu par deux tiges verticales aux extrémités des leviers supérieurs ou balanciers, il suffit d'y mettre un poids égal à la centième partie de la charge pour établir l'équilibre. C'est seulement 20 kilogrammes pour deux tonneaux de houille. Pendant la marche de la voiture, l'appareil de pesage est isolé et à l'abri des cahots au moyen d'un mécanisme qui fixe en même temps la caisse mobile au train de la voiture. Le plateau s'élève et s'applique sous le train.

Quand la voiture se trouve sur un sol incliné, il faut, avant de peser, ramener le train dans un plan horizontal. Le nivellement s'opère dans le sens de la longueur avec un cric placé sous l'avant de la voiture, et en travers au moyen d'un sabot en plan inclin, sur lequel on fait monter plus ou moins l'une des deux roues. Enfin, avec un tour on laisse la caisse se renverser par degré et le déchargement a lieu sans secousse.

Le mécanisme et l'augmentation dans les dimensions de la voiture occasionnent un surcroît de poids de 300 à 400 kilogrammes; cependant un fort cheval pourra encore traîner la charge totale.

Cette voiture peut aussi servir pour le bois vendu au poids.

La fraude sera impossible avec la voiture-balance : les consommateurs pourront reconnaître à domicile le poids de la houille ou du bois qui leur sera livré, en répétant l'opération du pesage et en vérifiant la tare qui fait équilibre à la caisse quand elle est vide.

Le jury décerne à M. Frèche une médaille de bronze.

Citation favorable.

M. CHEMIN, rue de la Ferronnerie, n° 4, à Paris,

Est cité favorablement pour des balances de précision et une éprouvette pour la force de la poudre.

M. LABBÉ, rue de Sèvres, n° 34, à Vaugirard,

Est cité favorablement pour une bascule à indicateur, formée d'un plateau en cuivre placé sur une tige verticale qui, en descendant, fait marcher une aiguille qui marque sur un cadran le poids du corps placé sur le plateau.

M. GUÉRIN, rue des Marais-Saint-Martin, n° 66, à Paris,

Est cité favorablement pour ses pèse-lettres.

M. BINGER, rue Neuve-Saint-Jean, n° 4 *bis*, à Paris,

Est cité favorablement pour ses balances de comptoir, système Roberval.

MM. COLLOT frères, boulevard d'Enfer, n° 10, à Paris,

Sont cités favorablement pour de petites balances d'essai et d'analyse.

M. GIRAUD, à Bourg (Ain).

Est cité favorablement pour une balance à bascule.

M. BOIZARD, à Moncontour (Côtes-du-Nord),

Est cité favorablement pour une romaine à balancier. Le poids curseur est remplacé par un poids fixé à une tige mobile.

---

§ 4. MESURES DIVERSES, COMPTEURS ET MACHINES A CALCULER.

M. Mathieu, rapporteur.

CONSIDÉRATIONS GÉNÉRALES.

Pascal avait eu, fort jeune, l'idée d'une machine pour exécuter les opérations ordinaires de l'arithmétique. Celle qu'il a construite vers 1645, après de longs et dispendieux essais, était loin de répondre aux espérances qu'il avait conçues. Cette machine, qui paraît la plus ancienne connue, existe encore : elle a servi de modèle, de point de départ à presque tous ceux qui se sont occupés du problème dont Pascal avait cherché la solution avec tant de persévérance. Après quelques tentatives de perfectionnement Leibnitz fut conduit à une machine arithmétique qu'il a décrite, qu'il avait déja montrée à Londres en 1673 et qui fut très-longtemps pour lui un incessant objet de travail et de méditation. L'instrument calculateur de Pascal et tous ceux qui furent proposés plus tard laissaient tant à désirer, sous tous les rapports, qu'ils seraient tombés dans l'oubli le plus profond si l'histoire de la science n'en avait pas conservé le souvenir. Pouvait-on arriver à une solution satisfaisante à une époque où la mécanique offrait peu de moyens pour produire avec précision et célérité les mouvements si variés, si compliqués qu'exige une machine à calculer? Depuis deux siècles, l'art s'est enrichi successivement d'organes de mouvement, d'ingénieux systèmes d'engrenages qui ont aplani bien des difficultés dans la mécanique appliquée. Aussi, de nos jours, on est parvenu à construire des machines qui marchent avec une parfaite régularité, et qui exécutent les quatre règles de l'arithmétique avec une grande rapidité et une exactitude égale à celle que l'on obtient péniblement par le calcul ordinaire.

Peu d'années après l'invention des logarithmes on imagina de les transporter sur une échelle, et l'on forma l'instrument nommé *échelle* ou *règle logarithmique.* Cette règle, avec tous les perfectionnements qu'elle a reçus, est bien loin des machines dont nous venons de parler, soit pour la généralité, soit pour la précision des opérations; elle ne peut servir que pour la multiplication et la division, et elle ne donne que des résultats approchés. Cependant elle a été employée à son apparition; elle est depuis très-longtemps en usage en Angleterre et en Allemagne, et elle commence à se répandre en France, parce qu'elle a l'avantage d'être très-portative et de conduire très-facilement à des résultats d'une précision suffisante dans la plupart des opérations usuelles de l'industrie et de la géométrie pratique.

Médaille d'or.

MM. MAUREL ET JAYET, avenue de l'Observatoire, n° 43, à Paris.

MM. Maurel et Jayet ont présenté, sous le nom d'*Aritimaurel*, une machine à calculer, dans laquelle on retrouve le principal organe de l'arithmomètre de M. Thomas, à savoir : des cylindres cannelés et des arbres parallèles, sur lesquels glissent des pignons destinés à représenter les nombres; mais c'est avec des dispositions et des combinaisons mécaniques différentes et très-ingénieuses.

Un premier cylindre horizontal est couvert en partie par 18 arêtes saillantes accouplées, dont les longueurs sont proportionnelles aux nombres 1, 2, 3, 4, 5, 6, 7, 8, 9. Un arbre à section elliptique, placé par-dessus ce cylindre, parallèlement à son axe, est terminé par un pignon et porte un autre pignon mobile à 6 dents. Avec une touche aussi parallèle au cylindre, et sur laquelle sont gravés les chiffres 0, 1, 2, 3, 4, 5, 6, 7, 8, 9, on peut faire glisser le pignon mobile le long de l'arbre. Supposons que l'on pousse la touche au chiffre 3, elle conduit le pignon mobile à la hauteur de l'arête saillante 3. Supposons de plus que l'on fasse faire de gauche à droite un tour entier au cylindre, 3 dents du pignon mobile sont entraînées par les 3 seules arêtes accouplées, 1, 2, 3; le pignon fixe tourne avec l'arbre; la rotation est transmise par un engrenage particulier à un cadran mobile, qui porte les dix chiffres 0, 1, 2, 3, 4, 5, 6, 7, 8, 9, et qui, en faisant trois pas, amène le chiffre 3 à une petite fenêtre de ce cadran, où l'on voyait avant le caractère zéro.

On fait tourner le cylindre cannelé avec une manivelle. Les tours sont marqués par une aiguille sur un cadran fixe, qui porte zéro au point le plus haut et les chiffres 1, 2, 3, 4, 5, 6, 7, 8, 9, à droite et à gauche. Chaque pas de l'aiguille de ce cadran, compteur ou multiplicateur, correspond à un tour du cylindre cannelé.

L'arithmaurel comprend encore 7 autres arbres parallèles. Chacun de ces arbres a aussi deux pignons, une touche et un cadran mobile. Le pignon qui glisse sur le premier arbre à droite représente les unités; celui qui glisse sur le second arbre représente les dizaines, et ainsi de suite jusqu'au huitième arbre.

Supposons qu'à l'aide des touches on pousse le pignon des centaines sur 5, des dizaines sur 4, des unités sur 3, et que le cylindre cannelé fasse un tour; le nombre, 543, écrit avec les pignons mobiles, sera transporté dans les fenêtres des trois premiers cadrans.

Addition. — Un nombre étant écrit avec les touches des pignons mobiles, un tour de gauche à droite du cylindre cannelé le transporte aux fenêtres des cadrans; on transporte de même un second nombre qui s'ajoute au premier, et ainsi de suite. La somme se lit dans les fenêtres des cadrans.

Soustraction. — Après avoir écrit le plus grand nombre avec les touches et l'avoir transporté aux fenêtres des cadrans par un tour du cylindre cannelé, on écrit le plus petit nombre avec les touches, mais cette fois on tourne le cylindre en sens contraire, de droite à gauche. Alors les cadrans amènent aux fenêtres dans l'ordre inverse 9, 8, 7, etc. les chiffres du nombre à retrancher; la soustraction s'opère, et la différence des deux nombres donnés est écrite dans les petites fenêtres.

Retenue. — Quand la somme de deux chiffres, qui s'ajoutent sur un cadran, surpasse 9, il faut que les unités restent sur ce cadran et que la dizaine passe sur le cadran de gauche; ce passage s'exécute avec autant de sûreté que de facilité par un mécanisme très-remarquable.

Le pignon fixé à l'extrémité de chaque arbre est au centre d'une roue dentée intérieurement et extérieurement. MM. Maurel et Jayet ont eu l'heureuse idée de placer entre ce pignon et la roue-enveloppe un petit pignon satellite, qui rappelle le pignon satellite dont M. Pecqueur a fait une si ingénieuse application dans la théorie des engrenages.

L'axe du petit pignon satellite est porté par un pont fixé à une croix de Malte. Quand le pignon central tourne avec son arbre, avec l'arbre des dizaines, par exemple, le pignon satellite, maintenu par la croix de Malte, tourne sur lui-même, et entraîne la roue-enveloppe par sa denture intérieure; cette roue fait marcher à son tour, par sa denture extérieure, une roue dont l'axe porte le cadran des dizaines. Tel est le système d'engrenage qui transporte au cadran des dizaines le chiffre marqué par la touche des dizaines.

Dès que l'arbre des dizaines tourne, son cadran tourne aussi; mais ce cadran peut encore tourner lors même que l'arbre est en repos, et c'est par cette rotation indépendante de l'arbre que s'opère la retenue. Quand la croix de Malte fait un pas, elle emporte l'axe du pignon satellite qui, dans son mouvement de translation, d'un côté, roule sur le pignon central et, de l'autre, fait marcher la roue-enveloppe, et, par conséquent, le cadran des dizaines.

Ainsi, le pignon satellite produit la rotation de son cadran quand il est mû, soit par le pignon central, soit par la croix de Malte, soit par tous les deux à la fois. Mais l'axe du cadran des unités porte un brideur : c'est un plateau circulaire qui emboite et glisse dans la croix de Malte des dizaines. Au moment où, dans l'addition, le cadran des unités doit dépasser le chiffre 9, la dent unique du brideur entraîne une dent de la croix de Malte; alors le pignon satellite a un mouvement de translation; la roue-enveloppe marche, le cadran des dizaines fait un pas et reçoit la *retenue* d'une dizaine.

Dans la soustraction, les chiffres arrivent aux fenêtres des cadrans dans l'ordre inverse : 9, 8, 7, 6, 5, 4, 3, 2, 1, 0. Si l'on doit retrancher 8 unités, par exemple, et qu'il n'y en ait que 4 à la fenêtre du cadran des unités, ce cadran, en partant de 4, va rétrograder de 8 pas et amener le chiffre 6 à la fenêtre; mais, dans le passage de 0 à 9, la dent de son brideur fait faire un pas rétrograde à la croix de Malte des dizaines; le cadran des dizaines recule d'un rang; il perd la dizaine nécessaire pour effectuer la soustraction.

C'est, en définitive, par le brideur que s'établit la communication d'un cadran à l'autre et que s'opère le passage d'une dizaine d'unités, soit dans l'addition, soit dans la soustraction.

Le cylindre cannelé dont nous venons de parler suffit pour opérer dans tous les cas l'addition et la soustraction. Pour exécuter avec la même facilité la multiplication et la division, MM. Maurel et Jayet ont placé à la suite de ce cylindre, et dans le prolongement de son axe, trois autres cylindres cannelés égaux. Chacun de ces cylindres a, comme le premier, sa manivelle et un cadran fixe à aiguille pour indiquer les tours. Les 8 arbres du premier cylindre se prolongent jusqu'au quatrième cylindre et portent des pignons mobiles correspondant à chaque cylindre. Supposons que l'on avance la touche des unités sur le chiffre 8, quatre bras de cette touche poussent vers l'arête 8 de chaque cylindre cannelé les pignons mobiles des quatre premiers arbres. Le chiffre 8 se trouve ainsi représenté sur chaque cylindre par un pignon mobile, et le premier chiffre 8 est sur l'arbre des unités, le second sur l'arbre des dizaines, etc. La touche des dizaines étant avancée sur le chiffre 5, ce chiffre sera de même représenté par un pignon mobile de chaque cylindre; mais le premier chiffre 5 se trouve alors sur l'arbre des dizaines, le second sur l'arbre des centaines, et ainsi de suite.

Un nombre écrit avec les touches se trouve donc représenté sur chaque cylindre par les pignons mobiles, mais toujours en avançant d'un rang vers la gauche. Ce nombre est donc déjà multiplié par 10 sur le second cylindre, par 100 sur le troisième et par 1000 sur le dernier.

Chaque cylindre cannelé a comme le premier sa manivelle et un cadran fixe à aiguille pour indiquer les tours.

Avant de commencer une opération arithmétique, il suffit de tirer une tringle pour ramener d'un seul coup à zéro les cadrans mobiles et les aiguilles des cadrans fixes.

Multiplication. — Supposons maintenant que l'on veuille multiplier par 45 le nombre 678. On écrit d'abord le multiplicande 678 avec les touches et, par conséquent, avec les pignons mobiles des quatre cylindres cannelés. On amène ensuite, avec la manivelle tournée de gauche à droite, l'aiguille du cadran fixe des unités sur le chiffre 5. Le premier cylindre seul fait 5 tours; le nombre 678 s'ajoute 5 fois à lui-même, et le produit par les unités se trouve écrit dans les fenêtres des cadrans. On tourne la manivelle du second cylindre pour amener sur le chiffre 4, dizaines du multiplicateur, l'aiguille du cadran des dizaines. Le second cylindre seul fait quatre tours, le nombre 6780 de ce cylindre s'ajoute quatre fois de suite au premier produit partiel et le produit total se trouve dans les fenêtres des cadrans mobiles.

Ainsi, quand on a écrit le multiplicande avec les touches et le multiplicateur avec les aiguilles sur les cadrans fixes à manivelles, le produit est formé; on le lit dans les fenêtres disposées en galerie des cadrans mobiles.

Addition des produits. —Tandis que l'on trouve une suite de produits, la machine peut, si l'on veut, les ajouter et en donner la somme dans une galerie supérieure des fenêtres de 8 autres cadrans mobiles organisés comme ceux de la galerie intérieure dont nous venons de parler.

Division. — Au moyen des touches et d'un seul tour du premier cylindre, on écrit le dividende dans les fenêtres des cadrans mobiles. On écrit le diviseur avec les touches et, par conséquent, avec les pignons mobiles des quatre cylindres cannelés. On tourne dans l'ordre inverse des chiffres ou de droite à gauche et jusqu'à résistance la dernière manivelle à gauche. L'aiguille de son cadran indique, par les tours du cylindre des mille, combien de fois on a retranché du dividende le diviseur multiplié par 1000. C'est le premier chiffre du quotient. On passe à la manivelle suivante, à droite, que l'on tourne aussi de droite à gauche. L'aiguille de son cadran donne les centaines du quotient puisqu'elle indique combien de fois on a retranché du dividende le diviseur multiplié par 100. On trouvera de même les dizaines et les unités du quotient au moyen des deux manivelles de droite. Après avoir ainsi retranché du dividende tous les multiples du diviseur qu'il renferme, le reste est indiqué sur les cadrans mobiles. La division se fait exactement quand il ne reste plus rien aux fenêtres de ces cadrans.

La main de l'opérateur est toujours arrêtée par la résistance de la machine quand un chiffre du quotient est obtenu sur un cadran fixe; elle doit donc passer à la manivelle voisine à droite.

Ainsi, quand on a écrit le dividende aux fenêtres des cadrans mobiles, le diviseur sur les touches, il suffit de tourner les manivelles de droite à gauche jusqu'à résistance. Les chiffres du quotient sont indiqués par les aiguilles des cadrans fixes, et le reste se trouve aux fenêtres des cadrans mobiles.

Tout le mécanisme est renfermé dans une boîte de 22 centimètres de longueur, 12 de hauteur et 13 de largeur. Il n'y a que les touches et les cadrans qui se trouvent dans le dessus et sur la face antérieure de la boîte.

Avec l'arithmaurel on peut obtenir un produit de 8 chiffres : ce qui suppose des facteurs dont le nombre des chiffres réunis est, au plus de 8, ou s'élève seulement jusqu'à 9 quand les premiers chiffres à gauche sont très-petits. Pour aller à dix chiffres, il faudrait ajouter un cylindre cannelé avec son cadran fixe à aiguille et deux arbres avec leurs pignons et leur cadran mobile, ce qui, pour un faible avantage, augmenterait notablement le volume et le prix de la machine.

Dans l'addition, la soustraction, la multiplication et la division, on donne toujours deux nombres dont on demande la somme, la différence, le produit ou le quotient. Eh bien, quand les deux nombres sont écrits avec les organes de l'arithmaurel, l'opération est faite. Le résultat se lit sur la galerie de fenêtres des cadrans mobiles pour l'addition, la soustraction et la multiplication. C'est seulement pour la division que le quotient est indiqué par les aiguilles des cadrans fixes.

Les machines à calculer laissaient beaucoup à désirer : elles exigeaient trop souvent le concours de l'opérateur. MM. Maurel et Jayet ont cherché une meilleure solution avec une grande persévérance; ils se sont efforcés de donner à toutes les parties de leur machine de bonnes conditions de stabilité, et d'assurer l'exactitude et la sûreté de ses mouvements sans le secours d'aucune espèce de ressort. Ils avaient à vaincre de très-grandes difficultés; ils les ont habilement surmontées par d'heureuses dispositions mécaniques, par d'ingénieuses transmissions de mouvement dans la belle machine qu'ils ont présentée à l'exposition.

Le jury décerne une médaille d'or à MM. Maurel et Jayet.

Nouvelle médaille d'argent.

M. REYMONDON, à Paris, rue Saint-Sauveur, n° 18.

M. Reymondon a présenté à côté de son dynamomètre compteur et totaliseur, des instruments plus usuels, entre autres, un indicateur de la pression dans les cylindres des machines à vapeur. M. Reymondon, sans rien sacrifier sous le rapport de la solidité et de la précision, s'est principalement attaché à simplifier la composition des dynamomètres, afin d'en abaisser le prix et d'en rendre l'emploi plus facile et plus étendu. Le dynamomètre doit compter le temps et enregistrer le travail produit par la traction. Pour obtenir ces deux renseignements, il faut que l'instrument soit construit avec une grande précision, toujours inséparable d'une certaine délicatesse dans quelques-unes de ses parties. Un système d'horlogerie fait tourner d'un mouvement à la fois uniforme et continu un plateau qui accomplit en 60" sa révolution entière. C'est perpendiculairement sur ce plateau en cuivre que repose une roulette en acier, que le plateau fait tourner et qui est fixée au ressort sur lequel s'exerce l'effort de traction. Quand la traction augmente, le ressort, en prenant une forte tension, éloigne du centre du plateau la roulette qui tourne alors avec une vitesse d'autant plus grande qu'elle est plus loin du centre du plateau. Dans tous les points où la roulette est amenée par le ressort, elle doit tourner uniformément pour que chaque pas qu'elle fait indique bien le même effort de traction. Chaque tour de la roulette est transmis, à l'aide d'une vis sans fin, à un disque qui totalise les efforts de traction pendant la durée de l'expérience. Le dynamomètre doit donc marcher avec une grande régularité et résister en même temps aux plus rudes épreuves, lorsqu'il fonctionne. Voilà des conditions difficiles à concilier. M. Reymondon s'est efforcé de les remplir, et il y est heureusement parvenu par des dispositions et des combinaisons mécaniques qui annoncent un homme intelligent, un artiste habile.

M. Reymondon a obtenu, en 1844, le rappel de la médaille d'argent qu'il avait partagée en 1839, avec M. Martin, son beau-père.

Le jury lui décerne une nouvelle médaille d'argent.

M. THOMAS, à Paris, rue du Helder, n° 13. Médaille d'argent.

M. Thomas a présenté à l'exposition un instrument à calculer, pour lequel il avait pris un brevet d'invention en 1820. L'organe principal de cet instrument, qu'il nomme *arithmomètre*, est un cylindre dont une partie de la surface est recouverte de neuf arêtes saillantes qui croissent en longueur comme les nombres 1, 2, 3, 4, 5, 6, 7, 8, 9. Un arbre carré parallèle à ce cylindre cannelé porte deux pignons à neuf dents; l'un est mobile le long de l'arbre; l'autre, fixe, fait tourner un cadran en s'engrenant dans une couronne ou roue de champ, à dix dents correspondantes aux dix chiffres 0, 1, 2, 3, 4, 5, 6, 7, 8, 9. Supposons que l'on fasse glisser le pignon mobile jusqu'à la hauteur de l'arête saillante 3 et que le cylindre fasse un tour entier, trois dents de ce pignon seront entraînées par les trois arêtes saillantes 1, 2, 3; trois dents du pignon fixe feront avancer trois dents de la couronne et tourner les trois chiffres 1, 2, 3 du cadran. On verra donc, au lieu de zéro, le chiffre 3 dans la petite fenêtre du cadran.

D'autres cylindres semblables rangés parallèlement au premier que nous venons de décrire, ont aussi leurs pignons et leurs cadrans mobiles pour représenter les dizaines, les centaines, etc. A la suite des cylindres, vient une vis également parallèle, dont la manivelle fait tourner à la fois tous les cylindres. Le nombre des tours est compté par un indicateur dont la tige poussée par les filets de la vis, parcourt une rainure rectiligne. On lit sur le bord de la rainure les chiffres 1, 2, 3, 4, 5, 6, 7, 8, 9. Si l'on amène l'indicateur des tours à la hauteur du chiffre 4, on est sûr que tous les cylindres ont fait quatre tours entiers quand la manivelle a été tournée de gauche à droite jusqu'à résistance et que l'indicateur est descendu au point zéro, limite inférieure de sa course.

Addition. — On écrit un nombre avec les index des pignons mobiles; on fait un seul tour de manivelle et le nombre est transporté dans les fenêtres des cadrans. On transporte de même un second nombre qui s'ajoute au premier, puis un troisième et ainsi de suite. La somme de tous les nombres sur lesquels on a opéré se trouve écrite aux fenêtres des cadrans.

Dans cette opération se présente la grande difficulté de la *retenue*. Quand la somme de deux chiffres des unités dépasse 9, les unités restent dans la fenêtre du cadran des unités et la dizaine passe sur le cadran à gauche des dizaines. La même chose a lieu quand la somme des deux chiffres à ajouter sur un cadran quelconque surpasse 9. La dizaine passe toujours sur le cadran à gauche. Ce passage de la retenue d'un cadran au suivant s'opère à l'aide d'un mécanisme très-simple où se trouvent à la vérité deux ressorts qui, à la longue, pourraient bien perdre de leur énergie.

Multiplication. Quand le multiplicande est écrit avec les index des pignons mobiles, on place l'indicateur des tours sur le chiffre égal aux unités du multiplicateur, et on tourne la manivelle jusqu'à résistance. Le multiplicande s'ajoute à lui-même autant de fois que l'on a fait de tours ou qu'il y a d'unités dans le multiplicateur, et le premier produit partiel se trouve dans les chiffres apparents des cadrans. On fait glisser à la main la tablette qui porte les cadrans de manière que le cadran des dizaines prenne la place des unités. Alors on met l'indicateur des tours sur le chiffre égal aux dizaines du multiplicateur; on tourne la manivelle, et le second produit partiel qui se compose de dizaines est ajouté au premier. On continue chaque fois d'avancer les cadrans d'un rang vers la droite et d'aouter les autres produits partiels. Cette opération est l'équivalent de ce qui se pratique dans le calcul ordinaire, quand on recule le produit partiel d'un rang vers la gauche. Seulement, au lieu de faire reculer d'un rang à gauche le produit partiel, on fait avancer chaque fois d'un rang vers la droite les cadrans ou la somme des produits partiels déjà obtenus.

Ainsi, pour avoir le produit total, on forme les produits partiels pour tous les chiffres du multiplicateur et on les ajoute successivement, après avoir chaque fois fait avancer à la main les cadrans d'un rang vers la droite.

Soustraction Le plus grand nombre s'écrit dans les fenêtres des cadrans, et le plus petit avec les index des pignons mobiles. Pour opérer la soustraction du petit nombre, on fait faire un tour entier aux cylindres; mais alors les cadrans, au lieu de marcher de gauche à droite comme dans l'addition, doivent marcher en sens contraire ou de manière que les chiffres se montrent aux petites fenêtres dans l'ordre 9, 8, 7, 6, etc. M. Thomas obtient ce résultat et change l'addition en soustraction au moyen d'un second pignon fixe sur chaque arbre. Ce second pignon atteint la couronne dans un point diamétralement opposé au point où engrenait le premier pignon pour l'addition. La couronne, ainsi poussée en sens contraire, fait tourner le cadran dans l'ordre inverse des chiffres, et la soustraction du petit nombre s'opère sur les chiffres des cadrans.

Division. — On écrit le dividende aux fenêtres des cadrans; on écrit le diviseur avec les index des pignons mobiles; on amène la tablette des cadrans de manière que le chiffre de droite de la première tranche du dividende soit au-dessus des unités du diviseur; on estime le premier chiffre du quotient; on place l'indicateur des tours à ce chiffre; on tourne la manivelle jusqu'à résistance, mais après avoir mis en prise avec les couronnes les seconds pignons fixes pour que les cadrans tournent dans l'ordre inverse des chiffres comme dans la soustraction. Alors le produit du diviseur par le chiffre estimé du quotient se trouve retranché du dividende; on continue de la même manière pour obtenir les autres chiffres du quotient. Ici, comme dans la division ordinaire, on retranche successivement du dividende les produits partiels du diviseur par les chiffres du quotient. A mesure qu'on trouve ces chiffres, on est obligé de les écrire à part sur des cadrans à aiguille, attendu qu'il n'en reste aucune trace.

L'arithmomètre de M. Thomas est une machine simple, qui n'a jamais été dans le commerce et qui pourrait être livrée à un prix très-modéré. Les additions et les soustractions s'exécutent avec facilité; mais, pour la multiplication et la division, la machine exige encore autant d'opérations partielles qu'il y a de chiffres dans le multiplicateur ou dans le quotient, et, à chaque opération, on est obligé d'effectuer à la main le déplacement des cadrans. Cependant elle est supérieure aux anciennes machines à calculer.

Le jury décerne à M. Thomas un médaille d'argent.

M. LOTZ, fils aîné, à Nantes (Loire-Inférieure).

Rappel de mention honorable

M. Lotz, chef d'un établissement important, d'où sont sorties un grand nombre de machines à vapeur, a présenté un petit compteur en cuivre, qui donne les tours faits par une machine pendant un temps assez long. Deux disques sont mus à la fois par une vis sans fin, qui tourne avec la machine. Comme un disque a une dent de plus que l'autre, il se trouve en retard d'une dent à chaque tour. Les dents de retard, au bout d'un certain temps, représentent le nombre de tours du disque qui a une dent de moins, et on en conclut les tours de la machine par une simple multiplication.

Le jury rappelle à M. Lotz la mention honorable qu'il avait déjà obtenue.

Citations favorables. M. BARANOWSKI, rue de Parme, n° 3, à Paris.

M. Baranowski a présenté son *taxe machine* et d'autres appareils mécaniques propres à donner des comptes faits ou des produits de multiplication. Ainsi, avec le prix de la journée et le nombre de jours et d'heures de travail d'un ouvrier, une manœuvre très-simple fait paraître sur-le-champ, au-dessus l'un de l'autre, deux nombres qu'il suffit d'additionner pour savoir ce qui revient à cet ouvrier.

Le jury accorde une citation favorable à M. Baranowski, pour ces appareils, qui peuvent être d'une grande utilité dans les établissements où l'on doit exécuter en très-peu de temps beaucoup d'opérations de ce genre.

MM. ALLEVY frères, rue de la Harpe, n° 90, à Paris,

Sont cités favorablement pour un cadran perpétuel à quantième, d'une construction très-simple, et un conjugateur de verbes très-commode dans l'enseignement élémentaire.

M. DUTEL, à Lyon (Rhône),

Est cité favorablement pour son *arithmomètre*, destiné à simplifier les opérations usuelles de l'arithmétique.

---

§ 5. INSTRUMENTS D'ASTRONOMIE, DE MARINE, DE GÉODÉSIE ET DE MATHÉMATIQUES.

M. Froment, rapporteur.

Rappel de médaille d'or. M. BRUNNER, rue des Bernardins, n° 34, à Paris.

Honoré successivement de la médaille d'argent en 1839 et de la médaille d'or en 1844, M. Brunner se montre toujours digne de la haute récompense dont il a été l'objet.

Les instruments qu'il a présentés cette année sont nombreux, et tous exécutés avec une rare perfection.

Nous avons particulièrement remarqué un équatorial d'une disposition simple, et qui ne manque pas d'élégance. Un rouage, dont le poids moteur se trouve logé dans la colonne qui supporte l'instrument et dont la vitesse est variable à volonté, fait tourner d'un mouvement uniforme, autour de l'axe principal, tout le système mobile de l'équatorial, mouvement dont l'amplitude se mesure sur un cercle d'ascension droite en même temps qu'un autre cercle, fixé à l'extrémité d'un axe perpendiculaire au premier, indique la déclinaison de l'astre observé dans la lunette.

Toutes les parties mobiles sont équilibrées, et offrent peu de résistance au mouvement; ajoutons que l'instrument peut, en un instant, être rendu solidaire ou non avec le rouage, et se fixer momentanément, pour l'observation du passage d'un astre, aux fils du micromètre.

M. Brunner nous a présenté deux boussoles de déclinaison fondées sur des principes différents, mais qui toutes deux offrent un moyen facile d'amener dans le plan vertical où se meut la lunette le zéro du cercle sur lequel se lit la déclinaison de l'aiguille aimantée.

Un niveau d'une construction nouvelle et des microscopes qui joignent à un pouvoir déjà considérable l'avantage de n'occuper qu'un très-petit volume, ont aussi fixé notre attention.

Enfin un sphéromètre, auquel M. Brunner a eu l'heureuse idée d'ajouter une aiguille de comparateur, qui en augmente beaucoup la sensibilité, ajoute aux titres nombreux à la haute distinction dont cet habile artiste avait été honoré à la dernière exposition, et que le jury de 1849 lui rappelle.

M. RICHER, rue Saint-Claude, n° 6, à Paris.

Nouvelle médaille d'argent.

La maison Richer, qui s'est fait une grande réputation pour la division des mesures linéaires, avait été honorée de la médaille d'argent dans une précédente exposition; quoiqu'elle n'ait rien exposé en 1844, cette maison n'en a pas moins continué à livrer au commerce et aux sciences un très-grand nombre d'échelles divisées et de mesures précises en tout genre.

Cette année, M. Richer se présente de nouveau au concours avec un assortiment très-varié de règles divisées sur acier, sur argent, laiton, maillechort et d'autres substances. Ces règles, dont plusieurs sont couvertes d'échelles de proportion et de subdivisions du pied et du pouce anglais, sont toutes faites avec le plus grand soin et d'un prix peu élevé.

M. Richer, pour mieux faire apprécier au jury la précision qu'il peut donner à ses mesures, lorsqu'elles sont destinées à des recherches scientifiques, a fait une règle en laiton d'un mètre, garnie d'un limbe en argent et divisée dans toute sa longueur en cinquièmes de millimètre. Trois verniers, dont les deux extrêmes sont distants d'un décimètre, sont tracés sur une petite règle qui glisse dans une rainure pratiquée dans la règle principale et permettent de lire $\frac{1}{20}$ de la division tracée, c'est-à-dire $\frac{1}{100}$ de millimètre.

Nous nous sommes assurés, en promenant un grand nombre de fois les verniers dans toute l'étendue divisée de la règle, que nulle part l'erreur entre les verniers extrêmes ne dépassait $\frac{1}{100}$ de millimètre.

M. Richer expose encore un tire-ligne d'une construction particulière, qu'il a imaginé depuis plusieurs années et qu'il nomme tire-ligne à palettes changeantes, parce que, en effet, les becs ou palettes peuvent être ôtés et replacés avec la plus grande facilité, ce qui est avantageux pour les nettoyages et les réparations. Hâtons-nous de dire que la justesse n'en a aucunement souffert, grâce à des procédés mécaniques de fabrication qui donnent à toutes les pièces de même espèce une forme tellement identique qu'elles peuvent s'échanger au hasard.

Pour l'ensemble de ses travaux, M. Richer a été jugé digne d'une nouvelle médaille d'argent.

Médailles d'argent.

M. PERREAUX, rue Monsieur-le-Prince, n° 14, à Paris.

M. Perreaux, ancien élève de l'école des arts et métiers de Châlons, s'est adonné à la construction des instruments les plus précis.

Pénétré de ce fait, que la vis est l'organe principal de presque toutes les machines qui servent, soit à diviser, soit à mesurer de petites quantités avec exactitude, M. Perreaux s'est tout d'abord occupé des moyens de tailler des vis d'une régularité parfaite dans toute leur longueur, et ses efforts, dans ce but, ont été suivis du succès le plus complet.

Il en fit immédiatement l'application, en construisant des machines à diviser la ligne droite parfaitement appropriées aux travaux des cabinets de physique. Ces machines, dont M. Perreaux a soumis à notre examen un modèle très-soigné, ont rendu un véritable service aux sciences, car elles sont d'un prix peu élevé, et cependant donnent des divisions d'une extrême précision: ajoutons qu'elles sont munies de tous les appendices nécessaires au calibrage préalable des tubes de thermomètre, à leur division sur tige et même à la vérification de la division.

M. Perreaux a aussi exposé un cathétomètre d'une disposition fort avantageuse, et dont nous nous croyons dispensés de faire l'éloge après le rapport qui en a été fait à l'Institut. Rappelons que, dans cet instrument, l'axe et la règle divisée ont la même hauteur, et de plus sont exactement parallèles, par le fait même de la construction qui offre, dans son ensemble, une rigidité et une stabilité qui sont les principales qualités de ce genre d'instruments.

Deux règles en laiton de 1/2 mètre, divisées en millimètres par M. Perreaux, nous ont présenté, par la superposition, une coïncidence remarquable dans toute leur étendue.

Enfin, un sphéromètre à pointes changeantes, et avec lequel on peut mesurer des épaisseurs de plusieurs centimètres, montre que tout ce qui sort des mains de M. Perreaux porte le cachet d'une grande précision.

Le jury décerne à M. Perreaux une médaille d'argent.

MM. MOLTENI et Cie, rue Neuve-Saint-Nicolas, n° 28, à Paris.

Honorés d'une médaille de bronze en 1844, MM. Molteni et Cie, ont, depuis cette époque, redoublé de zèle et d'activité. Les instruments qu'ils présentent cette année sont très-nombreux, en général bien faits et d'un prix remarquablement bas.

Nous nous sommes assurés, en visitant les ateliers de ces messieurs, que le bon marché de leurs produits n'est pas dû à l'exiguïté du salaire des ouvriers, mais à des procédés de fabrication puissants et bien entendus.

Ainsi, une machine à vapeur de la force de 6 chevaux, placée au centre de leur établissement, met en mouvement des outils nombreux et variés dans des ateliers spéciaux destinés au travail des verres d'optique, à la fabrication des compas et à celle des instruments de mathématiques en général.

Au moyen de leurs machines à travailler les verres de lunettes, MM. Molteni sont arrivés à rivaliser, pour le bon marché, avec les fabriques de Picardie et celles d'Allemagne, mais avec une qualité incomparablement supérieure.

Dans l'atelier des compas, les pièces préalablement fondues et dérochées sont frappées entre deux matrices, les têtes et les brisures fendues à l'aide de scies circulaires, les centres et les emmanchements forés à l'aide d'outils appropriés, et les pointes d'acier, au lieu d'être soudées au feu, sont assemblées à tenon et rivées sous un puissant balancier; enfin des meules animées d'un mouvement rapide donnent aux pièces le dernier pli.

Des moyens analogues servent à préparer très-économiquement un grand nombre de pièces qui entrent dans la construction des instruments de marine; ainsi par exemple, les montures des verres colorés sont découpées dans la planche et frappées; les porte-miroirs, les pinces sont étirés au banc; aussi, à qualité égale, la maison Molteni a-t-elle peu de concurrence, au moins en France, pour le bon marché de ses produits.

Outre ces instruments de fabrication courante, et qui sont, aux yeux du jury, le titre principal de ces exposants, nous avons examiné plusieurs théodolites d'une belle exécution, mais qui laissent quelque chose à désirer sous le rapport de la précision.

En prenant la suite de la fabrication des mesures linéaires de M. Tresel, pour laquelle cet industriel avait été récompensé en 1844, la maison Molteni a ajouté une spécialité de plus à ses nombreux produits.

Pour l'ensemble de leur fabrication, le jury décerne à MM. Molteni et Cie la médaille d'argent.

Rappel de médaille de bronze.

M. Adrien GAVARD, quai de l'Horloge, n° 9, à Paris.

M. Adrien Gavard, outre plusieurs pantographes et un diagraphe d'une construction soignée, présente à l'examen du jury un compas à verge fait avec soin et une petite machine pour graver des lignes parallèles.

Cette machine diffère des machines à graver ordinaires en ce que ce n'est pas une vis qui produit le mouvement de progression du chariot, d'où résulte l'espacement des traits; une simple tige cylindrique, mise à la place de la vis se trouve serrée alternativement par deux leviers munis de pinces qui font, à chaque pulsation qu'on leur imprime, avancer le chariot de quantités égales, mais qu'on peut varier à volonté en déplaçant les arrêts qui limitent l'amplitude de l'oscillation des leviers; cette machine fonctionne avec régularité.

Le jury rappele à M. Gavard la médaille de bronze qu'il a reçue en 1844 et dont il n'a cessé de se rendre digne.

M. KRUINES, quai de l'Horloge, n° 21, à Paris.

Médailles de bronze.

M. Kruines a présenté des niveaux à lunette, une équerre d'arpenteur et deux petits théodolites munis d'un quart de cercle vertical.

Tous ces instruments sont bien exécutés, d'un prix modéré et rendent M. Kruines digne de la médaille de bronze que le jury lui décerne.

M. VÉDY, rue de Bondy, n° 48, à Paris.

M. Védy, élève et successeur de Jecker, s'applique à soutenir l'ancienne réputation de la maison qu'il dirige depuis quelques années.

Les instruments de marine qu'il expose sont exécutés avec une précision qui lui fait honneur. Plusieurs de ces instruments ont été imaginés par M. le capitaine de corvette Richard, qui a trouvé en M. Védy un habile interprète.

Le jury accorde à M. Védy une médaille de bronze.

M. CLOUX, rue Saint-Louis, île Saint-Louis, à Paris.

M. Cloux a soumis à notre examen différents instruments de géodésie, tels que niveaux, graphomètres, etc.

M. Cloux n'a pas exposé ces instruments comme présentant quelque chose de nouveau dans leur disposition, mais il a le mérite de choisir ses modèles parmi les instruments reconnus les meilleurs et il s'applique à les construire avec soin dans toutes leurs parties.

Dans ses travaux, M. Cloux est secondé par ses deux jeunes fils, qui ont fait plusieurs des instruments exposés.

Pour récompenser cet exposant des efforts qu'il fait pour ne livrer que des intruments irréprochables, le jury lui accorde une médaille de bronze.

M. FERRARIO, rue Bourg-l'Abbé, n° 34, à Paris.

Mention honorable.

M. Ferrario a la réputation méritée de travailler le verre très-habilement, mais, dans ces dernières années, il a entrepris de construire quelques instruments de géodésie, et ceux qu'il nous a présentés, sans être irréprochables, méritent d'être mentionnés honorablement.

Citations favorables.

M. GUILLEMOT, rue du Faubourg-Saint-Denis, n° 30, à Paris.

Parmi les objets exposés par M. Guillemot, nous avons remarqué :

Un instrument simple et exact pour tracer des arcs de cercle de rayons variables, et applicable à des cas dans lesquels le compas ne pourrait être employé;

Des charnières mobiles en deux sens et pouvant se loger dans l'épaisseur des bois;

Enfin quelques modèles de machines, pour l'ensemble desquels le jury accorde à M. Guillemot une citation favorable.

M. PASQUIER, rue de Crussol, n° 2, à Paris.

M. Pasquier a exposé un instrument de perspective, fondé sur des principes exacts, et pour lequel il mérite d'être cité favorablement.

M. COLOMBI, à Brest, (Finistère).

Le jury accorde une citation favorable à M. Colombi pour son micromètre destiné à mesurer les distances en mer.

---

§ 6. INSTRUMENTS DIVERS.

M. Froment, rapporteur.

Nouvelle médaille de bronze.

M. GUILLAUME, rue des Vieux-Augustins, n° 56, à Paris.

M. Guillaume avait exposé, en 1844, des presses dont la bonne exécution lui valut alors une médaille de bronze.

Les produits qu'il nous a soumis cette année montrent, chez cet habile fabricant, un progrès bien réel. Sa presse à timbre sec, déjà très-bonne, a été encore améliorée par l'emploi bien entendu d'un ressort pour relever le coin.

Nous avons particulièrement remarqué une petite presse à timbrer, à levier, applicable au service de la poste, et qui s'encre d'elle-même par un moyen analogue à celui employé dans les presses typographiques continues.

M. Guillaume, qui a pris la suite de la maison Neuber pour les machines à graver, expose une de ces machines, commencée par son prédécesseur, et qu'il a terminée avec beaucoup de talent.

Pour l'ensemble de ses travaux, le jury décerne à M. Guillaume une nouvelle médaille de bronze.

M. CHARLES, rue des Écouffes, n° 26, à Paris. Médailles de bronze.

M. Charles présente à l'examen du jury des instruments très-variés pour le nivellement et l'arpentage, mais d'une construction qui laisse trop à désirer pour devenir la base d'une récompense; au contraire, son niveau à bulle d'air à fiole sphérique, qui donne, à la première inspection, le sens de la plus grande pente d'un plan, est bien exécuté et d'un prix modique : c'est un outil précieux pour rendre promptement horizontale une surface plane.

M. Charles expose aussi un petit instrument qui sert à enfiler les aiguilles avec une grande facilité. Il se compose d'une plaque en métal percée latéralement d'un canal pour recevoir l'aiguille qu'on y fait entrer jusqu'à un arrêt, et la tête la première; sur la plaque est un trou poli et fortement évasé à l'entrée, qui dirige jusque dans l'œil de l'aiguille le bout du fil qu'on y introduit.

Des instruments analogues existent depuis plus de dix ans, mais sont restés sans usage, parce qu'ils manquent d'un moyen sûr de faire que l'aiguille se présente juste dans la direction du fil pour lui livrer passage sans lui faire éprouver la plus légère inflexion. M. Charles, au moyen d'un ressort cannelé mis en jeu par la pression du doigt sur un bouton, fait tourner l'aiguille autour de son axe, et la place instantanément dans une position favorable.

En outre, en s'associant, pour cette fabrication, avec M. Barriquand, dont l'outillage et les produits ont attiré l'attention du jury (voir le rapport de M. Peupin), M. Charles est parvenu à donner à son petit instrument une précision d'ajustement et une modicité de prix qui expliquent les nombreuses demandes qui lui en sont faites.

Le jury accorde à M. Charles une médaille de bronze.

M. PETREMENT, rue Neuve-Popincourt, n° 10, à Paris.

Une mention honorable fut décernée, en 1844, à M. Petrement

pour ses calibres servant à déterminer en fractions décimales du mètre les diamètres des fils étirés à la filière.

Le jury de 1849 regrette que ce calibre ne remplace pas plus généralement les calibres si irréguliers du commerce, et, pour récompenser M. Petrement des efforts qu'il fait pour généraliser leur emploi, lui décerne une médaille de bronze.

Rappel de mention honorable.

M. ROUVET, rue du Musée, n° 3, à Paris.

M. Rouvet nous a soumis des instruments, en bois variés, pour le dessin linéaire, et des lettres découpées pour enseignes.

Tous ces objets sont très-bien exécutés, et rendent M. Rouvet de plus en plus digne de la mention honorable dont il a déjà été l'objet, et que le jury lui rappelle.

Mention honorable.

M. BONTEMS, rue de Cléry, n° 80, à Paris.

M. Bontems, à la fois naturaliste et horloger, a exposé deux buissons garnis d'oiseaux aux riches couleurs, qu'un mécanisme habilement caché fait sautiller d'une branche à l'autre, en laissant entendre un gazouillement plein d'illusion; c'est un meuble charmant et d'un prix modéré.

M. Bontems présente, en outre, des statuettes réduites avec une machine de son invention, au moyen de laquelle il peut aussi tracer sur une feuille de papier le profil d'un objet en relief.

Le jury accorde à M. Bontems une mention honorable.

---

§ 7. MACHINES A GRAVER, A TAILLER ET A DIVISER.

M. Froment, rapporteur.

Rappel de médaille d'argent

M. COLLAS, rue Notre-Dame-des-Champs, n° 49, à Paris.

Déjà honoré deux fois de la médaille d'argent pour ses admirables réductions de bas-reliefs et de statues, M. Collas appelle, cette année, notre attention sur des produits différents, mais pour lesquels il possède une égale habileté.

Sa machine à graver les teintes pour les gravures en taille-douce est à la fois simple, solide et précise, et montre suffisamment que M. Collas n'en est pas à ses essais en ce genre.

Un tableau d'épreuves obtenues par la gravure mécanique des lettres et vignettes de dimension microscopique a aussi fixé l'attention du jury, qui rappele à M. Collas les médailles d'argent dont il a déjà été honoré précédemment.

M. BARRÈRE, rue Mazarine, n° 62, à Paris. Médaille d'argent.

M. Barrère est un mécanicien ingénieux et modeste, qui s'occupe à la fois de gravure et de machines à graver, et qui ne cesse de retoucher chacun de leurs organes que lorsque les produits qu'il en obtient lui paraissent supérieurs à ce qu'il a pu voir de mieux dans chaque genre.

La perfection des produits exposés par M. Barrère nous aurait suffisamment prouvé la supériorité de ses machines, si nous n'avions tenu à voir, dans son atelier même, travailler les ingénieux outils qu'il a presque tous perfectionnés, et dont plusieurs sont entièrement sa propre invention.

La machine ordinaire à graver sur métal ou sur pierre lithographique toute espèce de combinaison de lignes droites ou courbes, ainsi que les dessins de numismatique, est devenue, entre les mains de M. Barrère, assez complète pour opérer ses nombreuses et délicates fonctions lorsqu'on imprime à l'un des axes un simple mouvement de rotation uniforme. Ajoutons un détail qui n'est pas sans importance, puisqu'il se traduit par une grande économie de temps: le diamant qui trace les sillons parallèles dans la numismatique revient très-vite, tandis qu'en coupant il a une vitesse modérée.

Une autre machine, destinée à la gravure des vignettes microscopiques pour les billets du commerce, renferme des combinaisons fort ingénieuses pour tracer uniformément, sur toute la surface d'une planche de métal, ou d'une pierre des groupes d'étoiles concentriques d'une finesse et d'une perfection incontestables.

En remplaçant, dans le tour dit à portraits, le burin ordinaire par une pointe en diamant animée d'une vitesse rotative de plusieurs centaines de tours par seconde, M. Barrère obtient mécaniquement, en acier et même en pierre dure, une réduction de médaille ou de bas-relief tellement finie, que la loupe même n'y laisse apercevoir aucun sillon résultant du travail.

Le jury décerne à M. Barrère une médaille d'argent.

MM. VANDE et JEANRAY, rue des Guillelmites, n° 2, à Paris. Rappel de médaille de bronze.

Déjà honorés d'une médaille de bronze aux dernières expositions,

MM. Vande et Jeanray se présentent de nouveau avec des produits en rapport avec la bonne réputation que ces messieurs se sont acquise.

Des mesures à coulisse, des niveaux à bulle d'air, des règles et des équerres parfaitement exécutés, ainsi qu'un grand assortiment de pièces en cuivre et en acier étirées à l'usage de l'horlogerie, continuent à rendre MM. Vande et Jeanray dignes de la médaille de bronze qui leur a été accordée précédemment, et que le jury leur rappelle.

---

§ 8. GLOBES CÉLESTES ET TERRESTRES; MACHINES PLANÉTAIRES; CARTES EN RELIEF; MODÈLES GÉOMÉTRIQUES.

M. Mathieu, rapporteur.

CONSIDÉRATIONS GÉNÉRALES.

La construction des globes célestes et terrestres s'est beaucoup perfectionnée depuis quelques années; ils ne laissent rien à désirer sous le rapport de la sphéricité et de la solidité, et les positions des étoiles et des villes mieux connues, sont placées avec un grand soin sur des fuseaux, qui se raccordent exactement.

On a beaucoup cherché à construire des machines pour rendre sensibles les mouvements des corps planétaires et expliquer les divers phénomènes qui se manifestent dans leur translation autour du soleil; mais on est toujours arrêté par l'impossibilité de conserver les vraies proportions pour les grandeurs, les distances et les mouvements des astres dans des machines de dimensions ordinaires. Ce qu'il y a de mieux à faire et ce que l'on commence à comprendre, c'est de se borner à construire des machines très-simples, pour donner les premières notions d'astronomie dans un enseignement élémentaire.

La construction des cartes en relief remonte assez haut. On peut citer celles de Venise, en 1684, et celles qui ont été exécutées en France vers 1726, et ensuite, en 1780, par Lartigue; mais ces cartes, et toutes celles qui se faisaient à des époques aussi très-anciennes en Espagne, en Belgique, en Suisse, en Allemagne, étaient peu portatives et fort chères. Depuis une quarantaine d'années, on a cherché les moyens de les reproduire et de les répandre à bas prix. Un Français, Alleaume, s'est occupé des premiers de ce problème, et il avait présenté, à l'exposition de 1806, des cartes géographiques en relief, portatives et pouvant être multipliées par le polytypage. Cette invention n'eut pas de suite. Kummer, à Berlin, s'occupa avec succès, il y a une vingtaine d'années, de cette reproduction; mais ses cartes étaient encore fort chères. Cette fabrication, revenue en France depuis quelques années, s'est beaucoup simplifiée, et l'on peut espérer que de nouveaux perfectionnements permettront de répandre les cartes en relief jusque dans les écoles d'enseignement élémentaire.

M. BAUERKELLER, rue Saint-Denis, n° 380, à Paris.

Médailles d'argent.

M. Bauerkeller a présenté onze plans en relief pour les grandes capitales et pour quelques villes importantes, et une douzaine de cartes en relief, parmi lesquelles on remarque particulièrement les cinq qu'il a publiées depuis la dernière exposition, savoir : l'Espagne et le Portugal, la Russie d'Europe, les États-Unis de l'Amérique du Nord, et les nouvelles éditions de l'Allemagne et de la France.

Il y a déjà quelques années que M. Bauerkeller a importé d'Allemagne, et beaucoup perfectionné, la fabrication des cartes en relief. Il est le premier, en France, qui, par l'emploi de moyens mécaniques nouveaux et puissants, soit parvenu à produire avec autant de facilité que de sûreté des cartes en relief exactes, portatives et d'une belle exécution; ce qui a beaucoup contribué à les réduire à un prix qui surpasse peu celui des cartes planes : ainsi la carte de France tout encadrée ne revient qu'à 10 francs. L'écriture et les détails ne sont pas faits à la main, comme dans la plupart des cartes qui ont paru jusqu'à présent. Les noms des lieux, le cours des rivières, imprimés sur une carte gravée, sont conservés dans l'estampage, pendant que cette carte ordinaire, placée sur une planche de métal en creux, est soumise à une forte pression.

pour produire, par une sorte de gaufrage, tous les reliefs du terrain et des montagnes.

Les constructeurs de cartes exagèrent plus ou moins les hauteurs des montagnes pour rendre le relief bien sensible; mais, à mesure que les procédés de fabrication se perfectionnent, on diminue l'échelle des hauteurs. Au lieu de les décupler, M. Bauerkeller se borne souvent à les quadrupler, et même, pour des cartes peu étendues, il se contente du double pour les hautes montagnes.

Les cartes en relief se répandent depuis qu'on les construit bien et à des prix modérés. Elles sont d'un grand secours pour l'étude et l'enseignement de la géologie et de la géographie physique, pour l'étude et l'établissement des voies de communication, qui jouent un si grand rôle dans une foule de questions d'économie politique et commerciale. Les cartes en relief sont très-anciennes; mais leur reproduction utile et économique est un art nouveau, qui a fait dans les derniers temps de notables progrès, auxquels M. Bauerkeller a beaucoup contribué. Cet habile artiste a fait une heureuse application de ses procédés de gaufrage à une foule d'objets qu'il a encore présentés à l'exposition, et qui ont fait l'objet d'un rapport spécial de M. Rondot, auquel nous renvoyons.

M. Bauerkeller avait obtenu une médaille de bronze en 1839 et son rappel en 1844. Le jury, voulant récompenser ses nouveaux travaux, lui décerne, pour l'ensemble de son exposition, une médaille d'argent.

M. GUÉNAL, rue Neuve-des-Mathurins, n° 70, à Paris.

L'appareil uranographique de M. Guénal montre que l'auteur a bien compris qu'un planétaire doit être de la plus grande simplicité pour être de quelque utilié dans l'enseignement élémentaire de la cosmographie Il l'a réduit aux trois corps célestes qu'il nous importe le plus de connaître : le soleil, la terre et la lune. Quand on a suivi et bien compris les mouvements simultanés de la terre sur son axe et autour du soleil, de la lune sur son axe et autour de la terre, et que l'on s'est rendu un compte exact des phénomènes physiques qui en résultent, on peut facilement étendre ces premières notions et concevoir les mouvements des autres corps planétaires de notre système solaire.

Un chariot, entraîné par un système de rouages et surmonté de la terre, puis de la lune avec son orbite, parcourt, sur une table horizontale, la circonférence d'une ellipse d'environ 2 mètres de grand axe, au foyer de laquelle est placée une lampe dont le globe représente le soleil. Le chariot est maintenu sur le contour de l'ellipse directrice au moyen d'une tige mobile et d'un excentrique qui fait varier convenablement la distance au soleil. Dans une révolution entière, le centre de la terre, qui est élevée à la hauteur du globe lumineux, occupe dans l'espace une suite de points, qui forment son orbite elliptique, reproduite en projection sur la table horizontale. Le mécanisme fait tourner en même temps la terre sur son axe et la lune autour de la terre; mais, dans la machine, la lune présente toujours la même face à la terre; elle accomplit donc sa rotation sur elle-même dans un temps égal à celui de sa translation autour de la terre, comme cela a lieu dans le ciel.

Pendant une révolution entière du chariot, qui dure une heure et qui comprend l'année solaire et douze lunaisons, ou mois lunaires, on voit se dérouler tous les phénomènes qui dépendent des mouvements de la terre et de la lune. Le soleil paraît pour nous six mois au-dessus et six mois au-dessous de l'équateur; de là l'inégalité des jours et des nuits; de là la variété des saisons. Dans chaque mois lunaire, on voit se succéder les phases de la lune, et on reconnaît les circonstances qui amènent les éclipses de soleil quand la lune est nouvelle et les éclipses de lune vers la pleine lune.

Les avantages des dispositions simples et bien entendues de ce planétaire ont été justement appréciés par les personnes qui s'occupent d'instruction publique. Il a été adopté, à Paris, dans l'école municipale Turgot, où il a déjà produit les bons résultats que l'on devait en attendre, et tout récemment, l'Université vient d'en recommander l'usage pour l'enseignement dans les écoles spéciales.

Le jury décerne à M. Guénal une médaille d'argent.

M. SANIS, rue Cassette, n° 17, à Paris.

Médaille de bronze.

M. Sanis a exposé de grandes cartes en relief de la France, puis de l'Italie et des États limitrophes. On peut puiser dans ces cartes une connaissance complète des chaînes de montagnes, des versants, des plateaux, des bassins, du cours des fleuves, des rivières et de tous les grands accidents naturels qui s'offrent à la surface du sol dans les pays représentés. Cette connaissance, d'un haut intérêt, sert de base à l'enseignement géographique auquel M. Sanis se consacre avec autant de persévérance que de succès.

M. Sanis a fait plus que des cartes en relief : il a exécuté, il y a quelques années, dans un jardin près de la Chaussée-du-Maine, une France entière, dans de si grandes dimensions que l'on pouvait parcourir le Jura, les Vosges, les Alpes, les Pyrénées, et suivre dans une petite barque les côtes de l'Océan et de la Méditerranée.

Le jury, voulant récompenser les efforts faits par M. Sanis, pour propager l'étude des cartes en relief et perfectionner un art auquel il s'est entièrement consacré, lui décerne une médaille de bronze.

M. GROSSELIN, rue du Battoir, n° 7, à Paris.

M. Grosselin a exposé des globes terrestres et célestes de diverses dimensions, et, entre autres, de 60 centimètres de diamètre, qui ne le cèdent pas en précision à ceux qui étaient construits par son prédécesseur M. Delamarche, et qui lui avaient valu la médaille de bronze aux deux dernières expositions. Il a encore présenté une machine planétaire de 1m,33 de diamètre, établie avec soin, mais dans laquelle on trouve les inévitables inconvénients attachés aux instruments de ce genre que l'on veut étendre à notre système planétaire tout entier.

Le jury accorde à M. Grosselin une médaille de bronze.

Citations favorables.

M. ALEXANDRE, rue Saint-Jacques, n° 108, à Paris.

Est cité favorablement pour les modèles de cristallographie et de mécanique qu'il a présenté à l'exposition.

M. FICHET, à Ménars (Loir-et-Cher).

Est cité favorablement pour une collection de modèles de géométrie, d'assemblages, de transmissions de mouvements, construits pour l'enseignement industriel par les élèves de son école professionnelle de Ménars.

SECTION TROISIÈME.

INSTRUMENTS DE MUSIQUE.

EXPOSÉ PRÉLIMINAIRE,

par M. A. Séguier, président.

La commission chargée cette année de l'examen et du jugement des instruments de musique a eu une mission délicate et difficile à remplir; un nombre plus considérable, une plus grande variété d'instruments ont rendu sa tâche plus lourde encore qu'aux précédentes expositions. Comprenant bien toute l'importance de ses jugements, elle a eu à cœur de ne pas se départir de toutes les précautions qui assurent, en pareille matière, l'impartialité et la justice des appréciations; aussi, comme aux concours antérieurs, l'audition des instruments a-t-elle eu lieu, cette année, dans un local convenablement préparé; des dispositions spéciales ont été prises pour que la pureté des sons ne pût être altérée par aucun écho ou résonnance. Pour soustraire même les instruments successivement essayés à l'influence du placement ou du voisinage, l'examen a été opéré de façon que le talent des exécutants ait sur le mérite réel de l'instrument la moindre influence possible. La position élevée et le caractère personnel de MM. les professeurs du Conservatoire et du Gymnase musical, dont le jury a réclamé le concours, devaient être pour les facteurs une garantie d'impartialité; nonobstant, la sous-commission a désiré que, par des délégués de leur choix, les exposants pussent être témoins du zèle et de la conscience avec lesquels leurs produits étaient examinés et jugés, et MM. Pleyel, Raoux et Bernardel, désignés au scrutin par les parties intéressées, furent chargés du soin de cacher, avant l'examen des instruments, le nom de leurs auteurs, le jury les prend à témoins que le mérite seul a assigné à chaque instrument le rang qu'il a reçu dans le présent concours.

Dire que les divers instruments ont été joués par MM. Marmontel, Massart, Ney, Valin, Desmarest, Gouffé, Dorus, Triebert, Gallais, Banneux, Dubois, Dantonnet, Greppo, etc., etc., c'est donner l'assurance que le talent nécessaire pour en faire valoir les qualités était égal à la sincérité qui n'en dissimulait pas les défauts.

Le jury s'empresse de remercier MM. les professeurs qui ont bien voulu l'aider dans son laborieux travail; sa reconnaissance n'est pas moindre envers MM. les délégués, artistes eux-mêmes aussi distingués qu'habiles facteurs; leur assistance continue, leurs avis officieux, leurs bons conseils pendant les longues séances qui ont duré près d'un mois entier, ont singulièrement allégé la responsabilité des décisions du jury, toutes prises à l'unanimité. La sous-commission ne s'est pas bornée à l'audition des instruments pour en apprécier le mérite, elle a voulu encore, par des visites dans les ateliers, s'enquérir de l'importance et de la durée des établissements, connaître les procédés et les moyens de fabrication; enfin, elle s'est efforcée de recueillir tous les renseignements qui permettaient de prononcer en pleine connaissance de cause, et la mettaient à même de ne pas confondre des qualités accidentelles ou passagères avec des mérites réels et durables. La sous-commission, reconnaissante du concours si utile que MM. Érard et Pleyel lui ont prêté, le premier, en sa qualité de membre du jury, le second, en son titre de délégué de MM. les facteurs, regrette pourtant que le généreux désintéressement qui leur a fait accepter des fonctions auxquelles l'estime publique les a si honorablement désignés, ait mis le jury dans l'impossibilité de leur rappeler la série des hautes récompenses épuisée pour eux aux précédentes expositions. Elle éprouve le même sentiment vis-à-vis de MM. Pape et Roller, l'un en ne soumettant pas ses instruments à l'examen du jury, l'autre en retirant du concours les produits qu'il avait exposés, ont laissé le champ libre à leurs rivaux, tous deux se contentant, pour leurs travaux présents, des hautes distinctions antérieurement obtenues.

§ 1er. PIANOS.

M. Pierre Érard, rapporteur.

CONSIDÉRATIONS GÉNÉRALES.

On peut dire, avec raison, que, si le goût de la musique s'est propagé dans notre société, c'est au piano surtout que l'on doit le développement de cet élément important de civilisation.

L'étude de cet instrument n'est plus accessoire; elle est devenue une branche presque indispensable de l'éducation.

Nous ajouterons encore, le piano c'est l'orchestre des salons; il met à la portée de tous les amateurs les productions des compositeurs de musique, quel que soit leur style, religieux, poétique ou léger. Sous le double rapport de l'art et de la civilisation, cet instrument moderne a donc rendu des services incontestables. Si nous voulons le considérer sous le point de vue commercial et industriel, il ne perdra rien de son importance.

En consultant les dossiers des quatre-vingt-cinq exposants facteurs de pianos, qui figuraient à l'exposition de 1849, on a trouvé que le chiffre annuel de cette branche de fabrication s'élève à environ huit millions, et, comme elle est en progrès, il n'y a nul doute qu'elle ne s'élève à un chiffre plus important encore.

Lorsqu'on réfléchit que les ouvriers employés par la facture de pianos doivent être des hommes intelligents et posséder des connaissances variées, que leur salaire de 5 francs par jour, au moins, leur permet de vivre honorablement, on reconnaît toute l'étendue des services rendus à la classe industrielle par les hommes dont le génie, le talent et la persévérance ont fondé cette belle industrie en France.

A la tête de ces hommes utiles se place Sébastien Érard. Dès 1785, il eut à lutter, pour protéger son établissement naissant, le premier de ce genre en France, contre la concurrence de l'étranger, en possession du marché national; mais la supériorité de ses pianos mit bientôt un terme aux importations. Plus tard, il alla s'établir à Londres même, où sa maison est également au premier rang.

Le jury de 1849 est heureux de pouvoir constater que la facture française, longtemps en rivalité avec les factures étrangères, leur est aujourd'hui supérieure. Ce fait est surabondamment prouvé par les artistes et amateurs de toutes les contrées où l'on cultive la musique, qui font venir, à grands frais, des pianos français de préférence à ceux de leurs fabriques nationales.

PROGRÈS DE LA FABRICATION.

Ce qui a paru le plus remarquable à l'exposition des pianos de 1849, c'est l'empressement des facteurs à présenter des perfectionnements dans le mécanisme, afin de donner aux claviers de leurs pianos cette étendue de ressources qu'offre à l'exécutant l'invention de Sébastien Érard, connue sous le nom de *double échappement,* et que ce célèbre facteur produisit pour la première fois en 1823. Comme toutes les découvertes qui tendent à faire révolution dans les arts ou dans l'industrie, elle avait été en butte, dès son apparition, à la critique, et, surtout à celle des facteurs qui fabriquaient des instruments avec le mécanisme à échappement simple, dit *anglais.* Ce mécanisme avait été importé d'Angleterre et établi par les frères Érard, à Paris, vers la fin du siècle dernier.

L'échappement simple était lui-même un *très-grand* perfectionnement, relativement au pilote fixe, son prédécesseur, parce qu'il donnait à la corde, nettement frappée, toute sa liberté de vibration. Mais l'échappement simple laissait beaucoup à désirer sous le rapport de la répétition et de l'expression dans le jeu. En effet, après l'échappement du marteau, on ne pouvait plus le reprendre qu'en laissant la touche remonter à sa place au niveau des autres. Il n'y avait réellement qu'une seule manière d'attaquer la corde; et, qu'on voulût jouer fort ou faible, il fallait que la touche parcourût la même distance de son point de repos à la corde. Tous les pianistes se plaignaient de cette imperfection; ils s'adressèrent à tous les facteurs pour leur demander d'y remédier. De nombreux essais furent tentés sans succès. La solution de ce problème important était réservée au génie de Sébastien Érard, de cet homme infatigable qui n'entreprenait jamais rien sans y apporter ce zèle et cette persévérance qui assurent le succès. Il se mit à l'œuvre pour perfectionner encore, et, pendant vingt années d'essais et de recherches, il inventa une foule de modèles différents qui forment une collection intéressante de mécaniques diverses renfermant toutes les nouvelles idées qui se pressaient dans son imagination féconde. Au milieu de ces richesses, il choisit deux moyens : 1° l'application d'un ressort pour supporter le marteau après son échappement, et le tenir prêt à obéir de nouveau à l'attaque du pilote; 2° le jeu alternatif de deux pilotes au lieu d'un sous le marteau. Ces deux moyens, consignés dans ses brevets, ont été mis en grande pratique dans les fabriques de pianos d'Érard, à Paris et à Londres.

Le mécanisme à double pilote renferme peut-être, comme idée mécanique, des combinaisons plus ingénieuses, mais le mécanisme le plus efficace des deux, dans son effet, et celui que l'expérience de vingt-cinq ans a consacré comme le plus solide et le plus durable de tous les mécanismes, c'est *l'application du ressort.*

Sa supériorité sur tous les autres est sanctionnée depuis longtemps par l'approbation et l'usage de tous les grands pianistes et amateurs distingués. Ils reconnaissent même un piano à double échappement d'Érard au toucher seul, sans avoir besoin d'en consulter la qualité de son, qui frappe par sa richesse les oreilles les moins exercées.

Deux autres perfectionnements importants, dus également au génie inventif de Sébastien Érard, ont été adoptés par tous les facteurs de l'exposition de 1849. Il n'est pas possible de les citer sans faire connaître les heureux résultats que ces perfectionnements ont amenés dans l'art du facteur de pianos.

Ce fut d'abord le barrage métallique, appliqué dès 1822

par Sébastien Érard aux pianos de forme horizontale, avec le *frapper* par-dessous, et appliqué plus tard aux pianos droits. Il suffira d'une courte explication pour faire comprendre les conséquences de cette invention.

Avant l'application du barrage métallique aux pianos à queue, le tirage des cordes sur la caisse de l'instrument la faisait fléchir; la table d'harmonie suivait ce mouvement de torsion, et ne pouvait plus vibrer librement. Il en résultait des inconvénients graves : la qualité de son s'altérait et le piano ne tenait plus l'accord. Dans le piano carré, où la résistance au poids des cordes était plus éloignée du plan de tirage, ces défauts se faisaient sentir davantage.

Sébastien Érard, frappé de cette cause de destruction, imagina d'appliquer un barrage au-dessus du plan de tirage des cordes. Son premier piano construit sur ce principe, exposé en 1823, était armé de onze barres.

Il résulte de l'application de ces barres au-dessus du plan de tirage des cordes dans les pianos à queue et carrés, que le plan de tirage se trouve placé entre deux plans de résistance qui s'équilibrent entre eux.

La solidité obtenue dans la construction des caisses et des sommiers par cet important perfectionnement amena des résultats inattendus sous le rapport de l'intensité des sons et la stabilité de l'accord. On put expérimenter des montures de cordes plus fortes, qui produisirent la belle qualité de son que l'on remarque aujourd'hui dans les pianos de nos meilleurs facteurs. Il suffit d'examiner la monture d'un piano fabriqué il y a 25 à 30 ans avec celle d'un piano moderne, sur lequel le tirage des cordes est évalué à une force de 5 à 6 chevaux, et de comparer la qualité de son des deux instruments, pour comprendre toute la portée de la révolution que cette invention a opérée dans la fabrication des pianos. Il est évident qu'on ne peut même plus fabriquer un excellent piano sans le secours de ce précieux perfectionnement.

Il est moins indispensable dans le piano droit, où le barrage en bois n'est point interrompu d'un sommier à l'autre.

On l'applique cependant, avec avantage, surtout aux pianos destinés aux pays d'outre-mer, où ce barrage convenablement adapté sert aussi à maintenir les sommiers dans le cas où les colles viendraient à se décomposer par suite de l'influence du climat des tropiques.

Il est opportun de mentionner ici plusieurs systèmes de contre-tirage en métal appliqué derrière les châssis ou fonds en bois des pianos droits, présentés par plusieurs facteurs à cette exposition. L'effet peut en être excellent, surtout avec le système inventé par M. Domény; mais le jury pense que le meilleur principe à suivre est celui de Sébastien Érard, où le plan de tirage est équilibré entre deux plans de résistance.

Le second perfectionnement, d'une date plus ancienne que le précédent, créé par Sébastien Érard et généralement adopté par les facteurs anglais, allemands et français, est le système d'agrafes pour fixer les cordes sur le sommier de chevilles en remplacement du pointage des chevalets en bois, que les facteurs français et étrangers employaient encore il y a quelques années. Au moyen de ce nouveau système d'attache, les cordes sont supportées en dessus du coup de marteau dans les pianos à *frapper par-dessous*, ce qui donne en quelque sorte à ce genre de construction les avantages du *frapper par-dessus*. L'emploi presque général des agrafes expliquerait pourquoi les pianos à *frapper par-dessus* étaient en beaucoup plus petit nombre à cette exposition qu'à la précédente.

Ce sont ces découvertes que nous venons de signaler dans le mécanisme, la construction générale et les vibrations des cordes du piano, qui ont si puissamment contribué à assurer à la facture française cette supériorité que le jury se plaît à constater. En signalant à la reconnaissance publique le génie heureux qui, pendant une longue et laborieuse carrière, de 1775 à 1830, lui donna tous les éléments de cette supériorité, elle remplit un devoir, auquel s'associeront certainement tous les hommes qui savent apprécier le vrai mérite.

Mentions pour ordre.

M. Pierre ÉRARD, rue du Mail, n° 21, à Paris.

Les pianos de M. Érard ont été joués et entendus pendant toute la durée de l'exposition des produits de l'industrie; mais ils n'ont pu être présentés au concours, par suite de la nomination de M. Érard comme membre du jury central. Cependant les membres de la commission des instruments de précision se sont transportés, sur son invitation, dans les ateliers de la rue du Mail pour examiner les perfectionnements nouveaux apportés par M. Érard dans sa fabrication, depuis la dernière exposition, et M. Séguier, président de cette commission, dans son rapport au jury central sur le concours des instruments de musique, a rendu pleine justice au mérite, toujours soutenu des produits de la fabrication de M. Érard.

MM. PLEYEL et Ce, rue Rochechouart, n° 20, à Paris.

Les pianos de MM. Pleyel et Cie ont aussi figuré dans les salles de l'exposition des produits de l'industrie. M. Pleyel a pensé que sa désignation comme délégué de MM. les facteurs lui interdisait de concourir; il a invoqué pour ses beaux instruments le bénéfice des hautes récompenses dont il avait été honoré aux précédentes expositions et dont il est toujours digne.

Rappels de médailles d'or.

M. François WOLFEL, rue des Martyrs, n° 27, à Paris.

M. Wolfel a exposé un grand piano à queue, mis au premier rang des instruments de ce genre. La qualité du son de ce piano est ample et belle; le clavier, facile, présente pour la répétition les avantages du «double échappement;» sa construction est solide. Pour rendre son piano plus complet, M. Wolfel a appliqué d'une manière ingénieuse son système de chevilles à vis pour accorder.

Le grand piano droit et le piano droit ordinaire de M. Wolfel ont mérité l'un et l'autre le premier rang dans leur genre. Ces deux instruments se ressemblent beaucoup pour la qualité du son; mais, en raison de leur plus grande longueur, les cordes de basse résonnent mieux dans le premier de ces deux instruments que dans le second.

Tous deux sont bien finis. La construction du grand modèle est supérieure à celle du modèle ordinaire, en ce qu'il possède le système de chevilles appliqué au piano à queue. Son mécanisme perfectionné répète parfaitement bien.

Le piano à cordes obliques de M. Wolfel a obtenu le troisième rang dans cette catégorie d'instruments.

Le jury, prenant en considération les efforts de M. Wolfel pour perfectionner le mécanisme et la construction de ses pianos, lui rappelle la médaille d'or qu'il avait obtenue en 1844.

M. Georges KRIEGELSTEIN, rue Laffitte, n° 53, à Paris.

Le mécanisme des pianos de M. Kriegelstein renferme des perfectionnements ayant pour but d'obtenir du clavier une répétition plus certaine, comme avec le double échappement. Son piano carré a mérité le premier rang, et son piano droit à cordes oliques a obtenu le même honneur. Ses pianos demi-obliques et à queue, modèle ordinaire, ont été classés au deuxième rang.

Le piano à queue de M. Kriegelstein est un excellent instrument, et les pianos de divers modèles exposés par cet habile facteur ont été remarqués pour la précision et le fini du travail.

Le rang distingué qu'occupent au concours quatre des pianos de M. Kriegelstein, et les perfectionnements qu'il s'efforce d'apporter dans sa fabrication générale, déterminent le jury à lui rappeler la médaille d'or qu'il a reçue en 1844.

MM. BOISSELOT et fils, à Marseille (Bouches-du-Rhône).

La fabrique de M. Boisselot commande, par sa position sur la Méditerranée, le commerce d'exportation pour l'Italie, l'Espagne, le Levant et les colonies. Ces facteurs ont su tirer parti de cet avantage pour donner à leur fabrication un grand développement. Le rang distingué obtenu par les produits de cette maison à l'exposition de 1849 ne peut qu'accroître sa prospérité.

Le grand piano à queue de MM. Boisselot a été mis au deuxième rang au concours; mais leur piano à queue, modèle ordinaire, a obtenu le premier rang.

Cet excellent instrument se distingue par une grande égalité de sons; les basses et les dessus sont bien en rapport avec le médium.

MM. Boisselot ont présenté, en outre, deux pianos que le jury a classés au nombre des « instruments exceptionnels. »

Tous deux sont des pianos à queue. Dans le premier, les trois cordes cylindriques dont chaque note est ordinairement pourvue, sont remplacées par une lame d'acier représentant une corde plate. Cet instrument ne peut être considéré que comme un essai dont on ne pourra bien juger qu'à l'exposition prochaine, lorsque MM. Boisselot auront porté ce nouveau système au point de perfection dont il est susceptible.

Le second des pianos exceptionnels possède une troisième pédale agissant sur le mécanisme des étouffoirs, de telle sorte qu'après avoir abaissé cette pédale il suffit de donner un certain choc à une ou plusieurs notes du clavier pour en prolonger indéfiniment la vibration tant qu'on tient le pied sur la pédale.

Le jury laisse à MM. les artistes le soin d'apprécier le mérite de cette ingénieuse addition aux ressources qu'offre déjà le piano. En considérant le rang distingué que MM. Boisselot occupent au concours et les services qu'ils rendent à leur industrie dans le midi de la France, le jury leur décerne le rappel de la médaille d'or qu'ils avaient obtenue en 1844.

Médaille d'or.

M. François SOUFFLETO, rue Montmartre, n° 171, à Paris.

M. Souffleto, l'un de nos facteurs les plus anciens et les plus distingués, est à la tête d'une fabrique importante qui a mis en circulation plus de 2,000 pianos. L'expérience du travail, que possède M. Souffleto, se fait remarquer dans ses ouvrages, dont la bonne réputation est généralement reconnue. Il suffit de rappeler ici que les grands pianos à queue de ce facteur ont mérité le deuxième rang aux expositions précédentes où figuraient encore tous les facteurs sans exception.

Les pianos droits à cordes obliques de M. Souffleto sont répandus dans toute la France, et ils ne le cèdent en rien à ceux des facteurs admis au concours de 1849. Celui qui a concouru a été jugé digne, par le jury, de partager *ex æquo* le premier rang avec le piano de M. Kriegelstein.

En conséquence, le jury est d'avis que M. Souffleto, trois fois honoré de la médaille d'argent, est digne, à tous égards, de la médaille d'or qu'il lui décerne.

M. Marie GAIDON jeune, faubourg Saint-Denis, n° 89, à Paris. Nouvelles médailles d'argent.

Les pianos droits et les pianos carrés de M. Gaidon jeune ont obtenu le deuxième rang dans leurs catégories respectives. Son piano carré est remarquable par la vigueur des sons. Son piano droit a soutenu, sans trop de désavantage, la lutte avec le n° 1, appartenant à M. Wolfel, quoiqu'il fût beaucoup plus petit que ce dernier; et, dans ce genre d'instruments où le peu de longueur des cordes de basses est un obstacle à leur sonorité, il y a beaucoup de mérite à obtenir un résultat aussi satisfaisant.

Tous les ouvrages de M. Gaidon sont remarquables par leur bonne exécution et le fini du travail. Ce facteur porte encore ses vues plus loin : il a présenté au jury le modèle d'un mécanisme ingénieux applicable aux pianos droits de toutes dimensions pour donner à leurs claviers les avantages du double échappement.

M. Gaidon jeune avait obtenu en 1844 une médaille d'argent : le jury, pour récompenser ses nouveaux efforts, lui décerne une nouvelle médaille d'argent.

M. Sébastien MERCIER, Boulevard Bonne-Nouvelle, n° 31, à Paris.

La réputation des pianos obliques, petit format, de M. Mercier, s'est bien soutenue au concours. Le piano de ce facteur a été classé au quatrième rang.

M. Mercier a présenté au jury un piano exceptionnel, ayant deux tables d'harmonie reliées entre elles par une pièce qu'il appelle conducteur acoustique.

Le jury, prenant en considération les efforts de M. Mercier et ses relations à l'étranger, lui décerne une nouvelle médaille d'argent.

M. Henry HERZ, rue de la Victoire, n° 48, à Paris.

Depuis environ trois ans, le chef de cette maison voyage aux États-Unis d'Amérique. Son beau talent de pianiste lui permet de faire apprécier au delà de l'Atlantique les qualités des produits de sa fabrique de Paris, dont les exportations ont été assez importantes depuis la dernière exposition.

Les pianos à queue fabriqués par M. Henry Herz sont d'une

construction particulière : le mécanisme repose sur le parquet du clavier, comme dans les pianos à queue ordinaire, mais le corps sonore, avec le plan des cordes qui y sont attachées, est renversé sur les marteaux.

Cette disposition, toute ingénieuse qu'elle est, n'a pas paru produire un résultat complet sous le rapport de la sonorité; le son manque de force quoiqu'il soit harmonieux.

Parmi les instruments que cette maison a exposés, le grand piano à queue et le petit piano à queue ont mérité d'être classés au troisième rang, dans leurs catégories ; le piano droit à cordes obliques a été mis au sixième rang.

Le jury, prenant en considération le classement des pianos à queue, grand et petit format, de la maison Herz au concours, lui décerne une médaille d'argent.

Médailles d'argent.

Jean-Denis BORD, Boulevard Bonne-Nouvelle, n° 36, à Paris.

Le grand piano à queue de M. Bord a obtenu le quatrième rang dans sa catégorie. Le jury a remarqué la qualité brillante des sons de cet instrument. Ce facteur a été moins heureux pour son piano droit, qui a été mis au treizième rang.

M. Bord avait obtenu une médaille de bronze en 1844. Le jury, prenant en considération le rang de son piano à queue, lui décerne une médaille d'argent.

MM. Alexandre et Louis MULLIER, rue de Tracy, n° 5, à Paris.

L'établissement de MM. Mullier date de 1826 et produit annuellement de 80 à 100 pianos d'une bonne fabrication. Leur piano carré a obtenu au concours le quatrième rang et leur piano droit le dixième.

MM. Mullier avaient obtenu une médaille de bronze en 1844. Ces facteurs consciencieux méritent d'être récompensés; en conséquence, le jury leur décerne la médaille d'argent.

M. NIEDERREITHER, rue du Faubourg-Poissonnière, n° 183, à Paris.

Le piano à queue, modèle ordinaire de ce facteur, a été remarqué pour le fini du travail et pour la qualité des sons, plutôt moelleux que brillants. Il a été classé le quatrième de son espèce.

La médaille de bronze avait été accordée à M. Niederreither en 1844 ; le jury lui décerne la médaille d'argent.

M. Claude MONTAL, passage Dauphine, n° 36, à Paris.

M. Montal a exposé des pianos de tous les modèles. Son piano oblique a obtenu le septième rang au concours, et son piano droit le huitième ; de plus, M. Montal a soumis à l'examen du jury :

1° Un piano à queue d'une construction particulière. Comme dans quelques pianos de forme horizontale, exposés par d'autres facteurs, le corps sonore de l'instrument est renversé sur la mécanique, placée, comme à l'ordinaire, sur le parquet du clavier.

M. Montal, connaissant par expérience la difficulté de remettre les cordes sur les pianos de ce genre de construction, a imaginé de monter le corps sonore en équilibre sur deux pivots qui lui servent de centre de mouvement, et sur lesquels on peut le faire balancer pour le relever dans une position verticale. Ce moyen permet d'arriver librement au plan des cordes. Cette construction, toute ingénieuse et difficile qu'elle puisse être, n'a pas paru présenter au jury des résultats favorables sous le rapport de la sonorité.

2° M. Montal a présenté un piano droit de grande dimension, pouvant transposer d'un demi-ton dans les dessus, et de trois demi-tons dans les basses : la disposition de cette transposition a paru ingénieuse, en ce qu'elle n'affecte en rien la correspondance directe du clavier à la mécanique.

3° Un piano oblique, dont le corps sonore se développe derrière la caisse, au moyen d'une charnière, de la même manière que le clavier et la mécanique des anciens pianos obliques se développaient par devant.

Le jury a pensé que le défaut de stabilité que l'on a remarqué dans une application de ce principe devait nécessairement se reproduire dans une autre.

4° M. Montal introduit dans ses pianos droits un mécanisme de sa composition pour donner à ses claviers l'avantage du double échappement.

5° M. Montal, ainsi que plusieurs autres facteurs, fait usage dans ses pianos droits du système de contre-tirage métallique, appliqué derrière le fond ou châssis de l'instrument connu sous le nom de système Becquet.

Le jury, prenant en considération le rang qu'ont obtenu les pianos ordinaires de M. Montal dans deux catégories, lui décerne la médaille d'argent.

M. Louis-Bastien ESLANGER, rue J.-J.-Rousseau, n° 19, à Paris.

M. Eslanger est un de nos facteurs les plus consciencieux; il fabrique des pianos des différents genres, qui se distinguent par une excellente exécution. La facilité des claviers de ses pianos à cordes obliques est remarquable.

Son piano droit à cordes verticales a été classé au troisième rang pour la bonne qualité des sons.

M. Eslanger avait mérité la médaille de bronze en 1844; le jury le croit digne d'une récompense plus élevée, et lui décerne la médaille d'argent.

Rappel de médaille d'argent.

M. SCHOEN, rue Basse-du-Rempart, n° 46, à Paris.

M. Schœn avait exposé plusieurs pianos de différents genres; le jury, voulant récompenser les efforts de cet artiste, lui accorde le rappel de la médaille d'argent qu'il avait obtenue en 1844.

Médaille de bronze.

M. Louis-Hyppolite BEUNON, rue Blanche, n° 72, à Paris.

Le piano de M. Beunon a été remarqué à l'exposition pour sa décoration en chêne sculpté. Au concours, cet instrument a été mis au premier rang de la deuxième série des pianos obliques. Le jury, voulant récompenser l'heureux début de M. Beunon, lui accorde la médaille de bronze.

M. Alphonse BLONDEL, rue de l'Échiquier, n° 41, à Paris.

M. Blondel expose pour la première fois; ses pianos ont obtenu le troisième rang dans deux catégories.

Le jury, pour récompenser les efforts de M. Blondel, lui décerne la médaille de bronze.

M. Hermann VYGEN père, rue Neuve-Saint-Martin, n° 19, à Paris.

Le piano droit, grand modèle, de M. Hermann Vygen a été classé le deuxième; il vient immédiatement après celui de M. Wolfel, du même genre.

Le jury accorde à M. Vygen la médaille de bronze.

Mme Ve Madelaine-Élisabeth RINALDINI, boulevard Saint-Denis, n° 13, à Paris.

L'établissement fondé par M. Rinaldini est digne d'encouragement; les pianos qu'on y fabrique sont de bons instruments, et leur réputation s'est bien soutenue au concours. Le piano droit de Mme Rinaldini a été placé le troisième de cette catégorie.

M. Rinaldini avait eu une mention honorable en 1834 : le jury décerne à sa maison une médaille de bronze.

M. Martial-Étienne MONNIOT, rue Neuve-Saint-Roch, n° 34, à Paris.

M. Monniot a obtenu le troisième rang pour ses pianos demi-obliques. Il livre au commerce environ 60 pianos par an.

M. Monniot avait été mentionné honorablement en 1844 : le jury lui décerne la médaille de bronze.

M. HERCE et MAINÉ, boulevard Bonne-Nouvelle, n° 18, à Paris.

La fabrique de MM. Herce et Mainé livre 100 pianos par an au commerce. Leur piano droit, admis au concours, a été classé le cinquième de cette catégorie. L'ancienneté de l'établissement de MM. Herce et Mainé est une garantie de la bonne confection de leurs ouvrages.

MM. Herce et Mainé avaient été mentionnés honorablement en 1844 : le jury leur décerne la médaille de bronze.

MM. AUCHER et fils, rue de Bondy, n° 40, à Paris.

Le piano droit de MM. Aucher, placé au sixième rang au concours à cause de sa jolie qualité de son dans le médium et les dessus, était en forme de secrétaire. MM. Aucher se sont livrés principalement à la fabrication de ce genre de pianos.

Le jury décerne la médaille de bronze à MM. Aucher.

M. Pierre SCHOLTUS, rue Bleue, n° 1, à Paris.

M. Scholtus a présenté au jury un modèle de barrage dans le genre de celui connu sous le nom de système Becquet, avec cette différence, toutefois, que M. Scholtus établit ses barres de résistance sur le principe du pendule, en intercalant une lame ou barre de cuivre entre deux autres en fer.

Le piano demi-oblique de M. Scholtus a été mis au huitième rang dans sa catégorie. Le jury, voulant récompenser les efforts de ce facteur, lui accorde la médaille de bronze.

M. Frédéric ELCKÉ, rue de l'Université, n° 151, à Paris.

Le piano droit de M. Elké, placé au 7e rang de cette catégorie, se faisait remarquer par sa construction particulière. Il est armé de barres de métal au-dessus du plan des cordes, d'après le système que nous avons signalé au commencement de ce rapport.

Le jury décerne la médaille de bronze à M. Elcké.

M. Jean-Baptiste GIBAUT, rue de la Chaussée-d'Antin, n° 58, à Paris.

L'établissement de M. Gibaut existe depuis plus de 20 ans. Son piano à cordes obliques de l'exposition a obtenu le 8e rang au concours.

M. Gibaut avait été mentionné honorablement en 1844. Le jury lui décerne la médaille de bronze.

M. SCHULTZ, à Marseille (Bouches-du-Rhône).

La fabrique de piano de M. Schültz est à Marseille, et ce facteur partage les avantages de cette position sur la Méditerranée avec la maison Boisselot. Son piano droit a été classé au 9e rang.

M. Schültz avait été mentionné honorablement en 1844 ; le jury, voulant récompenser ses efforts, lui décerne la médaille de bronze.

M. Charles-Louis FRANCHE, rue du Bac, n° 16, à Paris.

M. Franche a exposé deux pianos droits. L'un de ces instruments a été mis au 11ᵉ rang de cette catégorie.

Le jury lui décerne la médaille de bronze.

MM. MUSSARD frères, rue Barbette, n° 12, à Paris.

Leur piano droit a été classé le 12ᵉ de sa catégorie.

Le jury accorde la médaille de bronze à MM. Mussard.

M. ZIÉGLER, rue de Sèvres, n° 2, à Paris.

Le piano droit de ce facteur a été mis au 14ᵉ rang de sa catégorie. M. Ziégler a présenté au jury un perfectionnement pour les centres des touches de clavier.

Le jury, voulant récompenser les efforts de ce facteur, lui décerne la médaille de bronze.

M. Antoine LIMONAIRE, rue Montorgueil, nᵒˢ 27 et 29, à Paris.

Le piano à queue de M. Limonaire, classé parmi les pianos exceptionnels, a fixé l'attention du jury. La disposition du mécanisme, auquel les étouffoirs sont attachés de manière à ne faire qu'un ensemble, a paru nouvelle et ingénieuse.

Le jury, voulant récompenser les efforts de ce facteur, lui décerne la médaille de bronze.

M. KOSKA, rue du Faubourg-Poissonnière, n° 92, à Paris. Rappels de médaille de bronze.

Le jury accorde à M. Koska le rappel de la médaille de bronze qu'il avait obtenue en 1839.

M. MERMET, rue Hauteville, n° 52, à Paris.

Le jury accorde à M. Mermet le rappel de sa médaille de bronze qu'il avait obtenue en 1844.

M. HESSELBEIN, rue Vivienne, n° 23, à Paris.

Le jury accorde à M. Hesselbein le rappel de la médaille de bronze qu'il avait obtenue en 1844.

Rappel de mention honorable.

M. ROGEZ, rue Jacob, n° 31, à Paris.

Le jury accorde à M. Rogez le rappel de la mention honorable qu'il avait obtenue en 1839.

Mentions honorables.

M. VAN-GILS, rue du Bac, n°s 64 et 68, à Paris,

A présenté au jury un piano dont la mécanique est garnie en caoutchouc, au lieu d'étoffes de laine, comme cela se pratique ordinairement. M. Van-Gils a même imaginé de remplacer les ressorts en métal par des ressorts en caoutchouc.

Le jury, tout en applaudissant aux ingénieux efforts de M. Van-Gils, doit laisser au temps à constater l'utilité de cette innovation.

Le jury lui accorde une mention honorable.

M. VAN OVERBERGH, à Batignolles (Seine),

A présenté au jury un piano à deux tables sur lesquelles les cordes de basse se croisent avec celles du reste de l'instrument. Entre les deux tables, se trouve le barrage en fer de la caisse, établi avec beaucoup de solidité.

Le jury accorde à M. Van-Overbergh une mention honorable.

M. Jean-Pierre BONIFAS, à Montpellier (Hérault),

A présenté au jury un piano droit auquel il a appliqué le barrage métallique.

Le jury accorde à M. Bonifas une mention honorable.

M. LABORDE, rue du Faubourg-du-Temple, n° 50, à Paris,

A exposé un piano droit avec un nouvel appareil pour remplacer les anciennes chevilles à accorder, qu'il nomme *constant accord*. Les avantages de cette innovation ne peuvent être appréciés qu'avec le temps.

Le jury décerne à M. Laborde une mention honorable.

M. PAPELARD, à Montmartre (Seine),

A exposé un petit instrument à clavier où les cordes sont remplacées par des lames d'acier ou cordes plates. L'essai de M. Papelard s'est borné à une octave ou deux dans les dessus; les sons en ont paru harmonieux.

Le jury décerne une mention honorable à M. Papelard.

M. GUERBER, passage des Panoramas, n° 10, à Paris. Citation favorable.

A obtenu du jury, pour ses pianos de différents genres, une citation favorable.

M. VERANY, à Clermont-Ferrand (Puy-de-Dôme).

Le jury le cite favorablement pour sa fabrique de pianos.

M. THIBOUT et Cie, rue du Faubourg-Montmartre, n° 21, à Paris.

Le jury cite favorablement M. Thibout et Cie.

M. LEVACHER D'URCLÉ, rue Notre-Dame-de-Lorette, n° 18, à Paris.

Le jury cite favorablement M. Levacher, pour un instrument de son invention composé pour faciliter l'étude du piano. Cet instrument est approuvé et mis en usage par des professeurs du Conservatoire.

---

§ 2. HARPES.

M. Pierre Érard, rapporteur.

CONSIDÉRATIONS GÉNÉRALES.

La harpe antique a servi de base à presque tous les instruments à cordes. Sur la harpe morderne, grâce à l'invention du double mouvement, on peut exécuter toute sorte de musique. Parmi les instruments à sons fixes, c'est celui qui est susceptible du système de tempérament le plus parfait, puisqu'il contient 21 sons dans l'octave, tandis que le piano n'en a que 13.

Les effets merveilleux que la harpe peut produire dans les salons et dans l'orchestre sont bien connus de nos grands compositeurs; car il n'existe pas un seul de leurs chefs-d'œuvre où la harpe ne soit indispensable.

Les harpes de M. Érard ne pouvaient être admises au concours, puisqu'il fait partie du jury, mais elles ont servi de point de comparaison à celles de M. Domeny.

C'est encore au génie de Sébastien Érard que ce bel instrument est redevable de la perfection qu'il possède. Cette perfection est telle, qu'elle ne laisse rien à désirer pour la belle qualité des sons et surtout pour la précision du mécanisme. L'invention du double mouvement, appliquée à cet instrument, aurait suffi seule pour assurer à son auteur une place parmi les mécaniciens les plus ingénieux de son époque.

Médaille d'or.

M. Louis-Joseph DOMENY, rue du Faubourg-Saint-Denis, n° 101, à Paris.

Deux harpes à double mouvement ont été présentées par M. Domeny; comparées avec celles de M. Érard, la qualité des sons de ces deux instruments a paru pleine et brillante.

Les harpes de M. Domeny sont finies avec beaucoup de soin dans la partie du mécanisme, qui exige dans ce bel instrument une précision extrême pour conserver, en modulant, la pureté des sons et des intonations.

M. Domeny adapte à la harpe un mécanisme très-ingénieux, qui permet de diminuer la tension des cordes lorsqu'on doit laisser sa harpe quelques jours sans la jouer. Avec cette précaution, si facile à prendre maintenant, les cordes sont moins sujettes à casser.

M. Domeny a présenté au jury un piano de sa fabrique avec un contre-tirage sur un nouveau principe. Ce perfectionnement a fixé l'attention du jury. Son opinion est que, parmi les différents genres de contre-tirages présentés, celui de M. Domeny possède des avantages pour la consolidation des sommiers.

M. Domeny, artiste devoué à son art, s'occupe sans cesse de le perfectionner. On doit lui savoir gré surtout de ses efforts constants pour soutenir la fabrication de la harpe, le plus poétique des instruments.

Le jury a pensé qu'il était dans l'intérêt de l'art musical d'encourager la fabrication de cet instrument par tous les moyens en son pouvoir; et, prenant en considération le mérite supérieur des harpes de M. Domeny, il lui décerne la médaille d'or.

§ 3. INSTRUMENTS A CORDES ET A ARCHET.

M. Marloye, rapporteur.

CONSIDÉRATIONS GÉNÉRALES.

Il a été entendu 42 instruments à cordes et à archet : 21 violons, dont 6 classés; 9 altos, dont 3 classés; 9 basses, dont 4 classées, et enfin, 2 contre-basses[1].

La lutherie française est de beaucoup au dessus de sa réputation. Quoi qu'on en puisse dire, il y a longtemps que les instruments des Stradivarius, des Guarnérius, des Amati, etc., ont été imités par quelques luthiers français avec assez de perfection pour tromper l'oreille exercée des connaisseurs libres de tout préjugé, et capables d'apprécier l'influence qu'exerce sur cette espèce d'instrument la vétusté et un long service.

C'est donc à tort que l'opinion publique place encore les luthiers italiens beaucoup au dessus des luthiers français. Il est bien vrai que les luthiers français n'ont été, jusqu'à présent que d'habiles copistes; mais nous croyons que si le temps qu'ils ont consacré à l'imitation avait été employé à l'étude de l'acoustique, qui seule peut les éclairer en cette matière et les conduire à une parfaite connaissance du bois, nous aurions aujourd'hui des originaux qui ne le céderaient en rien à ceux de ces grands maîtres, que nous admirons avec raison, sans doute; mais n'est-ce pas leur donner bien de l'avantage que de ne leur opposer jamais que leurs propres copies?

Toutefois, d'après l'aspect d'une partie des instruments présentés cette année au concours, et les conversations que nous avons eues avec les auteurs, il y a tout lieu de croire que les luthiers français commencent enfin à reconnaître qu'au point où ils sont arrivés, ce n'est plus qu'en travaillant d'après leurs lumières et non sur les modèles d'autrui qu'ils peuvent

[1] Pour le concours des instruments à cordes et à archet, on a procédé comme pour celui des pianos et des instruments à vent. (Voyez, page 519).

avancer encore et s'assurer dans l'histoire la place qu'ils seront dignes d'occuper un jour.

Médaille d'or.

M. BERNARDEL, rue Croix-des-Petits-Champs n° 23, à Paris.

M. Bernardel, qui occupait le premier rang en 1844 pour la basse et l'alto, occupe le même rang en 1849 pour la basse et le violon. Pour l'alto, il ne vient qu'en troisième; néanmoins son instrument n'est pas indigne de lui.

Indépendamment de leur qualité sonore, les instruments de cet habile et modeste artiste sont faits avec un soin et une perfection qu'il serait difficile de dépasser : la magnifique basse surtout qu'il a présentée au concours, et qui a été classée en première ligne à une grande distance des autres, nous a paru réunir tant de perfection, qu'elle ne nous a rien laissé à désirer, si ce n'est peut-être l'apparence d'une basse française au lieu de l'apparence d'une basse italienne. Nous demandons d'abord à M. Bernardel pardon de cette réflexion, puis nous ajouterons, au risque de blesser sa modestie, que quand on sait faire de pareils instruments, on honore son pays en leur donnant un cachet national.

Pour la juste récompense du mérite de M. Bernardel, le jury lui décerne la médaille d'or.

Rappels de médailles d'argent.

M. RAMBAUX, rue du Faub.-Poissonnière, n° 18, à Paris.

Les instruments de M. Rambaux ont la table construite d'une manière particulière. Cet artiste façonne d'abord des moitiés de table en portion de cylindre, puis à l'aide d'un peu de chaleur et d'une certaine pression, il leur donne la courbure longitudinale, d'où il résulte que le fil du bois n'est pas tranché. Le violon de M. Rambaux, dont la belle qualité de son lui a valu le second rang, était construit de cette manière. Une basse de M. Rambaux, construite sur le même principe, a été classée au quatrième rang.

Les recherches constantes auxquelles se livre M. Rambaux pour perfectionner les instruments de sa fabrication, ainsi que ses succès au concours, le rendent digne du rappel de la médaille d'argent qu'il a obtenue en 1844.

M. CHANOT, quai Malaquais, n° 1, à Paris.

M. Chanot a eu une basse classée au troisième rang et un violon au cinquième. Indépendamment de ces deux instruments, pour lesquels il a concouru, il nous en a présenté un exceptionnel. C'est une basse renfermant une caisse de basse. M. Chanot prétend que cette basse a plus de son qu'une autre et qu'elle s'entend de plus loin. Nous ne sommes pas précisément de son avis, ni sur un point ni sur l'autre, mais nous reconnaissons volontiers qu'il n'y a qu'un luthier habile et accoutumé à vaincre des difficultés capable de donner à un semblable instrument autant de son que le sien en possède.

Malgré le peu de succès de cet essai, le jury néanmoins en témoigne sa reconnaissance à M. Chanot, et lui accorde pour l'ensemble de ses travaux le rappel de la médaille d'argent qu'il a obtenue en 1844.

M. JACQUOT, de Nancy (Meurthe).

Médaille d'argent.

M. Jacquot, qui ne s'était présenté jusqu'ici qu'aux expositions départementales de la Meurthe, où il a obtenu en 1838 une médaille de bronze, et en 1843 une médaille d'argent, vient de remporter au grand concours des succès qui justifient pleinement les récompenses qu'il a reçues dans son département.

Pour son début, M. Jacquot est le premier pour l'alto, le second pour la basse, et le sixième pour le violon. Certes il y aurait là de quoi flatter les espérances de M. Jacquot s'il n'avait déjà conscience de son mérite.

Le jury central, voulant récompenser dignement cet habile artiste, lui décerne la médaille d'argent.

M. HILDEBRAND, rue Saint-Martin, n° 202, à Paris.

Rappel de médaille de bronze.

M. Hildebrand a exposé des cymbales, plusieurs gammes chromatiques en petites clochettes, et trois cloches de moyenne taille accordées sans être tournées. M. Hildebrand prétend qu'il est sûr de fondre plusieurs cloches accordées comme on voudra, sans avoir besoin d'y retoucher. Si cela était vrai, M. Hildebrand mériterait certainement une récompense digne du progrès qu'il aurait fait faire à l'art du fondeur de cloches; malheureusement, il ne s'est trouvé aucun indice qui pût nous en fournir la moindre preuve.

En attendant que M. Hildebrand veuille bien donner au jury des preuves de ce qu'il avance, en faisant venir à la fonte la note et la date précise de la fonte de chaque cloche, le jury lui rappelle la médaille de bronze qu'il a eue aux expositions précédentes.

Médailles de bronze.

M. MAUCOTEL, rue Croix-des-Petits-Champs, n° 18, à Paris.

Une mention honorable a été accordée à M. Maucotel, en 1844, pour une basse qui a obtenu le quatrième rang. Cette année, M. Maucotel a eu un alto classé au second rang, et un violon au quatrième. La quatrième corde de son alto est fort belle, et son violon ne manque pas de moelleux.

Nous ne doutons pas que M. Maucotel, encouragé par ses nouveaux succès, ne reste digne de la médaille de bronze que le jury lui décerne pour sa récompense.

M. Carolus HENRY, rue Saint-Martin, n° 99, à Paris.

M. Henry, fils d'un des plus anciens luthiers de Paris, vient de présenter au concours un violon ayant les contre-éclisses extérieures. Ceci n'est pas nouveau : l'artiste ne l'ignore pas; mais il pense que, bien que cette méthode ait été abandonnée, la contre-éclisse extérieure a l'avantage de mieux garantir le collage de la table que ne le peut faire la contre-éclisse intérieure, et qu'elle n'est pas exposée comme cela à des décollages partiels qui nuisent au son, et qu'on ne peut reconnaître qu'en démontant la table.

Quoi qu'il en soit, le violon de M. Henry a une belle qualité de son, et a été jugé digne du troisième rang.

M. Henry a soumis aussi à l'examen du jury un baryton à l'octave du violon. Bien que cet essai n'ait pas eu plus de succès que ceux du même genre qui déjà ont été tentés, nous en savons néanmoins gré à M. Henry. Nous pensons, comme lui, que ce serait rendre un service à la musique que de compléter la famille des instruments à archet : aussi, nous l'engageons à ne pas se décourager; son talent et son expérience sont des garanties suffisantes pour le succès de son entreprise, s'il ne l'abandonne pas.

Le jury décerne à M. Henry une médaille de bronze.

M. Louis-Henri SAVARESSE, avenue Saint-Charles, n° 30, à Grenelle.

M. Savaresse, qui fabrique par an pour 60 ou 70,000 francs

de cordes d'harmonie, dont une partie est expédiée à l'étranger, a exposé beaucoup de cordes d'une grande beauté, parmi lesquelles on distinguait des chanterelles d'une nouvelle fabrication. Les cordes de M. Savaresse étant connues et appréciées depuis longtemps, nous n'avons pas à nous en occuper : nous parlerons seulement des nouvelles chanterelles que M. Savaresse a soumises à l'appréciation du jury.

Les chanterelles qu'on a mises à notre disposition, sans être lisses au toucher, sont fort égales, sonnent très-bien, résistent longtemps au frottement de l'archet et des doigts, et, montées sur le violon au fa ♯, elles ont résisté 4, 5 et même 6 jours sans se rompre.

Le jury, reconnaissant que ces nouvelles chanterelles possèdent toutes les qualités qui caractérisent d'excellentes cordes, et n'ayant d'ailleurs que des félicitations à adresser à M. Savaresse sur sa fabrication en général, lui décerne la médaille de bronze.

M. SIMON, rue d'Angivillier, n° 18, à Paris.

Les archets de basse et de violon que M. Simon a exposés ont paru au jury remplir toutes les conditions désirables Ils sont élastiques, d'un beau travail et garnis avec goût. Ajoutons que dans le grand nombre d'archets que M. Simon a soumis à notre examen, il ne s'en est trouvé aucun pouvant être considéré comme médiocre.

En 1844, M. Simon a obtenu une mention honorable ; en 1849, le jury lui donne la médaille de bronze.

M. Joseph HENRY, rue Pagevin, n° 20, à Paris.

Mentions honorables.

M. Henry, nouvellement établi et par conséquent exposant pour la première fois, a présenté à l'examen du jury des archets de violon et de basse très-légers, très-élégants, très-élastiques, et faits avec le plus grand soin. Ainsi que M. Simon, il nous en a présenté un grand nombre, tous remarquables par leur perfection.

Le jury décerne à M. Henry une mention honorable.

M. GATEAU, rue de Grenelle-Saint-Germain, n° 66, à Paris.

Le jury mentionne honorablement l'ingénieux M. Gateau pour ses conques acoustiques.

Ces conques, comme on sait, sont de petites coquilles soit en argent, soit en toute autre matière, qui se moulent exactement dans la conque de l'oreille et pénètrent jusque dans le conduit auditif. Outre l'avantage qu'ont ces conques de se maintenir d'elles-mêmes dans l'oreille, elles ont aussi celui d'être peu gênantes et peu apparentes, ce qui ne les empêche pas de rendre des services réels à toutes les personnes dont la surdité ne provient pas de l'oreille interne.

M. PASSERIEUX, rue des Vinaigriers, n° 25, à Paris.

Les tubes flexibles de M. Passerieux, servant à porter à de grandes distances la voix dans les appartements, sont préférables aux sonnettes dans beaucoup de cas, et méritent à M. Passerieux la nouvelle mention honorable que le jury lui décerne.

---

§ 4. INSTRUMENTS A VENT EN CUIVRE.

M. Marloye, rapporteur.

CONSIDÉRATIONS GÉNÉRALES.

Si la Commission a cru nécessaire, pour le concours des pianos, de n'admettre du même facteur qu'un seul instrument de chaque modèle, elle a dû juger cette mesure indispensable pour les instruments à vent, à cause du nombre prodigieux d'instruments de cuivre; par la raison que ceux-ci ayant l'inconvénient de fatiguer promptement celui qui les joue et celui qui les écoute, il importait d'écarter le superflu, pour prévenir les conséquences fâcheuses qui auraient pu résulter soit de la fatigue des lèvres des artistes, soit de la lassitude des oreilles du jury.

Comme les pianos, tous les instruments à vent ont été entendus dans la salle du Palais-National, que la commission avait fait disposer pour le concours. Là, ils ont été essayés par des professeurs du Conservatoire et autres artistes distingués, que la commission n'a choisis que lorsque les facteurs n'ont pu s'entendre pour désigner quelqu'un.

Les épreuves qu'on a fait subir à ces divers instruments ont été généralement fort simples. La commission, à cette fin de n'entendre que l'instrument et non l'artiste, a borné les exercices autant que faire s'est pu à des gammes chromatiques, des accords brisés et des octaves; ce n'a été que sur certains instruments chantants qu'on a exécuté parfois de petites mélodies.

175 instruments de cuivre ont été entendus.

La facture des instruments à vent en cuivre, qui depuis longtemps était restée stationnaire, a fait un pas immense depuis quelques années. M. Sax est le premier qui, d'abord, a donné l'élan, en mettant au jour deux familles d'instruments, celle des saxophones et celle des saxhorns (clairons chromatiques), plus un grand nombre de modifications apportées à des instruments connus. A l'apparition de ces nouveautés, tous les artistes comprirent que leur art était loin encore du but qu'il devait atteindre avant de rester stationnaire; ils se mirent à l'œuvre, et animés par une noble émulation, ils firent faire à la facture plus de progrès, en 5 ans, qu'elle n'en avait fait en 50. Plusieurs instruments nouveaux ont été créés, beaucoup ont été modifiés, et presque tous ont été perfectionnés. Nous en félicitons sincèrement les artistes; et si leur zèle ne se ralentit pas, nous pensons que la facture française atteindra bientôt une supériorité qui ne lui sera plus contestée par personne.

Qu'il nous soit permis maintenant de faire quelques réflexions qui nous sont suggérées par le vif désir que nous avons d'être de quelque utilité aux facteurs d'instruments de musique.

On sait que dans la facture des instruments de cuivre deux procédés différents sont employés pour faire le pavillon. L'un, fort simple, consiste à repousser le pavillon au tour; l'autre, plus difficile et plus dispendieux, consiste à le forger au marteau sur une bigorne. Plusieurs facteurs distingués prétendent que les instruments à pavillon repoussé manquent de sonorité, et par cette raison ne veulent pas abandonner la méthode du forgeage; cependant l'audition de la plus grande masse des instruments de cuivre n'a pas confirmé cette opinion. Parmi les instruments les plus remarquables par leur belle sonorité, il s'en est trouvé autant à pavillon repoussé qu'à pavillon forgé : il est vrai de dire néanmoins que les quatre meilleurs cors avaient le pavillon forgé. Mais est-il possible d'attribuer à une plus grande sonorité du pavillon la supériorité de ces instruments? Dans le cor simple, par exemple, à quoi sert donc la sonorité du pavillon quand l'artiste le bouche avec la main? Ne semblerait-il pas dans ce cas qu'elle serait plutôt un défaut, puisqu'elle aurait pour effet de rendre plus sensible la différence qui existe entre les notes bouchées et les notes ouvertes. Ainsi donc, nous pensons que si le travail du marteau peut réellement présenter des avantages, ce ne peut être que dans le cas où le cuivre employé est assez mou pour ne pas pouvoir acquérir la résistance nécessaire au repoussage.

CORS.

Les cors ordinaires étaient au nombre de 7, dont 2 ont été classés, et les cors à piston au nombre de 9, dont 3 ont été classés.

MM. Raoux et Michaud ont présenté au concours des cors qui ne laissent vraiment rien à désirer, si ce n'est l'homogénéité de timbre, que l'instrument ne comporte pas, attendu que par sa construction il ne permet pas de faire une gamme sans boucher plus ou moins un certain nombre de notes, tandis que d'autres restent entièrement ouvertes. Mais si cet inconvénient est inhérent au cor ordinaire, MM. Raoux, Bartsch et Labbaye l'ont fait disparaître dans leurs cors à piston, qui possèdent toutes les qualités du cor ordinaire, sans avoir l'inconvénient des notes bouchées.

CORNETS À PISTON.

17 cornets à piston ont concouru, et 4 ont été classés.

Le concours a été brillant cette année pour les cornets à

piston; on peut dire même que la commission a été embarrassée du choix. A l'exception de 3, ils étaient tous assez justes et d'une belle qualité de son. Nous nous plaisons à rendre publiquement à MM. les facteurs le témoignage de notre satisfaction, et nous ne doutons pas qu'à la prochaine exposition cet instrument ne laisse plus rien à désirer.

OPHICLÉIDES.

4 ophicléides seulement ont concouru; 1 seul a été classé.

Si le concours des cornets à piston a été brillant, il n'en a pas été de même de celui des ophicléides, hors un seul, qui était assez juste et fait avec beaucoup de soin; le reste était détestable. Indépendamment d'un manque de justesse intolérable, le mécanisme des clefs faisait entendre un cliquetis désagréable, qu'il serait pourtant facile de faire disparaître en partie en garnissant les pattes de clefs avec du feutre. Quant au manque de sonorité de ces instruments, il vient sans doute du grand nombre de trous que les clefs ne bouchent jamais qu'imparfaitement; mais nous pensons qu'il vient aussi de la peau qui garnit l'intérieur des clefs, chose que certains facteurs ont soin d'éviter.

TROMBONES.

Bien que le trombone, par sa construction, ne paraisse pas devoir être soumis aux lois sévères de la justesse, puisque l'artiste peut toujours à volonté modifier la longueur du tube, le jury a pensé néanmoins que la justesse dans cet instrument, ainsi que dans tout autre, doit être considérée comme la principale des qualités: aussi a-t-il rejeté des trombones, laissant d'ailleurs peu de chose à désirer, par cette seule raison qu'ils manquaient de justesse.

TROMBONE À PISTON.

Si le trombone à piston avait été inventé le premier, on aurait pu croire, avec quelque raison, perfectionner cet instrument en supprimant les pistons et les remplaçant par une coulisse, d'abord parce qu'on simplifiait sa construction, ensuite parce qu'on donnait à l'artiste la faculté de jouer juste dans tous les tons. Le contraire précisément est arrivé; on avait le trombone à coulisse, et l'on a fait le trombone à piston. Cela est-il raisonnable? Nous ne le pensons pas. Sans doute, le trombone à piston est plus facile à jouer que le trombone à coulisse, et peut être employé commodément dans la musique militaire; mais alors le trombone ressemble un peu à une trompette. Nous pensons donc que c'est faire rétrograder la facture, ainsi que l'art musical, que de négliger le trombone à coulisse pour s'occuper du trombone à piston.

CONTRE-BASSES EN *MI BÉMOL.*

10 de ces instruments ont concouru, 3 ont été classés.

Ce magnifique instrument laisse aujourd'hui peu de choses à désirer. Les 10 qui ont été entendus étaient remarquables par leur puissance de son, leur beau timbre et même leur justesse, car sur ce nombre il ne s'en est trouvé que 3 assez faux pour choquer des oreilles exercées.

Quand on a entendu ce bel instrument, on ne peut s'empêcher de regretter qu'il ne soit pas généralement employé dans la musique militaire à l'exclusion de quelques ophicléides, dont le son rauque blesse l'oreille quand on est assez près pour l'entendre.

BASSES CHROMATIQUES EN *SI BÉMOL.*

11 de ces instruments ont concouru, 3 ont été classés.

Les basses chromatiques sont restées un peu au-dessous des contre-basses; elles sont généralement moins justes et ont moins d'égalité dans le son, deux défauts qui se rencontrent malheureusement souvent dans un même instrument, puisqu'ils proviennent tous deux d'une certaine irrégularité dans le tube.

CLAIRONS CHROMATIQUES BARYTONS EN *SI BÉMOL*.

Les barytons qui ont concouru étaient au nombre de 9, dont 3 ont été classés.

Généralement, ces instruments avaient une belle qualité de son et assez de justesse; plusieurs avaient bien, il est vrai, les dernières notes graves un peu faibles, mais, malgré cela, on peut dire que le concours des barytons a été très-satisfaisant.

CLAIRONS CHROMATIQUES ALTOS EN *MI BÉMOL*.

13 instruments ont concouru, 3 ont été classés.

Le concours des clairons chromatiques altos, comme celui des barytons, fait honneur aux facteurs : sur les 13, il ne s'en est trouvé que 2 mauvais ; le reste était généralement bon. Les qualités qui distinguent particulièrement ces instruments de plusieurs autres de la même famille sont l'égalité du son et la justesse, c'est-à-dire celles qu'on ne trouve que dans les instruments qui approchent de la perfection.

CLAIRONS CHROMATIQUES EN *SI BÉMOL*.

13 clairons ont concouru, 3 ont été classés.

A l'exception de 2 ou 3, on a remarqué assez de justesse et d'égalité dans le son de ces clairons. Ce qu'on pourrait leur reprocher, ce serait un peu d'aigreur dans le son; toutefois il faut convenir que le clairon en *si bémol* a fait de grands progrès depuis peu.

CLAIRONS CHROMATIQUES EN *MI BÉMOL* AIGUS.

13 clairons aigus ont concouru, et 3 ont été classés, non parce qu'ils étaient bons, mais parce qu'ils étaient passables. Les difficultés que présente cet instrument dans son exécution explique jusqu'à un certain point l'état d'infériorité dans lequel il est resté à l'égard du reste de sa belle famille; mais, comme aussi il est fort difficile à jouer, il est bien possible qu'il soit

réellement moins mauvais qu'on ne l'a jugé à l'audition. L'habileté qu'ont montrée les facteurs dans l'exécution des instruments à piston rend cette supposition très-vraisemblable.

TROMPETTES ET BUGLES.

14 trompettes ont subi l'épreuve du concours, savoir : 6 trompettes chromatiques à cylindre, 5 ordinaires et 3 dites d'harmonie. Les bugles étaient au nombre de 4.

Les trompettes ordinaires, ainsi que les trompettes d'harmonie, étaient bonnes sans avoir rien de remarquable ; mais les trompettes à cylindre et les bugles ont vraiment fait honneur aux facteurs.

INSTRUMENTS EXCEPTIONNELS.

Sont compris dans cette catégorie tous les instruments différant, pour une raison quelconque, des modèles ordinaires et auxquels ils ne peuvent être comparés. (Voir dans les rapports ceux qui ont été jugés dignes d'être mentionnés.)

Le nombre des instruments exceptionnels soumis cette année à l'examen de la commission a été considérable. Depuis cinq ans il n'y a pas un seul instrument de cuivre qui n'ait subi plusieurs transformations ou modifications différentes ; les unes, tendant à augmenter la sonorité ou les ressources de l'instrument; les autres, dans le but d'en rendre l'usage plus commode ou le doigté plus facile. Si tous les artistes qui ont travaillé avec tant de zèle pour atteindre un si noble but n'ont pas été également heureux dans leurs tentatives, tous ont droit aux éloges du jury, parce que tous ont fait assez pour montrer que, quelques grandes que soient les difficultés à vaincre pour arriver à la perfection, elles sont encore moindres que les efforts dont ils sont capables.

Rappel de médaille d'or.

M. RAOUX, rue Serpente, à Paris.

Par la longue habitude que M. Raoux a contractée de toujours bien faire, il lui a été facile de se maintenir dans la haute position où l'avait placé le concours de 1844. Aussi le voyons-nous encore le premier pour le cor simple et pour le cor à piston; et s'il n'a été que le second pour la contre-basse, le clairon chromatique-alto et le baryton, ce n'est pas que ces instruments fussent médiocres, mais bien parce qu'il s'en est trouvé d'autres plus parfaits. Pour le cornet à piston, M. Raoux a obtenu le troisième rang.

Nous rendons hommage à la vérité en disant que cet habile artiste est resté digne, sous tous les rapports, de la haute distinction que le jury lui a accordée en 1844, et qu'il se plaît à lui accorder encore aujourd'hui en lui rappelant la médaille d'or.

M. SAX, rue Saint-Georges, n° 50, à Paris.

Médaille d'or.

M. Sax, à qui nous sommes redevables de plusieurs beaux instruments, ainsi que d'une grande partie des améliorations que nous avons été heureux de pouvoir constater dans la facture des instruments de cuivre, a obtenu au concours un succès qui seul justifierait la grande réputation dont il jouit. Dix instruments de cet habile artiste ont été classés, savoir: cinq au premier rang, dont trois à une grande distance des autres, quatre au second rang, et un au troisième. Les cinq premiers sont: une contre-basse, une basse chromatique, un clairon chromatique-alto en *mi bémol*, un clairon chromatique en *si bémol* et un bugle. Les quatre classés au second rang sont: un cornet à piston, une trompette chromatique de cavalerie, une trompette ordinaire et une trompette d'harmonie. Enfin une trompette à cylindre occupe le troisième rang.

Là ne se borne pas l'exposition de M. Sax. Il a soumis à l'appréciation du jury une foule d'instruments exceptionnels qui décèlent dans cet artiste une rare intelligence, une connaissance profonde de son art et beaucoup d'imagination. La famille des saxophones, depuis le plus petit en *mi bémol* aigu jusqu'à la contre-basse, compose une série d'instruments d'un beau timbre et d'une puissance de son vraiment remarquables dans toute l'étendue de l'échelle. Ses cornets de cavalerie, ses cornets compensateurs, ses trompettes à coulisses à ressort, ainsi que son sax-horn basse à quatre cylindres et à compensateur, ne sont pas moins remarquables par leurs qualités sonores que par les ressources qu'ils offrent à l'exécutant.

M. Sax nous a présenté, en outre, des trombones-basse et contrebasse à cylindre dont le son, quoique d'une grande puissance, ne sort pas du caractère du trombone ordinaire. Mais ce qui a surtout fixe notre attention, c'est un trombone à coulisse muni d'un cylindre à l'aide duquel l'artiste peut passer chromatiquement du mi grave au si bémol, et par conséquent faire, sur le même instrument, la partie de basse sans rien changer à ses habitudes. Ce cylindre facilite en outre l'exécution d'un grand nombre de passages.

Ses trompettes et clairons d'ordonnances, auxquels on peut à volonté substituer a une partie une alonge à cylindre variant de longueur, de manière à pouvoir mettre deux instruments à un intervalle musical quelconque, deux octaves au besoin, et composer ainsi instantanément une série d'instruments propres à l'exécution des fanfares, est une idée heureuse qui ne pouvait naître que dans la tête d'un artiste.

C'est comme artiste aussi que M. Sax a eu la pensée de donner le même doigté à tous ses instruments à cylindre ainsi qu'à tous ses saxophones et clarinettes, afin de mettre chaque musicien à même de faire, au bout de quelques jours d'étude, sa partie sur un instrument quelconque, dès qu'il en connaît un appartenant à la même classe. C'est lui aussi qui, le premier, a construit les instruments de manière à diriger, pour une même musique, tous les pavillons dans un même sens.

Enfin, passant maintenant à l'examen des instruments à vent en bois, nous y reconnaissons encore M. Sax à la belle qualité de son et à la justesse qui distinguent ses instruments. Sa clarinette basse, dont le son puissant rappèle celui des saxophones mais avec plus de moelleux, paraît destinée à occuper une belle place dans les orchestres. La clarinette ordinaire, à laquelle il a ajouté plusieurs perfectionnements tendant à lui donner plus d'égalité de son et plus de justesse, nous a prouvé que M. Sax n'obtiendrait pas moins de succès dans les instruments à vent en bois que dans ceux en cuivre, s'il voulait s'en occuper d'une manière spéciale.

Pour récompenser M. Sax des succès qu'il a obtenus au concours, ainsi que des progrès qu'il a fait faire aux instruments à vent en cuivre, le jury lui décerne la médaille d'or.

Médaille d'argent.

M. LABBAYE, rue du Caire, n° 17, à Paris.

L'établissement de M. Labbaye date de 1832. En 1844, il obtint une mention honorable pour les soins apportés à son travail; mais cette année il nous a présenté quelque chose de plus. Des 17 cornets à piston qui ont concouru, le sien s'est trouvé le premier, et des

4 ophicléides qui ont été entendus le sien seul a été classé: il laissait bien à la vérité quelque chose à désirer sous le rapport de la sonorité, mais il était juste et fait avec beaucoup de soin.

M. Labbaye a eu en outre 2 instruments placés au second rang et 3 au troisième. Les 2 premiers sont: un trombone à piston et une basse chromatique, les 3 autres une contre-basse, un baryton et un cor à piston. En général, les instruments de M. Labbaye ont une belle qualité de son et ils sont assez justes; ce qu'ils laissent à désirer c'est un peu plus d'égalité de son: néanmoins, nous adressons des félicitations sincères à M. Labbaye et nous faisons des vœux pour qu'il ne s'arrête pas en si beau chemin.

Le jury décerne à M. Labbaye une médaille d'argent.

M. MICHAUD, rue Jean-Jacques-Rousseau, n° 22, à Paris.

Ainsi que M. Labbaye, M. Michaud s'est distingué d'une manière particulière; il a d'abord disputé longtemps le prix du cor ordinaire à M. Raoux. Il a eu ensuite un clairon chromatique aigu et un baryton placés au premier rang, puis une basse chromatique classée au troisième rang seulement. Enfin, M. Michaud nous a présenté, comme instrument exceptionnel, une excellente trompette à coulisse.

Les instruments de M. Michaud sont remarquables par une grande justesse, et nous pensons que, sous tous les rapports, il a bien mérité la médaille d'argent que le jury lui accorde.

M. GAUTROT aîné et Cie, rue du Cloître-Notre-Dame, n°s 10 et 12, à Paris.

En 1845, M. Gautrot a succédé à M. Guichard, qui en 1844 avait obtenu une médaille d'argent. Depuis que M. Gautrot possède ce bel établissement, il en a augmenté l'importance et n'est resté étranger à aucun des progrès qui se sont accomplis dans la facture des instruments de cuivre.

Au concours, M. Gautrot a eu deux trompettes classées au premier rang, une trompette d'harmonie et une de cavalerie à pavillon en l'air. Puis, comme instruments exceptionnels, il nous a présenté: 1° un bon cornet à piston, auquel il a ajouté quelques perfectionnements; 2° un clairon chromatique omniton, d'un usage commode pour la musique militaire; 3° enfin, un cor transpositeur, qui, par sa construction, laissera toujours, à la vérité, quelque chose à désirer sous le rapport de la sonorité; mais c'est un instrument qui peut trouver des applications dans la musique militaire.

Nous félicitons M. Gautrot des efforts qu'il fait pour perfectionner ses produits et soutenir la concurrence étrangère; nous lui savons gré des sacrifices qu'il a dû faire depuis la révolution de février pour occuper constamment 150 ou 200 ouvriers, dont il s'est montré le père pendant le choléra, et nous sommes heureux de lui dire qu'il a dignement mérité la récompense de la médaille d'argent que le jury lui décerne.

M. HALARY, rue Mazarine, n° 37, à Paris.

En 1827 et 1839, M. Halary a eu une médaille de bronze. En 1849, il n'a concouru que pour le trombone et a été assez heureux pour occuper le premier rang. Après le concours, nous avons reconnu que cet artiste ingénieux a eu l'heureuse idée d'adapter à la partie inférieure de la coulisse une soupape à ressort qui permet à l'eau de sortir du tube dès qu'on pose l'instrument à terre, ce qui est infiniment plus simple que de retirer à chaque instant la coulisse pour vider l'eau.

M. Halary a fait entendre ensuite plusieurs instruments exceptionnels: 1° une contre-basse ummiton, excellent instrument et d'une conception ingénieuse; 2° un ophicléide supérieur à ceux qui ont concouru, tant pour la sonorité que pour les perfectionnements apportés à ses clefs, qui sont toutes montées sur pivot, ainsi que son nouveau mécanisme pour les clefs de *fa* et *fa dièze;* 3° enfin 2 bons cors à piston, l'un qu'il nomme cor de cavalerie, et l'autre qu'il nomme cor ascendant, à cause d'un piston qui raccourcit le tube au lieu de l'allonger.

Nous adressons à M. Halary des félicitations sur les produits remarquables qu'il a présentés à la commission, et nous croyons qu'il a dignement mérité la médaille d'argent que le jury lui décerne.

Médailles de bronze.

M. BARTSCH, rue Saint-Martin, n° 220, à Paris.

Le cor à piston de M. Bartsch, qui a obtenu le second rang, mérite de justes éloges. Indépendamment d'une grande justesse, cet instrument possède une belle qualité de son. Nous en témoignons hautement notre satisfaction à M. Bartsch, et nous ne doutons pas qu'à la prochaine exposition il n'ait plus d'un instrument classé au premier rang.

Cet artiste nous a présenté aussi, conjointement avec M. Baneux, un excellent cor à coulisse à ressort, pour lequel ils ont pris un brevet. Cet instrument (considéré comme cor premier) peut rendre en notes ouvertes toutes les nuances qu'on obtient sur le violon. C'est donc une modification dont un artiste habile peut tirer un grand parti dans certaines circonstances.

Nous sommes heureux de pouvoir dire à M. Bartsch que le jury lui décerne une médaille de bronze.

M. ROTH, à Strasbourg (Bas-Rhin.)

M. Roth a eu au concours une trompette placée en première ligne et un bon clairon chromatique alto qui n'a obtenu que le troisième rang, par la raison seulement que dans cette série le jury avait un grand choix.

Ces deux instruments annoncent un artiste habile. Ils ont beaucoup de justesse et d'égalité dans le son, deux qualités qui sont pour M. Roth une garantie certaine de plus grands succès à la prochaine exposition.

Le jury décerne à M. Roth une médaille de bronze.

M. COURTOIS aîné, rue des Vieux-Augustin, 28, à Paris. Mentions honorables.

M. Courtois aîné a eu un cornet à piston placé au quatrième rang. Cet instrument, fait avec beaucoup de soin, avait ses pistons montés d'une manière fort simple, sans le secours des petites vis, ce qui est un perfectionnement.

Le jury décerne à M. Courtois une mention honorable.

M. DARCHE, rue des Fossés-Montmartre, n° 7, à Paris.

Le jury donne une mention honorable à M. Darche pour trois de ses instruments, qui ont été classés, savoir : une trompette chromatique à cylindre au second rang, un clairon chromatique en *si bémol* et un clairon chromatique aigu au quatrième.

ASSOCIATION FRATERNELLE des ouvriers facteurs d'instruments à vent, sous la raison sociale Houzé et Cie, rue Muller, n° 10, chaussée de Clignancourt, à Montmartre (Seine.)

Le jury mentionne honorablement l'association des ouvriers

facteurs d'instruments à vent, pour un clairon chromatique en si bémol, qu'ils ont présenté au concours, et qui a été mis au troisième rang. Cet instrument était assez juste et avait assez d'égalité dans le son.

Citation favorable.

M. ROEHN, rue Saint-Denis, n° 268, à Paris.

M. Roehn a eu un clairon chromatique en *mi bémol* aigu placé au troisième rang, pour lequel le jury le cite favorablement.

---

§ 5. INSTRUMENTS A VENT EN BOIS.

CONSIDÉRATIONS GÉNÉRALES.

Le concours des instruments à vent en bois a été bien moins riche et bien moins satisfaisant que celui des instruments en cuivre; sauf quelques petits perfectionnements dans la disposition des clefs, les instruments en bois n'ont fait aucun progrès sensible depuis plusieurs années. C'est à regret que nous consignons ce fait; mais, quoiqu'il nous en coûte, nous dirons la vérité tout entière, dans l'intérêt de l'art comme dans celui des facteurs. Notre rapport doit faire connaître, autant que possible, l'état exact où se trouve aujourd'hui la facture des instruments de musique. Il doit indiquer quels sont les instruments qui sont en progrès, ceux qui sont restés stationnaires, et quels sont les défauts et qualités observés dans chacun d'eux. Porter à la connaissance des facteurs tous les faits que le concours nous a mis à même d'observer, c'est les éclairer sur leurs véritables intérêts comme sur la direction qu'ils doivent donner à leurs recherches. Hâtons-nous de dire pourtant que ce n'est ni à l'incapacité ni à l'insouciance des facteurs d'instruments à vent en bois qu'il faut attribuer l'état languissant où est restée cette partie intéressante des instruments de musique, mais bien à la malheureuse pensée qu'on a eue, il y a quelques années, de subsituer des instruments de cuivre aux instruments de bois dans la musique militaire. L'on a bientôt reconnu, il est vrai, que cette mesure entraînait la ruine de la facture des instruments à vent en bois, aussi bien que la perte d'une foule d'artistes qui se forment dans les régiments; mais il était déjà trop tard, le découragement s'était emparé des facteurs. Cependant, comme en France le découragement n'est jamais de longue durée, nous sommes heureux de pouvoir dire que la facture des instruments en bois parait déjà vouloir rentrer dans la voie du progrès qu'elle avait momentanément abandonnée.

De tous les instruments à vent en bois, la flûte Boëhm est le seul qui touche à la perfection.

La flûte ordinaire pèche généralement par la justesse, surtout dans le grave.

Le hautbois et le cor anglais ne manquent pas de justesse, mais on désirerait un peu plus d'égalité dans le son.

Nous appelons l'attention des facteurs sur la clarinette. Les 10 qui ont concouru avaient généralement assez de puissance de son et un beau timbre, mais toutes plus ou moins avaient le son inégal, et beaucoup manquaient de justesse. L'inégalité de son observé dans les clarinettes consiste principalement dans des alternatifs de notes claires et de notes sourdes, soit dans le médium soit dans le grave, défauts d'autant plus regrettables, que par leur fréquente répétition il est impossible à l'artiste de les jamais faire disparaître, quelle que soit son habileté.

Le basson laisse à désirer plus d'homogénéité dans le timbre et plus de justesse. Ce défaut d'homogénéité dans le timbre, nous l'attribuons en partie à la petitesse des trous, surtout de ceux qui pénètrent obliquement dans l'instrument. C'est sans doute aussi de la même cause que provient plus ou moins l'inégalité de son et de timbre qui nous a frappés dans le basson militaire, qui d'ailleurs possède une puissance de son qui le rend précieux pour la musique à laquelle il est destiné et, par cette raison, digne de toute l'attention des facteurs.

M. SAX, à Paris, rue Saint-Georges, n° 50. Mention pour mémoire.

M. Sax a exposé des clarinettes ordinaires et une clarinette basse.

Ses clarinettes ordinaires sont remarquables par la belle qualité de son et la justesse qu'elles doivent à des perfectionnements qu'il y a apportés, et sa clarinette basse est magnifique tant par la justesse et l'égalité de son que par son beau timbre.

(Voyez le rapport des instruments en cuivre.)

Rappel de médaille d'argent.

M. TULOU, à Paris, rue des Martyrs, n° 27.

Bien que M. TULOU ne nous ait pas joué sa flûte lui-même, elle n'en a pas moins mérité le premier rang ainsi que son hautbois. Comme nous l'avions prévu, le talent de cet habile artiste n'est nullement nécessaire pour faire valoir ses instruments; nous l'en félicitons de tout cœur, et nous sommes heureux de lui dire qu'il est digne, sous tous les rapports, de la distinction qui lui a été accordée en 1844, et que le jury lui accorde encore en lui rappelant la médaille d'argent.

Médaille d'argent.

M. BUFFET jeune, à Paris, rue du Bouloy, n° 4.

En 1839 et 1844, M. Buffet jeune a été honoré de la médaille de bronze; depuis ce dernier concours, M. Buffet a fait de constants efforts pour perfectionner les instruments de sa fabrication, et il a assez bien réussi pour que ses clarinettes aient été seules jugées dignes d'être classées: cela ne veut pas dire, cependant, que ces instruments fussent sans reproche; ils étaient assez justes, à la vérité, mais plusieurs manquaient d'égalité dans le son.

Les clarinettes que M. Buffet nous a présentées sont : une clarinette Müller et une système Boëhm; puis, comme instruments exceptionels, une très-bonne clarinette alto en *mi bémol* et deux petites clarinettes, l'une en *mi bémol*, d'un beau timbre, et l'autre en *la bémol* un peu inférieure.

Nous espérons que les succès que M. Buffet a obtenus pour la clarinette l'encourageront, et qu'il mettra bientôt ce bel instrument à la hauteur du rôle qu'il est appelé à remplir dans les orchestres.

M. Buffet a eu aussi un hautbois placé au second rang et une flûte ordinaire placée au troisième. Tous les instruments de sa fabrication sont faits avec soin; à tous, il a apporté des modifications dans le mécanisme, soit pour rendre le doigté plus facile, soit pour permettre à l'artiste d'exécuter certains passages impossibles sur les anciens instruments. C'est pour cet ensemble de travaux que le jury décerne à M. Buffet la médaille d'argent.

M. GODFROID aîné, rue Montmartre, n° 63, à Paris.

M. Godfroid, qui a déjà obtenu quatre médailles de bronze, vient encore de se présenter au concours avec des instruments dignes de lui. Les flûtes Boëhm qu'il nous a fait entendre ne laissent absolument rien à désirer; elles ont une justesse et une égalité de son impossibles à obtenir dans la flûte ordinaire, et quant à son timbre, n'en déplaise à certains artistes, il est infiniment plus pur et plus suave que celui de la flûte ancienne.

Indépendamment de ces instruments exceptionnels, M. Godfroid a eu trois flûtes classées au premier rang, savoir : une flûte Boëhm mixte, une *idem* petite et une petite flûte ordinaire.

Tout en reconnaistant que par ses travaux M. Godfroid s'est rendu digne de la médaille d'argent que le jury lui décerne, nous ne pouvons nous dispenser de lui dire qu'il est à regretter qu'il ait négligé la clarinette et le basson.

M. TRIÉBERT, rue Montmartre, n° 132, à Paris.

Nouvelle médaille de bronze.

Le cor anglais de M. Triébert, le seul qui ait été classé, est excellent, et nous savons gré à cet artiste des soins qu'il apporte à cet instrument, malheureusement trop négligé.

Nous avons entendu aussi de M. Triébert un hautbois placé au troisième rang, plus un autre exceptionnel. Dans le premier de ces instruments, nous avons remarqué de belles notes au grave et dans le second, un beau timbre et beaucoup de justesse; nous ne doutons pas que M. Triébert ne fasse tous ses efforts pour pénétrer plus avant dans la voie de progrès où il s'est engagé, et qu'il ne reste digne de la récompense de la nouvelle médaille de bronze que le jury lui accorde.

M. ADLER, rue Mandar, n° 8, à Paris.

Puisque M. Adler est le seul qui ait eu un basson de classé, c'est donc à lui particulièrement que nous devons nous adresser pour le prier de ne pas négliger cet instrument, qui est resté tant en arrière sur bien d'autres, et qui cependant, par son timbre particulier, ne peut être remplacé dans les orchestres par aucun autre. Nous comprenons toutes les difficultés que cet instrument présente dans son exécution, mais nous comptons sur l'habileté de M. Adler, et nous pensons qu'en recevant la nouvelle médaille de bronze que le jury lui accorde, il se croira engagé à redoubler d'efforts.

Rappel de médaille de bronze.

M. BUFFET-CRAMPON, passage du Grand-Cerf, à Paris.

Parmi les instruments pour lesquels M. Buffet-Crampon a concouru, trois ont été classés, savoir : un flageolet au premier rang, une flûte système Boëhm mixte, au second rang, et un hautbois ordinaire, au quatrième.

Sa flûte, quoique un peu faible dans le bas, avait néanmoins assez d'égalité dans le son et assez de justesse. Son hautbois était fort égal, mais il était moins juste. Tous les objets de sa fabrication sont faits avec soin, et nous croyons que cet artiste a bien mérité le rappel de la médaille de bronze que le jury lui accorde.

M. BRETON, rue Jean-Jacques-Rousseau, n° 28, à Paris.

M. Breton, connu par les soins qu'il apporte aux objets de sa fabrication, a eu au concours une petite flûte Boëhm classée au second rang.

Le jury rappelle à M. Breton la médaille de bronze qu'il a obtenue en 1844.

Mention honorable

M. THIBOUVILLE, rue des Vieux-Augustins, n° 67, à Paris

La perfection de la petite flûte en *mi bémol* de M. Thibouville, qui a été classée en seconde ligne, nous fait regretter de n'avoir pas à mentionner d'autres instruments de cet artiste. Il sera plus heureux une autre fois, nous n'en doutons pas; en attendant, le jury lui décerne une mention honorable.

M. GYSSENS, rue Montmartre, n° 35, à Paris.

L'établissement de M. Gyssens n'existe que depuis quatre ans; par conséquent, c'est la première fois que cet artiste expose. Nous avons entendu de lui une bonne flûte ordinaire qui a mérité le second rang, ainsi qu'un flageolet. Nous désirons que M. Gyssens soit aussi content de son début que nous le sommes de lui annoncer que le jury lui accorde une mention honorable.

M. COSTE, rue des Moulins, n° 30, à Paris.

M. Coste, artiste musicien, a exposé et soumet à l'appréciation du jury deux instruments à vent qu'il nomme fluteôle et mélodore.

Le premier de ces instruments est une flûte à perce conique, ayant une grande embouchure, d'une forme particulière; le second, est une espèce de clarinette alto, portant un pavillon en cuivre, ayant à peu près la forme de celui du cor anglais, si ce n'est qu'il est recourbé en avant de manière à faire avec l'axe du tube un angle de 75° environ.

Le son de cet instrument rappelle tout à la fois celui de la clarinette et du cor anglais. Il est assez puissant et d'un timbre agréable. Bien que cet instrument n'ait rien précisément de bien neuf, M. Coste néamoins mérite des éloges; nous voyons en lui un artiste qui ne craint pas de se livrer à des recherches toujours coûteuses, pour arriver à des améliorations. A ce titre M. Coste nous paraît digne de la mention honorable que le jury se plait à lui donner.

M. COEUR, rue Frépillon, n° 7, à Paris.

M. Cœur, amateur distingué qui s'occupe du perfectionnement de la flûte depuis plus de vingt-cinq ans, a présenté au jury une bonne flûte à perces coniques, possédant des perfectionnements ingénieux dans les clefs et dans les trous. Quoique cette flûte ne soit pas en progrès sur celle dite de Boëhm, nous devons dire cependant que M. Cœur a reconnu avant M. Boëhm l'avantage des grands trous pour la pureté du son et la justesse. A ce titre, M. Cœur mérite nos éloges ainsi que la mention honorable que le jury lui décerne.

---

§ 6. GRANDES ORGUES.

M. A. Seguier, rapporteur.

CONSIDÉRATIONS GÉNÉRALES.

L'art du facteur d'orgues a continué de progresser; et si, à cette exposition, nous n'avons pas de ces inventions remarquables à signaler, telles que les souffleries à pressions diverses, les mécanismes d'accouplement au moyen de pédales, nous pouvons dire que les facteurs français, par d'importantes constructions, ont, depuis le dernier concours, montré que leurs œuvres pouvaient lutter avec avantage, soit avec les productions les plus capitales de leurs devanciers, soit avec celles réputées les plus parfaites de leurs rivaux étrangers.

Les grandes orgues construites depuis 1844, et déjà mises en place, ne pouvaient être démontées et transportées dans les salles de l'exposition pour satisfaire l'amour-propre de leurs auteurs ou la curiosité du public, qui peut aller admirer sur place ces véritables monuments de l'art de la facture; le jury, pour rester juste, ne devait point pourtant se dispenser de tenir bon compte à leurs auteurs de ces admirables produits.

Un incendie, en anéantissant le grand orgue de Saint-Eustache, ne privera pas non plus son habile facteur des titres bien légitimes que cette œuvre, fruit de plusieurs années de persévérants travaux, lui donnait aux récompenses décernées à l'industrie.

Si nous nous plaisons à proclamer que l'art de la facture des grandes orgues est arrivé à un haut point de perfection pour la facilité du toucher, grâce à l'admirable application du levier pneumatique; pour la qualité des sons, par suite de l'adoption des souffleries à pressions diverses, nous sommes pourtant forcés de reconnaître que les moyens de donner et varier l'expression restent encore très-imparfaits, la boîte expressive à parois mobiles n'étant qu'un subterfuge mis en usage faute d'un procédé direct de varier l'intensité des sons sans altérer leur justesse. Disons franchement que, depuis les tentatives de Sébastien Érard et de Grenier, aucun essai dans cette direction ne mérite d'être cité, et pourtant de quelle ressource serait pour l'organiste un perfectionnement qui lui permettrait de faire passer du fort au faible et revenir du faible au fort, un son qu'il peut, sur l'orgue, prolonger indéfiniment. La continuité et l'intensité variables, ces qualités qui rendent si puissants les instruments qui les possèdent, ne pourront-ils donc jamais être réunies dans l'orgue?

En appelant d'une manière plus spéciale l'attention de nos habiles facteurs sur ce perfectionnement, le plus important de tous ceux que l'orgue peut encore recevoir, nous espérons que leur émulation provoquée trouvera enfin la solution de ce très-difficile problème.

La construction des grandes orgues ne peut pas devenir l'industrie d'un grand nombre de facteurs, mais l'art musical, en se répandant, crée de nouveaux besoins, et si les puissantes orgues doivent rester l'apanage de nos édifices religieux, il n'en faut pas moins satisfaire le goût des amateurs de musique qui veulent, dans des limites restreintes, se procurer une partie de la satisfaction que fait éprouver l'audition d'un grand orgue habilement touché. Les facteurs se sont empressés d'exploiter cette branche d'industrie, l'invention des anches libres l'a rendue tout à la fois plus facile et plus profitable; aussi voyons-nous à l'exposition grand nombre de ces sortes d'instruments. Des progrès réels dans la puissance et la qualité des sons distinguent les instruments à anches libres métalliques exposés cette année de ceux qui ont été soumis aux précédents jurys, et ces progrès ont été si généraux que le jugement et le classement a été rendu très-difficile.

Aux expositions antérieures, des dispositions variées de clavier avaient été présentées pour produire des successions d'accords, alors qu'une simple série de notes étaient touchées l'une après l'autre; une notation musicale en gros caractères avait été imaginée là où chaque note est liée par un trait à celle qui doit la précéder ou la suivre, de façon à indiquer à un exécutant inhabile l'ordre d'exécution pour venir en aide à ceux qui, sans savoir la musique, s'efforcent de produire des effets musicaux. Cette année, les tentatives en ce genre ont été poussées beaucoup plus loin. Le jury, en les appréciant, n'oubliera pas que sa mission est de prononcer sur le mérite des produits industriels et non de décider des questions intéressant les beaux-arts; pourtant, les beaux-arts et l'industrie se touchent d'assez près et se prêtent un trop mutuel concours pour qu'il ne lui soit pas permis, après avoir rendu hommage à l'ingéniosité des facteurs qui sont parvenus à faire de la musique à la machine, de déplorer une tendance qui, sans de bien grands avantages pour l'industrie, tend si fort à dégrader les beaux-arts; le jury éprouverait les mêmes regrets s'il voyait les facteurs prendre pour un perfectionnement de l'orgue l'imitation servile, par les jeux de ce grand instrument, des sons d'un orchestre. Vouloir que chaque instrument garde son caractère n'est pas s'opposer aux progrès; mais aurait-on fait un pas en avant en dénaturant tout, en remplaçant l'âme par la matière; convertir un grand orgue mécaniquement touché en un orchestre, ne serait qu'un pas rétrograde. L'orgue, avec sa puissance et son caractère propre, serait anéanti; l'orchestre, avec le cachet spécial de chacun de ses instruments, avec l'animation de chacun de ses exécutants, serait réduit à un certain degré de perfection toujours le même, qui aurait pour limite invariable l'adresse d'un seul, l'habileté unique de l'artiste créateur de l'œuvre.

Ces réflexions sont bien plutôt des conseils que des critiques; aussi, hâtons-nous d'arriver à la partie la plus douce de notre difficile mission.

Donner des éloges mérités, décerner des récompenses honorablement gagnées, est une tâche dont nous ne nous lasserons jamais.

Nouvelle médaille d'or.

MM. CAVAILLÉ-COLL père et fils, rue Larochefoucault, n° 66, à Paris.

Tous ceux qui ont éprouvé la satisfaction d'entendre le grand orgue de la Madeleine, touché par M. Lefebvre, ont félicité cet habile organiste d'avoir sous les doigts, pour rendre ses pensées musicales, un si admirable instrument. MM. Cavaillé ont dû aussi s'estimer heureux d'avoir, pour faire ressortir le mérite et les immenses ressources de leur chef-d'œuvre, un tel exécutant. Après avoir payé sa dette de reconnaissance au grand artiste qui prête si généreusement son concours au jury depuis si longtemps pour l'appréciation des orgues exposées, nous revenons aux artistes industriels qui ont assuré la juste célébrité de leur nom par des œuvres successives, telles que les grandes orgues de Saint-Denis, de la cathédrale d'Ajaccio, de la Madeleine et de tant d'autres moins importantes, mais non moins dignes d'éloges.

Des procès-verbaux de réception des instruments sortis des ateliers de ces habiles facteurs, il résulte que toujours ils ont fait mieux que les devis ne les y obligeaient. Un tel amour de leur art, suivi d'aussi constants succès, paraît au jury rendre MM. Cavaillé-Coll père et fils bien dignes d'une nouvelle médaille d'or.

M. DUCROQUET, rue Saint-Maur-Saint-Germain, n° 17, à Paris.

Médaille d'or.

La maison Ducroquet, dont les travaux sont si habilement conduits par M. Barker, l'inventeur du levier pneumatique, avait montré, lors de la précédente exposition, sous une autre raison sociale il est vrai, ce dont cet établissement était capable par la construction du grand orgue de Saint-Eustache, si malheureusement détruit depuis par un incendie.

La réparation du bel orgue de Saint-Sulpice et la construction de plusieurs autres orgues moins importantes ont prouvé que, sous son nouveau propriétaire, ce grand établissement pouvait produire sur la plus grande échelle des instruments qui, par la qualité des tons et la perfection de tout le mécanisme, prouve que de nos jours l'art de la facture des grandes orgues a dépassé le point déjà si avancé où quelques facteurs anciens avaient eu le mérite de l'amener.

Le jury, qui désire toujours tenir une balance impartiale, regrette de n'avoir pu se transporter à Saint-Eustache comme à la Madeleine pour y éprouver les vives émotions que de si puissants instruments, habilement touchés, ne manquent jamais de produire; mais si le grand orgue de Saint-Eustache, fini seulement depuis la dernière exposition n'existe plus, l'orgue de Saint-Sulpice, restauré par la maison Ducroquet, est là pour attester que le chef-d'œuvre de Cliquot a été confié pour sa réparation à des mains qui y ont ajouté des perfections nouvelles.

Par les grands travaux exécutés ou en cours d'exécution, la maison Ducroquet, précédemment récompensée par une médaille d'argent, se montre bien digne cette année d'une médaille d'or.

M. SURET, rue du Faubourg-Montmartre, n° 119, à Paris.

Médaille d'argent.

A la précédente exposition, M. Suret avait soumis au jury de petites orgues à tuyaux dont la bonne exécution lui avait valu une médaille de bronze. Cette honorable distinction a provoqué au profit de ce facteur la confiance de la fabrique d'une des églises de Paris, et un orgue plus important que celles qu'il avait précédemment établies lui a été commandé pour la paroisse Saint-Laurent. Cet instrument, monté provisoirement dans une des chapelles de l'église à laquelle il était destiné, n'a pas figuré à l'exposition : son mérite n'en a pas moins été constaté par le jury. La belle qualité des sons, la bonne exécution de son mécanisme, rendent son auteur très-digne, cette année, d'une médaille d'argent.

M. ZEIGER, à Lyon.

L'établissement de ce facteur, situé à Lyon, n'a pas envoyé ses produits à l'exposition. Le jury, pour récompenser les œuvres de ce facteur, est obligé de s'en rapporter aux renseignements qui lui sont fournis par le jury départemental; de nombreux éloges sont, par lui, donnés aux constructions de M. Zeiger; elles lui ont paru remarquables par d'ingénieux perfectionnements pour lesquels ce facteur a demandé de nombreux brevets, surtout par la perfection des jeux dits de voix humaine. Sur toutes ces assurances, le jury décerne à M. Zeiger une médaille d'argent.

Rappel de médaille de bronze.

M. MULLER, rue de la Ville-l'Évêque, n° 42, à Paris.

M. Muller continue à confectionner avec talent les orgues expressives à anches libres du système de feu Grenier. Les tuyaux de bois des orgues de ce facteur sont confectionnés avec beaucoup d'intelligence, au moyen de feuilles de placage enroulées et collées sur elles-mêmes. Son mécanisme pour faire avancer la rasette sur l'anche, afin de régler l'accord, est bien disposé.

M. Muller construit aussi, à l'imitation des Allemands, un petit instrument à clavier et à anches, très-portatif, dont l'introduction est due au célèbre compositeur Paër.

Le jury rappelle à M. Muller la médaille de bronze qui lui a été précédemment accordée.

Médaille de bronze.

M. SERGENT, rue du Faubourg-Saint-Antoine, n° 194, à Paris.

L'orgue exposé par M. Sergent est à deux claviers et à douze jeux; le travail de ce facteur a paru au jury des plus satisfaisants. Cependant, à l'audition, la mise en harmonie a paru laisser quelque chose à désirer. Nonobstant, le jury, convaincu qu'un manque de temps était la cause de cette légère imperfection, que ce facteur pourra faire disparaître, lui accorde comme récompense de la bonne composition de son orgue une médaille de bronze.

M. STEIN, rue Cassette, n° 9, à Paris.

Mention honorable.

M. Stein est un facteur très-intelligent qui, après avoir prêté le concours de son habile main-d'œuvre aux grands établissements, a voulu attacher son propre nom à ses produits; il expose un orgue à tuyaux et un orgue à anches libres, installées sur des capacités sonores. Ce qui caractérise sa construction, c'est le groupement des parties, qui permet d'ouvrir l'instrument à trois étages différents pour visiter et réparer un mécanisme entièrement fait en bois.

M. Stein expose pour la première fois; le jury lui décerne une mention honorable.

§ 7. ORGUES EXPRESSIVES.

M. A. Séguier, rapporteur.

M. DEBAIN, rue Vivienne, n° 53, à Paris.

Médaille d'argent.

M. Debain est un artiste plein de l'amour de son art; il s'est efforcé d'apporter aux orgues à anches métalliques sans tuyaux de très-utiles modifications. Après de nombreux essais il est parvenu, par l'addition et la bonne disposition des cavités sonores sur lesquelles il installe ses languettes métalliques, à faire sortir les instruments de l'état d'infériorité où ils étaient quand on ne trouvait en eux que des accordéons sur une grande échelle.

Ses succès ont provoqué des imitations; il a fallu toute l'activité dont M. Debain est doué pour suivre, soutenir et gagner plusieurs procès en contrefaçon, et confectionner de nombreux instruments différant entre eux et par leur forme et par la disposition de leur mécanisme.

M. Debain n'est pas seulement un habile facteur, il est encore un ingénieux mécanicien : et, quoique, dans nos considérations générales, nous ayons exprimé le regret de voir substituer le jeu mécanique au toucher artistique, nous rendons complète justice à l'ingéniosité des moyens par lesquels il fait résonner un piano et parler un orgue au moyen d'une simple manivelle et d'une série de planchettes garnies de chevilles, à la façon d'un cylindre de serinette, dont elles ne sont à vrai dire que le développement.

M. Debain a soumis aussi au jury un grand piano vertical qui s'est fait remarquer par la qualité des sons et la facilité du clavier, malgré les renvois de mouvements rendus nécessaires par l'installation de l'instrument, l'exécutant devant faire face au public tout en jouant du piano vertical placé derrière lui.

Le jury décerne à M. Debain, pour l'ensemble de ses instruments, une médaille d'argent.

M. MARTIN, à Provins (Seine-et-Marne).

Est l'auteur de l'orgue à anches percutées. Déjà, en 1844, il a reçu pour son invention, encore à son début, une médaille de bronze. Cette année, alors que nous voyons son procédé adopté par les plus habiles facteurs dans ce genre d'instruments, le jury ne croit pas devoir moins faire que de lui décerner une médaille d'argent.

MM. ALEXANDRE père et Cie, boulevard Bonne-Nouvelle, n° 10, à Paris.

Les orgues à anches libres de M. Alexandre se recommandent par la puissance et la rondeur des sons. Ce facteur a adapté à ses instruments le principe de frappement de l'anche par un marteau à l'imitation des sons imaginés par M. Martin.

Sa justesse à parler des jeux des orgues de M. Alexandre leur donne une supériorité qui le rend digne d'une médaille d'argent.

Médailles de bronze.

M. GODAULT, rue de Ménilmontant, n° 118, à Paris.

M. Godault se présente pour la première fois à l'exposition; l'instrument qu'il soumet au jury est digne, par sa bonne exécution, d'être distingué parmi tous ceux du même genre. Le jury croit se montrer juste envers ce facteur, ouvrier laborieux et intelligent, en couronnant d'une médaille de bronze ses efforts suivis de succès.

M. CODHANT, rue de Bondy, n° 76, à Paris.

M. Codhant est un jeune facteur qui se présente à l'exposition pour la première fois. Ses débuts sont pourtant remarquables : la bonne exécution et la qualité suave des sons de ses orgues à anches le rendent bien digne d'une médaille de bronze.

M. DUBUS, rue Basse-du-Rempart, n° 34, à Paris.

M. Dubus présente des orgues d'une qualité de son remarquable et d'une exécution soignée. Les travaux de ce facteur et de celui sur le compte duquel nous allons immédiatement nous expliquer ont tant d'analagie avec ceux de l'artiste pour lequel nous venons vous demander une médaille de bronze, qu'il y aurait injustice à traiter cet exposant avec moins de bienveillance.

M, DOMINGOLLE, rue Saint-Denis, n° 349, à Paris.

Une équitable répartition des récompenses nous fait accorder aux produits de M. Domingolle la même récompense qu'à ses rivaux : là où il y a même mérite il doit y avoir même rémunération. Nous restons justes en donnant une médaille de bronze à cet artiste. Nous nous félicitons, en terminant la collection des exposants d'orgues à anches, de ce que les remarquables progrès qu'a faits cette industrie nous ait obligés à faire une répartition de médailles semblables entre plusieurs exposants des mêmes produits.

---

§ 8. INSTRUMENTS MIXTES.

M. JAULIN, rue du Faubourg-Saint-Martin, n° 59, à Paris.

M. Jaulin expose un orgue expressif qui peut à volonté se jouer seul ou s'accoupler avec un piano; les deux instruments, susceptibles de s'unir, sont disposés de telle façon que, lorsque l'orgue est placé convenablement sous le piano, c'est le clavier de celui-ci qui met en jeu, à l'aide de pilotes intermédiaires, le clavier même de l'orgue; les doigts qui touchent le piano suffisent alors pour faire parler les deux instruments à la fois. En engageant moins l'orgue sous le piano il est possible de placer son propre clavier un peu en avant du clavier du piano, et alors une main peut toucher le piano, tandis que l'autre main joue de l'orgue.

Cette installation est aussi ingénieuse que commode; les deux instruments, groupés ou séparés, présentent des formes gracieuses.

Le jury décerne à M. Jaulin une médaille de bronze.

Mention pour mémoire.

M. ACKLIN, rue d'Aboukir, n° 36, à Paris.

Nous mentionnerons dans cette section, et pour mémoire, l'ingénieux mécanisme à l'aide duquel M. Acklin fait exécuter à un instrument à clavier un morceau de musique traduit en trous percés dans un carton comme ceux du métier à la Jacquart.

Cet artiste, qui reçoit de la section de mécanique la récompense dont il est si digne pour ses perfectionnements dans les métiers à tisser, ne doit pas être oublié par la section de musique, qui se plaît à rendre hommage à toute l'ingéniosité dont il a fait preuve par cette nouvelle application des procédés Jacquart aux instruments à clavier.

---

§ 9. ORGUES A MANIVELLES.

M. A. Séguier, rapporteur.

Médaille d'argent.

MM. HUSSON et BUTHOD, rue Grenétat, nos 13 et 15, à Paris.

Ces fabricants sont des exportateurs d'instruments de musique. De nombreux ouvriers confectionnent sous leurs ordres, dans les Vosges, des orgues, des serinettes, des altos, des violons et des basses, destinés au commerce extérieur.

L'importance des affaires de cette maison est très-considérable; par ses débouchés à l'étranger, elle fournit du travail à de nombreux ouvriers français. Rien qu'à ce titre, MM. Husson et Buthod auraient bien mérités de l'idustrie nationale; mais le bon marché des produits de ces fabricants n'exclue pas leur bonne confection. Plus de 5,000 serinettes sont annuellement livrées par eux pour la somme bien modique de 4 fr. 50 c. l'une.

Le jury adresse cette année, dans les Vosges, une médaille d'argent à ces exportateurs, déjà honorés d'une médaille de bronze, et prouve ainsi qu'il sait récompenser, au loin comme autour de lui, les vrais mérites industriels.

§ 10. MÉLOPHONES.

M. JACQUET, rue du Jardinet, n° 3, à Paris.

Mention honorable.

M. Jacquet a exposé plusieurs mélophones. Cet habile artiste, déjà connu pour ses pianos, s'est livré nouvellement à la construction des mélophones. Le travail de ce facteur a paru au jury assez satisfaisant; aussi lui accorde-t-il une mention honorable.

M. PELLERIN, rue de la Jussienne, n° 8, à Paris.

M. Pellerin, comme M. Jacquet, est connu depuis longtemps pour la fabrication des pianos. Les mélophones qu'il expose, construits avec soin, ont attiré l'attention du jury central, qui décerne à M. Pellerin une mention honorable.

SECTION QUATRIÈME.

§ 1er. ARQUEBUSERIE.

M. Peupin, rapporteur.

CONSIDÉRATIONS GÉNÉRALES.

L'arquebuserie française, parvenue depuis quelques années à un degré de perfection tel, qu'elle n'a plus sérieusement à redouter la comparaison de ses produits avec ceux de la fabrique anglaise, ne s'est pas enrichie de découvertes nouvelles depuis l'exposition de 1844.

Les pistolets de salon, que l'on doit plutôt considérer comme des jouets utiles que comme des armes proprement dites, promettent cependant de devenir, en raison de la justesse de leur tir et du luxe artistique qu'ils sont susceptibles de recevoir, une branche assez importante de commerce déjà favorisée par la vogue.

La fabrication des armes de guerre, moins susceptible que toute autre branche de l'arquebuserie de se prêter aux inventions et aux perfectionnements, puisque la plus légère modification, appliquée sur une aussi vaste échelle, entraîne l'État dans des dépenses énormes, n'a subi aucun changement.

Cependant, on doit se féliciter de l'application heureuse de quelques inventions de M. Delvigne, surtout de son *tube à tir*, éminemment propre à faciliter l'instruction des troupes, soit qu'on l'emploie dans les fusils de munition, soit qu'on l'applique à l'artillerie.

Un ouvrier intelligent, M. Pidault, a perfectionné la platine exposée par lui en 1844, en la réduisant de quatre pièces à trois. C'est une belle invention qui promet de grands avantages, mais que la pratique n'a pas encore éprouvée.

Les armes de guerre sont donc restées ce qu'elles étaient à la dernière exposition, mais elles figurent à celle-ci de manière à faire honneur à la maison Jacquemat, de Charleville, qui en a fourni de parfaitement établies.

Quant aux armes de chasse ordinaires, on ne saurait nier que leur fabrication a reçu, durant ces cinq années, de notables améliorations.

La canonnerie surtout est en progrès : le moiré remplace aujourd'hui le damassé, pour les canons de fusils de chasse ; les canons de pistolets et de carabines de précision sont en acier fondu, et la grosse rayure a remplacé définitivement la rayure dite à cheveu.

Paris est toujours en possession de la fabrication la plus parfaite en ce genre, et M. Léopold Bernard est, sans contredit, le premier et le plus habile de nos canonniers.

Nous regrettons que l'arquebuserie des départements se soit presque entièrement abstenue cette année de concourir à l'exposition; et nous faisons des vœux pour que, pénétrés des avantages réels d'une active émulation, les fabricants de province ne désertent plus à l'avenir une rivalité qu'ils soutiennent souvent avec gloire, et qui sert d'ailleurs tous les intérêts du commerce et de l'industrie.

La maison Berger, de Saint-Étienne, la seule qui représente la fabrique de cette ville, approche de Paris pour la beauté et la solidité de quelques-uns de ses produits, et elle lutte avantageusement avec Liége pour le bon marché des autres.

Les armes qui se chargent par la culasse, connues sous le nom de fusils Lefaucheux, et auxquelles cet industriel habile a fait faire de si grands progrès, ont été de plus en plus perfectionnées. Ce système est désormais en grande et légitime faveur.

Les armes de luxe s'élèvent, par l'élégance et la richesse du dessin, le caractère sévère et pur de la composition et par le fini du travail, au rang des chefs-d'œuvre, et M. Gauvain, qu'il est équitable de citer à ce propos, a merveilleusement uni, pour ses pistolets, par exemple, le génie de l'artiste au talent consciencieux de l'arquebusier.

L'exposition de 1849 présente donc, en général, la fabrication française dans une voie de progrès soutenus; mais plus lente, il faut le dire, que ne le faisait espérer l'exposition précédente. Quand l'arquebuserie nationale tendait, par la perfection croissante et le bon marché comparatif de ses produits, à détacher les amateurs des armes de fabrique étrangère; quand d'heureux efforts sont déjà parvenus à faire considérer la préférence donnée à l'arquebuserie anglaise plus souvent comme un caprice de ton et de mode, que comme une appréciation raisonnée, on devait s'attendre à voir nos industriels, encouragés par de tels succès, occuper dans le palais des arts industriels une place plus honorable encore.

Les circonstances qui, trop souvent reproduites depuis la révolution de février, ont inquiété la fabrication et le commerce des armes, expliquent en partie un ralentissement d'efforts tant de fois couronnés de succès.

Il est certain cependant que, pour leur qualité, l'élégance de la forme et le fini du travail, les fusils de Paris ne le cèdent en rien aux meilleurs fusils anglais, et qu'ils ont sur eux l'avantage incontestable de coûter, à mérite égal, beaucoup moins cher. En effet, on se procure, à Paris, moyennant

800 francs, un fusil semblable à celui que l'on payerait 1,500 francs en Angleterre, et pour 500 francs ce qu'à Londres on payerait 1,000 francs. Aussi voyons-nous des Anglais emporter de Paris des fusils pour leur usage.

La préférence qu'on donne aux armes étrangères n'est donc plus que de pure fantaisie, et les progrès soutenus de nos fabricants ne tarderont pas à en faire justice.

Espérons que l'exposition de 1854 viendra couronner de nouvelles conquêtes dans le domaine de cette importante industrie, où la France ne peut longtemps souffrir que l'étranger la devance, et constatons par des faits les améliorations récemment introduites, ainsi que les droits de chaque exposant aux récompenses que décerne le jury.

Rappel de médaille d'or.

M. DELVIGNE, rue du Bouloy, n° 24, à Paris.

M. Delvigne, dont on connaît la persévérance, recherchant tout ce qui tend à rendre plus parfait le tir des armes à feu, a vu ses travaux couronnés de succès.

Déjà, en 1834 et 1839, il avait mérité la médaille d'argent pour l'invention de plusieurs armes dont l'expérience a généralisé l'emploi, soit à la guerre, soit au tir à la cible. En 1844, pour reconnaître dignement les services rendus par M. Delvigne, le jury de l'exposition lui décerna une médaille d'or, la plus haute récompense dont il puisse disposer.

Depuis cette époque, puisant ses inspirations dans les sentiments d'une honorable philanthropie, M. Delvigne imagina le *porte-amarre*, destiné à secourir les embarcations qu'une mer furieuse entraîne à la dérive et que, trop souvent, elle engloutit à une faible distance du rivage, sans que les témoins impuissants de ces horribles scènes puissent faire autre chose que des vœux stériles.

Quoique le *porte-amarre* soit déjà connu, nous en donnerons succinctement la description.

Il se compose d'un long cylindre creux, en bois, dont l'extrémité supérieure se termine par un cône. L'intérieur de ce cylindre est destiné à recevoir une ligne en cordage, préalablement roulée en hélice, et à plusieurs tours superposés. Un des bouts de cette ligne est fixé intérieurement au sommet de la partie conique, l'autre reste attaché à l'affût de la pièce qui doit lancer ce projectile, et près de laquelle est enroulée en spirale la partie de la ligne qui n'a pu être bobinée dans l'intérieur du cylindre. Au moyen d'une faible charge de poudre, proportionnée au calibre de la pièce et au volume du *porte-amarre*, on peut le projeter à une distance qui varie de 250 à 600 mètres. Quand le *porte-amarre* est destiné à être lancé sur une embarcation, il porte en bas de sa partie conique 4 crochets en fer qui en font un véritable grappin.

Des commissions de divers corps savants se sont livrées à des expériences multipliées pour constater le mérite de cette utile invention.

Les villes du Havre, de Dunkerque et de Lorient sont déjà pourvues d'un appareil complet.

Le *tube à tir* de M. Delvigne a fixé l'attention du jury. Ce tube, qu'on introduit dans l'intérieur des canons de fusil ou de pistolet, est d'un calibre très-réduit et rayé comme un canon de carabine. Il suffit de quelques grains de poudre pour projeter à 40 mètres et avec une assez grande justesse une petite chevrotine.

Le but que s'est proposé M. Delvigne, et qu'il a heureusement atteint par cette invention, a été de faciliter l'école du tir en rendant moins bruyant et peu dispendieux l'emploi des armes à feu. L'application de cet appareil à l'artillerie ne change en rien les conditions du tir, et, par l'économie qui en résulte, elle permet, en multipliant les exercices, de former un plus grand nombre d'artilleurs habiles.

L'artillerie doit encore à cet exposant un auxiliaire puissant. C'est un projectile à explosion, de forme sphéroï-cylindro-conique; il est creux et contient une charge de poudre, dont l'inflammation a lieu par suite du choc que reçoit, en arrivant au but, une capsule placée au sommet de son cône. Sur la partie cylindrique de cette sorte de bombe, sont pratiquées des entailles longitudinales à queue d'aronde, recevant plusieurs ailettes en alliage de zinc et de plomb. La fonction de ces ailettes, disposées en hélice, est de guider le projectile dans les rayures intérieures du canon, pareillement hélicoïdes, et de lui imprimer le mouvement de rotation nécessaire à la rectitude de sa position dans le trajet.

Appliqué à l'artillerie de marine, ce projectile occasionne dans les bordages des déchirures énormes, qu'il est impossible de réparer au moment du combat.

Le jury, après avoir constaté le mérite des divers objets dont se compose l'exposition de M. Delvigne, considérant surtout les services que peut rendre son *porte-amarre*, lui décerne avec satisfaction un rappel de médaille d'or.

Médaille d'or.

M. GAUVAIN, aîné, boulevard Mont-Parnasse, n° 47, à Paris.

M. Gauvain, à qui la perfection et le fini de ses armes de luxe avaient déjà mérité une médaille d'argent à l'exposition de 1844, a fait de notables progrès, en mettant, cette année, à la portée d'un plus grand nombre d'amateurs ses magnifiques pistolets avec canons d'acier fondu, ornés de sculptures prises dans la pièce, qui, bien que moins chers des deux tiers comparativement à ceux de l'exposition précédente, sont toujours admirables sous le double rapport de l'art et du goût, et en même temps d'une excellente qualité.

La ciselure de toutes les armes qu'expose M. Gauvain est faite par lui-même, et toujours d'après les dessins de M. Liénard. Le fini de l'exécution en est si artistique et si pur, la composition des modèles si élégante et si bien appropriée au genre de ces pièces, que des fabricants belges en ont voulu essayer l'imitation.

Les fusils de chasse de cet habile fabricant, quoique simples et sans ornements inutiles, sont aussi traités avec un soin remarquable que le jury se plaît à constater.

Pour récompenser dignement dans la personne de M. Gauvain le génie tout à la fois gracieux et correct de l'artiste et le talent persévérant et consciencieux de l'arquebusieur, le jury lui décerne une médaille d'or.

Nouvelles médailles d'argent.

M. LEPAGE-MOUTIER, rue de Richelieu, n° 11, à Paris.

La maison Lepage s'est fait remarquer de tout temps par la belle exécution et l'excellence de ses armes.

Les fusils les plus rares et les plus curieux pour leurs effets mécaniques commencèrent la réputation de cet établissement.

A l'exposition de M. Moutier, qui soutient dignement la réputation de M. Lepage, le jury a remarqué particulièrement :

Des carabines à deux canons superposés tirant quatre coups : ces carabines ont quatre batteries mises successivement en jeu par une seule détente; un pistolet de même genre, dont l'exécution est parfaite; puis un bouclier en fer repoussé, d'après les dessins de M. Vechte, et d'une ciselure admirable.

Mais le chef-d'œuvre de M. Lepage-Moutier est, sans contredit, un magnifique pistolet dont la crosse, en fer repoussé, est ornée de gravures, de ciselures et de damasquinures en or, d'un goût exquis.

L'ajustement de la platine est parfait, et il a fallu vaincre des difficultés d'exécution incroyables pour arriver à ce que cette arme si belle ne soit ni plus pesante ni moins commode à la main que sa pareille montée en bois.

Malgré la perfection habituelle de leur travail, les armes qui sortent de cette maison renommée ne sont pas plus chères que celles des autres fabriques de Paris; le jury a pu se convaincre que M. Lepage-Moutier offrait, quant aux prix, les mêmes avantages que ses concurrents.

Déjà récompensé en 1839 par une médaille d'argent, qui lui fut rappelée en 1844, M. Lepage-Moutier se recommande par tous ces titres à la justice du jury, qui lui décerne une nouvelle médaille d'argent.

M. BÉRINGER, rue du Coq-Saint-Honoré, n° 6, à Paris.

La maison Béringer est avantageusement connue pour la belle et bonne exécution de ses armes.

Chacun sait que cet arquebusier habile est, avec M. Lefaucheux, le premier qui ait imaginé le culot métallique, dont l'application rend seule possible le chargement prompt et facile par la culasse.

Auteur de divers systèmes de fusils fort ingénieux, M. Béringer est loin d'être resté stationnaire. Toute son exposition le prouve d'une manière incontestable.

En 1839, le jury avait décerné à M. Béringer une médaille de bronze.

En 1844, il lui décerna une médaille d'argent.

Cette année, en considération des efforts que M. Béringer ne cesse de faire pour rendre ses beaux fusils plus parfaits et moins chers,

Le jury lui décerne une nouvelle médaille d'argent.

Rappel de médaille d'argent.

M. GASTINE-RENETTE, allée d'Antin, n° 39, à Paris.

Tout à la fois canonnier et arquebusier, c'est à ce double titre que M. Gastine-Renette expose.

En 1844, il fut constaté que des canons sortant de ses ateliers avaient subi des épreuves énormes et jusqu'alors inusitées.

Depuis ce temps aucun fait ne s'est produit qui soit capable de diminuer en quoi que ce soit la bonne opinion que le jury avait dû concevoir de sa fabrication. Quant aux armes, M. Gastine-Renette en a exposé de fort belles, parmi lesquelles le jury a principalement remarqué un fusil en blanc, dont la sous-garde à secret a pour effet de prévenir, au moyen d'un mécanisme ingénieux, le plus grand nombre des accidents auxquels on est exposé avec les fusils ordinaires;

Une carabine à canon double, dont les deux coups partent séparément au moyen d'une seule détente;

Des pistolets de salon, dont la construction bien raisonnée en a rendu l'usage agréable et facile;

Enfin des pistolets que la gravure et la ciselure dont ils sont ornés placent naturellement au rang des objets d'art.

Le jury, pour récompenser dignement M. Gastine-Renette de la belle fabrication de ses armes, lui décerne un rappel de la médaille d'argent obtenue par lui en 1844.

Médaille d'argent.

M. LEFAUCHEUX, rue de la Bourse, n° 10, à Paris.

M. Lefaucheux a absorbé la réputation de son prédécesseur dans la sienne.

Les perfectionnements apportés par cet arquebusier aux fusils qui se chargent par la culasse ont été si nombreux et ont une telle importance, que le nom de Pauly est maintenant oublié, tandis que celui de M. Lefaucheux se trouve attaché pour toujours aux fusils à bascule.

C'est lui qui, le premier en 1828, a fait adhérer le canon à la pièce de bascule en supprimant la rosette, ce qui eut pour effet de rendre beaucoup plus facile l'application de divers systèmes qui se sont produits depuis.

En 1832, il fit le fusil à charnière, connu sous le nom de *fusil Lefaucheux*, qui portait une cheminée sur le canon. En 1834, il inventa le culot-bourre qui augmente la portée, et, en 1835, il appliqua la broche qui est aujourd'hui généralement adoptée.

Cette année M. Lefaucheux présente un fusil qui produit l'inflammation au centre de la charge, et avec lequel il n'y a aucun crachement possible.

Comme nouveauté, il présente en outre des pistolets à 4 et 6 coups, dits *pistolets Mariette*, auxquels il a fait l'application de la cartouche. Montés sur une broche passant dans un tube autour duquel ils sont réunis, les canons s'enlèvent après qu'on a dévissé un écrou ajusté au bout de la broche. On introduit alors la cartouche dans chacun d'eux, après quoi on les remet tout d'une pièce, et ils sont fixés de nouveau par le moyen de l'écrou. On conçoit alors comment la charge de ces armes devient prompte et facile sans présenter le moindre danger.

Ce système s'applique avec avantage aux pistolets de salon.

On voit que les titres par lesquels M. Lefaucheux se recommande à l'attention du jury sont nombreux et réels.

Nous allons rappeler successivement les diverses récompenses qu'il a obtenues aux précédentes expositions.

Il lui fut accordé une mention honorable en 1827; en 1834 le jury lui décerna une médaille de bronze, et en 1839 il fut récompensé par une nouvelle médaille de bronze.

Depuis cette époque, M. Lefaucheux n'ayant pas cessé de travailler à perfectionner les armes dont il est l'inventeur, le jury lui décerne une médaille d'argent.

M. POTTET, rue de Luxembourg, n° 3, à Paris.

M. Pottet est tout à la fois l'un de nos plus anciens et de nos plus habiles arquebusiers. La belle exécution de ses armes lui valut déjà une médaille de bronze à l'exposition de 1844.

Cette année, il expose des fusils doubles et une carabine à charges superposées, aussi remarquables par leur belle exécution, que par le nouveau système de percussion dont elles sont pourvues.

Dans ce nouveau système, la platine porte deux chiens percuteurs, posés l'un sur l'autre et concentriques. Celui de dessus, plus long que l'autre, porte un étouteau entraînant celui de dessous lorsqu'on arme le fusil; en sorte que, par une seule opération, les deux ressorts se trouvent bandés. Dès que le doigt presse la détente, le premier chien vient frapper le bout d'une pièce ajustée à coulisse et longitudinalement sur le côté du canon; l'autre extrémité de cette pièce, par suite du mouvement imprimé, écrase la capsule servant d'amorce au premier coup. En pressant de nouveau la détente, le second chien vient, comme dans le système ordinaire, écraser la capsule amorçant le second coup.

Pour séparer les deux charges, M. Pottet emploie avec succès des rondelles en fer découpé dont le diamètre correspond exactement au diamètre intérieur du canon, et qui s'arrête sur une petite portée laissée à la hauteur de la première charge.

M. Pottet a encore soumis au jury des fusils doubles pourvus de petits chapeaux en fer trempé qui, par un effet de charnière semblable à celui du couvre-feu des armes à silex, vient recouvrir les cheminées sans toucher les capsules, les garantissant ainsi de la percussion accidentelle du chien qui, soulevé par un effort quelconque, mais pas assez pour arriver au cran de repos, retomberait cependant avec assez de force pour déterminer l'explosion et causer de déplorables malheurs.

Il suffit, quand on veut se servir de son arme, de renverser le chapeau en arrière.

En considération des travaux honorables et utiles de M. Pottet, le jury lui décerne une médaille d'argent.

M. PERROT, à Vaugirard (Seine).

L'industrie doit au génie inventif de M. Perrot de très-remarquables constructions de machines; le nom de Perrotine donné au bel appareil à imprimer les étoffes, pour lequel cet habile mécanicien a rendu les pays étrangers tributaires de ses ateliers, prouve la haute portée des conceptions de M. Perrot.

Pourtant, parmi ses inventions nombreuses, il en est une effrayante dans ses effets, qui semble jusqu'ici avoir été méconnue pour les services qu'elle peut rendre à la défense du pays : nous voulons parler de son fusil à vent de gros calibre, à tir continu.

Les essais répétés tant de fois par M. Perrot, et devant de si nombreux témoins, attestent cependant bien suffisamment que le difficile problème que l'auteur d'une telle arme s'était posé a été par lui complétement résolu. Charger une arme à vent à fur et à mesure qu'elle se décharge, lui permettre ainsi de lancer continuellement avec justesse, dans toutes les directions comprises entre des limites d'arcs étendus, des balles de gros calibre, avec une force constante, même lorsque la manœuvre de compression de l'air ne se continue pas, et que celui qui est emmagasiné doit seul suffire pour un grand nombre de coups, telles sont les propriétés vraiment extraordinaires que l'ingénieux et persévérant M. Perrot a su donner, après bien des efforts, à la nouvelle arme à vent.

Il n'est pas dans notre mission de discuter le parti que l'on peut tirer pour la défense des places fortes d'une arme qui ne crache ni feu ni fumée, dont la détonation est réduite à un violent sifflement; nous n'avons à nous expliquer que sur la réalité de ses terribles effets, sur l'ingéniosité de son mécanisme. Toutes les fonctions des divers organes qui constituent la machine balistique de M. Perrot sont bien assurées; le moyen d'obtenir des effets constants de tir, avec une masse d'air emmagasinée dans un réservoir dont la tension diminue à chaque coup, dans le cas où l'on procède par salve pendant le repos des pompes à air, nous a paru surtout admirable de simplicité. Nous croyons, nous, qu'une arme qui lance par centaines, dans un temps très-court, à des distances éloignées, des balles de plomb contre un but de fonte de fer, avec une violence capable d'opérer la dispersion par éclats des projectiles, et avec une justesse si grande que l'on peut, par leurs empreintes successives, composer un dessin, mérite à son inventeur toutes les félicitations du jury.

Depuis plus d'un an, le fusil à air comprimé de M. Perrot est en la possession du comité de l'artillerie qui se l'est fait remettre pour l'expérimenter. C'est donc d'après les expériences qui ont eu lieu en présence de l'un des membres du jury qui faisait partie d'une commission nommée par l'Académie des sciences, et sur le vu des dessins et du modèle en bois qui figuraient à l'exposition, que le jury a pu se former une opinion aussi certaine, du reste, que si la machine avait été elle-même exposée.

Le jury, pour récompenser M. Perrot, lui décerne une médaille d'argent.

M. PIDAULT, rue d'Ivry, n° 11, à Gentilly (Seine).

M. Pidault exposa en 1844, une batterie de fusil de munition qui parut alors tellement simple, qu'il semblait impossible de mieux faire. La platine qui remplissait l'office de la noix, une gâchette portée par une broche posée sur le chien, en tout quatre pièces, composaient cette batterie.

M. Pidault ne s'est pas tenu pour satisfait; il a continué ses recherches, et, à force de travail, il est parvenu à faire une nouvelle batterie de beaucoup supérieure à la première.

Un teton, sur lequel pivote le chien, est ménagé en dehors de la platine; une vis, qui taraude dans ce teton, empêche le chien de le quitter; l'une des branches du ressort se termine par une griffe latérale, qui traverse la platine et entre dans un trou foncé pratiqué dans l'épaisseur du chien, qui reçoit de la sorte la puissance dont il a besoin.

L'autre branche, qui tend à se rapprocher de l'axe du percuteur, remplace la noix au moyen de deux crans qui sont faits dans son épaisseur, et dans lesquels s'engage successivement, lorsqu'on arme le fusil, un étouteau, de forme triangulaire, porté par le chien.

Cet étouteau traverse la platine dans une entaille circulaire destinée en même temps à borner sa course.

La batterie se trouve donc composée de trois pièces, savoir : le chien, la platine et le ressort.

Il est difficile d'imaginer quelque chose de plus simple et de plus solide.

M. Pidault présente, en outre, un fusil de munition pourvu d'un amorçoir de son invention, dont le maniement est des plus faciles, puis une visière à charnière, qui indique sur deux quarts de cercles à quelle distance on se trouve de l'objet visé et le degré de hausse nécessaire pour l'atteindre.

Pour récompenser M. Pidault de l'heureux perfectionnement qu'il a apporté à sa batterie, le jury lui décerne une nouvelle médaille d'argent.

M. DEVISME, boulevart des Italiens, n° 36, à Paris.

M. Devisme est l'un de nos meilleurs arquebusiers.

En 1839, il fut mentionné honorablement dans le rapport du jury.

En 1844, il obtint, pour la beauté de ses armes, une nouvelle mention honorable.

Aujourd'hui, M. Devisme expose des fusils qui ne laissent rien à désirer sous le double point de vue de l'élégance et de l'exécution ;

Un fusil à quatre canons divergents qui peuvent partir ensemble ou séparément ;

Une fort belle paire de pistolets, dont les canons et la garniture en argent sont ciselés avec beaucoup de recherche et de talent;

Enfin des pistolets de tir plus simples, mais tout aussi précis:

Pour récompenser M. Devisme de la conscience qu'il apporte dans la fabrication de ses armes, le jury lui décerne une médaille d'argent.

M. PRÉLAT, rue Saint-Honoré, n° 343, à Paris.

Rappel de médaille de bronze.

Comme à la précédente exposition, M. Prélat soumet au jury des armes bien faites, qu'il livre au public à des prix modérés. Des pistolets de tir et des pistolets à cinq coups, consciencieusement exécutés, prouvent que M. Prélat n'est pas resté au-dessous de lui-même. Déjà récompensé en 1834, par une médaille de bronze, il en obtint une nouvelle en 1844. Le jury pour récompenser M. Prélat de sa persévérance à bien faire, lui accorde un rappel de médaille de bronze.

M. CLAUDIN, rue Joquelet, n° 1, à Paris.

Médailles de bronze.

En 1839, M. Claudin a mérité une médaille de bronze; en 1844, le jury, considérant que son exposition était digne d'éloges, lui décerna un rappel de la même médaille.

Aujourd'hui, cet arquebusier, dont l'habileté est généralement reconnue, soumet à l'appréciation du jury des fusils remarquables par l'élégance de la forme et la fidélité d'exécution, ainsi que des pistolets de tir, qui ne laissent rien à désirer, sous le double point de vue de la perfection du travail et de la précision.

Ces pistolets si beaux sont l'œuvre de M. Claudin, qui les a faits lui-même.

Pour le récompenser dignement de la perfection toujours croissante des armes qui sortent de ses ateliers, le jury décerne à M. Claudin une médaille de bronze.

M. GUÉRIN, rue Albouy, n° 2, à Paris.

En 1844, le jury a remarqué un petit mécanisme fort ingénieux inventé par M. Guérin, dans le but d'arrêter le jeu des gâchettes, lorsque l'arme n'est plus entre les mains du chasseur.

Par la pression qu'on exerce sur la poignée du fusil, au moment où l'on met en joue, les gâchettes se trouvent libres, et, en pressant la détente, le coup part.

M. Guérin obtint alors une mention honarable.

Depuis cette époque il a considérablement amélioré son invention.

La partie extérieure du mécanisme sur laquelle la pression a lieu se retire à volonté ; une fois retirée, les leviers qui arrêtent les noix, n'ayant plus aucune communication extérieure, restent en place et mettent le fusil dans l'impossibilité la plus absolue de fonctionner.

L'effet de ce mécanisme très-simple, qui ne change rien aux habitudes des chasseurs, est d'empêcher infailliblement les accidents qui ont lieu, soit pendant la chasse, soit au retour, par suite de l'oubli ou de l'abandon momentané de fusils chargés.

Le jury, pour récompenser M. Guérin d'une invention si utile, lui décerne une médaille de bronze.

M. BRUN, rue du Roule, n° 19, à Paris.

Très-habile ouvrier, quoiqu'il soit jeune encore, M. Brun, qui compte à peine deux ans d'établissement, est le successeur de M. Armand, dont les produits étaient avantageusement connus.

Malgré les événements qui, depuis 1848, ont si péniblement affecté l'arquebuserie parisienne, M. Brun, bien loin de se décourager, a redoublé d'activité, et n'a pas cessé d'améliorer sa fabrication. Aussi son exposition se recommande-t-elle à l'attention du jury, et par le nombre, et par la bonté des armes qu'il fabrique.

Pour récompenser dignement M. Brun, et pour encourager de si heureux débuts, le jury lui accorde une médaille de bronze.

M. DUCLOS, rue Richelieu, n° 47, à Paris.

M. Duclos, dont la carrière industrielle ne fait que commencer, est un habile ouvrier, qui doit sa réputation à la perfection du travail et à la beauté de ses armes.

Il a fait lui-même toutes celles qui figuraient, avec tant d'avantage, à l'exposition.

Un beau fusil à bascule, dont la crosse est en ébène; des pistolets de salon, qui sont tout à la fois justes, simples et solides, ont particulièrement fixé l'attention du jury, qui, pour récompenser dignement M. Duclos de son habileté, lui décerne une médaille de bronze.

M. BAUCHERON, rue Richelieu, n° 64, à Paris.

En 1844, M. Baucheron a obtenu, pour la bonne façon de ses armes, une mention honorable.

Aujourd'hui, les fusils exposés par M. Baucheron sont parfaitement exécutés, et il est certain que, depuis la dernière exposition, sa fabrication est en progrès.

On remarquait surtout un fusil, dit Lefaucheux, dont la fermeture paraissait très-solide.

Le jury, pour récompenser M. Baucheron de l'amélioration de ses produits, lui décerne une médaille de bronze.

M. PLOMDEUR, à Montmartre (Seine).

Successeur de son père, M. Plomdeur continue avec succès la fabrication des armes de chasse.

Celles qu'il expose sont faites avec conscience, et le jury rend hommage à leur bonne exécution.

M. Plomdeur fabrique en outre des vis très-bien faites, à l'usage de l'arquebuserie, qui en emploie une grande quantité.

Le jury décerne à M. Plomdeur une médaille de bronze.

M. BERGER, à Saint-Étienne (Loire).

M. Berger est le seul fabricant de Saint-Étienne qui se soit présenté au concours; son exposition est composée d'articles nombreux et variés.

On y remarque surtout un fusil riche, du prix de quatre mille francs. Comme objet d'art, il laisse à désirer, et le bon goût de l'ornementation en est très-contestable. Cependant il présente des difficultés d'exécution assez heureusement surmontées.

Ses fusils de six cents francs, quoique bien faits et solides, ne peuvent soutenir la comparaison avec ceux du même prix que l'on fait à Paris: il leur manque la propreté, le fini, la netteté des ajustements; en un mot, il leur manque le soin et la grâce qui distingue toutes les parties du travail parisien.

Mais dans les qualités intermédiaires, lorsqu'il s'agit de fusils qui ne dépassent pas deux ou trois cents francs, il est certain que Paris ne peut lutter avec Saint-Étienne.

Sous ce rapport, les produits de M. Berger sont vraiment remarquables; ses fusils suivent de très-près, pour la façon et pour le prix, les beaux fusils de Liége.

Pour les armes communes, il peut rivaliser avantageusement avec celles qui proviennent des fabriques belges.

Nous citerons, comme preuve, des fusils doubles à 50 francs, des fusils simples à 20 francs, des pistolets de poche à 10 et même 6 francs la paire.

Au-dessus de ces prix, qui sont les plus bas, il se fait chez M. Berger des armes de toutes sortes, dont la qualité correspond à leur valeur vénale.

Pour encourager ce fabricant, dont les efforts sont heureux sous bien des rapports, le jury lui décerne une médaille de bronze.

MM. JACQUEMART frères, à Charleville (Ardennes).

La maison Jacquemart frères est une des plus importantes du département des Ardennes.

On y fabrique une multitude d'objets en fer et en fonte de diverses natures, connus sous le nom d'objets de ferronnerie. Il s'en fait annuellement pour une valeur de 11 à 1,200,000 francs, qui sont pour la plupart consommés à l'intérieur.

Nous n'aurions pas à nous occuper de MM. Jacquemart, s'ils ne fabriquaient pas en même temps des armes de guerre.

5,000 fusils ont été livrés par eux au Gouvernement, et 2,000 fusils d'exportation ont été fournis au commerce extérieur.

Le jury a examiné les armes exposées; il en a reconnu la bonne confection, et il décerne à MM. Jacquemart frères, pour l'ensemble de leur fabrication, une médaille de bronze.

M. RÉGNIER, rue de Chartres, n° 19, à Paris.

Ouvrier habile, M. Régnier s'occupe sans cesse de perfectionner les armes qu'il exécute avec une intelligence toute particulière.

Pour éviter la broche de certaines cartouches à l'usage des fusils qui se chargent par la culasse, M. Régnier a imaginé une cartouche, dont le centre du culot est embouti intérieurement, de façon à présenter en dehors un teton ou capsule contenant le fulminate et une petite broche en acier.

Pour employer cette cartouche, M. Régnier a dû modifier quelque peu la batterie des fusils à bascule. Voici comment il l'a fait.

Un petit tiroir en acier est ajusté dans l'épaisseur de la culasse; C'est lui qui reçoit le coup de marteau que donne le chien. Le bout de ce tiroir écrase la capsule sur une espèce de petite enclume placée au-dessous d'elle. Par ce moyen l'inflammation a lieu au centre de la charge, et sans aucune déperdition de gaz.

Le jury accorde à M. Régnier une médaille de bronze.

M. MAY, rue Saint-Honoré, n° 217, à Paris.

Mention honorable.

M. May travaille avec intelligence, il a soumis au jury un fusil pourvu d'un moyen très-simple de se préserver des nombreux accidents qui arrivent si fréquemment pendant le temps de la chasse.

Le percuteur de ce fusil, disposé d'une façon toute particulière, vient frapper directement sur le centre de la cartouche.

Pour compléter son invention, et afin de soustraire les possesseurs de son fusil, qui habitent la province, à l'obligation de tirer leurs cartouches de Paris, M. May en a imaginé une que le chasseur peut charger lui-même.

Cette cartouche est en laiton creusé: le fond, très-épais, est garni d'une rondelle en acier, au centre de laquelle s'ajuste une cheminée qui est noyée dans l'épaisseur de la rondelle. Sur la cheminée s'applique une *capsule ordinaire* dont l'écrasement a pour effet de produire l'inflammation au centre de la charge.

Le jury reconnaissant le mérite des produits exposés par M. May lui décerne une mention honorable.

M. FERRIER, rue du Faubourg-Saint-Honoré, n° 72, à Paris.

M. Ferrier expose des fusils, une carabine et des pistolets consciencieusement exécutés.

Le jury, pour ce motif, lui accorde une mention honorable.

M. BERTONNET, passage Choiseul, n° 56, à Paris.

Déjà cité favorablement en 1844 pour la bonne façon de ses armes, M. Bertonnet présente au jury des fusils dont la belle exécution est digne d'éloges.

Le jury accorde à M. Bertonnet une mention honorable.

M. LORON, à Versailles (Seine-et-Oise).

Pour un fusil d'une belle exécution, M. Loron fut cité favorablement dans le rapport du jury, en 1844.

Cette fois, M. Loron expose une batterie de son invention, applicable seulement aux fusils à bascule.

Le jury accorde à M. Loron une mention honorable.

M. CARON, passage de l'Opéra, n° 20.

En 1839 et en 1844, M. Caron fut mentionné honorablement pour la bonne exécution de ses fusils à coupe anglaise.

M. Caron expose des fusils et des pistolets de tir dont l'exécution mérite des éloges.

Le jury lui accorde une mention honorable.

Citations favorable. M. OLRY, arquebusier, à Nancy (Meurthe),

Est cité favorablement pour son fusil de chasse à double percussion avec cartouches à cheminée intérieure et à tiroir faisant sortir les cartouches.

M. BRIAND, arquebusier, aux Herbiers (Vendée),

Est cité favorablement pour la bonne portée de ses fusils doubles.

---

§ 2. CANONNERIE.

Nouvelle médaille d'argent. M. BERNARD-LÉOPOLD, rue Villejust, à Passy.

L'établissement de M. Bernard-Léopold produit des canons qui jouissent d'une réputation justement méritée.

Lors de l'exposition de 1844, le jury avait eu déjà l'occasion d'en signaler la bonne qualité. Depuis ce temps, la réputation de M. Bernard-Léopold n'a fait que s'accroître; et les canons de fusils doubles qui sortent de ses ateliers sont tous, sans aucune exception, si parfaitement solides et faits avec une précision si remarquable, qu'il est aujourd'hui considéré, par les arquebusiers de Paris, comme le premier de son industrie.

Pour qu'il en soit ainsi, il a fallu que M. Bernard-Léopold modifiât profondément sa fabrication.

Il a fait construire un four à souder les canons doubles, qui ne donne que la chaleur nécessaire à la fusion du cuivre, laquelle a lieu simultanément dans toute la longueur du canon.

Comme on n'est plus obligé de les retourner, on évite la torsion et d'autres accidents, en même temps que disparaît la possibilité de les brûler par places, inconvénient qui se produit souvent par l'ancienne manière de souder. Il a de plus, par un outillage nouveau, l'avantage de pouvoir cylindrer et dresser parfaitement l'intérieur de ses canons.

Les culasses sont aussi mieux filetées, et leur ajustement ne laisse rien à désirer.

Pour tous ces motifs, le jury voulant récompenser dignement M. Bernard-Léopold des améliorations qu'il n'a cessé d'apporter à la fabrication des canons de fusils,

Lui décerne une nouvelle médaille d'argent.

M. Albert BERNARD, avenue de Lamotte-Piquet, n° 8, à Paris.

Rappel de médaille d'argent.

M. Albert Bernard est avantageusement connu pour la bonne fabrication de ses canons; il est le premier qui les ait faits à l'aide de moyens mécaniques, et c'est à ce titre qu'il obtint, en 1844, une médaille d'argent.

L'exposition de M. Albert Bernard se compose de canons doubles très-bien faits, et de canons de carabines rayés, en acier fondu.

La rayure d'un de ces canons est progressive, c'est-à-dire que le mouvement qu'elle imprime au projectile devient plus rapide à mesure qu'il approche de l'orifice du canon.

M. Bernard se promet d'heureux résultats de cette rayure. Sans rien préjuger sur son mérite réel, le jury ne peut qu'applaudir aux efforts qui sont faits en vue de rendre plus juste le tir des armes de précision.

Pendant le temps qui s'est écoulé depuis la dernière exposition, M. Bernard, tout en continuant la fabrication de ses canons, a travaillé avec succès au perfectionnement des tubes propulseurs des chemins de fer atmosphériques.

Pour le récompenser de sa persévérance à bien faire, heureux de pouvoir rendre hommage à l'intelligence de M. Albert Bernard,

Le jury lui décerne un rappel de médaille d'argent.

M. GODDET, rue Saint-Lazare, n° 130, à Paris.

Médaille de bronze.

En 1844, M. Goddet a soumis au concours des canons de fusils qui avaient résisté à de très-fortes épreuves, ainsi que le constataient des procès-verbaux signés par plusieurs arquebusiers de Paris.

Cette fois, M. Goddet expose des canons de fusils doubles à

rubans moirés, qui paraissent très-bien faits, des canons de carabines et de pistolets en fer moiré, et d'autres en acier fondu, dont la bonne qualité paraît certaine.

Cité favorablement en 1839, il fut, en 1844, jugé digne de la mention honorable : le jury la lui accorda.

Aujourd'hui, les efforts et la persévérance de M. Goddet le font considérer comme un industriel habile qu'on doit récompenser. Le jury lui décerne une médaille de bronze.

---

§ 3. CARTOUCHES ET AMORCES.

M. Peupin, rapporteur.

Médailles d'argent.

M. CHAUDUN, rue du Faubourg-Montmartre, n° 4, à Paris.

M. Chaudun exposait, en 1844, des cartouches en papier dites *contractiles*, et rendues hydrofuges par une préparation particulière.

Le jury lui accorda une médaille de bronze.

Depuis ce temps, M. Chaudun a considérablement amélioré ses cartouches.

Au papier il a substitué le cuivre et le zinc. Cependant ce n'est pas au moyen du tour qu'il les fabrique : cette manière de procéder serait beaucoup trop longue et trop dispendieuse. Mais c'est en les emboutissant au découpoir qu'il est parvenu à faire des cartouches en métal à culot renforcé, qui peuvent servir plusieurs fois et dont le prix est si modique que, par ce fait, l'usage des fusils se chargeant par la culasse ne peut que s'accroître davantage.

Aujourd'hui on fait, dans les ateliers de M. Chaudun, de 5 à 600,000 cartouches par an.

Le jury, pour récompenser M. Chaudun de tous ces perfectionnements, et considérant l'importance réelle de sa fabrication, lui décerne une médaille d'argent.

MM. GÉVELOT et LEMAIRE, rue Notre-Dame-des-Victoires, n° 30, à Paris.

MM. Gévelot et Lemaire sont les successeurs de Mme veuve Gévelot, dont l'établissement est si avantageusement connu pour l'excellence de ses produits.

En 1839, la maison Gévelot obtint une médaille de bronze.

En 1844, le jury, prenant en considération les perfectionnements considérables que Mme veuve Gévelot avait apportés dans les divers détails de sa fabrication, lui décerna une nouvelle médaille de bronze.

Depuis 1844 MM. Gévelot fils et Lemaire ont succédé à Mme veuve Gévelot, et l'on peut dire avec raison que la fabrication des capsules-amorces de cette nouvelle maison n'a fait que progresser.

L'outillage est aussi parfait qu'on peut le désirer. Toutes les machines qui servent à la fabrication sont construites et réparées dans leur atelier par des ouvriers mécaniciens qu'ils dirigent eux-mêmes.

En 1846, cette maison livrait au commerce de nouvelles capsules-amorces, dites à feu comprimé.

En 1847, elle produisait d'autres amorces à capsules à collier qui, lors de l'explosion, peuvent empêcher la projection des parcelles de cuivre sur les mains.

Enfin, en 1844, elle présenta une nouvelle amorce à capsule double, qui réunit toutes les qualités des amorces précitées.

Le jury, pour récompenser les efforts de MM. Gévelot et Lemaire, leur décerne une médaille d'argent.

MM. GAUPILLAT, ILLIG, GUINDORF et MASSE, aux Bruyères-de-Sèvres.

Rappel de médaille de bronze.

MM. Gaupillat, Illig, Guindorf et Masse ont, aux Bruyères-de-Sèvres, une fabrique d'amorces dont les produits sont en grande partie destinés à l'exportation. Outre les amorces, on y fait aussi une quantité considérable d'œillets métalliques pour bottines, corsets, etc.

La quantité de cuivre mise en œuvre s'élève : pour les amorces, à 120,000 kilogrammes; pour les œillets, à 24,000 kilogrammes.

En 1844, le jury décerna à MM. Gaupillat, Illig, Guindorf et Masse, une médaille de bronze.

Le jury, prenant en considération l'importance croissante de leur établissement, leur accorde un rappel de cette médaille de bronze.

§ 4. FOURBISSERIE.

M. Peupin, rapporteur.

CONSIDÉRATIONS GÉNÉRALES.

La fourbisserie parisienne est toujours en progrès; elle ne comprend plus, comme la fourbisserie ancienne, la fabrication des lames que l'on tire presque toutes des grandes manufactures de Châtellerault et de Klingenthal, mais seulement la confection des poignées et des fourreaux, la ciselure, l'ornementation et le montage, qui se font aujourd'hui avec un art merveilleux. Il n'est pas de fabrique qui puisse rivaliser avec Paris, pour le genre riche de cette industrie, sous les rapports du fini, de l'élégance et du bon goût. Quant aux armes ordinaires, plusieurs de nos fourbisseurs les font de manière à ce qu'elles n'aient plus rien à craindre désormais de la concurrence que la Prusse et l'Angleterre leur faisaient sur les marchés étrangers.

C'est un progrès notable dont chacun sent toute l'importance, et que le jury se fait un devoir d'encourager, tout en regrettant qu'un plus grand nombre d'exposants n'aient pas pris place au concours.

Médaille d'argent.

M. ROUCOU, rue de Paris, n° 21, à Belleville (Seine).

Jusqu'à la fin du XVIe siècle, les armes ont été ornées de damasquinures en or et en argent, dont les dessins riches et variés excitent encore aujourd'hui l'admiration de tous les hommes de goût.

Peu à peu ce genre d'ornementation disparut et les armes à feu du XVIIIe siècle furent les seules qui présentèrent dans la partie inférieure du canon quelque peu de damasquinure, et encore n'était-ce, le plus souvent, qu'une application d'or uni qui n'avait d'autre but que de préserver ces armes de l'oxydation que produit l'inflammation de la poudre dans le bassinet.

Depuis l'invention des fusils à percussion, ce plaquage d'or, s'il est permis de s'exprimer ainsi, n'étant plus nécessaire, ce dernier reste de damasquinure avait lui-même disparu.

M. Roucou, ouvrier arquebusier, doué d'une imagination vive et d'une adresse remarquable, s'ingénia à ressusciter la damasquinure, qu'il avait toujours admirée. Il y réussit complétement, et aujourd'hui il est parvenu à produire en ce genre de travail tout ce que les amateurs les plus exigeants peuvent désirer de mieux.

Un petit poignard turc avec son fourreau, un couteau de chasse dont la garde et le fourreau sont couverts de riches damasquinures en or;

Des bracelets et divers bijoux en acier, également damasquinés en or;

Enfin, une hache d'armes tartare, damasquinée en argent;

Tels sont les produits exposés par M. Roucou.

Le jury, prenant en considération le travail précieux de cet artiste, lui décerne une médaille d'argent.

M. Louis-Félix DELACOUR, rue aux Fers, n° 20, à Paris. Nouvelle médaille de bronze.

M. Delacour, qui dès le début de sa fabrication obtint en 1844 une médaille de bronze, a mis à l'exposition de cette année une grande variété d'armes blanches, épées et sabres de tous pays et de tous modèles, qui, entièrement faites dans ses ateliers, sauf les lames, la dorure et l'argenture, se recommandent par le bon marché en même temps que par le travail.

M. Delacour travaille aussi lui-même, et ses armes, depuis les plus riches jusqu'aux sabres d'uniforme, sont très-bien montées. Nous avons surtout remarqué une riche épée à fourreau d'acier, avec ciselure et dorure; un glaive à fourreau de velours, une épée de cour et un couteau chasse en fonte de fer ciselé.

Depuis deux ans ans environ, les fourreaux de sabres en cuivre, en fer et en cuir, qu'il emploie, sont fabriqués chez lui, ainsi que les poignées d'ivoire pour sabres, couteaux de chasse, etc. Sa fabrication est donc complète.

M. Delacour enfin paraît devoir lutter avec avantage contre l'Angleterre et la Prusse, pour les articles à bas prix. Un sabre verni, modèle de l'armée, coté 12 francs 50 centimes, et une épée de musicien à 8 francs 50 centimes, ont particulièrement fixé l'attention du jury, qui, pour récompenser dignement M. de Lacour, lui décerne une nouvelle médaille de bronze.

M. Joseph-Alexandre BÈS, fabricant d'armes blanches, place du Palais de Justice, n° 1 (cour des Barnabites), à Paris. Médaille de bronze.

M. Bès expose pour la première fois. Ses produits sont remarquables par le bon goût du travail et la modicité des prix. Deux fourreaux de sabres en peau de requin qui figurent à l'exposition, et qu'il a faits lui-même, accusent autant d'intelligence que d'habileté. La monture et la ciselure des armes sortant de sa maison méritent des éloges.

Le jury lui décerne, à ces divers titres, une médaille de bronze.

Mention honorable.

M. MICHEL-SPIQUEL et Cie, rue Saint-Honoré, n° 164, à Paris.

La fabrication des sabres et épées réglementaires pour tous les corps de l'armée, à laquelle se livre la maison Michel-Spiquel et Cie, appelle sur elle une attention toute particulière.

Les cuirasses, dont quelques manufactures ont le monopole, sont cependant fabriquées sur mesure par ces fourbisseurs, les seuls à Paris qui aient osé jusqu'alors en entreprendre l'exécution. Des casques enfin, les premiers qu'ils aient faits, figurent avec distinction à l'exposition, et méritent un encouragement.

Le jury décerne à M. Michel-Spiquel et Cie une mention honorable.

---

§ 5. USTENSILES DE CHASSE.

M. Peupin, rapporteur.

Rappel de médaille d'argent.

M. BOCHE, rue des Vinaigriers, n° 19 *bis*, à Paris.

En 1839, M. Boche, fabricant de poires à poudre, obtint une médaille de bronze.

En 1844, M. Boche, ayant considérablement perfectionné ses produits, fut récompensé de ses efforts par une médaille d'argent que lui décerna le jury.

Dès cette époque, la fabrique de M. Boche était déjà la plus considérable en son genre. Doué d'une grande activité, il s'est appliqué à perfectionner encore une fabrication pour laquelle il avait fait jusqu'alors des sacrifices considérables. Et en même temps qu'il continue à livrer aux amateurs opulents les articles de chasse les plus beaux et les plus riches, il est parvenu à donner des poires à poudre en cuivre avec fermeture à couteau et à charge graduée, à 12 fr. la douzaine.

Le jury, pour reconnaître les progrès faits par M. Boche depuis la dernière exposition, lui décerne un rappel de médaille d'argent.

M. AUBIN, rue de Breteuil, n° 6, à Paris. Mention honorable.

M. Aubin, qui expose pour la première fois, fabrique avec succès les articles de chasse. Ses produits se font remarquer par leur bonne tournure et par la modération de leurs prix.

C'est pourquoi le jury accorde à M. Aubin une mention honorable.

SECTION CINQUIÈME.

APPAREILS D'ÉCLAIRAGE.

M. Pouillet, rapporteur.

MM. GAGNEAU frères, rue d'Enghien, n° 25, à Paris. Nouvelle médaille d'argent.

MM. Gagneau frères se distinguent à la fois par le bon goût avec lequel ils décorent leurs appareils d'éclairage, et par l'excellente construction des appareils eux-mêmes. Ils fabriquent avec le même soin la lampe la plus modeste et le lustre le plus magnifique; tout ce qui tient à la production de la lumière, à l'ajustement du bec, à la circulation du liquide, est toujours exécuté solidement et avec précision. Il en résulte deux grands avantages : économie de temps et économie de combustible; le premier de ces avantages est aujourd'hui le plus rare. A égalité de lumière, les consommations d'huile ne sont pas très-différentes dans les différents systèmes; mais le point le plus difficile à atteindre, c'est que toutes les fonctions de l'appareil s'accomplissent d'elles-mêmes avec une parfaite régularité, sans que l'on ait le souci de s'en occuper. Les perfectionnements modernes ont en quelque sorte élevé la lampe au niveau des instruments d'horlogerie : la meilleure pendule est celle qui va toujours bien quand elle est remontée; la meilleure lampe est celle qui va toujours bien une fois qu'elle est allumée.

Les lampes de MM. Gagneau doivent particulièrement, sous ce rapport, être comprises parmi les meilleures.

Les dorures, les bronzes, les porcelaines, les formes gracieuses et élégantes ne sont, il est vrai, que des accessoires, mais des accessoires qui ont bien aussi leur mérite. Les ornements les mieux placés sont peut-être ceux qui servent à décorer les meubles les plus utiles et les plus répandus; pour ce genre de décoration, le bon goût de MM. Gagneau est connu depuis longtemps. Sur le rapport de la commission des beaux-arts, le jury de 1844 leur a décerné une médaille d'argent, et nous vous proposons de leur accorder, pour l'ensemble de leur fabrication, une nouvelle médaille d'argent.

Rappels de médailles d'argent.

M. CHABRIÉ fils aîné, rue Notre-Dame-des-Victoires, n° 16, à Paris.

La Société Chabrié et Neuburger a obtenu, à l'Exposition de 1844, une médaille d'argent pour ses divers appareils d'éclairage et pour la lampe solaire dont elle avait l'exploitation. Cette société a été très-récemment dissoute, et les intéressés se présentent séparément avec des produits très-analogues à ceux qui ont été récompensés à la dernière Exposition.

Le jury fait rappel de la médaille d'argent en faveur de M. Chabrié fils aîné, l'un des représentants de l'ancienne Société Chabrié et Neuburger.

M. NEUBURGER, rue Vivienne, n° 4, à Paris.

La Société Chabrié et Neuburger a obtenu, à l'Exposition de 1844, une médaille d'argent pour ses divers appareils d'éclairage et pour la lampe solaire dont elle avait l'exploitation. Cette Société a été très-récemment dissoute, et les intéressés se présentent séparément avec des produits très-analogues à ceux qui ont été récompensés à la dernière Exposition.

Le jury fait rappel de la médaille d'argent en faveur de M. Neuburger, l'un des membres de l'ancienne Société Chabrié et Neuburger.

M. CAREAU, rue Croix-des-Petits-Champs, n° 13, à Paris.

M. Careau, fils de l'associé de Carcel, le premier inventeur de la lampe mécanique qui a conservé à juste titre le nom de lampe de Carcel, a fait de nombreux efforts pour simplifier le mécanisme primitif, auquel Carcel et Careau père s'étaient arrêtés. Ces efforts, jugés favorablement par le jury de 1839, ont été récompensés à cette époque par la médaille d'argent.

Aujourd'hui, M. Careau présente à l'Exposition des lampes de divers modèles, des appareils de bronze destinés à les supporter, et des mouvements exécutés dans sa fabrique. Toutes ces pièces sont une preuve du zèle de M. Careau et des soins qu'il donne à sa fabrication. Le jury fait rappel en sa faveur de la médaille d'argent qui lui avait été accordée en 1839.

MM. SIRY, LIZARS et Cie, rue Lafayette, n° 7, à Paris.

Nouvelles médailles de bronze.

MM. Siry, Lizars et Cie ont été des premiers à établir en France des ateliers spéciaux exclusivement destinés à la construction des compteurs à gaz, des becs, robinets, manomètres, indicateurs de pression, etc., en un mot, de toutes les pièces et appareils de précision qui se rattachent à l'éclairage au gaz. En 1844, le jury avait encouragé, par une médaille de bronze, leurs bons procédés de fabrication et leurs excellents produits. Ces messieurs présentent aujourd'hui à l'Exposition des compteurs à gaz de toutes les dimensions, et diverses séries de pièces qui prouvent que cette fabrication importante a pris, entre leur mains, de nouveaux développements.

Le jury accorde à MM. Siry, Lizars et Cie une nouvelle médaille de bronze.

M. André-Narcisse DUBRULLE, à Lille (Nord).

M. Dubrulle, habile et ingénieux fabricant pour tout ce qui tient à la lampisterie et à l'ajustement des balances, a reçu, en 1844, une médaille de bronze, pour ses lampes de Dervy perfectionnées. Cet encouragement a porté ses fruits; M. Dubrulle nous présente de nouvelles lampes de Dervy meilleures encore que les précédentes; il nous présente aussi des lampes à l'usage de la marine et à l'usage des filatures. Le jury du département du Nord s'exprime de la manière la plus favorable sur les nouvelles inventions de M. Dubrulle, qui sont, en effet, très-intéressantes et très-dignes d'être encouragées.

Le jury central accorde à M. Dubrulle une nouvelle médaille de bronze.

M. ROCKEL, à Metz (Moselle).

M. Rockel, habile fabricant de lustres et de lampes, qui a obtenu la médaille de bronze à l'exposition de 1844, présente à l'examen du jury un lustre à six becs alimentés diversement; les uns reçoivent l'huile d'une manière directe par un mouvement de Carcel, les autres ne la reçoivent que d'une manière indirecte; l'alimentation surabondante, au lieu de retomber immédiatement dans le réservoir, est dirigée par des conduits particuliers vers un second bec et même vers un troisième. M. Rockel trouve ainsi l'avantage de ne pas multiplier les réservoirs et les mouvements, sentant qu'il multiplie les becs, mais sous la condition que les mouvements seront plus forts. Cette idée, considérée d'une manière générale, n'est pas nouvelle, mais elle est ici appliquée d'une manière ingénieuse et assez bien entendue.

Le jury accorde à M. Rockel une nouvelle médaille de bronze.

M. JOANNE, rue Sainte-Avoye, n° 63, à Paris.

M. Joanne a obtenu une médaille de bronze en 1834, un rappel en 1839, et une nouvelle médaille de bronze en 1844; ces récompenses successives montrent que le zèle de M. Joanne ne se ralentit pas, qu'il fait sans cesse des efforts pour perfectionner ses produits, et qu'il obtient des résultats de plus en plus satisfaisants. Cette année, il présente à l'examen du jury des lampes à huile et des lampes à gaz; ces dernières étant particulièrement destinées à brûler des carbures d'hydrogène, autres que des alcools. On peut dire que dans ces divers appareils il a bien mis à profit sa longue expérience.

Le jury décerne à M. Joanne une nouvelle médaille de bronze.

Rappels de médailles de bronze.

M. TRUC, rue Saintonge, n° 9, à Paris.

La société Truc et Brismontier a obtenu en 1844 une médaille de bronze pour une nouvelle lampe mécanique à ressort, sans mouvement d'horlogerie. M. Truc présente cette année de grands assortiments de lampes plus ou moins ornées qui prouvent qu'il a su donner à sa fabrication un grand développement et beaucoup de variété.

Le jury fait rappel en faveur de M. Truc de la médaille de bronze qui lui avait été accordée en 1844.

Madame veuve GOTTEN, place des Victoires, n° 3, à Paris.

Madame Gotten continue l'établissement qui a été fondé, il y a plus de vingt-cinq ans, par feu M. Gotten, son mari, établissement qui n'a pas cessé de livrer au commerce des produits d'une excellente qualité. La lampe imaginée autrefois par M. Gotten est l'une des premières et des plus heureuses modifications qui aient été apportées à la lampe Carcel; les perfectionnements successifs que M. Gotten avait introduits dans son invention, quant aux détails, car le principe reste le même, lui ont valu des médailles à toutes les expositions.

Le jury fait rappel, en faveur de madame Gotten, de la médaille de bronze qui avait été accordée à M. Gotten à l'exposition de 1844.

M. JAQUESSON et Fils, à Châlons (Marne).

Médailles de bronze.

M. Jaquesson, comme tous les grands fabricants de vin de Champagne, possède des caves magnifiques et d'une étendue très-considérable. Ces caves sont établies à la profondeur voulue, sous le sol d'un coteau couvert de vignes; elles doivent être éclairées fréquemment à cause des manipulations nombreuses et délicates que le vin de Champagne exige avant d'être livré au commerce. M. Jaquesson a eu l'idée de faire cet éclairage avec la lumière du jour; pour cela, il a creusé des puits en nombre suffisant, allant du sol aux voûtes de la cave; ensuite il a disposé des réflecteurs pyramidaux de fer-blanc, dans la cave et au fond de chaque puits, pour diriger la lumière dans les avenues qui en ont besoin.

Le modèle d'ensemble qu'il soumet à l'examen du jury est parfaitement combiné pour faire comprendre les détails de toutes ces ingénieuses dispositions.

Le jury accorde à M. Jaquesson une médaille de bronze.

M. AUBINEAU, rue Meslay, n° 65 *bis*, à Paris.

M. Aubineau s'est appliqué spécialement à la construction des lampes destinées à faire l'éclairage au moyen des carbures hydrogénés qui se tirent du schiste. La commission a vu avec intérêt les résultats auxquels il est déjà parvenu ; elle croit que cette industrie mérite des encouragements.

Le jury accorde à M. Aubineau une médaille de bronze.

M. Émile BERNIER, rue Geoffroy-Marie, n° 8, à Paris.

M. Bernier présente des assortiments variés de lampes à gaz liquide ; ces appareils sont construits avec intelligence et décorés avec goût.

Le jury accorde à M. Bernier une médaille de bronze.

M. BOUHON, place Dauphine, n° 7, à Paris.

M. Bouhon a imaginé des burettes *inversables*, et des lampes *inversables* : par une heureuse disposition de réservoirs à air, ménagés à l'intérieur, ces appareils jouissent en effet de la propriété indiquée par l'inventeur. Les avantages qui en résultent ont déjà été appréciés par la pratique, particulièrement dans les ateliers, où la burette destinée au graissage peut rendre et rend en effet de très-grands services.

Le jury accorde à M. Bouhon une médaille de bronze.

M. GRISON, rue Salle-au-Comte, n° 8, à Paris.

M. Grison se livre exclusivement à la fabrication des mèches, des veilleuses et autres accessoires de l'éclairage ; il y a plus de vingt ans qu'il a adopté ce genre d'industrie et qu'il en poursuit tous les perfectionnements avec une activité et un succès dignes d'éloges. Ses métiers à mèches, de Paris et de la Ferté-Macé, mettent en œuvre aujourd'hui environ vingt mille kilogrammes de coton ; ses produits, économiquement fabriqués, sont recherchés partout à cause de leur bonne confection.

Le jury accorde à M. Grison une médaille de bronze.

M. MUTREL, rue Beauvoisine, à Rouen.

M. Mutrel présente à l'exposition un régulateur à gaz, ayant pour objet de compenser par ses propres mouvements toutes les variations de pression qui tendraient à changer la dépense du bec de gaz, et qui tendraient, par conséquent, à affaiblir la flamme, ou à lui donner un trop grand développement. C'est une cloche plongeant dans l'eau, équilibrée par une espèce de romaine, dont le contrepoids se règle aisément à une pression déterminée. Si la pression du gaz augmente à l'instant où l'on éteint les becs voisins, la cloche se soulève; elle s'enfonce au contraire quand la pression diminue, soit par l'allumage de quelques becs, soit par d'autres causes. Ces mouvements se transmettent au robinet d'alimentation qui sert à introduire le gaz dans la cloche avant qu'il arrive au bec : dans le premier cas, l'ouverture du robinet, est réduite pour diminuer l'alimentation; dans le second cas, elle est plus largement ouverte, pour amener au bec une quantité de gaz plus grande. C'est ainsi que l'élévation ou la dépression de la cloche maintient l'écoulement du gaz dans des limites assez étroites pour éviter les graves inconvénients qui peuvent résulter d'une alimentation trop restreinte ou trop abondante.

Le jury accorde à M. Mutrel une médaille de bronze.

M. PARISOT, rue du Faubourg-du-Temple, n° 7, à Paris.

M. Parisot, déjà mentionné honorablement en 1844, continue à fabriquer avec des perfectionnements nouveaux les becs à gaz de toute espèce, les robinets de distribution, les régulateurs, et tient tout ce qui se rapporte à l'éclairage au gaz. Toutes les pièces qu'il présente à l'exposition annoncent une fabrication habituelle très-soignée.

Le jury accorde à M. Parisot une médaille de bronze.

M. SILVANT, rue Croix-des-Petits-Champs, n° 39, à Paris.

M. Silvant a reçu des mentions honorables aux trois dernières expositions; sa longue expérience l'a conduit à des moyens de fabrication plus soignée, sans être moins économique. Les lampes Silvant, les lampes Carcel, les lampes à modérateurs qu'il présente aujourd'hui sont d'une très-bonne exécution.

Le jury accorde à M. Silvant une médaille de bronze.

M. VEYRON, rue Neuve-Coquenard, n° 11, à Paris.

M. Veyron est parvenu à introduire quelques ingénieux perfectionnements dans la fabrication des cafetières et des lampes; ses produits se distinguent comme un travail de ferblanterie des mieux exécutés.

Le jury accorde à M. Veyron une médaille de bronze.

Mentions honorables.

M. BAVOUX, rue du Marché-Saint-Honoré, n° 5, à Paris.

Le jury mentionne honorablement M. Bavoux pour ses lampes à tringles et ses bougeoirs.

M. BIED, rue du Faubourg-du-Temple, n° 1, à Paris.

La belle fabrication des lustres à fleurs a valu à M. Bied une mention honorable.

M. CHALIER-TARTAS, quai de Conti, n° 7, à Paris.

Les lampes de M. Chalier-Tartas ont fixé l'attention du jury, qui lui accorde une mention honorable.

M. FOLLET, rue Neuve-des-Capucines, n° 4, à Paris.

Le jury mentionne honorablement M. Follet pour ses régulateurs à gaz.

MM. GRANDSIR et EUGLER, rue d'Anjou, n° 4, à Paris.

Les jolies lampes en cristal et en fonte de MM. Grandsir et Eugler sont citées honorablement par le jury.

M. JARRIN, rue Saint-Honoré, n° 274, à Paris,

Est mentionné honorablement par le jury pour ses ingénieux becs de lampe.

MM. LEBESGUE et ROULLET, rue Pastourel, n° 5, à Paris,

Reçoivent une mention honorable pour leurs lanternes de chemin de fer.

M. LEROI, à Châlons-sur-Marne.

L'ingénieux modèle d'usine à gaz de M. Leroy a mérité à son auteur une mention honorable que le jury s'empresse de lui accorder.

M. LEVENT aîné, rue Meslay, n° 67, à Paris.

Une mention honorable est accordée à M. Levent pour ses lanternes à réflecteurs.

M. MACCAUD, rue Matignon, n° 11, à Paris.

M. Maccaud a exposé un nouveau genre de becs à gaz qui ont attiré l'attention du jury, aussi une mention honorable lui est-elle décernée pour ses produits.

M. PAULIN-DESORMEAUX, rue Jean-Bart, n° 4 *bis*, à Paris,

Est mentionné honorablement par le jury pour ses jolis flambeaux.

M. PIERSON, rue Neuve-Saint-Martin, n° 30, à Paris.

Les perfectionnements apportés aux lampes Carcel par M. Pierson lui ont valu une mention honorable.

M. SENTEX, rue de Grenelle-Saint-Honoré, n° 33, à Paris,

Est cité honorablement par le jury pour ses lampes à liquide minéral.

CONTRE-MAITRES ET OUVRIERS NON-EXPOSANTS.

M. GIESLER.

Rappels de médailles d'argent.

Les claviers de M. Giesler sont toujours recherchés par plusieurs facteurs. M. Giesler est toujours digne, par le fini et la précision de son travail, de la distinction que le jury de 1844 lui avait accordée.

Le jury décerne à M. Giesler le rappel de la médaille d'argent qu'il avait obtenue à l'exposition précédente.

M. ROHDEN.

L'établissement important de M. Rohden, signalé par le jury de

1844, fonctionne toujours avec régularité. M. Rohden a droit à une certaine part dans les succès de beaucoup de facteurs, puisque c'est dans ses ateliers qu'on prépare leurs mécaniques, qui leur sont livrées toutes prêtes à monter dans l'instrument.

En conséquence, le jury, voulant reconnaître les services que cet habile mécanicien continue à rendre à la facture, décerne à M. Rohden le rappel de la médaille d'argent qu'il avait obtenue en 1844.

Médaille de bronze.

M. MOUGIN, contre-maître chez M. Moutier-Lepage, arquebusier, rue de Richelieu, à Paris.

Depuis plus de 15 ans M. Mougin est honoré de la confiance de son patron, dont il partage les travaux; c'est lui qui dirige toute la fabrication des armes de luxe qui sont faites dans cette maison.

Comme travailleur, c'est un homme de mérite, et l'opinion publique l'a depuis longtemps reconnu, car M. Mouguin est membre du conseil des prudhommes depuis la création de cette juridiction à Paris.

Le jury, pour récompenser M. Mougin, lui décerne avec satisfaction une médaille de bronze.

SIXIÈME COMMISSION.

ARTS CHIMIQUES.

MEMBRES DU JURY COMPOSANT LA COMMISSION :

MM. Dumas (de l'Institut), président ; Ebelmen, Payen, Péligot, J. Persoz, Louis-Lucien Bonaparte, Balard.

PREMIÈRE SECTION.

SUBSTANCES ALIMENTAIRES, SAVONS, COLLES ET GÉLATINES.

M. Péligot, rapporteur.

CONSIDÉRATIONS GÉNÉRALES.

L'industrie alimentaire était représentée à l'exposition de 1849 par une grande variété de produits. Les pâtes, les vermicelles et les farines diverses, les conserves de viandes, de légumes et de fruits, les chocolats, les diverses préparations qui servent à remplacer le café, etc., y occupaient une place importante. De même qu'aux précédentes expositions, le jury central s'est trouvé embarrassé pour juger quelques-uns de ces produits, qui sont plutôt du ressort de l'art culinaire que de l'industrie proprement dite.

En matière de produits alimentaires, les découvertes et les produits nouveaux sont rares. Il faut, en outre, beaucoup de temps pour faire entrer dans la consommation un aliment nouveau. Nous avons pourtant à signaler l'apparition du *gluten granulé,* qui permet d'employer avec avantage, sous forme de potage, le gluten qu'on sépare du blé dans la préparation de l'amidon : la conservation du lait, qui, réduit sous un petit volume, reprend par son contact avec l'eau tous les caractères du lait frais, est également un problème qui semble être aujourd'hui parfaitement résolu. L'alimentation des marins ne peut manquer de tirer bon parti de ces précieuses découvertes.

La fabrication des chocolats a pris un développement considérable; elle s'est améliorée en même temps que le prix des bons chocolats a baissé d'une manière sensible. Les fraudes, qui nuisaient autrefois à cette industrie, ont disparu.

La conservation des viandes, des légumes, des fruits est également en progrès. On a perfectionné le procédé d'Appert, en rendant la conservation plus certaine, par l'emploi du vide.

Les conserves, qui servaient exclusivement d'abord aux approvisionnements de la marine, sont aujourd'hui d'un usage général, tant celles qui consistent en viandes de luxe, qu'on consomme en toute saison et qu'on ne peut obtenir que dans des temps d'abondance ou pendant les mois où la chasse est permise, que les conserves de légumes et de fruits, qui sont maintenant à la portée de toutes les tables. Il reste encore beaucoup à faire dans cette voie sous le rapport du bon marché; mais la qualité de ces produits laisse peu de chose à désirer. Les substances les plus délicates peuvent être conservées pendant plusieurs années, supportent des voyages de long cours sans que leur goût, leur arome, souvent si fugace, soient altérés. Il serait difficile de trouver aujourd'hui dans le commerce des conserves alimentaires mal préparées.

Les substances destinées à remplacer le café figuraient en grand nombre à l'exposition. Les jurys départementaux s'étaient montrés trop faciles pour l'admission de ces produits. Le jury central, persistant dans la voie qui lui a été ouverte par les jurys qui l'ont précédé, a refusé systématiquement de faire participer aux récompenses qu'il décerne ces succédanées de la fève exotique. Sans doute, la culture de la chicorée n'est pas sans importance pour nos départements du Nord, mais l'emploi de sa racine torréfiée vient trop souvent en aide à la fraude. En outre, les fabricants de café chicorée donnent eux-mêmes, pour la plupart, l'exemple d'une fabrication peu loyale; à défaut du goût, ils se croient obligés de séduire les yeux par des enveloppes coûteuses, et ils livrent au consommateur, à vil prix, à la vérité, des poudres qui contiennent toujours une forte proportion de matières terreuses; beaucoup en renferment le tiers de leur poids; les moins mauvaises, d'après nos essais, n'en contiennent pas moins de 15 p. o/o. Ajoutons que ces produits, qui usurpent tous le nom de café, contiennent, en outre, de l'ocre rouge, des marcs de chicorée épuisés, et des corps gras de basse extraction dont on les pare pour leur donner quelque ressemblance avec le vrai café.

Cette industrie, dans laquelle la concurrence est grande, suit une voie regrettable et même dangereuse pour elle. Il était du devoir du jury central de signaler cette mauvaise tendance à l'attention publique.

§ 1er. PRÉPARATION ET CONSERVATION DES SUBSTANCES ALIMENTAIRES.

M. MAGNIN, à Clermont-Ferrand (Puy-de-Dôme).

Rappel de médaille d'argent.

La fabrication des semoules, pâtes, macaroni, vermicelle, etc. a pris à Clermont un grand développement; trente-deux usines s'y livrent à cette industrie, qui, à la fois agricole et manufacturière, occupe le premier rang parmi celles du département. L'impulsion donnée à la fabrication des pâtes qui rivalisent par leurs qualités avec celles d'Italie, et des semoules qui alimentent les fabriques de vermicelle de Lyon, est en grande partie due à M. Magnin. La plupart des fabricants de semoule sont ses anciens ouvriers, qu'il a encouragés à s'établir à leur compte, et dont il achète les produits.

Au point de vue agricole, l'industrie des pâtes offre cet avantage qu'elle utilise les froments rouges et glacés, plus productifs que les autres blés de la Limagne, et qui, ne fournissant pas du pain très-blanc, subissaient sur le marché une dépréciation très-marquée, jusqu'au jour où les fabricants de pâtes, venant à les employer, leur ont conservé le prix moyen des autres blés.

Au point de vue commercial et manufacturier, cette industrie occupe beaucoup de monde et donne lieu à une exportation importante. L'établissement de M. Magnin donne du travail à 300 ouvriers; il utilise une machine à vapeur de la force de 6 chevaux; il transforme en semoule 15,000 hectolitres de blé; il emploie 9 presses pour fabriquer les pâtes et les vermicelles.

La qualité des produits de la fabrique de M. Magnin ne laisse rien à désirer. Les pâtes sont ordinairement vendues à Paris comme pâtes de Naples : elles ne diffèrent pas des plus belles pâtes d'Italie.

Le jury central de 1834 a accordé une médaille de bronze à M. Magnin ; une médaille d'argent a été donnée à cet industriel en 1839, et une nouvelle à l'exposition de 1844.

Le jury central, reconnaissant les services rendus par M. Magnin à l'industrie alimentaire, déclare cet industriel toujours digne de la médaille d'argent qui lui a été décernée en 1844.

Médaille d'argent. **MM. VÉRON frères, à Ligugé, près Poitiers (Vienne).**

Ces manufacturiers ont fondé, il y a six ans, une amidonnerie dans laquelle ils se servent du procédé de M. Martin, de Vervins, ce qui leur permet, par conséquent, de préparer en même temps l'amidon et le gluten, qu'ils livrent à la consommation. Ce gluten, comme on l'a déjà fait remarquer, est associé à une certaine quantité de farine, afin de lui conserver sa perméabilité.

Ce produit, que MM. Véron frères ont les premiers fabriqués sous cette forme, et qu'ils désignent sous le nom de gluten granulé, a une saveur agréable, est très-nourrissant et d'une digestion facile. Il est principalement employé pour les potages gras ou maigres. Il conserve, à la coction, sa forme granuleuse mieux que les pâtes d'Italie, s'hydrate très-rapidement, et comme il suffit de le soumettre à l'ébullition pendant cinq minutes, pour le cuire, il n'altère pas le goût agréable des potages. MM. Baudelocque, Bricheteau et d'autres médecins ont fait préparer, dans les hôpitaux, des potages gras qui ont été trouvés très-bons. Les témoignages unanimes des personnes qui ont examiné ce nouvel aliment, et nos propres observations, nous permettent d'affirmer que cette substance est non-seulement agréable, mais qu'elle possède des propriétés éminemment nutritives. Le gluten granulé est, en effet, un aliment complet, puisqu'il contient, outre le phosphate de chaux, un aliment combustible, l'amidon, et un aliment assimilable, la glutine. On pourrait, dit M. Payen, définir la nature de cette préparation, en la comparant à la viande qui serait unie avec du pain. Il est à désirer que cette substance, qui renferme, sous un petit volume, beaucoup de principes nutritifs, soit employée dans les hôpitaux, dans l'armée et à bord des bâtiments de la flotte.

MM. Véron frères préparent le gluten granulé en mélangeant avec deux fois son poids de farine le gluten frais et divisé à la main par menus lambeaux. Cette pâte est ensuite granulée dans un cylindre garni intérieurement de chevilles de fer, et dans lequel on fait tourner rapidement un autre cylindre également garni de chevilles à l'extérieur. Les granules, ainsi obtenus, sont ensuite desséchés à l'étuve.

Les produits de MM. Véron frères sont fort estimés, se vendent déjà en quantités considérables, et il semble certain que cette industrie fera de rapides progrès.

MM. Véron frères emploient 53 personnes qui ne chôment jamais, et un moteur hydraulique de la force de 60 chevaux. La quantité de matières premières mises en œuvre annuellement dans leur usine s'élève à 300,000 kilogrammes.

MM. Véron frères sont très-dignes, en raison de l'importance et de l'utilité de leur industrie, de la médaille d'argent que le jury leur décerne.

M. Martin DE LIGNAC, propriétaire à Montlevade (Creuse),

A exposé du lait conservé, à l'état pâteux, dans des boîtes de fer-blanc auxquelles il a appliqué le procédé d'Appert. Ces conserves de lait ont fixé, à plusieurs égards, l'attention du jury. Beaucoup d'essais ont été tentés dans le but d'approvisionner la marine de ce précieux aliment : aucun n'a réussi jusqu'à ce jour. Le procédé de M. de Lignac, qui est simple et rationnel, consiste à évaporer le lait, préalablement sucré à raison de 75 grammes de sucre par litre de lait. L'épaisseur de la couche de lait ne doit pas dépasser un centimètre; l'évaporation se fait dans une large bassine chauffée par un bain-marie, dans laquelle le liquide est continuellement remué avec une spatule. Quand le lait est arrivé à la consistance de miel et qu'il a perdu 60 p. o/o d'eau environ, on l'enferme dans des boîtes de fer-blanc que l'on soude et qu'on soumet à l'ébullition dans un bain-marie. La fermeture de ces boîtes offre un important perfectionnement : elle est faite avec une bande d'étain pur, qui réunit le couvercle à la boîte. La mollesse de l'étain permet de les ouvrir très-facilement, à l'aide d'un couteau. On sait combien les boîtes ordinaires de fer-blanc qui contiennent des produits conservés par la méthode d'Appert sont difficiles et dangereuses à ouvrir, à cause de la nécessité où l'on est de déchirer la feuille de fer-blanc qui les compose.

Pour employer cette conserve de lait, il suffit de la délayer dans une quantité d'eau à peu près égale à celle qu'on lui a fait perdre: en portant le liquide à l'ébullition, elle s'y délaye et elle fournit un liquide qui offre tous les caractères du lait, qui se recouvre de crème, qui mousse par une ébullition un peu prolongée, et dont le goût et l'odeur sont en tout identiques à ceux du meilleur lait sucré. Ce liquide, une fois refroidi, se conserve plus longtemps que le lait ordinaire, alors même qu'on a pris la précaution de faire bouillir ce dernier.

Les conserves de lait de M. de Lignac ont été expérimentées à Toulon par l'ordre de M. le ministre de la marine, et le rapport de la commission, composée du premier médecin en chef de la marine, d'un capitaine de frégate et d'un sous-commissaire de la marine, leur est favorable en tous points : cette commission a comparé ce lait aux conserves de lait double qu'on prépare à Nantes, et qui se délivre actuellement, pour le service des malades, à bord des bâtiments. Après un examen prolongé et consciencieux de ces produits, elle arrive à cette conclusion : « En présence de pareils résultats, la commission émet, sans hésiter, l'opinion que la conserve de M. de Lignac, bien supérieure à l'autre, est, sous tous les rapports, appropriée à l'usage auquel on la destine, et peut être considérée, à juste titre, comme un bienfait pour la navigation..... Elle est d'avis qu'il y a lieu de substituer la conserve de M. de Lignac aux produits de cette nature dont la marine a fait usage jusqu'à ce jour. »

D'autres expériences officielles, faites par les officiers de santé en chef de l'hôpital du Dey, à Alger, constatent « que ce lait, consommé sous forme de vermicelle, de riz et de soupe au lait, a « fourni des aliments de bonne nature et d'une saveur agréable : « que, tandis que le lait de l'Algérie ne peut être soumis à la plus « courte ébullition sans tourner, le lait régénéré a souvent bouilli « fort longtemps sans éprouver cet accident. »

Enfin, des expériences de même nature ont été faites par beaucoup de capitaines de navires anglais; elles ont conduit les lords commissaires de l'amirauté à adopter ces préparations pour le service de l'État. 45,000 boîtes en ont été livrées à la marine anglaise.

Au point de vue de l'agriculture, le procédé que M. de Lignac emploie pour conserver le lait offre un très-grand intérêt. Il aura pour résultat de donner à ce liquide une valeur vénale plus grande, souvent triple ou quadruple de ce qu'elle est aujourd'hui dans les localités éloignées des centres de population ; il placera les fermes des contrées les moins favorisées au niveau des fermes voisines des grandes villes, quant à la vente de leur lait.

Le jury central apprécie toute l'importance de cette découverte ; il accorde à M. de Lignac la médaille d'argent.

M. Auguste GILLET, au Kneven (Morbihan),

Expose des sardines salées, d'autres conservées dans l'huile, et quelques conserves de légumes. Tous ces articles ont été trouvés d'une qualité supérieure ; l'huile, surtout, est d'un choix excellent.

Un progrès important a été apporté par M. A. Gillet dans la conserve des sardines, branche la plus considérable de son industrie. Jusqu'ici, après avoir enlevé la tête et les intestins du poisson, on l'exposait au soleil, sur des claies, pour le faire sécher ; opération qui se prolongeait plus ou moins, suivant l'état de l'atmosphère. M. A. Gillet a reconnu de graves inconvénients dans cette pratique d'un caractère primitif ; il y a substitué un moyen manufacturier, qui consiste à faire sécher le poisson très-rapidement, dans des appareils chauffés par la vapeur. La conserve, en conséquence, demeure telle fort longtemps.

Le jury de 1844 avait décerné à M. Gillet une médaille de bronze, surtout pour le récompenser du bien qu'il a fait en créant une importante industrie dans un pays pauvre, sur des plages stériles et désertes. M. Gillet occupe aujourd'hui 220 ouvriers et 200 pêcheurs, il vend annuellement 300,000 boîtes de sardines ; 20 ouvriers ferblantiers sont employés aux machines qui taillent, découpent et soudent le fer-blanc.

Le jury central de 1849, pour reconnaître le notable progrès introduit dans l'industrie en elle-même, décerne à M. Gillet une médaille d'argent.

M. GROULT jeune, rue Sainte-Apolline, n° 16, et passage des Panoramas, à Paris,

A obtenu une médaille de bronze à l'exposition de 1839 et le rappel de cette médaille en 1844, pour les services qu'il a rendus à l'industrie alimentaire en centralisant la fabrication et la vente des pâtes et des farines de légumes cuits pour potages et purées. Cette industrie spéciale, qui ne date que de 1831, est en effet due à M. Groult : avant lui, ces divers produits se trouvaient épars chez plusieurs commerçants et ne formaient qu'une partie accessoire de leur industrie. Il possède aujourd'hui, à Vitry-sur-Seine, une usine importante, dans laquelle il emploie une machine à vapeur de la force de 6 chevaux, un grand appareil en bois pour cuire les légumes à la vapeur, des moulins et meules perfectionnés, etc. Il occupe, tant à Vitry qu'à Paris, 40 personnes. Grâce aux soins qu'il apporte à ses préparations alimentaires, à leur qualité toujours uniforme et à leur prix modéré, il est arrivé à un chiffre d'affaires qui, en 1847, a dépassé 300,000 francs.

Les produits de M. Groult, qui sont aujourd'hui très-variés, ont amélioré sensiblement l'alimentation de la classe moyenne : la consommation pour les enfants et les convalescents en est importante. Il n'est pas une ville de France dans laquelle on ne les trouve : il s'en exporte même en Russie, en Angleterre, en Belgique, etc., des quantités assez considérables.

Le jury, voulant récompenser les efforts persévérants de M. Groult, accorde à cet habile industriel la médaille d'argent.

M. CHEVET, marchand de comestibles, au Palais-National.

M. Chevet, qui s'est fait une grande réputation dans le commerce des denrées alimentaires de luxe, a exposé des conserves de fruits, de légumes, de volailles et de gibiers qui jouissent de beaucoup de faveur dans les cours du Nord et chez les personnages les plus opulents de l'Europe. On a fait des conserves alimentaires avant M. Chevet, mais il est le créateur des conserves de luxe qui, avec des préparations culinaires depuis longtemps estimées, forment un objet d'exportation intéressant pour nous et dont l'importance s'accroît d'année en année. Il ne s'agit pas seulement d'une affaire de sensualité; les militaires en campagne, les marins dans leurs longues courses, les malades en convalescence, surtout, trouvent dans ces préparations délicates des ressources précieuses. Ces conserves permettent de tirer parti, dans les saisons et les époques d'abondance, de produits précieux qui ont une plus grande valeur aux temps moins favorisés.

M. Chevet est un homme progressif dans son industrie; il est constamment à la recherche de tout ce qui peut l'améliorer. Il a introduit des perfectionnements notables dans les procédés qui sont dus à Appert; ses pastilles de bouillon sont un produit nouveau, tout au moins par la supériorité de la saveur.

Le jury central accorde à M. Chevet une médaille d'argent, tant pour les fruits et légumes qu'il a exposés parmi les produits de l'horticulture, que pour ses succès dans la préparation des conserves alimentaires.

M. CORNILLIER aîné et Cie, à Nantes (Loire-Inférieure.)

Rappel de médaille de bronze.

Les viandes salées pour la marine de MM. Cornillier et Cie se recommandent par leur bonne qualité et par le soin avec lequel elles sont préparées. Ces fabricants soumettent à leur mode de préparation 4,500 à 5,000 porcs et 50 bœufs. Ils assurent qu'ils arriveraient à des débouchés beaucoup plus considérables si le Gouvernement n'admettait pas les salaisons étrangères à concourir, dans ses adjudications, avec les produits français de même nature, et si les droits d'octroi de Paris n'étaient pas aussi différents pour les viandes fraîches et les viandes salées.

Ils exposent, outre leurs salaisons, un appareil ingénieux et efficace pour boucher dans le vide les flacons et les boîtes destinés à la conservation des substances alimentaires.

Le jury central, appréciant l'importance commerciale et la bonne qualité des produits de cette maison, accorde à MM. Cornillier aîné et Cie le rappel de la médaille de bronze qu'ils ont obtenue à l'exposition de 1844.

MM. FOUSSAT frères, à Bordeaux (Gironde),

Médailles de bronze.

Ont fondé, en 1844, une grande usine pour le travail du riz. Le décortiquage de cette céréale, le nettoyage et la pulvérisation des grains sont obtenus par des moyens mécaniques d'une grande perfection. Une machine à vapeur de 30 chevaux fait mouvoir tous les appareils de ce vaste établissement, qui met journellement en œuvre 8,000 kilog. de riz en paille de la Caroline et 20,000 kilog. de riz de l'Inde, déjà décortiqué aux lieux mêmes de sa provenance.

L'usine de MM. Foussat frères, et celle d'origine plus récente de MM. Chaumet et Bechade, ont contribué à augmenter notablement la consommation du riz. L'importation de cette céréale, qui ne dépassait pas 1,200,000 kilog., s'élève maintenant à 6,000,000 de kilog. Cette importation fournit à nos navires un élément assuré et avantageux de fret; ceux-ci ne craignent plus de s'exposer aux chances d'un retour sans chargement; et, d'après les renseignements fournis par le jury d'admission du département de la Gironde, les deux usines établies à Bordeaux sont à la tête d'une industrie qui a beaucoup augmenté le chiffre de nos affaires avec le golfe du Bengale, et avec plusieurs autres points du littoral où nos couleurs n'avaient jamais flotté.

Le jury central, heureux de constater ces importants résultats, décerne à MM. Foussat frères une médaille de bronze.

M. TURPIN, fabricant de chocolats, rue de Richelieu, n° 28,

Est le successeur de M. Masson, dont les produits sont connus et appréciés de tous les consommateurs parisiens. Son établissement est important et bien organisé; il occupe 50 personnes; il a fait, en 1847, pour 645,000 francs d'affaires. Il livre chaque jour à la consommation 5 à 600 kilog. de chocolat, qui sont le résultat du travail de 8 broyeuses coniques à triple cylindre en granit, se mouvant sur des tables en marbre. Le moteur est une machine à vapeur de la force de 6 chevaux.

M. Turpin excelle dans la fabrication des bonbons en chocolat rappelant, par leur forme, des objets naturels et qui sont l'objet d'une exportation considérable. Ce genre de travail exige un grand assortiment de modèles et de moules.

Le jury accorde à cet habile fabricant une médaille de bronze.

MM. IBLED frères et Cie, fabricants de chocolats, à Mondicourt (Pas-de-Calais), et rue des Coquilles, n° 4, à Paris,

Possèdent une usine hydraulique établie en 1825; ils ont, en outre, fondé à Paris, depuis quelques années, une autre fabrique qui a pour moteur une machine à vapeur de la force de 6 chevaux.

Leur établissement de Mondicourt produit 2 à 3,000 kilog. de chocolat par jour. Sa position topographique lui permet de recevoir, à peu de frais les matières premières qu'elle consomme, et d'écouler facilement ses produits dans les départements du Nord. Placé à la campagne, au milieu d'une population nombreuse, en possession d'un moteur hydraulique très-puissant, cette usine se trouve dans les meilleures conditions pour fabriquer bien et à bon marché.

Leur maison de Paris, qui est située rue des Coquilles, n° 4, livre journellement à la consommation 6 à 700 kilogrammes de chocolat.

MM. Ibled occupent 120 personnes dans leurs deux établissements. Le jury central, appréciant l'importance des résultats obtenus par MM. Ibled, accorde à ces exposants la médaille de bronze.

M. VALARINO fils, fabricant de chocolats, à Perpignan (Pyrénées-Orientales).

Jusque dans ces dernières années, le chocolat était fabriqué, à Perpignan, par des ouvriers isolés travaillant à façon chez le consommateur, qui leur fournissait les matières premières nécessaires à la confection de cet aliment, dont la plus grande partie venait, d'ailleurs, de la Catalogne.

M. Valarino a le mérite d'avoir fondé le premier, dans les Pyrénées-Orientales, une usine à vapeur dans laquelle il fabrique annuellement, depuis 1844, 90,000 kilog. de chocolat d'une bonne qualité, d'un prix très-modéré, et dont une partie (20,000 kilog.) est importée en Espagne.

Le jury central décerne à M. Valarino la médaille de bronze.

M. GUILLOUT, rue Salle-au-Comte, n° 14, à Paris.

Pendant longtemps la ville de Reims et ses environs ont eu le monopole des biscuits dits de Reims. Depuis quelques années, Paris s'est emparé de cette fabrication, qui a pris entre les mains de M. Guillout un grand développement.

M. Guillout emploie chaque jour, dans cette fabrication, au delà de 250 kilog. de farine, 3,500 œufs et 200 kilog. de sucre, qui lui fournissent 50 à 60,000 biscuits façon de Reims. Aussi voit-on partout ses produits, qu'il vend en partie dans des boîtes, sous le nom de *dessert parisien.* C'est en abaissant considérablement le prix de ces biscuits, sans en négliger la qualité, que M. Guillout est arrivé à ce resultat, et qu'il a transformé en une industrie véritable une fabrication exercée, jusqu'alors, d'une manière accessoire par quelques boulangers de Reims et de Paris. M. Guillout vend à raison de 15 centimes la douzaine, en gros, les biscuits qu'on vendait naguère 75 centimes. Il occupe dans son établissement 45 personnes.

Le jury central, appréciant les heureux résultats obtenus par M. Guillout, accorde à cet exposant la médaille de bronze.

M. WILLAUMEZ, à Lunéville (Meurthe),

Expose des conserves alimentaires, telles que fruits et légumes, d'une bonne préparation. Il s'occupe, depuis longtemps, de la recherche des perfectionnements dont la méthode d'Appert est susceptible, et il est arrivé à la modifier de manière à placer dans le vide les substances qu'il veut conserver; il chauffe ces substances dans un bain composé de sel marin et de glucose, à parties égales, dont l'ébullition n'a lieu qu'à la température de 108°, de manière à expulser par la vapeur d'eau tout l'air que contient la bouteille; celle-ci étant remplie de substances convenablement préparées, et fermée par un bon bouchon préalablement trempé dans la cire vierge bien chaude, on introduit entre le col de la bouteille et le bouchon une petite languette de fer-blanc que M. Willaumez appelle *dilateur*, et qu'on retire après que la vapeur d'eau fournie par le liquide en pleine ébullition s'est dégagée, pendant quelques instants, par l'ouverture qu'elle ménage : il ne reste plus qu'à faire pénétrer le bouchon plus avant dans le col de la bouteille pour assurer la conservation indéfinie de la substance alimentaire, qui se trouve dans un milieu privé d'air. Il est, en effet, facile de constater que le vide y est suffisant pour produire, par le choc du liquide contre les parois de la bouteille, le bruit particulier qui se manifeste dans le *marteau d'eau* des physiciens.

M. Willaumez emploie des vases en fer-blanc, d'une disposition simple et commode, dans le but de réaliser, dans les mêmes conditions, la conservation des viandes.

Le jury central, voulant récompenser le perfectionnement introduit par M. Willaumez, dans la préparation des conserves alimentaires, décerne à cet exposant une médaille de bronze.

M. MARQUIS, propriétaire à Bourgueil (Indre-et-Loire),

A exposé des échantillons de suc de réglisse de sa fabrication.

Il a naturalisé depuis 1830 la culture de la réglisse dans les communes de Bourgueil, Benais et Restigné, dans lesquelles elle occupe une surface de 70 à 80 hectares. Ces localités sont probablement les seules en France où cette plante soit cultivée; elles en alimentent le nord de la France, les départements du Midi tirant ce produit d'Espagne ou de Calabre.

Le suc de réglisse de M. Marquis est de bonne qualité.

Le jury accorde à cet exposant une médaille de bronze, tant pour la culture de la réglisse que pour l'extraction du suc de cette plante.

M. BAILLY, propriétaire cultivateur, à Châteaurenard (Loiret),

A exposé : 1° des confitures dites marmelade de poires, 2° des échantillons de cocons de soie.

Les confitures préparées par M. Bailly ne sont pas sans importance dans un pays où les arbres fruitiers abondent, notamment dans les cantons de Courtenay, de Châteaurenard et dans les cantons limitrophes du département de l'Yonne. M. Bailly, qui est un agriculteur éclairé et persévérant, en possède, dans sa propriété de Motteaux, cinq mille pieds dont il utilise les fruits ainsi que ceux de ses voisins pour préparer une sorte de confiture d'un goût agréable et d'une bonne conservation qu'il vend en partie aux colléges et aux hôpitaux de Paris, à raison de 80 centimes le kilogramme. Il a employé dans l'automne de 1847 1,000 hectolitres de fruits avec lesquels il a fait environ 20,000 kilogrammes de confitures. Ce travail a occupé trente personnes pendant trois mois.

M. Bailly a fait, en outre, depuis vingt-cinq ans qu'il habite ce pays, de nombreuses plantations de mûriers; il fait chaque année avec succès une petite éducation de vers à soie qui lui donne deux à trois cents kilogrammes de cocons de bonne qualité.

Cet agriculteur a obtenu, à l'exposition de 1844, une mention honorable pour une houe à cheval qu'il y avait envoyée; il a remporté en 1848 le prix des progrès agricoles dans son département. Le jury central, voulant encourager de louables efforts qui ont pour résultat de mettre sous une forme plus salubre les fruits qui abondent dans les différentes contrées de la France, considérant surtout que la propagation des arbres fruitiers pour la préparation des confitures est l'un des moyens les plus efficaces d'accroître notablement la consommation du sucre en France, décerne à M. Bailly une médaille de bronze.

Mentions honorables.

M. FASTIER, à Neuilly, avenue de la République, n° 209,

Expose des boîtes de grande dimension contenant des viandes et d'autres substances alimentaires conservées par un procédé dont il est l'inventeur. Les substances étant introduites dans le vase en fer étamé intérieurement, on soude à celui-ci une calotte en fer-blanc dans laquelle on ménage une très-petite ouverture; on les fait cuire à feu nu ou dans un bain de chlorure de calcium, et quand la cuisson est suffisante, on ferme avec une goutte de soudure l'orifice par laquelle se dégageaient l'air et la vapeur d'eau. Les substances alimentaires sont, par conséquent, conservées dans le vide.

L'efficacité de ce procédé est aujourd'hui parfaitement constatée. Le jury central a pu apprécier la bonne conservation d'un volumineux morceau de bœuf dont la preparation remonte à onze années. Le procédé de M. Fastier est fort employé en Angleterre; une fabrique importante s'est établie en Moldavie pour préparer par cette méthode des viandes qu'elle livre à la marine.

Le jury central regrette que M. Fastier n'ait point d'établissement en France; sans cette circonstance, il eût accordé à cet exposant une récompense plus élevée que la mention qu'il lui décerne.

M. CARNET-SAUCIER, rue Rambuteau, n° 97, à Paris.

Les conserves alimentaires qui sortent de cette maison sont très-variées; le gibier, les fruits, les légumes et surtout les champignons, soumis à la méthode d'Appert, sont expédiés en grande quantité en province et à l'étranger.

Le choix et la bonne conservation de ces aliments ne laissent rien à désirer.

Le jury accorde à M. Carnet-Saucier une mention honorable.

M. Édouard CHAUMET, à Bordeaux (Gironde),

A fondé en 1844 une usine pour le blanchiment du riz; le jury départemental exprime l'opinion que depuis qu'on a acquis la facilité de préparer le riz en le séparant des corps étrangers, des matières nuisibles, tels que les charançons et les avaries, depuis, enfin, qu'on le livre sous un aspect comparativement plus attrayant et plus agréable au goût, la consommation en a été très-sensiblement augmentée.

Deux établissements, intéressants à différents titres, s'occupent à Bordeaux du nettoyage de cet aliment : celui que MM. Foussat frères ont fondé en 1844, et l'usine de M. Éd. Chaumet, qui met en œuvre 1,200,000 kilogrammes de riz.

Le jury central, voulant encourager une industrie appelée à rendre de grands services à l'alimentation générale, accorde à M. Éd. Chaumet une mention honorable.

M. GUÉRIN-BOUTRON, boulevard Poissonnière, n° 27, à Paris.

M. Guérin-Boutron est l'un de nos meilleurs fabricants de chocolats. Il emploie dans sa maison du boulevard Poissonnière une machine à vapeur de la force de trois chevaux, et une autre de huit chevaux dans sa fabrique située rue du Faubourg-Poissonnière, n° 7. Il produit journellement 500 à 600 kilogrammes de chocolat. Ses produits se vendent en gros à des prix très-modérés.

Le jury central accorde à M. Guérin-Boutron une mention honorable.

MM. LEQUIN et Cie, à Lahayevaux (Vosges),

Possèdent à Boinville une féculerie dont les produits ont mérité une citation favorable à l'exposition de 1844. Plus tard, ils ont annexé à cette fabrique une amidonnerie, et, en 1844, ils ont établi au Châtelet une fabrique de pâtes alimentaires ; ils occupent dans leurs établissements une trentaine d'ouvriers ; leurs produits, dont la valeur peut être estimée en moyenne à 180,000 francs, sont beaux et bien préparés.

Le jury central accorde à ces fabricants une mention honorable.

MM. SAINTOIN frères, à Orléans (Loiret),

Fabriquent annuellement 90,000 kilogrammes de chocolats et 35,000 kilogrammes de dragées. Ils utilisent la force d'une machine à vapeur de 4 chevaux, et ils occupent 40 personnes.

Les produits de cette maison sont bons et d'un prix modéré.

Le jury central accorde à MM. Saintoin une mention honorable.

M. FAYON jeune, à Rennes (Ille-et-Vilaine),

A introduit dans le département d'Ille-et-Vilaine la fabrication du vermicelle, du macaroni et des semoules; ses produits, qui sont de bonne qualité et qui se vendent à des prix modérés, sont fournis par les blés du pays : il les obtient à l'aide de la presse hydraulique et de la vapeur.

Le jury central accorde à M. Fayon jeune une mention honorable.

M. MARCHAL, à Saint-Memmie (Marne),

A fondé une fabrique de vermicelle, de pâtes d'Italie, de semoules, d'amidon, etc., qui fonctionne depuis 1845 et qui emploie annuellement 4 à 500,000 kilogrammes de froment. Ses produits, qui sont presque entièrement consommés dans le département de la Marne, luttent avec avantage avec ceux de Nancy, tant pour la qualité que pour le bon marché.

Le jury accorde une mention honorable à M. Marchal.

MM. MONTHIERS et ALABARRE, rue des Lombards, n° 38, à Paris.

La fabrique de dragées, bonbons, etc., de MM. Monthiers et Alabarre, est fort importante; le chiffre des ventes de ces fabricants s'élève à 450,000 francs. Cette maison excelle dans la fabrication des bonbons en sucre, moulés ou modelés au cornet, représentant des objets naturels. Ses produits soutiennent dignement la vieille réputation des confiseurs de la rue des Lombards.

Le jury central décerne à MM. Monthiers et Alabarre une mention honorable.

MM. OUDARD fils et BOUCHEROT, rue des Lombards, n° 42, à Paris.

Cette maison, fondée en 1762, livre au commerce une grande quantité de dragées, de bonbons, de fruits conservés, de liqueurs, etc. Elle a consommé, en 1847, 80,000 kilogrammes de sucre et 15,000 litres d'alcool. Ses produits jouissent d'une réputation méritée.

Le jury central accorde une mention honorable à MM. Oudard fils et Boucherot.

M. NOËL, à Nancy (Meurthe).

Convertit annuellement 1,000,000 de kilogrammes de blé en vermicelles, pâtes façon d'Italie, semoules, amidon, farines, etc. Ses produits, obtenus à l'aide de 2 paires de meules à moudre et 4 presses à vermicelle mues par une machine à vapeur de la force de 8 chevaux, ne laissent rien à désirer sous le rapport de la qualité : ils sont expédiés par toute la France, notamment en Alsace et dans le Midi.

Le jury accorde à M. Noël une mention honorable.

M. VIRLET-FOURNIER, à Ars-sur-Moselle (Moselle).

A envoyé à l'exposition des échantillons de vermicelles, de macaronis, de semoules, etc., provenant de sa fabrication. Il utilise la force d'un moteur hydraulique de 12 chevaux, et il emploie, comme matière première, 5 à 6,000 quintaux métriques de froment. Ses produits, qu'il vend surtout à Metz, sont estimés.

Le jury central décerne à M. Virlet-Fournier une mention honorable.

M. GREY, à Dijon (Côtes-d'Or).

A donné une grande extension à la fabrication de la moutarde et des conserves alimentaires. Il livre au commerce 50,000 pots de moutarde; il occupe une trentaine de personnes à récolter et à préparer les fruits de l'épine-vinette, qui sont une ressource pour plusieurs villages des environs de Dijon, et dont il fait des conserves. Il utilise, de cette manière, les truffes que la Bourgogne produit en assez grande quantité.

Le jury accorde à M. Grey une mention honorable.

M. LONGUET-LECOMTE, à Saint-Quentin (Aisne).

Le suc de réglisse est l'un des remèdes du pauvre. M. Longuet-Lecomte s'occupe depuis vingt-cinq ans de la purification de ce produit, que la Calabre nous livre souillé de cuivre et d'autres matières étrangères. Il en purifie annuellement 25,000 kilogrammes, dont il sépare un résidu de 25 p. o/o.

Le jury récompense le travail utile et persévérant de M. Longuet-Lecomte en accordant à cet industriel une mention honorable.

M. J. THIOT, à Bourg-en-Bresse (Ain),

Prépare, sous le nom de consommé de santé aux volailles de Bresse, un extrait pâteux fait avec de la viande de bœuf, de veau et de volaille, qui, délayé dans dix fois environ son poids d'eau bouillante, fournit en quelques minutes un consommé d'excellente qualité. Cet extrait, une fois entamé, se conserve très-longtemps à l'air sans offrir d'altération.

Il est à regretter que le prix de cet aliment (10 francs la boîte de 500 grammes) en limite beaucoup la consommation. Néanmoins, 25 grammes de ce consommé suffisent pour faire un bol de bouillon qui, tout en revenant à 50 centimes, peut devenir pour les voyageurs une précieuse ressource dans bien des circonstances.

Le jury accorde à M. Thiot une mention honorable.

M. DEZOBRY, rue du Faubourg-Poissonnière, n° 4, à Paris.

Les conserves alimentaires de M. Dezobry, toujours bien préparées, rendent cet exposant digne de la mention honorable que le jury central lui accorde.

Citations favorables.

MM. FOUQUE aîné et PUENTE, à Gelos (Basses-Pyrénées),

Emploient un moteur de la force de 15 chevaux pour fabriquer annuellement 75,000 kilogrammes de chocolats de bonne qualité, qui sont surtout consommés à Pau et à Bayonne.

Le jury leur accorde une citation favorable.

M. MARCEL jeune, à Toulouse (Haute-Garonne),

A envoyé à l'exposition des chocolats de sa fabrication.

Il livre annuellement au commerce 18,000 kilogrammes de chocolats de bonne qualité.

Le jury lui accorde une citation favorable.

M. ROUSSEAU, rue des Cinq-Diamants, n° 12, à Paris.

La maison de M. Rousseau, fondée en 1770, est l'une des plus importantes de Paris pour la confection des conserves de fruits au sirop.

Le jury central accorde à M. Rousseau une citation favorable.

M. OSBORN, rue de la Réforme, n° 8, à Paris,

Se livre depuis vingt ans à la préparation du beurre d'anchois et des sauces dites anglaises. Ses produits sont fort recherchés.

Le jury accorde à M. Osborn une citation favorable.

MM. VIEILLARD frères, à Clermont (Puy-de-Dôme).

Les pâtes d'abricots, les gelées de fruits et les fruits confits qu'ils ont envoyés à l'exposition représentent dignement une branche renommée de l'industrie de l'Auvergne.

Le jury accorde à MM. Vieillard frères une citation favorable.

MM. HOUYET aîné et Cie, à Marcq-en-Barœuil-lez-Lille (Nord),

Exposent des échantillons d'orges perlées et mondées, d'amidon, de semoules et de farine de blé provenant de leur fabrication. Leur établissement est organisé sur une grande échelle, et les produits qui en sortent sont bien fabriqués.

Le jury accorde à MM. Houyet aîné et Cie une citation favorable.

---

§ 2. SAVONS.

M. Balard, rapporteur.

CONSIDÉRATIONS GÉNÉRALES.

La fabrication des savons durs a pendant longtemps été concentrée dans la ville de Marseille. Placée au centre des pays producteurs de l'huile d'olive, le seul corps gras que l'on saponifiât autrefois, recevant d'Espagne, des Canaries et de la Sicile les soudes naturelles, l'autre élément de la fabrication du savon, Marseille a joui pendant plusieurs siècles du privilége de fournir des savons durs, non-seulement à toute la France, mais presque au monde tout entier. Des causes diverses ont aujourd'hui restreint ce privilége, mais la fabrication des savons n'en est pas moins restée une des branches les plus étendues de l'industrie et du commerce de cette grande cité.

Le jury central regrette de n'avoir pas vu cette année une fabrication aussi importante représentée dans les salles de l'exposition. Il eût voulu par un examen comparatif constater que, par la supériorité de leur qualité, ces produits sont dignes de la réputation dont ils jouissent sur toutes les places. Mais son examen n'a pu porter que sur un savon d'huile d'olive fabriqué à Bône, et reproduisant le type du savon blanc marseillais, ainsi que sur ceux qui s'obtiennent dans quelques départements du Nord, et qui commencent surtout à se fabriquer très en grand dans le département de la Seine.

Les progrès du commerce et de l'industrie tendent, en effet, chaque jour à augmenter la quantité de savons durs qui se fabriquent sur divers points de la France, et notamment à Paris. D'une part, la soude artificielle et les sels de soude mettent partout entre les mains des fabricants l'élément alcalin de ces savons; de l'autre, le commerce leur ouvre chaque jour de nouvelles sources de corps gras propres à cette fabrication. Ainsi, non-seulement les huiles de lin, d'arachis, de sésame, de graine de coton, que Marseille même avait, à une certaine époque, ajoutées à ses huiles d'olive, peut-être avec un peu trop d'abondance, les saindoux de l'Amérique du Nord, dont elle avait su faire un emploi plus heureux, mais encore l'huile de coco, et surtout l'huile de palme, sont venus mettre entre les mains du fabricant les éléments d'un savon à bon marché. A ces corps gras naturels il faut joindre l'acide oléique que fournit l'industrie de la bougie stéarique. On sait avec quel succès cet acide a été utilisé pour le filage des laines; mais la savonnerie a compris, à son tour, que c'était à elle qu'il appartenait de donner à cette matière son emploi le plus rationnel. Aussi chaque exploitation d'acides gras solides s'accompagne-t-elle presque toujours d'une fabrication de savon, destinée à mettre les résidus d'acide oléique sous la forme où leur écoulement a lieu de la manière la plus régulière et la plus fructueuse, et, par un heureux privilége, en même temps que le développement de la fabrication de la bougie stéarique tend à remplacer la chandelle jusque dans l'habitation du pauvre, elle contribue à lui faire obtenir à plus bas prix le savon, dont la consommation est liée d'une manière si intime à son bien-être et à sa santé.

Dans les conditions d'une fabrication normale, le savon renferme 30 à 35 p. o/o d'eau qu'il faut transporter au loin; on ne peut, dès lors, que s'applaudir de voir la fabrication de ce produit se localiser, en quelque sorte, comme elle tend chaque jour à le faire de plus en plus. Mais cette disposition, dans des fabriques isolées, a aussi ses dangers; elle permet des fraudes qui dans les grands centres de production comme Marseille, où l'on opère, pour ainsi dire, portes ouvertes, ne pourraient pas même se tenter.

Le jury central avait déjà, à l'exposition dernière, constaté que la fabrication des savons possédait tous les éléments qui permettent d'obtenir ces produits partout et à bon marché. S'il fallait en juger par l'abaissement graduel des prix, ces perfectionnements, que le jury avait encouragés, sembleraient avoir pris un développement très-rapide dont il faudrait se féliciter; mais, si l'on examine de près la qualité de certains produits, on est forcé de regarder la production des savons comme ayant fait des pas rétrogrades, et la savonnerie parisienne comme s'engageant dans une voie mauvaise qu'il importe de signaler au début.

Quand l'abaissement du prix doit sa cause à une meilleure utilisation des graisses de qualités les plus inférieures, à l'emploi des acides oléiques même les plus odorants, c'est là un progrès réel auquel nous ne saurions qu'applaudir; mais, si le bas prix du produit est dû à l'introduction de matières étrangères qui augmentent son poids sans augmenter sa faculté détersive, c'est là une tendance fâcheuse et contre laquelle le jury ne saurait trop s'élever. Il ne saurait aussi flétrir d'un blâme trop sévère cette substitution de fragments de 480 grammes à des morceaux qui sont cependant vendus au public comme pesant en réalité 500 grammes.

La première de ces fraudes que nous avons vu s'introduire a consisté dans la fabrication de ces savons dits *faits à froid*, et dans lesquels lessive de soude et corps gras sont amenés par l'évaporation à la consistance convenable. Il est évident que, par ce mode de fabrication, le savon reste mêlé avec tous les sels étrangers à la soude caustique, ainsi qu'avec la glycérine, et dès lors avec une plus grande quantité d'eau dont elle détermine l'absorption. Mais, parce qu'il n'introduisait dans la pâte savonneuse rien d'étranger aux matières qui servent à confectionner le savon lui-même, ce pas rétrograde dans la fabrication avait eu, dans l'origine, la naïveté de se regarder comme un perfectionnement.

C'est à ce titre aussi, mais à ce titre cette fois mérité, que s'est introduit l'emploi de la résine dans les savons d'huile de palme.

L'huile de palme est une substance grasse qui se prête le mieux à la confection d'un excellent savon. Un teinturier habile de Lyon, en l'appliquant avec succès au décreusage des soies, pour lequel on avait cru longtemps nécessaire l'emploi exclusif du savon blanc le plus pur de Marseille, a montré, dans ces derniers temps, qu'avec des soins et malgré sa teinte jaune ce savon pouvait servir aux usages les plus délicats. Mais la résine, qui à elle seule peut constituer d'excellents savons pour le blanchiment des étoffes, et qui, employée dans le savon d'huile de palme à dose modérée et après une saponification complète, eût amélioré ce produit, y a bientôt été introduite dans des proportions si notables, elle y a été parfois saponifiée d'une manière si incomplète, et la qualité du produit s'en est si bien ressentie, que, tandis qu'en Angleterre on n'emploie guère que cette qualité de savon jaune comme savon de ménage, les savons de cette teinte sont tombés en France dans un juste discrédit.

Il est une matière grasse, l'huile de coco, qui, par son bas prix, la blancheur et la bonne qualité des produits qu'elle fournit, semblait au premier aspect une acquisition heureuse pour l'art du savonnier; mais la fraude a su faire de son introduction dans la fabrication un événement fâcheux pour cette industrie. Cette huile communique, en effet, aux savons blancs dans lesquels elle entre la faculté de se charger d'une plus grande quantité d'eau sans perdre cette dureté qui les fait regarder comme ne renfermant que la dose normale, et l'on conçoit quel abus de cette propriété ont dû faire les fabricants qui cherchent à donner à leurs produits l'attrait d'un bon marché que le consommateur ne sait pas toujours n'être qu'un bon marché fictif.

Dans les savons faits avec des corps gras d'origine animale, et qui se prêteraient mal à une telle surhydratation, on a ajouté de l'amidon, de l'argile, du kaolin, des os broyés, enfin du sulfate de baryte, dont l'introduction dans le savon, sous le nom de sel minéral, a été brevetée et présentée comme un perfectionnement, avec une bonne foi que le jury, d'ailleurs, se plaît à reconnaître.

S'il existait, disent les partisans de tous ces mélanges, une substance en poudre impalpable, douce au toucher, qui, mêlée avec le savon employé au lavage du linge, pût exercer sur lui une friction utile, et qui, sans fatiguer le tissu, viendrait augmenter par son action mécanique l'action détersive du savon, n'y aurait-il pas utilité à l'introduire dans la pâte du savon lui-même, et à combiner ainsi, comme on le fait dans l'industrie, l'action chimique du savon avec l'action mécanique et adhésive de la terre à foulon, actions qui tendent au même but et se complètent l'une par l'autre? Ils allèguent la préférence que certains blanchisseurs donnent à ces savons altérés sur des savons plus purs. Mais, lors même que cette préférence serait bien constatée, tout ne serait pas dit pour cela. Il ne suffit pas qu'un savon soit d'un emploi économique et commode pour le blanchisseur; il faut surtout qu'il respecte le tissu, dont cet industriel se préoccupe généralement trop peu. Or, qui nous dira que la matière ajoutée remplira toujours cette condition? Qui ne sent, d'ailleurs, combien à cet égard l'abus serait près de l'usage? Qui doute que, sous l'influence d'une concurrence incessante, la quantité de matière étrangère d'un bas prix irait toujours croissant, et que, dans ces produits de plus en plus altérés, le savon lui-même finirait presque par disparaître? Ce que le consommateur achète sous le nom de savon doit n'être que du savon, et, quelle que soit l'importance des établissements qui tendent à répandre ces produits complexes, le jury central ne peut, par ses récompenses, les encourager à marcher dans cette voie.

En présence des tendances fâcheuses que nous venons de signaler, on ne saurait trop engager les fabricants qui conservent leurs produits purs de toute addition étrangère à imprimer sur leurs savons unicolores la marque de leur fabrique, et leur signature même, comme le font la plupart d'entre eux, car la marque s'imite. Le jury ne saurait non plus trop recommander aux consommateurs, quand ils ont à employer des savons d'origine douteuse, de choisir de préférence ceux qui présentent cette marbrure grenue qui est à la fois une garantie, et contre la présence d'un excès d'eau, et contre l'introduction de matières étrangères au savon lui-même.

La fabrication des savons de toilette constitue une branche de l'art du savonnier dans laquelle les fabricants de Paris ne redoutent aucune concurrence. Cette fabrication a, depuis la dernière exposition, acquis de nouveaux débouchés importants à l'extérieur, dans les deux Amériques, et même en Angleterre, où l'on expédie beaucoup de savon de Windsor. En matière de cosmétiques et de savons de toilette, la forme a souvent plus d'importance que le fond, et l'on sait combien l'industrie parisienne est habile à varier cette forme, et comment elle sait se plier aux caprices de la mode et satisfaire tous les goûts.

Nouvelles médailles d'argent.

M. Joseph-Donat MÉRO, à Grasse (Var).

M. Méro possède à Grasse un établissement de distillerie des plus importants, qui fournit depuis longtemps, en eaux distillées et en essences diverses, des produits d'une pureté reconnue et justement appréciés par le commerce. M. Méro a obtenu, en 1844, une médaille d'argent; depuis cette époque, son établissement s'est notablement accru: il a joint à la fabrication des pommades et des huiles parfumées aux fleurs celle des huiles grasses de ricin et d'amandes, la fabrication de l'éther sulfurique, de l'essence d'amandes amères, etc.

La quantité des matières premières qu'il emploie s'est augmentée d'un tiers, tandis que les prix de vente ont subi une diminution d'un sixième, en moyenne, circonstance qui a permis à M. Méro de vendre à l'étranger la moitié des produits de sa fabrication.

M. Méro, qui avait déjà, par des efforts heureux, introduit la culture de la menthe dans le département qu'il habite, est parvenu à y faire cultiver avec succès d'autres plantes aromatiques. Il n'a pas reculé, pour arriver à ce résultat, devant l'acquisition, pour sept à huit ans, de la totalité des produits de ces cultures dont il conseillait l'introduction.

Ses efforts ont porté leurs fruits, car les attestations de messieurs les maires des communes de Grasse, de Cannes et de Cossat témoignent que, grâce à M. Méro, des terrains sablonneux, et d'une très-faible valeur lorsqu'ils étaient employés pour les cultures ordinaires, sont couverts aujourd'hui de rosiers et de géranium rosat d'un produit beaucoup plus lucratif, et qui permettent de fabriquer en France des essences que nous tirions autrefois en totalité de l'Italie et du Levant.

Pour récompenser M. Méro de sa persévérance et de son succès, le jury lui décerne une nouvelle médaille d'argent.

M. OGER, rue Culture-Sainte-Catherine, n° 17, à Paris.

Il a succédé à MM. Décroix et Roëland, qui avaient introduit à Paris, en 1809, la fabrication des savons de toilette et de ménage. Cette maison avait obtenu, à l'exposition de 1810, la médaille d'argent, qui lui a été rappelée à toutes les expositions suivantes. M. Oger a su, à son tour, par sa bonne fabrication, maintenir la réputation de cette ancienne maison et mériter le rappel, en son propre nom, de cette même médaille aux expositions de 1839 et de 1844.

M. Oger a exposé, cette année, diverses qualités de savon qui ont été remarquées par le jury, et notamment des savons marbrés, façon de Marseille, obtenus avec des graisses animales. Le jury central apprécie la bonne qualité de ces produits; il s'associe aux efforts que fait M. Oger pour maintenir par son exemple, dans les conditions d'une concurrence loyale, une industrie dont il est, à Paris, le représentant le plus ancien et le plus éclairé. Désirant manifester tout l'intérêt que lui inspire un industriel qui préfère restreindre l'importance de ses affaires plutôt que de se livrer à des pratiques qui ont pour résultat final de discréditer les produits sur le marché et de déconsidérer son industrie, il décerne à M. Oger une nouvelle médaille d'argent.

Rappel de médaille d'argent.

M. SICHEL-JAVAL, rue Bourg-l'Abbé, n° 41, à Paris.

Il a acquis de M. Renaud un établissement exploité dans l'origine par M. Laugier. Ce dernier avait obtenu, en 1834, la médaille d'argent, que les jurys successifs ont rappelée en faveur de M. Renaud, son successeur immédiat, et de M. Sichel-Javal lui-même. Les produits de M. Sichel-Javal sont principalement fabriqués pour l'exportation. Le jury central, appréciant la bonne qualité de ces produits, juge que M. Sichel-Javal continue à être digne de la distinction qu'il a reçue, et lui accorde le rappel de la médaille d'argent obtenue par lui en 1844.

Médaille d'argent.

M. MONPELAS, rue Saint-Martin, n° 129, à Paris.

Il a présenté à l'exposition des savons de toilette fabriqués tou[s] par le procédé de la grande chaudière, et de très-bonne qualité. La plupart ont été décorés, dans les mises, de marbrures variées et qui témoignent que si les caprices de la mode exigeaient ces sortes de produits, M. Monpelas serait en mesure de suffire à toutes les exigences. Il a, du reste, introduit depuis longtemps dans la fabrication de ses savons une amélioration plus sérieuse, qui consiste à saponifier directement le suif en branches.

Après avoir honorablement figuré aux concours précédents, M. Monpelas avait obtenu la médaille de bronze à la dernière exposition. Depuis cette époque, l'importance de sa fabrication s'est notablement accrue et a exigé la construction d'un nouvel établissement hors barrière. M. Monpelas fabrique pour 7 à 800,000 fr. de produits, dont près des 3/4 sont expédiés aux colonies, où ils paraissent s'être en grande partie substitués aux savons fournis autrefois par l'Angleterre.

Pour récompenser les heureux efforts de M. Monpelas, le jury central lui décerne une médaille d'argent.

M. J.-J. GISCLARD, à Alby (Tarn).

Nouvelle médaille de bronze.

M. Gisclard, distillateur à Alby, a déjà obtenu, en 1839, la médaille de bronze, pour la fabrication de quelques huiles essentielles; elle lui a été rappelée à l'exposition dernière.

D'abord réduite presque exclusivement à l'essence d'anis, cette fabrication s'est étendue depuis aux essences d'absynthe, de menthe et de coriandre. Il y joint maintenant la fabrication de l'essence de girofles, dont il livre par an au commerce 1,000 à 1,200 kilogrammes.

Le jury central, pour récompenser M. Gisclard des progrès qu'il fait faire à sa fabrication et de la bonne qualité de ses produits, lui décerne une nouvelle médaille de bronze.

MM. DEMARSON-CHÉTELAT, rue Saint-Martin, n° 15, à Paris.

Rappel de médaille de bronze.

M. Demarson occupe un rang distingué parmi les fabricants de savons de toilette et les parfumeurs de Paris. La médaille de bronze, qu'il avait obtenue en 1839, lui a été rappelée en 1844. Il expose aujourd'hui, de concert avec son successeur, M. Chételat, et sous la raison de commerce Demarson-Chételat, des produits qui ont prouvé au jury que cette maison se maintenait au rang distingué qui lui avait mérité les distinctions qu'elle avait reçues aux précédentes expositions. Aussi le jury central rappelle en faveur de MM. Demarson-Chételat la médaille de bronze déjà obtenue, à diverses reprises, par MM. Demarson et compagnie.

M. LEGRAND, à la Petite-Villette, près Paris (Seine).

Médailles de bronze.

Il fabrique à la fois des savons de ménage et des savons de toilette. La collection qu'il a exposée comme échantillon de sa fabrication montre qu'il est en mesure de suffire aux besoins les plus divers. Depuis le savon blanc surfin, destiné à incorporer des parfums, jusqu'au savon vert ordinaire, obtenu avec les graisses les plus communes, on trouve chez lui toutes les variétés de savon, mais de savon unicolore seulement; M. Legrand n'a pas exposé des savons marbrés. La fabrication de M. Legrand, déjà importante à l'exposition dernière, et qui lui avait mérité une mention honorable, a reçu depuis cette époque de nouveaux développements, qui montrent que le public apprécie la qualité de ses produits.

Leur origine ne saurait être douteuse pour le consommateur, car M. Legrand met son nom sur tous les pains de savon qu'il livre au commerce et qui sortent de chez lui avec le poids réel de 1/2 kilogramme que leur suppose l'acheteur.

Le jury central décerne à M. Legrand une médaille de bronze.

MM. Cornille VALLÉE et Cie, à la Villette, rue de Nantes, n° 35, près Paris (Seine).

Ils exposent des savons de ménage de bonne qualité, obtenus avec des corps gras de nature diverse et qui témoignent que ces habiles fabricants savent utiliser toutes les ressources de l'art du savonnier. Ils opèrent à la vapeur. Leurs savons marbrés, façon de Marseille, obtenus avec l'huile de palme décolorée par un procédé qui leur est propre, ont souvent appelé l'attention du jury, qui eût cependant désiré que la marbrure fût plus prononcée et le savon ferrugineux qui les colore moins abondant. Ce savon a toutes les qualités du savon marbré fabriqué à l'huile d'olives; son prix est moindre, et au lieu de rancir, il acquiert une odeur agréable par la vétusté. C'est marcher dans une excellente voie de fabrication que de tendre à obtenir avec des corps gras d'origine quelconque ces savons à marbrure grenue, dont la contexture présente une garantie contre la fraude. Pour encourager MM. Cornille Vallée et compagnie à y persévérer, le jury leur accorde une médaille de bronze.

M. VIOLET, parfumeur, ALLARD et CLAYE, successeurs, rue Saint-Denis, n° 317, à Paris.

M. Violet, qui continue, avec la collaboration de ses successeurs, la fabrication des savons de toilette et de parfumeries diverses, a déjà obtenu, aux expositions précédentes, plusieurs mentions honorables en société soit avec M. Guenot, soit avec M. Monpelas, ainsi qu'en son nom personnel. Tous les savons exposés par MM. Violet et Allard et Claye sont fabriqués par les procédés de la grande chaudière et parfaitement épurés de tout excédant de matière alcaline. Le jury central a distingué, dans cette fabrication, la méthode particulière au moyen de laquelle on parfume les savons aux odeurs les plus fugaces, ainsi qu'une modification de mise en pains qui permet de les laisser beaucoup moins de temps à l'étuve et de leur conserver plus de leur arome.

Le jury, voulant récompenser ces perfectionnements, ainsi que l'extension qu'a reçue, depuis 1844, la fabrication de MM. Violet et Allard et Claye, ses successeurs, leur décerne une médaille de bronze.

M. Charles ROUSSEL DE LIVRY fils, à Tourcoing (Nord).

Mentions honorables.

Le lavage des laines, dans le département du Nord, consomme de grandes quantités de savon. On sait qu'on emploie ordinairement à cet usage des savons à base de potasse, désignés sous les noms de *savons mous* ou de *savons verts*. M. Roussel de Livry, bien qu'il n'expose que pour la première fois, exploite cependant depuis longtemps ce genre d'industrie, et fournit aux peigneurs de laine des quantités de savons faits sur la localité même, et qu'ils pourraient difficilement se procurer ailleurs aux mêmes prix. Le jury du Nord a reconnu que ces produits étaient depuis longtemps avantageusement connus.

Le jury central, confirmant ce premier jugement, décerne à M. Roussel de Livry une mention honorable.

M. BEAUDOIN, à Saint-Paër (Seine-Inférieure).

La fabrication du savon et de la bougie stéarique offre aux matières grasses, de tous les degrés de pureté, des débouchés assurés. Il importe dès lors de remplacer, quand on le peut, les corps gras proprement dits par des matières onctueuses d'un plus bas prix. C'est ce que fait M. Beaudoin, agriculteur distingué du département de la Seine-Inférieure, et qui fabrique ces produits que fournit la distillation de la résine. Les carbures d'hydrogène, quoiqu'on les appelle *huiles de résine*, ne ressemblent pourtant à l'huile proprement dite que par la viscosité et le nom. Ils ne sauraient, en aucun cas, être mêlés à l'huile ordinaire, qui deviendrait, par leur introduction, impropre à la plupart des usages auxquels on l'emploie; mais mêlés avec la chaux, ils constituent au contraire une pâte onctueuse, qui remplace avec beaucoup d'économie le vieux oing, pour le graissage des essieux de voitures et de locomotives.

Le jury central, voulant encourager la fabrication de ces pâtes onctueuses de résine propres à remplacer les corps gras, décerne à M. Beaudoin une mention honorable.

M. PECH, à Cenne-Monestiés (Aude).

M. Pech a soumis à l'appréciation du jury une matière qu'il appelle *oléo-gélatineuse*, et dont il n'indique pas la nature : c'est une espèce de savon, qu'il présente comme très-appropriée à la filature de la laine. Un certificat, signé de dix fabricants de Cenne-Monestiés, atteste, en effet, que 1 kilogramme de cet enduit fonctionne comme équivalant à 12 kilogrammes d'huile, et que cette matière nouvelle facilite le filage des laines les plus courtes à un tel point, que les dégraissages des machines, ordinairement abandonnés dans le filage à l'huile, sont, quand le filage a eu lieu avec cette matière, aussi purs que la laine mère, et produisent un surcroît de rendement de 5 à 6 p. o/o. M. Pech a envoyé, à l'appui de cette assertion, deux écheveaux de fil fait avec la laine la plus courte et la plus basse que puisse ouvrer une carde.

Des résultats aussi remarquables, s'ils étaient constatés par une expérience suffisamment prolongée, seraient certes de nature à mériter à M. Pech une récompense des plus élevées; mais l'invention est toute récente, et la fabrication et l'emploi de ce produit ne sont encore qu'à l'état d'essai : aussi le jury central, en attirant d'ores et déjà la sérieuse attention des filateurs de laine sur les faits énoncés par M. Pech, se borne à lui décerner une mention honorable.

MM. GELLÉE aîné et Cie, rue des Vieux-Augustins, n° 35, à Paris.

MM. Gellée aîné et compagnie se livrent à la fabrication du savon de toilette. Leurs produits sont appréciés en Angleterre, où ils expédient des quantités considérables de savon dit *de Windsor*. Ils ont soumis au jugement du jury des qualités diverses de savons marbrés, fabriqués à froid, à la vérité, mais avec beaucoup de soin, et qui, malgré ce mode de préparation, n'étaient pas notablement plus alcalins que les savons préparés en grande chaudière.

Le jury leur décerne une mention honorable.

M. MAILLY, rue Saint-Martin, n° 191, à Paris.

M. Mailly ne fabrique que peu d'objets de parfumerie fine. Il tend plutôt à obtenir des produits à bon marché, accessibles à toutes les classes, et susceptibles de supporter sur toutes les places la concurrence des savons étrangers du plus bas prix.

Le jury central apprécie les efforts que fait M. Mailly pour ouvrir de nouveaux débouchés à ses produits, dont une grande partie s'expédie aux colonies, et il lui accorde une mention honorable.

MM. COTTAN et Cie, cité de l'Étoile, n° 24, à Neuilly (Seine), et rue Jean-Jacques-Rousseau, n° 5, à Paris.

M. Cottan avait obtenu, en 1844, une citation favorable pour la fabrication d'un savon contenant de la ponce, et destiné à remplacer les savons de toilette contenant de la silice, qui avaient reçu un certain emploi en Angleterre. Ce n'est pas sur ce produit, qui ne présente que peu d'intérêt, que le jury central a porté son attention; mais il a examiné les savons de ménage, dont M. Cottan a entrepris la fabrication avec succès. Ceux qu'il compose avec la graisse mêlée de 30 p. o/o de résine ont paru au jury d'une très-bonne qualité: la saponification de la résine y était complète, ce qui est loin d'avoir eu lieu pour les savons du même genre soumis au même examen.

En conséquence, pour la fabrication de ces savons de ménage, et pour ces savons seulement, le jury central accorde à MM. Cottan et compagnie une mention honorable.

M. BLEUZE, rue des Lombards, n° 33, à Paris.

Citations favorables.

M. Bleuze, qui fabrique à la fois les amidons et les savons de toilette, a eu l'idée de recouvrir ceux-ci d'un vernis particulier qui, les garantissant de l'humidité, contribue à prévenir l'évaporation et l'altération des parfums, et rend dès lors l'exportation du savon de toilette dans les colonies sujette à moins d'accidents.

Le jury accorde à ce perfectionnement une citation favorable.

M. François MICHEL, rue de la Croix, n° 15, à Paris.

M. François Michel a apporté à la fabrication des taffetas d'Angleterre quelques modifications qui empêchent la matière noire dont on le recouvre de se détacher et d'adhérer à la peau.

Le jury central lui décerne une citation favorable.

M. MILLOCHAU, rue de la Gare, n° 31, à Paris.

Le jury accorde à M. Millochau une citation favorable pour ses oléines débarrassées d'une grande partie des principes solidifiables par une basse température.

M. Jean-Louis LACOMBE, à Gaillac (Tarn).

M. Lacombe a créé, en 1845, un établissement pour la fabrication des huiles essentielles. Il obtient aussi les essences de genièvre, de girofles et surtout d'anis. Cette fabrication lui permet d'utiliser sur place des parties de cette graine dont un commencement d'altération a un peu foncé la teinte, et qui eussent été d'un emploi difficile et d'un transport coûteux.

Le jury central accorde à M. Lacombe une citation favorable.

---

§ 3. GÉLATINES ET COLLES FORTES.

M. Payen, rapporteur.

CONSIDÉRATIONS GÉNÉRALES.

Les fabrications des gélatines et des colles fortes semblaient être arrivées à leur apogée en 1844; l'exposition de 1849 prouve cependant que de nouveaux progrès ont été réalisés dans cette industrie : les manufacturiers se présentent au concours plus nombreux et plus habiles.

Votre Commission a constaté ces heureux résultats par des essais sur les produits exposés, et comparativement sur les produits que les mêmes fabricants avaient livrés au commerce.

Nous avons reconnu, en général, que les gélatines et les premières qualités de colles fortes pouvaient se gonfler fortement dans l'eau froide, sans s'y dissoudre et sans développer l'odeur putride qui caractérisait la plupart des anciennes productions de ce genre.

Ces qualités ont de l'importance, car elles indiquent un rendement plus considérable obtenu des matières premières, et permettent aux consommateurs de réaliser plus d'effet dans l'emploi des produits qu'ils achètent.

Il y a donc avantage pour le producteur comme pour le consommateur, et toutes les applications en reçoivent des perfectionnements notables.

C'est ainsi, par exemple, que les placages de l'ébénisterie, les assemblages des instruments de musique et des menuisiers, les reliures des livres, sont devenus plus solides; que les apprêts des divers tissus sont plus résistants et plus beaux, que les peintures en détrempe sont moins attaquables par les alternatives de sécheresse et d'humidité.

Parmi les fabricants qui ont fait parvenir leurs produits à l'exposition, plusieurs livrent encore au commerce des gélatines et colles fortes en grande partie solubles dans l'eau froide, manifestant alors une odeur putride. Ces produits, de qualité inférieure, accusent des négligences dans la préparation et le traitement des matières premières. Nous ne saurions trop engager ces manufacturiers, dont nous ne citerons pas les noms, à éviter plus soigneusement à l'avenir les altérations de leurs matières premières: ils y sont doublement intéressés, afin d'obtenir des produits meilleurs et plus pesants.

Nous exposerons d'abord les titres des fabricants de gélatine et colles fortes, et nous parlerons ensuite de ceux qui bornent leur fabrication à ce dernier produit.

M. GRENET, à Rouen (Seine-Inférieure).

Médaille d'or.

M. Grenet occupe toujours le premier rang parmi les meilleurs fabricants de gélatine.

Ses produits, blancs ou colorés de diverses nuances, diaphanes, brillants, sont insolubles dans l'eau froide et peuvent se gonfler dans ce liquide au point de quintupler de volume.

Entièrement solubles dans l'eau bouillante, ils ne développent aucune désagréable odeur; on peut donc les aromatiser à l'aide de diverses essences ou liqueurs alcooliques, les édulcorer avec du sucre et des jus de fruits, et en composer des gelées et différentes préparations comestibles.

Les gélatines et colles fortes des 2ᵉ, 3ᵉ et 4ᵉ qualités offrent les caractères des produits non altérés, et s'appliquent avec succès aux apprêts et aux divers usages des colles très-adhésives. Cependant les matières premières employées par ce fabricant sont des plus communes; il traite annuellement de 300 à 400,000 kilogrammes de débris de peaux et tendons d'animaux, prépare 800,000 litres de colles tremblantes, 200,000 kilogrammes d'encollages de coton, 50,000 kilogrammes de gélatine.

Les gélatines, en larges feuilles transparentes, incolores et minces, constituent un très-beau papier-glace.

Les gélatines en feuilles teintes, découpées sous différentes formes, reçoivent la dorure, les impressions, et sont livrées par M. Grenet sous les formes variées de cachets, cartes de visite, étiquettes décorées et adresses; elles s'appliquent à la confection des fleurs artificielles et de divers autres objets de luxe. En aucun pays, que nous sachions, on atteint le degré de perfection auquel M. Grenet est parvenu.

Cet habile manufacturier, en améliorant encore et variant ses produits depuis l'exposition dernière, donne à ses concurrents un exemple qu'ils commencent à suivre.

M. Grenet a reçu successivement plusieurs médailles d'argent aux précédentes expositions; il acquiert cette année de nouveaux titres aux récompenses nationales.

Le jury lui décerne une médaille d'or.

Médailles d'argent.

MM. COIGNET père et fils, à Lyon (Rhône).

Ces exposants ont deux fabriques auprès de Lyon; ils emploient annuellement environ :

2,000,000 kilogrammes d'os d'animaux,
600,000 kilogrammes d'acide sulfurique;

plus des quantités variables d'acide chlorhydrique, de débris de peaux, tendons, etc.;

50,000 hectolitres de houille,
4,000 hectolitres de charbon de bois.

Les produits principaux obtenus des matières premières consistent en :

320,000 kilogrammes de colles fortes de diverses qualités.
300,000 kilogrammes de charbon d'os, dit noir animal,
près de 40,000 kilogrammes de phosphore.

130 ouvriers sont habituellement occupés dans les deux usines, outre un personnel de 10 employés aux écritures, voyageurs, etc.

La plupart des colles fortes et colles gélatines en feuilles minces sont de bonne qualité. MM. Coignet marquent de leur nom imprimé en creux toutes ces productions.

L'application en grand du procédé (dit de Papin) mis antérieurement en pratique par Lemare, puis par Godin, leur permet d'extraire une partie de la matière animale des os sous forme de gélatine.

Le résidu est utilisé soit à la fabrication du noir d'os, comme on l'avait fait à Grenelle, soit à la préparation du phosphate de chaux, pour les arts céramiques, les coupelles, et pour la fabrication du phosphore.

L'importance de cet établissement, la qualité et le prix peu élevé de ses produits, rendent MM. Coignet père et fils dignes d'une médaille d'argent, que le jury leur accorde.

MM. Martin RIESS, à Dieuze (Meurthe).

MM. Martin Riess préparent les variétés de colles fortes en petites feuilles ou tablettes, dites gélatines, pour les apprêts, les peintures, le placage, la reliure, etc.

Ils emploient principalement, comme matières premières, 260,000 kilogrammes d'os minces ou spongieux, traités par environ 240,000 kilogrammes d'acide chlorhydrique.

Leur fabrique, fondée en 1839, graduellement améliorée, livre actuellement des produits qui sont estimés dans le commerce à l'égal de ceux de Bouxwiller. Nous nous sommes assurés par des épreuves spéciales qu'ils méritent cette réputation, car ils offrent les caractères et les propriétés des colles fortes exemptes d'altération et très-adhésives.

Le jury accorde à MM. Martin Reiss une médaille d'argent.

M. FIRMENICH, à Metz (Moselle).

Médailles de bronze.

Ce manufacturier a introduit dans le département la fabrication des colles jaunes en petites feuilles, dites de Cologne, qui jusque-là se préparaient principalement en Allemagne et en Belgique. Il emploie environ 100,000 kilogrammes de peaux de Buénos-Ayres. Le produit spécial de M. Firmenich présente les propriétés caractéristiques des meilleures colles fortes : exempt d'odeur, insoluble à froid, fortement gonflé, entièrement dissous à chaud, d'une grande ténacité; il s'applique avec grand succès aux apprêts des tissus, encollages, à l'ébénisterie, dans la clarification des vins, etc.

M. Firmenich fabrique annuellement 45,000 kilogrammes de colle forte. Ses produits sont justement appréciés dans le commerce. Le jury lui décerne une médaille de bronze.

M. Félix ESTIVANT, à Givet (Ardennes).

Les colles de Givet jouissent toujours de leur antique réputation commerciale: cependant presque toutes, comme autrefois, ont éprouvé durant leur préparation une altération notable, qui se trahit par leur solubilité partielle et l'odeur qu'elles développent dans l'eau froide. Il est temps que les fabricants redoublent de soins dans cette localité, s'ils veulent soutenir la concurrence de la nouvelle fabrication.

M. Félix Estivant a la plus importante fabrique de Givet. Il emploie un générateur équivalent à 15 chevaux, et peut traiter en temps ordinaire 220,000 kilogrammes de matières premières; ses produits sont caractérisés par une transparence brillante; ils offrent l'un des premiers types des colles de Givet. Il en livre annuellement 100,000 kilogrammes, valant de 150 à 160,000 francs. Le jury lui accorde une médaille de bronze.

MM. PARENT et DONNAY, à Givet (Ardennes).

Ces manufacturiers occupent à Givet le deuxième rang quant à l'importance de leur établissement; leurs produits valent ceux de M. Félix Estivant, et portent une marque gravée en creux qui garantit leur origine. Il est à désirer que les autres fabricants suivent ce bon exemple.

Les chaudières, chauffées par la vapeur, traitent annuellement 120,000 kilogrammes de colles matières. Le jury donne à MM. Parent et Donnay une médaille de bronze.

MM. D'ENFERT frères, à Ivry (Seine).

MM. d'Enfert frères ont établi depuis 1830, dans la plaine d'Ivry, une fabrique de gélatines et de colles fortes qui commence à rivaliser, pour quelques-uns de ses produits en feuilles blanches et teintes pour gelées comestibles, avec celle de M. Grenet. Les gélatines *filées*, sous forme de menues torsades, offrant une grande surface à l'action de l'eau, se gonflent très-vite à froid et se dissolvent à l'instant dans l'eau bouillante.

Les gélatines coulées en feuilles minces diaphanes s'appliquent avec succès aux objets de luxe que nous avons énumérés plus haut.

Ces fabricants, habiles et soigneux, livrent en outre au commerce diverses colles fortes dites gélatines, en petites feuilles, pour apprêts, peinture, etc ; enfin des colles fortes, 3ᵉ qualité, douées de bonnes qualités adhésives, destinées aux travaux de l'ébénisterie, du placage, de la menuiserie, etc.

Tous ces produits sont estimés dans le commerce ; leurs prix sont relativement peu élevés, et nous avons constaté leur bonne préparation. Le jury, considérant que cette fabrication améliorée offre un succès incontestable dans une voie nouvelle, décerne à MM. D'Enfert une médaille de bronze.

M. PITOUX, rue Pavée, nᵒ 24, à Paris.

Ce manufacturier a présenté des échantillons remarquables de gélatine blanche et diaphane, sous forme de papier glacé, à l'usage des graveurs ; ses feuilles teintes ont fixé l'attention par leur pureté et leur régularité de nuance. Ces produits sont aussi beaux, au moins, que les précédents, mais la fabrique est un peu moins importante : il y a compensation. M. Pitoux a perfectionné d'une manière notable son industrie depuis l'époque où il obtint une mention honorable (exposition de 1844). Le jury lui décerne une médaille de bronze.

Mᵐᵉ veuve CHAPUIS et fils, à Annonay (Ardèche).

Mentions honorables.

Ils fabriquent de 50 à 80,000 kilogrammes de colles fortes de plusieurs qualités.

Leur première sorte se gonfle beaucoup et repand peu d'odeur dans l'eau.

Les autres qualités sont comparables aux colles façon Givet. Un générateur chauffe par la vapeur les quatre chaudières de cet établissement.

Le jury accorde à Mᵐᵉ veuve Chapuis et fils une mention honorable.

M. FRANC-MAGNAN, à Orléans (Loiret).

La fabrique de cet exposant a la même importance que la précédente. Les produits ont sensiblement les mêmes qualités et sont préparés avec de semblables matières premières (rognures de peaux, tendons, etc.). On y prépare en outre de l'huile de pieds, et les divers résidus servent à fabriquer des engrais pour l'agriculture. Le jury donne à M. Franc-Magnan une mention honorable.

Citations favorables.

M. FAUSSEMAGNE, à Lyon (Rhône).

Ce manufacturier a présenté de très-belles feuilles de gélatine diaphane blanche, préparée avec des membranes de poisson. Ce produit, applicable aux usages culinaires, gélatine de luxe et apprêts des tulles, mérite une citation favorable.

M. HUMBERT, à Dieuze (Meurthe).

Fabrique des produits analogues à ceux de M. Martin Riess, c'est-à-dire de très-bonne qualité. Son industrie, moins développée, mérite une citation favorable.

M. MICHAU, à Rancennes (Ardennes).

Fabrique une très-belle qualité de colle Givet. Son établissement, encore peu étendu, reçoit une citation favorable.

Mentions pour ordre.

Cie de BOUXVILLER (Bas-Rhin).

On fabrique dans le grand établissement de Bouxviller des colles fortes en tablettes, analogues aux colles de Flandres, et d'autres plus transparentes, dites gélatines. Leurs bonnes qualités sont depuis longtemps reconnues, et nous les avons de nouveau constatées; nous ne les mentionnons d'ailleurs ici que pour ordre, l'importance et le mérite de la fabrication de Bouxviller devant être appréciés dans le rapport sur les produits chimiques.

M. FOUCHÉ-LEPELLETIER, à Javelle (Seine).

Dans sa grande fabrique d'acides, soudes, savons, etc., M. Fouché-Lepelletier emploie une partie de l'acide chlorhydrique à l'amollissement des os, dont il livre le tissu fibreux aux fabricants de colle et de gélatine. Nous ne mentionnons ici que pour ordre cette partie des travaux de M. Fouché-Lepelletier.

DEUXIÈME SECTION.

COULEURS, CONSERVATION DES BOIS, TISSUS IMPERMÉABLES.

§ 1er. COULEURS.

M. Dumas, de l'Institut, rapporteur.

MM. LEFRANC frères, rue du Four-Saint-Germain, n° 23, à Paris. Médaille d'or.

Les efforts tentés depuis quelques années par MM. Lefranc frères pour donner une vive impulsion à la fabrication des couleurs ont été couronnés d'un tel succès, que le jury n'a pas hésité à leur accorder successivement la médaille de bronze et celle d'argent. Aujourd'hui, ces habiles fabricants se présentent avec un titre nouveau à ses récompenses, par l'importance de leur fabrication d'encre typographique : le brillant et le velouté que l'on remarque dans les gravures imprimées avec l'encre que MM. Lefranc frères fabriquent spécialement pour cet usage, et qui jusqu'alors ne se trouvaient que dans les gravures imprimées avec de l'encre anglaise, son prix moins élevé d'un tiers que celui des encres anglaises, et enfin la quantité bien moins considérable que les imprimeurs en emploient pour obtenir les mêmes effets, sont des qualités qui attirent, vers ces habiles fabricants, la clientèle des principaux imprimeurs de Paris, et surtout de ceux qui impriment les livres illustrés. Le *Magasin pittoresque*, le *Musée des Familles*, l'*Illustration*, peuvent, à chaque instant, donner la preuve sensible des qualités remarquables de l'encre de MM. Lefranc, dont l'emploi a permis d'aborder en tirage typographique les plus grandes finesses et les plus grandes difficultés de l'art du graveur.

MM. Lefranc ont fait de nouveaux progrès dans la fabrication de leurs couleurs, et de nouveaux produits ont été exposés par eux. Les couleurs de gouache en poudre, qui permettent de donner à ce genre de peinture la vigueur de l'huile et la transparence de l'aquarelle, sont très-estimées des peintres, qui déjà étaient très-satisfaits des pastels et des couleurs pour l'huile et pour l'aquarelle que leur fournissait cette maison.

Le jury leur décerne la médaille d'or.

Rappels de médailles d'argent.

MM. LANGE et DESMOULIN, rue du Roi-de-Sicile, n° 32, à Paris.

L'exportation nous enlève la moitié des produits de la maison Lange et Desmoulin, qui fabrique annuellement pour trois cent mille francs de couleurs. Les diverses récompenses déjà obtenues par cette maison et l'étendue de ses affaires indiquent assez la supériorité de ses produits.

Le jury lui accorde le rappel de la médaille d'argent.

M. PAILLARD, rue des Francs-Bourgeois, n° 21, à Paris.

La fabrication consciencieuse de M. Paillard continue à faire estimer ses produits par tous les peintres. Deux médailles d'argent l'ont déjà récompensé de ses courageux efforts.

Le jury rappelle la médaille d'argent obtenue par M. Paillard en 1844.

M. MILORI, route de Montreuil, n° 172, à Charonne (Seine).

M. Milori fabrique spécialement des produits chimiques destinés aux marchands de couleurs.

Le jury lui rappelle la médaille d'argent qui lui a été accordée à l'exposition de 1839.

Médaille d'argent.

M. DUTFOY, rue du Dragon, n° 3, à Paris.

Les couleurs pour le lavis de M. Dutfoy sont recommandées par le *Mémorial du génie*. La bonne préparation, la transparence et la modicité de prix, qui leur ont mérité la médaille de bronze à la dernière exposition, continuent toujours à faire estimer les couleurs de cette maison par tous ceux qui par état en font un usage journalier.

Le jury accorde à M. Dutfoy la médaille d'argent.

Rappels de médailles de bronze.

M. GIROUY rue de la Cité, n° 14, à Paris.

M. Girouy fabrique des couleurs en tablettes en pastilles et en bâton, pour l'aquarelle, et c'est surtout, dans ce genre de production que sa fabrique excelle. Ses couleurs à l'huile sont fort belles.

Le jury rappelle pour la seconde fois la médaille de bronze obtenue en 1837 par M. Girouy.

M. FERRAND, rue Montgallet, n° 7, à Paris.

M. Ferrand fabrique uniquement des couleurs fines pour la peinture des tableaux à l'huile.

Il emploie une quinzaine d'ouvriers et une machine à vapeur de 2 chevaux.

Le jury rappelle la médaille de bronze que cet industriel a obtenue en 1839.

M. COLSON, rue du Dragon, n° 3, à Paris.

M. Colson vient d'ajouter un perfectionnement au papier ligneux pour le pastel, qui lui a déjà mérité une médaille de bronze en 1844. Par l'amélioration de ses procédés de fabrication, il est parvenu à donner ce papier à un prix moindre de moitié que celui auquel il le vendait il y a 5 ans. Ce papier a l'avantage de préserver les pastels de l'humidité, de les fixer, et de ne pas user les doigts des artistes qui s'en servent.

Le jury rappelle la médaille de bronze accordée à M. Colson en 1844.

M PREVEL, route de Montreuil, n° 90 (Seine).

Rappel de mention honorable.

Sa fabrique de vermillon français, fondée en 1831, occupe 3 ouvriers et donne de fort beaux produits, qui se consomment entièrement à l'étranger.

Le jury rappelle que M. Prevel a été mentionné favorablement à l'exposition de 1844.

M. WUY, rue Barre-du-Bec, n° 3, à Paris.

Mention honorable.

Le bleu Wuy, pour azurer le linge, est bien connu à Paris pour le meilleur de tous ceux que l'on a employés depuis longtemps. Son seul défaut, au dire de ceux qui s'y connaissent, est son prix élevé.

Le jury accorde à M. Wuy une mention honorable.

Citations favorables.

M. BELLAVOINE, rue de l'Arbre-Sec, n° 3, à Paris.

M. Bellavoine prépare les couleurs, en vessies et en tubes métalliques, pour la peinture à l'huile, et tout ce qui dépend de la peinture à l'huile. Ses produits sont de bonne qualité.

Le jury lui accorde la citation favorable.

M. RICHARD, quai de Gèvres, n° 10, à Paris.

La fabrique de M. Richard produit des couleurs fines en tablettes pour l'aquarelle, qui sont estimées des peintres et d'un bon emploi.

Le jury lui accorde une citation favorable.

M. CHONNEAUX, rue Jean Robert, n° 6, à Paris.

M. Chonneaux expose divers articles de parfumerie, et particulièrement du rouge végétal extrait du carthame et du blanc de fard. Il s'occupe de cette fabrication depuis longtemps.

Le jury accorde à M. Chonneaux une citation favorable.

---

§ 2. CONSERVATION DES BOIS.

M. Dumas, de l'Institut, rapporteur.

La conservation du bois au moyen de divers procédés chimiques, ou leur coloration par les mêmes agents, constituent maintenant une véritable industrie qui, née depuis peu, n'en possède pas moins une haute importance par l'étendue de ses applications. Le jury a voulu signaler à l'attention publique les divers procédés qu'elle met en œuvre.

Le plus généralement applicable, celui de M. Payne, peut servir à la préparation de tous les bois, même quand ils ont été abattus et depuis longtemps. Il les pénètre dans toute leur épaisseur de la substance préservatrice.

Le plus connu, celui de M. Boucherie, s'applique de préférence aux bois récemment abattus. Il met à profit des forces que le végétal vivant possède et qui ne tardent pas à disparaître.

M. Renard Perrin s'est surtout proposé de colorer les bois indigènes.

M. Knab procède à leur conservation au moyen d'un enduit qui leur sert d'enveloppe imperméable à l'humidité.

MM. WATTEEU et HITCHENS, rue Laffitte, n° 25, à Paris. Médaille d'or.

Le procédé Payne, dont MM. Watteeu et Hitchens sont acquéreurs, consiste dans l'incrustation artificielle des bois au moyen de l'injection dans leurs tissus, sous forme de dissolutions, de deux matières (sulfate de fer et sulfure de baryum) qui ne tardent pas, en réagissant l'une sur l'autre, à donner naissance à deux composés insolubles (sulfure de fer, sulfate de baryte). Ces deux corps, se déposant dans les vaisseaux circulatoires du bois, les bouchent complétement, et, par suite, le rendent impénétrable à l'air et à l'humidité; de plus, l'action de l'air transformant lentement l'une de ces substances (sulfure de fer) en un sel (sulfate de fer) qui rend le bois impropre à servir de nourriture aux insectes, on le soustrait ainsi à la fois aux deux principaux agents destructeurs des bois employés dans les chemins de fer. Si l'on ajoute que les bois ainsi préparés ne sont plus que difficilement combustibles, il devient évident que le procédé Payne a rendu un grand service aux constructions en bois qui s'élèvent au-dessus de la surface de la terre aussi bien qu'à celles qui sont destinées à être toujours enterrées ou submergées.

L'injection des deux dissolutions s'effectue au moyen d'un appareil parfaitement disposé, où les bois se trouvent d'abord placés dans le vide; une fois chacune des dissolutions introduite dans l'appareil, on l'oblige à pénétrer dans toute la profondeur du tissu ligneux au moyen d'une pression convenable. Des pièces d'assez forte dimension, telles que des traverses de chemin de fer, se trouvent ainsi complétement pénétrées des deux réactifs et, par conséquent, de leurs produits.

A l'étranger, nombre de compagnies de chemin de fer emploient depuis longtemps déjà le procédé avec plein succès. Comme il s'applique à tous les bois et aux bois depuis longtemps débités, il en résulte de grandes facilités pour la pratique.

En France, la compagnie du chemin de fer de Strasbourg, sur

les chantiers de laquelle nous avons suivi les détails de ce procédé, a fait usage sur une grande échelle des bois qu'il fournit.

La sûreté des opérations pratiquées par le procédé Payne, l'expérience acquise des bons effets qu'il produit, l'emploi facile de ce procédé sur les bois de toute condition ont fixé très-particulièrement l'attention du jury et l'ont décidé à lui accorder une récompense élevée.

Le jury accorde une médaille d'or à MM. Watteeu et Hitchens.

M. BOUCHERIE, avenue Sainte-Marie-du-Roule, n° 32, à Paris.

M. Boucherie a présenté, il y a plus de dix années, à l'Académie des sciences, un mémoire tendant à établir la possibilité d'injecter les arbres, au moment de l'abatage, en mettant à profit la succion naturelle des vaisseaux, soit seule, soit en l'aidant de quelques dispositions mécaniques très-simples et, par conséquent, de nature à être employées en forêt.

L'approbation de l'Académie, les beaux résultats offerts par M. Boucherie à l'attention publique, tout signalait cet inventeur à la bienveillance du dernier jury. Cependant, il se montra réservé, voulant laisser à la pratique en grand le soin de prononcer en dernier ressort.

En 1844, le jury central accordait donc seulement à M. Boucherie une mention honorable pour ses bois pénétrés, les uns d'eaux mères des marais salans, les autres de chlorure de calcium et de pyrolignite de fer, matières qui, sans augmenter sensiblement la valeur des bois, permettent de les mettre en œuvre peu de temps après leur abatage, les douent d'une grande résistance au jeu, et les rendent enfin tout-à-fait incombustibles. Le jury pensait avec raison que les procédés de M. Boucherie méritaient la plus haute récompense s'ils répondaient dans la pratique aux espérances conçues, ou seulement une mention, tant que la question pratique n'était pas jugée.

M. Boucherie exposait également à cette époque des madriers de chêne et des cerceaux de châtaignier qui, pénétrés d'un mélange de chlorures et de pyrolignites, et placés dans un lieu humide, avaient résisté pendant cinq ans, sans altération sensible, à cette épreuve. C'est à cette partie de son industrie que M. Boucherie s'est plus spécialement livré depuis la dernière exposition; aussi, à celle-ci, apporte-t-il surtout des bois préparés pour résister à l'humidité, et destinés à être employés par les chemins de fer.

Le nombre d'ouvriers qu'emploie M. Boucherie, ainsi que la quantité considérable de traverses et de poteaux livrés par lui pendant le cours des années 1846 et 1847, démontrent que ses produits sont généralement appréciés maintenant, et que l'emploi en grand a confirmé les espérances qu'ils avaient fait naître.

Le jury lui accorde une médaille d'or.

M. RENARD-PERRIN, à Paris.

Médaille d'argent.

M. Renard-Perrin cherche à rendre les bois indigènes applicables aux travaux d'ébénisterie par les riches couleurs qu'il leur donne, plutôt qu'à les empêcher de s'altérer à l'air et à l'humidité. L'emploi qu'il fait pour la teinture de ses bois exotiques de couleurs végétales, est plus propre à leur donner de l'éclat qu'à les rendre inaltérables sous l'action de l'humidité, ou inattaquables par la pourriture sèche ou par les insectes.

Les bois injectés qu'il a exposés sont d'une grande richesse de tons, et plusieurs d'entre eux peuvent rivaliser de beauté avec les bois étrangers les plus recherchés.

Le jury constate ce succès en accordant une médaille d'argent à M. Renard-Perrin.

M. KNAB, rue Grange-Batelière, n° 12, à Paris.

Médaille de bronze.

M. Knab recouvre les bois d'un enduit qui les rend inattaquables aux insectes et impénétrables à l'humidité. Il augmente donc de beaucoup leur durée sans en élever considérablement le prix, puisque les bois recouverts de cet enduit hydrofuge ne coûtent que de 5 à 8 fr. le mètre cube de plus que les bois naturels, et que l'on peut employer des bois de qualité inférieure à des usages qui, ordinairement, nécessitent des bois de choix.

Le jury lui accorde une médaille de bronze.

§ 3. TISSUS IMPERMÉABLES.

M. Dumas, de l'Institut, rapporteur.

Rappel de médaille d'or.

MM. RATTIER et GUIBAL, rue des Fossés-Montmartre, n° 4, à Paris.

L'industrie des tissus imperméables a reçu un nouvel élan par la découverte des propriétés particulières qu'acquiert le caoutchouc lorsque, par un procédé quelconque, il a été mélangé d'une certaine quantité de soufre. MM. Rattier et Guibal, qui les premiers ont introduit en France l'usage de ce caoutchouc vulcanisé, ont établi sur une grande échelle dans leur fabrique de caoutchouc manufacturé un atelier pour la vulcanisation.

Le procédé, d'origine américaine, dont ils se sont rendus possesseurs leur donne sur leurs concurrents l'avantage de pouvoir produire de gros blocs de caoutchouc vulcanisé, et par conséquent de pouvoir appliquer ce produit à des usages auxquels celui des autres fabriques est impropre, à cause de sa faible épaisseur. Cette fabrique peut seule livrer aux chemins de fer les rondelles de caoutchouc vulcanisé destinées aux tampons des locomotives et des waggons.

MM. Rattier et Guibal ont dernièrement fait des essais pour introduire dans l'industrie l'usage d'une nouvelle espèce de caoutchouc connue sous le nom de gutta-percha, qu'ils espéraient pouvoir appliquer à la fabrication d'objets nécessitant une grande résistance et une grande inaltérabilité aux graisses et aux huiles. Ils avaient même fait construire des appareils pour le traitement en grand de cette matière, mais jusqu'à présent la gutta-percha n'a pas répondu à leur attente. La propriété qu'elle possède de se ramollir à la température de l'eau bouillante et son prix assez élevé lui nuisent dans une foule d'applications, et le seul produit commercial qu'on en tire consiste en courroies en cordes pour les transmissions de mouvement dans les usines, et en roulettes, que les filatures leur commandent en assez grande quantité pour leurs métiers, et dont elles paraissent satisfaites.

Le jury rappelle la médaille d'or obtenue en 1839 par MM. Rattier et Guibal.

Médailles d'argent.

M. FRITZ-SOLLIER, à Lyon (Rhône).

M. Sollier est le premier, en 1834, qui ait employé le caoutchouc pour la fabrication des bandes de billards. Il a établi à Lyon la première fabrique de caoutchouc, et il est arrivé à employer pour dissoudre cette matière les huiles essentielles de houille, après toutefois les avoir, par une distillation, débarrassées de toute odeur. Les produits ainsi obtenus n'ont aucune odeur et sont beaucoup plus économiques que ceux que l'on fabrique au moyen de l'essence de térébenthine.

M. Sollier est parvenu à fabriquer le caoutchouc volcanisé avec une grande supériorité au moyen d'un procédé différent de ceux employés en Angleterre et en France. Ce procédé, peu dispendieux, lui permet de donner à très-bon marché des produits d'une fabrication soignée et d'un usage durable.

Par des méthodes récemment mises en pratique, et dont le succès a paru si incontestable à ses concurrents qu'il a vendu à déjà très-haut prix le droit de les exploiter, M. Fritz Sollier vient d'obtenir des fils de caoutchouc cylindriques de toute dimension; leurs avantages pour la fabrication des tissus sont incontestables. En outre, il est parvenu à retirer au caoutchouc volcanisé son excès de soufre, de manière à lui rendre sa transparence sans lui faire perdre les qualités que la volcanisation lui assure.

A tous égards, M. Fritz-Sollier est digne des récompenses du jury : c'est un des fabricants français qui ont le plus contribué, par des inventions propres, à perfectionner la production des objets en caoutchouc.

Le jury lui accorde une médaille d'argent.

M. FLAMET jeune, rue Saint-Martin, n° 87, à Paris.

M. Flamet, dont l'usine a été fondée en 1822 et qui a mérité des médailles de bronze et des rappels en 1834, 1839 et 1844, n'a pas cessé de mériter les suffrages du jury, qui constate une amélioration notable dans ses produits en lui accordant une médaille d'argent.

M. GAGIN, à Montmartre (Seine).

Rappels de médailles de bronze.

M. Gagin, par un enduit hydrofuge qui est sa propriété, rend imperméables à l'eau tous les tissus et les cuirs, sans leur enlever leur souplesse. Il rend à la fois imperméables et incombustibles les couvertures de waggons destinées aux chemins de fer.

Le jury lui accorde le rappel de la médaille de bronze.

M. TERRISSE, rue du Faubourg-Saint-Martin, n° 122, à Paris.

M. Terrisse est le successeur de M. Cabirol, qui le premier a mis en usage la gutta-percha en France. M. Cabirol avait obtenu en 1844 pour la fabrique de caoutchouc une médaille de bronze, que le jury de 1849 se plaît à rappeler à M. Terrisse, son successeur, pour sa belle fabrique de produits en gutta-percha.

Le jury lui accorde le rappel de la médaille de bronze obtenue en 1844 par son prédécesseur.

Médailles de bronze.

M. PERRONCEL, rue Saint-Martin, n° 188, à Paris.

La fabrique de M. Perroncel est remarquable par sa bonne direction, qui lui permet, malgré son peu d'étendue, de livrer une grande quantité de produits dont la qualité ne laisse rien à désirer.

Le produit le plus important de cette usine consiste en souliers imperméables en caoutchouc vulcanisé. M. Perroncel pour faire concorder le prix peu élevé de ces souliers, dont il a vendu jusqu'à 27,000 paires en une seule année, avec la cherté du produit chimique dont il se sert pour la vulcanisation du caoutchouc, le fabrique lui-même et est parvenu à rendre abordable au commerce le sulfure de carbone, qui jusqu'alors était réservé aux laboratoires, et qui, par ses propriétés dissolvantes et volatiles, peut arriver à rendre plus tard des services à des industries autres que celle du fabricant de caoutchouc volcanisé.

Malgré la quantité de souliers qu'il fabrique, M. Perroncel n'en fait pas moins les autres articles en caoutchouc volcanisé, les tubes pour les laboratoires, les rondelles pour la fermeture exacte des tuyaux, etc.

Il a exposé des tissus rendus imperméables par le caoutchouc vulcanisé qui ne poisse plus et n'a plus que très-peu d'odeur.

Son procédé pour la vulcanisation du caoutchouc, qui serait peut-être imparfait s'il s'agissait d'opérer sur de grandes masses, paraît suffire parfaitement pour les plaques minces dont il se sert dans la fabrication de ses souliers, pour les tubes et pour les fils de caoutchouc dont il fabrique une quantité considérable.

Malgré les bons résultats auxquels il est déjà parvenu pour la vulcanisation du caoutchouc, M. Perroncel n'en continue pas moins avec activité des recherches sur les modifications qu'éprouve le caoutchouc soumis à des agents chimiques autres que le sulfure de carbone.

Le jury lui accorde une médaille de bronze.

M. LACROIX-LASSEZ, quai de la Grève, n° 44, à Paris.

Les bateaux de marchandises qui font la navigation depuis Rouen jusqu'à Paris ont besoin d'être couverts de bâches très-imperméables, et la préférence marquée que les entrepreneurs de transports par eau donnent aux produits de M. Lacroix-Lassez indique suffisamment une bonne fabrication et des prix peu élevés.

Le jury lui accorde une médaille de bronze.

Mme HUET (Abraham), à Rouen (Seine-Inférieure).

Mme Abraham Huet occupe à Darnétal (près Rouen) 350 ouvriers pour la fabrication des bretelles, dont elle livre au commerce 144,000 douzaines de paires par an. Les deux tiers de cette production sont livrés à l'exportation; un tiers seulement est vendu en France.

Le jury lui accorde une médaille de bronze.

MM. SAUVAGE et Cie, à Rouen (Seine-Inférieure).

L'usine de MM. Sauvage et Cie pour la fabrication des tissus élastiques et pour le montage des bretelles est une des plus belles de ce genre qui existent à Rouen. Il peut produire annuellement 700,000 douzaines de paires de bretelles, dont la moitié se vend en France; le reste est exporté et jouit d'une bonne réputation sur les marchés étrangers.

Le jury accorde à MM. Sauvage et Cie une médaille de bronze.

MM. GROSSMANN et WAGNER, rue du Renard-Saint-Merry, n° 11, à Paris.

Rappels de Mentions honorables.

Une grande quantité d'objets en tissus élastiques et imperméables sortent chaque année des ateliers de MM. Grossmann et Wagner. Ces produits, sans aucune odeur, sont d'une fabrication soignée et méritent une attention toute particulière.

Le jury leur accorde le rappel de la mention honorable.

MM. BRIOUDE SANS-REFUS, rue Aumaire, n° 51, à Paris.

Il fabrique des souliers en caoutchouc vulcanisé, en se servant des souliers tels qu'ils arrivent du Brésil. Il les recoupe, leur met une semelle, les vulcanise et les livre au commerce à des prix un peu moins élevés que les autres fabricants.

Il a fabriqué en intestin de mouton des souliers imperméables d'un prix peu élevé.

C'est M. Brioude qui le premier a fabriqué des balles en caoutchouc moulé.

Il fabrique en caoutchouc naturel des ballons très-minces, de toutes dimensions; il en vend plus de 10,000 par an aux fabricants de jouets d'enfants de Paris et des provinces.

Le jury lui accorde le rappel de la mention honorable.

M. MODOT, passage Choiseul, n° 33, à Paris.

M. Modot rend imperméables les chaussures en cuir et fabrique des souliers en caoutchouc.

Le jury rappelle la mention honorable accordée en 1839.

Mentions honorables.

M. BARTHÉLEMY, à Saint-Ouen (Seine).

L'établissement de M. Barthélemy, fondé en 1845, ne fonctionne pas encore régulièrement, et cependant il livre au commerce des toiles imperméables à bon marché et d'une bonne qualité, et des courroies pour les machines, faites d'une toile enduite de caoutchouc et roulées, qui semblent d'un bon emploi.

Le jury lui accorde une mention honorable.

M. GARNIER, rue Quincampoix, n° 11, à Paris.

M. Garnier fabrique tous les objets en caoutchouc manufacturé en général, et particulièrement, en très-grande quantité, les balles moulées, les ballons gonflés d'air et les chaussures imperméables.

Le jury lui accorde une mention honorable.

M. DUTERTRE, à l'Aigle (Orne).

M. Dutertre présente à l'exposition des toiles imperméables d'un prix assez peu élevé pour permettre d'en faire des couvertures mobiles servant à abriter les moutons dans leurs parcs pendant la nuit. L'enduit imperméable de M. Dutertre s'applique sur les cordages, sur les étoffes destinées à faire des vêtements de travail, et rend ces objets tout à fait imperméables à l'eau. De nombreux essais ont été faits et ont tous démontré l'efficacité de ce procédé et l'avantage que les agriculteurs et la marine peuvent en retirer.

Le jury lui accorde une mention honorable.

M. LEUNENSCHLOSS, rue de la Fidélité, n° 15, à Paris.

M. Leunenschloss occupe 300 ouvriers, auxquels il donne des salaires assez considérables dans sa fabrique de bretelles, à laquelle il vient de joindre une succursale à Rouen. Cette usine, très-considérable, jouit d'une grande considération tant en France qu'à l'étranger.

Le jury lui accorde une mention honorable.

M. BOUTON, aux Batignolles (Seine).

Nouvelle citation favorable.

Citée favorablement, en 1844, sous le nom de Cler, cette maison continue la fabrication de la toile-cuir, destinée à remplacer le cuir dans tous les cas où l'on a besoin d'une impénétrabilité complète à l'eau. Les visières de casquettes consomment pour 70,000 francs par an de ce produit; et une nouvelle activité va être donnée à cette fabrique lorsque la toile-cuir pour les chaussures imperméables aura été mise dans le commerce.

Le jury lui accorde une nouvelle citation favorable.

M. TINTILLIER, rue des Fossés-Montmartre, n° 11, à Paris.

Citations favorables.

M. Tintillier manufacture le caoutchouc avec soin; ses produits sont d'une bonne qualité, et leurs prix sont modérés.

Le jury lui accorde une citation favorable.

M. DUCOURTIOUX, rue Fontaine-au-Roi, 2 *bis*, à Paris.

L'usine de M. Ducourtioux, fondée en 1846, présente déjà de beaux produits à l'exposition de 1849, et, sans nul doute, continuera à mériter la bienveillance des consommateurs par le soin que ce fabricant apporte à la fabrication des bas et ceintures élastiques dont il s'occupe uniquement.

Le jury lui accorde une citation favorable.

MM. Vve CANTIER et NAVES, rue de Vendôme, 2 *ter*, à Paris.

MM. Vve Cantier et Naves occupent, dans leur fabrique de bretelles et de jarretières, un nombre considérable d'ouvriers; leurs produits jouissent de l'estime des commerçants.

Le jury leur accorde une citation favorable.

TROISIÈME SECTION.

PRODUITS CHIMIQUES, CIRES A CACHETER, CIRAGES, VERNIS.

§ 1er. PRODUITS CHIMIQUES.

MM. Balard et Péligot, rapporteurs.

Nouvelle médaille d'or.

MM. KUHLMANN frères, à Loos et à la Madeleine (Nord), et à Amiens (Somme).

Occupent toujours le premier rang parmi les fabricants de produits chimiques du nord de la France. Leur fabrication est très-variée; les acides minéraux, la soude artificielle, les sels de soude, les cristaux et le sulfate de soude, le sulfate d'ammoniaque, le sel d'étain, le chlorure de chaux, la gélatine, le suif d'os, le noir animal et les engrais solides et liquides, qui sortent des trois fabriques de MM. Kuhlmann frères, représentent l'énorme quantité de 22 millions de kilogrammes. Les grands établissements de Loos et de la Madeleine produisent par an 3 millions de kilogrammes d'acide sulfurique et 10 millions de kilogrammes de noir animal. Indiquer ces chiffres, c'est montrer l'influence considérable que MM. Kuhlmann frères exercent sur l'industrie agricole et manufacturière de nos départements du Nord, qui consomment la presque totalité de leurs produits.

MM. Kulmann frères occupent 300 ouvriers environ. Dès 1826, ils ont établi à Loos une institution particulière en faveur des ouvriers malades, à laquelle ils ont ajouté depuis une caisse de vétérance. Les services rendus par M. Kuhlmann comme chimiste et comme professeur, sont connus de tout le monde. De même qu'à la précédente exposition, on doit à ce savant industriel la rédaction du précieux rapport publié par le jury départemental du Nord.

MM. Kuhlmann frères ont reçu en 1844 la médaille d'or pour les produits de leur usine de Loos. Les nouveaux titres qu'ils se sont créés à l'estime publique les rend très-dignes d'une nouvelle médaille d'or que le jury leur décerne.

MINES DE BOUXVILLER (Administration des), à Bouxviller (Bas-Rhin.)

Rappels de médailles d'or.

Une exploitation de lignites qui se trouvent en abondance dans les environs de Bouxviller a été la première origine de l'usine importante de produits chimiques qui existe dans cette localité. Trop chargés de sulfate de fer et d'alumine, et dès lors peu propres à la combustion, ces lignites furent exploités pour la fabrication de la couperose et de l'alun. Il fallait, pour obtenir ce dernier produit, de la potasse ou de l'ammoniaque; ce fut à l'ammoniaque alcali qu'on put obtenir en toutes pièces par la décomposition des matières animales, que l'habile directeur de l'usine, M. Schattenmann, préféra avoir recours, et la fabrication des produits ammoniacaux fut dès lors installée à côté de la première. Sous la direction d'un industriel aussi distingué, la fabrique de Bouxviller ne pouvait se contenter d'extraire ces deux sels, couperose et alun. Aussi, d'un côté, tous les produits qui se rattachent à l'exploitation des schistes ferrugineux, tels que aluns de divers degrés de pureté, couperoses de différentes teintes, sel de Salzbourg, peroxyde de fer, etc.; de l'autre, tous les composés qui dérivent de la décomposition des matières animales, comme le prussiate de potasse, les sels ammoniacaux de tout genre, la colle forte, le phosphore, etc., sortent tous les jours en grande abondance de cet établissement. Son importance va toujours croissant; il fait aujourd'hui pour près de 2 millions de produits, et occupe 330 ouvriers; il n'en employait que 280 en 1834.

La manufacture, dirigée par M. Schattenmann, avait obtenu la médaille d'or en 1839; elle lui fut rappelée en 1844, et son directeur reçut aussi, à cette époque, la décoration qu'il avait si bien méritée.

Aujourd'hui le jury central fait à l'administration des mines de Bouxviller un nouveau rappel de la médaille d'or.

M. LEMIRE, à Choisy-le-Roi (Seine).

L'usine de M. Lemire est toujours la plus importante de nos fabriques d'acide pyroligneux; ses produits sont d'une pureté remarquable et d'une grande variété. En dehors de l'acide acétique et des acétates, M. Lemire se livre à la préparation des produits pharmaceutiques, tels que l'émétique, l'éther sulfurique, le sublimé corrosif, le mercure doux, le tannin, le chloroforme, etc.

M. Lemire a obtenu, aux précédentes expositions, toutes les récompenses que le jury peut décerner. Le jury central reconnaît que M. Lemire se montre de plus en plus digne de la médaille d'or qu'il a obtenue en 1839 et la rappelle en sa faveur.

MM. Th. LEFEBVRE et Cie, aux Moulins-lès-Lille (Nord).

Ont conservé leur rang parmi les fabricants de céruse. Ils livrent annuellement au commerce près de 2 millions de kilogrammes de cette substance. Leurs produits sont très-estimés.

Les soins que cet établissement met à écarter chacune des causes d'insalubrité qui rend cette fabrication si dangereuse, méritent de fixer toute l'attention du jury. M. Th. Lefebvre n'a reculé devant aucun sacrifice pour soustraire ses ouvriers à l'action toxique du plomb. Il a donné un exemple que l'intérêt même des fabricants de céruse, à défaut d'autre considération, devrait les engager à suivre.

La fonte du métal s'exécute dans une chaudière placée sous une hotte, qui entraîne les vapeurs fournies par cette opération; le coulage du plomb en lames se fait dans des ateliers bien aérés; les plaques, sortant des fosses, préalablement redressées, sont soumises à l'action de cylindres cannelés, qui détachent les écailles de céruse du plomb métallique, puis tombent dans un bluttoir en toile métallique, qui opère la séparation de celle-ci d'avec le métal non attaqué; l'un et l'autre sont reçus dans des vases distincts. Toutes ces opérations se font dans des armoires soigneusement fermées, de même que le broyage à sec qu'on fait subir à la céruse avant de l'amener à l'état de pâte molle en la broyant à l'eau sous les meules horizontales. Les poussières délétères, qui se dégagent dans les établissements où le travail se fait dans un air non confiné, ont entièrement disparu.

De plus, aucune précaution hygiénique n'est négligée pour soustraire les ouvriers à toute chance de maladie saturnine : on exige d'eux la plus grande propreté : on ne tolère pas l'intempérance; un médecin, attaché à l'établissement, visite celui qui est atteint de la moindre indisposition.

Ces améliorations ont porté leurs fruits. Une enquête, faite par le comité d'hygiène du département du Nord, a établi qu'il est de notoriété publique que depuis 16 mois aucun des ouvriers de cette fabrique n'a été atteint de maladie saturnine; le médecin de Lille attaché à l'établissement affirme, en outre, que de 1826 à 1842, sous l'influence des anciens procédés de fabrication, le nombre des malades était de 30 à 35 sur 100 à 110 ouvriers employés, année commune; que, depuis l'introduction, en 1842, de la machine à cylindres cannelés, ce nombre a sensiblement diminué; enfin qu'aucun cas de colique saturnine ne s'est manifesté depuis l'époque à laquelle ces appareils ont été complétés par l'addition du broyage à sec dans des espaces clos. D'après ce médecin, « la fabrication de la céruse dans l'établissement de MM. Th. Lefebvre et « Cie présente, comparativement, moins de danger pour les ouvriers « que dans les diverses autres branches d'industrie qui existent à « Lille ou dans la banlieue, notamment dans les filatures de coton « et de lin. »

En 1844, M. Th. Lefebvre n'avait encore réalisé qu'une partie des améliorations que nous avons signalées. La médaille d'or et la décoration de la Légion d'honneur lui ont été données en récompense des efforts qu'il a faits dans l'intérêt de la santé de ses ouvriers et des perfectionnements qu'il a introduits dans son industrie. M. Th. Lefebvre s'est rendu de plus en plus digne de ces distinctions en réalisant dans l'usine qu'il dirige des conditions hygiéniques plus parfaites. Le jury rappelle en faveur de MM. Th. Lefebvre et Cie la médaille d'or qui leur a été décernée à l'exposition de 1844.

BLANC DE ZINC (Société anonyme du), rue Basse-du-Rempart, n° 30, à Paris. Médailles d'or.

L'emploi de l'oxyde de zinc dans la peinture industrielle et artistique est, sans contredit, l'un des faits les plus considérables qui se soient produits à l'exposition de 1849 : il a fixé à un haut degré l'attention du jury.

L'idée de cette application de l'oxyde de zinc n'est pas nouvelle. En 1780, Guyton Morveau présenta à l'académie de Dijon un travail de Courtois, attaché au laboratoire de cette compagnie, sur la substitution du blanc de zinc au blanc de plomb. Plus tard, Guyton Morveau s'appliqua, à plusieurs reprises, à l'étude de cette question et réclama même, en faveur de Courtois, la priorité de cette invention contre un Anglais, M. Atkinson, qui prit en 1796 une patente pour le même objet.

Quoique Courtois ait entrepris cette fabrication dans le but d'en livrer les produits aux artistes et aux peintres en bâtiments, le prix très-élevé du zinc à cette époque l'obligeant à vendre l'oxyde de ce métal à raison de 12 fr. le kil. pour la 1re qualité et 8 à 9 fr. pour la 2e, l'industrie qu'il avait créée ne prit aucune extension. Il est de notoriété publique que l'oxyde de zinc disparut bientôt du nombre des produits commerciaux, et que l'emploi de cette substance dans la peinture fut entièrement abandonné.

En 1844, M. Leclaire, entrepreneur de peinture, appela de nouveau l'attention sur les avantages que cet oxyde présente sur la céruse. Les résultats obtenus par M. Leclaire sont le fruit de longues expériences faites par cet industriel avec beaucoup de persévérance et d'habileté.

M. Leclaire, profitant de l'abaissement du prix du zinc, qui valait encore 180 fr. les 100 kil. en 1827, et qui se vend aujourd'hui 50 à 55 fr., est arrivé à fabriquer l'oxyde de zinc par des procédés qui, dès à présent, permettent de le livrer au même prix que la céruse.

Au nombre des avantages qui résultent de l'introduction de cette substance dans la peinture, on doit placer au premier rang l'innocuité de sa préparation et de son emploi pour la santé des ouvriers. On déplore depuis longtemps les dangers qui accompagnent la fabrication de la céruse. Si, dans ces derniers temps, d'honorables efforts et de grands sacrifices ont été faits dans le but de les écarter, on ne peut nier que les bons résultats, qui ont été obtenus dans cette voie ne soient encore que partiels, et que les procédés anciens, entourés de tous leurs inconvénients, ne soient encore suivis par le plus grand nombre des fabricants de céruse. En supposant même qu'on parvienne à faire adopter par tous les appareils qui fonctionnent dans les ateliers de MM. Th. Lefebvre, Poelman frères, etc., les peintres en bâtiments et les artistes qui emploient le blanc de plomb restent exposés aux affections saturnines si cruelles, qu'engendre le maniement journalier de cette substance.

L'oxyde de zinc se recommande par une autre propriété bien précieuse; il résiste parfaitement à l'action de l'air chargé de gaz sulfhydrique. Sa couleur blanche n'est point altérée dans les conditions qui donnent à la céruse une coloration en noir plus ou moins foncée. Ainsi les peintures au blanc de zinc exécutées dans les cabinets d'aisance, dans les établissements d'eau sulfureuse, dans les laboratoires de chimie, dans les locaux exposés à des fuites de gaz, souvent mal lavé, etc., conservent toute leur blancheur primitive. En outre, il supporte parfaitement le mélange avec les autres matières colorantes.

On reprochait au blanc de zinc, préparé par Courtois, de donner une peinture moins belle, moins éclatante, plus grise que celle que fournissait la céruse. Cette infériorité dépendait sans doute de l'état d'impureté du zinc qu'on fabriquait à cette époque. Aujourd'hui, que l'extraction de ce métal est faite dans de meilleures conditions, ou bien que les procédés de préparation de son oxyde sont différents et perfectionnés, les artistes et les architectes qui ont employé ce dernier produit s'accordent à lui reconnaître une blancheur supérieure à celle de la céruse, et se louent beaucoup de la fraîcheur et de la finesse des tons qu'il fournit. Citer M. Paul Delaroche et MM. Visconti, Duban, Achille Leclère, L. Vaudoyer, Viollet Leduc, etc., c'est invoquer à l'appui de cette assertion le témoignage des personnes les plus compétentes.

Quant à la durée des peintures exécutées avec le blanc de zinc, une expérience de cinq ans démontre qu'elle n'est pas inférieure, jusqu'à présent, à celle des peintures au blanc de plomb; mais c'est au temps seul qu'il appartient de porter sur cette question un jugement définitif. Il en est de même de la faculté de couvrir autant que la céruse, et par suite d'être, à prix égal, d'un emploi aussi économique. Ces questions sont complexes et d'une solution longue et difficile.

La fabrication du blanc de zinc pour les besoins de la peinture est aujourd'hui confiée à une société anonyme, dont les intérêts se confondent avec ceux de M. Leclaire. L'usine que cette société a fondée au pont d'Asnières, près de Clichy, livre au commerce

50,000 kil. de blanc de zinc par mois, au prix de 72 fr. les 100 kil. Vingt-sept cornues, chauffées dans des fours dits silésiens, reçoivent le métal qui s'oxyde en distillant; le résultat de cette combustion, c'est-à-dire le blanc de zinc, arrive dans des chambres de condensation dont le plancher, placé au-dessus du sol, est disposé de manière à ce qu'on puisse faire tomber immédiatement dans des barils le produit qui s'est formé. Le plus blanc est livré au commerce sous le nom de blanc de neige.

Au moyen de l'huile de lin cuite avec de l'oxyde de manganèse, on prépare, d'après les indications de M. Leclaire, une huile siccative d'un très-bon emploi, qui remplace l'huile lithargirée et qui assure la prompte dessiccation des peintures à l'huile.

On fabrique aussi dans cette usine diverses couleurs à base de zinc qui remplacent avec avantage, pour les jaunes, le chromate de plomb, pour les verts, les couleurs si dangereuses, à base d'arsenic et de cuivre. M. Leclaire a perfectionné la fabrication du vert de Rinnmann, qu'on obtient en calcinant l'oxyde de zinc avec quelques centièmes d'oxyde de cobalt. Les verts sont d'une belle nuance; il est très-vraisemblable qu'ils sont aussi d'une grande solidité. L'industrie des papiers peints, de même que la peinture industrielle et artistique, tirent déjà un parti avantageux de ces diverses couleurs.

Le jury central est heureux de signaler les services rendus à l'hygiène publique et à l'industrie par ces nouvelles applications de l'oxyde de zinc; il félicite M. Leclaire des succès qu'il a obtenus dans cette voie, et il décerne à la Société anonyme du Blanc de zinc la médaille d'or.

M. Charles KESTNER, à Thann (Haut-Rhin.)

M. Charles Kestner exploite à Thann et à Bellevue, près Giromagny, deux fabriques de produits chimiques des plus importantes. La première est employée à la fabrication des acides minéraux, de l'acide tartrique, des sels métalliques divers, de la soude et de tous les dérivés de cette fabrication, tels que l'acide chlorhydrique, le chlorure de chaux, le sel de soude, le carbonate de soude cristallisé, etc. La seconde est plus spécialement utilisée pour la distillation des bois, la fabrication de l'acide pyroligneux et des produits qui en dérivent. Dire de ces deux établissements qu'ils occupent journellement 240 ouvriers; qu'ils fournissent au commerce et à l'industrie des produits chimiques pour une valeur de 1,300,000 francs, c'est caractériser suffisamment, sans plus de détails, toute leur importance.

Les produits de ces deux établissements sont, en majeure partie, consommés dans le Haut et Bas-Rhin, à Paris, Rouen et Lyon, soit pour l'impression, soit pour la peinture, le blanchiment et la savonnerie. Une partie est expédiée dans les départements voisins pour approvisionner les blanchisseries, les papeteries et les verreries. Un sixième, environ, est envoyé à l'étranger, et notamment en Suisse.

A l'exposition de 1839, ces établissements, exploités sous la raison sociale Kestner père et fils, avaient obtenu la médaille d'argent. Une nouvelle médaille d'argent leur fut décernée à l'exposition de 1844. Depuis 1847, M. Charles Kestner continue seul une exploitation à laquelle son intelligence et son activité ont su, malgré les temps difficiles que nous venons de traverser, donner encore de nouveaux développements. M. Kestner est, d'ailleurs, un chimiste habile, et la science lui doit la découverte de l'acide paratartrique.

Le jury central décerne à M. Kestner une médaille d'or.

SALINES NATIONALES DE L'EST (Compagnie générale des anciennes).

L'État a longtemps possédé, dans les départements de l'Est, des salines alimentées par des sources salées, des mines importantes, de sel gemme, et une fabrique de produits chimiques, celle de Dieuze, l'une des plus remarquables de France. Ces établissements sont passés, depuis quelques années, entre les mains d'une compagnie dont M. de Grimaldi est l'administrateur général, et au nom duquel la fabrique de Dieuze expose aujourd'hui. Depuis cette époque ces établissements ont acquis un nouveau degré d'importance. Dans le grand établissement de Dieuze, la production du sel ignigène a été notablement accrue. La fabrication de la soude et de tous les produits qui s'y rattachent : sulfate de soude, sel de soude, acide chlorhydrique, chlorure de chaux, etc., y a reçu de nouveaux développements. Il suffit de citer la consommation annuelle de soufre qui est de 1,200,000 kilogrammes, pour donner la mesure de l'importance de cette exploitation.

L'usine de Dieuze emploie, pour ces divers travaux, jusqu'à 700 ouvriers. L'exploitation des bois qu'elle consomme en emploie en outre environ 200.

L'usine de Montmorot, exploitée aussi par cette compagnie, sous la direction de M. Parnet, a exposé des échantillons de sel marin de qualités les plus diverses : depuis le sel à gros grains denses, imitant le sel de Peccais jusqu'au sel de luxe très-fin, que l'on sert sur nos tables, elle produit toutes les variétés de densité et de grosseur de cristaux que les habitudes locales peuvent exiger. Ces sels sont d'ailleurs bien dépouillés d'eau mère et dans un état de siccité convenable. La saline de Montmorot, qui ne fabriquait guère, avant la vente par l'État, que 25,000 quintaux métriques de sel, en livre aujourd'hui, dans les entrepôts du Jura, plus de 80,000 quintaux métriques.

En 1844, l'administration nouvelle qui dirige les salines de l'Est venait à peine d'entrer en fonctions, aussi le jury central, dans l'impossibilité de porter un jugement sur la direction imprimée à cet établissement, se contenta de rappeler en sa faveur la médaille d'argent qui avait été décernée en 1844 à la compagnie des salines de l'Est. Aujourd'hui ce jugement est facile à formuler, car la haute capacité administrative de M. de Grimaldi, l'intelligence et l'habileté des collaborateurs dont il a su s'entourer, ont définitivement placé aux premiers rangs les établissements possédés par la compagnie qu'il représente.

Le jury, réunissant dans une même récompense l'établissement de Dieuze et celui de Montmorot, décerne à la compagnie des anciennes salines nationales de l'Est une médaille d'or.

M. FOUCHÉ-LEPELETIER, à Javel, près Paris (Seine).

La manufacture de Javel, fondée en 1776, est, dans son genre, la plus importante du département de la Seine; elle occupe 175 ouvriers, elle livre au commerce 5 à 6 millions de kilogrammes de produits chimiques d'une valeur de 1,400,000 francs. L'acide sulfurique s'y fabrique sur une très-grande échelle (3,000,000 de kilogrammes d'acide à 66°). M. Fouché-Lepeletier est arrivé à perfectionner cette fabrication déjà si avancée, en mettant à la suite des chambres de plomb une série de vases en grès, desquels il retire une certaine quantité d'acide qui jusqu'alors se trouvait perdue. La manœuvre de ses appareils est si simple qu'on brûle dans l'un d'eux 1,800 kilogrammes de soufre qui fournissent 5,400 kilogrammes d'acide à 66°, avec le travail et la surveillance d'un seul ouvrier.

Les principaux produits de l'usine de Javel sont, outre l'acide sulfurique, le sulfate de soude, l'acide chlorhydrique, la soude factice, le carbonate de soude sec et cristallisé, l'acide nitrique, les sels d'étain, les sels ammoniacaux, l'oxalate de potasse, l'hypochlorite de potasse (eau de Javel), le savon, la colle-forte et le phosphate de chaux pour entrer dans la composition des engrais ou dans celle des émaux.

On fabrique à Javel la presque totalité de l'acide sulfurique pur et très-concentré que les teinturiers emploient pour préparer le carmin d'indigo : cet acide remplace, avec économie sur le prix d'achat, l'acide de Saxe qui, à la vérité, est frappé du droit d'entrée exorbitant de 100 francs les 100 kilogrammes.

L'usine de Javel rend de grands services à l'industrie parisienne en contribuant à maintenir, dans de justes limites, le cours des produits chimiques. Elle est dirigée avec une grande habileté par M. Fouché-Lepeletier qui a introduit de nombreuses améliorations sous le rapport de la qualité des produits et de l'économie de la main-d'œuvre.

Le jury central, voulant récompenser ces heureux résultats, accorde une médaille d'or à M. Fouché-Lepeletier.

M. MENIER et Cie, rue des Lombards, n° 37, à Paris, et à Noisiel-sur-Marne (Seine-et-Marne).

Exposent deux sortes de produits qui n'ont pas attiré au même degré l'attention du jury central.

Ils fabriquent à Noisiel des chocolats; ils en livrent annuellement au commerce, 350,000 kilogrammes. Ces chocolats ne sont pas supérieurs à ceux des autres fabricants.

La fabrication des poudres pharmaceutiques qui sortent de cette usine est, au contraire, fort remarquable; M. Menier a transformé en une grande industrie l'art de pulvériser les substances médicinales; pour arriver à ce résultat, il a fallu beaucoup de temps, de persévérance et d'habileté.

En 1820, M. Menier commençait, sur une petite échelle, à fabriquer les poudres et les farines qui sont employées en pharmacie. Depuis cette époque, son industrie a pris chaque jour plus de développement et d'importance. Il utilise dans son usine de Noisiel la force d'un moteur hydraulique de 40 chevaux ; il y occupe 30 ouvriers, il possède, à Paris, un laboratoire où il fabrique en grand dans le vide et par la vapeur, tous les produits pharmaceutiques.

La quantité de poudres qui se préparent à Noisiel est considérable ; la variété en est très-grande : le quinquina et la gomme adragante, l'acier et la rose de Provins, toutes les substances pharmaceutiques, filandreuses ou élastiques, dures ou molles, sont réduites en poudre impalpable, par des moyens appropriés à leur nature.

Les orges perlées et mondées, les gruaux de qualité supérieure et celle des chocolats se fabriquent également à Noisiel sur une grande échelle.

La préparation en grand des poudres pharmaceutiques ne pouvait réussir qu'entre les mains d'une personne d'une loyauté éprouvée et jouissant de la confiance des pharmaciens; cette confiance, M. Menier la possède tout entière; il est aujourd'hui le pourvoyeur de la plupart d'entre eux, et le nombre des comptes courants ouverts sur ses livres ne s'élève pas à moins de 8,000 ; le chiffre des affaires de sa maison dépasse 3,000,000 de francs.

En ayant égard à cette brillante position commerciale, on ne saurait nier les services que M. Menier rend chaque jour à l'art de guérir en lui fournissant des substances homogènes, pures, d'un bon choix, amenées toujours au même degré de division.

En considération de ces résultats ; et pour reconnaître le mérite industriel et commercial de M. Menier, le jury central décerne à cet exposant la médaille d'or.

M. MAIRE (Charles), à Strasbourg (Bas-Rhin).

M. Maire a débuté dans la carrière industrielle par la découverte d'un procédé fort ingénieux pour fabriquer les acétates et en particulier l'acétate de plomb (sel de saturne). Les avantages de ce nouveau procédé sur l'ancien sont incontestables : ainsi, d'après le procédé de M. Maire, l'opération se trouve achevée au moment où elle ne fait, pour ainsi dire, que commencer par les procédés communément employés. En effet, comme tous ceux qui, pour former des acétates, font usage du vinaigre ordinaire, M. Maire est obligé de le distiller afin de le débarrasser des matières extractives et salines qu'il contient et qui nuisent à la cristallisation du sel ; mais, au lieu de condenser la vapeur physiquement, à travers un serpentin, par un courant d'eau froide qui circule en sens inverse, il dirige la vapeur de vinaigre dans une caisse contenant de l'oxyde de plomb, qui absorbe l'acide acétique pour former de l'acétate. Quant à la vapeur d'eau, comme elle n'est point condensée, elle s'échappe, et on la dirige dans des chaudières à double fond pour en utiliser la chaleur latente.

Pour obtenir l'acide acétique concentré et les acétates, dans les conditions où se trouvait placé M. Maire, il a dû faire lui-même son vinaigre, ce qui l'a forcément conduit à fabriquer de l'alcool, dont la matière première est le sucre, et il a été ainsi amené à créer une industrie essentiellement agricole basée sur l'exploitation de la pomme de terre. M. Maire traite celle-ci par l'orge germée pour la transformer en sucre, qui, subissant à son tour la fermentation alcoolique, donne des produits qu'on soumet, au moyen de la vapeur et dans des alambics appropriés, à une distillation de laquelle on retire un alcool faible qu'on fait passer à travers des tonneaux remplis de copeaux de hêtre pour y recevoir l'action de l'air et se transformer en vinaigre. Quant au résidu de cette distillation, on l'emploie avec beaucoup d'avantage pour la nourriture des bêtes à cornes. L'établissement de M. Maire a nourri à lui seul pendant l'hiver dernier, avec ses résidus, plus de 200 pièces de gros bétail.

M. Maire ayant constaté que l'acétification de l'alcool ne pouvait avoir lieu d'une manière régulière et avantageuse qu'en présence d'un grand excès d'air, ce qui occasionnerait une grande perte d'acide acétique, eut l'idée de faire passer cet air saturé d'acide acétique sur des lames de cuivre et sur des lames de plomb : il obtint de la sorte, avec les premières, un très-bel acétate de cuivre; et avec les secondes, moyennant le concours de l'acide carbonique dégagé des fermentations alcooliques, de la céruse qu'on peut comparer au plus beau blanc de Crimtz.

Telles sont en résumé les opérations pratiquées dans l'établissement de M. Maire. Moyennant 250 à 300 hectolitres d'orge, on traite annuellement dans cette fabrique 12 à 13,000 hectolitres de pommes de terre, et on livre au commerce :

110 à 120,000 kilogrammes d'acétate de plomb, à raison de 115 francs les 100 kilogrammes.

18 à 25,500 kilogrammes d'acide acétique concentré, à raison de 130 à 160 francs les 100 kilogrammes.

20 à 25,000 kilogrammes de céruse, à 85 francs le 100 kilogrammes.

Enfin, 2,500 à 3,000 hectolitres de vinaigre, qui se vend pour les besoins de l'économie domestique, au prix de 6 à 8 francs l'hectolitre.

Les succès obtenus par M. Maire dans le traitement de la pomme de terre sont si bien établis, que, depuis environ 6 ans, il a monté un grand nombre de distilleries et d'appareils distillatoires de son invention, non-seulement dans les premières exploitations agricoles des départements du Haut et Bas-Rhin, de la Moselle, de la Meurthe et de la Meuse, mais encore à Saint-Étienne, à Orléans et dans la Prusse rhénane.

Le jury central, appréciant tout le mérite des inventions de M. Maire, qui lui valurent déjà en 1844 la médaille d'argent, décerne à cet industriel distingué la médaille d'or.

M. COURNERIE, à Cherbourg (Manche.)

L'usine de Cherbourg, que dirige M. Cournerie, est une des premières où l'on ait exploité les soudes provenant des varechs. Elle s'est conservée à la tête de cette industrie; on y traite annuellement 1,200,000 kilogrammes de soude de varech brute, qui fournissent 4 à 500,000 kilogrammes de matières salines. Ces matières, sur 100 parties, sont composées de 16 parties de chlorure de sodium impur, de 37 parties de chlorure de potassium consommé par les salpêtreries, et de 16 parties de sulfate de potasse, que M. Cournerie parvient à priver en grande partie de sels de soude, et à rendre dès lors très-propres à la fabrication des potasses artificielles. M. Cournerie, dans son travail en grand, obtient en ces divers produits à peu près les mêmes quantités qu'indique une analyse rigoureuse, ce qui montre le degré d'exactitude avec lequel, par un roulement d'opérations convenables, s'opère la séparation de ces sels.

Les eaux mères contiennent des iodures et des brômures dont la photographie sur papier commence à employer des quantités sensibles. M. Cournerie a apporté beaucoup de perfectionnements dans le mode d'extraction de l'iode; et, par ses soins, la quantité de ce produit que l'on peut extraire d'un poids donné de soude brute s'est notablement accrue. Par une progression constante et qui marque ainsi la continuité du progrès lui-même, M. Cournerie est parvenu à retirer de 1,000 kilogrammes de soude brute qui, en 1843, ne donnait que 17^k d'iode, jusqu'à 27^k de ce produit.

La nature de la matière première n'a pas changé, mais les sels ont été mieux épurés, et le peu d'iode qu'ils entraînaient en pure perte n'a plus été perdue. Cette circonstance devra exercer une influence notable sur la valeur d'un produit que la médecine réclame aux plus bas prix possibles.

Le jury central, pour récompenser M. Cournerie des importants progrès qu'il a fait faire à l'exploitation des soudes varech, à l'épuration des sels de potasse et à l'extraction de l'iode, lui décerne une médaille d'or.

MM. DE LACRETAZ et FOURCADE, à Vaugirard (Seine), et à Grâville (Seine-Inférieure).

Nouvelle médaille d'argent.

La fabrique de produité chimiques de MM de Lacretaz et Fourcade existe depuis 34 ans; M. de la Cretaz a fondé en 1838 l'usine de Grâville, il continue à produire la presque totalité du bichromate de potasse que consomme l'industrie française.

L'acide stéarique et l'acide oléique, qui résultent de la saponification journalière de 4 à 5,000 kilogrammes de suif, sont d'une qualité remarquable.

MM. de la Cretaz et Fourcade ont apporté à leur importante fabrication d'acide sulfurique de notables perfectionnements; ils condensent dans des récipients les gaz autrefois perdus de leurs chambres de plomb, et ils arrivent à obtenir tout à la fois un rendement plus considérable en acide sulfurique et une moindre consommation d'acide azotique.

Les progrès incessants que MM de la Cretaz et Fourcade ont imprimés à leur industrie les rendent très-dignes de la nouvelle médaille d'argent que le jury leur décerne.

MM. VELLY et Cie, à Reims (Marne.)

Rappels de médailles d'argent.

MM. Velly et Cie exploitent l'établissement de produits chimiques que MM. Houzeau-Muiron et Velly ont fondé dans la ville de Reims en 1836. Le traitement des débris de matières animales et la fabrication des produits que les matières azotées peuvent fournir font surtout l'objet de cette exploitation, qui fournit au commerce de grandes quantités de prussiate de potasse, de sels ammoniacaux, du noir animal, de colle gélatine, de suif d'os, etc.

Cet établissement transforme ainsi en produits utiles à l'industrie des matières le plus souvent perdues, au détriment même de la salubrité publique, et offre à la population qui les ramasse une ressource contre la misère. Son importance était déjà grande sous l'ancienne raison sociale, car il employait dans l'usine même de 20 à 30 ouvriers. Cette importance s'est accrue sensiblement sous la nouvelle raison sociale, puisque l'usine emploie aujourd'hui, d'une manière régulière, de 30 à 40 ouvriers; aussi le jury central s'empresse-t-il de faire jouir personnellement MM. Velly et Cie de la haute distinction qui avait récompensé les efforts de l'ancienne société, et de rappeler en leur nom la seconde médaille d'argent obtenue en 1844 par leurs prédécesseurs.

M. CARTIER fils, à Nantes (Loire-Inférieure), et à Pontoise (Seine-et-Oise)

La fabrique de produits chimiques de M. Cartier, à Nantes, décompose, année moyenne, 5 à 600,000 kilog. de sel marin; elle livre à la consommation locale des acides sulfurique et chlorhydrique, du sulfate de soude, de la soude, du chlorure de chaux, etc. Elle se recommande par les dispositions heureuses de ses appareils, notamment de ceux qui servent à décomposer le sel marin et à produire le chlorure de chaux.

L'usine de Pontoise fabrique, outre les acides, de l'alun, du sulfate d'alumine et du salpêtre.

Le jury central de 1844 a reconnu les améliorations introduites à diverses époques, dans l'industrie chimique, par M. Cartier, en décernant à cet habile industriel une médaille d'argent. Le jury rappelle cette médaille en faveur de M. Cartier.

M. LEROUX, à Vitry-le-Français (Marne),

Continue à se livrer à la fabrication de la salicine. Cette substance, dont la découverte est due à cet habile pharmacien, est obtenue, par lui, dans un remarquable état de pureté.

Le jury central rappelle, en faveur de M. Leroux, la médaille d'argent qui lui a été décernée à l'exposition de 1834.

Médailles d'argent.

MM. AGARD et Cie, à Aix (Bouches-du-Rhône.)

M. Félicien Agard, gérant de la société Agard et Cie, dirige un grand nombre de salines importantes dans le département des Bouches-du-Rhône. Le sel marin qu'il présente au jury et qui est extrait de la saline de Foz, est d'une grande pureté et ne le cède en rien aux sels les plus beaux et les plus transparents que produisent les sols les plus favorisés. Depuis longtemps, M. Agard a compris que, dans une industrie qui n'est en définitive qu'un grand problème de physique, et que pourtant encore, dans beaucoup des localités, on abandonne à la routine la plus aveugle, les conseils de la science avaient une grande importance, et il a su habilement en mettre à profit les indications.

Il s'est attaché, dans les salines qu'il dirige, à faire fonctionner d'une manière utile toutes les surfaces évaporantes, pendant toute l'année à emmagasiner les eaux concentrées en couches épaisses, de manière à n'évaporer que le moins possible d'eau de pluie, favoriser enfin la formation d'une espèce de feutre produit par des débris de conserves, et propre à diminuer la perméabilité du sol dont M. Dôle, l'un des fabricants de sel les plus habiles du Midi, a fait connaître le premier toute l'efficacité. Au moyen de toutes ces précautions, M. Agard a pu augmenter d'une manière très-notable la production du sel marin, même sur les salines qui sont alimentées par les eaux de l'étang de Berre, et malgré les variations de salure que ces eaux ont éprouvées dans ces dernières années. C'est ce qui a eu lieu principalement pour la saline dite de Berre en particulier, et qui grâces aux modifications qu'il a apportées, peut aujourd'hui être citée comme un modèle de ce genre d'exploitation.

On conçoit qu'un aussi habile industriel ne pouvait rester étranger à l'utilisation des eaux mères; aussi, de concert avec d'autres propriétaires de salines, il a introduit pour leur exploitation, dans le département des Bouches-du-Rhône, les procédés de M. Balard, qui ont valu à leur auteur la médaille d'or en 1844.

Le jury a vu avec un vif intérêt figurer parmi les produits exposés par M. Agard, du chlorure de potassium pur et du carbonate de potasse dérivé de ce chlorure et provenant ainsi de l'eau de la mer. Il favorise de tous ses vœux l'extraction de ces sels sur une grande échelle, et espère que dans peu cette source indéfinie de potasse sera ouverte aux industriels.

Le chlorure de magnésium que l'eau de la mer renferme, et qui peut servir à produire à bas prix des quantités considérables d'acide chlorhydrique et de magnésie, a reçu de M. Agard un autre genre d'application. Il l'a fait servir à diminuer la solubilité du sel marin et les eaux mères chargées de ce chlorure et mêlées avec de l'eau saturée de sel, lui ont permis d'obtenir, en très-petits cristaux cubiques, du sel marin, d'une pureté absolue quand il a été suffisamment lavé, et qui est appelé à prendre place sur nos tables à côté du sel de luxe que, dans les fabriques de sel ignigène, on désigne sous le nom de *fin-fin*.

Sans tenir compte, en ce moment, de l'utile concours apporté par M. Agard à l'exploitation des eaux mères, le jury central, appréciant toute l'intelligence dont cet industriel a fait preuve dans la gestion des salines qui lui sont confiées, lui décerne une médaille d'argent.

MM. BEZANÇON et Cie, fabricants de céruse, à Ivry-sur-Seine, près Paris.

M. Bezançon était l'associé de MM. Ameline et compagnie, qui ont obtenu, à l'exposition de 1844, une médaille de bronze pour leur fabrication de céruse, pratiquée à cette époque à Courbevoie. En 1843, il a fondé à Ivry un vaste établissement, entièrement construit pour cette fabrication. Il utilise la force d'une machine à vapeur à haute pression, de 50 chevaux, et il possède un appareil à écailler les lames de plomb, et deux blutoirs qui sont disposés de manière à écarter les causes d'insalubrité que présentaient, pour les ouvriers, les anciens procédés. Le transport des produits dans l'intérieur de l'usine est rendu facile par des voies de fer d'une longueur de plus de 600 mètres. On coule dans cette fabrique le plomb sous forme de grilles, et une partie de ce métal y est transformée en carbonate sous l'influence du tan que les nombreuses tanneries des environs lui fournissent en abondance. On livre au commerce la plus grande partie de la céruse, déjà broyée avec une certaine quantité d'huile. Cette pratique épargne aux peintres l'opération si dangereuse de la pulvérisation des pains et du broyage à l'huile de la céruse en poudre.

La quantité de céruse que produit cette importante usine s'élève à 700,000 kilog. environ.

Le jury central décerne à MM. Bezançon et compagnie la médaille d'argent.

MM. POELMANN frères, aux Moulins-lez-Lille (Nord.)

La fabrique de MM. Poelmann frères produit annuellement 5 à

600,000 kilog. de céruse en pains et en poudre : ses produits sont estimés. De même que M. Th. Lefebvre, MM. Poelmann ont fait d'honorables sacrifices pour atténuer, autant que possible, les causes d'insalubrité inhérentes à leur fabrication. Un rapport favorable du comité central d'hygiène et de salubrité du département du Nord constate les bons résultats qu'ils ont obtenus.

Le jury central, voulant récompenser ces louables efforts, décerne à MM. Poelmann frères une médaille d'argent.

M. VIOLETTE, à Esquerdes (Pas-de-Calais).

M. Violette, commissaire des poudres à Esquerdes, a récemment appliqué avec succès la vapeur surchauffée, comme moyen calorifique. L'idée de cette application n'est pas nouvelle; mais MM. Laurens et Thomas paraissent être les premiers qui l'auraient réalisée industriellement pour la vivification du noir animal. M. Violette s'en est servi depuis pour carboniser le bois de bourdaine, employé dans la fabrication de la poudre; il obtint ainsi du charbon roux d'une composition beaucoup plus uniforme que par l'ancien procédé, et en plus grande quantité. La simple dessiccation des bois à 150 à 200° par la vapeur surchauffée a été aussi l'objet des recherches de M. Violette, et les résultats déjà obtenus paraissent devoir donner lieu à d'utiles applications; la cuisson du pain et des viandes a été également obtenue par des procédés semblables.

Une des applications les plus heureuses qui aient été faites par M. Violette de la vapeur surchauffée, est celle qui a eu pour but la cuisson du plâtre. On sait que la pierre à plâtre n'exige, pour sa cuisson, qu'une température d'environ 120°; une calcination trop forte altère la qualité du plâtre cuit : elle donne ce qu'on appelle des *plâtres morts*. Dans les procédés actuellement suivis, et qui consistent soit à calciner le plâtre dans des fours analogues aux fours à pain, soit à le soumettre à l'action directe des produits de la combustion du bois, on obtient des plâtres d'une qualité fort inégale. M. Violette y applique avec succès la vapeur surchauffée à une température de 200° environ. L'immersion prolongée de la pierre à plâtre dans le courant suffit pour une bonne et complète cuisson.

Le jury a pensé que les résultats déjà obtenus par M. Violette méritaient d'être reconnus et récompensés, et lui a décerné une médaille d'argent.

M. TISSIER aîné, au Conquet, (Finistère).

M. Tissier, qui a fondé et dirigé pendant les premières années de leur existence les fabriques pour l'extraction des sels de la soude varech, créées à Cherbourg, en a, depuis 1830, établi une au Conquet, pour son propre compte. Il y traite, année commune, de 900,000 à 1,100,000 kilogrammes de soude brute. Cette quantité de soude représente, en main-d'œuvre, pour la récolte du fucus et sa fabrication, l'occupation de près de 200 familles. M. Tissier en retire 150,000 kilogrammes de chlorure de potassium, 250,000 kilogrammes de sels marins impurs, employés pour la verrerie, 75,000 kilogrammes de sulfate de potasse. Sa production en iode et iodure de potassium est d'environ 3,500 kilogrammes. Il livre au commerce 600 kilogrammes de brome ou de bromure de potassium, dont la photographie sur papier commence à déterminer une certaine consommation.

Les produits exposés par M. Tissier sont d'une très-belle qualité. Son iode est en larges lames cristallines et parfaitement sec.

Le jury central, appréciant toute l'importance de la fabrication de M. Tissier, ainsi que la qualité de ses produits, lui décerne une médaille d'argent.

M. Louis SERBAT, à Saint-Saulve (Nord.)

M. Serbat, pendant le cours de sa carrière industrielle, a toujours poursuivi avec persévérance l'utilisation de plusieurs résidus. On lui doit le procédé par lequel on profite aujourd'hui de l'indigo qui colore les vieux chiffons de laine. Il s'occupe aujourd'hui à faire pénétrer dans nos usines et jusque dans nos ménages l'utilisation des eaux savonneuses. Quand on réfléchit aux quantités considérables de corps gras qui se perdent journellement sous la forme de savon, on ne peut que s'intéresser à une exploitation qui, les précipitant sous la forme de savons métalliques de fer ou de manganèse, les fait ensuite entrer comme matières premières dans la confection de certains produits utiles. M. Serbat prépare, avec ces savons métalliques et l'huile de résine, des peintures remplaçant la peinture à l'huile, et qui sont d'une grande solidité. Il en confectionne aussi des mastics métalliques, espèces de luts, qui prennent, au bout d'un certain temps, une dureté considérable; et qui déjà remplacent avec beaucoup d'avantage, dans les fermetures des chaudières à vapeur, la pâte à l'huile siccative et au minium employée ordinairement, et qui seront certainement appropriés à bien d'autres emplois.

M. Serbat a perfectionné le mode de préparation de ces pâtes onctueuses de chaux et d'huile de résine, qui commencent à se substituer au vieux oing pour le graissage des locomotives; il a aussi montré, par d'utiles applications, tout le parti qu'on pouvait tirer, dans la peinture, des peroxydes de manganèse à bas titre, si abondants dans quelques localités, et jusqu'à présent sans emploi.

Le jury central apprécie la bonne qualité et l'utilité des produits présentés par M. Serbat, et, voulant encourager cet honorable industriel à marcher dans cette voie d'utilisation d'objets sans valeur, il lui décerne une médaille d'argent.

MM. MALLET et Cie, rue de Marseille, à la Villette (Seine).

MM. Mallet et Cie fabriquent de l'ammoniaque liquide en distillant, avec de la chaux, les eaux de condensation et de lavage du gaz de la houille. Leurs appareils, disposés avec beaucoup d'intelligence, permettent d'obtenir directement de l'ammoniaque liquide ambrée, et même blanche et à peu près pure. Ils livrent au commerce 2,000 quintaux métriques de ce produit. La qualité de ces produits, qui s'est améliorée depuis la précédente exposition, et le prix de vente qui s'est abaissé, témoignent des perfectionnements que MM. Mallet et Cie ont su apporter dans leur fabrication.

M. Mallet ne se contente pas d'utiliser l'ammoniaque des eaux de condensation ammoniacales, il s'occupe aussi avec succès à purger, par des sels métalliques, le gaz de l'éclairage de l'hydrosulfate d'ammoniaque, qui est une des causes de la mauvaise odeur, et à profiter ainsi de l'ammoniaque qui était perdue par l'emploi de la chaux. On se rappelle qu'il a d'abord employé à cet usage des solutions de chlorure de manganèse, résidus de la préparation du chlore. Cette méthode d'épuration qui, en 1844, n'était employée que dans quelques usines, a été depuis accueillie par plusieurs autres compagnies; mais la nécessité de modifier les appareils offrait un inconvénient que M. Mallet a, dans ces derniers temps, cherché à éviter par l'emploi du sulfate de plomb, résidu de la fabrication de l'acétate d'alumine. Ce sel, substitué à la chaux, et fonctionnant à sec dans les mêmes appareils que cet alcali lui-même, se transforme en un mélange de sulfate d'ammoniaque, que l'on peut séparer par l'eau, et de sulfure de plomb, qu'un passage au four à réverbère transforme de nouveau en un mélange de sulfate et d'oxyde de plomb, et qui redevient ainsi propre à produire cette épuration. Ainsi, avec une quantité de sulfate de plomb limitée, avec de la chaleur et de l'air, on peut à la fois recueillir l'ammoniaque que le gaz entraînait, et obtenir, sous la forme d'acide sulfurique, une partie du soufre qui contribuait à rendre le gaz de l'éclairage impur et odorant. Le procédé ne fonctionne à l'usine de Saint-Mandé que depuis une époque trop récente pour que le jury central puisse se prononcer sur les avantages industriels de ce nouveau mode de préparation des gaz ammoniacaux; mais il se plaît à reconnaître que ce procédé lui paraît tout à fait rationnel, et qu'il offre une nouvelle preuve de l'esprit industrieux qui distingue M. Mallet.

Le jury central, pour récompenser ces efforts, décerne à MM. Mallet et Cie une médaille d'argent.

Nouvelles médailles de bronze.

MM. Henri RINGAUD jeune et Cie, rue de la Roquette, n° 73, à Paris.

L'usine de M. Ringaud continue à fournir au commerce des cyanures de tout genre, des bleus de Prusse de diverses nuances, de l'acétate de cuivre et du vert de Schweinfurt. Ce dernier produit, que l'on tirait autrefois de l'Allemagne, et que M. Ringaud a, l'un des premiers, fabriqué en France, continue à mériter, par la beauté et l'éclat de sa teinte, la mention particulière que le jury central en avait faite à la précédente exposition.

Malgré le bas prix tout à fait anormal auquel la concurrence avait fait descendre le prussiate de potasse, M. Ringaud n'en a pas pour cela interrompu la fabrication. La grande économie qu'il apporte dans sa fabrication lui a permis de supporter une épreuve à laquelle bien d'autres fabricants n'ont pu résister. Dans son usine, la fabrication de prussiate, loin d'exiger, comme ailleurs, une dépense en combustible, devient, au contraire, une source de chaleur qu'il a su utiliser.

Le jury central, appréciant toute l'intelligence et l'habileté dont ce fabricant continue à faire preuve, lui décerne une nouvelle médaille de bronze.

MM. DELAUNAY et Cie, à Portillon, près Tours (Indre-et-Loire).

L'usine de Portillon, fondée en 1830 par M. Pallu, a reçu de

M. Delaunay, qui la dirige depuis 1839, d'importantes améliorations : la céruse, le minium et la mine orange qui sortent de cet établissement sont fort estimés. M. Delaunay apporte tous ses soins à préserver la santé de ses ouvriers des dangers qui accompagnent la fabrication de la céruse et du minium.

Le jury central décerne à M. Delaunay une nouvelle médaille de bronze.

MM. LAMING et Cie, à Clichy-la-Garenne, près Paris.

Rappels de médailles de bronze.

Continuent à fabriquer, sur une grande échelle, avec des appareils pour lesquels ils sont brevetés, des sels ammoniacaux et de l'ammoniaque liquide qu'ils extraient des eaux provenant de la fabrication du gaz de la houille.

Le jury central leur accorde le rappel de la médaille de bronze qui leur a été décernée en 1844.

MM. BOYVEAU-PELLETIER et compagnie, rue des Francs-Bourgeois-Saint-Michel, n° 8, à Paris.

Ont exposé une série très-remarquable d'échantillons de produits chimiques destinés aux arts ou aux laboratoires de chimie.

Les produits de cette maison, fondée par Robiquet, sont appréciés de tous les chimistes.

Le jury central rappelle, en faveur de MM. Boyveau-Pelletier et compagnie, la médaille de bronze qui leur a été décernée en 1844.

M. JULIEN, rue de la Vieille-Monnaie, n° 9, à Paris. (Usine à Vaugirard.)

Médaille de bronze.

M. Julien, qui a succédé à MM. Bergerat et Letellier, fabrique certains produits chimiques destinés à la pharmacie et aux arts. Le sel ammoniac, le camphre raffiné, les chlorures de mercure surtout, sont préparés, chez lui, sur une grande échelle.

Le jury lui rappelle la médaille de bronze obtenue par ses prédécesseurs.

MM. DELONDRE, BERTHEMOT et Cie, rue Vieille-du-Temple, n° 30, à Paris,

Sont les successeurs de MM. Pelletier, Delondre et Levaillant, qui les premiers ont établi sur une grande échelle la fabrication du sulfate de quinine. On sait que la précieuse découverte de ce médicament est due à M. Pelletier et à M. Caventon.

La pureté du sulfate de quinine de MM. Delondre, Berthemot et Cie ne laisse rien à désirer; il jouit, en France et à l'étranger, de la plus honorable préférence. Leurs usines de Nogent-sur-Marne et de Ménilmontant en livrent actuellement au commerce 2,500 kilogrammes environ, qui représentent une valeur de deux millions de francs. Leur fabrication a été diminuée, dans ces dernières années, par suite de la rareté des quinquinas sur les marchés européens.

Le jury central de 1839 a décerné une médaille d'or à Pelletier, et a rappelé en faveur de MM. Delondre et Levaillant la médaille de bronze qui leur a été accordée en 1834 pour leur fabrication du sulfate de quinine.

Le jury central décerne à MM. Delondre, Berthemot et Cie une médaille de bronze.

MM. DROUIN et BROSSIER, à la Briche, près Saint-Denis (Seine).

MM. Drouin et Brossier préparent des produits chimiques pour la teinture, tels que chlorure d'étain, cyanure rouge de potassium, extrait de bois. Le jury a surtout remarqué dans leur usine la fabrication régulière du carbonate de potasse au moyen du sulfate de potasse. La fabrication de MM. Drouin et Brossier présente, sous ce rapport, d'autant plus d'intérêt, qu'il est permis d'espérer que, dans peu, l'exploitation des eaux mères des salines approvisionnera avec abondance les usines de ce genre en sulfate de potasse, que l'exploitation de la soude varech ne fournit aujourd'hui que d'une manière très-limitée.

Le jury central, voulant récompenser la fabrication d'un produit que la France tire presque tout entier de l'étranger, et dont la pénurie commence à se faire sentir, décerne à MM. Drouin et Brossier une médaille de bronze.

M. BATAILLE, à Blangy (Seine-Inférieure).

La fabrique d'acide pyroligneux et autres produits chimiques spécialement destinés à l'industrie rouennaise a été fondée, en 1819, par M. Bataille père. Elle carbonise 8,000 stères de bois, et elle livre annuellement au commerce 80,000 kilogrammes d'acide acétique; 200,000 kilogrammes d'acétate d'alumine; 15,000 kilogrammes d'acétate de fer, d'acétate de chaux, de sulfate de fer, etc.

M. Bataille fils dirige cette usine avec beaucoup d'habileté; il livre aux fabricants d'indiennes de l'acétate d'alumine pur, exempt de fer et de cuivre, qui leur fournit des nuances très-belles et très-brillantes. Il est, en outre, parvenu à abaisser beaucoup le prix de l'acide acétique, en le tirant directement de l'acétate de chaux convenablement purifié.

Le jury central accorde à M. L. Bataille une médaille de bronze.

M. BRIÈRE, boulevard Beaumarchais, 24, à Paris.

La France avait, jusqu'ici, tiré de l'étranger, et notamment de l'Angleterre, la totalité des produits arsenicaux que consomment certaines industries. M. Brière, en exploitant à Bransac, dans le département du Puy-de-Dôme, un minerai de mispikel, est parvenu à obtenir, dans notre pays, de l'acide arsenieux et du réalgar, que le commerce apprécie, et dont le jury central a constaté la bonne qualité.

L'acide arsenieux fabriqué par M. Brière est condensé du premier coup dans un état de pureté convenable sous la forme neigeuse, et dans un état qui le rend d'un emploi plus commode que l'acide arsenieux vitreux. L'acide arsenieux que l'on recueille en Angleterre comme produit accessoire obtenu dans le grillage des minerais de cuivre, de plomb et surtout d'étain, est assez impur pour nécessiter une sublimation qui l'amène à l'état vitreux. Sous cette forme il exige une pulvérisation toujours dangereuse; il présente d'ailleurs une solubilité moindre, double circonstance qui explique la préférence que les fabricants de vert de Schweinfurt donnent à prix égal et même un peu supérieur aux produits de M. Brière.

L'usine de Bransac serait parfaitement en mesure de suffire à la consommation de la France, et l'économie et l'intelligence avec laquelle elle est dirigée lui permettrait de lutter avec avantage contre les produits étrangers, et malgré cette circonstance défavorable que ces produits sont une matière accessoire à d'autres fabrications dont la salubrité publique rend la condensation tout à fait indispensable, si ces produits étaient maintenus à un prix normal. Mais la fabrication de ces produits étant concentrée en Angleterre dans un petit nombre de mains, le désir d'éteindre une concurrence naissante et de se conserver entier un marché important, fait, à chaque offre d'arsenic français, affluer des quantités notables d'arsenic étranger à des prix très-bas, qui ne manquent pas de se relever quand les produits français ne sont plus offerts. La protection accordée à la fabrication d'arsenic, en France, ne serait, comme on voit, qu'une garantie contre l'exhaussement artificiel de prix que l'absence de concurrence étrangère ne manquerait pas d'amener.

M. Brière, pour se mettre en mesure de se livrer à cette industrie, a parcouru le plus grand nombre des usines de ce genre, et en important en France les procédés les plus perfectionnés, en formant lui-même les ouvriers nécessaires pour cette fabrication, il a fait preuve de beaucoup d'habileté et de persévérance.

Le jury central, s'associant à ses efforts, lui décerne une médaille de bronze.

M. DUPRÉ, à Forges-les-Eaux (Seine-Inférieure).

M. Dupré exploite, dpeuis 1816, à Forges-les-Eaux, un lignite pyriteux qui, après une longue exposition à l'air, fournit, par des lavages méthodiques, une grande quantité de sulfate de fer. L'usine de M. Dupré livre annuellement au commerce 150,000 kilogrammes de couperose de refonte et de menu sel.

La couperose de Forges est très-recherchée par les teinturiers en noir, qui l'achètent beaucoup plus cher que les couperoses provenant d'autres localités : elle est, en effet, d'une composition homogène; elle est presque exempte de cuivre et d'alun, et son acidité est très-faible.

Les minerais lessivés, mélangés avec des cendres de tourbe, fournissent un engrais salin pour les prairies naturelles et artificielles. Cet engrais est très-employé dans l'arrondissement de Neufchâtel et dans le canton de Buchy.

Le jury central décerne à M. Dupré une médaille de bronze.

M. D'HOMME, rue de Javelle, n° 16, à Grenelle (Seine).

L'usine de M. d'Homme a été fondée, en 1709, par M. Payen père; elle occupait quarante ouvriers en 1847; l'épuration du soufre s'y fait sur une grande échelle, car elle livre au commerce 400,000 kilogrammes de ce produit; on y fait, en outre, du prussiate de potasse et du borax.

Les produits de M. d'Homme sont le résultat d'une bonne fabrication.

Le jury central décerne à cet exposant une médaille de bronze.

MM. DUREL et Cie, à Saint-Saulve, près Valenciennes (Nord).

MM. Durel et Cie exploitent à Valenciennes une distillerie et une fabrique de potasse alimentées avec les mélasses du sucre indigène. Leur usine occupe 40 ouvriers: elle fait fonctionner 7 appareils distillatoires et 20 fours à calcination; elle produit 10,000 hectolitres d'esprit à 96°.

Le jury accorde à MM. Durel et Cie une médaille de bronze.

M. DE CAVAILLON, rue Taitbout, n° 30, à Paris.

M. de Cavaillon est parvenu à rendre pratique la méthode d'épuration du gaz à sec avec le sulfate de chaux, méthode qui, conseillée depuis longtemps par MM. Darcet et essayée par MM. Krafft et Sucquet, avait été cependant abandonnée. Il emploie à cet usage des plâtres arrosés d'un peu d'eau acidulée pour détruire leur alcalinité, et mêlés avec de la poussière de coke. Le gaz de l'éclairage, se tamisant au travers de cette masse poreuse, abandonne son ammoniaque sous la forme de sulfate, qu'on peut extraire par le lessivage. Le résidu contient encore des traces d'azote, et peut être utilisé comme engrais.

Ce procédé ne dispense pas de l'emploi de la chaux, dont une couche doit être placée après les plâtras pour absorber l'acide sulfhydrique, mais la consommation de cet alcali est sensiblement diminuée.

M. de Cavaillon a mis son procédé en pratique, depuis plus d'une année, dans deux usines, et notamment à celle du faubourg Poissonnière, et il est aujourd'hui en mesure de l'étendre à d'autres établissements. Il livre en ce moment au commerce 8 à 10 quintaux par jour de sulfate d'ammoniaque dont les fabricants d'alun font principalement usage, et qui, malgré la teinte rouge qu'un peu de sulfocyanure de potassium communique aux eaux mères, donne de très-beaux produits.

Le jury apprécie toute l'importance que présente la condensation et l'utilisation du gaz ammoniaque, le plus souvent perdu dans le gaz de l'éclairage dont il altère la pureté; et, voulant récompenser des efforts qui tendent à recueillir un produit aujourd'hui utile aux arts seulement, mais qui pourrait avoir un grand emploi dans l'agriculture, s'il était d'un plus bas prix, il décerne à M. de Cavaillon une médaille de bronze.

M. Louis FAURE, à Wazemmes (Nord).

La fabrique de céruse de M. Louis Faure est une des plus anciennes et des plus grandes de l'arrondissement de Lille : elle a été fondée en 1820; elle convertit en carbonate 600,000 kilogrammes de plomb. Ses produits sont estimés.

M. Louis Faure a obtenu, à l'exposition de 1834, une mention honorable, qui a été rappelée en sa faveur aux expositions suivantes.

Le jury central reconnaît le travail persévérant et la bonne fabrication de M. L. Faure, en décernant à cet exposant une médaille de bronze.

MM. ROLLAND, père et fils, à Toulouse (Haute-Garonne).

Ils ont fondé en 1840 une fabrique de produits chimiques et d'engrais. Ils exposent de l'acide sulfurique, du sulfate de soude, de l'alun, du sulfate de fer, etc.

Ils occupent trente ouvriers et utilisent la puissance de trois machines à vapeur représentant en total la force de vingt-huit chevaux. La fabrication des différents sels qu'ils ont exposés s'élève à 1,500,000 kilogrammes environ.

Ils ont un clos d'équarrissage, et ils consacrent une partie des débris des animaux abattus à la confection de divers engrais qui sont employés avec grand avantage dans leur département.

Le jury accorde à MM. Rolland une médaille de bronze.

MM. MALLET et LEPELETIER, au Mans (Sarthe).

La magnésie qui se consomme en France pour l'usage médical, a été, jusqu'ici, presque exclusivement tirée de l'Angleterre. De nombreux essais ont été faits pour l'obtenir chez nous, avec ce degré de légèreté qu'une longue habitude fait encore regarder ici comme une qualité essentielle, quoique en Angleterre on commence aujourd'hui à se servir de préférence de magnésie pesante, mais ils avaient toujours donné des produits beaucoup plus lourds que la magnésie légère fabriquée par les anglais. M. Mallet, après de longs tâtonnements, est parvenu à surmonter ces difficultés et à offrir au commerce, qui a déjà accepté ses produits, des magnésies légères carbonatées qui ne le cèdent presque en rien à celles de nos voisins. La magnésie qu'il expose, bien qu'extraite de la dolomie, ne contient pas du tout de chaux.

Le jury central, pour récompenser la persévérance et le succès de M. Mallet, lui accorde une médaille de bronze.

M. ROGÉ, pharmacien, rue Vivienne, n° 12, à Paris,

Expose des échantillons de citrate de magnésie provenant de sa fabrication.

La médecine doit à M. Rogé la préparation d'une limonade purgative, d'un goût agréable, qui remplace l'eau de sedlitz, que la plupart des malades ne prennent qu'avec une grande répugnance. Ces faits, constatés par des commissions spéciales, sont en dehors de ceux que le jury central est appelé à apprécier. Mais l'industrie est redevable à M. Rogé de l'impulsion qu'a reçue la fabrication de l'acide citrique auquel il a donné un emploi nouveau et important. Depuis que la limonade purgative au citrate de magnésie est en usage, la fabrication de l'acide citrique a décuplé : à Marseille, elle s'élève, dit-on, à 100,000 kilogrammes, et elle est alimentée par les citrons et les jus de citron qui viennent du midi de la France, de l'Algérie, de la Sicile et de l'Espagne.

M. Rogé fabrique lui-même le citrate de magnésie sur une assez grande échelle : depuis deux ans, il a employé 5,000 kilogrammes d'acide citrique, et 3,000 kilogrammes environ de magnésie.

Considéré comme fabricant, M. Rogé a droit aux récompenses que décerne le jury central; c'est à ce titre qu'une médaille de bronze lui est accordée.

Rappels de mentions honorables.

M. DUROZIER, rue des Francs-Bourgeois-Saint-Michel, n° 18, à Paris.

M. Durozier expose des essences parfaitement rectifiées et dont l'évaporation ne laisse aucun résidu. Il présente aussi des préparations employées dans la peinture à l'huile et à la cire dont les artistes ont depuis longtemps constaté la bonne qualité.

Le jury rappelle à M. Durozier la mention honorable qu'il a obtenue en 1844.

M. WITTMANN, rue Neuve-Saint-Méry, n° 9, à Paris.

M. Wittmann, successeur de M. Hédouin, continue, comme son

prédécesseur, à préparer des produits chimiques pour la chimie et pour la pharmacie : ces produits sont de bonne qualité.

Le jury rappelle, en faveur de M. Wittmann, la mention honorable obtenue en 1844 par M. Hédouin, son prédécesseur,

M. Jules GUILLIER, parfumeur, rue Montmartre, n° 130, à Paris.

Il a obtenu, en 1844, une mention honorable pour une encre servant à marquer le linge, et s'employant à la plume, au tampon, ou avec des caractères en bois. Cette encre est préférable à l'encre anglaise, qui nécessite la préparation du tissu sur lequel on veut écrire.

Outre cette encre, dite *française*, qui a pour base le nitrate d'argent et qui donne des caractères noirs, M. Guillier expose, cette année, une encre contenant une préparation d'or qui donne des empreintes de couleur pourpre ou violette.

Le jury central estime que M. Guillier est toujours digne de la mention honorable qui lui a été accordée en 1844.

Mentions honorables.

MM. CAMPION et THÉROULDE, à Granville (Manche).

MM. Campion et Théroulde exploitent à Granville une fabrique fondée en 1839 pour l'extraction des sels que fournit la soude varech. Le traitement annuel de 1,200,000 kilogrammes de cette soude par 40 ouvriers, qui fabriquent ainsi 400,000 kilogrammes de sels à bases de potasse et de soude, indique l'importance de cet établissement. Les produits en iode et iodure de potassium qu'ils exposent sont d'une bonne qualité. Il est seulement à regretter que, n'isolant pas les divers sels contenus dans la soude varech, ils ne retirent pas de leur industrie tous les avantages qu'elle pourrait offrir.

Le jury central, désireux de récompenser des exploitations qui offrent des moyens d'existence à de nombreuses populations, décerne à MM. Campion et Théroulde une mention honorable.

M. BONNET, à Apt (Vaucluse).

Il a fondé, en 1841, une fabrique de minium et de mine orange qui consomme 60,000 kilogrammes de plomb, et qui alimente de minium les fabriques de poteries des environs. Ces produits étant d'une belle qualité, le jury décerne à M. Bonnet une mention honorable.

M. Édouard DEISS, rue Grange-aux-Belles, n° 1 *bis*, à Paris.

M. Deiss expose des produits chimiques employés dans les laboratoires et des réactifs. Ces produits, qui sont obtenus en grand et par des procédés de fabrique, ont attiré l'attention du jury par leur bonne qualité, et surtout par leur bas prix. Outre les cyanures blancs pour la dorure, qu'il livre à 5 francs le kilogramme, le cyanure rouge, l'hyposulfite de soude, dont la photographie détermine aujourd'hui une notable consommation, M. Deiss prépare, pour la fabrication du caoutchouc volcanisé, de grandes proportions de chlorure de soufre et de sulfure de carbone. Il obtient surtout ce dernier produit en quantités considérables qu'il peut, pour des quantités importantes, livrer à moins de 2 francs le kilogramme.

Le jury central décerne à M. Deiss une mention honorable.

M. FRANÇOIS-GRÉGOIRE, à Haubourdin (Nord.)

M. François se livre avec beaucoup de succès à la distillation des mélasses; il obtient ainsi de l'alcool à 94° centésimaux bien épuré apprécié dans le commerce, ainsi que de l'alcool parfumé au genièvre, et du vinaigre. Les résidus de la distillation du genièvre fournissent la nourriture de beaucoup de bestiaux. Ceux qui proviennent de la mélasse ne sont employés que comme engrais. Les sels de potasse qu'ils contiennent, utiles au développement de la végétation, en revenant ainsi au sol qui les a fournis, reçoivent en définitive un utile emploi. Le jury regrette néanmoins que ces résidus ne soient pas employés à la fabrication du carbonate de potasse, et ne servent pas, ainsi que cela se pratique dans d'autres distilleries, à augmenter la fabrication d'un produit indispensable à plusieurs industries, et dont la pénurie se fait sentir de plus en plus.

Le jury décerne à M. François-Grégoire une mention honorable.

MM. ROUSSEAU frères, rue de l'École de médecine, n° 9, à Paris.

Ils ont fondé, en 1843, une fabrique de produits chimiques et des différents appareils qui servent dans les laboratoires de chimie. Ils ont exposé une collection variée de produits bien préparés et d'un prix relativement modéré.

Le jury leur décerne une mention honorable.

M. DAMBREVILLE, à Amiens (Somme).

Il expose, sous le nom d'*antichlore*, de beaux échantillons d'hyposulfite de soude, qu'il livre aux fabriques de papier, au prix modique de quatre francs le kilogramme.

Tout le monde s'accorde sur ce point, que, si l'emploi du chlore comme agent de décoloration présente de grands avantages sous le rapport de l'économie et de la rapidité d'exécution, il offre aussi de graves inconvénients en compromettant la solidité du papier qui a été soumis à son action qui se prolonge après le lavage souvent imparfait qu'on leur a fait subir. On avait déjà tenté de porter remède à ce contact dangereux en lavant les produits décolorés par le chlore avec une dissolution de sulfite de soude; mais ce sel s'altère rapidement au contact de l'air et y perd ses propriétés utiles : M. Dambreville a eu l'heureuse idée de le remplacer par l'hyposulfite de soude qu'il est parvenu à préparer en grand et avec économie, et qui se conserve beaucoup mieux que le sulfite de soude.

D'après M. Dambreville, 1 kilogramme d'hyposulfite de soude suffit pour débarrasser du chlore en excès 2 à 3,000 kilogrammes de matières blanchies par cet agent. La dépense qu'entraîne son emploi est par conséquent insignifiante en raison des avantages qu'il présente. Le jury central, désirant concourir à la propagation d'un procédé qui annihile les inconvénients de la belle application du chlore comme agent de décoloration qu'on doit à Berthollet, accorde à M. Dambreville une mention honorable.

M. ARNOUX, rue Lanzin, n° 14, à Belleville (Seine).

Le rouge à polir les métaux, de M. Arnoux, est estimé de ceux qui en font usage; il est employé par un grand nombre de bijoutiers, de joailliers, d'orfévres, etc.

Le jury accorde à M. Arnoux une mention honorable.

M. PESQUET, place Baudoyer, n° 7, à Paris.

S'occupe avec beaucoup de succès, depuis longues années, de fabriquer le rouge à polir l'acier. Les horlogers s'accordent à considérer le rouge de M. Pesquet comme étant d'une qualité supérieure: ils le préfèrent à celui qu'on tire de la Suisse et de l'Angleterre.

M. Pesquet fabrique aussi du rouge à polir l'or et l'argent, d'une excellente qualité. Le seul reproche qu'on fait aux produits de

M. Pesquet, c'est la grande élévation de leur prix. Son rouge à polir l'acier se vend à raison de 160 francs le kilogramme.

Le jury central accorde une mention honorable à M. Pesquet.

MM. FIQUÉRA et Cie, rue d'Enghien, n° 7, à Paris.

L'exploitation des eaux vannes, dans le but d'en extraire de l'ammoniaque, est une opération d'une haute utilité. Pratiquée avec intelligence et sur une grande échelle, elle peut contribuer à la fois à assainir nos villes, à approvisionner nos usines de produits utiles, et à fournir à nos campagnes de nouvelles sources de fertilité.

Aussi le jury a-t-il vu, avec beaucoup d'intérêt, figurer à l'exposition de 1849 les produits de l'usine de Montfaucon, qui, fondée en 1836, a, pendant plus de 12 ans, livré au commerce de grandes quantités de sels ammoniacaux : ces quantités eussent pu être bien plus grandes encore, si les exploitants, pour obtenir de la compagnie adjudicataire de la voirie de Montfaucon la cession des liquides qu'ils utilisent, n'avaient dû souscrire à une condition aussi regrettable, sans aucun doute, pour les deux contractants que pour le public, et qui, interdisant à MM. Fiquéra et Cie la vente du sulfate d'ammoniaque comme engrais, les a forcés à ne fabriquer ces produits que pour l'industrie chimique, et a laissé écouler une grande partie des liquides ammoniacaux sans exploitation.

Quoique ainsi limitée dans sa production, l'usine de MM. Fiquéra et Cie est trop importante, et les procédés d'exploitation les plus économiques y sont appliqués avec trop d'intelligence pour que le jury central eût hésité à récompenser les exposants par une de ses hautes distinctions; mais on sait que, depuis plus d'un an, la voirie a été transportée à Bondy, et dès lors, faute de matière première, l'usine de MM. Fiquéra et Cie ne fonctionne plus à Montfaucon. D'un autre côté, celle qu'ils avaient le projet d'établir à Bondy n'existe pas encore; il est même douteux si elle y sera construite par les exposants, car, libres encore de disposer des matières premières liquides de la voirie par un marché qui arrive bientôt à expiration, ils ne le sont pas encore de transporter leur usine à Bondy. L'administration publique, dans son respect trop scrupuleux peut-être des règlements, ne croit pas devoir reconnaître que l'enquête *de commodo et incommodo*, qui a permis le transport de la voirie à Montfaucon, a implicitement autorisé aussi l'érection de l'usine, qui n'en était qu'une annexe, et dont l'effet certain eût été de diminuer l'incommodité d'un pareil voisinage. Une nouvelle enquête a dès lors été jugée nécessaire, et le temps qu'exigent les formalités administratives amènera peut-être MM. Fiquéra et Cie à l'époque à laquelle les matières premières de l'exploitation ne seront plus à leur disposition.

Dans de telles circonstances, le jury central ne croit pas pouvoir accorder en ce moment à MM. Fiquéra et Cie autre chose qu'une de ses mentions les plus honorables; mais il fait des vœux pour qu'à l'exposition prochaine MM. Fiquéra et Cie, continuant une exploitation qui leur doit de notables perfectionnements, soient en position d'obtenir une récompense proportionnée à l'utilité de semblables établissements. Il espère, d'ailleurs, que la compagnie concessionnaire de la nouvelle voirie de Bondy, mieux éclairée sur l'importance des sels ammoniacaux, et comprenant d'une manière plus intelligente ses véritables intérêts, ne voudra plus, comme par le passé, que la partie la plus considérable des produits liquides qu'elle recueille soit perdue et pour elle et pour l'agriculture, et que, loin de craindre que les sulfates d'ammoniaque ne viennent diminuer l'emploi de la poudrette, elle fera, au contraire, tous ses efforts pour donner à ses engrais solides ce complément d'efficacité qu'ils ne manqueraient pas de recevoir par l'adjonction, en proportions convenables, de sels ammoniacaux. Ces sels sont un véritable engrais concentré qui, par son faible prix, peut être transporté dans les points les plus éloignés des grands centres de population, et ce prix ne pourrait manquer de s'abaisser de manière à rendre leur emploi abordable par l'agriculture, si la totalité des matières premières qui restent dans les réservoirs de Bondy recevait une destination aussi utile et aussi rationnelle, c'est un résultat auquel ne saurait d'ailleurs rester indifférente l'administration publique, si désireuse d'assurer, par la meilleure utilisation des engrais, la fécondité du sol, cette source la plus importante de la prospérité du pays.

Citations favorables.

M. TALLAVIGNES, à Sigean (Aude.)

Citation favorable pour ses sels de la saline de Sijean.

M. LEHUBY et Cie, rue Projetée-du-Delta, n° 9, à Paris.

Il a appliqué à la fabrication de capsules propres à renfermer des médicaments une matière gélatineuse, obtenue avec le fucus crispus. Pour l'emploi de cette matière nouvelle, qui pourrait, dans d'autres cas, être substituée avec avantage à la gélatine, le jury accorde à M. Lehuby une citation favorable.

---

§ 2. VERNIS.

M. Dumas, de l'Institut, rapporteur.

MM. SOEHNÉE frères, rue des Vinaigriers, n° 17, à Paris. Rappel de médaille d'argent.

Les vernis de MM. Sœhnée frères tiennent toujours le premier rang parmi les produits analogues, à cause du soin avec lequel ils sont fabriqués. Les recherches continuelles que MM. Sœhnée font pour améliorer leurs produits ont amené déjà d'heureux perfectionnements dans cette industrie, et tout porte à croire qu'ils lui feront encore faire de nombreux progrès, tant sous le rapport de la qualité que sous le rapport du prix, qui laisse beaucoup à désirer.

Le jury rappelle la médaille d'argent obtenue en 1839.

M. VIARD, rue Saint-Martin, n° 54, à Paris. Rappels de médailles de bronze.

M. Viard s'occupe presque uniquement des peintures contre l'humidité pour les appartements, et des vernis à voitures. Ses enduits, quoique laissant à désirer, sont cependant de bonne qualité.

Le jury rappelle la médaille de bronze obtenue en 1844.

M. LÉON, rue de Crussol, n° 5, à Paris.

M. Léon fabrique des vernis pour tous les objets de la fabrique de Paris. Les vernis au pinceau ou à l'éponge destinés aux papetiers, relieurs, selliers, etc., ouvriers en métaux, bijoutiers en faux, fleuristes, etc. Tous ces industriels se montrent satisfaits et de la qualité et des prix des produits de M. Léon, à qui le jury rappelle la médaille de bronze obtenue en 1839.

M. POMMIER, rue Neuve-Coquenard, n° 22, à Paris. Médailles de bronze.

M. Pommier a exposé un vernis à l'usage des peintres en voitures et en bâtiments, qui sèche assez promptement pour qu'on puisse en donner deux et même trois couches en une seule journée et qui, en outre, possède le précieux avantage de ne jamais s'écailler.

Le jury accorde à M. Pommier une médaille de bronze.

M. MONFORT, rue de l'Université, n° 108, à Paris.

M. Monfort fabrique des vernis à voitures d'une bonne qualité. Il est seul propriétaire d'un cirage fort estimé pour les équipages.

Le jury lui accorde un médaille de bronze.

Rappels de mentions honorables.

M. GOYON, rue Lamartine, n° 26, à Paris.

Les enduits de M. Goyon, destinés à donner de l'éclat aux bois, aux métaux déjà vernis, ou seulement polis, aux cuirs vernis, etc. ont des qualités qu'un long usage a fait reconnaître. Les vernisseurs de tableaux sont surtout très-contents des produits que M. Goyon leur livre pour enlever le vieux vernis écaillé et leur redonner de l'éclat ou de la fraîcheur. Cent soixante-quinze marchands du Palais-National se servent de l'enduit de M. Goyon pour nettoyer les cuivres de leurs devantures et s'en trouvent fort bien.

Le jury rappelle la mention honorable accordée à M. Goyon, en 1844.

M. LEBORDAIS, rue de Charonne, n° 23, à Paris.

M. Lebordais a introduit dans l'ébénisterie un nouveau produit: il remplace par de la poudre de verre la poudre de pierre ponce dont, jusqu'à présent, les ébénistes faisaient usage pour polir leur bois, et la quantité considérable de ce produit qu'il vend est une garantie de son bon usage.

Le jury lui accorde le rappel de la mention honorable obtenue en 1844.

M. RAPHANEL, rue Saint-Merry n° 9, à Paris.

M. Raphanel est l'inventeur et le fabricant d'un siccatif brillant, destiné à mettre en couleur les carreaux des appartements, et assez connu pour qu'il soit inutile d'en énumérer les qualités.

Le jury rappelle la mention honorable qu'il a accordée à M. Raphanel à la précédente exposition.

Mentions honorables.

M. LETILLOIS, rue des Noyers, n° 47, à Paris.

M. Letillois a inventé un vernis infiniment moins cher que le vernis anglais, qui rivalise avec lui et est supérieur à tous les vernis français fabriqués jusqu'à présent. Employé en dernière couche, il empêche les couleurs et les vernis qu'il recouvre de s'écailler, et, seul parmi tous les vernis, il ne s'altère pas par de brusques changements de température.

Le jury accorde à M. Lestillois une mention honorable.

M. RENARD, rue des Gravillers, n° 54, à Paris.

M. Renard fabrique toute espèce de vernis, et tous les fabricants qui se servent de ses produits accordent des éloges à leurs qualités et à la modicité de leurs prix. Mais ce qu'il fabrique surtout c'est le vernis noir dit vernis du Japon, destiné à donner aux objets de sellerie, de bijouterie pour deuil, aux boutons, aux garnitures de parapluie, etc., une surface noire et brillante, résistant aux chocs, et aux changements de température, et ce vernis d'un prix peu élevé, facile à appliquer, est destiné à rendre de très-grands services à beaucoup d'industries de détail.

Le jury récompense cette fabrication en accordant à M. Renard une mention honorable.

M. DÉDÉ, cité Jussieu, n° 9, à Paris.

M. Dédé présente à l'Exposition une nouvelle découverte d'un immense intérêt dans l'art du fabricant de vernis. Il est parvenu, dit-il, à rendre le copal soluble dans les huiles et dans les essences, au bain Marie, et sans l'altérer préalablement, ainsi que le font les autres fabricants de vernis.

Il est aussi inventeur d'un procédé pour rendre incolores les huiles siccatives.

Le jury lui accorde une mention honorable.

Mme VELLARD, rue Saint-Denis, n° 390, à Paris.

Tous les produits de cette maison sont travaillés avec soin et conscience. On doit cependant remarquer, comme encore supérieurs aux autres, *le vernis gras* pour équipages, qui est aussi beau et moins cher que le vernis gras anglais; *la colle d'or*, dont les propriétés siccatives sont très-recherchées pour des travaux pressés; *le vernis du Japon*, et *le vernis à caoutchouc*, dans lequel une notable difficulté a été vaincue, l'élasticité à donner au vernis à cause de celle des objets sur lesquels on l'applique.

Le jury accorde une mention honorable à Mme Vellard.

M. LEFEVRE, rue Montmartre, n° 109, à Paris.

Les chemins de fer de Lyon, d'Orléans et de l'Ouest se trouvent très-satisfaits du vernis à voiture de M. Lefevre. La quantité qu'il en produit chaque année prouve que d'autres consommateurs en sont également contents.

Le jury lui accorde une mention honorable.

Citation favorable.

M. DURANT, à Passy (Seine).

Fabricant de vernis, de couleurs et de cirage, M. Durant est inventeur d'un siccatif pour mettre les appartements en couleur sans frottage, et d'un enduit pour fixer le pastel. Il fabrique en outre des vernis à bois, à tôle, etc.

Le jury lui décerne une citation favorable.

---

§ 3. CIRE A CACHETER.

M. Dumas, de l'Institut, rapporteur.

Rappel de médaille de bronze.

M. HERBIN, rue Michel-Lecomte, n° 21, à Paris.

M. Herbin, qui a déjà mérité plusieurs médailles de bronze pour ses pains à cacheter de toute sorte, et pour ses feuilles de gélatine destinées aux calques des graveurs, expose cette année des produits qui ne le cèdent en rien à ceux des précédentes expositions.

Le chiffre de ses affaires, qui s'élève à 80,000 francs tant en France qu'à l'étranger, montre suffisamment l'estime que le commerce fait des produits de cette maison.

Le jury rappelle la médaille de bronze décernée en 1823 à M. Herbin.

Rappel de mention honorable.

M. THIBAUT, rue Michel-Lecomte, n° 23, à Paris.

Depuis 70 à 75 ans, la fabrique de cire à cacheter de M. Thibaut produit des cires à cacheter fort estimées.

Une mention honorable lui a été accordée en 1834, et rappelée aux deux expositions suivantes. Le nouvel élan qu'a pris sa fabrication, depuis cinq ans, engage le jury à lui en accorder encore le rappel.

M. MADELINE, rue Saint-Denis, n° 129, à Paris.

Mention honorable.

A force de soins et d'essais, M. Madeline est parvenu à obtenir la qualité de cire à cacheter que depuis longtemps nous étions obligés de tirer de l'Angleterre. Les cires à mèche qu'il a exposées cette année permettent de cacheter avec des cires de couleurs très-tendres sans que les traces de fumée, qui jusqu'à présent empêchaient de les employer, viennent gâter l'empreinte du cachet.

Cette innovation, qui est un véritable perfectionnement apporté à cette industrie, engage le jury à lui accorder une mention honorable.

M. MICHEL, rue Portefoin, n° 7, à Paris.

Citation favorable.

La société d'encouragement a décerné une médaille en 1835 à M. Michel pour les perfectionnements apportés par lui dans la fabrication de la cire à cacheter.

Le jury lui accorde la citation favorable.

---

§ 4. CIRAGES. ENCRE.

M. Dumas, de l'Institut, rapporteur.

MM. TROLLIET et PERRET, à Lyon (Rhône).

Rappel de médaille de bronze.

MM. Trolliet et Perret sont propriétaires de l'usine de M. Jacquand. Leurs produits sont toujours connus sous le nom d'encre, de cirage, de vernis de Jacquand, et n'ont pas cessé de mériter la confiance des consommateurs et les récompenses qui ont déjà été accordées à M. Jacquand aux expositions précédentes.

Le jury rappelle la médaille de bronze accordée à leur prédécesseur.

M. DORÉ, rue du Faubourg-Poissonnière, n° 195, à Paris.

Médaille de bronze.

L'encre d'imprimerie de M. Doré est estimée des imprimeurs et des typographes. Depuis la dernière exposition, l'usine de M. Doré a pris de l'accroissement. Les machines à broyer sont plus parfaites, et ses encres, de qualité supérieure, peuvent rivaliser avec les encres anglaises.

Le jury lui accorde une médaille de bronze.

M. LARENAUDIÈRE, rue du Mouton, n° 5, à Paris.

De toutes les encres livrées au commerce jusqu'à ce moment, celle de la petite vertu est la plus anciennement inventée et la plus favorablement connue. Son invention remonte à 1602, et son absence à toutes les expositions précédentes avait seule empêché jusqu'à présent de la récompenser comme elle le mérite.

Le jury lui accorde la médaille de bronze.

M. LEFEBVRE, quai de l'École, n° 26, à Paris.

L'invention de M. Lefebvre a pour objet de supprimer le frottage à la cire des appartements, sans avoir les inconvénients du frottage au pinceau. Ce frottage, brillant et solide, donne sans fatigue les mêmes résultats que le frottage ordinaire.

Le jury accorde à M. Lefebvre une médaille de bronze.

Rappels de mentions honorables.

M. DUREL, rue des Vieux-Augustins, n° 6, à Paris.

M. Durel fabrique le cirage onctueux, mentionné honorablement en 1844 par le jury, bien connu dans le commerce et apprécié par les consommateurs.

Le jury rappelle la mention honorable obtenue en 1844.

M. FROMONT, rue Marbœuf, n° 32, à Paris.

Le cirage, l'encre et le bleu pour marquer le linge, de M. Fromont, sont les premiers produits de cette nature qui aient été admis à l'exposition.

Le jury maintient la mention honorable qui lui avait été accordée en 1839.

M. BOUDIER, rue de Choiseul, n° 9, à Paris.

Le cirage-vernis de M. Boudier lui avait déjà mérité une mention honorable en 1844. Le jury se plaît à reconnaître que ce fabricant continue à se montrer digne de cette récompense.

Rappels de citations favorables.

M. PIGEAULT, rue des Vieux-Augustins, n° 53, à Paris.

M. Pigeault, cité favorablement à la dernière exposition, continue à mériter cette récompense. Le jury rappelle donc la citation favorable qui lui a été accordée en 1844.

M. DAMÈME, rue des Coquilles, n° 2, à Paris.

La citation favorable accordée en 1844 à M. Damème est rappelée par le jury, qui se plaît à reconnaître la bonne fabrication des encres, cirages et vernis à soulier de cet industriel.

M. MARCEROU, rue Montmartre, n° 136, à Paris. Citations favorables.

Une citation favorable est accordée à M. Marcerou, fabricant de cirage, dont les produits sont d'une belle et bonne qualité.

M. MAUPERIN, rue Michel-Le-comte, n° 37, à Paris.

La fabrique de cirage de M. Mauperin produit également des encres et des vernis fort estimés, ainsi que l'atteste son chiffre d'affaires très-considérable.

Le jury lui accorde la citation favorable.

M. MALSAN, rue Mâcon, n° 12, à Paris.

Le jury accorde la citation favorable à M. Malsan, dont la fabrique d'encre d'imprimerie, qui ne date que de 1844, donne déjà des produits estimés dans le commerce.

QUATRIÈME SECTION.

EXTRACTION ET RAFFINAGE DU SUCRE, FÉCULES, GLUCOSES, MACHINES, OUTILS, ETC.

---

§ 1er. FABRICATION ET RAFFINAGE DU SUCRE.

M. Payen, rapporteur.

CONSIDÉRATIONS GÉNÉRALES.

Les sucreries indigènes ont éprouvé de rudes secousses depuis deux ans ; mais les habiles et courageux manufacturiers qui ont pu résister encore, loin de se laisser abattre, ont fait de nouveaux efforts et réalisé des progrès importants, depuis l'année 1844.

A cette époque, nous n'avions pas trop présumé de leur

zèle et de leur persévérance en présageant de nouveaux succès, malgré toutes les vicissitudes qui, depuis 40 ans, mettaient périodiquement en doute leur existence même.

Nous disions alors que les deux industries indigène et coloniale avanceraient de conserve, si rien ne venait entraver le développement de la consommation du sucre, développement si désirable dans l'intérêt du bien-être général et de la santé publique.

En effet, le sucre est à la fois un condiment très-agréable, un aliment salubre qui facilite la digestion, et un agent antiseptique qui conserve les autres substances alimentaires : il concourt donc directement ainsi à augmenter la masse et améliorer la qualité de nos subsistances.

Un temps d'arrêt s'est manifesté dans la consommation; il tient aux causes majeures qui ont ébranlé toutes les industries; mais il ne pourrait durer, car, en France, cette consommation, malgré ses progrès, atteint à peine 3 kilog. par individu : elle est bien au-dessous de l'état normal à cet égard.

On en sera facilement convaincu, si l'on considère, qu'en moyenne, chaque habitant consomme trois fois plus de sucre en Angleterre; si l'on songe, d'ailleurs, que la consommation annuelle du sucre, chez nous, est inférieure à 120 millions de kilog., tandis que la consommation humaine du sel dépasse 240 millions! Évidemment, c'est le rapport inverse qui s'approcherait de l'état normal : on doit donc espérer de voir quadrupler en France les quantités de sucre consommées par la population, tandis que l'emploi du sel, introduit dans l'alimentation de l'homme, ne saurait maintenant s'accroître d'une manière notable. D'après sa tendance naturelle à se développer, la consommation du sucre doit bientôt reprendre son niveau chez nous, puis sans doute le dépasser.

Nos fabricants et nos raffineurs peuvent donc se rassurer à cet égard, et compter au moins sur leurs débouchés habituels.

Mais n'ont-ils pas d'autres dangers à craindre? sont-ils menacés de voir leur immense matériel graduellement perfectionné, au prix de tant de sacrifices, s'annihiler tout à coup entre leurs mains? Est-il probable que la fabrication du sucre doive descendre au rang des communes opérations de ménage? Sur ces points encore l'alarme qui s'est répandue ne nous semble pas fondée.

Votre rapporteur, d'après un examen très-approfondi et des expériences spéciales, est persuadé que toutes ces perturbations ne sauraient avoir lieu; que seulement l'application des procédés tout nouveaux en cours d'expérimentation en grand permettrait peut-être d'établir des fabriques de sucre brut avec un matériel moins dispendieux, mais que très-probablement ces fabriques ne pourraient rivaliser avec les usines munies d'un matériel plus complet, où les beaux sucres en pains seraient obtenus directement.

Peut-être aussi parviendra-t-on à supprimer l'emploi du noir animal, mais il est fort douteux que cette suppression soit économique. Quoi qu'il en soit, on devra porter en ligne de compte la valeur des agents chimiques proposés, et s'assurer de la qualité et de l'innocuité des produits et des résidus pour la santé des hommes et des animaux, avant d'adopter les moyens en question.

Dans tous les cas, enfin, si l'on s'en tient aux spécifications même les plus récentes, il faudra toujours employer des *laveurs*, des *râpes*, des *presses*, des *chaudières évaporatoires*, des *filtres*, des *cristallisoirs;* on devra recourir à l'*égouttage* et surtout au nouvel *égouttoire rapide*, aux *clairçages méthodiques*, à l'*étuvage* ou dessiccation des sucres.

Ainsi donc, les constructeurs d'appareils peuvent se rassurer également : si le sucre revient réellement à meilleur marché, la consommation s'accroîtra et compensera, sans doute, quelque simplification introduite dans les opérations usuelles; nous avons, d'ailleurs, la conviction que les perfectionnements acquis depuis l'exposition dernière, représentés à l'exposition de 1849, et dont nous devons rendre compte, conserveront leur utilité; que, sur ce point important, on pourra perfectionner encore, mais qu'on fera très-sagement de ne rien détruire.

Médailles d'or.

MM. Numa GRAR et Cie, à Valenciennes (Nord).

En 1844, cet habile raffineur venait d'adopter un système d'épuration de sucres, qui parut remarquable; le jury central, en lui décernant une médaille de bronze, émettait le vœu que la méthode présentée reçût la sanction d'une plus longue pratique et rendît son auteur digne d'une récompense plus élevée.

Cette sanction est actuellement acquise, et, en outre, de nouvelles améliorations ont été introduites; elles ont conduit M. Numa Grar à traiter directement les sucres bruts de betterave par des clairçages méthodiques, dans de grandes caisses contenant chacune de 8 à 9000 kilog.

Les sucres ainsi épurés donnent à la fonte une clairce presque incolore, et des pains entièrement blancs, immédiatement après l'égouttage. Cependant ces pains reçoivent un clairçage de 2 litres de clairce pure provenant des débris du plamotage.

Les pains, une deuxième fois égouttés, offrent une cristallisation tellement pure, que leur blancheur est égale à celle du sucre dit *double raffiné en Angleterre*, et anciennement connu en France sous le nom de sucre royal.

Les sirops du 1er et du 2e égouttages s'emploient successivement à l'épuration des cristaux de la matière première brute.

Lorsque les sirops d'épuration sont trop colorés pour commencer le clairçage, on en fait une cristallisation semblable à celle du sucre brut.

On peut donc mettre la totalité du produit sous la forme des plus beaux sucres connus.

Aussi les produits de cette raffinerie portent-ils le cachet de cette pureté complète qui caractérisait les sucres Raguenet. La marque de la fabrique est appliquée sur le bout du cône, que l'on a tronqué dans cette vue.

Le jury central, à toutes les époques, a recommandé les marques de fabriques, qui maintenant se multiplient heureusement, dans l'intérêt bien entendu des fabricants et des consommateurs, comme au profit des relations commerciales.

Aux différentes améliorations que signalaient le rapport de 1844, relatives aux filtrations, à l'essai des charbons décolorants, etc., M. Numa Grar ajoutait l'application la mieux entendue des essais saccharimétriques, et obtenait par la méthode Clerget la détermination, à 1 centième près, du sucre cristallisable contenu dans les matières premières.

Une autre méthode de saccharimétrie, proposée par votre rapporteur et plus généralement adoptée, convenait mieux à ses opérations, mais elle ne lui indiquait pas avec une approximation suffisante les proportions de sucre pur cristallisé contenu dans les sucres bruts.

M. Grar est parvenu à découvrir la cause des irrégularités, et à la faire disparaître en complétant la saturation du liquide d'épreuve par une addition de sucre candi en poudre, et une filtration au moment des essais.

L'exactitude est devenue telle alors, qu'il a été facile d'apprécier à un 1/2 centième pour la richesse saccharine en question et le moyen est assez simple pour être confié à un ouvrier ordinaire.

M. Grar occupe 50 hommes et 50 enfants; la vapeur, appliquée au chauffage, représente 60 chevaux, et, pour la force mécanique, 10 chevaux.

Les quantités de sucres raffinés et produits, livrés annuellement au commerce, représentent une valeur moyenne de 3,000,000 de francs, et les 2,500,000 kilog. de sucre brut qui forment la matière première, sont traités avec tant de soins et de méthode, qu'ils laissent à peine 10 p. o/o de mélasse; qu'enfin celle-ci s'est trouvée, seule entre toutes, exempte de sucre altéré.

Les procédés de M. Grar ont atteint un degré de perfection que l'état actuel de la science ne saurait permettre de dépasser. Cette perfection pratique les recommande comme modèles aux raffineries et même aux fabriques qui voudraient préparer directement les plus beaux sucres connus.

Le jury décerne à M. Grar une médaille d'or.

MM. SERRET, HAMOIR, DUQUESNE et Cie à Valenciennes (Nord).

Les fabriques réunies, depuis 1847, sous cette raison commerciale, sont au nombre de 5, savoir : 3 sécheries de betteraves, situées à Wallers, Vieux-Condé (arrondissement de Valenciennes), et Escarmain (arrondissement de Cambrai); une fabrique et raffinerie de sucre à Marly-lès-Valenciennes; enfin, une distillerie et fabrique d'alcalis et sels des mélasses à Valenciennes : la première fabrique de ce genre montée en 1838 pour extraire les salins des mélasses.

Ces importantes usines occupent, toute l'année, 483 hommes

et 210 femmes et enfants; elles emploient la valeur représentée par 26 chevaux de force, et 215 chevaux de générateurs appliqués au chauffage.

40 foyers chauffent, en outre, 40 tourailles.

22 appareils distillatoires sont alimentés par 19 cuves contenant chacune 275 à 300 hectolitres de mélasse étendue en fermentation.

6 fours à réverbère, concentrant et calcinant les vinasses.

10 vases en tôle de 100 hectolitres chacun, épuisent le produit calciné.

32 chaudières évaporent les lessives.

Divers ateliers accessoires pour les réparations, tonnelleries, emballages, y sont annexés.

16 millions de kilog. de betteraves sont annuellement desséchés sous forme de cossettes. 8 millions de kilog. de mélasse sont distillés.

Les produits consistent en 800,000 kilog. de sucre raffiné, 3,000 pipes contenant chacune 625 litres d'alcool à 93°; 350,000 kilog. de potasse épurée à 68°; 200,000 kilog. soude à 90°; 100,000 kilog. de chlorure de potassium à 90 ou 95 degrés; 40,000 kilog. de sulfate de potasse.

Et une masse considérable, peut-être 300 à 600,000 kilog. de résidus charbonneux, absorbants recherchés par les agriculteurs. Ces résidus desséchés seraient fort utilement applicables à la désinfection des urines et vidanges : ils constitueraient alors un des plus puissants engrais.

La valeur totale des produits de ces grandes usines est très-variable; on peut admettre qu'elle s'élève en moyenne à 3 millions de francs.

L'importance considérable des fabriques comprises sous la raison sociale Serret, Hamoir, Duquesne et Cie; la qualité des produits dont ils ont présenté une si remarquable série, enfin les procédés ingénieux utilisés à l'aide d'excellents appareils et de dispositions méthodiques rendaient évidemment ces exposants dignes de la plus haute récompense que le jury puisse décerner, même en laissant de côté la question indécise relativement au succès définitif de l'une de leurs industries, la dessication des betteraves. La nouvelle et habile direction ne date encore que de 2 ans, et le problème si intéressant de la fabrication du sucre par cette voie ne pourra être définitivement résolu que dans quelques années ou lorsque plusieurs fabriques auront expérimenté puis adopté ce système.

Mais, dès aujourd'hui MM. Serret, Hamoir, Duquesne et Cie sont dignes, par leurs grandes et belles opérations chimiques sur les mélasses, de recevoir la médaille d'or que le jury leur décerne.

MM. JEANTY-PREVOST PERRAUD et Cie, à la Grande-Villette, près de Paris.

Rappels de médailles d'argent.

Ces manufacturiers ont obtenu, en 1844, une médaille d'argent; leur raffinerie, par son importance, la régularité de ses produits, soutient dignement la réputation acquise.

L'invention de M. Perraud continue d'y être mise en pratique; elle réalise le meilleur procédé connu de moulage des sucres.

MM. Jeanty-Prevost, Perraud et compagnie traitent annuellement environ 4 millions de kilog. de sucre; les générateurs, dans cette usine, représentent 100 chevaux-vapeur, dont 16 s'appliquent à la force mécanique, le reste au chauffage.

Un ingénieux procédé de cuite permet de faire cristalliser le sucre dans la chaudière, même pendant l'évaporation, de diminuer ainsi la densité et la température d'ébullition des sirops, qui, d'ailleurs s'évaporent dans le vide.

Le jury décerne à MM. Jeanty-Prevost, Perraud et compagnie, le rappel de la médaille d'argent.

M. LEROUX-DUFIÉ, à la Villette (Seine).

M. Leroux-Dufié, ancien raffineur, a présenté un appareil complet d'égouttage des sucres, planchers lits de pains, bien connu sous le nom de son auteur. Le succès de cet appareil était déjà bien établi en 1844; il avait fixé l'attention du jury central qui avait jugé l'exposant digne d'une médaille d'argent.

Depuis lors, M. Leroux-Dufié a perfectionné encore cet ingénieux appareil en lui donnant une utilité plus grande, qui en rendit l'usage plus général. En effet les planchers lits de pains, servent actuellement de réservoirs pour les sirops; il en résulte que ceux-ci sont mieux et plus économiquement fractionnés; aussi, presque toutes les raffineries de Paris et de Bordeaux les ont-ils adoptés; les raffineurs déclarent que l'emploi de ces appareils a rendu leurs opérations plus faciles, plus méthodiques et plus sûres.

Le jury reconnaît que M. Leroux-Dufié s'est montré de plus en plus digne de la haute récompense qu'il a reçue et dont il lui décerne aujourd'hui le rappel.

Médailles d'argent.

MM. BERNARD frères, à Lille (Nord), fabricants et raffineurs de sucre.

MM. Bernard ont une fabrique de sucre à Santes, une autre à Haubourdin, et deux raffineries à Lille.

Ils occupent 200 ouvriers, dans leurs raffineries, toute l'année, et 300 (hommes, femmes, enfants), pendant 6 mois, à la campagne et dans les sucreries indigènes.

15 générateurs, dans leurs usines, représentent la vapeur équivalente à 500 chevaux.

Ils traitent 18,000,000 de betteraves, représentant 1,260,000 kilog. de sucre, et raffinent 4,000,000 de sucre brut; les produits de leurs industries représentent une valeur annuelle de 7 millions.

Cette grande industrie est exploitée, avec une haute intelligence, par 5 associés jeunes, actifs, dignes de l'excellente réputation commerciale dont ils jouissent.

Les produits en sucres bruts et raffinés sont de qualité très-belle. On a remarqué les candis en cristaux volumineux et détachés mis à l'exposition.

Le jury décerne à MM. Bernard frères une médaille d'argent.

M. CLERGET, rue de Condé, n° 5, à Paris.

Les découvertes de MM. Arago et Biot sur les phénomènes de la polarisation circulaire ont été féconds en résultats utiles.

Ce fut par une de ces applications les plus remarquables que M. Biot fonda une méthode d'analyse optique des substances sucrées et qu'il dota la chimie d'un moyen exact pour constater l'identité ou les différences entre certaines substances organiques

On doit à M. Soleil, opticien des plus habiles, des appareils perfectionnés pour la saccharimétrie optique.

Enfin, M. Clerget a disposé avec ces appareils un assortiment d'ustensiles parfaitement appropriés aux manipulations pour les essais des matières sucrées; on lui doit les efforts les plus persévérants et les plus éclairés dans la vue d'introduire et de généraliser dans les fabriques l'emploi de ces moyens d'essai.

Rien n'est plus difficile, on le sait, que de faire adopter de pareilles méthodes dans la pratique, on n'y parvient guère si l'on ne peut les simplifier au point de les mettre à la portée des ouvriers. M. Clerget est presque arrivé à ce dernier résultat. Nous avons vu plusieurs des plus habiles fabricants et raffineurs, se servir avec avantage des notions ainsi obtenues pour perfectionner leurs procédés, mais nous les avons entendus dire que des moyens plus simples encore qu'ils emploient avaient seuls pu devenir usuels, que cela tenait aussi à ce que, dans le plus grand nombre des cas, la saccharimétrie optique ne donnait pas des notions immédiatement applicables, c'est-à-dire qu'on ne pouvait toujours déduire de la connaissance des quantités de sucre contenues, quelle proportion de sucre pur on pourrait extraire.

Peut-être y parviendra-t-on, peut-être arrivera-t-on à déterminer non-seulement les doses de sucre pur, mais aussi les proportions des matières étrangères ou du moins l'influence qu'elles exercent pour diminuer les rendements réels ou pratiques.

En attendant, les résultats obtenus par M. Clerget ont d'utiles conséquences pour la science appliquée. D'ingénieux appareils, qu'il a introduits dans cette méthode, le rendent bien digne d'une médaille d'argent que le jury lui décerne.

MM. DUBREUIL, DERVAUX, LEFEBVRE et DEFITTE, au Grand-Wargniès (Nord).

Ces exposants ont fondé, en 1836, une fabrique de sucre de betteraves qui, actuellement, occupe 200 ouvriers et dans laquelle le raffinage des produits complète le travail.

Le chauffage se transmet à l'aide de la vapeur fournie par des générateurs dont la production représente une force de 205 chevaux. Cette vapeur donne, d'ailleurs, l'impulsion à 3 machines développant ensemble une force mécanique égale à celle de 25 chevaux.

10,000,000 de kilogrammes de betteraves traités annuellement dans cette usine donnent des produits (sucres en pain, pulpes et mélasses), évalués en moyenne à 800,000 francs.

Les procédés suivis pour la fabrication et le raffinage, sont à la hauteur de l'industrie contemporaine et cet établissement livre des sucres raffinés, de bonne qualité commerciale.

Le jury décerne à MM. Dubreuil, Dervaux, Lefebvre et Defitte, une médaille d'argent.

Rappel de mention honorable.

MM. CAMICHEL, fabricants et raffineurs de sucre, à Sainte-Claire-de-la-Tour-du-Pin. (Isère).

Ont envoyé à l'exposition des produits qui témoignent de leur bonne fabrication.

Le jury regrettant de n'avoir reçu des fabricants, ni du jury départemental aucun renseignement sur les développements ou améliorations qui auraient pu mériter une récompense spéciale, ne peut que rappeler à MM. Camichel la mention honorable qu'ils ont reçue en 1844.

Mention honorable.

M. Baptiste RAUCH, rue de la Roquette, n° 55, à Paris.

Il fabrique en grand des formes à sucre, les unes doublées de cuivre, les autres en tôle émaillée; ces dernières, surtout, sont employées avec succès dans les raffineries ; elles évitent les inconvénients de l'oxydation, de l'enlèvement des peintures et de la casse des formes en terre. Le jury lui décerne une mention honorable.

Mentions pour ordre.

M. AUBINEAU, à Dallon, près Saint-Quentin (Aisne).

Dans la fabrique de sucre de betteraves de cet exposant on occupe, durant la saison du travail, 65 à 70 ouvriers. La puissance mécanique est transmise par une machine de 8 chevaux. Un four est établi pour la revivification du noir animal; près de 3,000,000 de kilogrammes de betteraves sont traités annuellement et fournissent environ 150,000 kilogrammes de sucre brut de bonne qualité. La cristallisation, forte et détachée, se remarquait dans l'échantillon exposé.

Le jury accorde à M. Henri Aubineau une mention pour ordre.

MM. LEFEBVRE frères, à Wasquehal (Nord).

Ces manufacturiers exposent des alcools trois-six, bien préparés et des potasses ordinaires provenant de la distillation des mélasses.

Dans leur usine, fondée en 1827, se trouve un générateur de 25 chevaux, deux fours, etc.; 11 ouvriers sont occupés toute l'année.

On traite 2,100,000 kilogrammes de mélasses qui fournissent 2,400 hectolitres d'alcool et 132,000 kilogrammes de salin à 40°.

Le jury accorde à MM. Lefebvre une mention pour ordre. (Voyez produits chimiques.)

La société DEROSNE et CAIL, quai de Billy, à Paris.

La société Derosne et Cail a présenté le plan d'une sucrerie coloniale perfectionnée et une forte presse à trois cylindres très-bien établie. Cette maison, toujours digne des hautes récompenses qu'elle a reçues, avait de nouveaux titres cette année. Ils ont été appréciés dans le rapport d'ensemble de M. Combes sur les machines des chemins de fer : ici nous ne pouvons donc placer qu'une mention pour ordre.

M. TRÉZEL, à Saint-Quentin (Aisne).

C'est encore seulement une mention pour ordre que nous pouvons faire ici, par la même raison, des râpes et presses pour les sucreries; ces machines sont, d'ailleurs, très bien exécutées.

M. HERMANN, rue de Charenton, n° 102, à Paris.

Par les mêmes motifs encore, nous mentionnerons pour ordre le pulvérisateur de sucre, présenté par ce manufacturier, l'un de nos plus habiles mécaniciens.

M. ROHLFS, Cour Batave, n° 12, à Paris.

Présente un appareil dit hydro-extracteur à force centrifuge; c'est un cylindre percé de trous, muni d'une très-forte armature, tournant, dans un cylindre fixe, avec une vitesse de 1,200 tours à la minute.

Cet appareil, appliqué depuis 6 ou 7 ans avec grand succès, pour remplacer le tordage des étoffes, a commencé à être fort utilement employé d'abord par M. Seyrig, pour atteindre un but nouveau, dans la raffinerie de M. Blanquet, de Valenciennes, et avec des dispositions nouvelles qui nous semblent constituer une invention d'une haute portée.

On obtient le premier égouttage en 2 minutes 1/2 et chaque clairçage durant le même temps, de sorte que l'on achève en 8 à 10 minutes des opérations qui durent, en suivant les procédés usuels, environ 15 jours.

Plusieurs opérations recevront, sans doute, un utile secours de cet appareil qui bientôt sera considéré comme indispensable dans toutes les sucreries et les raffineries, nous ne pouvons ici que le mentionner pour ordre.

M. CARON, rue du Faubourg St-Martin, n° 168, à Paris.

M. Caron a présenté un appareil semblable au précédent, mais de plus grande dimension, nous le mentionnons également pour ordre.

---

§ 2. USTENSILES ET MACHINES POUR LA FABRICATION DU PAIN ET L'EXTRACTION DE LA FÉCULE.

M. Payen, rapporteur.

CONSIDÉRATIONS GÉNÉRALES.

L'emploi des pétrisseurs mécaniques se répand chaque année davantage et l'on doit s'en féliciter dans l'intérêt de la santé des hommes, de la tranquillité du voisinage des boulangeries et de la propreté de la confection des pâtes.

Médaille d'argent. **M. BOLAND**, rue et île Saint-Louis, n° 60, à Paris.

M. Boland s'occupe depuis plus de 10 ans, avec succès, des moyens d'améliorer l'art de la boulangerie : ses procédés d'essai des farines, soit pour indiquer les proportions et la qualité du gluten, soit pour découvrir les mélanges de fécule, ont mérité des récompenses qui furent décernées aux expositions précédentes.

Cette année M. Boland présente un pétrisseur mécanique de son invention. Cet ustensile ingénieux permet de travailler la pâte à découvert, d'opérer le pétrissage et, lorsqu'il y a lieu, les bassinages dans les meilleures conditions; le double jeu des bras courbes adaptés sur un axe, se relève à volonté, de façon à laisser un libre accès à la pâte que l'on peut tourner immédiatement ou enlever en totalité ou partiellement.

Le pétrisseur Boland fonctionne dans plusieurs établissements particuliers et dans la grande boulangerie des hospices de Paris. Cependant la question si importante du meilleur pétrin mécanique n'est pas définitivement jugée, sa solution pourrait mériter la plus haute récompense.

Le jury, décerne à M. Boland une médaille d'argent.

Mention honorable. **M. FLESCHELLE**, rue Neuve-Saint-Martin, n° 25, à Paris.

M. Fleschelle, un des bons boulangers de la capitale, établi depuis 25 ans, présente à l'exposition un pétrin mécanique de son invention.

Ce pétrin, formé d'une auge circulaire tournante et d'agitateurs qui soulèvent, coupent et retournent la pâte, produit les meilleurs effets d'un pétrissage à bras; il agit à découvert. Malheureusement le prix coutant de cet appareil est notablement plus élevé que celui des autres pétrisseurs en usage, notamment que ceux de M. Moret et de M. Boland.

Le jury, en raison des bons effets constatés dans la boulangerie de M. Fleschelle, où le pétrisseur suffit au service de deux fours, accorde à cet exposant une mention honorable.

---

§ 3. GLUTEN GRANULÉ, AMIDON, FÉCULE, DEXTRINE, LÉIOCOMME, GOMMELINE, GLUCOSE, ETC.

M. L. L. Bonaparte, rapporteur.

CONSIDÉRATIONS GÉNÉRALES.

La fabrication de l'amidon, de la fécule et des produits qui s'y rattachent est devenue, depuis quelques années, une des industries les plus importantes. Les applications si nombreuses de la fécule, ses propriétés alimentaires, les formes variées qu'on peut lui donner, sa conservation facile et la propriété précieuse qu'elle possède de se transformer en d'autres produits donnent à cette substance un haut degré d'intérêt.

Le procédé le plus anciennement employé pour l'extraction de l'amidon des céréales est le procédé français qui consiste à détruire le gluten par la fermentation. Pour cela, on soumet d'abord le grain à une mouture grossière, on le délaye ensuite dans beaucoup d'eau et on le fait fermenter dans de grandes cuves.

L'amidon préparé par la fermentation poussée jusqu'à la putridité contient peu de gluten, mais il renferme du son, lorsque la mouture a été poussée trop loin.

Les amidonniers qui emploient ce procédé altèrent le gluten pour le rendre soluble. Nous verrons que M. Martin (de Vervins) ne fait subir à cette substance aucune altération, et qu'elle a même reçu des applications très-importantes. L'extraction de l'amidon par la fermentation ne convient que lorsqu'on traite des farines ou des blés avariés dont le gluten se sépare difficilement de l'amidon.

Par le procédé allemand, on favorise l'extraction de l'amidon en mettant le grain dans l'eau tiède, afin de le gonfler; mais cet amidon retient toujours une quantité assez considérable de gluten qui, en s'altérant pendant la dessiccation, lui donne une teinte brune. Aussi, ce produit ne devrait pas être employé pour les apprêts des étoffes blanches. Cependant la présence du gluten ne présente aucun inconvénient pour d'autres applications.

Un autre procédé offrant des avantages incontestables a été indiqué par M. Martin (de Vervins), qui extrait l'amidon par un simple lavage, après une fermentation rapide. On fait une pâte de la farine dont on se propose de séparer l'amidon, et on soumet cette pâte à un lavage continu qui se fait dans une espèce de pétrin demi-cylindrique garni latéralement de deux toiles métalliques par lesquelles l'amidon peut s'échapper. Des filets d'eau tombent sur la pâte que l'on fait rouler contre les parois à l'aide d'un cylindre cannelé. Le gluten reste dans le pétrin ou amidonnière, tandis que l'amidon est entraîné par l'eau.

Ce nouveau moyen est préférable aux deux autres sous les points de vue hygiénique et industriel. La putréfaction du gluten est en effet une cause d'insalubrité et de pertes considérables. Par les deux premiers procédés, la farine de froment ne fournit que 30 p. 0/0 d'amidon de première qualité, et de 12 à 15 d'amidon de deuxième qualité, tandis que, par le procédé de M. Martin, 100 kilogrammes de farine donnent 40 kilogrammes d'amidon de première qualité, et 20 kilogrammes d'amidon de deuxième qualité. On obtient, en outre, 25 p. 0/0 de gluten humide qui, mélangé avec une certaine quantité de farine, est employée pour les potages. La présence de la farine paraît indispensable; elle le rend perméable.

Le gluten, mêlé avec la fécule de pommes de terre, et mieux encore avec les pommes de terre cuites, donne un pain de bonne qualité et très-nourrissant. On sait que le pain de gluten est particulièrement employé dans le traitement du diabète.

Nous verrons dans les rapports particuliers que quelques-uns des produits qui nous ont été présentés, ceux de MM. Véron et Belleville, par exemple, offrent tous les avantages de la fécule préparée par le procédé de M. Martin. On peut reprocher à d'autres produits les inconvénients signalés plus haut.

La préparation de la fécule a toujours lieu par les procédés ordinaires, c'est-à-dire en réduisant les pommes de terre en pulpe très-fine, et en lavant celle-ci sur des tamis métalliques. Toutefois, on a perfectionné les râpes en multipliant les lames, et on en a augmenté en même temps la vitesse. Le lavage de la pulpe a subi également des perfectionnements notables; ainsi, au lieu d'employer des tamis cylindriques dans une position verticale, on leur a donné une position oblique et une longueur plus grande, ce qui permet aux brosses et aux filets d'eau d'agir plus longtemps, et d'en extraire sinon la totalité, au moins une très-grande partie de la fécule. De nouvelles tentatives ont été faites pour rendre le travail continu et pour parvenir à un épuisement complet de la pulpe, on a construit des tamis superposés recevant la pulpe par des chaînes sans fin.

Les applications si nombreuses et si intéressantes de la fécule donnent une haute importance à la fabrication de ce produit. Elle sert, en effet, à la préparation d'un nombre considérable d'aliments (vermicelle, sagou, tapioka, etc.) à la confection des apprêts, et, sous ce rapport, sa consommation est énorme. La fabrication des gommes artificielles (léïocommes, dextrine, gommeline, gomme d'Alsace, etc.), soit par la simple torréfaction des fécules, soit par la torréfaction et l'action des acides employées simultanément, constitue à elle seule une industrie qui peut suppléer à une grande partie de la gomme arabique et de la gomme adragante.

La dextrine et les produits analogues servent pour l'épaississage des mordants, le gommage des couleurs, la confection des feutres, etc. Elles sert également, et c'est là une de applications les plus heureuses, à confectionner des bandes agglutinatives pour la réduction des fractures. Les bandages imprégnés de dextrine maintiennent avec une solidité remarquable les membres fracturés, et ils n'offrent aucun des inconvénients des bandages employés autrefois en chirurgie.

Le collage du papier et la fabrication du sucre de fécule consomment tous les ans plusieurs millions de kilogrammes de cette substance. Le sirop de fécule que l'on prépare par l'action de l'acide sulfurique ou de l'orge germée, et particulièrement par le premier de ces deux agents, est employé seul ou mêlé à un quart de son poids de mélasse dans l'Alsace et la Lorraine. On s'en sert partout dans la fabrication de l'alcool et des boissons fermentées.

Rappel de médaille d'argent.

MM. MARTIN et Cie, à Grenelle (Seine).

M. Martin a présenté des pâtes alimentaires, du gluten granulé, des amidons, du gluten sec et en pâte, des farines et des produits relatifs à la panification de la pomme de terre. Le jury se plaît à reconnaître que M. Martin est toujours digne de la médaille d'argent qu'il lui rappelle.

Médailles d'argent.

M. BLOCH, à Dultlenheim (Bas-Rhin).

M. Bloch a présenté cinq produits, de la fécule, du sagou, du glucose incolore non cristallisable, du glucose concret cristallisable et de la dextrine.

Ce manufacturier emploie annuellement dans sa féculerie de 30 à 35,000 hectolitre de pommes de terre et livre au commerce environ 42,000 kilogrammes de produits. Trois moteurs hydrauliques d'une force totale de 25 chevaux, un générateur de la force de 30 chevaux développent la puissance mécanique nécessaire; 40 ouvriers sont employés dans cet établissement et MM. les maires de environs de Dultlenheim ont constaté les services rendus par cette usine dans la localité.

La commission a vérifié la qualité des produits de M. Bloch et lui accorde la médaille d'argent.

M. DÉFONTAINE et Cie, de Marquette-lès-Lille (Nord).

En 1844, M. Défontaine obtint la médaille de bronze pour la

bonne qualité de ses produits et pour avoir créé, en 1837, une féculerie dans le département du Nord, qui ne possédait point d'établissement de ce genre. Depuis, l'usine de M. Défontaine a beaucoup augmenté et, outre la fécule qu'il préparait alors, il se livre aujourd'hui à la fabrication des glucoses massés et liquides. Ses produits sont estimés et son établissement a été, dans ces derniers temps, d'une grande ressource pour les cultivateurs du Nord, en employant les pommes de terre malades.

Le jury se plaît à reconnaître que M. Défontaine a développé et perfectionné son industrie : il lui accorde la médaille d'argent.

Médailles de bronze.

M. PAISANT fils, à Pont-Labbé (Finistère).

M. Paisant a obtenu, conjointement avec M. Le Bleis, à la dernière exposition, une mention honorable pour les beaux produits qu'ils avaient exposés. Depuis, M. Paisant a fait de nombreux efforts et il nous a présenté de la fécule et du gluten liquide, compacte et granulé, recommandables par leur beauté et leur pureté et très-recherchés dans le commerce.

L'établissement de M. Paisant fils occupe de 25 à 30 ouvriers et il est monté pour consommer 6 millions de kilogrammes de pommes de terre.

Le jury lui décerne une médaille de bronze.

MM. BELLEVILLE frères, à Nancy (Meurthe).

MM. Belleville frères ont fondé à Nancy, en 1835, un établissement dans lequel ils transforment 4,000 quintaux métriques de froment en amidon et en pâtes alimentaires.

Ils fabriquent l'amidon par le procédé de M. Martin et obtiennent ainsi d'une part de l'amidon de très-belle qualité et, de l'autre, le gluten pur ou mêlé de son. Le gluten pur est employé à la panification, l'autre sert à la nourriture des bestiaux.

Le jury décerne à MM. Belleville, la médaille de bronze.

MM. LIAZARD et ISABELLE, de Sannerville (Calvados).

Ces manufacturiers ont établi, en 1845, dans une ancienne fabrique de sucre de betteraves, une usine dans laquelle ils se livrent à la préparation de la fécule, du glucose, de l'alcool et du vinaigre.

La quantité de matières premières qu'ils emploient varie, pour les betteraves depuis 1,000,000 de kilogrammes jusqu'à 4,000,000 et, pour les pommes de terre, elle s'élève jusqu'à 150 hectolitres par jour.

MM. Liazard et Isabelle emploient une machine à vapeur de la force de dix chevaux, deux fourneaux chauffant chacun un générateur de 30 chevaux et environ 40 ouvriers pendant certaines époques de l'année.

Le jury central leur accorde la médaille de bronze.

Mentions honorables.

M. VANSTEENKISTE dit DORUS, à Valenciennes (Nord).

M. Vansteenkiste à présenté, à l'exposition, des produits qui sont recherchés pour l'apprêt des étoffes fines. Il emploie 4,000 hectolitres de froment et de seigle, et il livre au commerce environ 150,000 kilogrammes d'amidon de bonne qualité.

Le jury central lui décerne une mention honorable.

M. CLAUDIN, à Coussac (Haute-Vienne).

Cet industriel a fondé, en 1840, une usine qui livre au commerce 100,000 kilogrammes de fécule; 12 ouvriers sont employés pendant six mois à la fabrication de la fécule, et 30 ouvriers exploitent une ferme considérable dont le but principal est la culture de la pomme de terre.

Cet établissement, utile à l'agriculture de la contrée, a droit à une mention honorable, que le jury lui accorde.

Citations favorables.

M. BAULERET, à Cambrai (Nord).

M. Bauleret emploie la force motrice d'une machine à vapeur de 8 chevaux et une presse à vermicelle. Il compte, dans sa fabrique, 8 foyers, 45 cuves et 2 étuves.

Il mérite et reçoit une citation favorable.

M. LE BLEIS fils, à Pont-Labbé (Finistère).

M. Le Bleis fils s'occupe avec beaucoup d'activité, de la fabrication de la fécule de pommes de terre, dont il a exposé un échantillon. Les produits qu'il a obtenus cette année-ci sont moins beaux que ceux des années précédentes, parce qu'il n'a pu opérer que sur des pommes de terre malades et gâtées.

Le jury décerne à M. Le Bleis une citation favorable.

M. GALAIS, à Champigny (Indre-et-Loire).

Il a fondé, en 1846, un établissement qui occupe de 10 à 15 ouvriers et qui livre annuellement au commerce 63 à 65,000 kilogrammes de fécule.

Le jury central récompense les travaux de M. Galais en lui accordant une citation favorable.

---

§ 4. APPAREILS POUR L'EXTRACTION DE LA FÉCULE.

M. Payen, rapporteur.

M. HUCK, rue Corbeau, n° 25, à Paris.

Nouvelle médaille d'argent.

Cet habile constructeur de machines et appareils a perfectionné, notablement depuis 1844, les dispositions de ses râpes à pommes de terre, élévateurs de pulpe, tamis et épurateurs de fécule.

Tout en donnant plus de stabilité aux bâtis des râpes, tout en fonte et fer, il a diminué de plus de 20 p. o/o les prix.

En ajoutant un diaphragme dans le récepteur de l'eau chargée de fécule, il peut faire servir une deuxième fois l'eau qui traverse la deuxième partie du tamis, et qui retourne vers le récipient de la râpe, se mêlant à la pulpe. On peut ainsi réduire l'eau de six à quatre fois le poids des tubercules, lorsque cette économie d'eau est indispensable.

Voici les prix des machines et appareils pour une féculerie dans laquelle on fournit à la râpe 15,000 kil. de pommes de terre en 21 heures, en y appliquant la force continue de 4 chevaux (vapeur) :

Râpe	500f
2 tamis (extraction et repassage)	900
Laveur complet	500
Élévateur de pulpe	200
	2,100f

Le grand modèle s'applique à une fabrication journalière de 30,000 kil. de pommes de terre; un troisième modèle, le plus petit, suffit pour traiter 7,000 kil. par jour.

M. Huck cite 61 féculeries installées en France et à l'étranger avec ses appareils. Le jury signale les progrès réalisés par M. Huck depuis la dernière exposition, en lui décernant une nouvelle médaille d'argent.

Rappel de médaille d'argent.

MM. SAINT-ÉTIENNE, rue des Ursulines, n° 16, à Paris.

Depuis 1822 ces industriels s'occupent avec succès de la construction des machines et appareils à extraire la fécule des pommes de terre.

L'ensemble des dispositions de la râpe, des tamis d'extraction et de l'épurateur conique, montés sur un seul bâti, avait été remarqués par le jury central.

Plus de 100 féculeries, organisées par leurs soins, témoignent de leur zèle éclairé et de la confiance qui leur est accordée.

MM. Saint-Étienne s'occupent aussi des transformations de la fécule en dextrine; enfin ils ont plus récemment construit des appareils destinés à extraire l'amidon des farines.

Ces habiles manufacturiers se montrent toujours dignes de la distinction qui leur fut accordée en 1844, et le jury le reconnait en leur décernant le rappel de la médaille d'argent.

Mention pour ordre.

MM. STOLTZ père et Cie, rue Coquenard, n° 22, à Paris.

Ces constructeurs hydrauliciens ont présenté un appareil de féculerie et des pompes ordinaires et à incendie.

Les pompes ayant été l'objet d'un rapport spécial, le jury ne donne ici qu'une mention pour ordre relative aux appareils de féculerie.

---

§ 5. ÉCLAIRAGE AU MOYEN DES ACIDES GRAS CRISTALLISÉS DES DIVERSES MATIÈRES GRASSES SOLIDES. DES HUILES ÉPURÉES. — APPLICATIONS DES RÉSIDUS.

M. Payen, rapporteur.

CONSIDÉRATIONS GÉNÉRALES.

Les applications de la chimie à la fabrication des substances propres à l'éclairage ont fait, depuis la dernière exposition, de remarquables progrès.

Nous indiquerons les résultats des principaux perfectionnements relatifs à chacune des sections de ce rapport.

La fabrication des acides gras par les procédés de la saponification usuelle s'est généralement améliorée en France; la cristallisation, mieux ménagée, et l'extraction de la plus grande partie des acides gras, que les eaux acides entraînaient naguère, ont accru les proportions des acides cristallisés obtenus. Les frais ont été diminués en outre par d'ingénieux perfectionnements dans les presses et le chauffage à la vapeur de leurs plaques creuses et mobiles.

Ces perfectionnements réels ont laissé aux produits leur blancheur et leur solidité; l'absence d'odeur désagréable et la faculté de développer une lumière constante, tout en abaissant les prix de revient. Malheureusement, dans la vue de satisfaire aux exigences des partisans trop exclusifs du bon marché, on a trop développé, peut-être, l'emploi des suifs pressés; ce mélange devait nécessairement reproduire en partie les inconvénients des matières molles et rances, à lumière inégale, à émanations fuligineuses, qui caractérisent le grossier éclairage obtenu des chandelles.

Une remarquable invention est venue dans ces derniers temps opposer un frein utile aux procédés rétrogrades en question.

Cette invention industrielle est digne de fixer l'attention du jury; car toutes les difficultés qui ont longtemps fait obstacle à sa mise en pratique ont été vaincues, et les hardis manufacturiers, qui l'ont poursuivie au milieu des écueils et de nombreuses chances de ruine, arrivent à l'exposition avec les produits d'une grande usine.

M. DE MILLY, à Neuilly (Seine).

Rappel de médaille d'or.

Il vient de réorganiser la fabrique dans laquelle l'industrie des bougies stéariques a pris naissance.

De nouveaux perfectionnements y ont été apportés depuis la dernière exposition. Nous y avons remarqué notamment :

1° Un moulin qui pulvérise par heure 1,000 kil. de savon calcaire et facilite l'action de l'acide sulfurique, toujours incomplète autrefois;

2° Trois systèmes de chauffage des plaques dans autant de presses horizontales;

3° L'application de l'appareil rotatif à essorer les mèches en deux ou trois minutes et répartir très-uniformément l'acide borique;

4° Une table à enfiloir continu des mèches dans les moules;

5° Une étuve, facile à charger à l'aide des chariots porteurs de moules, économique de chauffage, puisqu'elle utilise la vapeur du retour d'eau;

6° Enfin une chaudière chauffée par la vapeur, et contenant 20,000 kil. de pâte à savon.

On se rappelle que M. de Milly a, le premier, livré au commerce des briques cubiques de savon fait avec l'acide oléique, et portant en lettres venues au moulage la marque de cette fabrique.

Aujourd'hui, M. de Milly ajoute un système ingénieux et simple de marque pour ses bougies, qu'il prépare sans mélange aucun et de qualité régulière et constante.

Le jury décerne à M. de Milly le rappel de la médaille d'or.

Médaille d'or.

MM. MASSE et TRIBOUILLET, à Neuilly (Seine).

Votre Commission des arts chimiques a suivi avec le plus vif intérêt toutes les opérations à l'aide desquelles MM. Masse et Tribouillet traitent chaque jour 6,000 kil. de matières grasses, et en obtiennent des bougies nouvelles, comparables aux bougies *stéariques* de belle et bonne qualité.

L'origine scientifique de cette industrie moderne remonte aux premières recherches de M. Chevreul, aux travaux de M. Bussy sur la distillation des corps gras, enfin au mémoire de M. Frémy relatif à l'action des acides sur les substances grasses neutres, elle a emprunté le secours des moyens indiqués par M. Dubrunfaut, et par MM. Thomas et Laurens pour activer la distillation à l'aide de la vapeur d'eau libre et surchauffée.

MM. Masse et Tribouillet ont enfin fondé une véritable invention manufacturière, par un remarquable ensemble d'appareils, de procédés spéciaux, et par la production économique d'un produit commercial nouveau.

Les matières premières sont nombreuses et des plus communes. On transforme, chez ces messieurs, les *matières brunes, demi-fluides, infectes*, résidus des dégraissages de laines, ou bougies cristallines blanches, à flamme régulière et très-lumineuse.

On traite par de semblables procédés les *graisses vertes*, les suifs inférieurs des abattoirs, le suif végétal, la matière brute du Myrica cerifera, l'huile de palme, les huiles communes d'olive, etc., et l'on en obtient des bougies solides et blanches.

L'application utile de plusieurs de ces matières grasses offre à notre commerce extérieur et colonial de nouveaux moyens d'échange ; elle a permis, d'un autre côté, de satisfaire aux conditions de bon marché en livrant plusieurs sortes de bougies un peu moins épurées et moins blanches, mais exemptes des inconvénients des produits du suif ou des graisses neutres.

La diminution des prix, en maintenant des qualités convenables, a étendu déjà la consommation. Les procédés, d'origine française, en pleine activité à Londres, ont commencé à s'introduire chez plusieurs autres nations étrangères.

Cette industrie nouvelle met en jeu des capitaux importants, emploie des appareils ingénieux et nouveaux, et crée des produits purs à bon marché en utilisant de nouvelles matières premières.

Une pareille invention manufacturière, qui se rattache aux travaux de plusieurs savants français et va mettre en mouvement chaque année des millions de francs dans le commerce international, a réuni en faveur de MM. Masse et Tribouillet, qui l'ont réalisée, tous les titres à la première récompense : le jury leur décerne la médaille d'or.

MM. POISAT oncle et Cie, à la Folie-Nanterre (Seine).

Nouvelle médaille d'argent.

La fabrique d'acides gras et produits chimiques de M. Poisat est l'une des plus considérables du département de la Seine.

Elle occupe quatre-vingts ouvriers ; le chauffage, la préparation et la distillation des corps gras, de l'acide sulfurique et du sulfate d'alumine emploient la vapeur de deux générateurs représentant une force de quarante chevaux et de deux chaudières à basse pression ; la force mécanique est transmise par une machine de six chevaux.

Cette usine livre annuellement au commerce environ :

450,000 kilogrammes d'acides stéarique et margarique cristallisés ;

450,000 kilogrammes d'acide oléique pour le graissage des laines et la fabrication du savon ;

1,200,000 kilogrammes d'acide sulfurique concentré;
400,000 kilogrammes de sulfate d'alumine;
200,000 kilogrammes d'acide azotique;
Et 40,000 kilogrammes d'acide oxalique cristallisé.

La fabrication des acides gras par la saponification a reçu quelques perfectionnements, notamment dans le pressage à froid et à chaud.

Ces manufacturiers habiles ont récemment monté des appareils perfectionnés pour la préparation des acides gras par voie de distillation : ils ont régularisé la température au moyen d'un bain de plomb au terme de fusion.

MM. Poisat ont encore simplifié et régularisé les diverses opérations de leur fabrique de produits chimiques et rendu la fabrication de l'acide oxalique brut plus économique en appliquant le gaz hypoazotique, naguère perdu et même nuisible au voisinage, à leur fabrication d'acide sulfurique.

Dans ces divers perfectionnements, ils ont été aidés par un contre-maître sur lequel nous appellerons l'attention du jury central.

Le jury décerne à MM. Poisat et Cie une nouvelle médaille d'argent.

Médailles d'argent.

MM. PETIT et LEMOULT, rue Croix-Nivert, n° 57, à Grenelle, près Paris, et avenue de Breteuil, à Paris.

Dans leurs fabriques d'acides gras et de bougies stéariques, fondées en 1833 et 1839, MM. Petit et Lemoult occupent 60 ouvriers; ils emploient pour le chauffage une quantité de vapeur équivalente à 46 chevaux et une force mécanique de 10 chevaux. La quantité de matière première peut s'élever à 950,000 kilog. de suif; les produits consistent en bougies stéariques, dites oxygénées, et du phénix 500,000 kilog., et 450,000 kilog. d'acide oléique livré aux filateurs et aux savonneries.

Ces fabricants ont augmenté et perfectionné leur industrie. Leurs produits, vendus à meilleur marché par suite de la concurrence des acides distillés, ont cependant été maintenus avec leur bonne et loyale qualité commerciale.

Parmi les améliorations introduites dans cette usine, on peut citer d'heureuses modifications dans les presses à chaud et à froid, dans les laveuses et polisseuses mécaniques, dans le mode de cristallisation, qui permet de préparer une deuxième qualité de bougies avec les tourteaux seulement exprimés à froid. Il en résulte une économie sur les déchets et la possibilité d'abaisser les prix de 237 fr. jusqu'à 210 fr. les 100 kil. Par un ingénieux procédé chimique, ils retirent une partie notable des acides gras que les lavages entraînaient autrefois en pure perte.

La commission a remarqué un perfectionnement notable dû à M. Broutin, et qui lui a paru digne d'une récompense comme non exposant.

Ces manufacturiers ont fait observer à la Commission spéciale du jury que leur industrie prendrait un développement plus considérable, au profit d'un grand nombre de travailleurs, si les suifs étrangers ne supportaient un droit trois à quatre fois plus fort que celui qui frappe l'huile de palme, et si l'on accordait un drawback à l'exportation des bougies et acides cristallisés.

Le jury décerne à MM. Petit et Lemoult une médaille d'argent.

MM. ROUSSILLE frères, à Jurançon (Basses-Pyrénées).

MM. Roussille préparent annuellement :

155,000 kilogrammes d'acides stéarique et margarique cristallisés et bougies ;

100,000 kilogrammes de chandelles ;

10,000 kilogrammes de cierges en cire ;

15,000 kilogrammes d'allumettes en cire ;

180,000 kilogrammes de savon.

Depuis l'exposition dernière, leur industrie a pris de grands développements : les produits sont évidemment perfectionnés ; MM. Roussille ont introduit la fabrication des savons et se disposent à établir une fabrique d'acide sulfurique qui complétera leurs moyens d'action.

Le chauffage et la force mécanique utilisent la vapeur de générateurs ayant ensemble la force de vingt-deux chevaux ; ils ont monté deux presses hydrauliques ; deux chaudières à savon, et quatre chaudières à fondre le suif.

MM. Roussille ont eu de grands obstacles à vaincre dans un département où l'industrie est encore peu avancée ; leur usine, en offrant du travail à près de cent ouvriers, hommes, femmes, enfants, concourt à répandre l'instruction manufacturière.

En tenant compte des difficultés vaincues, du bon exemple offert, de l'importance de l'établissement, de ses développements en cours d'exécution, enfin de la qualité des produits, le jury accorde à MM. Roussille la médaille d'argent.

Rappels de médailles de bronze.

M. Antoine-Marie GAILLARD, rue de la Verrerie, n° 66, à Paris.

M. Gaillard prépare les bougies d'acide stéarique, de cire et de blanc de baleine épuré. Les produits de cette fabrique continuent à mériter la faveur commerciale dont ils jouissent. Le jury central rappelle la médaille de bronze qui lui a été accordée en 1844.

MM. BELHOMMET frères, à Landernau (Finistère).

L'atelier de MM. Belhommet continue de justifier, par la bonne confection des bougies stéariques, la distinction qu'elle a obtenue en 1844.

On traite dans cette fabrique près de 100,000 kilogrammes de suif, et l'on obtient 45,000 kilogrammes d'acides gras solides et de bougies.

Le jury accorde à MM. Belhommet le rappel de la médaille de bronze.

M. Charles LEROY, rue du Banquier Saint-Marcel, à Paris.

Dans son établissement fondé en 1838, M. Ch. Leroy traite chaque année environ 2,500,000 kilogrammes de suif qu'il épure ou convertit en chandelles; il occupe 65 ouvriers. Ses produits sont toujours estimés dans le commerce. Le jury lui accorde le rappel de la médaille de bronze qui lui fut décernée en 1844.

Médaille de bronze.

M. CAHOUET, place aux Veaux, n° 4, à Paris.

M. Cahouet fabrique les différents ustensiles usités pour le moulage des bougies, cierges, etc. Il occupe environ 25 ouvriers, dont le salaire est de 3 à 5 francs. Il a imaginé de nouveaux porte-mèches, un porte-moule estampé d'un seul morceau, et surtout un ingénieux système de moulage à robinet, qui fixe et coupe la mèche du même coup. Cette invention facilite et régularise le travail. L'extension donnée à ses affaires, et les perfectionnements apportés dans les ustensiles qu'il fabrique, ont rendu M. Cahouet digne d'une récompense supérieure à la mention honorable qu'il a reçue en 1844 : le jury lui accorde la médaille de bronze.

MM. Henri et François THIBAULT, à Nantes.

Rappels de mentions honorables.

Ces manufacturiers fondent le suif à l'acide sulfurique et l'épurent par un lavage alcalin. Ils fabriquent des chandelles et ont une moulerie de bougies stéariques ; la bonne qualité de ces produits donne à MM. Thibault des droits au rappel de la mention honorable que leur accorde le jury.

MM. DELAUNAY et Ch. LEROY, à Nantes, rue de la Bastille, n° 48.

Dans cet établissement, on fond 30 à 40,000 kilogrammes de suif, et l'on traite environ 25,000 kilogrammes d'huile de palme.

Trois presses hydrauliques sont employées à extraire la partie fluide de l'huile de palme et à obtenir des huiles de graines. Ces produits, ainsi que les bougies stéariques, sont préparés dans de bonnes conditions.

Le jury accorde à M. Delaunay et Ch. Leroy le rappel de la mention honorable qui leur fut accordée en 1844.

MM. LIENARD, CLAUDE et LANTILLON, à Lyon.

Ils fabriquent les acides gras solides et liquides, les bougies stéariques et les chandelles. Leurs produits sont de bonne qualité. Le jury leur accorde le rappel de la mention honorable qu'ils ont reçue en 1844.

M. WERNET fils, rue du Bac, n° 30, à Paris.

Depuis longues années l'établissement de M. Wernet est connu pour la bonne confection des diverses sortes de bougies de cire, diaphanes et stéariques. Il a des ateliers à Vaugirard et à Orléans, qui chôment en ce moment.

Le jury rappelle à M. Wernet la mention honorable déjà rappelée en 1844.

MM. DONNEAU et Cie, quai de Jemmapes, n° 146, à Paris.

Mentions honorables.

Ces manufacturiers ont repris la fabrique qui avait été montée, en 1836, par M. Regnier. Les produits de cette usine continuent de justifier la réputation acquise à cet établissement. Le jury accorde aux nouveaux propriétaires une mention honorable.

MM. SEGRETIN et Cie, rue de Chaillot, 3, à Paris.

MM. Segretin fabriquent annuellement environ 70,000 kilogrammes de bougies stéariques, de cinq qualités différentes; ils ont installé plusieurs couleries de bougies et mis en pratique de bons procédés de moulage; ils montent une nouvelle fabrique *extra-muros*. Leurs produits ont une très-belle apparence, et les quatre premiers numéros sont d'une bonne qualité.

Le jury leur accorde une mention honorable.

M. VINDARD, à Troyes (Aube).

M. Vindard a reçu en 1844 une citation favorable pour le moulage des bougies; il a depuis perfectionné cette industrie locale; ses produits sont de belle et bonne qualité. Le jury lui accorde une mention honorable.

Citations favorables.

M. RÉGNIER, à la Villette, boulevard de Strasbourg (Seine).

Fabricant de bougies, il emploie 50,000 kilogrammes environ de matières premières. Ses bougies, bien confectionnées, sont estimées dans le commerce. Le jury les cite favorablement.

M. Laurent LÉONARD, à Antony (Seine).

Fabricants de bougies de diverses sortes; ils emploient 50,000 kilogrammes de cire et acides gras, occupent 10 ouvriers (hommes, femmes et enfants). Leurs produits sont estimés. Le jury leur accorde une citation favorable,

MM. SANTONNAX et JOURDY, à Dôle (Jura).

Dans la fabrique qu'ils exploitent depuis quatre ans, ils utilisent la vapeur d'un générateur équivalent à 10 chevaux, ils obtiennent 50,000 kilogrammes d'acides gras cristallisés et 50,000 kilogrammes d'acide oléique; ils fabriquent des bougies et des cierges. Cette industrie s'est améliorée entre leurs mains. Le jury les cite favorablement.

M. COQUELIN, place des Petits-Pères, à Paris.

M. Coquelin opère avec succès le moulage de l'acide stéarique. Les produits qu'il livre au commerce, sous le nom de *bougies de la neige*, sont de bonne qualité. Le jury lui accorde une citation favorable.

M. BAUDOUIN, à Grasville-l'Heure, près du Havre (Seine-Inférieure).

M. Baudouin fabrique annuellement 152,000 kilogrammes d'acides gras, dont 76,000 kilogrammes, à l'état solide, sont convertis en bougie stéarique, et 76,000 kilogrammes, à l'état liquide, sont livrés pour la fabrication des savons ou le graissage des laines.

On utilise dans cet établissement la force d'une machine à vapeur de 6 chevaux.

C'est une industrie nouvelle introduite dans la localité et qui livre des produits de bonne qualité. Le jury accorde à M. Baudouin une citation favorable.

M. Claude BROCARD, rue des Vinaigriers, n° 11, à Paris.

Prépare plusieurs ustensiles à mouler les bougies; il a adopté la couverte en matière vitrifiée pour les récipients des moules.

Sa bonne fabrication le rend digne d'une citation favorable.

M. Étienne DIDIER, avenue de La Mothe-Piquet, n° 13 *ter*, à Paris.

M. Didier fabrique des bougies veilleuses et réchauds, et des chandelles; il emploie annuellement 100,000 kilogrammes de matières premières, suif et cire.

Les bougies veilleuses et réchauds de son invention présentent quelques avantages sérieux, qui ont paru mériter une citation favorable.

---

§ 6. HUILES, GRAISSES, SUIFS, CORPS GRAS, ETC.

M. Payen, rapporteur.

M. ÉVRARD, ingénieur civil et professeur de chimie, à Valenciennes. Médaille d'argent.

M. Évrard a inventé un procédé de fonte des suifs en branche, à l'aide d'une faible solution de potasse ou de soude caustique.

49.

Cet ingénieux procédé facilite la sortie de la matière grasse en attaquant et rendant perméable le tissu adipeux; il laisse, sous la forme de membranes perforées, très-légères, un résidu moins volumineux et beaucoup moins pesant que par le procédé des cretons, et donne un produit plus abondant.

Le suif obtenu est plus beau que celui résultant du traitement par l'acide sulfurique. Le résidu solide serait applicable à la nourriture des animaux, la solution alcaline elle-même serait utilement applicable à l'agriculture.

M. Évrard a encore imaginé une application rationnelle des éthers gras, en les faisant servir à dissoudre les graisses qui retiennent la poudre d'émeri sur les cuirs à rasoirs. Il a pensé que la substance minérale ainsi dégagée agirait beaucoup mieux sur le tranchant d'acier, et le résultat a répondu complétement à son attente. Les membres de la commission se sont expérimentalement assurés de l'efficacité remarquable de ce moyen; ils espèrent que l'heureuse tentative de M. Évrard pourra conduire à d'autres applications à l'aide des éthers gras. Le nouveau procédé de fonte des suifs produira très-probablement aussi tous les résultats avantageux annoncés, et, en outre, rendra cette opération plus salubre, plus productive et moins dispendieuse; l'opération a déjà été faite dans une fabrique en France, elle a réussi, et tout porte à croire que le procédé devra se généraliser, dans l'intérêt de l'industrie manufacturière et de la salubrité publique.

Mais les probabilités les plus fortes ne sauraient servir de base à nos décisions définitives, et en attendant que l'extension de ce procédé dans les fonderies ait justifié toutes les prévisions favorables et rendu M. Évrard digne de l'une des premières récompenses, le jury lui décerne une médaille d'argent.

Médaille de bronze.

MM. MOREAU et Cie, rue Montmartre, n° 169, à Paris.

On sait tout le parti que l'on tire de la distillation des schistes bitumineux pour l'extraction des huiles de schistes, propres à l'éclairage. MM. Urbain Moreau et compagnie ont entrepris, depuis plus d'une année, d'exploiter aussi, par la distillation, les bitumes eux-mêmes qui, au lieu de 10 à 12 p. 0/0 de produits volatils que fournissent les schistes bitumineux, donnent jusqu'à 95 p. 0/0 de leur poids en produits distillés. Ces produits, qui consistent principalement en carbures d'hydrogène, de volatilité et de consistance diverses, peuvent, par suite de cette diversité même, être appropriés à des usages différents. Les plus volatils sont employés pour l'éclairage comme l'huile de schiste, et peuvent remplacer les essences dans la fabrication des vernis. Quant aux produits peu volatils, la fluidité des uns, la consistance des autres, permet de les employer comme les huiles et les graisses, proprement dites, pour le graissage des machines. Dans les chemins de fer, on commence déjà à substituer, aux graisses employées pour graisser les essieux des locomotives, ces produits bitumineux, qui les remplacent, avec avantage, pour la qualité et pour le prix, car M. Moreau ne vend ses produits en consistance de graisse que 55 francs les 100 kilogrammes. Les appareils de M. Moreau lui permettent d'opérer sur 1,000 kilogrammes de bitume.

Si l'on considère que la France reçoit annuellement pour plus de 20 millions de corps gras, tandis que, dans les départements du Haut-Rhin et du Bas-Rhin, dans les Vosges, etc., on trouve des gisements de bitume importants, on comprendra l'intérêt avec lequel le jury a examiné les produits de M. Urbain Moreau.

Pour récompenser M. Moreau de ses efforts et signaler cette industrie naissante, le jury central accorde à MM. Moreau et compagnie une médaille de bronze.

M. MAYER aîné, Vieille Route de Paris, n° 19, à Neuilly (Seine).

Il présente au jugement du jury des graisses pour essieux et de l'huile à graisser les machines. Ces produits, qui avaient été présentés à la précédente exposition sous la désignation d'*huile Mutel*, avaient été déjà approuvés par le jury, qui leur avait accordé une mention honorable. Cette industrie a reçu, depuis, de nouveaux perfectionnements, et M. Mayer a dû augmenter notablement son établissement. Il livre aujourd'hui à la consommation pour plus de 120,000 francs de produits.

Le jury central lui décerne une médaille de bronze.

MM. TESSON, à Colombes (Seine).

Rappel de mention honorable.

MM. Tesson continuent la fabrication de la colle forte, et l'extraction de l'huile de pieds de bœuf et de mouton ; ils ont obtenu, en 1844, une mention honorable : le jury central la leur rappelle.

Mention honorable. **MM. HERVÉ frères, route de Charenton, à Bercy.**

Ces manufacturiers préparent des colles en petites feuilles, dites gélatine, d'assez bonne qualité. Les autres sortes sont des colles fortes ordinaires.

Outre leur fabrication en ce genre, qui s'élève à 30,000 kilog. environ, ils obtiennent par la carbonisation des os près de 400,000 kilog. de noir animal, ils extraient de l'huile de pied de bœuf, et confectionnent plus de 100,000 kilog. de carton.

Le jury central leur décerne, pour l'ensemble de ces fabrications, une mention honorable.

---

§ 7. CAFETIÈRES ET BRULOIRS A CAFÉ.

M. Péligot, rapporteur.

Médaille de bronze. **M. Ém. GABET et FRAISANT, rue des Marais, n° 20 *bis*, à Paris,**

Exposent, sous le nom de cafetière à bascule, un appareil de leur invention, propre à préparer l'infusion de café.

La cafetière de M. Gabet diffère beaucoup des nombreux appareils qu'on a construits depuis quelques années pour le même objet : elle fonctionne de manière à écarter toute chance d'explosion La lampe qui porte l'eau à l'ébullition s'éteint d'elle-même quand le liquide bouillant a passé dans le vase qui contient la poudre de café : l'infusion clarifiée vient prendre la place de l'eau dans le bouilleur en porcelaine.

La manœuvre de cet appareil est simple et facile : son emploi n'exige aucune surveillance ; il est moins fragile que ceux dans lesquels le verre est employé exclusivement; il n'altère pas, comme les cafetières en métal, l'arome du café.

Le jury central décerne à M. Gabet une médaille de bronze.

Mention honorable. **Mlle VASSIEUX, rue Saint-Marc-Feydeau, n° 6, à Paris.**

Le jury central de 1844 a accordé une citation favorable à la cafetière dite Lyonnaise, de M. Bodin. La même maison, reprise par Mlle Vassieux, a apporté à cet appareil de grands perfectionnements. Cette cafetière, qui se compose d'un double ballon en verre, est disposée de telle sorte que, quand l'eau a passé de l'un des vases dans l'autre qui contient la poudre de café, la lampe à alcool s'éloigne d'elle-même et écarte la chance de rupture que présentait son ancienne disposition.

Cet appareil est ingénieux et élégant. Le jury central accorde à Mlle Vassieux une mention honorable.

M. DAUSSE, rue de Lancry, n° 10, à Paris,

Citations favorables.

Continue à fabriquer la cafetière à *flotteur compteur* pour laquelle il a obtenu une citation favorable à l'exposition de 1844. Cet appareil est employé dans un grand nombre d'établissements publics. M. Dausse expose aussi un nouveau brûloir à café, qui indiquerait le moment où les divers cafés sont torréfiés à point; mais l'expérience n'a pas encore prononcé sur cet appareil.

Le jury central accorde à M. Dausse une citation favorable.

M. PENANT, rue de l'Arbre-Sec, n° 60, à Paris.

La cafetière dite *Française*, de M. Penant, est composée d'un ballon en verre, communiquant, par un tube en métal terminé par une pomme d'arrosoir, avec un réservoir supérieur, également en verre, qui reçoit la poudre de café. L'eau, portée à l'ébullition dans le vase inférieur au moyen de la flamme de l'alcool qui le chauffe latéralement, tombe sous forme de pluie sur le café; après un contact plus ou moins prolongé, l'infusion passe dans le réservoir inférieur, d'où elle est soutirée à l'aide d'un robinet.

Cet appareil, que M. Penant a perfectionné peu à peu, présente plusieurs dispositions ingénieuses.

Le jury accorde à M. Penant une citation favorable.

---

§ 8. APPAREILS A FAIRE LA GLACE.

M. Péligot, rapporteur.

M. FUMET, rue du Helder, n° 25, à Paris.

Mention honorable.

Expose plusieurs appareils en fer-blanc destinés à congeler l'eau ou à faire des glaces avec le mélange d'acide chlorhydrique et de sulfate de soude pulvérisé.

Ces appareils, d'une construction et d'un emploi simples, sont à peu près les mêmes que ceux qui servent à glacer les sirops sous l'influence du mélange de glace et de salpêtre ou de sel employé par les glaciers. Ils sont d'un prix peu élevé, et les glaces ne reviennent pas plus cher par ce procédé que par le procédé ordinaire. Il peut être utile pour procurer de la glace, en cas de maladie, dans des localités dépourvues de glacières.

Le jury central accorde une mention honorable à M. Fumet.

Citations favorables.

M. GOUBAUD, boulevard Poissonnière, n° 12, à Paris.

Sous le nom de *glacières parisiennes*, M. Goubaud expose différents modèles d'appareils congélateurs pour faire des glaces ou pour congeler l'eau. Pour arriver à ces résultats, il utilise le froid qui se produit lorsqu'on dissout dans l'eau l'azotate d'ammoniaque. Ce sel peut être ramené à l'état solide en évaporant l'eau qui a servi à le dissoudre.

Le jury central accorde une citation favorable à M. Goubaud.

M. VILLENEUVE, rue Montpensier, n° 4, à Paris.

Il a le mérite d'avoir construit les premiers appareils congélateurs. On peut produire rapidement, dans l'appareil de M. Villeneuve, une assez grande quantité de glace, au moyen d'un mélange réfrigérant de sulfate de soude et d'acide clorhydrique.

Le jury central accorde à M. Villeneuve une citation favorable.

CINQUIÈME SECTION.

COULEURS, MATIÈRES TINCTORIALES, TEINTURE ET IMPRESSION, PROCÉDÉS DE BLANCHIMENT, ETC.

---

§ 1er. COULEURS ET MATIÈRES TINCTORIALES.

M. J. Persoz, rapporteur.

Nouvelle médaille d'or.

M. GUIMET, à Lyon (Rhône).

La découverte de l'outremer artificiel, que l'on doit à M. Guimet, a fait époque dans les annales de la science, et elle restera toujours au nombre de celles qui illustrent le XIXe siècle. Elle valut en 1834 à son inventeur, de la part du jury, les récompenses les plus élevées. Cependant, à cette époque, on ne prévoyait pas encore tout le parti que l'industrie tirerait un jour de cette précieuse couleur.

On reconnaissait bien qu'elle était propre à la peinture, à l'azurage du linge et du papier; mais personne ne supposait qu'elle viendrait un jour détrôner les bleus employés jusque-là dans les impressions sur étoffes. C'est pourtant ce qui est arrivé, et ce résultat est dû, en grande partie, à des fabricants aussi modestes qu'habiles, MM. Blondin, de la Glacière. Ces industriels, mettant à profit le procédé à l'aide duquel on avait fixé mécaniquement sur calicot des fonds beurre frais à l'oxyde de fer, et gris d'argent au charbon, ont eu l'idée d'appliquer l'outremer par les mêmes procédés. Pendant plus de 6 ans, ils ont exploité seuls, et pour ainsi dire dans le silence, plusieurs articles d'impression, notamment celui des cravates, et un immense succès leur a procuré des bénéfices considérables.

Lors du concours de 1844, M. Broquette exposa des fonds bleus outremer, doubles nuances qui fixèrent à un haut degré l'attention des fabricants et celle de M. Dolfus-Mieg en particulier. Dès ce moment, l'emploi de l'outremer fut introduit dans les ateliers d'impression, et le produit découvert par M. Guimet allait faire le tour du monde. En effet, aujourd'hui, on voit peu de tissus sur lesquels on n'ait imprimé cette couleur. D'après cela, on ne sera pas surpris d'apprendre que M. Guimet livre annuellement au commerce, en France et à l'étranger, 60,000 kilogr. de bleu d'outremer.

Le jury, considérant qu'il est juste de consacrer par une nouvelle récompense les récentes applications dont la belle découverte de M. Guimet a été l'objet dans ces dernières années, et qui sont dues principalement à la persévérance que ce savant industriel a mise à perfectionner ses produits et à les rendre accessibles à tout le monde, décerne à M. Guimet une nouvelle médaille d'or.

M. HUILLARD aîné, rue de la Vannerie, 38, à Paris.

Rappel de médaille d'argent.

M. Huillard fabrique toujours avec le même succès l'orseille, le cudbéar, le carmin d'indigo et la cochenille ammoniacale pour les besoins de l'impression. Le jury de 1844 le récompensa des perfectionnements qu'il avait introduits dans sa fabrication en lui décernant la médaille d'argent. Celui de cette année lui accorde le rappel de la même médaille.

M. Gabriel MEISSONIER fils, rue Meslay, n° 8, à Paris.

Médailles d'argent.

Dans l'établissement de M. Meissonier, qui, au prix de 4 francs par jour, occupe de 30 à 50 ouvriers, travaillent deux machines et deux chaudières à vapeur de la force de 132 chevaux.

A l'aide de ces agents de production, on traite annuellement par la vapeur deux millions de kilogr. de bois de teinture, pour les convertir en extraits liquides et solides employés en teinture et surtout dans l'impression des étoffes. Jusqu'en 1836, on n'épuisait qu'imparfaitement les bois, et dans les établissements mêmes où on les employait. M. Meissonier père, fondateur de l'établissement, eut l'heureuse idée d'élever cette opération, confiée jusque-là à un marmiton teinturier, à la hauteur d'une véritable industrie, qui, à son tour, contribua puissamment à faire arriver l'impression des couleurs fixées par la vapeur au développement qu'elle a aujourd'hui.

Rappelons qu'à la naissance de cette nouvelle industrie, la consommation des extraits de bois était si peu considérable, que, pendant les cinq premières années, M. Meissonier put à peine en placer 2,000 kilogrammes.

Les choses ont bien changé; car, depuis cette époque, une multitude de fabriques se sont formées en France, en Allemagne et en Russie, à l'instar de celle de M. Meissonier, qui néanmoins fabrique encore annuellement et livre au commerce plus de 300,000 kilogr. d'extraits de teinture, représentant une valeur d'environ 900,000 fr.

Indépendamment de ces extraits, M. Meissonier fabrique la plus grande partie des produits chimiques employés dans les ateliers de teinture et d'impression.

Le jury, qui a particulièrement remarqué les diverses préparations pour bleu de France et l'extrait de campêche préparé, voyant en M. Gabriel Meissonier un digne successeur de M. Charles Meissonier père, lui décerne la médaille d'argent.

M. MOTTET, rue des Trois-Bornes, n° 1, à Paris.

Successeur depuis 1845 de la maison Jennet, M. Mottet s'est attaché dès cette époque à fabriquer avec un soin particulier des orseilles de même que des extraits de cette riche matière colorante. Il a compris que pour prévenir le déplacement de l'industrie toute française, à laquelle il venait de vouer son temps et ses capitaux, et lutter avantageusement avec ses rivaux étrangers, il n'y avait qu'un moyen, celui de développer dans les orseilles toutes les qualités tinctoriales qu'elles sont susceptibles d'acquérir.

Les efforts de M. Mottet furent couronnés d'un plein succès, et c'est pour les récompenser que le jury lui décerne aujourd'hui la médaille d'argent.

M. MARTIN, à Lyon (Rhône).

Grâce aux moyens que la chimie a découverts pour imprimer l'orseille et la fixer avec avantage sur les étoffes, la consommation de cette riche matière tinctoriale a pris, depuis environ cinq ans, un développement considérable.

Cette matière colorante, qui produit ces beaux violets et lilas de Parme, est employée maintenant pour l'enluminage d'une infinité d'étoffes tissées ou imprimées. Sa réputation est due, en grande partie, aux perfectionnements qui ont été apportés à sa fabrication par plusieurs industriels, et, entre autres, par M. Martin. Celui-ci, au lieu de traiter les lichens en nature pour en faire de l'orseille, les épuise préalablement à l'aide de l'eau qu'il fait agir par déplacement. Il concentre jusqu'à un certain point les solutions qui renferment l'orcine; ensuite il fait intervenir l'ammoniaque et l'air dans les conditions favorables au développement de la matière colorante. Il obtient de la sorte une substance tinctoriale complétement soluble dans l'eau, et dépouillée de tous les produits insolubles que l'on rencontre dans les lichens.

Outre les cudbéars, les orseilles et les extraits d'orseille, que beaucoup de ses confrères fabriquent en concurrence avec lui, M. Martin prépare encore un carmin d'orseille avec lequel on obtient des nuances d'une pureté et d'une vivacité sans égale. Les produits de sa fabrication sont très-recherchés, non-seulement en France, mais encore en Autriche, en Prusse et en Bohême. Sur 280,000 kilogrammes d'orseille qu'il fabrique annuellement, 80,000 kilogrammes sont exportés.

Le jury central, prenant ces faits en considération, décerne à M. Martin la médaille d'argent.

M. COLIN (Ph.), à Marseille (Bouches-du-Rhône).

Mentions honorables.

M. Colin ayant compris l'avantage qu'il y aurait pour l'industrie à traiter les lichens tinctoriaux sur le lieu même de leur débarquement, a fondé, depuis deux ans, à Marseille un établissement pour la fabrication de l'orseille, du cudbéar, du carmin et de l'orseille. Cet établissement, au dire des personnes qui l'ont visité et des membres du jury du département des Bouches-du-Rhône, est dirigé avec une parfaite intelligence. Aussi le jury donne-t-il à M. Colin une mention honorable, pour ses produits propres à la teinture, ainsi qu'à M. Courtial à Grenelle (Seine), pour son bel outremer.

M. RACINE cadet, à Besançon (Doubs).

Sous le nom d'indigo fin, M. Racine fabrique un beau carmin d'indigo. Les témoignages d'une multitude de teinturiers prouvent que cette substance tinctoriale de M. Racine leur rend de grands services. Ce qui, selon eux, distingue son bleu et le rend particulièrement recommandable, c'est son éclat et sa fraîcheur. Il jouit d'une autre qualité non moins appréciable, celle de pouvoir être très-facilement employé en teinture. Le jury vote en faveur de cet industriel une mention honorable.

---

§ 2. TEINTURE ET IMPRESSION.

M. J. Persoz, rapporteur.

Rappel Médaille d'or.

Monsieur LÉVEILLÉ, à Rouen (Seine-Inférieure).

Cet industriel est à la fois filateur, blanchisseur et teinturier. La commission des tissus s'étant déjà prononcée sur son mérite comme filateur, il ne nous reste à examiner que ses produits de teinture. Cette tâche est d'autant plus agréable à remplir, que M. Léveillé a su, par ses connaissances administratives, sa longue expérience en teinture, ses connaissances chimiques et les perfectionnements qu'il a introduits dans ses procédés, acquérir une supériorité que ses concurrents sont les premiers à reconnaître. Il occupe 650 ouvriers, dont le salaire s'élève de 75 centimes à 1 fr. 25 cent. pour la journée des femmes, et de 2 à 3 francs pour celle des hommes. Cet établissement possède deux machines à vapeur et une roue hydraulique, qui représentent ensemble la force de 80 chevaux, et qui mettent en mouvement 28,000 broches et 14 machines employées à la teinture. Au moyen de ces divers agents de production, M. Léveillé livre à la consommation 700,000 kilogrammes de cotons écrus et teints, qui alimentent les métiers de plus de 400 maisons de tissage. Il résulte, en effet, des documents qui nous sont soumis, qu'il n'est aucune de nos cités industrielles, qui ne vienne s'approvisionner à Rouen de fils teints chez M. Leveillé. Le grand écoulement de ses produits est dû à la bonne qualité de ses fils, à la solidité et à la vivacité qu'il donne à ses teintures, *couleurs grand teint*, enfin au bas prix auquel il livre ses marchandises.

Si cet habile industriel est arrivé à ces heureux résultats, c'est qu'il a fait subir à ses procédés de teinture sur coton, sous le rapport chimique et sous le rapport mécanique, des perfectionnements tels que son établissement n'a de rival ni en France, ni en Suisse, ni en Allemagne.

Le jury, rendant hommage aux progrès par lesquels M. Léveillé se signale chaque jour dans la carrière industrielle, lui décerne le rappel de la médaille d'or qu'il avait obtenue à l'exposition de 1844.

MM. JOURDAN et Cie, à Cambray (Nord).

Médailles d'or.

MM. Jourdan exposent cette année comme fabricants de tulles et de dentelles, comme imprimeurs et comme teinturiers, de très-beaux articles de leur fabrication. Dans l'une et l'autre de ces branches d'industrie, leur génie inventif se révèle également; mais nous ne sommes appelés à les juger en ce moment que comme imprimeurs et comme teinturiers.

L'heureuse application qu'ils ont faite du principe énoncé par par MM. Spaerlin et Zuber pour la fabrication du genre ombré par teinture est, sans contredit, ce qui honore le plus la carrière industrielle de ces messieurs. Il n'est pas, en effet, d'article d'impression qui ait eu un aussi grand succès, qui ait produit une aussi vive sensation et suscité un plus grand nombre d'imitateurs parmi les imprimeurs sur étoffes. Ce nouvel article, qui date de 1845, était à peine connu en France, que déjà on l'imitait en Angleterre, en Autriche, en Prusse et en Russie. Malgré cette concurrence, MM. Jourdan ont fabriqué, pour la consommation intérieure et l'exportation, une quantité considérable d'étoffes, d'une valeur qui, durant les cinq dernières années, ne s'éleva pas à moins de 8,600,000 francs, soit, en moyenne, près de 1,800,000 francs par an.

Il était réservé à ces messieurs de faire une nouvelle application tout aussi heureuse, quoique moins brillante en apparence, que celle que nous venons de citer; nous voulons parler des impressions réserves.

Pendant longtemps on avait vainement cherché une réserve qui pût résister aux opérations de la teinture de la laine. Celles qu'on employait, en raison de leur composition, n'accomplissaient pas leur effet, ou devenaient trop adhérentes pour pouvoir être enlevées du tissu. Pour être bien imprimées, ces réserves exigeaient des conditions de température qui en rendent l'application, sinon impossible, du moins extrêmement difficile. Les choses en étaient là, lorsque MM. Jourdan et compagnie, redoublant d'efforts, parvinrent à surmonter de la manière la plus heureuse tous les obstacles qui avaient découragé leurs devanciers. Ils livrent maintenant à la vente des impressions réserves sur fond blanc et sur fonds de diverses couleurs, qui ont figuré avec avantage à l'exposition, et qui, d'ailleurs, ont eu un très-grand écoulement.

Considérant que la fabrication de ces deux genres, ombrés par teinture et impressions réserves sur laine, constitue, dans l'art d'imprimer sur étoffes, un véritable progrès que l'on doit à MM. Jourdan et compagnie, le jury leur décerne une médaille d'or.

M. DESCAT-CROUZET, à Roubaix (Nord).

L'industrie de Roubaix a fait d'immenses progrès depuis ces dernières années, et les produits qu'elle soumet aujourd'hui au concours sont admirés de tout le monde. M. Descat, homme aussi modeste qu'intelligent, a eu une grande part à ce perfectionnement industriel. Son nom est attaché à tous les succès obtenus par les fabricants les plus distingués de Roubaix.

M. Descat occupe, au prix de 1 fr. 75 cent. à 2 francs par jour, environ 700 ouvriers en été et 1,000 en hiver. Son établissement possède 7 pompes à vapeur, de 15 générateurs, représentant ensemble la force de 360 chevaux, 125 feux pour la teinture et l'apprêt, et 245 machines diverses employées pour dégraisser, fouler, tondre, cylindrer et presser. On consomme, dans la fabrique de M. Descat-Crouzet, pour 1,200,000 francs de matières premières, et il en sort annuellement 10,500,000 mèt. d'étoffes, 200,000 kil. de laines filées et 900,000 kilogrammes de coton pour la filature.

Le prix des teintures exécutées annuellement est d'environ 2 millions. Ces chiffres font ressortir, mieux qu'on ne pourrait le dire, l'importance de l'établissement de M. Descat-Crouzet. Ajoutons, avec le jury du département du Nord, que cet industriel n'est resté en retard d'aucun perfectionnement dans son art.

Il a vaincu d'une manière heureuse toutes les difficultés qui se sont présentées, et il n'a pas peu contribué à donner beaucoup de faveur à plusieurs productions de notre fabrication française, notamment à l'article Valencias.

Le jury, appréciant tous les services que M. Descat-Crouzet a rendus à la teinture des étoffes, lui décerne la médaille d'or.

M. GUINON, à la Guillotière (Rhône).

Cet industriel a créé l'un des établissements les plus considérables que nous possédions en France pour la teinture de la soie. Il occupe 150 ouvriers, dont le salaire, en moyenne, est de 4 francs pour une journée de 11 heures, et fournit annuellement aux fabriques de Lyon et de Saint-Étienne, 200,000 kilogrammes de soie de la valeur de 15,000,000 de francs. Pour la teinture de cette fibre, il perçoit 700,000 francs.

Depuis l'exposition de 1844, M. Guinon a introduit d'importantes améliorations dans son industrie. Au chauffage direct au bois il a substitué le chauffage à la vapeur, ce qui lui permet de régler à volonté le degré de température de ses bains, et d'éviter les taches et les nuances qui se produisent par les surfaces de chauffe lorsque la teinture se fait à feu nu. Il a modifié avantageusement son système de lavage des soies, et a rehaussé la valeur des riches produits de la fabrication lyonnaise en perfectionnant le blanc de la soie. Grâce à des essais répétés, M. Guinon peut maintenant obtenir un blanc qui ne jaunit point avec le temps, en sorte qu'on peut teindre en couleurs tendres les tissus qu'il a blanchis, sans qu'elles perdent de leur pureté. Cet intelligent teinturier a aussi beaucoup amélioré sa teinture en bleu d'indigo. Son bleu Napoléon, en particulier, efface par l'éclat, la pureté et la solidité de sa nuance, tout ce qu'on a réalisé de mieux jusqu'à présent avec cette substance tinctoriale. Il a remplacé les matières colorantes jaunes, qui se prêtent si difficilement à la formation des jaunes tendres sur soie, par un jaune plus vif et plus solide. Ce jaune est emprunté à l'un des produits de l'oxydation de l'huile de houille par l'acide nitrique, l'*acide picrique*. A l'aide de cette nouvelle couleur, il réalise un jaune qu'il est impossible d'imiter avec d'autres matières tinctoriales, et forme avec elle des couleurs complexes, telles que vert et nankin, qui ne laissent rien à désirer.

Enfin M. Guinon ayant remarqué que la soie sauvage de Teussa que jusqu'à présent on n'avait jamais pu teindre, était imprégnée d'un enduit qui lui est propre, parvient à la rendre apte à se combiner à toutes les couleurs connues, en lui enlevant cet enduit au moyen d'un nouveau mode de décreusage.

Les succès que M. Guinon a obtenus dans la teinture et particulièrement dans celle des noirs, lui ont valu en 1844 la médaille d'argent. Les perfectionnements qu'il a introduits depuis dans son art, ses travaux scientifiques, les importants services qu'il a rendus à l'industrie lyonnaise, le rendent digne aujourd'hui de la médaille d'or que lui décerne le jury.

Médailles d'argent.

M. FEAU-BÉCHARD, à Passy (Seine).

M. Feau a obtenu une citation en 1823, une mention honorable en 1834, une médaille de bronze en 1839 et le rappel de cette médaille en 1844.

Depuis la dernière exposition, ce teinturier a fait faire de véritables progrès à son art. Des témoignages authentiques, confirmés par ceux de plusieurs membres du jury, prouvent qu'il a rendu d'importants services à l'industrie parisienne, surtout par la teinture des valencias français

L'un de nos plus habiles fabricants d'étoffes, M. Franck Croco, déclare avoir essayé sans succès, à plusieurs reprises, la fabrication des valencias français, et n'être parvenu à lutter avantageusement avec l'Angleterre, qui excelle dans ce genre, que du moment où M. Feau-Béchard s'est chargé de teindre les produits de sa fabrication.

Le jury, appréciant des résultats aussi bien établis, décerne à M. Feau-Béchard la médaille d'argent.

MM. QUENET frères, à Rouen (Seine-Inférieure).

Ces messieurs teignent en diverses nuances des fils que l'on emploie spécialement pour réaliser des dessins sur piqués brochés, et qui doivent avoir pour première qualité de résister sans s'altérer aux nombreuses opérations du blanchiment. Les fils teints à cet usage, dans l'établissement de MM. Quenet, résistent tous, sans en excepter les noirs, à l'action du chlorure de chaux, et ont fait la réputation de ces industriels. Ils teignent aussi en couleurs de fantaisie une grande partie des cotons destinés à alimenter les métiers à tisser des fabriques de Rouen et de ses environs.

On teint annuellement dans l'établissement de MM. Quenet 450,000 à 500,000 kilogrammes de coton et de laine.

Le jury, appréciant toute la part que ces Messieurs ont prise au développement de l'industrie rouennaise par leurs bonnes teintures et par les brillantes nuances de fantaisie qu'ils savent donner aux diverses fibres textiles, leur accorde la médaille d'argent.

M. DELAMARE, à Rouen (Seine-Inférieure).

Cet industriel ayant compris que, pour faire avancer la teinture, il ne suffit pas de suivre machinalement les procédés légués par nos pères, est allé puiser de nouvelles inspirations dans l'étude des moyens qu'emploient les imprimeurs sur étoffes pour fixer les matières colorantes aux diverses fibres textiles. Il a obtenu un plein succès dans cette nouvelle voie; car, aujourd'hui il teint plus promptement, plus économiquement et en des nuances plus pures qu'on n'avait pu le faire précédemment.

M. Delamare s'occupe, en outre, avec succès de la fabrication des fils chinés. Les moyens dont il se sert sont aussi empruntés à l'impression des tissus. Mais, dans ce cas encore, il a su découvrir parmi ces moyens celui qui peut produire le plus d'effet. A l'imitation de certaines impressions anglaises, des fils, préalablement teints en bleu ou en toute autre nuance, sont chinés simultanément en blanc, rouge, jaune, etc. On comprend combien ces impressions partielles, effectuées sur le fil de la chaîne ou sur celui de la trame d'un tissu, peuvent en augmenter l'effet et ajouter de mérite à sa composition.

Le jury, considérant que M. Delamare a apporté de grands perfectionnements à son industrie, lui décerne la médaille d'argent.

M. CERCEUIL, rue Traversière-St-Antoine, n° 33, à Paris.

Avant qu'on imprimât sur le papier ces dessins veloutés qui y figurent maintenant si souvent, la tontisse provenant de l'opération du rasage des draps ou autres étoffes de laine était sans usage, et c'est tout au plus si on la recueillait pour en faire de l'engrais. Aujourd'hui, il n'en est plus ainsi, et l'exploitation de ces débris organiques constitue une industrie très-importante, dont M. Cerceuil s'occupe avec beaucoup de succès.

A l'aide d'une machine à vapeur de la force de 10 chevaux et de 40 à 50 ouvriers, auxquels il donne un salaire de 2 fr. 50 cent. à 9 fr. par jour, M. Cerceuil traite et teint annuellement 170,000 kilog.

de tontisse, dont l'écoulement a lieu dans la mesure suivante, savoir :

Pour une valeur de 150,000 francs aux fabricants de papiers peints français;

Pour une valeur de 220,000 francs aux fabricants étrangers.

De si heureux résultats obtenus dans l'exploitation d'un produit autrefois perdu pour l'industrie, méritent récompense. En conséquence, le jury accorde à M. Cerceuil la médaille d'argent.

Rappels de médailles de bronze.

M. FARGE, à Lyon (Rhône).

Ce teinturier expose surtout des spécimens de soies teintes, parmi lesquels on remarque plusieurs gammes chromatiques, entre autres une bleu Napoléon, une jaune, inaltérable à l'eau et au soleil, une vert laurier, enfin une vert œillet, à l'acide picrique.

Les produits exposés par M. Farge prouvent qu'il n'est point resté en arrière dans l'exercice de son art. Le jury trouve qu'il a droit au rappel de la médaille de bronze qui lui a été décernée à l'exposition de 1844.

M. FRICK, rue de la Madeleine, n° 45, à Paris.

Cet industriel mérite encore cette année les éloges que lui a adressés le jury de l'exposition de 1844. L'ensemble des objets qu'il expose, permet de constater l'efficacité des moyens qu'il emploie pour restaurer les vieilles tapisseries et remettre à neuf les châles vieux ou tachés. Le jury lui accorde le rappel de la médaille de bronze.

M. MILLIANT, au Valbenoite (Loire).

Ce fabricant expose plusieurs cartes de beaux échantillons de soie, et surtout de rubans teints en ombrés. Parmi ces derniers, il en est qui ont été imprimés à la mécanique.

Le jury, constatant les efforts de M. Milliant pour mettre son industrie en progrès, le juge digne du rappel de la médaille de bronze.

Médailles de bronze.

M. BAILLIET, à Strasbourg (Bas-Rhin).

Cet industriel, établi à l'une des extrémités frontières de la France, et, par conséquent, mieux que tout autre, à même de juger de la faveur dont jouissent les laines à broder de Berlin, a fait de véritables efforts pour introduire chez nous cette industrie et la mettre à la hauteur de celle d'Allemagne. A cet effet, il a établi un atelier dans lequel il tient en toutes couleurs et en toutes dégradations de teintes les diverses espèces de laine qu'on emploie pour la tapisserie.

Les nombreuses gammes que M. Bailliet a exposées attestent suffisamment qu'il a fait de grands progrès dans le genre de teinture dont il s'agit.

On lui doit en outre une idée très-ingénieuse, celle d'imprimer des dessins sur canevas pour faciliter le travail de la tapisserie. Le jury décerne à M. Bailliet la médaille de bronze.

M. MARNAS, à la Guillotière (Rhône).

M. Marnas, préparateur de M. Guinon, expose un bel assortiment d'échantillons de soie de Tursa, teints en diverses couleurs, qui démontrent tout le parti qu'on peut tirer de cette fibre textile sauvage, employée jusqu'à présent à l'état brut. Nous ne pouvons mieux faire apprécier le mérite de ce jeune teinturier qu'en reproduisant ici les termes dans lesquels M. Guinon en fait l'éloge ; ils honorent également le maître et l'élève :

« Je ne puis terminer, dit M. Guinon dans sa notice, sans recommander au jury, d'une manière toute spéciale, M. Jean-Aimé Marnas, jeune homme de 21 ans, élève comme moi de la Martinière, qui travaille dans mon établissement, et me tient lieu de préparateur. Il m'a été d'un grand secours pour beaucoup de recherches et d'expériences que seul je n'aurais pu faire. Il a puissamment contribué à l'application de l'acide picrique que lui-même a préparé. »

Le jury, prenant en considération les services rendus à la teinture par M. Marnas, lui décerne la médaille de bronze.

M. BECKER, rue Neuve-Saint-Augustin, n° 4, à Paris.

Depuis la dernière exposition, M. Becker a continué avec succès ses recherches qui tendent à rendre imperméables les étoffes de laine, et particulièrement les draps.

Le caractère d'imperméabilité qu'il sait donner aux étoffes de laine, sans en altérer la couleur, le bas prix des matières qui entrent dans la composition de son enduit, et la facilité avec laquelle on l'applique, sont des résultats qui, en fixant l'attention du jury, le décident à décerner la médaille de bronze à cet industriel.

Mention honorable.

Vve SCHOEFFEL, à Sainte-Marie-aux-Mines (Haut-Rhin).

Les produits de Mme Vve Schœffel sont vraiment remarquables, apprêts solides, bonne teinture et surtout choix variés dans les couleurs; aussi le jury central lui décerne-t-il une mention honorable.

Citation favorable.

M. GRIFFON frère et sœur, rue Saint-Honoré, n° 99, à Paris.

Ces industriels exposent plusieurs pièces qui prouvent, d'une manière incontestable, qu'il savent aussi bien dégraisser à sec les peaux blanches ou préalablement colorées, que restituer aux velours et aux autres étoffes de soie leur fraîcheur primitive. Néanmoins, comme le jury n'a pu constater l'économie des procédés employés par ces industriels, il se borne à leur accorder une citation favorable.

---

§ 3. PROCÉDÉS DE BLANCHIMENT ET DE BLANCHISSAGE.

M. J. Persoz, rapporteur.

Médailles d'argent.

MM. DÉRUQUE et GODEFROY, à Rouen (Seine-Inférieure).

L'établissement de MM. Déruque et Godefroy est monté d'après le système dit continu, et organisé de manière à pouvoir réaliser ce bon marché qui caractérise si particulièrement l'industrie rouennaise. Dire que, pour blanchir parfaitement une pièce de calicot de 90 à 95 mètres, ces industriels perçoivent à peine 1 franc, c'est-à-dire environ 1 centime par mètre, c'est faire comprendre qu'ils ont recours aux procédés les plus économiques. On emploie dans la fabrique de MM. Déruque et Godefroy une machine à vapeur, de la force de 6 chevaux, qui sert à la fois de puissance motrice et de générateur de vapeur dans les opérations de lessivage, deux chaudières à lessiver (système Gaudry), une chaudière ordinaire et des cuves avec assortiment de clapeaux, etc. On fait arriver mécaniquement les pièces, cousues les unes aux autres, dans les chaudières à lessiver, où elles reçoivent, pendant dix à quatorze heures, l'action simultanée de l'alcali et de la vapeur. Elles en ressortent mécaniquement et sont dirigées d'abord sur les clapeaux, puis dans des bains d'acide ou de chlore. Rincées de nouveau et exprimées, elles arrivent enfin dans un séchoir, sans avoir passé par les mains d'un ouvrier.

Des cylindres de traction, avec des lanternes mobiles pour soutenir les pièces dans leur trajet, les mettent en contact avec les agents chimiques et mécaniques du blanchiment. MM. Déruque et Godefroy blanchissent journellement 400 pièces d'étoffe, c'est-à-dire 146,000 pièces par année. Ils ont aussi commencé, et non sans succès, le blanchiment des fils de lin; car, depuis dix mois qu'ils traitent cette fibre végétale, ils en ont déjà blanchi 2,000 paquets. Leurs produits ont été justement appréciés par MM. les membres du jury de la Seine-Inférieure, qui en ont fait usage, et qui déclarent que ces industriels peuvent être considérés comme les meilleurs blanchisseurs français pour les fils de lin.

Le jury central, appréciant des progrès, qui doivent réagir si favorablement sur toutes les branches d'industrie alimentées par l'établissement de MM. Déruque et Godefroy, décerne à ces messieurs la médaille d'argent.

M. HEUTTE, à Bapeaume (Seine-Inférieure).

Par la pureté du blanc et la qualité des apprêts qu'il sait donner aux tissus, M. Heutte s'est acquis une réputation justement méritée. Il blanchit annuellement 150,000 pièces de tissus divers, depuis le calicot à 25 centimes le mètre, jusqu'aux piqués brochés. C'est le premier qui a su donner à ceux-ci le blanc et l'apprêt des piqués anglais, avec lesquels, grâce à ces améliorations, nos piqués rivalisent maintenant avec avantage.

On trouve en activité dans son établissement, les machines les plus nouvelles et les plus anciennes. Ces dernières sont utilisées d'après des principes dont on n'a encore fait que rarement l'application dans l'industrie, et sur lesquels nous devons insister. Ainsi, à l'exception de quelques articles, M. Heutte traite les tissus dans des chaudières ou dans des cuves, munies de robinets à la partie inférieure, et communiquant par la partie supérieure, à l'aide d'un tuyau pourvu d'un robinet, avec un immense réservoir d'eau. Là, au moyen d'un véritable lavage par *déplacement*, et presque sans aucune dépense de main-d'œuvre, les tissus sont purgés de tous les agents, lessive, savon, chlore, acide, etc., employés à leur blanchiment.

Cet industriel, aussi bon apprêteur que bon blanchisseur, a puissamment contribué à la prospérité de notre industrie cotonnière.

Le jury central, pour consacrer cette heureuse influence, que lui a signalée le jury de la Seine-Inférieure, décerne à M. Heutte la médaille d'argent.

Médaille de bronze.

MM. SAINT-CHARLES et Cie, rue Furstemberg, n° 4, à Paris.

En 1844, le jury vota à MM. Saint-Charles une mention honorable, pour un appareil à lessiver le linge. Ces messieurs exposent cette année le même appareil, avec des modifications qui tendent à en généraliser l'emploi, par suite des services qu'il peut rendre dans les ménages. Dans le principe, sa forme, qui est celle d'un cylindre légèrement conique, ne lui donnait pas d'autre destination que celle de remplacer le cuveau pour la lessive. Il n'en est plus de même aujourd'hui. La forme allongée qu'on lui a donnée permet de l'employer aussi comme une baignoire, où l'on peut chauffer l'eau nécessaire à un bain dans l'espace de vingt minutes. On se sert déjà de cet apareil, avec le plus grand succès, dans les grandes exploitations rurales pour la cuisson des légumes, particulièrement celle des pommes de terre destinées à la nourriture du bétail.

En 1843, MM. Saint-Charles ont vendu 150 de leurs appareils. Durant les années suivantes, l'écoulement s'en est fait dans une progression telle, qu'en 1847 ils en ont placé 1,047.

Il est bon d'ajouter que, par la manière dont agit la lessive dans cet appareil, le blanchiment du linge est plus prompt, plus parfait et plus économique que par les moyens ordinaires.

Les avantages de cet appareil sont incontestables, et les services qu'il rend sont chaque jour mieux appréciés. Le jury décerne à MM. Saint-Charles et Cie la médaille de bronze.

Mention honorable.

M. GAUDRY, à Rouen (Seine-Inférieure).

En 1844, M. Gaudry présenta au jury de l'exposition un appareil de Voddington pour le lessivage des calicots à la vapeur, sous une haute pression. Dans cet appareil, la vapeur chauffe d'abord la lessive qui se trouve en contact avec les pièces. Puis, à un instant donné, on la fait passer, par une pression de 5 à 6 atmosphères, dans un cylindre latéral vide. Agissant alors dans un sens inverse, la vapeur repousse la lessive de ce cylindre et la fait rentrer dans la chaudière, et ainsi de suite pendant toute la durée du lessivage, c'est-à-dire 12 à 14 heures. De cette manière, par une circulation régulière, il y a contact immédiat entre la lessive et toutes les parties du tissu.

Dans le nouvel appareil de M. Gaudry, que nous avons vu fonctionner chez MM. Déruque et Godefroy, il a remplacé le cylindre vide, destiné à recevoir momentanément la lessive, par une chaudière identique à celle du premier appareil; en sorte qu'au lieu d'une seule chaudière, où l'on peut lessiver 200 pièces à la fois, on en a deux qui fonctionnent en même temps et avec la même quantité de chaleur. Du reste, l'opération s'effectue de la même manière que dans l'appareil de Voddington, c'est-à-dire qu'à l'aide de la vapeur on fait alternativement circuler la lessive d'une chaudière dans l'autre.

En comparant l'appareil Gaudry avec les autres appareils à lessiver, on trouve :

1° Qu'il est le plus avantageux de tous, pour le nouveau mode de lessivage, dit à la résine, attendu que les pièces peuvent recevoir ce lessivage, être rincées à l'eau, et soumises à une nouvelle lessive à la soude, sans changer de place;

2° Que, sous cette pression de 5 à 6 atmosphères, la lessive agit avec beaucoup plus d'efficacité sur la fibre du tissu, et la prépare mieux au blanchiment, que sous une pression moins forte.

Nous voudrions pouvoir dire aussi que cet appareil offre des avantages sous le rapport du combustible; que son emploi est sans danger pour l'ouvrier chargé de le faire marcher, qu'en un mot il est à l'abri de tout reproche. Mais l'expérience ne nous autorise pas encore à nous prononcer définitivement de cette manière à son égard.

En attendant que le jury puisse décerner à M. Gaudry une récompense proportionnée aux sacrifices de temps et d'argent que cet habile industriel a faits, il se plaît à lui donner aujourd'hui une mention honorable.

MM. HARTMANN et Fils, à Munster (Haut-Rhin).

Mentions pour ordre.

L'établissement de MM. Hartmann et fils n'a cessé depuis sa fondation, qui date de 1780, d'occuper l'un des premiers rangs parmi nos établissements français. Remarquable déjà par la haute moralité de ses chefs et par le cachet de perfection qui a constamment distingué ses produits dans le commerce, il l'est encore par de nombreuses découvertes qui sont dues aux honorables industriels qui l'ont dirigé. En 1818, MM. Hartmann introduisirent en France la fabrication du genre lapis, qui n'a pas eu moins de vingt ans d'un succès soutenu; en 1815, ils faisaient la découverte des fonds bruns au suroxide manganique. Dire qu'il n'est pas de fabrique en Europe qui n'ait exploité avec profit cette découverte, c'est en faire le plus bel éloge. En 1819, ils réalisaient, à l'aide du chlorure de chaux, ces belles impressions enlevage au rouleau sur fond rose carthame.

En 1826, ils étaient des premiers à imprimer le vert sleblen solide sur fond blanc garancé, et ils créèrent à cette époque des genres qui eurent une grande vogue. Voilà pour l'impression. Sous le rapport de la filature et du tissage, ils ne restèrent point en arrière, car, en 1820, l'établissement de Munster fut organisé l'un des premiers en Alsace pour obtenir des filés fins, avec lesquels MM. Hartmann fabriquèrent ces beaux articles jaconnats et ces mousselines si recherchées par la grande nouveauté. Enfin, en 1828, ils introduisaient en grand dans leur manufacture le procédé de Bodnus, pour réunir les rubans aux cardes et étirages des filatures de coton.

Depuis la création de leur établissement, MM. Hartmann ont toujours blanchi les calicots, mousselines et jaconnats qu'ils ont imprimés; mais leurs productions en toiles écrues ayant dépassé les besoins de leur atelier d'impression, par suite des améliorations importantes introduites dans leurs machines à filer et à tisser, ils ont entrepris, depuis cinq ans, le blanchiment de ces calicots pour livrer directement à la consommation environ les deux tiers des tissus qu'ils vendaient jusqu'alors écrus.

Les succès que MM. Hartmann ont obtenus dans cette branche accessoire de leur industrie sont tels, que le blanc de Munster a pris rang à côté des blancs si estimés de Wesserling et de Gisors, et que leur établissement livre annuellement au commerce environ 30,000 pièces de calicot blanc, soit 2,800,000 mètres. On ne pouvait attendre moins des efforts d'un fabricant aussi distingué et aussi expérimenté que M. Henry Hartmann, auquel revient en grande partie, comme chimiste fabricant, l'honneur d'avoir élevé si haut la réputation dont jouit l'établissement de Munster.

MM. J^{n}. Ch. DAVILLIER et Cie, à Gisors (Eure).

L'établissement de MM. Davillier et Cie, si intéressant à tant de titres, ainsi que le constate le rapport sur ses produits filés et tissés, ne l'est pas moins au point de vue des opérations qu'il pratique pour donner à certains tissus de coton la blancheur et l'apprêt qu'ils réclament. MM. Davillier et Cie ont fait du blanchiment une véritable spécialité, dans laquelle ils ont acquis une grande réputation. Ainsi, ils blanchissent annuellement, à façon seulement, 80 millions de mètres de calicot. Le jury est heureux de constater de tels faits et de les enregistrer ici même à titre de mention d'ordre.

MM. GROS, ODIER, ROMAN et Cie, à Wesserling (Haut-Rhin).

Le jury, qui a apprécié à leur juste valeur les produits filés, tissés et imprimés de MM. Gros, Odien, Roman et Cie, se fait un devoir de parler ici, comme mention pour ordre, d'une autre branche d'industrie, le blanchiment des tissus, exercée dans cette maison, et qui à elle seule en démontre toute l'importance. En effet, indépendamment de la quantité de calicots nécessaire au besoin de leurs ateliers d'impression, ces industriels blanchissent annuellement, pour la vente en blanc et pour l'impression, 160 à 180,000 pièces de calicot, soit environ 15 millions de mètres. Leur blanc pour l'impression jouit d'une réputation bien méritée, et le blanc ordinaire n'est pas moins recherché par la beauté de l'apprêt.

MM. SEILLIÈRE et Cie, à Senones (Vosges).

MM. Seillière blanchissent et apprêtent annuellement, a l'aide d'un moteur hydraulique de la force de 12 chevaux, et de 86 ouvriers, hommes et femmes, 3 millions de mètres de toiles de coton, telles que cretonnes, calicots, coutils, brillantines, etc. Ces résultats, que nous relatons ici comme mention pour ordre, sont un nouveau titre à l'intérêt que l'examen des fils et tissus exposés par MM. Seillière a déjà excité chez MM. les rapporteurs de la section des tissus.

Ces industriels, par le nombre d'ouvriers qu'ils occupent (1,500) et par la quantité de matière première qu'ils mettent en œuvre dans leur établissement, ont puissamment contribué à la prospérité de la vallée qu'ils habitent, l'une des plus intéressantes de la chaîne des Vosges.

---

§ 3. APPRETS D'ÉTOFFES DE SOIE.

M. BON, apprêteur à Lyon.

La médaille d'or que lui décerna le jury de 1844 parait avoir Médaille d'or.

encore augmenté le zèle, l'activité et la généreuse hardiesse de cet honorable industriel.

Le jury départemental le montre de plus en plus utile à la fabrique lyonnaise pour laquelle ses services sont inappréciables.

Sans lui, sans son courage à risquer des frais, bien souvent perdus, pour essayer sans cesse des nouveaux systèmes qu'exige la mobilité du goût, beaucoup d'articles qui enrichissent nos fabriques, ne pourraient pas s'établir.

Entre autres procédés nouveaux inventés par M. Bon, il faut citer les belles moires à réserves, d'effets divers, qu'il est parvenu à obtenir, sans nuire à l'étoffe, au moyen d'un système d'anneaux mobiles de toute grandeur.

Le jury départemental et tous les confrères de M. Bon se réunissent pour attirer sur lui la justice du jury central, qui lui décerne une nouvelle médaille d'or.

SIXIÈME SECTION.

CHAUFFAGE.

---

§ 1er. CALORIFÈRES A CIRCULATION D'EAU OU DE VAPEUR.

M. Payen, rapporteur.

CONSIDÉRATIONS GÉNÉRALES.

Les appareils de chauffage, qui transmettent la chaleur à l'air par l'intermédiaire de l'eau ou de la vapeur, se sont répandus depuis l'exposition dernière; leurs avantages sont chaque jour mieux appréciés. On sait qu'ils permettent d'élever régulièrement la température de l'air des habitations, des serres dites tempérées et chaudes, et des différentes étuves à dessiccation graduée; qu'ils évitent des courants d'air surchauffé, si fréquemment produits par les poêles et certains calorifères, dont les surfaces métalliques, chauffées presque au rouge, sont mises directement en contact avec l'air à échauffer.

On doit compter, au nombre des causes d'insalubrité dans les chambres ou salles d'assemblée, les courants ou filets d'air ainsi surchauffés. Ils ont dans les serres de pernicieux effets sur les plantes; enfin ils occasionnent divers accidents de fabrication dans les étuves, où ils élèvent irrégulièrement la température de certains objets à dessécher et peuvent occasionner des incendies.

Dans ces applications, l'eau a sur la vapeur cet avantage particulier que sa masse, sa grande capacité pour la chaleur, et sa circulation facile dans les tubes et poêles des appareils spéciaux, ralentissent le refroidissement lorsque le feu est éteint, de telle sorte que, du jour au lendemain, une température douce se maintient dans les appartements, et même dans les grands édifices, sans que l'on soit obligé d'entretenir le feu durant la nuit.

Cette circonstance est surtout importante pour le chauffage des serres; car elle met à l'abri des effets de la négligence qui peuvent faire périr les plantes par une gelée de nuit, lorsqu'on se sert des poêles ordinaires et que le feu cesse d'y être entretenu durant quelques heures.

On sait que le chauffage des serres, des appartements, des bâches et couches de jardins, des étuves d'incubation, des baignoires, à l'aide de la circulation de l'eau, fut imaginé en France, par Bonnemain, vers la fin du siècle dernier. Ce système est généralement appliqué maintenant en Angleterre; il a donné lieu chez nous à plusieurs inventions relatives aux dispositions particulières des appareils à circulation d'eau, et se propage de plus en plus.

MM. Léon DUVOIR, LEBLANC et Cie, rue Notre-Dame-des-Champs, n° 38, à Paris.

Nouvelle médaille d'or.

L'un des premiers, M. Léon Duvoir s'est occupé, avec succès, de réaliser, par des dispositions ingénieuses et variées, les avantages du système de chauffage par circulation de l'eau.

Nous croyons devoir rappeler ici les expressions mêmes du rapport présenté au jury en 1844, car elles caractérisent nettement le mérite des importants travaux de ces exposants :

« MM. Léon Duvoir, Leblanc et Cie ont établi dans les édifices de « l'État les plus grands systèmes de chauffage qui aient peut-être « été entrepris. Ils ont successivement été appelés à poser leurs « appareils pour chauffer d'une manière générale, et avec toutes

« leurs dépendances, le palais du quai d'Orsay, l'église de la Madeleine, l'institution des Jeunes Aveugles, la Préfecture de police, les bâtiments de Charenton et le palais de la Chambre des pairs...
« Les appareils de MM. Léon Duvoir, Leblanc et Cie, sont aujourd'hui portés à un tel degré de perfection, que dans le plus vaste édifice on peut, avec une grande économie de combustible, non-seulement établir partout le chauffage et la ventilation, mais, ce qui était peut-être plus difficile, on peut, à volonté, l'établir à des degrés différents dans les diverses parties de l'édifice. MM. Léon Duvoir, Leblanc et Cie ont pareillement appliqué leur système au séchage des poudres, et avec un plein succès. »

Que pourrions-nous ajouter à de pareils faits, sinon de dire que tous les travaux ultérieurs de MM. Léon Duvoir, Leblanc et Cie ont parfaitement justifié la bonne opinion que l'on avait conçue de leurs procédés.

Quelques exemples donneront une idée de l'économie du combustible et de l'importance des applications dues à cet habile constructeur Il chauffe, à l'entreprise, divers grands édifices aux prix convenus suivants :

L'hospice Beaujon,	72,000 m. c. (renouvelés),	à 5c les	1,000 m. c. par jour.	
Emb. du Nord,	348,000	—	4	—
Chamb. de pol. cor.	360,000	—	4	—
Prison id.	248,000	—	4	—
Égl. de la Madeleine	480,000	—	3	—

Les appareils tubulaires en usage à Londres ne peuvent procurer un chauffage aussi économique, malgré le bon marché du combustible.

MM. Léon Duvoir, Leblanc et Cie ont d'ailleurs donné une nouvelle preuve de l'efficacité de leurs moyens de chauffage et de ventilation, en les appliquant au grand amphithéâtre nouvellement construit dans le Conservatoire des arts et métiers. Votre rapporteur et les autres professeurs de cet établissement peuvent déclarer que, durant l'hiver dernier, plusieurs cours amenant chacun 800 à 1,000 auditeurs, ont pu s'y succéder durant cinq à six heures presque sans intervalle de temps, et sans que l'air cessât d'être suffisamment pur pour entretenir une respiration parfaitement salubre.

Le renouvellement de l'air à l'hospice Beaujon, opéré avec un grand succès par le système de MM. Léon Duvoir, Leblanc et

Cie, a donné un nouvel et utile exemple applicable à l'assainissement des hôpitaux.

Nous pourrions citer encore, parmi les applications utiles que MM. Léon Duvoir, Leblanc et Cie ont faites, les calorifères à circulation montés dans les grandes serres du Muséum d'histoire naturelle, et celui qu'il installe en ce moment à la mairie du douzième arrondissement.

Mais il nous suffira de dire en terminant que M. Léon Duvoir s'est élevé, en un petit nombre d'années, du rang de simple ouvrier à celui d'entrepreneur, dirigeant de grands et utiles travaux, dont la valeur dépasse, année moyenne, 400,000 fr.

Le jury central décerne à MM. Léon Duvoir, Leblanc et Cie une nouvelle médaille d'or.

MM. René DUVOIR et Cie, rue Coquenard, n° 11, à Paris.

Nouvelle médaille d'argent.

MM. René Duvoir et Cie ont construit d'abord des calorifères à air chauffé directement par les conduits de la flamme et de la fumée; ils établissaient en même temps les chauffages des lessives par circulation, des bains, etc. Depuis l'exposition de 1844, ils ont perfectionné leurs anciens calorifères, et, suivant l'impulsion nouvelle, ils ont établi le chauffage de l'air dans les habitations et les grands édifices en faisant usage de la circulation de l'eau et de la vapeur. Les modèles qu'ils ont mis à l'exposition sont bien disposés et semblent présenter quelques particularités neuves.

Une très-large pratique et une nombreuse clientèle ont sanctionné les applications et encouragé les efforts de MM. René Duvoir et Cie. On en jugera par l'énumération suivante des établissements publics et des propriétés particulières qui sont chauffées par les différents calorifères de MM. René Duvoir et Cie.

6 théâtres d'un égal nombre de villes.
4 préfectures,
14 prisons cellulaires et centrales.
25 hôpitaux civils et militaires.
4 maisons de santé.
7 embarcadères de chemins de fer.
6 tribunaux.
30 lycées nationaux.
5 mairies.
2 écoles normales.

15 écoles municipales de Paris.
15 écoles de différentes villes.
6 couvents.

1 église, 1 blanchisserie publique, 1 caserne de la Douane, le muséum du Havre, le Jockey-Club de Paris, les Archives de la guerre, enfin l'École polytechnique.

D'aussi nombreux et importants travaux, et les améliorations introduites récemment dans leurs appareils de chauffage, ont rendu MM. René Duvoir et Cie dignes d'une nouvelle médaille d'argent, que le jury leur décerne.

Médailles d'argent.

M. GERVAIS, rue des Fossés-Saint-Jacques, n° 3, à Paris.

Depuis 1834, M. Gervais, ouvrier chaudronnier, s'est livré avec un zèle éclairé, persévérant, à l'étude et à la construction des calorifères à circulation d'eau, suivant la méthode Bonnemain. Ce ne fut qu'à dater de 1844 qu'il adopta définitivement le système perfectionné, simple, solide et économique, qui fonctionne très-régulièrement aujourd'hui et s'applique surtout aux serres et bâches des jardins.

Plusieurs membres du jury central ont suivi les épreuves décisives auxquelles la Société centrale d'horticulture a soumis ces appareils.

Le succès est d'ailleurs constaté déjà par une très-large pratique, car M. Gervais, devenu l'un de nos plus habiles constructeurs en ce genre, compte maintenant 580 appareils placés avec succès dans plusieurs établissements publics, chez des horticulteurs praticiens et chez des amateurs de jardinage en France.

16 appareils, sortis des mêmes ateliers, ont été exportés dans les jardins de grands propriétaires : en Belgique, en Autriche, en Russie, en Valachie, en Sardaigne, en Italie et en Espagne.

Le n° 1 (chaudière et 18 mètres de tuyaux de 0,09 centimètres compris) coûte 350 fr., brûle 60 c. de houille par jour, et suffit pour une serre tempérée de 8 à 10 mètres.

Le n° 2, coûtant 500 fr., chauffe une serre de 15 mètres, et ne brûle que pour 1 fr. de houille par jour.

Enfin le modèle n° 4 s'applique aux serres de 20 à 25 mètres ; il revient à 950 fr., et coûte par jour 1 fr. 75 c. pour la houille brûlée.

M. Gervais a présenté, en outre, un modèle de cheminée d'appartement utilisant la chaleur par le rayonnement et par la circulation de l'eau dans les tubes qui forment la grille; cette disposition permet de répandre une température douce dans plusieurs pièces avec un seul foyer.

Le jury décerne à M. Gervais une médaille d'argent.

M. PIMONT, à Rouen (Seine-Inférieure).

M. Pimont présente un appareil de chauffage par la circulation méthodique des eaux épuisées des lessives ou des teintureries, qui sortent des chaudières pour se déverser dans les égouts.

L'inventeur fait couler ces eaux dans des serpentins en cuivre plongés au milieu de l'eau pure contenue dans une bâche à trois ou quatre compartiments.

L'eau pure suit une direction inverse de celle des eaux dans les serpentins; la chaleur de ceux-ci en est d'autant mieux reprise.

La quantité de chaleur ou de combustible économisée est facile à supputer : dans un atelier de teintures où l'on aurait à vider par jour 50 mètres cubes d'eau à 100, provenant des bains épuisés: on pourrait recueillir le même volume d'eau, ayant repris assez de chaleur pour que sa température se fût élevée à 65° centémaux.

Or, 1 kil. de houille peut produire, à la température de 100° environ, 30 kil. d'eau, ayant une température initiale de 12 à 15° : il faudrait donc environ 900 kil. de houille pour échauffer à ce terme 50,000 litres d'eau; 900 kilog. ou 11 hectolitres coûteraient à Rouen 30 fr., et cette économie journalière représenterait, en 300 jours de travail, une économie annuelle de 9,000 fr.

On voit que les appareils de M. Pimont (dont le principe n'est d'ailleurs pas nouveau) permettent, à l'aide des dispositions qui lui sont propres, de réaliser des économies importantes dans un grand nombre d'usines.

MM. Nichols et Tamisier avaient antérieurement appliqué des dispositions de réfrigérants analogues aux opérations des brasseries.

M. Pimont lui-même vient d'étendre aux condensateurs des machines à vapeur (dont on avait déjà utilisé la chaleur en d'autres conditions) l'application de son système. Là encore il a réalisé les avantages qu'il s'en était promis, et l'on peut croire que ces utiles exemples seront suivis dans beaucoup d'autres opérations manufacturières. Le jury les signale à l'attention publique en accordant à M. Pimont une médaille d'argent.

Mention honorable.

M. PERRÈVE, rue de la Ferme-des-Mathurins, n° 24, à Paris.

M. Perrève, auteur d'un calorifère à cavités lenticulaires superposées où la fumée circule, et qui, dès avant 1839, avait bien fonctionné, vient d'appliquer des dispositions semblables à la circulation de l'eau.

Cet ingénieux moyen permettra d'exposer une grande surface chaude à l'air en mouvement et semble devoir être économique; mais les résultats de ses anciens calorifères sont seuls certains, et, en attendant que la pratique ait consacré l'utilité probablement plus grande des dispositions nouvelles appliquées à la circulation de l'eau, le jury accorde à M. Perrève une mention honorable.

M. MATHIAN, à Lyon (Rhône).

Expose une chaudière destinée au chauffage des serres et des bâches par la circulation de l'eau; les dispositions de l'appareil ont de l'analogie avec celles adoptées par M. Gervais. Le prix et les effets ne sont pas encore constatés par une longue pratique. Le jury décerne à M. Mathian une mention honorable.

Citation favorable.

M. GRÉNIER, rue Saint-Germain-l'Auxerrois, n°s 42 et 43, à Paris.

M. Grénier, constructeur de poêles et fourneaux avec ou sans ustensiles culinaires, a imaginé de joindre, à l'un de ses modèles de poêles calorifères, propres au chauffage des fers à repasser pour les blanchisseuses, repasseuses, tailleurs, chapeliers, teinturiers, dégraisseurs, etc., un récipient d'eau, ou petite chaudière, appliqué sur ce poêle, et transmettant par la circulation du liquide la chaleur à un réservoir supérieur. Il procure économiquement ainsi l'eau chaude utile aux savonnages, etc.

Cette disposition nouvelle mérite d'être citée favorablement.

---

§ 2. CALORIFÈRES A AIR CHAUD.

M. Ébelmen, rapporteur.

Médaille d'or.

M. Jacques-Bernard CHAUSSENOT, rue de Chaillot, n° 97, à Paris.

Deux médailles d'argent ont été décernées déjà à M. Chaussenot, l'une à la suite de l'exposition de 1839, la seconde en 1844. Peu de constructeurs comprennent aussi bien les questions qui se rapportent à l'application de la chaleur dans les arts industriels. Ses calorifères à air sont construits sur les meilleurs principes. La circulation de la fumée s'y fait en sens inverse de celle de l'air à échauffer, en sorte que l'air froid arrive tout d'abord en contact avec les tuyaux de fumée près du point où ceux-ci s'engagent dans la cheminée. La chaleur développée est employée avec tant d'avantage dans ces appareils, que la température des produits de la combustion n'est plus que de 35 à 40° au moment où ils cessent de produire un effet utile.

Le calorifère exposé cette année par M. Chaussenot, nous a paru réaliser encore un perfectionnement sur ceux qui lui ont mérité la médaille d'argent à la précédente exposition. Les produits de la combustion qui s'opère dans un foyer central, sous une cloche en fonte, s'élèvent d'abord verticalement, s'épanouissent dans une calotte sphérique placée au sommet, puis redescendent par une série de tuyaux en fonte disposés concentriquement dans cette calotte placée au-dessus du foyer, pour se rendre de là dans la cheminée ; l'air froid arrive, au contraire, en contact avec la calotte inférieure, et s'élève ensuite en rencontrant des surfaces de plus en plus échauffées. L'expérience a prouvé qu'on utilisait ainsi, par le chauffage de l'air, les 0,5 au moins de la chaleur développée par la combustion.

Un appareil simple et d'un emploi facile permet le nettoyage des tuyaux de fumée.

Les appareils de M. Chaussenot ont reçu déjà des applications nombreuses et variées : ils ont été établis avec succès dans des filatures, dans des ateliers de tissage, d'apprêts d'étoffes, de blanchisserie, dans des fabriques de cuirs vernis, dans les papeteries et les raffineries; les brasseries surtout paraissent en avoir tiré un parti très-avantageux. Enfin, ils ont été placés dans un grand nombre d'édifices publics et de maisons particulières, soit à Paris, soit dans les départements.

M. Chaussenot présente aussi un appareil servant à la dessiccation de la betterave par l'air chaud, qui nous a paru devoir être signalé pour la bonne entente et la simplicité de sa construction. L'air chaud et sec arrive d'abord en contact avec les matières presque complétement desséchées, et va traversant ensuite des matières de plus en plus humides; la couche des substances à dessécher est traversée par l'air chaud à plusieurs reprises, de façon à rendre la dessiccation parfaitement uniforme dans toute l'étendue de la couche.

Le jury, voulant récompenser l'intelligence et les progrès persévérants de M. Chaussenot, lui décerne une médaille d'or.

Nouvelle médaille d'argent.

M. Paul DESCROIZILLES, boulevard Poissonnière, n° 19, à Paris.

M. Descroizilles s'occupe avec succès de la construction des appareils qui se rattachent à la fumisterie. Le jury de 1844 lui avait accordé une médaille d'argent, motivée surtout sur l'établissement de cheminées pourvues d'une toile métallique qui procure une économie notable de combustible en diminuant la quantité d'air froid appelé dans la cheminée en même temps que les produits de la combustion. L'expérience a sanctionné l'invention de M. Descroizilles, et ses toiles métalliques ont été adoptées déjà par d'autres constructeurs.

Les appareils exposés cette année par M. Descroizilles lui donnent de nouveaux titres à l'attention du jury. L'un est un calorifère qu'il désigne sous le nom de calorifère à ogives, et qui offre le mérite de présenter une très-grande étendue de surface de chauffe dans un faible volume, et sans que l'air brûlé ait à parcourir une longue étendue de tuyaux avant de parvenir à la cheminée. Il obtient ce résultat en plaçant verticalement, dans des canaux qui servent à la circulation de l'air brûlé, des boites rectangulaires aplaties, dans l'intérieur desquelles arrive l'air destiné au chauffage et à la ventilation de l'appartement. On comprend qu'on peut multiplier ainsi les surfaces de chauffe sans augmenter la longueur des canaux de circulation de l'air brûlé, et sans diminuer, par conséquent, le tirage du foyer. La forme des surfaces des caisses ou ogives rend, du reste, facile le nettoyage de l'appareil.

Les dimensions et les formes des calorifères à ogives varient suivant l'usage auquel ils sont destinés, suivant la dimension des appartements qu'ils chauffent. Le calorifère des Quinze-Vingts, établi par M. Descroizilles, donne suivant lui 10,500 mètres cubes d'air chauffé à 85° par heure, avec une dépense de 60 kilogrammes de houille dans le même temps. Si l'on admet l'air extérieur à 0°, on trouve, par un calcul simple, que la quantité de chaleur prise par cet air représente à peu près les 50 p. o/o de la quantité totale de chaleur que la houille peut donner par sa combustion.

M. Descroizilles a présenté aussi un nouveau fourneau de cuisine qu'il appelle *fourneau mosaïque*, et dont un des principaux avantages est d'être formé de pièces qu'on trouve facilement à remplacer, attendu que les tables de ces fourneaux présentent tous les mêmes modèles, dans les mêmes formes et dimensions, quelle que soit la grandeur du fourneau. La division de la table en un certain nombre de pièces, indépendantes les unes des autres, présente aussi cet avantage de rendre moins sensibles les effets de la dilatation.

Le jury, voulant récompenser les nouveaux travaux de M. Descroizilles et les services qu'il rend à l'art de la fumisterie, lui décerne une nouvelle médaille d'argent.

M. LAURY, rue Tronchet, n° 31, à Paris.

Rappel de médaille d'argent.

Les appareils de chauffage que M. Laury a présentés à l'exposition méritent d'être signalés de nouveau à l'attention du jury. Les formes en sont variées et élégantes, et, sous ce rapport, M. Laury paraît tout à fait à la tête de son industrie. Aucun changement important n'a été fait à la disposition intérieure des appareils à circulation d'air et de fumée depuis 1844. Nous n'avons donc qu'à rappeler ici l'approbation donnée par le jury de cette exposition à tout ce qui concernait, dans les cheminées et les calorifères de M. Laury, cette partie si essentielle de l'art de leur construction.

M. Laury s'est placé d'ailleurs, par l'importance de ses affaires, dans une position industrielle élevée, et le jury lui rappelle la médaille d'argent qu'il a obtenue à la précédente exposition.

M. BAUDON-PORCHEZ, ingénieur-constructeur, à Lille (Nord).

Médaille d'argent.

M. Baudon-Porchez est fondateur d'un établissement de grande importance, dans lequel il produit une très-grande variété d'objets en fonte moulée, et notamment des appareils de chauffage et d'économie domestique. Le nombre de ses ouvriers est de 150 et le chiffre de ses affaires dépasse 500,000 francs.

Le plus remarquable des objets exposés par M. Baudon est, sans contredit, une cheminée à quatre foyers construite entièrement en fonte, dont l'ornementation, composée de cariatides et de guirlandes de fleurs et de fruits, annonce une très-bonne direction artistique dans les modèles, en même temps qu'une grande perfection dans les procédés de moulage.

M. Baudon a exposé également un calorifère qu'il appelle *calorifère purificateur*, et un modèle de fourneau culinaire. Ces appareils sont en fonte, bien disposés et fort habilement exécutés.

Le jury central, appréciant l'ensemble de la fabrication de M. Baudon-Porchez et voulant récompenser son habileté industrielle et les services qu'il rend aux départements du nord de la France, lui décerne une médaille d'argent.

Nouvelle médaille de bronze.

M. HUREZ, rue du Faubourg-Montmartre, n° 42, à Paris.

M. Hurez a exposé des cheminées en tôle repoussée d'un travail remarquable, des fourneaux économiques et des calorifère en tôle et fonte d'une très-bonne exécution. Il présente encore cette année son calorifère propre à brûler l'anthracite et les houilles maigres : la disposition de cet appareil est remarquable. Le combustible est chargé dans un cylindre ou dans un tronc de cône très-aigu, sur une hauteur considérable et de façon à suffire à l'alimentation du foyer pendant 15 ou 18 heures. Le cylindre est fermé à la partie supérieure, et les produits de la combustion sont forcés de s'échauffer par des ouvertures latérales placées à peu de distance de la grille.

Les expériences faites par M. Garnier, inspecteur général des mines, et M. Arnoux, ont montré que le calorifère de M. Hurez était parfaitement approprié à la combustion des charbons secs et anthracites dont la France possède des gîtes considérables, tant dans le Nord que sur les bords de la Loire, et dans les départements de la Sarthe et de la Mayenne; il peut servir également à brûler du coke. Il n'est pas applicable à la combustion des houilles grasses, qui forment des croûtes dans l'intérieur du foyer : ce qui se passe dans l'intérieur des hauts fourneaux à fondre des minerais de fer, quand on y emploie de la houille crue, se reproduit en petit dans l'apparail de M. Hurez. On sait que la houille grasse ne peut être employée en nature dans les hauts fourneaux, tandis que l'emploi de l'anthracite y réussit à merveille.

Le jury a reconnu dans l'invention du calorifère de M. Hurez un principe nouveau, l'emploi d'un combustible en couches très-épaisses et brûlant très-lentement. Il décerne à M. Hurez, tant pour cet appareil que pour l'ensemble de ses autres travaux, une nouvelle médaille de bronze.

M. LECOCQ, rue des Francs-Bourgeois au Marais, n° 14, à Paris.

Rappels de médailles de bronze.

Cet exposant a présenté cette année des calorifères conservateurs, qui lui ont valu en 1844 une médaille de bronze. Ces appareils nous ont paru dignes de recevoir de nouveau l'approbation du jury.

Le jury accorde à M. Lecocq le rappel de la médaille de bronze qui lui a été décernée en 1844.

Mme veuve VOGT, rue de la Roquette, n° 74, à Paris.

M. Vogt avait obtenu à l'exposition de 1844 une médaille de bronze, motivée surtout sur l'application de carreaux de faïence incrustés à la décoration des poêles d'appartement. M. Vogt est décédé récemment, laissant un établissement prospère où l'on continue avec succès le même genre de fabrication.

Le jury rappelle à Mme veuve Vogt la médaille de bronze, accordée à son mari à la précédente exposition.

M. FONDET, à Chalon-sur-Saône (Saône-et-Loire).

Médailles de bronze.

Il convient surtout de remarquer, dans les appareils de cheminée, imaginés et exposés par M. Fondet, la forme et la disposition des tuyaux verticaux qui sont placés à la suite du foyer, et dans lesquels circule l'air qui doit venir chauffer l'appartement. Ces tuyaux ont pour soutien un carré au lieu d'un cercle, comme cela a lieu d'habitude; ils sont placés à égale distance les uns des autres; les intervalles qui les séparent se trouvent disposés en lignes continues, parallèles entre elles : en sorte que leur nettoyage devient facile, ce qui n'a pas lieu quand les tuyaux ont une section circulaire.

Une disposition semblable a été appliquée par M. Fondet aux grilles dans lesquelles on brûle de la houille. Ces tuyaux sont creux, à section carrée, et à circulation d'air.

Le jury voulant récompenser une disposition aussi simple qu'ingénieuse, décerne à M. Fondet une médaille de bronze.

M. Joseph HUGUELIN, fabricant de poêles en faïence incrustée, à Strasbourg (Bas-Rhin).

Les appareils exposés par M. Huguelin sont des poêles calorifères dont la disposition intérieure est bien entendue, quant à l'emploi du combustible et à la distribution de l'air chaud. L'extérieur du poêle est construit tout entier en carreaux de terre incrustée et vernissée; les incrustations de pâtes de diverses couleurs qui se trouvent à la surface des carreaux produisent des effets décoratifs remarquables, et méritent d'être signalés par le jury, principalement au point de vue de l'industrie céramique.

Notons aussi, comme une disposition particulière aux poêles de M. Huguelin, le remplacement de la porte en tôle du foyer par un carreau de terre vernissée, semblable à ceux qui recouvrent le reste de la surface; une seconde porte en tôle est placée devant celle-ci, et l'air nécessaire à la combustion arrive dans l'intervalle compris entre elles. Cette disposition est de nature à éviter des accidents qui se produisent quelquefois par l'aspiration de vêtements flottants vers l'orifice du tirage.

M. Huguelin est vivement recommandé par la commission départementale du Bas-Rhin comme un industriel sérieux et méritant. Le jury central, appréciant l'ensemble de ses travaux, lui décerne une médaille de bronze.

M. LANGELOT, rue des Filles-du-Calvaire, n° 11, à Paris.

M. Langelot a exposé des fourneaux de cuisine et des calorifères : ces derniers méritent d'être mentionnés à cause de leur disposition spéciale : la combustion s'y fait à flamme renversée, circonstance qui produit une absorption beaucoup plus complète de la fumée et des principes odorants produits par la distillation du combustible.

Cette disposition, qui a été appliquée déjà avec succès, permet de brûler avec avantage toutes sortes de combustibles.

Le jury accorde à M. Langelot une médaille de bronze pour son calorifère à combustion renversée.

Mentions honorables.

M. BAN-GUENÉ rue de la Ferme-des-Mathurins, n° 3, à Paris.

M. Ban a exposé plusieurs calorifères construits dans de bonnes conditions: une grande surface de chauffe permet un rapide échauffement de l'air et un bon emploi du combustible. Son poêle calorifère, avec étuve pour salle à manger, a été remarqué par la commission, qui pense que M. Ban est digne d'être mentionné honorablement par le jury.

M. BARKER, rue du Cherche-Midi, n° 111, à Paris.

M. Barker a exposé un calorifère à brûler du coke, qui présente comme particularité remarquable l'addition d'un régulateur composé de deux lames métalliques superposées et de nature différente (fer et cuivre). Si la température s'élève au delà d'une certaine limite, l'inflexion du système des deux lames fait fermer une soupape qui règle le tirage, et la combustion s'arrête pour recommencer quand la température s'est abaissée.

Le jury accorde à M. Barker une mention honorable.

M. LENUD, rue du Faubourg-Saint-Denis, n° 24, à Paris.

M. Lenud a exposé un calorifère à air chaud, pour serre, auquel il a joint un bouilleur destiné à fournir à l'air de l'humidité en quantité suffisante.

Le jury accorde à M. Lenud une mention honorable.

M. MARTIN, ingénieur-architecte, à Besançon (Doubs).

M. Martin a exposé un calorifère fondé sur un principe analogue à celui des appareils construits par M. Hurez pour l'emploi de l'anthracite. Quelques dispositions particulières dans la forme des grilles méritent pourtant d'être signalées. La circulation de l'air chaud et des produits de la combustion s'y fait d'une manière simple et bien entendue. Ce calorifère mérite d'être recommandé, comme étant d'un bon emploi, et le jury accorde à M. Martin une mention honorable.

M. MATHIS, cour Morand, n° 11, à Lyon (Rhône).

M. Mathis expose un calorifère dont le but est d'utiliser la chaleur rayonnante du combustible embrasé, simultanément avec la chaleur qui se transmet par le contact; il dispose, à cet effet, son foyer au centre d'une chambre rectangulaire dont toutes les parois sont vitrées, et laissent passer ainsi une grande partie de la chaleur rayonnée par le foyer. Un courant d'air ménagé le long des parois vitrées permet d'utiliser aussi une partie de la chaleur de contact.

L'appareil de M. Mathis est ingénieusement construit; son application n'a point encore été suffisamment étudiée pour qu'on puisse, dès à présent, se prononcer sur le mérite de l'invention à laquelle le jury accorde une mention honorable.

Citations favorables.

M. HUGUENY, à Strasbourg (Bas-Rhin).

M. Hugueny a présenté de nouveaux appareils de chauffage et d'éclairage au moyen du gaz de houille. Nous n'avons point à apprécier ici les appareils d'éclairage ; nous nous contenterons de citer les appareils de chauffage, dont l'emploi n'a point encore reçu la sanction de l'expérience et du temps.

M. Charles BOREL, quai de l'École, n° 10, à Paris.

A obtenu une citation favorable pour ses poêles d'appartement et ses divers appareils d'économie domestique.

M. LAMOUROUX, à Chaumont (Haute-Marne).

A obtenu une citation favorable pour son calorifère en fonte, moulé d'un seul jet.

---

§ 3. CHEMINÉES.

M. Ébelmen, rapporteur.

Médailles de bronze.

M. DELAROCHE aîné, rue du Bac, n° 107, à Paris.

M. Delaroche a exposé une cheminée à houille s'adaptant, comme les anciennes cheminées à la prussienne, à toutes les cheminées ordinaires. Une boîte en tôle fermant l'extérieur du calorifère, sert d'enveloppe au foyer, et l'air qui circule dans cette boîte vient ensuite s'échapper par des bouches de chaleur dans l'appartement.

Cet appareil, dont le prix ne dépasse pas 50 à 60 francs, a été expérimenté par la commission, qui en a reconnu le bon emploi. L'air qui s'échappe par les bouches de chaleur est fortement échauffé, même après une faible consommation de houille.

M. Delaroche aîné a obtenu, en 1844, une mention honorable. Le jury lui accorde cette fois une médaille de bronze.

MM. DELAROCHE jeune (père et fils), rue de Grenelle-Saint-Germain, n° 41, à Paris.

MM. Delaroche père et fils se sont spécialement attachés à perfectionner les cheminées employées au chauffage des appartements, en remplaçant par de l'air chauffé au contact du foyer, une partie de l'air enlevé à l'appartement par le tirage. Ils emploient, à cet effet, des moyens appropriés, autant que possible, aux diverses convenances des consommateurs : les quatres types qu'ils ont exposés témoignent du succès qu'ils ont obtenu.

Leur cheminée dite *mignon* se vend à très-bas prix; elle s'adapte à toutes les cheminées sans autre modification que la construction d'une simple cloison; elle peut, au besoin, être employée à l'état mobile et être déplacée plusieurs fois dans la même journée pour chauffer successivement diverses pièces. La cheminée dite *milord* a les mêmes avantages; seulement un développement plus considérable de l'appareil consacré au chauffage de l'air, et qui implique un prix de vente plus élevé, permet de tirer parti plus complétement du combustible brûlé. Les cheminées dites *calorifères* et *reconforts perfectionnés* admettent pour le chauffage de l'air appelé dans l'appartement, des moyens encore plus puissants : elles exigent un emplacement plus considérable et entraînent plus de frais d'établissement, elles utilisent une proportion encore plus considérable du pouvoir calorifique du combustible et peuvent, au besoin, chauffer simultanément plusieurs pièces contiguës.

MM. Delaroche fabriquent également avec succès les calorifères à air chaud.

Le jury accorde à MM. Delaroche père et fils une médaille de bronze.

M. BIRCKEL, rue Fontaine-au-Roi, n° 58, à Paris.

Mentions honorables.

M. Birckel avait obtenu, en 1844, une mention honorable pour ses cheminées en faïence. Il a exposé cette année des cheminées et des calorifères qui continuent à mériter l'attention du jury.

Le jury accorde à M. Birckel une mention honorable.

M. GENESTE, rue Neuve-Ménilmontant, n° 5 *bis*, à Paris.

M. Geneste a obtenu, en 1844, une mention honorable pour la bonne exécution de ses calorifères. Il présente cette année des cheminées à grilles cylindriques, pour brûler l'anthracite et la houille sèche, qui ont été remarquées par la commission.

Le jury accorde encore à M. Geneste une mention honorable.

M. JACQUANT-LAPERCHE, rue Grange-Batelière, n° 18, à Paris.

M. Laperche a exposé diverses pièces parmi lesquelles la commission a remarqué une cheminée à foyer tournant dans l'épaisseur d'un mur, de façon à pouvoir chauffer successivement deux pièces contiguës.

M. Laperche est d'ailleurs un constructeur habile, et le jury lui décerne une mention honorable.

Citations favorables.

M. BARBEAU, quai de la Mégisserie, n° 32, à Paris.

Pour ses cheminées-calorifères et ses poêles, le jury a décerné à M. Barbeau une citation favorable.

M. FISSOT, rue Bichat, n° 8 *bis*, à Paris.

Le jury a décerné à M. Fissot, pour son appareil à ramoner les cheminées, une citation favorable.

M. PONCINI, rue du Faubourg-Saint-Denis, n° 83, à Paris.

M. Poncini a présenté plusieurs cheminées et calorifères à foyer mobile, pourvus d'un rideau en fonte à jour, mobile, autour d'une charnière horizontale, de façon que le rideau se soulève à mesure qu'on avance le foyer dans l'intérieur de l'appartement.

Le jury accorde à M. Poncini une citation favorable.

M. Honoré SOYER, à Saint-Quentin (Aisne).

M. Soyer a exposé une cheminée d'appartement en tôle d'un travail remarquable.

Le jury lui accorde une citation favorable.

---

§ 4. APPAREILS CULINAIRES.

M. Ébelmen, rapporteur.

Rappels de médailles d'argent.

MM. GUYON frères, à Dôle (Jura).

MM. Guyon frères continuent, avec succès, à se livrer à la fabrication de fourneaux de cuisine économiques en fonte; ils fabriquent eux-mêmes, au haut fourneau de Foucheron, près Dôle, la fonte dont ils se servent pour leurs moulages. Les appareils, très-variés, dont ils nous ont soumis les modèles, sont destinés, les uns à brûler du bois, les autres de la houille. Ils s'adressent, par leur disposition simple et leur prix peu élevé, à un très-grand nombre de consommateurs et jouissent, dans l'est de la France, d'une réputation méritée; ils procurent à la fois une économie de temps et de combustible.

Le jury rappelle à MM. Guyon frères la médaille d'argent qui leur a été décernée en 1844.

Mme veuve LEMARE, quai Conti, n° 13, à Paris.

M. Lemare a attaché son nom à un appareil connu sous le nom de caléfacteur, dont la disposition ingénieuse a servi de point de départ aux nombreuses inventions par lesquelles on est parvenu à économiser le combustible nécessaire à la préparation des aliments. Le zèle et l'esprit inventif de Lemare ont été appréciés par les jurys de toutes les expositions qui se sont succédé depuis 1823. Sa veuve a continué à exploiter son établissement et a fait exécuter par des habiles ouvriers quelques appareils dont M. Lemare avait laissé des ébauches ou des dessins.

Le jury, voulant honorer à la fois le mérite des inventions et le respect religieux de madame veuve Lemare pour la mémoire de son mari, fait rappel en sa faveur des médailles d'argent qui avaient été décernées à M. Lemare dans les expositions précédentes.

MM. ROGEAT frères, à Lyon (Rhône).

MM Rogeat frères ont fondé à Lyon un établissement considérable dans lequel ils montent des pièces de tableaux très-variées qu'ils font couler dans divers hauts fourneaux sur leurs modèles. Les appareils qu'ils ont exposés cette année ont été obtenus depuis l'exposition de 1844. La plupart d'entre eux se recommandent par leur bonne et élégante disposition et par leur bas prix. Ajoutons que MM. Rogeat frères emploient annuellement 800,000 kilogrammes de fonte dans leurs ateliers, et l'on aura une idée de l'importance industrielle de leur établissement.

Le jury de 1844 avait accordé à MM. Rogeat une médaille d'argent que le jury leur rappelle.

M. PAUCHET, rue du Faubourg-Poissonnière, n° 122, à Paris.

Médaille d'argent.

M. Pauchet a exposé cette année des fourneaux de cuisine en

fonte, remarquables sous le triple rapport de la commodité, de l'économie et de la solidité. L'expérience qui s'en fait journellement chez un grand nombre de restaurateurs et de particuliers leur est entièrement favorable, et les témoignages que nous avons recueillis à cet égard ne nous ont laissé aucun doute sur leur bon emploi. Les fourneaux pour petits ménages servent à la fois au chauffage et aux usages culinaires, ils se trouvent également dignes d'être signalés.

M. Pauchet a exposé aussi des calorifères à air chaud, qui permettent de chauffer un grand nombre de pièces à la fois.

M. Pauchet avait obtenu une médaille de bronze à l'exposition de 1844. Les progrès qu'il a réalisés dans son industrie, la bonne disposition de ses principaux appareils et l'importance de son établissement ont été jugés par le jury dignes d'une médaille d'argent.

Rappels de médailles de bronze.

M. CHEVALIER-CURT, aîné, rue Saint-Jacques, n° 264 *bis*, à Paris.

M. Chevalier-Curt a reçu, en 1839, une médaille de bronze pour ses divers appareils de chauffage et plus spécialement pour ses fourneaux de cuisine. Cette médaille lui a été rappelée en 1844. Les fourneaux exposés cette année, par M. Chevalier-Curt, sont établis de la manière la plus satisfaisante; plusieurs appareils analogues placés dans divers établissements publics y fonctionnent avec avantage.

Le jury rappelle à M Chevalier-Curt la médaille de bronze qu'il a obtenue en 1839.

M. HOYOS, place du Palais-National, n° 241, à Paris.

M. Hoyos continue, avec succès, la fabrication des fourneaux de de cuisine de diverses dimensions, dont la bonne disposition lui a valu, de la part du jury de 1844, une médaille de bronze. Ces appareils sont employés avec avantage dans plusieurs établissements publics et chez les particuliers. M. Hoyos a apporté, depuis 1844, quelques perfectionnements nouveaux dans la construction des foyers de ses fourneaux.

Le jury lui rappelle la médaille de bronze qui lui a été décernée en 1844.

M. Victor CHEVALIER, place de la Bastille, n° 232, à Paris. Médailles de bronze

M. Victor Chevalier a fondé à Paris un grand établissement dans lequel il fabrique des appareils de chauffage et des ustensiles très-variés d'économie domestique. La bonne exécution et le bon marché des objets qu'il fabrique ont acquis à sa maison une vogue justement méritée.

M. Victor Chevalier occupait, en 1847, près de 60 ouvriers; le nombre en est réduit beaucoup aujourd'hui, mais la maison de M. Victor Chevalier n'en reste pas moins une des plus considérables, parmi celles qui se livrent à ce genre de fabrication.

Parmi les objets exposés cette année par M. Victor Chevalier, le jury a plus spécialement remarqué une nouvelle casserole pour chauffer le lait, et quelques autres ustensiles domestiques.

Le jury, voulant récompenser l'habileté industrielle de M. Victor Chevalier, lui décerne une médaille de bronze.

Mme DE RAINCOURT, à Fallon (Haute-Saône).

Mme de Raincourt a présenté un fourneau de cuisine dont les dispositions sont simples et commodes et qui, par son bas prix, peut être acheté par un très-grand nombre de personnes. Cet appareil n'est qu'un échantillon des produits nombreux que l'on fabrique en fonte de première et deuxième fusion dans l'usine de Fallon, appartenant à Mme de Raincourt. Le poids des fontes moulées, sortant de cette usine, est annuellement de 800,000 kilogrammes, qui présente une valeur de 250,000 francs environ.

Le jury accorde à Mme de Raincourt une médaille de bronze en considération de l'importance et de l'ancienneté de la fabrication.

M. BOUSSEROUX, rue Mandar, n° 5 à Paris. Rappel de mention honorable.

M. Bousseroux a obtenu, en 1844, une mention honorable ses petits fourneaux de cuisine très-économiques, le jury lui en accorde le rappel.

M. CRUET, à Rouen (Seine-Inférieure). Mentions honorables

Les poêles à deux fours exposés par M. Cruet sont l'objet d'un rapport très favorable de la commission départementale de la Seine-Inférieure. Vingt-huit de ces appareils ont été placés depuis deux ans, et leur emploi a donné des résultats avantageux. Leur prix peu élevé les met à la portée des petits ménages.

Le jury accorde à M. Cruet une mention honorable.

M. GRENIER, rue Saint-Germain-l'Auxerrois, n° 43, à Paris.

M. Grenier a obtenu deux mentions honorables, l'une en 1839, l'autre en 1844, pour ses fourneaux et ses poêles en tôle destinés spécialement aux tailleurs, chapeliers, blanchisseurs, etc. Ces appareils continuent à se recommander à l'attention du jury, qui accorde à M. Grenier une mention honorable.

M. LANY, rue Olivier-Saint-Georges, n° 14, à Paris.

Il a imaginé un fourneau qu'il appelle *fourneau-coquille*, à l'aide duquel il peut chauffer plusieurs mets à la fois, en ne brûlant que très peu de charbon de bois ou de coke. Le prix de cet appareil varie, suivant ses dimensions, entre 25 et 45 francs. Il mérite d'être signalé à l'attention du jury.

Le jury accorde à M. Lany une mention honorable.

M. PAILLARD, rue du Grand-Chantier, n° 16, à Paris.

M. Paillard, pour la bonne confection de ses fourneaux, a mérité la mention honorable que le jury central lui décerne.

M. POLIOT, rue Mazarine, n° 42, à Paris.

M. Poliot a exposé cette année un nouveau fourneau à cuisine pourvu de broches à rôtir de son invention, et pour lequel il a été récemment breveté. Les dispositions en ont paru bien combinées à la commission.

M. Poliot a déjà obtenu une mention honorable en 1844. Le jury lui en accorde encore une pour les appareils qu'il a présentés.

M. Claude RACHET, à Metz (Moselle).

M. Rachet a fondé à Metz, en 1845, un établissement où l'on fabrique des appareils de chauffage, des fourneaux de cuisine et de buanderie. Il a présenté à l'exposition un grand fourneau de cuisine polygonal qui peut servir à préparer la nourriture pour six cents hommes.

M. Rachet est recommandé par la commission départementale de la Moselle comme un industriel sérieux. Le jury central lui décerne une mention honorable.

MM. SARON frères, rue des Postes, n° 9, à Paris.

Ils ont exposé un grand calorifère en fonte composé d'une cloche et de tubes qu'on peut remplacer à volonté.

Ils fabriquent aussi des fourneaux de cuisine en fonte de différents modèles, dont plusieurs ont été placés dans de grands établissements.

Le jury accorde à MM. Saron frères une mention honorable.

M. THOURET

Expose un calorifère et des fourneaux de cuisine; ces objets sont de bonne construction : aussi le jury central accorde-t-il à M. Thouret une mention honorable.

M. VAILLANT, à Metz (Moselle).

M. Vaillant a exposé des fourneaux de cuisine du système Choumara, mais construits entièrement en fonte, et il y a fait des additions utiles et bien comprises. Ces appareils ont été employés pour le service des casernes, des hôpitaux et des prisons dans la Moselle, et la commission de ce département les recommande à la bienveillance du jury, en même temps que des calorifères du même constructeur.

Le jury décerne à M. Vaillant une mention honorable pour l'ensemble de sa fabrication.

M. WEYTS, rue Bleue, n° 34, à Paris.

M. Weyts a exposé des fourneaux économiques, deux calorifères et diverses cheminées. Ces appareils sont bien construits.

L'établissement de M. Weyts est d'une certaine importance. Quinze ouvriers y sont constamment employés.

Le jury lui accorde une mention honorable.

Citations favorables. M. CORDEBART, à Angoulême (Charente-Inférieure).

Le jury lui accorde une citation favorable pour son fourneau de cuisine.

M. JACOB, rue des Urselines-Saint-Jacques, n° 20, à Paris.

Le jury lui accorde une citation favorable pour ses cuisinières en fonte.

M. GODIN, à Guise (Aisne).

Le jury lui accorde une citation favorable pour ses poêles et ses cuisinières économiques.

M. BOURRIOT, rue de Vaugirard, n° 76.

Le jury lui accorde une citation favorable pour son appareil à régulateur dit la *bonne marmite*.

M. SILACÉE, rue Notre-Dame-de-Nazareth, 27, à Paris.

Le jury lui accorde une citation favorable pour son appareil à grillades et pour les cheminées avec rideaux à jour.

---

§ 5. APPAREILS DISTILLATOIRES DE L'EAU DE MER.

M. Payen, rapporteur.

Médaille d'or. M. ROCHER, à Nantes (Loire-Inférieure).

Au premier rang des grands problèmes que l'industrie est appelée à résoudre, le jury central a toujours placé les questions économiques qui se rattachent directement à la sûreté comme à la santé des hommes.

L'épuration de l'eau de mer, dans la vue d'en obtenir l'eau douce nécessaire aux marins durant les longues traversées, est une des plus importantes questions que l'industrie soit appelée à résoudre.

Depuis longtemps déjà la science avait indiqué cette solution : une distillation ménagée, en évitant de pousser trop loin la concentration des résidus, puis un simple aérage devaient y suffire.

L'appareil imaginé par Clément et le capitaine Freycinet, employé avec succès par ce dernier sur la corvette l'*Uranie*, dans un voyage autour du monde, avait donné les résultats les plus satisfaisants à cet égard. L'abondance et la bonne qualité de l'eau douce ainsi obtenue avait maintenu la santé de l'équipage, prévenu le développement des diverses affections qui doivent disparaître avec les pratiques déplorables auxquelles l'étroite ration d'eau douce conduisait rigoureusement; car alors, forcé de réserver pour les besoins les plus indispensables de l'alimentation le peu d'eau potable dont on disposait, il fallait employer l'eau de mer pour tous les lavages; le linge restait indéfiniment humide en raison des sels hygroscopiques déposés par l'eau durant le séchage, et les matières organiques que l'eau de mer recèle exposaient continuellement toute la surface du corps des hommes au contact de ces matières insalubres.

Mais l'expérience, d'ailleurs si grande et si concluante, du capitaine Freycinet resta impuissante à déterminer l'adoption d'une méthode si bien recommandée.

C'est que la question économique n'était pas résolue, bien que le volume comme le poids du combustible embarqué fût six ou sept fois moindre que celui des caisses remplies d'eau douce; la dépense était trop forte, l'arrimage des appareils et leur service étaient difficiles.

A l'époque de l'avant-dernier concours du prix Monthyon, MM. Peyre et Rocher étaient déjà parvenus à faire cesser presque tous ces inconvénients : la dépense et le poids du combustible étaient supprimés, car la houille nécessaire à bord pour la préparation des aliments fournissait une quantité de vapeur suffisante pour le chauffage dans toutes les opérations culinaires, et le produit de la condensation donnait la quantité d'eau distillée utile à l'équipage, c'est-à-dire quatre litres par jour pour chaque homme.

Les rapporteurs du jury en 1844, MM. Mimerel, de la marine, et M. Pouillet, après avoir donné d'intéressants détails sur cette belle application [1], furent d'accord pour proposer de décerner une médaille d'argent aux habiles constructeurs dont nous avons cité les noms. Il était prudent de ne pas dès lors épuiser en leur faveur la série des récompenses, car il restait encore des progrès à faire, et surtout il restait à généraliser, sur les bâtiments de l'État comme sur les navires du commerce, l'emploi des appareils distillatoires économiques qui devaient enfin assurer les principales conditions

[1] Voir le IIe volume du Rapport, en 1844, pages 401 à 405, et 939 et 940.

de salubrité et protéger la vie des hommes en maintenant leur force, et augmentant leur bien-être.

Sous tous ces rapports, il ne reste plus rien à désirer aujourd'hui. Les appareils ont été graduellement perfectionnés depuis dix ans. On a pu se faire une idée de leur état actuel, en examinant le grand et beau modèle que M. Rocher expose, et qui doit être installé à bord d'un vaisseau de ligne, et fournir, pour quinze cents hommes, 6,000 litres d'eau douce par jour; il y avait joint un ingénieux réfrigérant, qui emprunte le secours d'une circulation continue de l'eau de la mer.

De semblables appareils, différents par leurs dimensions, sont établis sur la plupart des vaisseaux de l'État et du commerce; ils fonctionnent avec économie et régularité; tous les préjugés défavorables ont disparu sous l'évidence des immenses services rendus par ce procédé.

Le jury central décerne à M. Rocher la médaille d'or.

Mention honorable.

M. ZAMBEAUX, rue Transnonain, n° 20, à Paris,

Présente un nouvel appareil distillatoire et culinaire à l'usage de la marine : des expériences exactes suivies par M. Pecqueur montrent qu'il peut fournir de l'eau distillée dans de bonnes conditions; mais on ne saurait suppléer à la pratique spéciale dans le jugement sur un appareil de ce genre, et le jury ne peut que le signaler à l'attention des navigateurs en lui accordant une mention honorable.

---

§ 6. FOURS ET APPAREILS DE DESSICCATION.

M. Ébelmen, rapporteur.

Médailles d'argent.

M. CERBELAUD, rue de Milan, n° 18, à Paris.

M. Cerbelaud est un habile constructeur de calorifères, qui a obtenu en 1839 une médaille de bronze et le rappel de cette médaille en 1844. Le calorifère à air chaud qu'il a exposé cette année, et qui est semblable à celui qu'il a établi au séchoir de la buanderie de l'Hôtel des Invalides, nous a paru dans de très-bonnes conditions pour le chauffage des grands établissements. La section rectangulaire des tuyaux de fumée a été remplacée par une section circulaire sans cloisons ni compartiments. Ces tuyaux présentent dans leur développement une large surface de chauffe. Les orifices d'entrée de l'air froid et ceux de sortie de l'air échauffé ont été élargis de façon à pouvoir lancer dans un appartement une grande quantité d'air chauffé à une température moyenne, de préférence à une moins grande masse d'air portée à une température plus élevée.

Les rapports officiels qui nous ont été donnés sur la consommation en combustible et sur la marche du calorifère de l'Hôtel des Invalides sont des plus honorables pour l'appareil de M. Cerbelaud; il est employé dans cet établissement pour le séchage du linge.

Le jury, voulant récompenser l'intelligence et l'habileté qui ont permis à M. Cerbelaud de s'élever du rang de simple ouvrier à la position industrielle qu'il a conquise, lui décerne une médaille d'argent.

M. LESPINASSE, rue de Sèvres, n° 76, à Paris.

Le système de four inventé par M. Lespinasse fonctionne depuis douze ans à la manutention militaire de Paris. Une commission nommée par M. le ministre de la guerre s'est récemment prononcée en sa faveur après des expériences comparatives, et en a proposé l'emploi pour toutes les garnisons de France. Enfin, le département de la marine a aussi adopté le système du four de M. Lespinasse.

Chacun des fours du système Lespinasse produit d'ordinaire, en vingt-quatre heures, 13 fournées de 200 pains de 1k,50 chacun, ou 5,200 rations; mais on peut obtenir 19 fournées ou 7,600 rations dans le même temps.

Il a été constaté que le bois employé dans le four Lespinasse n'est que les cinquante-trois centièmes de celui que l'on brûlait antérieurement dans les fours ordinaires.

M. Lespinasse avait obtenu une médaille de bronze pour son utile invention à l'exposition de 1839. En présence des bons résultats de ce four, officiellement constatés par une longue expérience, le jury a jugé M. Lespinasse digne d'une récompense d'un ordre élevé, et lui décerne une médaille d'argent.

M. J.-J. DANDURAN, rue Ollivier, n° 6, à Paris.

Mentions honorables.

M. Danduran a imaginé de construire un appareil particulier pour l'assèchement des constructions anciennes et nouvelles. On sait que la dessiccation naturelle des plâtres frais exige un temps assez considérable avant que les appartements puissent être habités sans danger pour la santé. Il y a pour les propriétaires un assez grand intérêt à pouvoir mettre immédiatement en état convenable d'habitation les nouvelles constructions. M. Danduran a imaginé pour cela un appareil particulier qui consiste en un grand foyer rempli de coke et alimenté par un ventilateur. Les produits de la combustion sont envoyés par des conduits en tôle dans diverses directions autour de l'appartement.

M. Danduran nous a donné les noms de plus de vingt architectes qui ont adopté ses procédés dans l'intérêt de leurs clients.

Le jury, voulant récompenser une idée utile, décerne à M. Danduran une mention honorable.

M. DOBIGNARD, rue Kléber, n° 7, à Paris.

M. Dobignard avait obtenu en 1844 une citation favorable pour ses fours à cuire le pain. Il se représente cette année avec de nouvelles additions et quelques perfectionnements qui lui méritent une mention honorable.

M. EDELINE, à Saint-Denis (Seine).

M. Edeline a exposé un modèle de séchoir pour les blanchisseurs, qui présente une particularité intéressante à signaler. L'ouvrier chargé de la conduite du séchoir ne séjourne pas dans la chambre de dessiccation, et n'est pas, par conséquent, sujet à être incommodé par la chaleur et la buée. La partie du séchoir dans laquelle le linge est étendu est mobile et peut se tirer au dehors, dans une chambre voisine, où l'on procède à l'enlèvement du linge sec et à son remplacement par du linge mouillé.

L'invention de M. Edeline, qui a pour but de rendre un métier moins insalubre, devait être récompensée, et le jury accorde en conséquence à M. Edeline une mention honorable.

M. PRAX, rue d'Angoulême, n° 32, à Paris.

A exposé un modèle de four, dit étuve-calorifère, qui peut cuire par fournée de 12 à 20 kilogrammes de pain, avec une faible dépense de combustible. La cuisson est continue, et le foyer est isolé de la tôle du four, qui peut tourner sur son axe, de façon à rendre la température uniforme sur toute sa surface.

Le même appareil peut aussi servir d'étuve pour dessécher un grand nombre de substances.

Le jury accorde à M. Prax une mention honorable.

§ 7. APPAREILS DE FILTRAGE.

M. Ébelmen, rapporteur.

M. DUCOMMUN, boulevard Poissonnière, n° 26, à Paris.

Rappels de médailles de bronze.

M. Ducommun a obtenu en 1844 une médaille de bronze pour ses fontaines à filtres épurateurs au charbon, et surtout pour un appareil de filtrage destiné à fonctionner sous une pression élevée. Un appareil analogue à celui qui a été décrit dans le rapport du précédent jury était exposé cette année : un filtre de 0m80 de hauteur sur 0m70 de diamètre, peut donner 48,000 litres d'eau par 24 heures, sous la pression de 2 atmosphères. Cet appareil vaut 650 à 700 francs.

Le jury, reconnaissant que M. Ducommun continue à se rendre digne de la récompense qui lui a été décernée en 1844, lui en accorde le rappel.

M. LELOGÉ, rue Saint-Étienne-Bonne-Nouvelle, n° 15, à Paris.

M. Lelogé a obtenu en 1839 une médaille de bronze pour ses filtres ascendants. Cette médaille lui a été rappelée en 1844. Les appareils de filtrage exposés cette année ne sont point inférieurs à ceux qui ont été remarqués aux précédentes expositions. Une citerne à trois compartiments, dans laquelle l'eau se filtre dans son mouvement ascendant, est le principal objet exposé.

Le jury estime que M. Lelogé est toujours très-digne de la médaille de bronze qu'il a obtenue, et lui en décerne le rappel.

M. JAMINET, rue du Four-Saint-Germain, n° 26, à Paris.

Médaille de bronze.

M. Jaminet a exposé, cette année, un appareil de filtrage d'une bonne construction, qui peut fournir, suivant sa déclaration, 150,000 litres d'eau par jour, sous une pression de 2 mètres d'eau seulement. Cet appareil est formé de couches alternantes de silex, de sable et de charbon, et peut être utilement appliqué, comme ceux faits antérieurement par M. Ducommun, à de grands établissements industriels.

Des fontaines, dont le coffre est construit en pierres assemblées à réunion en languette, sans agrafe en fer, et à filtrage ascendant, ont été aussi exposés par M. Jaminet.

M. Jaminet avait obtenu en 1844 une deuxième mention honorable. Le jury estime que la persévérance et la bonne fabrication de ses appareils lui méritent une médaille de bronze.

Mentions honorables.

M. DUPLANY, rue du Faubourg-Saint-Denis, n° 46, à Paris.

M. Duplany a exposé un filtre mobile qu'il suffit de laisser plongé pendant quelque temps dans de l'eau trouble pour avoir de l'eau parfaitement claire. La forme qu'il lui donne est celle d'une bouteille dont le corps est en pierre de Vergelet, dont le montant est en plomb, et dont le volume est d'environ 1 litre. Cet appareil est commode, d'un prix peu élevé, et peut être utilement employé par les voyageurs; mais il faut remarquer qu'il n'ôte pas à l'eau son mauvais goût, dont le charbon peut seul la débarrasser : il est, du reste, d'un nettoyage facile.

Le jury accorde à M. Duplany une mention honorable pour son ingénieuse invention.

M. SEPTIER, rue des Deux-Portes-Saint-Sauveur, n° 14, à Paris.

Les appareils dont M. Septier est l'inventeur sont des filtres à niveau constant et à filtration continu. Un flotteur, placé à la surface du liquide contenu dans le filtre, fait fermer, en s'élevant, le robinet par où s'écoule le liquide qu'il s'agit de filtrer. L'appareil se monte sans difficulté et fonctionne d'une manière continue sans qu'aucune surveillance soit nécessaire. La filtration peut s'opérer, du reste, en vases à peu près complétement clos.

Un certificat de M. Soubeiran, directeur de la pharmacie centrale des hôpitaux, établit que l'appareil de M. Septier a été expérimenté par lui, et qu'il fonctionne avec beaucoup de régularité. M. Soubeiran en recommande spécialement l'usage aux distillateurs et à toutes les personnes qui ont à filtrer des quantités un peu fortes de liqueurs spiritueuses.

Le jury, appréciant l'utile invention de M. Septier, lui décerne une mention honorable.

§ 8. ENDUIT CONTRE L'OXYDATION.

M. FERRY, rue de Beaune, n° 31, à Paris. Médaille de bronze.

M. Ferry déjà mentionné au chapitre des métaux (meules et mollettes à aiguiser), reçoit ici une médaille de bronze pour son enduit préservateur de la rouille, adopté par M. le ministre de la guerre pour les arsenaux de Vincennes, Cherbourg, Brest et Strasbourg. Le jury central apprécie la découverte importante de cet industriel en lui décernant la récompense susénoncée.

---

§ 9. APPAREILS DIVERS. — EAUX GAZEUSES ET APPAREILS POUR LES VINS MOUSSEUX.

M. Balard, rapporteur.

CONSIDÉRATIONS GÉNÉRALES.

Les boissons gazeuses sont depuis longtemps sorties du domaine de la matière médicale pour prendre leur place dans l'économie domestique et ce n'est plus dans les officines des pharmacies seulement qu'on les prépare aujourd'hui. Déjà, en 1844, 29 fabriques livraient à la consommation plus de 4,500,000 bouteilles. Ces nombres ont plus que doublé depuis que l'utilité et l'agrément de ces boissons a été plus généralement apprécié. L'abaissement du prix qui en a été la conséquence a permis aux eaux acidules artificielles de figurer sur presque toutes les tables, et la limonade gazeuse, en prenant, jusque chez les ouvriers, place parmi les rafraîchissements, a diminué d'autant l'usage des boissons alcooliques.

La fabrication des appareils qui servent à préparer en grand ces boissons gazeuses, à les obtenir dans nos ménages par des méthodes promptes et économiques, les vases pour les débiter et les conserver, les perfectionnements dans la méthode du bouchage, ont pris, dès lors, une importance nouvelle et fait des progrès que le jury a constatés avec satisfaction.

Rappels de médaille d'argent.

M. Philibert SAVARESSE, rue des Marais-Saint-Martin, n° 36, à Paris.

M. Savaresse fils continue la fabrication de ses appareils pour la fabrication des eaux minérales, qui avait valu, en 1844, à M. Savaresse père, les distinctions du jury. On sait que le principe de ces appareils, dû à M. Selligue, a été antérieurement mis en pratique par M. Barruel et M. Vernaut. Il consiste à utiliser la pression que le gaz exerce sur lui-même, en se dégageant dans des appareils clos, et à dispenser ainsi de l'emploi d'une force motrice nécessaire, pour introduire dans les appareils ordinaires le gaz à l'état de gaz comprimé. Entre les mains de M. Savaresse, cet appareil, jusques alors connu seulement dans quelques fabriques spéciales, était devenu d'un emploi tout à fait général; c'est ce qu'attestent le nombre des appareils qui, depuis la dernière exposition, ont été vendus, soit en France, soit à l'étranger.

M. Savaresse fils a de plus perfectionné le vase siphoïde inventé par son père. Il donne une issue au liquide par le mouvement d'une vis, et il lui permet ainsi de s'écouler d'une manière plus graduelle et mieux ménagée.

Le jury central, reconnaissant que par la bonne construction de ces appareils, ainsi que par les perfectionnements qu'il y a ajoutés, M. Savaresse fils est resté digne de la distinction qui avait été accordée à son père, lui fait en son propre nom le rappel de la médaille d'argent décernée à M. Savaresse, en 1844.

Rappels de médaille de bronze.

M. BRIET, rue de Bondy, n° 70, à Paris.

La préparation extemporanée des eaux gazeuses s'est exécutée pendant longtemps en projettant dans une bouteille pleine d'eau des doses convenables de bicarbonate de soude et d'acide tartrique, mais la présence du tartrate dépendant de cette réaction avait des inconvénients. M. Briet a cherché à les éviter au moyen de son appareil, dit *gazogène*, et qui, depuis la dernière exposition, où il a obtenu la médaille de bronze, s'est introduit dans beaucoup de ménages et est appelé à figurer sur la plupart de nos tables. Les formes nouvelles que l'on a données à d'autres appareils construits sur le même principe que celui de M. Briet ont fait encore mieux ressortir les avantages de celle qu'il avait adoptée après beaucoup de tâtonnements. Les perfectionnements qu'il y a apportés en dernier lieu rendent cet appareil d'un emploi encore plus commode. Le gaz, obligé de traverser un diaphragme percillé, est divisé et bulles et sa solution se trouve accélérée. Le nombre d'appareils que M. Briet livre à la consommation, et qui est d'environ 3 à 4,000 par an, prouve combien il a contribué à la propagation de l'emploi des eaux gazeuses. Le jury se plaît à lui rappeler la médaille de bronze qu'il a obtenue à la précédente exposition.

M. LANNES DE MONTEBELLO, rue Laffitte, n° 23, à Paris.

M. Lannes de Montebello expose sa machine à boucher les vins de Champagne, qui a obtenu la médaille de bronze à l'exposition dernière. Cette machine qui, sans fatiguer le bouchon, l'enfonce aisément dans la bouteille, dans une position verticale, a été déjà introduite dans quelques exploitations de la Champagne. Quelques-unes ont été vendues à l'étranger. M. Lannes de Montebello a introduit, depuis 1844, dans sa machine, quelques modifications qui la rendent d'un emploi encore plus sûr et plus commode.

Le jury central lui décerne le rappel de la médaille de bronze obtenue par lui en 1844.

M. OZOUF, rue de Chabrol, n° 28, à Paris.

Médaille de bronze.

M. Ozouf, utilisant le même principe qui sert dans l'appareil de M. Savaresse, a construit un appareil tout différent pour la forme, d'une grande solidité, d'un volume peu considérable et d'un maniement facile. Cet appareil se compose d'un cylindre producteur du gaz, et d'un sphère où il se dissout dans le liquide que l'on veut saturer. A la partie du couvercle de ce cylindre sont fixés un vase laveur, et une boîte en plomb contenant l'acide sulfurique, dont l'écoulement peut-être effectué peu à peu dans le cylindre, où se place la craie, en soulevant une soupape dont la tige est hors du cylindre. Le service de cet appareil se fait avec facilité. L'opérateur, occupé tantôt à laisser écouler l'acide, tantôt à faire mouvoir l'un ou l'autre des deux agitateurs qui sont placés, soit dans le cylindre, soit dans le vase sphérique, peut en dix minutes fabriquer 40 bouteilles d'eau saturée à plusieurs atmosphères, au moyen d'un appareil dont le prix n'est que de 600 francs. Quoique la fabrication de M. Ozouf soit toute nouvelle, il a déjà placé un certain nombre de ses appareils qui, par leur forme, leur dimension et leur mode d'emploi, sont propres à figurer avantageusement dans une pharmacie.

M. Ozouf expose aussi un mode de bouchage de son invention, pour les bouteilles d'eaux gazeuses. Ses *capsules mécaniques* s'appliquent à une bouteille quelconque, et permettent de transvaser le liquide qu'elle contient sans perdre de gaz. Cette bouteille, ainsi conditionnée, d'un emploi moins commode que le vase siphoïde, est, en compensation, d'un prix beaucoup moindre. L'eau s'y conserve pendant très-longtemps gazeuse sans la moindre déperdition.

Les appareils à eaux minérales de M. Ozouf sont munis d'un double robinet qui permet à volonté d'introduire l'eau soit dans des bouteilles ordinaires, soit dans des bouteilles munies de capsules mécaniques.

Le jury central, appréciant l'utilité de tous les appareils qui servent à répandre l'usage des eaux gazeuses, et rendant justice aux perfectionnements que M. Ozouf a portés dans leur construction, lui décerne une médaille de bronze.

M. PEYSSON DE LA BORDE, rue Laffite, n° 24, à Paris.

Cet exposant a inventé un appareil rotatif remarquable, applicable à la préparation et au séchage des dragées; il est chauffé par la vapeur à l'aide de doubles enveloppes et de circulation par l'axe creux. Un seul ouvrier peut diriger jusqu'à 8 de ces appareils fonctionnant à la fois, séchant ensemble 240 kilogrammes de produit.

Le jury central lui décerne une mention honorable.

Mentions honorables.

M. DUPAS, rue Folie-Méricourt, n° 6, à Paris.

M. Dupas a exposé des boîtes à conserves, les unes vides, les autres pleines d'aliments. Ses procédés ont paru mériter l'attention du jury, qui croit devoir lui décerner une mention honorable.

M. HESTY, rue Hauteville, n° 1, à Paris.

M. Hesty, qui exploite une fabrique importante d'eau de Seltz, a présenté à l'exposition des vases pour conserver les eaux gazeuses et qui figurent sur toutes nos tables sous le nom de *vases siphoïdes*. Ces vases, qui ont supprimé l'emploi des bouchons, diminué la casse des bouteilles et permis aux consommateurs de se servir de l'eau gazeuse contenue dans ces vases, par fraction et sans laisser perdre le gaz qu'elle contient, faisaient partie de ces inventions ingénieuses de M. Savaresse, récompensées par le jury à la précédente exposition. Leur fabrication est aujourd'hui exécutée par M. Hesty, à qui la cession de cette invention a été faite. Le jury accorde à M. Hesty, pour la bonne fabrication de ses vases siphoïdes, une mention honorable.

M. DEHAUT, rue du Faubourg-Saint-Denis, n° 145, à Paris.

M. Dehaut s'est beaucoup occupé du bouchage mécanique. Il expose un appareil remplaçant le bouchon, analogue à la capsule mécanique qui est exposée par M. Ozouf, d'une construction plus simple, et qui pourrait être obtenu à un prix moindre. Il propose aussi au vase siphoïde quelques perfectionnements qui paraissent utiles, et qui permettraient, s'ils étaient appliqués à la construction de ces appareils, de les faire fonctionner et de les transporter en même temps, avec une seule main, de manière à ce que la main qui verse pût faire la moitié du chemin et atteindre le verre que présente le buveur.

M. Dehaut a aussi modifié la machine à capsuler, de manière à la rendre propre à refouler les capsules d'étain résistantes, dont il se sert pour fixer les bouchons mécaniques, et qui fonctionne pour fixer les capsules mécaniques de M. Ozouf, dans la fabrique d'eaux minérales qui lui est commune avec ce dernier.

Le jury central, pour récompenser M. Dehaut des tentatives ingénieuses, au moyen desquelles il cherche à améliorer le bouchage mécanique, lui accorde une mention honorable.

M. LENÔTRE, rue de Jarente, à Paris.

M. Lenôtre est un constructeur de machines pour les eaux minérales factices. Ses appareils, construits principalement dans le système continu dit *de Bramah*, ont paru au jury de bonne construction. Deux de ces appareils ont été demandés successivement par la pharmacie centrale et y fonctionnent très-bien. M. Lenôtre a introduit dans ses appareils un perfectionnement. Au moyen d'un débrayage, il peut à volonté faire fonctionner à la fois, et la pompe qui introduit le gaz et l'eau, dans le système de fabrication continue, et l'agitateur qui accélère la solution du gaz. Une autre disposition permet de ne faire fonctionner que cette dernière pièce, de telle sorte que l'appareil peut servir à la fois comme appareil du système continu, et comme appareil intermittent, propre surtout à la fabrication des limonades gazeuses, des eaux gazeuses médicinales, etc.

M. Lenôtre fabrique aussi des machines à boucher, auxquels il a apporté quelque perfectionnement. Le jury lui décerne une mention honorable.

Citations favorables.

MM. RICHE et Cie, rue de Paradis-Poissonnière, n° 42, à Paris.

M. Riche a modifié l'appareil de M. Briet, pour la préparation des eaux minérables extemporanées. Cet appareil est désigné sous le nom d'*aréofuge*. Il présente, en effet, l'avantage que, le dégagement du gaz acide carbonique commençant avant la fermeture du vase, l'air en est expulsé en grande partie, et l'atmosphère qui presse sur l'eau est ainsi de l'acide carbonique pur. Ces appareils présentent, d'ailleurs, un nouveau mode de fermeture. Une rondelle de caoutchouc volcanisée, comprimée entre deux plaques de métal, détermine, par l'augmentation du diamètre qu'elle éprouve, la parfaite occlusion du vase. Le jury central, pour ce perfectionnement, qui peut trouver dans d'autre cas une application utile, accorde à MM. Riche et compagnie une citation favorable.

M. POLGE-MONTALBERT, rue de la Montagne-Sainte-Geneviève, à Paris.

M. Polge-Montalbert a apporté quelques modifications à l'appareil de M. Briet. Pour éviter de faire écouler dans le vase inférieur une portion du liquide du vase supérieur, qu'on ne perd qu'à regret, quand c'est du vin qu'on veut rendre mousseux ou de la limonade qu'on veut rendre gazeuse, il a partagé par un diaphagme le vase inférieur en deux compartiments, dans lesquels il place, dans l'un, le mélange d'acide tartrique et de bicarbonate, dans l'autre, l'eau destinée à provoquer la réaction. Il a fait couler sur le sel en inclinant le vase quand l'appareil est clos. Il a aussi substitué, au tube métallique percillé de trous assez gros, un petit fragment de jonc par les vaisseaux duquel le gaz est obligé de se tamiser en bulles extrêmement ténues.

Le jury accorde à M Polge-Montalbert une citation favorable.

M. MANSONNIER, rue du Vertbois n° 65, à Paris.

M. Mansonnier expose une presse à l'aide de laquelle on peut boucher les bouteilles. Son procédé paraît assez ingénieux surtout en ce qu'il permet de procéder avec une grande vitesse. Le jury central croit devoir le citer favorablement.

M. CHALOPPIN, Grande rue de la Chapelle, n° 14, à Paris.

M. Chaloppin expose une machine à boucher, de son invention, qui, entre autres avantages, présente celui de permettre, par un système de cônes s'emboîtant les uns dans les autres, le bouchage de vases à goulots de grosseurs très-diverses. Le jury lui accorde une citation favorable.

CHIMISTES, CONTRE-MAITRES ET OUVRIERS NON EXPOSANTS.

MM. Dumas, de l'Institut, Payen, J. Persoz, rapporteurs.

M. BROQUETTE-GONIN, à Paris.

Médailles d'or.

En 1829 (*Brevets expirés*, t. XXXVIII, p. 425), MM. Vérité et Moisset prirent un brevet pour un procédé d'impression qui leur permettait de réaliser des effets de doubles teintes sur une ou plusieurs couleurs déposées sur des étoffes. Ils obtenaient ces résultats à l'aide d'une planche gravée en relief, qui, par une pression partielle exercée sur les couleurs encore humides, c'est-à-dire au moment où elles venaient d'être imprimées, les forçait à pénétrer dans l'intérieur du tissu. De cette manière les couleurs diminuaient d'autant plus d'intensité à *l'endroit*, que la pression de la planche en faisait passer une plus grande quantité à *l'envers*. Pour des raisons dont nous n'avons pas à nous occuper ici, MM. Vérité et Moisset ne tirèrent aucun parti de leur découverte. Il appartenait à M. Broquette, habile fabricant, dont nous allons parler, de lui donner tout le développement dont elle était susceptible. En effet, cet industriel eut l'heureuse idée de charger préalablement la planche à l'aide de laquelle la pression s'exerce sur les couleurs d'une eau gommée qui, en facilitant le passage de ces couleurs au travers des pores de l'étoffe, produit la dégradation des tons, et partant les doubles teintes. C'est à l'exposition de 1844 que parurent les premiers essais de M. Broquette, parmi lesquels on remarquait des étoffes imprimées à deux ou trois couleurs avec effet de doubles teintes résultant de l'application d'un sujet qui passait indifféremment sur ces couleurs, qu'elles fussent simplement *appliquées, vaporisées ou teintes.* Ces résultats excitèrent au plus haut degré l'intérêt et la curiosité de plusieurs fabricants; mais le jury crut devoir différer la récompense qui semblait due à la découverte de M. Broquette, jusqu'à ce qu'elle eût reçu la sanction du temps. Aujourd'hui qu'il est reconnu que, sous le nom de *frappé,* le genre créé par M. Broquette a été exploité pendant plus de trois ans sur une très-grande échelle dans tous les pays, les droits de cet industriel à une récompense ne peuvent plus être contestés, et le jury de cette année est d'autant plus empressé à les reconnaître, que, tout récemment encore, M. Broquette s'est signalé, dans l'impression, par des travaux non moins intéressants, dont nous allons parler en peu de mots.

Convaincu, par la lecture des ouvrages de M. Ed. Schwartz et par celle du traité sur l'impression des tissus, de toute la part que, durant l'évaporisage, l'eau exerce dans la fixation des couleurs sur les étoffes, et combien il est indispensable d'en régler l'effet, M. Broquette conçut la pensée d'opposer aux pièces chargées de couleurs et prêtes à recevoir l'action de la vapeur, un *doublier* chargé de la quantité d'eau nécessaire à l'accomplissement du phénomène chimique qui se produit pour la fixation de la laque. Mettant aussi à profit les travaux de Jean-Michel Haussmann, et les données fournies par la science, il s'est attaché à remplacer les couleurs vapeurs ordinaires (*décoctions* et *extraits de bois*) par des laques qui offrent, outre l'avantage de fournir des nuances plus pures et plus éclatantes, celui de se prêter à des impressions plus délicates et plus correctes.

Enfin, tout en s'aidant des travaux et des idées de ses devanciers, M. Broquette s'occupe avec succès, nous pouvons le certifier d'après les échantillons que nous avons sous les yeux, de *préparer* ou d'*animaliser* les fils de coton qui forment la chaîne des étoffes *milaine*, afin de rendre cette fibre plus apte à recevoir, à conditions égales, les mêmes couleurs que la laine.

C'est en raison des véritables services rendus par M. Broquette à l'industrie, que le jury lui vote la médaille d'or.

M. DE RUOLZ, à Paris.

On pratique aujourd'hui sur une grande échelle l'art de dorer ou d'argenter les métaux par les procédés électriques. M. de Ruolz a contribué à doter l'industrie des procédés qu'elle applique. Il a tenté, en outre, l'application d'un grand nombre d'autres métaux, et il a réussi, pour quelques-uns d'entre eux, à obtenir des effets intéressants.

Dans ces derniers temps, M. de Ruolz a fait connaître un procédé nouveau et singulier pour mettre les murs à l'abri de la pénétration de l'humidité.

C'est pour l'ensemble de ses travaux que le jury lui accorde la médaille d'or.

M. LALLEMAND fils, teinturier, à Sédan (Ardennes).

Médaille d'argent.

Cet industriel, dans l'établissement duquel ont été teints la plupart des draps et étoffes de la fabrique de Sédan qui ont figuré avec tant de succès à l'exposition de cette année, est signalé au jury par les principaux fabricants de cette contrée industrielle comme ayant constamment travaillé à mettre ses procédés de teinture à la hauteur des besoins de la fabrique, tant sous le rapport de la vivacité et de la solidité des nuances que sous celui du bas prix de la façon.

Le jury a pu se convaincre de ces faits par des documents authentiques qui prouvent, en outre, que M. Lallemand n'a reculé devant aucun sacrifice pécuniaire pour parvenir à teindre en toutes couleurs de fantaisie, les nombreuses étoffes de tous genres destinées à l'exportation. En conséquence, le jury lui décerne une médaille d'argent.

M. Payen, rapporteur.

Médailles de bronze.

M. BEAUVAIS père, à la Folie-Nanterre (Seine).

Ancien ouvrier et contre-maître, a dirigé durant 30 années les travaux de la même fabrique, donné d'excellents exemples par ses travaux consciencieux et par les améliorations notables qu'il a imaginées et réalisées dans la concentration continue de l'acide sulfurique, et son dosage pour la fabrication du sulfate d'alumine. L'appareil indicateur de l'écoulement est très-simple et très-efficace, car l'ouvrier est averti par l'opération elle-même qui, au moment précis où l'acide concentré doit être dirigé dans un autre récipient, met en mouvement une sonnette. Ces utiles régulateurs resteront dans l'industrie manufacturière. Elles ont fixé l'attention du jury central, qui décerne à M. Beauvais père une médaille de bronze.

M. BEAUVAIS fils, contre-maître à la Folie-Nanterre (Seine).

Succédant à son père, qui avait pendant 30 années dirigé les travaux de la fabrique de M. Poisat, M. Beauvais, ouvrier, devenu contre-maître, suivant l'exemple de son prédécesseur et appliquant quelques-unes des idées qui lui étaient ainsi transmises, a perfectionné, par plusieurs dispositions nouvelles, les opérations chimiques de cette usine. Il est parvenu notamment à établir un appareil régulateur, qui dirige mécaniquement l'introduction du corps gras liquéfié dans le générateur; il a, en outre, disposé une soupape qui régularise l'injection de vapeur. Ces ingénieuses dispositions ont assuré le succès de l'introduction continue et de la distillation des corps gras acidifiés dans l'appareil de M. Poisat.

Les services que M. Beauvais fils a rendus à l'industrie, soit par son concours laborieux et éclairé, soit par des dispositions utiles au succès d'une importante opération manufacturière, sont très-dignes d'éloges; le jury central a voulu les récompenser en décernant à M. Beauvais fils une médaille de bronze.

M. BOBIERRE, directeur de la fabrique de produits chimiques de M. Cartier, à Nantes.

A introduit dans cet établissement plusieurs améliorations dignes d'intérêt. Chimiste habile, M. Bobierre a publié, en collaboration de M. Moride, des études chimiques sur les eaux du département de la Loire-Inférieure : ce travail contient des documents nombreux et utiles sur la nature et la composition de ces eaux. On lui doit également un procédé pour garantir de la putréfaction le sang qui sert au raffinage du sucre; procédé simple et efficace, qui consiste à le mêler d'avance avec deux fois son poids de noir animal.

Le jury central aime à récompenser l'intelligence du contre-maître en même temps que le mérite du chimiste, en décernant à M. Bobierre une médaille de bronze.

M. DURET, à Paris (Seine).

M. Duret est l'inventeur du bleu dit *bleu Duret*.

M. BROUTIN, serrurier à Grenelle.

La commission des arts chimiques, lors de sa visite à la fabrique de bougies de Grenelle, a remarqué les améliorations importantes que M. Broutin, ouvrier serrurier, établi maintenant à Grenelle, avait apportées dans le mécanisme des machines.

La pompe hydraulique fonctionnant par le balancier nécessite toujours de nombreuses réparations, qui finissent par être très-onéreuses pour l'industriel. Ce système de balancier peut très-facilement occasionner la fracture d'un cylindre de presse, qui ne coûte pas moins de 1,000 francs. Nous avons observé, quelques jours après, un exemple remarquable de cet accident chez un des principaux fabricants de bougies stéariques.

Le moyen imaginé par M. Broutin obvie à ces inconvénients majeurs et simplifie de beaucoup le mécanisme. Il supprime le balancier, contre-balancier, lyre, contre-lyre, boulons de côté et du centre, goupilles des contre-lyres, la bascule à tenir les clapets en l'air, ensemble 28 pièces, et, de plus, l'emplacement occupé par le bâti de la pompe, ce qui réduit de deux tiers, au moins, la longueur du tuyau d'injection: économie encore très-notable, puisqu'il ne coûte pas moins de 30 francs le mètre; et, ce qui est bien plus important encore, on évite ainsi les dangers graves qui menaçaient les ouvriers presseurs par la chance d'échappement des bouchons à vis.

D'après ce nouveau procédé, chaque piston marche suivant

l'excentrique, par un mouvement direct, vertical, et s'échappe avec une remarquable facilité au moyen de clavettes, qui permettent d'embrayer et de désembrayer en moins d'une seconde.

Le jury accorde, pour ce perfectionnement notable, une médaille de bronze à M. Broutin.

M. CHEVALIER, contre-maître chez MM. Mallet et Lepelletier, fabricants de produits chimiques au Mans (Sarthe).

Le jury central accorde à M. Chevalier une citation favorable pour ses longs et honorables services dans l'usine sus-énoncée.

SEPTIÈME COMMISSION.
ARTS CÉRAMIQUES.

MEMBRES DU JURY COMPOSANT LA COMMISSION.

MM. Dumas, de l'Institut, président; Bougon, Ebelmen, L. de Laborde, Péligot, Fontaine.

PREMIÈRE SECTION.
TERRES CUITES, FAÏENCES, PORCELAINES, ÉMAUX, ETC.

M. Bougon, rapporteur.

CONSIDÉRATIONS GÉNÉRALES.

La fabrication de la poterie remonte à la plus haute antiquité: on comprend qu'elle a dû être une des premières découvertes de l'homme, puisqu'elle était appelée à satisfaire ses premiers besoins, et bien que le mot *céramique* soit généralement employé pour désigner l'art du potier, que cette désignation lui vienne d'un quartier de l'ancienne Athènes, nommée le Céramique, où se fabriquait la poterie, il n'est pas douteux que la découverte n'en remonte bien au delà de cette époque.

La précieuse collection réunie dans le musée céramique de la manufacture de porcelaine de Sèvres par le savant et regrettable Brongniart présente dans son ensemble le point de départ de cet art, et les progrès faits à chaque époque jusqu'à nos jours; nous engageons les fabricants qui ne l'ont pas visité à le voir : ils apprécieront toutes les recherches qu'il a fallu faire pour réunir cette immense collection, ils pourront y puiser aussi des connaissances toujours utiles à la fabrication.

L'établissement de la manufacture de Sèvres, considéré sous le rapport de l'art et de la fabrication, a rendu et peut rendre encore de signalés services à la fabrication. Le procédé du coulage, pour remplacer le moulage, vient d'y être employé avec succès : il a été heureusement appliqué à la plupart des pièces unies et ornemanisées; il peut être, et par la perfection qu'il donne et par l'économie qu'il procure, d'un avantage notable aux manufacturiers qui sauront en faire une heureuse application. Nous avons vu couler devant nous des potiches d'un mètre de hauteur; le moulage, comme la réussite au four, a été couronné de succès. Nous avons encore vu démouler une vasque ou jardinière d'un mètre 30 centimètres de diamètre, ornée d'un bas-relief; les figures, comme les ornements, ont été imprimées avec une rare perfection, et la dépouille obtenue sans le moindre déchirement.

Une autre découverte non moins heureuse, mais bien autrement importante, c'est celle de la cuisson de la porcelaine à la houille dans cet établissement, découverte qui ne peut être contestée cette fois, puisque la réussite est complète et qu'elle présente une immense économie ; elle doit avoir, pour cette belle industrie, les conséquences les plus heureuses. Nous renvoyons, pour obtenir des détails et des renseignements sur ces deux découvertes, à la manufacture de Sèvres; l'habile et modeste directeur à qui cet établissement est confié accueillera toujours avec empressement les industriels qui voudront recourir à ses lumières.

Le classement par catégorie est indispensable pour désigner les nombreux produits céramiques compris sous la dénomination de poterie; nous les partagerons en quatre espèces, ainsi qu'il suit :

1° Terre cuite non vernissée;
2° Poterie commune à vernis de plomb;
3° Faïence brune et blanche à émail stannifère;
4° Faïence fine et grès cérames.

TERRES CUITES SANS VERNIS.

Peu de villes possèdent dans leurs environs autant de terres plastiques que Paris; Vaugirard, Arcueil, Gentilly, les buttes

Saint-Chaumont, les Moulineaux, etc., en recèlent une immense quantité : aussi peu de capitales possèdent-elles autant d'établissements occupés à la fabrication des produits céramiques.

Pendant de longues années, ces terres étaient, en ce qui touche la poterie sans vernis, employées seulement à la fabrication des tuiles, briques, carreaux et pots pour jardinage ; mais d'habiles potiers ont obtenu avec ces mêmes terres des résultats qu'on n'osait espérer. Nous voyons aujourd'hui sortir de ces fabriques des objets propres à orner les demeures les plus somptueuses, des vases de grandes dimensions, des vasques pour jets d'eau et pour jardinières, des pendentifs, des motifs propres à la construction, le tout ornemanisé avec un goût ravissant; des statues colossales, des groupes, des pièces même monumentales, sont venus prêter leur secours aux arts et à l'architecture. Il serait trop long de nommer ici les hommes qui ont contribué à réaliser ces heureux résultats.

GROSSE POTERIE A VERNIS DE PLOMB.

La poterie à texture poreuse et recouverte d'un vernis à base de plomb est, sans contredit, la plus commune entre les produits céramiques; on a prétendu qu'elle était insalubre à cause de sa glaçure plombeuse : l'usage ne l'a pas suffisamment établi. Il serait fâcheux qu'il en fût ainsi : le bas prix de cette vaisselle l'a mise à la portée de toutes les bourses; il s'en fabrique une grande quantité. Elle a l'avantage d'aller sur le feu : elle est par là d'une utilité générale comme poterie de cuisine. Les habitants des campagnes, les artisans des villes, les ouvriers chargés de famille, de qui les salaires ne sont pas assez élevés pour se procurer une vaisselle plus recherchée s'en servent constamment sans en être incommodés. Il ne serait pas juste, selon nous, de lui refuser l'intérêt que réclame son utilité.

FAÏENCE BRUNE ET BLANCHE A ÉMAIL OPAQUE ET STANNIFÈRE.

Cette faïence, la plus ancienne qui ait été fabriquée en

France, a pris naissance en Italie : le nom de faïence lui vient d'une petite ville, nommée Faenza, où on la fabriquait; Bernard Palissy l'introduisit en France vers le XVIe siècle. Elle fut longtemps le monopole de Nevers, où on trouve encore aujourd'hui les sables ou silices propres à cette fabrication. Cette faïence n'est pas susceptible de grands perfectionnements, elle a à lutter aujourd'hui contre la poterie fine, dite terre de pipe, qui s'est tout à la fois perfectionnée et grandie; le bas prix de cette dernière et les impressions variées qu'elle reçoit comme embellissement rendent la fabrication de la faïence recouverte d'émail à base d'étain très-restreinte.

Aussi les fabricants de Paris, depuis longtemps, lui ont-ils donné une autre destination que la vaisselle : elle est utilement employée à la construction des poêles et des cheminées; elle est encore recherchée, pour sa petite poterie, par les parfumeurs, confiseurs et pharmaciens.

Cependant les manufactures de Nevers, du Bourg-la-Reine, Lunéville et Saint-Clément fabriquent toujours cette faïence; c'est encore la vaisselle préférée dans certaines localités : elle est sans doute moins légère et moins jolie que la terre de pipe, mais elle est très-solide; elle est surtout livrée à la consommation à des prix très-bas.

FAÏENCES FINES ET GRÈS CÉRAMES.

Si la plupart des potiers sont restés stationnaires dans leur industrie, il n'en est pas ainsi des fabricants de faïence fine dite terre de pipe; ces manufacturiers, il faut s'empresser de le reconnaître, ont résolu depuis vingt ans les conditions exigées en industrie, *perfection et bon marché.*

La faïence fine anglaise était depuis longtemps fabriquée et perfectionnéee en Angleterre par les Wedgwood et les Spodes avec une supériorité qu'il ne faut pas méconnaître, quand, il y a soixante ans environ, elle fut importée en France. A son début chez nous, elle se présenta avec toutes les imperfections inséparables d'une industrie naissante : le biscuit en était poreux et cuit à une basse température; le vernis, fait avec l'oxyde de plomb, se rayait avec le couteau sans le moindre effort. Malgré ses défauts, cette poterie, blanche et légère, séduisait : elle se présentait avec des avantages extérieurs qui en rendaient l'écoulement facile; mais bientôt l'usage apprenait aux consommateurs qu'ils n'avaient acquis qu'une mauvaise vaisselle.

Les fabricants comprirent le danger de rester dans de semblables conditions : ils travaillèrent sans relâche à améliorer leurs produits, ils introduisirent dans leur pâte le feldspath et le kaolin, le biscuit fut cuit à une plus haute température; on ne fit plus entrer dans l'émail que l'oxyde de plomb nécessaire pour le broyage; le borax, l'acide borique, la silice, le feldspath y entrèrent en plus ou moins grande quantité, selon la façon de composer de chaque fabricant.

La cuisson de la faïence à la houille, généralement adoptée aujourd'hui dans les grandes manufactures, quand on n'employait autrefois que le bois, est aussi venue en aide aux fabricants, en leur procurant une économie notable; enfin beaucoup d'autres améliorations et de découvertes, obtenues par nos industrieux et habiles fabricants, que nous ne pouvons signaler dans un exposé aussi restreint que le nôtre, ont résolu le problème, *perfection et bon marché.*

Dès le XVIIe siècle, les Allemands fabriquaient les grès cérames avec une perfection qui les faisait rechercher par les étrangers. Jusque-là nos terres plastiques propres à la fabrication des grès n'avaient été employées par nos potiers que pour fabriquer des vases grossiers, tels que pots à beurre, saloirs, terrines à lait, cruchons, etc.; mais le remarquable établissement de Sarreguemines, à qui l'art céramique est redevable de tant de perfectionnements, la fabrique de Creil, et plus tard celle de Voisinlieu, alors sous la direction de M. Ziegler, changèrent la fabrication de cette poterie, et surpassèrent bientôt ce qui avait fait le monopole de nos voisins; il n'est pas douteux que nos fabricants soutiendront la réputation qu'ils ont acquise.

Nous terminerons ces considérations générales sur les poteries en recommandant aux manufacturiers de persévérer dans cette bonne voie, d'être sans cesse à la recherche des améliorations qui doivent les conduire à livrer à la consommation une belle fabrication à des prix très-doux : il ne faut pas nous dissimuler que les Anglais, nos devanciers dans les arts céramiques, livrent dans les marchés étrangers à des prix plus bas que les nôtres; encore un pas vers la perfection, et nous ne les craindrons plus.

§ 1er. TERRES CUITES. — BRIQUES ET TUILES.

M. Bougon, rapporteur.

Médaille d'argent.

MM. CARVILLE et Cie, fabricants de terres cuites, à Chantilly, près Alais (Gard).

L'établissement de MM. Carville et Cie est important : ils occupent 50 ouvriers et ils fabriquent de 100 à 150,000 francs de produits; la tuile, la brique et le carreau, qu'ils fabriquent en grande quantité, sont faits à la mécanique, ils possèdent un moteur de la force de 6 chevaux. Tout ce qui peut se faire en terre cuite non vernissée est fabriqué par cette maison : tuiles, briques réfractaires pour hauts fourneaux, briques pour construction, appareils de chimie, moufles et cornues, etc.

L'importance de cette maison, la diversité des produits qu'elle fabrique, le chiffre d'affaires qu'elle fait ne laissent pas de doute sur sa bonne fabrication. Le jury lui décerne une médaille d'argent.

Médaille de bronze.

M. Adrien COURTOIS, fabricant de tuiles à la mécanique, rue Saint-Lazare, n° 148, à Paris.

Ce fabricant, qui déjà avait obtenu une mention honorable en 1844, présente à l'exposition plusieurs systèmes de tuiles faites à la mécanique et qui nous ont paru fort ingénieux. MM. Fontaine et Feuchère, nos collègues, ont reconnu qu'elles avaient une grande partie des avantages signalés par l'exposant, c'est-à-dire qu'elles étaient fabriquées de telle sorte, qu'elles présentaient tout à la fois plus de solidité, bien que plus légères, qu'elles pouvaient en outre servir aux constructions des monuments, comme aux habitations particulières; enfin, qu'elles pouvaient, mieux que les tuiles ordinaires, préserver les intérieurs de la pluie et de la neige.

Nous avons aussi dû apprécier les produits de terre cuite de M. A. Courtois, et nous avons remarqué que sa fabrication, au point de vue céramique, était fort bonne : ces tuiles sont bien pressées et fort également moulées; elles sont cuites à une température qui leur donne toute la solidité qu'on peut obtenir des terres plastiques. Nous dirons aussi que la fabrique de M. A. Courtois est fort importante.

Le jury, voulant reconnaître les avantages obtenus par M. A. Courtois par le bon système de ses tuiles et sa bonne et importante fabrication, lui décerne la médaille de bronze.

M. Jean-Jacques COURTOIS, fabricant de tuiles, conduits de cheminée, tuyaux en terre cuite, à Issy (Seine).

Rappel de mention honorable.

Les produits de ce fabricant ont constamment figuré aux expositions de 1834, 1839 et 1844; à chacune de ces expositions, ils ont été reconnus de bonne fabrication, et leur supériorité, en 1849, est encore la même, ainsi que nous l'avons reconnu.

M. Courtois présente de nouveau à l'exposition un comble couvert avec des tuiles à rebord et à recouvrement d'un nouveau système; cette couverture, par l'heureuse disposition des tuiles, nous a paru disposée de manière à empêcher la pluie et la neige de s'introduire dans les intérieurs; elle est aussi, à ce que prétend M. Courtois, beaucoup plus légère que la tuile ordinaire.

M. Courtois fabrique en outre des tuiles émaillées; mais le haut prix de ces tuiles et les dangers qu'elles peuvent faire courir aux couvreurs, en ont rendu la fabrication peu importante.

Le jury rappelle à M. Courtois la mention honorable qu'il a obtenue aux expositions précédentes.

M. MARC-MARTIN, fabricant de tuiles, à Bourbonne (Haute-Marne).

Mention honorable.

Ce fabricant présente à l'exposition, sous le n° 1,034, une toiture avec noue et arêtier en tuiles d'un nouveau modèle, faites dans un moule en fonte, au moyen d'une forte pression; ces tuiles, à recouvrements et emboitements, sont bien fabriquées; la terre, après la cuisson est dense et sonore; elles sont aussi très-régulières et très-solides.

Il est difficile de bien apprécier tous les systèmes de tuiles exposées cette année, le temps et l'expérience peuvent seuls dire si elles réunissent les avantages que les exposants leur attribuent. Cependant nous avons reconnu que la tuile de M. Marc-Martin, en ce qui touche la bonne fabrication, est bien établie; aux rapports d'architectes et d'ingénieurs qui les ont employées, il en résulte que ces tuiles ont en effet l'avantage de présenter une couverture plus solide et d'un prix moins élevé que celles faites en tuiles ordinaires.

L'assurance du maire de Bourbonne que ces tuiles sont d'un bon système, et qu'elles sont généralement employées dans la localité, l'importance que doit avoir une bonne couverture en tuiles, réduite pour le prix, de telle sorte qu'elle puisse faire disparaître les couvertures en chaume, ont déterminé le jury à donner à M. Marc-Martin une mention honorable.

M. PAYEN, rue Folie-Méricourt, à Paris, n° 30, et M. MAUNY, à Issy, avenue d'Issy, n° 17; tous deux fabricants de terres cuites.

Ces deux fabricants ont exposé à peu près les mêmes produits : des creusets, des moufles et des appareils de chimie; les renseignements que nous nous sommes procurés sur les objets qu'ils ont exposés leur ont été favorables, et l'usage journalier que font de leurs creusets les personnes qui s'occupent d'opérations de chimie nous laissent la certitude qu'ils sont de bonne qualité.

La fabrication, que nous avons examinée, est généralement bonne, et nous avons reconnu qu'elle était établie avec les soins que réclame cette industrie.

Le jury décerne à MM. Mauny et Payen une mention honorable.

M. PREVEL aîné, fabricant de tuiles, à Besançon (Doubs).

Ce fabricant présente à l'exposition des tuiles dites de Besançon, de forme assez gracieuse, à emboîtement et recouvrement. Nous avons dû, pour bien reconnaître les avantages signalés par M. Prevel aîné, prier MM. Fontaine et Feuchère, nos collègues, de nous dire ce qu'ils en pensaient : leur avis, favorable au système de cette tuile, et, de plus, les certificats de M. le colonel commandant l'arsenal, celui de M. l'ingénieur des fortifications, ceux de deux architectes de la ville, la médaille obtenue par M. Prevel de la société d'encouragement, permettent d'admettre que ce système de tuiles est généralement recherché dans la localité.

Le jury décerne à M. Prevel aîné une mention honorable.

M. HUBAINE, fabricant de tuiles, à Beauvais (Oise).

Citation favorable.

Ce fabricant a exposé des tuiles à rebords et recouvrements d'un nouveau système, qu'il appelle tuile française; elles sont cannelées sur la partie exposée extérieurement pour l'écoulement des eaux, et ont la forme d'un carré long; les coins sont arrondis.

Ces tuiles sont faites à la mécanique : la machine est inventée par ce fabricant; les avantages du système de cet exposant, ainsi qu'il le déclare, sont ceux ci-après : le mètre de couverture coûte 35 centimes de moins que celui fait en tuile ordinaire; elle pèse une fois moins que la tuile de Bourgogne; on peut encore, au moyen de ces nouvelles tuiles, faire les combles beaucoup plus plats, sans crainte de voir l'eau ou la neige s'introduire dans les intérieurs; enfin, par tous ces avantages, ce mode de couverture présente une économie de 20 p. o/o sur les tuiles ordinaires.

L'établissement de ce fabricant ne fait que commencer, mais la commission de l'Oise le recommande particulièrement; elle verrait avec plaisir qu'il fût encouragé, pour déterminer les habitants des campagnes, attendu le bas prix de couverture par les tuiles de M. Hubaine, à remplacer les couvertures en chaume par celles en tuiles, et par là éviter les sinistres si fréquents dans le département de l'Oise. Pour ces motifs, le jury accorde une citation favorable.

MM. BORIE frères et PATINOT, fabricants de terres cuites, à Paris, boulevard Poissonnière, n° 24,

Présentent à l'exposition, pour la première fois, des briques dites *tubulaires*. Ces fabricants assurent que les briques tubulaires, que nous avons examinées, présentent aux constructeurs de grands avantages, comme économie, et sous le rapport aussi de la salubrité; elles sont, disent-ils, moitié moins lourdes et tout aussi solides que la brique ordinaire; elles ont encore l'avantage d'absorber l'humidité, elles sont un préservatif contre l'incendie; enfin, elles coûtent une fois moins cher que les briques de commerce.

Sans prétendre que ces avantages ne sont pas exacts, nous observerons qu'ils n'ont pas reçu la sanction que donnent le temps et l'expérience, et, tout en souhaitant qu'ils se réalisent, nous dirons qu'ils sont encore à l'état d'essai. Le jury, pour la bonne fabrication des briques, accorde à MM. Bories frères et Cie une citation favorable.

---

§ 2. TERRES CUITES NON VERNISSÉES.

M. Bougon, rapporteur.

Rappel de médaille d'argent.

M. FIOLET, fabricant de pipes, à Saint-Omer (Pas-de-Calais).

Si les déclarations de M. Fiolet, aussi bien que le rapport fait par le président de la commission des arts céramiques de 1844, ne venaient constater l'importance de l'établissement de ce fabricant, on aurait peine à croire qu'une maison qui ne fabriquait alors que des pipes occupât 700 ouvriers dans l'intérieur de la fabrique et un assez grand nombre au dehors, enfin, qu'elle produisît, par an, 500,000 francs de pipes, qui s'écoulent soit en France, soit à l'étranger.

M. Fiolet, depuis 1844, a ajouté à sa fabrication celle des briques réfractaires, pour construction de hauts fourneaux, et des carreaux pour carrelage de fours. Il a établi dans sa manufacture une caisse de secours pour les ouvriers malades, blessés ou infirmes; cette institution milite en faveur de la sollicitude de ce fabricant pour les classes laborieuses: puisse-t-il avoir de nombreux imitateurs! Il a obtenu une médaille d'argent à l'exposition de Boulogne et une en vermeil à celle de Saint-Omer.

Inutile de parler ici de la supériorité de la fabrique de Saint-Omer· 1,200 modèles de pipes, 132 presses en pleine activité, 4 grands fours, 8 fournettes à émail, 750 ouvriers toujours occupés, 600,000 fr. de produits constamment demandés, prouvent, mieux que tout ce que nous pourrions dire, la supériorité de cette maison.

Le jury rappelle à M. Fiolet la médaille d'argent qu'il a obtenue en 1844.

Médaille d'argent.

M. FOLLET, fabricant d'objets d'art en terre cuite, rue des Charbonniers-Saint-Marcel, n°s 16 et 18, à Paris.

Ce fabricant a donné à la terre cuite non vernissée un perfectionnement dans les formes et l'ornementation qui le place à la tête de cette industrie; la modicité de ses prix et la diversité des objets qu'il fabrique sont tels, que cette poterie, bornée autrefois à l'usage des pots pour jardins, est aujourd'hui recherchée par les amateurs, amis des pièces de bon goût, pour les serres de luxe, les appartements, même les salons; elle est encore très-propre à l'embellissement des parcs et jardins.

M. Follet a rendu un véritable service aux arts et au commerce en donnant à cette industrie tous les perfectionnements dont elle est susceptible : des vases, des vasques, des suspensoirs, des jardinières, des poteries délicieuses pour étagère, le tout de gracieuse forme et parfaitement ornemanisé. La fabrication en est toujours soignée; le poli de la terre prouve tout le soin apporté à la manipulation.

Ce fabricant emploie généralement les terres plastiques des environs de Paris, mais il se sert aussi des kaolins de Limoges pour les objets recherchés, et des terres de Dreux pour les creusets et cornues, qu'il fabrique très-bien. Nous avons encore remarqué dans la fabrique et les magasins de M. Follet, que nous avons visités, des poteries courantes bien établies.

Les vases sur piédestaux qui décorent l'exposition d'horticulture sortent de la fabrique de M. Follet. La commission, voulant récompenser les progrès réalisés par ce fabricant, lui décerne la médaille d'argent.

MM. RENNEBERG et Cie, fabricants de terres cuites, au Petit-Montrouge, route d'Orléans, n° 113.

Ces fabricants se présentent pour la première fois; leur exposition se compose d'objets qui méritent de fixer l'attention du jury : des statues de grandeur naturelle, des groupes d'enfants et des bas-reliefs sont très-remarquables : les figures sont bien modelées, le groupe d'enfants est habilement composé; une Velléda, d'après Maindron, est artistement reproduite; des vases, des coupes, des modillons méritent de figurer auprès des objets que nous venons de décrire; en un mot, cette exposition, sous le rapport artistique, est vraiment recommandable.

La direction de la manufacture est confiée à M. Dabay; elle est, sous le rapport de l'art et de la fabrication, fort bien dirigée. La terre est cuite à une température qui lui donne toute la solidité désirable; elle est, après la cuisson, dense et sonore et imitant très-bien la pierre; elle résiste à l'intempérie des saisons, ainsi que cela est bien établi par les statues exposées à l'hôtel de ville de Paris, qui ont été exécutées par cette maison.

Nous avons visité cette fabrique, ainsi que tant d'autres : elle n'a plus l'activité qu'elle déployait avant février, mais elle fait cependant de nobles efforts pour soutenir une réputation bien acquise.

La composition de la terre est ainsi faite :

100 parties de terre de Montereau;
5 parties de silice (sable de Longjumeau);
20 parties de moellon (carbonate de chaux impur);
10 parties de ciment de leurs débris.

Les produits de cette maison, pour l'embellissement et l'ornementation des habitations particulières, des jardins et des édifices publics, peuvent être d'un grand secours à MM. les architectes.

Le jury décerne à MM. Renneberg la médaille d'argent.

MM. DEYEUX et GABRY, fabricants de creusets, cornues et ustensiles de chimie, à Liancourt (Oise), se présentent à l'exposition pour la première fois.

Ces messieurs divisent leurs creusets en deux catégories : la première, marquée A D, est propre, suivant leur déclaration, à la fonte du bronze, du cuivre, de l'or et de l'argent; la seconde, marquée du n° 28, est spécialement destinée à la fonte du fer et de l'acier.

Ainsi que les rapporteurs qui nous ont précédés l'ont fait observer, il est impossible, en voyant les creusets, de bien apprécier leur mérite, car ils doivent présenter diverses propriétés, suivant qu'ils sont soumis à une température plus ou moins élevée, ou qu'ils sont employés pour la fonte de divers métaux; c'est sans doute ce qui a déterminé ces fabricants à produire deux espèces de creusets.

La qualité des creusets ne peut donc s'apprécier qu'autant que des épreuves réitérées par des hommes spéciaux, dont l'autorité est une garantie, ont été faites; les certificats joints au dossier par MM. Deyeux et Gabry, où nous voyons figurer les noms de MM. Thénard, Barruel, d'Arcet et Despretz, noms si haut placés dans les sciences, ne nous laissent aucun doute sur la supériorité des creusets de ces fabricants.

Le jury leur décerne une médaille d'argent pour récompense de cette bonne fabrication.

M. BEAUFAY, fabricant de creusets, chemin de ronde de la barrière de Ménilmontant; dépôt à Paris, rue Guénégaud, n° 23. Rappel de médaille de bronze.

Le rapport fait en 1844, par le savant et regrettable M. Brongniart, sur les bonnes qualités des creusets, tubes et cornues de M. Beaufay, ne laisse aucun doute sur la supériorité des produits de ce fabricant.

S'il fallait de nouveaux témoignages en faveur des produits de M. Beaufay, nous pourrions citer encore l'éloge qu'en fait M. Berthier, après de nombreux essais, souvent réitérés.

La commission s'empresse de le reconnaître et le jury rappelle à M. Beaufay la médaille de bronze que ce fabricant avait justement méritée en 1844.

M. Émile-François GARNAUD, fabricant de terres cuites, rue Saint-Germain-des-Prés, n° 9, à Paris. Médailles de bronze.

M. Garnaud expose pour la première fois diverses pièces en terre cuite imitant la pierre, et qu'il nomme *pierre artificielle*, propres à la décoration des maisons particulières et des édifices.

Le principal objet que cet exposant soumet à l'appréciation du jury est un autel d'ordre corinthien, la statue de la Vierge, les anges agenouillés; les bas-reliefs et les chapiteaux nous ont paru bien modelés. Ce monument, d'une grande dimension, si on considère la matière avec laquelle il est fait, a dû être d'une exécution difficile, et nous paraît bien susceptible de fixer l'attention de la commission.

Ce fabricant, outre la pièce principale que nous signalons, a encore exposé divers objets remarquables, comme vases, frises, consoles, mascarons, chapiteaux pour colonnes et pilastres, le tout bien modelé et bien fabriqué. Ces produits sont spécialement destinés à la construction des maisons aussi bien qu'à leur embellissement. M. Garnaud assure que le degré de cuisson qu'il donne à sa terre lui procure une solidité telle, qu'elle peut être exposée aux intempéries des saisons sans éprouver de détérioration.

Ces objets sont fabriqués avec la terre de Montereau; c'est la même composition que celle de M. Renneberg, avec cette différence qu'il remplace le moellon par des coquilles d'huîtres.

M. Garnaud nous a remis un cahier contenant la collection des objets qu'il fabrique; nous y remarquons de fort jolis modèles.

dignes de figurer dans les édifices. Avec de tels éléments, nous pensons que cette maison peut compter sur l'avenir.

Le jury lui accorde la médaille de bronze.

M. GOSSIN, fabricant de terres cuites, rue de la Roquette, n° 57, à Paris.

M. Gossin fabrique les mêmes produits que M. Follet, et avec les mêmes terres. Il vient, par une spécialité qu'il est juste de reconnaître, se placer dans cette industrie avec des avantages remarquables.

Nous entendons par ce mot spécialité faire observer le talent de M. Gossin comme modeleur et comme fabricant : en effet, toutes les pièces exposées par ce manufacturier sont, sous le rapport de l'art, fort remarquables, et toutes sont modelées par lui. Son industrie se porte plus particulièrement sur les figures, sans cependant cesser d'être recommandable dans les autres genres. Cette fabrication, disposée pour l'embellissement des parcs et jardins, souffre comme tant d'autres depuis longtemps.

Nous voyons à cette exposition deux cariatides (Flore et Cérès), de jolies figures en pied, représentant des fleuves et des bacchantes, bien modelées; des enfants bien groupés, des vases avec de belles garnitures et ornemanisés avec goût, des coupes, des suspensoirs, style rocaille et renaissance; un combat de coqs bien fait; enfin, une exposition artistique.

Les produits de cette fabrique, que nous avons visitée, peuvent très-bien résister à l'extérieur, ainsi que cela est attesté par une longue expérience. La fabrique date de 1815.

Le jury décerne la médaille de bronze comme récompense de cette remarquable exposition.

M. Louis HASSLAUER, fabricant de pipes, à Givet (Ardennes).

M. Hasslauer présente à l'exposition, sous le n° 2019, un assortiment de pipes très-complet, des briques réfractaires et des moufles en terre cuite. L'établissement de ce fabricant n'est pas aussi important que celui de M. Fiolet, de Saint-Omer ; cependant il ne laisse pas encore que d'être considérable : il occupe 350 personnes, hommes, femmes et enfants, 3 grands fours et plusieurs fours à émail. Ce fabricant expédie 8,000 caisses de pipes par an : 7,000 à l'intérieur et 1,000 à l'étranger.

Bien que depuis longtemps le goût de fumer existe, il faut reconnaître que cette habitude s'est singulièrement propagée de nos jours : aussi les fabriques de pipes ont pris un accroissement en rapport avec ce goût et se sont généralement propagées. Cette fabrication, il faut bien le dire, présente peu de difficultés ; le jury accorde à M. Hasslauer la médaille de bronze, autant pour l'importance de son établissement que pour la bonne fabrication de ses pipes, briques et moufles.

MM. ARMITAGE et GASTELLIER, fabricants de terres cuites, rue des Fourneaux, n° 3, à Paris.

Mentions honorables.

Ces fabricants ont exposé de très-grands objets en terre réfractaire, aussi bien que des tuiles, briques et carreaux. Ces produits, d'une utilité industrielle et commerciale, nous ont paru mériter l'attention du jury.

Une cornue en terre réfractaire, d'une grande dimension, pour fabriquer le gaz d'éclairage, est fort bien fabriquée.

Un four à cuire le pain, fait d'une seule pièce et disposé pour être transporté, est très-remarquable comme bonne réussite et comme difficulté vaincue.

Des tuiles nouvelles, des briques réfractaires, des carreaux de diverses couleurs, avec lesquels on peut faire un carrelage mosaïque, prouvent que cette maison ne redoute aucune des difficultés attachées à son industrie.

Le jury leur décerne une mention honorable.

MM. BOISSIMON et Cie, fabricants de terres cuites, à Langeais (Indre-et-Loire).

Il est difficile de bien juger des briques réfractaires présentées à l'exposition sans les soumettre à une température fort élevée ; il faut donc s'en rapporter, ainsi que cela se fait pour les creusets, aux attestations et aux certificats produits par les exposants et revêtus de signatures d'hommes compétents dans la science.

Mais l'usage que les principales usines d'Indre-et-Loire font des briques de la fabrique de MM. Boissimon et Cie, les attestations du jury départemental, la médaille que cette maison a obtenue à

Tours, et, plus que tout cela, le rapport du jury central de 1844, déterminent le jury à décerner à MM. Boissimon et Cie une mention honorable.

Citation favorable.

M. BERTEAU, fabricant de briques, rue du Moulin-de-Beurre, n° 14, à Vaugirard (Seine).

Cet exposant, au moyen d'un petit ustensile en terre cuite, présente un mode de palissage pour la vigne et les arbres à fruits qui n'est pas sans intérêt.

Les ustensiles qui servent à ce nouveau procédé ont la forme d'un champignon; ils sont scellés dans le mur à leur base et percés d'un trou dans la partie la plus étroite; on introduit dans ce trou un petit bâton, qui sert à fixer la branche de l'arbre qu'on veut palisser : par ce moyen, fort simple, la branche se trouve fixée sans être serrée par aucune ligature.

Ce nouveau système paraît ingénieux, mais il est encore à l'état d'essai et paraît susceptible de perfectionnement. Le jury lui accorde une citation favorable.

---

§ 3. POTERIE COMMUNE VERNISSÉE AU PLOMB.

M. Bougon, rapporteur.

Médailles de bronze.

M. GUENAUD, fabricant de poterie à vernis de plomb, rue de la Roquette, n° 31, à Paris.

M. Guenaud fabrique bien ce genre de poterie; il a exposé des pièces moulées de diverses formes, ovales, octogones, carrées et losanges, fort bien fabriquées; ces poteries sont recouvertes d'un beau vernis noir et jaune, les formes sont commodes et bien appropriées à leur usage; nous y avons vu aussi des pièces tournées d'une grande dimension.

M. Guenaud fabrique encore, outre des briques et des carreaux, des terres cuites non vernissées pour jardinage et décoration de jardins, bien que la fabrication de briques et de carreaux dans Paris présente peu d'avantages, attendu le prix élevé du combustible et de la main-d'œuvre, M. Guenaud en fabrique cependant une grande quantité, mais il cuit tous ses produits au charbon de terre, et se procure par là une économie qui le met à portée de soutenir la concurrence sur la place.

La fabrique de M. Guenaud, que nous avons visitée, est fondée depuis cinquante ans, elle est très-importante; elle a obtenu deux médailles d'argent à la Société d'horticulture, et une mention honorable à l'exposition de 1844: le jury décerne la médaille de bronze à ce fabricant.

M. AIMARD, fabricant de poterie, rue de la Roquette, n° 31, à Paris.

M. Aimard fabrique, ainsi que M. Guenaud, des poteries recouvertes d'un vernis à base de plomb; son genre de fabrication se porte plus particulièrement sur les plats et poêlons pour le service des cuisines; son vernis noir et jaune est d'un beau brillant; ses produits, en général, se font remarquer par le bas prix et la bonne fabrication.

Nous avons visité cette fabrique; nous y avons remarqué un four à trois étages qui mérite une mention particulière; dans le rez-de-chaussée de ce four, il cuit, ainsi que le font tous les potiers, son émail, à l'étage au-dessus son biscuit, et dans le troisième étage, qui ne peut recevoir assez de feu pour y cuire l'émail qu'il y enfourne, il a pratiqué deux carneaux à la hauteur du carrelage de ce four, et aussitôt les fours inférieurs quittés, il introduit dans les carneaux du bois fendu menu de toute sa longueur; en deux heures, ce four, qui déjà est arrivé à la température du feu de réverbère, est amené à cuire complétement la poterie qui s'y trouve placée; ce fabricant assure qu'il ne lui faut que 7 ou 8 francs de bois pour achever cette cuisson; ce moyen, que nous voyons pratiquer à la manufacture de porcelaine de Sèvres dans le four à deux étages, est très-ingénieusement appliqué à cette industrie.

M. Aimard était ouvrier avant d'être fabricant, il doit à son travail la prospérité de sa fabrique, sa conduite et son intelligence en font tout à la fois un homme estimable et un bon fabricant; le jury s'empresse de lui décerner la médaille de bronze.

MM. LECOQ, GENILLIER et PLANAIX, fabricants de terre cuite à Billom (Puy-de-Dôme).

Ces fabricants se présentent pour la première fois à l'exposition; leur manufacture a été créée en 1846; la découverte de diverses terres plastiques dans la localité peut donner à cet établissement de grands développements; déjà ils occupent 50 ouvriers, ainsi qu'ils le disent dans une notice remise par eux; ils citent particulièrement la découverte d'un kaolin plastique, se colorant d'un beau rouge à une certaine température; la plasticité de ce kaolin permet de le travailler avec la plus grande facilité, il se polit très-bien, et les pièces fabriquées avec cette matière sont d'un bel effet.

Des potiches de grande dimension, des vases forme Médicis, quelques carafes à fleurs et des alcarazas, figurent à l'exposition de ces fabricants: ces objets sont bien fabriqués; ils présentent aussi leur kaolin comme possédant des propriétés particulières pour la fabrication des alcarazas.

Les autres terres trouvées près de la fabrique, ainsi que nous l'avons reconnu, sont propres à la fabrication de diverses poteries de ménage comme faïence brune et blanche à émail opaque, faïence fine, pipes et grès cérame.

Cet établissement, ainsi que le déclare la notice, a obtenu, à l'exposition des produits d'horticulture au Luxembourg, le premier prix pour la coloration des vases à fleurs, et une médaille d'or au chef-lieu de son département; le tarif des prix courants que nous ont remis ces messieurs nous a paru dans des conditions propres à donner un écoulement facile à leurs produits, le jury, voulant récompenser une maison où tant d'éléments d'avenir paraissent réunis, leur décerne une médaille de bronze.

Mentions honorables.

M. AVISSEAU, fabricant de poterie genre Palissy, à Tours,

Se présente pour la première fois à l'exposition; les objets qu'il soumet à l'appréciation du jury sont remarquables par l'originalité et la diversité des sujets qui servent à historier cette poterie.

M. Avisseau modèle, peint, cuit et fabrique lui-même les objets qu'il expose; la variété des couleurs, leur fraîcheur et la transparence du vernis, sont d'un bel effet. Cette vaisselle rappelle celle faite par le fondateur de l'art céramique en France, Bernard Palissy; les pièces sont ornées de reptiles et d'animaux aquatiques en relief, fort bien imités pour la forme et la couleur.

Nous voyons figurer à cette exposition une étagère d'un mètre 50° de hauteur fort bien réussie, un cadre pour miroir, des vases, une aiguière et son bassin, d'assez jolie forme. Il est fâcheux que le prix de ces objets soit si élevé, et qu'ils ne soient propres qu'à être mis en parade ; dans ces conditions, la fabrication en est et sera toujours très-restreinte.

Cette fabrique a été créée en 1844, elle n'occupe que très-peu de personnes ; le jury, pour récompenser les travaux vraiment remarquables de cet habile potier, lui accorde une mention honorable.

MM. J. et A. DELAHUBAUDIÈRE, de Quimper, et MM. PARQUIER frères, aussi de Quimper, fabricants de grès.

Ces fabricants, établis dans la même ville, livrent au commerce à peu près les mêmes produits ; la principale fabrication de ces deux maisons consistent en poteries de grès propres à contenir des liquides et des conserves, telles que cruchons, bouteilles à encre, pots à beurre, pots de pharmacie, pots à confiture et à tabac, etc.

Si ces objets ne sont pas aussi remarquables que les pièces de luxe de MM. Mansard et Salmon, il serait injuste de ne pas les signaler au jury, attendu leur utilité et leur bas prix. Ces objets sont généralement bien fabriqués et très-propres à l'usage auquel ils sont destinés.

Ces deux fabriques sont importantes : elles occupent 60 ouvriers chacune ; elles sont particulièrement recommandées par la commission départementale. Le jury décerne à MM. Delahubaudière et Porquier frères une mention honorable.

M. DESPEUILLES, fabricant de grès vernissés, à Saint-Honoré (Nièvre),

Se présente pour la première fois à l'exposition : son établissement ne date que de 1847. Il a exposé des poteries en grès recouvertes d'un émail cristallin dans lequel, à ce qu'il assure, il n'entre pas de plomb : ce vernis présenterait un très-grand avantage, assure-t-il encore, sous le rapport hygiénique.

Ces poteries, recouvertes d'un vernis coloré, nous ont paru de formes commodes et bien fabriqués ; le prix de revient de ces produits, à ce que la commission départementale assure, sont tellement minimes, qu'il paraît difficile qu'aucune fabrique puisse entrer en concurrence avec cette maison.

Le jury, voulant récompenser un établissement nouveau, particulièrement recommandé par la commission départementale, lui accorde une mention honorable.

M. GABRY, fabricant de faïence brune et blanche, à Melun (Seine-et-Marne),

Présente à l'exposition des faïences brunes et blanches pour vaisselle de ménage, aussi bien qu'un assortiment très-grand de jouets d'enfants; le principal mérite de cette exposition est le bas prix des objets exposés, qui les met à la portée de tous.

La fabrique de M. Gabry est déjà ancienne elle date de 1830; elle a aussi une certaine importance : il possède un moteur hydraulique de la force de 10 chevaux; il occupe 40 ouvriers et il fabrique de 80 à 100,000 francs de produits.

Une mention honorable lui est accordée.

M. LANDAIS, à Tours,

Fabrique absolument le même genre que M. Avisseau. Nous remarquons à cette exposition deux plats ovales, dans lesquels sont des poissons en relief imités, pour la forme et la couleur, avec une grande vérité; deux aiguières bien historiées, une vasque sur pied, d'un mètre de hauteur, des suspensoirs, le tout avec des animaux en relief bien modelés et coloriés comme nature. Nous pensons cependant que, dans ce genre, la supériorité est acquise à M. Avisseau.

Le prix élevé de ces sortes de poteries les met seulement à la portée des amateurs de ce genre, et les empêchera toujours, ainsi que nous l'avons dit ailleurs, d'obtenir le plus petit développement. Le jury donne une mention honorable à M. Landais.

M. SCHMID, fabricant de poterie vernissée, à Besançon (Doubs).

Ce fabricant présente à l'exposition, pour la première fois, des poteries spécialement disposées pour la cuisine et les cafetières à filtrer; cette poterie, recouverte d'un vernis colorié, est d'un aspect agréable. Ce fabricant assure que sa vaisselle va fort bien au feu; il n'est pas douteux qu'il en soit ainsi, puisque les objets exposés sont pour usage culinaire.

Cette fabrication est bonne; mais ce qui frappe, c'est le bas prix de ces produits: il est tel, que les plus petites bourses peuvent y atteindre.

Le jury décerne à M. Schmid une mention honorable.

§ 4. FAÏENCE FINE VERNISSÉE ET GRÈS CÉRAMES.

M. Bougon, rapporteur.

MM. LEBOEUF, MILLET et Cie, fabricants à Creil (Oise), et à Montereau (Seine-et-Marne).

Rappel de médaille d'or.

Il y a peu de chose à dire sur les poteries fines dites de terre de pipe, appelées aujourd'hui demi-porcelaine, après ce que le savant et regrettable M. Brongniart en dit dans ses rapports de 1839 et 1844 ; il est hors de doute que cette faïence, qui, à son début en France, était reconnue, par sa glaçure plombeuse, d'un très-mauvais usage, est à présent incontestablement supérieure à celle qui se fabriquait lors de son début.

La faïence fine se présente à l'exposition de 1849 avec tous les avantages d'une excellente poterie : l'élégance des formes, la variété des impressions, l'éclat des couleurs, la diversité des engobes, le façonnage des pièces, et surtout le bas prix auquel on la livre au commerce, en rendent la consommation presque universelle.

Il est du devoir du jury de signaler les établissements qui ont le plus contribuer à réaliser ces grands succès : la manufacture de Sarreguemines est sans contredit, la première, qui y ait le plus contribué ; celle de Creil et de Montereau l'ont puissamment secondée, et la fabrique de Bordeaux, bien que moins ancienne, s'est montrée leur digne émule.

Les manufacturiers de faïence fine et de porcelaine tendre de Creil et Montereau présentent à l'appréciation du jury, comme aux expositions précédentes, un grand assortiment de faïences diverses et de porcelaine tendre, les produits de ces établissements, toujours appréciés à leur juste valeur, ont fait obtenir à MM. Lebœuf et Millet toutes les récompenses qu'il était au pouvoir du jury de décerner.

Les produits que ces fabricants exposent de nouveau sont toujours dans des conditions aussi heureuses, l'ensemble de leur exposition est toujours remarquable ; le jury s'empresse de le reconnaître.

MM. Lebœuf et Millet ont ajouté à la fabrication de la faïence fine et de la porcelaine, celle des boutons de porcelaine tendre : depuis deux ans environ qu'ils ont fait cette entreprise, la fabrication de ce produit a pris un grand développement. Le directeur de la manufacture de Creil, lors de notre visite dans l'établissement nous a assuré que cette nouvelle industrie lui était venue en aide depuis les événements de février, et qu'elle l'avait mis en position d'occuper une grande partie des ouvriers attachés à la maison. Le jury rappelle à MM. Lebœuf, Millet et Cie la médaille d'or.

Médaille d'or. M. Alexandre DE GEIGER, gendre et successeur de M. UTZ-SCHNEIDER et Cie, fabricant de faïence à Sarreguemines (Moselle).

Cette maison, depuis 1791, a constamment marché à la tête de son industrie; cette supériorité, si bien acquise par la variété et la beauté de ses produits, ne lui a jamais été contestée. A chaque exposition nous avons vu sortir de cet établissement les poteries les plus nouvelles, les plus variées et les mieux fabriquées, on ne s'est pas borné aux impressions les plus soignées, aux fonds de couleur des plus belles nuances, on a fait, ce qui est à nos yeux bien autrement précieux, d'excellentes poteries allant bien au feu et à des prix étonnants de bon marché.

Nous étions fondés à croire que l'exposition de 1849 trouverait la fabrique de Sarreguemines stationnaire après d'aussi notables progrès; il n'en est pas ainsi très-heureusement. Sous l'administration de son habile directeur M. de Geiger, successeur de M. Utz-Schneider, son beau-père, cette fabrique a grandi de nouveau; la faïence ordinaire que nous plaçons en première ligne est des plus solides, des assiettes ont été essayées par immersion dans l'eau bouillante et immédiatement plongées dans l'eau froide, sans que la moindre gerçure se soit manifestée; nous avons répété ces épreuves plusieurs fois, toujours même résultat; mais ce qui nous surprend surtout, c'est le bas prix de cette vaisselle si bien fabriquée : ces mêmes assiettes que nous avons essayées se vendent à marchand 1 fr. 45 cent. la douzaine.

La faïence que M. de Geiger appelle demi-porcelaine, et que les Anglais nomment *ironstone*, possède les propriétés de cette poterie : le biscuit est dense et sonore, elle résiste au choc sans se briser : l'émail, dégagé, autant que possible, d'oxyde de plomb, est très-dur : elle se rapproche par toutes ses belles qualités de la porcelaine dure.

M. de Geiger n'est pas moins extraordinaire dans les objets de luxe qu'il fabrique que dans la faïence ordinaire; ses candélabres imitant l'agate montés en bronze, et susceptibles d'orner les palais, ses poteries de fantaisie aux diverses couleurs sont, par les reliefs et la variété des formes, des plus séduisantes; les vases faits en grès brun, ornés de feuillages et rehaussés en platine, sont d'un bel effet et d'une ornementation bien remarquable, en un mot cette exposition si variée et si belle, et qu'il ne nous est pas possible ici de détailler en entier, surpasse encore de celle 1844, déjà si supérieure aux précédentes.

M. Utz-Schneider avait épuisé justement les récompenses qu'il était au pouvoir du jury d'accorder; M. de Geiger s'est montré son digne successeur, le jury lui décerne la médaille d'or.

MM. J. VIEILLARD et Cie, de Bordeaux (Gironde).

Nouvelle médaille d'argent.

La manufacture de faïence fine de Bordeaux est élevée sur une grande échelle, et parfaitement appropriée à l'industrie pour laquelle elle a été créée; elle occupe 650 ouvriers; sa position dans une grande ville maritime du Midi lui procure de grands avantages pour ses débouchés, les produits s'écoulent à l'intérieur et aux colonies: bien que fort éloignée de la Capitale, la manufacture a un dépôt à Paris; la personne chargée de ce dépôt nous a assuré qu'elle plaçait facilement cette fabrication, sans redouter la concurrence des maisons placées à la porte de Paris.

La direction de la fabrique de Bordeaux, depuis la retraite de M. David Johnston, son fondateur, est confiée entièrement à M. Vieillard. L'intelligence et l'activité de cet habile fabricant ont donné à ce grand établissement tout le développement qu'on pouvait attendre; il fabrique pour un million de produits très-variés; la bonne fabrication en rend l'écoulement facile.

Nous avons examiné avec attention la fabrication de cette maison, et nous devons constater les notables progrès qu'elle a faits depuis 1844; le biscuit de la faïence est blanc, dense et sonore; l'émail est très-bien glacé et réunit les conditions de solidité qui font une bonne poterie; les formes sont gracieuses et commodes, les impressions soignées et faites avec de belles couleurs; mais c'est surtout les engobes qui sont remarquables dans cette exposition; ils sont obtenus avec une netteté qu'on n'a pas vue encore, et multipliés avec une variété qui peut satisfaire tous les goûts.

La poterie de fer que les Anglais appellent *ironstone*, est aussi fort bien fabriquée. Nous nous sommes assuré qu'elle réunit les avantages de solidité que cette vaisselle a, de résister au choc sans se briser.

La manufacture de Bordeaux, lors de sa création, tirait ses matières premières et son combustible d'Angleterre: M. Vieillard a compris le danger d'une pareille position; il extrait maintenant sa terre de Périgueux, son silex de Bergerac, et son kaolin de Bayonne, le charbon de terre avec lequel il cuit tous ses produits lui vient du dépaptement de Lot-et-Garonne; toutes les couleurs servant aux fonds comme aux impressions sont composées dans le laboratoire de la fabrique: nous devons féliciter M. J. Vieillard d'avoir su se placer dans des conditions d'indépendance.

La sollicitude de ce fabricant pour ses ouvriers est constatée par le rapport des autorités locales; une caisse de secours est établie dans la manufacture pour les ouvriers malades. Malgré le défaut de commerce durant l'année que nous venons de traverser, M. Vieillard a constamment occupé les ouvriers; pendant la cherté des grains, il a fait établir un four à pain, dans lequel on fait encore chaque jour le pain nécessaire à la consommation des ouvriers; par ce moyen, il procure à ces derniers un aliment de première nécessité, meilleur et à des conditions plus douces.

La manufacture de Bordeaux a été fondée avant 1839, par M. David Johnston, alors maire de cette grande cité; elle répond aujourd'hui, sous la direction de M. Vieillard, aux espérances qu'on avait conçues, et par sa position et par l'importance de son commerce. Cette maison, dès l'année 1839, avait obtenu la médaille d'argent, elle lui fut rappelée en 1844; nous pensons que son importance, qu'elle doit à ses beaux résultats, mérite aujourd'hui que le jury lui décerne une nouvelle médaille d'argent.

Rappel de médaille d'argent.

M. MANSARD, fabricant de grès cérames, à Voisinlieu (Oise).

L'établissement de Voisinlieu, pour la fabrication des grès cérames a été placé dès sa création sous la direction d'un homme de talent, d'un habile peintre, M. Ziegler. Sous les auspices de cet artiste, les formes les plus gracieuses et du style le plus parfait ont été exécutées dans cette manufacture, que nous avons visitée en 1845; les produits de cette maison, par la richesse des ornements et la pureté des formes, ont laissé bien loin derrière elle les grès flamands et allemands fabriqués au XVIIe siècle.

La fabrique de Voisinlieu ne se borne pas à la fabrication des objets d'art et de luxe, elle fournit au commerce en assez grande quantité, des grès d'une utilité générale, comme cruchons, pots à tabac et à beurre, bouteilles à cidre et à vernis, et elle fabrique encore des ustensiles de laboratoire fort bien établis.

M. Mansard, collaborateur de M. Ziegler a continué avec succès la fabrication; depuis la retraite de ce dernier, il a mérité le rappel de la médaille d'argent qui leur a été donnée en 1844.

M. le baron DU TREMBLAY, fabricant de faïence fine à Rubelle (Seine-et-Marne).

Médaille d'argent.

Une poterie à l'état d'essai en 1839, déjà remarquée et récompensée par la médaille de bronze en 1844, et qui alors n'avait pas encore le développement qu'elle a aujourd'hui, se présente de nouveau avec des avantages incontestables; la découverte est due à M. le baron Bourgoing et mise à exécution, avec un plein succès, par M. le baron du Tremblay; ce fabricant présente à l'exposition un très-bel assortiment de poteries fines, avec application de diverses couleurs, sous le nom d'*Émail ombrant.*

Au moyen du vernis coloré, il obtient, par les cavités et les reliefs d'une sculpture en creux, des ombres, des demi-teintes et des lumières; par cette ingénieuse découverte, qui est la contre-épreuve de la lithophanie, il applique à sa faïence des ornements et des figures qui produisent un fort bel effet; ces impressions artistement adaptées à des plaques de diverses formes et grandeurs, pourraient être employées par MM. les architectes dans les salles de bains, cuisines, fourneaux, offices et autres pièces.

Les couleurs employées à la décoration de ces poteries sont belles; quelques fonds posés sur de grandes pièces sont remarquables. La manufacture de M. le baron du Tremblay peut dès aujourd'hui se placer avec avantage parmi les établissements de produits céramiques; sa découverte doit lui mériter une attention particulière du jury, qui lui décerne la médaille d'argent, et qui lui aurait probablement accordé une récompense d'un ordre supérieur, si l'usage de ces produits remarquables s'était plus généralement répandu.

M. SALMON, fabricant de grès cérames, à Saint-Ouen (Seine).

Médaille de bronze.

Ce fabricant s'est présenté à l'exposition de 1844, avec les mêmes produits que l'établissement de Voisinlieu, mais alors il était loin d'être à la hauteur de son concurrent pour l'élégance et la pureté des formes; il obtint cependant une mention honorable.

En examinant l'exposition de 1849, nous avons reconnu que cette maison avait fait, depuis 1844, de notables progrès : une pendule de style gothique est d'un assez bel effet; des potiches et carafes à fleurs aussi bien que des aiguières sont bien modelées; des corbeilles et des paniers sont fort joliment tressés.

Le jury, voulant récompenser les progrès de M. Salmon, lui décerne une médaille de bronze.

Mention honorable.

M. D'HUART DE NOTHOMB, fabricant de faïence, à Longwy (Moselle).

Ce fabricant, dans un exposé détaillé de ses moyens de cuisson, assure qu'il cuit la faïence avec le gaz provenant d'un haut fourneau servant à la fonte du fer; M. d'Huart met à l'appui de ce qu'il avance un plan du haut fourneau, de l'appareil à gaz et du four à cuire la poterie.

Il n'est pas possible, en examinant ce plan, de reconnaître les avantages que l'exposant rencontre dans l'emploi du gaz, et si ce mode de cuisson présente une grande économie, comparé aux autres combustibles, la note remise n'en dit rien; nous n'avons pas vu non plus fonctionner le four pendant la cuisson, ni l'appareil qui sert à l'alimenter; nous ne pouvons non plus assurer si tous les produits obtenus par ce moyen de cuisson, réunissent toutes les conditions d'une belle poterie.

Nous devons dire cependant que ce moyen de cuisson est tout-à-fait nouveau, et qu'il n'a pas jusqu'à ce jour été employé dans ses établissements de produits céramiques; si vraiment il présente de grands avantages, la découverte appartient tout entière à M. d'Huart.

Ce fabricant présente pour la première fois, à l'exposition, un assortiment de poteries de diverses couleurs, à vernis de plomb. Sa faïence est loin, il faut le dire, d'atteindre la perfection que nous avons signalée dans les poteries de Sarreguemine; cependant les pièces colorées en rouge, jaune et noir, sont d'assez bonne fabrication, et les couleurs ont un bel éclat. Le prix des produits de cette maison sont très-doux et susceptibles de rendre l'écoulement des marchandises facile, cette fabrique est importante elle occupe de cent cinquante à deux cents ouvriers.

Le jury, au point de vue d'économie et de réussite avec l'emploi du gaz, n'est pas suffisamment éclairé; pour être conséquent avec ses principes, il attendra que le temps et l'expérience confirment l'excellence de cette découverte; dans cet espoir, il donne une mention honorable à M. d'Huart de Nothomb.

---

§ 5. PORCELAINE.

M. Ebelmen, rapporteur.

CONSIDÉRATIONS GÉNÉRALES.

Deux poteries bien distinctes par leur mode de fabrication et la nature des éléments qui les composent, portent le nom de *porcelaine*. La porcelaine tendre, qui a eu et qui a conservé une grande célébrité, n'est plus représentée en France que par un seul établissement, celui de Saint-Amand-les-Eaux (Nord); la porcelaine dure à émail feldspathique est la seule qui présente en France un véritable intérêt au point de vue industriel.

Il y a en France 40 fabriques de porcelaine environ, dont plus de la moitié sont groupées autour des gîtes importants de kaolin de Saint-Iriex, près Limoges. La valeur des produits que ces établissements livrent à la consommation peut être évaluée à 8,000,000, ce qui fait par fabrique une moyenne de 200,000 environ. La décoration de la porcelaine augmente la valeur totale des produits fabriqués d'une somme importante qu'on ne peut guère estimer au-dessus de 2,000,000. C'est surtout à Paris que cette dernière industrie se trouve concentrée, et c'est une de celles qui ont le plus souffert par suite des événements politiques. Elle se relève à peine des atteintes de la dernière crise.

Les prix de vente de la porcelaine usuelle ont subi, dans les vingt-cinq dernières années, une réduction très-considérable, et il en est résulté un grand accroissement dans la consommation de cette poterie de luxe, malgré les perfectionnements si importants que la fabrication de la faïence fine a réalisés pendant la même période. Nos exportations de porcelaine se sont constamment élevées et représentent maintenant une fraction considérable de la production. Les porcelaines françaises soutiennent avec avantage la lutte sur tous les marchés du monde contre les produits similaires étrangers.

Faisons remarquer, en passant, combien sont différentes en ce moment les conditions d'existence des manufactures de porcelaine et celles des manufactures de faïence. La fabrication de la faïence fine est concentrée en France dans quatre grands établissements; celle de la porcelaine est disséminée dans plus de quarante fabriques, dont plusieurs n'ont qu'une très-faible importance. La cause principale de ces différences tient à ce que la cuisson de la porcelaine a exigé jusqu'à présent l'emploi du bois, tandis qu'on cuit la faïence fine avec la houille. La possibilité, démontrée aujourd'hui par les expériences dont nous allons rendre compte, de cuire la porcelaine dure avec la houille, ramènera sans doute les deux industries à des conditions d'existence plus exactement comparables entre elles.

Rappel de médaille d'or.

M. DE TALMOURS, 68, rue Popincourt, n° 68, à Paris.

M. de Talmours avait obtenu, à l'exposition de 1839, une médaille d'or, sous la raison Discry-Talmours. La beauté des fonds au grand feu, leur nouveauté, la manière dont ils avaient été pris par immersion et avec des réserves très-bien faites ont été les principaux motifs de la décision du jury. A l'exposition de 1844, M. Discry, auquel le rapport précédent accordait plus spécialement l'invention du procédé, s'était séparé de M. de Talmours et exposait de son côté de nouveaux fonds de couleurs. Le jury accorde simultanément le rappel de la médaille d'or décernée à MM. Discry-Talmours: 1° à MM. Talmours et Harel, comme exploitant la fabrique et les procédés de M. Discry; 2° à M. Discry seul comme inventeur des procédés.

La question se présente de nouveau cette année; M. de Talmours est seul maintenant à la tête de la maison. Les produits qu'il a exposés en soutiennent dignement la réputation. Deux paires de poterie de grande dimension, l'une à fond turquoise, l'autre à fond gros bleu, richement décorés, de beaux fonds bleus au grand feu, un vase, style chinois, à reliefs sculptés avec goût, des services de dessert et de déjeûner d'un bel effet, montrent la bonne direction apportée aux travaux de l'atelier de décoration. Les pièces en blanc sont également remarquables par leur bonne exécution. M. Talmours évalue à 140,000 fr. l'importance de sa fabrication annuelle.

Le jury rappele à M. de Talmours la médaille d'or décernée à la maison Discry-Talmours, à l'exposition de 1839.

M. Félix BAPTEROSSE, fabricant de boutons en pâte céramique, rue de la Muette, 27 et 29, faubourg Saint-Antoine. Médaille d'or.

La fabrication mécanique des boutons en pâte céramique est une industrie toute récente. M. Prosser prit, il y a dix ans environ, en Angleterre, un brevet pour l'application de procédés propres à cette fabrication, et il en concéda l'exploitation à deux maisons célèbres par leur importance dans l'industrie des poteries, MM. Misiton et Cie, la localité à Stoke-Upon-Treat, à MM. Walter Chamberlain et Cie.

Les procédés dont M. Bapterosse est l'inventeur, et dont il a commencé l'application en 1845, diffèrent beaucoup des procédés anglais, et nous ont paru réaliser un progrès des plus important dans cette nouvelle industrie.

Ainsi, dans le procédé anglais, les machines qui servent au moulage par la pression de la pâte céramique dessalin, ne frappent qu'un seul bouton par coup de balancier. Les machines inventées par M. Bapterosse, en frappent à la fois jusqu'à 500 et n'exigent, comme les machines anglaises que l'intervention d'un seul ouvrier.

Les procédés de cuisson ne sont pas moins remarquables, ni moins ingénieux : dans la fabrication anglaise, les boutons, après leur moulage, sont placés à la main sur des rondeaux en terre cuite, encastrés comme d'autres poteries et passés ensuite dans le four à porcelaine tendre, où ils restent pendant toute la durée de la cuisson. Chez M. Bapterosse, au contraire, les boutons se rangent d'eux-mêmes, en sortant de la machine à mouler, sur une feuille de papier que l'ouvrier pose sur une plaque de terre rougie au feu, de même dimension. Le papier brûle, et le support en terre est immédiatement introduit avec les boutons qui le recouvrent dans une moufle aplatie et allongée, chauffée intérieurement, où il ne reste que dix minutes environ, temps suffisant pour que les boutons soient convenablement cuits. On retire, au bout de ce temps le support en terre et on le fait servir, immédiatement après avoir enlevé les boutons, à une opération nouvelle. Le four de M. Bapterosse, qui chauffe à la fois 60 moufles, peut rester en feu pendant plusieurs mois sans avoir besoin de réparation.

Les boutons blancs à pâte plus ou moins translucide, qui forment la majeure partie de la fabrication de M. Bapterosse, sont désignés sous les noms de boutons agate et de boutons strass. Le feldspath et le phosphate de chaux sont les éléments de la pâte à laquelle on donne la faible plasticité nécessaire au moulage par pression, à l'aide d'un peu de lait et d'une dessiccation convenable. M. Bapterosse a pu obtenir, par des additions de divers rides métalliques à la pâte ainsi préparée, des boutons de cinq couleurs différentes bien tranchées, indépendamment des colorations par impression qu'il applique à la surface des boutons blancs, au moyen de procédés remarquables aussi par leur élégance et leur simplicité.

La fabrique de M. Bapterosse a été constamment, depuis sa formation, en voie d'agrandissement; elle produit maintenant par jour 800 masses ou 1,400,000 boutons de toutes dimensions et qualités; elle occupe 97 hommes, 55 femmes dans l'intérieur de l'établissement, et 400 femmes au dehors pour l'encartage des boutons. La valeur des produits qu'elle livre annuellement à la consommation est de 600,000 francs.

Les prix moyens des boutons encartés peuvent être évalués de la manière suivante par masse de 1728 boutons.

Pour les boutons agate....	2f 25c
Les boutons strass........	3

La supériorité des procédés de M. Bapterosse sur ceux usités en Angleterre est rendue incontestable par un traité que ce fabricant a communiqué à la Commission, et duquel il résulte que MM. Walter Chamberlain et Cie, cessionnaires du brevet de M. Prosser, s'engagent à payer à M. Bapterosse, qui leur abandonne l'exploitation de son procédé en Angleterre, une rétribution pour chaque masse de boutons qu'ils fabriqueront à l'avenir. Ce fait, qui témoigne de la haute valeur du procédé, nous a paru devoir être signalé au nombre de ceux qui honorent le plus l'industrie française, et le jury, en reconnaissant toute la portée, récompense en même temps l'intelligence et l'habileté persévérante de M. Bapterosse, en lui décernant une médaille d'or.

M. ALLUAUD aîné, fabricant de porcelaine à Limoges.

Rappels de médailles d'argent.

L'établissement que fait valoir M. Alluaud aîné est un des plus importants du Limousin; il occupe 200 ouvriers, et fabrique pour 350,000 francs de porcelaine blanche par an, auxquels il faut ajouter 50,000 francs environ pour la dorure et la décoration.

M. Alluaud aîné est propriétaire des carrières de kaolin et de pegmatite, découvertes par lui et qui lui permettent de livrer aux autres fabricants des matières à porcelaine dont la bonne qualité est généralement appréciée.

Une médaille d'argent a été accordée en 1844, à M. Alluaud aîné, pour l'ensemble de sa fabrication. Ces pièces, exposées cette année par cet habile fabricant, consistent uniquement en porcelaine blanche de service, dont la Commission a distingué la blancheur, l'émail bien glacé, sans coque d'oras, et la bonne exécution.

Le rapport du jury de 1844 a fait connaître les améliorations que M. Alluaud a su apporter dans la fabrication de la porcelaine. Rien de nouveau n'est signalé cette année, mais le jury, appréciant l'excellente direction qui continue à présider aux travaux de l'établissement, décerne à M. Alluaud le rappel de la médaille d'argent qui lui a été accordée antérieurement.

M. Édouard HONORÉ, à Champion (Allier), et à Paris, boulevard Poissonnière, n° 6.

M. Honoré possède à Champion une fabrique de porcelaine qui occupe en temps ordinaire, 250 ouvriers. L'atelier de décoration annexé à son dépôt de Paris, emploie de 25 à 30 personnes. La valeur des produits qu'il livre à la consommation varie entre

200 et 250,000 francs, dont plus d'un tiers est enlevé par l'exportation.

M. Honoré a introduit depuis quelques années dans sa fabrication le procédé de façonnage des assiettes par le calibrage, à l'imitation de ce qui se fait depuis dix ans environ à la manufacture de Sèvres. Il a employé récemment aussi un procédé d'impression, de l'or, à l'aide d'une planche lithographique, dont les résultats sont satisfaisants.

Le jury estime que M. Honoré est toujours digne de la médaille d'argent qu'il a obtenue à l'exposition de 1844, et lui en accorde le rappel.

Médailles d'argent.

MM. HACHE et PEPIN LEHALLEUR, fabricants de porcelaines à Vierzon (Cher) et à Paris, 24, rue de Paradis-Poissonnière.

La manufacture de Vierzon est le plus important de tous les établissements où l'on fabrique la porcelaine. Le broyage des matières s'y fait à l'aide d'une machine à vapeur de 25 chevaux; 450 ouvriers y sont employés; l'atelier de décorations établi à Paris occupe, en outre, 60 personnes. MM. Hache et Pepin Lehalleur déclarent qu'ils livrent pour 1,100,000 francs de porcelaine à la consommation, dont 300,000 à l'exportation.

Les produits de la manufacture de Vierzon sont très-bien fabriqués; la Commission a remarqué la blancheur de la porcelaine, la beauté de l'émail, la bonne exécution du façonnage. Le service octogone qui a été exposé est une preuve qu'on y exécute, avec une perfection remarquable, des objets d'un moulage difficile.

MM. Litri et Rousse, prédécesseurs des exposants actuels, avaient obtenu, à l'exposition de 1844, une médaille d'argent. Le jury ne se contente pas de la rappeler à MM. Hache et Pepin Lehalleur; il accorde à ces deux jeunes fabricants, pour l'intelligence et l'habileté dont ils font preuve dans la conduite d'une affaire aussi importante que celle de Vierzon, une médaille d'argent.

M. Jacob PETIT, fabricant de porcelaine à Fontainebleau (Seine-et-Marne).

L'industrie de la porcelaine a reçu de M. Jacob Petit, à une époque déjà ancienne, une impulsion qu'il faut citer. Ce fabricant peut être considéré comme le premier inventeur de ces formes contournées, quelquefois bizarres, connues sous le nom de *rocaille*, et qui ont eu, à l'époque de leur apparition, un véritable succès. Beaucoup d'autres fabricants entrèrent dans la voie tracée par M. Jacob Petit, et réalisèrent d'importants bénéfices. Nous n'avons point à apprécier ici ces objets sous le rapport de l'art et du goût, et nous devons seulement constater que leur fabrication a donné une certaine impulsion au commerce de la porcelaine, surtout à l'exportation, et a concouru ainsi à l'accroissement de la richesse nationale.

Les pièces exposées par M. Jacob Petit témoignent de l'habileté de la fabrication : de grands vases, style rocaille, des statuettes émaillées, ornées de dentelles en porcelaine, bien modelés, des vases à fleurs en relief, émaillés et peints, ont été remarqués par le jury. M. Jacob Petit a exposé aussi quelques vases en porcelaine tendre, fabriqués d'après les procédés usités pour l'ancienne porcelaine de Sèvres, si recherchée aujourd'hui.

M. Jacob Petit a déjà obtenu la médaille de bronze en 1839 : le jury a jugé qu'il était convenable de récompenser d'une manière distinguée l'intelligence et l'habileté de ce fabricant, et lui a décerné une médaille d'argent.

M. BARRÉ RUSSIN à Orchamps (Jura).

Rappels de médailles de bronze.

M. Barré Russin expose, cette année, un assortiment complet de pièces de porcelaine allant au feu, et qu'il a appelées hygiocérames. La nature de leur pâte, très-argileuse et presque opaque après la cuisson, les rend particulièrement propres à résister aux changements de température. Les produits de M. Barré Russin sont peut-être, au dire des marchands de porcelaine, supérieurs, sous le rapport de la durée, à tous les produits analogues. Ils ont mérité à la fabrique d'Orchamps une réputation qui a été constatée par une médaille de bronze, accordée en 1839, rappelée en 1844, et que le jury confirme cette année par un nouveau rappel.

Mlles LANGLOIS, à Bayeux (Calvados).

Mlles Langlois ont remplacé leur mère, Mme Vve Langlois, qui a obtenu, en 1844, le rappel de la médaille en bronze accordée à son mari à la précédente exposition. La fabrique de Bayeux emploie des pâtes très-plastiques, qui donnent des pièces résistant bien au feu, et qu'on emploie avec succès dans les laboratoires de chimie et dans les ménages. Outre ces objets, qui sanctionnent leur vieille réputation, Mlles Langlois ont exposé deux grands potiches avec dessins bleus, dorés émail, dans le goût chinois, qui sont d'un bel effet et d'une bonne fabrication.

Le jury rappelle à Mlles Langlois, la médaille de bronze obtenue aux précédentes expositions.

Médaille de bronze.

M. DE BETTIGNIES, fabricant de porcelaine à Saint-Amand-les-Eaux, près Valenciennes (Nord.)

La fabrication de la porcelaine tendre, d'après des procédés analogues à ceux employés à Sèvres avant la découverte du kaolin de Saint-Iriex, ne se fait plus que dans deux manufactures, celle de Tournay en Belgique, et celle de Saint-Amand-les-Eaux. La porcelaine de Saint-Amand est loin de présenter le même degré de blancheur que l'ancien Sèvres; elle est même très-inférieure, sous ce rapport, aux faïences fines de belle fabrication, comme celles de Sarreguemines; mais elle est très-tenace, et cette qualité lui conserve des débouchés. Les peintures dont on peut l'orner présentent d'ailleurs les qualités de glacé et d'éclat qui donnent tant de prix aux anciennes porcelaines tendres.

Le jury, voulant récompenser la fabrication d'un produit qui possède des qualités très-remarquables, décerne à M. de Bettignies la médaille de bronze.

M. HALOT, gare d'Ivry, 42, et à Paris, rue du Faubourg-Poissonnière, n° 8.

M. Halot a exposé un assortiment de vases de diverses formes, dans lesquels on remarque des fonds au grand feu de nuances très-variées, et généralement d'un beau ton. Quelques-uns de ces vases présentent jusqu'à trois teintes différentes. Le procédé d'engobage dont se sert M. Halot, pour obtenir ses fonds de couleur, se distingue particulièrement par la netteté des risnos, et nous a paru donner des résultats complétement satisfaisants. M. Halot fabrique maintenant lui-même la porcelaine sur laquelle il applique ses fonds.

Le jury a voulu récompenser les progrès accomplis par M. Halot, l'intelligence dont il a fait preuve, en lui accordant une nouvelle médaille de bronze.

MM. JOUHANEAUD et DUBOIS, fabricants à Limoges.

La fabrique de MM. Jouhaneaud et Dubois, fondée en 1843, emploie aujourd'hui 150 à 200 ouvriers, et fait pour 300,000 fr. de produits, dont les deux tiers sont enlevés par l'exportation. Les objets d'art, de luxe et de fantaisie, forment la majeure partie de cette fabrication. La Commission a remarqué, à l'exposition, une pendule en biscuit de porcelaine, d'un beau mat, et plusieurs autres pièces de fantaisie.

Le jury reconnaît l'importance de l'établissement de MM. Jouhaneaud et Dubois, les efforts qu'ils ont faits, et leur accorde une médaille de bronze.

MM. RUAUD, fabricant de porcelaine à Limoges, et LACHASSAGNE, décorateur, à Paris, rue Meslay, n° 55.

La manufacture de M. Ruaud est, après celle de M. Alluaud, l'une des premières de la contrée qui entoure Limoges, et où l'on fabrique, par année moyenne, pour 3,500,000 francs environ de porcelaine. Les produits fabriqués par M. Ruaud entrent dans ce chiffre pour 230,000 francs environ. Son usine renferme une machine à vapeur de la force de 6 chevaux pour le broyage des matières ; deux fours, dont l'un de grande dimension, applique le système de cuisson à la houille inventé par M. Vital-Roux. Il occupe environ 200 ouvriers.

M. Ruaud se recommande à la bienveillance du jury par les constants efforts qu'il a faits pour perfectionner la fabrication de la porcelaine. Il a essayé la cuisson à la tourbe et diverses modifications du procédé de cuisson au bois.

M. Ruaud exploite, en outre, sous la raison sociale Ruaud neveu et Latrille, d'importantes carrières de kaolin et de feldspath qui lui permettent de livrer annuellement à la consommation intérieure, ainsi qu'en Belgique, en Espagne et en Russie, environ 3,000,000 de kilogrammes de matières à porcelaine, dont la valeur est de 350,000 à 400,000 francs. La couverte qui provient de ces exploitations est très-recherchée des fabricants de porcelaine.

Le jury, voulant donner une preuve de son intérêt à la fabrication limousine, décerne à M. Ruaud une médaille de bronze.

M. TINET, fabricant de porcelaine, à Montreuil, et à Paris, rue du Bac, n° 37.

M. Tinet a exposé, cette année, un grand nombre d'articles, dont les plus remarquables sont ceux qu'il a exécutés pour imiter les porcelaines de la Chine et du Japon. Les assiettes décorées en rouge, bleu et or, qu'il vend au prix de 30 francs la douzaine, sont d'une fabrication soignée, très-légères, et leur émail présente cette teinte bleuâtre qui caractérise les porcelaines chinoises et japonaises. Le décor rappelle aussi ces porcelaines avec beaucoup d'exactitude.

M. Tinet fabrique lui-même la porcelaine qu'il décore. La valeur totale des produits qu'il fournit au commerce est d'environ 150,000 francs.

Le jury, voulant lui donner une récompense, lui accorde une médaille de bronze.

Rappel de mention honorable.

M. CLAUSS, fabricant de porcelaine, rue Pierre-Levée, 8 *bis*, à Paris.

Les porcelaines exposées par M. Clauss, tant en sculpture dite biscuit qu'en couverte, sont de belle qualité, et le rendent toujours digne de la mention honorable qui lui a été décernée en 1839 et rappelée à la dernière exposition.

Citation favorable.

M. PELTIER, fabricant à Saint-Yrieix (Haute-Vienne), et à Paris, rue d'Enghien, n° 28.

La fabrique exploitée par M. Peltier se trouve près des fameuses carrières de kaolin de Saint-Yrieix. Le prix du bois y est peu élevé, et l'établissement est dans de bonnes conditions de prospérité. Il produit annuellement 150,000 francs de porcelaines, dont le tiers pour l'exportation.

Le jury cite favorablement les produits exposés par M. Peltier.

M. FLEURY, rue des Trois-Couronnes, 32, à Paris.

M. Fleury exploite une fabrique de porcelaines qui fait pour

200,000 francs d'affaires par an; cet industriel, encore nouveau dans cette partie, a su prendre un rang distingué parmi les fabricants.

Aussi le jury central, pour une première fois, croit devoir le citer favorablement.

M. LIERMANN, rue Saint-Antoine, 35, à Paris.

Comme M. Fleury, cet industriel est nouveau dans la partie : aussi, pour encourager ses premiers efforts, le jury central le cite favorablement.

---

§ 6. COULEURS VITRIFIABLES.

M. Ebelmen, rapporteur.

M. COLVILLE, fabricant de couleurs, rue des Vinaigriers, n° 22, à Paris.

Nouvelle médaille d'argent.

M. Colville a déjà obtenu deux médailles d'argent, l'une à l'exposition de 1839, la seconde en 1844. Les excellentes couleurs faites par lui pour peindre la porcelaine et l'émail ont motivé ces distinctions. Les couleurs qu'il a exposées cette année soutiennent dignement leur réputation et méritent d'être remarquées par le jury. L'assortiment des couleurs pour peindre l'émail sur pâte ou sur fondant est complet, et a donné à l'essai que nous en avons fait, des résultats très-satisfaisants. On doit aussi à M. Colville, depuis la dernière exposition, un bleu foncé de moufle, qui remplace presque, pour l'éclat et le glacé, le bleu au grand feu. Les remarquables fonds bleus au grand feu, exposés par M. Talmours, ont été obtenus avec les couleurs fournies par M. Colville.

Les faits que nous venons de signaler montrent que M. Colville continue à faire des progrès et à marcher à la tête de son industrie, le jury lui décerne une nouvelle médaille d'argent.

MM. ROBERT, LAUNAY, HAUTIN et Cie, rue de Paradis-Poissonnière, n° 30, à Paris.

Rappel de médaille d'argent.

MM. Launay, Hautin et Cie tiennent, à Paris, le dépôt des cristalleries de Baccarat et de Saint-Louis. Ils ont établi à Paris des ateliers de peinture sur cristaux, dirigés par M. Fr. Robert, un de leurs associés, qui livrent au commerce, par an, pour 300,000 fr. de cristaux décorés et peints.

La décoration du cristal en couleurs vitrifiables exige des couleurs différentes de celles qui servent à peindre la porcelaine, et des soins tout particuliers pour la cuisson, afin d'éviter le ramollissement du cristal qu'elles recouvrent. Les difficultés ont été surmontées de la manière la plus complète par M Fr. Robert, et le succès obtenu a été récompensé, en 1844, par une médaille d'argent accordée à MM. Fr. Robert, Launay et Hautin.

La Commission a pu se convaincre que l'établissement était en voie de progrès constant, et le jury rappelle de la manière la plus honorable, à MM. Fr. Robert, Launay et Hautin, la médaille d'argent qui leur a été accordée en 1844.

Rappel de médaille de bronze.

MM. DESFOSSÉ frères, rue de Bondy, n° 72, à Paris.

Les couleurs exposées par MM. Desfossé continuent à être de bonne qualité, et méritent encore l'opinion favorable que le rapport, fait au jury de 1844, a émise sur leur compte. — Le jury accorde à MM. Desfossé le rappel de la médaille de bronze qui leur a été décernée à cette époque.

Médaille de bronze.

M. GILLE, rue de Paradis-Poissonnière, n° 28, à Paris.

Les objets exposés par M. Gille sont la preuve des efforts qu'il fait pour apporter des perfectionnements à la décoration de la porcelaine et pour lui donner de nouveaux usages. Nous devons citer spécialement les articles suivants :

1° Des plaques de porcelaine peinte, dont l'émail a été préalablement dépoli, afin d'éviter le miroitement de la surface restée blanche et les ondulations de couverte que présentent souvent les plaques les mieux réussies ;

2° L'introduction et l'ajustage de porcelaine peinte, de sculptures en biscuit dans des tables de salons et dans des cheminées ;

3° La décoration des figurines en biscuit, avec des couleurs et de l'or en partie bruni. L'encadrement des figurines, genre Saxe, entièrement émaillées et peintes, consiste dans l'empâtement des contours et du modelé par la couverte. M. Gille a voulu conserver toute la grâce des formes, et donner, en outre, à ses figurines le mérite de l'éclat et de la couleur. Les produits qu'il a exposés méritent les encouragements du jury.

M. Gille a obtenu une mention honorable à l'exposition de 1834. Pour justifier la récompense que la Commission propose au jury de lui accorder, nous devons rappeler que cet honorable industriel est fils de ses œuvres, et qu'il est arrivé à fonder un atelier de décoration et une maison de vente qui fait pour 400,000 francs d'affaires chaque année. Le jury lui décerne une médaille de bronze.

M. GRENON, décorateur de porcelaine, rue du Faubourg-Saint-Martin, n° 51, à Paris.

M. Grenon a exposé des assiettes et d'autres pièces de service dorées par un procédé qui lui est particulier, et qui donne à l'or une très-grande solidité. Le procédé, pour lequel l'auteur a pris un brevet d'invention, consiste à appliquer sur la porcelaine une première couche d'or à l'aide d'un fondant particulier et à une température plus élevée que la température ordinaire du filet d'or. Une deuxième couche d'or est ensuite appliquée et tout comme à l'ordinaire.

Nous nous sommes assuré de l'excellente qualité de la dorure de M. Grenon. Ses prix paraissent modérés, et le jury, voulant récompenser un procédé qui donne déjà de très-bons résultats, décerne à M. Grenon une médaille de bronze.

M. VION, rue de Bondy, n° 7, à Paris.

Les décorations de porcelaine faites dans l'atelier de M. Vion témoignent de son habileté. La Commission a remarqué, d'une manière toute spéciale, la beauté et l'éclat des ors appliqués par ce décorateur. Le jury lui décerne une médaille de bronze.

M. CHAPELLE-MAILLARD, boulevart des Italiens, n° 19, à Paris.

Nouvelle mention honorable.

M. Chapelle-Maillard a obtenu simultanément, à l'exposition de 1844, une médaille de bronze pour la monture et la taille des cristaux, et un rappel de mention honorable pour la décoration de ses porcelaines.

Le jury constate que M. Chapelle est toujours digne de ces récompenses, et lui accorde une nouvelle mention honorable.

Mentions honorables.

M. FELDTRAPPE, rue du Faubourg Saint-Denis, n° 144, à Paris.

M. Feldtrappe a exécuté des peintures sur plaques de verre, au moyen d'un émail blanc opaque, qui forme relief et sur lequel il applique ensuite des couleurs transparentes. Il obtient ainsi des peintures d'un effet agréable, qui rappellent assez bien les décorations des verres allemands du XVIIe siècle. Il est à désirer que M. Feldtrappe continue de travailler dans la même voie, et qu'il essaye d'appliquer ses procédés à la décoration d'objets autres que des plaques. Le jury constate avec satisfaction les résultats déjà obtenus, et accorde à M. Feldtrappe une mention honorable.

M. Edmond CORBIN, rue du Faubourg Saint-Denis, n° 57, à Paris.

M. Corbin a obtenu, en 1844, une mention honorable à cause de l'importance des travaux de décoration qu'il fait exécuter surtout pour l'exportation. M. Corbin a donné du travail à 120 personnes pendant toute la durée de la dernière crise commerciale. Le jury lui accorde une mention honorable.

M. JULLIENNE, rue du Bac, n° 50, à Paris.

M. Jullienne, qui a obtenu une mention honorable pour la décoration des porcelaines et des cristaux à l'exposition de 1839, continue à mériter cette distinction par la nouveauté de ses décors, l'importance de ses affaires, et le jury lui accorde une mention honorable.

M. SAVARIN, à Paris.

Le jury lui accorde une mention honorable,

et à M. MAYER, rue des Marais, n° 50 *bis*, à Paris,

Une citation favorable pour les porcelaines peintes et décorées par lui.

---

§ 7. FAÏENCE BRUNE ET BLANCHE A ÉMAIL STANNIFÈRE.

M. Bougon, rapporteur.

M. PICHENOT, fabricant de faïence, rue des Trois-Bornes, n° 5, à Paris.

Rappel de médaille d'argent.

Ce fabricant a fait faire à la faïence à émail stannifère pour poêle de notables progrès. Avant la découverte de M. Pichenot, l'émail de cette faïence avait le défaut de se fendiller dans tous les sens : c'est ce que l'on appelle, en termes de fabrication, le *tressaillé*. (Nous devons faire observer même que c'est un écueil commun à toutes les poteries émaillées.) M. Pichenot a le premier évité ce grave inconvénient, et bien que d'autres fabricants aient introduit cette amélioration dans leur fabrication, on ne peut contester à ce bon fabricant le mérite de cette découverte.

L'exposition de M. Pichenot se fait remarquer par plusieurs pièces d'une belle dimension. Des plaques pour cheminée, bien planes et belles d'émail, sont remarquables; deux baignoires sont bien fabriquées; une coupe ou vasque sur pied, d'une exécution difficile, et une cheminée garnie de plaque décorées avec goût offrent un ensemble de produits bien susceptible de fixer l'attention du jury.

M. Pichenot s'était placé, par sa capacité, à la tête des fabricants de ce genre. Par malheur, l'industrie vient de perdre cet homme estimable à tant de titres; sa veuve paraît disposée à continuer la fabrication.

Nous rappelons à cette maison la médaille d'argent que feu M. Pichenot avait si justement méritée en 1844; nous serions heureux que ce fût pour cette honorable famille un sujet de consolation.

M. BARBIZET, fabricant de poterie à vernis de plomb, à Dijon (Côte-d'Or).

Citations favorables.

Ce fabricant n'a exposé que très-peu de choses; les pièces qu'il soumet au jury ne peuvent guère faire apprécier sa fabrication. Cet exposant n'occupe encore que quatre ouvriers; nous regardons donc cette maison comme à l'état d'essai. Nous avons remarqué parmi le peu d'objets exposés une coupe pour surtout, des potiches et un pot à tabac; la fabrication nous a paru bonne.

Cette maison est recommandée par la commission du département de la Côte-d'Or comme devant avoir de l'avenir; le jury central lui accorde une citation favorable.

M. DURAND-BONGARD, à Tours (Indre-et-Loire).

Faïence brune et blanche à émail opaque et stannifère.

Quatre fabricants de faïence dite de Nevers, ayant tous quatre leurs établissements à Tours (Indre-et-Loire), ont exposé les mêmes produits: ce sont MM. Durand-Bongard, Barat-Pallu, Durand-Deguelle et fils et madame veuve Loyal. Ces faïences, d'après les tarifs que nous ont remis ces fabricants, reviennent à des prix tellement bas, qu'elles sont par là mises à la portée de toutes les bourses; mais il est juste de reconnaître que, pour le biscuit, l'émail et le façonnage, elles ne peuvent être comparées aux belles faïences de MM. Masson et Pichenot, de Paris.

Ces fabriques sont recommandées par la commission départementale de Tours: nous reproduisons textuellement son rapport ci-après :

« Elles fournissent (les fabriques) à la consommation des classes « laborieuses des villes et des campagnes une vaisselle d'un entre- « tien propre et facile, d'un usage excellent, et qui joint à un prix « extrêmement bas des formes commodes, bien qu'elles ne man- « quent pas d'une certaine élégance. »

Nous devons dire cependant que, parmi les quatre exposants de Tours, M. Durand-Bongard nous paraît être celui qui a le plus approché de la perfection : le jury accorde à ce dernier une citation favorable.

M. WALLIG, fabricant à Vendœuvre (Aube).

Un joli assortiment de poteries de fantaisie est venu figurer à l'exposition pour la première fois : ce sont les remarquables produits de M. Wallig. Des corbeilles, des paniers et cabas, des jattes à pain et des compotiers, des caisses à bouquet, se présentent sous des formes charmantes et sont tressés avec infiniment de goût : c'est véritablement le potier qui s'est emparé de l'art du vannier.

Ces objets, propres à orner les étagères, peuvent aussi être utilement employés pour recevoir des fleurs et servir des fruits; ils sont d'un prix tellement doux, qu'ils ne manquent pas d'acquéreur.

Nous devons dire, cependant, que le biscuit de cette poterie n'est pas assez cuit, et qu'il manque par là de solidité; il a aussi l'inconvénient de faire tressaillir le vernis par son défaut de cuisson; le jury, convaincu que M. Wallig fera disparaître cet inconvénient, lui donne une citation favorable.

---

§ 8. ÉMAILLAGE SUR MÉTAUX.

M. Ébelmen, rapporteur.

MM. JACQUEMIN, père et fils, à Morez (Jura). Médailles d'argent.

Un progrès important a été obtenu par MM. Jacquemin depuis la dernière exposition. A cette époque, ils n'avaient encore appliqué l'émail que sur le cuivre et sur la fonte, et ces deux matières, l'une en raison de son haut prix, l'autre par sa grande pesanteur, étaient loin de se prêter à tous les usages qu'on peut attendre d'un métal rendu inaltérable par un enduit vitreux. MM. Jacquemin sont parvenus à émailler le fer, et les pièces qu'ils ont exposées montrent que leur procédé donne maintenant des résultats tout à fait pratiques.

Des cadrans de dimensions variables, entre 2 mètres et 6 centimètres de diamètre pour horloges et pendules, des plaques en fer émaillé, pour tableaux kilométriques, inscriptions de rues, numéros de maisons, écussons, enseignes, etc., des vases culinaires, montrent à quelle variété d'emplois pourra servir le fer émaillé.

Les expériences que nous avons faites nous ont prouvé la grande solidité de l'émail de MM. Jacquemin, la grande résistance à l'action des agents chimiques, tels que les acides, et son inaltérabilité par les changements de température. L'emploi du fer émaillé nous paraît donc devoir être encouragé.

MM. Jacquemin occupent 20 ouvriers dans leurs ateliers, 70 au dehors et ils livrent annuellement à la consommation 25,000 cadrans d'horloges et de pendules, 3 à 4,000 plaques en fer émaillé, indépendamment de divers objets de quincaillerie qu'ils fabriquent aussi à Morez.

MM. Jacquemin ont obtenu en 1844 une médaille de bronze. Le jury constate les progrès importants qu'ils ont réalisés dans leur fabrication, et leur décerne une médaille d'argent.

M. PARIS, rue de Bercy, n° 111, à Bercy.

M. Paris a exposé des objets d'un grand intérêt; ce sont des pièces en tôle émaillée, de formes et de grandeurs diverses; la matière qu'il emploie pour recouvrir le fer est un véritable verre transparent qui laisse voir la couleur du fer; cet enduit vitreux est très-tenace, adhère fortement au fer, ne se fendille pas par l'action de la chaleur, et résiste sans s'altérer, comme nous l'avons éprouvé, à l'action d'acides très-énergiques; les objets qui en seront recouverts pourront donc être employés avantageusement à beaucoup d'usages. M. Paris a exposé des tuyaux de conduite, des plaques de tôle émaillée pour couverture, des caisses à eau, des appareils pour produits chimiques et divers ustensiles de cuisine.

La Commission a suivi la fabrication des pièces en tôle émaillée de M. Paris et a pu se convaincre que son procédé était expéditif et qu'il paraissait devoir donner des résultats économiques.

Les procédés de M. Paris n'ont point encore été appliqués d'une manière courante et ses produits n'ont point encore été livrés à la consommation. Le jury récompense une industrie qui donne des produits d'un aussi grand intérêt et décerne à M. Paris une médaille d'argent.

Rappel de médaille de bronze.

M. DOTEN, rue Montmorency, n° 38, à Paris.

La maison Bedier-Doten avait obtenu, à l'exposition dernière, une médaille de bronze. M. Doten qui la représente aujourd'hui, a exposé un grand nombre d'objets analogues à ceux qui ont été signalés dans le rapport du dernier jury. La plupart des pièces sont remarquables par leur bas prix. Les émaux à paillettes paraissent toujours en grande faveur auprès du public.

Le jury rappelle à M. Doten la médaille de bronze, obtenue par MM. Bedier-Doten.

Mention honorable.

M. CHARLOT, émailleur, rue de Montmorency, n° 1, à Paris.

M. Charlot fabrique à peu près les mêmes articles que M. Doten: les émaux qu'il expose n'ont pas la prétention de rappeler les productions, si remarquables au point de vue de l'art, des anciens émailleurs de Limoges; leur bas prix et un assez grand éclat, résultant de l'emploi de belles et brillantes couleurs et de parcelles métalliques sur les émaux colorés, leur assure un débit assez considérable.

Le jury accorde à M. Charlot une mention honorable.

---

§ 9. PEINTURE SUR VERRE.

M. Ebelmen, rapporteur.

CONSIDÉRATIONS GÉNÉRALES.

L'art de la peinture sur verre, qui a laissé dans la plupart de nos grands monuments religieux des œuvres d'un effet si puissant et si remarquable, est redevenu, après une interruption de deux siècles, une de nos industries. Il y a vingt ans à peine, la manufacture de Sèvres, dirigée alors par un savant illustre, M. Brongniart, dont la science et l'industrie ont récemment eu à déplorer la perte, exposait les premiers vitraux peints pour églises, qui avaient été faits en France depuis le XVIIe siècle. Aujourd'hui de nombreux peintres verriers, des artistes pleins d'intelligence et de savoir ont remis en honneur les procédés de l'art ancien, et les travaux exécutés par eux dans nos églises ont prouvé qu'ils savaient suivre les exemples légués par leurs devanciers.

Du XIIe au XVIe siècle, l'art de la peinture sur verre a subi, comme l'architecture, de grandes variations. Le vitrail mosaïque des premières époques, qui produit dans nos cathédrales des effets de couleur si saisissants absorbait peut-être une trop forte portion de la lumière du jour, et cet inconvénient s'accroissait d'année en année par les poussières qui s'attachaient au verre et par la décomposition, sous l'influence des agents atmosphériques, qui en altéraient de plus en plus la la surface. Les vitraux des XVIe et XVIIe siècles donnent plus de lumière, et la composition n'a plus dans les sujets la naïveté du style des premiers siècles. Notre mission ne saurait être de prononcer ici entre les partisans des deux genres de vitraux. Gardons-nous d'être exclusifs, et encourageons également tous ceux qui montrent qu'ils ont étudié avec fruit les belles œuvres de l'une ou de l'autre époque.

Il serait à désirer, sans doute, que le XIXe siècle pût produire des vitraux qui ne fussent pas des portails des époques antérieures. Des œuvres remarquables ont été exécutées déjà dans cette direction; mais il faut bien reconnaître pourtant que la restauration, si négligée depuis deux siècles, des belles verreries de nos vieilles cathédrales, exigera pendant longtemps encore, des peintres dont l'art ancien ait été la principale étude. Les moyens matériels ne leur manquent plus aujourd'hui; nos verreries leur fournissent des verres colorés d'une belle teinte; le montage en plomb s'exécute généralement avec intelligence et solidité. Enfin les couleurs pour peindre la vitre, analogues à celles qui servent à peindre la porcelaine et l'émail, présentent maintenant les meilleures garanties, quant au ton et à la durée; et, à cet égard, quelques résultats remarquables ont été obtenus dans ces dernières années. Le savoir et l'intelligence de nos artistes feront le reste.

Les peintres verriers qui se sont présentés à l'exposition de 1849 ont produit des œuvres qui ont été appréciées par le jury et qui ont montré, sous des points de vue divers, les progrès accomplis depuis la dernière exposition. Le jury a regretté toutefois l'absence des travaux d'un artiste célèbre, M. Maréchal, de Metz, qui s'est placé au premier rang dans l'industrie des vitraux, par la distinction et la puissance d'effet de ses œuvres. La mort prématurée d'un autre artiste, M. Gérente, a excité aussi de vifs regrets, dont notre devoir est de consigner ici la mention. M. Gérente venait d'être chargé de la restauration des vitraux de la Sainte-Chapelle, et il avait mérité cette désignation par le succès complet qui avait accueilli ses études sur l'exécution des vitraux du moyen âge.

Médaille d'argent. M. Prosper LAFAYE, rue de l'Empereur, 9, barrière Blanche, à Paris.

M. Lafaye a exposé dans un seul vitrail des spécimens des diverses époques de l'art de la peinture sur verre. La partie supérieure est faite dans le goût du XIIIe siècle; celle du milieu appartient au XVIe siècle; enfin la partie inférieure rappelle parfaitement, par le style, la netteté et le brillant de la couleur, les vitraux suisses qui marquent la dernière période de la peinture sur verre.

Les études consciencieuses et approfondies de M. Prosper Lafaye sur les procédés des anciens peintres verriers l'ont conduit à des résultats très-dignes d'intérêt. Parmi les couleurs dont il recouvre son verre blanc, nous avons remarqué des émaux bleus, verts et violets, qui peuvent être appliqués à des épaisseurs croissantes, et qui produisent ainsi des colorations d'un ton très-riche et de beaux effets de modelé. Il emploie également des agents chimiques qui dépolissent la surface des verres colorés et donnent à leur transparence ce caractère que la décomposition lente du verre sous l'influence des agents atmosphériques a produit sur les anciennes verrières.

M. Prosper Lafaye a exécuté des restaurations importantes dans plusieurs monuments religieux de Paris. Les travaux à faire aux vitraux des églises de Saint-Étienne-du-Mont, de Saint-Eustache, de Saint-Méry, de Saint-Gervais lui ont été confiés. Les vitraux du XVIe siècle et les vitraux suisses surtout sont exécutés par M. Lafaye avec la plus grande habileté.

Le jury, désireux de récompenser l'intelligence et l'habileté de cet artiste, lui décerne une médaille d'argent.

MM. LAURENT, GSELL et Cie, rue Saint-Sébastien, 21, à Paris.

Médailles de bronze.

Les vitraux exposés par MM. Laurent, Gsell et Cie appartiennent aussi par le style à plusieurs époques différentes. Un vitrail, dans le goût moderne, représente l'Annonciation de la Vierge et a été exécuté pour l'église de Notre-Dame, à Bourg, au prix de 250 francs le mètre carré. Un autre, représentant l'arbre de Jessé, a été composé pour l'église de Notre-Dame de Bon-Secours, près Rouen, dans le genre du XIVe siècle. Les verres de couleur sont bien assortis, montés avec soin. MM. Laurent et Gsell montrent qu'ils ont étudié avec fruit les procédés des anciens verriers.

La commission a remarqué aussi deux petits sujets d'après Boucher, peints sur verre rouge, et qui sont d'un effet agréable.

Le jury décerne à MM. Laurent, Gsell et Cie une médaille de bronze.

M. LUSSON, à Sainte-Croix, près le Mans (Sarthe).

M. Lusson a déjà fait ses preuves comme habile peintre verrier, et les travaux qu'il a exécutés pour plusieurs de nos monuments religieux signalaient son exposition à toute l'attention du jury. L'objet principal est une verrière dans le style du XVIe siècle, d'environ 5 mètres de hauteur sur 2 mètres de largeur, qui représente les saintes femmes d'époques et de diverses conditions groupées autour de la Vierge. La composition de ce vitrail est remarquable, les draperies et les ornements sont traités avec un soin particulier.

Une lamette, composée dans le goût du XIIIe siècle, de 3 mètres de hauteur sur 62 centimètres de largeur, représente un saint Denis revêtu de ses habits pontificaux.

La commission a remarqué aussi de petits vitraux peints en couleur sur verre blanc, qui représentent des paysages, et qui pourront être avantageusement placés dans des appartements.

Le jury reconnaît les succès déjà obtenus par M. Lusson en lui accordant une médaille de bronze.

M. Émile THIBAUD, à Clermont-Ferrand (Puy-de-Dôme).

M. Émile Thibaud a exposé deux grands vitraux, l'un représentant un saint Vincent de Paule, l'autre le baptême du Christ dans le genre du XVIe siècle, où l'on peut remarquer des accessoires, des feuilles et des fleurs exécutés avec une rare habileté et d'un bel effet. Parmi les petits médaillons exposés par M. Thibaud, la commission a remarqué particulièrement un effet de neige peint sur verre blanc, et fort bien rendu.

Le jury décerne à M. Émile Thibaud une médaille de bronze.

M. ULLMANN, rue de Bondy, n° 76, à Paris.

L'industrie de M. Ullmann est tout à fait différente de celle des vitraux peints. Les produits qu'il expose sont des gravures sur verre, à deux couches, l'une blanche, l'autre colorée, et le modelé s'obtient en enlevant, par la taille, des épaisseurs plus ou moins grandes de la couche colorée. M. Ullmann a produit ainsi de petits vitraux fort habilement exécutés, d'un effet agréable, et dont le prix est assez peu élevé pour qu'ils puissent entrer dans la décoration des appartements.

Le jury, voulant soutenir cette industrie nouvelle et récompenser en même temps l'habileté de l'inventeur, lui décerne une médaille de bronze.

Mentions honorables.

M. Charles DUVAL, à Chatou (Seine-et-Oise).

M. Charles Duval est inventeur d'un procédé d'impression et d'application de couleurs sur verre blanc : la feuille de verre blanc est recouverte d'une feuille de plomb gravée, et l'on saupoudre le tout de poussière de couleurs vitrifiables mêlées avec une petite quantité de gomme, également en poudre, pour donner à la matière colorante la faculté de rester adhérente au verre légèrement humecté. Si l'on veut appliquer d'autres couleurs, sur d'autres parties du dessin, on fait usage d'une nouvelle feuille de plomb convenablement gravée. La feuille de verre ainsi colorée est passée ensuite à la moufle, comme à l'ordinaire.

Les objets exposés par M. Duval sont intéressants; la facilité d'exécution de son procédé permet d'espérer qu'il pourra livrer son verre peint à très-bas prix. Le jury lui accorde une mention honorable.

M. ÉVRARD, Cour des Miracles, n° 6, à Paris.

M. Évrard a exposé un vitrail avec des sujets de la vie de J. C., dans le style du XIIIe siècle, et des sujets dans le goût du XVIe, qui sont dessinés avec soin et qui méritent que le nom de M. Évrard soit mentionné honorablement dans le rapport du jury.

M. Léopold LOBIN, à Tours (Indre-et-Loire).

M. Lobin n'a commencé à faire des vitraux peints que depuis le 1er janvier 1848. Il a exposé cette année un vitrail représentant un Christ assis, qui présente des qualités réelles de composition, et le jury tient à récompenser l'établissement naissant de M. Lobin par une mention honorable.

MM. RITTER et PETIT-GÉRARD, à Strasbourg (Bas-Rhin).

Les deux petits échantillons que MM. Ritter et Petit-Gérard ont exposés, quoique exécutés avec beaucoup de soin, ne suffiraient pas pour mériter une mention spéciale, si le rapport de la commission départementale du Bas-Rhin ne signalait ces exposants d'une manière toute particulière à l'attention du jury central.

MM. Ritter et Petit-Gérard ont eu des restaurations importantes à exécuter dans la cathédrale de Strasbourg, et notamment sur la grande rosace du portail, dont les 4/5 furent brisés par la grêle en 1840, et ils s'en sont acquittés avec tant de succès que la commission du Bas-Rhin assure qu'il est presque impossible de distinguer le travail moderne du travail ancien.

Le jury décerne à MM. Ritter et Petit-Gérard, pour l'ensemble de leurs travaux, une mention honorable.

M. VESSIÈRE, à Seignelay (Yonne).

Le vitraux de M. Vessière témoignent de son habileté à reproduire les vitraux anciens des diverses époques. Ils ont obtenu une citation favorable à l'exposition de 1844. Le jury les mentionne honorablement à la présente exposition.

DEUXIÈME SECTION.

GLACES, CRISTAUX, VERRES.

M. Dumas (de l'Institut), rapporteur.

Rappels de médailles d'or.

SAINT-GOBAIN (Compagnie anonyme de) (Aisne).

Les nombreuses récompenses accordées par le jury depuis si longtemps à la fabrique de glaces et de produits chimiques de Saint-Gobain dispensent de tout éloge envers ce magnifique établissement, pour lequel le jury rappelle qu'il est toujours très-digne de la médaille d'or qui lui a été décernée en 1839.

SAINT-QUIRIN, CIREY et MONTHERMÉ (Manufacture de glaces et verres de) (Meurthe).

Les produits de cette usine, déjà récompensée par de nombreuses médailles, sont d'une grande beauté, tant sous le rapport des dimensions que sous celui de la perfection du polissage et de l'absence complète des veines bleues ou vertes qui déparent habituellement les plus beaux morceaux de ce genre.

La glace en blanc qu'a exposée Cirey cette année est le plus grand morceau de verre qui ait été jamais fabriqué en France. Sa perfection est complète.

Le jury rappelle avec la plus entière conviction la médaille d'or décernée déjà à cet établissement.

BACCARAT (Cristallerie de) (Meurthe).

La cristallerie de Baccarat se présente pour la sixième fois à l'exposition des produits de l'industrie, et, comme toujours, elle s'y présente avec des améliorations et des perfectionnements du genre de ceux qui lui ont déjà mérité les récompenses les plus honorables.

Des anses moulées, qui permettent de varier les formes, jusqu'ici si monotones et si peu artistiques, de ces ornements nécessaires de tout vase, des têtes et des médaillons en cristal opaque également moulé, et dont la finesse dépasse tout ce que la porcelaine la plus parfaite pouvait offrir, sont des améliorations qui donnent maintenant tout l'avantage au cristal dans la lutte qu'il avait entamée depuis longtemps avec la porcelaine.

Le jury déclare que la cristallerie de Baccarat est toujours digne de la médaille d'or qui lui fut décernée en 1823.

SAINT-LOUIS (Cristallerie de) (Moselle).

Les cristaux de Saint-Louis se font remarquer à cette exposition, comme aux précédentes, par la richesse de leurs couleurs et l'habileté vraiment supérieure avec laquelle les tailles et les gravures qui les décorent sont exécutées. Une baisse de 25 à 50 p. o/o sur les prix de vente, depuis la dernière exposition, est une preuve de l'activité de la vente dans cette usine.

Le jury rappelle de la manière la plus honorable que la cristallerie de Saint-Louis est toujours digne de la médaille d'or qui lui fut décernée en 1834.

M. HUTTER, à Rive-de-Gier (Loire).

MM. Hutter et Ce, propriétaires de verreries à Rive-de-Gier, exposent cette année des verres à vitres fabriqués par des ouvriers nés non verriers, dont l'apprentissage a été entièrement fait par les chefs de l'établissement.

Dans le courant des années 1846 et 1847, il y eut dans le département une émigration considérable d'ouvriers verriers; ils furent embauchés par des maîtres verriers d'Angleterre, d'Espagne et d'Italie, à des prix exorbitants. Ceux qui restèrent dans le pays ne furent plus assez nombreux pour compléter les ateliers, et il en résulta une augmentation considérable de salaire et une lutte désastreuse entre les fabricants pour se procurer des ouvriers.

Dans cet état de choses, MM. Hutter et Cie furent des premiers à aborder franchement une réforme qui leur coûta beaucoup de peines et d'argent; ils résolurent de faire des apprentis souffleurs en verres à vitres et des étendeurs. Des jeunes gens intelligents de la localité, pris dans tous les métiers, furent appelés à jouir d'une industrie nouvelle et jusque-là inabordable pour eux, les ouvriers verriers ne consentant à enseigner leur art qu'à des apprentis nés de parents verriers.

A l'aide d'améliorations dans le système de soufflage et d'étendage, MM. Hutter et Cie sont arrivés à rivaliser par leurs produits avec ceux des usines qui n'emploient que des ouvriers verriers *par sang*.

Le jury déclare que M. Hutter est toujours digne de la médaille d'or qu'il a obtenue en 1844.

M. DE KLINGLIN, plaine de Valsch (Meurthe).

Depuis 1844, année où un rappel est venu confirmer la médaille d'or accordée à la fabrique de la plaine de Valsch pour son verre taillé et son demi-cristal, la beauté des produits de cette usine n'a pas cessé de la placer au premier rang pour les objets de consommation courante. Tous les chimistes savent qu'ils ne peuvent se procurer qu'à cette fabrique des tubes infusibles pour les analyses qui les satisfassent pleinement.

Le jury rappelle la médaille d'or qui fut décernée à M. de Klinglin.

MM. GUINAND et FEIL, rue Mouffetard, n° 265, à Paris.

M. Guinand a exposé un disque de crown-glass sans défauts, de $0^m,69$ de diamètre : c'est un des plus beaux morceaux de ce genre qui aient été faits. Les autres pièces présentées au jury par M. Guinand sont également d'une grande beauté.

Le jury rappelle la médaille d'or précédemment accordée à M. Guinand en 1839.

Médailles d'or.

M. MAËS, à Clichy (Seine).

MM. Maës et Clémandot ne se sont pas contentés de fabriquer

des cristaux blancs et colorés qui ne le cèdent en rien à ceux des grandes cristalleries de France pour la richesse des teintes et pour la pureté, l'élégance et le bon goût des formes; ils ont, depuis quelque temps, introduit un élément nouveau dans l'art du verrier.

Les verres à base de zinc et de baryte, dans lesquels ils ont fait entrer l'acide borique concurremment avec la silice, sont des produits entièrement nouveaux et dont on peut prévoir toute l'importance, en considérant que ces verres, dont le moins beau est plus brillant et plus blanc que le verre de Bohême et le cristal ordinaire, sont à la fois moins difficiles à fondre et plus durs à tailler que le cristal au plomb; qu'ils offrent, par conséquent, des conditions d'économie dans la production et d'inaltérabilité dans l'usage plus favorables que l'ancien cristal.

Le jury leur décerne une médaille d'or.

M. ANDELLE et Cie, à Épinac (Saône-et-Loire).

L'égale répartition du verre dans toutes les parties de la bouteille est une garantie de solidité que présentent au plus haut degré celles qui sortent de la manufacture d'Épinac. Leurs formes élégantes, la transparence et la belle couleur du verre, sont autant de qualités qui distinguent les produits de cette maison, qui sont, en général, fort estimés dans le commerce; elle obtient la préférence pour ses bouteilles à eau de Seltz et à vin de Champagne, pour lesquelles ils occupent incontestablement la première place.

Le jury leur décerne une médaille d'or.

M. POCHET-DEROCHE, rue Jean-Jacques-Rousseau, n° 16, à Paris.

Rappels de médailles d'argent.

La fabrique de M. Pochet-Deroche, dont la création remonte au temps des croisades, emploie de nombreux ouvriers et produit en grande quantité les flacons, dont une consommation si considérable se fait, à Paris surtout, pour la pharmacie, la chimie et la parfumerie. L'exportation en Algérie est un des principaux débouchés de son commerce.

Le jury lui rappelle la médaille d'argent.

MM. DEVIOLAINE frères, à Cuffies (Aisne).

Plusieurs médailles de bronze et une d'argent, aux précédentes expositions, ont déjà récompensé MM. Deviolaine frères des efforts qu'ils ont toujours faits pour arriver à une fabrication parfaite et à une solidité que les vins de Champagne et surtout les eaux gazeuses artificielles rendent si nécessaires. Non contents de fabriquer des bouteilles d'une grande solidité et d'une beauté remarquable, MM. Deviolaine ont encore su baisser leur prix de 15 p. o/o depuis le mois de février 1848.

Ils sont toujours dignes de la médaille d'argent.

Mme veuve JACQUEL, rue Richelieu, n° 71, à Paris.

Les cristaux taillés et gravés de Mme veuve Jacquel lui ont déjà mérité la médaille d'argent en 1844. La beauté de ses produits n'a pas diminué; et le nombre de ses ouvriers, considérable pour ce genre d'industrie, ainsi que l'élévation du chiffre d'affaires de sa maison, sont des gages de sa nombreuse clientèle et, par suite, de son habile fabrication.

Le jury lui rappelle la médaille d'argent.

Médailles d'argent.

M. PATOUX, à Aniche (Nord).

La fabrique de verres à vitres et de glaces soufflées d'Aniche a été fondée en 1822 par M. Patoux lui-même. Jusque-là cette usine ne s'occupait que de la fabrication des bouteilles; huit fours en activité, d'importantes exportations au Mexique, à la Havane, à Valparaiso, à Batavia, une vente très-considérable à l'intérieur de la France, sont autant de garanties d'une bonne fabrication.

M. Patoux, par sa connaissance parfaite de l'art du verrier et par son habileté remarquable comme manufacturier et commerçant, a marqué sa place dans les premiers rangs des industriels d'un département riche en intelligences élevées et pratiques.

Le jury lui accorde une médaille d'argent.

MONTLUÇON (manufacture de glaces de) (Allier). LEGUAY et Cie, rue de la Douane, n° 16, à Paris.

Cet établissement, fondé tout récemment, commence ses opérations et n'a que fort peu livré au commerce. Il est destiné à fabriquer par an 30,000 mètres carrés de glaces. Il comprend 13 feux,

26 fours à recuire et plusieurs machines à vapeur représentant une force de 100 chevaux.

Les produits envoyés à l'exposition ont été jugés par le jury central dignes de la haute récompense qui leur a été attribuée; le jury leur accorde une médaille d'argent.

M. NOCUS, à Saint-Mandé (Seine).

Rappels de médailles de bronze.

M. Nocus est le premier fabricant de cristaux qui ait fait en France le verre de Venise. Il a obtenu déjà, en récompense de ce progrès qu'il a fait faire à l'industrie française, une médaille de bronze à l'exposition de 1844.

Le jury rappelle avec plaisir que M. Nocus est toujours digne de la médaille de bronze qui lui fut décernée en 1844.

M. BERGER-WALTER, rue de Paradis-Poissonnière, n° 27, à Paris.

M. Berger-Walter fabrique des verres de montres et des verres de lunettes coupés dans des globes de verre avec tant de soin et de précision qu'aucune parcelle de ce verre n'est perdue.

Il a inventé des fausses cuvettes de montres en verre, pour remplacer celles en argent et en or; mais la fragilité de cet article en a empêché le débit.

Le jury le juge toujours digne de la médaille de bronze qui lui fut accordée en 1844.

DUTHY, rue du Faubourg-Saint-Martin, n° 162, à Paris.

Médailles de bronze.

La fabrique de verres à vitres et de bouteilles de M. Duthy existe à Anzin depuis 1838 seulement. Elle a sur les établissements rivaux le grand avantage de payer le charbon peu cher, à cause de sa proximité des mines d'Anzin. La fabrication est considérable et les prix modérés.

Le jury lui accorde une médaille de bronze.

M. VAN LEEMPOEL, DE COLNET et Cie, à Quiquengrogne (Aisne).

Cette verrerie, établie depuis 1290, fabrique des bouteilles de toute sorte et particulièrement des bouteilles à vin de Champagne. Elle occupe environ deux cents ouvriers et est presque la seule industrie du pays.

Le jury lui accorde la médaille de bronze.

Mme Veuve LEROY-SOYEZ, à Masnières (Nord.)

Cette maison avait exposé en 1844 sous le nom de M. Varanguien de Villepin.

Les produits de la manufacture de Masnières, qui se consomment entièrement en France, sont remarquables par leur belle qualité et le soin apporté à leur fabrication. Les bouteilles à vin de Champagne de cette maison peuvent résister à une pression de trente atmosphères, d'après des essais faits avec la machine de M. Collardeau.

Le jury lui accorde une médaille de bronze.

MM. MOUGIN frères, à Portieux (Vosges).

La verrerie de Portieux date de 1640; à cette époque, elle était connue sous le nom de Magnenville et appartenait à l'État. En 1780 elle fut achetée par la famille des propriétaires actuels, et constituait deux établissements distincts et rivaux. Quelques années après, les deux usines furent réunies en une seule, qui aujourd'hui occupe cent cinquante ouvriers et produit pour 3 à 400,000 francs de verreries par an.

Le jury lui accorde une médaille de bronze.

Mentions honorables.

M. HEMERY, à Guerville (Seine-Inférieure).

M. Hemery a, en 1841, importé aux environs d'Eu, où existent beaucoup de verreries, la fabrication de la verrerie fine, qui, jusqu'alors, était concentrée en Lorraine et en Champagne.

Son établissement, malgré le développement des usines rivales, tient toujours le premier rang pour l'abondance et la beauté de ses produits.

Le jury leur accorde une mention honorable.

M. CHARTIER, à Douai (Nord).

Cette fabrique, qui date de 1786, n'a pas encore exposé : elle produit surtout une grande quantité de dames-jeannes, clissées en osier, qu'elle livre au commerce à des prix très-peu élevés. 800,000 bouteilles ordinaires, versées par an dans le commerce par cette usine, prouvent, du reste, que sa fabrication ne se borne pas aux dames-jeannes exposées.

Le jury lui accorde une mention honorable.

M. CHAPPUY, à Douai (Nord).

M. Chappuy a fondé en 1842 l'usine de Frais-Marais pour la fabrication des bouteilles et des dames-jeannes, dont le département du Nord consomme une quantité considérable, à cause de ses grandes et nombreuses fabriques de produits chimiques.

Le jury lui accorde une mention honorable.

M. FINCKEN, rue de l'Échiquier, n° 6, à Paris.

Ce commerçant ne fabrique pas le verre, il ne fait que le mettre en œuvre. Possesseur de deux brevets, l'un pour la mixture argyride, qui préserve le tain des glaces des effets de l'humidité, l'autre pour ses châssis de comble vitrés, qui empêchent les gouttes d'eau provenant de la condensation de la buée de tomber à terre, il a, en outre, exposé des peintures vitrifiées, un verre imitant les anciens vitraux et destinés à l'ornement des fenêtres d'église.

Le jury lui accorde une mention honorable.

M. PETIT (Alexandre), faubourg Saint-Martin, n° 71, à Paris. Citations favorables.

M. Petit présente à l'exposition un grand assortiment de fioles et de flacons qu'il tire de diverses fabriques, et dont il grave les étiquettes.

Le jury lui accorde la citation favorable.

M. DUPONT, rue de la Ferronnerie, n° 13, à Paris.

Les boutons en cristal de M. Dupont, pour portes et meubles, sont garnis en métal par un nouveau procédé breveté : la solidité de cet ajustage, jointe au bon goût de la monture, a attiré d'une manière favorable l'attention du jury, qui accorde à M. Dupont une citation favorable.

M. CHAVENOIS, rue des Gravilliers, n° 10, à Paris.

M. Chavenois expose un assortiment de pierres fausses dont la limpidité et l'éclat sont irréprochables.

Le jury lui accorde une citation favorable.

M. AUDEBERT, rue de Douai, n° 1, à Paris.

M. Audebert fabrique des lettres métalliques qui s'appliquent sur verre : ces lettres s'appliquent aussi bien sur des verres courbes que sur des surfaces planes.

Le jury lui accorde une citation favorable.

NON EXPOSANTS.

M. Ebelmen, rapporteur.

Médaille d'or.

M. VITAL-ROUX, ancien fabricant de porcelaine à Noirlac (Cher), actuellement chef des fours à pâtes à la manufacture nationale de Sèvres (Seine-et-Oise).

M. Vital-Roux est inventeur d'un procédé de cuisson de la porcelaine dure au moyen de la houille. Différents essais avaient été déjà entrepris dans cette direction ; ainsi, en 1785, on a cuit de la porcelaine dure à Lille, en Flandres, au moyen de la houille ; des essais analogues ont été faits aussi à Limoges en 1835. Aucun résultat pratique n'a été obtenu ; l'irrégularité de la cuisson, les taches produites sur la porcelaine et surtout la coloration en jaune de la pâte de celle-ci paraissent avoir été les circonstances qui ont fait abandonner ces essais, et aucune manufacture de porcelaine dure française n'employait le combustible minéral, quand M. Vital-Roux s'est occupé de la question et nous paraît l'avoir complétement résolue.

Le procédé de M. Vital-Roux est devenu pratique vers la fin de 1846 à la manufacture de Noirlac (Cher) ; celle-ci a marché complétement à la houille jusqu'au mois de février 1848, époque où la fabrication a été suspendue. M. Vital-Roux a fait établir des fours d'après son système dans quelques manufactures, et la manufacture de Sèvres vient de l'appliquer récemment avec le succès le plus complet.

Aucune modification n'a été apportée à l'intérieur des fours à porcelaine ; les foyers seuls ont dû recevoir quelques changements : les chaudières sont plus nombreuses et le chargement du combustible sur la grille se fait à des intervalles très-rapprochés les uns des autres, circonstance qui paraît nécessaire pour éviter que la porcelaine ne jaunisse pendant la cuisson. L'encastrage se fait comme à l'ordinaire, mais il est nécessaire de luter avec soin les carettes les unes aux autres, afin d'éviter les taches que l'introduction des cendres de la houille ne manquerait pas de produire.

La commission des arts céramiques a assisté à la cuisson et au défournement du four à la houille de la manufacture de Sèvres; elle a constaté que la cuisson était bien égale dans les diverses régions du four, que la porcelaine était très-blanche et que la fournée était entièrement comparable, sous tous les rapports, aux plus belles fournées faites au bois. La réussite pratique du procédé de M. Vital-Roux nous a paru complétement établie.

Nous pouvons évaluer l'avantage économique résultant de la substitution de la houille au bois, d'après les données suivantes :

Le four A de Sèvres consommait en moyenne par cuisson 60 stères de bois blanc valant 900 francs.

Aucune modification n'a été apportée dans les dimensions intérieures quand on a dû appliquer la houille à la cuisson, et l'on a pu cuire dans le four la même quantité de porcelaine que par le passé.

La consommation de houille de Mons (Flines) a été de 86 hectolitres dans la dernière cuisson, lesquels, à 2 fr. 25 cent. par hectolitre, donnent 193 fr. 50 cent.

La substitution de la houille au bois a donc produit à Sèvres une économie de plus des 3/4 sur les frais de cuisson; cette économie ne serait point aussi considérable pour beaucoup d'autres manufactures placées dans le voisinage des forêts, mais on peut bien admettre, comme résultat moyen, qu'une économie de moitié sur les frais de cuisson pourra être réalisée par la substitution d'un combustible à l'autre.

Le procédé de cuisson à la houille est destiné à apporter des modifications profondes dans les conditions d'existence des manufactures de porcelaine : il faut en effet 8 parties de houille pour cuire 1 partie de porcelaine, et l'on conçoit qu'il sera plus économique de transporter la terre de porcelaine vers les bassins houillers que de faire arriver la houille près des carrières de kaolin. L'industrie de la porcelaine doit tendre maintenant à s'établir, comme celle des verreries, près des mines de houille. N'oubliez pas que l'Angleterre possède en Cornouailles des kaolins de la plus belle qualité, et que la possibilité, démontrée actuellement, de cuire la porcelaine dure avec la houille va permettre à nos voisins de fabriquer cette poterie avec une économie redoutable pour notre industrie. C'est à nos fabricants à prendre les devants, en apportant immédiatement dans leurs procédés les modifications dont l'expérience vient de faire reconnaître l'efficacité.

La découverte dont nous venons de rendre compte a coûté à son auteur un temps assez long et des sommes considérables; bien des expériences ont été faites avant qu'on fût arrivé à un résultat utile. La haute importance industrielle de celui qui a été obtenu méritait d'être signalée au jury, qui la reconnaît en accordant à M. Vital-Roux la médaille d'or.

FIN DU TOME II.

TABLE DES MATIÈRES

CONTENUES DANS LE TOME II.

TROISIÈME COMMISSION.

MACHINES.

QUATRIÈME COMMISSION.

MÉTAUX.

CINQUIÈME COMMISSION.

INSTRUMENTS DE PRÉCISION.

SIXIÈME COMMISSION.

ARTS CHIMIQUES.

SEPTIÈME COMMISSION.

ARTS CÉRAMIQUES.

FIN DE LA TABLE DU DEUXIÈME VOLUME.

CORRECTIONS

ET ADDITIONS AU DEUXIÈME VOLUME.

Pages.	Lignes.	
84	3	MM. SERVEILLE aîné, à Paris, *ajoutez* : rue d'Amboise, n° 4.
87	1	ANDRAUD, à Paris, *ajoutez* : allée des Veuves, n° 20.
178	9	RAGUENEAU, rue Saint-Jacques, n° 7 *bis*, *lisez* : rue Joquelet, n° 7.
272	17	PELLETIER, à Paris, *ajoutez* : place du Vieux-Marché-Saint-Martin, n° 7.
414	5	TROUSSET, à Paris, *ajoutez* : rue du Faubourg-Saint-Denis, n° 206.
523	21	MARTENS, à Paris, *ajoutez* : rue Férou, n° 17.
256	34	Machines à chocolat DUPLEX, *lisez* : DAUPLEX.
285	11	Étain laminé planenes, *lisez* : planches.
423	30	HÉRICART DE THRY, *lisez* : HÉRICART DE THURY.

www.ingramcontent.com/pod-product-compliance
Ingram Content Group UK Ltd.
Pitfield, Milton Keynes, MK11 3LW, UK
UKHW020146250726
13967UKWH00002B/893